U0236208

"十三五"国家重点出版物
出版规划项目

国家出版基金项目
NATIONAL PUBLICATION FOUNDATION

膜技术手册

第二版

（下 册）

邓麦村　金万勤　主编

化学工业出版社

·北京·

目 录

第 1 章 导言

1.1 膜和膜分离过程的特征 ……………… 2
1.2 膜和膜过程的发展历史 ……………… 4
　1.2.1 膜科学技术发展史 …………… 4
　1.2.2 我国膜科学技术发展概况 …… 5
1.3 膜 ……………………………………… 7
　1.3.1 材料和分类 ……………………… 7
　1.3.2 主要制备方法 …………………… 9
　　1.3.2.1 聚合物膜的制备 …………… 9
　　1.3.2.2 无机膜的制备 ……………… 10
　1.3.3 膜组件 …………………………… 11
1.4 膜分离过程 …………………………… 12
　1.4.1 常用的膜分离过程 …………… 12
　　1.4.1.1 微孔过滤 …………………… 12
　　1.4.1.2 超滤 ………………………… 13
　　1.4.1.3 反渗透 ……………………… 14
　　1.4.1.4 纳滤 ………………………… 14
　　1.4.1.5 渗析 ………………………… 15
　　1.4.1.6 电渗析 ……………………… 15

　　1.4.1.7 膜电解 ……………………… 16
　　1.4.1.8 膜传感器 …………………… 16
　　1.4.1.9 膜法气体分离 ……………… 17
　　1.4.1.10 渗透汽化 …………………… 18
　　1.4.1.11 膜蒸馏 ……………………… 18
　　1.4.1.12 正渗透 ……………………… 19
　1.4.2 发展中的新膜过程 …………… 20
　　1.4.2.1 膜萃取 ……………………… 20
　　1.4.2.2 膜结晶 ……………………… 21
　　1.4.2.3 促进传递 …………………… 22
　　1.4.2.4 膜反应过程 ………………… 24
　1.4.3 膜分离与其他化工分离和反应过程
　　　　 的结合 ……………………… 25
1.5 应用总览 ……………………………… 25
1.6 现状与展望 …………………………… 29
　1.6.1 现状 ……………………………… 29
　1.6.2 展望 ……………………………… 30
参考文献 …………………………………… 32

第 2 章 有机高分子膜

2.1 高分子分离膜材料 …………………… 34
　2.1.1 天然高分子 …………………… 34
　　2.1.1.1 再生纤维素（cellu）……… 34
　　2.1.1.2 硝酸纤维素（CN）………… 36
　　2.1.1.3 醋酸纤维素（CA）………… 37
　　2.1.1.4 乙基纤维素（EC）………… 37

　　2.1.1.5 纳米纤维素（NFC）……… 38
　　2.1.1.6 甲壳素 ……………………… 39
　　2.1.1.7 其他纤维素衍生物 ………… 39
　2.1.2 芳杂环高分子 ………………… 39
　　2.1.2.1 聚砜（PSF）………………… 39
　　2.1.2.2 聚醚砜（PES）……………… 41

2.1.2.3 聚醚酮（PEK） ·············· 41
2.1.2.4 聚酰胺（PA） ·············· 42
2.1.2.5 聚酰亚胺（PI） ·············· 44
2.1.2.6 其他芳杂环高分子 ·············· 45
2.1.3 聚酯类 ·············· 46
　2.1.3.1 聚对苯二甲酸乙二醇酯
　　　　　（PET） ·············· 46
　2.1.3.2 聚对苯二甲酸丁二醇酯
　　　　　（PBT） ·············· 47
　2.1.3.3 聚碳酸酯（PC） ·············· 48
2.1.4 聚烯烃 ·············· 48
　2.1.4.1 聚乙烯（PE） ·············· 48
　2.1.4.2 聚丙烯（PP） ·············· 49
　2.1.4.3 聚 4-甲基-1-戊烯（PMP） ··· 50
2.1.5 乙烯类聚合物 ·············· 50
　2.1.5.1 聚丙烯腈（PAN） ·············· 51
　2.1.5.2 聚乙烯醇（PVA） ·············· 52
　2.1.5.3 聚氯乙烯（PVC） ·············· 52
　2.1.5.4 聚偏氯乙烯（PVDC） ·········· 53
　2.1.5.5 聚偏氟乙烯（PVDF） ·········· 53
　2.1.5.6 聚四氟乙烯（PTFE） ·········· 53
2.1.6 含硅聚合物 ·············· 54
　2.1.6.1 聚二甲基硅氧烷（PDMS） ··· 54
　2.1.6.2 聚三甲硅基丙炔（PTMSP） ··· 55
2.1.7 聚电解质 ·············· 56
　2.1.7.1 阴离子聚合物 ·············· 56
　2.1.7.2 阳离子聚合物 ·············· 56
　2.1.7.3 两性离子聚合物 ·············· 58

2.1.7.4 聚离子液体 ·············· 58
2.2 有机高分子分离膜的制备 ·············· 59
2.2.1 均质膜的制备 ·············· 59
　2.2.1.1 致密均质膜 ·············· 60
　2.2.1.2 多孔均质膜 ·············· 61
　2.2.1.3 离子交换膜 ·············· 68
2.2.2 非对称膜的制备 ·············· 70
　2.2.2.1 相转化膜 ·············· 70
　2.2.2.2 复合膜 ·············· 94
2.3 有机高分子分离膜的表征 ·············· 99
2.3.1 膜的性能 ·············· 99
　2.3.1.1 膜的分离透过特性 ·············· 99
　2.3.1.2 膜的物化性能 ·············· 110
2.3.2 膜的结构 ·············· 112
　2.3.2.1 膜的聚集态结构 ·············· 112
　2.3.2.2 膜的形态结构 ·············· 114
2.3.3 膜的孔径与自由体积的测定 ··· 118
　2.3.3.1 电子显微镜法 ·············· 118
　2.3.3.2 和界面性质相关的孔参数
　　　　　测定法 ·············· 123
　2.3.3.3 和流体力学性质相关的孔参数
　　　　　测定法 ·············· 127
　2.3.3.4 和筛分、截留效应相关的
　　　　　测定法 ·············· 130
　2.3.3.5 正电子湮灭测定法 ·············· 134
符号表 ·············· 137
参考文献 ·············· 139

第 3 章　无机膜

3.1 引言 ·············· 148
3.1.1 概述 ·············· 148
3.1.2 分类 ·············· 149
3.1.3 结构 ·············· 149
3.2 无机膜的结构与性能表征 ·············· 150
3.2.1 概述 ·············· 150
3.2.2 多孔无机膜孔结构的表征 ·········· 150
　3.2.2.1 静态法 ·············· 150
　3.2.2.2 动态测定技术 ·············· 153

3.2.2.3 小结 ·············· 158
3.2.3 无机膜材料性质表征 ·············· 159
　3.2.3.1 化学稳定性 ·············· 159
　3.2.3.2 表面性质 ·············· 160
　3.2.3.3 机械强度 ·············· 161
3.3 无机膜的制备 ·············· 161
3.3.1 概述 ·············· 161
3.3.2 多孔支撑体的制备 ·············· 162
3.3.3 非对称微滤膜的制备 ·············· 165

3.3.4　湿化学法 ··············· 169

3.3.5　溶胶-凝胶法 ············· 171

　3.3.5.1　溶胶的制备 ········· 171

　3.3.5.2　涂膜 ··············· 171

　3.3.5.3　凝胶膜的干燥与热处理 ··· 174

3.3.6　阳极氧化法 ············· 178

3.3.7　分相法 ················· 179

3.3.8　有机聚合物热分解法 ····· 181

3.3.9　多孔膜的改性 ··········· 181

3.3.10　致密膜的制备 ·········· 182

　3.3.10.1　致密金属膜的制备 ····· 183

　3.3.10.2　氧化物致密膜的制备 ····· 184

3.3.11　无机膜缺陷修复技术 ···· 185

3.4　无机膜组件及成套化装置 ····· 186

3.4.1　概述 ··················· 186

3.4.2　膜元件 ················· 186

3.4.3　膜组件 ················· 188

3.4.4　过滤过程 ··············· 189

　3.4.4.1　错流过滤 ··········· 189

　3.4.4.2　操作方式 ··········· 189

　3.4.4.3　膜污染的控制及清洗方法 ····· 191

3.5　无机膜在分离和净化中的应用 ····· 192

3.5.1　在食品工业中的应用 ····· 193

　3.5.1.1　在奶业中的应用 ······· 193

　3.5.1.2　蛋白质的浓缩 ········· 193

　3.5.1.3　果（蔬菜）汁澄清 ····· 194

　3.5.1.4　饮用水的净化 ········· 194

　3.5.1.5　酒的澄清过滤 ··············· 195

3.5.2　在生物化工与医药工业中的应用 ··· 196

　3.5.2.1　发酵液的过滤 ········· 196

　3.5.2.2　血液制品的分离与纯化 ··· 197

　3.5.2.3　中药提取与纯化 ······· 197

3.5.3　在环保工程中的应用 ····· 199

　3.5.3.1　在含油废水处理中的应用 ···· 200

　3.5.3.2　在废油过滤中的应用 ····· 202

　3.5.3.3　在MBR中的应用 ······· 202

　3.5.3.4　在其他废水处理中的应用 ··· 203

3.5.4　在化工与石油化工中的应用 ··· 205

　3.5.4.1　陶瓷膜在润滑油脱蜡过程中
的应用 ··············· 206

　3.5.4.2　无机膜在化工产品脱色中的
应用 ················· 206

　3.5.4.3　无机膜在催化剂回收中的应用 ··· 206

3.5.5　无机膜用于气体净化 ····· 207

3.5.6　无机膜用于气体分离 ····· 207

3.6　无机膜反应器 ··············· 209

3.6.1　概述 ··················· 209

3.6.2　无机膜催化反应器的结构及分类 ··· 209

3.6.3　无机催化膜反应器的主要应用 ··· 210

3.6.4　无机催化膜反应器的数学模拟 ··· 212

3.6.5　无机膜催化反应器工业化面临的
问题和发展前景 ·········· 213

符号表 ······················· 213

参考文献 ····················· 214

第 **4** 章　有机-无机复合膜

4.1　有机-无机复合膜简介 ········· 230

4.1.1　有机-无机复合膜的概念与分类 ····· 230

4.1.2　有机-无机复合膜的主要特点 ····· 230

4.2　有机-无机复合膜材料 ········· 231

4.2.1　概述 ··················· 231

4.2.2　填充剂的分类 ··········· 231

　4.2.2.1　按填充剂亲疏水性分类 ······· 231

　4.2.2.2　按填充剂维度分类 ······· 232

　4.2.2.3　按填充剂结构分类 ········ 232

　4.2.2.4　其他分类 ············· 233

4.3　有机-无机复合膜的制备 ········· 233

4.3.1　物理共混法 ············· 233

　4.3.1.1　填充剂尺寸 ··········· 234

　4.3.1.2　有机-无机界面形态 ······· 234

　4.3.1.3　无机填充剂的团聚 ······· 234

4.3.2　溶胶-凝胶法 ············· 234

4.3.3　自组装法 ··············· 236

4.3.4　界面聚合法 ············· 237

4.3.5　仿生矿化法 ············· 238

4.3.6　仿生黏合法 ············· 239

4.3.7 浸渍提拉法 ………………… 240
4.3.8 其他方法 …………………… 240

4.4 有机-无机复合膜界面结构调控
与传质机理 ………………… 241
4.4.1 复合膜界面形态 …………… 241
4.4.1.1 理想复合膜界面形态 … 241
4.4.1.2 非理想复合膜界面形态 … 241
4.4.2 界面结构调控 ……………… 244
4.4.2.1 提高高分子链段柔性 … 244
4.4.2.2 增强界面相容性 ……… 245
4.4.3 传质机理与抑制 trade-off 效应
机理 …………………………… 246
4.4.3.1 理想界面传质模型 …… 246
4.4.3.2 非理想复合膜传质模型 …… 252
4.4.3.3 有机-无机复合膜分离传质
机理 …………………… 254
4.4.3.4 抑制 trade-off 效应机理 …… 257

4.5 有机-无机复合膜的应用 … 259

4.5.1 概述 ………………………… 259
4.5.2 气体分离 …………………… 259
4.5.2.1 氢气富集 ……………… 259
4.5.2.2 氧气或氮气富集 ……… 260
4.5.2.3 二氧化碳分离 ………… 261
4.5.2.4 烯烃/烷烃分离 ………… 264
4.5.2.5 气体除湿 ……………… 265
4.5.3 渗透汽化 …………………… 265
4.5.3.1 有机物脱水 …………… 266
4.5.3.2 水中有机物回收 ……… 267
4.5.3.3 有机物分离 …………… 268
4.5.4 水处理 ……………………… 269
4.5.5 电渗析 ……………………… 270
4.5.6 其他膜过程 ………………… 272

4.6 展望 …………………………… 272
符号表 …………………………… 272
参考文献 ………………………… 273

第5章 膜分离中的传递过程

5.1 引言 ………………………… 292
5.2 膜内传递过程 ……………… 292
5.2.1 传递机理为基础的膜传递模型 …… 294
5.2.1.1 气体分离微孔扩散模型 … 294
5.2.1.2 液体分离微孔扩散模型 … 295
5.2.1.3 表面力-孔流模型 …… 298
5.2.1.4 溶解-扩散模型 ……… 302
5.2.2 非平衡热力学为基础的膜传递
模型 …………………………… 310
5.2.2.1 非平衡热力学基本概念 … 311
5.2.2.2 非平衡热力学传递模型 … 314
5.2.3 膜内基本传质形式 ………… 318
5.2.3.1 三种膜内基本传质形式 … 318
5.2.3.2 以非平衡热力学定义基本传质
形式 …………………… 319
5.2.4 膜分离传递过程中的常用参数 … 321
5.2.4.1 渗透与渗透率 ………… 321
5.2.4.2 溶解度、溶解度参数、热力学

耦合过程 ……………… 322
5.2.4.3 扩散过程、扩散系数、扩散
耦合过程 ……………… 332
5.3 膜外传递过程 ……………… 345
5.3.1 膜表面传质过程 …………… 345
5.3.1.1 浓差极化 ……………… 345
5.3.1.2 凝胶层极化 …………… 350
5.3.2 传质过程的实验测定 ……… 352
5.3.2.1 强制流动的传质 ……… 353
5.3.2.2 自然对流传质系数 …… 354
5.3.3 膜分离传递过程中的其他内容 …… 356
5.3.3.1 温差极化 ……………… 356
5.3.3.2 沿膜面流道的传递过程 … 357
5.3.3.3 提高传质过程的方法实例 …… 358
5.4 计算机模拟在膜分离传递过程中
的应用 …………………………… 360
5.4.1 计算流体力学在膜分离传递现象中
的应用 ………………………… 360

    5.4.1.1　计算流体力学的基本方法 ······ 360
    5.4.1.2　CFD 在膜过程传递现象研究中
         的应用 ······ 361
  5.4.2　分子模拟技术在膜分离传递过程中
      的应用 ······ 366

    5.4.2.1　蒙特卡罗分子模拟 ············ 366
    5.4.2.2　分子动力学模拟 ············ 367
符号表 ········ 368
参考文献 ········ 370

第 6 章　膜过程的极化现象和膜污染

6.1　概述 ············ 380
6.2　浓差极化 ············ 380
  6.2.1　浓差极化的定义 ············ 380
  6.2.2　浓差极化的危害及用途 ············ 381
    6.2.2.1　浓差极化的危害 ············ 381
    6.2.2.2　浓差极化的用途 ············ 382
  6.2.3　浓差极化的在线监测方法 ············ 382
    6.2.3.1　光学技术 ············ 382
    6.2.3.2　核磁共振技术（NMR） ············ 382
    6.2.3.3　同位素标定技术 ············ 383
    6.2.3.4　超声时域反射技术 ············ 383
  6.2.4　浓差极化的控制方法 ············ 383
    6.2.4.1　改善膜表面的流体力学条件 ············ 383
    6.2.4.2　操作条件的优化 ············ 386
6.3　温差极化 ············ 386
6.4　膜污染 ············ 387
  6.4.1　膜污染的定义 ············ 387
  6.4.2　污染物的种类 ············ 388
  6.4.3　膜污染的影响因素 ············ 388
    6.4.3.1　粒子或溶质尺寸及形态 ············ 389
    6.4.3.2　溶质与膜的相互作用 ············ 389
    6.4.3.3　膜的结构与性质 ············ 389
    6.4.3.4　溶液特性的影响 ············ 390
    6.4.3.5　膜的物理特性 ············ 390
    6.4.3.6　操作参数 ············ 390

  6.4.4　膜污染的研究方法 ············ 391
    6.4.4.1　膜污染的在线监测方法 ············ 391
    6.4.4.2　膜污染的非在线监测方法 ············ 393
  6.4.5　膜污染的数学模型 ············ 393
    6.4.5.1　多孔膜 ············ 393
    6.4.5.2　致密膜 ············ 399
  6.4.6　膜污染的控制方法 ············ 399
    6.4.6.1　料液预处理 ············ 400
    6.4.6.2　膜材料的选择 ············ 401
    6.4.6.3　膜孔径或截留分子量的选择 ············ 402
    6.4.6.4　膜结构选择 ············ 402
    6.4.6.5　膜表面改性 ············ 402
    6.4.6.6　组件结构选择 ············ 402
    6.4.6.7　溶液中盐浓度的控制 ············ 403
    6.4.6.8　溶液温度的控制 ············ 403
    6.4.6.9　溶质浓度、料液流速与压力的
        控制 ············ 403
  6.4.7　膜清洗 ············ 404
    6.4.7.1　要考虑的因素 ············ 404
    6.4.7.2　清洗方法 ············ 405
    6.4.7.3　清洗效果的表征 ············ 406
    6.4.7.4　清洗模型 ············ 407
符号表 ········ 409
参考文献 ········ 409

第 7 章　膜器件

7.1　膜器件分类 ············ 414
  7.1.1　膜器件定义 ············ 414

  7.1.2　膜器件的基本类型 ············ 414
  7.1.3　构成膜器件的基本要素 ············ 414

7.1.3.1 膜 ･･････････ 415

7.1.3.2 支撑物或连接物 416

7.1.3.3 流道 ･･････････ 417

7.1.3.4 密封 ･･･････････ 418

7.1.3.5 外壳 ･･･････････ 418

7.1.3.6 外接口与连接 ･･･ 419

7.2 板框式 ･･･････････ 419

7.2.1 板框式膜组件的特点 419

7.2.2 系紧螺栓式膜组件 ･･･ 423

7.2.3 耐压容器式膜组件 ･･･ 423

7.2.4 褶叠式膜组件 ･･･････ 423

7.2.5 碟片式膜组件 ･･･････ 424

7.2.5.1 碟片式膜组件的特点 ･･･ 425

7.2.5.2 碟片（垫套）式膜组件的应用 ･･･ 426

7.2.6 浸没式膜组件 ･･･････ 427

7.3 圆管式 ･･･････････ 430

7.3.1 圆管式膜组件的特点 431

7.3.2 内压型 ･･･････････ 433

7.3.2.1 内压型单管式 ･････ 433

7.3.2.2 内压型管束式 ･････ 433

7.3.2.3 薄层流道式 ･･････ 434

7.3.3 外压型 ･･･････････ 434

7.3.3.1 外压型单管式 ･････ 434

7.3.3.2 外压型多管式 ･････ 435

7.3.3.3 外压型槽棒式 ･････ 435

7.3.4 无机膜组件 ･･･････ 435

7.4 螺旋卷式 ･･･････････ 437

7.4.1 螺旋卷式膜组件的特点 437

7.4.2 螺旋卷式膜组件的结构 ･･･ 438

7.4.3 制造中应注意的问题 440

7.4.3.1 部件和材料的选择 440

7.4.3.2 膜材料的选择 ････ 440

7.4.3.3 黏结与密封 ･･････ 441

7.4.3.4 其他 ･･･････････ 441

7.5 中空纤维式 ･･･････ 442

7.5.1 中空纤维式膜组件的特点 ･･･ 443

7.5.2 中空纤维式膜组件的排列方式 443

7.5.2.1 轴流型 ･････････ 444

7.5.2.2 径流型 ･････････ 444

7.5.2.3 纤维卷筒型 ･･････ 444

7.5.2.4 帘式型 ･････････ 445

7.5.3 中空纤维式膜组件的结构 ･･･ 445

7.5.3.1 单封头式 ･･･････ 445

7.5.3.2 双封头式 ･･･････ 445

7.5.3.3 可拆卸式 ･･･････ 446

7.5.3.4 浸没式 ･･･････ 446

7.6 电渗析器 ･･･････ 447

7.6.1 电渗析器的结构类型 ･･･ 448

7.6.2 电渗析器的主要部件 ･･･ 448

7.6.2.1 隔板 ･･･････････ 449

7.6.2.2 隔板网 ･･･････ 450

7.6.2.3 锁紧件 ･･･････ 451

7.6.2.4 配水板（框） ･･･ 451

7.6.2.5 保护框 ･･･････ 452

7.6.3 电渗析器结构应具备的条件 452

7.7 实验室用膜设备 ･･･ 452

7.7.1 微滤和超滤装置 ･･･ 452

7.7.1.1 错流过滤器 ･･･････ 453

7.7.1.2 陶瓷过滤元件和系统 ･･･ 454

7.7.2 反渗透/纳滤装置 ･･･ 455

7.7.3 气体渗透和无机膜反应器装置 ･･････ 458

7.8 膜器件设计中应考虑的主要因素 ･･･････ 459

7.8.1 流型与流道 ･･･････ 459

7.8.2 非均匀流动 ･･･････ 461

7.8.3 膜组件性能优化 ･･･ 461

7.8.4 微滤膜组件设计要点 464

7.8.5 反渗透膜组件设计要点 465

7.8.5.1 中空纤维式膜组件 ･･･ 465

7.8.5.2 螺旋卷式膜组件 ･･･ 466

7.8.5.3 反渗透法的基本流程 ･･･ 467

7.8.6 超滤膜组件设计要点 468

7.8.7 渗透汽化膜组件设计要点 ･･･ 468

7.8.7.1 膜下游侧真空度对膜分离性能的影响 ･････ 468

7.8.7.2 温度极化对膜组件结构的影响 ･･･ 469

7.8.7.3 膜渗透流率小对膜组件结构和过程的影响 ･･･ 469

7.8.8 浓差极化 ･･･････ 470

7.8.8.1 浓差极化的危害 ･･･ 470

7.8.8.2 改善浓差极化的对策 ･･････ 470

7.8.9　装填密度 ……………………… 473

7.8.10　密封与粘接 ………………… 474

7.8.11　预处理与清洗 ……………… 475

　7.8.11.1　悬浮固体和胶体的去除 …… 475

　7.8.11.2　微生物（细菌、藻类）的
　　　　　　去除 ………………… 475

　7.8.11.3　可溶性有机物的去除 …… 475

　7.8.11.4　可溶性无机物的去除 …… 476

　7.8.11.5　膜的清洗 ……………… 476

7.9　膜器件的特性比较与发展趋势 … 477

7.9.1　特性比较 …………………… 477

7.9.2　选用原则 …………………… 480

　7.9.2.1　膜过滤系统的选择 ……… 480

　7.9.2.2　膜器件类型的选择 ……… 481

7.9.3　发展趋势 …………………… 483

　7.9.3.1　中空纤维式膜器件的改进 … 483

　7.9.3.2　螺旋卷式膜器件的改进 … 483

　7.9.3.3　平板式膜器件的开发状况 … 485

　7.9.3.4　其他 …………………… 487

7.10　膜器件的规格性能和应用 ……… 488

7.10.1　微滤膜器件的规格性能和应用 … 488

　7.10.1.1　国产微滤膜器件的规格性能
　　　　　　和应用 ……………… 488

　7.10.1.2　国外微滤膜器件的规格和
　　　　　　性能 ………………… 490

　7.10.1.3　微滤膜按行业分类的应用 … 492

　7.10.1.4　发展的微孔过滤应用 ……… 492

7.10.2　超滤膜器件的规格性能和应用 …… 492

　7.10.2.1　国产超滤膜器件的规格和
　　　　　　性能 ………………… 492

　7.10.2.2　国外超滤膜器件的规格和
　　　　　　性能 ………………… 493

　7.10.2.3　各种超滤膜器件的主要
　　　　　　应用 ………………… 503

7.10.3　反渗透膜器件的规格性能和应用 … 503

　7.10.3.1　国产反渗透膜器件的规格和
　　　　　　性能 ………………… 503

　7.10.3.2　国外反渗透膜器件的规格和
　　　　　　性能 ………………… 505

　7.10.3.3　反渗透膜器件的主要应用 … 509

7.10.4　纳滤膜器件的规格和性能 ………… 510

　7.10.4.1　国产纳滤膜器件的规模和
　　　　　　性能 ………………… 510

　7.10.4.2　国外纳滤膜器件的规格和
　　　　　　性能 ………………… 511

7.10.5　电渗析器件的规格性能和应用 …… 513

7.10.6　气体分离膜器件的规格性能和
　　　　应用 ……………………… 515

　7.10.6.1　国产气体分离膜器件的规格
　　　　　　和性能 ……………… 515

　7.10.6.2　国外气体分离膜器件的规格
　　　　　　和性能 ……………… 515

　7.10.6.3　气体分离膜器件的主要应用 … 518

7.10.7　渗透汽化膜器件概况 …………… 519

符号表 …………………………………… 520

参考文献 ………………………………… 520

第 **8** 章　反渗透、正渗透和纳滤

8.1　概述 ……………………………… 524

8.1.1　发展概况 …………………… 524

8.1.2　反渗透、正渗透和纳滤简介 … 525

8.1.3　反渗透膜、正渗透膜和纳滤膜及
　　　　组器件 …………………… 526

8.1.4　反渗透过程的特点和应用 …… 526

8.1.5　正渗透过程的特点和应用 …… 526

8.1.6　纳滤过程的特点和应用 …… 527

8.2　分离机理 ………………………… 527

8.2.1　反渗透分离机理 …………… 527

　8.2.1.1　溶解-扩散模型 ………… 527

　8.2.1.2　优先吸附-毛细孔流动模型 …… 528

　8.2.1.3　形成氢键模型 ………… 530

　8.2.1.4　Donnan 平衡模型 ……… 530

　8.2.1.5　其他分离模型 ………… 531

8.2.2　正渗透分离机理 …………… 531

8.2.3　纳滤分离机理 ……………… 532

8.2.3.1　Donnan 平衡模型 ……………… 532

8.2.3.2　细孔模型 …………………………… 532

8.2.3.3　固定电荷模型 ……………………… 533

8.2.3.4　空间电荷模型 ……………………… 533

8.2.3.5　静电位阻模型 ……………………… 533

8.3　膜及其制备 ………………………………… 533

8.3.1　反渗透膜及其制备 ……………………… 533

8.3.1.1　主要膜材料及其发展概况 ……… 533

8.3.1.2　膜材料的选择 ……………………… 534

8.3.1.3　膜的分类 …………………………… 536

8.3.1.4　非对称反渗透膜的制备和成膜
机理 ……………………………………… 537

8.3.1.5　复合反渗透膜的制备和成膜
机理 ……………………………………… 542

8.3.1.6　不同构型的膜的制备 …………… 545

8.3.1.7　复合膜的制备 ……………………… 546

8.3.2　正渗透膜及其制备 ……………………… 547

8.3.2.1　浸没沉淀膜 ………………………… 547

8.3.2.2　界面聚合复合膜 …………………… 550

8.3.2.3　层层自组装沉积聚电解质膜 … 552

8.3.2.4　其他新型 FO 膜 ………………… 553

8.3.3　纳滤膜及其制备 ………………………… 554

8.3.3.1　相转化法 …………………………… 554

8.3.3.2　界面聚合法 ………………………… 554

8.3.3.3　涂覆法 ……………………………… 555

8.3.3.4　表面改性 …………………………… 555

8.3.3.5　荷正电纳滤膜的制备 …………… 556

8.3.3.6　耐有机溶剂纳滤膜的制备 …… 557

8.4　膜结构与性能表征 ……………………… 560

8.4.1　反渗透膜及纳滤膜结构与性能表征 … 561

8.4.1.1　膜结构与表面性质表征方法 … 561

8.4.1.2　膜性能表征方法 …………………… 565

8.4.1.3　结构和性能的关系 ……………… 566

8.4.2　正渗透膜结构与性能表征 …………… 567

8.4.2.1　正渗透膜基膜的形态与表征 … 567

8.4.2.2　正渗透膜选择层的形态与表征 … 570

8.4.2.3　正渗透膜性能表征 ……………… 574

8.5　膜组器件技术 ……………………………… 575

8.5.1　反渗透膜组器件技术 …………………… 575

8.5.2　正渗透膜组器件技术 …………………… 581

8.5.2.1　板框式组件 ………………………… 581

8.5.2.2　卷式膜组件 ………………………… 583

8.5.2.3　中空纤维式膜组件 ……………… 586

8.5.3　纳滤膜组器件技术 ……………………… 587

8.6　工艺过程设计 ……………………………… 590

8.6.1　反渗透工艺过程设计 …………………… 590

8.6.1.1　系统设计要求 ……………………… 590

8.6.1.2　浓差极化 …………………………… 591

8.6.1.3　溶度积和饱和度 …………………… 594

8.6.1.4　过程基本方程式 …………………… 594

8.6.1.5　工艺流程及其特征方程 ………… 598

8.6.1.6　装置的组件配置和性能 ………… 607

8.6.1.7　基本设计内容和过程 …………… 609

8.6.2　正渗透工艺过程设计 …………………… 611

8.6.2.1　正渗透工艺应用场所 …………… 611

8.6.2.2　正渗透过程汲取液选择 ………… 612

8.6.2.3　正渗透工艺操作模式 …………… 615

8.6.2.4　浓差极化 …………………………… 616

8.6.2.5　正渗透模块设计 …………………… 618

8.6.2.6　正渗透工艺流程设计 …………… 619

8.6.3　纳滤膜工艺过程设计 …………………… 621

8.6.3.1　进水水质 …………………………… 621

8.6.3.2　产品水质和水量 …………………… 621

8.6.3.3　膜和组器的选择 …………………… 621

8.6.3.4　回收率 ……………………………… 621

8.6.3.5　产水量随温度的变化 …………… 622

8.6.3.6　工艺流程 …………………………… 622

8.7　系统与运行 ………………………………… 622

8.7.1　反渗透系统和纳滤系统及其运行 …… 622

8.7.1.1　预处理系统 ………………………… 622

8.7.1.2　反渗透和纳滤装置 ……………… 645

8.7.1.3　辅助设备和主要零部件 ………… 649

8.7.1.4　设备的操作与维修 ……………… 655

8.7.1.5　清洗、再生、消毒和存放技术 … 660

8.7.1.6　计算机监控 ………………………… 666

8.7.2　正渗透系统及其运行 …………………… 670

8.7.2.1　正渗透系统工程应用时的潜在
问题及相应对策 ……………………… 670

8.7.2.2　压力阻尼渗透发电系统实际
运行中的问题及应对策略 ……… 674

8.8　典型应用案例 ……………………………… 676

8.8.1　反渗透典型应用案例 …………………… 676

8.8.1.1　海水淡化 …………………………… 676

8.8.1.2　苦咸水淡化 ………………………… 681

8.8.1.3 纯水和超纯水制备 ………… 683
8.8.1.4 反渗透脱水浓缩 ………… 692
8.8.1.5 反渗透法废液处理 ………… 696
8.8.2 正渗透典型应用案例 ………… 699
8.8.2.1 海水淡化 ………… 700
8.8.2.2 废水处理与纯化 ………… 702
8.8.2.3 应急供水 ………… 705
8.8.2.4 制药工程 ………… 707
8.8.2.5 清洁能源 ………… 707
8.8.3 纳滤典型应用案例 ………… 709
8.8.3.1 市政给水工程 ………… 709
8.8.3.2 市政污水工程 ………… 710
8.8.3.3 纳滤膜软化 ………… 711
8.8.3.4 纳滤纯化和浓缩 ………… 712
8.9 过程经济性 ………… 716
8.9.1 成本考虑的基础 ………… 716
8.9.2 直接投资成本 ………… 717
8.9.3 间接投资成本 ………… 718
8.9.4 操作成本 ………… 718

8.9.5 投资回收成本 ………… 720
8.9.6 评价成本的方法 ………… 720
8.9.7 敏感性分析 ………… 721
8.9.7.1 投资成本的敏感性研究 ………… 722
8.9.7.2 总生产成本与工厂产量的关系 …… 722
8.9.7.3 操作费用敏感性研究 ………… 723
8.9.8 小规模和特种系统 ………… 724
8.9.9 国内外反渗透代表性成本示例 … 725
8.9.10 国内外正渗透代表性成本示例 … 725
8.9.10.1 正渗透脱盐工厂理论成本
分析 ………… 726
8.9.10.2 正渗透脱盐工厂实际运行
成本示例：现代水务公司 …… 727
8.9.10.3 正渗透系统用于处理垃圾渗沥
液成本分析：HTI 公司 …… 728
8.9.11 国内外纳滤代表性成本示例 …… 729
8.10 展望 ………… 730
符号表 ………… 730
参考文献 ………… 732

第 9 章 超滤和微滤

9.1 超滤概述 ………… 746
9.1.1 国内外发展概况 ………… 746
9.1.2 超滤分离的特性和应用范围 … 746
9.1.3 超滤过程的基本原理 ………… 747
9.1.3.1 基本模型 ………… 747
9.1.3.2 表面力-孔流动模型 ………… 747
9.1.3.3 阻塞迁移模型 ………… 748
9.2 超滤膜 ………… 749
9.2.1 超滤膜材料 ………… 749
9.2.1.1 有机高分子材料 ………… 749
9.2.1.2 无机陶瓷材料 ………… 752
9.2.1.3 多孔金属材料 ………… 753
9.2.2 超滤膜的结构与性能表征 …… 753
9.2.2.1 结构表征 ………… 753
9.2.2.2 性能表征 ………… 753
9.2.3 超滤膜的制备方法 ………… 757
9.2.3.1 有机超滤膜的制备方法 ………… 757
9.2.3.2 无机超滤膜的制备方法 ………… 763

9.2.4 制膜设备 ………… 763
9.2.4.1 平板膜制膜设备 ………… 763
9.2.4.2 TIPS 法制中空纤维膜的设备
及工艺流程 ………… 764
9.2.4.3 NIPS 法制超滤膜的设备及工艺
流程 ………… 764
9.2.4.4 双层中空纤维膜制膜设备 …… 765
9.2.4.5 核径迹法制膜设备 ………… 765
9.2.5 膜材料改性 ………… 765
9.2.5.1 膜材料的化学改性方法 …… 766
9.2.5.2 膜材料的物理改性方法 …… 769
9.2.6 超滤膜的保存方法 ………… 769
9.3 超滤膜组件与超滤工艺 ………… 770
9.3.1 超滤膜组件 ………… 770
9.3.2 超滤工艺与装置 ………… 770
9.3.3 超滤过程模拟与计算 ………… 774
9.3.3.1 流体力学基础 ………… 774
9.3.3.2 CFD 求解过程 ………… 778

9.3.3.3　CFD 模拟实例 ……………… 779

9.4　超滤工程设计 ……………………… 781
9.4.1　浓差极化和膜污染 ……………… 781
9.4.1.1　基本原理 …………………… 781
9.4.1.2　浓差极化 …………………… 782
9.4.1.3　膜污染 ………………………… 783
9.4.2　预处理 ………………………… 785
9.4.3　超滤系统工艺流程设计 …………… 787
9.4.3.1　工艺流程 …………………… 787
9.4.3.2　UF 浓缩 …………………… 787
9.4.3.3　UF 精制 …………………… 788
9.4.3.4　UF 集成技术 ………………… 788
9.4.3.5　UF 工艺参数的选择（基本
概念） …………………… 789
9.4.3.6　超滤工程举例 ……………… 791

9.5　超滤装置的操作参数 ……………… 793
9.5.1　流速 ……………………………… 793
9.5.2　操作压力及压力降 …………… 793
9.5.3　回收比和浓缩水排放量 ……… 793
9.5.4　工作温度 ……………………… 794

9.6　超滤系统的运行管理 ……………… 794
9.6.1　预处理系统 …………………… 794
9.6.1.1　预处理的意义 ……………… 794
9.6.1.2　预处理工艺和设备 ………… 794
9.6.2　物理清洗法 …………………… 797
9.6.3　化学清洗法 …………………… 798
9.6.4　配套设备与维修保养 ………… 799
9.6.4.1　配套设备 …………………… 799
9.6.4.2　操作管理与维修保养 ……… 800

9.7　超滤技术的应用 …………………… 801
9.7.1　净化 ……………………………… 801
9.7.1.1　制水工业 …………………… 801
9.7.1.2　无菌液体食品制造 ………… 802
9.7.1.3　医疗医药方面的应用 ……… 803
9.7.2　浓缩 ……………………………… 803
9.7.2.1　在食品、发酵工业中的应用 … 803
9.7.2.2　在乳品工业中的应用 ……… 804
9.7.2.3　在医疗方面的应用 ………… 804
9.7.2.4　在生物制剂方面的应用 …… 805
9.7.3　废水处理 ……………………… 806
9.7.3.1　肉类加工厂废弃物处理 …… 806
9.7.3.2　在豆制品工业中的应用 …… 806

9.7.3.3　在涂装工业中的应用 ……… 807
9.7.3.4　纤维工业废水处理 ………… 808
9.7.3.5　选矿废水处理 ……………… 808
9.7.3.6　电镀废水处理 ……………… 809
9.7.4　其他应用 ……………………… 809

9.8　微滤 ………………………………… 810
9.8.1　国内外发展概况 ……………… 810
9.8.2　微孔滤膜的主要特性和应用概述 … 811
9.8.3　微孔滤膜的材质、品种和规格 … 812

9.9　微孔膜过滤的分离机理 …………… 813
9.9.1　并流微过滤 …………………… 814
9.9.1.1　表面过滤机理 ……………… 814
9.9.1.2　深层过滤机理 ……………… 817
9.9.2　错流微过滤 …………………… 819
9.9.2.1　浓差极化机理 ……………… 819
9.9.2.2　惯性提升基理 ……………… 820
9.9.2.3　错流微过滤的过渡态 ……… 821

9.10　微孔滤膜的制备 ………………… 822
9.10.1　相转化法 …………………… 822
9.10.1.1　非溶剂致相分离法 ……… 822
9.10.1.2　热致相分离法及反向热致相
分离法 ………………… 823
9.10.2　熔融拉伸法 ………………… 823
9.10.3　烧结法 ……………………… 823
9.10.4　核径迹法 …………………… 824

9.11　微孔滤膜的结构和理化性能
测定 ……………………………… 824
9.11.1　一般性能测定 ……………… 826
9.11.1.1　外观检查 ………………… 826
9.11.1.2　厚度测定 ………………… 826
9.11.1.3　通量测定 ………………… 827
9.11.2　微孔滤膜孔性能测定 ……… 827
9.11.2.1　起泡点压力 ……………… 827
9.11.2.2　平均孔径测定 …………… 828
9.11.2.3　孔径分布测定 …………… 829
9.11.2.4　孔隙率测定 ……………… 830
9.11.3　微孔滤膜化学兼容性能测试 … 831
9.11.4　微孔滤膜可提取物测定 …… 831
9.11.5　微孔滤膜生物安全性 ……… 832

9.12　微孔膜过滤器 …………………… 832
9.12.1　概述 ………………………… 832
9.12.2　平板式微孔膜过滤器 ……… 832

9.12.3　筒式微孔膜过滤器 ················ 833
9.12.4　实验室用微孔膜过滤器 ········· 835
9.12.5　选择过滤器需要注意的几个因素 ··· 835
9.13　微孔膜过滤技术的应用 ········· 835
9.13.1　概述 ···································· 835
9.13.2　微孔膜过滤在制药工业中的应用 ······ 836
9.13.3　微孔膜过滤在医疗卫生中的应用 ···································· 837
9.13.4　微孔膜过滤在实验室研究与分析检测中的应用 ··············· 838
9.13.5　微孔膜过滤在食品工业中的应用 ··· 841

9.13.6　微孔膜过滤在电子工业中的应用 ······ 842
9.13.7　微孔膜过滤在石油天然气开采中的应用 ··························· 844
9.13.8　微孔膜过滤在电力工业中的应用 ··· 845
9.13.9　微孔膜过滤在航天工业中的应用 ······ 845
9.13.10　微孔膜过滤在水处理中的应用 ··· 845
9.13.11　微孔膜过滤在民用保健等方面的应用 ··························· 846

符号表 ·· 847
参考文献 ······································· 848

第 **10** 章　渗析

10.1　概述 ······································ 858
10.2　渗析膜 ··································· 859
10.2.1　渗析膜的结构 ···················· 859
10.2.1.1　膜的形态 ················· 860
10.2.1.2　膜的孔径和孔隙率 ····· 860
10.2.2　渗析膜的材质 ···················· 860
10.2.2.1　荷电膜 ···················· 860
10.2.2.2　非荷电膜 ················· 860
10.2.3　渗析膜的理化性能及其表征 ··· 862
10.2.3.1　传质阻力 ················· 862
10.2.3.2　溶质透过系数 ············ 863
10.2.3.3　过滤系数 ················· 864
10.2.3.4　含水率 ···················· 864
10.2.3.5　渗析效率有关参数 ······ 864
10.2.3.6　膜的机械强度测试 ····· 865
10.2.4　透析膜生物相容性及其相关指标 ······ 865
10.2.4.1　对血细胞的影响 ········ 866
10.2.4.2　对补体系统的激活 ····· 866
10.2.4.3　对凝血系统的影响 ····· 867
10.2.4.4　对免疫系统的影响 ····· 867
10.3　渗析原理和过程 ·················· 868
10.3.1　溶解-扩散模型 ················· 868
10.3.2　多孔模型 ·························· 869
10.3.2.1　多孔-流动（PF）模型 ········ 869
10.3.2.2　改进的表面力-多孔流动

（MD-SF-PF）模型 ··········· 870
10.3.3　渗透导管中的层流传质 ········· 871
10.3.4　渗析中的传质参数 ·············· 873
10.3.5　血液透析中的传质过程 ········· 875
10.3.5.1　溶质清除原理 ············ 876
10.3.5.2　水的清除原理 ············ 878
10.4　渗析膜组件设计 ·················· 879
10.4.1　渗（透）析器的设计 ·············· 879
10.4.1.1　概述 ························ 879
10.4.1.2　纤维尺寸和数目 ········ 879
10.4.1.3　流动样式 ················· 880
10.4.1.4　壳侧压降 ················· 881
10.4.1.5　总传质性能预测 ········ 881
10.4.1.6　膜组件设计 ·············· 883
10.4.2　血液净化膜及透析器 ··········· 883
10.4.2.1　血液净化膜 ·············· 883
10.4.2.2　血液透析器 ·············· 886
10.4.3　其他渗（透）析器 ·············· 889
10.4.3.1　工业用渗析器 ············ 889
10.4.3.2　实验室用透析装置 ····· 891
10.4.4　过程和系统设计 ·················· 892
10.4.4.1　间歇式 ···················· 892
10.4.4.2　多级操作 ················· 893
10.4.4.3　连续逆流操作 ············ 894
10.5　渗析的应用 ························· 895

10.5.1 工业应用 …………………………………… 895
10.5.2 生物医学应用 ……………………………… 895
10.5.2.1 血液透析 ……………………… 896
10.5.2.2 血液滤过（hemofiltration,
HF） …………………………… 903
10.5.2.3 血液灌流（hemoperfusin,
HP） …………………………… 906
10.5.2.4 血浆分离 ……………………… 907

10.5.2.5 其他生物医学应用 ………… 909
10.5.3 市场及成本控制 ……………………… 909
10.5.3.1 概述 …………………………… 909
10.5.3.2 渗析法净化水成本估算 …… 909
10.5.3.3 人工肾透析的成本估算 …… 910
符号表 ………………………………………… 911
参考文献 ……………………………………… 912

第 11 章　离子交换膜过程

11.1　概述 ………………………………………… 916
11.1.1　离子交换膜发展概况 ………………… 916
11.1.2　离子交换膜应用简介 ………………… 917
11.1.2.1　扩散渗析 ……………………… 917
11.1.2.2　电渗析 ………………………… 917
11.1.2.3　双极膜电渗析 ………………… 921
11.1.2.4　电纳滤 ………………………… 924
11.1.2.5　膜电解 ………………………… 925
11.1.2.6　燃料电池 ……………………… 926
11.1.2.7　液流电池 ……………………… 927
11.2　基础理论 …………………………………… 929
11.2.1　Donnan 平衡理论 ……………………… 929
11.2.2　电渗析传质过程理论 …………………… 931
11.2.3　电渗析过程极化 ………………………… 935
11.2.3.1　极化电流公式的推导 ………… 935
11.2.3.2　极化现象的研究方法 ………… 939
11.2.3.3　极化现象的解释 ……………… 947
11.2.3.4　影响极化电流的因素 ………… 950
11.2.4　双极膜水解离理论 ……………………… 952
11.3　离子交换膜制备 …………………………… 955
11.3.1　离子交换膜基本性能参数及表征 …… 955
11.3.1.1　离子交换膜常规参数及表征
方法 …………………………… 955
11.3.1.2　燃料电池隔膜表征方法 ……… 959
11.3.1.3　液流电池隔膜表征方法 ……… 959
11.3.2　异相膜制备 ……………………………… 962
11.3.3　半均相膜制备 …………………………… 962
11.3.4　均相膜制备 ……………………………… 963
11.3.5　双极膜制备方法 ………………………… 965

11.3.6　液流电池隔膜制备方法 ……………… 968
11.3.6.1　液流电池概述 ………………… 968
11.3.6.2　液流电池隔膜特征 …………… 968
11.3.6.3　液流电池隔膜分类与制备
方法 …………………………… 968
11.3.7　全氟磺酸膜制备方法 …………………… 970
11.3.8　燃料电池膜制备方法 …………………… 971
11.3.8.1　燃料电池离子交换膜的功能及
要求 …………………………… 971
11.3.8.2　燃料电池用离子交换膜的种类
及结构 ………………………… 972
11.3.8.3　膜的关键参数指标 …………… 975
11.3.8.4　膜的制备及其离子传递通道的
优化方法 ……………………… 976
11.3.8.5　膜的稳定性 …………………… 978
11.3.9　商品化离子交换膜 ……………………… 979
11.4　离子交换膜装置及工艺设计 ……… 982
11.4.1　扩散渗析器 ……………………………… 982
11.4.1.1　概述 …………………………… 982
11.4.1.2　扩散渗析膜 …………………… 982
11.4.1.3　扩散渗析效率有关参数 ……… 983
11.4.1.4　板框式扩散渗析器 …………… 984
11.4.1.5　螺旋卷式扩散渗析器 ………… 984
11.4.2　扩散渗析工艺设计 ……………………… 985
11.4.3　电渗析器 ………………………………… 987
11.4.3.1　压滤型电渗析器结构 ………… 987
11.4.3.2　电渗析器水力学设计 ………… 988
11.4.3.3　电渗析电极 …………………… 992
11.4.3.4　电渗析器组装方式 …………… 996

11.4.4　电渗析工艺设计 ·············· 997
11.4.4.1　基础计算式 ············· 997
11.4.4.2　极限电流密度的确定 ········ 999
11.4.4.3　常用流程及计算式 ········· 1004
11.4.4.4　原水的利用 ············· 1006
11.4.4.5　EDR 装置 ·············· 1010
11.4.4.6　预处理 ··············· 1013
11.4.4.7　电渗析脱盐场地的布置 ····· 1015

11.5　离子交换膜应用 ············· 1017
11.5.1　水处理及回用 ·············· 1017
11.5.1.1　天然水脱盐 ············· 1017
11.5.1.2　海水淡化 ·············· 1022
11.5.1.3　纯水制备 ·············· 1023
11.5.1.4　酸碱废液处理 ··········· 1025
11.5.1.5　煤化工废水处理 ·········· 1028
11.5.2　物料脱盐 ················ 1030
11.5.2.1　氨基酸脱盐 ············· 1031
11.5.2.2　酱油脱盐 ·············· 1033
11.5.3　清洁生产 ················ 1034
11.5.4　能源转化与储能技术领域的应用 ··· 1040
11.5.4.1　能源转换与储能用膜概述 ··· 1040
11.5.4.2　燃料电池 ·············· 1042
11.5.4.3　全钒液流电池 ··········· 1044

11.5.4.4　电解水制氢过程 ·········· 1046
11.5.4.5　反向电渗析浓差发电过程 ··· 1047
11.5.4.6　氯碱电解过程 ··········· 1048

11.6　离子交换膜过程发展动向 ······· 1050
11.6.1　发展现状 ················ 1050
11.6.1.1　水处理及回用 ··········· 1050
11.6.1.2　物料脱盐 ·············· 1051
11.6.1.3　清洁生产 ·············· 1051
11.6.1.4　能源转化和储能 ·········· 1051
11.6.2　发展趋势 ················ 1052
11.6.2.1　系列化均相膜研究开发 ····· 1052
11.6.2.2　用于电池的新型电解质膜
开发 ··············· 1052
11.6.2.3　自具微孔离子膜的开发和
应用 ··············· 1052
11.6.2.4　一/二价离子选择性分离膜的
开发 ··············· 1052
11.6.2.5　双极膜技术 ············· 1053
11.6.2.6　离子交换膜成套装置的优化 ··· 1053
11.6.2.7　离子交换膜应用新体系 ····· 1053

符号表 ···················· 1053

参考文献 ·················· 1055

第 12 章　气体膜分离过程

12.1　引言 ·················· 1068
12.1.1　气体膜分离特点 ············· 1068
12.1.2　气体膜分离现状 ············· 1069
12.1.2.1　主要气体膜分离过程 ········ 1069
12.1.2.2　多种分离工艺集成过程 ····· 1070
12.2　气体分离膜材料及分离原理 ····· 1072
12.2.1　膜分类 ················· 1072
12.2.2　气体分离膜材料（按材料化学
分类） ·············· 1073
12.2.2.1　有机高分子膜材料 ········ 1073
12.2.2.2　无机材料 ·············· 1079
12.2.2.3　有机微孔聚合物材料 ······· 1080
12.2.2.4　有机无机杂化膜 ·········· 1081
12.2.2.5　促进传递膜 ············· 1081

12.2.3　气体分离膜材料（按分离过程
分类） ·············· 1082
12.2.3.1　H_2 回收 ·············· 1082
12.2.3.2　天然气中 He 回收 ········· 1082
12.2.3.3　O_2/N_2 分离 ··········· 1083
12.2.3.4　CO_2 分离 ············· 1085
12.2.3.5　空气及天然气脱湿 ········ 1089
12.2.3.6　VOCs 回收 ············· 1090
12.2.3.7　$C_4 \sim C_8$ 同分异构体的分离 ····· 1090
12.2.3.8　烯烃/烷烃分离 ··········· 1091
12.2.4　气体膜分离原理 ············· 1091
12.2.4.1　分子流及黏性流 ·········· 1091
12.2.4.2　表面扩散流 ············· 1093
12.2.4.3　毛细管凝聚机理 ·········· 1095

12. 2. 4. 4　分子筛分机理 …………… 1095
12. 2. 4. 5　溶解-扩散机理 …………… 1096
12. 2. 4. 6　双吸附-双迁移机理 ……… 1102
12. 2. 4. 7　复合膜传质机理 …………… 1107
12. 2. 4. 8　混合基质膜气体渗透机理 … 1108
12. 2. 4. 9　促进传递机理 …………… 1108

12. 3　气体分离膜制造方法 ………… 1112
12. 3. 1　烧结法 ……………………… 1113
12. 3. 2　拉伸法 ……………………… 1113
12. 3. 3　熔融法 ……………………… 1113
12. 3. 4　核径迹法 …………………… 1113
12. 3. 5　水面展开法 ………………… 1114
12. 3. 6　相转化法 …………………… 1114
12. 3. 6. 1　蒸汽诱导相分离法 ……… 1114
12. 3. 6. 2　溶剂蒸发凝胶法 ………… 1115
12. 3. 6. 3　热致相分离法 …………… 1115
12. 3. 6. 4　湿法制膜 ……………… 1117
12. 3. 6. 5　干法制膜 ……………… 1117
12. 3. 6. 6　干-湿法制膜 …………… 1117
12. 3. 6. 7　双浴法制膜 …………… 1121
12. 3. 6. 8　共挤出法制膜 …………… 1122
12. 3. 7　包覆法 ……………………… 1123
12. 3. 8　界面聚合法复合膜制造方法 … 1124
12. 3. 8. 1　界面聚合制膜原理及其特点 … 1124
12. 3. 8. 2　界面聚合法在气体分离膜
制备中的应用 ……………… 1125
12. 3. 8. 3　界面聚合成膜机理研究进展 … 1125
12. 3. 9　炭膜制备方法 ………………… 1126
12. 3. 10　热致重排聚合物膜制备方法 …… 1127
12. 3. 11　混合基质膜制备方法 ………… 1129
12. 3. 12　气体分离膜制造工艺 ………… 1130
12. 3. 12. 1　平板膜制造工艺 ………… 1130
12. 3. 12. 2　中空纤维膜制造工艺 …… 1132
12. 3. 12. 3　膜制备过程的主要影响
因素 ………………………… 1133
12. 3. 12. 4　支撑层孔结构形成机理 … 1139

12. 4　相转化成膜机理 ……………… 1141
12. 4. 1　铸膜液体系热力学 ………… 1141
12. 4. 2　铸膜液在蒸发过程传质动力学 … 1153
12. 4. 3　铸膜液在沉浸过程传质动力学 … 1155
12. 4. 4　传质动力学模型应用实例 ……… 1160

12. 5　气体分离膜结构及性能表征 …… 1163

12. 5. 1　分离膜结构 ………………… 1163
12. 5. 1. 1　膜孔径 ………………… 1163
12. 5. 1. 2　膜孔隙率 ……………… 1164
12. 5. 1. 3　膜厚 …………………… 1165
12. 5. 2　分离膜形貌表征技术 ………… 1165
12. 5. 3　分离膜结构表征方法 ………… 1166
12. 5. 4　分离膜性能 ………………… 1169
12. 5. 4. 1　溶解度系数 …………… 1169
12. 5. 4. 2　扩散系数 ……………… 1171
12. 5. 4. 3　渗透系数 ……………… 1172
12. 5. 4. 4　理想分离系数 …………… 1175
12. 5. 5　中空纤维膜耐压性能 ………… 1175
12. 5. 6　影响分离膜性能的其他重要因素 … 1176
12. 5. 6. 1　膜耐热性 ……………… 1176
12. 5. 6. 2　膜寿命 ………………… 1176
12. 5. 6. 3　玻璃态聚合物膜的塑化现象 … 1178
12. 5. 6. 4　原料气中杂质影响 ……… 1180
12. 5. 6. 5　膜的应用条件 …………… 1181
12. 5. 6. 6　膜材料的加工性能 ……… 1182

12. 6　膜分离器 ……………………… 1182
12. 6. 1　引言 ………………………… 1182
12. 6. 2　流型 ………………………… 1184
12. 6. 3　螺旋卷式分离器 ……………… 1185
12. 6. 4　中空纤维式分离器 …………… 1186
12. 6. 5　叠片式分离器 ………………… 1189

12. 7　分离器的模型化及过程设计 …… 1191
12. 7. 1　分离器的设计模型 ………… 1191
12. 7. 1. 1　渗透速率方程和有关定义 … 1191
12. 7. 1. 2　影响膜分离结果的几个重要
因素 ………………………… 1194
12. 7. 1. 3　中空纤维式分离器用于二组分
分离的严格算法 …………… 1197
12. 7. 1. 4　二组分分离的简化算法 …… 1202
12. 7. 1. 5　中空纤维膜分离器用于多组分
分离的模型化 ……………… 1205
12. 7. 1. 6　中空纤维膜分离器的设计型
计算 ………………………… 1207
12. 7. 1. 7　两组分分离螺旋卷式分离器的
模型化 ……………………… 1208
12. 7. 2　化工计算软件在膜过程中的应用 …… 1209
12. 7. 3　膜分离及其耦合流程的设计方法 …… 1210
12. 7. 3. 1　流程设计优化的判据 ……… 1210

12.7.3.2 多级膜流程结构优化设计 ⋯ 1214
12.7.3.3 含烃石化尾气复杂体系膜
        耦合流程设计 ⋯⋯⋯⋯ 1216

12.8 应用 ⋯⋯⋯⋯⋯⋯⋯⋯⋯⋯ 1222
12.8.1 氢的分离与回收 ⋯⋯⋯⋯⋯ 1222
    12.8.1.1 合成氨中氢的分离与回收 ⋯ 1222
    12.8.1.2 煤制甲醇中氢的分离与回收 ⋯ 1224
    12.8.1.3 炼厂气的氢气和轻烃回收 ⋯ 1225
    12.8.1.4 其他含氢气体中氢的分离 ⋯ 1227
12.8.2 氦的分离与回收 ⋯⋯⋯⋯⋯ 1229
12.8.3 膜法富氧与富氮 ⋯⋯⋯⋯⋯ 1232
    12.8.3.1 膜法制富氧空气的操作方式 ⋯ 1232
    12.8.3.2 医疗用富氧机 ⋯⋯⋯⋯ 1232
    12.8.3.3 氧吧空调 ⋯⋯⋯⋯⋯ 1233
    12.8.3.4 富氧助燃 ⋯⋯⋯⋯⋯ 1233
    12.8.3.5 经济性分析 ⋯⋯⋯⋯⋯ 1235
    12.8.3.6 膜法富氮 ⋯⋯⋯⋯⋯ 1235

12.8.4 二氧化碳的分离 ⋯⋯⋯⋯⋯ 1239
    12.8.4.1 天然气脱 CO_2 ⋯⋯⋯⋯ 1239
    12.8.4.2 沼气脱 CO_2 ⋯⋯⋯⋯ 1241
    12.8.4.3 烟道气捕集 CO_2 ⋯⋯⋯ 1244
12.8.5 天然气及空气脱湿 ⋯⋯⋯⋯ 1246
    12.8.5.1 天然气脱湿 ⋯⋯⋯⋯⋯ 1246
    12.8.5.2 空气脱湿 ⋯⋯⋯⋯⋯ 1247
12.8.6 有机蒸气膜法脱除与回收 ⋯ 1249
    12.8.6.1 工艺流程 ⋯⋯⋯⋯⋯ 1250
    12.8.6.2 操作参数对分离性能的影响 ⋯ 1254
    12.8.6.3 膜法与吸收等传统方法的
            比较 ⋯⋯⋯⋯⋯⋯ 1255
12.8.7 膜法气/液分离 ⋯⋯⋯⋯⋯ 1256
12.8.8 体外膜肺氧合 ⋯⋯⋯⋯⋯ 1259
符号表 ⋯⋯⋯⋯⋯⋯⋯⋯⋯⋯⋯ 1262
参考文献 ⋯⋯⋯⋯⋯⋯⋯⋯⋯⋯ 1265

第 **13** 章　气固分离膜

13.1 概述 ⋯⋯⋯⋯⋯⋯⋯⋯⋯⋯ 1294
13.1.1 气固分离膜的发展现状 ⋯⋯ 1294
13.1.2 气固分离膜的结构 ⋯⋯⋯⋯ 1294
13.1.3 主要应用领域 ⋯⋯⋯⋯⋯ 1296
13.2 气固分离膜材料与制备方法 ⋯⋯ 1296
13.2.1 有机膜材料 ⋯⋯⋯⋯⋯⋯ 1296
    13.2.1.1 聚四氟乙烯膜 ⋯⋯⋯⋯ 1296
    13.2.1.2 纳米纤维膜 ⋯⋯⋯⋯⋯ 1296
13.2.2 金属膜材料 ⋯⋯⋯⋯⋯⋯ 1297
13.2.3 陶瓷膜材料 ⋯⋯⋯⋯⋯⋯ 1298
    13.2.3.1 碳化硅膜 ⋯⋯⋯⋯⋯ 1298
    13.2.3.2 陶瓷纤维膜 ⋯⋯⋯⋯⋯ 1299
13.2.4 气固分离膜的主要制备方法 ⋯ 1300
    13.2.4.1 双向拉伸法制备 PTFE 膜 ⋯ 1300
    13.2.4.2 纳米纺丝法 ⋯⋯⋯⋯⋯ 1300
    13.2.4.3 烧结助剂法 ⋯⋯⋯⋯⋯ 1302
    13.2.4.4 铸造法 ⋯⋯⋯⋯⋯⋯ 1302
13.3 气固分离原理 ⋯⋯⋯⋯⋯⋯ 1303
13.3.1 粉尘分离原理 ⋯⋯⋯⋯⋯ 1303
    13.3.1.1 惯性碰撞 ⋯⋯⋯⋯⋯ 1304

13.3.1.2 直接拦截 ⋯⋯⋯⋯⋯ 1304
    13.3.1.3 扩散效应 ⋯⋯⋯⋯⋯ 1305
    13.3.1.4 重力沉降 ⋯⋯⋯⋯⋯ 1305
    13.3.1.5 静电效应 ⋯⋯⋯⋯⋯ 1306
    13.3.1.6 各种分离机理的协同效应 ⋯ 1306
13.3.2 影响气体过滤的因素 ⋯⋯⋯ 1307
    13.3.2.1 颗粒物的影响 ⋯⋯⋯⋯ 1307
    13.3.2.2 气体性质的影响 ⋯⋯⋯⋯ 1308
    13.3.2.3 操作条件的影响 ⋯⋯⋯⋯ 1308
13.4 气固分离膜的性能评价 ⋯⋯⋯ 1309
13.4.1 微结构表征 ⋯⋯⋯⋯⋯⋯ 1309
    13.4.1.1 孔径 ⋯⋯⋯⋯⋯⋯⋯ 1309
    13.4.1.2 孔隙率 ⋯⋯⋯⋯⋯⋯ 1309
    13.4.1.3 厚度 ⋯⋯⋯⋯⋯⋯⋯ 1310
13.4.2 膜材料稳定性 ⋯⋯⋯⋯⋯ 1310
    13.4.2.1 热膨胀性 ⋯⋯⋯⋯⋯ 1310
    13.4.2.2 化学稳定性 ⋯⋯⋯⋯⋯ 1311
13.4.3 气固分离性能 ⋯⋯⋯⋯⋯ 1311
    13.4.3.1 分离效率 ⋯⋯⋯⋯⋯ 1311
    13.4.3.2 穿透率或截留率 ⋯⋯⋯⋯ 1311

13.4.3.3　净化系数 ･･･････････ 1312

13.4.3.4　过滤阻力 ･･･････････ 1312

13.5　气固分离膜装备 ･･･････････ 1312

13.5.1　终端过滤模式 ･･･････････ 1312

13.5.2　壁流过滤模式 ･･･････････ 1314

13.5.3　错流过滤模式 ･･･････････ 1315

13.6　典型应用案例 ･･･････････････ 1315

13.6.1　室内空气净化 ･･･････････ 1315

13.6.1.1　家用空气净化器 ･･････････ 1316

13.6.1.2　洁净空间 ･･･････････ 1316

13.6.2　工业尾气净化 ･･･････････ 1317

13.6.2.1　概述 ･･････････････ 1317

13.6.2.2　燃煤锅炉尾气净化 ･･････････ 1317

13.6.2.3　煅烧炉尾气净化 ･･････････ 1318

13.6.2.4　焚烧炉尾气净化 ･･････････ 1319

13.6.3　工业烟气净化 ･･･････････ 1320

13.6.3.1　IGCC 烟气净化 ････････ 1320

13.6.3.2　多晶硅烟气净化 ･･････････ 1321

13.6.4　气体中超细颗粒回收 ････････ 1321

13.6.4.1　染料生产 ･･････････ 1321

13.6.4.2　钛白粉回收 ･･････････ 1322

13.6.4.3　催化剂回收 ･･････････ 1323

符号表 ･･････････････････ 1324

参考文献 ･･････････････････ 1324

第 **14** 章　渗透汽化

14.1　概述 ･･････････････････ 1330

14.1.1　过程简介 ･････････････ 1330

14.1.2　过程特点和适用领域 ････････ 1332

14.2　基本理论 ･･････････････ 1332

14.2.1　基本原理和主要操作指标 ････ 1332

14.2.2　推动力和传递过程 ･･･････ 1334

14.2.3　组分在膜中的溶解和传递过程 ･･･ 1335

14.2.3.1　溶解平衡 ･･････････ 1335

14.2.3.2　扩散过程 ･･････････ 1339

14.2.3.3　非平衡溶解扩散模型 ･･･････ 1340

14.2.4　液相主体到膜面的传递过程 ･･･ 1340

14.2.5　影响过程的因素 ･･･････････ 1341

14.3　渗透汽化膜 ･････････････ 1344

14.3.1　渗透汽化膜和膜材料 ･･････ 1344

14.3.1.1　膜的种类 ･･････････ 1344

14.3.1.2　渗透汽化膜性能的测定 ･････ 1344

14.3.2　渗透汽化膜的制造 ･･･････ 1345

14.4　渗透汽化膜器 ････････････ 1345

14.4.1　概述 ･････････････････ 1345

14.4.2　渗透汽化膜组件示例 ･･････ 1346

14.5　过程设计 ･･････････････ 1347

14.5.1　流程与工艺条件的确定 ･･･････ 1347

14.5.1.1　典型流程 ･･････････ 1347

14.5.1.2　主要工艺条件 ･･････････ 1348

14.5.1.3　膜组件的流程 ･･････････ 1349

14.5.1.4　操作方式 ･･････････ 1350

14.5.2　进行过程设计的实验依据 ･･･ 1350

14.5.3　膜面积的计算 ･･･････････ 1351

14.5.4　过程的热衡算 ･･･････････ 1352

14.5.5　膜组件内的流动阻力 ･･････ 1352

14.5.6　渗透汽化过程的附属设备 ････ 1352

14.5.7　过程优化和强化 ･･･････････ 1353

14.5.8　原料的预处理和膜的清洗 ････ 1353

14.6　应用 ･･････････････････ 1353

14.6.1　概述 ･････････････････ 1353

14.6.2　有机物脱水 ･･･････････ 1353

14.6.2.1　恒沸液的脱水 ･･････････ 1354

14.6.2.2　非恒沸液的脱水 ･･････････ 1356

14.6.3　水中有机物的脱除 ･･･････ 1358

14.6.4　有机物的分离 ･･･････････ 1361

14.6.5　蒸气渗透 ･･･････････････ 1361

14.6.6　与其他过程的联合应用 ･･････ 1364

14.7　回顾与展望 ･････････････ 1364

符号表 ･･････････････････ 1365

参考文献 ･･････････････････ 1366

第 15 章 液膜

15.1 引言 ……………………………………… 1372

15.2 概述 …………………………………………… 1373

15.2.1 定义与特征 ………………………… 1373

15.2.2 液膜构型 …………………………… 1374

15.2.3 液膜传质机理 ……………………… 1378

15.3 乳化液膜 …………………………………… 1382

15.3.1 制乳 ………………………………… 1382

15.3.1.1 膜配方 …………………… 1382

15.3.1.2 乳液制备 ………………… 1390

15.3.1.3 乳化液膜体系 …………… 1392

15.3.2 分散、提取与泄漏、溶胀 ……… 1394

15.3.2.1 分散操作方式 …………… 1394

15.3.2.2 乳状液球直径 …………… 1395

15.3.2.3 提取 ……………………… 1396

15.3.2.4 泄漏 ……………………… 1401

15.3.2.5 溶胀 ……………………… 1402

15.3.3 破乳 ………………………………… 1405

15.3.3.1 破乳的主要方法 ………… 1405

15.3.3.2 静电破乳 ………………… 1407

15.3.3.3 膜法破乳 ………………… 1413

15.3.3.4 冷冻解冻法破乳 ………… 1414

15.4 支撑液膜 …………………………………… 1416

15.4.1 支撑液膜的类型 …………………… 1416

15.4.1.1 平板型支撑液膜 ………… 1416

15.4.1.2 中空纤维管型支撑液膜 … 1417

15.4.1.3 其他类型支撑液膜 ……… 1417

15.4.1.4 支撑体材料 ……………… 1418

15.4.1.5 膜液 ……………………… 1419

15.4.2 支撑液膜传质推动力——热力学
问题 ………………………………… 1421

15.4.2.1 耦合传输过程的亲和能 … 1421

15.4.2.2 相界面的热力学性质 …… 1422

15.4.3 支撑液膜的传质动力学 ………… 1423

15.4.3.1 平板型支撑液膜的传质动
力学 ………………………… 1423

15.4.3.2 中空纤维管支撑液膜的传质
动力学 …………………… 1426

15.4.4 支撑液膜工程问题 ……………… 1429

15.4.4.1 支撑液膜不稳定的原因 …… 1429

15.4.4.2 支撑液膜稳定性改进措施 … 1431

15.5 Pickering 液膜 …………………………… 1433

15.5.1 Pickering 液膜配方 ……………… 1433

15.5.2 Pickering 液膜稳定机制及影响
因素 ………………………………… 1434

15.5.2.1 Pickering 液膜稳定机制…… 1434

15.5.2.2 Pickering 液膜稳定性影响
因素 ……………………… 1435

15.5.3 Pickering 液膜的制备方法……… 1438

15.5.4 Pickering 液膜的破乳 …………… 1439

15.5.4.1 Pickering 乳液破乳过程 … 1439

15.5.4.2 Pickering 乳液破乳方法… 1440

15.6 液膜应用 …………………………………… 1442

15.6.1 湿法冶金 …………………………… 1442

15.6.1.1 铀的分离 ………………… 1442

15.6.1.2 稀土元素的分离与回收 … 1443

15.6.1.3 金的提取 ………………… 1444

15.6.2 废水处理 …………………………… 1444

15.6.2.1 含酚废水处理 …………… 1444

15.6.2.2 含氨废水处理 …………… 1446

15.6.2.3 废水中重金属去除和贵金属
回收 ……………………… 1446

15.6.3 气体和烃类混合物分离 ………… 1447

15.6.3.1 O_2/N_2 分离 …………… 1447

15.6.3.2 酸性气体分离 …………… 1448

15.6.3.3 烃类混合物分离 ………… 1448

15.6.4 其他应用 …………………………… 1448

15.6.4.1 生物制品提取 …………… 1448

15.6.4.2 生物脱毒与药物释放 …… 1449

15.6.4.3 微球颗粒制备 …………… 1449

15.6.5 Pickering 液膜在不同领域的
应用 ………………………………… 1450

15.6.5.1 Pickering 乳液在石油行业中
的应用 …………………… 1450

15.6.5.2 Pickering 乳液用于复合材料
制备 ……………………… 1452

15.6.5.3 Pickering 乳液在药物载体

制备方面的应用 ·········· 1454

　15.6.5.4　Pickering 乳液在食品中的

　　　　　　应用 ·············· 1456

15.7　液膜新进展 ············· 1460

　15.7.1　流动液膜（包容液膜）分离 ······ 1460

15.7.2　液体薄膜渗透萃取 ············ 1461

15.7.3　静电式准液膜分离 ············ 1461

15.7.4　内耦合萃反交替分离 ·········· 1463

符号表 ··················· 1464

参考文献 ··················· 1466

第 16 章　膜反应器

16.1　概述 ················· 1492

　16.1.1　膜反应器的定义和特征 ·········· 1494

　16.1.2　膜反应器中膜的功能 ··········· 1495

　　16.1.2.1　膜的分离功能 ·········· 1495

　　16.1.2.2　膜的载体功能 ·········· 1496

　　16.1.2.3　膜的分隔功能和复合功能 ······ 1496

　16.1.3　膜反应器的分类 ············· 1498

　　16.1.3.1　分类简介 ············ 1498

　　16.1.3.2　常见膜反应器名称、类型 ······ 1499

　16.1.4　膜的选择 ················ 1500

　　16.1.4.1　膜的选择原则 ·········· 1500

　　16.1.4.2　膜反应器中的无机膜 ······· 1502

16.2　面向生物反应过程的膜生物

**　　　反应器** ················· 1504

　16.2.1　概述 ·················· 1504

　　16.2.1.1　膜生物反应器的构成与

　　　　　　分类 ············ 1504

　　16.2.1.2　膜生物反应器的基本

　　　　　　特点 ············ 1506

　　16.2.1.3　膜生物反应器的膜材料与

　　　　　　膜组件 ·········· 1506

　16.2.2　膜生物反应器的膜污染与影响

　　　　　因素 ··············· 1510

　　16.2.2.1　膜污染的概念 ········· 1510

　　16.2.2.2　膜污染的特征与分类 ······ 1510

　　16.2.2.3　膜污染的影响因素 ······· 1512

　16.2.3　膜生物反应器的膜污染控制 ····· 1515

　　16.2.3.1　膜污染综合控制策略 ······ 1515

　　16.2.3.2　膜系统运行条件优化 ······ 1516

　　16.2.3.3　混合液调控 ········· 1518

　　16.2.3.4　膜污染清洗 ·········· 1519

　16.2.4　膜生物反应器工艺设计要点 ······ 1521

16.2.4.1　预处理与一级处理 ········· 1521

16.2.4.2　生物处理工艺的选择 ········ 1522

16.2.4.3　生物处理工艺参数的选取 ····· 1524

16.2.4.4　生物处理工艺的基本计算 ····· 1525

16.2.4.5　膜过滤系统 ·········· 1533

16.2.5　膜生物反应器在废水处理中的

　　　　应用 ··············· 1536

　16.2.5.1　膜生物反应器应用发展概要 ··· 1536

　16.2.5.2　膜生物反应器处理城镇污水 ··· 1537

　16.2.5.3　膜生物反应器处理工业废水 ··· 1538

　16.2.5.4　膜生物反应器处理垃圾渗

　　　　　滤液 ············ 1540

16.3　面向催化反应过程的多孔膜

**　　　反应器** ················· 1540

16.3.1　膜反应器的分类 ············ 1540

16.3.2　萃取型多孔膜反应器 ·········· 1541

　16.3.2.1　选择性产品移除 ······· 1541

　16.3.2.2　催化剂截留 ·········· 1542

16.3.3　分布型多孔膜反应器 ·········· 1544

　16.3.3.1　气相体系 ··········· 1544

　16.3.3.2　液-液体系 ·········· 1544

　16.3.3.3　气-液体系 ·········· 1545

16.3.4　接触型多孔膜反应器 ·········· 1546

　16.3.4.1　催化膜的制备 ········· 1546

　16.3.4.2　催化加氢反应 ········· 1547

　16.3.4.3　催化脱氢反应 ········· 1547

　16.3.4.4　催化氧化反应 ········· 1548

16.4　面向气相催化反应过程的致密膜

**　　　反应器** ················· 1548

16.4.1　概述 ·················· 1548

16.4.2　致密膜反应器中膜的功能 ········ 1549

　16.4.2.1　膜分布 ············· 1549

16.4.2.2 选择性分离 ·············· 1550
16.4.2.3 多反应耦合 ·············· 1550
16.4.3 致密膜反应器中膜的构型及
制备 ·············· 1550
16.4.3.1 片式膜及平板式膜············ 1550
16.4.3.2 管式膜 ·············· 1551
16.4.3.3 中空纤维膜 ·············· 1552
16.4.3.4 催化剂装填方式 ·············· 1552

16.4.4 致密膜反应器在催化反应中的
应用 ·············· 1553
16.4.4.1 涉及烃类氧化的反应 ········ 1554
16.4.4.2 涉及氧化物分解反应 ········ 1556
16.4.4.3 涉及多个催化反应耦合 ········ 1557

符号表 ················· 1557
参考文献 ·················· 1558

第 17 章 膜接触器

17.1 膜接触器概述 ··············· 1576
17.1.1 膜材料的选择及其浸润性能对传质
的影响 ·············· 1577
17.1.2 膜组件结构 ·············· 1578
17.1.3 传质过程的影响因素 ·············· 1578
17.1.3.1 两相流速 ·············· 1578
17.1.3.2 两相压差 ·············· 1578
17.1.3.3 流动方式 ·············· 1578
17.1.4 膜接触器中的传质强化手段 ····· 1579
17.1.5 膜接触器的应用 ·············· 1580
17.2 膜萃取 ·················· 1580
17.2.1 概述 ·············· 1580
17.2.2 膜萃取的研究方法及传质模型 ····· 1581
17.2.2.1 膜萃取的研究方法 ·············· 1581
17.2.2.2 膜萃取传质模型 ·············· 1582
17.2.3 膜萃取过程的影响因素 ·············· 1584
17.2.3.1 相平衡分配系数与膜材料浸润
性能的影响 ·············· 1584
17.2.3.2 体系界面张力和穿透压 ····· 1585
17.2.4 中空纤维膜萃取过程的设计 ····· 1585
17.2.5 同级萃取-反萃膜过程 ·············· 1586
17.2.5.1 同级萃取-反萃膜过程的
特点 ·············· 1586
17.2.5.2 同级萃取-反萃膜过程的
传质模型 ·············· 1587
17.2.5.3 同级萃取-反萃膜过程的
强化 ·············· 1587

17.2.6 膜萃取过程的应用 ·············· 1588
17.2.6.1 金属萃取 ·············· 1588
17.2.6.2 有机废水处理 ·············· 1589
17.2.6.3 发酵-膜萃取耦合过程 ····· 1589
17.2.6.4 膜萃取过程防止溶剂污染的
优势 ·············· 1590
17.2.6.5 其他领域的应用 ·············· 1590
17.3 膜吸收 ·················· 1590
17.3.1 概述 ·············· 1590
17.3.2 膜材料的选择 ·············· 1592
17.3.3 膜吸收过程的传质模型 ·············· 1592
17.3.3.1 气体充满膜孔的总传质
系数 ·············· 1592
17.3.3.2 吸收剂充满膜孔的总传质
系数 ·············· 1592
17.3.3.3 同时解吸-吸收的总传质
系数 ·············· 1593
17.3.3.4 膜阻 ·············· 1593
17.3.3.5 化学吸收过程的总传质
系数 ·············· 1593
17.3.4 中空纤维膜吸收过程的设计 ····· 1594
17.3.4.1 管程传质关联式 ·············· 1594
17.3.4.2 膜相传质关联式 ·············· 1594
17.3.4.3 壳程传质关联式 ·············· 1594
17.3.4.4 穿透压 ·············· 1595
17.3.4.5 中空纤维膜吸收过程的设计
要点 ·············· 1595
17.3.5 膜吸收过程的应用 ·············· 1596

17.3.5.1 膜吸收过程在生物医学中
的应用 ·············· 1596

17.3.5.2 膜吸收过程在环保中的
应用 ················ 1597

17.4 膜蒸馏 ······················· 1598

17.4.1 概述 ························· 1598

17.4.1.1 膜蒸馏过程的种类 ······ 1598

17.4.1.2 膜蒸馏过程的特点 ······ 1600

17.4.2 膜蒸馏的传递模型 ············ 1600

17.4.2.1 传热膜系数和传热量 ····· 1600

17.4.2.2 水通量 ················ 1601

17.4.3 膜蒸馏过程的工艺指标及其
影响因素 ················· 1602

17.4.3.1 截留率 ················ 1602

17.4.3.2 水通量及其影响因素 ····· 1602

17.4.3.3 热量利用情况 ·········· 1603

17.4.4 膜蒸馏使用的膜材料和膜器 ··· 1604

17.4.5 膜蒸馏过程的应用 ············ 1605

17.5 膜脱气 ······················· 1605

17.5.1 概述 ························· 1605

17.5.2 膜法除氧技术的原理 ·········· 1607

17.5.3 膜法脱气过程的特点 ·········· 1607

17.5.4 脱气膜材料 ·················· 1608

17.5.5 膜脱气过程的影响因素 ········ 1609

17.5.5.1 操作条件的影响 ········· 1609

17.5.5.2 膜及膜组件结构的影响 ···· 1609

17.5.5.3 外部条件的影响 ········· 1611

17.5.6 膜脱气过程设计 ·············· 1611

17.5.6.1 吹扫解吸模式 ·········· 1611

17.5.6.2 真空解吸模式 ·········· 1613

17.5.6.3 复合解吸模式 ·········· 1613

17.5.7 膜脱气过程的应用前景 ········ 1615

17.6 膜乳化 ······················· 1617

17.6.1 概述 ························· 1617

17.6.2 膜乳化原理和装置 ············ 1618

17.6.2.1 膜乳化原理 ············ 1618

17.6.2.2 膜乳化装置 ············ 1619

17.6.3 膜乳化过程的影响因素 ········ 1619

17.6.3.1 膜微结构的影响 ········· 1620

17.6.3.2 膜材料性质 ············ 1620

17.6.3.3 连续相流速 ············ 1621

17.6.3.4 乳化剂 ················ 1622

17.6.3.5 乳化压力对分散相通量的
影响 ················ 1623

17.6.3.6 温度和黏度 ············ 1623

17.6.3.7 pH 值的影响 ··········· 1623

17.6.4 膜乳化的应用 ················ 1623

17.6.4.1 O/W 型乳液的应用 ······ 1624

17.6.4.2 W/O 型乳液的应用 ······ 1624

17.6.4.3 多相复合型乳液的制备和
应用 ················ 1625

17.6.4.4 乳化柴油的制备 ········· 1625

17.6.4.5 在药物控释系统中的应用 ·· 1626

17.6.4.6 食品乳状液的制备 ······· 1626

17.6.5 膜乳化的应用前景 ············ 1627

17.7 膜结晶 ······················· 1627

17.7.1 概述 ························· 1628

17.7.1.1 膜结晶过程的特点 ······· 1628

17.7.1.2 膜结晶过程的种类 ······· 1628

17.7.1.3 膜结晶过程与普通结晶过程
的对比 ·············· 1629

17.7.2 膜结晶的成核与生长 ·········· 1630

17.7.2.1 膜界面的非均相成核 ····· 1630

17.7.2.2 膜分离器中的晶体生长 ···· 1632

17.7.3 膜结晶过程的影响因素与关键
指标 ····················· 1632

17.7.3.1 进料状态 ·············· 1632

17.7.3.2 溶剂通量及浓度控制精度 ·· 1632

17.7.3.3 晶体颗粒输送与沉积 ····· 1633

17.7.3.4 晶体粒度分布、晶型和
晶习 ················ 1633

17.7.3.5 综合生产能力 ··········· 1634

17.7.4 膜结晶的膜材料和膜分离器 ···· 1634

17.7.5 膜结晶过程的应用前景 ········ 1635

17.7.5.1 富盐废水综合处理 ······· 1635

17.7.5.2 高端产品制备 ··········· 1635

符号表 ···························· 1636

参考文献 ·························· 1639

第 **18** 章　控制释放与微胶囊膜和智能膜

18.1　控制释放概述 ················ 1650

　18.1.1　控制释放膜的分类 ········ 1651

　　18.1.1.1　按结合方式分类 ····· 1651

　　18.1.1.2　按控制方式分类 ····· 1652

　　18.1.1.3　按作用机制分类 ····· 1653

　　18.1.1.4　按物理形态分类 ····· 1655

　18.1.2　控制释放的主要机制 ····· 1655

　　18.1.2.1　控制释放机理 ······· 1655

　　18.1.2.2　传质推动力 ········· 1661

　　18.1.2.3　释放速率类型 ······· 1661

　18.1.3　控制释放膜的材料与制备方法 ··· 1662

　　18.1.3.1　控制释放膜的常用材料 ····· 1662

　　18.1.3.2　控制释放膜的制备方法 ····· 1663

　18.1.4　控制释放膜的性能评价 ··· 1666

　　18.1.4.1　控释特性的评价 ····· 1666

　　18.1.4.2　膜的生物相容性 ····· 1668

18.2　微胶囊膜 ···················· 1669

　18.2.1　微胶囊的制备材料和方法 ··· 1670

　18.2.2　微胶囊的结构与性能评价 ··· 1674

　　18.2.2.1　形貌与结构 ········· 1674

　　18.2.2.2　粒度 ··············· 1674

　　18.2.2.3　强度 ··············· 1674

　　18.2.2.4　通透性 ············· 1675

　　18.2.2.5　生物相容性 ········· 1676

　　18.2.2.6　生物活性（bioactivity） ··· 1676

　18.2.3　微胶囊的应用实例 ········ 1676

　　18.2.3.1　人工细胞和人工器官 ······· 1677

　　18.2.3.2　细胞培养 ··········· 1678

　　18.2.3.3　功能食品 ··········· 1678

　　18.2.3.4　药物释放 ··········· 1680

　　18.2.3.5　化妆品（香精油） ··· 1682

　　18.2.3.6　肥料控释 ··········· 1682

　　18.2.3.7　农药控释 ··········· 1683

　18.2.4　展望 ··················· 1686

18.3　智能膜 ···················· 1687

　18.3.1　智能膜概述 ············· 1687

　18.3.2　智能膜种类及特点 ········ 1688

　　18.3.2.1　开关型智能膜 ······· 1688

　　18.3.2.2　表面改性型智能膜 ··· 1688

　　18.3.2.3　整体型智能膜 ······· 1689

　18.3.3　智能膜材料与膜过程原理 ··· 1689

　　18.3.3.1　温度响应型智能膜 ··· 1689

　　18.3.3.2　pH 响应型智能膜 ··· 1699

　　18.3.3.3　光照响应型智能膜 ··· 1704

　　18.3.3.4　葡萄糖浓度响应型智能膜 ··· 1704

　　18.3.3.5　化学分子识别型智能膜 ····· 1706

　18.3.4　智能微囊膜系统 ·········· 1707

　　18.3.4.1　温度响应型智能微囊膜 ····· 1708

　　18.3.4.2　pH 响应型智能微囊膜 ······ 1711

　　18.3.4.3　葡萄糖浓度响应型智能微囊膜 ··· 1714

　　18.3.4.4　分子识别响应型智能微囊膜 ··· 1714

　18.3.5　智能膜应用实例及前景 ··· 1715

　　18.3.5.1　智能平板膜的应用 ··· 1715

　　18.3.5.2　智能微囊膜的应用 ··· 1716

　　18.3.5.3　应用前景展望 ······· 1718

参考文献 ························· 1718

第 **19** 章　典型集成膜过程

19.1　基于多膜集成的制浆造纸尾水回用技术 ··· 1732

　19.1.1　概述 ··················· 1732

　19.1.2　膜集成技术在制浆造纸废水处理回用中的应用 ··· 1733

　19.1.3　膜集成技术处理回用系统 ··· 1734

　　19.1.3.1　"超滤 + 反渗透"双膜工艺系统 ··· 1734

19.1.3.2 "反渗透 + 电渗析"增浓减量

系统 •••••••••••••••••••••••• 1735

19.1.4 典型工程案例简介 •••••••••••• 1735

19.1.4.1 双膜法造纸废水处理回用

工程 ••••••••••••••••••••••• 1735

19.1.4.2 集成膜法制浆尾水零排放

工程 ••••••••••••••••••••••• 1736

19.2 基于膜集成技术的抗生素生产

新工艺 ••••••••••••••••••••••••• 1738

19.2.1 概述 •••••••••••••••••••••••• 1738

19.2.2 抗生素生产工艺流程 •••••••••• 1738

19.2.3 陶瓷膜澄清工艺 •••••••••••••• 1739

19.2.4 纳滤膜纯化工艺 •••••••••••••• 1740

19.2.5 分子筛膜分离-精馏耦合工艺

用于溶媒回收 ••••••••••••••••• 1740

19.2.6 多膜耦合法抗生素生产案例

分析 ••••••••••••••••••••••••• 1743

19.2.6.1 陶瓷膜超滤与纳滤耦合的膜法

硫酸黏杆菌素生产 •••••••••• 1743

19.2.6.2 多膜耦合法用于头孢菌素 C

生产 ••••••••••••••••••••••• 1744

19.2.6.3 超滤与纳滤耦合的膜法林可

霉素生产 ••••••••••••••••••• 1744

19.3 双膜法氯碱生产新工艺 •••••••• 1746

19.3.1 概述 •••••••••••••••••••••••• 1746

19.3.1.1 一次盐水精制 •••••••••••••• 1746

19.3.1.2 淡盐水除硝 •••••••••••••••• 1747

19.3.1.3 树脂塔工序 •••••••••••••••• 1747

19.3.1.4 电解工序 •••••••••••••••••• 1747

19.3.1.5 脱氯工序 •••••••••••••••••• 1748

19.3.2 陶瓷膜盐水精制工艺 •••••••••• 1748

19.3.3 陶瓷膜法盐水精制工程案例

分析 ••••••••••••••••••••••••• 1750

19.3.3.1 案例一 •••••••••••••••••••• 1750

19.3.3.2 案例二 •••••••••••••••••••• 1751

19.3.4 离子膜电解工艺 •••••••••••••• 1753

19.3.5 离子膜电解典型案例分析 •••••• 1753

19.3.5.1 案例一 •••••••••••••••••••• 1753

19.3.5.2 案例二 •••••••••••••••••••• 1754

19.4 基于膜技术的中药现代化 •••••• 1756

19.4.1 概述 •••••••••••••••••••••••• 1756

19.4.2 超滤膜用于中药注射液除菌

工艺 ••••••••••••••••••••••••• 1756

19.4.3 纳滤膜用于中药浓缩工艺 •••••• 1757

19.4.4 典型案例分析 •••••••••••••••• 1758

19.4.4.1 微滤与超滤耦合的膜法枸杞

多糖生产 ••••••••••••••••••• 1758

19.4.4.2 多膜法黄蘑多糖生产 •••••••• 1759

19.5 基于反应-膜分离耦合技术的化工

工艺 ••••••••••••••••••••••••• 1760

19.5.1 概述 •••••••••••••••••••••••• 1760

19.5.2 催化反应-陶瓷膜分离耦合工艺••• 1760

19.5.3 外置式陶瓷膜连续反应器 •••••• 1762

19.5.3.1 面向催化反应体系的陶瓷膜

材料设计方法 ••••••••••••••• 1762

19.5.3.2 反应-膜分离耦合过程协同

控制 ••••••••••••••••••••••• 1762

19.5.3.3 膜的污染及其控制方法 •••••• 1763

19.5.4 典型工程与运行情况 •••••••••• 1763

19.5.4.1 对硝基苯酚加氢制对氨基苯酚

反应 ••••••••••••••••••••••• 1763

19.5.4.2 苯酚羟基化制苯二酚工艺 ••• 1764

19.5.4.3 环己酮氨肟化制环己酮肟

工艺 ••••••••••••••••••••••• 1765

19.6 结束语 •••••••••••••••••••••• 1767

参考文献 •••••••••••••••••••••••• 1767

缩略语表 •••••••••••••••••••••••• 1771

索引 ••••••••••••••••••••••••••• 1780

第 10 章
渗析

主 稿 人：赵长生　四川大学教授

编写人员：赵长生　四川大学教授

孙树东　四川大学教授

赵伟锋　四川大学副研究员

张　翔　四川大学副研究员

何　超　四川大学实验师

马　朗　四川大学副研究员

审 稿 人：马润宇　北京化工大学教授

第一版编写人员：高从堦　朱　琮

10.1 概述

渗析，又称透析，是最早被发现和研究的一种膜分离过程。渗析是一种自然发生的物理现象。借助于膜内的溶质分子扩散作用使各种溶质得以分离的膜过程即为渗析，也称扩散渗析或自然渗析。由于过程的推动力是浓度梯度，因而又称浓差渗析[1-6]。

渗析过程的最简单原理如图 10-1 所示。即中间以膜（虚线）相隔，其 A 侧通原液，B 侧通溶剂。如此，溶质由 A 侧依据扩散而溶剂（水）由 B 侧依据渗透相互进行移动。一般而言，小分子比大分子扩散得快。

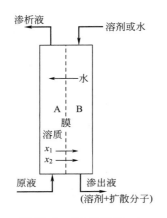

图 10-1 渗析的原理示意

渗析的目的就是借助这种扩散速度的差，并利用渗析膜孔的选择性分离作用，使 A 侧的多组分（两种及两种以上）溶质得以分离。不过这里不是溶剂和溶质的分离（浓缩），而是不同尺寸的溶质之间的分离。浓度（化学势）差是过程进行的唯一推动力。

19 世纪 50 年代初，苏格兰化学家 Graham 开始系统地研究溶液中溶质的扩散作用，随后又研究了不同溶质通过半透膜（羊皮纸或棉胶等制成的薄膜）的特性。1861 年，Graham 最先尝试用渗析来分离胶体与低分子溶质，发现一些溶质的分子或离子能通过半透膜的细孔、而较大的胶体粒子则不能通过的现象，Graham 称此现象为渗析[7]。20 世纪初，渗析在工业领域主要应用于以下两方面：一是用羊皮纸膜从纤维素的浸泡液中回收 NaOH；二是从铜的淋洗液中回收硫酸。1913 年 Abel 用火棉胶膜管制成了世界上第一台用于动物的血液透析器，并根据半透膜平衡原理进行了成功的透析试验；1923 年 Ganter 首先用腹膜进行腹膜透析治疗尿毒症；1938 年 Thalhimer 以赛璐玢纸膜作透析膜，进行了人工肾试验。1943 年 Kolff 利用醋酸纤维素膜制成转鼓式人工肾进行血液透析，成功治疗了尿毒症。至今血液透析已成为常规疗法，透析用膜种类繁多，并从单一的透析技术发展成包括血液透析、血液滤过、血液灌流和血浆分离等多种治疗方法的血液净化疗法，每年拯救上百万肾病患者的生命[8,9]。血液透析示意见图 10-2。

如前所述，渗析是一个以溶质浓度差为驱动力的自发进行的过程，在这一过程中，体系的熵增加，Gibbs 自由能降低，因而在热力学上是有利的。与其他分离方法比较，渗析法的主要优点如下：

① 能耗低，通常无需额外施加压力；
② 安装和操作成本低；
③ 稳定、可靠、容易操作；
④ 对环境无污染。

尤其在环保和节能方面的优势，是其他分离方法难以比拟的。

但由于体系本身条件的限制，工业渗析过程的速度慢，效率较低，同时选择性不高，化学性质相似或分子大小相近的溶质体系很难用渗析法分离，这使其发展受到了很大的限制，

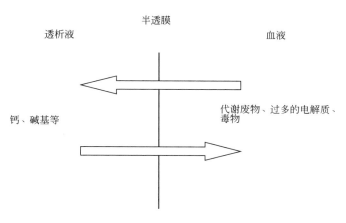

图 10-2　血液透析示意

它逐渐被借助外力驱动的膜过程（如电渗析、超滤等）所取代，应用范围日渐缩小。

　　然而，当使用外力困难或系统本身有足够高的浓度差时，渗析仍为行之有效的膜分离方法。另外，对少量物料的处理，如果可长时间任其进行，也是渗析的用武之处。在医疗保健领域得到广泛应用的血液透析已成为当前渗析法最大的应用市场；在工业废水处理中废酸、碱液的回收也是渗析应用的一个方面；另外在实验室中渗析可用于少量料液的净化。近年来关于渗析的专利数量也呈递增之势（图 10-3）。

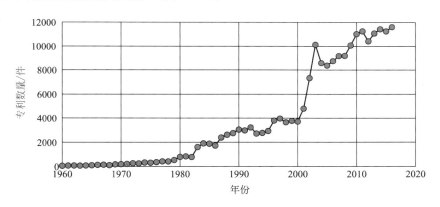

图 10-3　1960～2016 年与透析有关的专利数量变化曲线

来源：www. scopus. com［检索设定：TITLE-ABS-KEY（dialysis）；检索日期：2017 年 10 月 31 日］

10.2　渗析膜

10.2.1　渗析膜的结构[1,2,6]

　　膜的结构与其性能密切相关，对于没有外加力的渗析来讲，对膜的结构的要求更有其特殊性。

10.2.1.1　膜的形态

透析膜按外形分为平板膜和中空纤维膜两种，横断结构有均相对称和非对称之分，厚度要求小于 $50\mu m$，现在最薄的可达 $5\mu m$，这是由透析的驱动力和透析传质过程所决定的，否则透析太慢而无实用价值。

10.2.1.2　膜的孔径和孔隙率

透析膜是有孔膜，用于透析分子量为 500 左右的溶质的膜，其孔径约为 1.5nm；而用于透析中等分子量溶质的膜，其孔径为 $7\sim10$nm，根据实际情况选用不同孔径的透析膜可获得高渗透选择性。

在保证足够强度的条件下，膜的孔隙率越高越好。纤维素和聚乙烯醇类膜可利用微结晶区域增大孔隙率，聚砜类膜可借不对称结构来增大孔隙率。

10.2.2　渗析膜的材质

渗析膜的材质主要有动物膜和高分子膜。高分子膜主要可分为荷电膜和非荷电膜。

人们早就发现，一些动物膜（如膀胱膜）和羊皮纸（主要原料是化学木浆和破布浆）有分隔水溶液中某些溶质的作用。例如，食盐能透过羊皮纸，而糖、淀粉、树胶等大分子则不能。起渗析作用的薄膜，因对溶质的渗透性有选择作用，故称半透膜。

10.2.2.1　荷电膜[2,5,6]

荷电膜是一种在膜上具有固定电荷的分离膜。例如在阴离子交换膜上就带有正的固定电荷。因其排斥阳离子，所以就显示出对阴离子的选择透过性。这种选择透过性主要是溶解度系数 S_i 的贡献，也就是说对阴离子交换膜而言，阴离子向膜中的分配远远高于阳离子的分配。应当指出的是，在阳离子中 H^+ 的分配却相当高，尤其当采用以仲胺和叔胺为固定解离基的阴离子交换膜时，这种趋势就更为强烈。所以，当以阴离子交换膜作为扩散渗析的隔膜时，盐几乎全部被截留，而酸却能畅通无阻，借此就可以把酸和盐分开。

例如，当把总渗析系数 U 定义为：

$$J = U\Delta c \qquad (U = p/h) \tag{10-1}$$

针对各种酸、金属盐混合溶液所测的总渗析系数 U 的结果如表 10-1 所示。上式中，J 为渗透量；Δc 为浓度差；p 为渗透距离；h 为时间。由表 10-1 可见，U（盐）/U（酸）已达 $10^{-2}\sim10^{-3}$ 的选择性，如此，酸和盐被有效分开。一般金属离子的价数越高，其金属盐的透过性越低。不过，对盐酸与金属盐的情况而言，由于金属离子往往同氯化物离子形成络合物，分离性反而变差。

通常酸的透过性顺序为：$HCl > HNO_3 > H_2SO_4 > HF$。

10.2.2.2　非荷电膜[1-6,9,10]

非荷电膜是一种中性膜，膜上不带电荷。采用扩散渗析来分离物质，最初就是采取这种膜，利用溶质分子的大小差异，即让小分子透过膜上的微孔而与大分子分开。早期是以对蛋白质等胶体溶液的脱盐精制等为目的，不过这些过程大多已被反渗透、超滤和微滤等方法所

表 10-1 阴离子交换膜对酸、金属盐混合液扩散渗析的总渗析系数 U

系统	浓度/(mol/L)		总渗析系数 $U/\{mol/[h \cdot m^2 \cdot (mol/L)]\}$		$U(盐)/U(酸)$
	酸	盐	$U(酸)$	$U(盐)$	
HCl-NaCl	2.0	1.0	8.6	0.47	0.055
HCl-FeCl$_2$	2.0	1.0	8.6	0.17	0.020
H$_2$SO$_4$-Na$_2$SO$_4$	2.0	1.0	3.5	0.14	0.040
H$_2$SO$_4$-FeSO$_4$	2.0	1.0	3.6	0.037	0.010
HNO$_3$-Al(NO$_3$)$_3$	1.5	1.5	9.3	0.048	0.005
HNO$_3$-Cu(NO$_3$)$_2$	1.5	1.6	9.6	0.017	0.002
H$_3$PO$_4$-MgHPO$_4$	3.0	0.2	0.85	0.0018	0.002

取代。

  适于作血液渗析和过滤用膜的分离材质有许多，其中有一些已经商品化。表 10-2 为根据聚合物类型分类的渗析膜材质。在这些聚合物中包括由疏水性的聚丙烯腈、聚酰胺及聚甲基丙烯酸甲酯到亲水性的纤维素及聚乙烯醇等多种材质。

表 10-2 渗析膜材质

聚合物型式	聚合物材质	临床应用	商品化
线性缩聚	聚酰胺(芳香族)	HF	
	聚酰胺(脂肪族-芳香族)	HF	√
	聚碳酸酯-聚醚	HF、HDF	
	聚砜	HD、HF	√
	聚醚砜	HF	√
	磺化聚砜	HF	
线性缩聚	再生纤维素	HD、HDF	√
	醋酸纤维素	HD、HDF	√
	二醋酸纤维素	HD、HDF、HF	√
	三醋酸纤维素	HF	√
线性加成	聚丙烯腈	HDF、HF	√
	聚丙烯腈-甲代烯丙基磺酸钠	HDF	√
	聚乙烯-聚乙烯醇	HD、HDF、HF	√
	聚甲基丙烯酸甲酯	HD、HDF	√
	聚电解质	HF	
无机	玻璃	HF	

注：HF—血液过滤；HD—血液透析；HDF—血液透析过滤；√表示已商品化。

  从分子层面来看，决定膜润湿性（亲水性、疏水性）的因素是聚合物端基的分子结构，如羧基、氨基及羟基等能形成氢键的基团，因其对水有亲和性，所以是亲水性的；与此相反，一些碳氢化合物因具有疏水性质，所以对水就没有亲和力。浸入水中时，固体表面的电荷取决于表面分子结构的离子解离。当聚合物中含有酸基（羧基或磺酰基等）时，将产生带负电荷的表面；当含氨基时将产生带正电荷的表面。另外，当分子内部的电荷分布不均时将产生极性，这不仅对固体表面会产生影响，对蛋白质那样的溶质也会产生影响。在临床应用中，此类膜材质的亲水性、疏水性及带电荷的膜表面同溶液的相互作用等都是决定溶质向膜表面吸附或溶质在膜中传递的重要因素。

10.2.3　渗析膜的理化性能及其表征[1,2,6,9,10]

虽然渗析膜的使用涉及工业和医学领域，但普遍而言，其理化性能指标是基本一致的，一般包括透过性（溶质选择透过性和透水性）、机械强度、化学耐受性等。

对于膜材料而言，溶质的选择透过性和透水性永远是最重要的指标，渗析膜涉及透过性的表征内容主要有以下几个方面。

10.2.3.1　传质阻力

由于质量传递速度 $N(g/s)$ 同浓度差 $\Delta c(g/cm^3)$ 和膜面积 $A(cm^2)$ 成正比关系，所以 N 可表示成下式：

$$N = KA\Delta c \tag{10-2}$$

式中，K 为总传质系数，cm/s。

如图 10-4 所示，若 K_b 及 K_d 分别代表膜面上形成的血液侧边界层及渗析液侧界面上的边界层传质系数（cm/s），则：

$$1/K = \frac{1}{K_b} + \frac{1}{K_m} + \frac{1}{K_d} \tag{10-3}$$

式中，K_m 为渗析膜的溶质透过系数，cm/s，是一种随溶质、温度变化的膜的固有值。在不专指血液、指渗析膜进料液时，K_b 也写作 K_f。

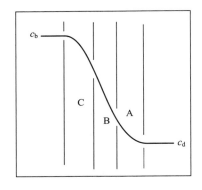

图 10-4　膜界面模型
A—渗析液边界层；B—半透膜；C—血液边界层；
c_b—溶质在血液中的浓度；c_d—溶质在透析液中的浓度

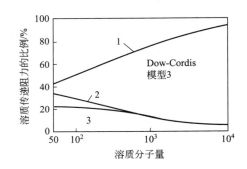

图 10-5　中空纤维型渗析器中溶质传递阻力的比例
1—渗析膜；2—渗析液；3—血液

由于传质系数的倒数代表阻力，所以上式也可改写为：

$$R = R_b + R_m + R_d \tag{10-4}$$

式中，R 为总传质阻力；R_b 为血液侧界面传质阻力；R_m 为渗析膜的传质阻力；R_d 为渗析液界面传质阻力。

Colton 曾考察了渗析器内由式（10-4）中所列的 3 种阻力的比例，并得出如图 10-5 所示的结果。由图可见，渗析膜的阻力对分子量较小的尿素（$M=60.06$）来说，约占总阻力的 50%，而对维生素 B_{12}（$M=1355.37$）来说就高达 80%。

10.2.3.2　溶质透过系数

上文中提到的膜溶质透过系数 K_m 在很多文献中也表达为 P_m。为了正确求取溶质透过系数 P_m，必须采用流动状态充分的测试装置。对平板膜而言，通常采用如图 10-6 所示的双槽间歇式渗析装置。根据在不同搅拌桨转速下测定的总传质系数，进行威尔逊作图（Wilson plot）即可求得溶质透过系数（图 10-7）。

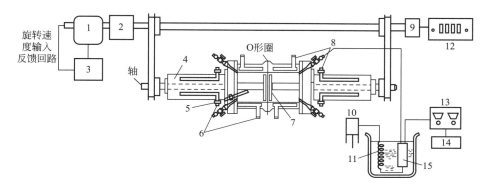

图 10-6　测定膜透过性用的间歇式透析槽

1—变速电机；2—减速器；3—速度控制器；4—机械密封及封承；5—热敏电阻温度计；6—恒温水入口；
7—四翼搅拌桨；8—恒温水出口；9—AC 旋转计；10—计量泵；11—恒温槽；12—频率计数器；
13—阻抗比较仪；14—参比电阻；15—流通式电导率测定池

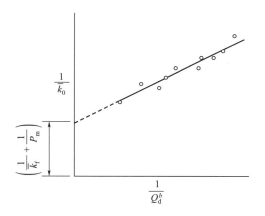

图 10-7　威尔逊图例

对中空纤维膜而言，通常是将数根中空纤维按束状进行渗析试验，然后根据威尔逊作图法求取溶质透过系数。

由方程：

$$\frac{1}{k_0} = \frac{1}{k_f} + \frac{1}{P_m} + \frac{1}{AQ_d^b} \tag{10-5}$$

式中，k_0 为总传质系数；k_f 为溶质的中空纤维膜内侧（血液侧）的传质系数；AQ_d^b 代表中空纤维膜外侧（透析液侧）的传质系数，其中 A 为膜面积，Q_d 为透析液流量，b 为常数。使$\dfrac{1}{k_0}$对$\dfrac{1}{AQ_d^b}$作图，由图可求出不同Q_d下的$\left(\dfrac{1}{k_f}+\dfrac{1}{P_m}\right)$，进而求得$P_m$。

10.2.3.3　过滤系数

溶剂的过滤系数特别是水的过滤系数，采用渗析器比较容易求取。以血液透析器为例，在测试前要预先以生理盐水洗净附着在膜表面上的甘油，然后在适当的操作条件下，测得血液侧入口和出口压力（p_{Bi}和p_{Bo}）及透析液侧入口和出口压力（p_{Di}和p_{Do}），于是就可按下式得到膜两侧的压力差TMP(mmHg)。

$$TMP=\frac{p_{Bi}+p_{Bo}}{2}-\frac{p_{Di}+p_{Do}}{2} \tag{10-6}$$

从而可求出纯水过滤系数PWP：

$$PWP=\frac{Q_F}{A\times TMP} \tag{10-7}$$

式中，Q_F为滤液流量，cm^3/h；A为膜面积，cm^2。

应当指出的是，必须确认当操作条件改变时，PWP值不变。对渗析膜来说，通常所用物质的PWP值为个位数$[cm^3/(m^2\cdot h\cdot mmHg)]$，但对脱除$\beta_2$-微球蛋白的高通量膜而言，PWP值可高达$10cm^3/(m^2\cdot h\cdot mmHg)$以上。

10.2.3.4　含水率

膜内空隙的含水率可按下式求得：

$$\frac{H}{100}=1-\frac{M_1+M_2-M_3}{V_m\rho_{H_2O}} \tag{10-8}$$

式中　H——含水率；

　　　M_1——充满纯水的比重瓶质量；

　　　M_2——所测定中空纤维完全干燥后的质量；

　　　M_3——将中空纤维装入充满纯水的比重瓶后的质量；

　　　V_m——中空纤维样品的体积（湿态）；

　　　ρ_{H_2O}——纯水密度。

纤维素膜含水率高，但靠微结晶区域的增强作用仍可制得薄而高效的透析膜；而疏水的聚砜、聚醚砜等膜是非对称型的，靠表层起分离作用，靠下层起支撑作用。

10.2.3.5　渗析效率有关参数

① 扩散回收率R_d　指某一溶质通过渗析的回收率（%）。

$$R_d=\frac{c_{di}Q_{di}}{c_{fi}Q_{fi}} \tag{10-9}$$

式中　c_{di}——渗析液中组分i的浓度，g/L；

　　　Q_{di}——渗析液出口流量，L；

c_{fi}——进料液中组分 i 的浓度，g/L；

Q_{fi}——进料液进口流量，L。

② 扩散透过通量 F_d　指单位时间、单位有效面积某一溶质的透过量 $[g/(m^2 \cdot h)]$。

$$F_d = \frac{c_{di}Q_{di}}{TA_m} \tag{10-10}$$

式中，T 为操作时间，h；A_m 为有效膜面积，m^2。

③ 渗漏率 I_p　指溶质中某一杂质的扩散回收率（%）。计算方法同扩散回收率，只是分子中的 c_{di} 换成杂质的浓度 c_{di}，分母中的 c_{fi} 换成杂质的浓度 c_{fi} 即可。

④ 分离系数 S　若进料液中 i 和 j 两种溶质浓度为 c_{fi} 和 c_{fj}，渗析液中的浓度分别为 c_{di} 和 c_{dj}，则其分离系数为：

$$S = \frac{c_{di}c_{dj}}{c_{fi}c_{fj}} \tag{10-11}$$

分离系数表明分离效果：若 $S = 1$，则只有扩散，没有分离；S 越大，表明分离效果越好。

⑤ 水的渗透率 P_w　指在渗透压作用下，渗析液中的水渗透到进料液中的速度（m^3/s）。

$$P_w = C_p A_m \Delta\pi \tag{10-12}$$

式中，C_p 为渗透系数，$m/(Pa \cdot s)$；$\Delta\pi$ 为渗透压力差，Pa。

另外，水还作为水合水随溶质迁移，这一部分水的迁移方向与水的渗透方向相反，可根据溶质水合数进行计算。

⑥ 渗析负荷 L_p　指单位时间、单位有效膜面积所处理的进料的量 $[L/(m^2 \cdot h)]$。

$$L_p = \frac{Q_{fi}}{TA_m} \tag{10-13}$$

10.2.3.6　膜的机械强度测试

迄今为止，不同领域、不同类型的膜的机械强度测试尚无统一的标准。对渗析膜而言，从应用的角度出发，由于其只受到很小的压力和一定的剪切作用力，强度并非是一个至关重要的指标。无论是平板膜还是中空纤维膜，通常用拉伸强度和断裂伸长率来衡量其强度。

10.2.4　透析膜生物相容性及其相关指标

在血液透析过程中，与血液成分直接或间接接触的物质都存在着生物相容性问题，包括透析器（膜）、消毒剂、透析液（化学试剂、内毒素）、透析管道、机器设备等多个环节。最关键的是血液与透析膜间的相互作用[8]。

透析膜与血液的作用一般首先考虑的是溶血作用。同时，膜表面与血液接触时，机体的凝血系统、溶纤系统、激肽系统和补体系统将产生一系列的防御反应，各系统之间又有相关联的反应，其中补体在血液净化过程中因活化而产生的 C3b、iC3b、C5a 和 C5a$_{des\ Arg}$ 等降解产物会进一步引起一系列的临床过敏反应和后果。

10.2.4.1　对血细胞的影响[8]

透析膜与红细胞的作用，主要表现在膜表面对红细胞可能造成的破坏和损伤，通常用溶血率表示，即材料对红细胞的破坏程度或比例。按国际标准化组织规定要求，以溶血率≤5％判定材料符合医用材料的溶血要求，溶血率＞5％预示材料有溶血作用。

溶血程度按下式计算：

$$溶血率＝\frac{样品吸光度－阴对吸光度}{阳对吸光度－阴对吸光度}×100\%　　　　　　（10-14）$$

当血液与透析膜接触时，开始均会出现白细胞减少的现象。这种白细胞减少的现象与常见的白细胞减少症不同，它是由和膜材料的相互作用引起的。

对白细胞的相互作用，一般以白细胞的减少以及对不同白细胞（如对中性粒细胞、嗜酸性粒细胞和嗜碱性粒细胞）、无核白细胞的影响进行评价。

10.2.4.2　对补体系统的激活

膜活化补体片断在血液透析开始 15min 呈高峰（高于补体基础值 15 倍之多），持续约 90min，以后由于 C3b 非特异性物质沉积在膜表面使补体活化下降，C3a、C5a 为过敏毒素，可产生急性膜生物不相容反应，被羧基肽酶分解成 C3a$_{des\ Arg}$ 和 C5a$_{des\ Arg}$，C3a$_{des\ Arg}$ 导致慢性膜生物不相容反应。C3b、C5a 结合白细胞表面黏附受体（M01 受体），诱导白细胞在肺内聚积并黏附肺泡和血管内皮细胞，释放溶酶体酶及活性氧（ROS），使肺血管阻力增加，肺动脉高压引起膜相关性低氧血症、呼吸窘迫、肺动脉钙化。C2a 可促进血栓素合成，使冠状动脉收缩，心率加快，引发心绞痛，甚至发生心肌梗死、心力衰竭。C5b-9（膜攻击复合物）可诱导产生白介素（IL-1）、白三烯 B4、血栓素、肿瘤坏死因子（TNF），促使前列腺素 E2 及前列环素 PGI 的合成，造成细胞膜的损伤。C5a 可刺激中性粒细胞产生血小板活化因子（PAF）及中性粒细胞阳离子蛋白（NCP），增加白细胞黏附。粒细胞脱颗粒，释放溶酶体内容物（蛋白水解酶）、乳铁蛋白及 α-弹性蛋白酶抑制剂（Eα-PI）致使组织及血浆蛋白分解，血浆纤维连接蛋白降解。补体系统的激活反应以铜仿膜最强，分别是 PAN 膜、PMMA 膜、PS 膜的 20 倍、15 倍、10 倍。各种透析膜对补体的活性在体外的比较如图 10-8 所示。

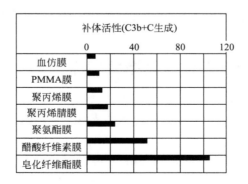

图 10-8　各种透析膜对补体的活性在体外的比较

10.2.4.3 对凝血系统的影响[8]

血液在与透析膜表面接触时：①膜表面很快吸附一层血蛋白，例如能引起血细胞黏附的白蛋白，纤维连接素，或能止血和形成血栓的纤维蛋白原、纤维蛋白、凝血酶、接触因子Ⅻ、高分子量激肽酶原、Von Willebrand 因子，或引起炎症和免疫反应的球蛋白、免疫复合因子、补体碎片 C3b，这些血蛋白在材料表面相互之间进行着动态的解吸和再吸附的竞争，随着时间延长和其他因素的影响，被牢固吸附的血蛋白的构象发生改变；②血小板和白细胞黏附在构象改变的蛋白吸附层上形成血小板栓子；③进一步将凝血系统活化并导致凝血酶产生并形成纤维蛋白，最终造成凝血。当前血液透析时抗凝血的主要手段是注射抗凝剂。

血液透析中最广泛使用的抗凝剂是肝素，也有用低分子肝素的，它的作用可持续几小时，属短时抗凝剂，可以代谢清除。长期抗凝剂有枸橼酸钠等。

然而，在血液透析过程中，抗凝剂将随着血液流经全身，在透析过程中或透析后可能引起出血并发症，造成不良后果。因此，当前在膜的制备过程中通过各种手段提高其抗凝血性能是一个重要方向。

在膜制备过程中提高膜生物相容性及抗凝血性主要有以下几个影响因素：

① 含水结构　高分子水凝胶部分水处在准结构状态，影响膜渗透性、弥散系数与血浆蛋白的相互作用。发现界面能低的聚甲基丙烯酸-β-羟乙酯、聚丙烯酰胺、聚乙烯吡咯烷酮等材料制成的水凝膜具有良好的抗凝血性，但高含水率的材料会激发血小板的释放和活性，从而使血小板受到损害而显著减少。

② 表面电荷　血细胞表面均带有负电荷，从减少血小板黏附角度可以认为带有负电荷的膜表面可以减少血小板的黏附，如甲基丙烯酸羟乙酯和一种甲基丙烯酸磺酸酯的共聚物的抗凝血性能较均聚物提高 5~10 倍，但与此相反，内源性凝血因子在带负电荷的膜上容易激活，并促进血小板的活化。所以提出表面具有负正离子镶嵌结构的膜，膜总体呈负电性，而在局部微观上在 10nm 范围内带正电荷，并且电荷密度保持在不损害血小板的水平。

③ 表面张力与界面自由能　膜表面张力和界面自由能越大，越容易引起凝血及形成血栓。

④ 亲水性与疏水性　由于蛋白扩散速度的差异，膜表面先吸附血浆蛋白，而后吸附血小板，再释放血小板因子产生微血栓。就膜吸附蛋白而言，一般亲水性表面要比疏水性表面吸附量少并容易引起蛋白变性且易脱吸。实验证明聚合膜中亲水性与疏水性区域有适宜的平衡，才能获得良好的抗凝血效果。

⑤ 微相分离结构　生物体血管内壁宏观上是光滑的，微观上内皮细胞表面系一双层脂质液体基层，中间镶嵌糖蛋白和糖脂质粒子，在膜外部是带负电荷的亲水糖链，膜内部含有纤维状蛋白质，这种多相分离结构（0.1~0.2μm）称为微相分离结构，具有优异的抗凝血功能。微相分离嵌段聚氨酯的条纹结构层隔为 30~50nm，显示出较好的血小板抑制效果。

⑥ 类肝素结构　模拟肝素的结构，在疏水性的膜材料（如聚醚砜）表面引入磺酸基、羧基、糖环等基团，可以使透析膜有明显的抗凝血效果。

10.2.4.4 对免疫系统的影响

纤维素膜（醋酸纤维素膜和铜仿膜）是血液净化中用得最早且至今仍在临床上使用的膜。"首次使用综合征"就是在使用铜仿膜后发现的，表现在引起机体产生一系列防御反应，临床表现为轻者出现恶心、呕吐、胸痛、呼吸困难、皮疹、麻疹等过敏反应，重者则呈过敏性休克和其他病症。合成膜也有类似情况发生，但程度参差不齐，不如铜仿膜那样严重。研究表明，医用级的聚醚砜、聚氨酯和聚丙烯与其他医用材料相比，对人体免疫系统的影响较小，尤以聚醚砜更为理想[8]。

10.3　渗析原理和过程

前文中已经提及，渗析即是通过透析膜将渗透原液中的溶质或者溶剂分离的过程；注意不是溶剂和溶质的分离（浓缩），而是溶质或溶液之间的分离。热力学因素的梯度（或化学势）是此过程进行的唯一推动力。在渗析的过程中，通量（J）和截留率（R）这两个参数用于表征透析膜的性能。

目前为止，人们已经提出了很多现象学和机械学的模型，来对溶剂或溶质（渗透物）在致密的和多孔的透析膜体系中的扩散过程进行描述。对于致密膜参与的渗析过程，溶解-扩散模型最能得到大家的认同。此过程假设渗透物先溶解进入膜中，之后再在浓度梯度的作用下扩散穿过膜体。而对于多孔膜参与的渗析过程，常用到的模型是多孔-流动模型（pore-flow model）。这种模型所描述的渗析过程中，渗透物会因本身的尺寸大小、摩擦阻力以及电荷性质等差异而被分离。

10.3.1　溶解-扩散模型[11,12]

渗析过程即渗透物的扩散过程。这个过程受到了热力学参数梯度的影响，例如温度、压力、浓度和电荷的差异等。根据菲克定律，当用化学势 μ_i 来表示物质 i 的热力学参数集合时，物质 i 在透过透析膜时的通量 J_i 便可以用以下公式来表示：

$$J_i = -L_i \frac{\mathrm{d}\mu_i}{\mathrm{d}x} \tag{10-15}$$

式中，$\mathrm{d}\mu_i/\mathrm{d}x$ 为物质 i 在传质方向上的化学势梯度；L_i 为与此化学势驱动力相关的比例系数。

溶解-扩散模型是基于致密无孔膜的传质体系，并且在此模型中，传质的驱动力只和物质的浓度和/或所受压力有关。因此式（10-15）中的化学势变化可以写成如下形式：

$$\mathrm{d}\mu_i = RT\,\mathrm{dln}a_i + \upsilon_i\,\mathrm{d}p \tag{10-16}$$

式中，a_i 为物质 i 的活度，与其浓度有关；p 为压力；υ_i 为物质 i 的摩尔体积。溶解-扩散模型假定传质过程中的压力为恒定的值，渗透物的浓度则呈现一个逐渐降低的梯度。因此受浓度降低的影响，渗透物的化学势也呈现出逐渐降低的梯度，如图 10-9 所示。

根据以上假定（传质过程中压力无变化），式（10-16）可以简化为：

$$\mathrm{d}\mu_i = RT\,\mathrm{dln}a_i \tag{10-17}$$

又由于 a_i 可以写为物质 i 的活度系数与浓度的乘积：

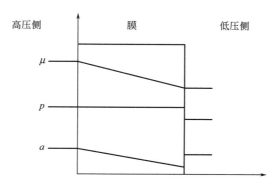

图 10-9　溶解-扩散模型对传质过程中物质的化学势、压力和活度的假定

$$a_i = \gamma_i c_i \tag{10-18}$$

将式（10-17）和式（10-18）代入式（10-15），可以得到物质 i 的通量公式：

$$J_i = -\frac{RTL_i}{\gamma_i} \times \frac{\mathrm{d}c_i}{\mathrm{d}x} \tag{10-19}$$

式中的 RTL_i/γ_i 可以用扩散系数 D_i 来表示，式（10-19）便可以简化为类似于菲克定律的形式：

$$J_i = -D_i \frac{\mathrm{d}c_i}{\mathrm{d}x} \tag{10-20}$$

将式（10-20）在膜的厚度方向积分，最终可得传质过程中描述膜通量的公式：

$$J_i = \frac{D_i(c_{io} - c_{il})}{l} \tag{10-21}$$

式中，l 为膜的厚度；c_{io} 为渗透物进入膜表面时的浓度；c_{il} 为渗透物将要穿出膜表面时的浓度。

截留率是指含有特定溶质的溶液通过膜时，被阻隔下来的溶质质量占总溶质质量的比例。因此截留率可以用下式表示：

$$R_i = \left(\frac{c_{if} - c_{ip}}{c_{if}}\right) \times 100\% \tag{10-22}$$

式中，c_{if} 为物质 i 的初始浓度；c_{ip} 为物质 i 穿过膜后的浓度。即在不考虑溶质浓差极化时，膜对物质 i 的截留率等于其初始浓度减去剩余浓度（即截留的浓度）与初始浓度的比值。

在水处理的相关应用中，例如电渗析、纳滤及反渗透等领域，溶解-扩散模型能够广泛地应用于对致密"无孔"膜性能的预测。但同时此模型的应用也存在着一些限制，例如它难以应用于孔体积不能被忽略的膜体系中。

10.3.2　多孔模型[11,12]

10.3.2.1　多孔-流动（PF）模型

PF 模型是基于多孔膜的传质体系，此体系也是由菲克定律和物质的传质化学势变化推导而来的［式(10-15) 和式(10-16)］。相比于溶解-扩散模型，PF 模型对传质过程做出了不同的假定：由于膜的孔径大于渗透物，渗透物可以随着溶剂不受阻碍地穿过膜孔，因此传质过程中渗透物的活度恒定；体系的压力则呈现一个逐渐降低的梯度。因此受压力降低的影响，渗透物的化学势也呈现出逐渐降低的梯度，如图 10-10 所示。此外该模型还假定膜中的孔为圆柱形且沿膜厚度方向贯穿膜体。

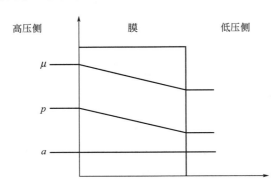

图 10-10　PF 模型对传质过程中物质的化学势、压力和活度的假定

根据以上假定（传质过程中物质活度无变化），式(10-16) 可以简化为：

$$\mathrm{d}\mu_i = \upsilon_i \mathrm{d}p \tag{10-23}$$

代入式(10-15) 后得：

$$J_i = -L_i \upsilon_i \frac{\mathrm{d}p}{\mathrm{d}x} \tag{10-24}$$

将式(10-24) 在膜的厚度方向积分，最终可得传质过程中描述膜通量的公式（达西定律）。对于水的通量（J_w）有：

$$J_w = \frac{A}{\delta}(p_f - p_p) \tag{10-25}$$

对于溶质的通量（J_s）有：

$$J_s = \frac{B}{\delta}(p_f^2 - p_p^2) \tag{10-26}$$

式中，A 为溶剂相的传质参数；B 为溶质相的传质参数；p_f 和 p_p 分别为穿过膜前和穿过膜后的体系压力；δ 为膜孔长度。

PF 模型的应用并不是十分广泛，因其无法描述膜孔的形状以及渗透物与膜孔的作用对渗透物传输的影响。

10.3.2.2　改进的表面力-多孔流动（MD-SF-PF）模型

MD-SF-PF 模型是表面力-多孔流动（SF-PF）模型的改进形式。SF-PF 模型对多孔膜的传质过程做出了四个假定：①膜体为多孔的，孔径属于微孔级别，且孔形状为圆柱形；②水穿过膜体时受到其黏度的影响；③溶质穿过膜体时受到扩散和对流的影响；④穿过膜体时，水和溶质都存在相互作用力、摩擦力和化学势梯度。由于假定条件更加全面，模拟的膜传质过程既考虑到了膜孔的结构（孔径和孔长度），又考虑到了膜体-溶质之间的相互作用，因此 SF-PF 模型能够更好地模拟和预测膜的传质性能。然而随着对 SF-PF 模型的运用，人们发现这个模型在对物料平衡及孔形貌的描述上存在着一定的缺陷，因此在此模型的基础上进行了改进，提出了 MD-SF-PF 模型。

在 MD-SF-PF 模型中，膜孔内的物质分子在沿膜孔方向和垂直于膜孔的方向（膜孔半径方向，膜孔半径为 r_p）存在着力的平衡，使得物质有一个速度分布，公式如下：

$$\frac{\mathrm{d}^2\alpha(\rho)}{\mathrm{d}\rho^2}+\frac{\mathrm{d}\alpha(\rho)}{\rho\mathrm{d}\rho}+\frac{\Delta\zeta-\Delta\Pi\left[1-\mathrm{e}^{-\Phi(\rho)}\right]}{\beta_1}=\frac{\alpha(\rho)\mathrm{e}^{-\Phi(\rho)}}{\beta_1}\left[1-\frac{1}{b(\rho)}\right]\left[1+\frac{\Delta\Pi}{\mathrm{e}^{\alpha(\rho)}-1}\right]$$

$$(10\text{-}27)$$

式中，ρ 为膜孔中的无量纲半径（$\rho=r/r_p$）；$\alpha(\rho)$ 为膜孔中的无量纲速度 $[\alpha(\rho)=\mu_w(\rho)\delta/D_s]$；$\beta_1$ 为膜孔中水的无量纲黏度 $[\beta_1=\eta D_{sw}/(r_p^2\pi_2)]$；$\Delta\zeta=\Delta P/\pi_2$；$\Delta\Pi=(\pi_2-\pi_3)/\pi_2$；$b(\rho)$ 为在位置 ρ 时的摩擦力系数，$b(\rho)=D_{sw}/D_{sm}(\rho)$，$D_{sw}$ 为溶液中的溶质扩散系数，$D_{sm}(\rho)$ 为在位置 ρ 时的溶液扩散系数；$\mu_w(\rho)$ 为水的化学势；$\Phi(\rho)$ 为无量纲势函数，$\Phi(\rho)=\varphi(r)/R_gT$，其中 $\varphi(r)$ 为表面墙势，表示膜孔壁对溶质施加的体积力；η 为水的黏度；π_i 为位置 i 的渗透压；式中的下标 i 为 1、2、3 时则分别代表溶液的位置为未透过膜时、跨膜时以及透过膜之后。式（10-27）的边界条件为：

$\rho=1$ 时，$\alpha(\rho)=0$（在膜孔壁位置，μ_w 为 0）；

$\rho=0$ 时，$\mathrm{d}\alpha(\rho)/\mathrm{d}\rho=0$（在膜孔的中心，$\mu_w$ 为常数）。

通过对式（10-27）在截面方向上的积分，我们就可以得到平均的溶质通量（溶质半径为 r_s）以及水通量的公式：

$$\overline{J}_w=2\left(\frac{R_gT}{\delta X_{sw}}\right)\int_0^1\alpha(\rho)\mathrm{d}\rho$$

$$(10\text{-}28)$$

以及

$$\overline{J}_s=2\left(\frac{1}{\delta X_{sw}}\right)\int_0^{1-\frac{r_s}{r_p}}\frac{\alpha(\rho)}{b(\rho)}\left[\pi_2+\frac{\pi_2-\pi_3}{\mathrm{e}^{\alpha(\rho)}-1}\right]\mathrm{e}^{-\Phi(\rho)}\rho\mathrm{d}\rho$$

$$(10\text{-}29)$$

式中，X_{sw} 为水和溶质之间的摩擦力常数，$X_{sw}=F_{sw}/\Delta u_{sw}$，$F_{sw}$ 为水和溶质之间的摩擦力，Δu_{sw} 为膜孔中水和溶质之间的速度差。根据式（10-28）和式（10-29），渗透溶质浓度可以表示为：

$$c_p=\frac{\overline{J}_s}{\overline{J}_w}$$

$$(10\text{-}30)$$

MD-SF-PF 模型能够很好地模拟和预测渗析膜的性能，利用它我们可以得出，当减小膜的孔径、增加渗析压力和减小渗析液浓度时，膜对溶质的截留将会提高；降低渗析压力和增加渗析液浓度时，膜的通量就会降低。

10.3.3　渗透导管中的层流传质[13-15]

以血液透析为例，中空纤维膜两侧的液体流动情况如图 10-11 所示，其流动属在细管中

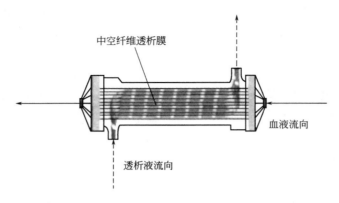

中空纤维透析膜

血液流向

透析液流向

图 10-11　渗析过程中血液流经中空纤维膜的示意图

的层流。在透析膜两侧浓度梯度的推动作用下，血液和透析液在中空纤维膜两侧发生物质交换，需清除的代谢废物和多余电解质从血液侧向透析液侧扩散，钙离子、碱基等有益成分从透析液侧向血液侧迁移。

当溶质由中空纤维膜的内侧向透析液侧传递时，溶质扩散过程受到的总传质阻力为中空膜内侧阻力、膜阻力和透析液侧阻力三部分阻力之和，即传质系数受到溶质的膜传质系数、中空膜内侧传质系数、透析液侧传质系数三方面因素影响，如下式：

$$\frac{1}{K} = \frac{1}{K_m} + \frac{1}{K_b} + \frac{1}{K_d} \tag{10-31}$$

式中，K 为总传质系数；K_m 为溶质的膜传质系数（$K_m = D_m / l$，D_m 为溶质在膜中的扩散系数，l 为膜的厚度）；K_b 为溶质的中空膜内侧传质系数；K_d 为溶质的透析液侧传质系数。因此式（10-31）可写为：

$$\frac{1}{K} = \frac{l}{D_m} + \frac{1}{K_b} + \frac{1}{K_d} \tag{10-32}$$

K_b 和 K_d 可通过舍伍德方程计算而得：

$$Sh_b = \frac{K_b L_b}{D} \tag{10-33}$$

$$Sh_d = \frac{K_d L_d}{D} \tag{10-34}$$

式中，L 为中空纤维膜的有效长度；D 为溶质在水中的扩散系数，在这里为一个定值。中空纤维膜的相关传质研究表明，Wu 和 Chen 等人的舍伍德模型能很好地与实验值相拟合：

$$Sh = (0.31\Phi^2 - 0.34\Phi + 0.1)Re^{0.9}Sc^{0.33} \tag{10-35}$$

式中，Φ 为孔隙率；Re 和 Sc 分别为流动模型的雷诺数和施密特数。雷诺数 Re 可由流体方程计算：

$$Re = \frac{d\rho u}{\mu} \tag{10-36}$$

式中，u 为溶质或溶剂的流速；μ 为溶质或溶剂的黏度；ρ 为溶质或溶剂的密度；d 为流体流经通道的管径。

传质过程主要为扩散过程，传质过程方程式可以表示为：

$$M = K A \Delta c_{lg} \tag{10-37}$$

式中，M 为传质质量流率；A 为膜面积；Δc_{lg} 为溶质的传质推动力。若传质过程的浓度变化如图 10-11 所示，则：

$$\Delta c_{lg} = \frac{(c_{b1} - c_{d1}) - (c_{b2} - c_{d2})}{\ln \dfrac{c_{b1} - c_{d1}}{c_{b2} - c_{d2}}} \tag{10-38}$$

式中，c_{b1} 为流入时血液中物质的浓度；c_{b2} 为流出时血液中的浓度；c_{d2} 为流入时透析液中物质的浓度；c_{d1} 为流出时透析液中物质的浓度。

传质质量流率可表示为：

$$M = (c_{b1} - c_{b2}) V_b = (c_{d1} - c_{d2}) V_d \tag{10-39}$$

式中，V_b 为流经中空纤维膜内侧的溶液体积；V_d 为流经中空纤维膜外侧的溶液体积。将式（10-33）～式（10-35）所计算得的 K_b 和 K_d，以及式（10-37）计算所得的 K 代入式（10-32），就可得到膜材料对物质的膜扩散系数 D_m。

10.3.4　渗析中的传质参数[3-5]

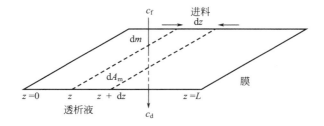

图 10-12　通过长为 dz、面积为 $\mathrm{d}A_m$ 的膜单元的扩散传质

如图 10-12 所示，忽略对流作用，可得如下单位时间的传递方程：

$$\mathrm{d}Q_i = k_0 (c_f - c_d) \mathrm{d}A_m \tag{10-40}$$

式中，$\mathrm{d}Q_i$ 为传递的溶质的物质的量；$\mathrm{d}A_m$ 为面积；c_f 和 c_d 为进料浓度和透析液浓度。积分得：

$$Q_i = k_0 A_m \left[\frac{\Delta c_{z=1}^* - \Delta c_{z=0}^*}{\ln \left(\dfrac{\Delta c_{z=1}^*}{\Delta c_{z=0}^*} \right)} \right] \tag{10-41}$$

$\Delta c_{z=0}^*$ 和 $\Delta c_{z=1}^*$ 是装置两端通过膜的浓度。

$$\Delta c_{z=0}^* = c_{fi} - c_{d0}, \quad \Delta c_{z=1}^* = c_{f0} - c_{di} \text{。}$$

$$Q_i = k_0 A_m \left\{ \frac{(c_{f0} - c_{di}) - (c_{fi} - c_{d0})}{\ln\left[(c_{f0} - c_{di})/(c_{fi} - c_{d0})\right]} \right\} \tag{10-42}$$

忽略超滤部分，总质量平衡可表示为：

$$Q_i = Q_f(c_{fi} - c_{f0}) = Q_d(c_{d0} - c_{di}) \tag{10-43}$$

式中，Q_f 为渗析器进料的流量，Q_d 为透析液的流量。

渗析器的性能可用透析度（dialysance）D^* 表示，定义如下：

$$D^* = \frac{Q_i}{c_{fi} - c_{di}} \tag{10-44}$$

从血液透析生理学导出的清除度（clearance）C_1 与 D^* 相似，

$$C_1 = \frac{Q_i}{c_{fi}} \tag{10-45}$$

综合式(10-42)～式(10-44) 可得：

$$D^* = Q_f \left\{ \frac{\exp\left[\dfrac{k_0 A_m\left(1 - \dfrac{Q_f}{Q_d}\right)}{Q_f}\right] - 1}{\exp\left[\dfrac{k_0 A_m\left(1 - \dfrac{Q_f}{Q_d}\right)}{Q_f}\right] - \dfrac{Q_f}{Q_d}} \right\} \tag{10-46}$$

若

$$Q_f = Q_d, \quad D^* = Q_f\left(\frac{k_0 A_m}{Q_f + k_0 A_m}\right) \tag{10-47}$$

式(10-46) 可用来评价渗析器对两种溶质的分离程度，以萃取率表示：

$$E = \frac{Q_f c_{fi} - (Q_f - Q_{uf})c_{f0}}{Q_f c_{fi}} \tag{10-48}$$

式中，Q_{uf} 是超滤溶质的物质的量。

忽略超滤，

$$E = \frac{c_{fi} - c_{f0}}{c_{fi}} \tag{10-49}$$

若 $c_{di} = 0$，

$$E = \frac{D^*}{Q_f} \tag{10-50}$$

E 表示在一定操作条件下，可以获得的最大溶质浓度变化分率，设如下无量纲参数：

$$N_t = k_0 A_m / Q_f \tag{10-51}$$

$$Z = Q_f / Q_d \tag{10-52}$$

式中，N_t 称为传递单元数，是渗析器传质规模的量度。

对于逆流操作，E 可表示为：

$$E = \frac{1 - \exp[-N_t(1-Z)]}{1 - Z\exp[-N_t(1-Z)]} \tag{10-53}$$

对于并流，E 可表示为：

$$E = \frac{1 - \exp[-N_t(1+Z)]}{1+Z} \tag{10-54}$$

对于垂直流，E 可表示为：

$$E = \left(\frac{1}{N_t Z}\right) \sum_{n=0}^{\infty} [S_n(N_t)\, S_n(N_t Z)] \tag{10-55}$$

式中，$S_n(Y) = 1 - \exp(-Y) \sum_{m=0}^{n} \left(\dfrac{Y^m}{m!}\right)$。

所谓垂直流是指进料液与透析液流动方向相互垂直。

图 10-13、图 10-14 和图 10-15 分别表示逆流、并流和垂直流中 E、N_t 和 Z 之间的关系。分离因素 α_{fk} 可认为是在一定条件下从其共同的进料中两种溶质除去的质量分数，从式（10-48）可知，α_{fk} 也等于相应的 E。

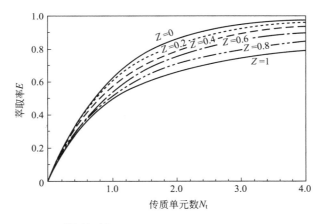

图 10-13　在逆流渗析器中 E 与 N_t 的关系

10.3.5　血液透析中的传质过程

血液透析疗法是利用半透膜原理和膜的分隔作用净化血液的一种医疗技术。在透析过程中，膜的一侧是血液，膜的另一侧是透析液，借助膜两侧的溶质浓度梯度、渗透梯度和水压梯度，通过弥散、对流、吸附清除毒素，如代谢积累的尿素、肌酐、胍类、酸根和过多的电解质等；通过超滤和渗透清除体内储留的过多水分，同时可补充需要的物质（如透析液内的

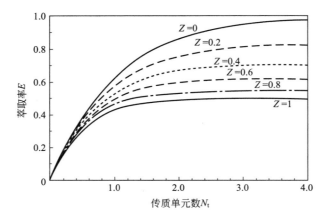

图 10-14　在并流渗析器中 E 与 N_t 的关系

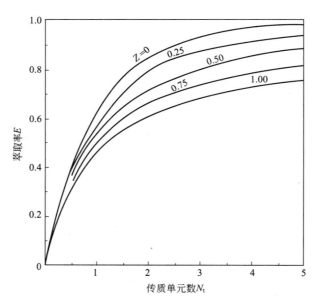

图 10-15　在垂直流渗析器中 E 与 N_t 的关系

碱盐或输入置换液），以替代部分肾脏功能排泄代谢废物和毒物，纠正电解质和酸碱平衡紊乱，从而改善相关肝、心、肺的功能。

10.3.5.1　溶质清除原理

（1）弥散

弥散又称扩散，半透膜两侧的溶质浓度梯度使溶质从浓度高的一侧向浓度低的一侧跨膜移动，逐渐达到两侧溶质浓度相等而平衡。血液透析过程中，主要通过以下两种方法来维持渗析膜两侧的浓度梯度：①保持血液及透析液的循环流动；②保持透析液的流动方向与血流方向相反，形成逆流，可使代谢产物及电解质在透析器内的血液和透析液之间存在最大的浓度差。

除了溶质浓度梯度之外，弥散清除量还和渗析膜的表面积、溶质的分子量以及溶质的弥散阻力有关。溶质弥散的总阻力包括邻近渗析膜的血液侧不流动的边界层的阻力、透析液侧不流动透析液层的边界阻力（转移阻抗），以及渗透膜本身的阻力（受膜厚度、膜扩散系数、膜孔径、透析器制作形状等影响）。

溶质的弥散清除量 J 与膜的溶质透过系数 K_m 和浓度梯度 Δc 成正比，与阻力 R 成反比，而阻力与膜的弥散通透系数 k 成反比（如图 10-16 所示）。

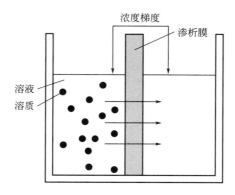

图 10-16　扩散原理图

在透析过程中，渗析膜的弥散通透系数与透析器的设计有关，例如在平板型透析器中，弥散系数 K_p 可以用下式表示：

$$K_p = kh \tag{10-56}$$

式中，h 为膜的厚度。

在中空纤维型透析器中，弥散系数 K_p 可以用下式表示：

$$K_p = k\ln\left(1 + \frac{h}{r}\right) \tag{10-57}$$

式中，r 为中空纤维膜的内径。

溶质移去率常被用来表征血液透析膜的透析效率。溶质移去率又称透析下降率，可以表示为：

$$RR = \frac{c_{pre} - c_{past}}{c_{pre}} \times 100\% \tag{10-58}$$

式中，c_{pre} 和 c_{past} 分别为溶质在治疗前和治疗后的浓度。

影响弥散清除过程的其他因素有溶质分子所带电荷种类及水含量、渗析膜所带电荷种类及亲水性。例如磷的原子量为 31，虽小于肌酐分子量（113），但因磷所带电荷及其水含量的影响，铜仿膜对磷的弥散清除量小于肌酐及尿素。此外，渗析液温度升高会使溶质弥散清除速度加快。

（2）对流

通过膜两侧的压力梯度，导致溶剂的牵引，血中溶质随着水的跨膜移动而移动。溶质对流的跨膜移动速度较弥散快，是溶质跨膜系数的另一种形式（如图 10-17 所示）。对于对流产生的溶质转移，溶质的通量与溶剂流率、溶质浓度和筛分系数成正比。

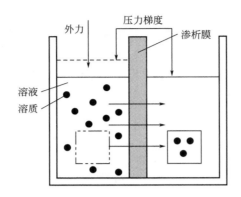

图 10-17 对流原理图

筛分系数可以表示为：

$$S_c = \frac{2c_F}{c_{Bi}+c_{Bo}} = \frac{c_F}{c_{Blood}}$$ （10-59）

式中，c_F 为超滤液中某溶质的浓度；c_{Bi} 和 c_{Bo} 分别为流入和流出透析器的某溶质浓度；c_{Blood} 为血液中某溶质的浓度。由于在实际操作过程中，同时获取 c_{Bi} 和 c_{Bo} 较为困难，一般将 $\dfrac{c_{Bi}+c_{Bo}}{2}$ 简化为 c_{Blood}。

对流清除量可以表示为：

$$c_{UF} = S_c Q_{UF} c_{Blood} = c_F Q_{UF}$$ （10-60）

式中，Q_{UF} 为水的超滤量。

（3）吸附

由于渗析膜的多孔性和较大的比表面积，血液透析过程中溶质在通过膜体时，会由于界面能降低而黏附在膜表面。这种吸附过程也能够起到清除血液中代谢废物或毒素的作用。渗析膜对溶质的吸附通常是由于膜表面和溶质所带电荷或者亲疏水性的特性：膜和溶质所带电荷不同时可以通过静电作用而产生吸附；膜和溶质都较为疏水时可以通过疏水作用力而产生吸附。

单位吸附量 Q 常常被用来表示膜材料的吸附效率：

$$Q = \frac{c_{Bi}-c_{Bo}}{c_{Bi}} \times 100\%$$ （10-61）

血液透析过程中膜表面发生的吸附会使得膜表面物质的浓度提高。这会对溶质原本的扩散过程产生影响。此外，溶质在膜孔表面的吸附会使得膜孔有效尺寸减小，通量降低。因此，溶质在膜表面的吸附作用在有些场合需要避免。

10.3.5.2　水的清除原理

血液透析，除了能清除毒性溶质外，还可以清除过多的水分，使患者达到干体重。膜两侧的渗透压梯度使水由渗透压低的一侧向渗透压高的一侧作跨膜移动。血液透析液配制时基本上与血液渗透压接近，水的清除主要受膜两侧的跨膜压差（TMP）影响，属于超滤过程。

水在压力差作用下作跨膜移动，超滤量与膜两侧的水压梯度成正比，膜血液侧由于血泵、静脉端阻力等形成正压，透析液侧则由于吸引泵形成负压，两侧压力绝对值之和，称为跨膜压差。

透析器血液侧压力可用血液进出两侧血压平均值表示或者以静脉端管路测得的静脉压来表示，膜超滤脱水主要依靠透析液侧负压。超滤量取决于膜的水透过系数（P_m）、有效膜面积（S）、水压梯度（P_b）及渗透梯度（P_{per}），透析过程的总脱水量（UF）为渗透与超滤脱水量的总和：

$$UF = P_m S (P_b - P_{per}) \tag{10-62}$$

$$UF = UFR \times TMP \times h \tag{10-63}$$

式中，UFR 为超滤率；h 为透析时间。

血液滤过时，

$$UF = \frac{F}{2} \times \frac{2}{p_{Bi} + p_{Bo}} \times 60\,min \times 100\,mmHg \tag{10-64}$$

式中，F 为滤出量；p_{Bi} 和 p_{Bo} 分别为血液进口压力和出口压力。$1\,mmHg = 133.32\,Pa$。

在治疗过程中，在较高跨膜压差下，超滤能力不再呈线性增加，超滤耐受性降低，可能是由于纤维素和脂蛋白在膜上沉积，形成次级膜，降低了超滤系数。

超滤量随治疗的调整：①选择适当膜的透析器；②选择适当透析液的渗透压可以增加渗透脱水量，且患者容易耐受；③调节透析机的压力超滤系统或者容量超滤控制系统。

10.4 渗析膜组件设计

10.4.1 渗（透）析器的设计

10.4.1.1 概述[4,16]

渗析器的设计标准有医用和工业用两类，两者之间的要求是很不同的。如血液透析器是消毒型、一次性或同一病人重复用的，工业渗析器有时要用有机溶剂作为萃取剂，要用NaOH 溶液周期性清洗；医用设计是根据人体生理控制的能力决定规模和传质操作，而工业设计是由过程经济因素控制，比医用规模大得多；同样从经济性考虑，工业渗析器要求长寿命，医用趋向于一次性，但也在考虑复用。

由于中空纤维膜组件的膜面积堆砌密度高（比表面积高）和易制作等优点，所以不论在医用上还是工业上中空纤维渗析器都是优先考虑的构型。

为了讨论方便，设计前提如下：分子量为 20000 的溶质的水溶液，浓度 5g/L，流量50kg/h，要求从溶液中除去分子量为 200 的污染物，使其浓度从 1g/L 降至 0.1g/L。

10.4.1.2 纤维尺寸和数目

中空纤维膜的最大优点在于其高的膜面积对体积的比，而传递系数与其他膜仍相差无几，但并不是纤维越细越好，其内径受悬浮进料液中颗粒大小和黏度的限制，而壁厚受纤维强度最低要求所限。一定内径的纤维，长度受压降或传质参数确定的上限制约，过长的纤维，膜两端压降过大，产生过高超滤速度，引起 Starling 流动或回过滤，使分离效率下降，同时过大的压降，不需要一次流程就可达到溶质迁移的要求，表明浪费了纤维过长部分。但纤维太短也不行，一是一次流程达不到溶质迁移要求，需要再循环；二是制造费用高，因为要保持一定的膜面积，要用更多的外壳和端封，且端封中大量纤维无效，浪费了潜在的膜面积。

在一定进料流速和膜两端压降下，所需纤维数目 N 由式（10-65）表示：

$$N = 8\eta L Q_f / (\text{TMP} \times \pi r_{ti}^4) \tag{10-65}$$

式中，η 为溶液黏度；L 为有效纤维长度；Q_f 为进料流速；TMP 为膜两端压降；r_{ti} 为纤维内径。

纤维数目的第二个限制是提供足够高的传递速度所需的膜面积。若在设计前提下，试验已知 1m^2 膜面积的渗析器的产水量为 $q(\text{mL/min})$，则由下式可求得 N：

$$N = A_m / (2\pi r_{ti} L) \tag{10-66}$$

式中，$A_m = Q_f / q$。

图 10-18 中表明式（10-65）和式（10-66）所代表的三种内径的纤维数目与长度的关系。起源于左下角的三条曲线是据式（10-65）而得，起源于左上角的是据式（10-66）而得。从相应内径纤维的曲线交点可以看出：对内径为 $125\mu\text{m}$ 的纤维，$L = 85\text{cm}$，$N = 5.6 \times 10^6$；对内径为 $250\mu\text{m}$ 的纤维，$L = 240\text{cm}$，$N = 1.0 \times 10^6$；对内径为 $375\mu\text{m}$ 的纤维，$L = 440\text{cm}$，$N = 3.6 \times 10^5$；它们都可符合设计前提的要求。

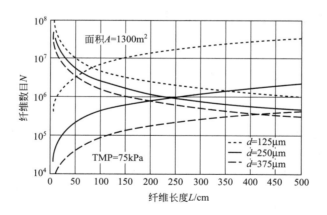

图 10-18　对一定的面积和 TMP，纤维数目与纤维尺寸的关系

10.4.1.3　流动样式

渗析器中，进料液和透析液的流动可呈逆流或并流，也可呈垂直流等样式和透析液充分交换，其中逆流和垂直流有最好的传质特性，逆流有最大的透析液进口和进料液出口间的浓度差。

萃取率 E［式（10-48）］是透析器传质性能最有意义的量度，在 N_t［式（10-51）］和 Z［式

（10-52）〕相同的情况下，逆流样式的 E 值最高，即逆流效率最好。

在相同雷诺数下试验垂直流和并流，垂直流的舍伍德数比并流的大一个数量级。

同样，在相同的 Z 值下，逆流和垂直流的总传质阻力和总传质性能是相近的。所以通常情况下，进料和透析液的流动样式取逆流。

10.4.1.4　壳侧压降

① 壳侧压降的对比在相同的雷诺数下进行比较合理，如 3 种外径不同的纤维在 $Re=100$ 时，其流速相差很大，数据如下：

$Re=100$，纤维外径/μm　相应流速/(cm/s)

　　　　　　　170　　　　　　　59

　　　　　　　295　　　　　　　37

　　　　　　　440　　　　　　　23

② 设外径为 295μm 的纤维呈三角形排列，堆砌率为 0.5，用自由表面模型比较垂直流和并流，两者压降相近。当然，实际上由于纤维填充的松紧、纤维变形扭曲和外径不均等，实际压降比模型预测的要高得多。

③ 通常设计中多选择并流，这是由于设计简单、可预测性好、组件之间一致性好等原因。

10.4.1.5　总传质性能预测

① K　如前所述，要评价 E，就要知道总传质系数 K，根据渗析器的构型和流体动力学以及膜和溶质的性质可以评价 K：

$$R=\frac{1}{K}=\frac{1}{K_f}+\frac{1}{K_m}+\frac{1}{K_d} \tag{10-67}$$

求得各个传质系数，则可求得 K。

② K_m　Klein 等[16]对内径分别为 125μm 和 250μm、壁厚都为 22μm 的纤维进行了计算，发现对分子量为 200 的溶质，K_m 为 4.0×10^{-4} cm/s，而对内径为 375μm、壁厚为 32μm 的纤维，K_m 为 3.1×10^{-4} cm/s。

③ K_d　选择纤维的堆砌密度 $\varphi=0.55\sim0.60$，由下式可计算 Sh_d：

$$Sh_d=0.025Re^{0.94}Sc^{0.33} \tag{10-68}$$

根据 $Sh_d=K_d L/D$，可求出 K_d，见表 10-3。

表 10-3　与最低纤维数有关的 Re、Sh_d 和 K_d

纤维外径/μm	Re	Sh_d	K_d/(cm/min)
170	9.0	2.0	0.064
295	29	6.0	0.11
440	55	11	0.13

④ Sh_w　将膜的 K_m 和透析侧传质系数代入下式可求得纤维壁处的舍伍德数 Sh_w：

$$\frac{1}{K_w} = \frac{1}{K_m} + \frac{1}{K_d}$$

$$Sh_w = K_w d_{ti} / D$$

如表 10-4 所示。

表 10-4　用来确定 Sh_f 的 Sh_w 和 Z^*

纤维内径/μm	Sh_w	Z^*
125	0.40	1.2
250	0.91	0.61
375	1.1	0.40

⑤ K_f　根据表 10-4 中的 Sh_w 和 Z^* 值通过公式 $Sh_f = 1.62 Z^{*-0.33}$，可得出 Sh_f，进而可通过式(10-33) 计算进料侧传质系数 K_f，如表 10-5 所示。

表 10-5　Sh_f、K_f 和 K

纤维内径/μm	Sh_f	K_f/(cm/min)	K/(cm/min)
125	4.3	0.19	0.016
250	4.3	0.093	0.016
375	4.3	0.062	0.013

⑥ R　总传质阻力可通过将上述各传质阻力相加来确定，如表 10-6 所示，从中可以看出膜的阻力约占 2/3。

表 10-6　R_f、R_m 和 $\overline{R}_d$ 在 R_0 中占的百分比

纤维内径/μm	R_f/%	R_m/%	R_d/%
125	8	67	25
250	17	68	15
375	21	69	10

⑦ N_t 和 E　已知 K，则可计算 N_t 和 E，见表 10-7。

表 10-7　在 $Z=0.5$ 时，初始设计的 N_t 和 E

纤维内径/μm	N_t	E
125	1.8	0.75
250	1.8	0.75
375	1.4	0.67

这里 $E=75\%$，达不到所要求的 90%，故应改变相应参数来达到，如增加透析流速，K_d 也增加，$Z=0.25$，则 E 也将增加；再增加纤维数目，Q_f 不同，TLP 下降，K_f 也减小，而 Q_d 也相应增加，这时 $Z=0.17$，则 E 可达 90%，如表 10-8 所示。

表 10-8　在 $Z=0.17$ 时，A_m 和 Q_d 都增加的情况下的 N_t 和 E

纤维内径/μm	N_t	E
125	3.0	0.92
250	2.9	0.91

10.4.1.6　膜组件设计

在上述设计和计算下，用内径为 $125\mu m$ 和 $250\mu m$ 的两种纤维制备膜组件，所要求的纤维数分别为 8.4×10^6 和 1.5×10^6，长度分别为 85cm 和 240cm，若 $\varphi=0.55$，$125\mu m$ 纤维的组件内体积为 295L，$250\mu m$ 纤维组件内体积为 445L。

对外壳内径为 25cm 的组件，要 7 个 85cm 长的含内径 $125\mu m$ 纤维的组件，或是要 4 个 240cm 长的含内径 $250\mu m$ 纤维的组件，都可满足设计前提要求。相比之下，4 个长的含内径 $250\mu m$ 纤维的组件更好些，因为它们占有更多的内体积，端板少，接头少，易连接，而且在实际应用中抗悬浮粒子阻塞。总之，膜组件设计应多方面考虑，力求最佳化。

10.4.2　血液净化膜及透析器[1,8,9,11,16,17]

10.4.2.1　血液净化膜

（1）医用透析膜的特性

医用膜的研制和生产是建立在纺织纤维工业技术的基础上，医用膜的应用是面对医疗，所以首选天然高分子或合成高分子制得的膜材料，同时可以从膜的生产工艺来控制膜结构，以改善膜的选择透过性和生物相容性。医用膜有关领域的关键点见图 10-19。

理想的医用透析膜的设计要求是：①对某些溶质具有高渗透性清除率；②适当的水滤过性；③良好的血液相容性；④尽可能小的非特异性吸附性能；⑤避免对透析液回滤；⑥不释出萃取的热原；⑦可接受无害消毒方法；⑧具有便于临床使用的足够的机械强度。

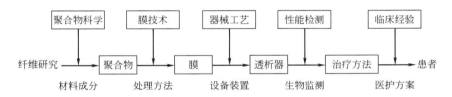

图 10-19　医用膜有关领域的关键点

（2）血液透析膜"家谱"

透析膜种类繁多，且聚合物的化学成分和结构大不相同，简单地通过标准名称来比较各种膜的性能和生物相容性将会引起混淆。1988 年 Michael Lysaght 提出"透析膜家谱"，以后不断有修改和补充[1]。

透析膜家谱中包含由两个主要分支组成的树干，即纤维素膜系统和合成聚合物膜系统，见图 10-20。

在纤维素膜系统中，再生（未改良型）纤维素膜是传统的血透膜，其中铜仿膜占有的市场最大。再生纤维素膜因其生物相容性方面的缺陷，需将纤维素聚合物的分子单元——纤维二糖的糖基进行化学修饰。纤维二糖由 $1,4$-β-葡萄糖键连接的两个葡萄糖分子组成，葡萄糖分子含有的 3 个羟基（—OH）可以进行化学反应，如与二乙氨基乙基簇（DEAE）醚化成血仿膜（hemophan），与苄基醚化成改良型纤维素膜（SMC），与醋酸酯化成醋酸纤维素膜，与聚乙二醇链接枝聚合成聚乙二醇纤维素膜（PEG-RC）。生物相容性的改善取决于置换物的形式，而不取决于置换物量的大小，经过以上改良后，膜的大多数已知的生物相容性

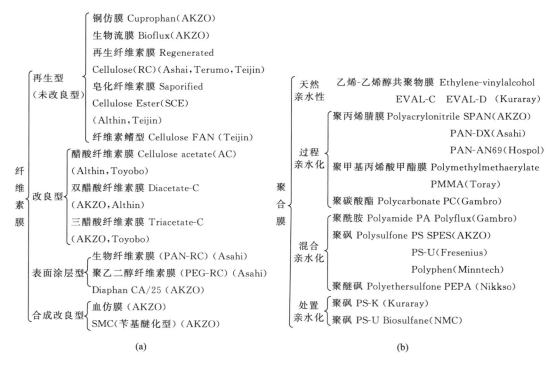

图 10-20　透析膜家谱

参数都得到很大改善。

透析膜中第二个主要分支是合成聚合物膜，主要是通过在疏水性基团上采用亲水化技术，如添加聚乙烯吡咯烷酮（PVP）、聚乙二醇、聚丙烯酰胺、聚甲基丙烯酸磺酸酯等改性，使得聚合膜的生物相容性得以改善。从改性方法上，合成聚合膜又可分为四个子分支（即天然亲水性、过程亲水化、混合亲水化和处置亲水化）。

（3）常用透析膜的特点

① 再生型纤维素膜——铜仿膜　铜仿膜（cuprophan）是使用最广泛、科学论证最充分的传统再生纤维素膜，生产过程中将纤维素溶于氧化铜氨溶液（而不是 NaOH）中，将其挤压成具有铜氨基团的纤维素膜。在全世界超过 4.5 亿次治疗中，铜仿膜的生物相容性和药理安全性以及可靠性已一再得到确认。根据菲克定律，膜的扩散透析率与它的厚度有关。铜仿膜均可耐受环氧乙烷气体（ETO）消毒（干法）和蒸汽消毒（湿法）。但由于膜会激活补体，可出现白细胞暂时性下降、血液中氧分压下降、过敏综合征等反应。长期使用此膜后血液中 β_2-微球蛋白含量显著升高，因此其血液相容性有待提高。据报道，采用聚氨酯或聚丙烯腈处理后，其血液相容性有所改善。

② 血仿膜　血仿膜（hemophan）是天然纤维素（棉花）DEAE（二乙氨基乙基）的改性膜，在干燥状态下无空隙结构，在与水接触后膨胀成多孔结构。血仿膜的特点如下：a. 激活补体活性低，由于 DEAE 替代了部分羟基，且其醚化部分不及再生纤维醚化的 1%，另外吸附凝血因子比再生纤维膜高三倍，故降低了补体旁路活化反应；b. DEAE 基具有正电荷，吸附具有负电荷的肝素，通过肝素稀释液（1500IU/L）先预吸附 30～60min，可减

少膜表面的血凝集，在血透过程中，只要用低剂量肝素即能达到抗凝效果，故不会增加出血风险；c. DEAE 基表面层也会吸附低密度脂蛋白（LDL）和极低密度脂蛋白（VLDL）；d. DEAE 基的正电荷会增强带负电荷的无机磷酸盐的渗透性，增加磷酸盐的清除，对 β-微球蛋白的清除率在 $10\%\sim15\%$ 之间；e. 能接受环氧乙烷（ETO）气体消毒和伽马射线、热蒸汽的消毒。

③ 醋酸纤维素膜　醋酸纤维素（cellulose acetate）膜是将纤维素在形成膜前先乙酰化，这种膜的通透性在中分子范围比同类规格普通再生纤维素或铜仿膜大，并有较高的超滤率。

④ 聚合膜　合成高分子聚合膜克服了纤维素膜化学稳定性和生物相容性较差的缺点，并满足膜溶质渗透性和湿强度的要求。采用嵌段、共聚、接枝等工艺制膜，可以适当控制亲水性和疏水性基团比例，形成亲水性密集对称均匀性膜结构，或在膜表面形成超薄的高度交联不对称微细结构。这些膜均具有良好的膜稳定性和热稳定性，以及良好的生物相容性。近些年应用聚合膜的比例增加，但价格较昂贵。由于膜强度好，此类膜有望作为选择透析器重复应用的对象。

血液净化的各种功能膜见表 10-9。

表 10-9　血液净化功能膜

1. 血液透析膜（m. hemodialysis，HD） （1）低通量膜（low flux）	以弥散方式，使膜两侧小分子量溶质交换 　膜孔＜20Å，通过溶质分子量＜5000，超滤率（U_f）：3.5～10mL/（mmHg・h），商品膜：Cuprophan，Hemphan，Cellulose acetate 等
（2）中通量膜（middle flux）	膜孔＜35Å，通过溶质分子量＜13000，超滤率（U_f）：10～30mL/（mmHg・h），商品膜：BioFlux，HP200，HP400
（3）高通量膜（high flux） 又称血液透析滤过 Hemodia filtration（HDF）	膜孔＜55Å，通过溶质分子量＜20000，超滤率（U_f）：15～60mL/（mmHg・h），商品膜：F60，HF800
2. 血液滤过膜 （m.hemofiltration，HF）	以对流方式通过水和大小分子量溶质清除 　膜孔＜100Å，通过溶质分子量＜5 万，超滤率（U_f）：15～60mL/（mmHg・h），商品膜：Ultraflux，diafilter，Multi Flow
3. 血浆滤过膜（m.plasma filter）/血浆分离膜（plasma pheresis，PP）	以对流方式通过血浆和大分子量溶质的分离
（1）血浆分离膜	膜孔 0.4μm，通过溶质分子量 300 万，滤率 30mL/100mL 血，商品膜：Plasmaflux，Plasmacure，Plasmaflow
（2）血浆成分离膜（m.plasma fractionator/cascade filtration/double Filtration plasma pheresis，DFPP）	从滤出血浆中再经成分分离膜滤出中、小分子量成分的溶质回输，丢弃大分子量免疫复合物 　膜孔＜0.02μm，通过分子量＜10 万～50 万，超滤率（U_f）：90mL/（min・0.1bar），商品膜：PF100，EV Aflux，AC-1770
（3）血浆免疫性吸附（柱） ①色氨酸乙烯醇胶化柱	治疗重症肌无力症（MG）、慢性多发性神经脱髓鞘炎（CIDP） 商品柱：MEDISORBA MG（Kuraray），Immvsorba TR-350（Asahi）
②聚乙烯醇胶化柱	治疗急性格林巴症（GPS）、多发性硬化（MS） 商品柱：Immusorba PH-50（Asahi）
③苯乙烯苯异量分子聚合树脂柱	治疗高胆红素、胆汁酸血症、药物中毒 商品柱：Plasorba BR-350（Asahi），Plasorba N-350（Kuraray）

续表

4. 血液灌流（hemoperfusion）吸附剂（珠状沥青活性炭）包膜（coating of activated charcoal beads）：聚乙烯醇、硅橡胶、纤维素、P-HEMA	医用吸附炭150g 表面积约15000m²，包膜厚0.5～3μm，膜孔＞100Å，通过溶质分子量＞10万，治疗药物中毒、肝衰 商品滤器：Hemosorba-CH350（Asahi），Adsorba-3000（gambro），DHP-1（Kurarya），Hemokart-Adult（NMC）
5. 细胞细菌滤过膜（m. particle removal filter）	非织聚酯纤维膜，醋酸纤维膜，膜孔0.2～0.45μm，通过溶质1L/min
6. 腹水浓缩滤过器膜　（m. concentrated ascitic fluid） （1）腹水滤过膜 （2）腹水浓缩膜	孔径0.2μm，U_f：90L/h，商品滤器：PS Filter-AS（Kuraray） UF：2L/（200mmHg·h），商品滤器：PS Filter-AC（Kuraray）
7. 透析液滤器膜（m. dialysate filtrate）	除菌、除热原、内毒素，减少系数（RF）＞7.5，对数递减值（LRV）6 商品滤器：DIASAFE（Fresenius），TET07（Toray），Ultrafilter 7000，2000（Gambro）

注：1mmHg＝133.322Pa；1bar＝10^5Pa；1Å＝10^{-10}m。

　　目前透析器膜材料主要为纤维素及合成多聚体，存在膜孔径形状不规则、大小不均一的缺点。为避免丢失有用的大分子物质，膜的截留分子量须小于这些物质的分子量，由于孔径大小不均一，使得平均孔径远小于截留分子量对应物质的粒径，因此对中大分子物质清除效率低。近几年来，人们将纳米技术用于透析器膜材料制造的研究。采用纳米技术制造的膜的特点是孔径大小和形状均一，以长方形孔取代以往的圆孔，理论上多数膜孔径可接近截留分子量对应物质的粒径，超滤率及中大分子物质清除率均增加[18]。现已问世的有 Fresenius FX 系列滤器，在原有聚砜膜滤器 FS 系列基础上采用纳米技术铺膜拉孔，使膜孔径大小均一，对中大分子物质的清除率增加[19]。

10.4.2.2　血液透析器[1,2,4,8,9]

　　① 1944 年，Kolff 和 Berk 用"旋转鼓"人工肾示范了血液透析的可行性，血液在包有纤维素膜的"鼓"内流动，而该"鼓"在透析液浴中旋转。

　　② 1956 年，Kolff 等开发了螺旋式赛璐玢管膜透析器，又称为卷筒式（coil）透析器，它是由膜管隔一层塑料网螺旋状卷起来形成的，血液在管内流动，渗析液在管外轴向流过网格空间，如图 10-21 所示。

　　③ 1960 年 Kiil 开发了板框式透析器（又称为平板型透析器），和工业用的板框型渗析器一样，也是逆流操作。它是可重复使用的装置，每次只要拆开它换膜即可。由于重复使用过程中拆洗的人工费用高，所以发展成为一次性板框式透析器（又称为多层平板透析器），其结构比重复使用型更紧凑，且制成已消毒的产品出售，如图 10-22 所示。

　　④ 1966 年中空纤维透析器（又称为毛细管型透析器）首次应用成功，很快获得了普及并取代了上述其他品种的透析器。这是由于其易于制备，结构小巧紧凑，性能可靠，使用方便和价格低廉，可以是一次性的，也可以为同一病人重复用多次。其基本结构如图 10-23 所示。中空纤维透析器的制备方法是：置一束中空纤维于一外壳中，两端用密封胶将纤维束进行端封，形成管板。透析器两端各有一垫圈和端盖，形成血液接出部，使血液从这里流入和流出中空纤维的内腔（管程）。紧靠两端管板端封的内侧的外壳上各有一个接嘴，供透析液流入和流出壳侧的空间（壳程），这与管式换热器相仿。透析器的外壳和端盖通常由透明的

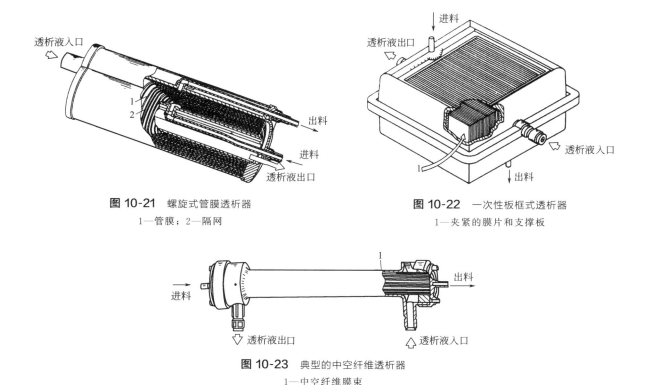

图 10-21 螺旋式管膜透析器
1—管膜；2—隔网

图 10-22 一次性板框式透析器
1—夹紧的膜片和支撑板

图 10-23 典型的中空纤维透析器
1—中空纤维膜束

工程塑料制成，如聚碳酸酯或苯乙烯-丙烯腈共聚物，形成管板的端封剂多为聚氨酯（Eplthane-3）或环氧树脂，管板和端盖间的垫圈是用硅橡胶弹性体制备的。

现代透析器的质量标准是非常重要的，主要包括：a. 从聚氨酯中不释放出环氧乙烷；b. 蒸汽消毒；c. 清除特定的尿毒素；d. 膜具有生物相容性；e. 无血栓形成；f. 聚氨酯不含亚甲基二苯胺；g. 纤维束不漏血、不堵丝；h. 有良好的流动条件；i. 透析液反滤率低，不使热原、细菌、病毒、铝离子和铁离子及硝酸盐等回吸；j. 不与抗凝剂发生不良反应；k. 透析器是重要的医疗消耗用品，属于Ⅲ类医疗器械，在研究部门经过严格体外、体内性能测试和生物学试验合格，上报卫生管理部门批准后才能上市。上市的透析器必须给医院提供透析器技术数据，明确说明使用性能。选择使用透析器应考虑：a. 透析器性能（包括水的超滤和大分子、中分子、小分子溶质的清除性能等）；b. 透析器的生物相容性，包括透析膜、外壳、封装物质、生产、消毒、流动性能等（短期和长期并发症）；c. 预充血量和透析器顺应性；d. 残留血量和无凝血倾向；e. 重复使用的价值；f. 透析器价格。

为保证透析器安全使用，透析器厂商都应注明"一次性使用"。为了节省费用，各透析中心自己负责解决透析器的复用问题。尽管在复用消毒剂和操作上有改进的可能，但对于复用可能引起的感染、透析效率降低等风险仍令人担忧。表 10-10 给出了部分透析器的技术数据。

根据透析器的超滤系数 K_{uf}[mL/(mmHg·h)]，即每小时、每毫米汞柱压力下透析器超滤的水的毫升数），可把透析器分为低通量透析器和中通量透析器和高通量透析器。其中低通量透析器的 $K_{uf}<10$mL/(mmHg·h)，高通量透析器的 $K_{uf}>20$mL/(mmHg·h)，中通量

表 10-10　透析器（部分产品）技术数据

厂家	型号	超滤系数	清除率/(mL/min)				血室容量/mL	血流阻力($Q_B=$ 200mL /min) /mmHg	透析液阻力($Q_D=$ 500mL /min) /mmHg	最大跨膜压 /mmHg	最大血流量 /(mL /min)	膜面积 /m²
			尿素	肌酐	磷酸盐	维生素 B_{12}						
费森尤斯	FX8	12	191	178	160	107	74			500	400	1.4
	FX10	14	193	181	170	121	95			500	500	1.8
	FX60	46	193	182	177	135	74			500	400	1.4
	FX80	59	197	189	185	148	95			500	500	1.8
金宝（百特）	Revaclear 200	44	194	188	181	138	64	≤100	≤30	600	400	1.2
	Revaclear 300	48	196	191	185	146	74	≤100	≤30	600	500	1.4
	Revaclear 400	54	198	195	191	158	93	≤100	≤26	600	600	1.8
尼普洛	13H	64	196	191	178	140	85			500		1.3
	15H	67	198	196	184	150	95			500		1.5
	17H	74	198	197	188	157	105			500		1.7
威高	F12	16	180	167	150	97	66			500		1.2
	F14	18	190	174	164	105	72			500		1.4
	F16	20	195	179	171	113	78			500		1.6
	F15	59	196	192	179	138	75			500		1.5
	F18	75	200	198	186	154	84			500		1.8
欧赛	HD-150	48	190	186	183	155	105	≤5		500	400	1.5
	HD-180	51	193	188	186	161	120	≤5		500	400	1.8

注：1mmHg＝133.322Pa。

透析器的 K_{uf} 介于二者之间。高通量透析器比低通量透析器能清除更多的中分子量毒素，其高毒素清除率及高超滤作用使其成为目前最合理的透析方式。临床上常通过应用高通量血液透析来调节慢性肾衰竭患者的钙磷代谢平衡、增加 β_2-微球蛋白（β_2-MG）的清除率、改善血脂代谢紊乱及改善营养状况等。但高通量血液透析在应用过程中亦存在一些问题，如细菌等微生物可能通过透析膜进入血液，对透析用水和透析液的质量控制要求较高等。提高跨膜压使血液侧压力高于透析液侧压力及使用超纯透析液是保证高通量透析治疗顺利进行的关键[20]。

而超高通量或高截留分子量（high cut-off，HCO）透析器与高通量透析器相比，能允许分子量更大的物质通过，同时也可能丢失部分血清蛋白。目前临床实验上已有采用高截留量滤器血液透析（high cut-off-hemodialysis，HCO-HD）治疗多发性骨髓瘤（multiple mye loma，MM，轻链蛋白所致管型肾病）伴急性肾功能衰竭患者。由于轻链蛋白分子量为 25000～50000，超过传统滤器的截留分子量，传统 HD 无法清除。初步临床研究显示 HCO 透析器用于慢性肾衰患者可改善贫血，降低高同型半胱氨酸血症，降低血浆糖基化及氧化蛋白质水平，但还缺乏大型随机对照研究观察其对患者预后的最终影响，因此目前还未真正进入临床使用阶段[19]。

透析器在血液透析过程中需要放在透析机上配合使用，而透析机主要有 3 大功能：提供体外血液循环的动力；配置、供给透析液及控制容量平衡；监测循环系统完整性及各项治疗参数。目前血液透析治疗的一大缺点是患者必须频繁到医院接受治疗，对患者工作及生活造成极大不便。为解决这一问题，便携式透析装置（wearable dialysis device，WDD）的研究发展迅速[21]。WDD 技术的核心是联线再生及循环使用透析液，其中再生是通过吸附技术清除透析液中的尿毒症毒素。Gura 等人提出利用再生性透析（regenerative dialysis，REDY）吸附技术，包括利用尿素酶、磷酸锆、乙酰氧化锆和活性炭等再生透析液。Ronco 等人提出便携式连续腹膜透析装置，通过双腔导管持续注入及引出腹透液，腹透液经活性炭、聚苯乙烯及离子交换树脂再生。赵长生等人提出佩戴式人工肾，通过解决微型泵和微型监测装置的制备技术和透析液的高效再生，提高尿毒症患者的生活质量。目前便携式透析装置尚处于研究开发阶段。

10.4.3　其他渗（透）析器

10.4.3.1　工业用渗析器[4-6]

早期的工业用渗析器有三种构型——桶式、板框式和管式，虽然都有有关的设计和实验研究，但只有板框式获得广泛应用，而其他两种没有商品化。

① Cerini 渗析器可作为桶式的代表，1928 年在意大利开发成功，这也是第一个工业渗析器，用于从人造纤维生产的废水中回收 NaOH。其结构如图 10-24 所示，即 $3m\times1.5m\times1.2m$ 的桶，内有 50 个膜袋，总膜面积达 $300m^2$。每个膜袋内部由金属网支持，各自与进水接通，进料从下向上流动，从顶部溢出，其中的碱透过膜到膜袋内。这种渗析器已成为历史。

② 板框式渗析器有多种设计，如 Tuwiner 式和 Graver 式等，板框式渗析器可用比桶式渗析器更薄的膜，膜的水通量比桶式的高 5～10 倍。渗析器的板框可用 PVC 来制作，两个框、两张膜和两只垫圈构成了渗析器的基本单元，其中一个框内流进料液，另一个框内流渗析液。一个渗析器可由 150 个基本单元组成，如图 10-25 所示。在逆流操作中，低密度的渗析液向下流，相邻室里的高密度的进料向上流，这样，渗析液中溶质浓度不断升高，进料液中溶质浓度不断下降，渗析液侧压力比进料液侧略高为好，以使膜紧压在进料框上。

③ 中空纤维渗析器　Enka AG 型铜氨中空纤维膜也曾用于工业试验，纤维外径为 $200\mu m$，壁厚为 $16\mu m$，制成有效长度为 28cm 的渗析器，两端用 PU 密封，固化后，切削两端使纤维开孔，制成管板，每个渗析器的有效面积为 $11.3m^2$，堆砌密度为板框式的 40 倍。

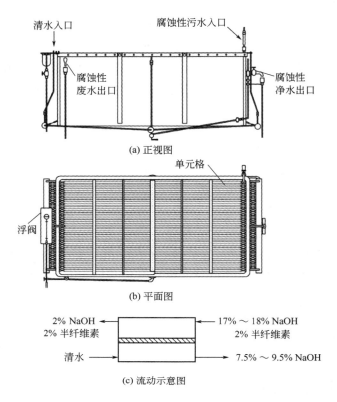

图 10-24　Cerini 渗析器的正视图、平面图和流动示意图[22]

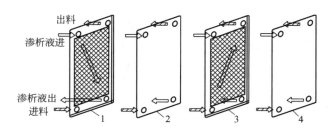

图 10-25　典型板框渗析器的重复单元（垫片略）

1,3—进料框和隔板；2,4—膜

　　Sepracor Inc. 产的工业用渗析器（图 10-26）所用中空纤维是由 PAN 或再生纤维素制成的，纤维外径为 $200\mu m$，纤维两端以环氧树脂黏合，固化后，切削两端制成管板，端部用 O 形圈与外壳间形成密封，其中规格为 12L 的渗析器中空纤维的膜面积为 $65m^2$。它不仅可用于水-水溶液的渗析中，也可用于水-有机物溶液的萃取。

　　在进料和渗析液是有机溶剂的场合，外壳优选材料是不锈钢，尼龙也在考虑之列，端封剂限于环氧树脂和聚丙烯，密封圈材质是氟橡胶或外有氟材料涂层的弹性体。在蒸汽原位消毒的场合，可选用不锈钢外壳、环氧树脂端封、乙丙橡胶弹性体密封圈。

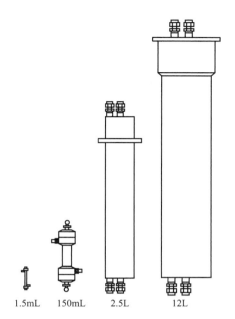

图 10-26 扩散渗析用中空纤维组件

（纤维总堆砌体积，从实验型的 1.5mL 到工业型的 12L）

10.4.3.2 实验室用透析装置[23]

实验室用透析装置主要包括透析袋以及小型透析实验装置。

① 透析袋 透析袋通常是一种含有半透膜的袋状容器，其主要被用于在生物大分子的制备过程中对少量有机溶剂、盐、生物小分子杂质的去除和对实验样品的浓缩。这类透析技术中的核心部件是专用透析膜，通常是将半透膜制成袋状，将生物大分子样品溶液置入袋内，用透析袋夹子密封透析袋两端后将其浸入水或缓冲液中。随着透析的进行，样品溶液中的生物大分子被截留在袋内，而盐和小分子物质不断扩散、透析到袋外，直到袋内外两边的浓度达到平衡为止。在透析过程中还可以定时更换袋外的水或缓冲液来进一步透析去除袋内的杂质。保留在透析袋内未透析出的样品溶液称为保留液，袋（膜）外的溶液称为渗出液或透析液。

透析膜可用动物膜和玻璃纸等制成，而使用最多的是用纤维素制成的透析膜。商品透析袋一般制作成管状，其扁平宽度为 10～50mm 不等。透析袋的规格一般通过截留分子量来确定。所谓截留分子量（MWCO）即留在透析袋内的生物大分子的最小分子量。比如若透析袋的截留分子量为 5000，一般是指理论截留分子量为 5000，也就是说分子量小于 5000 的分子会漏出透析袋，而高于 5000 的分子会留在透析袋里面，一般是一个统计范围。商用的透析袋有 100～500、500～1000、2000、3500、5000、8000、10000、20000、50000、100000、300000 等规格。

透析袋在使用时，一端用特制的透析袋夹子夹紧（也可以使用橡皮筋或线绳扎紧），由另一端灌满水，用手指稍加压，检查不漏后方可装入待透析液。装液时通常要留三分之一至一半的空间，以防透析过程中袋外的水和缓冲液过量进入袋内后将袋子胀破。为了加快透析速度，除可多次更换袋外透析液外，还可使用磁子搅拌浸泡透析袋的透析液，透析的容器可以选择容量稍微大一些的烧杯、量筒或塑料桶。

② 小型透析实验装置　其构型和板框式透析器的构型类似，主要用于探究处于实验阶段的膜材料的透析性能和溶液的分离纯化。在 20 世纪 50 年代和 60 年代，透析用于实验室主要是为了纯化生物溶液或分离大分子。Craig 在 20 世纪 60 年代的一系列论文中所使用的实验室透析器如图 10-27 所示。超滤膜直到 20 世纪 60 年代末才开始被使用，这个装置是当时分离许多大体积生物溶液的唯一方法。

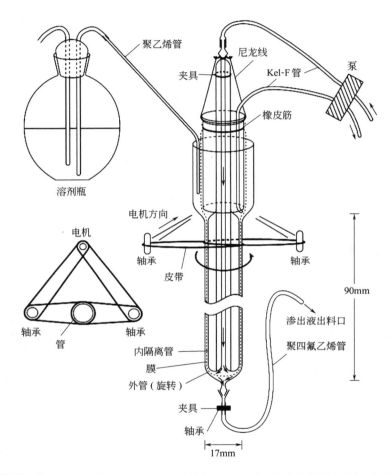

图 10-27　Craig 研发的用于分离生物溶液中低分子量杂质的实验室透析器的示意图[24]
进料溶液在膜管内部循环，溶剂在膜管外部循环。通过小电机旋转外壳以克服边界层的形成

10.4.4　过程和系统设计[4,6]

渗析可以两种基本操作方式进行：间歇式和连续式。

10.4.4.1　间歇式

① 如图 10-28 所示，容器的体积为 V，内有进料液，浓度为 c_f，通过渗析器进行循环渗析，渗析液进口浓度为 c_{di}，进料和渗析液进入渗析器的流速分别为 Q_f 和 Q_d，渗析液从出

口到回收系统。该流程可用于从高分子量产物中除掉低分子量杂质，也可用于进料反应器中回收高分子底物催化水解的低分子产物。

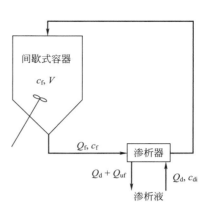

图 10-28　间歇式渗析操作

② 过程中容器内的质量平衡为：

$$\frac{\mathrm{d}(Vc_f)}{\mathrm{d}t} = -D^*(c_f - c_{di}) \tag{10-69}$$

体积平衡可写为：

$$V = V_0 - Q_{uf}t \tag{10-70}$$

式中，V_0 为容器的初始体积；Q_{uf} 为进料到透析液的超滤速率。

上两式整理可得：

$$(V_0 - Q_{uf}t)\frac{\mathrm{d}c_f}{\mathrm{d}t} - Q_{uf}c_f = -D^*(c_f - c_{di}) \tag{10-71}$$

对式(10-71) 积分并重排之可得：

$$c_f(t) = \frac{D^* c_{di}}{D^* - Q_{uf}}\left[1 - \left(\frac{V_0 - Q_{uf}t}{V_0}\right)^b\right] + c_f^0\left(\frac{V_0 - Q_{uf}t}{V_0}\right)^b \tag{10-72}$$

式中，$b = (D^* - Q_{uf})/Q_{uf}$；$c_f^0$ 为初始进料浓度。

若不发生超滤，即 $Q_{uf} = 0$，则

$$V\frac{\mathrm{d}c_f}{\mathrm{d}t} = -D^*(c_f - c_{di}) \tag{10-73}$$

$$c_f(t) = c_f^0\exp\left(\frac{-D^* t}{V}\right) + c_{di}\left[1 - \exp\left(\frac{-D^* t}{V}\right)\right] \tag{10-74}$$

③ 用于进料反应器，设底物到反应器的流速为 Q_r，底物转变为产品的速率为 G，则

$$\frac{\mathrm{d}(Vc_f)}{\mathrm{d}t} = -D^*(c_f - c_{di}) + G \tag{10-75}$$

积分形式为：

$$c_f(t) = \frac{D^* c_{di} + G}{D^* - Q_{uf} + Q_r}\left[1 - \left(\frac{V_0 - Q_{uf}t}{V_0}\right)^g\right] + c_f^0\left(\frac{V_0 - Q_{uf}t}{V_0}\right)^g \tag{10-76}$$

式中，$g = (D^* - Q_{uf} + Q_r)/(Q_{uf} - Q_r)$。

10.4.4.2　多级操作

为了提高渗析分离的选择性，可用多级操作。该操作可提高萃取率 E 值，改进不同分子量的两种溶质的分离。

设整个系统中 $Q_f = Q_d$，则

$$E = \frac{N_t^n}{1+N_t^n} \tag{10-77}$$

式中，N_t 为传递单元数；n 为串联的级数。

例如，两种溶质 A 和 B 进行逆流操作分离，$Q_f = Q_d$，这里 $E_A = 0.33$，$E_B = 0.60$，$N_{tA} = 0.5$，$N_{tB} = 1.6$，选择性为 $E_B/E_A = 1.82$。若用三级串联，由式（10-77）可知，$E_A = 0.11$，$E_B = 0.77$，选择性提高到 7.0。

10.4.4.3　连续逆流操作

渗析过程的物料衡算如图 10-29 所示。

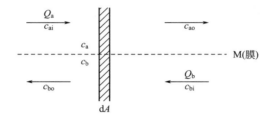

图 10-29　连续逆流渗析（Q_a、Q_b 无变化）

当溶质为单一组分时，假定 Q_a 和 Q_b 都不变，则溶质穿过膜 dA，从溶液向溶剂传递的速率方程可表示为：

$$dW = U_0(c_a - c_b)dA \tag{10-78}$$

$$dW = -Q_a dc_a = -Q_b dc_b \tag{10-79}$$

式中，U_0 为总传质系数；A 为渗析膜面积；W 为溶质传递量；Q_a 为溶质流量；Q_b 为溶剂（渗析液）流量；c_a 为溶液中的溶质浓度；c_b 为渗析液中的溶质浓度。

由式（10-79）得：

$$\left(\frac{Q_a}{Q_b}\right)dW = -\frac{Q_a}{Q_b}Q_b dc_b = -Q_a dc_b \tag{10-80}$$

$$dW - \left(\frac{Q_a}{Q_b}\right)dW = -Q_a dc_a + Q_a dc_b \tag{10-81}$$

$$\left(1 - \frac{Q_a}{Q_b}\right)dW = -Q_a(dc_a - dc_b) = -Q_a d(c_a - c_b) \tag{10-82}$$

所以

$$dW = -Q_a \frac{d(c_a - c_b)}{\left(1 - \frac{Q_a}{Q_b}\right)} \tag{10-83}$$

将式（10-83）代入式（10-78）得

$$-Q_a \frac{d(c_a - c_b)}{\frac{Q_b - Q_a}{Q_b}} = U_0(c_a - c_b)dA \tag{10-84}$$

$$\frac{d(c_a - c_b)}{c_a - c_b} = -U_0 \left(\frac{Q_b - Q_a}{Q_a Q_b} \right) dA = -U_0 \left(\frac{1}{Q_a} - \frac{1}{Q_b} \right) dA \tag{10-85}$$

假定总传质系数 U_0 为一定值，则式（10-85）对整个渗析器进行积分

$$\int_{c_{ai} - c_{bo}}^{c_{ao} - c_{bi}} \frac{d(c_a - c_b)}{c_a - c_b} = -U_0 \left(\frac{1}{Q_a} - \frac{1}{Q_b} \right) \int_0^A dA \tag{10-86}$$

$$\ln \left(\frac{c_{ao} - c_{bi}}{c_{ai} - c_{bo}} \right) = -U_0 \left(\frac{1}{Q_a} - \frac{1}{Q_b} \right) A \tag{10-87}$$

$$\frac{1}{Q_a} - \frac{1}{Q_b} = \left(\frac{c_{ai} - c_{bo}}{W} \right) - \left(\frac{c_{ao} - c_{bi}}{W} \right) \tag{10-88}$$

故

$$\ln \left(\frac{c_{ao} - c_{bi}}{c_{ai} - c_{bo}} \right) = U_0 \left[\frac{(c_{ao} - c_{bi}) - (c_{ai} - c_{bo})}{W} \right] A \tag{10-89}$$

将式（10-89）整理后得

$$W = U_0 A \left[\frac{(c_{ao} - c_{bi}) - (c_{ai} - c_{bo})}{\ln \left(\frac{c_{ao} - c_{bi}}{c_{ai} - c_{bo}} \right)} \right] = U_0 A \Delta c_{im} \tag{10-90}$$

式中，Δc_{im} 为对数平均浓度差；c_{ai} 和 c_{ao} 分别为溶液中的溶质进、出口浓度；c_{bi} 和 c_{bo} 分别为渗析液中的溶质进、出口浓度；W 为溶质传质量；A 为膜面积；U_0 为总传质系数。

式（10-90）为渗析方程式，经常使用。

10.5 渗析的应用

10.5.1 工业应用

渗析膜及其渗析器组件以及附加的设备和系统常应用于工业生产中。膜处理应用的优点包括减少操作成本、保存产品、回收副产品以及节约水、能源、化学品等。目前，常规的渗析依赖于扩散，而且大多数是非选择性和缓慢的分离过程。然而，许多潜在的渗析分离，如超滤或电渗析等，可以通过借助外力和选择性更好的膜实现更快、更好的分离处理过程，它们主要的工业应用包括水处理及回用、酸碱废液处理及回收、清洁生产等。表 10-11 列出了渗析法的一些主要工业应用。这些相关的内容会在第 11 章详细介绍。

渗析还可用于其他类型的工业生产中，如从血清蛋白或疫苗中脱除盐和其他低分子溶质、渗析法除醇用于生产无醇啤酒、乳制品的加工等。

10.5.2 生物医学应用[1,2,4,8-10,16,18-21]

目前，透析的主要生物医学应用是人工肾。肾脏的主要生理功能有：通过滤过、重吸收

表 10-11　渗析法的主要工业应用

项目[①]	分离内容	项目[①]	分离内容
酸洗工件(冶金工业)的废液	H_2SO_4-$FeSO_4$	溶剂萃取及蚀刻废液	HNO_3-金属盐
	HCl-$FeCl_2$	电镀废液	H_2SO_4-$CuSO_4$
硫酸铝电解液	H_2SO_4-$Al_2(SO_4)_3$	镍精炼工艺废液	H_2SO_4-$NiSO_4$
蚀刻废液	HCl-$AlCl_3$	工业氢氧化钾	试剂级氢氧化钾
盐酸纯化	HCl-氯甲烷	黏胶人造丝工业废液	回收 $NaOH$
纯硫酸精制	纯硫酸	有机氨基化物水解废液	H_2SO_4-氨基化物
钛白粉废液	H_2SO_4-Fe^{2+}, Ti^{2+}	木材水解废液	H_2SO_4-葡萄糖
离子交换树脂再生液	H_2SO_4-Ni^{2+}, Cu^{2+}	其他	HCl-$MgCl_2$
萃取液或淋洗液	HCl-金属盐		H_2SO_4-$ZnSO_4$

① 各项目均已生产应用。

通过尿排出代谢产物（尿素、肌酐、尿酸等）和某些毒物及药物，调节体内水、电解质和酸碱平衡；通过肾内细胞分泌血管活性物质、调节血压、激活维生素 D 以及分泌促红细胞生成素等。一旦肾脏疾患的肾功能不足以维持人体新陈代谢的平衡即出现肾功能衰竭。在西方国家中，肾功能衰竭以继发性因素为主要原因，已经公认糖尿病和高血压是两大首位因素，糖尿病病人中至少一半有肾脏疾病，高血压病人中约一半有肾脏病。在我国仍以慢性肾小球肾炎为主，但继发性因素引起肾功能衰竭在逐年递增，其中高血压是主要的继发性因素。因此有效控制高血压将可大大减少肾功能衰竭的发生。如果肾脏病不能得到早期诊断和治疗，将有百分之十以上的病人发展至终末期肾衰竭，出现尿毒症症状，还涉及相关脏器功能，危及生命。

目前，血液透析（人工肾）是治疗急、慢性肾功能衰竭的最有效的常规肾脏替代疗法。据统计至今，依赖透析生存的人已超过 100 万，其五年生存率为 70%～80%，有些患者存活期已超过 20 年，大部分患者可恢复部分劳动力。在生物医学工程等各学科互相依托下，现代透析技术向多种分支技术发展，包括血液透析、血液滤过、血液灌流、血浆分离等多种治疗方式的血液净化疗法可治疗多脏器功能衰竭和免疫性疾病等多种危重病和难治性疾病，其中主要技术要归功于现代血液净化膜的发展。图 10-30 表明肾脏和各种血液净化疗法分离的范围。

10.5.2.1　血液透析[8,9,16,18-21]

（1）常规血液透析（hemodialysis，HD）

病人先经手术或穿刺建立血液通路（如前臂动静脉内瘘、经股或颈内静脉双腔留置导管），然后对通路进行肝素化，接着血液由血泵引至透析器，再回流至病人静脉，建立体外循环系统；由透析装置（俗称人工肾）输送透析液，血液与透析液在透析器中空纤维膜内外流动方向相反，并基于膜的物质扩散原理产生透析作用。通过调节人工肾的功能参数清除体内代谢废物，调节水、电解质及酸碱平衡。急性肾衰无尿期需每日或隔日透析，每次透析4～5h；慢性肾衰每周透析 1～3 次以维持生命。图 10-31 为血液透析示意图。

血液透析的并发症有：透析失衡综合征，肝素化后继发出血，心血管功能与血液动力学障碍，感染（包括乙、丙型肝炎），以及由于透析尚不能完全替代肾生理功能的代谢障碍等。

由于临床个体化病人治疗需要，血液透析有以下几种血透方法。

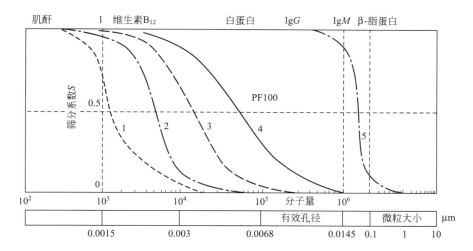

图 10-30 血液体外循环医用膜与人体肾清除溶质的范围

1—人体肾；2—血液透析；3—血液滤过；4—血浆成分分离；5—血浆分离、血液灌流

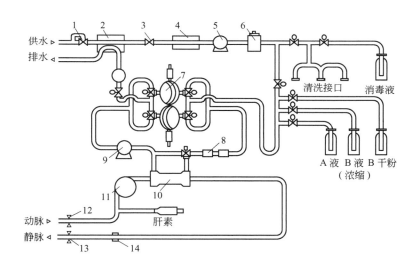

图 10-31 血液透析（HD）示意图

1—压力调节；2—热交换器；3—恒量器；4—加热器；5—除泡泵；6—除气槽；

7—黏液泵；8—浓度检测；9—循环泵；10—透析器；11—血泵；

12—动脉夹；13—静脉夹；14—气泡检测

与血液通路有关：单针透析（SND）。

与透析液有关：乙酸盐透析（AcHD）、碳酸氢盐透析（BiHD）、高钠透析（HNaHD）。

与超滤有关：单纯透析（SUF）、序贯透析（sequential HD）。

与膜清除有关：低通量常规透析（low flux dialysis，LFD）、高通量透析（high flux dialysis，HFD）、透析滤过（HDF）、配对透析滤过（PFD）、联机透析滤过（online HDF）、透析灌流串联（HD＋HP）。

不同透析膜（器）的清除效果和生物相容性如表 10-12 至表 10-15 所示。

表 10-12　不同高通量透析膜材料的临床使用效果[23-25]

材料	临床使用效果
聚砜膜 F60 透析器，表面积为 1.3m²，超滤系数为 40mL/(mmHg·h)，透析机为 DBB-22B	每周透析 3 次，每次 4h，每月监测血清尿素氮、肌酐和白蛋白，每 3 个月查胆固醇、三酰甘油、高密度脂蛋白和低密度脂蛋白变化。结果显示患者血胆固醇、三酰甘油、低密度脂蛋白都有不同程度降低，高密度脂蛋白升高
聚砜膜 F60 透析器，表面积 1.3m²，超滤系数为 40mL/(mmHg·h)，与 F6 聚砜膜、表面积为 1.3m²、超滤系数为 5.5mL/(mmHg·h) 的透析器每周交替使用，透析机为 4008B	每周透析 2 次，每次 4.5h，每月监测尿素氮、肌酐，每 3 个月监测胆固醇、三酰甘油、高密度脂蛋白和白蛋白及 β_2-微球蛋白水平。结果显示尿素氮、肌酐下降，同时血胆固醇、三酰甘油、低密度脂蛋白都有不同程度降低，高密度脂蛋白升高，β_2-微球蛋白水平降低，血浆白蛋白水平无变化
聚砜膜 F60 透析器，表面积为 1.2m²，超滤系数为 300mL/(kPa·h)，透析机为 4008B	每周透析 2 次，每次 5h，每月监测尿素氮、肌酐、β_2-微球蛋白水平，每 2 个月监测三酰甘油水平。结果显示 1 年后尿素氮、肌酐下降，同时 β_2-微球蛋白水平降低，三酰甘油水平降低
聚砜膜 F60 透析器，表面积为 1.2m²，超滤系数为 300mL/(kPa·h)，透析机为 DBB-22B 与 AK95 交替使用	每周透析 3 次，每次 4h，每月监测尿素氮、肌酐、胆固醇、三酰甘油、高密度脂蛋白和白蛋白及 β_2-微球蛋白水平。结果显示高通量透析可以更好地清除血毒素，改善尿毒症血透患者的脂质代谢
高通量聚砜膜透析器 17R，表面积为 1.7m²，透析机为 AK95S	每周透析 3 次，每次 4.0～4.5h，每周透析前后监测尿素氮、肌酐、磷、β_2-微球蛋白水平，治疗前及 24 周时监测甲状腺素水平。结果显示高通量透析后尿素氮、肌酐水平下降，β_2-微球蛋白、甲状旁腺素及血磷水平下降明显
高通量聚砜膜透析器 F60，面积为 1.3m×1.3m，超滤系数为 40mL/(mmHg·h)；透析机为 Fresenius 4008S	取首次透析时透析前、透析后即刻及治疗 8 个月后透析前的血标本，检测血清 C-反应蛋白、白细胞介素 6 及白蛋白浓度。结果显示，高通量血液透析治疗 8 个月后，血清 C-反应蛋白、白细胞介素 6 水平明显降低，白蛋白水平显著上升
聚醚砜膜中空纤维透析器 PES14LF，膜壁厚 35μm，内径 200μm，表面积 1.4m²，超滤系数为 14mL/(mmHg·h)，透析机为 Fresenius4008S	每周透析 3 次，每次 3.5h 以上，血流量为 (250±4)mL/min，透析液流量为 (500±15)mL/min，均采用普通肝素抗凝。能有效清除 MHD 患者血液中的尿素氮、肌酐等小分子溶质，患者透析前后尿素氮、肌酐和血磷浓度均显著下降
高通量聚砜中空纤维膜血液透析器 (OCI-HD150)，有效膜面积为 1.5m²，体外测定超滤系数为 72mL/(mmHg·h)，尿素清除速率为 185mL/min，肌酐清除速率为 168mL/min	透析的血液流量为 180～350mL/min，透析液流量为 500mL/min，透析时间为 4h。透析后血肌酐、尿素氮、血 β_2-微球蛋白水平显著下降。高通量的聚醚砜透析器，不但对患者体内的肌酐、尿素氮和钾离子等小分子毒素有良好的清除作用，而且对 β_2-微球蛋白等中分子物质也有良好的清除效果

表 10-13　不同血液透析膜材料的溶质清除率和生物相容性比较[26-28]

膜材料	对象	检测指标	结果
醋酸纤维素膜、聚砜膜、血仿膜	慢性肾衰伴高磷高甲状旁腺素血症维持性血液透析 30 例	全段甲状旁腺激素、血磷、血钙	血仿膜和聚砜膜对血磷、血钙、全段甲状旁腺激素的清除率优于醋酸纤维素膜
醋酸纤维素膜、聚砜膜、血仿膜	高磷血症维持性血液透析 26 例	血磷、钙磷乘积	聚砜膜和醋酸纤维素膜对磷的清除优于血仿膜，前两者无差异
醋酸纤维素膜、聚砜膜、血仿膜	维持性血液透析 40 例	血磷清除率	血仿膜最好，聚砜膜次之，醋酸纤维素膜最次
醋酸纤维素膜、聚砜膜、血仿膜	维持性血液透析 40 例	血磷浓度	血仿膜对血磷的清除效果最好

续表

膜材料	对象	检测指标	结果
醋酸纤维素膜、聚砜膜、血仿膜	尿毒症透析患者 30 例	血清 CD23	血仿膜和聚砜膜的生物相容性优于醋酸纤维素膜
醋酸纤维素膜、低通量聚砜膜、高通量聚砜膜	尿毒症透析患者 54 例	C-反应蛋白（CRP）、白细胞介素 6（IL-6）	高通量聚砜膜不增加炎症反应。醋酸纤维素膜 CRP、IL-6 较透析前升高，低（高）通量聚砜膜透析前后无统计学差异
铜仿膜、聚砜膜	维持性血液透析患者 12 例	凝血酶-抗凝血酶Ⅲ复合物（TAT）；纤溶酶-α_2-抗纤溶酶复合物（PAP）、D-二聚体	聚砜膜 TAT、PAP、D-二聚体低于铜仿膜，其生物相容性较好
醋酸纤维素膜、聚砜膜、血仿膜	维持性血液透析患者 30 例	透析 0min、15min、270min 血清 P 选择素	醋酸纤维素膜较聚砜膜、血仿膜更显著
醋酸纤维素膜、聚砜膜	尿毒症患者 40 例	血清胱抑素 C	不同透析膜的血清胱抑素 C 清除效果无明显差异

表 10-14　不同血液透析膜对患者血清 C-反应蛋白和白细胞介素 6 的影响 （$x \pm s$，$n=18$）[29]

组别	C-反应蛋白/（mg/L）				白细胞介素 6/（ng/L）			
	透析前	透析后	t	P	透析前	透析后	t	P
低通量醋酸纤维素膜组	6.34±2.35	9.31±2.71	4.044	<0.01	339.94±109.16	450.61±145.69	3.388	<0.01
低通量聚砜膜组	5.41±2.95	5.49±2.87	0.130	>0.05	301.43±141.69	294.26±108.94	0.157	>0.05
高通量聚砜膜组	6.88±3.60	6.06±3.61	1.375	>0.05	358.60±196.21	295.51±117.79	1.486	>0.05

表 10-15　不同透析膜对血磷的清除效果和不同时间透析液中磷的浓度[30]

透析膜	透析前后血磷浓度（$x \pm s$）/（mmol/L）			透析液中磷的浓度（$x \pm s$）/（mmol/L）			
	透析前	透析后	平均下降/%	透析 1h	透析 2h	透析 3h	透析 4h
血仿膜	1.96±0.30	0.82±0.15	59.5±7.2	0.15±0.20	0.12±0.04	0.10±0.03	0.07±0.02
聚砜膜	1.98±0.21	1.02±0.26	46.5±3.7	0.32±0.14	0.26±0.05	0.15±0.02	0.07±0.01
铜仿膜	1.86±0.31	1.05±0.27	43.5±4.2	0.25±0.10	0.16±0.08	0.13±0.06	0.10±0.05
双氯醋酸纤维素膜	1.95±0.30	1.08±0.22	42.1±5.6	0.27±0.04	0.20±0.09	0.16±0.07	0.11±0.04

　　常规血液透析通过弥散作用主要清除小分子物质；血液滤过通过对流作用有效地清除中分子物质（MMS）；而血液透析滤过（HDF）是通过弥散和对流两种作用对小分子和中分子物质进行清除，优于上述单一方法。但弥散和对流在同一膜内时，事实上弥散降低了对流所清除的溶质浓度，故总溶质清除量低于两种方式分别进行的清除量之和。此外，高超滤率必将导致蛋白沉着在膜内表面形成次级膜，从而降低溶质清除率和水的超滤率，如果透析液压力调控不当，会引起高通量膜的反滤（内毒素血症）。

　　由于上述的原因，1987 年 Ghezzi 提出配对滤过透析（paired filtration-dialysis，PFD）。如图 10-32 所示，是将弥散和对流分开进行，即用一个血滤器和一个透析器串联。血滤器与

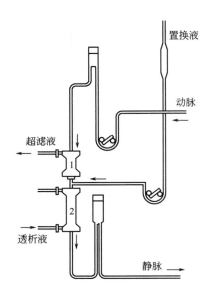

图 10-32 改良配对滤过透析（PFD）示意图
1—血滤器；2—透析器

透析器连接顺序不影响溶质清除效果，采用改良 PFD 时补充置换量为（4500±720）mL，总除水量为（7370±170）mL，而采用 HDF 时补液量为（10040±310）mL，总除水量为（12840±360）mL，分别减少 54.2%与 42.6%，在此情况下，溶质清除率的短期效果与常规 HDF 相比没有差异。

（2）联机透析滤过（online HDF）

联机透析滤过全称为联机透析液滤过置换法血液透析滤过，或称为在线透析滤过。在 HDF 过程中大量超滤透析后需补充置换液，由原来用商品袋制剂改为透析过程中准备置换液，用透析反渗水和透析液先经第一滤器（Ultrafilter：DIASAFE、U7000 或 TET07）得到无菌、无热原的透析液（见表 10-16），部分透析液供透析器，部分透析液再经第二滤器（联机 HDF 过滤器，HDF filter：U2000）后直接输入透析血液管路（前稀释法或后稀释法）。如图 10-33 所示。

表 10-16 超滤器的截留能力测试

测定者	未过滤透析液	过滤后透析液	联机置换液
Weber,1996	（68±121）CFU/mL （0.453±0.403）EU/mL	0CFU/mL <0.004EU/mL	0CFU/mL <0.004EU/mL
Brunet,1994 （绿脓假单胞菌）	（322±76）CFU/mL （0.228±0.104）EU/mL	0CFU/mL <0.005EU/mL	0CFU/mL <0.005EU/mL
Gerner,1988	约 10^4EU/mL	<0.001EU/mL	

注：1. 过滤器使用期限：第一滤器 12 周，第二滤器 8 周，最多 50 次治疗。

2. 滤器滞留率：大肠杆菌内毒素 LRV6，绿脓假胞菌内毒素 LRV6（LRV=对数递减值）。

3. 摘自 Fresenins 资料。

4. 编者注：CFU 表示细菌菌落计数，EU 表示阿米马溶解试验内毒素单位。

联机透析液滤过置换液必须经过严格监测，水和透析液的化学和微生物质量必须符合相

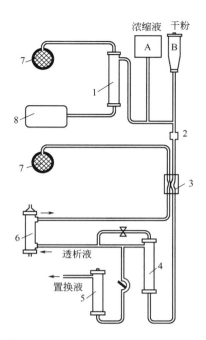

图 10-33　联机血液透析滤过系统示意图

1—水质滤器；2—准确电导率浓度比例控制装置；3—定容超滤控制装置；4—透析液滤器；

5—直排式细菌滤器；6—直排式透析器；7—非开放排放处理装置；8—AAMI 标准反渗透水

关标准 [例如美国医疗设备促进协会 (AMMI) 标准]。机器设备必须经过清洗、消毒和除钙程序和治疗前的预测试。在临床治疗过程中，还要监测血浆细胞活动水平 (IL-1β、TNF)，内毒素抗体血浆浓度 (IgG、IgM) 和吞噬细胞上内毒素受体的溶解状态 (SCD$_{14}$) 及临床症状。表 10-16 给出了过滤前后和联机置换后的截留性能。

有学者利用流体力学原理，开发了普通单泵血透机结合联机血液透析滤过 (SHDF) 技术，观察此技术对中分子物质 β$_2$-微球蛋白 (β$_2$-MG) 的清除效果，并与常规血液透析 (HD) 和联机血液透析滤过 (HDF) 进行比较，结果如表 10-17 所示，SHDF 技术对 β$_2$-MG 的清除效果与联机 HDF 基本相当，清除率分别为 36.28% 和 37.3%，两组间无显著性差异，而均显著高于常规 HD，常规 HD 对 β$_2$-MG 几乎无清除。对小分子物质尿素 (urea) 的清除

表 10-17　三组患者治疗前后血 β$_2$-MG 和血尿素浓度变化及尿素氮下降率 (URR)[31]

组别	β$_2$-MG				尿素			
	治疗前 /(μg/mL)	治疗后 /(μg/mL)	下降率 /%	P 值	治疗前 /(mmol/L)	治疗后 /(mmol/L)	URR	P 值
HD	23.36±0.37	24.01±0.51	—	0.509	34.61±5.33	11.81±2.23	0.69	<0.01
HDF	25.62±0.66	16.01±0.23	37.3①	<0.01	35.77±6.31	12.01±1.98	0.70	<0.01
SHDF	26.12±0.33	17.02±0.48	36.28②	<0.01	35.42±5.88	7.79±1.48	0.78③	<0.01

① 与 SHDF 组比较，P＞0.05。

② 与 HDF 组比较，P＞0.05。

③ 与 HD 和 HDF 组比较，P＜0.05。

效果也以 SHDF 技术为最好，并与 HD 和 HDF 有显著性差异。

（3）透析器（膜）的消毒

透析器实用消毒方法有环氧乙烷（ethylene oxide，ETO）气体消毒、γ 射线消毒和蒸汽消毒。消毒方法和条件对膜性能的影响如表 10-18 所示。

表 10-18　消毒方法和条件对膜性能的影响[32]

消毒方法	膜/器	消毒条件	膜性能的影响	包装
ETO	干态	RT	—	不密封
γ 射线	干态 充水	RT	+ +	密封
高温蒸汽	干态 湿态	121℃ 15～20min	+ +	不密封

注：RT=室温（20～25℃），"+"表示有影响，"—"表示无影响。

① 环氧乙烷气体消毒　ETO 是一种非特异性烷基化合物，适用于蛋白质的巯基、羟基和羧基，取代各基团氢原子生成烷基化化合物，破坏微生物酶，是一种广谱杀菌剂，一般采用 0.1% 环氧乙烷和二氧化碳混合气体 25℃灭菌 6h 可获得令人满意的效果，并且可起到杀灭芽孢的作用。ETO 在有氯存在下会反应生成氯乙醇，引起细胞毒性反应，与水生成乙二醇，故消毒物品更应避免用生理盐水冲洗。

ETO 有很强的穿透能力，必然会在消毒材料中残留（见图 10-34）。各国对透析器使用前 ETO 最大允许残留量限度不同，一般在 1～5mg/L 以下（透析器和导管先用 150mL 生理盐水冲洗 20min 再做溶出测定）。产品的排放储藏要求是 40℃，5 天后启运，2～5 周后供医院使用。PMMA 膜对 ETO 有很强的吸附作用，长期不能清除，故不宜使用 ETO 消毒。ETO 作用于 β-淋巴细胞产生 IgE 过敏原，会引起发热、潮红、水肿、气喘、低血压、心动徐缓等不良反应。

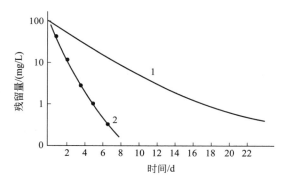

图 10-34　环氧乙烷气体消毒残留量的排放日期
1—室内环境；2—通风罩

② γ 射线辐照消毒　电离辐射可使微生物中的脱氧核糖核酸（DNA）发生诱导电离而破坏微生物。灭菌剂量以每克被照射物质吸收 1×10^{-5} J 的能量为一个拉德（rad）计量。Fesenius 透析器的灭菌吸收剂量为 25000Gy，即 2.5×10^{6} rad（1Gy＝100rad），Toray Filtryer BK 照射量也为 2.5×10^{6} rad。常用 ^{60}Co 辐射源的 γ 射线辐射，穿透力强，可靠性

高。缺点是：a. 增大透析器内预充液 pH 值；b. 过量辐照可能降低透析膜通透性和引起膜结构改变；c. 外壳透析器不能用芳香族聚氨酯（PUR），而用脂肪族聚氨酯可以避免辐照产生毒性致癌物质亚甲基双苯胺（4,4′-methylene dianiline，MDA）；d. 聚丙烯腈膜不能耐受射线消毒，在有氧情况下引起高分子物质色泽变黄变暗。

③ 蒸汽消毒法　用 121℃ 水蒸气通过透析器透析液室，维持 15～20min，灭菌可靠。优点有：a. 无 ETO 的反应；b. 避免了膜气孔充填剂甘油残留反应引起的低血压；c. 能清洗掉残留的微颗粒；d. 降低补体反应和改善抗凝性、减少肝素用量；e. 增加通透性，提高透析效率；f. 透析前准备工作方便，比 ETO 消毒法盐水冲洗量小。缺点是：蒸汽消毒仅适用于再生纤维素膜（CA 例外）、合成改良型纤维素膜和聚砜膜，其他膜由于水解或玻璃化（晶格结构）温度在 45～80℃ 而不适用（CA 45℃，PAN 80℃，EVAL 66℃，PC 水解，PMMA 水解）。

④ 透析器（膜）的复用消毒　透析器复用除经济原因外，还能改善生物相容性，明显降低首次使用综合征，并有利于环保。我国绝大多数透析中心使用复用透析器，且在世界各地许多国家包括经济发达的美国也在广泛应用。但透析器的复用也存在着热原反应、败血症及相关并发症的可能，因此，消毒液的选用和消毒及冲洗方法至关重要。透析器复用的消毒剂种类很多，2% 甲醛和戊二醛使用较为普遍，但对人体健康影响较大。部分透析中心改用过氧乙酸（0.1%～0.3%）作消毒剂，但它的消毒效果受温度的影响极不稳定，又需现用现配。为此，有医院自 1999 年 12 月开始用伦拿灵（由过氧化氢、过氧乙酸和许多惰性物质混合而成，浓度为 3.5%～20%）消毒血液透析管路，现已消毒管路在万次以上，热原反应近似为零。也有一些单位选用新的消毒剂 Renalin（由过氧化氢、过氧乙酸、冰醋酸、缓冲剂及稳定剂等组成），原液可保存 14 个月，用之前稀释成 4% 溶液，透析器复用

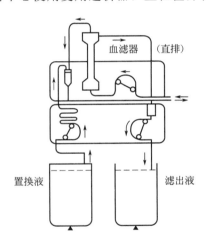

图 10-35　自动血滤流程图

3000 多人次，它能消毒和灭菌，提高透析器多次复用能力，性能稳定、安全环保，效果令人满意。

10.5.2.2　血液滤过（hemofiltration，HF）[8,9]

血液循环通过一个高通透性的空心纤维膜血滤器，它模仿正常肾小球滤过原理，以对流方式清除血液中的水分和尿毒症物质。所谓对流方式即溶质通过血滤膜呈均匀顺水移动。由于大量滤液排出（相当于细胞外液成分），同时需通过前稀释法（在血滤器前导管内输入）或后稀释法（血滤器后导管内输入）补充几乎等量的置换液（常用乳酸溶液）。治疗过程中要注意对超滤液和置换液的排出率和量进行精确的控制。血滤机设有自动平衡系统（图 10-35），保持体液平衡。

血滤对一些不耐受血透的循环功能不稳者和透析不能改善的尿毒症患者（高脂血症、高磷血症患者等）有较好的疗效。HF 是在无透析液流量时进行，无明显扩散性传输，导致对小分子量尿毒素的排除能力较弱。加上治疗中液体平衡系统需用血滤专用机，所以近年 HF

临床很少应用，已逐渐被高通量透析的血液透析滤过（HDF）方法所替代。表 10-19 给出了不同滤器的滤过特性。表 10-20 以国产欧赛产品为例归纳了透析器和血滤器的性能。表 10-21 给出了各种膜相容性的比较。

表 10-19　肾小球与不同血液滤过特性比较

项目	肾小球基底膜	RP6	Amicon	Cambro
通透性/Dalton[①]	80000	40000～60000	50000	40000
有效滤过压/mmHg	45	500	250	250
皮质血流量/(mL/min)	1100	300	300	300
皮质血浆流量/(mL/min)	610	225	225	225
滤过率/(mL/min)	120	66	75	90
滤过率/血浆流量	0.197	0.293	0.333	0.40

① 1Dalton＝1.66×10^{-27} kg。

表 10-20　聚醚砜膜透析器/血滤器

项目		OCI-HD150			OCI-HD180			OCI-HD200	
超滤系数/[mL/(h·mmHg)]		48			51			55	
有效膜面积/m²		1.5			1.8			2.0	
血室容量/mL		105			120			136	
测试条件:透析液流速 500mL/min									
	血液流速	200	300	400	200	300	400	200	300	400
清除率/(mL/min)	尿素	190	264	306	193	272	317	195	282	333
	肌酐	186	241	269	188	248	279	192	260	300
	磷酸盐	183	232	256	186	240	267	189	256	289
	维生素 B_{12}	152	176	196	157	186	206	160	203	232
测试条件:透析液流速 800mL/min									
清除率/(mL/min)	尿素	194	272	323	197	279	332	200	292	353
	肌酐	188	249	286	192	256	295	197	269	329
	磷酸盐	187	240	270	191	248	279	195	266	306
	维生素 B_{12}	155	182	203	161	196	211	170	211	241
测试条件:血液流速 200mL/min(牛血浆)									
跨膜压/mmHg		50	250	500	50	250	500	50	250	500
超滤率/[mL/(kPa·h)]±20%		300	160	90	320	170	95	341	180	99
测试条件:血液流速 400mL/min(牛血浆)									
超滤率/[mL/(kPa·h)]±20%		350	210	115	370	220	130	393	230	146
最大使用压力/MPa(mmHg)		66.5(500)								
血室压力降/kPa		≤5	≤8	≤12	≤5	≤8	≤12	≤5	≤8	≤12
灭菌方法		蒸汽灭菌,辐射灭菌								

注：摘自欧赛产品技术参数资料。

表 10-21　各种膜相容性的比较

分类	HP	PMMA	PS	EVAL	CA	Cu	PES
补体活性							
C3a	×	=	×	×	+	++	×
C3b+c	=	=	×		++	++	
C5a	=	=	=		+		=
C5bc9	=	=	=				
CH50	=	=					
细胞活性							
白细胞	=	×	=	+	+	++	
弹性硬蛋白酶	×	+	=	+	+	++	
乳酸胆铁素	×	+	=		+		
髓过氧化酶	×	+					
前列腺素 $F_1\alpha$	×	+					
前列腺素 E_2	×	+					
内毒素抗体		+		+			
光化合	×		+		+		
氧自由基	×				++		
血凝系统							
血小板	×						++
血小板因子-4	×	+	+	+	=		=
抗凝血酶Ⅲ	=	=	=		=		=
β-凝固球蛋白	×	++			+	+	
血栓素 β_2	××	+					
肝素抗 X_4	=	=					
活化部分凝血酶时间	=	=					+
其他特性							
PO_4^{3-} 清除	+++		++	β_2-MG 吸附			

注：HP—血仿膜；PMMA—聚甲基丙烯酸甲酯膜；PS—聚砜膜；EVAL—聚乙烯醇膜；CA—醋酸纤维素膜；Cu—铜仿膜；PES—聚醚砜膜；×—低活性；=—无明显变化；+、++、+++—变化程度。

综合 EAKA 资料。

血滤的另一种简单形式——连续动静脉血液滤过（CAVH），其特点是利用自然动静脉之间的自然血压差进行超滤，超滤液每分钟可达 15～60mL，设备简单，可在床旁急救充血性心衰、心血管循环不稳定的急性肾衰、多脏器衰竭伴液体潴留、需要药物与静脉高营养支持的危重病人。在 CAVH 基础上发展出 CVVH（连续性静-静脉滤过）、CAVHDF（连续性动静脉透析滤过）。

CAVH 的驱动压力为：

$$\text{CAVH TMP}=\frac{P_a+P_v}{2}-P_f \tag{10-91}$$

式中，P_a 为动脉端血压；P_v 为静脉端血压；P_f 为超滤端血压。

如滤器高度近于床边，滤液管向床下垂直自然引流，则每厘米距离可产生 0.74mmHg

负压。

图 10-36 为 CAVH 和 CAVHDF 的流程图。

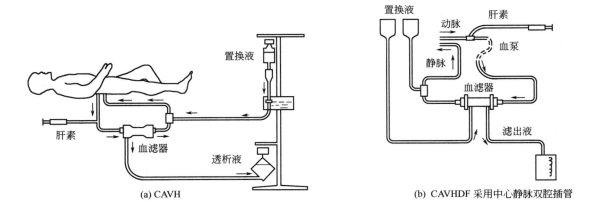

(a) CAVH　　　　　　　　(b) CAVHDF 采用中心静脉双腔插管

图 10-36　CAVH 和 CAVHDF 流程图

CAVH 方法可用于多器官衰竭的病因性治疗和支持性治疗，以及像感染性休克、急性重症胰腺炎、急性呼吸窘迫综合征等急重症的治疗，还可用于心肺体外循环手术中血液稀释的控制和氧合器的支持。组成氧合膜体外循环（extracorporeal membrane oxygenation，ECMO，也称体外膜肺氧合）系统，如图 10-37 所示。

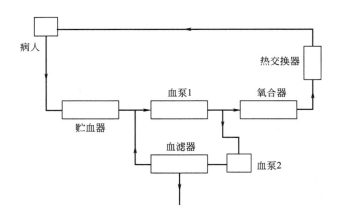

图 10-37　氧合膜体外循环系统

10.5.2.3　血液灌流（hemoperfusin，HP）[8]

将血液通过灌流器（内装有用纤维薄膜包裹的活性炭、沥青炭或中性合成树脂等吸附剂），呈血液-固相直接吸附。由于活性炭微孔有巨大的表面积，会产生强大的吸附力，用有机相分离法制备的包膜微胶具有良好的抗凝作用和生物相容性。血液灌流能有效抢救中毒、肝衰竭（又称人工肝支持系统 ALSS）、脓毒血症、甲状腺危象等危重症患者，血液灌流如图 10-38 所示。表 10-22 为常用血液灌流器的规格。美国使用 HP 和 HD 治疗中毒患者的病

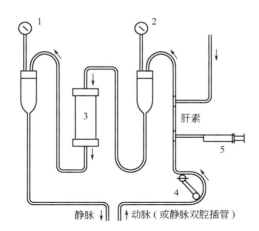

图 10-38 血液灌流示意图

1—静脉压；2—动脉压；3—血液灌流器；4—血泵；5—输液器

表 10-22 常用血液灌流（吸附）器规格

吸附剂	Adsorba300（Gambro）	Hemokart（NMC）	DHP-1（Kuraray）
材料	血液吸附级活性炭	活性炭	球状炭
质量/g	300	155	100
吸附表面积/m²	300000	1300	
包膜	纤维素	硝酸纤维素酯	P-HEMA
膜厚/μm	3～5	0.02～0.05	
容积/mL	260	140	70
血液阻力/mmHg	20～30	64	15
滤网/μm	450	60～125	
外形材料	聚丙烯	ABS 树脂	聚丙烯
长度/mm	245		180
外径/mm	87		55
质量/kg	1		

例数随时间的变化趋势如图 10-39 所示。

　　血液灌流与血液透析串联组合（HP＋HD）使用，具有人工肝-肾的作用。

10.5.2.4 血浆分离[8]

　　血浆分离分为血浆制品分离和治疗性血浆分离两种，后者临床上常命名为血浆除去、血浆置换、血浆滤过等，治疗性血浆分离方法有离心分离、膜滤器分离、冷沉淀滤过等。按治疗要求又扩展为双膜血浆滤过（DFPP）或称级联成分分离，并具有多种组合形式，如血浆灌流免疫吸附、体外肝素脂蛋白清除［又称肝素 LDL 沉淀滤过法（HELP）］。血浆分离与血液灌流串联组合成人工肝支持系统（图 10-40）。

　　血浆免疫吸附生物材料有特异性树脂、凝胶、固定抗原（葡萄球菌 A 蛋白）、单克隆抗体等，从血浆中特异性选择性地吸附并除去免疫有害物质。

　　血浆滤过可除去分子量在 300 万以下的可溶性免疫复合物或中毒物质，每次滤出 2～5L，

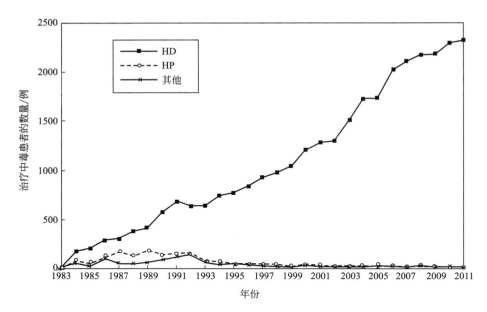

图 10-39   美国使用 HP 和 HD 治疗中毒患者的病例数随时间的变化趋势[33]

[美国毒物控制中心协会的国家毒物数据系统（NPDS）年度报告所得数据]

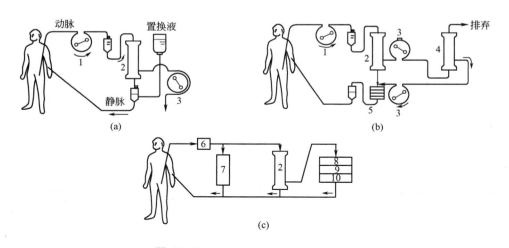

图 10-40   各种血浆分离过程示意图

1—血泵；2—血浆滤器；3—血浆泵；4,8—血浆成分分离器；5—加温器；6—细胞分离器；

7—血液灌流器；9—血浆免疫吸附器；10—血浆吸附器

补充以电解质溶液、血浆代用品、新鲜血浆、新鲜冰冻血浆、白蛋白、免疫球蛋白以及凝血因子制剂等组成的置换液。治疗频率根据基础疾病和临床反应决定，一般每周 1～2 次。由于不属于病因疗法，同时还需要用其他药物疗法配合。

临床应用范围如下：

① 肾脏疾病   狼疮肾炎、急性肾炎、肺出血、肾炎综合征、肾移植排斥反应等。

② 系统性疾病   系统性红斑狼疮、类风湿性关节炎、结节性多动脉炎等。

③ 血液系统疾病   高黏稠综合征（HVS）、血栓性血小板减少性紫癜、溶血性贫血、

RH 血型不合等。

④ 神经系统疾病　重症肌无力、多发性硬化、格林巴利综合征等。

⑤ 消化系统疾病　急性肝衰、胆汁性肝硬化等。

⑥ 内分泌代谢疾病　甲状腺危象、耐胰岛素性糖尿病、家族性高胆固醇血症等。

⑦ 中毒　与蛋白结合性高的药物（用 HD、HF、HP 很难清除），如百草枯、地高辛。

⑧ 肿瘤　除去免疫抑制因子。

⑨ 其他　牛皮癣、寻常型天疱疮等。

10.5.2.5　其他生物医学应用

近些年来，血液净化领域取得了较大发展，也出现了一些新的设备及技术。连续性肾脏替代疗法（continuous renal replacement therapy，CRRT）等一批新的血液净化技术逐渐应用到临床领域，且治疗疾病范围也已延伸至多种非肾脏疾病，如危重病患者多脏器功能障碍（MODS）、自身免疫性疾病、代谢性疾病及中毒等。新的治疗理念及新的理论也相继被提出，为临床更好地应用这些技术提供了指导。

10.5.3　市场及成本控制

10.5.3.1　概述[34]

渗析过程的市场及成本控制不仅取决于渗析装置本身，也与该过程所用的附属设备及过程的实施有关，各部分所占的比重变化范围很大，所以只能对具有代表性的渗析过程，如扩散渗析和人工肾透析，进行基本的市场和成本估算。

有关厂家根据扩散渗析结果做过经济效益分析[4,6]。某厂生产 1 吨电解铜需开路电解贫液 3.5m³，当生产能力为 2000t/a 时，需开路电解贫液总量 7000t/a。按电解贫液中的平均含酸量 172g/L，交换酸回收率 80% 计算，每年可回收 H_2SO_4 963.2t。按目前每吨 H_2SO_4 价格 400 元计算，每年可节约 H_2SO_4 费用 38.5 万元。与中和法相比，厂房和设备费用相近，减少石灰消耗量约为 1100t/a，折合人民币 5.5 万元；减少动力消耗费用折合人民币 1 万元/年；减少工人工资 2 万～3 万元/年；减少因中和而带走的铜损失约 5 万元；总计每年节约费用至少 50 万元。按处理量 5m³/d 的扩散渗析装备约 18 万元计算，达到上述处理量只需购买两台装置，共 36 万元，投资回收期仅 0.7 年。

10.5.3.2　渗析法净化水成本估算[35]

渗析法净化水成本按照成本构成可分为：原材料和燃料动力费；人工工资及福利费；固定资产原值及折旧费、摊销费、修理费；管理费和利息支出。采用生产要素法估算总成本费用并进行累加计算全年成本费用，然后除以全年处理水量，得到单位制水成本，单位为元/m³。

（1）原材料和燃料动力费估算

原材料主要有保安滤芯、清洗滤芯、膜元件和阻垢剂等，此部分价格应按照入库价格计。估算中还要考虑自来水消耗以及用电等燃料动力费，所采用的试剂价格为询厂家时价，水、电价格依据当期造价信息，则可计算出原材料和燃料动力费。

（2）人工工资及福利费估算

包括职工工资、奖金、津贴和补贴以及职工福利费。医疗保险费、养老保险费、失业保险费、工伤保险费、生育保险费等社会保险费和住房公积金中由企业缴付的部分，应该规定计入其他管理费用，单位为万元/（人·年）。

（3）固定资产原值及折旧费、摊销费、修理费的估算

需纳入该渗析装置的固定资产原值。以及固定资产折旧年限、预计净残值率可在税法允许的范围内由企业自行确定或按行业规定。该渗析装置残值率 5%，按 20 年折旧。无形资产按 5 年摊销。修理费按投资总额的 2.5%计算。

（4）管理费和利息支出

管理费包括公司经费、工会经费、职工教育经费、劳动保险费、待业保险费、董事会费、咨询费、聘请中介机构费、诉讼费、业务招待费等。估算中按原材料及动力费、污泥处置费、薪酬工资福利费及修理费总和的 8%计算。利息支出的估算包括长期借款利息、流动资金借款利息和短期借款利息三部分。

10.5.3.3　人工肾透析的成本估算

资料显示[36,37]，我国成人慢性肾脏发病率高达 10.8%，即有约 1.5 亿人患有不同程度的肾功能损害。按照美国约 1.5%的慢性肾脏病患者会发展成为终末期肾脏病的比例计算，我国终末期肾脏病患者超过 200 万，其中只有 34 万患者接受透析治疗，比例约为 15%，远低于全球平均水平（37%）和欧美日发达地区平均水平（75%）。

目前，血液透析大多为"打包"收费，即包含所需的治疗费、耗材、药品及服务费，每次透析的费用约为 400~500 元，每周透析 2~3 次，每次治疗时长为 4~5h，照此计算每年花费约 6 万~10 万元。

2012 年卫生部发布的《中国卫生发展绿皮书》显示，每个血液透析患者的年均直接治疗费用为 7.51 万元。而当年我国人均 GDP 为 38354 元，城镇居民人均可支配收入 24565元，可见透析经济负担是很重的。

人工肾透析的成本构成如下：

① 材料　人工肾透析所涉及的主要部件是透析机、附件和消耗品。消耗品有透析器、血液、导管和穿刺针、盐水溶液、肝素抗凝剂和透析液等，除透析液要消毒外，其他消毒品都应是无菌的，应是一次性应用。

② 设备　人工肾透析的主要设备有三类。

最贵的一类是血液透析机（人工肾）。其功能是将浓缩透析液按比例稀释制备成透析液并计量，定容超滤控制，并设有血泵及肝素泵和安全报警等。根据医疗值班满负荷安排，一台透析机的工作量可用来治疗 6~8 位患者（每位患者每次透析 4~6h，每周透析 2~3 次）。

第二类较贵的设备是安全监测和急救设施，如心电图记录仪、急救推车、连续血压监测仪和中心监测站等。

第三类是从自来水制备纯水的设备，所制纯水（反渗透法制水）从管道送到各透析站和各专用设施，用以清洗和配制透析液。

其他：治疗场所环境环保设施费、消毒费亦相当贵。

③ 劳力　透析成本中最高的单项是劳力，透析机的使用使得专业护士仅起监视作用，但仍需要大量受过专业训练的技术人员。减少用工和透析器重复应用可降低成本，而最有效的手段是实行家庭透析、门诊自助透析。

国内单次透析治疗费用构成见图 10-41。

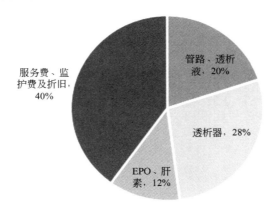

图 10-41　国内单次透析治疗费用构成

符号表

C	对流清除量
C_1	清除度（率），g/h
D^*	透析度（率），g/h
E	萃取率
F_d	扩散透过通量，g/(m²·h)
K	总传质系数，cm/s
K_b	膜面上形成的血液侧边界层传质系数，cm/s
K_d	膜面上形成的渗析液侧边界层传质系数，cm/s
K_f	膜面上形成的进料液侧边界层传质系数，cm/s
K_m	膜的溶质透过系数
K_{uf}	超滤系数，mL/(mmHg·h)
L_D	渗析负荷，g/(m²·h)
N_t	传质单元数
P_m	溶质透过系数，mol/(m²·h·Pa)（扩散渗透性系数）（通透性）
P'_m	渗透度，cm/min
P_w	水的渗透率，m³/h
Q_d	透析液的流量
Q_f	渗析器进料的流量
Q_{uf}	超滤溶质的物质的量；进料到透析液的超滤速率

Q_{UF}	水的超滤量
R	总传质阻力
R_d	扩散回收率
RR	溶质移去率（透析下降率）
S	分离系数
S_c	筛分系数
TMP	跨膜压差，Pa
U	总渗析系数，$mol/[h \cdot m^2 \cdot (mol/L)]$
UFR	超滤率，$mg/(mmHg \cdot h \cdot m^2)$
W	溶质传递量，g

参考文献

[1] Klinkmann K, Vienken J. Membranes for Dialysis [M]. Wuppertal Germany: Akzo Faser AG, 1993.

[2] 清水博. 膜处理技术大系 [M]. 东京: フッテクノッステム株式会社, 1991.

[3] Meares P. Membrane Separation Processes [M]. Amsterdam: Elsevier Scientific Publishers, 1976.

[4] Winston Ho W S, Sirkar K K. Membrane Handbook [M]. New York: Van Norstrand Reinhold, 1992.

[5] 木村尚史, 酒井清孝, 等. 膜分离技术マニュアル [M]. 东京: IPC, 1992.

[6] Luo J Y, Wu C M, Xu T W, et al. Diffusion dialysis-concept, principle and applications [J]. J Membr Sci, 2011, 366: 1-16.

[7] 付丹, 徐静. 酸回收的扩散渗析技术及其发展现状 [J]. 污染防治技术, 2008, 22 (1): 59-61.

[8] 赵长生, 孙树东. 生物医用高分子材料: 第 2 版 [M]. 北京: 化学工业出版社, 2016.

[9] Ing T S, Rahman M, Kjellstrand C M. Dialysis: History, Development and Promise [M]. Hackensack, NJ: World Scientific, 2012.

[10] Villaroel F, Klein E, Halland F. Solute flux in hemodialysis and hemofiltration membranes [J]. Trans Am Soc Artif Inten Organs, 1997 (23): 225-233.

[11] Wijmans J G, Baker R W, The solution-diffusion model—a review [J]. J Membr Sci, 1995, 107: 1-21.

[12] Wang J W, Dlamini D S, Mishra A K, et al. A critical review of transport through osmotic membranes [J]. J Membr Sci, 2014, 454: 516-537.

[13] Kanamori T, Shinbo T. Mass transfer of a solute by diffusion with convection around a single hollow-fiber membrane for hemodialysis [J]. Desalination, 2000, 129: 217-225.

[14] Zhang L Z. Heat and mass transfer in a randomly packed hollow fiber membrane module: A fractal model approach [J]. Int J Heat Mass Transf, 2011, 54: 2921-2931.

[15] Mohammad A W, Teow Y H, Ang W L, et al. Nanofiltration membranes review: Recent advances and future prospects [J]. Desalination, 2015, 356: 226-254.

[16] Klein E, et al. Evaluation of hemodialyzers and dialysis membranes [J]. NIH DHEW Pub, 1977, 77: 1294.

[17] Bangay P M, Lonsdale H K, Depinho M N. Synthetic Membranes: Science, Engineering and Applications [M]. Dordrecht, Holland: Reidel Publishing Company, 1986: 625-646.

[18] Fissell W H, Humes H D, Fleischman A J, et al. Dialysis and nanotechnology: now, 10 years, or never? [J] Blood Purif, 2007, 25 (1): 12-17.

[19] 徐斌. 血液透析技术新进展 [J]. 医学研究生学报, 2010, 23 (11): 1227-1230.

[20] 那宇, 柳慧敏. 高通量透析的研究进展 [J]. 中华肾病研究电子杂志, 2015, 3: 10-13.

［21］ 季大玺，蒋松. 便携式人工肾：进展及未来［J］. 中国血液净化，2009，8（12）：643-644.

［22］ Cerini L. Treatment of vegetable fibers of osmotic diaphragms: US 1815761［P］. 1931.

［23］ Richard W B. Membrane Technology and Applications: 3rd edition［M］. Chichester UK: John Wiley & Sons Ltd, 2012.

［24］ Chen H C, O'Neal C H, Craig L C. Rapid laboratory dialysis for aminoacylation assay of tRNA［J］. Anal Chem, 1971, 43（8）: 1017.

［25］ 任国庆. 高通量透析膜在血液透析中的应用有效性［J］. 中国卫生标准管理，2015，6（4）：38.

［26］ 顾颖莉，朱淳，蒋更如. 聚醚砜膜透析器用于维持性血液透析患者的安全性和有效性［J］. 透析与人工器官，2010，1：6-11.

［27］ 苏白海，李孜，陶冶，等. 国产高通量聚醚砜血液透析器对尿毒症患者进行血液透析的随机双盲对照试验［J］. 中国循证医学杂志，2006，6（7）：474-478.

［28］ 石磊. 不同透析膜材料在维持性血液透析过程中的生物相容性［J］. 中国组织工程研究与临床康复，2010，14（34）：6453-6456.

［29］ 田津生，徐金升，张怡静. 不同透析膜对血透患者血清 C-反应蛋白及白细胞介素-6 水平的影响［J］. 实用医学杂志，2008，24（15）：2593-2595.

［30］ 曹宁. 肾功能衰竭患者采用不同血液透析膜材料的生物相容性对比分析［J］. 中国组织工程研究，2012，16（25）：4727-4734.

［31］ 栾韶东，马彬，陈洪滔，等. 单泵血透机 on-line 血液透析滤过技术清除 β_2-微球蛋白的临床研究［J］. 河北医学，2009，15（1）：95-97.

［32］ Krause B, Storr M, Ertl T, et al. Polymeric membranes for medical applications［J］. Chemie Ingenieur Technik, 2003, 75（11）: 1725-1732.

［33］ Ghannoum M, Bouchard J, Nolin T D, et al. Hemoperfusion for the treatment of poisoning: technology, determinants of poison clearance, and application in clinical practice［J］. Seminars in dialysis, 2014, 27（4）: 350-361.

［34］ 徐铜文. 扩散渗析法回收工业酸性废液的研究进展［J］. 水处理技术，2004，30（2）：63-66.

［35］ 张磊. 透过案例谈污水处理厂的总成本费用估算［J］. 科技资讯，2013（33）：55.

［36］ Zhang L, Wang F, Wang L, et al. Prevalence of chronic kidney disease in China: A cross-sectional survey［J］. Lancet, 2012, 379: 815-822.

［37］ 张路霞，王芳，王莉，等. 中国慢性肾脏病患病率的横断面调查［J］. 中华内科杂志，2012，51：570.

第11章
离子交换膜过程

主 稿 人：徐铜文　中国科技大学教授

编写人员：徐铜文　中国科技大学教授

　　　　　王保国　清华大学教授

　　　　　蒋晨啸　中国科技大学博士后研究员

　　　　　沈江南　浙江工业大学教授

　　　　　刘兆明　山东天维膜技术有限公司研究员

　　　　　贺高红　大连理工大学教授

　　　　　吴雪梅　大连理工大学教授

　　　　　焉晓明　大连理工大学副教授

审 稿 人：戴猷元　清华大学教授

第一版编写人员：张维润　莫剑雄

11.1　概述

11.1.1　离子交换膜发展概况

最早的离子交换膜过程可以追溯到 1890 年，当时 Ostwald[1] 研究一种半渗透膜的性能时发现，如果该膜能够阻挡阴离子或阳离子，该膜就可截留这种阴离子或阳离子所构成的电解质。为了解释当时的实验现象，他假定在膜相和其共存的电解质溶液之间存在一种所谓的膜电势（membrane potential），用来解释膜相和溶液主体中离子浓度的差异。这种假设在 1911 年被 Donnan[2] 所证实，并发展为现在公认的描述电解质溶液与膜相浓度的 Donnan 平衡模型，即 Donnan 排斥电势（Donnan exclusion potential）。这些早期的理论和实验研究为离子膜的发展奠定了基础。不过，真正与离子膜有关的基础研究起源于 1925 年，Michaelis 和 Fujita 用均相弱酸胶体膜做了一些基本研究[3]。1932 年，Sollner 提出了同时含有荷正电基团和荷负电基团的镶嵌膜和两性膜的概念，同时发现了通过这些膜的一些奇特的传递现象[4]。在 1940 年左右，工业需求促进了合成酚醛缩聚型离子膜的发展[5]。几乎与此同时，Meyer 和 Straus 发明了电渗析过程，在该过程中，阴、阳离子交换膜交替排列在两电极之间，并形成许多平行的隔室，这就是最早的电渗析[6]。由于商品化高性能离子膜的缺乏，工业应用仍是空白，直到 1950 年 Ionics 公司的 Juda 和 McRae[7]、1953 年 Rohm 公司的 Winger 等[8] 发明了性能优良的离子交换膜（异相膜），以离子交换膜为基础的电渗析过程才开始快速应用于工业电解质料液的脱盐和浓缩。从那时起，无论是离子交换膜或是电渗析工艺都进入了快速发展期，得到了诸多改进。例如：20 世纪 60 年代，日本旭化成公司实现了用一价离子选择性膜从海水中制盐的工业化[9]；1969 年，开发出倒极电渗析（EDR），避免电渗析器运行过程中膜和电极的污染，实现了电渗析器的长期稳定运行[10]；20 世纪 70 年代，DuPont 公司开发出化学性质非常稳定的全氟磺酸和羧酸复合膜——阳离子交换膜（Nafion® 系列），实现离子交换膜在氯碱电解工业和能量储存系统（燃料电池）的大规模应用[11]；1976 年 Chlanda 等将阴阳膜层复合在一起制备出了双极膜[12]，它的出现大大改变了传统的工业制备过程，形成了电渗析技术新的增长点，在当今的化学工业、生物工程、环境工业和食品工业领域中有着重要的应用[13]。

除了聚合物基离子交换膜外，也先后出现了以无机材料为基础的离子交换膜，这些无机材料包括沸石、硼酸盐和磷酸盐等。尽管无机离子交换膜具有耐高温的特性，但它们的电化学性能很差，结构也不均匀，因此与有机离子交换膜相比，其应用几乎为空白。为了赋予离子交换膜耐热性，研究人员尝试在有机离子交换膜中以某种方式结合一些无机材料，获得了一种兼具有机材料的柔韧性和无机材料的耐高温性的新型膜品种，于是有机-无机杂化离子交换膜在 20 世纪 90 年代应运而生。这种膜的制备方法与通常的杂化材料制备类似，最常用的方法也是 sol-gel 法。综上，离子交换膜从它发展的初期到现在，已经形成了包括杂化离子膜、两性膜、双极膜、镶嵌膜等门类众多、应用广泛的一个大家族，图 11-1 汇总了离子交换膜及其相关过程发展的时间[14]，对这些过程的描述参见下节。

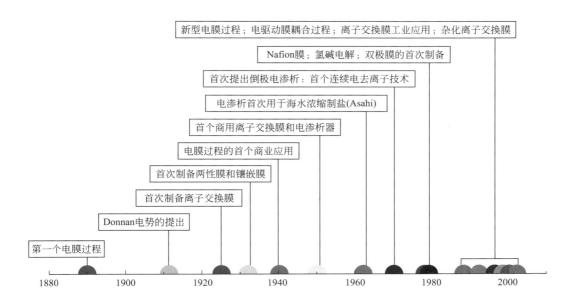

图 11-1　离子交换膜及其相关过程发展时间

11.1.2　离子交换膜应用简介

11.1.2.1　扩散渗析

与传统的电渗析不同，扩散渗析只用单一的膜，即用阳膜分离阴离子（如碱的回收）或用阴膜分离阳离子（如酸的回收）。这里以阴膜进行酸回收为例介绍扩散渗析的原理。如图 11-2(a) 所示，一张阴膜隔开的两室中，分别通入废酸液及接收液（自来水），废酸液侧的硫酸及其盐的浓度远高于水的一侧，因此由于浓度梯度的存在，废酸及其盐类有向接收液室渗透的趋势，但由于膜的选择透过性，它不会让每种离子以均等的机会通过。首先阴离子膜骨架本身带正电荷，在溶液中具有吸引带负电水化离子而排斥带正电荷水化离子的特性，故在浓度差的作用下，废酸侧的阴离子被吸引并顺利地透过膜孔道进入水的一侧。同时根据电中性要求，也会夹带带正电荷的离子。由于 H^+ 的水化半径比较小，电荷较少；而金属盐的水化离子半径较大，又是高价的，因此质子会优先通过阴膜，这样废液中的酸就会被分离出来。如果一定数量的上述单元组合在一起，就构成了扩散渗析器［图 11-2(b)］，平板式扩散渗析器与电渗析基本相同，只是扩散渗析器不需要电极。

扩散渗析具有操作简便、节省能源和资源、无二次污染等优点，回收的酸碱可循环使用。分离酸后的残液可回收有用金属，被广泛用于产生酸碱废液的领域，如钢铁工业、钛白粉工业、湿法炼铜工业、钛材加工业、电镀业、木材糖化业、稀土工业及其他有色金属冶炼业等。回收的酸的种类包括硫酸、盐酸、氢氟酸、硝酸、乙酸等，回收的碱主要是 NaOH，涉及的金属离子主要包括过渡金属离子、稀土离子及镁离子、钙离子、铝离子等。

11.1.2.2　电渗析

电渗析是利用离子交换膜对阴、阳离子的选择透过性能，在直流电场作用下，使阴、阳

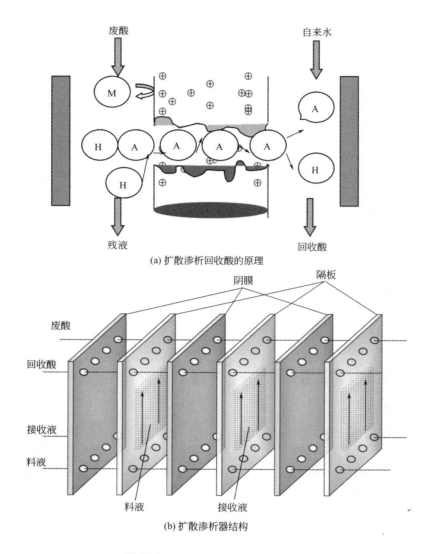

(a) 扩散渗析回收酸的原理

(b) 扩散渗析器结构

图 11-2　扩散渗析原理及其装置示意图

离子发生定向迁移，从而达到电解质溶液的分离、提纯和浓缩的目的。因此，离子交换膜和直流电场是电渗析过程必备的两个条件。电渗析最常见的用途，也是最基本的用途是用于盐溶液的脱盐或浓缩，其工作原理如图 11-3 所示。

　　在直流电场的作用下，离子向与之电荷相反的电极迁移，阳离子（＋）会被阴离子交换膜阻挡；而阴离子（－）会被阳离子交换膜阻挡。其结果是在膜的一侧产生离子的浓缩液，而在另一侧产生离子的淡化液。如图 11-3 所示，一张阴离子膜，一张阳离子膜，浓缩室和淡化室的基本组合成为电渗析膜对。在电渗析中，通常由上百个这样的膜对放置在一对电极之间组成电渗析膜堆。不同的电渗析器之间可采用串联、并联及串并联相结合的几种组合方式组成一个系统，为便于操作，常用术语"级"和"段"来表示不同的组装方式。"级"是指电极对的数目，一对电极称为一级；"段"是指水流方向，每改变一次水流方向称为一段。所谓"一级一段"是指在一对电极之间配置一个水流同向的膜堆，"二级一段"是指在两对

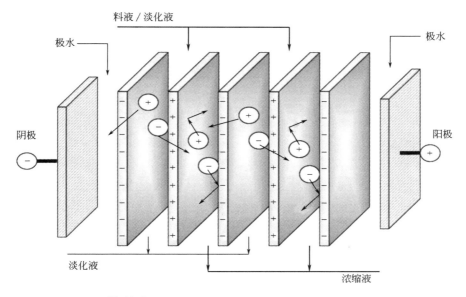

图 11-3 对离子料液进行浓缩或脱盐的过程示意图[15]

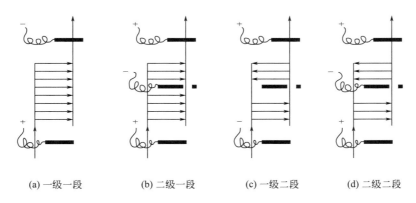

| (a) 一级一段 | (b) 二级一段 | (c) 一级二段 | (d) 二级二段 |

图 11-4 电渗析器组装方式示意图

电极之间配置两个膜堆，前一级水流和后一级水流并联，其余类推，参阅图 11-4。

根据需要，电渗析器可采用多种操作模式，表 11-1 对这些操作模式和适用范围进行了汇总[16,17]。

电渗析最主要的一个应用是海水和地表水脱盐制取饮用水和食盐。1992 年，日本采用电渗析技术浓缩海水制盐的产量高达 140 万吨[18,19]。浓缩氯化钠必须选择特殊的离子交换膜，该膜能让一价离子（如氯离子）透过而截留同种电荷的多价离子如硫酸离子。在这种应用中，膜的使用寿命高达 17 年[20]。电渗析也能用来对食品或化学品进行脱盐或者用来处理纸浆工业的废水[21]等，相关应用可以参考第 11.5 节。

（1）倒极电渗析（EDR）

EDR 是英文 electrodialysis reversal 的缩写，它是美国 Ionics 公司开发的 15～30min 自动倒换电极极性并同时自动改变浓、淡水水流流向的电渗析，为与我国开发的倒极电渗析相区别，将其称为频繁倒极电渗析。

表 11-1　常见电渗析器操作模式及过程特点

运行方式			特点	适用规模
连续式	一级多段一次脱盐	在一对电极间利用换向隔板构成多段串联	可连续制水,脱盐率高;但内部压力损失大	小规模,如船用装置
		在一对电极间串联几个小膜堆		规模比上面稍大
	多级多段一次脱盐	一级一段电渗析器多台,进行多段串联,在各台之间配置水泵,升高水流压力,若由一台水泵供水,压力逐渐下降	可连续制水,每级脱盐率约为25%~60%,但是一旦电阻增大,工作性能迅速恶化	中、大规模
		在一台电渗析器中设置公共电极,构成多级多段串联		中、小规模
循环式	分批循环式	浓水和淡水分别通过体外循环槽进行循环	适用于浓盐水脱盐,可达到任意脱盐率,但不能连续制水,辅助设备多	中、小规模
	连续部分循环式	一台电渗析器的淡水和(或)浓水进行部分循环	淡水产量和水质稳定,可连续制水,容易达到脱盐要求,但淡水产量低,辅助设备多	规模小
		多台电渗析器连续部分循环——多级串联	淡水产量和水质稳定,可连续制水,容易达到脱盐要求,淡水产量大,但辅助设备多,投资大	规模大

EDR 是在直流脉冲电源电渗析和倒极电渗析的基础上发展起来的。直流脉冲电源电渗析仍属于单向电渗析,在 1s 的时间内不可能倒换电渗析装置的浓、淡水水流系统,电流反向期间,淡水室变为浓水室,出水流入淡水池,使淡水水质有所下降。普通的倒极电渗析也有可能在膜面上出现沉淀物的积累,有的电渗析装置在倒极周期内,仍出现操作电流降低、出水水质变差的现象。EDR 克服了上述技术的缺点,在脱盐应用方面显示了其独特的优势,归纳为以下几点:

① 每小时 3~4 次破坏极化层,可以防止因浓差极化引起的膜堆内部沉淀结垢。

② 在朝向阳极的阴膜表面上生成的初始沉淀晶体,在没有进一步生长之前便被溶解或被液流冲走,不能形成运动障碍。

③ 由于电极极性频繁倒转,水中带电胶体或菌胶团的运动方向频繁倒转,减轻了黏性物质在膜表面上的附着和积累。

④ 可以避免或减少向浓水流中加酸或防垢剂等化学药品。

⑤ 在运行过程中,阳极室产生的酸可以自身清洗电极,克服阴极表面上的沉淀。

⑥ 比常规倒极电渗析操作电流高,原水回收率高,稳定运行周期长。

（2）选择性电渗析

选择性电渗析装置与传统电渗析装置无本质差别,只是在膜堆中将普通的离子交换膜进行替换或者在原有基础上添加单价离子选择性分离膜。通过采用具有一/多价离子选择能力的单价离子选择性分离膜,实现溶液中具有相同电荷不同价态离子之间分离的过程称为选择性电渗析。根据所使用的选择性分离膜种类的不同,选择性电渗析又可以分为单价阳离子选择性电渗析、单价阴离子选择性电渗析。图 11-5 为目前常用选择性电渗析装置简易示意图(以涂层改性单价阳离子选择性膜分离钠离子、镁离子为例),单价离子选择性分离膜作为选择性电渗析的核心部件决定着其最终的处理效果,另外通过调节电流密度、进料液温度、电极液含量等可进一步优化一/多价离子的选择性分离性能[22-24]。

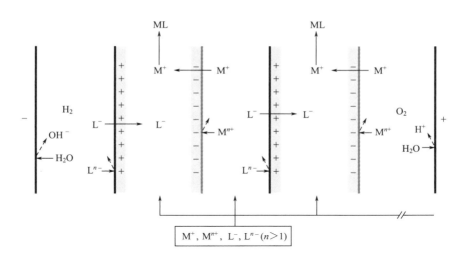

图 11-5　选择性电渗析简易示意图

选择性电渗析技术发展的关键在于，研制具有特殊离子分离功能的离子交换膜[25-28]。早在 1972 年，日本便研制出单价阳离子选择性分离膜并应用于电渗析法浓缩海水来制取食盐。相比于普通电渗析，使用选择性电渗析，可有效避免各个隔室中的结垢现象，降低过程能耗且能避免原料液中的水解离现象的发生。目前对于单价离子选择性分离膜的研究，仍处于国外研发及生产占主导的状况，国内膜领域在此方向的研究近些年才略有涉及[28-32]。随着工业上实际需求的日益增长，选择性电渗析的应用领域也逐渐扩大。目前，选择性电渗析的主要应用有海水浓缩制盐、盐湖提锂、卤水分盐以及废酸废碱液回收等。

11.1.2.3　双极膜电渗析

双极膜是一种新型离子交换复合膜，它通常由阳离子交换层（N 型膜）和阴离子交换层（P 型膜）复合而成，由于阴、阳膜的复合，给这种膜的传质性能带来了很多新的特性。如同 P-N 结的发现导致了许多新型半导体器件的发明一样，用带有不同电荷密度、不同厚度和性能的膜材料在不同的复合条件下可制成不同性能和用途的双极膜，其应用最基本的原理是，双极膜界面层的水分子在反向加压时发生离解（又称双极膜水解离），即将水分解成氢离子和氢氧根离子。由于双极膜是由阴、阳离子交换层复合而成，因此双极膜一层带正电（阴离子交换层），另一层带负电（阳离子交换层）。由于这种电荷的不对称性，用双极膜代替前述的电渗析的阴、阳膜组成双极膜电渗析时，其行为与电场的方向有关。

双极膜电渗析是在上述的水解离和普通电渗析原理的基础上发展起来的，是以双极膜代替普通电渗析的部分阴、阳膜或者在普通电渗析的阴、阳膜之间加上双极膜构成的。双极膜电渗析的最基本应用是从盐溶液（MX）中制备相应的酸（HX）和碱（MOH），如图 11-6 所示。料液进入如图 11-6 所示的三室电渗析膜堆，在直流电场的作用下，盐的阴离子（X⁻）通过阴离子交换膜进入酸室，并与双极膜离解的氢离子生成酸（HX）；而盐的阳离子（M⁺）通过阳离子交换膜进入碱室，与双极膜离解的氢氧根离子形成碱（MOH）：

$$MX + H_2O \longrightarrow HX + MOH$$

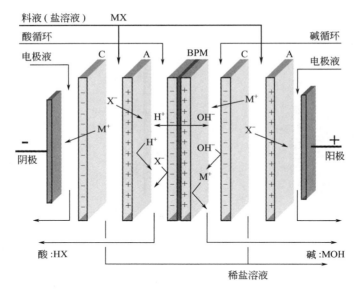

图 11-6　双极膜电渗析将盐（MX）转化成相应的酸（HX）和碱（MOH）的示意图

图 11-6 是双极膜电渗析制酸碱的基本三隔室结构，即由阴离子交换膜、阳离子交换膜、双极膜、盐室、酸室和碱室组成。一对电极之间可以安置多个这样的三隔室单元构成双极膜电渗析膜堆。与普通电渗析相比，双极膜电渗析有更多的组合方式，并可根据不同的对象进行选择。利用双极膜生成酸或碱的原理，使电渗析具有很多的应用，如有机酸的生产、酸性气体的脱除、食品和化工中的清洁生产和分离等[33-37]，因此这一技术对社会的可持续发展具有非同寻常的意义。表 11-2 列出了双极膜的一些实验室研究和工业应用实例。

表 11-2　双极膜的一些实验室研究和工业应用实例

应用	规模	过程特征	经济性
回收 HF 和 HNO$_3$	工业化，Aqualytics 系统	三隔室双极膜电渗析；膜面积 3×10^5 m^2；双极膜寿命 2 年；回收率 90%（HF），95%（HNO$_3$）；运行时间 8000h/a	总投资：2950000 美元；运行收益：1620000 美元；总运行费用：750000 美元；收益：870000 美元/年
回收 NaOH	半工业化中试规模	膜面积 0.5m^2；料液流速 5L/h；料液浓度（Na$^+$）22g/L；电流密度：900A/m^2；电流效率 82%；产品（NaOH）浓度 1mol/L	能耗：5.0kW·h/kg NaOH
回收 NH$_3$ 和 HNO$_3$	半工业化、中试规模	膜面积 120m^2；料液浓度（NH$_4$NO$_3$）250g/L；电流密度 1000A/m^2；脱盐率 97%；运行时间 8000h/a	总成本：0.34 美元/kg NaNO$_3$
回收二甲基异丙醇胺	半工业化中试规模	膜面积 0.3m^2；料液浓度 $[(NH_4)_2SO_4]$ 1mol/L；电流密度 800A/m^2；电流效率 30%～70%；运行时间 8000h/a	能耗：2.5～5.0kW·h/kg 胺
排烟脱硫	工业化，Soxal™ 工艺	三隔室双极膜电渗析；膜面积 560m^2；膜堆电压 2.0V（1000A/m^2）；电流效率 86%；7200h/a	能耗：1400kW·h/t NaOH
		二隔室双极膜电渗析；膜面积 5000m^2；膜堆电压 1.7V（1000A/m^2）；电流效率 92%；运行时间 7200h/a	能耗：1120kW·h/t NaOH

续表

应用	规模	过程特征	经济性
再生热稳定性脱硫剂废液	实验规模	膜面积7.07cm²；电流密度 600A/m²；生产能力 5.55kg Pz/a	总成本：0.96 美元/kg Pz；能耗：5.4kW·h/kg Pz；市场价格：31 美元/kg Pz
回收葡萄糖酸	中试	二隔室双极膜电渗析；膜面积 0.19m²；膜堆电压 2.2V（415A/m²）；转化率 98.3%；Na⁺电流效率 85.4%	对于 10000t/a 的工厂：总成本：250 万美元；膜更换成本：0.03 美元/kg 葡萄糖酸钠；副产品回收：NaOH，50 万美元；葡萄糖酸：未知
回收甲磺酸（MTA）	工业化	三隔室双极膜电渗析；膜面积 64m²；膜堆电压 2.26V（800A/m²）；甲磺酸转化率 95%；浓度：MTS 250g/L，MTA 100g/L，NaOH 80g/L	总投资成本：700000 美元；总成本：354 美元/t MTA；市场价格：5500 美元/t MTA
回收氨基酸	工业化 Aqualytics 系统	三隔室双极膜电渗析；膜面积 3×180m²；双极膜寿命 2 年；有机酸浓度 4~6mol/L；运行时间 8000h/a	—
生产乳酸	工业化	二隔室双极膜电渗析；膜面积 280m²；电流效率 60%；转化率 96%	双极膜成本：0.12 美元/kg；能耗：1kW·h/kg 酸
再生樟脑磺酸	中试	三隔室双极膜电渗析；双极膜面积 0.14m²；电流密度 500A/m²；电流效率 7%；转化率 98.5%；产品酸浓度 0.8mol/L	能耗：3000kW·h/t
生产维生素 C（抗坏血酸）	实验室规模、半工业化中试规模	二隔室双极膜电渗析；电流密度 1000A/m²；电流效率 75%；酸浓度 1mol/L	能耗：1.4~2.3kW·h/kg 酸
生产柠檬酸铵	中试	二隔室双极膜电渗析；双极膜面积 0.004m²；电流密度 1000A/m²；电流效率 70%；酸浓度 30g/L	能耗：2~5kW·h/kg 酸
生产水杨酸	实验室中试	三隔室双极膜电渗析；Neosepta BM；膜堆电压 30V（750A/m²）；电流效率 80%~90%（40℃）；最大酸浓度 4.5g/L	能耗：15~20kW·h/kg 水杨酸
乙酸钠转化	中试	五隔室双极膜电渗析；双极膜面积 0.008m² 0.5mol/L 乙酸钠：电流效率 99.9%，酸浓度 1mol/L 1.0mol/L 乙酸钠：电流效率 96.8%，酸浓度 1.5mol/L	0.5mol/L 乙酸钠能耗：1.3~2.0kW·h/kg 1mol/L 乙酸钠能耗：1.5~2.2kW·h/kg
再生甲苯磺酸	实验室规模	二隔室双极膜电渗析；平均电流效率 50%	能耗：1.2kW·h/kg 酸
再生甲酸	实验室规模	三隔室双极膜电渗析；名义电流效率 80%；电流密度 500A/m²；酸浓度 7mol/L	能耗：2.6kW·h/kg 酸
回收硫酸	实验室规模	六隔室双极膜电渗析 三隔室双极膜电渗析	能耗：3.3kW·h/kg 酸 能耗：2.4kW·h/kg 酸
回收 Mg²⁺ 和蛋白质	实验室规模	双极膜电渗析	能耗：1.7kW·h/kg Mg²⁺；0.6kW·h/kg 蛋白质

双极膜电渗析过程具有集成度高、节能等优点，但也有不足和局限。从图 11-7 可以看出，离子交换膜的选择性，即其阻挡同离子透过的能力往往低于 100%，而且随着外界浓度的增加，选择性还会下降，鉴于此，最终的产品（酸或碱）会因盐通过双极膜的迁移而受到污染。由于质子和氢氧根离子通过阴膜和阳膜的迁移（同离子迁移）会造成额外的电流效率的损失，因此，在进行规模化应用之前需要解决一些技术难题。

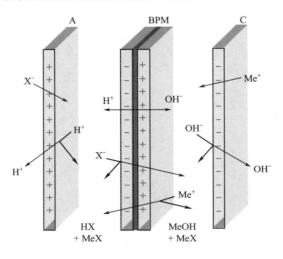

图 11-7　双极膜电渗析过程可能的同离子迁移示意图

11.1.2.4　电纳滤

随着电渗析技术的应用领域不断扩大，现实的需求对电渗析技术的处理效果提出更高要求。特别是针对含有相同电荷不同价态离子的混合溶液的选择性分离，例如，在海水浓缩制取食盐、氯碱工业卤水溶盐制碱、盐湖提锂、电镀及湿法冶金工业废酸回收等过程中，均需将二（多）价离子与一价离子进行选择性分离。而传统的电渗析技术虽然可实现对这些溶液的脱盐处理，达到浓缩和淡化的目的，却很难实现一/多价离子的选择性分离，选择性比较差。常见的用于溶液中一/多价离子分离的方法包括选择性电渗析和纳滤膜过程，选择性电渗析如 11.1.2.2 节中所述，而纳滤也在第 8 章中有论述。通常来讲，选择性电渗析和纳滤各有其优势和缺点，如适用于电渗析过程中一/多价离子选择性分离的单价离子选择性分离膜本身很难达到兼具低成本和长期稳定性的要求，同时存在选择透过性与离子通量不可兼得的突出问题。对于纳滤过程，大量实验已经证明纳滤膜对单价盐的截留率较低，而对二价盐或高价盐的截留率较高，一般都在 90% 以上。但是溶液中悬浮颗粒及大分子化合物容易导致膜污染，导致膜通量下降，而常见的清洗过程需要引入化学试剂，一方面会导致膜化学性能的下降，另一方面洗脱液会引起环境污染。基于以上几点，徐铜文首次提出了一种新型的电纳滤过程[26,38]。不同于传统的纳滤和电驱动膜分离过程，电纳滤以特异改性后的荷电纳滤膜为分离媒介，以定向电场为分离驱动力，协同利用纳滤膜对于具有不同水合半径的离子间的选择性筛分及荷电纳滤膜表面荷电涂层对于不同电荷数的水合离子的排斥作用，实现具有同种荷电性质的离子间筛分的新型膜分离过程。

图 11-8 给出了电纳滤装置的基本三隔室结构，即由阴离子交换膜、电纳滤膜、阴离子

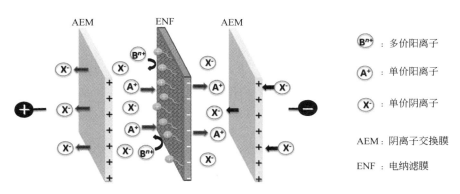

图 11-8　电纳滤装置及其离子分离示意图

交换膜组成，从左到右依次为极室、淡化室、浓缩室和极室，一对电极之间可以安置多个这样的三隔室单元构成电纳滤膜堆。在电场作用下，阳离子在淡化室中向电纳滤膜表面进行迁移，单价离子因为水合半径小且荷电量低能顺利通过电纳滤膜，而尺寸更大的二价离子则被电纳滤膜截留，从而实现了高单价离子通量、高选择性的目的。同时电纳滤膜具有高极限电流密度、高稳定性、制备成本低和易于大规模生产等特点。另外，将纳滤膜的改性方法引入电纳滤膜的制备中，为进一步提高分离性能提供了广阔的思路，例如，增加电纳滤膜表面的荷电量、致密度和疏水性。

　　然而，传统的纳滤膜在该过程的应用中也存在一定的局限性。由于其具有多孔结构和超薄的致密层，在长时间的工业分离中容易出现水迁移现象，限制了浓缩程度，因此适用于工业应用的电纳滤膜亟待开发。除此之外，基膜和致密层之间的相互作用还需要进一步提高，在使用过程中出现过脱落的现象。如果上述问题能得到一定程度的解决，电纳滤在离子分离领域中将大有可为。

11.1.2.5　膜电解

　　膜电解是电渗析和电解相结合的一种具有综合功能特性的技术，具有多功能性、能量利用率高、可控制性高、环境兼容性高以及经济性等特点。目前对膜电解技术的叫法还不统一，其中德国文献多称之为膜电解（membrane electrolysis），美国的一些生产商习惯将这种技术归为电渗析技术的一种，此外还有离子膜电解法、单阳/阴膜法、膜辅助电解法等叫法。

　　在电渗析的基础上发展起来的第一台工业离子膜电解槽投入运行后一直主要应用于氯碱工业，直到 20 世纪 80 年代中后期，离子膜电解技术才引起环境工作者的兴趣。传统阴阳膜交替排列组成的电渗析器仅能起浓缩淡化的作用。离子膜电解除了具有传统电渗析的特点外，通过电极材料、膜材料的选择，尤其是采用了高效电催化电极后，可以在电解槽内发生一系列电化学过程，达到去除废水中污染物的目的。另外，离子膜电解技术在污染物治理方面具有其独特的优点：电解产物易分离，待处理液可根据不同的处理要求来决定是进入阴室还是阳室，具有较大的灵活性和调节范围；电解过程几乎不消耗化学药品；特别适宜处理高浓度的废水；在某些废水的处理中，离子膜电解技术在发挥电极氧化作用的同时，阳离子能通过离子交换膜在阴极室富集，所以在降解污染物的同时往往还能回收有用物质，达到污染治理与资源回收的双重目的，广泛应用于碱性废水处理、有机酸废水处理、电镀废水处理、冶金废水处理等废水处理工业。

11.1.2.6　燃料电池

随着能源短缺和环境问题的日益突出，人类对于清洁能源的需求变得迫在眉睫[39]。燃料电池（fuel cell，FC）被作为 21 世纪新型洁净发电方式之一。其具有能量转换效率高、清洁无污染、燃料来源广泛、启动速率快和易移动拆装等优点，具有广阔的应用前景，近 20 年来得到国内外的普遍重视。

燃料电池在大规模产业化之前，已经有很长的发展历史。早在 1839 年，Willian Grove（格罗夫）就已成功地进行了电解水的可逆反应，他被认为是世界上发明燃料电池的第一人。1889 年蒙德（Mond）首次采用了燃料电池这一名称。1896 年，W. W. Jacques 提出了直接用煤作燃料的燃料电池（DCFD），但由于没有解决煤炭对电解质的污染问题，没有取得很好的效果。1897 年，W. Nernst（能斯特）发现了"能斯特物质"——氧化钇稳定氧化锆（$85\%ZrO_2$-$15\%Y_2O_3$）。1900 年，能斯特用"能斯特物质"作为电解质，制作了一个固体氧化物燃料电池（SOFC）。20 世纪早期，熔融碳酸盐型燃料电池（MCFC）诞生在德国 E. Baur 研究小组，经过很长时间的发展，第一个加压 MCFC 在 80 年代早期运行。J. H. Reid（1902 年）和 P. G. L. Noel（1904 年）首先开始研究碱性燃料电池（AFC），采用碱性 KOH 溶液作为电解质。但直到 20 世纪 30 年代末，F. T. Bacon 的 AFC 研究工作才为燃料电池创立了声名，并在 60 年代早期第一个应用于太空计划，其改进后被作为阿波罗登月计划的宇宙飞船用电池，这一创举对燃料电池由实验室走向实用具有里程碑意义。1906 年和 1907 年，F. Haber 等人研究了质子燃料电池可逆电动势的热力学性质，他们用一个两面覆盖铂或金的薄玻璃圆片作为电解质，并与供应气体的管子连接，这被认为是质子交换膜燃料电池（PEMFC）的原型。第一个 PEMFC 是 20 世纪 60 年代由美国通用电气公司（GE）为 NASA 开发出来的。20 世纪 70～80 年代，受当时世界性的能源危机影响，世界上以美国为首的发达国家大力支持民用燃料电池的开发，进而使磷酸型及熔融碳酸盐型燃料电池发展到兆瓦级试验电站的阶段。20 世纪 90 年代以来，特别是最近几年，燃料电池在全世界的开发研究非常迅猛，各类燃料电池开发研究公司不断涌现，燃料电池开发和规模化应用进入了一个黄金阶段。

与常规的化学电池不同，燃料电池可以将燃料和氧化剂中的化学能直接转化为电能，不受卡诺循环的限制，且其唯一的副产物为水[40]，是一种高效、清洁的能源利用方式。迄今为止，已研发出多种燃料电池，依据工作温度的不同可以将其分为低温燃料电池（低于 100℃）、中温燃料电池（100～300℃）和高温燃料电池（600～1000℃）；而根据电解质的不同又可将其分为聚合物电解质膜燃料电池（又称为质子交换膜燃料电池，proton exchange membrane fuel cell，PEMFC）、碱性燃料电池（alkaline fuel cell，AFC）、磷酸型燃料电池（phosphonic acid fuel cell，PAFC）、固体氧化型燃料电池（solid oxide fuel cell，SOFC）和熔融碳酸盐型燃料电池（molten carbonate fuel cell，MCFC）。另外，为了突出甲醇作为燃料的重要性，质子交换膜燃料电池中以甲醇为燃料的直接甲醇燃料电池（direct methanol fuel cell，DMFC）习惯上被单独列为一类燃料电池[41]。

燃料电池是一种能量转换装置，它按电化学原理及原电池的工作原理（如图 11-9 所示）等温地将储存在燃料和氧化剂中的化学能转化为电能。尽管以上燃料电池的电解质不同，但

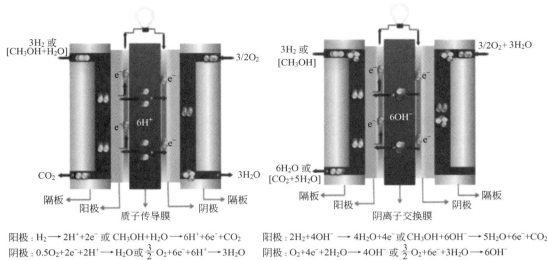

阳极：$H_2 \longrightarrow 2H^+ + 2e^-$ 或 $CH_3OH + H_2O \longrightarrow 6H^+ + 6e^- + CO_2$

阴极：$0.5O_2 + 2e^- + 2H^+ \longrightarrow H_2O$ 或 $\frac{3}{2}O_2 + 6e^- + 6H^+ \longrightarrow 3H_2O$

总：$H_2 + 0.5O_2 \longrightarrow H_2O$ 或 $CH_3OH + \frac{3}{2}O_2 \longrightarrow 2H_2O + CO_2$

(a) 质子传导膜燃料电池

阳极：$2H_2 + 4OH^- \longrightarrow 4H_2O + 4e^-$ 或 $CH_3OH + 6OH^- \longrightarrow 5H_2O + 6e^- + CO_2$

阴极：$O_2 + 4e^- + 2H_2O \longrightarrow 4OH^-$ 或 $\frac{3}{2}O_2 + 6e^- + 3H_2O \longrightarrow 6OH^-$

总：$2H_2 + O_2 \longrightarrow 2H_2O$ 或 $CH_3OH + \frac{3}{2}O_2 \longrightarrow 2H_2O + CO_2$

(b) 碱性阴离子交换膜燃料电池

图 11-9　聚合物电解质膜燃料电池工作原理

其基本结构是相同的，主要由阳极、阴极、电解质和外部电路四个部分组成，发电原理与化学电源一样，即燃料（氢气、甲醇、甲烷等）和氧化剂（氧气等）在阳极和阴极分别发生氧化反应、还原反应，电极反应产生的导电离子通过电解质在两极间进行迁移，而电子则通过外电路对外做功输出电能，从而形成整个回路[41]。但是燃料电池的工作方式又与常规的化学电源不同，所用燃料和氧化剂不是储存在电池内，而是储存在电池外的储罐中。当电池工作时，需要连续不断地向电池内输入燃料和氧化剂，同时排出反应产物，并随之释放一定的废热，以维护电池工作温度的恒定。燃料电池本身只决定输出功率的大小，其储存的能量则由储存在储罐内的燃料与氧化剂的量决定[42]。

11.1.2.7　液流电池

液流电池是由 Thaller（NASA Lewis Research Center，Cleveland，United States）于 1974 年提出的一种新型的大规模高效电化学储能技术[43]，通过反应活性物质的价态变化，实现电能与化学能相互转换与能量储存。液流储能电池系统由电堆单元、电解质溶液及电解质溶液储存单元、控制管理单元等部分组成。图 11-10 是液流电池的原理图[44]，正极电解液和负极电解液分别装在两个储罐中，利用送液泵使电解液通过电池循环。在电池中，正、负极电解液用离子交换膜（或离子隔膜）分隔开，电池外接负载和电源。

以全钒液流电池为例，其工作原理参见图 11-11。钒电池仅采用同一种钒元素的 4 种不同价态离子作为氧化还原电对[45]，钒电池由两个电极、两种循环的电解质溶液（阴极电解液和阳极电解液）、集流体和隔开两种电解质溶液的离子交换膜构成。钒电池的阳极电解液是 V^{+4}/V^{5+} 的硫酸溶液，阴极电解液是 V^{2+}/V^{3+} 的硫酸溶液。钒电池通过钒离子价态的变化来实现电能的储存与释放。在电池充放电过程中，离子交换膜承担离子传输构成电路回路的重任。全钒液流电池充放电过程的标准化学反应电势为 1.259V[46,47]，电化学反应的方程

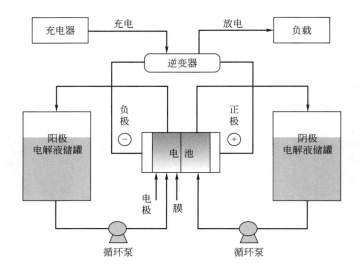

图 11-10　液流电池原理图

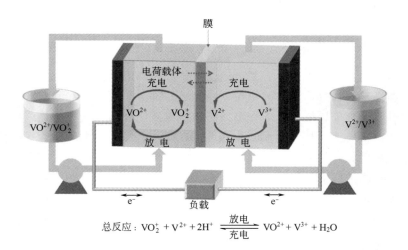

总反应：$VO_2^+ + V^{2+} + 2H^+ \underset{\text{充电}}{\overset{\text{放电}}{\rightleftharpoons}} VO^{2+} + V^{3+} + H_2O$

图 11-11　VRB 测试系统结构示意图

式如下：

　　阳极反应：

$$VO^{2+} + H_2O - e^- \underset{\text{放电}}{\overset{\text{充电}}{\rightleftharpoons}} VO_2^+ + 2H^+ \qquad (\varphi^\ominus = 1.004V)$$

　　阴极反应：

$$V^{3+} + e^- \underset{\text{放电}}{\overset{\text{充电}}{\rightleftharpoons}} V^{2+} \quad (\varphi^\ominus = -0.255V)$$

　　总反应：

$$VO^{2+} + H_2O + V^{3+} \underset{\text{放电}}{\overset{\text{充电}}{\rightleftharpoons}} VO_2^+ + 2H^+ + V^{2+} \quad (\varphi^\ominus = 1.259V)$$

与传统二次电池不同，液流电池活性物质储存于电解液中，具有流动性，可以实现电化学反应场所（电极）与储能活性物质在空间上的分离，电池功率与容量设计相对独立，适合大规模蓄电储能需求。此后，美、日、加、英、澳等国对液流电池进行了大量深入研究，提出了多种体系液流电池，其中包括铁/铬液流电池[48]、多硫化钠/溴液流电池[49]、锌/溴液流电池[50]、锌/镍液流电池[51]、全钒液流电池[52]等。

从澳大利亚新南威尔士大学 Skyllas-Kazacos 教授团队于 1985 年首次提出全钒液流电池的概念开始，由于其具有响应速度快、容量设计独立、无地域限制、能量效率高、成本低等优势，经过三十多年的研究发展，其在调峰电源系统、大规模光伏电源系统、风能发电系统的储能以及不间断电源或应急电源系统等领域，在全球得到了广泛的商业化开发与应用。

11.2　基础理论

本节主要介绍离子交换膜分离技术的基本原理，如 Donnan 平衡理论、能斯特-普朗克（Nernst-Planck）扩散学说和索尔纳（Sollner）双电层理论，并对一些极限情况下的电渗析工程即过程极化现象和双极膜水解离现象进行单独阐述。

11.2.1　Donnan 平衡理论

（1）Donnan 平衡理论的描述

Donnan 提出的平衡理论[2,53]早期用于解释离子交换树脂和电解质之间离子相互平衡的关系。离子交换膜实质上就是片状的离子交换树脂，所以这一理论经常被用于解释膜的选择透过性机理。

将固定活性基离子浓度为 $\bar{c}_R$ 的离子交换膜置于浓度为 c 的电解质溶液中，膜相内与固定交换基平衡的反离子便会解离，解离出的离子扩散到液相，同时溶液中的电解质离子也扩散到膜相，发生离子交换过程。图 11-12 为阳膜置于溶液中的情况，$\bar{c}_R$ 为膜相 SO_3^- 的浓度。离子扩散迁移最后必然达到一个动态平衡的状态，即膜内外离子虽然继续不断地扩散，但它们各自迁移的速度相等，而且各种离子浓度保持不变。这个平衡就称为 Donnan 平衡。Donnan 平衡理论研究膜-液体系达到平衡时，各种离子在膜内外的浓度分配关系。

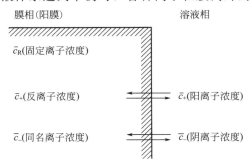

图 11-12　阳膜-溶液体系离子平衡

如果只考虑电解质，当离子交换膜与外液处于平衡时，膜相的化学位 $\bar{\mu}$ 与液相的化学位 μ 相等：

$$\mu = \bar{\mu} \tag{11-1}$$

假设膜-液之间不存在温度差与压力差，并把液相和膜相中的活度 a、$\bar{a}$ 看作相等，则：

$$\mu_0 + RT\ln a = \bar{\mu}_0 + RT\ln\bar{a} \tag{11-2}$$

对电解质来说，定义：

$$a = (a_+)^{v+}(a_-)^{v-} \tag{11-3}$$

式中，v_+ 为 1mol 电解质完全解离的阳离子数；v_- 为 1mol 电解质完全解离的阴离子数。

Donnan 平衡式可写成：

$$(a_+)^{v+}(a_-)^{v-} = (\bar{a}_+)^{v+}(\bar{a}_-)^{v-} \tag{11-4}$$

为了分析简化，假设膜相和液相中的活度系数都为 1，并以浓度代替活度，对 Ⅰ-Ⅰ 价电解质而言：

$$v^+ = v^- = 1$$

则：

$$c^2 = (c_+)(c_-) = (\bar{c}_+)(\bar{c}_-) \tag{11-5}$$

膜相内离子浓度满足电中性的要求，对阳膜：

$$\bar{c}_+ = \bar{c}_- + \bar{c}_R \tag{11-6}$$

由式(11-5)、式(11-6) 可得：

$$\bar{c}_+ = \left[\left(\frac{\bar{c}_R}{2}\right)^2 + c^2\right]^{1/2} + \frac{\bar{c}_R}{2} \tag{11-7}$$

$$\bar{c}_- = \left[\left(\frac{\bar{c}_R}{2}\right)^2 + c^2\right]^{1/2} - \frac{\bar{c}_R}{2} \tag{11-8}$$

由于离子交换膜的活性基浓度可高达 $3\sim5$mol/L，显然，$\bar{c}_+ > \bar{c}_-$，即对阳膜来说，膜内可解离的阳离子浓度大于阴离子浓度。

（2）Donnan 平衡理论对膜选择透过性的解释

为了解释膜的选择透过性，这里首先引入离子迁移数的概念。离子在膜中的迁移数 $\bar{t}$ 和离子在自由溶液中的迁移数 t 的概念相同。它是反映膜对某种离子选择透过数量多寡的一个物理量。某种离子在膜中的迁移数是指该种离子透过膜迁移的电量占全部离子（反离子和同名离子）迁移总电量之比。假定膜内阴、阳离子的淌度相等时，迁移数可用该种离子的浓度来表示（也可用它们所迁移的电量来表示）。仍以上述体系为例，即有阳离子在阳膜中的迁移数：

$$\bar{t}_+ = \bar{c}_+ / (\bar{c}_+ + \bar{c}_-) \tag{11-9}$$

阴离子在阳膜中的迁移数：

$$\overline{t}_- = \overline{c}_- / (\overline{c}_+ + \overline{c}_-) \tag{11-10}$$

$$\frac{\overline{t}_+}{\overline{t}_-} = \frac{\overline{c}_+}{\overline{c}_-} \tag{11-11}$$

$$\frac{\overline{t}_+}{\overline{t}_-} = \frac{\left[\left(\dfrac{\overline{c}_R}{2}\right)^2 + c^2\right]^{1/2} + \dfrac{\overline{c}_R}{2}}{\left[\left(\dfrac{\overline{c}_R}{2}\right)^2 + c^2\right]^{1/2} - \dfrac{\overline{c}_R}{2}} \tag{11-12}$$

显然，$\overline{t}_+ > \overline{t}_-$，即对阳膜来说，阳离子在膜内的迁移数大于阴离子在膜内的迁移数。若当 $\overline{c}_R \gg c$ 时，对于阳膜：

$$\frac{\overline{c}_+}{\overline{c}_-} \rightarrow \infty, \overline{t}_+ \gg \overline{t}_-$$

以上推导可以得出如下结论：

① 离子交换膜的固定活性基浓度越高，则膜对离子的选择透过性越好；

② 离子交换膜外的溶液浓度越低，膜对离子的选择透过性越好；

③ 由于 Donnan 平衡，总有同名离子扩散到膜相中，离子交换膜对离子的选择透过性不可能达到 100%；

④ 电渗析脱盐或浓缩过程得以实现，实质上是借助于电解质离子在膜相与溶液相中迁移数的差。

11.2.2　电渗析传质过程理论

对流传质、扩散传质和电迁移传质共同组成了离子通过离子交换膜的传质过程。离子在隔室主体溶液和扩散边界层之间的传递，主要靠流体微团的对流传质。离子在膜两侧的扩散边界层中主要靠扩散传质。离子通过离子交换膜是靠电迁移传质。扩散传质是控制电渗析传质速率的主要因素。在主体溶液和扩散边界层中同样存在由溶液中离子迁移数所支配的离子的电迁移过程。在传质的稳定状态下，垂直于膜面的离子流率相等。

（1）对流传质

对流传质通常包括因浓度差、温度差，以及重力场作用引起的自然对流和机械搅拌引起的强制对流传质。若只考虑强制对流，离子 i 在 x 方向，即垂直于膜面方向上的对流传质速率可表示为：

$$J_{i(c)} = c_i V_x \tag{11-13}$$

式中　$J_{i(c)}$——离子 i 在 x 方向上的对流传质速率，$\mathrm{mol/(cm^2 \cdot s)}$；

　　　　c_i——溶液中离子 i 的浓度，$\mathrm{mol/cm^3}$；

　　　　V_x——流体在 x 方向上的平均流速，取流体重心的运动速率，$\mathrm{cm/s}$。

（2）扩散传质

若溶液中某一组分存在着浓度梯度，必然存在着化学位梯度。在该化学位梯度的作用下

离子 i 在 x 方向上的扩散速率为：

$$J_{i(d)} = -c_i U_i \frac{\mathrm{d}\mu_i}{\mathrm{d}x} \tag{11-14}$$

式中　　$J_{i(d)}$——在化学位梯度作用下，离子 i 在 x 方向上的扩散速率，$\mathrm{mol/(cm^2 \cdot s)}$；

　　　　c_i——溶液中离子 i 的浓度，$\mathrm{mol/cm^3}$；

　　　　U_i——溶液中离子 i 的淌度（又称扩散淌度），$\mathrm{mol \cdot cm^2/(J \cdot s)}$；

　　$\dfrac{\mathrm{d}\mu_i}{\mathrm{d}x}$——离子 i 在 x 方向上的化学位梯度，$\mathrm{J/(mol \cdot cm)}$。

对于实际溶液，离子 i 的化学位可写为：

$$\mu_i = \mu_i^0 + RT \ln a_i = \mu_i^0 + RT(\ln c_i + \ln f_i) \tag{11-15}$$

式中　　μ_i——离子 i 的化学位，$\mathrm{J/mol}$；

　　　　μ_i^0——离子 i 的标准化学位，$\mathrm{J/mol}$；

　　　　R——气体常数，$R = 8.314 \mathrm{J/(mol \cdot K)}$；

　　　　T——溶液的热力学温度，K；

　　　　a_i——溶液中的离子 i 的活度；

　　　　c_i——离子 i 的体积摩尔浓度，$\mathrm{mol/L}$；

　　　　f_i——离子 i 的活度系数。

将式(11-15) 微分得

$$\frac{\mathrm{d}\mu_i}{\mathrm{d}x} = RT \frac{\mathrm{d}\ln a_i}{\mathrm{d}x} = RT\left(\frac{\mathrm{d}\ln c_i}{\mathrm{d}x} + \frac{\mathrm{d}\ln f_i}{\mathrm{d}x}\right) = \frac{RT}{c_i}\left(\frac{\mathrm{d}c_i}{\mathrm{d}x} + c_i \frac{\mathrm{d}\ln f_i}{\mathrm{d}x}\right) \tag{11-16}$$

扩散淌度和扩散系数关系的能斯特-爱因斯坦方程为：

$$U_i = \frac{D_i}{RT} \tag{11-17}$$

式中，D_i 为离子 i 的扩散系数，$\mathrm{cm^2/s}$。

将式(11-16)、式(11-17) 代入式(11-14)，可得：

$$J_{i(d)} = -D_i\left(\frac{\mathrm{d}c_i}{\mathrm{d}x} + c_i \frac{\mathrm{d}\ln f_i}{\mathrm{d}x}\right) \tag{11-18}$$

显然，若是理想溶液，因为 $f_i = 1$，则扩散速率式(11-18) 就变成 Fick 第一定律的形式：

$$J_{i(d)} = -D_i \frac{\mathrm{d}c_i}{\mathrm{d}x} \tag{11-19}$$

（3）电迁移传质

当存在电位梯度时，离子在电场力的作用下发生迁移，由于正、负离子带有相反符号的电荷，其运动方向相反。因此，正、负离子在 x 方向上的迁移速率分别为：

$$
\left.
\begin{aligned}
J_+ &= -c_+ U'_+ \frac{\mathrm{d}\psi}{\mathrm{d}x} \\
J_- &= -c_- U'_- \frac{\mathrm{d}\psi}{\mathrm{d}x}
\end{aligned}
\right\}
\tag{11-20}
$$

式中　J_+，J_-——在电位梯度的作用下，正离子和负离子的迁移速率，$mol/(cm^2 \cdot s)$；

　　　c_+，c_-——正离子和负离子的浓度，mol/cm^3；

　　　U'_+，U'_-——正离子和负离子的电化学淌度，$cm^2/(V \cdot s)$；

　　　　　ψ——电位，V；

　　　　　x——x 方向上的距离，cm。

对于理想溶液，用能斯特-爱因斯坦方程描述淌度与扩散系数之间的关系的另一种形式：

$$
\left.
\begin{aligned}
U'_+ &= \frac{D_+ F}{RT} z_+ \\
U'_- &= \frac{D_- F}{RT} z_-
\end{aligned}
\right\}
\tag{11-21}
$$

式中　D_+，D_-——正离子和负离子的扩散系数，cm^2/s；

　　　z_+，z_-——正离子和负离子的价数。

将式(11-21) 分别代入式(11-20)，得：

$$
\left.
\begin{aligned}
J_+ &= -c_+ \frac{D_+ F}{RT} z_+ \frac{\mathrm{d}\psi}{\mathrm{d}x} \\
J_- &= -c_- \frac{D_- F}{RT} z_- \frac{\mathrm{d}\psi}{\mathrm{d}x}
\end{aligned}
\right\}
\tag{11-22}
$$

若以 z_i 代表正离子或负离子的代数价（正离子取正值，负离子取负值），则上式可以写成：

$$
J_{i(e)} = -z_i c_i \frac{D_i F}{RT} \times \frac{\mathrm{d}\psi}{\mathrm{d}x}
\tag{11-23}
$$

（4）Nernst-Planck 离子渗透速率方程

在考虑化学位梯度、电位梯度和流体对流的情况下，离子 i 的传质速率为：

$$
J_i = J_{i(c)} + J_{i(d)} + J_{i(e)} = -D_i \left(\frac{\mathrm{d}c_i}{\mathrm{d}x} + z_i c_i \frac{F}{RT} \times \frac{\mathrm{d}\psi}{\mathrm{d}x} + c_i \frac{\mathrm{d}\ln f_i}{\mathrm{d}x} \right) + c_i V_x
\tag{11-24}
$$

对于理想溶液，式(11-24) 可写为：

$$
J_i = -D_i \left(\frac{\mathrm{d}c_i}{\mathrm{d}x} + z_i c_i \frac{F}{RT} \times \frac{\mathrm{d}\psi}{\mathrm{d}x} \right) + c_i V_x
\tag{11-25}
$$

若考虑离子在三维空间的传递，则其通式为：

$$
J_i = J_x + J_y + J_z = -D_i \left(\nabla c_i + z_i c_i \frac{F}{RT} \nabla \psi + c_i \nabla \ln f_i \right) + c_i V_m
\tag{11-26}
$$

式中，∇ 为梯度符号；V_m 为流体重心的速度，cm/s；其他符号同前。

对于离子在膜相内部的传质，一般仅考虑在垂直于膜面方向上的一维传质情况。由式 (11-26) 得：

$$\overline{J}_i = -\overline{D}_i \left(\frac{d\overline{c}_i}{dx} + z_i \overline{c}_i \frac{F}{RT} \times \frac{d\psi}{dx} + \overline{c}_i \frac{d\ln \overline{f}_i}{dx} \right) + \overline{c}_i \overline{V}_x \tag{11-27}$$

式中　$\overline{J}_i$——离子 i 在离子交换膜内的传质速率，$mol/(cm^2 \cdot s)$；

　　　$\overline{D}_i$——离子 i 在膜内的扩散系数，cm^2/s；

　　　$\overline{c}_i$——离子 i 在膜相中的浓度，mol/cm^3；

　　　$\overline{f}_i$——离子 i 在膜相中的活度系数；

　　　$\overline{V}_x$——在离子交换膜微孔中，沿 x 方向液体重心的运动速度，cm/s；

　　　ψ——电位，V；

　　　x——垂直于膜面方向上的距离，cm。

式 (11-27) 是离子在浓度梯度、电位梯度、流体对流影响下在电渗析过程中一维的传质速率的表达式，又称为 Nernst-Planck 方程。在通常的电渗析过程中，不发生化学反应。根据物质守恒原理，不难导出物质的连续性方程式：

$$\frac{\partial c_i}{\partial t} + \text{div}\overline{J}_i = 0 \tag{11-28}$$

式中　t——时间，s；

　　　$\overline{J}_i$——离子 i 的传质速率，$mol/(cm^2 \cdot s)$；

　$\text{div}\overline{J}_i$——向量 $\boldsymbol{J}_i$ 的散度。

显然，在稳定条件下，

$$\text{div}\overline{\boldsymbol{J}}_i = 0 \tag{11-29}$$

另外，各种离子的传质速率与电流密度 i 的关系为：

$$i = F\sum z_i J_i \tag{11-30}$$

式中　i——电流密度，A/cm^2；

　　　F——法拉第常数；

　　　z_i——离子 i 的代数价；

　　　J_i——离子 i 的传质速率，$mol/(cm^2 \cdot s)$。

在离子交换膜中，各种离子满足电中性条件，即

$$\sum z_i \overline{c}_i + \omega \overline{c} = 0 \tag{11-31}$$

式中　z_i——离子 i 的代数价；

　　　$\overline{c}_i$——离子 i 在膜内的浓度，mol/cm^3；

　　　$\overline{c}$——膜中固定活性基团的浓度，mol/cm^3；

　　　ω——膜中固定活性基团的电荷数。

式(11-26)、式(11-28)、式(11-30)、式(11-31) 是描述电渗析离子传递过程的四种基本方程式，在处理电渗析离子交换膜传质过程中的某些理论问题时被广泛应用。

11.2.3 电渗析过程极化

利用离子交换膜进行电渗析的过程中，由于膜内反离子的迁移数大于溶液中反离子的迁移数，从而造成淡水隔室中膜与溶液的界面处离子供不应求，界面处溶液中的含盐量低于主体溶液中的含盐量，形成了浓度差。在浓度差的作用下，盐分进行扩散迁移，以补充界面处离子的不足。但当电流继续增加到某一数值时，扩散迁移的量达到最大值，界面处的盐浓度趋于零，形成了离子耗尽层，达到了"极限状态"。这时的电流称为极限电流，而相应的电流密度称为极限电流密度 i_{lim}。

若进一步增加电流密度（即 $i > i_{lim}$），则需增加界面层的电压降，以加大离子的电迁移速度。当电压达到某一电位临界值时发生水分子的离解反应，产生大量的 H^+ 和 OH^-，这些 H^+ 和 OH^- 的迁移形成超过极限的那部分电流，即导致了离子交换膜的极化现象。离子交换膜的极化现象对电渗析过程会产生如下的不利影响。

① 极化时，一部分电能消耗在水的解离与 H^+ 和 OH^- 的迁移上，使得电流效率下降。另外，极化和沉淀又进一步增加膜堆电阻。二者均导致电耗增加。

② 脱盐液与浓缩液的 pH 值偏离中性（即"中性扰乱"）便可产生沉淀。例如，阴膜极化时，产生的 OH^- 透过阴膜进入浓室，阳膜中迁移来的 Mg^{2+}、Ca^{2+} 等离子因受阴膜的阻挡，而在浓水侧的阴膜界面发生 $Mg^{2+} + 2OH^- \longrightarrow Mg(OH)_2 \downarrow$ 反应生成 $Mg(OH)_2$ 沉淀。同时，OH^- 又与浓水室内的 HCO_3^- 发生 $Ca^{2+} + OH^- + HCO_3^- \longrightarrow CaCO_3 \downarrow + H_2O$ 反应生成 $CaCO_3$ 沉淀。$Mg(OH)_2$、$CaCO_3$ 等沉淀的聚集会堵塞水流通道，增加水流阻力，从而影响出水水质、水量和电渗析器的正常安全运行。

③ 膜自身因沉淀结垢的影响，使膜的交换容量和选择透过性下降，同时也改变了膜的物理结构，导致膜发脆易裂，机械强度下降，膜电阻增大，从而缩短了膜的使用寿命。

为避免此类不良后果的产生，须要求电渗析装置在极限电流密度以下运行。膜的极化研究和极限电流密度的测试是电渗析技术的核心问题之一。

11.2.3.1 极化电流公式的推导

对于界面层极限电流公式，目前并不一致。例如，有文献认为，正离子在膜内的迁移量 $\dfrac{I}{F}\bar{t}_+$ 等于溶液界面层内正离子的电迁移量 $\dfrac{I}{F}t_+$ 加上正离子的扩散量 $D_+\dfrac{c_0-c_1}{\delta}$ （或 $D_+\dfrac{\Delta c}{\delta}$）：

$$\frac{I}{F}\bar{t}_+ = \frac{I}{F}t_+ + D_+\frac{\Delta c}{\delta} \tag{11-32}$$

式中，I 为电流；F 为法拉第常数；D_+ 为正离子的扩散系数，cm^2/s；$\bar{t}_+$ 和 t_+ 分别为正离子在阳膜和主体溶液中的迁移数；δ 为浓差极化层的厚度；Δc 为正离子在主体溶液与

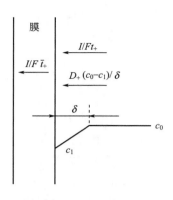

图 11-13　膜的极化示意图

c_0—正离子在主体溶液中的浓度；

c_1—正离子在浓差极化层中的浓度

浓差极化层中的浓度差。

如图 11-13 所示，当 $c_1 \rightarrow 0$ 时，$\Delta c = c_0$，极限电流的公式为：

$$i_{\lim} = \frac{FD_+}{\bar{t}_+ - t_+} \times \frac{c_0}{\delta} \tag{11-33}$$

然而，此式未考虑负离子对正离子的电吸引作用。由于 D_+ 为单个正离子的扩散系数，而电解质作为整体的扩散，电中性条件迫使两种离子具有相同的扩散速度。此电吸引作用将对扩散较快的离子起阻滞作用，而对扩散较慢的离子起加速作用。

现以 I-I 价电解质为例进行推导，见图 11-14，浓度 $c_+ = c_- = c$。

在溶液的界面层中正离子移向膜面，其通量为 J_{B^+}

$$J_{B^+} = D_+ \left(\frac{dc}{dx} + \frac{Fc}{RT} \times \frac{\psi}{dx} \right) \tag{11-34}$$

对于负离子，电场力使其迁移方向与因浓度差造成的物质流移动方向相反，故

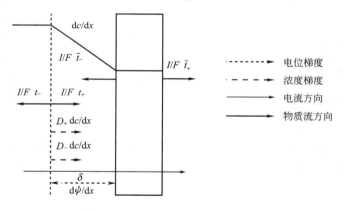

图 11-14　电流和离子在界面层的迁移

D_- 为负离子的扩散系数，cm^2/s；$\bar{t}_-$ 和 t_- 分别为负离子在阳膜和主体溶液中的迁移数

$$J_{B^-} = D_- \left(\frac{dc}{dx} - \frac{Fc}{RT} \times \frac{\psi}{dx} \right) \tag{11-35}$$

对膜来说，正离子在膜内向右迁移，平衡时

$$\vec{J}_{m^+} = \vec{J}_{s^+}$$

负离子在膜内向左迁移，表示为：

$$-\vec{J}_{m^-} = -\vec{J}_{s^-}$$

以上式中，$\vec{J}_{m^+}$、$\vec{J}_{m^-}$、$\vec{J}_{s^+}$、$\vec{J}_{s^-}$ 分别表示沿电流方向上正离子和负离子在膜相和浓差极化层溶液相中的通量。

在膜内

$$\frac{\vec{J}_{m^+}}{-\vec{J}_{m^-}} = \frac{\bar{t}_+}{\bar{t}_-}$$

所以

$$\frac{\vec{J}_{s^+}}{-\vec{J}_{s^-}} = \frac{\bar{t}_+}{\bar{t}_-}$$

$$-\vec{J}_{s^-} = \vec{J}_{s^+} \times \frac{\bar{t}_-}{\bar{t}_+} = -D_- \left(\frac{dc}{dx} - \frac{Fc}{RT} \times \frac{\psi}{dx} \right)$$

$$\frac{dc}{dx} + \frac{\vec{J}_{s^+} \bar{t}_-}{D_- \bar{t}_+} = \frac{Fc}{RT} \times \frac{\psi}{dx}$$

$$\vec{J}_{s^+} = \vec{J}_{m^+} = D_+ \left(\frac{dc}{dx} + \frac{dc}{dx} + \frac{\vec{J}_{s^+} \bar{t}_-}{D_- \bar{t}_+} \right) = 2D_+ \frac{dc}{dx} + \frac{D_+ \bar{t}_-}{D_- \bar{t}_+} \vec{J}_{s^+}$$

移项后得：

$$\vec{J}_{s^+} \left(1 - \frac{D_+ \bar{t}_-}{D_- \bar{t}_+} \right) = 2D_+ \frac{dc}{dx}$$

$\dfrac{D_+}{D_-} = \dfrac{t_+}{t_-}$，因为溶液中离子的扩散系数与迁移数成正比。故：

$$\vec{J}_{s^+} = \vec{J}_{m^+} = \frac{2D_+}{1 - \dfrac{t_+ \bar{t}_-}{t_- \bar{t}_+}} \times \frac{dc}{dx}$$

又可转化为：

$$\vec{J}_{m^+} = \frac{2D_+ t_- \bar{t}_+}{t_- \bar{t}_+ - t_+ \bar{t}_-} \times \frac{dc}{dx}$$

$$= \frac{2D_+ t_- \bar{t}_+}{(1 - t_+) \bar{t}_+ - (1 - \bar{t}_+) t_+} \times \frac{dc}{dx} \tag{11-36}$$

$$= \frac{2D_+ t_- \bar{t}_+}{\bar{t}_+ - t_+} \times \frac{dc}{dx}$$

同理可导出：

$$\vec{J}_{m^-} = \frac{2D_- \bar{t}_- t_+}{\bar{t}_- - t_-} \times \frac{dc}{dx} \tag{11-37}$$

对于溶液中Ⅰ-Ⅰ价电解质的扩散系数

$$D_{\pm} = \frac{2D_{+}D_{-}}{D_{+}+D_{-}} \tag{11-38}$$

因为 $\quad \dfrac{D_{-}}{D_{+}+D_{-}} = \dfrac{1}{\dfrac{D_{+}}{D_{-}}+1} = \dfrac{1}{\dfrac{t_{+}}{t_{-}}+1} = \dfrac{t_{-}}{t_{+}+t_{-}} = t_{-}$

所以 $\qquad\qquad D_{\pm} = 2D_{+}t_{-} \tag{11-39}$

同理：

$$D_{\pm} = 2D_{-}t_{+} \tag{11-40}$$

将式(11-39)代入式(11-36)，得：

$$\vec{J}_{m^{+}} = \frac{D_{\pm}\bar{t}_{+}}{\bar{t}_{+}-t_{+}} \times \frac{dc}{dx}$$

将式(11-40)代入式(11-37)，得：

$$\vec{J}_{m^{-}} = \frac{D_{\pm}\bar{t}_{-}}{\bar{t}_{-}-t_{-}} \times \frac{dc}{dx}$$

因为 $\qquad\qquad I = f(\vec{J}_{m^{+}} - \vec{J}_{m^{-}})$

所以

$$
\begin{aligned}
I &= \frac{FD_{\pm}\bar{t}_{+}}{\bar{t}_{+}-t_{+}} \times \frac{dc}{dx} + \frac{-FD_{\pm}\bar{t}_{-}}{\bar{t}_{-}-t_{-}} \times \frac{dc}{dx} \\
&= \frac{FD_{\pm}\bar{t}_{+}}{\bar{t}_{+}-t_{+}} \times \frac{dc}{dx} + \frac{-FD_{\pm}\bar{t}_{-}}{(1-\bar{t}_{+})-(1-t_{+})} \times \frac{dc}{dx} \\
&= \frac{FD_{\pm}(\bar{t}_{+}+\bar{t}_{-})}{\bar{t}_{+}-t_{+}} \times \frac{dc}{dx} \\
&= \frac{FD_{\pm}}{\bar{t}_{+}-t_{+}} \times \frac{dc}{dx}
\end{aligned}
$$

由此，导出阳膜的极限电流为：

$$i_{lim} = \frac{FD_{\pm}}{\bar{t}_{+}-t_{+}} \times \frac{c_{0}}{\delta} \tag{11-41}$$

式(11-41)形式上与式(11-33)相似。但极限电流公式的扩散系数应该是电解质的扩散系数$D_{\pm}$，而不是单个离子的扩散系数D_{+}和D_{-}，因为不同的D计算结果将不一致，而尤其对非Ⅰ-Ⅰ价电解质。同理，可导出阴膜的极限电流公式

$$i_{lim} = \frac{FD_{\pm}}{\bar{t}_{-}-t_{-}} \times \frac{c_{0}}{\delta} \tag{11-42}$$

　　电解质的扩散系数可用下式计算[54]

$$D_{\pm}=\frac{(z_{+}+|z_{-}|)D_{+}D_{-}}{z_{+}D_{+}+|z_{-}|D_{-}}\tag{11-43}$$

式中，z 为离子的价数。

11.2.3.2　极化现象的研究方法

自 1956 年以来，已进行了不少关于膜的极化机理研究。20 世纪 50 年代，Rosenberg (1957) 采用七室电渗析器研究了阴、阳膜的极化机理。结果表明，虽然理论上推测阳膜先极化，在阴膜极化电流的 65％处就应发生阳膜的极化；然而实验却指出，在阴膜极化的电流密度下，阳膜极化可忽略不计。翌年，内野哲也等的研究认为，在 NaCl 溶液中阴膜易于发生水解离，而阳膜则相对较困难，即使在阴膜极限电流密度的 10～15 倍的高电流密度下，阳膜的水解仍然不显著。20 世纪 60 年代妹尾学、山道武郎等证明在 NaCl 溶液中阳膜的 i_{lim} 比阴膜小，故阳膜先极化，但水解离、中性扰乱的程度不如阴离子交换膜那样显著。及至 20 世纪 70 年代，田中良修以单、双膜法连续进行的研究指出[55]：膜的浓差极化与水解离并非同一现象。对阴膜来说，极化的发生稍迟于阳膜，但浓差极化后却紧接着发生水解离，因此浓差极化的极限电流密度和水解离的极限电流密度几乎相等。而对于阳膜来说，尽管浓差极化比阴膜早发生，但水解离却远远落后于阴膜（尤其在 NaCl 溶液中）。因此，阳膜水解离的极限电流密度要比浓差极化的极限电流密度大得多。

由此可见，极化的机理尚不清楚。我国学者对于极化问题也进行了很多研究。

(1) 单张膜的极化研究[56]

用如图 11-15 所示的组装方式测定了单张膜或阴膜的极化曲线。待测膜两边装有两根铂丝，用数字电压表测定两根铂丝间不同电流时的电压。图 11-16、图 11-17 和图 11-18 为测定的结果。除测定电位随电流的变化外，还可测定浓淡室中 pH 的变化。

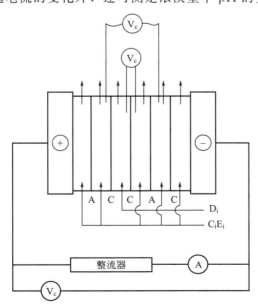

图 11-15　单膜法（阴膜或阳膜）组装示意图

A—阴膜；C—阳膜；V_c—数字压力表；C_i—浓缩室进液；E_i—电极室进液；D_i—脱盐室进液

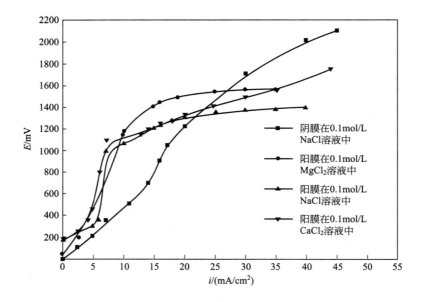

图 11-16　单膜伏-安曲线

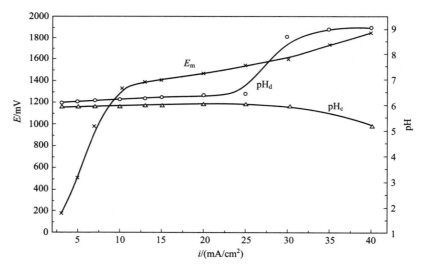

图 11-17　单阳膜淡水为 0. 1mol/L NaCl 的 E_m-i 和 pH-i 图
○—淡水室 pH；×—膜电压；△—浓水室 pH

　　浓室的 pH 变化滞后于淡室，这是由于界面层离解产生的 H^+ 和 OH^- 要迁移通过膜才能到达浓室，而且在迁移通过膜的过程中有部分离子被膜交换吸附，膜越厚，pH 的变化延迟得越严重。

　　为了使曲线的变化更显著，对所测的数据进行数学处理，作出了 $\dfrac{V_B}{i}$-$\dfrac{1}{i}$ 曲线或 pH-$\dfrac{1}{i}$ 曲线，如图 11-19 所示。由图可知，曲线有一极大点，这是由于随着电流密度的提高，膜的过

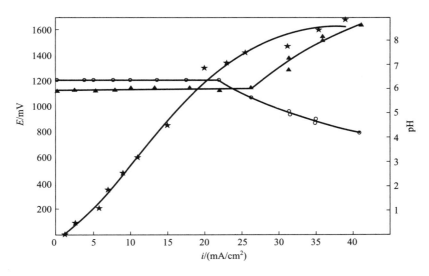

图 11-18　单阴膜淡水为 0.1mol/L NaCl 的 E_m-i 和 pH-i 图
○—淡水室 pH；★—膜电压；▲—浓水室 pH

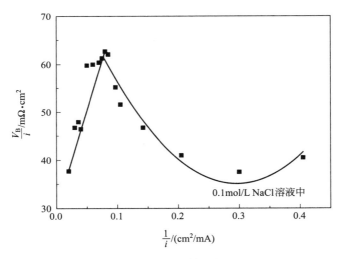

图 11-19　单阴膜 $\dfrac{V_B}{i}$-$\dfrac{1}{i}$ 曲线

电位（包括浓差电位和欧姆电位）亦随之增大。当 $i \rightarrow i_{lim}$ 时，界面层中的离子耗尽形成了离子耗尽层，这时 V/i 达到最大值。尽管两根铂丝间的 V/i 包括了膜本身的电阻，但它随 i 变化不大，V/i 主要反映膜面侧界面层电阻的变化，尤其是淡室侧界面层的电阻。当 $i > i_{lim}$ 后，淡室界面层发生水解（$H_2O \longrightarrow H^+ + OH^-$），使得膜面离子浓度增大，$V/i$ 值下降。

用 $\dfrac{V}{i}$-$\dfrac{1}{i}$ 曲线比 pH-$\dfrac{1}{i}$ 曲线确定极化状态更具优点，因为所测的 pH 是整个隔室的 pH，而非界面层本身的 pH。因此，误差是明显存在的。另外，当膜的水解离程度比较弱（延迟水解）或体系中存在 pH 敏感离子时，中性扰乱后产生沉淀，pH 变化不明显，或体系本身就是缓冲体系（如 CH_3COOK），因而按 pH 变化确定极化状态较为困难。而 $\dfrac{V}{i}-\dfrac{1}{i}$ 曲线，即使在 pH 难测的条件下，亦能正确及时地反映界面层离子耗尽的状况。

根据极限电流公式(11-41) 和式(11-42)，

在阳膜上

$$(i_{\lim})_{CM} = \frac{FD_{\pm}c_0}{\delta(\bar{t}_A - t_A)}$$

在阴膜上

$$(i_{\lim})_{AM} = \frac{FD_{\pm}c_0}{\delta(\bar{t}_C - t_C)}$$

当两种膜分别在同一电渗析槽、同样的水力学条件下，对相同浓度的同种电解质溶液进行电渗析时，$D_{\pm}$、c_0 值一样，两个 δ 值也基本相同。因而，两种膜的极限电流密度的比值（令其为 r）如下：

$$r = \frac{(i_{\lim})_{AM}}{(i_{\lim})_{CM}} = \frac{\delta(\bar{t}_A - t_A)}{\delta(\bar{t}_C - t_C)} = \frac{\Delta t_A}{\Delta t_C} \tag{11-44}$$

从上式不难看出，两种膜的极限电流密度反比于各自的反离子在膜中和在主体溶液中迁移数的差值 Δt，亦即膜的极化行为取决于反离子的迁移性质。比值 r 可用来判断阴、阳膜发生极化的顺序：$r>1$，单张阳膜比单张阴膜先极化；$r<1$，阴膜先极化；$r=1$，阴、阳膜同时极化。

取 SyC 的 $t_+ = 0.98$，SyA 的 $t_- = 0.94$，具体计算这两种膜在三体系中的 r 值，对 LiCl、KCl、CH_3COOK 三体系采用单膜法进行电渗析，根据极限电流密度可算出实测的 r 值，并和式(11-44) 的理论计算结果相比较，结果列入表 11-3。

表 11-3　极限电流密度与反离子迁移性质的关系[57]

测定体系	$i_{\lim}/(mA/cm^2)$（根据 $\dfrac{E_m}{i}-\dfrac{1}{i}$ 曲线求出）		$r_{实测}$	$r_{理论计算}$
	SyA	SyC		
0.057mol/L LiCl	26.0	10.0	2.60	2.52
0.057mol/L KCl	24.0	20.0	1.20	1.14
0.057mol/L CH_3COOK	14.0	2.00	0.70	0.54

注：$r_{实测}$ 即实测的 $(i_{\lim})_{SyA}$/实测的 $(i_{\lim})_{SyC}$，系在（30±1）℃的条件下测定。

（2）一对膜极化的研究[56]

图 11-20 为双膜组装的示意图。0.1mol/L NaCl 溶液中膜堆的 $\dfrac{V}{i}-\dfrac{1}{i}$ 曲线见图 11-21，可见随着电流密度的变化，阴膜和阳膜分别有两个相应的突变点（极值），$\dfrac{V}{i}$ 反映了它们的表观电阻值，这表明阴膜和阳膜先后因界面离子贫乏而引起电阻升高。对膜堆来说，它的表观电阻的升高是阴、阳膜电阻的彼此叠加，膜堆电阻的极大值对应的电流点所确定的极限电流密度实际上是迟极化者的极限电流密度。

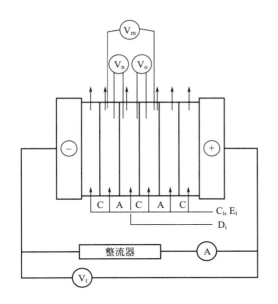

图 11-20　双膜组装示意图（图中 A、C 分别表示阴
离子交换膜和阳离子交换膜）

A—阴膜；C—阳膜；V_m，V_n，V_o—数字万用表；C_i—浓缩室进液；
E_i—电极室进液；D_i—脱盐室进液

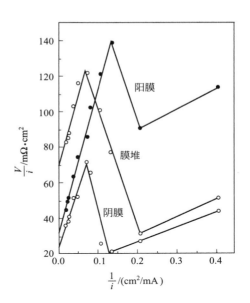

图 11-21　0.1mol/L NaCl 溶液中
实际膜堆的 $\dfrac{V}{i}$-$\dfrac{1}{i}$ 曲线

实验时，同时测定淡室溶液中 pH 的变化，当发生水解离时，淡室溶液的 pH 发生明显的变化，作 pH-$\dfrac{1}{i}$ 图时，其斜率 $\dfrac{\mathrm{dpH}}{\mathrm{d}i}$ 明显变化的这一点称为 pH 变化显著点。表 11-4 为在不同电解质中测得的实际结果。比较淡室 pH 变化显著点的电流密度与界面层离子贫乏时的极限电流密度值，水解离时的极限电流密度反映了迟极化膜的极限电流密度。离子交换膜的界面离子贫乏与水解离的区别在于前者是后者的必要条件，但不是充分条件。就是说在膜堆内，阳膜与阴膜发生水解离是由迟发生离子贫乏的那个膜的电流密度决定的。常见的溶液体系中，$t_- > t_+$，阴膜的极限电流大于阳膜的极限电流，故阴膜的极限电流的大小决定了水的解离。如 NaCl 溶液中阳膜先极化，阴膜后极化。但在 NaAc 溶液中，阴膜先极化，阳膜后极化，即 pH 变化显著点的电流密度由阳膜极化来确定，实验证实了上述结论。见表 11-4。

表 11-4　双膜法浓差极化及 pH 变化显著点的电流密度值

电解质溶液	浓差极化电流密度/(A/cm²)				pH 变化显著点电流密度/(A/cm²)	
	阳膜		阴膜		淡室	浓室（靠阳膜）
	$\dfrac{E_m}{i}$	$\dfrac{E_m}{i}-\dfrac{1}{i}$	$\dfrac{E_m}{i}$	$\dfrac{E_m}{i}-\dfrac{1}{i}$		
NaCl	7.5	7.5	15	15	15	25
CaCl₂	8.0	8.0	15	15	15	20
MgCl₂	9.5	10	15	15	15	13

据文献报道，实测的极限电流密度系数 $\varphi = \dfrac{(i_{\lim}/c)_i}{(i_{\lim}/c)_{\mathrm{NaCl}}}$ [58]，即以 NaCl 溶液体系的极限

电流密度为基础来比较其他常见溶液体系的极限电流密度的大小。此值（φ）与理论计算值 φ' 加以比较，以阳膜为例：

$$\varphi' = \frac{\dfrac{FD_{\pm}c_0}{(\bar{t}_+ - t_+)\delta}}{\dfrac{FD_{NaCl}c_0}{(\bar{t}_{Na^+} - t_{Na^+})\delta}}$$

假定阳膜的 $\bar{t}_+ = 1$，则

$$\varphi' = \frac{\dfrac{D_{\pm}}{1 - (1 - t_-)}}{\dfrac{D_{NaCl}}{1 - (1 - t_{Cl^-})}}$$

$$\varphi' = \frac{D_{i\pm}}{D_{NaCl}} \times \frac{t_{Cl^-}}{t_{i-}} \tag{11-45}$$

$D_{\pm}$ 根据式（11-43）计算，并与 NaCl 的 $D_{\pm}$ 比较得出 $\dfrac{D_{i\pm}}{D_{NaCl}}$。表 11-5 给出了不同体系的极限电流密度系数。

表 11-5　不同体系的极限电流密度系数

盐	t_+	t_-	$D_{i\pm}/D_{NaCl\pm}$	$\varphi_{实验}$	$\varphi_{理论计算}$
NaCl	0.396	0.604	1	1	1
KCl	0.4906	0.5094	1.24	1.51	1.47
NH_4Cl	0.4913	0.5087	1.24	1.50	1.47
LiCl	0.336	0.664	0.85	0.76	0.77
$CaCl_2$	0.438	0.562	0.83	0.81	0.82
$MgCl_2$	0.410	0.59	0.78	0.73	0.80
Na_2SO_4	0.386	0.614	0.76	0.71	0.75
$MgSO_4$	0.399	0.601	0.53	0.45	0.53
$(NH_4)_2SO_4$	0.480	0.52	0.95	0.70	1.10
$NaNO_3$	0.412	0.588	0.97	0.93	0.97
NaBr	0.39	0.61	1.01	1.02	1.00

理论计算与文献测定值基本符合，其中 $(NH_4)_2SO_4$ 体系误差较大，因为溶液中部分 NH_4^+ 与 SO_4^{2-} 形成 $[(NH_4)_3SO_4]^+$ 络合离子。因此，扩散系数的计算以及电迁移的性能均有可能变化。

（3）应用断续技术研究极化现象[59]

$\dfrac{V}{i}$-$\dfrac{1}{i}$ 曲线测出的表观电阻 V/i，包括了界面层内离子贫乏引起的电阻增加，也包括了离子膜的电阻，还包括了膜两侧因浓差引起的电阻变化。为此，断续技术也是研究浓差极化的一种可行手段。断续测量技术方法是用矩形波发生器发出单向脉冲电流（以 I_s 表示）、双向（正负）脉冲电流（以 I_b 表示）、平稳直流电（以 I_- 表示）。当电流通过电渗析器时，

测量部分的电子开关把贴在膜两侧的两根铂丝间的电压按脉冲信号同步地接到电压表 A 和电压表 B 上，分别测量其电压。用此方法达到分别测出膜对（或单张膜）各部分电压降（或电阻值）的目的，见图 11-22。

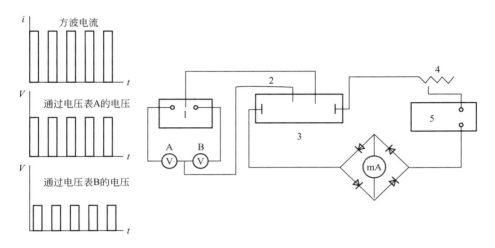

图 11-22　断续技术的仪器原理图

1—电子开关；2—丝电极；3—电渗析堆；4—电阻；5—电流波发生器

一般电渗析器通直流电时，测得两根铂丝间的电压 $E_{0-0'}$ 为：

$$E_{0-0'} = \varphi + I(R_b + R_m) + IR_i$$

式中，R_b 为本体溶液电阻；R_m 为膜电阻；R_i 为界面层电阻；φ 为极化电位。

当电渗析器通过单向矩形脉冲电流 I_s 时，脉冲电流通导与断开的时间都是 0.01s。脉冲的峰值电流为 $2I$，从直流表上读得的平均电流值为 I，对电渗析来说，离子在膜附近的迁移和界面层的离子浓度变化的效果与通一电流值为 I 的平稳直流电的效果几乎一样。由于离子迁移和扩散的速度较慢，在 0.01s 的断通时间内（如 50Hz），膜界面的浓度瞬间变化不大，所以脉冲电流所产生的极化电位与平稳直流电所产生的极化电位 φ 几乎相等。

但脉冲电流的峰值高度为 $2I$，总的欧姆电压降为 $2I\sum R$，所测的 $V_{通} = \varphi + 2I\sum R = \varphi + 2\Delta V$。当电流断开时，脉冲电流的峰值为 0，即 $I = 0$，故 $I\sum R = 0$，即欧姆电压降为 0，$E_{0-0'}$ 仅有极化电位这一项，即 $V_{断} = \varphi$。

由于测量回路的电子开关与矩形波电流同步开关，从电渗析器引出的两根铂丝电极依次接通测量电压表 A 和电压表 B。表 A 是测量脉冲电流 I 导通时的电压值，表 B 是测量断电时的电压值，由于电压表测量的只是 1/2 周期内的电压值，是脉冲电压时间积分后的平均值，所以表上读出的电压值是实际脉冲电压的 1/2。峰高为 $2I$ 时，实际测出为：

$$V_{通} = \frac{1}{2}\varphi + I\sum R = \frac{1}{2}\varphi + I(R_b + R_m + R_i)$$

$$V_{断} = \frac{1}{2}\varphi$$

由此，可把欧姆电压降 ΔV_t 和膜的极化电位 φ 分别测出，因 $\Delta V_i = I\sum R$，为进一步对

ΔV_t 进行分解，在电渗析器里通脉冲高度为 I、脉冲时间相等的正负脉冲电流，以 I_b 表示，由于正负脉冲电流经过桥式整流，把负脉冲倒向，从电流表上读得的电流是 I。正负脉冲电流使离子迁移入膜又迁出膜，隔室内溶液浓度和界面层溶液浓度不发生变化，因界面层很薄，界面层的欧姆电阻可忽略不计，这时 $E_{0-0'}=I(R_b+R_m)=\Delta V_i$。

当脉冲高度为 I 时，从电压表 A 或电压表 B 实际测出的 $V=\dfrac{1}{2}I(R_b+R_m)$，所以

$$V_{通}-V_{断}=I(R_b+R_m+R_i) \tag{11-46}$$

$$V_{通}-V_{断}-2V=IR_i \tag{11-47}$$

此即界面层的电压降。

$$2V_{断}=\varphi \tag{11-48}$$

此即膜的极化电位。

故断续技术可分别测出膜界面层的欧姆极化和极化电位。图 11-23 为单张阳膜和单张阴膜的测量结果。

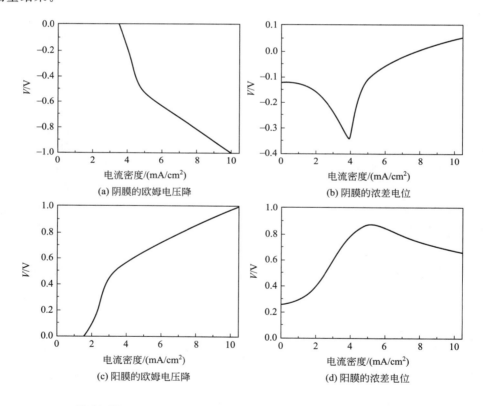

（a）阴膜的欧姆电压降　　　　　（b）阴膜的浓差电位

（c）阳膜的欧姆电压降　　　　　（d）阳膜的浓差电位

图 11-23　离子膜在不同电流密度时的界面层的欧姆电压降和极化电位

此法为研究膜的极化提供了一种方法，把界面层电阻的变化，即电压的突变点作为膜极化的标志。在极化前界面层的电压降基本为零，极化时此转折点非常明显。虽然界面层很薄，但当电流达到一定程度时，界面层离子贫乏引起的界面层欧姆电压降急剧增加。以此作

为膜极化的标志在理论上是合理的，意义是明确的。

从图 11-23 的极化电位曲线可看出，在界面层电阻突变点附近，极化电位也有一转折点，但不及界面层欧姆电压降突变明显。对极化电位转折点的解释为：据极化电位公式

$$\varphi_A = \frac{RT}{F} 2 \, (\bar{t}_A - t_-) \, \ln \frac{c_{浓}}{c_{淡}}$$

（以阴膜为例），当电流增大时淡室的膜界面层浓度 $c_{淡}$ 迅速下降，并达到一定值，由于界面层 $c_{淡}$ 的贫乏，水中 OH^- 参加迁移通过膜，使水分解并游离出 H^+，这样界面层附近原来的 NaCl 溶液变为 HCl 溶液，因 NaCl 溶液的 $t_- >$ HCl 溶液的 t_-，故此时 φ_A 又上升，在 φ 曲线上形成一转折。同理，对于阳膜 φ_C，NaCl 溶液的 $t_+ >$ NaOH 溶液的 t_+，但阳膜转折点不及阴膜明显，且上升点后推，在界面层欧姆电压降上升点之后才上升。

因此，通过对极化电位的研究可提供膜界面层上离子成分的变化和离子浓度变化的信息。

11.2.3.3　极化现象的解释

报道的研究工作表明：浓差极化和水的解离并非同一现象。实际上，浓差极化过程包括了膜界面因离子贫乏引起的欧姆电阻的增加造成的电压降升高和因界面浓差造成的电位增加两部分。随之而来的水解离，是迁移过程受阻而转化为反应过程，其结果都是电压升高使能耗增大。这就是所谓的极化过程。

（1）界面层的电阻和欧姆极化

极化发生在界面层中，界面层内溶液浓度是不均匀的，呈梯度分布（见图 11-24），假定浓度梯度呈一线性关系，x 为距离，Λ 为溶液的当量电导，溶液的电阻率 $\rho = \frac{\mathrm{d}x}{c\Lambda}$，则界面层内的电压降为 $i\int_0^1 \frac{\mathrm{d}x}{c\Lambda}$。当 $x = \delta$ 时，δ 为界面层厚度，积分后得到 $iR = i\delta \dfrac{\ln \dfrac{c_0\Lambda_0}{c_1\Lambda_1}}{c_0\Lambda_0 - c_1\Lambda_1}$，当量电导均相同，$\Lambda_1 = \Lambda_0 = \Lambda$。

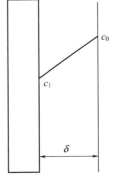

图 11-24　界面层的浓度变化

则界面层内电阻

$$R = \delta \frac{\ln \dfrac{c_0\Lambda_0}{c_1\Lambda_1}}{c_0\Lambda_0 - c_1\Lambda_1}$$

当膜表面的电解质浓度趋于 0，即膜表面的离子贫乏形成耗尽层，则

$$R = \delta \frac{\ln \dfrac{c_0}{0}}{c_0\Lambda} \to \infty$$

即达到极限电流时，界面层的电阻将趋于极大，叫作欧姆极化。

（2）界面层的浓差极化电位

对于阳膜，因

$$i = \frac{FD_\pm}{\bar{t}_+ - t_+} \times \frac{\mathrm{d}c}{\mathrm{d}x} \approx \frac{FD_\pm}{\bar{t}_+ - t_+} \times \frac{c_0 - c_1}{\delta}$$

极限电流时：

$$i_{\lim} = \frac{FD_{\pm}}{\bar{t}_+ - t_+} \times \frac{c_0}{\delta}$$

两式相比较得到：

$$i = i_{\lim}\left(1 - \frac{c_1}{c_0}\right) \qquad (11\text{-}49)$$

由扩散电位方程可知，界面层存在一个扩散电位 E，$E = \dfrac{RT}{ZF}\displaystyle\int_0^1 (t_- - t_+)\mathrm{d}c$，积分得：

$$E = (t_- - t_+)\frac{RT}{ZF}\ln\frac{c_0}{c_1} \qquad (11\text{-}50)$$

当 $c_1 \to 0$，则 $E \to \infty$，当界面层中靠近膜表面的离子贫乏时，浓差电位也趋于极大，此即浓差极化。将式(11-50) 代入式(11-49)，得到：

$$\begin{aligned}
\frac{i}{i_{\lim}} &= 1 - \exp\left[-\frac{ZEF}{(t_- - t_+)RT}\right] \\
&= 1 - \exp\left[\frac{ZEF}{(2t_+ - 1)RT}\right]
\end{aligned} \qquad (11\text{-}51)$$

$2t_+$ 常小于 1，此曲线的形状见图 11-25。

实际上，单独界面层的电位并不能测得，用两支电极可测得膜两侧的电位，见图 11-26。

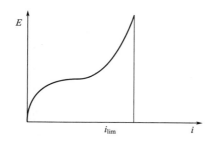

图 11-25　理论浓差电位与电流的关系

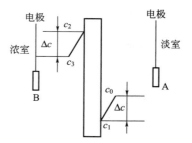

图 11-26　膜两侧的浓度

此时电极 A 和 B 之间的电位为：

$$E_{AB} = (t_- - t_+)\frac{RT}{ZF}\ln\frac{c_0}{c_1} + (\bar{t}_- - \bar{t}_+)\frac{RT}{ZF}\ln\frac{c_1}{c_2} + \frac{RT}{ZF}(t_- - t_+)\ln\frac{c_2}{c_3}$$

此式中，第二项实际为膜电位，利用 $t_+ + t_- = 1$ 和 $\bar{t}_+ + \bar{t}_- = 1$ 的关系和 $c_1 = c_0 - \Delta c$，$c_2 = c_3 + \Delta c$ 的关系，可得到：

$$E_{AB} = \frac{RT}{ZF} \times 2(\bar{t}_+ - t_+)\ln\frac{c_3 + \Delta c}{c_0 - \Delta c} + \frac{RT}{ZF}(2t_+ - 1)\ln\frac{c_3}{c_0} \qquad (11\text{-}52)$$

当 $c_0 - \Delta c \to 0$，则 $E_{AB} \to \infty$。

(3) 水解离的活化

当阴膜界面负离子贫乏时，膜界面上带正电荷的固定基团与水分子发生如下反应：

$$R^+ + H-O-H \underset{k_{-1}}{\overset{k_1}{\rightleftharpoons}} R^+OH^- + H^+$$

R^+ 与水分子中的 OH^- 结合，在膜内迁移形成电流，在溶液中留下 H^+，此即发生水的解离。正向反应的反应速率 $\vec{J} = \dfrac{\vec{I}}{F} = k_1 c_{R^+} c_W$，逆向反应速率 $\overleftarrow{J} = \dfrac{\overleftarrow{I}}{F} = k_{-1} c_{ROH} c_{H^+}$。但平衡时，正向反应速率与逆向反应速率相等，即 $\vec{J} = \overleftarrow{J}$，$\vec{I} = \overleftarrow{I} = I_0$，$I_0$ 为平衡时正向反应速率与逆向反应速率以电流的表示形式，称为交换电流。因正向反应的 I_0 与逆向反应的 I_0 相抵消，实际在电表上并不显示电流。溶液中，也观察不出 pH 的变化。平衡时，为了加速水解离，增加额外电位 η 使反应速率常数由 k_1 变为 k_1'，由化学动力学知 $k_1 = A\exp(-W/RT)$，A 为常数，W 为活化能，当增加电位 η 后的活化能由原来的 W 降为 W' 时（图 11-27），$k_1' = A\exp(-W'/RT)$。可证明 $W' = W - \alpha\eta F$[60]。所以：

$$k_1' = A\exp(-W/RT)\exp(\alpha\eta F/RT) = k_1\exp(\alpha\eta F/RT)$$

式中，η 为超电压，α 为比例系数，水解离时的电流和反应速率常数 k_1 与 k_1' 成正比。$I = I_0\exp(\alpha\eta F/RT)$。令 $a = \dfrac{-RT}{\alpha F}\ln I_0$，$b = \dfrac{RT}{\alpha F}$。因各种膜的 I_0 不一样，所以 a 值是有差异的。

OA 为增加电位 η 后的活化能 W'；FG 为反应的活化能 W；DE 为增加电位的能量。

从而导出

$$\eta = a + b\ln i \qquad (11\text{-}53)$$

同理，阳膜表面正离子贫乏时，膜界面上的带负离子的固定基团与水分子发生反应

$$R^- + H-O-H \underset{k_{-1}}{\overset{k_1}{\rightleftharpoons}} R^-H^+ + OH^-$$

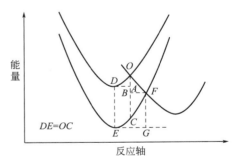

图 11-27　活化极化活化能垒图

R^- 与水分子中的 H^+ 结合，同时在溶液中留下 OH^-，由于阳膜与阴膜固定荷电基团与水反应的活化能不一样，所以阳膜与阴膜的反应速率常数不一样。同时，阳膜与阴膜水解离的程度不一样，故导致水解离的电位阈值不同。这就解释了在 NaCl 体系中，虽然阳膜比阴膜先达到界面离子层的贫乏，但水解却迟于阴膜。

电渗析的极化，实际上包括如下三部分：

① 由于界面层中导电离子的贫乏，通电时界面层中溶液的欧姆电阻大大增加，即为欧姆极化。

② 界面离子的浓度与溶液本体浓度不一致，此时界面层内外存在浓度差，形成电位，此电位抵消一部分外加电压，即为浓差极化。

③ 由于膜表面离子贫乏后，水分子与膜的固定荷电基团发生反应，进行水的解离，以补充离子在膜内的电迁移，为了加速水的解离需补充额外的能量，以降低反应的活化能，补充额外的能量以增加电位 η 的方式进行，这叫活化极化。活化电位也抵消一部分外加的电压。因此，膜极化时，外加的电压必须克服这三部分形成的电位，因而造成了电渗析能耗的增大。

水的解离是由于欧姆极化和浓差极化使膜表面的电位增高，当电位超过活化极化的阈值电位时，即发生水的解离反应。

11.2.3.4　影响极化电流的因素

（1）温度的影响[61]

电解质溶液温度每升高 1℃，电阻率大约下降 2%～2.5%，大多数电解质溶液的温度每升高 1℃，黏度约下降 2.5%，所以通常扩散系数每升高 1℃，也增加 2%～2.5%。此外，扩散层的厚度随温度的上升而变薄。严格来说，水温对极限电流密度的影响并非线性关系。然而，大量的研究结果表明，在电渗析系统固定的情况下，水温和极限电流密度按线性关系处理，即可满足工艺设计的要求，其经验公式可表示为：

$$i_{lim} = A + Bt \tag{11-54}$$

式中　A——水温为 0℃时的极限电流密度，mA/cm^2；

　　　B——极限电流密度的温升系数；

　　　t——水温，℃。

（2）溶液体系的影响

① 对于成分不同的单一电解质体系，以 NaCl 溶液体系的极限电流密度为基准，进行比较。

对于 A^+、B^+、Y^- 三种离子组成的混合体系：

$$(i_{lim})_{CM} = \frac{c_0(X_A D_{AY} + X_B D_{BY})F}{(\bar{t}_Y - t_Y)\delta} \tag{11-55}$$

式中　X_A，X_B——溶液中 AY 和 BY 的摩尔分数；

　　D_{AY}，D_{BY}——溶液中 AY 和 BY 的扩散系数；

　　　t_Y，$\bar{t}_Y$——阴离子 Y^- 在溶液中和膜中的迁移数；

　　　　　δ——界面层的厚度；

　　　　　c_0——本体溶液中电解质的浓度。

图 11-28 是 KCl、NaCl 混合电解质的实验结果[62]。

② 对于碳酸氢盐型水质，如 $NaHCO_3$，其 $t_+ = 0.530$，$t_- = 0.470$，$\frac{D_i}{D_{NaCl}} = 0.78$，计算出极限电流密度系数为 0.89，实测值为 0.30，碳酸氢盐型的极限电流密度最低。

在 $NaHCO_3$ 溶液中，阴离子基本上是以 HCO_3^- 的形态存在的。随着外加电流密度的升高，当脱盐室阴膜侧扩散层内阴离子的浓度降到相当低的时候，由于 CO_3^{2-} 的淌度比 HCO_3^- 的淌度大 60%，并且所带电荷为 HCO_3^- 的两倍，因此容易发生类似于水解离的 HCO_3^- 的解离现象：

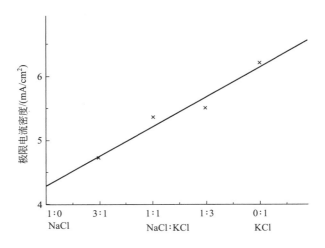

图 11-28　NaCl 和 KCl 的组成比与极限电流密度间的关系

$$HCO_3^- \longrightarrow H^+ + CO_3^{2-}$$

解离出的 CO_3^{2-} 代替 HCO_3^- 传递电荷。由于上述碳酸氢根离子的解离常数（数量级为 10^{-8}）比水解离常数（数量级为 10^{-10}）大得多，所以在脱盐室阴膜面上水解离之前就发生了碳酸氢根离子的解离。故此电流密度可称为 HCO_3^- 解离的极限电流密度。

HCO_3^- 较 H_2O 分子提前发生水解的这种特性，导致浓缩室阴膜面容易析出 $CaCO_3$ 沉淀。透过阴膜的全碳酸（$CO_2 + CO_3^{2-} + HCO_3^-$）的量急剧增加。相应地，浓缩液中 Ca^{2+} 与 CO_3^{2-} 的离子积急剧增大，超过了溶度积，故而析出 $CaCO_3$ 沉淀。但此时并没有发生水解离的现象。因此，用电渗析法处理碳酸氢盐并含有一定硬度的水型，操作电流密度必须严格控制在 HCO_3^- 解离极限电流密度以下，绝对不可按 NaCl 水型那样控制在水解离极限电流密度下操作。同时，还必须注意严格控制脱盐率和原水利用率，使其保持在浓缩阴膜面上离子浓度未达到 $CaCO_3$ 的饱和溶度积的范围。

③ 含有促进水解离的离子或物质的体系。如：海水电渗析经常发现淡室出口处阳膜表面有 $Mg(OH)_2$ 沉淀。

实验证明，在 $MgCl_2$ 体系中当阳膜极化形成 $Mg(OH)_2$ 沉淀后，淡室里再改通 0.1mol/L NaCl 溶液进行实验，pH 变化显著点比原来 NaCl 溶液提前出现，再在淡水室通 EDTA 溶液，以清除 $Mg(OH)_2$ 沉淀，然后再通 0.1mol/L NaCl 溶液。此时，阳膜的水解离现象又恢复正常[55]。由此可见，Mg^{2+} 是导致离子膜水解加剧的催化剂。由于在阳膜表面形成的 $Mg(OH)_2$ 是两性氧化物，即：

$$Mg(OH)_2 \rightleftharpoons Mg(OH)^+ + OH^-$$
$$Mg(OH)^+ + H_2O \rightleftharpoons Mg(OH)_2 + H^+$$

具有加速水解离的作用，降低水解离的活化能，即降低了水解离的阈值电位。类似的阳离子还有 Mn^{2+}、Cr^{3+}、Ni^{2+} 等，若设法预先从溶液中除去这些离子并及时消除膜表面上出现的 $Mg(OH)_2$ 沉淀，便可延缓或防止水解离的发生和发展。

（3）极化的防治

为了确保电渗析装置长期稳妥地运行，必须要设法防止或消除浓差极化的发生。

① 严格控制操作电流密度，使整个电渗析过程均控制在低于极限电流密度下运行，这是防止浓差极化的根本保证。通常是根据不同水质、水型，在低于极限电流密度下操作。在脱盐过程中，随着脱盐率的逐渐升高，相应的极限电流密度也逐渐降低。因此，必须对电渗析装置的极限电流密度逐级逐段地进行实测或推算，并逐级相应地调整操作电压或操作电流密度。

② 采取有效易行的方法强化传质过程，提高装置的极限电流密度。根据电渗析隔室内存在的三种不同的传质过程，可采取不同的方式或措施。例如，通过采用搅拌效果好的隔板网或构型合理的隔板框、适当提高水温、导入气泡进行搅拌、改善水质预处理均可以强化扩散传质和对流传质过程。采用离子传导隔网代替惰性隔网可强化电迁移传质过程。

③ 采用定期酸洗、解体清洗、加入防垢剂和倒换电极操作等措施来消除极化沉淀。电渗析装置运行一段时间之后，难免出现局部极化沉淀现象，故需要进行清洗。酸洗可消除 $CaCO_3$、$Mg(OH)_2$ 等酸溶性沉淀，调极操作可消除包括 $CaSO_4$ 在内的各种沉淀。近年来，国外报道采用调极、化学药剂法进行膜堆不解体清洗。据称，可利用某些有机或无机酸溶液对沉淀的溶解作用以及某些表面活性剂、发泡剂对膜面沉积物的浸渍作用将膜表面上的沉积物剥落下来，随洗涤液流出隔室。这种方法操作简便，节省劳动力，效果也好，值得借鉴和研究。

11.2.4 双极膜水解离理论

双极膜（bipolar membrane）是由阳离子交换层（N 型膜）和阴离子交换层（P 型膜）复合而成的一种新型离子交换膜。其特殊的结构赋予了双极膜独特的性质。在阴、阳离子交换膜的结合层，于一反向偏流的作用（阴膜层朝正极，阳膜层朝负极）下，当电流达到双极膜的极限电流密度时，双极膜会发生水解离，使水分子解离成 H^+ 和 OH^-[15]，其水解离原理示意如图 11-29 所示。

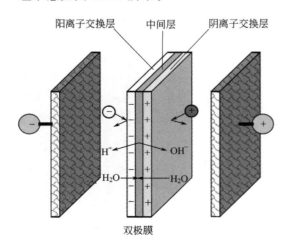

图 11-29 双极膜水解离原理示意

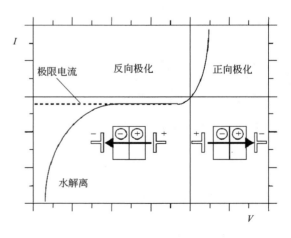

图 11-30 典型的双极膜 I-V 曲线（反向偏压下极限电流区域的终端即为电场增强水解离的开始）[15]

当电场施加于双极膜时，带电离子迁移出双极膜的中间层，而当中间层内所有的离子都迁移出中间层时，电流的荷载由 H_2O 解离产生的 H^+ 和 OH^- 承担。相应地，H^+ 和 OH^- 分别迁移渗透阳、阴离子交换层至电解质溶液中。解离过程中，中间层内水解离所消耗的 H_2O 分子由溶液中的 H_2O 向膜中间层扩散得到补充。如图 11-30 所示，水解离过程可由电流-电压（I-V）特征曲线描述。当双极膜正向施压（forward bias）时，即正极在双极膜的阳离子交换层一侧，负极在阴离子交换层一侧，由于阴阳膜层的选择性透过，且在电场的作用下，溶液中的阳离子会透过阳膜层、阴离子会透过阴膜层到达双极膜的界面，结果双极膜界面部分电解质浓度会增加，膜的电阻不会发生显著的变化；当双极膜反向施压（reverse bias）时，双极膜界面预先吸附的阳离子会透过阳膜层到达阴极，阴离子会透过阴膜层到达阳极，结果双极膜界面部分电解质浓度会降低，膜的电阻增大。当电压足够大时，因电迁移从界面迁出的离子比因扩散从外相溶液中进入界面层的离子多，会使界面层的离子耗尽，发生水解，溶液的 pH 发生变化[15]。

$H_2 \longrightarrow 2H^+ + 2e^-$，理论电位 0V；$2H_2O + 2e^- \longrightarrow H_2 + 2OH^-$，理论电位 0.83V。故双极膜的水解离反应：$2H_2O \longrightarrow 2H^+ + 2OH^-$，理论电位 0.83V。虽总电压仅有 0.83V，但实际水解离电压高达 $10\sim30$V，这是由于阴、阳膜层内压降和界面不可逆水解压差的共同作用。除与阴、阳膜层基本性能参数有关外，还取决于它们的匹配情况即界面特性，表现为各种离子和 H_2O 分子在阴、阳膜层的传递及中间界面层的水解离过程。为降低双极膜的水解离压降，优化双极膜的结构，已对水解离机理进行了大量的研究。目前，双极膜的水解离机理主要有三种模型（见图 11-31）[63-65]。

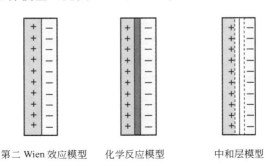

第二 Wien 效应模型　　化学反应模型　　中和层模型

图 11-31 双极膜水解离机理模型示意

① 第二 Wien 效应模型[63]　该模型假设双极膜的中间层是尖锐结合的，当双极膜两极反向加电压时，界面存在很薄的一层无可移动离子区，即耗尽区（depletion region）。水解离发生在此区域，水的解离相当于在高压电场下的解离。据第二 Wien 效应，水解离速率 $[k_{d(E)}]$ 受电场的增强而增加，而 H^+ 和 OH^- 结合成水的速率是不受电场的影响的。电场作用下双极膜水解离的速率 $[k_{d(E)}]$ 与无电场作用下水解离的速率（k_d）之间的关系可表示为式(11-56)：

$$\frac{k_{d(E)}}{k_d} = 1 + b + \frac{b^2}{3} + \frac{b^3}{18} + \frac{b^4}{180} + \frac{b^5}{2700} + \frac{b^6}{56700} + \cdots \tag{11-56}$$

$$b = 0.09636 \frac{E}{\varepsilon_r T^2}$$

式中，E 为电场强度；ε_r 为相对介电常数，它的值是与电解质直接相关的，在 25℃，水的相对介电常数为 78.57；T 是热力学温度。在高场强条件下（$E>10^8\,V/m$），双极膜的水解离速率受电场的影响情况可用式（11-57）描述：

$$\frac{k_{d(E)}}{k_d} = \left(\frac{2}{\pi}\right)^{0.5} (8b)^{-0.75} \exp\left[(8b)^{0.5}\right] \qquad (11\text{-}57)$$

该模型虽能解释水解离受电流增加而增强的影响，但是有一定的局限性：a. 阴、阳离子膜受电场的影响比较相似，但实际发现阴膜比阳膜更易发生水解离；b. 仅能解释电场场强<$10^7\,V/m$ 时的水解离，而场强>$10^8\,V/m$ 时的实验结果与模型并不吻合；c. 解释双极膜水解离时，仅对介电常数<10 的电解质溶液适合，而其他介电常数的电解质溶液并不适用。

② 化学反应模型[64]　该模型认为：水的解离主要发生在界面处阴离子交换层，水合离子是由固定基团和水的质子化反应而产生。水的解离是在电渗析过程中，当电流密度达到极限电流密度时发生，且水的解离更易发生在阴膜上，表明水解离并非在溶液中而是在膜相中发生的。如将阴膜的叔胺基团甲基化，变成季铵基团时，离子膜的水解离会较大程度受到抑制。当电解质溶液中有弱酸（如脯氨酸、酚）或者膜的功能基团中含有弱酸基团（如羧基）时，阳膜中也能发生水解离。还有，当阳膜表面附近含有一些金属离子，如 Mg^{2+}，膜的水解离会增强。因此，双极膜的水解离是由离子膜中固定基团的可逆质子化和去质子化反应来实现的[66,67]，其过程可描述为：

$$B + H_2O \underset{k_{-2}}{\overset{k_2}{\rightleftharpoons}} BH^+ + OH^-$$

$$BH^+ + H_2O \underset{k_{-3}}{\overset{k_3}{\rightleftharpoons}} B + H_3O^+$$

或

$$A^- + H_2O \underset{k_{-4}}{\overset{k_4}{\rightleftharpoons}} AH + OH^-$$

$$AH + H_2O \underset{k_{-5}}{\overset{k_5}{\rightleftharpoons}} A^- + H_3O^+$$

其中，BH^+ 和 A^- 分别代表带正电和带负电的反应基团。该模型虽能解释阴膜比阳膜更易发生水解离等现象，但并不能解释双极膜水解离速率受电场影响而显著增强的现象。

③ 中性层模型[65]　该模型认为：双极膜的阴、阳界面处存在一个很薄的中性层区（纳米级），并以此解释界面层处较大的电压消耗。水的解离既可发生在荷电区，也可发生在荷电区域中性层的界面。当施加一反向电压时，这些区域的电场强度很小，水的解离速率远小于水离子的重新组合速率，到达稳态时二者达到平衡。该理论只适合一些特定的膜，而对那些明显不存在中和层的体系则不适用。

除了上述三种模型以外，关于双极膜水解离的机制也有一些其他的报道。如 Timashev 等[68]提出了改进的第二 Wien 效应模型，他们认为双极膜加速的水解离是由于双极界面处的高电场作用于质子转移反应，并提出了经验公式，如式（11-58）：

$$\frac{k_{d(E)}}{k_{d(0)}} = \exp\left(\frac{\alpha F}{RT}E\right) \tag{11-58}$$

式中，$k_{d(E)}$ 和 $k_{d(0)}$ 分别为电场作用下和无电场作用下双极膜水解离的速率；α 是反应的长度因子；E 是电场强度；F、R、T 分别为法拉第常数、气体常数和热力学温度。该方程能解释双极膜加速的水解离速率。同时，在实验中发现水解离的速率随着温度的增加而加快[69]，因而认为双极膜的水解离速率常数符合 Arrhenius 方程，如式（11-59）：

$$k_d = A\exp(-E_a/RT) \tag{11-59}$$

式中，A 是频率因子；E_a是活化能。双极膜在电场下水解离的活化能减小，与试验结果一致[69]。

无论是哪种模型，均表明双极膜的水解离主要发生在阴、阳界面结合区，而非阴、阳膜层。因此，大多数研究都趋向于用催化剂来降低双极膜电势。

11.3 离子交换膜制备

11.3.1 离子交换膜基本性能参数及表征

11.3.1.1 离子交换膜常规参数及表征方法

（1）交换容量

交换容量是反应膜内活性基团浓度的大小和它与反离子交换能力高低的一项化学性能指标，以每克干膜所含的交换基团的毫克当量数表示（meq/g）。

交换容量一般用离子交换法进行测定。阳膜先转化为 H^+ 型，使用去离子水多次洗涤膜表面残留的离子后，将膜浸泡在 1mol/L NaCl 溶液中用 Na^+ 置换出阳膜内的 H^+，再用 0.01mol/L NaOH 反滴；阴膜转化为 Cl^- 型，使用去离子水多次洗涤膜表面残留的离子后，将膜浸泡在 1mol/L Na_2SO_4 溶液中用 SO_4^{2-} 置换出阴膜内的 Cl^-，用 0.01mol/L $AgNO_3$ 溶液滴定至终点。计算公式如下：

$$IEC = \frac{0.01V}{m}$$

式中，V 为滴定消耗的 NaOH 或 $AgNO_3$溶液的体积，mL；m 为膜的干重。

（2）含水率

膜的含水率指膜内与活性基结合的内在水，以每克干膜中所含水的质量分数表示（%），有时也以单位物质的量固定基团结合水的物质的量来表示。

通常含水率的测定方法是：切取 5cm×5cm 的膜试样 2～10 张，与所测定的溶液充分平衡后，从溶液中取出，揩去膜表面附着的水，称湿重，然后烘干至恒重，由干燥前后的质量变化即可求出含水率（克水/克干膜或克水/克湿膜），计算公式如下：

$$含水率 = \frac{W_{wet} - W_{dry}}{W_{dry}} \times 100\%$$

式中，W_{wet}、W_{dry}分别为湿膜和干膜样品的质量，g。

（3）溶胀度

溶胀度是指离子膜在溶液中浸泡后，其面积或体积变化的百分率。

溶胀度测定程序同含水率，计算公式如下：

$$溶胀度 = \frac{l_{wet} - l_{dry}}{l_{dry}} \times 100\%$$

式中，l_{wet}为湿膜的算数平均长度 $[l_{wet} = (l_{wet1} l_{wet2})^{1/2}]$，cm；$l_{dry}$为干膜的算术平均长度 $[l_{dry} = (l_{dry1} l_{dry2})^{1/2}]$，cm。

（4）固定基团浓度

固定基团浓度定义为单位质量膜内所含水分中具有的交换基团毫克当量数（meq/g水）。交换容量大的膜，固定基团浓度不一定高，因为它还取决于含水率，一般来说固定基团浓度与膜的电性能有直接联系，其值越大，膜电阻越小，膜电位越高，迁移数越大。

（5）膜面电阻

膜面电阻反映离子膜对反离子透过膜的迁移阻碍能力，与膜内网络结构、交换基团的组成和交换容量的大小有关。

将待测膜进行预处理，在 0.1mol/L NaCl 溶液中转化为 Na 型，通过标准电阻箱求出该装置的 R-V 曲线，由曲线的斜率及电极面积求得装置常数，测量有膜和无膜时的端电压，端电压差值与仪器常数的乘积即为膜面电阻。

（6）迁移数

迁移数是指通过膜所移动的离子的当量百分数，它表征了膜对异种电荷离子的选择透过性能，也即对同离子的排斥性能。

迁移数一般通过测定膜电位而计算出来，通常测定膜电位时，将待测膜进行预处理，在 0.15mol/L KCl 溶液中转化为 K 型，然后在二室型的槽之间夹入膜试样，同时分别流进 0.1mol/L、0.2mol/L KCl 溶液，待稳定后记下万用表读数，然后用表中读数减去该温度下 0.1mol/L KCl/0.2mol/L KCl 之间标准溶液电位值（E_0），即可得膜电位（E_m），然后按下式即可计算出迁移数[70]：

对于阳离子（在阳膜或阴膜）：$\qquad t_+ = \dfrac{E_{测}}{2E_0}$

对于阴离子（在阳膜或阴膜）：$t_- = 1 - t_+ = 1 - \dfrac{E_{测}}{2E_0}$

（7）选择透过系数

选择透过系数是根据下式定义的：

$$T_i^j = \frac{t_j / t_i}{c_j / c_i} \tag{11-60}$$

式中，t_i、t_j为 i 离子、j 离子在膜中的迁移数；c_i、c_j为 i 离子、j 离子在溶液中的物质的量浓度。这一系数表征了膜对同种电荷离子（价数相同或不同）的选择透过能力。

若测定不同离子 1、2 的选择透过系数，膜先转化为离子 1 或 2 型，在 A、B 两室中分别加入等体积 0.01mol/L 的离子 1 溶液，搅拌达到平衡。然后用微量移液管每次在 A 室中准确加入所需要的 1mol/L 的离子 1 溶液，在 B 室中加入相同体积的蒸馏水，逐点记下参比电极之间的电位差 E_t，按下式进行回归即可求得离子的选择系数比[71]。

$$E_t = \frac{RT}{Z_1 F} \ln\left(1 + \frac{Z_1}{Z_2} T_2^1 \frac{c_{1A}}{c_{2A}}\right) \tag{11-61}$$

式中，Z 为电荷；R 为气体常数；T 为温度；F 为 Faraday 常数。

（8）压差渗透系数和平均孔径 $\bar{r}$

压差渗透系数 L_p 是指在一个大气压下单位膜面积透过的液体量，其单位为 $cm^3/(h \cdot atm/cm^2)$[72]。一般来说，对于均相膜，L_p 值很小，对电渗析过程影响不大；但对异相膜来说，液体压差渗透系数较大。由于 EDI 一般在较高的压差下进行，因此该参数对 EDI 过程尤为重要。

图 11-32 是一种简易的测定压差渗透系数的装置，压力是由水柱施加的。测定池的上室与一分液漏斗相连以恒定水位高度，通过膜的液体流量可从下室毛细管中测得，毛细管的粗细可根据实际情况选用，另一端的活塞可调节毛细管内液体的位置。读取一定时间间隔 Δt 对应的液体流量 ΔV，按下式计算压差渗透系数 L_p[17]：

$$L_p = \frac{\Delta V}{S \Delta t \Delta p} \tag{11-62}$$

式中，S 为通过液体的膜面积；Δp 为压差。

膜的平均孔径 $\bar{r}$ 可由测得的压差渗透系数按下式计算[17]：

$$\bar{r} = \sqrt{\frac{24 d_m \eta L_p}{H}} \tag{11-63}$$

式中，η 为液体的黏度，$Pa \cdot s$；H 为膜的空隙率。

（9）扩散系数

反离子的自扩散系数可用电导法和互扩散法测量[73]。电解质的浓差扩散系数的测定实验装置如图 11-33 所示，A 室装电解质溶液，B 室为蒸馏水和电导电极，两室都剧烈搅拌，以消除边界层阻力。两室体积相等，根据费克第一定律可以导出时间 t 时右室电解质浓度 c_t 的表达式为：

$$c_t = \frac{DS \Delta c_0}{Vd} t \tag{11-64}$$

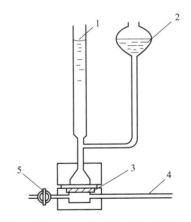

图 11-32　测定压差渗透系数的简易装置
1—水柱；2—储液瓶；3—支撑板
（上面是膜）；4—刻度管；5—活塞

式中，D 为电解质通过膜的扩散系数；S 为膜的面积；V 为扩散池里液体的体积；d 为膜厚；Δc_0 为两室初始浓度差。式(11-64)表明右室中电解质浓度与时间成正比，当溶液浓度很低时，浓度又与电导成正比，因此先做浓度-电导标准曲线，再根据式(11-64)直线的斜率即可求出扩散系数。

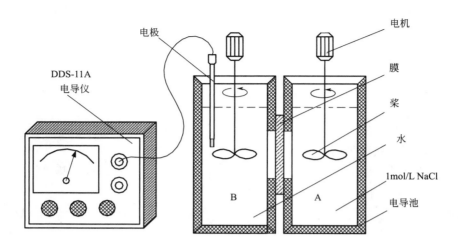

图 11-33　扩散系数测定装置示意图

（10）流动电位

流动电位一般针对压力驱动过程的多孔膜，由于它是荷电膜的一个特性参数，因此近年来也用于表征致密的离子交换膜体系。当在一定的压力下使流体的某些组分通过荷电膜时，由于界面双电层的存在使该流动产生流动电位，它的大小反映了水携带反离子流动的能力。

（11）水的浓差渗透

水的浓差渗透测定装置如图 11-34 所示，在两室的扩散池中一边加入纯水，另一边加入一定浓度的电解质溶液，通过连接两室的带刻度毛细管可以读出水渗透量与时间的关系。一般来说，渗透压是电解质浓度的线性函数，因此随着电解质浓度的升高，渗透压产生的水的渗透量线性增加。

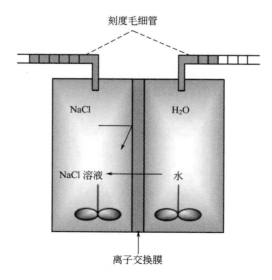

图 11-34　水的浓差渗透通量测定装置示意图

11. 3. 1. 2 燃料电池隔膜表征方法

（1）离子传导率

离子传导率是衡量膜的离子传导能力的电化学指标，反映了离子在燃料电池膜内迁移速度的大小，是电阻率的倒数，单位为 S/cm。

对于膜表面方向的电导率，常用以下公式计算：

$$\sigma = \frac{L}{WdR}$$

式中，L 为两测试电极的间距，cm，一般为 1cm；d 为膜样品的厚度，cm；W 为膜样品的宽度，cm；R 为膜样品的欧姆电阻，Ω。

对于膜厚度方向的电导率，常用以下公式计算：

$$\sigma = \frac{L}{SR}$$

式中，L 为测试电极间的距离，一般为膜厚度，cm；S 为接触面积，cm^2；R 为膜样品的欧姆电阻，Ω。

（2）拉伸强度和断裂伸长率

拉伸强度是指在给定温度、湿度和拉伸速度下，在标准膜试样上施加拉伸力，试样断裂前所承受的最大拉伸力与膜厚度及宽度的比值，单位为 MPa。断裂伸长率是膜样品在拉断时的位移值与原长的比值，一般用来衡量膜的柔性。

11. 3. 1. 3 液流电池隔膜表征方法

用于液流电池的隔膜，需要具备分离膜通常要求的选择透过性质。在电池充放电过程中，离子在膜内的渗透通量表现为电导率（或膜面电阻），采用选择性系数表征膜对氧化剂或还原剂的阻隔性能。另外，由于隔膜在强酸性或强碱性的电化学氧化环境中使用，对于耐化学与电化学腐蚀有十分苛刻的要求。

（1）膜面电阻（电导率）

通常的离子交换膜由膜内固定电荷与可解离离子构成，将其置于电解质溶液中时，离子发生解离并离开高分子主链进入溶液，膜表面呈荷电状态。为了满足电中性原理，溶液中的反电荷离子将吸附在离子交换膜表面，形成双电层结构。

在外电场作用下，离子通过膜相形成的致密层传递电荷，需要分别通过膜面两侧的固液界面，以及离子交换膜主体的固定电荷通道。膜面两侧的固液界面上的双电层受多种因素影响，与电解质溶液离子强度、离子种类和吸附特性有关，呈现动态平衡性质。这些因素给准确反映离子交换膜的真实阻值带来困难，以往的直流测定法往往误差较大。利用高频交流扫描技术测定阻抗，通过快速改变施加在膜两侧的电压方向使膜面两侧的固液界面呈现动态平衡，消除浓差极化所带来的误差。离子交换膜可以看作带正电荷或带负电荷的固体电解质体系，存在于膜和溶液界面的双电层可以等效为物理电容，两者共同组成电阻与电容的串联等效电路（图 11-35）。

在交流电场中进行测定时，利用不断变化的电场方向消除容抗效应，施加高频信号时电容 C_m、

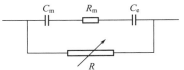

图 11-35 膜面电阻测量装置等效电路

C_e 导通，可以作为纯电阻电路处理；施加低频信号时 C_m、C_e 完全断开，可当作断路处理。对应于图 11-35 的交流阻抗图谱见图 11-36。图 11-36 中（a）、（b）比较了并联可变电阻 R 对交流阻抗谱形状的影响，其中图 11-36(b) 呈现完整的半圆形状，容易读取实轴的电阻数据。膜面电阻由式(11-65) 计算得出。

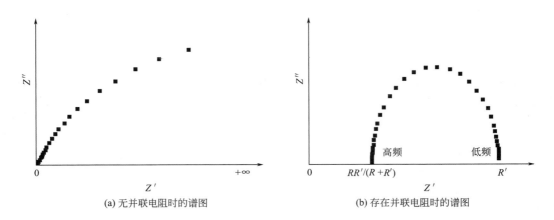

(a) 无并联电阻时的谱图　　　　　　　　　　　(b) 存在并联电阻时的谱图

图 11-36 等效电路的交流阻抗图谱

$$R_m = \left(\frac{R_1 R'}{R' - R_1} - \frac{R_0 R'}{R' - R_0} \right) \times \frac{\pi D^2}{4} \tag{11-65}$$

式中，R_m 为膜面电阻，$\Omega \cdot cm^2$；R_1 为膜和电解质溶液两者的电阻之和；R_0 为电解质溶液测得的电阻；R' 为可变电阻；D 为电导池的截面积。

（2）离子（或分子）选择性

电池隔膜除了传导离子、连通电池内电路以外，还必须具备良好的选择性，以避免作为储能介质的氧化剂、还原剂在膜中渗透而导致的能量损失，甚至于渗透严重时引发的着火、爆炸等恶性事故。因此，高分离选择性是储能电池膜的重要指标，以钒电池为例进行说明。

钒电池中质子传导膜的作用是在高效传导氢离子的同时阻止钒离子渗透，因此，在电解液中，膜选择性透过氢离子的能力是其重要性能之一。实验测定装置如图 11-37 所示，通过该装置可测定在一定温度下膜对不同离子的渗透特性，温度可控范围为 $5 \sim 100 ℃$。该装置由传导池、恒温水浴、搅拌器、电极、pH 计等部分组成。其中传导池是核心部分，是离子扩散过程发生的场所，其如图 11-38 所示。

该装置由左右两部分组成，测量时将膜放在中间，并用螺栓进行固定以避免漏液，从膜两侧圆孔向腔室中分别倒入电解质溶液和去离子水。传导池中溶液腔室外围还有一层夹套，该夹套通过软管与循环恒温水浴连接，将水浴中的恒温水在夹套与水浴之间循环，从而在实验过程中保证膜两侧溶液恒温。组装后的传导池放在搅拌器上，将磁铁与微电机固定在架子上，微电机通过导线与电源连接，把磁力搅拌子放入传导池中即可实现搅拌，通过电源的电压变化控制搅拌速度。电极与 pH 计用于测量渗透侧溶液中的离子浓度，测量时将电极插入传导池上端圆孔中。

质子传导膜的离子选择性系数定义为氢离子和 VO^{2+} 浓度曲线斜率之比，可通过下式确定。

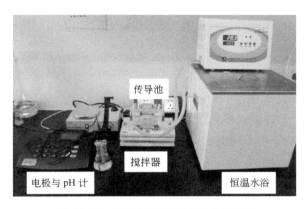

图 11-37　膜中离子扩散选择性实验装置

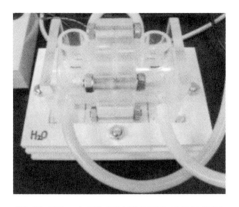

图 11-38　离子渗透性测定用传导池结构图

$$H/V \text{ 离子选择性系数} = \frac{k(H^+)}{k(VO^{2+})} \quad (11\text{-}66)$$

式中，$k(H^+)$ 和 $k(VO^{2+})$ 分别代表氢离子和 VO^{2+} 浓度曲线斜率。

严格来讲，离子选择性系数应等于氢离子和 VO^{2+} 扩散系数之比，根据菲克第一定律 $J = -D\dfrac{dc}{dx}$，J 等于离子扩散系数 D 和浓度梯度 $\dfrac{dc}{dx}$ 的乘积，因此 D 和 $\dfrac{dc}{dx}$ 之间有关联。通常把离子选择性系数直接定义为氢离子和 VO^{2+} 浓度曲线斜率之比，该值能够表征膜的离子选择性透过能力。

(3) 耐腐蚀性

全钒液流电池所用的电解液为金属钒离子的硫酸水溶液，VO^{2+} 具有较强的氧化性，质子传导膜若要长期使用，需要对膜的化学稳定性进行考察。膜的化学稳定性决定了在电池运行过程中膜内高分子化学键的强弱程度，直接影响膜的使用寿命，是判断所制备的质子传导膜能否用于电池过程的决定性因素。可采用 Fenton 试剂氧化法测试，衡量指标为氧化前后膜的剩余质量百分数。

Fenton 试剂由质量分数为 3% 的 H_2O_2 溶液和 Fe^{2+} 溶液（浓度没有特别规定，一般可采用 0.01mol/L 的 Fe^{2+} 溶液）组成，其氧化性强，稳定性较差，需测试前进行配制。Fe^{2+} 是催化剂，H_2O_2 是有效氧化剂。

测试过程如下：

① 剪取一定的膜片段（比如 2cm×2cm），置于烘箱内烘干至恒重，记录膜样品质量为 A。

② 将烘干至恒重的膜样品放入烧杯中，加入新配制的质量分数为 3% 的 H_2O_2 溶液，保证膜被完全浸没。将烧杯置于 60℃ 水浴中加热，同时往烧杯中滴加 2～3 滴 0.01mol/L 的 Fe^{2+} 溶液，保持恒温 3h。

③ 恒温 3h 后，将膜样品取出，置于装有稀硫酸的烧杯中浸泡 10min 并轻轻摇晃烧杯，之后用去离子水冲洗膜样品 3 遍。

④ 将冲洗干净的膜样品放入烘箱内再次烘干至恒重，记录膜样品质量为 B。

⑤ 计算剩余质量百分数：

$$C = \frac{B}{A} \times 100\% \qquad (11\text{-}67)$$

剩余质量百分数越小，表示膜样品在氧化过程中有越多的化学键被氧化断裂，膜的抗氧化性越差，化学稳定性越差。

此外，对于全钒液流电池专用质子传导膜而言，可以将膜置于含有 100% 的 VO_2^+ 硫酸水溶液中，加热到 60℃ 保持 5h，或者在室温下长期浸泡。VO_2^+ 是钒离子的最高价态，本身只能作为氧化剂使用；如果水溶液中存在被氧化的物质，将会检测到 VO^{2+}。通过检测是否存在 VO^{2+} 来间接评价膜材料的耐氧化性能。

11.3.2 异相膜制备

异相膜又称非均相离子交换膜，是指膜主体相和固定基团不以化学键结合，这类膜一般电化学性能不好，价格便宜，在初级水处理中应用较广。其制备方法一般遵循以下几条路线[72]。

① 热压法　离子交换树脂粉与惰性聚合物黏结剂混合，然后在适当的压力下和聚合物软化温度附近热压成型。

② 熔融挤出法　离子交换树脂粉与惰性聚合物黏结剂混合，通过加入塑化剂或者加热使其成为半流动状态，然后挤出成膜。

③ 流延法　树脂粉与聚合物溶液混合，然后利用常规的流延方法通过蒸发溶剂成膜。

④ 流延聚合法　离子交换树脂分散在部分聚合的聚合物溶液中流延成膜，然后再进行后聚合。

目前，市场上的异相膜主要采用热压成型法，制备工艺大同小异，以上海化工厂的异相膜为例，加工流程如图 11-39 所示。

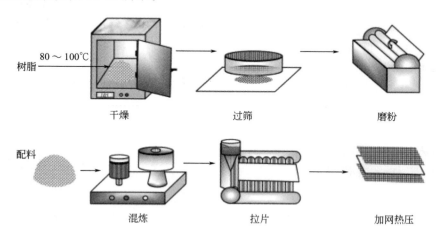

图 11-39　异相离子交换膜加工流程图

11.3.3 半均相膜制备

半均相离子交换膜的固定基团一部分与膜基体化学键合，膜的电化学性能介于均相膜和非均相膜之间，其制备方法主要有以下两条路线：

① 用粒状黏结剂浸吸单体进行聚合，然后再功能基化，制成含黏结剂的热塑性离子交换树脂，再按异相膜那样制备相应的膜（不需要磨粉）。

② 用粉状黏结剂浸吸单体、增塑剂等，然后涂在网布上进行热压聚合，最后再功能基化（糊状法）。

11.3.4 均相膜制备

均相离子交换膜的结构均一，所有功能基团和膜基体以化学键相连，其制备方法可以归纳为以下几类：

(1) 单体的聚合或缩聚[74]

该方法至少有一个单体必须含有可引入阴离子或阳离子交换基团的结构。例如，利用常见单体苯乙烯和二乙烯基苯聚合得到交联的基膜，再磺化得到阳膜；或者在基膜的基础上再进行氯甲基化-季铵化过程可得到阴膜。

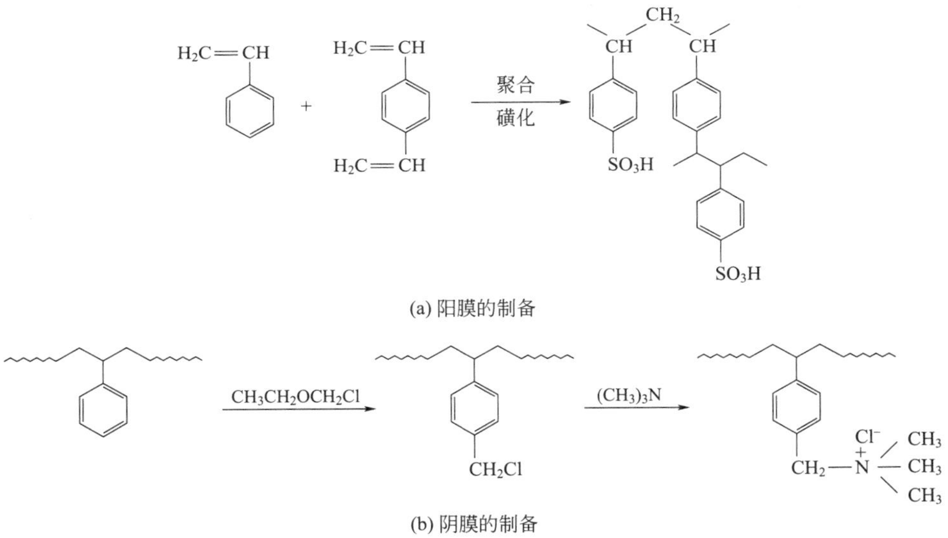

(a) 阳膜的制备

(b) 阴膜的制备

反应式 1 利用单体的聚合或缩聚制备离子交换膜的路线

或者，使用含有阴离子或阳离子的单体与另一单体形成嵌段共聚物。例如苯酚先用浓硫酸磺化获得对羟基苯磺酸（棕色结晶物）（80℃，3h），然后再与 38% 的甲醛水溶液低温（−5℃）反应 30min，再升温到 85℃ 反应 24h，获得均一的溶液刮膜。

(2) 在基膜上引入功能基团

首先在基膜上通过辐照接枝，引入功能基团或可产生功能基团的结构，再进行酰基化和酯基化等反应而导入离子交换基团。如聚乙烯在室温和紫外辐照条件下与混合气体 SO_2/Cl_2 反应，然后通过水解和胺化制备相应的阴阳离子交换膜。反应式和反应条件如下[74]：

用这种方法，可以利用化学稳定性很好的聚烯烃制备功能离子膜，Nasefa 等对这种制

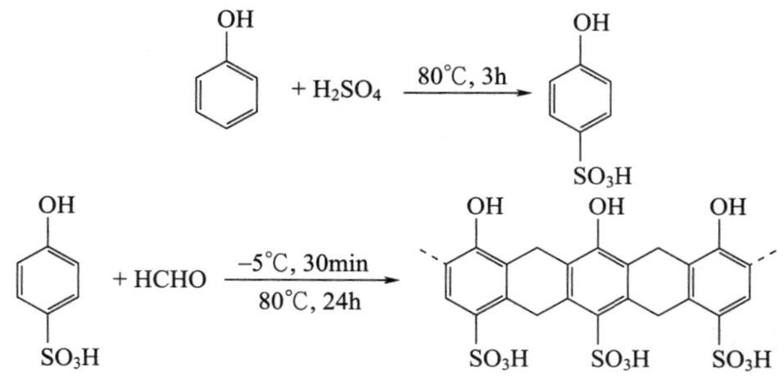

反应式 2 酚醛缩合反应制备均相阳离子膜的路线

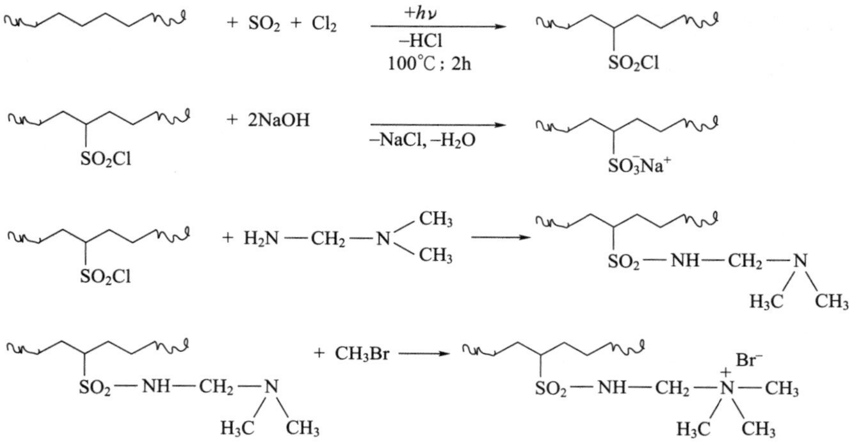

反应式 3 通过辐照接枝制备均相离子膜的路线

膜的方法进行了综述[75]。

（3）溶液浇铸法制备离子交换膜

可以将芳香聚合物先进行功能基化（磺化、氯甲基季铵化），这些聚合物有聚砜类、聚醚类、聚酮类等，以聚砜为例，其阳膜的制备路线为[74,76]：

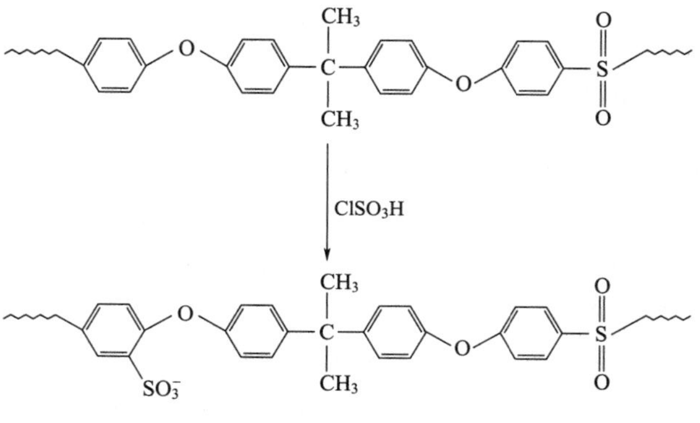

反应式 4 溶液浇铸法制备阳离子交换膜的路线

这类膜可以通过控制磺化度很方便地来控制功能基团密度[77]。

（4）不使用氯甲醚的均相阴离子膜路线

均相阳离子交换膜制备较容易，而阴离子交换膜相对较难，原因之一是氯甲基化时需使用剧毒物质氯甲醚。因此人们一直在寻找不使用氯甲醚制备阴离子交换膜的路线，徐铜文对这些路线进行了综述[78]，下面介绍几种常见的方法。

① 环氧基团与胺交联反应生成膜[79]。环氧基团很活泼，能与胺类化合物直接起反应，可将含环氧基团的聚合物先制成膜再胺化获得阴离子膜。

② 利用聚合物侧链的氯甲基基团[80]。由于有些聚合物侧基上具有氯甲基基团，因此成膜后可以直接进行季铵化获得阴离子交换膜。

③ 通过溴化代替氯甲基化。如果聚合物的苯环侧链上含有甲基，则可以通过溴化产生溴甲基基团，通过进一步的功能基化，获得具有不同功能基团的系列均相阴离子交换膜[81-90]。膜的离子交换容量既可通过溴代位置和溴含量来控制，也可通过功能基化不同的胺的这类方法来控制。

④ 利用 Friedel-Crafts 酰基化方法[91,92]。这种方法避免了使用氯甲醚等致癌物质，并消除了亚甲基的二次交联等副反应。该法不受聚合物结构的限制（不像上述方法需要在苯环上具备甲基）。

⑤ 利用长链卤甲基烷基醚作卤甲基化试剂。该方法和常规氯甲基化法的区别在于所使用的氯甲基化试剂是长链氯甲基醚。由于长链氯甲基醚有沸点高、挥发性低等特点并且至今没有发现它们的致癌性，因此其制备工艺相对较安全。此外，还可利用甲醛[93]即时反应生成氯甲醚[94]，也可利用一些其他毒性较小的卤甲基化试剂如二甲氧基甲烷、亚硫酰（二）氯和路易斯酸[95]、1-氯-4-氯（溴）甲氧基丁烷、1,4-二氯（溴）甲氧基丁烷[96,97]等，可参见相关综述[98,99]。

11.3.5　双极膜制备方法

（1）界面区域

双极膜是近年来发展比较迅猛的一种新膜，它通常是由阳离子交换层（N 型膜）和阴离子交换层（P 型膜）复合而成的一种新型离子交换复合膜。

大量的理论和实验研究表明，双极膜的主要压降不在阴/阳离子交换层内，而在阴/阳离子交换层的结合处，该处的结构及其物质的构成状态决定了双极膜的主要特性[15,66,100]。因此，对于双极膜来说，除了正确选择阴/阳离子交换层外，界面结构的设计也是相当重要的，根据文献中对双极膜的报道，可以将界面区域分为三种主要类型。

① 阴离子交换层和阳离子交换层互不渗透，形成平整、尖锐的界面［图 11-40(a)］。对这种平面进行数学描述，一维方法就足够了，同时这也是经常用到的方法。

② 一膜层具有粗糙的表面，另一膜层填平该粗糙表面，形成褶皱的界面［图 11-40(b)］。

③ 当一种离子交换树脂颗粒几乎完全被相反类型的基体［图 11-40(c)］或树脂颗粒［图 11-40(d)］包围时，形成了异相界面或混合界面。这种界面层两侧分别与阴、阳离子渗透层直接接触。

（2）催化剂

理论上讲，对于双极膜水解离反应 $H_2O \longrightarrow H^+ + OH^-$，总电压只有 0.83V，但双极

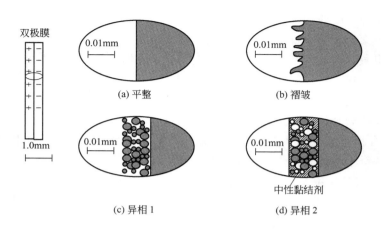

图 11-40　接触区域的不同界面结构

所给出的长度标度和结构是示意性的，对不同的膜实际的尺寸规格可能有数量级上的差异

膜的实际水解离电压往往高于此值。双极膜的主要压降是在阴/阳界面结合区，而非阴/阳膜层，因此大多数研究人员都赞同用催化剂来降低双极膜电势。高分子弱酸或者弱碱基团是良好的双极膜水解离催化剂，表 11-6 汇总了一些弱离子交换基团的水解离催化剂。另一种催化剂是固定化的重金属离子络合物（表 11-6），部分重金属离子以适当的形式和结构留在了中间界面层，改变了两膜层和中间界面层的属性，使界面层更加亲水，水的键合变得松散，从而促进了水解离，使工作电压降低[67,101]。

表 11-6　文献中用作双极膜催化剂的材料

材料	pK_a	备注	参考文献
Cr^{3+}（络合的）		OH^- 处理后	[67,102]
Fe^{2+}（络合的）		用于阳离子渗透层	[103]
—NR_2/—NH^+R_2（三元胺）	9～10	固定于阴离子渗透层的叔胺	[104,105]
Sn 离子或 Ru 离子			[67]
R—PO_3H^-/—PO_3^{2-}	7	磷酸基团（阳离子渗透层中）	[106]
R—$COOH$/—COO^-	4.8		[105,107]
吡啶	5.2		[105,107]

（3）双极膜制备工艺

在制备双极膜时，除了直接由阴/阳离子交换膜复合成双极膜外，更多的情况是利用基本的材料设计出具有更多性能参数的双极膜，选择膜层以及对膜层进行优化时，采用的方法有：

① 选择不同的基本高分子和功能基团；
② 改变功能高分子中离子交换基团的含量；
③ 改变共聚膜、共混膜或异相膜的混料比；
④ 改变交联剂的数量和种类。

膜层的化学稳定性与所选择的材料直接相关：不同的聚合物、交联剂和功能基对不同化学物质的稳定性不同。表 11-7 列出了常规制备双极膜的步骤，这些步骤也体现了不同双极膜的制备工艺，对于不同的制备方法，这些步骤的侧重点也不同，表 11-8 对双极膜的一些制备方法进行了图示和汇总，以下对一些主要的方法进行示例介绍。

表 11-7　双极膜制备的必要步骤

任务	阴/阳离子渗透层	界面区域
材料制备	聚合 引入电荷 混合 交联	聚合 引入电荷 引入催化剂 混合
膜层形成	形成薄膜 引入支撑体	固定催化剂 形成薄膜
膜层复合	表面处理 膜层接合 烘干或固化	表面处理 膜层接合 烘干或固化

注：一些步骤可根据所选用的材料复合或省略。

表 11-8　双极膜的主要制备工艺[15]

膜类型	多层，多张	多层，单张； 膜永久结合		多层； 顺序形成	多层； 一步形成	单层型双极膜
工艺	松散并置	（热）压	黏合	流延	共挤出	改性
附加图示	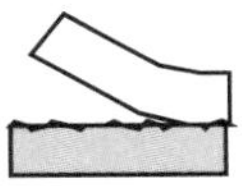	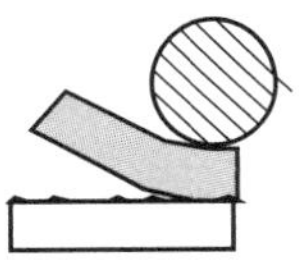	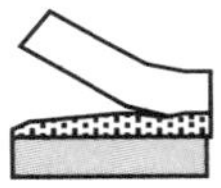	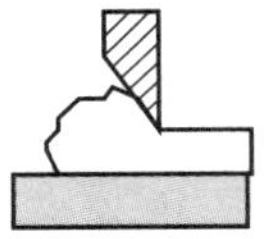	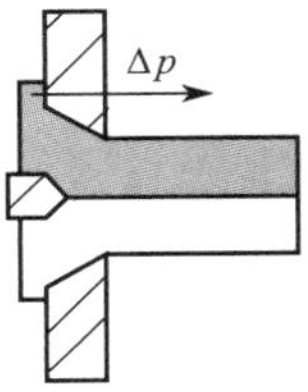	

① 热压成型法：热压成型法的基本过程是将干燥的阴/阳离子交换膜层叠放在用聚四氟乙烯薄膜覆盖的不锈钢板中，排除内部气泡，加热加压制得双极膜。由此制得的双极膜，可能会因为阴、阳两膜层的相互渗透以及固定基团的静电相互作用，在中间界面层形成高电阻区域，使双极膜的工作电压升高。

② 黏合成型法：黏合成型法的基本过程是用黏合剂分别涂覆阴/阳离子交换膜的内侧，然后叠合，排除内部的气泡和液泡，经干燥而得双极膜。也可将制得的双极膜通过加热加压进一步增强两膜层间的黏合力。为了减小双极膜的工作电压，所用的黏合剂应该是离子可渗透的黏合剂，如聚乙烯醇、聚乙烯胺、聚氯乙烯和聚乙烯醇的混合物等。还可以采用电渗析后处理技术，即将双极膜安置在氯化钠、乙酸钠、氢氧化钠等溶液中，通过电渗析进一步增强两膜层的黏合力。

③ 流延成型法：流延成型法的基本过程是在阴离子交换膜层上覆盖一层阳离子交换树脂分散的聚合物溶液，或者在阳离子交换膜层上覆盖一层阴离子交换树脂分散的聚合物溶液，经干燥而制得双极膜。也可以直接用液态的离子交换材料，如二(2-乙烯基己基)焦磷酸、三辛基甲基氯化铵等，取代离子交换树脂分散的聚合物溶液[108]。

④ 阴/阳离子交换基团法：基膜两侧分别引入阴/阳离子交换基团法的基本过程是在聚合物基膜两侧分别用化学方法引入阴/阳离子交换基团而制得双极膜[33]。比如，将聚乙烯膜浸吸苯乙烯、二乙烯苯及过氧化苯甲酰的混合溶液制得基膜，用砂纸打磨等方法除去基膜表面的聚合物层[109]，再通过覆盖保护的方法，一侧氯磺化、水解得阳膜层，另一侧氯甲基化、胺化得阴膜层。

⑤ 电沉积成型法：一膜层在另一膜层上电沉积成型法的基本过程是将离子交换膜组装在电解槽中，电解液里悬浮电性相反的离子交换树脂粉末，通直流电使树脂粒子沉积在膜的表面形成双极膜。

11.3.6　液流电池隔膜制备方法

11.3.6.1　液流电池概述

液流电池是一种大规模高效电化学储能（电）装置，通过溶液中的电化学反应活性物质的价态变化实现电能与化学能相互转换与能量储存。在液流电池中，活性物质储存于电解质溶液中，具有流动性，可以实现电化学反应场所（电池）与储能活性物质在空间上的分离，电池功率与储能容量设计相对独立，适合大规模蓄电储能需求。因此，在可再生能源发电技术、智能电网、分布式电网建设等市场需求的驱动下，特别是未来能源互联网发展过程中，大规模储能基础设施建设将成为重要产业建设环节。以液流电池为代表的储能产业将发挥越来越大的作用，呈现出快速增长趋势。

关于液流电池的具体概述参见 11.1.2 节，这里不再赘述。

11.3.6.2　液流电池隔膜特征

和以往的离子交换膜相比，在液流电池技术领域所使用的隔膜，除了要求具有原先离子交换膜的基本特性以外，如膜面电阻低、离子选择性强、机械强度高等，还必须具备以下几方面特点[110]。

① 化学稳定性高、耐电化学氧化性强　由于单体化学电池均包括氧化反应半电池和还原反应半电池，在氧化反应半电池中存在强烈的夺取电子趋势，液流电池的隔膜长期工作在氧化性环境中，要耐受新生态氧等物质的腐蚀，对膜材料的稳定性提出十分苛刻的要求。

② 阻止电化学活性物质渗透　液流电池的隔膜起着分隔氧化型与还原型活性物质的作用。例如，全钒液流电池中用来隔离 4 价、5 价的钒离子与 2 价、3 价的钒离子，避免电池自放电造成库仑效率降低；与此同时，允许氢离子渗透，以此传递电荷连通内电路。因此，隔膜对电解液中氢离子、钒离子的选择性变得十分重要。

11.3.6.3　液流电池隔膜分类与制备方法

在液流电池产业化过程中，高性能膜材料的研究开发，以及批量化、低成本制造技术引起国内外研究人员广泛关注，涌现出众多科研成果。归纳起来，主要包含以下三类隔膜。

（1）改性 Nafion 膜

Nafion 膜具有优异的电导率和化学稳定性，但是其阻钒性较差，导致钒电池过程自放电损失明显。Nafion 膜改性研究目标通常为降低钒离子渗透速率，提高膜材料选择性。根据所使用的共混物种类，改性方法可分为聚合物共混、无机添加物共混、表面改性等。

根据 Klaus Schmidt-Rohr 等[111]提出的平行水通道模型（图 11-41），在 Nafion 膜内部侧链上的磺酸基团具有强烈亲水性，而碳氟构成的主链是强疏水性的，因此在亲水疏水相互作用下，带有磺酸基团的侧链聚集在一起形成离子束，而碳氟主链包围在离子束周围。当把膜浸泡在水溶液中时，亲水性基团吸收水分并发生溶胀，从而在离子束内部形成"空腔"。

该结构相当于在膜内部形成孔结构，钒离子可通过该孔结构发生渗透。由于 Nafion 膜在水溶液中的溶胀程度高，膜中的钒离子渗透速率较快。为了降低 Nafion 膜的钒离子渗透速率，可在其中添加疏水性聚合物，从而降低 Nafion 膜的溶胀程度，进而降低钒离子渗透速率。

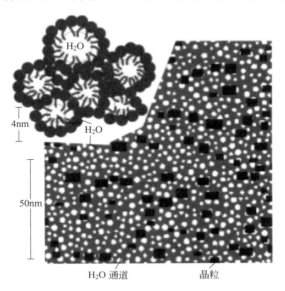

图 11-41　Nafion 膜的平行水通道模型

与聚合物共混法类似，在 Nafion 膜中引进 SiO_2 和 TiO_2 等无机添加物同样可以达到降低钒离子渗透速率的目的。Panagiotis Trogadas 等将二氧化硅或二氧化钛颗粒添加到 Nafion 溶液中形成均匀分散的溶液，并通过流延法制成了复合膜。随后将炭黑与 Nafion 的混合物反复喷涂在复合膜两侧得到膜电极组件。复合膜的电导率（54～55mS/cm）略低于 Nafion 膜，但钒离子渗透速率降低了约 80％～85％，电池性能有所提高。

（2）非全氟型质子传导膜[28,112]

由于 Nafion 膜的价格昂贵且阻钒性能较差，人们希望使用非全氟型聚合物制备质子传导膜。采用的方法包括：①使用磺化聚醚醚酮、磺化聚芴基醚酮、磺化聚二苯砜等，或通过对聚偏氟乙烯进行接枝等方法制备阳离子交换膜；②采用聚丙烯或聚四氟乙烯膜作为离子交换膜支撑体，或使用磷钨酸、二氧化硅等进行改性；③对阴离子交换膜进一步交联或磺化等；④两性离子交换膜同时含有阳离子交换基团和阴离子交换基团，兼顾阳离子交换膜的高电导率和阴离子交换膜的高阻钒性能，在合理的制膜条件下能够得到性能较优的膜材料。

非全氟型质子传导膜成本较低，易于制备，存在多种聚合物可供选用。但是，非全氟型质子传导膜最大的挑战在于膜的稳定性。目前大部分研究的重点在于制备电导率高、电池效率高的膜材料，但对于膜的稳定性缺乏长时间的验证。文献中报道的膜稳定性验证大部分限制在几百个循环或几十天之内，而实际钒电池电堆的设计使用寿命在 10 年或更长。因此，现有的稳定性验证无法保证长期使用稳定性。采用化学改性方法往往会导致膜中原有化学键断裂，该部位的化学键形成不稳定的分子链段，遇到强氧化剂五价钒离子时容易被氧化，导致膜性能劣化。

（3）具有纳米尺度孔径的多孔膜

传统的质子传导膜中的离子传导过程一般被认为是通过离子交换过程实现的，因此在更多情况下称之为离子交换膜，而在实际使用过程中离子交换基团（固定电荷）的化学键断裂往往成为膜性能劣化的"症结"。全钒液流电池的电解液由不同价态钒离子的硫酸水溶液组成，其中的钒离子以水合离子形式存在。利用钒离子水合物体积远大于氢离子体积的特征，有望突破膜中离子交换的传质机理，发展以"筛分效应"和"静电排斥"机理为主导的新型质子传导膜。由于氢离子斯托克斯半径较小，可顺利通过纳滤膜在正极和负极电解液之间迁移，但是钒离子斯托克斯半径较大，无法通过纳米尺度膜孔进行迁移，膜材料表现出良好的阻钒特性。

文献报道了一种基于结晶性高分子"成核-可控生长"的成膜过程。这种方法利用结晶性高分子树脂，通过控制成核过程、结晶生长速率和终止点，调节所形成晶粒之间的"空间"使其减小到能够进行离子筛分的尺度。这种相互贯通的"空间"构成了具有纳米尺度孔径的"离子筛膜"[113,114]。该制膜过程包含以下 4 个步骤：

① 溶解　将结晶性高分子材料和亲水性成核剂溶解在共溶剂中形成均相铸膜液。

② 成核　在溶剂挥发的同时，有两种成核过程伴生共存，即结晶性高分子材料本身形成晶核，以及外加成核剂形成晶核。

③ 结晶生长　大量溶剂挥发导致高分子溶液浓度不断增加，结晶性高分子以溶液中的晶核为起点，开始生长并形成晶粒。额外导入的成核剂使溶液中有足够的晶核，当晶粒的尺寸达到彼此接触时，晶粒间存在的空间称为膜"孔"。

④ 成膜过程　通过改变结晶生长速率和时间，可以实现对膜"孔"的定量调节；在合适的时间将膜浸入水中，终止结晶生长过程，晶粒间形成的"孔"彼此连通成为纳米尺度孔径的多孔膜。

所得到的 PVDF 质子传导膜的纳米孔分布窄，离子通过多孔网络结构时受到一定阻力。对于水合离子半径只有 0.28nm 的 H^+ 产生阻碍效果，推断聚偏氟乙烯晶粒间的距离仅有几个纳米。在此基础上，研究开发了这种纳米多孔膜的制膜设备，并且实现了钒电池专用质子传导膜的批量制备。工业生产设备能够制造有效面积为 800mm×1000mm 的质子传导膜，膜厚度在 60～120μm 之间可调，电导率可超过 30mS/cm，膜性能基本满足全钒液流电池需要。

11.3.7　全氟磺酸膜制备方法

全氟磺酸离子交换膜是目前商业化离子交换膜的典型代表，具有较高的质子传导率、良好的力学强度、优异的化学和电化学稳定性、使用寿命长等优点，广泛地用于氯碱工业、离子交换膜燃料电池和液流电池开发[115-117]。

20 世纪 70 年代，美国杜邦公司（DuPont）研发成功全氟磺酸离子交换膜，其代表产品包括 Nafion117、Nafion115、Nafion112、Nafion105、Nafion1135 等，成为目前应用最为广泛的全氟型磺酸聚合物离子交换膜。该膜材料主链具有聚四氟乙烯结构，分子中的氟原子将碳-碳链紧密覆盖。由于碳-氟键键长短、键能高、可极化度小，所以分子具有优良的热稳定性、化学稳定性和较高的力学强度，为延长聚合物膜使用寿命提供了结构基础。从化学结构上考察，全氟磺酸聚合物由两部分组成：一部分是具有疏水结构的聚四氟乙烯全氟碳骨架，具有优良的热化学稳定性和机械性能，确保聚合物膜较长的服役时间；另一部分为末端带有亲水性磺酸基团的氟化醚支链。由于磺酸基与聚四氟乙烯侧链直接相连，氟原子电负性高，吸电子能力强，导致磺酸基的酸性增加。在水分子存在的环境中，磺酸基团周围充分水合，形成相互连接的离子簇网络，构成离子传输通道，使得全氟磺酸离子交换膜具有较好的质子传导性。

为了进一步提高全氟磺酸离子交换膜的机械强度，以及在水环境中的抗溶胀特性，常常采用无机材料对其进行改性。无机材料复合的全氟磺酸离子交换膜主要有两种制备方法：①直接将无机氧化物或无机质子导体分散到全氟磺酸树脂分散液中流延制膜；②将无机物前体以离子交换或膜吸收方式引入膜中，然后通过 sol-gel 反应在膜内形成无机氧化物。改性后的有机/无机复合膜、离子交换膜综合性能得到显著提高。

目前，国际上能够提供商品全氟磺酸离子交换膜的公司主要包括美国 DuPont、Gore 和 3M 公司，比利时 Solvay 公司，日本旭硝子、旭化成公司。各厂家制造的全氟磺酸离子交换膜结构略有差异，主要是全氟烷基醚侧链长度和磺酸基的含量不同（图 11-42）。我国山东东岳集团在国家科技项目支持下，研制出基于长链及短链全氟磺酸树脂的离子交换膜，建成了中试生产线，填补了该膜产品长期依靠进口的被动局面，为新能源技术领域的燃料电池、液流电池、电解水制氢等技术发展提供了支撑。

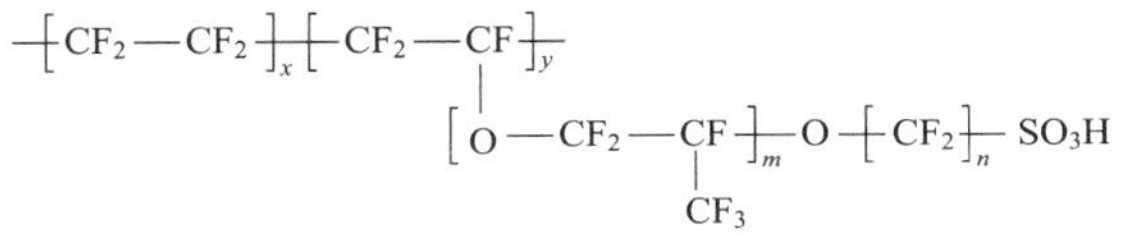

$$-\left[CF_2-CF_2\right]_x\left[CF_2-CF\right]_y$$
$$\left[O-CF_2-CF\right]_m O\left[CF_2\right]_n SO_3H$$
$$CF_3$$

DuPont公司Nafion膜	$m=1$；$n=2$；$x=5\sim13.5$；$y=1$
Asahi Glass公司Flemion膜	$m=0,1$；$n=1\sim5$
Asahi Chemical公司Aciplex膜	$m=0$；$n=2\sim5$；$x=1.5\sim14$
Dow Chemical公司Dow膜	$m=0$；$n=2$；$x=3.6\sim10$

图 11-42　全氟磺酸离子交换膜分子结构

11.3.8　燃料电池膜制备方法

离子交换膜是燃料电池的核心部件之一，也称为聚合物电解质膜，其性能优劣决定了整个电池的性能和寿命。高性能聚合物电解质膜是燃料电池走向大规模商业化的关键。

11.3.8.1　燃料电池离子交换膜的功能及要求

燃料电池离子交换膜的主要功能是[118]：①作为隔膜材料，起到隔离燃料和氧化剂的作用，避免二者直接接触发生化学反应而降低燃料电池效率，同时它也对催化层起到支撑的作用；②促进 H^+/OH^- 从膜的一侧向另一侧快速传递。它的性能直接影响燃料电池的功率密度和使用寿命等重要参数。质子交换膜和氢氧根离子交换膜的对比如表 11-9 所示。

表 11-9　质子交换膜和氢氧根离子交换膜对比

项目	氢氧根离子交换膜	质子交换膜
膜内传导离子	OH^-	H^+
离子传导方向	阴极到阳极	阳极到阴极
工作环境酸碱性	碱性	酸性
适用催化剂	Pt 等贵金属催化剂,Ni 和 Sn 等非贵金属催化剂	Pt 等贵金属催化剂

为了满足燃料电池的应用需求，离子交换膜需要具有以下性能：①高的离子传导能力，降低电池的欧姆电阻，以获取高的功率密度；②尽可能低的燃料和氧化剂渗透性，以降低开路电压损失；③水分子在膜内有较高的迁移速率，以减小膜两侧水的浓度梯度，同时避免膜在水平方向的局部脱水；④好的化学稳定性，包括强酸、强碱和强氧化环境稳定性，以保证在电池操作中膜能保持稳定；⑤足够的机械强度和韧性以及良好的膜吸水和脱水可逆性，且膜在吸水脱水过程中的尺寸变化要尽可能小，以降低内部应力，避免在电池的组装和运行过程中膜发生脆裂或出现针孔；⑥与催化层具有良好的结合性，以降低接触电阻等[119]。

11.3.8.2 燃料电池用离子交换膜的种类及结构

根据工作环境不同，聚合物电解质膜可分为质子交换膜和氢氧根离子交换膜。

（1）质子交换膜

质子交换膜主要以磺酸基团作为质子传导基团。根据主链的不同，质子交换膜可以分为全氟磺酸质子交换膜和非氟质子交换膜。目前商业化质子交换膜燃料电池中应用的几乎全部是全氟磺酸质子交换膜，它具有稳定性好、使用寿命长等优势。全氟磺酸质子交换膜中最具代表性的是美国杜邦（DuPont）公司生产的 Nafion 系列膜和美国陶氏（Dow）化学公司生产的 Dow 膜。此外，日本 Asahi 公司的 Aciplex 膜，日本旭硝子（Asahi Glass）公司的 Flemion 膜也已经商业化。各厂家制造的全氟磺酸离子交换膜结构略有差异，主要为全氟烷基醚侧链长度和磺酸基的含量不同（图 11-42）。这些膜材料的分子结构如图 11-43 所示。非氟质子交换膜具有良好的热稳定性、较高的机械强度和优异的阻醇能力，受到越来越多的关注。其研究主要以基于芳香族的聚合物为主，如磺化聚苯乙烯类、磺化聚苯并咪唑类、磺化聚酰亚胺类、磺化聚芳醚类等，结构如图 11-44 所示。全氟磺酸质子交换膜与非氟磺酸质子交换膜各有其优缺点，见表 11-10。

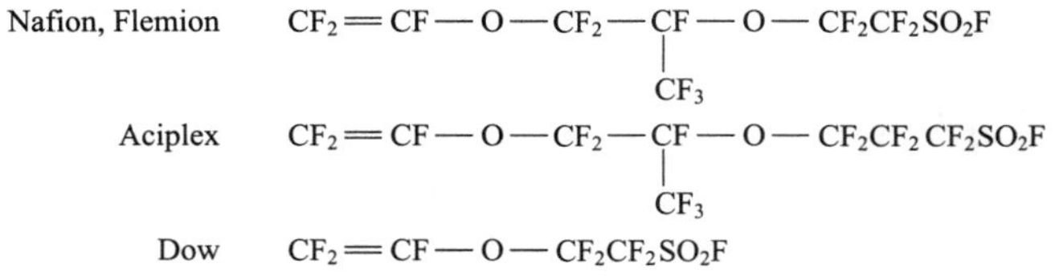

$$
\begin{array}{ll}
\text{Nafion, Flemion} & CF_2\!=\!CF\!-\!O\!-\!CF_2\!-\!\underset{\underset{CF_3}{|}}{CF}\!-\!O\!-\!CF_2CF_2SO_2F \\[2em]
\text{Aciplex} & CF_2\!=\!CF\!-\!O\!-\!CF_2\!-\!\underset{\underset{CF_3}{|}}{CF}\!-\!O\!-\!CF_2CF_2\,CF_2SO_2F \\[2em]
\text{Dow} & CF_2\!=\!CF\!-\!O\!-\!CF_2CF_2SO_2F
\end{array}
$$

图 11-43 全氟磺酸膜材料分子结构

表 11-10 全氟磺酸质子交换膜与非氟磺酸质子交换膜的优缺点比较

膜种类	优点	缺点
全氟磺酸质子交换膜	较高的质子传导率 较高的化学稳定性 使用寿命长等	成本高 含氟材料污染环境 温度使用范围窄 高温、低湿下电导率低 机械性能较低 甲醇渗透严重等
非氟磺酸质子交换膜	成本低 环境友好 高热稳定性 温度使用范围宽 较高的机械稳定性 甲醇渗透率低等	质子传导率较低 高磺化度导致机械稳定性差等

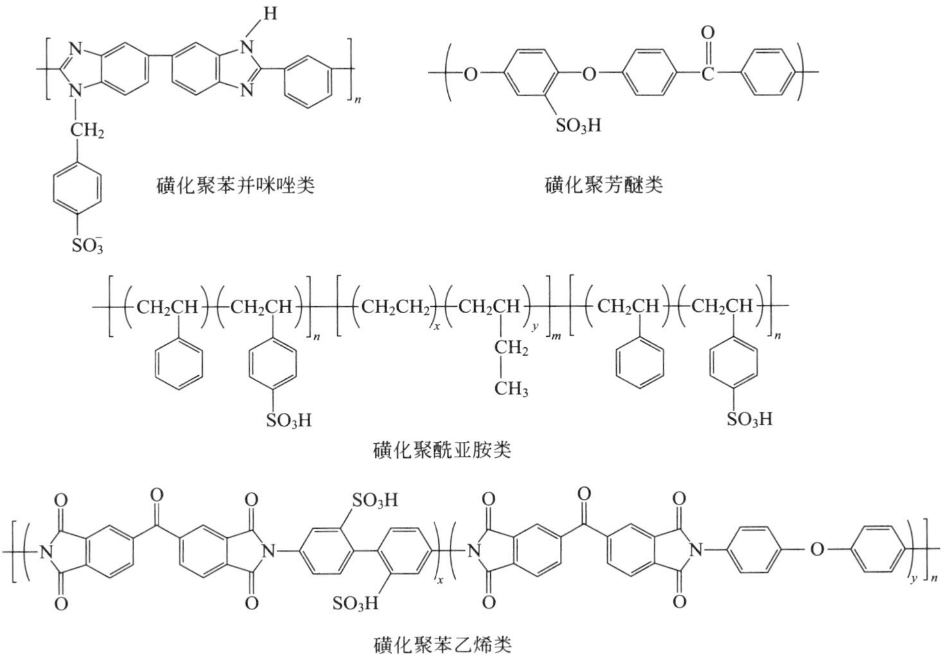

图 11-44　非氟磺酸膜材料分子结构

（2）氢氧根离子交换膜

氢氧根离子交换膜通常由聚合物基体材料和氢氧根离子传导功能基团组成。目前，已用于氢氧根离子交换膜燃料电池研究的商业化膜包括 Solvay 的 MORGANE@-ADP 以及 Tokuyama的 AHA、A010、A201 和 A901 等，它们均采用了季铵碱作为其氢氧根离子传导功能基团。商业化的氢氧根离子交换膜见表 11-11。

表 11-11　商业化氢氧根离子交换膜的分类及性能[118]

膜	结构	离子交换容量 /(meq/g)	膜厚 /mm	电导率 /(mS/cm)	膜面电阻 /$\Omega \cdot cm^2$
Tokuyama Co. Ltd.，日本					
Neosepta AMX	PS/DVB	1.4~1.7	0.12~0.18		2.0~3.5
Neosepta ACM	PS/DVB	1.5	0.12		4.0~5.0
Neosepta AM-1	PS/DVB	1.8~2.2	0.12~0.16		1.3~2.0
Neosepta AM-3	PS/DVB	1.3~2.0	0.11~0.16		2.8~5.0
Neosepta AHA	PS/DVB	1.15~1.25	0.18~0.24		0.18~0.24
Neosepta ACS	PS/DVB	1.4~2.0	0.12~0.20		3.0~6.0
Neosepta AFN	PS/DVB	2.0~3.5	0.15~0.18		0.2~1.0
Neosepta AFX	PS/DVB	1.5~2.0	0.14~0.17		0.7~1.5
Neosepta ACH-45T		1.3~2.0			
A 201（developing code A-006）		1.7	28	29	
A 901		1.7	10	11.4	

续表

膜	结构	离子交换容量 /(meq/g)	膜厚 /mm	电导率 /(mS/cm)	膜面电阻 /Ω·cm²
Ionics Inc.，美国					
103PZL 183	非均相膜	1.2	0.60		4.9
AR103QDP		1.95~2.20	0.56~0.69		14.5
AR204SZRA		2.3~2.7	0.48~0.66		6.2~9.3
AR112-B		1.3~1.8	0.48~0.66		20~28
RAI Research Corp.，美国					
R-5030-L	LDPF（IPN）	0.9	0.24		4.0~7.0
R-1030	氟化的 IPN	1.0	0.1		0.7~1.5
CSMCRI，Bhavnagar，印度					
IPA	LDPE/HDPE(IPN)	0.8~0.9	0.16~0.18		2.0~4.0
HGA	非均相 PVC	0.4~0.5	0.22~0.25		5.0~7.0
Tosoh Corporation，日本					
Tosflex	Nafion				
Asahi Chemical Industry Co.，日本					
Aciplex A-192			>0.15		1.8~2.1
Aciplex A-501-SB			0.14~0.18		2.0~3.0
Aciplex A201			0.22~0.24		3.6~4.2
Aciplex A221			0.17~0.19		1.4~1.7
Asahi Glass Co. Ltd.，日本					
Selemion AMV	PS-*b*-EB-*b*-PS		0.11~0.15		1.5~3.0
Selemion ASV			0.11~0.15		2.3~3.5
Selemion DSV			0.13~0.17		
AMV	PS/丁二烯	1.9	0.14		2.0~4.5
FuMA-Tech GmbH.，德国					
FAS		1.1	0.10~0.12		2~4
FAB		0.8	0.09~0.11		2~4
FAN		0.8	0.09~0.11		2~4
FAA		1.1	0.08~0.10		2.4
FAD		1.3	0.08		1.2
MEGA a. s.，捷克					
Ralex MH-PES		1.8	0.55(干膜)		<8
Ralex AMH-5E		1.8	0.7(干膜)		<13
PCA Polymerchemie Altmeier GmbH.，德国					
PC 100 D		1.2	0.08~0.1		5
PC 200 D		1.3	0.08~0.1		2
PC Acid 35		1.0	0.08~0.1		
PC Acid 70		1.1	0.08~0.1		
PC Acid 100		0.57	0.08~0.1		
Solvay S. A.，比利时					
Morgane ADP		1.3~1.7	0.13~0.17		1.8~2.9
Morgane AW		1.0~2.0	0.13~0.17		0.9~2.5

续表

膜	结构	离子交换容量 /(meq/g)	膜厚 /mm	电导率 /(mS/cm)	膜面电阻 /Ω·cm²
Tianwei Membrane Co. Ltd.,中国					
TWEDG		1.6～1.9	0.16～0.21		3～5
TWDDG		1.9～2.1	0.18～0.23		<3
TWAPB		1.4～1.6	0.16～0.21		5～8
TWANS		1.2～1.4	0.17～0.20		6～10
TWAHP		1.2～1.4	0.20～0.21		<2
TWAEDI		1.6～1.8	0.18～0.21		6～8
Shanghai Chemical Plant of China.,中国					
PE3362	非均相 PE	1.8～2.0	0.45		13.1
Institute of Plastic Materials.,俄罗斯					
MA-40	非均相	0.6	0.15		5.0

氢氧根离子交换膜的制备研究主要集中于聚合物基体材料和氢氧根离子传导功能基团。研究表明,二者均对氢氧根离子交换膜的性能具有很大的影响。目前,研究的聚合物基体材料主要包括聚芳醚砜酮类、聚苯醚和聚醚酰亚胺等芳香族聚合物以及脂肪族聚合物,而研究的氢氧根离子交换基团主要有季铵基、季鏻基、咪唑鎓、胍基、DABCO、吡啶、乌洛托品、哌嗪等,结构式见表 11-12。

表 11-12　常见氢氧根离子交换膜的功能基团结构

序号	名称	结构	序号	名称	结构
1	季铵基		5	DABCO	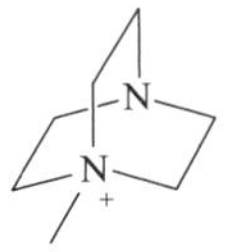
2	季鏻基	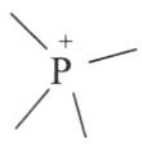	6	吡啶	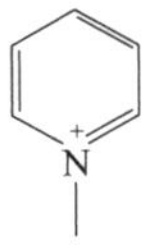
3	咪唑鎓	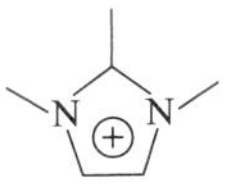	7	乌洛托品	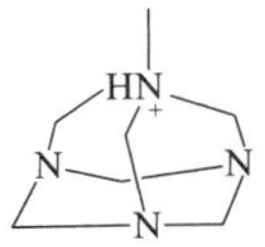
4	胍基	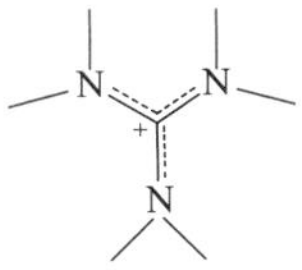	8	哌嗪	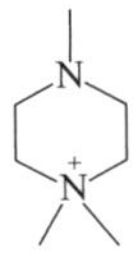

11.3.8.3　膜的关键参数指标

燃料电池用离子交换膜的评价指标主要包括离子交换膜容量、吸水率、溶胀度、离子传导率及拉伸强度和断裂伸长率。离子交换容量是燃料电池膜的关键参数，表示燃料电池膜内质子/氢氧根离子的浓度[120]。由于功能基团一般具有亲水性，因此离子交换容量增加，膜的吸水率增大，使得膜的亲水区域面积扩大，有利于形成更加连通的离子传递通道，提高膜的离子传导能力。但过高的离子交换容量会导致膜的憎水区域变小，造成膜的过度溶胀，从而使膜失去机械强度。燃料电池膜的吸水率对其性能至关重要，如果吸水率过低，膜中功能离子基团不能完全水合，膜内无法形成连通的离子传递通道，聚合物离子传导率会急剧降低，膜的失水是燃料电池失效的重要原因之一。反之，如果吸水率过高，膜中离子浓度会下降，导致离子传导率降低，同时膜会因为吸水过多而过度溶胀，造成膜与电极脱离，燃料电池无法正常工作。同时在电池工作时，如果膜吸水过多，容易导致电极产生的水无法及时排出，造成电极水淹现象，使电池无法正常运行。一般情况下，燃料电池膜溶胀度随离子交换容量增加而增大，膜过度溶胀会降低膜尺寸稳定性，导致膜机械强度降低。离子传导率是衡量膜的离子传导能力的电化学指标，反映了离子在燃料电池膜内迁移速度的大小。以上参数的表征方法可参考 11.3.1 节。

11.3.8.4 膜的制备及其离子传递通道的优化方法

（1）质子交换膜的制备及优化

目前商业化的全氟磺酸质子交换膜采用熔融挤压法和分散浇铸法制备[121]。厚度在 $127\sim254\mu m$ 的 Nafion N115、N117、N1110 等系列采用熔融挤压法制备。以磺酰氟基团形式存在的全氟磺酸原材料具有热塑性，可在低于热分解温度的条件下熔融并挤压成膜。之后再将其转化为酸形式，使膜具备化学活性。厚度在 $25\sim50\mu m$ 的 Nafion N211 等系列则采用分散浇铸法制备。所有产品类似半透明塑料，清晰透明。

非氟磺酸质子交换膜目前尚未大规模产业化，其制备方法以分散浇铸法为主。为提高质子交换膜的综合性能，需要对质子交换膜进行优化改性，主要分为有机改性和无机掺杂改性。

有机改性主要以增强聚合物分子链之间的相互作用（范德华力、离子键、氢键、共价键或者物理缠结作用）为目的，使高分子链之间相互制约，限制膜的溶胀，提高机械稳定性，特别是对于磺化度较高的磺化芳香族聚合物材料。有机改性时也可引入带有磺酸基团的有机组分，在提高机械稳定性的同时可增加和改善膜内质子传递的亲水通道。根据分子链之间作用力的不同，有机改性可分为聚合物共混[122]、共价交联[123]、互穿聚合物网络[124]等。

无机掺杂改性是另一种有效地优化膜性能的方法。根据有机相和无机相之间的作用力不同，可将杂化材料分为两类：①弱相互作用杂化材料。两相间作用力为范德华力、离子键或氢键。例如，无机颗粒加入有机聚合物中[125]，无机颗粒在聚合物中原位生成[126]，有机物和无机物同时生成互穿网络结构[127]等。②强共价键杂化材料。这类材料一般首先对无机材料做有机化改性，使其有机改性部分可以与聚合物的官能团形成共价键，如有机改性的硅氧烷[128]、有机改性的磷酸锆[129]等。不同类型的有机无机复合膜如图 11-45 所示。

（2）氢氧根离子交换膜的制备及优化

氢氧根离子交换膜的制备方法主要有聚合物功能化法、辐射接枝法、单体聚合法和无机有机杂化法等。

① 聚合物功能化法[131]   聚合物功能化的离子交换膜分为芳香族聚合物功能化膜和脂

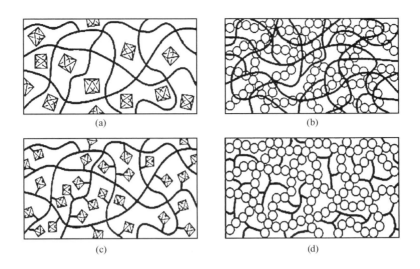

图 11-45　不同类型的有机无机复合膜[130]

弱相互作用：（a）在有机聚合物中添加无机组分；（b）互穿聚合物网络。强共价键：
（c）添加的无机颗粒键合在有机聚合物骨架上；（d）嵌段有机无机杂化聚合物

肪族功能化膜。芳香族聚合物通常具有高的热稳定性、良好的化学稳定性和优异的机械性能。因此芳香族聚合物的功能化改性是一种制备氢氧根离子交换膜的常用方法，具体方法为：先通过聚合物的氯甲基化或含甲基聚合物的溴代反应向聚合物主链中引入卤甲基，然后与功能化试剂反应，再经氢氧根交换制备氢氧根离子交换膜。脂肪族功能化膜没有统一制备路线，可以通过含季铵盐类的单体和脂肪族类的单体聚合制备。

② 辐射接枝法[132]　辐射接枝法是将薄膜（如 ETFE）通过电子束进行辐射诱导，将辐射诱导的膜浸泡在待接枝溶液（如苄基氯）中进行接枝，再经过季铵化、氢氧根离子交换制备阴离子交换膜。

③ 单体聚合法[133,134]　单体聚合是一种设计氢氧根离子膜结构的有效方法，能选择特定结构的单体，聚合成期望的聚合物。功能化基团可以作为单体参与聚合反应，也可以通过之后的聚合物功能化引入。目前应用比较广泛的是通过不同单体之间的聚合反应，合成亲水、憎水嵌段结构，有效地提高膜的综合性能。

④ 有机无机杂化法[135]　有机无机杂化是一种在荷电聚合物膜中添加无机粒子，有机无机协同提高膜性能的方法。目前添加的无机粒子有 Al_2O_3、LDH、SiO_2、TiO_2、ZrO_2、石墨烯以及碳纳米管等。

阴离子传递通道的优化：高效的离子传递通道可提供较高的离子传导率，提高电池的功率密度，降低成本。长支链、单支链多功能化、高压静电纺丝、亲水憎水嵌段、无机粒子改性等方法可诱导分散的功能化离子基团［图 11-46（a）］聚集成簇，形成亲水区域和憎水区域分别聚集的微观相分离结构，如图 11-46（b）所示，从而优化离子传递通道。

a. 长支链[137-139]　长支链是一种有效地设计膜微观相分离结构的方法，通过在聚合物与功能基团之间引入烷基长侧链或者含氧长侧链或者含氮长侧链，在功能基团上接枝一个烷基长侧链，在聚合物非功能基团位置接枝亲水或憎水长侧链，都能有效诱导膜内亲水部分和憎水部分分别聚集，有效的相分离结构可以优化膜的离子传递通道，提高膜的离子传导率。

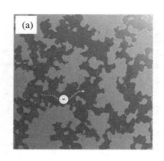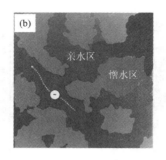

图 11-46　膜内微观相分离形成示意图[136]

（a）离子基团分散排布；（b）离子基团聚集成簇的亲水-憎水微观相分离结构

其中浅色代表憎水区域，深色代表亲水区域

　　b. 单支链多功能化[140-142]　　在聚合物主链上的一个功能位点引入多离子基团，可以有效增加离子的浓度，提高离子之间的作用力，从而有效诱导相分离结构。

　　c. 高压静电纺丝[143]　　高压静电纺丝是一种有效地设计膜内离子通道的方法。在高压静电场下，荷电膜材料的纺丝液可形成纳米级聚合物纤维结构，然后经过一定的堵孔工艺方法制备成致密的离子交换膜。高压静电场可以诱导膜内离子基团重新排布，形成沿着纤维轴向有序的离子通道。

　　d. 亲水憎水嵌段[144]　　通过聚合反应制备亲水憎水嵌段的氢氧根离子交换膜，可有效诱导膜内亲水部分和憎水部分分别聚集，形成良好的微观相分离结构，优化离子传递通道。

11.3.8.5　膜的稳定性

　　电池在强酸性和碱性环境下操作，膜的化学稳定性是影响其使用寿命和电池稳定性的决定性因素。

　　① 对于质子交换膜，通常采用快速便捷的 Fenton 试剂氧化法测定膜的化学稳定性。Fenton 试剂是由 H_2O_2 和 Fe 混合得到的一种强氧化剂，可以加快有机物和还原性物质的氧化分解，因此可以模拟燃料电池工作环境中的氧化反应。质子交换膜材料在 Fenton 试剂中被氧化分解，导致膜的电导率、质量和尺寸等性能发生变化。配制质量分数为 3% 的 H_2O_2 水溶液，滴加少量 Fe^{2+} 溶液作为催化剂（$4×10^{-6}$），将膜样品浸泡入 60～80℃ 的 Fenton 试剂中，一定时间后测量浸泡后膜的性能变化。膜的化学稳定性越强，浸泡 Fenton 试剂后膜性能变化越小。商业化 Nafion N115 膜在 60℃ 的 Fenton 试剂中浸泡 3h 后质量剩余量达到 99%[145]。

　　② 对于氢氧根离子交换膜，需要考虑高温、强碱性下的稳定性。功能化阳离子基团如四甲基铵 $[N(CH_3)_4]^+$，易与 OH^- 发生化学反应，形成 $[N(CH_3)_4]^+[OH]^-$，进一步不可逆降解生成三甲胺和甲醇，导致膜的功能化程度降低，离子传导率下降，很大程度上限制膜的寿命以及燃料电池技术的应用。而聚合物主链发生降解，可能引起燃料的大量渗透以及阴阳极催化层短路等。功能基团降解机理主要有以下几种：

　　a. 对于最常见的季铵类盐阳离子基团，在 OH^- 进攻下，会发生一系列降解过程，主要有两种降解机理[118]，即亲核取代反应（SN_2）和 β-消除反应（E2）。（a）OH^- 的直接亲核进攻，生成氮的内铵盐（ $\diagdown \!\!\! C^- \!\!-\!\! \overset{+}{N} R_3$ ），即一种中性的偶极分子（正电荷和负电荷分别在邻近的原子上），然后发生不同的重排反应，一般是 Sommelet-Hauser 和 Stevens 重排，后者只有在苄基三甲铵存在时才会发生，两种重排反应为竞争关系，都会导致烷基从氮原子上移动到碳原子上，易生成醇类降解产物；（b）β-消除反应即 Hofmann 降解，当有 β-H 存在时，OH^- 倾向于进攻 β-H，使得季铵盐降解生成烃类、胺以及水分子。Hofmann 降解在温和的温度（60℃）下缓慢发生，但在相对高温度（100℃）下速度很快，导致膜迅速降解。

b. 对于咪唑类阳离子基团，由于共振的平面结构，能降低氮原子上电子云密度，减弱 OH^- 的进攻。但是咪唑阳离子的 2 号位置相对其他位置酸性较强，高温强碱环境下，碱稳定性仍需要加强。尤其在 2 号位置没有取代基的情况下，OH^- 易进攻咪唑环上的 2 号位置，发生开环反应，导致咪唑阳离子基团的降解[146]。

c. 对于季鏻类阳离子基团，不同类型的季鏻类离子降解机理不同[147]。对于三烷基或者三烷基取代的季鏻盐，在 OH^- 进攻下，易发生简单的中心原子 Cahours-Hofman 反应。对于空间位阻大的季鏻盐，如甲基三(2,4,6-甲氧基)苯基季鏻盐，取代基变成 OH^- 进攻位点，在高温强碱环境下，会发生一系列降解过程，包括醚的水解、内盐的形成、酮重排和进一步的水解。

评价阴离子交换膜的稳定性，常以稳定性测试前后膜的离子传导率、离子交换容量、化学结构或机械强度变化作为标准。具体步骤如下，选取高温（60℃ 或者 80℃）的强碱（大于 1mol/L）溶液作为碱稳定性测试溶液，将氢氧根离子交换膜在其中浸泡不同时间后，将膜取出，用去离子水处理，将表面和膜内的碱液除去，表征膜的性能和结构变化。

提高膜的耐碱性是保证燃料电池长时间稳定运行的基本条件。基于膜的降解机理，有几种提高膜稳定性的方法。（a）对于季铵类阳离子，增加离子基团与聚合物主链之间的距离，消除 β-H 的存在，降低 Hofmann 降解；开发杂环类季铵类离子，由于环的几何约束作用，可以有效降低 Hofmann 降解[148]；（b）对于咪唑类阳离子，在 2 号位置和其他位置加上烷基类或苯环类取代基，增加空间位阻[149,150]；（c）对于季鏻类阳离子，连接强给电子基团，增加中心磷原子的电负性，降低 OH^- 的进攻，连接空间位阻大的基团，增加 OH^- 进攻的阻力；（d）设计膜内微观相分离结构，亲水区域可以使得阳离子和 OH^- 都更好地水合，减少 OH^- 和阳离子的接触，降低对主链的进攻[147]。

11.3.9　商品化离子交换膜

如今世界范围内有很多家生产离子交换膜、双极膜的公司，表 11-13 和表 11-14 分别列举了一些公司及其离子交换膜和双极膜产品属性。

表 11-13　当前主要商品离子交换膜属性及其公司名称

膜	类型	厚度 /mm	离子交换容量 /(meq/g)	膜面电阻 /Ω·cm²	适用 pH 范围	选择性 /%	备注
Asahi Chemical Industry Co.,日本							
Aciplex K-192	阳膜	0.13～0.17	—	1.6～1.9	—	—	一价离子选择型
Aciplex A-192	阴膜	＞0.15	—	1.8～2.1	—	—	一价离子选择型
Aciplex A201	阴膜	0.22～0.24	—	3.6～4.2	—	—	脱盐型
Aciplex A221	阴膜	0.17～0.19	—	1.4～1.7	—	—	扩散渗析型
Asahi Glass Co.,Ltd.,日本							
Selemion CMV	阳膜	0.13～0.15	—	2.0～3.5	—	—	强酸型

膜	类型	厚度/mm	离子交换容量/(meq/g)	膜面电阻/$\Omega \cdot cm^2$	适用 pH 范围	选择性/%	备注
Asahi Glass Co.,Ltd.,日本							
Selemion AMV	阴膜	0.11～0.15	—	1.5～3.0	—	—	强碱型
Selemion ASV	阴膜	0.11～0.15	—	2.3～3.5	—	—	强碱型 一价离子型
Selemion DSV	阴膜	0.13～0.17	—	—	—	—	强碱型 扩散渗析型
Astom Co.,日本							
Neosepta CMX	阳膜	0.17	1.5～1.8	3.0	0～10	—	高机械强度型
Neosepta AMX	阴膜	0.14	—	2.4	0～8	—	高机械强度型
Neosepta ACS	阴膜	0.12～0.20	1.4～2.0	3.0～6.0	—	—	单价离子选择型
Neosepta AFN	阳膜	0.15～0.18	2.0～3.5	0.2～1.0	—	—	高酸渗透系数型
DuPont Co.,美国							
Nafion NF-115	阳膜	0.127	—	—	—	—	PEM 燃料电池
Nafion N-117	阳膜	0.183	0.9	1.5	—	—	PEM 燃料电池
Nafion N966	阳膜	—	—	—	—	—	高强度型
Nafion N981	阳膜	—	—	—	—	—	低电压耐氯型
Ionics,Inc.,美国							
CR61-CMP	阳膜	0.58～0.70	2.2～2.5	11.0	—	—	乳清的电渗析
AR204UZRA	阴膜	0.48～0.66	2.75～3.25	10.0	—	—	EDR
Sybron Chemicals,Inc.,美国							
Ionac MC-3470	阳膜	0.381(15mils)	1.4	10	1～10	96	能耐 80℃
Ionac MA-3475	阴膜	0.406(16mils)	0.9	25	1～10	99	能耐 80℃
FuMA-Tech GmbH.,德国							
FKS	阳膜	0.090～0.110	0.9	2～4	—	＞95	均相,标准 CEM
FK-40	阳膜	0.035～0.045	1.2	1	—	＞95	质子导体薄型
FAS	阴膜	0.100～0.120	1.1	2～4	—	＞96	均相,标准 AEM
FAA	阴膜	0.080～0.100	1.1	2.4	—	＞96	耐碱性膜
PCA Polymerchemie Altmeier GmbH.,德国							
PC 100 D	阴膜	0.08～0.1	1.2	5	—	—	小有机酸根 离子透过型
PC 200 D	阴膜	0.08～0.1	1.3	2	—	—	中等有机酸根 离子透过型
PC Acid 35	阴膜	0.08～0.1	1.0	—	—	—	HCl 生产
PC Acid 100	阴膜	0.08～0.1	0.57	—	—	—	硫酸生产
MEGA A.S.,捷克							
Ralex AMH-PES Ralex AMH-PAD	阴膜	0.55(干膜)～0.85(湿膜)	1.8	＜8	—	＞97	ED EDI
Ralex AMH-5E HD	阴膜	0.7(干膜)～1.1(湿膜)	1.8	＜13	—	＞92	电透

续表

膜	类型	厚度 /mm	离子交换容量 /(meq/g)	膜面电阻 /Ω·cm²	适用 pH 范围	选择性 /%	备注
MEGA A.S.,捷克							
Ralex CMH-5E	阳膜	0.6(干膜)～ 0.8(湿膜)	2.2	<12	—	>92	阴离子电泳
Solvay S.A.,比利时							
Morgane CDS	阳膜	0.130～0.170	1.7～2.2	0.7～2.1	0～14	—	标准 CEM
Morgane CRA	阳膜	0.130～0.170	1.4～1.8	1.8～3.0	0～14	—	酸浓缩高 去矿物化
Morgane ADP	阴膜	0.130～0.170	1.3～1.7	1.8～2.9	0～14	—	高去矿物化 浓缩
Morgane AW	阴膜	0.130～0.170	1.0～2.0	0.9～2.5 (HCl 1mol/L) 1.3～4.4 (HNO₃ 1mol/L)	0～3	—	HCl 与 HNO₃ 的浓缩和纯化
合肥科佳高分子材料科技有限公司,中国							
CJMCED	阳膜	0.14～0.16	0.9～1.5	2.0～3.0	0～10	97	电渗析用
CJMAED	阴膜	0.14～0.16	1.0～1.5	3.0～4.0	0～10	98	电渗析用
CJMCDD	阳膜	0.18～0.2	1.0～1.5	1.0～1.5	0～14	—	扩散渗析用
CJMADD	阴膜	0.18～0.2	1.0～1.5	1.2～1.5	0～7	—	扩散渗析用
山东天维膜技术有限公司,中国							
TWEDC	阳膜	0.1～0.13	—	3.0～4.0	0～10	97	电渗析用
TWEDA	阴膜	0.13～0.16	—	3.0～4.0	0～10	98	电渗析用
TWDDC	阳膜	0.15～0.28	—	1.0～2.0	0～14	—	扩散渗析用
TWDDA	阴膜	0.2～0.32	—	1.0～2.0	0～7	—	扩散渗析用
北京廷润膜技术有限公司,中国							
TRJCM	阳膜	0.16～0.23	1.8～2.9	1～7	—	90～95	电渗析用
TRJAM	阴膜	0.16～0.23	1.6～2.2	4～10	—	90～95	电渗析用

表 11-14　一些商业双极膜的属性

膜	厚度/mm	电压降/V	效率/%	标准尺寸/m	备注
FuMA-Tech GmbH.,德国					
FuMA-Tech FT-FBI	0.180	<1.2	>99	0.50×2.00	氨基酸生产 IEX-REC
FuMA-Tech FTBM	0.450	<1.8	>92	0.50×1.00	超纯水制备
Aqualytics FT-AQL-S1	0.250	<1.1	>98	0.50×2.00	无机盐解离
Aqualytics FT-AQL-P6	0.200	<1.1	>98	0.50×2.00	有机酸生产
Solvay S.A.,比利时					
BPM	0.20～0.30	0.9～1.2	—	—	—
Tokuyama Co.,日本					
Beosepta BP-1E	0.20～0.35	1.2～2.2	>98	1.00×1.00	标准 BPM
合肥科佳高分子材料科技有限公司,中国					
CJBPM	0.2～0.25	1.6～1.8	>97	0.50×1.00	有机酸生产
山东天维膜技术有限公司,中国					
TWBPI	0.18～0.23	1.5～1.8	>97	1.00×1.00	有机酸生产
北京廷润膜技术有限公司,中国					
TRJBM	0.16～0.23	1.5～1.6	—	0.6×1.00	有机酸生产

11.4　离子交换膜装置及工艺设计

11.4.1　扩散渗析器

11.4.1.1　概述

渗析是借助于膜的扩散使各种溶质得以分离的膜过程，也称为扩散渗析或自然渗析，由于该过程的推动力是浓度梯度，因而又称为浓差渗析[151-156]。

与其他分离方法比较，渗析法的主要优点有：

① 能耗低，通常无需额外施加压力；

② 安装和操作成本低；

③ 稳定、可靠、容易操作；

④ 对环境无污染。

尤其在环保和节能方面的优势，是其他分离方法难以比拟的。

关于渗析的详细阐述见第 10 章，本章中的扩散渗析仅限于采用荷电膜将酸或碱从溶液中分离出的过程。11.4.1.2 节和 11.4.1.3 节中的有关参数在第 10 章中也曾提及，考虑到本部分内容的完整性以及扩散渗析器设计的需要，这里再次列出。

11.4.1.2　扩散渗析膜

扩散渗析膜是一种在膜上具有固定电荷的分离膜[152,155,156]。例如在阴离子交换膜上就带有正的固定电荷，因其排斥阳离子，所以就显示有阴离子的选择透过性。这种选择透过性主要是溶解度系数 S_i 的贡献，也就是说对阴离子交换膜而言，阴离子向膜中的分配远远高于阳离子的分配。应当指出的是在阳离子中，H^+ 的分配却相当高，尤其当采用以仲胺和叔胺为固定解离基的阴离子交换膜时，这种趋势就更为强烈。所以，当以阴离子交换膜作为扩散渗析的隔膜时，盐几乎全部被截留，而酸却能畅通无阻，借此就可以把酸和盐分开。

总渗析系数 U 定义为：

$$J = U\Delta c \tag{11-68}$$

式中，J 为离子通量；Δc 为膜两侧离子浓度差。

针对各种酸/金属盐混合溶液所测的总渗析系数 U 的结果如表 11-15 所示。由表可见，

表 11-15　阴离子交换膜对酸、金属盐混合液扩散渗析的总渗析系数 U

系统	浓度/(mol/L)		总渗析系数		U(盐)/U(酸)
	酸	盐	U(酸)	U(盐)	
HCl-NaCl	2.0	1.0	8.6	0.47	0.055
HCl-FeCl$_2$	2.0	1.0	8.6	0.17	0.020
H$_2$SO$_4$-Na$_2$SO$_4$	2.0	1.0	3.5	0.14	0.040
H$_2$SO$_4$-FeSO$_4$	2.0	1.0	3.6	0.037	0.010
HNO$_3$-Al(NO$_3$)$_3$	1.5	1.5	9.3	0.048	0.005
HNO$_3$-Cu(NO$_3$)$_2$	1.5	1.6	9.6	0.017	0.002
H$_3$PO$_4$-MgHPO$_4$	3.0	0.2	0.85	0.0018	0.002

注：U 的单位为 mol/[h·m²·(mol/L)]，25℃，Neosepta AFN 离子交换膜商品名。

U(盐)$/U$(酸)已达 $10^{-2} \sim 10^{-3}$ 的量级，如此，酸和盐被有效分开。通常酸的透过性为 $HCl >$ $HNO_3 > H_2SO_4 > HF$。一般金属离子的价数越高，其金属盐的透过性越低。不过，对盐酸与金属盐的情况而言，由于金属离子往往同氯化物离子形成络合物，分离性反而变差。

11.4.1.3　扩散渗析效率有关参数

① 扩散回收率 R_d（%）　指某一溶质通过渗析的回收率。

$$R_d = \frac{c_{di} Q_{di}}{c_{fi} Q_{fi}}（\%）\tag{11-69}$$

式中　c_{di}——渗析液中组分 i 的浓度，g/L；

$\quad\quad Q_{di}$——渗析液出口流速，L/h；

$\quad\quad c_{fi}$——进料液中组分 i 的浓度，g/L；

$\quad\quad Q_{fi}^*$——进料液进口流速，L/h。

② 扩散透过通量 F_d　指单位时间单位有效面积某一溶质的透过量，$g/(m^2 \cdot h)$。

$$F_d = \frac{c_{di} Q_{di}}{T A_m}\tag{11-70}$$

式中，T 为操作时间，h；A_m 为有效膜面积，m^2。

③ 渗漏率 I_p（%）　指溶质中某一杂质的扩散回收率。计算方法同扩散回收率，只是分子中的 c_{di} 换成杂质的浓度 c_{di}，分母中的 c_{fi} 换成杂质的浓度 c_{fi} 即可。

④ 分离系数 S　若进料液中 i 和 j 两种溶质浓度为 c_{fi} 和 c_{fj}，渗析液中的浓度分别为 c_{di} 和 c_{dj}，则其分离系数为：

$$S = \frac{c_{di} c_{fj}}{c_{fi} c_{dj}}\tag{11-71}$$

分离系数表明分离效果，若 $S = 1$，则只有扩散，没有分离。S 越大，表明分离效果越好。

⑤ 水的渗透率 P_w　指在渗透压作用下，渗析液中的水渗透到进料液中的速度，单位 m^3/s。

$$P_w = C_p A_m \Delta\pi\tag{11-72}$$

式中，C_p 为渗透系数，$m/(Pa \cdot s)$；$\Delta\pi$ 为渗透压力差，Pa。

另外，水还作为水合水随溶质迁移，这一部分水的迁移方向与水的渗透方向相反，可根据溶质水合数进行计算。

⑥ 渗析负荷 L_p　指单位时间单位有效膜面积所处理的进料的量，$g/(m^2 \cdot h)$。

$$L_p = \frac{Q_{fi}}{T A_m}\tag{11-73}$$

扩散渗析可从酸/盐混合溶液中分离出酸，或从碱/盐混合溶液中分离出碱，扩散渗析过程的驱动力是浓差梯度。相比于借助外力驱动的膜分离过程，比如电势差驱动的电渗析过程，扩散渗析是一种较为缓慢的分离过程，单位膜面积的处理量较低，因此通常需要较大的膜面积。

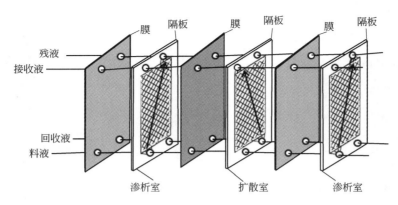

图 11-47 板框式扩散渗析器示意图

然而，扩散渗析过程的运行能耗非常低，主要是泵送液体的极少量电耗。扩散渗析过程的经济性主要取决于前期投资以及膜的性能，扩散渗析器的设计对于扩散渗析过程有重要影响。

11.4.1.4　板框式扩散渗析器

目前工业应用的扩散渗析器均为板框式组件（plate-and-framemodule），如图 11-47 所示。扩散渗析膜和隔板交替排布，形成了由扩散渗析膜间隔的渗析室（dialysate）和扩散室（diffusate），渗析室通入待处理酸/盐或碱/盐料液，扩散室通入纯水接收液。在膜两侧的浓度差驱动下，渗析室中的酸或碱扩散进入扩散室，从而实现酸或碱的分离回收；料液出口酸或碱浓度降低成为残液，接收液出口成为回收液。酸分离回收采用阴离子交换膜，碱分离回收则采用阳离子交换膜。扩散渗析器内膜的装配数量与设备的处理量直接相关，典型扩散渗析器装配 200～500 张膜，单体设备装配扩散渗析膜可超过 500m²。

通常扩散渗析器内的两种液流采用逆流操作（counter-current），液体的线流速很低，一般不超过 1mm。板框式扩散渗析器在放置上可以是立式(图 11-48)，也可以是卧式(图 11-49)。立式放置的扩散渗析器中，渗析室内的料液流向为由下而上，而扩散室内的接收液流向为由上而下。

图 11-48　立式板框式扩散渗析器实物图（山东天维膜技术有限公司）

11.4.1.5　螺旋卷式扩散渗析器

中国科学技术大学开发了螺旋卷式扩散渗析器（spiral-wounded module）[157]，其外围相似

图 11-49　卧式板框式扩散渗析器实物图（Mech-Chem Associates，Inc.）

于卷式压力驱动膜组件，其内部扩散渗析膜与隔网卷绕，如图 11-50 和图 11-51 所示，膜的一侧为渗析液流道并与一对渗析液进出接管相连通，另一侧为扩散液流道并与一对扩散液进出接管相连通。卷绕以拼合起来的一对中心管为轴心，两个中心管半管分别作为渗析液出口和扩散液进口，在卷绕形成的圆筒体外围形成对称分布的两侧流管，分别作为渗析液进口和扩散液出口。由此，渗析液螺旋式地由外向内流动，而扩散液则螺旋式地由内向外流动。

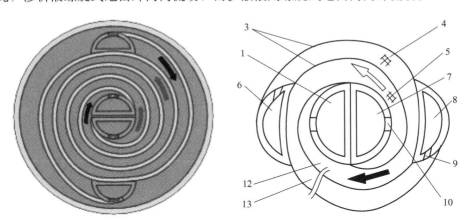

图 11-50　螺旋卷式扩散渗析器的流道截面示意图

1—中心管 A（渗析液出口）；3—离子交换膜；4,5—流道隔网；6—侧流管 A（渗析液进口）；
7—中心管 B（扩散液进口）；8—侧流管 B（扩散液出口）；9,10—集液孔；
12—渗析液流道；13—扩散液流道

图 11-52 为螺旋卷式扩散渗析器实物图。目前，单个螺旋卷式扩散渗析器的装配膜面积为十几平方米到几十平方米，适用于处理体量较小的体系。

11.4.2　扩散渗析工艺设计

典型的扩散渗析工艺如图 11-53 所示，料液和接收液逆流通入扩散渗析设备，通过扩散渗析膜实现酸或碱从混合溶液中分离。针对具体的处理对象，扩散渗析系统一般还包含预处

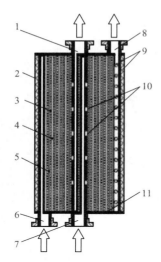

图 11-51　螺旋卷式扩散渗析器的总体
结构示意图

1—中心管 A（渗析液出口）；2—圆筒形外壳；3—离子交
换膜；4,5—流道隔网；6—侧流管 A（渗析液进口）；
7—中心管 B（扩散液进口）；8—侧流管 B（扩散液出口）；
9,10—集液孔；11—组件端面密封边

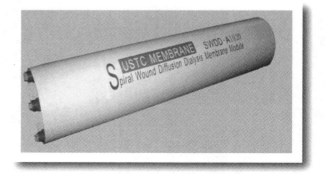

图 11-52　螺旋卷式扩散渗析器实物图

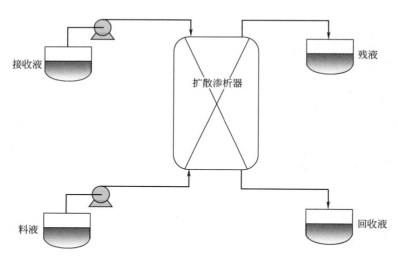

图 11-53　典型扩散渗析工艺图

理单元，系统中还可能需要配备水泵、流量计、浓度测试装置等。扩散渗析是较为复杂的过程，以扩散渗析酸分离工艺为例，料液中除了含有酸外，还含有盐，有的应用场合还含有多种酸（混合酸）。酸从渗析室扩散进入扩散室的过程伴随结合水的迁移，另外由于渗析室高渗透压导致水从扩散室进入渗析室；当渗析室中酸和盐浓度较高时，水的迁移对扩散渗析过程有重要影响。

　　扩散渗析工艺设计需要解决料液处理量与膜使用面积（或设备数量）、料液中酸或碱的回收率的关系。回收率是指酸或碱的回收量与料液中总量的比值。对于给定的扩散渗析设备，即给定的膜使用面积，回收率与料液处理量呈反向相关，即回收率越高，处理量越低。一个简化的模型关联了这些参数[158]。以扩散渗析酸分离工艺为例，假定料液室与接收液室有同样的厚度和同样的流量，忽略渗透压差导致的水迁移，接收液为纯水，则根据物料平衡可得到：

$$c_f = c_d + c_p \tag{11-74}$$

式中，c_f、c_d 和 c_p 分别为料液、残液和回收液中的酸浓度。

料液中酸的减少量与接收液中酸的增加量一致，可得到：

$$kA_m \Delta c = Q_m c_p \tag{11-75}$$

式中，k 是酸渗析系数，即在单位时间单位浓度梯度通过单位膜面积的酸的物质的量；A_m 是扩散渗析设备内装配的有效膜面积；Δc 是膜两侧溶液的酸浓度差；Q_m 是回收液（或料液）的流量。

在逆流操作下，Δc 可取扩散渗析设备进出口的算术平均值，即

$$\Delta c = \frac{c_f + c_d - c_p}{2} \tag{11-76}$$

结合式(11-74)、式(11-75) 和式(11-76)，可得到

$$kA_m(c_f - c_p) = Q_m c_p \tag{11-77}$$

即

$$\frac{c_p}{c_f} = \frac{kA_m}{kA_m + Q_m} \tag{11-78}$$

式(11-78) 关联了酸回收率 $\left(\dfrac{c_p}{c_f}\right)$、料液处理量（$Q_m$）、需要的膜面积（$A_m$）以及酸渗析系数（$k$）。很多工业应用要求酸回收率不低于 90%，已知酸渗析系数和单台设备的膜面积，由此可估算单台设备的处理量

$$Q_m = \frac{kA_m}{10} \tag{11-79}$$

扩散渗析过程除了酸的迁移，盐同样会从料液室迁移进入接收室，对应的盐泄漏系数表征了单位时间单位浓度梯度通过单位膜面积的盐的物质的量。酸渗析系数以及盐泄漏系数均相关于溶液的温度和浓度。一般而言，随着温度升高和溶液浓度升高，酸渗析系数和盐泄漏系数均升高；两者的比值，即酸/盐分离因子，随着浓度增加而呈下降趋势。很多工业应用要求盐泄漏量不超过 10%。

扩散渗析工艺设计和扩散渗析过程建模是相当复杂的，因为料液包含了多种组分且浓度较高，采用浓度数值代替活度数值导致了计算偏差，并且基于膜两侧的浓度差导致水的迁移不可忽略。当料液中含有多种酸时，扩散渗析过程变得更为复杂。本节的简化模型只能作为扩散渗析过程设计的初步估算。

11.4.3　电渗析器

11.4.3.1　压滤型电渗析器结构

图 11-54 显示了压滤型电渗析器的结构。这是我国自己设计、生产的最常用的结构形式。本节关于电渗析器结构与参数的讨论都指这种形式的电渗析器。

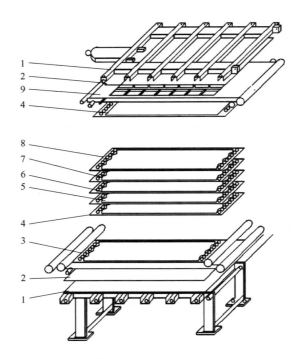

图 11-54　电渗析器结构

1—夹紧板；2—绝缘橡皮板；3—电极（甲）；4—加网橡皮圈；5—阳离子交换膜；
6—浓（淡）水隔板；7—阴离子交换膜；8—淡（浓）水隔板；9—电极（乙）

11. 4. 3. 2　电渗析器水力学设计

（1）隔室水力学特性

隔室的水力学特性取决于隔室的网格（湍流促进器）形式及应用流速。采用不同网格的水力学试验表明，隔室的液体流动具有围绕浸没物体或通过填充塔的流动特点，而不像液流通过长管子那样，当 Re 在 2000 时发生滞流到湍流过渡的流动变化。实际上，在电渗析隔室中，一般 Re 在 10～40 之间便逐渐偏离滞流状态[159]。

隔室网格的水力学特性用填充塔式模型来描述，包括滞流和湍流两部分[160]。

对于滞流部分，隔室的比压降可用类似于半径为 R 的圆管中流动的表达式。

$$\frac{h_L}{\langle L \rangle} = \frac{16\nu}{R^2} \times \frac{\langle V \rangle}{2g} \tag{11-80}$$

液流流经的隔板网具有相当复杂的截面。若隔板网的水力半径为 R_n，则上式可写成

$$\frac{h_L}{\langle L \rangle} = \frac{4\nu}{R_n^2} \times \frac{\langle V \rangle}{2g} \tag{11-81}$$

式中，h_L 为沿程水力学压降；$\langle L \rangle$ 为隔室中实际流程长度；$\langle V \rangle$ 为隔室中的实际流速；ν 为运动黏度；g 为重力加速度。

定义水力半径 R_n 为隔室空隙率 ε 和润湿表面积 Ω 之比，即 $R_n = \dfrac{\varepsilon}{\Omega}$。

对于湍流部分，用闭合流道流动的修正式表示，

$$\frac{h_L}{\langle L \rangle} = \lambda_0 \, \frac{1}{4R_n} \times \frac{\langle V \rangle^2}{2g} \tag{11-82}$$

式中，λ_0 为摩擦系数。

对于隔室中的高度湍流，摩擦系数只是相对黏度的函数，将上两式相加，

$$\frac{h_L}{\langle L \rangle} = \frac{4\nu}{R_n^2} \times \frac{\langle V \rangle}{2g} + \frac{\lambda_0}{4R_n} \times \frac{\langle V \rangle^2}{2g} \tag{11-83}$$

即

$$\frac{h_L}{\langle L \rangle} = \frac{\nu^2}{2g(2R_n)^3} \times \left[16\left(\frac{\langle V \rangle \times 2R_n}{\nu}\right) + \frac{\lambda_0}{2} \times \left(\frac{\langle V \rangle 2R_n}{\nu}\right)^2 \right] \tag{11-84}$$

对于常用的各种隔板网，液流在隔室中的实际流动方向与总的流动方向有一夹角 θ，所以实际流速 $\langle V \rangle$ 及实际流程长度 $\langle L \rangle$ 较表观流速 V 及流程长度 L 要大：

$$\langle V \rangle = \frac{V}{\varepsilon \cos\theta} \qquad \langle L \rangle = \frac{L}{\cos\theta}$$

并代入式(11-84)，得：

$$\frac{h_L}{L} = \frac{\nu^2}{2g\left(\dfrac{2\varepsilon}{\Omega}\right)^3 \cos\theta} \times \left[16\left(\frac{2V}{\Omega\nu\cos\theta}\right) + \frac{\lambda_0}{2} \times \left(\frac{2V}{\Omega\nu\cos\theta}\right)^2 \right] \tag{11-85}$$

式(11-85) 为隔网水力学性能的关系式，用于电渗析器隔室的压降计算。

（2）膜堆配水均匀性

一个膜堆可由数十个至数百个膜对组成。将液流均匀分布到各个并联隔室中去是电渗析器设计的关键。液流分布少的隔室将有大的传质阻力，并容易发生浓差极化，影响整个膜堆的应用性能。

液流通入电渗析器的途径是：总进水管→布水内管（隔板和膜的进水孔叠加而成）→隔板布水槽→隔室（网格部分）→隔板集水槽→集水内管（隔板和膜的出水孔叠加而成）→总出水管。

① 布水内管、集水内管的静压分布 布水内管、集水内管与隔室布水槽、集水槽直接连接，通过布水槽液流分配到各个隔室中去。显然，布水内管和集水内管中液流属变质量流动。若膜堆每个隔室的形体阻力相同，则布水内管、集水内管的压力分布对膜堆配水均匀性将有重要影响。

液流在布水内管、集水内管中的流动如化工设备中密布的多孔管径向分流器如图 11-55 和图 11-56 所示。

对于分流流动来说，若水流以速度 v_a 进入等截面积 A 的布水内管，然后逐步分流，流速随分流支管数的增加逐渐下降。各支管的几何尺寸相同，支管孔间距相等。假定进入支管入口处的水流的流动方向垂直于主管轴线，并在 x 方向减速至零。据此，可以列出动量微分方程[159]

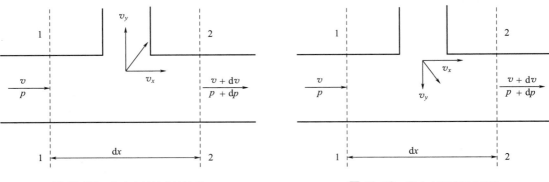

图 11-55　布水内管的分流流动　　　　　　　　**图 11-56**　集水内管的汇合流动

$$Ap + \rho A v^2 = A(p + \mathrm{d}p) + \rho A(v + \mathrm{d}v)^2 + \pi D \tau_0 \mathrm{d}x \tag{11-86}$$

式中，p 为静压强；ρ 为液体密度；D 为分流主流道直径；v 为水流沿程（主流道）流速；τ_0 为管壁单位面积上的内摩擦力。

令 $\tau_0 = \dfrac{\lambda \rho v^2}{8}$，并代入上式，经整理得：

$$\mathrm{d}p + \rho \mathrm{d}(v)^2 + \frac{\lambda \rho v^2}{2D} \mathrm{d}x = 0 \tag{11-87}$$

由于流入各支管入口处的水流的流动方向变化并非 90°角，x 方向上的速度也不是完全减至零，因此，上式应做修正。

$$\mathrm{d}p + k_\mathrm{d} \rho \mathrm{d}(v)^2 + \frac{\lambda \rho v^2}{2D} \mathrm{d}x = 0 \tag{11-88}$$

式中，k_d 为动量回升系数，它用于校正流入支管入口处之水流速度的轴向分量对动量变化的影响，以及水流管壁边界层和管壁局部摩擦的影响；λ 为摩擦系数。

假设水流在主流道内的速度是沿程呈线性变化的，即

$$v = v_\mathrm{a} \left(1 - \frac{x}{L} \right) \tag{11-89}$$

式中，v_a 为流道进口速度。把式(11-89)代入式(11-88)，经整理得

$$\mathrm{d}p + k_\mathrm{d} \rho \mathrm{d} \left[v_\mathrm{a} \left(1 - \frac{x}{L} \right) \right]^2 - \frac{\lambda \rho L}{2D} \left[v_\mathrm{a} \left(1 - \frac{x}{L} \right) \right]^2 \mathrm{d} \left(1 - \frac{x}{L} \right) = 0 \tag{11-90}$$

假定 λ 和 k_d 为常数，对上式积分，经整理得布水内管的静压分布公式：

$$\Delta p_\mathrm{d} = \rho v_\mathrm{a}^2 \left\{ \frac{1}{3} \times \frac{\lambda L}{2D} \left[1 - \left(1 - \frac{x}{L} \right)^3 \right] - k_\mathrm{d} \left[1 - \left(1 - \frac{x}{L} \right)^2 \right] \right\} \tag{11-91}$$

或

$$h_\mathrm{d} = \frac{v_\mathrm{a}^2}{g} \left\{ \frac{1}{3} \times \frac{\lambda L}{2D} \left[1 - \left(1 - \frac{x}{L} \right)^3 \right] - k_\mathrm{d} \left[1 - \left(1 - \frac{x}{L} \right)^2 \right] \right\} \tag{11-92}$$

式中，Δp_d 为静压差；h_d 为压头损失；x 为布水内管任意截面处的管长。

若 $x = L$，由式(11-92)可得主流道全程的压头损失：

$$h_\mathrm{d} = \frac{v_\mathrm{a}^2}{g} \times \left[\frac{1}{3} \times \frac{\lambda L}{2D} - k_\mathrm{d} \right] \tag{11-93}$$

从上式可看出变质量流与均质量流之间的差异。变质量流的压头损失除摩擦阻力损失项外，还含动量交换项，而且摩擦阻力项只是均质量流的 1/3。由于摩擦阻力项和动量交换项的符号相反，摩擦阻力项使主流道静压沿程下降，动量交换项使静压沿程回升。因此，当 $\dfrac{\lambda L}{6D} \gg k_d$ 时，动量交换项的作用可忽略，主流道全程的压头损失将由摩擦阻力项决定，属摩擦阻力控制型；当 $\dfrac{\lambda L}{6D} \ll k_d$ 时，摩擦阻力项的作用可忽略，主流道全程的压头损失将由动量交换项决定，属动量交换控制型；还有一种情况是动量交换项和摩擦阻力项都起作用的混合型。膜堆布水内管中的分流流动属于摩擦阻力项占优势的混合型流动。静压沿布水内管的水流方向下降。

对于集水内管的汇合流动，同理可导出主流道的静压分布式：

$$\Delta P_g = \rho v_a^2 \left[\frac{1}{3} \times \frac{\lambda L}{2D} \left(\frac{x}{L} \right)^3 + k_g \left(\frac{x}{L} \right)^2 \right] \qquad (11\text{-}94)$$

或

$$h_g = \frac{v_a^2}{g} \left[\frac{1}{3} \times \frac{\lambda L}{2D} \left(\frac{x}{L} \right)^3 + k_g \left(\frac{x}{L} \right)^2 \right] \qquad (11\text{-}95)$$

上两式中，k_g 为动量耗散系数。

若 $x = L$，则式（11-95）变为：

$$h_g = \frac{v_a^2}{g} \left[\frac{\lambda L}{6D} + k_g \right] \qquad (11\text{-}96)$$

式（11-94）和式（11-95）表明，集流流道与分流流道不同，摩擦阻力项和动量交换项符号都为正，它们总是叠加的。因此不管是摩擦阻力项占优势，还是动量交换项占优势，静压总是沿集水内管的水流方向下降。

由于在布水内管和集水内管的静压都是沿水流方向下降，且集水内管静压下降坡度更大，则膜堆内每个隔室两端的静压都不一样，压差也不相同，所以流经每个隔室的流量不可能做到分配相等，只能通过控制流经膜堆各部分的压降分布来达到所希望的均匀分配程度。

② 配水偏差　一台实用电渗析器并联隔室的配水偏差要求在 ±5% 之内，定义配水偏差 φ 为

$$\varphi = \frac{q_i - q_{av}}{q_{av}} \times 100\% \qquad (11\text{-}97)$$

式中，q_{av} 为膜堆隔室平均流量；q_i 为膜堆任一隔室流量。

通过隔室流量与压力关系的变换，式（11-97）可写成

$$\varphi = \frac{\sqrt{h_i} - \sqrt{h_{av}}}{\sqrt{h_{av}}} \times 100\% \qquad (11\text{-}98)$$

式中，h_{av} 为某一隔室两端的压头损失；h_i 为膜堆平均压头损失。

根据式（11-98）只要测定膜堆的压头损失和任一隔室的压头损失，就可计算出膜堆的配水偏差。

(3) 提高配水均匀性的措施

膜堆液流通道各个部分的压降分布对配水均匀性都有影响。调整压降分布是提高配水均

匀性的关键。这与膜堆内各部分液流通道的几何形体设计有关，也与隔室流速（膜堆流量）与布水内管、集水内管的液流流动方向有关。

① 阻力比与配水的均匀度　定义阻力比为

$$\sigma = \frac{h_{av}}{|h_d - h_g|} \qquad (11-99)$$

式中，h_{av} 为膜堆平均压头损失；h_d 为布水内管的全程压头损失；h_g 为集水内管的全程压头损失。

h_d、h_g 和 $h_{av}(h_{av}=h_L)$ 可用式(11-93)、式(11-96) 与式(11-85) 计算，但通常仍以实测数据为主。

阻力比越大，配水均匀性越好。阻力比达到 6 以上，配水均匀度提高缓慢。电渗析器设计时，只要 $\sigma \geqslant 7.5^{[161]}$，便可达到要求的配水均匀性。可见，减小布水内管、集水内管的压降，提高隔室部分的压降是提高配水均匀度的关键。组装时应尽量减小内管的摩擦系数。隔室流速越高，阻力比越大，配水均匀性越高。

② 配水形式　膜堆配水有 O 型、Z 型和 π 型三种形式。液流由膜堆布水内管两端流入并从集水内管两端流出的配水形式为 O 型配水；布水内管与集水内管流动方向相同的为 Z 型配水，流动方向相反的为 π 型配水。通过以上讨论可知，在相等流量下，不同配水形式对阻力比的影响不同，显然，配水形式的优劣次序是：O 型＞Z 型＞π 型。

③ 控制膜对数　膜对数越多，内流道越长，则沿程摩擦阻力损失越大，分、集流静压分布曲线的相似性也越差。因此，一个膜堆的对数不宜多。采用小膜堆配水是提高配水均匀度的有效途径。

④ 隔板厚度均一　尽量保证膜堆所有并联隔室在相同压降下流量相等。在上百对并联的隔室中，厚度越小的隔室，水流阻力越大，过水量越少。因此，对隔板加工精度要求很高。加工好的隔板还必须进行挑选，尽量做到每台电渗析器所有隔板厚度均一，同一张隔板框和网的各个部位厚度均一。布水槽和网结构上的差异是引起隔室平面水流分布不均的重要原因，因此，各布水槽结构应统一，网眼尺寸应均匀一致。

⑤ 良好的运行状态　一台良好设计的电渗析器在运行中发生局部极化现象是经常的，这是脏物堵塞布水槽或极化结垢增加了隔室的液流阻力所致。应通过完善预处理措施与合理采用操作参数来预防极化现象。

11.4.3.3　电渗析电极

(1) 电极反应

电渗析电极分阳极和阴极两种。阳极和阴极分别与直流电源的正极和负极相连接，形成直流电场。通电过程中，在阳极表面发生氧化反应，在阴极表面发生还原反应，以完成由外电路的电子导电转变为膜堆内部的离子导电过程。

电渗析装置应采用不溶性电极材料。不溶性电极的电极反应主要是电解质溶液中被电解的物质参加的反应，而电极本身不参加反应或反应速率极小。铂、钛涂铂、二氧化钌以及石墨等都属于不溶性电极材料。

① 阳极反应　在稀释的酸性氯化物溶液中，以不溶性电极作为阳极，$E^{\ominus}$ 为标准电极电位。其主要电极反应为：

$$2Cl^- - 2e^- \longrightarrow Cl_2 \uparrow \qquad\qquad E^{\ominus} = 1.385V$$

$$H_2O - 2e^- \longrightarrow \frac{1}{2}O_2 \uparrow + 2H^+ \qquad E^{\ominus} = 1.23V$$

也就是说，在电解氯化物溶液时，阳极的主要反应产物为氯气和氧气。释出的氯气和氧气的相对数量为多少很难预测。从热力学的观点看，氧气首先释出，实际上则正好相反，而是氯气首先从电极释出。因为电极反应主要受动力学控制，而不能仅考虑电极电位。一般来讲，电极的电流密度越低，Cl^- 的浓度越高，其释氯电流效率就越高，而释氧的电流效率就越低。相反，电流密度越高，Cl^- 的浓度越低，其释氯的电流效率就越低，释氧的电流效率就越高。

在电解酸性的硫酸盐、碳酸氢盐等无氯离子的电解质溶液时，硫酸根或碳酸氢根不可能在阳极上放电，其主要的阳极反应为水的解离放电，即：

$$H_2O - 2e^- \longrightarrow 2H^+ + \frac{1}{2}O_2 \uparrow \qquad E^{\ominus} = 1.23V$$

而在碱性的上述溶液中，电极反应历程和电极电位都与在酸性或中性溶液中不同。

$$4OH^- - 4e^- \longrightarrow O_2 \uparrow + 2H_2O \qquad E^{\ominus} = 0.401V$$

实际上电极反应是很复杂的，除了主要电极反应以外，还有许多副反应。例如不溶性电极电解稀释的中性氯化物溶液时，阳极上至少有下列反应[162]：

a. $2Cl^- - 2e^- \longrightarrow Cl_2 \uparrow$　（阳极）

b. $Cl_2 + H_2O \Longrightarrow HOCl + Cl^- + H^+$

c. $HOCl \Longrightarrow H^+ + OCl^-$

d. $6OCl^- + 3H_2O - 6e^- \longrightarrow 2ClO_3^- + 4Cl^- + 6H^+ + \frac{3}{2}O_2 \uparrow$　（阳极）

e. $OCl^- + 2HOCl \longrightarrow ClO_3^- + 2Cl^- + 2H^+$

f. $ClO_3^- + H_2O - 2e^- \longrightarrow ClO_4^- + 2H^+$　（阳极）

g. $H_2O - 2e^- \longrightarrow 2H^+ + \frac{1}{2}O_2 \uparrow$　（阳极）

可溶性电极的电极材料本身参加反应，电解质溶液也可能参加反应，二者反应的相对数量要视具体条件而定。不锈钢在电解氯化物溶液中作为阳极，就属于可溶性电极，其阳极反应主要是靠不锈钢中的元素的溶解来进行的。

$$M - 2e^- \longrightarrow M^{2+}$$

式中，M 代表 Fe、Ni、Cr 等元素。

如果稀释的氯化钠溶液中还含有硫酸盐、碳酸氢盐或其他种类的盐，则除了不锈钢本身溶解之外，溶液中的 Cl^- 或 H_2O 也可能失去电子，不锈钢电极板上就可能释出氯气和氧气，可能有如下的电极反应：

$$H_2O - 2e^- \longrightarrow 2H^+ + \frac{1}{2}O_2 \uparrow$$

$$2Cl^- - 2e^- \longrightarrow Cl_2 \uparrow$$

当然，如果溶液中 Cl^- 浓度很低，比如小于 $100mg/L$，而硫酸盐或碳酸氢盐浓度较高，或还有硝酸盐，则不锈钢也可能不被溶解，电极反应主要是释出氧气或氯气。

在电渗析装置中，所使用的铅电极也是如此。铅在氯化物溶液中作为阳极使用，铅为可溶性电极，其阳极反应主要是铅的溶解：

$$Pb - 2e^- \longrightarrow Pb^{2+}$$

如果电渗析处理硫酸盐，以铅作为阳极，则铅电极基本上不溶解或溶解很少，这时的阳极反应主要是释氧，电极表面形成一层二氧化铅薄膜，阻止了铅本身的溶解。有趣的是，不锈钢或铅电极在含有硫酸盐、碳酸氢盐等的稀释氯化物溶液中作阳极，随着电极上电流密度的增加，不锈钢或铅电极的溶解度反而减小，这是由于高电流密度下形成金属氧化物钝化层所致。

阳极反应的结果是使电极液 pH 下降，阳极反应产生的初生态的氯和氧对靠近电极的离子交换膜有很强的氧化腐蚀性，所以通常用含氟材料制作阳极膜。

② 阴极反应　对不溶性电极的阴极反应来说，不论电解氯化物、硫酸盐，还是电解碳酸氢盐等电解质溶液，其阴极上的反应主要是释氢。

在碱性溶液中：

$$2H_2O + 2e^- \longrightarrow H_2 \uparrow + 2OH^- \qquad E^\ominus = -0.83V$$

在酸性溶液中：

$$2H^+ + 2e^- \longrightarrow H_2 \uparrow \qquad E^\ominus = 0V$$

如果电解质溶液中含有重金属离子，例如 Cu^{2+}、Fe^{2+}、Pb^{2+} 等，也就是说，如果电解质溶液为硫酸铜、硫酸亚铁、氯化锌、氯化铅等时，其阴极上就会有重金属沉积上去。

$$Cu^{2+} + 2e^- \longrightarrow Cu \qquad E^\ominus = +0.337V$$

$$Fe^{2+} + 2e^- \longrightarrow Fe \qquad E^\ominus = -0.440V$$

$$Pb^{2+} + 2e^- \longrightarrow Pb \qquad E^\ominus = -0.126V$$

$$Zn^{2+} + 2e^- \longrightarrow Zn \qquad E^\ominus = -0.763V$$

阴极反应的结果是使电极液 pH 上升。如果阴极附近溶液中聚集的 OH^- 和迁移到阴极附近的 Ca^{2+}、Mg^{2+} 的浓度大于溶度积，便产生 $Ca(OH)_2$ 和 $Mg(OH)_2$ 的沉淀。如果电极液含有 HCO_3^- 和 SO_4^{2-}，也可能产生 $CaCO_3$、$MgCO_3$ 和 $CaSO_4$ 的沉淀，这些沉积物覆盖阴极，甚至会填塞极水通道，严重时还会因局部电阻过大影响膜堆，造成运行障碍。通常用极水酸化、极室酸洗与在运行中定期调换电极极性的方法来解决。

（2）电极材料

电极材料应具有良好的导电性能和电化学稳定性，又要有一定的机械强度。目前国内主要应用二氧化钌、石墨和不锈钢作电极材料，过去也用铅板电极。国外主要应用钛镀铂电极、石墨电极和不锈钢电极，而钛镀铂电极比我国常用的二氧化钌电极价格昂贵。

① 二氧化钌电极　二氧化钌电极也称钛涂钌电极，是我国使用最多的电渗析电极。钛虽然是一种耐腐蚀性能很好的金属，但它不能直接作为阳极使用。因为钛作为阳极材料时，由于氧化反应，其表面会形成一层高电阻氧化膜，致使电流很小，电位很高。为了使钛能作阳极使用，在 20 世纪 60 年代发明了一种在钛基体上涂一层所谓陶瓷-电催化-半导体（简称CESC）涂层的方法。这种方法制得的电极耐腐蚀、性能稳定[163-166]。

该电极是用热分解法制备的[167]。钛基可用钛丝或钛板，钛材型号优先选用 T_{A1} 和

T_{A2}，也可选用 T_A。先将钛基去油脂，用 10％草酸腐蚀 3h 或用其他方法处理，使钛材形成粗糙的表面。再把三氯化钌（$RuCl_3$）、氯铱酸（H_2IrCl_6）以及钛酸丁酯［$Ti(OBu)_4$］按一定比例用 36％的盐酸和异丙醇配制成涂液，按一定顺序涂敷在处理好的钛基体表面上。每涂一次，用红外灯烤干，然后放到 450℃ 的炉子里烘焙 15min，取出冷却后，再涂下一次。这样反复涂、烤、烘焙 15～20 次，最后一次在 450℃ 炉子里烘焙 1h，以使涂层完全转化成二氧化钌、二氧化铱以及二氧化钛的固熔体。

由于钌、铱、铁的离子半径非常接近（分别为 0.65×10^{-10} m、0.66×10^{-10} m、0.68×10^{-10} m），其点阵结构和空间群属于同一类型，因此，在热处理的共氧化过程中能够形成 RuO_2-IrO_2-TiO_2 的固熔体，具有牢固的稳定性。

CESC 涂层是以二氧化钛为主的。二氧化钛是陶瓷的主要原料，涂层经高温烘焙后可以像陶瓷一样牢固地黏附在钛基体上。但二氧化钛的导电性能特别差，所以涂层中需要有二氧化钌和二氧化铱。由同晶型的二氧化钌和二氧化钛生成扭变的 N 型混合晶体，其中存在一些氧原子的缺位，因此具有金属导电的性质，可以将阳极表面的电子导入金属钛上。二氧化钌为释氯催化剂，它对于氯气的释出具有催化活性，因此它对于氯的过电位较低。但是二氧化钌对于氧的释出会导致活性层（CESC 涂层）钝化，以致电极电位上升，甚至电极不导电。因此，为了延长电极的使用寿命，涂层中又增加了二氧化铱的成分。实践证明，电渗析用的二氧化钌电极，涂层中加铱和不加铱成分，使用寿命相差很大。涂层加铱，电极的使用寿命比不加铱的电极提高十几倍以上，可见铱在电渗析用二氧化钌电极涂层中的重要作用。据报道[163]，铱对于氧的形成和还原反应表现出可逆性。而且，铱上的释氧速度是很快的，对于氧的释出反应，铱具有很好的催化活性。从电渗析电极的反应可知，阳极反应除释氯外，还要释出大量氧气。所以，电极涂层中加进含铱的成分可大大提高了电极的使用寿命。

电渗析用二氧化钌电极与氯碱工业用二氧化钌阳极是不同的，电渗析在工艺上采用调换电极极性的操作方式，所以电极既要作阳极又作阴极用，要求其既要耐氧化又耐还原。而在涂料配方中，氯碱工业用阳极不含铱，而且钛的含量也较低。

为了测定二氧化钌电极的使用寿命，已建立了二氧化钌电极寿命的快速测定方法[168]。一般其使用寿命可达 3 年。

② 石墨电极　石墨电极是电渗析的常用电极材料。它具有耐腐蚀、释氯过电位低、价格便宜等优点。为了延长石墨电极的使用寿命，必须在使用前进行浸渍处理。石墨是由晶粒组成的，其晶粒越小，结构就越紧密，耐腐蚀性能也就越好；相反，晶粒越大，结构就越疏松，耐腐蚀性能也就越差。一般选择晶粒小、密度为 $1.8g/cm^3$ 的致密石墨作为电极材料并将其加工成 10～20mm 长的板状。通常加工方法是将其放在高温的沥青、石蜡、环氧树脂、酚醛树脂或呋喃树脂等中浸渍，为了增加浸渍深度，最好是在真空条件下进行。浸渍深度一般在 1～2cm。曾用下列方法浸渍石墨，得到了较好的效果：先将加工好的石墨板分层置于 200℃ 的烘箱中，保持 3～4h，除去石墨中的水分，然后放在 200～220℃ 的石蜡槽中，浸渍 2～3h，待石蜡槽温度降至 70～80℃ 时，将石蜡板取出冷却即成。国内有的厂家先将加工好的石墨分层置于 200℃ 左右的烘箱中，保温 12h，然后逐渐降温至 150℃，放入预先加热至 120℃ 熔化的石蜡（80％）和蜂蜡（20％）槽中，恒温保持 48h 以上，最后蜡槽温度降至 80～90℃，将石墨板取出冷却即成。据称，通过这样处理的石墨电极，在淡化苦咸水条件下，可使用 2 年以上。

③ 不锈钢电极　选用 Cr18Ni9Ti 作电极材料。电极可以做成丝状或板状，板状电极厚度一般取 3mm。

一般来说，不锈钢只能作为阴极材料，不能作为阳极材料。因为电渗析所处理的水中所含的 Cl^- 会导致不锈钢阳极溶解，生成铁、铬、镍等离子。但是，不锈钢在不同浓度的碳酸氢盐、硝酸盐溶液中，不仅可以作为阴极材料，还可以作为阳极材料使用[169]。不锈钢在这种情况下不溶解或溶解量极少。因为 HCO_3^-、NO_3^-、SO_4^{2-} 或 NO_2^- 等离子对不锈钢的氧化表面膜有保护作用。在电渗析装置中，如果选择上述几种电解质溶液作为极水循环使用，不锈钢就可以作为阳极，调换电极极性运行。从电极反应可知，用上述几种电解质溶液作为极水，电解质（即上述各种盐）不会被消耗，电极反应只消耗水。其主要的电极反应是：

阳极：
$$H_2O \longrightarrow 2H^+ + \frac{1}{2}O_2 \uparrow + 2e^-$$

阴极：
$$2H_2O \longrightarrow H_2 \uparrow + 2OH^- - 2e^-$$

或
$$2H^+ \longrightarrow H_2 \uparrow - 2e^-$$

如果溶液中氯离子含量较低，并存在适量的硝酸盐、碳酸氢盐或硫酸盐等，则不锈钢也可以作为阴、阳极在电渗析装置中调换电极极性应用。因为像 NO_3^-、HCO_3^-、SO_4^{2-} 等这些离子对不锈钢表面氧化物的形成有促进作用，也就是说，像 NO_3^-、HCO_3^-、SO_4^{2-} 等这些离子对不锈钢有缓蚀作用。由于这些离子的存在，防止了氯离子对不锈钢表面氧化物膜的破坏。有趣的是，单纯的 HCO_3^- 对不锈钢毫无缓蚀作用，单纯 SO_4^{2-} 的缓蚀作用也不明显，而两种离子的混合溶液，在氯离子浓度较低的情况下，对不锈钢具有较好的缓蚀作用。电极液选取适当，不锈钢电极也可以使用 2 年左右。

④ 不同电极材料的选取　掌握电极材料的电化学性能和适用水质范围对工程应用十分重要，见表 11-16。

表 11-16　不同电极材料的适用水质[170]

电极材料	二氧化钌	石墨	不锈钢	铅
有害离子		SO_4^{2-}、NO_3^- 引起氧化损耗	Cl^- 有穿孔腐蚀作用	Cl^-、NO_3^-
有益离子	Cl^- 浓度高有利	Cl^- 浓度越高损耗越少	NO_3^-、HCO_3^-	SO_4^{2-} 浓度越高越好
适用水质	限制较少	广泛	$Cl^- < 100mg/L$ 的 SO_4^{2-} 和 HCO_3^- 水型	少 Cl^- 的 SO_4^{2-} 水型
公害	无	无	无	Pb^{2+}

从表 11-16 中可看出，适用于铅作电极材料的水质，同样适用于不锈钢电极，加之铅有公害，在天然水脱盐过程中应尽量避免采用。二氧化钌电极是我国为海水淡化而研制的，具有广泛的应用范围，但在阳极反应以释氧为主的场合，仍应优先选用不锈钢电极，其又有价格便宜的优点。如在北京地区，不锈钢电极的应用就比较成功。

11.4.3.4　电渗析器组装方式

（1）组装方式

① 常用术语

膜对——由阴膜、淡水隔板、阳膜和浓水隔板各一张组成的最小电渗析工作单元。

膜堆——由若干膜对组成的总体。

水力学段——电渗析器中淡水水流方向相同的膜堆部分。

电学级——电渗析器中一对电极之间的膜堆。

端电极——置于电渗析器夹紧装置内侧的电极。

共电极——电渗析器膜堆内，前后两级共同的电极。

② 电渗析器组装方式

a. 一级一段电渗析器　即一台电渗析器仅含一段膜堆，也可以说是仅有一级，使用一对端电极，通过每个膜对的电流强度相等。这种形式的电渗析器产水量大，整台的脱盐率就是 1 张隔板流程长度的脱盐率，多用于大、中型制水场地。在我国一级一段电渗析器多组装成含有 200～300 个膜对。

b. 一级多段电渗析器　通常一级中常含 2～3 段。这种电渗析器仍用一对电极，膜堆中通过每对膜的电流强度相同。级内分段是为了增加脱盐流程长度，提高脱盐率。这种形式的电渗析器单台产水量较小，压降较大，脱盐率较高，适用于中、小型制水场地。

c. 多级多段电渗析器　电渗析器使用共电极使膜堆分级。一台电渗析器含有 2～3 级、4～6 段，如二级四段、二级六段。也可以级、段数相同，如二级二段、三级三段。将一台电渗析器分成多级多段组装是为了追求更高的脱盐率，多用于单台电渗析器便可达到产水水量和水质要求的场合。小型海水淡化器和小型纯水装置多用这种组装方式。

这种装置若用一台整流器供电，则各级之间电压降相等，每级各段之间电流强度相等。做到各级、段的操作电流都比较接近极限电流，达到供电参数合理是一件不容易的事情，需要通过分析计算试验数据，调整各级、各段的膜对数来解决。

把一台电渗析器组装成一级多段或多级多段要使用浓、淡水倒向隔板来改变浓、淡水在膜堆中的流动方向，如图 11-57 所示。

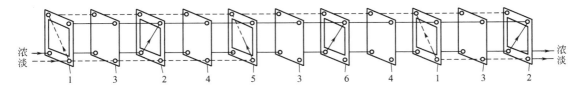

图 11-57　电渗析器内水流倒向示意图

1—淡水隔板；2—浓水隔板；3—阳膜；4—阴膜；5—三孔淡水改向隔板；6—三孔浓水改向隔板

（2）国产电渗析器的规格和性能

我国在 1973 年以前主要生产 1.5mm 厚 PVC 有回路隔板电渗析器。1974 年以后主要生产薄隔板无回路电渗析器，配用异相离子交换膜。经过十几年的工程应用实践，编制了电渗析技术标准[171]和电渗析标准图集[172]，并都出版实施。工业用电渗析器的规格性能和设计数据可参见本手册第 7 章表 7-65～表 7-68。

11.4.4　电渗析工艺设计

11.4.4.1　基础计算式

电渗析工艺参数计算以欧姆定律和法拉第电解定律为基础，在目前出版的书刊中一般用摩尔浓度。在这一节中符号顺延使用，不再一一标注。

① 流速和流量　电渗析工艺参数一般皆与一个淡水隔室的流量或淡水隔室的线流速相关联。一个淡水隔室的流量为

$$F_d = 10^{-3}tWv \tag{11-100}$$

若一段膜堆组装 N 对膜，则膜堆总流量为

$$Q = 3.6NF_d \tag{11-101}$$

根据已知的电渗析器的组装形式与产水量，可以用下式分段计算淡水隔室的水流速度：

$$v = \frac{10^6 Q}{3600NtW} = \frac{278Q}{NtW} \tag{11-102}$$

式（11-100）至式（11-102）中，t 为淡水隔板厚度，cm；W 为淡水隔板宽度，cm；v 为淡水流速，cm/s；F_d 为一个淡水隔室的流量，L/s；Q 为一段膜堆的流量，m³/h；N 为一段膜堆的组装膜对数。

② 脱盐率是电渗析器的重要性能指标，系统脱盐率要以单台或单级的脱盐率为基础进行计算。定义：

$$\varepsilon = \frac{c_{di} - c_{do}}{c_{di}} \times 100\% \tag{11-103}$$

式中，ε 为脱盐率；c_{di}、c_{do} 分别为电渗析器进口、出口浓度，取相同浓度单位。

③ 单位时间膜堆盐的迁移量 Δm（mol）

$$\Delta m = Q(c_{di} - c_{do}) = Q\Delta c = \frac{\eta IN}{F} \tag{11-104}$$

式中，η 为电流效率；I 为电流强度，A；Δc 为电渗析进口、出口浓度差，mol/L；F 为法拉第常数。

④ 膜堆需要的功率 N_s 等于膜堆电阻 R_s 与操作电流 I 平方的乘积，从式（11-104）可得：

$$N_s = I^2 R_s = R_s \left(\frac{Q\Delta cF}{N\eta}\right)^2 \tag{11-105}$$

式中，N_s 单位为 W；R_s 单位为 Ω。其他符号意义及单位同前。

影响 R_s 的因素有阴/阳离子交换膜的电阻、渗析液和浓缩液的电阻，以及扩散层的欧姆电阻。除膜电阻由膜的物化性能决定以外，其他影响因素都为液流浓度或速度的函数，计算相当复杂，一般由实测值确定。

⑤ 迁移单位物质的量盐的耗能 E（J/mol）从式（11-104）、式（11-105）可得：

$$E = \frac{N_s}{Q\Delta c} = \frac{IR_s F}{N\eta} \tag{11-106}$$

从式（11-105）、式（11-106）可看出，迁移每摩尔盐的能耗与电流的一次方成正比，而功率消耗则与电流的平方成正比。

⑥ 电流效率 η　指电流通过膜堆产生的盐分实际迁移物质的量与通过膜堆的电化物质

的量之比，由膜堆的实测数据来计算。根据法拉第定律，电流效率的一般表达式为：

$$\eta = \frac{Q(c_{di} - c_{do})F}{IN} \tag{11-107}$$

式中，Q 为淡水流量，L/s；c_{di}、c_{do} 为淡水系统进、出电渗析器的浓度，mol/L；I 为电流强度，A；N 为组装膜对数；F 为法拉第常数。

我国在工程应用中，习惯用如下计算式：

$$\eta = \frac{26.8Q(c_{di} - c_{do})}{NI} \tag{11-108}$$

式中，Q 的单位为 m³/h；c_{di}、c_{do} 的单位为 mol/L。

式(11-107) 表明，电流效率不直接取决于膜堆电阻和电压降，其主要影响因素有：

a. 膜的选择透过性；

b. 因浓差引起的电解质透过膜的扩散，这与膜本身的性能和流程设计所取浓、淡水浓度比有关；

c. 因浓差引起水透过膜的渗透和电渗失水；

d. 极化状态下引起的 H^+ 和 OH^- 迁移；

e. 电流通过布水槽的内漏和通过膜缘的外漏以及液流通过布水槽的内漏或膜堆漏水。

所以电流效率不仅是重要的设计计算数据，也是检查膜堆性能的重要参数。

11.4.4.2　极限电流密度的确定

电渗析工艺参数的确定皆以极限电流密度的推算为前提，相应再导出极限状态下的其他计算式。若不顾及极化条件，仅从法拉第定律出发，为达到所期望的脱盐目的而计算出的操作电流、脱盐率等参数如果超过极限电流的范围，则这些计算值是毫无意义的，如用于工程设计，则会导致工程应用失败。推算极限电流密度主要有 Wilson 法与 Mason-Kirkham 法两种方法，这两种方法提出的计算式都以试验数据为基础进行整理。Mason-Kirkham 法在我国应用较少，而 Wilson 法为我国所习用，并被进一步发展。

（1）Wilson 经验式

1960 年 Wilson[173] 根据一定的流速和浓度范围内，且温度变化不大的情况下的实验数据，提出了如下的极限电流密度经验式：

$$i_{lim} = kvc_m \tag{11-109}$$

式中　i_{lim}——极限电流密度，A/cm²；

　　v——淡水流速，cm/s；

　　c_m——淡水进、出口平均对数浓度，mol/L；

$$c_m = \frac{c_{di} - c_{do}}{\ln \dfrac{c_{di}}{c_{do}}}$$

　　k——水力学常数。

由于推导过程中做了很多假设，实践中发现有较大的偏差。在一些研究者的早期研究工作中同样发现极限电流密度与流速及浓度的关系并非一次函数关系[174]。1963 年，Wilson 又提出如下修正式：

$$i_{\lim} = k v^{0.5} c_m \tag{11-110}$$

我国电渗析工作者，习惯用电渗析的进水浓度、淡水水流速度直接与极限电流强度 $I_{\lim}$ 相关联。这样根据已知的进水浓度与所要求的产水量可以直接算出极限电流强度，经验式可写成：

$$I_{\lim} = k c_{di}^m v^n \tag{11-111}$$

式中，m 为浓度指数，一般为 0.95～1.00；n 为流速指数，一般为 0.5～0.8。

对于定型设计的电渗析器，选定离子交换膜后，上式中各常数值主要随原水离子组分和温度的不同而异。原水水型、水温确定后，在一定原水浓度和流速范围内，k、m、n 为定值。

电渗析进水离子组分不同，对极限电流有很大的影响。在文献 [175] 中，将天然水划分为 4 种水型。

① Ⅰ-Ⅰ价水型　一价 Na^+、K^+ 阳离子和一价 Cl^- 阴离子分别占天然水中阳、阴离子总物质的量浓度的 50％ 以上。

② Ⅱ-Ⅱ价水型　二价 Ca^{2+}、Mg^{2+} 阳离子和二价 SO_4^{2-} 阴离子分别占天然水中阳、阴离子的总物质的量浓度的 50％ 以上。

③ 碳酸氢盐水型　HCO_3^- 占天然水中阴离子总物质的量浓度的 50％ 以上。

④ 不均齐价型　不同于上述三种水型的混合离子天然水。

另外，为了获得基准数据，采用人工配制的 NaCl 型水质进行电渗析极限电流测试试验，NaCl 水型为在纯水中加入 NaCl 制成。

这样，不同的水型可以采用不同的极限电流表达式。

例如，对于我国最常用的 DSAⅡ-1×1/200 型电渗析器 ［见 11.4.3.4(2)］，在 25℃ 下，极限电流的表达式如下。

NaCl 水型，式(11-110) 的具体形式：

$$I_{\lim}^{NaCl} = 0.5446 c_m v^{0.66} \tag{11-112}$$

碳酸氢盐水型，式(11-110) 的具体形式：

$$I_{\lim}^{HCO_3^-} = 0.047 c_{di}^{0.958} v^{0.658} \tag{11-113}$$

式(11-112) 和式(11-113) 中，I 为电流强度，A；c_m 为淡水进出平均对数浓度，mol/L；v 为淡水流速，cm/s。

NaCl 水型，式(11-111) 的具体形式：

$$I_{\lim}^{NaCl} = 0.00593 c_{di} v^{0.658} \tag{11-114}$$

碳酸氢盐水型，式(11-111) 的具体形式：

$$I_{\lim}^{HCO_3^-} = 0.0047 c_{di}^{0.958} v^{0.658} \tag{11-115}$$

式(11-114) 和式(11-115) 中，c_{di} 为淡水进水浓度，mg/L。

水温对极限电流也有明显的影响。在我国水处理用水电渗析器采用异相膜的情况下，电渗析极限电流温度校正经验式为：

$$f = 0.987^{T_0-T} \tag{11-116}$$

式中，f 为极限电流温度校正系数；T_0 为测定极限电流时的水温，℃，采用本节的经验式或数据时取 25℃；T 为设计运行的水温，℃。

根据用 NaCl 水型做出的极限电流表达式，再用极限电流水型系数进行校正，可以得出用于各种水型的极限电流计算式，这也是目前国内经常采用的推算极限电流的方法之一。

在测试和进水浓度 c 条件相同的情况下，天然水型的极限电流与 NaCl 水型的极限电流的比值称为水型系数。定义水型系数 Φ_{AB}：

$$\Phi_{AB} = \left(\frac{I}{c}\right)_{\lim}^{AB} \Big/ \left(\frac{I}{c}\right)_{\lim}^{NaCl} \tag{11-117}$$

用上述 4 种天然水型与人工配制的 NaCl 水型的溶液进行大量的极限电流试验，然后把数据校正到相同的温度，就可以按式(11-117) 统计计算出不同天然水的水型系数。文献 [176] 报道了国内在这方面所进行的系统性的工作，并给出了在 0℃时的极限电流水型系数值。将 1975 年以后所进行的不同电解质极化行为研究的若干数据[177] 与结合工程设计的需要所开展的稀释海水型、HCO_3^- 水型、SO_4^{2-} 水型和高硬度水型的极限电流研究的若干数据进行综合整理，得出了常温下的极限电流水型系数数据，列在表 11-17 中。

表 11-17　常温下的极限电流水型系数

水型	NaCl	Ⅰ-Ⅰ价型	Ⅱ-Ⅱ价型	不均齐价型	碳酸氢盐型
水型系数	1.00	0.95	0.66	0.70	0.59

这样将式(11-110) 或式(11-111)、式(11-116) 与水型系数一起考虑，可以写出如下推算极限电流的经验式

$$I_{\lim} = kc^m v^n f\Phi \tag{11-118}$$

使用上式，可以把电渗析器用 NaCl 水型所做的极限电流经验式推广到该电渗析器用于各种水型和所允许的使用水温下进行极限电流的计算，误差一般在 ±5％ 以内。

(2) Mason-Kirkham 经验式

1959 年 Mason 和 Kirkham 导出了极化参数关联式[178]，这一论文被称为电渗析参数设计的经典论文。利用这一关联式，必须对已定型设计的电渗析器做出不同应用条件下的若干基础数据和工作曲线，确定关联式中的一些常数。这一关联式对各种浓度的天然水脱盐，包括海水淡化都能适用。

若设沿膜堆隔室流水道任一点上浓、淡水平均摩尔浓度为 c_a：

$$c_a^{-1} = \frac{1}{2}(c_b^{-1} + c_d^{-1}) \tag{11-119}$$

用交流电测定的每对膜的电阻 R_p：

$$R_p = \frac{K_1}{c_a} + K_2 - K_3 c_a \tag{11-120}$$

或

$$R_p c_a = K_1 + K_2 c_a - K_3 c_a^2 \tag{11-121}$$

式中，c_a 的单位为 mol/L；R_p 的单位为 Ω。

在一定温度下，对于定型的隔板、膜及溶液体系，K_1、K_2、K_3 均为常数。在稀溶液中 K_3 项可忽略不计。式（11-120）就简化成：

$$R_p = \frac{K_1}{c_a} + K_2 \tag{11-122}$$

因在稀溶液中，强电解质的电阻近似与浓度成反比，而膜电阻相对地与电解质浓度无关。故式（11-122）意味着，膜对电阻由溶液电阻项 K_1/c_a 加膜电阻项 K_2 组成。

极化参数是极限电流密度对淡水室电解质浓度的比率。

$$(i/c_d)_{\lim} = a F_a^m \tag{11-123}$$

式中，i 为极限电流密度，A/cm^2；c_d 为淡水层浓度，mol/L；F_a 为淡水层流量，L/（层·s）；a 为方程式系数；m 为流量指数。

极化参数的关联式为：

$$\frac{\eta A_p (i/c_d)_0}{F} = \frac{1000\left[\dfrac{K_1}{2c_{di}}\ln\dfrac{1+g\varepsilon}{1-\varepsilon} + K_2\varepsilon - \dfrac{2K_3 c_{di}}{1+g}\left(\varepsilon + \dfrac{g-1}{2}\varepsilon - \dfrac{g\varepsilon^2}{3}\right)\right]}{(1-\varepsilon)\left[\dfrac{K_1(1+g)}{2c_{di}(1-\varepsilon)(1+g\varepsilon)} + K_2 - 2K_3 c_{di}\dfrac{(1+\varepsilon)(1+g\varepsilon)}{1+g}\right]} \tag{11-124}$$

式中，η 为电流效率；A_p 为每对膜的有效面积，cm^2；$(i/c_d)_0$ 为极化参数在出口处的值；F 为法拉第常数；c_{di} 为淡水进口浓度，mol/L；g 为淡水进口浓度与浓水进口浓度比 c_{di}/c_{ci}；ε 为脱盐率。

K_1、K_2、K_3 和 ε 由电渗析器的特性所决定，g 和极化参数 i/c_d 由设计决定。i/c_d 随 ε 的增加而增加，即脱盐率随流道的增长而增加，最大值在淡水出口处。为避免极化，应取 i/c_d 的安全值，一般可取其 70% 左右。

若每一段的脱盐率为 ε_0，每对膜需要的外加电压 V_p 为：

$$V_p = (i/c_d)_0 R_{m0} c_{di}(1-\varepsilon_0) \times 10^{-3} \tag{11-125}$$

式中，R_{m0} 为出口处每对膜的电阻，Ω；V_p 的单位为 V。

电渗析直流电功率 P 为：

$$P/N = FQ_d(i/c_d)_0 c_{di}^2 \varepsilon_0 (1-\varepsilon_0) R_{m0} \times 10^{-6}/\eta \qquad (11-126)$$

式中，N 为膜对数；P 为每对膜的直流电功率，kW•h。

生产 1m³ 淡水的耗电量 W(kW•h)：

$$W = 0.231F(i/c_d)_0 c_{di}^2 \varepsilon_0 (1-\varepsilon_0) R_{m0} \times 10^{-6}/\eta \qquad (11-127)$$

（3）V-I 曲线法测定极限电流

我国推荐采用 V-I 曲线法测定电渗析器的极限电流。为了排除膜堆因配水不均产生局部极化，一般建议将电渗析器组装成一级一段膜堆，含 100 对膜。采用实际应用的一级一段膜堆进行测试也是可行的。多级多段组装的电渗析器，整台测试难以获得准确的数据，必须分级进行试验。为排除电极电压波动的影响，试验前要在膜堆与电极之间插入厚度为 0.2mm 的铜片，使铜片与离子交换膜接触的有效面积不少于 0.5cm²，以利于导电。这样所测取的电压为膜堆中所有膜对的总电压降。若使用新的离子交换膜，注意充分转型是很重要的。经过浸泡的离子交换膜还需在试验水质下通水，通电 2~4h，每对膜施加电压在 0.5V 以下，并每小时倒换电极极性一次。测试时，还需重新配制所要求的原水。

将被测溶液泵入电渗析器，待溶液浓度和温度恒定，流量稳定，且淡水、浓水和极水进口压力平衡的情况下，可通电并记录数据。使用无级可调整流器，初始电压选在每对膜 0.1~0.2V，以后每次升高电压的量控制在 0.1V 左右。两次调压的时间间隔应为淡水流在隔室停留时间的 3 倍。其间准确、快速地记录施加电压、相应的电流强度和流量、压力等数据。在适当的电压区间，采取水样进行分析。至每对膜电压降在 2V 左右时，即停止试验。

利用所记录的电压、电流数据，在算术坐标纸上作 V-I 曲线，如图 11-58 所示。将图中各点连接成曲线，作曲线的切线 AP 和 DP 交于 P 点，由 P 点作平行于 x 轴和 y 轴的直线交曲线于 B、C 两点，C 点即为标准极化点，与 C 点对应的电流强度即为极限电流。

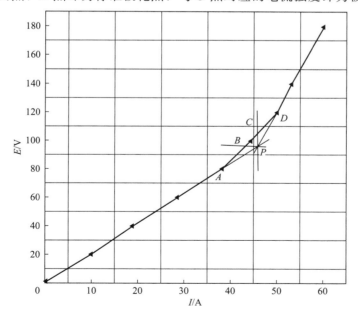

图 11-58　V-I 曲线图

图 11-58 中，曲线 AD 段为极化过渡区。在 A 点已开始极化，所以在海水淡化或高硬度脱盐范围中，也可把 B 点或 A 点选作极化点。有时做出的 V-I 曲线没有明显的 AD 段极化过渡区，这时可直接取两直线的交点为极化点。

11.4.4.3 常用流程及计算式

（1）脱盐流程

① 一次式脱盐流程 指使用单台电渗析器就能达到制水产量与质量要求的一种简单流程形式。这种系统的优点是可以连续供水，辅助设备少，动力消耗少。膜堆多采用一级多段或多级多段组装。这种流程形式对产水量和脱盐率的调节能力很小，所以多在产水量小和脱盐率要求较高的情况下采用，如一次式小型海水淡化装置、制备纯水或高纯水时用电渗析预脱盐就采用这种流程。

② 多级连续式脱盐流程 如图 11-59 所示，淡水给水经多台单级或多台多级串联的电渗析器后，一次脱盐达到给定的脱盐要求，直接排出成品水。该法具有连续出水、管道简单等优点，动力耗电在总电耗中占比较小。缺点是操作弹性小，在给水含盐量变化时适应性差。该流程是国内最常用的形式之一，常采用定电压操作。根据产水量、原水及产品水水质等要求，可采用单系列多台串联或多系列并联的流程，适用于中、大型脱盐场地。

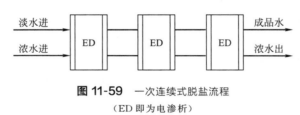

图 11-59 一次连续式脱盐流程

（ED 即为电渗析）

③ 部分循环脱盐流程 如图 11-60 所示，即电渗析脱盐系统出口的脱盐水（成品水）部分返回到电渗析系统淡水进水槽，使淡水进水浓度降低，从而可以减少串联的级（段）数。当淡水给水浓度或成品水水质要求有较大的波动时，该流程可以通过调节补充水流量、成品水回流量和操作电流密度等来适应其变化。

显然，电渗析器中的淡水流量不等于产水量，可根据具体设计项目的要求选定合适的回流比。此脱盐流程比一次连续式灵活，在进水浓度有明显波动的情况下，仍能达到产品水质的要求。但配管复杂，动力耗电比一次式要大。这种流程常采用定电流操作，电流强度取决于进水浓度和流速。

④ 循环式脱盐流程 如图 11-61 所示，将一定量的原水注入淡水循环槽内，经电渗析器多次反复脱盐。当循环脱盐到给定的成品水水质指标后，输送至成品水槽。它适用于脱盐深度大，并要求成品水水质稳定的小型脱盐站。该流程适应性较强，既可用于高含盐量水的脱盐，也适用于低含盐量水的脱盐，特别适用于给水水质经常变化的场合，它始终能提供合格的成品水。例如流动式野外淡化车、船用脱盐装置等多采用此流程。另外，小批量工业产品料液的浓缩、提纯、分离和精制也常用之。但它需要较多的辅助设备，动力耗电大，且只能间歇供水。实际装置一般采用定电压操作，即以脱盐终止时极限电流所对应的电压作为操作电压，可保证在整个脱盐过程操作电流密度低于极限电流密度。

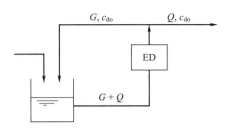

图 11-60　部分循环连续式脱盐物料平衡图

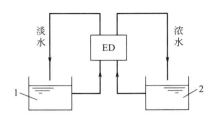

图 11-61　循环式脱盐流程
1—淡水池；2—浓水池

（2）计算式

① 一次式脱盐流程　对于一级一段组装的电渗析器，可以根据给定的产水量计算所组装的膜对数 N

$$N = \frac{1000Q}{tWv} \tag{11-128}$$

式中，Q 为淡水流量，L/s；t 为隔室水流道厚度，cm；W 为隔室水流道宽度，cm。

也可以根据产水量和水质计算膜对数 N

$$N = \frac{(c_{di} - c_{do})QF}{\eta i A_p} \tag{11-129}$$

式中，Q 为淡水流量，L/s；c_{di}、c_{do} 为淡水系统进、出膜堆的浓度，mol/L；F 为法拉第常数；η 为电流效率；i 为操作电流密度，mA/cm²；A_p 为单张膜的有效通电面积，cm²。

式（11-129）为基础设计计算式，可以推广到多级连续式流程膜对数的计算。

② 多级连续式脱盐流程　如果串联的一级一段电渗析器组装的膜对数相等，隔室流速相同，则在极限电流下每级的脱盐率基本不变，在计算上可视常数处理。

若单级的脱盐率为 ε_p，要求脱盐系统的总脱盐率为 ε，则串联级数 n 可按下式计算：

$$\varepsilon = 1 - (1 - \varepsilon_p)^n \tag{11-130}$$

经整理后得脱盐级数为：

$$n = \frac{\lg(1-\varepsilon)}{\lg(1-\varepsilon_p)} \tag{11-131}$$

若串联各级的进口浓度分别为 c_1，c_2，$\cdots$，c_n，各级的操作电流密度分别为 i_1，i_2，$\cdots$，i_n，在各级隔室流速相同、脱盐率相等且电流效率不变的情况下，可推出：

$$\frac{c_1 - c_2}{c_2 - c_3} = \frac{i_1}{i_2} \tag{11-132}$$

$$\frac{c_1}{c_2} = \frac{c_2}{c_3} = \frac{c_3}{c_4} = \cdots = \frac{c_n}{c_{n+1}} = \left(\frac{c_1}{c_{n+1}}\right)^{\frac{1}{n}} = k \tag{11-133}$$

已知某一级的进、出口浓度后，即可求得 k 值，并求得脱盐系统从给水浓度 c_{di}（式中 c_1）脱盐至成品水水质 c_{do}（式中 c_{n+1}）所需的脱盐级数。反之，脱盐级数定出后，用式 (11-133) 同样可计算出任何级的进、出口浓度。

③ 部分循环脱盐流程　见图 11-60，进入电渗析器的液流浓度 c_{di} 不等于原水的浓度 c_R，且随回流量 G 的增加而降低；电渗析器的流量也不等于产水量 Q。部分产水回流的目的在于提高脱盐系统的脱盐率 ε，使其大于电渗析器的脱盐率 ε_p，降低产水浓度 c_{do}，从物料平衡可给出下列计算式。

电渗析器进水浓度：

$$c_{di} = \frac{Qc_R + Gc_{do}}{Q+G} \tag{11-134}$$

回流量：

$$G = Q \frac{\varepsilon - \varepsilon_p}{\varepsilon_p(1-\varepsilon)} \tag{11-135}$$

产水量

$$Q = \frac{c_{di}/c_{do} - 1}{c_R/c_{do} - 1} \times (G+Q) \tag{11-136}$$

式(11-134) 至式(11-136) 中各种流量取相同单位，同样各种浓度也取相同单位。

④ 循环式脱盐流程　循环式脱盐过程中，随着淡水循环浓度的变化，系统主要工艺参数不是常数，为了简化计算，采用对数平均电流密度 i_m 作为一个批量的操作电流，并假定电流效率不变，则所需膜对数计算式为

$$N = \frac{(c_{di} - c_{do})QF}{\eta i_m A_p} \tag{11-137}$$

式中

$$i_m = \frac{i_1 - i_n}{\ln \dfrac{i_1}{i_n}} \tag{11-138}$$

式中，i_1、i_n 分别表示循环起始和终止时的电流密度。其他符号意义同式(11-129)。

在讨论各种脱盐流程所需膜对数时，没有考虑膜的物化性能在应用过程中的下降，也忽略了盐的浓差扩散和电渗失水。当处理高浓度原水时，这是不容忽略的，产水量中应考虑水迁移项。

11.4.4.4　原水的利用

(1) 设计水量

① 电渗析装置产水量由式(11-139) 确定：

$$Q_p = r_1 r_2 r_3 Q'_p \tag{11-139}$$

式中　Q_p——电渗析设计产水量，m^3/h；

Q'_p——用水高峰期的电渗析平均产水量，m^3/h；

r_1——安全稳定运行系数，取 $r_1=1.1\sim1.3$；

r_2——温度系数，采用表 11-18 的经验数据；

r_3——自用水量，包括膜堆清洗、倒极、泄漏等用水，取 $r_3=1.05$。

表 11-18　温度系数经验数据（设 20℃时，$r_2=1$）[179]

20℃时的脱盐率/%	温度系数							
	5℃	10℃	15℃	20℃	25℃	30℃	35℃	40℃
51.5	1.36	1.2	1.08	1	0.9	0.84	0.77	0.71
59	1.23	1.14	1.06	1	0.94	0.87	0.8	0.75
83	1.13	1.08	1.04	1	0.97	0.93	0.9	0.87
93	1.08	1.05	1.03	1	0.98	0.97	0.95	0.94

除非采用部分连续循环式系统设计，对于一个较佳的固定系统设计，电渗析装置产水量的调节能力是不大的。一般可限定 $\dfrac{Q'_p}{Q_p}\leqslant1.25$，否则难以保证出水水质。对于用水量波动大的现场，应考虑设计备用系列。如饮料行业，用水高峰期持续时间较长，应直接以高峰期用水量进行电渗析产水量设计。

② 预处理水量　原水需经一级或多级预处理才能进入电渗析器。预处理水量的设计可按下式确定。

$$Q_0=(Q_p+Q_c+Q_e)a \tag{11-140}$$

式中，Q_0 为总预处理量，m^3/h；Q_p 为电渗析产水量，m^3/h；Q_c 为电渗析浓水排放量，m^3/h；Q_e 为电渗析极水排放量，m^3/h；a 为预处理设备自用水系数，一般取 $a=1.05\sim1.10$。

极水的排放量与极水组分、极框设计和运行条件有关，一般可取淡水产量的 5%～20%。

③ 原水回收率　电渗析装置的原水回收率若从预处理水量进行计算应该更合适。由于预处理自用水量相差较大，习惯上常以进入电渗析的各路水量为依据进行计算，原水回收率 K 可写成：

$$K=\frac{Q_p}{Q_p+Q_c+Q_e} \tag{11-141}$$

（2）浓水排放量

脱盐用电渗析器浓、淡水隔板的设计相同，也就是说在电渗析器中浓水与淡水的流量相等。若将浓水全部排放，则原水回收率仅为 40% 左右。提高原水回收率的关键是减少浓水排量。

在工程设计上通常采用浓水部分循环的方式来减少浓水排放量。一种方式是将浓水出水部分返回浓水池，部分作高浓度废水排放，运行时维持浓水池浓度基本不变，浓水排出量恒定，补充到浓水池中经预处理的原水量与浓水排放量相等。采用这种方式时，极水通常为一个独立的系统，并对极水采用酸化等措施。另一种方式是浓水部分循环，但不直接排放浓水废水，而是将浓水废水部分返回浓水池，部分返回极水池，用浓水作极水，最后以极水废水排放。采用这种方式时极室多采用较高的流速，若极水排放量不够，仍需从极水池排出少量浓水，典型的浓水循环系统见图 11-62。

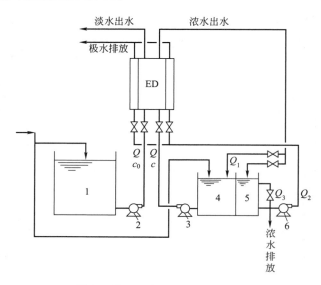

图 11-62 浓水部分循环系统示意图
1—原水槽；2—原水泵；3—浓水泵；4—浓水池；5—极水池；6—极水泵

如图 11-62 所示，浓水池中的浓度 c 由下式计算：

$$c = \frac{(\varepsilon Q_1 + Q_2 + Q_3)c_0}{Q_2 + Q_3} \tag{11-142}$$

式中，c 为浓水池浓度，mg/L；c_0 为原水浓度，mg/L；ε 为电渗析脱盐率；Q_1 为浓水循环量，m^3/h；Q_2 为极水排放量，m^3/h；Q_3 为多余浓水排放量，m^3/h。

显然

$$Q = Q_1 + Q_2 + Q_3$$

$$Q_2 + Q_3 = Q - Q_1$$

$Q_2 + Q_3$ 为浓水总排放量，Q_3 有时可取为 0。

若定义浓缩倍率 $B = c_c/c_0$，c_c 为浓水出水浓度，mg/L；c_0 为原水浓度，mg/L，则：

$$B = 1 + \frac{Q_1 \varepsilon}{Q_2 + Q_3} \tag{11-143}$$

式(11-143) 表明，提高浓缩倍率，也就是提高原水利用率的关键在于减少浓水排放量。

浓水排放量由电渗析浓水系统所允许的最高浓度所限定。天然水中的 Ca^{2+}、HCO_3^- 在电渗析过程中得到进一步的浓缩，达到一定的浓度会在离子交换膜面产生沉淀结垢。一般用兰格利尔饱和指数（Langelier saturation index，LSI）作为浓水浓度的控制指标。若 LSI 为正值，则水溶液为结垢型的；LSI 为负值，表明水溶液不结垢或有腐蚀倾向。常规电渗析系统，浓水 LSI 不大于 0。EDR 系统的 LSI 允许高达 2.2。在电渗析系统中，可通过降低脱盐率或增加浓水排放量来减小 LSI。在预处理中去除 Ca^{2+}、Mg^{2+}、HCO_3^- 或向浓水系统中加入化学药品，如防垢剂和酸等，也可以降低 LSI。

处理高硬度高硫酸根型的天然水时，要十分注意控制 $CaSO_4$ 的沉淀。$CaSO_4$ 难以酸洗去除。在预处理步骤中去除部分 Ca^{2+} 和 SO_4^{2-} 或在浓水流中添加六偏磷酸钠可以在较小浓水排放量下保证膜堆不结垢。六偏磷酸钠可使 $CaSO_4$ 暂时成为稳定的胶状体，使 $CaSO_4$ 的溶度积由 $K_{sp} \leqslant 1.9 \times 10^{-4}$ 提高到 $K_{sp} = 10 \times 10^{-4}$。六偏磷酸钠的加入量为 $5 \sim 10 mg/L$。

图 11-63 为 $CaSO_4$ 的溶度积曲线图，利用该图可计算给定水溶液的 $CaSO_4$ 饱和度，由 Ca^{2+}（mol/L）占总阳离子的百分数和 SO_4^{2-}（mol/L）占总阴离子的百分数算出 $CaSO_4$ 的饱和度（mg/L）。$CaSO_4$ 饱和度按下式计算：

$$CaSO_4 \text{饱和度} = Ca^{2+} \text{实际浓度} / Ca^{2+} \text{饱和浓度} \times 100\%$$

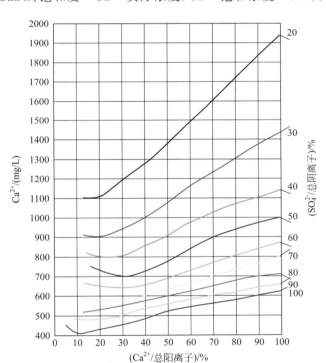

图 11-63　硫酸钙溶解度曲线图

单向电渗析系统浓水中 $CaSO_4$ 的饱和度要大于 100%，在短期倒极电渗析系统中，可接近 100%。在 EDR 系统中，浓水中不加化学药品，$CaSO_4$ 饱和值的设计上限为 17%，在添加化学药剂的情况下，$CaSO_4$ 饱和值的设计上限可达到 300%[180]。在 EDR 中试现场试验中，在加 $15 mg/L$ 的六偏磷酸钠的情况下，$CaSO_4$ 的饱和百分数达 400% 也能稳定地运行[181]。

（3）极水

极水流速的选取应考虑能利于冲出电极反应的产物，并保持极水压力与浓、淡水压力相平衡。极水流速一般选取在 $20 \sim 40 cm/s$，在海水或高硬苦咸水淡化中，若极水不加酸化措施，甚至可用 $50 cm/s$ 以上。极水在极框中的流动同样要求有较好的水力学条件，使阴极沉淀物不易附着在极框内。使用板状电极时，常增设湍流促进器。减小极框的厚度或减少极水的排放量都可以节约极水，提高原水回收率。极水的选用常见以下三种方式。

① 原水作极水　在天然水电渗析脱盐中这种方式较少采用。若采用这种方式，则预处理水量大，原水回收率低，仅在原水水源丰富且原水为高硬、高硫酸根水型时采用。海水淡化、海水浓缩制盐时，电渗析极水多选用原海水。

② 浓水作极水　这是天然水脱盐中通常选用的方式。

③ 人工配制极水　这种方式仅用于极水排放量不大的小型电渗析装置，且极水作为一个独立的系统循环应用，定期排出部分极水废水并补充新配制的极水。天然水电渗析脱盐一般不采用这种方式。电渗析用于化工料液的分离时，由于料液昂贵，用原料液作极水不经济时可采用这种方式；于室内安装的电渗析器，为了防止排出对人有害的氯气，也可采用这种方式；有时为防止阴极沉淀又节约极水或适应电极材料对极水的要求也可采用这种方式。人工配制极水可采用 $NaHCO_3$、亚硝酸盐、硝酸盐或某些还原性电解质。阳极水和阴极水也可采用不同的电解质体系。

在坑道或船上安装的电渗析器，以天然原水或浓水作极水时，为了防止阳极反应产生的氯气对人体的损害和对仪表的腐蚀作用，可向阳极水中加入 Na_2SO_3 或 $Na_2S_2O_3$ 等还原性物质以消除氯气：

$$Cl_2 + Na_2SO_3 + H_2O \Longrightarrow 2HCl + Na_2SO_4$$

也可以将极水出水经过活性炭吸附器以去除 Cl_2：

$$Cl_2 + H_2O \Longrightarrow HClO + HCl$$
$$2HClO + C \Longrightarrow CO_2 + 2HCl$$

采用阴极水单独循环的方式，常向极水中加入 HCl 或 H_2SO_4，调至 pH 为 2 左右，以防止阴极室产生沉淀结垢。

电渗析阳极排出的 O_2 与阴极排出的 H_2 积累到一定的浓度，遇明火即可爆炸，加之考虑 Cl_2 的有害影响，电渗析装置安装车间在设计上应保证其具有良好的通风条件，中大型场地应安装排气设备，电渗析极水出口可置于室外，或将极水废水进行中和处理或采用废气吸收措施。

11. 4. 4. 5　EDR 装置

（1）几种电渗析运行方式

膜堆内部极化沉淀和阴极区沉淀一直是电渗析装置运行的主要障碍。在电渗析技术发展的近 50 年的历史中，非常重视控制电渗析过程沉淀结垢和提高装置自身清洗效果的研究，试图寻找一种简便的操作运行方式，利用过程的内在因素来解决这一问题。这样，在运行过程中，倒换电渗析电极极性的运行方式得到了发展，可分为以下几个阶段。

① 单向电渗析　指在运行过程中，电渗析电极极性保持不变的一种电渗析方式。也就是在运行过程中电流方向保持不变，膜堆内部浓、淡水室不能互换。20 世纪 60 年代以前，电渗析技术应用初期，大多采用这种运行方式。由于沉淀物会在膜面上继续发展，最终可能堵塞隔室流水道，以致必须拆开膜堆清洗，所以电渗析装置的运行周期较短。

在 20 世纪 60 年代也进行过脉冲直流电源用于电渗析的实验研究。由于离子透过膜迁移，在浓缩室膜-液界面扩散边界层中出现离子浓度的高峰，可沉淀物质会迅速达到饱和点，水的解离又使该边界层 pH 升高，$CaCO_3$ 会首先沉淀出来，pH 继续升高，$Mg(OH)_2$ 也会沉淀出来。$CaSO_4$ 因达到溶度积也会沉淀出来。过饱和溶液生成沉淀必有一个过程，先生成晶核，然后晶核逐渐生成晶体。也就是说，从沉淀开始到沉淀出的晶体附着在膜面上需要一个最短的时间。采用脉冲电源，在晶体还未牢固地附着在膜面上以前，利用反向电流形成一次反向极化，使浓缩边界层瞬时变为脱盐边界层，利用水流把初始沉淀出的晶体冲出电渗析器。脉冲直流电源在 6~10s 的周期内，有一个 1s 的反向电流时间。脉冲周期根据被处理水溶液的组分来确定。国外资料报道和国内在 20 世纪 70 年代所进行的试验都表明，脉冲周期选得合理，都有较好的效果。但这一研究成果仅停留在小型装置的试验阶段，没有投入工业应用。

② 倒极电渗析 指在运行过程中，在 2~8h 之间倒换一次电极极性的电渗析方式。在倒极时，还要改变浓、淡水系统的流向，使浓、淡水室同时互换。这种方式因能消除膜面沉淀物积累，对克服膜堆沉淀有显著效果。国内从 20 世纪 70 年代以来，大多采用倒极电渗析，再结合定期酸洗，提高了电渗析装置的稳定运行周期，不少苦咸水和初级纯水电渗析装置的连续运行周期都在半年以上，也有运行周期超过 1 年的实例。

倒极周期的确定要考虑以下因素。在原水硬度、碱度或 SO_4^{2-} 浓度较高，要求原水回收率较高，运行中不采用浓水酸化措施以及操作电流接近极限电流时，倒极周期可短一点，可取 2~4h；其他情况倒极周期可取 4~8h。在应用现场，可根据装置运行的稳定性来调整倒极周期或操作参数。倒极电渗析的管路设计和运行操作比单向电渗析复杂。若突然倒极，会产生 2~5 倍的冲击电流，可能损毁供电设备和仪表。所以在倒极时，总是先将整流器的输出电压降到零，其间用原水冲洗原浓水室，调换浓、淡水系统，再将电极极性反转，逐渐升压。在手动操作的情况下，整个倒极过程只需要几分钟。在整个倒极过程中，要保证不合格淡水不能排入淡水池。

③ EDR 装置 美国 Ionics 公司将其开发的 15~30min 自动倒换电极极性并同时自动改变浓、淡水水流流向的电渗析称为 EDR（electrodialysis reversal），为了与我国常规倒极电渗析有所区别，已通称为频繁倒极电渗析，EDR 具有如下优点[182]：

a. 每小时 3~4 次破坏极化层，可以防止因浓差极化引起的膜堆内部沉淀结垢；

b. 在阴膜朝阳极的面上生成的初始沉淀晶体，在没有进一步生长并附着在膜面上以前，便被溶解或被液流冲走，不能形成运行障碍；

c. 由于电极极性频繁倒转，水中带电荷的胶体菌胶团的运动方向频繁倒转，减轻了黏泥性物质在膜面上的附着和积累；

d. 可以避免或减少向浓水流中加酸或防垢剂等化学药品；

e. 运行过程中，阳极室产生的酸可以清洗自身电极，克服阴极面上的沉淀；

f. 比常规倒极电渗析操作电流高，原水回收率高，稳定运行周期长。

（2）EDR 装量工艺流程

EDR 装置和常规倒极电渗析管路设计相同。因频繁倒极时需要同时调换浓、淡水的水流系统，所以水流要以电动阀或电磁阀控制。图 11-64 为多级连续式 EDR 装置流程图。经前级预处理的原水，由给水泵打入 $10\mu m$ 的精密过滤器，再分配给浓水、淡水和极水系统。淡水系统水流为串联连续式。浓水系统水流为循环式，一部分水量排放，循环部分的水量在浓水泵前进入浓水系统，与原水相混合。倒极期间的不合格淡水返回原水池。运行时，电渗析阳极出水和阴极出水混合后排入极水箱，在极水箱中和后排放。阳极过程产生的氯气和氧气及阴极过程产生的氢气也被极水带入极水箱，在极水箱上安装小型脱气机，将这些气体排出室外。

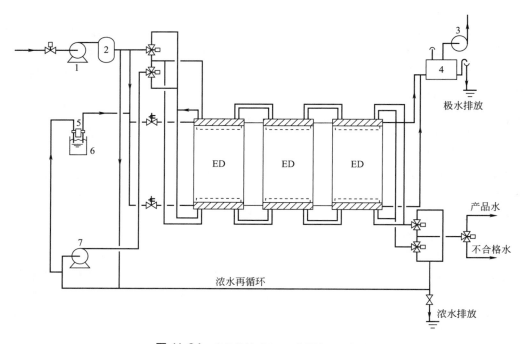

图 11-64　多级连续式 EDR 装置流程示意图
1—给水泵；2—10μm 过滤器；3—排风机；4—极水箱；5—注酸泵；6—浓 HCl 箱；7—浓水泵

为了提高原水回收率，在工艺上采取了三个措施[183,184]。

① 浓水循环　EDR 装置以倒极周期内不产生附着在膜面上的沉淀为最高浓度控制指标，所以浓水允许的最高浓度比常规倒极电渗析要高，大部分浓水可以循环使用。标准的EDR 装置不采用加化学药品的方法来防止沉淀。增加倒极频率可允许更高的浓水浓度，从而得到更大的原水回收率，一般 EDR 的原水回收率可达 80%～85%。在处理含 $CaSO_4$ 或 HCO_3^- 过多的水时，向浓水系统中加六偏磷酸钠或酸，对控制沉淀结垢非常有效，并可使原水回收率提高到 90%。

② 分级倒极　EDR 倒极期间，膜堆的脱盐水流和浓缩水流要进行交换，原浓水室的浓水要降低到产品水要求才能排入淡水池，这期间不合格的淡水要返回原水池中。20 世纪 70年代 EDR 应用初期，是将 EDR 装置串联的各极同时倒换电极极性。以标准的 EDR 系统来说，15min 倒换一次电极，倒换时间为 90s，即在运行中有 1/10 的时间不能生产合格淡水。20 世纪 80 年代初以后，EDR 装置采用分级倒极，其程序是从装置进水阀门开始，依次进行调向。对于每一级来说，进水阀门换向、倒换电极极性、出水阀门换向分别进行控制；对于系统来说，第一级进水阀门换向后，水流流至哪一级，哪一级才进行换向。即使在这样短的倒极时间内，最后一级或几级的容水量仍能作合格淡水排出，缩短了排放不合格淡水的时间，也降低了不合格淡水的浓度，使之不再作废水排放，可返回到原水池中，从而提高了原

水的回收率。当然，这需要较高的自控技术才能实现。

③ 调整倒极频率　EDR 装置自动倒极频率是可以调整的。工业用大型 EDR 装置的倒极周期一般在 15~30min 之间。我国研制的小型纯水 EDR 装置，倒极周期在 15~60min 之间。在多数应用现场，延长运行周期也能保证装置稳定运行，这就缩短了产生不合格淡水的时间，提高了原水的回收率。

EDR 装置在自身清洗阴极沉淀方面有突出的特点。电极极性倒换以后，新的阳极为原来的阴极。阳极过程产生的酸有助于溶解附着在电极和极室中的沉淀物质。为了使阳极水酸性更强，使阳极水大部分时间处于不流动状态，以增加 H^+ 浓度，使 pH 值低到 2~3。阳极产生的气体会在极室聚集，增加了电极过程电阻，增加了电极区电压降。为减轻这一问题，使阳极水短时间流动，冲击这些气体，以液流带出极室。阴极水总是稳定流动的。由于阴极沉淀可以自身消除，极室可以设计得较薄，厚度 3mm 就可以了，所以阴极水流速较高，这又便于直接冲出沉淀物。EDR 的极水用量为原水的 5% 左右。

11.4.4.6　预处理

（1）电渗析进水水质指标

为防止膜堆污染与堵塞，保证电渗析系统安全稳定运行，我国提出了如下电渗析器进水水质指标：

① 水温　　　　　　　　　　5~40℃
② 耗氧量　　　　　　　　　耗氧量<3mg/L（$KMnO_4$ 法）
③ 游离氯　　　　　　　　　<0.2mg/L
④ 铁　　　　　　　　　　　<0.3mg/L
⑤ 锰　　　　　　　　　　　<0.1mg/L
⑥ 浊度　　　　　　　　　　<3mg/L（1.5~2.0mm 隔板 ED）
　　　　　　　　　　　　　<0.3mg/L（0.5~0.9mm 隔板 ED）
⑦ 淤塞密度指数　　　　　　SDI<3~5（ED）
　　　　　　　　　　　　　SDI<7（ED）

淤塞密度指数 SDI 是国内近年来才提出作为电渗析器进水指标的，它表征水中胶体物和悬浮物含量的多少。与浊度相比，它是从不同的角度来表示水质，但是 SDI 要比浊度准确、可靠得多。浊度仪的工作原理是用光敏法或比色法来确定水中微粒的含量，对于不感光的一些胶体微粒就测不出来。SDI 是测定在标准压力和标准时间间隔内，一定体积水样通过一特定微孔膜滤器的阻塞率。微孔滤膜的孔径为 $0.45\mu m$，凡大于 $0.45\mu m$ 的胶体、细菌与其他微粒皆截留在膜面上，所示数据重现性好，并有可靠的可比性。

使用淤塞密度指数测定仪（也称污染指数测定仪）来测定 SDI，承压罐内采用孔径 $0.45\mu m$、直径 47mm 的微孔滤膜。在测试系统中通入氮气，保持在恒压 0.21MPa 下过滤原水，记下初始滤出 500mL 所需时间 t_0，保持继续滤水，待 10min（含 t_0）以后，再继续滤出 500mL 水样的时间为 t_{10}。用下式计算 SDI：

$$SDI = \left(1 - \frac{t_0}{t_{10}}\right) \times \frac{100}{10} \tag{11-144}$$

（2）预处理系统

一般来说，预处理方式的选择应该考虑以下几个方面：

① 原水来源　地下水处理比较简单，一般可用砂滤器过滤。地表水的处理比较复杂，一般应采用加氯、凝聚、澄清、过滤流程。对于采用 0.5～0.9mm 隔板电渗析器，宜在砂滤器后再设细砂过滤器。澄清器的出口水游离氯应维持 0.1～0.5mg/L。地表水和地下水经预处理后，当采用 0.5～0.9mm 隔板电渗析器时，在进入电渗析器以前应通过 10～20μm 的精密过滤器。

② 电渗析隔板厚度　对于薄隔板（厚度在 0.75mm 以下），对原水预处理要求较高一些。

③ 离子交换膜的种类　主要指膜的耐污染性能与抗氯、抗氧化腐蚀的性能。

④ 隔室流速与运行方式　较高的流速利于冲出部分悬浮物与沉积物，频繁调换电极的操作方式可减轻膜面污染与沉积物的附着。

⑤ 特殊用水要求　在预处理部分除去某种特指成分。

国内外报道的部分原水预处理系统汇集于下，供选用参考。

① 地下水→一级过滤→电渗析　作为一级过滤器的是砂滤器或滤筒式过滤器。地下水多采于深层，比较洁净。

② 地下水→一级过滤→二级过滤→电渗析　作为一级过滤器的是砂滤器或无阀滤池，作为二级过滤器的是精密过滤器、微孔管过滤器等。这种系统用在地下水水质较浑、悬浮物较多的情况下。

③ 自来水或净化污水→活性炭→过滤→电渗析　主要用于含有少量有机物的原水，活性炭用来除去原水中的有机物，之后的过滤器可以是砂滤器或精密过滤器，防止活性炭细微颗粒等机械杂质进入电渗析器。美国、日本等以次一级生物处理厂流出水为原水的电渗析处理系统也按此系统进行试验。

④ 地下水→曝气→活性炭→滤筒式过滤器→电渗析　用来除去水中的 H_2S，曝气、加氯都是起着这个作用。活性炭用来除去微量的 H_2S、胶体硫以及游离氯。

⑤ 地下水→曝气→混聚、沉淀→过滤→电渗析　用来除去水中的硬度及铁。曝气可除去水中的 H_2S 及铁。加石灰凝聚沉淀并过滤用来除去水中的暂时硬度。它用于原水水质较差的情况下，含铁及高暂时硬度的水。

⑥ 地下水→曝气→混聚、沉淀→过滤→活性炭→滤筒式过滤器→电渗析　由系统⑤发展而来，可用来除去水中的 H_2S、胶体硫和硫化铁。美国 Ionics 公司曾报道某地苦咸水含 H_2S 量 190mg/L，也能用曝气、通氯或加石灰去除。

⑦ 地下水→凝聚、沉淀→过滤→电渗析　用来除去水的硬度和铁、锰。一般认为，此系统在处理地下水中具有典型性，工程投资较低。

⑧ 地下水→弱酸阳离子交换→强酸阳离子交换→电渗析　用离子交换作为预处理，除去水中的大部分硬度和部分碱度。由于大部分阳离子转为 Na^+，电渗析极限电流可以提高，在电渗析器内不产生水垢。有的脱盐厂，地下水在进入离子交换之前，设有沉淀池以除去水中的细砂等杂质。

⑨ 河水→凝聚、沉淀→过滤→电渗析　用于水质较清、有机物含量不高的水源，主要除去水中的悬浮物及胶体。

⑩ 河水→凝聚、沉淀→过滤→活性炭→滤筒式过滤器→电渗析　用于受工业污水污染的水源。凝聚、沉淀和过滤除去水中的大部悬浮物及胶体，活性炭吸附除去水中的有机物，用精密过滤器除去水中的细小悬浮物。

⑪ 河水→拦污栅→自动转筛$\xrightarrow{\text{加 Cl}_2}$沉淀→凝聚、沉淀→过滤→电渗析　用于很脏的地面水，除含大量悬浮物和胶体物质外，还含有许多漂浮杂质，这些杂质借栅筛、沉淀、凝聚沉淀、过滤等除去，加氯使水中的有机物氧化分解。

11.4.4.7　电渗析脱盐场地的布置

脱盐场地包括由电渗析器组成的脱盐部分、原水吸取和预处理部分、水的输送管路和储水池，以及配电、控制和整流器等必需的生产运行设备。此外，从运行管理和维护方面考虑，还应设有酸（和盐、碱）洗系统、水质分析台以及设备安装、维护场所和备件、药品储备场所。场地的总体布置就是使这些部分在占地面积小、操作管理方便、运行安全可靠、投资费用少等前提下合理地组合在一起。目前国内尚未形成统一的场地设计规范，以下仅提出场地布置的一些建议。

（1）电渗析脱盐部分

这一部分由主体设备电渗析器组成。小型场地可将电渗析器、预处理设备及后处理设备（包括离子交换器）合建在同一室内。产水量小于 $200\sim300\text{m}^3/\text{d}$ 的，多采用多级多段组装的电渗析器。中、大型场地可建造专门安装电渗析器的运转室，适合选用一级一段组装的大型电渗析器。

电渗析器之间、电渗析器与其他设备和构筑物之间应保持一定的距离，以方便操作管理和维修。这个距离以电渗析器压紧以后和本体直接相连部件的外缘部分计起。

电渗析器之间的距离可分两种情况考虑。一种情况是在固定支架上就地安装的情况。对于立放电渗析器来说，系列内各台电渗析器之间的距离应尽量缩小，能方便两台电渗析器之间接管的连接就可以了。两台电渗析器之间若取直管连接，距离可取 $0.4\sim0.6\text{m}$，若取弯管连接，即保证每台电渗析器膜堆内部水流都自下而上，则距离可取 $0.9\sim1.1\text{m}$。系列之间的距离可取电渗析器的高度（不含支座高度）的 $1.5\sim2.0$ 倍，以便于翻转放平。平放电渗析器系列之间和系列各台电渗析器之间都可取为电渗析器宽度的 $2.0\sim3.0$ 倍。另一种情况是电渗析器在专用场地上安装，然后吊装就位。不论是立放或平放的电渗析器只要和周围的电渗析器保持大约 $0.8\sim1.0\text{m}$ 的距离就可以了。人们经常提到的立式放置的电渗析器占地面积小就是指的这种情况。一般取系列之间的距离大于系列内相邻两台电渗析器之间的距离。

若车间墙壁上不设置管道、阀门，或仅设置高位管架，作为通行检修的通道，电渗析器与墙内壁的距离可取 $1.0\sim1.3\text{m}$，非通行通道不应小于 0.4m。

小型场地多种设备布置在同一房间内时，电渗析器、水箱、整流器之间的距离不应小于 2.0m，水泵也应考虑尽量与运转室隔开。

电渗析器的进水动力必须保持稳定，应设有专门的供水泵或高位水池供水，进水管路应安装阀门、流量计和压力表。

采用定期调换电极极性的运转方式时，多台或多系列并联的电渗析器宜在母管上装置调向阀门。电渗析器起始运行压力一般控制在不超过 0.20MPa。为了深度脱盐采用多台串联时，若进水压力过高，可设置中间水箱以接力供水。直接采用中间升压泵的设计要慎重，必须同时设置运行故障的报警系统和控制系统。采用 400mm×1600mm 的电渗析器时，一般一个串联组含电渗析器 3～4 台；采用 800mm×1600mm 电渗析器时，一般一个串联组含电渗析器 2～3 台。

为防止电化学腐蚀和漏电，预处理设备进水阀门以前的管路可采用金属管；进水阀门以后与电渗析器相连接的管路应采用塑料管或衬胶管。电渗析器进水前段应设置冲洗排水阀。开泵时此阀门应是开启状态，以排除管道中的存水，避免将水锈带入电渗析器。我国许多中、小型场地，在预处理设备出水阀以后，通常采用聚氯乙烯或 ABS 管路。小型电渗析器的本体连接管大多采用增强塑料软管。

与电渗析器进、出水口直接相连的管段采用可伸缩的软管或曲绕接头，可避免因拆装错位给安装接管带来的麻烦。为防止设备停运时膜内部形成负压使设备变形，在电渗析器出口的最高位置应设有真空破坏阀。另外，电渗析器不准有背压。

应设置酸（和盐、碱）洗设备和管路系统以及反冲洗管路系统。有的场地在反冲洗时，采用同时加入空气的方法。

要考虑电渗析器备用数量。组装 3～5 台电渗析器的场地可备用一台电渗析器及部分部件。对于大型场地，特别是如发电厂等供水不得中断的场地，也可考虑安置一备用系列。

中、大型场地可设置校验台，供水管路可与主供水管路连在一起，出水管路可返回原水池。将经过维修或拆洗重新组装好的电渗析器先就位于校验台位置，进行压力、流量、脱盐率、电流效率等主要参数的实验检查，认为合格后再吊装到运行位置投入应用。

（2）预处理部分

从原水开始，设备应尽量按多级预处理及脱盐流程的顺序进行布置，力求节约管路、布置紧凑。无阀滤池、大型机械过滤器和不需要经常维修的设备宜建在室外，在寒冷地区要采用防冻措施。在炎热地区，室外塑料连接管不得暴晒，可设置在地沟内。规模小的预处理设备可建在室内，可采用与电渗析脱盐部分同层楼面或不同层楼面的布置形式。若采用不同楼面布置，预处理设备应布置在底层。为防止外来的金属离子进入电渗析器，钢壳过滤器普遍采用衬胶处理。所建水池也要采用防腐蚀和防渗漏措施，常采用瓷砖或塑料板衬里以及喷抹树脂的方法。储水槽可用不锈钢或工程塑料制作，钢板焊接而成必须采取防腐措施。

（3）管道系统

场地管道系统的布置应考虑安装、检修方便和生产运行安全，并注意整齐和美观。中、小型场地，所用管径小，管道数量少，通常采用设支架沿墙明敷的方式。这种方式安装、检修都较方便，造价也低。对于中、大型场地，可设置管沟敷设，这种方式管道集中，排列整齐，但检修不够方便。

有的中、大型场地，由于产水量大，管道数量多，加之采用自控或部分自控措施，倒极用管路和气动控制管路繁杂，可设置管廊集中布置。这种布置投资较大，但电渗析运转室显得整齐。

（4）配电部分

这一部分主要包括整流器和配电控制柜。这些设备应集中安置在环境干燥、通风、采光良好的控制室内。电渗析运转时，由于存在不可避免的膜堆少量渗漏水或拆洗部件的大量冲洗水，整个环境湿度较大。控制室内通常布量配电设备和控制设备，所以防潮、防溅水问题必须特别注意。

除少部分用于海岛和舰、船的电渗析装置用直流发电机发电以外，电渗析所用直流电一般来自整流器。国内已建成的场地普遍采用无级调压的三相桥式全波硅整流器。在采用可控硅整流时，应注意可控硅的导通角与整流器额定电压之间的关系，即在设计可控硅整流器时，其额定电压、额定电流值应与电渗析器的所需值基本一致。交流电输入整流器应通过隔离变压器使所连接的电渗析器与外部动力电网不形成电流回路，以保证用电安全。整流器的输出应有正、负极开关，或自动调换极性的装置，还应装有稳流和过流保护装置。

电渗析器的供电是个非常重要的问题。它由电渗析本体在该应用条件的极限参数所制约，一般供电电流都低于极限电流值。多台并联的电渗析器可采用分台供电的方式。多台串联的电渗析器，因每台的参数不同，最好采用分台供电的方式。多系列多级串联的电渗析器，如果整流器容量允许，也可同一整流器连接两台进水浓度相同的电渗析器。

脱盐场地在所有设备安装完毕以后要进行调试，为满足对电渗析器做极限电流调试的需要，应设置一台大容量的整流器，其输出的电压、电流应比正常应用时的操作电压、电流大两倍左右，另外还要设置校验台的场地，这台大容量的整流器可与校验台连接。

11.5　离子交换膜应用

11.5.1　水处理及回用

11.5.1.1　天然水脱盐

苦咸水脱盐是电渗析最重要的应用领域。将苦咸水脱至饮用水，被认为是最经济的技术方案，以工程投资和过程能耗总计制水成本，可与反渗透技术竞争。从各种脱盐方法目前发展的水平来看，预计在今后相当长一段时期内，电渗析仍将在苦咸水脱盐中发挥显著的作用。据统计：至今，我国采用电渗析法进行苦咸水脱盐的总产水量超过 $60 \times 10^4 \text{m}^3/\text{d}$，年产离子交换膜 40 多万平方米。目前，有 140 余套日产量在 $1000 \sim 5000 \text{m}^3$ 的苦咸水 ED 装置在运转，将含量在 $1500 \sim 3000 \text{mg/L}$ 的苦咸水淡化成生活用水。

脱盐工艺设计在 11.4 节已做了叙述。合理采用操作参数和完善处理设施是保证装置稳定运行的关键。在苦咸水脱盐中，操作电流密度一般取极限电流密度的 $70\% \sim 90\%$。对于高硬度或高碱度的原水，可取其下限；对于稀释的海水型的原水可取其上限。采用 EDR 装置，允许采用接近极限电流密度的操作电流。EDR 装置由于具有克服膜堆极化沉淀和原水回收率高的特点，已成为苦咸水脱盐中普遍推广应用的装置。

在电渗析脱盐前处理部分去除部分硬度和碱度的方案是值得借鉴的，举两例说明。

【例 11-1】　建于利比亚班加西市的 $19200 \text{m}^3/\text{d}$ 的电渗析脱盐装置[185]采用如下流程：

$$\text{井水} \rightarrow \text{弱酸性阳离子交换} \rightarrow \text{电渗析} \rightarrow \text{后处理} \rightarrow \text{生活用水}$$

鉴于原水中暂时硬度和 SO_4^{2-} 含量较高，为了提高原水回收率，又不使浓水室中产生沉淀结垢，在原水进入电渗析器前，采用弱羧酸阳树脂预软化，其有以下优点：

① 羧酸树脂与阳离子的交换顺序是 $Ca^{2+} > Fe^{2+} > Mg^{2+} > Na^+$，交换过程主要除去

Ca^{2+} 和少量的 Mg^{2+}，并除去 HCO_3^- 碱度。HCO_3^- 转化为可溶性 CO_2。

$$2R—H+Ca^{2+}+2HCO_3^- \Longrightarrow R_2Ca+2H_2O+2CO_2$$

这样原水中总离子含量就减少了，减少的量相当于原水中碱度的量。又因为树脂主要除去 Ca^{2+}，这样就减少了形成 $CaSO_4$ 沉淀的条件，可使浓水浓度提高到一个较高的程度。

② HCO_3^- 比 Na^+ 和 Cl^- 迁移性要差，预先除去迁移性较差的离子，可允许电渗析使用较高的操作电流密度，获得较高的脱盐率。

③ 弱的羧酸树脂再生容易，稍有过量的酸存在，就可以有效地再生，再生费用较低。

【例 11-2】 建于意大利布林迪市的 $5000m^3/d$ 的电渗析脱盐装置[186]采用如下流程：

原水→弱酸树脂→强酸树脂→电渗析→强酸树脂→弱酸树脂→脱 CO_2→生活用水

其特点是电渗析脱盐段操作电流密度高，整个系统操作运行灵活，适当改变运转流程，可将不同的原水淡化为合格的饮用水。

电渗析前置离子交换段为原水预处理段。原水首先进入羧酸阳离子交换器以除去全部 HCO_3^- 和部分 Ca^{2+}、Mg^{2+}，接着进入 Na^+ 型磺酸阳离子交换器，将原水剩余的 Ca^{2+}、Mg^{2+} 基本置换为 Na^+，使原水中的主要成分变为 NaCl。两种树脂的用量比取决于原水中碱度和硬度的比。羧酸阳树脂用少量的酸就可以转化为 H^+ 型，再生羧酸树脂的用酸量低于过去常用的向电渗析浓水加酸调节 pH 的量。磺酸树脂用电渗析浓水中的 NaCl 再生成 Na^+ 型。原水经过前置离子交换后，含盐量大约降低了 10%，而且降低的全部为硬度和碱度离子，因此下段电渗析过程中阴膜上的极化沉淀现象将大大减轻。Ca^{2+}、Mg^{2+} 置换成 Na^+ 也降低了过程电阻，既减少了脱盐过程的功率消耗，同时允许电渗析在较高的操作电流密度下运转，以获得较高脱盐率。

表 11-19 给出了电渗析苦咸水脱盐的分析数据。可看出，硬度和 I 价离子较易脱除，碱度和 SO_4^{2-} 脱除率较低。对于 HCO_3^- 含量较高的原水，在脱盐工艺中常采用酸化措施。

表 11-19 大岛淡化站水质分析结果

分析项目	1972 年数据			1978 年数据		
	原水	淡水	脱除率/%	原水	淡水	脱除率/%
外观	无色透明	无色透明	—	无色透明	无色透明	—
水温/℃	26.0	25.5	—	26.0	26.0	—
浊度/(mg/L)	<2.0	<2.0	—	<2.0	<2.0	—
色度/度	<2.0	<2.0	—	<2.0	<2.0	—
pH	7.4	7.2	—	7.4	7.2	—
电导率/(μS/cm)	3135.0	785.0	75.0	2890.0	747.0	74.2
M 碱度(CaCO₃)/(mg/L)	65.7	25.4	61.3	60.6	27.3	55.0
总硬度(CaCO₃)/(mg/L)	348.0	77.2	77.8	340.0	66.0	80.6
钙硬度(CaCO₃)/(mg/L)	184.0	26.8	85.4	184.0	30.0	83.7
镁硬度(CaCO₃)/(mg/L)	164.0	50.4	69.3	156	36.0	76.9
蒸发残渣/(mg/L)	1886	456	75.8	1710.0	441	74.2
耗氧量/(mg/L)	1.1	<0.1	—	1.0	<0.1	—
游离 CO₂/(mg/L)	(),5.1	(3.2)	—	(4.7)	(3.4)	—

续表

分析项目	1972 年数据			1978 年数据		
	原水	淡水	脱除率/%	原水	淡水	脱除率/%
Cl^-/(mg/L)	741.9	191.9	74.1	816.0	168.0	79.4
SO_4^{2-}/(mg/L)	121.4	63.7	47.5	100.0	59.6	40.4
NO_3^-/(mg/L)	3.7	0.9	75.7	2.7	0.3	88.9
PO_4^{3-}/(mg/L)	0.1	<0.1	—	<0.1	<0.1	—
SiO_2/(mg/L)	52.3	47.0	0	55.3	56.3	0
NH_3/(mg/L)	0.02	<0.02	—	<0.02	<0.02	—
Mn^{2+}/(mg/L)	0.02	<0.02	—	<0.02	<0.02	—
Fe^{2+}/(mg/L)	0.02	<0.02	—	0.15	<0.02	—
Na^+/(mg/L)	409.7	131.1	68.0	403.4	119.9	70.3

倒极电渗析相比于传统电渗析膜的稳定性更好，更不容易发生膜污染，相较于反渗透有着一定的优势，例如 EDR 相比于反渗透过程有更高的水回收率，特别是在苦咸水脱盐的应用中，其单位能耗甚至比 RO 还低。另外，反渗透需要复杂的前处理工艺、更高的泵耗以及更多化学品的引入。简单概括 EDR 在苦咸水处理中的优势，主要有如下几点[187]：

① EDR 系统对于进水的水质要求更低，不需要复杂的前处理工艺。如 EDR 能够在 12 的污染指数下运行，而反渗透只有 3；高 SiO_2 含量的进水可以直接通过 EDR 处理而不引起离子膜污染。

② EDR 系统可以对游离氯含量高于 1mg/L 的进水直接处理。反渗透需要对进水进行前脱氯操作，以保护反渗透膜不被游离氯氧化。

③ EDR 系统对于苦咸水处理的水回收率可达 80%～90%，而通常反渗透的水回收率只有 65%～75%。因此 EDR 过程可以提高进水的利用效率，也减轻了废水的后处理成本。

④ EDR 中使用的离子交换膜不易被细菌污染，同时在一定温度波动范围下有很好的稳定性，因此在装置停车期间不需要特殊的溶液进行保护。而反渗透则需要特殊存储溶液，同时还要控制温度波动。在清洗过程中，EDR 只需要简单的酸/碱的冲洗，而反渗透则需要特殊清洗液，价格昂贵，同时清洗下来的废液对环境有较大危害，无法直接排放。

⑤ EDR 所使用的膜强度高，通常寿命可达 7～10 年，而反渗透膜的寿命只有 5～7 年。

⑥ 运行过程中，由于 EDR 自身频繁倒极，在没有阻污剂加入情况下也不会引起膜污染，而反渗透运行中则需要加入酸及螯合剂，因此 RO 废水一般具有强酸性，需要碱液中和，无法直接排放。

⑦ EDR 通常采用平板式结构，这使得其所使用的离子交换膜可以人工清洗而不引起膜性能下降，而 RO 采用卷式结构，这使得其无法进行人工清洗，只能进行更换。

近几十年来，EDR 由于其优越的脱盐性能及低操作成本优势，在世界范围内得到了推广使用。工业化的应用中可以多至 576 个膜堆协同使用，其可以在苦咸水脱盐、药物中间体脱盐、食品和饮料行业中展开应用，表 11-20 列举了世界范围内工业化 EDR 设备的典型应用案例，并具体举两例说明。

表 11-20　世界范围内工业化 EDR 设备的典型应用案例

位置	国家	应用		产能/(m³/d)	年份
蒙特法诺	意大利	地下水	除硝酸盐	1.0	1991
巴塞罗那	西班牙	地表水	脱溴	200.0	2008
麦格纳	美国	地下水	脱砷、脱高氯酸盐	22.7	2008
谢尔曼	美国	地表水	脱盐	27.7	1993-1996-1998
萨拉索塔	美国	地表水	脱硬、脱盐	45.4	1995
马斯帕洛马斯	西班牙	地下水	脱盐	37.0	1986
格拉纳达	西班牙	废水	再利用	26.0	2002
百慕大	英国	地下水	脱硬、脱硝酸盐	2.3	1989
巴伦西亚	西班牙	地下水	脱硝酸盐	16.0	2007
阿尔伯塔	加拿大	井水	脱盐	40.0	2008

【例 11-3】　西班牙略夫雷加特 Depurbaix 废水处理站通过采用 MEGA a.s. 的技术，利用 EDR 方法来处理苦咸水，对废水进行处理并作为中水回用至农业生产，产能为 57000m³/d，是世界上最大的 EDR 系统之一。设备自 2010 年 1 月试车，2010 年 9 月投入运行，可实现连续式自动化产水[188]。现场如图 11-65 所示，其系统具体配置如下。

图 11-65　Depurbaix（西班牙）水处理厂 EDR 现场图

① 进水　三级水处理＋无烟煤过滤/砂滤，平均电导率 3.04μS/cm。

② EDR 期望产水　55296m³/d。

③ 混合模式期望产水　57024m³/d。

④ 泵站　2＋1 泵。

⑤ 筒式砂滤器　4 个过滤器，每个过滤器有 300 个滤芯（20μm）。

⑥ EDR 系统　4 组共 96 个 EDR 膜堆，二级操作，每个膜堆 600 个重复单元。

⑦ 采用均相离子交换膜　阴膜-RALEX AM(H)；阳膜-RALEX CM(H)。

⑧ 电导率降　60%～80%。

⑨ 水回收率　>85%。

【**例 11-4**】　巴塞罗那饮用水处理厂。西班牙巴塞罗那市采用通用电气公司提供的 EDR 设备，对河水进行处理，供给市区 450 万人的日常饮用水，是世界上最大的 EDR 脱盐工厂。EDR 设备可以去除河水中的 Ba^{2+}、Sr^{2+}、Na^+、Ca^{2+}、K^+、Cl^-、Br^-，以及三卤甲烷化合物 [THMs：三氯甲烷（$CHCl_3$）、三溴甲烷（$CHBr_3$）、溴二氯甲烷（$CHBrCl_2$）、二溴氯甲烷（$CHBr_2Cl$）]。得到的中水的 LSI（兰格利尔饱和指数）在 6.5～7.3 之间，需要经过投加石灰的方式进行后处理。设备于 2008 年 6 月试车，2009 年 4 月投产，2009 年 4 月至 2010 年 8 月之间稳定产水 2000 万吨，产水 THMs 平均值在 40～60μg/L 之间，单位产水能耗约为 $0.6kW\cdot h/m^3$，水压降小于 10%，脱盐效率在 80% 以上，单位产水消耗 HCl 约为 $0.08kg/m^3$，单位产水阻垢剂消耗量 $0.002kg/m^3$[189,190]。现场如图 11-66 所示，其系统具体配置如下。

图 11-66　巴塞罗那饮用水处理厂 EDR 现场图

水处理厂基本参数：

① 传统过程　高锰酸钾氧化→混凝→絮凝→二氧化氯氧化→砂滤→GAC 过滤→氯气消毒。

② 平均供水量　$2.3m^3/s$。

③ 最大拓展流量　$4m^3/s$。

EDR 设计参数：

① 最大处理流量　$2.3m^3/s$（58 MGD）。

② 进水电导率　900～3000μS/cm。

③ 进水温度范围　5～29℃。

④ 泵站　9＋3 个 60 MCA 系列泵，$1030m^3/h$。

⑤ 过滤筒　18 个滤筒，每个滤筒 170 根滤芯，每个滤芯长 50ft，内径 5μm。

⑥ EDR 系统　9 组共 576 个 EDR 膜堆，二级操作，每个膜堆 600 个重复单元。

⑦ 均相膜　阴膜 AR204，阳膜 CR67。

⑧ 湿法工艺。

⑨ 膜堆电压　一级 340～450V，二级 320～390V。

⑩ 除溴率　60%～80%。

⑪ 脱盐率（电导率计算）　60%～80%。

⑫ 卤水最大质量　154（吨/天）（河水入海口直接排放）。

⑬ 水回收率　>90%（包括浓缩液循环和非标准出水）。

⑭ 使用 CO_2 及 $Ca(OH)_2$ 矿化至 7（吨/天）。

11.5.1.2　海水淡化

20 世纪 60～70 年代，在北美、中东和苏联黑海沿岸安装了许多小型电渗析海水淡化器，日本在许多渔船上安装了船用小型电渗析海水淡化器。美国、以色列和日本等相继开展了高温电渗析海水淡化的试验，达到生产 $1m^3$ 淡水耗电 8～9kW·h 的指标[191-193]。但是从 20 世纪 80 年代以后，由于反渗透海水淡化技术的兴起，电渗析在海水淡化中所占的份额逐渐降低，采用能量回收装置的反渗透海水淡化装置，每生产 1t 淡水耗电在 5～6kW·h，这是电渗析所不及的。随着近 20 年来均相离子交换膜产业的迅速发展，电渗析在海水淡化中的应用又不断引起了重视，山东省海洋化工科学研究院的研究成果表明，采用均相离子交换膜电渗析可以将 3.5% 盐度的海水脱盐至直饮水，生产 1t 淡水仅耗电 2.5kW·h，电渗析法必高能耗的情况将被改变。

1981 年我国在西沙某岛安装了 $200m^3/d$ 的电渗析装置。这套装置全部采用国产离子交换膜和设备。流程设计为海水→预处理→电渗析→脱硼树脂→饮用水。淡化站的主要特点如下[194]：

① 电渗析部分采用一级式连续脱盐流程，即 10 级电渗析器串联，将 35000mg/L 的海水脱至 500mg/L。

② 装置的运行稳定性依靠合理的操作参数控制，运行过程中不加任何化学药品。

③ 电渗析脱盐部分直流耗电为 $12.0kW·h/m^3$，动力耗电为 $4.0kW·h/m^3$，合计 $16.0kW·h/m^3$。

④ 根据饮水卫生的要求，使用 564 型硼特效树脂，安装了脱硼离子交换设备，将淡水含硼量由 4.6mg/L 降至 0.5mg/L 以下，这是世界上唯一配有脱硼设备的海水淡化装置[195]。

各级的操作参数见表 11-21。

表 11-21　西沙群岛海水淡化站运行数据

级别	电流/A	电压/V	压力/MPa			流量/(m³/h)		含盐量/(mg/L)		水温/℃
			淡水	浓水	极水	淡水	浓水	进水	出水	
1	155.0	162	0.107	0.097	0.103	10.4	10.0	30876	24277	
2	158.0	162						24277	16583	
3	148.0	162						16583	9711	32
4	75.0	110						9711	6273	
5	55.0	110						6275	3860	
6	36.0	75	0.124	0.105	0.110	9.0		3900	2700	
7	27.0	75						2700	1650	
8	17.0	70						1650	1090	34
9	9.5	60						1090	710	
10	7.0	60				8.4		710	450	

1974 年日本在山口县野岛建造了产水量为 $120 m^3/d$ 的电渗析海水淡化装置[192]。这个装置设计为循环脱盐流程，实现了全自动无人操作，耗电为 $16.2 kW \cdot h/m^3$。其流程见图 11-67。

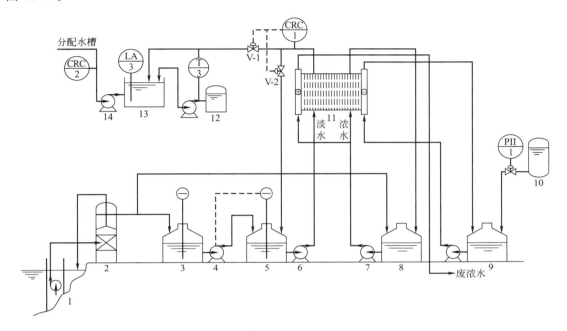

图 11-67　淡化站工艺流程图

1—原水泵；2—过滤器；3—原水槽；4—提升泵；5—淡水槽；6—淡水泵；7—浓水泵；8—浓水槽；
9—阴极水槽；10—酸槽；11—电渗析器；12—消毒系统；13—产品水槽；14—供水槽

11.5.1.3　纯水制备

（1）电渗析-离子交换组合工艺系统

制备不同等级的纯水必须结合几种脱盐和净化工艺才能实现，以满足锅炉、制药和电子等行业用水的需要。电渗析-离子交换组合脱盐是国内外通常采用的工艺流程。电渗析在流程中起前级脱盐作用，离子交换起保证水质作用。

电渗析-离子交换组合工艺制备纯水要注意以下几个问题。

① 电渗析多级串联，将低浓度原水脱盐到初级纯水在技术上是完全可以达到的。但是，出水浓度过低，电渗析的绝对脱盐量很少，设备利用率不高。如要求出水浓度低于 20mg/L，除非产水量较少，有 1～2 台多级串联的电渗析器就可完成的情况以外，不宜单独应用电渗析脱盐。当原水浓度大于 200～400mg/L 时，可选用电渗析-离子交换组合脱盐流程，电渗析脱盐水的浓度可控制在 20～50mg/L。

② 以自来水或深井水作原水，仍需进行预处理，使之达到电渗析的进水水质指标。由于原水各种离子浓度都较低，膜面产生沉淀结垢的现象有所缓和，操作电流密度可接近极限电流密度值，在流程设计上应保证有较高的淡水回收率。电渗析装置超极限电流密度操作，膜面上仍会出现沉淀，且膜损坏快，更换率高，所以一般不宜采用超极限电流的操作方式。

③ 国内已建成纯水站的资料表明，采用电渗析-离子交换组合工艺制备纯水与单一离子

交换脱盐相比，再生离子交换树脂的酸、碱用量节约 50％～90％，且制水流程灵活，对原水浓度波动适应性强，出水水质稳定，既保证了生产，又减轻了工人的劳动强度，获得了明显的社会和经济效益；与采用反渗透前级脱盐相比，则投资费用降低。反渗透能有效地去除细菌、热原等物质，对于某些特殊要求的超纯水，如大规模集成电路用水、人体注射用水，可采用反渗透制水系统。

根据原水组分和对纯水水质的要求，纯水站通常采用以下几种典型流程：

a. 原水→预处理→电渗析→生产工艺、低压锅炉用水

b. 原水→预处理→软化→电渗析→生产工艺、低压锅炉用水

c. 原水→预处理→电渗析→软化（或脱硫）→锅炉给水

d. 原水→预处理→电渗析→混合床→纯水

e. 原水→预处理→电渗析→阳离子交换→脱气→阴离子交换→混合床→纯水

f. 原水→预处理→电渗析→阳离子交换→脱气→阴离子交换→杀菌→超滤→混合床→微滤→超纯水

g. 原水→预处理→电渗析→蒸馏→微滤→医用纯水

以上 7 种流程在我国都有应用。流程 a～d 应用最普遍，多用于中、低压锅炉给水。流程 e 主要用于发电厂中、高压锅炉给水。流程 f 制得的超纯水水质可与反渗透工艺系统制得的水质相比，主要用于电子行业。流程 g 仅用于制备注射针剂用水。

（2）电渗析制取低压锅炉给水

我国利用流程 a 制备蒸汽压不大于 1.6MPa 的低压锅炉给水已取得了宝贵的经验，并列入国家行业标准[196]。

对于蒸汽压力不大于 1.6MPa 的低压蒸汽锅炉，给水水质必须同时满足：

$$H \leqslant 20mg/L（以 CaCO_3 计）$$

$$A-H \geqslant 50mg/L（以 CaCO_3 计）$$

才能直接进入锅炉。给水中的残余硬度利用水中的天然碱度进行炉内热软化处理。其中 A 为总碱度，指水中重碳酸根、碳酸根、氢氧根含量的总和；H 为总硬度，指水中钙、镁含量的总和。若：

$$H \leqslant 20mg/L（以 CaCO_3 计）$$

$$A-H < 50mg/L（以 CaCO_3 计）$$

电渗析出水虽可直接进入锅炉，但必须同时向炉内投加碳酸钠，以补偿水中天然碱度的不足，使 $A-H \geqslant 50mg/L$ （以 $CaCO_3$ 计）。

（3）CDI 系统

将离子交换树脂填充到电渗析器渗析室中，所构成的电渗析深度脱盐系统称为连续去离子系统，即 CDI。这一系统与电渗析-离子交换系统相比，可以不需要阴、阳树脂再生，不用酸、碱，仍可以连续地脱除离子，不间断地生产纯水或高纯水。阴、阳树脂所吸附的水溶液中的阴、阳离子，由电渗析极化过程产生的 OH^- 与 H^+ 连续再生。其结构如图 11-68 所示。

渗析室填充的阴、阳树脂体积比大约为 2：1。有的装置填充离子导电纤维。填入离子导电网可以改善渗析室的水力学条件。阳离子导电网置于阳膜面，阴离子导电网置于阴膜

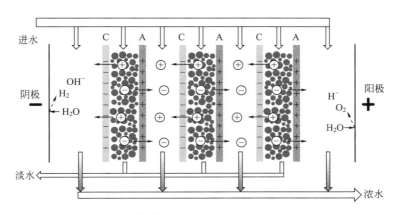

图 11-68 CDI 系统示意图

面。导电材料的加入降低了膜堆电阻。

这项技术具有以下几个关键问题：

① 阴、阳导电材料交换容量的配伍　不仅导电材料总的阴、阳离子交换容量不同，而且沿水流流程交换容量亦有变化。

② 膜要有高的选择透过性和低的浓差扩散系数　浓水室电解质的微小扩散都会明显劣化纯水水质。

③ 密封要求高　树脂与膜要贴得紧，减少离子迁移不通过树脂的短路现象。严防浓水和淡水在膜堆中互漏。

多价离子的存在会影响再生效率。自来水为进水也要采用预软化处理。商品化的 CDI 系统多采用反渗透来预处理，同时兼有预脱盐作用。商业装置可直接生产 $5 \sim 16 M\Omega \cdot cm$ 的高纯水，耗电大约 $0.3 kW \cdot h/m^3$。美国 Ionpure Technologies 公司提出的 CDI 进水水标如表 11-22 所示。

表 11-22　CDI 进水水质要求[①]

温度	游离氯	硬度	铁、镁、硫化物	TOC	pH 值
$10 \sim 35℃$	$<0.1mg/L$	$<1.0mg/L$	$<0.01mg/L$	$<0.5mg/L$	$4 \sim 6$

① Ionpure Technologies 公司建议标准。

11.5.1.4　酸碱废液处理

离子交换膜在酸碱废液处理中的应用依靠扩散渗析的方法进行。电渗析过程以定向电场为推动力，依靠阳离子交换膜选择性透过阳离子而阻碍阴离子，阴离子交换膜选择性透过阴离子而阻碍阳离子，实现溶液中电解质的选择性迁移，并得到目标溶液，如浓缩液、脱盐液、酸和碱等。离子选择性透过膜和定向电场是电渗析过程的两个核心要素。不同于电渗析过程，扩散渗析只使用离子选择性透过膜作为分离媒介，以离子交换膜两侧溶液的浓度差作为传质推动力，依靠具有不同水合半径的同离子在离子交换膜和水相中迁移时的扩散系数的差别，基于电荷守恒理论，实现目标电解质从混合溶液中脱除及回收，其分离机理见图 11-69。由于整个过程没有外加的传质推动力，消耗的能量只源于泵送溶液过程中的电能损耗，因此扩散渗析具有能耗低、过程简单、回收效率高、易于工业化等优点。按照离子交换膜的种类来划分，扩散渗析可分为阴离子交换膜扩散渗析和阳离子交换膜扩散渗析。阴离子交换膜扩散渗析主要用来回收酸盐混合物中的酸，而阳离子交换膜扩散渗析主要用来回收碱盐混合物中的碱。

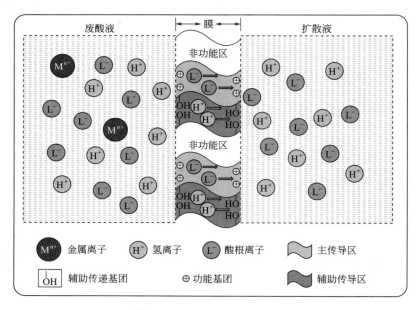

图 11-69　扩散渗析机理示意图

（1）酸回收

以湿法冶金为例，湿法炼铜的原则工艺需要经过矿石浸出→萃取→反萃→电解过程，核心是铜的溶剂萃取。但是整个工艺除一般溶剂萃取的有机相循环外，还包含了贫电解液的循环与萃余液的循环，由于浸出液含铁量高，致使在电解过程中有铁的积累，每生产 1t 铜必须将 $3.5m^3$ 电解贫液排出体系以消除铁的富集。若将这部分贫电解液返回，不利于维持浸出液的 pH，而水与酸的平衡是保证工艺正常运行的关键。在实际运行中，这种平衡会被破坏，因此酸的平衡在湿法冶金工业显得尤为重要。

处理贫电解液的一种方法是将其返回浸出过程，利用浸出时 Fe^{2+} 的水解使部分铁开路，但贫电解液含酸量高，会使浸出液 pH 降低，结果不但铁的去除率低，而且会降低萃取率，进而形成恶性循环，破坏湿法炼铜的闭路循环过程。我国德兴铜矿采用了扩散渗析法处理电解贫液，应用 5 台 800mm×1600mm 的扩散渗析器，每台 400 张阴离子交换膜，酸的回收率约为 75％，铁的除去率约为 90％。回收的稀酸中含有约 1g/L 的铜、约 130g/L 硫酸，补加 40g/L 酸后，返回用作反萃剂。残液中硫酸含量降至 40g/L 左右，直接返回浸出，对浸出过程 pH 影响不大，其中的铁水解析出，与渣一起排出，而铜进入浸出液。根据该厂的核算，当产铜量达 2000t/a 时需开路电解贫液总量 7000m³/a，按贫液平均含酸量 172g/L、回收率 75％计，可回收硫酸 903t/a，按硫酸进厂价 350 元/t 计，可节约硫酸费用约 316000元/年，因此 2 年时间可收回投资。更重要的是铜通过返回浸出进入浸出液，少量的铜进入回收的酸（返回作反萃液）中得以回收，提高了铜的总回收率，降低了生产成本。

另外，如钛板加工中一般需要用混酸洗涤表面，主要反应如下：

$$Ti + 4HNO_3 \Longrightarrow H_2TiO_3 + 4NO_2 + H_2O$$
$$Ti + 6HF \Longrightarrow 2H^+ + [TiF_6]^{2-} + 2H_2$$

一般来说，废酸只能循环 1～2 次，因为当钛的含量较高时，洗涤强度大大下降，达不到洗涤要求，当废液中钛的含量达到 20g/L 时，就必须废弃，这时废液中的主要成分为 HNO_3 4.5～5.0mol/L、HF 3g/L、Ti^{4+}（以 TiF_4、$[TiF_6]^{2-}$ 等形式存在）18～24g/L。针对上述废液，分别采用了不同的膜进行酸的回收，采用的膜堆单元为 250L/d 和 5000L/d，两种单元唯一的区别是膜面积的不同。酸回收率与钛的截留性能恰恰相反，这可能是由于钛在废液中不完全以 Ti^{4+} 形式存在，有一部分以 $[TiF_6]^{2-}$ 形式存在，因此分离效果既与膜的固定基团含量有关，也与膜的含水量有关。根据上述实验结果，有关厂家已被推荐采用 DF100M 膜，以牺牲酸的回收率来换取钛的截留率。回收酸可用于酸洗，残液可用碱中和后提取氟钛酸钠，由于酸进行了回收，因此消耗的烧碱更少，整个过程无污染排放，其综合应用流程如图 11-70[197]。

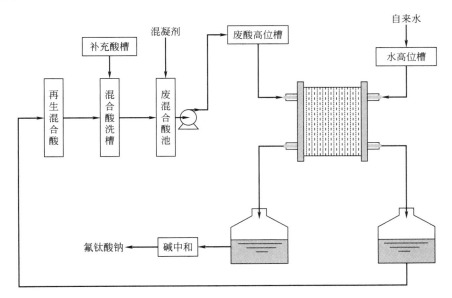

图 11-70　钛材加工行业废酸回收及综合利用工艺示意图

（2）碱回收

废碱液主要来源于造纸、印刷印染、皮革、冶炼等工业工程，直接排放这些废碱液将会产生很多问题：污染环境、改变水体 pH、影响河流的自净能力等。利用扩散渗析的方法，可以将废碱液中的碱有效回收，一方面实现了废弃物的资源化，另一方面减轻了碱废液的后期处理成本。20 世纪 80 年代，日本德山曹达（ASTOM）公司成功地开发了面向碱回收的扩散渗析阳离子交换膜，成功地用于从铝刻蚀液中回收氢氧化钠的工艺。铝刻蚀液中主要包含 NaOH 和 Al^{3+} 成分，以 $NaAlO_2$ 的形式存在。随着刻蚀反应的发生，原液中 NaOH 浓度降低，同时发生如下反应：

$$NaAlO_2 + 2H_2O \Longrightarrow Al(OH)_3 + NaOH$$

此工艺在 1991～1992 年间，于美国加利福尼亚州圣地亚哥市的 Caspian 化工厂投入运行，过程采用 TSD10-300 型和 TSD25-250 扩散渗析装置，总膜面积分别为 30m² 和 62.5m²。工艺流程见图 11-71。首先碱通过扩散渗析设备得到回收，渗析后的铝刻蚀液进入结晶罐，将析出的 Al(OH)₃ 沉淀进行回收。该法可以抑制由于沉淀沉积在膜表面而引起的膜污染。同时由于反应传质推动力比较高，所以回收的氢氧化钠浓度比原料液中的碱液还要高。经济衡算表明每年的净利润能够达到 70000 美元，投资回报期约为 2 年[198]。

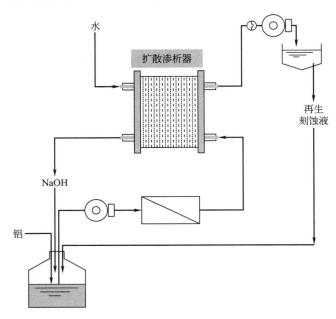

图 11-71　铝刻蚀液扩散渗析碱回收系统

在日本，扩散渗析还被用于白钨砂冶炼行业，使用 TSD-2-20 型扩散渗析器回收白钨砂冶炼工业废碱液中的碱，废碱液初始组成为 WO₃＋NaOH，相应浓度分别为 91.25g/L 与 1.36mol/L。当原料液和回收碱的速度分别为 40mL/min 和 10mL/min 时，回收碱浓度可达原料液的 51%，回收效率达 50%。

11.5.1.5　煤化工废水处理

煤化工项目耗水量大，每吨产品的耗水量通常在 10t 以上，同时污水排放量大，废水水质复杂且具有高毒性等特点，目前我国面临水资源短缺及环境容量不足等难题，如何做好节水减排、环境保护已成为煤化工行业可持续发展的关键。高盐废水及结晶盐处理利用是煤化工废水处理的主要难点。2015 年国家环境保护部印发的《现代煤化工建设项目环境准入条件》指出，"缺乏纳污水体的新建现代煤化工项目需采取高盐废水有效处置措施，无法资源化利用的盐泥暂按危险废物管理，作为副产品外售应满足适用的产品质量标准要求。"2016 年获得环评批复的煤化工项目多数都承担了高盐废水处理和结晶盐综合利用环保示范任务。目前高盐废水处理利用已成为煤化工产业持续健康发展的自身需求和外在要求[199]。

目前煤化工废水主要包括煤焦化废水、煤气化废水、煤液化废水、煤制烃废水四种（见图 11-72 和表 11-23）。典型现代煤化工企业废水按照含盐量分为两类：一是有机废水，主要来源于煤气化工艺废水及生活污水；二是高盐废水，是煤化工废水的处理难点，其主要来源于煤气洗涤废水、循环水系统排水以及回用系统浓水[200]，其特点是含盐量高，TDS 可达 40000～80000mg/L。以神华鄂尔多斯煤制油项目为例，TDS 的浓度达 87575mg/L，Na^+、Cl^-、SO_4^{2-}、NO_3^-、CDM 的浓度分别为 24630mg/L、13205mg/L、30600mg/L、15698mg/L、567mg/L，并有苯并蒽、苯并芘等有毒有害物质。这使得煤化工高盐废水处理成本高、难度大，通常经过自然蒸发、蒸发结晶杂盐以及含盐水地下灌注等方法处理。国内煤化工废水处理设计单位主要有深圳能源、倍杰特、石家庄工大、神华集团、上海东硕、东华工程。

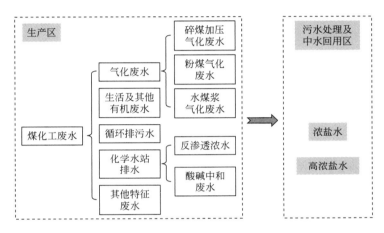

图 11-72　煤化工废水分类及来源

表 11-23　典型煤化工废水主要成分

项目	浓度/(mg/L)	项目	浓度/(mg/L)	项目	浓度/(mg/L)	项目	浓度/(mg/L)
总阳离子	22615.3	K^+	263.3	总 Fe	5.8	SO_4^{2-}	15713.4
总阴离子	34597.9	Ca^{2+}	11.2	总 As	0.08	F^-	27.7
TOC	152.1	Mg^{2+}	3.6	Cu^{2+}	0.1	HCO_3^-	95.1
总硬度	43.1	Al^{3+}	1.2	Ni^{2+}	0.1	CO_3^{2-}	224.4
总碱度	347.6	Mn^{2+}	0.1	Sr^{2+}	0.03	NO_3^-	3105.2
总 Si	76.1	Pb^{2+}	0.03	总 Cr	0.05	NO_2^-	146.9
Na^+	223.3			Cl^-	15731.4		

现阶段煤化工废水回用处理多采用高效反渗透、振动膜、电渗析、正渗透等工艺，回用过程产生的高盐废水具有有机含量高、总 TDS 值大、处理难度大的特点。通常这些高盐废水多采用自然蒸发、机械压缩蒸发、多效蒸发方法进一步浓缩，之后利用分段结晶的方法得到氯化钠、硫酸钠副产品，传统的蒸发浓缩工艺浓缩倍数低、系统能耗高。而采用电渗析浓缩工艺，可以有效进行煤化工高盐废水处理，其具有浓缩倍数高、TOC 截留率高、能耗低等特点[201,202]。

中国石化宁夏能源化工有限公司采用倍杰特技术，以电渗析工艺为技术核心，建成 5m³/h 粉煤气化高盐废水分质结晶中试设备，并申请了两项发明专利[203,204]。系统采用高密池→管式微滤→多级反渗透→活性炭过滤→管式微滤→多级电驱动离子膜→硝蒸发结晶→盐蒸发结晶路线，其中管式微滤器、电渗析膜装置是核心工艺，进水 TDS 为 50000mg/L，两级电渗析联用装置产出浓水 TDS 为 200000mg/L，这大幅减少了结晶单元处理水量。经过分质结晶硫酸钠纯度在 96％以上，氯化钠纯度在 98％以上，混盐占总盐量 5％以下，操作流程和处理前后废水水质参数分别见图 11-73 和表 11-24。

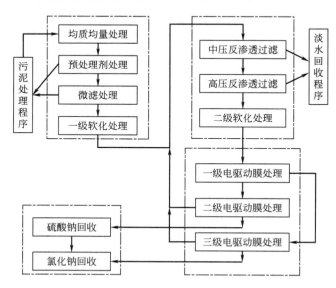

图 11-73　电渗析处理煤化工废水工艺流程一

表 11-24　煤化工废水电渗析处理前后主要水质参数

指标	原水水质/(mg/L)	预处理水质/(mg/L)	减量化浓水/(mg/L)	零排放固体盐
COD_{Cr}	325	45.7	54.4	
TDS	6803	8016	202646.5	硫酸钠
总硬度	2015.6	186.4	526.4	96.15％
Cl^-	1046.2	1486.8	36964.4	
SO_4^{2-}	2565.4	2895.5	117232.5	
Ca^{2+}	205.7	15.5	37.3	氯化钠
Mg^{2+}	126.5	87.4	71.3	98.74％
Na^+	2425.1	3226.4	54673.1	

内蒙古伊泰煤制油有限责任公司采用上海东硕技术，以电渗析技术为核心，建成 16 万吨示范厂高盐废水结晶分盐中试装置，并申请了两项专利[204,205]。系统采用除硬软化→纳滤→高级催化氧化→活性炭过滤→电渗析浓缩→蒸发结晶→母液干燥路线，其中纳滤、高级催化氧化、电渗析是核心工艺，纳滤联合反渗透分离与浓缩一价盐和二价盐，高级催化氧化COD 去除 50％，分质结晶工业级氯化钠、硫酸钠结晶盐，结晶母液定期干燥外排处置，操作流程见图 11-74。

11.5.2　物料脱盐

电渗析物料脱盐过程按照分离方式的不同可以分为两类：一是将混合物料中的高浓度盐

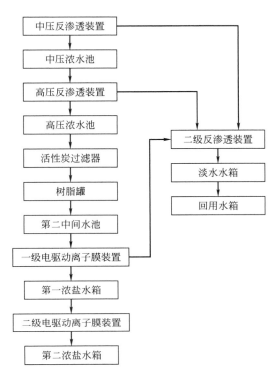

图 11-74　电渗析处理煤化工废水工艺流程二

分脱除，而目标物质在线保留在料液中，如图 11-75（a）所示；二是将目标物质从料液中选择性移除，并在接收侧得到保留，如图 11-75（b）所示。虽然两者分离方式不同，但其分离原理均是利用离子（分子）间的物理化学差异（如携带电荷性质、分子/离子半径）以及离子交换膜自身的特异性能为理论基础的。这里以生物精炼的应用为例对此进行详细描述。

　　生物精炼有机酸通常利用糖类发酵的方法制得，由于发酵不完全，发酵液中存在很多杂质，如剩余糖类、蛋白质杂质、有色物质、菌丝体等，这也使得从发酵液中提取目标有机酸产品变得复杂。另外，培养基在线发酵过程中产生的目标产物需要及时从发酵液中分离出来，从而减缓产物乳酸对于发酵微生物的抑制性。以有机酸生产为例，传统的有机酸分离方法包括酸解、沉淀、过滤等过程，其工艺流程长，消耗化工原料多，劳动强度大，污染环境且操作成本也较高。由于电渗析本身的分离特点，操作过程中发酵液中的常见杂质，如糖类、色素、蛋白质、菌体等均不能透过离子交换膜，被截留在发酵液中，只有小分子量的有机酸及溶解盐能够在电场推动下，在相应离子交换膜中自由迁移。其优点也是明显的，如避免了外加碱的投加、提高了有机酸产品的纯度及回收效率、减缓了产物有机酸对于发酵微生物的抑制性。下面以氨基酸和酱油脱盐为例进行简要叙述。

11.5.2.1　氨基酸脱盐

（1）a 型操作

　　电渗析在氨基酸发酵液脱盐中的应用还有很多，如金燕等[206]采用三室电渗析系统对猪毛水解液提取 L-胱氨酸后的发酵液进行了脱盐处理，控制溶液的 pH 在胱氨酸等电点附近。

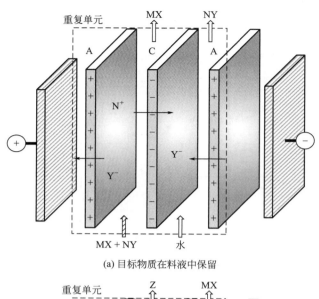

(a) 目标物质在料液中保留

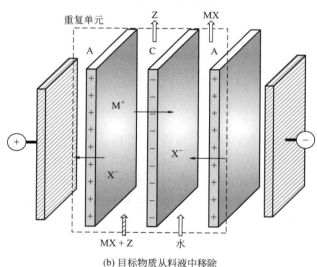

(b) 目标物质从料液中移除

图 11-75   电渗析在物料脱盐中的两种典型应用

结果显示总氨基酸的损失率约为 21％，脱盐率大于 95.5％，电渗析装置在连续运行 8 个月后电流效率、化学效率和脱盐率均保持较好。Grib 等[207]利用三室电渗析法将未经过前处理的苯基丙氨酸发酵液进行 18h 的电渗析处理，成功去除发酵液中 98％的无机盐 [Na_2SO_4 和 $(NH_4)_2SO_4$]。Liu 等[208]将电渗析和反渗透结合，用于含盐约 15％的 L-色氨酸生产结晶废水处理，结果显示 L-色氨酸的回收率达到 60.4％，产品纯度可达 98％。

工业化的应用包括氨基丁酸、蛋氨酸、谷氨酸等，下面以氨基丁酸为例进行描述。氨基丁酸是一种天然存在、非蛋白组成的功能性氨基酸，其在制药、食品、农业等领域有着很重要的应用。一般来讲氨基丁酸通过微生物发酵的方法来合成，而后期的分离纯化在整个工艺中又起着决定性作用。传统上可以通过"乙醇脱洗"法来分离，但是整个工艺中会消耗大量的乙醇，同时排放具有高 COD 含量的废水，这也增加了环境威胁。利用传统电渗析工艺可以实现氨基丁酸废水的脱盐处理，同时维持氨基丁酸产品理想的回收率。浙江某公司利用大小为 $400mm \times 1600mm$，重复单元数为 250 对的电渗析装置（见图 11-76），使得氨基丁酸的发酵液脱盐率达到 99.29%，而氨基丁酸产品的回收率可达 97%以上，每吨氨基丁酸的生产能耗约为 $500kW \cdot h$，远远小于传统的处理能耗。

图 11-76　普通电渗析氨基丁酸脱盐装置

（2）b 型操作

Diblikova 等[209]利用电渗析的方法对含盐的乳清发酵液进行了脱盐处理，结果表明经过电渗析处理，乳清的盐溶液电导率由 $4.83mS/cm$ 降低至 $0.32mS/cm$，脱盐率约为 93.4%，钠离子、钙离子的浓度分别由初始的 $0.43g/L$ 和 $0.45g/L$ 降低至 $0.02g/L$ 和 $0.07g/L$。对于具有更高盐浓度的乳清溶液，通过延长操作时间，电导率由初始的 $18.41mS/cm$ 降低至 $0.34mS/cm$，脱盐率约为 98.2%，钠离子、钙离子浓度由初始的 $3.92g/L$ 和 $0.33g/L$ 降低至 $0.08g/L$ 和 $0.03g/L$。同样 Simova 等[210]利用电渗析针对天然甜乳清进行了脱盐中试研究，过程采用恒压模式，当脱盐率达到 90%时即停止操作。研究结果表明，在较高的操作电压下，乳清盐溶液脱盐速率更快，但是相应的过程能耗也有所增加，氯离子、钾离子的脱盐率最高分别可达 99%和 95%，同时镁离子、钙离子的脱盐率也可达 75%和 80%，粗蛋白的损失率最大为 5%。由于糖类以中性分子形式存在，电渗析过程中乳糖的去除效率可以忽略，同时发现隔板厚度对于运行时间和能耗的影响较小，工艺流程见图 11-77。

11.5.2.2　酱油脱盐

酱油作为一种常用调料，其一般通过大豆、小麦等在酱油曲的作用下发酵制得。为了防止微生物的污染，一般发酵需要在高盐浓度下进行，因此其发酵液含盐量一般在 16%～20%。为了满足食品和健康需求，需要将普通酱油脱盐至 5%～10%。刘贤杰等[211]利用普通电渗析技术对酱油脱盐进行了可行性研究，比较了不同的离子交换膜对于脱盐效果的影响，并优选出合适的电渗析工作条件。结果表明，将含盐量 19.4%的酱油脱盐至 9.1%，氨态氮损失约为 8.3%，而酱油的原有风味变化不大。Fidaleo 等[212]利用电渗析的方法对普通酱油进行了脱盐处理，电渗析装置具有 8 个重复单元，操作电流在 $2.5 \sim 6.5A$ 之间，初始酱油含盐量约为 $15.1\% \pm 0.3\%$。结果表明，经过电渗析脱盐处理，酱油中总酸和氨态氮的

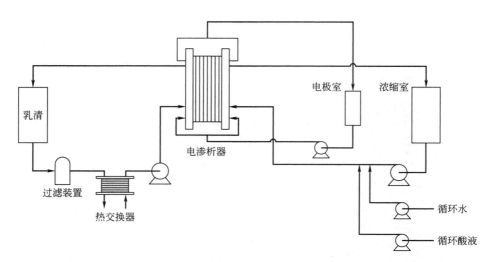

图 11-77　普通电渗析乳清发酵液脱盐工艺流程

回收率分别为 $80\%\pm4\%$ 和 $70\%\pm3\%$。张建友等利用电渗析的方法对大豆酱油进行脱盐处理，通过单因素实验探索了电压、料液流速、pH 对电渗析脱盐效果及酱油品质的影响，并确定了最佳的工艺条件。结果表明，在电压为 9V、流速为 2.4cm/s、pH 为 4.2 时，酱油可以达到较好的脱盐效果（81.6%），同时氨基酸态氨氮损失为 19.4%，酱油中的风味物质如醇类、酚类损失较大，这主要是由以下几方面引起的：①伴随电解质迁移过程的荷电化风味物质的电迁移损失；②风味物质在离子交换膜中的吸附；③一些溶解性较低的芳香化合物和氨基酸在电渗析过程中由于盐析效应导致的沉淀损失；④脱盐后期由于离子浓度减小导致操作电流密度落在允许的极限电流密度以外，引起水解离以及部分弱解离化合物电迁移。

可以看出，电渗析在脱盐过程中的应用主要集中在食品行业，例如氨基酸、乳清、酱油等，虽然电渗析可以有效处理这些发酵液，但是同样存在一定的问题，例如膜污染、目标产物回收率低、能耗高等。为了解决这些问题，重点需要集中于选择合适的离子交换膜，并耦合辅助的前处理工艺，优化电渗析的操作条件，改进膜堆内部结构并优化进料模式等。

11.5.3　清洁生产

常规的化工过程中需要将目标物质进行选择性的转化才可以实现利用，相应的反应涉及到酸化、碱化、离子置换等，传统的方法需要通过加入额外的酸/碱/盐的方式进行，但是引入的化学原料一方面增加了生产成本，另一方面也增加了后处理难度，如产生严重环境污染的废酸、废碱、废盐等。从可持续发展的角度来看，需要升级传统的生产工艺，实现物质转化过程的绿色化。电渗析技术如双极膜电渗析、电离子置换、电复分解、电解电渗析等工艺可以代替传统的生产工艺，实现化工过程绿色化、可持续化。

（1）双极膜电渗析（BMED）——通过催化水解离制备有机酸

图 11-78 给出了双极膜的结构和功能[213]，双极膜由阳离子交换膜、阴离子交换膜和中间过渡层三层组成。中间过渡层可为磺化 PEK、过渡金属和重金属化合物以及叔胺类化合

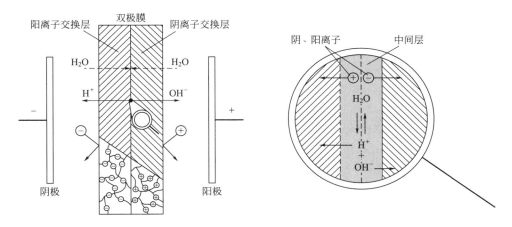

图 11-78 双极膜的结构和功能

物等，具有水解离催化作用。近年来，也有很多研究报道了一些新材料作为双极膜催化层，用于催化水解离，如金属有机框架[214]、氧化石墨烯[215-217]、碳纳米管[218]等。

通常来讲，电解水得到酸和碱的理论电位为 2.057V，其中 1.229V 消耗在析出 H_2 和 O_2 上。双极膜的水解离反应为：

$$2H_2O + 2e^- \longrightarrow H_2(g) + 2OH^-$$

理论电位 0.83V。

$$H_2 \longrightarrow 2H^+ + 2e^-$$

理论电位 0V。

总反应为：

$$2H_2O \longrightarrow 2H^+ + 2OH^-$$

双极膜的理论电位以自由能的变化来讨论，在双极膜中间的界面层存在如下离解平衡：

$$2H_2O \Longrightarrow H_3O^+ + OH^-$$

理论认为界面层中 H^+ 和 OH^- 最大活度 $a_{H^+}^i$ 和 $a_{OH^-}^i$ 为 $10^{-7}\,mol/L(25℃)$，膜外侧离子活度 $a_{H^+}^0$ 和 $a_{OH^+}^0$ 为 $1mol/L$，则 H^+ 和 OH^- 从界面层迁移到外表面的自由能变化为

$$-\Delta G = -nFE = -RT\left(\frac{a_{H^+}^i + a_{OH^-}^i}{a_{H^+}^0 + a_{OH^-}^0}\right)$$
$$= -F\Delta U = 2.3RT\Delta pH$$

设活度系数为 1，ΔpH 为两侧溶液 pH 差值。25℃，$\Delta pH = 14$ 时，$\Delta U = 0.83V$，即认为需要 0.83V 的电压作用于双极膜两侧，才能使水解离成 H^+ 和 OH^-，但实际上由于膜电阻、界面层电阻的存在，实际所需要的电位比理论值高。

过程实际电位降 E_e 以下式计算：

$$E_e = i(\sum R_m + \sum R_s) + E_0 = iR_t + E_0$$

过程功率消耗 P 以下式计算：

$$P = AiE_c/100 = A(i^2R_t + iE_0)/100$$

式中，i 为操作电流密度，mA/cm^2；R_m 为膜堆的面电阻，$\Omega \cdot cm^2$；R_s 为溶液的电阻，$\Omega \cdot cm^2$；R_t 为膜和溶液的总电阻，$\Omega \cdot cm^2$；E_0 为初始电位，V；A 为有效膜面积，m^2；E_e 单位为 V；P 单位为 kW。

双极膜水解离可以产生酸碱，而不把能量消耗在不需要的副反应上，可以作为一种绿色工艺用于清洁生产，例如有机酸生产、酸碱回收、分子筛生产等，并有着以下显著的优点：①能耗低，生产 1t NaOH 能耗约为 $1500 \sim 2000kW \cdot h$，而电解方法需要 $2200 \sim 3000kW \cdot h$；②过程无氧化反应和还原反应；③无副反应产物如 O_2、H_2 产生；④仅需 1 对电极，节约投资；⑤不需要在每组隔室中放置 1 对电极，装置体积小。只有当双极膜水解离电压低于水在电极上电解的电压以及双极膜的成本低于 1 对电解电极时，这样的双极膜才有实际应用价值，并要求膜的寿命最好在 1 年以上。随着人们对双极膜水解离机理的进一步研究和技术上的进步，一些公司相继开发出性能优良的商品化双极膜，水解离电压在 $1.1 \sim 1.7V$ 之间（电流密度在 $100 \sim 150mA/cm^2$ 时），一般水解离效率在 $95\% \sim 98\%$。较为成功的公司有日本德山曹达，美国 WSI、Ionic 和 Allied-Singl 等公司，其中以 Allied-Singl 公司的 Aquatech-system 成效最大。其所用隔板尺寸可大至 $1m \times 1m$。根据处理对象的不同，可采用不同形式和结构的膜堆，常见的有三隔室和二隔室 2 种（见图 11-79）。迄今双极膜技术在化工过程绿色化生产中已有工业化应用，以下将以葡萄糖酸的工业生产为例对双极膜电渗析技术在清洁生产中的应用进行简要介绍。

葡萄糖酸是一种重要的工业原料，可用于医药工业生产葡萄糖酸衍生物（作为营养强化剂及药用补充剂），也可用于食品工业作为酸味剂、豆腐凝固剂以及防止乳品中乳石沉淀，以及用于配制清洗剂、织物及金属加工的助剂、皮革矾鞣剂、金属除锈剂、混凝土塑化剂、生物降解的螯合剂及二次采油的防沉淀剂等，具有广泛的应用。葡萄糖酸是由葡萄糖酸钠经过氢型阳离子交换树脂置换钠离子而得，葡萄糖酸钠的工业生产有均相化学氧化法、电解氧化法、多相催化氧化法和发酵法等。均相化学氧化法采用次氯酸钠氧化法生产葡萄糖酸钠，转化率高但中间步骤多，副产物复杂，成品含有氯化钠。电解氧化法能耗大，不易控制，因此工业化生产中很少采用。多相催化氧化法工艺简单，反应平稳，易于控制，反应条件温和，但该技术采用稀有金属钯/碳作为主要催化剂，价格昂贵，催化剂循环使用后容易失活，催化效率下降，目前已基本被发酵法取代。我国葡萄糖酸钠工业化生产普遍采用的是黑曲霉菌发酵制葡萄糖酸钠工艺，在葡萄糖溶液中加入无机盐、氮源和黑曲霉种子液后进行发酵。发酵过程中添加氢氧化钠控制发酵液 pH 在 $5.0 \sim 5.5$，通过循环水控制发酵温度在 $35 \sim 38℃$。菌体与发酵液分离后，发酵液经真空浓缩、结晶后可得葡萄糖酸钠晶体，或经喷雾干燥后制得葡萄糖酸钠粉状产品。葡萄糖酸钠转化为葡萄糖酸的传统生产工艺是离子交换法，即葡萄糖酸钠溶解后，经氢型阳离子交换树脂转化为葡萄糖酸，再经真空浓缩、结晶、干燥，即得到葡萄糖酸产品[219]。将双极膜电渗析技术应用于传统葡萄糖酸生产过程中，不仅可以实现葡萄糖酸钠的转化，而且产生的氢氧化钠可以回用于葡萄糖的催化氧化，特别是采用特定的双极膜电渗析构型，还可以实现葡萄糖酸的除糖，如此则能大大降低离子交换树脂再生过程中酸的使用[220]。迄今中国有很多双极膜电渗析葡萄糖酸绿色化生产工业装置，生

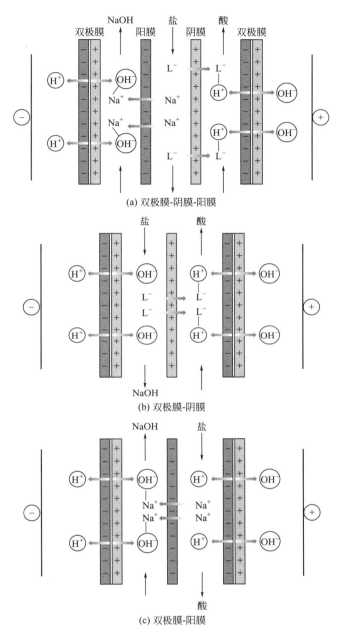

图 11-79 双极膜电渗析生产有机酸工艺图

(a) 三室结构；(b)、(c) 两室结构

产容量约为 5t/d，初始葡萄糖酸钠浓度约为 35%，膜堆装置大小约为 400mm×800mm，膜堆重复单元数为 100，双极膜总有效面积为 25m²。葡萄糖酸钠的转化率最高可达 98%，能耗约为 310kW·h/t，操作电流密度为 50mA/cm²。双极膜电渗析葡萄糖酸钠处理过程单位成本约为 512 元/t，约是传统处理过程成本的 75%，每生产 1t 葡萄糖酸，约有 3t 浓度为 6% 的 NaOH 副产物产生，工艺流程见图 11-80。除此之外，双极膜电渗析在琥珀酸（丁二酸）的绿色生产中也有工业化应用，其中山东某公司投产了琥珀酸电驱动膜生产装置，年处理能

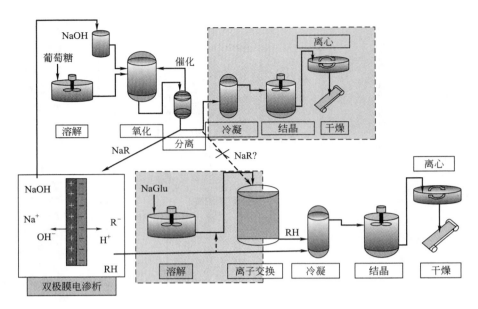

图 11-80　双极膜电渗析葡萄糖酸清洁生产工艺流程

力可达 600t，工厂实景见图 11-81。

图 11-81　双极膜电渗析琥珀酸绿色化生产工业系统

（2）电离子置换（EIS）——通过 H^+ 置换制备有机酸

电离子置换的重复单元是由两张阳膜（或阴膜）、一张阴膜（或阳膜）和三个隔室组成，它可以实现同号离子之间的置换。图 11-82 为电离子置换用于有机酸制备的原理图[221]。其中离子置换所用的 H^+ 由外加酸（硫酸）提供，在起始阶段由于发生 H^+/M^+ Donnan 渗析，电流效率超过 100%，但是迁出的 M^+ 会和 H^+ 竞争，导致电流效率下降。当然，如果使用高 H^+/M^+ 选择性阳膜就可以抑制 M^+ 竞争，保持高电流效率操作。

（3）电复分解（EMT）——通过复分解反应制备有机酸

电复分解的重复单元由 4 张交替排列的单极膜（两张阳膜、两张阴膜）和四个隔室组成，具有双进料双出料的特点，可以实现在溶液中无法实现的复分解反应。利用图 11-83 所示的电复分解技术制备的有机酸包括柠檬酸[222]和乳酸[223,224]。不过外加无机酸（如 HCl

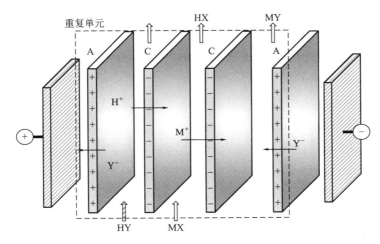

图 11-82 电离子置换制备有机酸工艺图

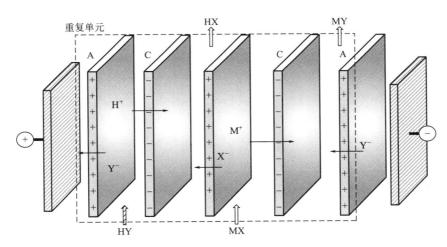

图 11-83 电复分解制备有机酸工艺图

和 H_2SO_4）成了有机酸转化的必需试剂，而且在此过程中形成了额外的无机盐。这些无机盐如果不能回用或者用作肥料的话，就会在排放之后造成污染。

（4）电解电渗析（EED）——利用电极反应制备有机酸

电解电渗析一般没有重复单元，而电极反应对料液处理起到了决定性作用。阴极反应或阳极反应要么提供反应物，要么消耗料液中的组分。在制备有机酸中，电极反应一般提供有机阴离子酸化或离子化所需的 H^+ 或 OH^-。图 11-84(a) 阐释了单膜电解电渗析回收有机酸（丁酸、戊酸、己二酸、己酸和草酸）的原理[225]，而图 11-84(b) 阐释了多膜电解电渗析制备 L-苹果酸[226]的原理。

（5）电去离子化（EDI）——利用离子交换树脂作为电流载体桥梁来浓缩有机酸/盐

EDI 不仅可以用来制备准纯水，还可以用来浓缩低浓度有机酸。图 11-85 阐释了 EDI 生产有机酸[227]的原理，其中混床离子交换树脂可以得到一定程度的再生（浓差极化产生的水解离生产 H^+ 和 OH^-），不过再生效率不如用双极膜电渗析高。

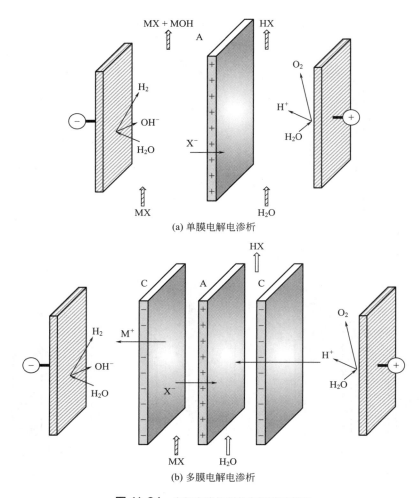

(a) 单膜电解电渗析

(b) 多膜电解电渗析

图 11-84　电解电渗析制备有机酸工艺图

11.5.4　能源转化与储能技术领域的应用

11.5.4.1　能源转换与储能用膜概述[228,229]

　　长期以来，我国主要依靠燃煤的火力发电厂，其比例超过 70％，远远高于世界平均的 28％。由此产生大量二氧化碳、二氧化硫等污染气体，给环境保护带来巨大压力。大力发展以太阳能、风能为代表的可再生能源发电技术，是推进国家能源结构调整，实现可持续发展的必然选择。然而，无论是以太阳能、风能为代表的陆上可再生能源发电，还是海洋能开发过程，都存在能量密度波动大、不稳定性强，在时间与空间上比较分散，难以经济、高效利用等问题。依托以上能量发电的二次能源体系，无论是分布式微型电网系统，还是大规模集中发电与并网系统，都需要对电力质量进行调控。电化学储能是一种利用可逆电化学反应进行电能与化学能相互转化的技术。例如，全钒液流电池、燃料电池、钠硫电池、锂离子电池等储能电池技术，在安全性、能量转换效率和经济性等方面，技术发展迅速，具有重要产业化应用前景。电化学储能装备容易进行灵活设计与配置，适合工业化大规模制造，呈现出快

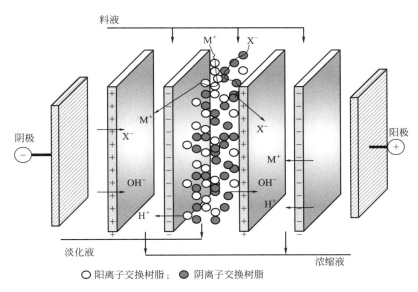

图 11-85　EDI 生产有机酸工艺图

速发展的趋势。

　　近年来，世界各国在发展绿色可再生能源发电、智能电网与电动汽车产业过程中，将具备大规模工业化制造前景的电化学储能技术，如燃料电池、液流电池、熔融盐电池等，作为研究开发的重点方向，投入巨资研究开发。在所有的储能电池中，都需要用膜材料阻隔电池内的氧化剂、还原剂相互渗透，避免自身氧化还原过程导致的能量损失，同时，膜材料作为固体电解质传导离子和连通电池内电路。因此，膜材料不再仅仅作为"分离"介质使用，而是作为新能源储能电池的关键材料发挥着不可替代的作用。

　　和以往的离子交换膜相比，在新能源电池技术领域所使用的质子传导膜，除了要求原先离子交换膜的基本特性以外，如膜面电阻低、离子选择性强、机械强度高等，还必须具备以下几方面特点。

　　① 化学稳定性高、耐电化学氧化性强　由于单体化学电池均包括氧化反应半电池和还原反应半电池，在氧化反应半电池中存在强烈的夺取电子趋势，质子传导膜长期工作在氧化性环境中，要耐受新生态活性氧等物质的腐蚀，对膜材料的稳定性提出十分苛刻的要求。

　　② 耐温性和保湿性　现有的离子交换膜燃料电池通常在高于 120℃ 以上的温度工作，与此同时，需要使膜具有亲水保湿性能，才能获得较好的导电特性。

　　③ 阻止电化学活性物质渗透　质子传导膜起着分隔钒电池中不同价态钒离子、燃料电池中的氢气和氧气，以及甲醇和氧气的作用。为了避免氧化剂和还原剂接触发生反应而降低电池效率，对膜材料的选择性提出严格要求，既要阻止氧化剂和还原剂的跨膜渗透，又要加快氢离子的跨膜传递。

　　本节以能源领域为对象，着重阐述隔膜材料在能源转化与储存过程中的应用，说明储能电池的膜材料需同时满足优良的导电性、选择性、稳定性和合理成本等要求。所论述的电化学膜过程包括燃料电池、全钒液流电池、电解水制氢过程、反向电渗析过程、氯碱电解过程，并展望储能电池膜材料设计与可能的绿色合成技术路线。

11.5.4.2　燃料电池

关于燃料电池的概述参见 11.1.2 节，这里不再赘述，本节只重点阐述燃料电池的具体应用及发展情况。

（1）氢氧燃料电池

氢氧燃料电池的工作原理可参见 11.1.2.6 节，膜电极内发生下列过程：①反应气体在扩散层内的扩散；②反应气体在催化层内被催化剂吸附并发生电催化反应；③阳极反应生成的质子通过质子传导膜传递到阴极，电子经外电路到达阴极，同氧气反应生成水。电极反应为：

负极　　　　　　　　　　　　　$H_2 \longrightarrow 2H^+ + 2e^-$

正极　　　　　　$1/2O_2 + 2H^+ + 2e^- \longrightarrow H_2O$

电池反应　　　　　　　$H_2 + 1/2O_2 \longrightarrow H_2O$

反应物 H_2 和 O_2 经电化学氧化还原反应后产生电流，反应产物为水，不会排放任何环境污染物。燃料电池被认为是理想的电动汽车备选动力源和分布式发电装置。

质子传导膜是 PEMFC 的核心组件，它是一种选择透过膜。质子传导膜在燃料电池中起着双重作用：提供氢离子通道和阻隔两种电极腔室中的反应原料混合，如氢气/氧气或者甲醇/氧气等。

在 PEMFC 装置中的质子传导膜应满足以下条件：

① 氢离子传递快，电导率高；

② 水分子在膜中的电渗作用小，H^+ 在其间的迁移速度高；

③ 水分子在平行质子传导膜表面的方向上有足够大的扩散速率；

④ 气体在膜中的渗透性尽可能小；

⑤ 水合/脱水可逆性好，几何尺寸稳定；

⑥ 对氧化、还原和水解具有稳定性；

⑦ 机械强度和结构强度足够高；

⑧ 膜的表面性质适合与催化剂结合；

⑨ 适当的性能/价格比。

（2）碱性燃料电池（AFC）

对于碱性燃料电池的工作原理可参见 11.1.2.6 节，在其工作时氧气首先通过气体扩散层均匀分散到达阴极催化层，在阴极催化剂的作用下与水反应生成氢氧根离子（OH^-），电子在电势差推动力下通过外电路移动到阴极，而氢氧根离子在浓度差的推动力下透过氢氧根离子交换膜到达阳极，与氢气以及外电路过来的电子会合，在阳极催化剂的作用下发生反应生成水，最后水由阳极过量的氢气带走，完成氢气与氧气的电化学反应发电的过程[118]。碱性燃料电池的单电池结构如图 11-86 所示。主要部件包括氢氧根离子交换膜、催化层、气体扩散层和双极板[230]。

① 氢氧根离子交换膜　氢氧根离子交换膜（hydroxide exchange membrane，HEM）是 HEMFC 的核心组件之一，直接影响燃料电池的能量转化效率和使用寿命等重要性能。它的功能主要有两个：第一，作为隔膜材料，起到隔离燃料和氧化剂的作用，避免二者直接接触

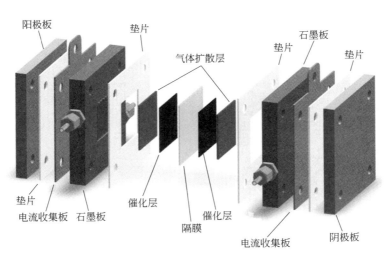

图 11-86　碱性燃料电池单电池结构图

发生化学反应，降低燃料电池效率，同时它也对催化层起到支撑的作用；第二，起到将氢氧根离子从阴极快速传递到阳极的作用。

② 催化层　催化层是 HEMFC 的另一个关键组件。催化层主要由催化剂、电子导体和离子聚合物三部分组成，形成有效的三相界面，实现电极反应的快速连续进行。其中，催化剂承担电池阳极和阴极的电化学反应；电子导体（如石墨）将电子带离催化剂表面或传导到催化剂表面；离子聚合物的作用是将 OH^- 从氢氧根离子交换膜传递到催化剂表面或从催化剂表面传递到膜。

③ 气体扩散层　气体扩散层位于双极板与催化层之间，它的主要作用是：将燃料和氧化剂均匀分散并输送到催化层，充当催化剂和双极板之间的电子导体，为产物离开电极提供通道，为催化剂和氢氧根离子交换膜提供机械支撑。扩散层一般由基底层和微孔层组成。基底层的材料多采用石墨化的碳纸或碳布，厚度一般为 $100 \sim 400 \mu m$。而微孔层是一层厚度为 $10 \sim 100 \mu m$ 的碳粉层，其主要作用是改善基底层的孔隙结构，降低催化层和基底层之间的接触电阻，同时防止在催化层制备过程中催化剂和离子聚合物渗漏到基底层。

④ 双极板　双极板的主要作用为：第一，向催化层均匀供应反应气体或液体，导出未反应气体或液体及其产物。双极板表面通常具有按一定规则开凿的沟槽，即流道，以提高反应物及产物的传输效率。常见的四种流道形式的结构如图 11-87 所示。第二，将 MEA 内产生的热量导出，以保持燃料电池稳定运行在某个温度下。第三，导电，双极板、气体扩散层、催化层紧密接触，形成良好的电子通道，使得阳极产生的电子能够得到收集并导出，通过外电路做功后到达阴极，再经双极板和气体扩散层到达阴极催化层。

碱性燃料电池应用前景十分广阔[231-233]，主要可分为三个方面：第一，固定建筑发电领域，PEMFC 燃料电池的可靠性高，结构紧凑，占地面积小，非常适合用作商场、银行、医院、学校等公共场所以及居民家庭的备用电源；第二，交通工具领域，PEMFC 燃料电池具有效率高和零排放等优点，用燃料电池驱动的电动机替代目前的内燃机，可望用作陆地（汽车等）、海洋（潜艇、客船和货船等）、空中（火箭和航天飞机等）运载工具的动力电源；第三，为便携式电子设备和通信设备提供电源。

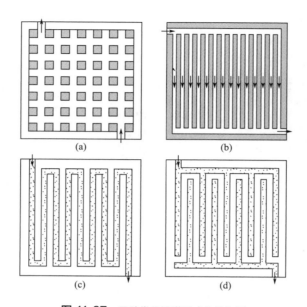

图 11-87　四种常见流道形式的结构图

（a）网格流道；（b）平行流道；（c）蛇形流道；（d）交指流道

　　在目前所有种类的燃料电池中，高分子聚合物电解质膜燃料电池，由于其具有工作温度低、体积小、重量轻、功率密度较高、冷启动时间短等优势[234]，发展最为迅速。早在 1993年，加拿大 Ballard 电力公司就展示了一辆零排放、时速为 72km/h、以 PEMFC 为动力的公交车[235]，那时便引发了全球性燃料电池电动车的研究开发热潮。近些年来，世界各国相继投入了大量人力、财力开展以聚合物电解质燃料电池为动力电源的电动车、舰船、潜艇、水下机器人等的研究与开发工作，并取得了长足进展，各电池的技术参数和特点如表 11-25所示。

表 11-25　不同电解质的各类燃料电池的技术参数

电池类型	电解质	传导离子	工作温度	燃料	优点	应用领域
PEMFC	质子交换膜	H^+	室温～100℃	纯氢、重整氢	冷启动时间短，电流密度大	电动车、潜艇、可移动电源等
AFC	KOH	OH^-	50～200℃	纯氢	能量转换效率高，可用非铂催化剂	军用和航空航天等
PAFC	H_3PO_4	H^+	100～200℃	重整气	原材料易得，操作简单	区域性供电及特殊需求等
SOFC	$ZrO_2\text{-}Y_2O_3$	O^{2-}	900～1000℃	净化煤气、天然气	高温余热可用于内重整余热充电	区域性供电、联合循环发电等
MCFC	Li_2CO_3、K_2CO_3	CO_3^{2-}	650～700℃	净化煤气、天然气、重整气	高温余热可用于内重整充电	区域性供电
DMFC	质子交换膜	H^+	室温～100℃	甲醇	冷启动时间短，电流密度大	电动车、潜艇、可移动电源等

11.5.4.3　全钒液流电池

　　关于液流电池的具体概述参见 11.1.2.7 节，这里不再赘述，本节只重点阐述液流电池的具体应用及发展。

根据现有的研究报道，目前全钒液流电池已经在日本、美国、加拿大和奥地利等多个国家试运行或商业化。1985 年，日本住友电工（Sumitomo Electric Industries Ltd.，简称 SEI）与关西电力公司开始研究液流电池，合作开发出大容量变电器，进行充放电试验；1997 年，SEI 建成电站调峰用 450kW 级钒电池，循环周期达 1700 次（从 1997 使用至今）；1999 年至今，SEI 相继开发组装了 1MW/5MW·h、4MW/6MW·h、15MW/60MW·h 等钒电池项目，应用于风力、太阳能发电并网。2002 年，加拿大 VRB 公司（2009 年已被北京普能世纪科技有限公司收购）为南非开发了 250kW 的 VRB 系统，取得了第一个商业突破，后续又相继为美国、丹麦、意大利等国设计建成了许多千瓦级商品化钒电池，用于应急备用电源和可再生能源发电项目。奥地利 Gildemeister 公司也从 2002 年开始研发全钒液流电池，成功开发出 10kW 及 200kW 两种基本型号的电池系统，通过构建不同规格的电池系统与太阳能光伏电池配套，用于偏远地区供电、电动车充电站、通信及备用电源领域。美国 UniEnergy Technologies 公司目前拥有世界领先的混合酸型全钒液流电池技术，并于 2015 承担建造了美国首个兆瓦级全钒液流电池储能电站。近几年，英国 REDT、韩国 H2、印度 Imergy、德国 Vanadis Power 和 Fraunhofer 研究所也开始陆续研发推出了全钒液流电池产品和项目。

虽然我国对全钒液流电池的研究相对较晚，但发展迅速，目前国内从事液流电池研发工作的机构包括中国科学院大连化学物理研究所、大连融科储能技术发展有限公司（融科储能）、北京普能世纪科技有限公司（北京普能）、清华大学等。其中，融科储能和北京普能在全钒液流电池储能系统的研发、制造，并提供与新能源配套的大规模储能技术上的能力已处于世界先进水平，拥有全球全钒液流电池储能领域内的众多核心专利。自 2007 年成立以来，北京普能已在全球十几个国家和地区，包括中国、美国、斯洛伐克、韩国、西班牙、印度尼西亚、南非、肯尼亚等，成功安装运营了 7 个兆瓦级、近 50 个千瓦级储能项目，应用于可再生能源发电平滑输出、分布式发电、海岛供电、智能微电网等领域。融科储能于 2012 年为辽宁卧牛石风电场建造了当时全球最大规模（5000kW/10000kW·h）的 VRB 储能系统；从 2008 成立至今，已累计实现全钒液流电池装机容量约 12MW，产品已经出口到欧洲、美国、日本等发达国家和地区。以上这些项目的稳定可靠运行，为全钒液流电池储能技术的商业化奠定了坚实的基础，也使我国全钒液流储能技术和产业发展处于世界领先水平。2016 年 4 月 14 日，融科储能与大连热电集团举行战略合作签约仪式，钒电池项目建设规模为 200MW/800MW·h，这是国家能源局在全国范围内首次批准建设国家级大型化学储能示范项目，该项目对储能技术的应用模式和商业模式都将产生积极的示范和引领作用。

图 11-88 为 60kW/240kW·h 全钒液流电池储能系统实物图。

但是，随着液流电池的快速发展，铁/铬体系、铁/钒体系等传统金属基液流电池充放电可逆性差、开路电压低、能量密度低等弊端也逐渐显现。虽然全钒液流电池目前已得到大规模商业化应用，但其也存在能量密度低、金属钒价格昂贵、电解液体系强酸强氧化性环境对离子隔膜和装置要求高等缺点。针对这些不足，近几年液流电池新体系的研究探索也随之引起了国内外学者的广泛关注。

目前，已报道的液流电池新体系根据支撑电解质的区别可分为水系和非水系（或有机体系）。水系液流电池使用水作为支持电解质，旨在降低储能活性物质的成本，提高电池的能

图 11-88　60kW/240kW·h 全钒液流电池储能系统

量密度，降低电池的成本；而非水系使用有机物作为支持电解质，主要是为了追求更高的电位[236]。其中，非水系液流电池新体系有 2014 年 Wang 等[237]提出的 Li/TEMPO 体系、Yu等[238]在 2015 年提出的 Li/二茂铁体系、2015 年 Wang 等[239]提出的 FL/DBMMB 体系、2017 年 Zhang 等[240]提出的 Li/溴体系等，虽然电池的开路电压都高于钒电池，但都存在导电性较低和活性物质浓度低的问题，导致工作电流密度低，系统成本高。对于水系液流电池，如 2014 年和 2015 年 Aziz 等[241,242]先后提出的醌/溴体系与醌/铁体系、2015 年 Ulrich等[243]提出了四甲基哌啶氮氧化物（TEMPO）和紫罗兰碱的聚合物体系等，也存在有机活性物质溶解度小、能量密度低、导电性差、工作电流密度小、循环稳定性差等亟待解决的问题。

　　30 多年来，液流电池呈现蓬勃发展的趋势，液流新体系也层出不穷。然而，不论是已经开始商业化应用的全钒液流电池，还是近几年新开发的液流电池新体系，都存在一定的不足。但是随着全球能源紧张引发的可再生能源的开发高潮，必将引起世界各国对液流储能技术的重视和投入，随着液流电池关键材料（电解液、双极板、离子传导膜）、电堆、电池管理系统、系统集成及工程应用方面的快速发展，液流电池在未来也将展现出非常好的发展和应用前景。

11.5.4.4　电解水制氢过程

　　氢气具有质量轻、热值高、燃烧产物清洁环保等特点，被认为是理想的能源载体。氢燃烧时单位质量的热值高居各种燃料之首，为石油燃料热值的 3 倍多，且其燃烧产物仅为水；与此同时，电解水还可产生氢气和氧气，从而实现了水与氢气之间的循环利用，并且在该循环过程中不产生任何环境污染，使得氢气逐渐成为一种理想的二次能源。但是，由于氢气制备、存储和应用仍然存在诸多挑战，氢能燃料体系的构建尚处在不断发展过程中，其中发展低成本的高效、清洁、方便的制氢技术与工艺是氢能产业发展的核心问题。近年来，高效廉价的制氢技术受到越来越多的关注，特别是随着质子交换膜燃料电池技术的快速发展，氢燃料电池被视为提升电动汽车动力性能的重要技术途径，逐步走向商品化。氢能由于具有资源丰富、可再生、可存储且清洁环保等优点而备受世界各国瞩目。传统的制氢工艺需要消耗大量的常规能源，极大地限制了氢能的推广应用。为实现绿色环保的"氢气-水"循环，开发以水为原料且不消耗常规化石燃料的高效制氢技术，完全避免二氧化硫、二氧化碳等环境污染物排放，成为制氢技术领域的重要研究方向[116,244]。

在现有技术中，通过电解水制氢气的技术主要有三种，分别为碱性水溶液电解法、质子交换膜电解法以及高温电解法。其中，碱性水溶液电解法因具有设备简单、运行可靠且制得的氢气纯度较高等特点，是目前常用的电解水制氢工艺。如图 11-89 所示，该工艺使用含量为 30%（质量分数）左右的氢氧化钾水溶液作为电解液，并在一对惰性电极之间设置防止氢气通过的隔膜，在 80℃下进行电解，电解液中的水分子则被电解为氢气和氧气。当输出氢气的压强为 0.2～0.5MPa 时，电解反应的效率可达 65%。目前工艺对电能的消耗量较大，每生产 $1m^3$（标准条件下）氢气的平均耗电量约为 5.3kW·h，导致该工艺的能量转换效率较低，制氢成本较高。

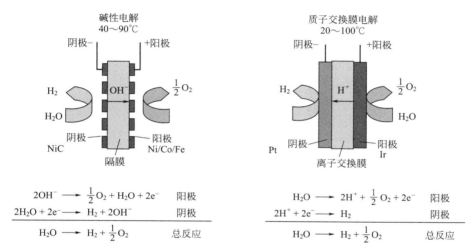

图 11-89　电解水制氢过程原理示意图

为了降低电解水过程的能耗，研究发展了质子交换膜电解水制氢技术。聚合物电解质膜（PEM）电解水制氢的产品纯度高达 99.999%，具有能耗低、性能稳定、可以在高电流密度下运行等优点，被认为是未来最具发展前景的电解水制氢技术。

电解装置的核心部件之一是膜电极，由质子交换膜和负载的电催化剂共同组成，其性能对整个水电解过程的运行起着至关重要的作用。质子在膜内以水分子为传导载体，以水合氢离子的形式从一个磺酸基转移到邻近的另一个磺酸基进行传导。质子交换膜既是质子传导的介质，也是隔离氢气和氧气的隔膜，还需为催化剂提供一定的支撑，以保证 PEM 电解水过程顺利运行。所需质子交换膜应具备以下特征：

① 具备优异的电化学和热力学稳定性，保证水电解器的性能稳定；

② 具备良好的力学性能和尺寸稳定性，为催化剂层提供稳定的支撑；

③ 与催化剂具有良好的适配性，有效地隔离和阻止气体扩散，保证水电解器安全平稳运行；

④ 具备良好的质子传导能力，保证水电解器的欧姆阻抗较小，降低电解水能耗，提高能量转化率。

11.5.4.5　反向电渗析浓差发电过程

反向电渗析（reverse electrodialysis，RED）浓差发电过程，最早于 1954 年由 Pattle 开

始研究，近年来随着离子交换膜技术的发展而被荷兰、美国、意大利等国的学者关注。RED 过程是电渗析的反过程，可以将海水-淡水浓差能转化为电能，技术原理如图 11-90 所示。利用交错排布的阳离子交换膜（CEM）、阴离子交换膜（AEM）隔成流道，使存在一定浓度差的海水与淡水流过。在浓度差推动下，海水流道中的 Na⁺ 和 Cl⁻ 分别透过 CEM 和 AEM，迁移进入相邻的淡水中，形成定向迁移的电荷流动。携带离子的电极液在极板与离子交换膜构成的电极腔室内循环流动，发生氧化和还原反应。电堆内离子迁移导致内电流产生，通过电极上的氧化还原反应形成电动势，电子流经外部回路做功，实现以 RED 方式将海水与淡水间的浓差能（化学势能）转变为电能。随着过程进行，海水腔室中离子浓度降低，淡水腔室中的溶液浓度升高，离子迁移的推动力逐渐减小。因此，盐浓度差的存在成为 RED 过程可持续进行的必要条件[245,246]。

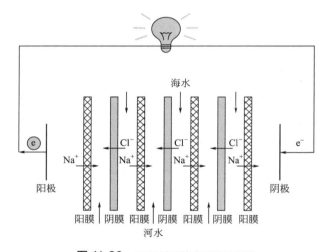

图 11-90　RED 过程技术原理示意图

　　为了提高海洋盐差能发电效率，使其逐步具备技术经济性，已经开展了大量工作。通过选择阳、阴离子交换膜（CEM、AEM）降低膜电阻，提高膜选择透过性，RED 过程理论功率密度可达 6W/m。研究表明，优化电堆设计来削弱扩散边界层影响、采用不带次级褶皱的异形衬垫来替代编制式衬垫可增加净输出功。与此同时，利用数值方法模拟电堆流道中的浓差极化现象，减小隔板厚度可提高发电功率，改进膜特性、调整溶液浓度比及流动方式会对 RED 发电功率密度产生影响。根据世界上流量前十位的河流流量估算，浓度差所形成的熵差能高达 2.4～2.6TW，相当于全球总发电装机容量，具有巨大的新能源开发潜力。利用海水和河水之间的盐浓度差发展高效 RED 过程正在引起更多研究人员关注。

11.5.4.6　氯碱电解过程

　　氯碱工业是最基本的化学工业之一，它的产品除应用于化学工业本身外，还广泛应用于轻工业、纺织工业、冶金工业、石油化学工业以及公用事业。目前，工业上主要采用离子膜法电解 NaCl 溶液制取 NaOH、Cl₂ 和 H₂，并以它们为原料生产一系列化工产品，称为氯碱工业。

　　在离子膜电解过程中，阳离子交换膜只允许阳离子通过，阻止阴离子和气体通过，也就是说只允许 Na⁺ 通过，Cl⁻、OH⁻ 和气体则不能通过。电解时，精制的饱和食盐水加入阳极室，纯水（加入一定量的 NaOH 溶液）加入阴极室。如图 11-91 所示，通电时，水分子在阴极表面放电生成氢气，Na⁺ 穿过离子膜由阳极室进入阴极室，导出的阴极液中含有 NaOH；氯离子则在阳极表面放电生成氯气。电解后的淡盐水从阳极导出，可重新用于配制食盐水。电解过程的总反应可以表示为：

$$2NaCl + 2H_2O \Longrightarrow 2NaOH + H_2\uparrow + Cl_2\uparrow$$

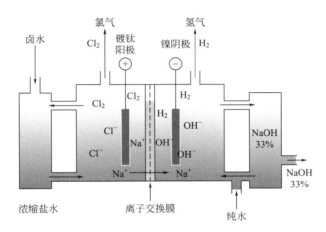

图 11-91 离子膜法制烧碱电解原理

电解槽是该过程的主要设备，由阳极、阴极、离子交换膜、电解槽框和导电铜棒等部件组成，若干个单元槽串联或并联后构成电解装置（图 11-92）。电解槽的阳极用金属钛网制成，为了延长电极使用寿命和提高电解效率，钛阳极网上涂有钛、钌的氧化物等催化剂涂层；阴极由碳钢网制成，上面涂有镍涂层；离子交换膜把电解槽隔成阴极室和阳极室，这样既能防止阴极产生的 H_2 和阳极产生的 Cl_2 相混合而引起爆炸，又能避免 Cl_2 和 NaOH 溶液反应生成次氯酸钠（NaClO）而影响烧碱纯度。

图 11-92 离子膜法制烧碱电解槽

离子交换膜法制碱技术，具有设备占地面积小、能连续生产、生产能力大、产品质量高、能适应电流波动、污染小等优点，进一步降低电解能耗成为氯碱工业发展的重要方向。

11.6 离子交换膜过程发展动向

能源危机和环境污染是世界性难题，在经济快速增长的发展中国家中尤为突出，这就要求现代工业能够做到节能减排、材料再利用和消除环境污染。与其他的膜技术不同，离子交换膜依靠膜中电荷对料液中的离子进行选择性截留或传递以达到分离的目的，因此其在水处理及回用、物料脱盐、清洁生产和能源转化与储能等方面发挥着其他技术不可替代的作用，非常适合现代工业的需要。前面的章节已经详细介绍了离子交换膜过程在各个领域的应用方式，下面对离子交换膜在各个领域的地位以及离子交换膜的发展趋势加以说明。

11.6.1 发展现状

11.6.1.1 水处理及回用

① 天然水脱盐　脱除天然水中对人体有害的特定离子，比如硝酸根和氟离子，是解决我国水质型缺水危机、保障农村地区人民身体健康的必然要求。选择性均相膜电渗析技术是去除水中的有害离子而使其达到合格饮用水标准的一种有效手段。该技术已经在日本和欧洲等农村地区大面积推广，然而在我国的应用案例较少。

② 纯水制备　对水质有较高要求的行业，比如医药工业、电力工业、微电子工业、汽车工业、精细化学品工业、原子能工业等，目前主要采用二次蒸馏或反渗透-离子交换组合的方法制备超纯水，前者耗费大量的能量，后者由于需要对树脂进行酸碱再生，给环境带来了很大的负担。电去离子技术（EDI）是超纯水制备的最佳选择，因为 EDI 不需要酸碱再生又能连续产生超纯水。

③ 海水淡化　目前反渗透法由于经济优势已经大规模应用于我国沿海地区的海水淡化工业。但反渗透法海水淡化只有 40% 的海水变成淡水，而另外 60% 的海水则变成浓盐水被排放，这将严重破坏海水的生态平衡。离子交换膜过程可以将这 60% 的浓盐水劈裂成酸或者碱而得到进一步的应用，因此离子交换膜的发展大大促进了海水淡化的进程。

④ 酸碱废液处理　离子交换膜技术在酸碱废液处理方面是其他膜技术不能取代的，是实现我国金属加工工业、冶金工业、稀土工业、微粉制造业等产业可持续发展的有力技术保障。相比于需要消耗大量资源和产生二次污染的化学中和及加热浓缩、结晶处理技术，均相膜扩散渗析技术是最简单、最有效也是最经济的技术，不仅可以回收酸碱，也可以同时回收其他贵金属。

⑤ 煤化工废水处理　目前煤化工废水中含盐废水的处理多采用双膜法（超滤-反渗透）处理工艺，产生的反渗透浓水处理能耗高，还会产生废盐等固体废弃物。利用高选择性离子交换膜电渗析工艺可以在将二价盐分离的同时浓缩一价盐，从而得到工业级高纯盐，最大限度提高水回收率，达到近零排放。

11. 6. 1. 2　物料脱盐

电渗析可用于盐溶液的脱盐与浓缩，具体的应用涉及各种化工、食品、医药生产过程中的物料脱盐（比如乳清蛋白脱盐、甘露醇脱盐、大豆低聚糖脱盐、氨基酸脱盐等）。对于生产过程中的物料脱盐，现有的方法是采用离子交换树脂进行离子交换。由于离子交换树脂不可避免地吸附物料，导致物料收率低，并且离子交换树脂再生过程中产生大量含盐废水，不易处理。相比之下，均相膜电渗析法物料收率高，产生的含盐废水少。而目前国内市场大部分是异相离子交换膜，均相离子交换膜生产厂家在国内外都很有限。

11. 6. 1. 3　清洁生产

电渗析技术极易与反应过程耦合实现一体式反应分离体系，在绿色和环境化工中具有十分广泛的应用前景[247,248]。离子交换膜的介入使反应物提纯、副产物回收和催化剂提纯等过程变得绿色化[249-251]，在有些场合由于主产物或副产物的不断移出，反应的转化率也得到提高。由于能将不同的离子选择性地迁移到不同的隔室，也可以实现常规反应器不能进行的反应，反应产物也不需要进一步分离。利用电极反应与电渗析结合的电解电渗析，可以实现多种有机物的绿色合成，在冶金与化工领域也有广泛的应用[252]。以离子交换膜为基础的分离和反应技术，将深度影响传统化学工业的分离和反应过程，已经涉及我国化学工业及其相关工业（生物工业、医药工业、食品工业），并成为解决这些领域中环境污染的共性技术，对推进这些领域的科技进步发挥着关键的作用[253]。

11. 6. 1. 4　能源转化和储能

① 燃料电池　采用 Nafion 膜为隔膜的质子交换膜燃料电池应用较为成熟，由于其具有工作温度低、启动快、比功率高、结构简单、操作方便等优点，被公认为是电动汽车、固定发电站等的首选能源，但受到造价昂贵和膜本身性能方面的约束，一直未能进行大规模应用。基于阴离子交换膜的碱性燃料电池被认为是替代质子交换膜燃料电池的最佳选择，但因为普通阴膜的性能，比如离子传导率和稳定性（化学稳定性、机械稳定性等），无法满足燃料电池运行的要求，因此只停留在实验室研究阶段。开发性能优异的离子交换膜是决定燃料电池大规模使用的关键。

② 液流电池　伴随着可再生能源（风能、太阳能）的快速发展和高效转化，用于储能和调节的液流电池也逐渐实现工业化。然而现在的离子交换膜很难兼具燃料透过率低、离子传导率高、膜电阻小、化学稳定性好等性能，制约着液流电池的大规模应用。

③ 电解水制氢　双极膜电解水制氢还处于实验室研究阶段。实验中测得的双极膜解离水过程临界电压最低已经达到 0.87V，基本接近理论值（0.83V），因此，双极膜水解离产氢过程能量消耗大大降低[254]。目前相关研究集中在双极膜电渗析辅助下的太阳能电解水制氢过程[255,256]。

④ 反向电渗析（RED）　该过程具有能量密度高、膜污染小、投资成本低等优势，是一种潜在的盐差能转化成电能的技术。虽然 RED 只适用于江河入海口处的低盐度差发电，但通过与其他过程操作单元的耦合，可以实现能量储存、产氢、废水处理和海水淡化等目标。目前，部分 RED 技术已进入中试阶段，要想获得大规模工业化应用还需要进一步研究[257]。

11.6.2　发展趋势

11.6.2.1　系列化均相膜研究开发

异相膜由于性能所限，只能用于初级水处理和一些要求不高的离子分离。在一些附加值高的产业方面如化工分离、清洁生产、EDI 等均需要性能较好的均相膜。目前国际上的均相膜主要由 Astom 公司生产，由于膜的价格昂贵，推广应用困难。

另外，由于所处理的体系千差万别，很有必要开发系列化的均相膜以满足不同分离体系的需要。目前亟待开发的均相膜包括：高水含量的扩散渗析膜、中等水含量的普通电渗析膜、低水含量的特殊电渗析膜、冶金电解均相阴阳膜、均相离子交换纤维等。

11.6.2.2　用于电池的新型电解质膜开发

质子交换膜燃料电池（PEMFC）使用贵金属铂作催化剂，电解质膜采用价格昂贵的 Nafion 膜，因此应用受到了限制。开发廉价的烷烃及芳香烃聚合物质子交换膜是未来的研究重点之一。因为这类聚合物膜总体性能不如 Nafion 膜，所以提高其质子传导能力和选择性尤为关键。另外，为了面向高温燃料电池应用，提高质子交换膜高温和低湿度下的保水能力也是研究热点之一。

如果将整个电池体系转变成碱性，就可以使用较为廉价的催化剂，但阴膜的离子传导和稳定性制约着碱性燃料电池的进一步发展。因此，开发同时兼顾高氢氧根传导率和稳定性的阴膜是离子交换膜在燃料电池领域的另一个重要方向。

储能方面，在强酸强氧化性环境下运行的全钒液流电池对膜稳定性的要求非常高。因此寻找合适的离子交换膜是电池装置稳定运行的重点。具有电化学活性的有机分子液流电池能克服传统液流电池成本高、腐蚀性高、不稳定和存在安全隐患等缺点，逐渐成为研究热点[258]。这也对电池隔膜提出了新的要求，包括低电阻、高选择性和高稳定性等。高性能、低成本离子交换膜的开发是有机液流电池大规模应用的关键。

11.6.2.3　自具微孔离子膜的开发和应用

自具微孔聚合物（PIM）是现在材料科学研究的热点。如果将其贯通的纳米孔道（直径小于 1nm）结构应用到离子交换膜中，有机会大大提高膜的离子传导能力和选择性。目前已经有文献报道了自具微孔聚合物离子交换膜的制备和性能表征[259]，其在燃料电池、液流电池和离子分离等方面的应用情况还需要进一步的研究。

11.6.2.4　一/二价离子选择性分离膜的开发

一/二价离子选择性分离膜是涉及能量转换和存储、污染控制和监测、清洁工业过程等的关键材料，如 $Ca^{2+}/Mg^{2+}/Na^+$ 的分离涉及盐的生产和盐水精制，M^{2+}/H^+（M＝Fe、Cu、Ni、Zn 等）的分离涉及冶金工业中废酸的循环使用和污染控制等。针对这些应用，从分子水平上对一/二价离子选择性分离膜的结构进行设计，是将来离子交换膜发展的重要方向。未来的研究内容主要集中在，通过酸碱对、侧链基团微相分离、界面聚合等对离子通道进行调控，研究其结构形成机理，揭示膜的限域结构与离子选择性的关系，实现一/二价离子选择性分离膜的精密构筑，实现具有限域传质效应的一/二价离子选择性分离膜的制备与放大，并在盐水分离等重要化工过程取得应用。

11.6.2.5　双极膜技术

双极膜由于其独特的水解离和醇解离性能，在清洁生产和环境保护中有着举足轻重的地位。但无论是双极膜的产业化制备还是应用都很少，目前国际上规模制备的双极膜是日本 Astorm 公司的 BP-1，仅在有机酸体系的电酸化中有几千平方米的膜的工业应用。在食品、医药、生物技术、营养品等领域有很多可以利用双极膜水解离产生的酸或碱来调节 pH 的体系，与传统技术相比在经济上有很高的竞争性，但由于双极膜或者单极膜的选择性、耐溶剂性、装置的可靠性、过程的集成等基本问题没有解决[34]，这些技术最终没有得到实施。这些都将是今后要解决的问题。

11.6.2.6　离子交换膜成套装置的优化

目前的电渗析装置一直沿用两隔室的板框式装置，这种装置的缺点在于难以密封（经常有漏液现象）、设备庞大、笨重、单位体积装填膜面积小、自动化程度不高等。随着应用领域的不断扩大，对一些新型装置的需求越来越迫切，如多隔室电渗析、双极膜电渗析、卷式电渗析或板式电渗析、冶金用袋式膜装置、有机体系脱盐的填充床电渗析、全自动 EDI、中空纤维扩散渗析等，为此也需要一些新型的均相膜如中空纤维离子膜、袋状离子膜、耐溶剂均相膜等。

11.6.2.7　离子交换膜应用新体系

离子交换膜的应用领域一直在不断扩大。比如生产分离领域中，有许多有机酸在水中的溶解度不高，必须使用水-溶剂混合体系，还有一些醇盐参与的缩合反应也都是非水体系。目前这方面的研究比较少，因为需要解决介质的电导问题、膜和组件的耐溶剂化等一系列问题。再比如产能储能领域，双极膜电解水产氢和以有机小分子为活性物质的液流电池技术，对离子交换膜的结构和性质也提出了新的要求。

总之，以离子交换膜为基础的分离、生产、产能和储能等过程在我国的国民经济生产中将发挥重要作用，应用涉及我国诸多工业领域。同其他膜技术一样，要使该技术进行全面推广，必须综合考虑离子交换膜制备、组件设计、应用过程之间的关联。因此，离子交换膜的宏观使用性能与膜微结构的定量关系、膜的微结构形成机理与控制方法以及应用过程中的膜微结构的演变规律将是今后离子交换膜研究的重中之重。通过探究这些关系可以构建膜结构—性能—应用之间的定量联系，达到面向应用过程定量设计离子交换膜的目的。

符号表

a_i	溶液中的离子 i 的活度，mol/L	
B	浓缩倍率	
Δc	电渗析进、出口浓度差，mol/L	
c_+	正离子的浓度，mol/cm³	
c_-	负离子的浓度，mol/cm³	

c_i	溶液中离子 i 的浓度，mol/cm^3 或 mol/L
$\overline{c}_i$	离子 i 在膜相中的浓度，mol/cm^3
C_p	渗透系数，$m/(Pa \cdot s)$
D	扩散系数，cm^2/s；分流主流道直径
E	电场强度；电动势，V
E_0	标准溶液电位值，V
E_m	膜电位，V
EDR	频繁倒极电渗析
f	离子的活度系数；极限电流温度校正系数
F	法拉第常数
G	回流量
ΔG	自由能变化
h	压头损失
H	膜的空隙率
i	电流密度，A/cm^2
I	电流强度，A
J	迁移速率；传质速率，$mol/(cm^2 \cdot s)$
k	酸渗析系数，m/h；水力学常数
K	原水回收率
K_{sp}	溶解度积
LSI	兰格利尔饱和指数
n	串联级数
P_w	水的渗透率，m^3/s
Q	流速，L/h；流量；产水量；水排放量
R_m	膜面电阻，$\Omega \cdot cm^2$
R_d	扩散回收率
R_s	膜堆电阻，Ω
Re	雷诺数
S	膜面积，cm^2；分离系数
SDI	淤塞密度指数
t	迁移数；时间，s；温度，$℃$
T	热力学温度，K
TDS	总溶解固体，mg/L
U	电化学淌度，$cm^2/(V \cdot s)$；总渗析系数
v	流速，cm/s；
z	离子的价数
δ	界面层的厚度
ε	脱盐率；隔室空隙率
ε_p	单级的脱盐率

ε_r	相对介电常数
η	液体的黏度，Pa·s；电流效率
μ	液相的化学位，J/mol
$\overline{\mu}$	膜相的化学位，J/mol
ν	运动黏度
$\Delta\pi$	渗透压力差，Pa
φ	极限电流密度系数；极化电位；配水偏差
$\varphi^{\ominus}$	标准电极电势，V
ψ	电位，V

参考文献

［1］ Ostwald W. Elektrische eigenschaften halbdurchlässiger scheidewände［J］. Zeitschrift Für Physikalische Chemie, 1890, 6（1）: 71-82.

［2］ Donnan F G. Theorie der membrangleichgewichte und membranpotentiale bei vorhandensein von nicht dialysierenden elektrolyten. Ein Beitrag zur physikalisch-chemischen Physiologie［J］. Zeitschrift für Elektrochemie und Angewandte Physikalische Chemie, 1911, 17（14）: 572-581.

［3］ Michaelis L, Fujita A. The electric phenomen and ion permeability of membranes. Ⅱ. Permeability of apple peel［J］. Biochem Z, 1925, 15828-15837.

［4］ Sollner KT. Uber mosaikmembranen［J］. Biochem Z, 1932, 244: 370.

［5］ Wassenegger H, Karl J. Process of effecting cation exchange: US 2204539［P］. 1940.

［6］ Meyer K H, Straus W. La perméabilitédes membranes Ⅵ. Sur le passage du courant electrique a travers des membranes sélectives［J］. Helvetica Chimica Acta, 1940, 23（1）: 795-800.

［7］ Juda W, McRae W A. Coherent ion-exchange gels and membranes［J］. Journal of the American Chemical Society, 1950, 72（2）: 1044-1044.

［8］ Winger A G, Bodamer G W, Kunin R. Some electrochemical properties of new synthetic ion exchange membranes［J］. Journal of The Electrochemical Society, 1953, 100（4）: 178-184.

［9］ Nishiwaki T. Concentration of electrolytes prior to evaporation with an electromembrane process［M］//Industrial Process with Membranes. New York: Wiley Interscience, 1972.

［10］ Kato M, Mihara K. Polarity reversing electrode units and electrical switching means therefor: US 3453201［P］. 1969.

［11］ Grot W. Laminates of support material and fluorinated polymer containing pendant side chains containing sulfonyl groups: US 3770567［P］. 1973.

［12］ Chlanda F P, Lee L T, Liu K-J. Bipolar membranes and method of making same: US 4116889［P］. 1978.

［13］ G. Pourcelly C G. Electrodialysis Water Splitting-Application of Electrodialysis with Bipolar Membranes［M］. Enschede: Twente University Press, 2000.

［14］ Xu T. Ion exchange membranes: state of their development and perspective［J］. Journal of Membrane Science, 2005, 263（1）: 1-29.

［15］ 徐铜文，傅荣强（译）. 双极膜技术手册［M］. 北京: 化学工业出版社, 2004.

［16］ 刘茉娥. 膜分离技术［M］. 北京: 化学工业出版社, 2000.

［17］ 张维润. 电渗析工程学［M］. 北京: 科学出版社, 1995.

［18］ Hamada M. Brackish water desalination by electrodialysis［J］. Desalination & Water Reuse, 1993, 2: 4.

［19］ Kawahara T. Industrial applications of ion-exchange membranes［J］. Desalination & Water Reuse, 1995, 2（4）: 26-30.

［20］ Siwak L. Here's how electrodialysis reverses and why electrodialysis reverses works［J］. Int'l Desalination & Water Reuse Quarterly, 1993, 24.

［21］ Rapp H-J. Pfromm P H. Electrodialysis for chloride removal from the chemical recovery cycle of a Kraft pulp mill［J］. Journal of Membrane Science, 1998, 146（2）: 249-261.

［22］ Zhang W, Miao M J, Pan J F, et al. Separation of divalent ions from seawater concentrate to enhance the purity of coarse salt by electrodialysis with monovalent-selective membranes［J］. Desalination, 2017, 411: 28-37.

［23］ Nie X Y, Sun S Y, Sun Z, et al. Ion-fractionation of lithium ions from magnesium ions by electrodialysis using monovalent selective ion-exchange membranes［J］. Desalination, 2017, 403: 128-135.

［24］ 孙小寒, 苏成龙, 王建友. 离子选择性电渗析处理海水淡化浓海水［J］. 水处理技术, 2015（11）: 86-91.

［25］ Zhang H Q, Ding R, Zhang Y J, et al. Stably coating loose and electronegative thin layer on anion exchange membrane for efficient and selective monovalent anion transfer［J］. Desalination, 2017, 410: 55-65.

［26］ Ge L, Wu B, Li Q H, et al. Electrodialysis with nanofiltration membrane（EDNF）for high-efficiency cations fractionation［J］. Journal of Membrane Science, 2016, 498: 192-200.

［27］ Ge L, Wu L, Wu B, et al. Preparation of monovalent cation selective membranes through annealing treatment［J］. Journal of Membrane Science, 2014, 459: 217-222.

［28］ Ge L, Liu X H, Wang G H, et al. Preparation of proton selective membranes through constructing H^+ transfer channels by acid-base pairs［J］. Journal of Membrane Science, 2015, 475: 273-280.

［29］ Hu Y, Wang M, Wang D, et al. Feasibility study on surface modification of cation exchange membranes by quaternized chitosan for improving its selectivity［J］. Journal of Membrane Science, 2008, 319（1-2）: 5-9.

［30］ Wang M, Jia Y X, Yao T T, et al. The endowment of monovalent selectivity to cation exchange membrane by photo-induced covalent immobilization and self-crosslinking of chitosan［J］. Journal of Membrane Science, 2013, 442: 39-47.

［31］ Zhang Z H, Ge S L, Jiang C X, et al. Improving the smoking quality of papermaking tobacco sheet extract by using electrodialysis［J］. Membrane Water Treatment, 2014, 5（1）: 31-40.

［32］ Li J, Zhou M L, Lin J Y, et al. Mono-valent cation selective membranes for electrodialysis by introducing polyquaternium-7 in a commercial cation exchange membrane［J］. Journal of Membrane Science, 2015, 486: 89-96.

［33］ Bauer B, Gerner F J, Strathmann H. Development of Bipolar Membranes［J］. Desalination, 1988, 68（2-3）: 279-292.

［34］ Bazinet L. Electrodialytic phenomena and their applications in the dairy industry: A review［J］. Critical Reviews in Food Science and Nutrition, 2005, 45（4）: 307-326.

［35］ Huang C H, Xu T W, Zhang Y P, et al. Application of electrodialysis to the production of organic acids: State-of-the-art and recent developments［J］. Journal of Membrane Science, 2007, 288（1-2）: 1-12.

［36］ Xu T W. Electrodialysis processes with bipolar membranes（EDBM）in environmental protection-a review ［J］. Resources Conservation and Recycling, 2002, 37（1）: 1-22.

［37］ Huang C H, Xu T W. Electrodialysis with bipolar membranes for sustainable development［J］. Environmental Science & Technology, 2006, 40（17）: 5233-5243.

［38］ 葛倩倩, 葛亮, 汪耀明, 等. 离子交换膜的发展态势与应用展望［J］. 化工进展, 2016, 35（06）: 1774-1785.

［39］ Olah G A. Beyond oil and gas: The methanol economy［J］. Angewandte Chemie International Edition, 2005, 44（18）: 2636-2639.

［40］ Couture G, Alaaeddine A, Boschet F, et al. Polymeric materials as anion-exchange membranes for alkaline fuel cells［J］. Progress in Polymer Science, 2011, 36（11）: 1521-1557.

［41］衣宝廉．燃料电池的原理、技术状态与展望［J］．电池工业，2003（1）：16-22.

［42］张世敏，张无敌，尹芳，等．21 世纪的绿色新能源——燃料电池［J］．科技创新导报，2008（18）：116-117.

［43］Thaller L H. Electrically rechargeable redox flow cells［C］//9th Intersoc Energy Convers Eng Conf Proc, 1974: 924-928.

［44］张华民．储能与液流电池技术［J］．储能科学与技术，2012，1（1）：58-63.

［45］Li Y, Lin X, Wu L, et al. Quaternized membranes bearing zwitterionic groups for vanadium redox flow battery through a green route［J］. Journal of Membrane Science, 2015, 483: 60-69.

［46］Ding C, Zhang H M, Li X F, et al. Vanadium flow battery for energy storage: Prospects and challenges ［J］. Journal of Physical Chemistry Letters, 2013, 4（8）: 1281-1294.

［47］Kear G, Shah A A, Walsh F C. Development of the all-vanadium redox flow battery for energy storage: A review of technological, financial and policy aspects［J］. International Journal of Energy Research, 2012, 36（11）: 1105-1120.

［48］Manohar A K, Kim K M, Plichta E, et al. A high efficiency iron-chloride redox flow battery for large-scale energy storage［J］. Journal of the Electrochemical Society, 2015, 163（1）: A5118-A5125.

［49］Remick R J, Ang P G P. Electrically rechargeable anionically active reduction-oxidation electrical storage-supply system: US 4485154［P］. 1984.

［50］Lai Q, Zhang H, Li X, et al. A novel single flow zinc-bromine battery with improved energy density［J］. Journal of Power Sources, 2013, 235: 1-4.

［51］Parker J F, Chervin C N, Pala I R, et al. Rechargeable nickel—3D zinc batteries: An energy-dense, safer alternative to lithium-ion［J］. Science, 2017, 356（6336）: 415-418.

［52］Noack J, Roznyatovskaya N, Herr T, et al. The chemistry of redox-flow batteries［J］. Angewandte Chemie-International Edition, 2015, 54（34）: 9775-9808.

［53］Donnan F, Guggenheim E. Exact thermodynamics of membrane equilibrium［J］. Z Phys Chem A, 1932, 162: 346-360.

［54］安德罗波夫．理论电化学［M］．北京：高等教育出版社，1982：142.

［55］Tanaka Y. Limiting current density in the ion exchange membrane electrodialysis［J］. Bulletin of the Society of Sea Water Science, 1976, 29（5）: 209-217.

［56］薛德明，江维达，沈炎章，等．离子交换膜浓差极化伏-安特性剖析［J］．水处理技术，1984（02）：11-16.

［57］卢茂，李法西，黄奕普，等．电渗析中离子交换膜极化机理的研究（Ⅰ）膜的极化与反离子迁移性质的关系［J］．海水淡化，1980（01）：16-27.

［58］電気透析による水処理［J］．工業用水，1978：23933.

［59］Mo J. Proceeding of Sino-Japanese Symposium on LM & Ion Exchange & ED & RO & UF［C］. 1994: 145-149.

［60］Bard A J. Electrochemical Methods［M］. NewYork: John Wiley & Sons Inc, 1980.

［61］张维润，石松．电渗析技术资料选编［M］．北京：中国建筑工业出版社，1977.

［62］山辺武郎．日本における塩水淡水化の現状，イオン交換膜電気透析法総括［J］．日本海水学会志，1968，22（1）：18-25.

［63］Onsager L. Deviations from Ohm's law in weak electrolytes［J］. The Journal of Chemical Physics, 1934, 2（9）: 599-615.

［64］Simons R. Strong electric-field effects on proton-transfer between membrane-bound amines and water［J］. Nature, 1979, 280（5725）: 824-826.

［65］Simons R, Khanarian G. Water dissociation in bipolar membranes-experiments and theory［J］. Journal of Membrane Biology, 1978, 38（1-2）: 11-30.

［66］Simons R. Water splitting in ion exchange membranes［J］. Electrochimica Acta, 1985, 30（3）: 275-282.

［67］Simons R. Preparation of a high performance bipolar membrane［J］. Journal of Membrane Science, 1993, 78（1-2）: 13-23.

[68] Timashev S. Kirganova E. Mechanism of the electrolytic decomposition of water-molecules in bipolar ion-exchange membranes [J]. Sov Electrochem, 1981, 17: 366-369.

[69] Ramirez P, Aguilella V, Manzanares J, et al. Effects of temperature and ion transport on water splitting in bipolar membranes [J]. Journal of Membrane Science, 1992, 73 (2-3): 191-201.

[70] Livage J. Sol-gel synthesis of hybrid materials [J]. Journal of Materials Science, 1999, 22: 201-205.

[71] 徐铜文, 何炳林. 电位法测定异价阳离子通过阳离子交换膜时的选择透过性 [J]. 分析化学, 1997, 4: 452-455.

[72] 王振坤. 离子交换膜——制备、性能及应用 [M]. 北京: 化学工业出版社, 1985.

[73] 徐铜文, 何炳林. 电导法和互扩散法测定不等价反离子通过离子交换膜的扩散系数 [J]. 水处理技术, 1997, 3: 125-130.

[74] Strathmann H. Membrane separation technology—principles and applications [M]. NewYork: Elesevier Science BV, 1995.

[75] Nasefa M, Hegazy E S. Preparation and applications of ion exchange membranes by radiation-induced graft copolymerization of polar monomers onto non-polar films [J]. Progress in Polymer Science, 2004, 29: 499.

[76] Zschocke P, Quellmalz D. Novel ion-exchange membranes based on an aromatic polyethersulfone [J]. J Membr Sci, 1985, 22: 325-332.

[77] Wilhelm F G. Bipolar Membrane Electrodialysis-Membrane Development and Transport Characteristics [M]. Enschede: Twente University Press (TUP), 2001.

[78] Xu T W. Hazardous Materials in the Soil and Atmosphere: Treatment, Removal and Analysis [M]. New York: Nova Science Publishers Inc, 2006.

[79] 葛道才. IM-2 型强碱性阴离子交换膜的制备及其在苦咸水脱盐中的应用 [J]. 膜科学与技术, 1989, 9: 26-30.

[80] Lin M C, Takai N. Fundamental study of noncross-linking anion exchange membranes [J]. J Membr Sci, 1994, 88: 77-83.

[81] Zhang L, Xu T W, Lin Z. Controlled release of ionic drug through the positively charged temperature-responsive membranes [J]. Journal of Membrane Science, 2006, 281 (1-2): 491-499.

[82] Lin Z, Xu T, Zhang L. Radiation-induced grafting of N-isopropylacrylamide onto the brominated poly (2,6-dimethyl-1,4-phenylene oxide) membranes [J]. Radiation Physics and Chemistry, 2006, 75 (4): 532-540.

[83] Xu T W, Liu Z M, Yang W H. Fundamental studies of a new series of anion exchange membranes: Membrane prepared from poly (2,6-dimethyl-1,4-phenylene oxide) (PPO) and triethylamine [J]. Journal of Membrane Science, 2005, 249 (1-2): 183-191.

[84] Li Y, Xu T W, Gong M. Fundamental studies of a new series of anion exchange membranes: Membranes prepared from bromomethylated poly (2,6-dimethyl-1,4-phenylene oxide) (BPPO) and pyridine [J]. Journal of Membrane Science, 2006, 279 (1-2): 200-208.

[85] Xu T W, Fu R Q, Yang W H, et al. Fundamental studies on a novel series of bipolar membranes prepared from poly (2,6-dimethyl-1,4-phenylene oxide) (PPO) - II. Effect of functional group type of anion-exchange layers on I-V curves of bipolar membranes [J]. Journal of Membrane Science, 2006, 279 (1-2): 282-290.

[86] Xu T W, Yang W H. Tuning the diffusion dialysis performance by surface cross-linking of PPO anion exchange membranes-simultaneous recovery of sulfuric acid and nickel from electrolysis spent liquor of relatively low acid concentration [J]. Journal of Hazardous Materials, 2004, 109 (1-3): 157-164.

[87] Tongwen X, Weihua Y. Industrial recovery of mixed acid (HF + HNO$_3$) from the titanium spent leaching solutions by diffusion dialysis with a new series of anion exchange membranes [J]. Journal of Membrane Science, 2003, 220 (1): 89-95.

[88] Xu T W, Yang W H. Sulfuric acid recovery from titanium white (pigment) waste liquor using diffusion dialysis with a new series of anion exchange membranes-static runs [J]. Journal of Membrane Science, 2001, 183 (2): 193-200.

[89]　Xu T W, Zha F F. Fundamental studies on a new series of anion exchange membranes: Effect of simultane-ous amination-crosslinking processes on membranes ion-exchange capacity and dimensional stability [J]. Journal of Membrane Science, 2002, 199 (1-2): 203-210.

[90]　Xu T W, Yang W H. Fundamental studies of a new series of anion exchange membranes: Membrane prep-aration and characterization [J]. Journal of Membrane Science, 2001, 190 (2): 159-166.

[91]　Xu H, Hu X Z. Preparation of anion exchangers by reductive amination acetylated crosslinked polystyrene [J]. Reactive & Functional Polymers, 1999, 42: 235-242.

[92]　许辉, 胡喜章. Friedel-Crafts 酰基化法制备聚苯乙烯型阴离子交换树脂 [J]. 功能高分子学报, 1998, 11: 513-520.

[93]　Nudelman A, Patchornik A. α-Substituted-3-(halomethyl)-4-hydroxybenzeneacetic acids: US 4244885 [P]. 1981.

[94]　Jung M E, Jung M E, Mazurek M A, Lim R M. A new efficient synthesis of iodomethyl methyl ether [J]. Synthesis, 1978, 85: 88-589.

[95]　Wright M E, Toplikar E G, Svejda S A. Details concerning the chloromethylation of soluble high-molecular-weight polystyrene using dimethoxymethane, thionyl chloride, and a lewis acid-a full analysis [J]. Macro-molecules, 1991, 24: 5879-5880.

[96]　Olah G A, Beal D A, Yu S H, et al. Synthetic methods and reactions. X1. 1-chloro-4-chloro (bromo) methoxybutane and 1, 4-bis-[chloro (bromo) methoxy] butane: New convenient halomethylating agents [J]. Synthesis, 1974, 8: 560-561.

[97]　Olah G A, David A B, Olah J A. Aromatic substitution. Aromatic substitution. XXXⅧ. Chloromethylation of benzene and alkylbenzenes with bis (chloromethyl) ether, 1, 4-bis (chloromethoxy) butane, 1-chloro-4-chloromethoxybutane and formaldehyde derivatives [J]. Journal of Organic Chemistry, 1976, 41: 1627-1631.

[98]　Warshawsky N S. Novel polymeric halomethylating reagents [J]. Journal of Polymer Science Part A: Poly-mer Chemistry, 1985, 23: 1843-1846.

[99]　申东升. 芳香烃氯甲基化反应的综述 [J]. 化学研究与应用, 1999, 11 (3): 229-234.

[100]　Tanioka A, Shimizu K, Hosono T, et al. Effect of interfacial state in bipolar membrane on rectification and water splitting [J]. Colloids and Surfaces a-Physicochemical and Engineering Aspects, 1999, 159 (2-3): 395-404.

[101]　Posar F, Ricciardi M. Process for the manufacture of a bipolar membrane and process for the manufacture of an aqueous alkali metal hydroxide solution: US5380413 [P]. 1995.

[102]　Hurwitz H, Moussaoui R E. Bipolar membrane and method for fabricating such bipolar membrane: US 6217733 [P]. 1996.

[103]　Hanada F, Ohmura N, Hirayama K. Novel anion-exchange membrane: US 4923611 [P]. 1991.

[104]　Gnusin N P, Victor Z, Sheldeshov N V, Krikunova N D. Chronopotentiometric examination of MB-1 bipolar membranes in salt solutions [J]. Elektrokhimiya, 1980, 16: 49-52.

[105]　Streitwieser A C H H, Kosower E M. Organische Chemie [M]. 1994.

[106]　Sheldeshov N V, Victor Z, Pis-menskaya N D, Gnusin N P. Catalysis of water dissociation by the phos-phoric-acid groups of an MB-3 bipolar membrane [J]. Elektrokhimiya, 1986, 22: 791-795.

[107]　Bauer B. Bipolar membrane for separation by electrodialysis-comprises anion- and cation-selective layers and intermediate ultra-thin layer of polyelectrolyte complex with excess acid or basic gps: DE 4026154 [P]. 1992.

[108]　Hodgdon R B, Alexander S S. Novel bipolar membranes and process of manufacture: US 4851100 [P]. 1989.

[109]　Lester T C, LeeGerald J, DegeKang J L. High performance, quality controlled bipolar membrane: US 4057481 [P]. 1997.

［110］ Parasuraman A, Lim T M, Menictas C, et al. Review of material research and development for vanadium redox flow battery applications ［J］. Electrochimica Acta, 2013, 101: 27-40.

［111］ Schmidt-Rohr K, Chen Q. Parallel cylindrical water nanochannels in Nafion fuel-cell membranes ［J］. Nature materials, 2007, 7: 75-83.

［112］ Zhang H Z, Zhang H M, Zhang F X, et al. Advanced charged membranes with highly symmetric spongy structures for vanadium flow battery application ［J］. Energy & Environmental Science, 2013, 6（3）: 776-781.

［113］ Zhang H Z, Zhang H M, Li X F, et al. Nanofiltration（NF） membranes: The next generation separators for all vanadium redox flow batteries（VRBs）［J］. Energy & Environmental Science, 2011, 4（5）: 1676-1679.

［114］ Li B Y, Wang B G, Liu Z H, et al. Synthesis of nanoporous PVDF membranes by controllable crystallization for selective proton permeation ［J］. Journal of Membrane Science, 2016, 517: 111-120.

［115］ Wu L, Zhang Z H, Ran J, et al. Advances in proton-exchange membranes for fuel cells: An overview on proton conductive channels（PCCs）［J］. Physical Chemistry Chemical Physics, 2013, 15（14）: 4870-4887.

［116］ 陈俊良，余军，张梦莎. 聚合物电解质膜水电解器用质子交换膜的研究进展 ［J］. 化工进展，2017, 36（10）: 3743-3750.

［117］ 佐田俊胜著. 离子交换膜: 制备，表征，改性和应用 ［M］. 汪锰，任庆春译. 北京: 化学工业出版社，2015.

［118］ Merle G, Wessling M, Nijmeijer K. Anion exchange membranes for alkaline fuel cells: A review ［J］. Journal of Membrane Science, 2011, 377（1-2）: 1-35.

［119］ Tang D, Pan J, Lu S, et al. Alkaline polymer electrolyte fuel cells: Principle, challenges, and recent progress ［J］. Science China-Chemistry, 2010, 53（2）: 357-364.

［120］ 中华人民共和国国家质量监督检验检疫总局. 质子交换膜燃料电池 第三部分 ［S］. 中华人民共和国国家标准，2009.

［121］ Peron J, Mani A, Zhao X, et al. Properties of Nafion® NR-211 membranes for PEMFCs ［J］. Journal of Membrane Science, 2010, 356（1-2）: 44-51.

［122］ Gu S, He G, Wu X, et al. Preparation and characterization of poly（vinylidene fluoride）/sulfonated poly（phthalazinone ether sulfone ketone） blends for proton exchange membrane ［J］. Journal of Applied Polymer Science, 2009, 116: 852-860.

［123］ Gu S, He G, Wu X, et al. Synthesis and characteristics of sulfonated poly（phthalazinone ether sulfone ketone）（SPPESK） for direct methanol fuel cell（DMFC）［J］. Journal of Membrane Science, 2006, 281（1-2）: 121-129.

［124］ Wu X, He G, Gu S, et al. Novel interpenetrating polymer network sulfonated poly（phthalazinone ether sulfone ketone）/polyacrylic acid proton exchange membranes for fuel cell ［J］. Journal of Membrane Science, 2007, 295（1-2）: 80-87.

［125］ Du L, Yan X, He G, et al. SPEEK proton exchange membranes modified with silica sulfuric acid nanoparticles ［J］. International Journal of Hydrogen Energy, 2012, 37（16）: 11853-11861.

［126］ Wells C F, Salam M A. The Effect of pH on the Kinetics of the Reaction of Iron（ii） with Hydrogen Peroxide in Perchlorate Media ［J］. Journal of the Chemical Society A: Inorganic, Physical, Theoretical, 1968: 24-29.

［127］ Aparicio M, Mosa J, Etienne M, et al. Proton-conducting methacrylate-silica sol-gel membranes containing tungstophosphoric acid ［J］. Journal of Power Sources, 2005, 145（2）: 231-236.

［128］ Colicchio I, Demco D E, Baias M, et al. Influence of the silica content in SPEEK-silica membranes prepared from the sol-gel process of polyethoxysiloxane: Morphology and proton mobility ［J］. Journal of Membrane Science, 2009, 337（1-2）: 125-135.

［129］ Dong F, Li Z, Wang S, et al. Preparation and properties of sulfonated poly（phthalazinone ether sulfone ketone）/zirconium sulfophenylphosphate/PTFE composite membranes [J] . International Journal of Hydrogen Energy, 2011, 36（5）: 3681-3687.

[130] Kickelbick G. Concepts for the incorporation of inorganic building blocks into organic polymers on a nanoscale [J] . Progress in Polymer Science, 2003, 28（1）: 83-114.

[131] Yan X, He G, Gu S, et al. Imidazolium-functionalized polysulfone hydroxide exchange membranes for potential applications in alkaline membrane direct alcohol fuel cells [J] . International Journal of Hydrogen Energy, 2012, 37（6）: 5216-5224.

[132] Varcoe J. Slade R. An electron-beam-grafted ETFE alkaline anion-exchange membrane in metal-cation-free solid-state alkaline fuel cells [J] . Electrochemistry Communications, 2006, 8（5）: 839-843.

[133] Ran J, Wu L, Lin X C, et al. Synthesis of soluble copolymers bearing ionic graft for alkaline anion exchange membrane [J] . RSC Advances, 2012, 2（10）: 4250-4257.

[134] Zhao B, He G, El Hamouti I, et al. A novel strategy for constructing a highly conductive and swelling-resistant semi-flexible aromatic polymer based anion exchange membranes [J] . International Journal of Hydrogen Energy, 2017, 42（15）: 10228-10237.

[135] Yang C C, Chiu S J, Lee K T, et al. Study of poly（vinyl alcohol）/titanium oxide composite polymer membranes and their application on alkaline direct alcohol fuel cell [J] . Journal of Power Sources, 2008, 184（1）: 44-51.

[136] He S S, Frank C W. Facilitating hydroxide transport in anion exchange membranes via hydrophilic grafts [J] . Journal of Materials Chemistry A, 2014, 2（39）: 16489-16497.

[137] Yan X M, Sun J H, Gao L, et al. A novel long-side-chain sulfonated poly（2,6-dimethyl-1,4-phenylene oxide）membrane for vanadium redox flow battery [J] . International Journal of Hydrogen Energy, 2018, 43（1）: 301-310.

[138] Pan J, Chen C, Zhuang L, et al. Designing advanced alkaline polymer electrolytes for fuel cell applications [J] . Accounts of Chemical Research, 2012, 45（3）: 473-481.

[139] Yang Z J, Zhou J H, Wang S W, et al. A strategy to construct alkali-stable anion exchange membranes bearing ammonium groups via flexible spacers [J] . Journal of Materials Chemistry A, 2015, 3（29）: 15015-15019.

[140] Zhu L, Pan J, Wang Y, et al. Multication side chain anion exchange membranes [J] . Macromolecules, 2016, 49（3）: 815-824.

[141] Hossain M M, Hou J Q, Wu L, et al. Anion exchange membranes with clusters of alkyl ammonium group for mitigating water swelling but not ionic conductivity [J] . Journal of Membrane Science, 2018, 550: 101-109.

[142] Wu X M, Chen W T, Yan X M, et al. Enhancement of hydroxide conductivity by the di-quaternization strategy for poly（ether ether ketone）based anion exchange membranes [J] . Journal of Materials Chemistry A, 2014, 2（31）: 12222-12231.

[143] Gong X, He G, Yan X, et al. Electrospun nanofiber enhanced imidazolium-functionalized polysulfone composite anion exchange membranes [J] . RSC Advances, 2015, 5（115）: 95118-95125.

[144] Wang L, Hickner M A. Highly conductive side chain block copolymer anion exchange membranes [J] . Soft Matter, 2016, 12（24）: 5359-5371.

[145] 刘平, 郭伟男, 陈晓, 等. 质子传导膜制备方法放大与膜性能表征 [J] . 膜科学与技术, 2012, 32（2）: 24-29.

[146] Handy S T. Okello M. The 2-position of imidazolium ionic liquids: Substitution and exchange [J] . The Journal of Organic Chemistry, 2005, 70: 1915-1918.

[147] Zhang B, Kaspar R B, Gu S, et al. A New Alkali-Stable phosphonium cation based on fundamental understanding of degradation mechanisms [J] . Chem Sus Chem, 2016, 9（17）: 2374-2379.

[148] Marino M G, Kreuer K D. Alkaline stability of quaternary ammonium cations for alkaline fuel cell membranes and ionic liquids [J] . Chem Sus Chem, 2015, 8（3）: 513-523.

［149］ Zhu Y A, He Y B, Ge X L, et al. A benzyltetramethylimidazolium-based membrane with exceptional alkaline stability in fuel cells: Role of its structure in alkaline stability ［J］. Journal of Materials Chemistry A, 2018, 6 （2）: 527-534.

［150］ Hugar K M, Kostalik H A, Coates G W. Imidazolium cations with exceptional alkaline stability: A systematic study of structure-stability relationships ［J］. Journal of the American Chemical Society, 2015, 137 （27）: 8730-8737.

［151］ Klinkmann H. Vienken J. Membranes for dialysis ［J］. Nephrology Dialysis Transplantation, 1995, 10 （supp3）: 39-45.

［152］ 中垣正幸，清水博. 膜处理技术大系 ［M］. 东京: フッテクノッステム株式会社，1991.

［153］ Meares P. Membrane Separation Processes ［M］. Amsterdam; New York: Elsevier Science & Technology, 1976.

［154］ Ho W, Sirkar K. Membrane Bandbook ［M］. Switzerland AG: Springer Science & Business Media, 2012.

［155］ 村尚史，酒井清孝，白田利胜. 膜分离技术マニュアル ［M］. 东京: 株式会社アイピ-シ-，1990.

［156］ Luo J Y, Wu C M, Xu T W, et al. Diffusion dialysis-concept, principle and applications ［J］. Journal of Membrane Science, 2011, 366 （1-2）: 1-16.

［157］ 徐铜文，李传润. 一种螺旋卷式扩散渗析膜组件及其制备方法: CN 101983756 ［P］. 2010-04-09.

［158］ Oh S J, Moon S H, Davis T. Effects of metal ions on diffusion dialysis of inorganic acids ［J］. Journal of Membrane Science, 2000, 169 （1）: 95-105.

［159］ 张维润，钟学文，胡兆银，等. 电渗析隔网的试验研究——（Ⅲ）网格对传质效果的影响与经济评价 ［J］. 水处理技术，1982 （04）: 14-20.

［160］ OSW Report ［J］. 1967, Contract No. 14-01-0001-963F.

［161］ Zhong X W, Zhang W R, Hu Z Y, et al. Experimental study of flow distribution features in the electrodialyzer ［J］. Desalination, 1985, 56: 413-419.

［162］ Kuhn A T, Mortimer C J. The efficiency of chlorine evolution in dilute brines on ruthenium dioxide electrodes ［J］. Journal of Applied Electrochemistry, 1972, 2 （4）: 283-287.

［163］ Buckley D N, Burke L D. The oxygen electrode. Part 6. -Oxygen evolution and corrosion at iridium anodes ［J］. Journal of the Chemical Society, Faraday Transactions 1: Physical Chemistry in Condensed Phases, 1976, 72 （0）: 2431-2440.

［164］ Loučka T. The reason for the loss of activity of titanium anodes coated with a layer of RuO₂ and TiO₂ ［J］. Journal of Applied Electrochemistry, 1977, 7 （3）: 211-214.

［165］ Vijh A K, Bélanger G. The anodic dissolution rates of noble metals in relation to their solid state cohesion ［J］. Corrosion Science, 1976, 16 （11）: 869-872.

［166］ Faita G, Fiori G. Anodic discharge of chloride ions on oxide electrodes ［J］. Journal of Applied Electrochemistry, 1972, 2 （1）: 31-35.

［167］ Qu J-X, Liu S-M. Electrode for electrodialysis ［J］. Desalination, 1983, 46 （1）: 233-242.

［168］ 曲敬绪. 电渗析钛涂钌电极的制作和应用 ［J］. 水处理技术，1994, （1）: 22-26.

［169］ 曲敬绪，刘淑敏. 不锈钢在一些溶液中的阳极行为 ［J］. 水处理技术，1981, （3）: 14-21.

［170］ 莫剑雄，刘淑敏. 对电渗析器用铅电极的探讨 ［J］. 水处理技术，1982, （2）: 21-27.

［171］ 中华人民共和国行业标准. 电渗析技术: HY/T034.1-HY/T034.4 ［S］. 北京: 海洋出版社，1995.

［172］ 中国建筑标准设计研究所. 全国通用建筑标准设计给水排水标准图集: 电渗析器，JSJT-202, 91S430 ［M］. 1991.

［173］ Wilson J R. Demineralization by Electrodialysis ［M］. London: Butterworths Scientific Publications, 1960.

［174］ 石松. 防止电渗析海水淡化器内部产生沉淀的研究 ［M］//海军医学研究所论文汇编，1964: 233-237.

［175］ 宋序彤. 应用电导率测定天然水含盐量的研究 ［J］. 水处理技术，1981, 7: 68-70.

［176］ 宋序彤，陈光. 不同水质和水温对电渗析极限电流影响的研究 ［J］. 水处理技术，1982 （3）: 15-28.

［177］ 薛德明，黄奕普. 不同电解质溶液中离子交换膜电渗析极化行为的研究 ［J］. 膜科学与技术，1983 （2）:

47-64.

[178]　Mason E A, Kirkham T A. Design of electrodialysis equipment [J]. Chemical Engineering Progress Symposium Series, 1959, 25: 71.

[179]　中华人民共和国行业标准. 电渗析技术, 脱盐方法: HY/T034. 4 [S]. 北京: 海洋出版社, 1995.

[180]　Meller F. Electrodialysis-Electrodialysis Reversal Technology [M]. Watertown: Ionics Incorporated, 1984: 35.

[181]　Valcour H C. Recent applications of EDR [J]. Desalination, 1985, 54: 163-183.

[182]　Katz W E. The electrodialysis reversal（EDR）process [J]. Desalination, 1979, 28（1）: 31-40.

[183]　孙振惠. 引进电渗析的简况及其评价 [J]. 水处理技术, 1990（2）: 158-163.

[184]　Katz W E. Desalination by ED and EDR—state-of-the-art in 1981 [J]. Desalination, 1982, 42（2）: 129-139.

[185]　S S G. Design of the world's largest electrodialysis installation [C] //Proceedings of the 3th International Symposium on Fresh Water from the Sea, 1970: 2267-280.

[186]　V B. The 5000m³/d combined ion exchange-electrodialysis desalination plant at Bridisi [C] //Proceedings of the 4th International Symposium on Fresh Water from the Sea, 1973: 3151-3168.

[187]　Valero F, Barceló A, Arbós R. Electrodialysis technology-theory and applications, in Desalination, Trends and Technologies [M]. Croatia: InTech, 2011.

[188]　Segarra J, Iglesias A, Pérez J, et al. Construcción de la planta con mayor capacidad de producción mundial con tecnología EDR para agues regeneradas [J]. Tecnología del Agua, 2009, 309: 56-62.

[189]　Valero F, Arbós R. Desalination of brackish river water using Electrodialysis Reversal（EDR）: Control of the THMs formation in the Barcelona（NE Spain）area [J]. Desalination, 2010, 253（1）: 170-174.

[190]　Valero F, Tous J. Arbós R In Mejora de la calidad salnitaria del agua durante el primer año de explotación de la etapa de electrodialisis reversible（EDR）en la ETAP del Llobregat [C] //Proceedings of the Ⅶ Congreso AEDYR, Barcelona octubre, 2010.

[191]　Leitz F B. High temperature electrodialysis [C] //Proceedings of the 4th International Symposium on Fresh Water from the Sea, 1973: 3195.

[192]　Leitz F B. Desalination of sea water by electrodialysis [C] //Proceedings of the 5th International Symposium on Fresh Water from the Sea, 1976: 105-114.

[193]　小森良三. 高温电气透析 [J]. 日本海水学会志, 1978, 32（4）: 222-229.

[194]　Shi S, Chen P-Q. Design and field trials of a 200 m³/day sea water desalination by electrodialysis [J]. Desalination, 1983, 46（1）: 191-196.

[195]　宋德政, 黄林金. 西沙 200M~ 3/D 脱硼装置的设计和运行 [J]. 水处理技术, 1986, 12（1）: 24-27.

[196]　中华人民共和国行业标准. 电渗析技术: HY/T034. 5-1994 [S]. 北京: 海洋出版社, 1995.

[197]　徐铜文. 扩散渗透法回收工业酸性废液的研究进展 [J]. 水处理技术, 2004, 30（2）: 63-66.

[198]　张启修, 张传福. 离子交换膜分离技术在冶金中的应用 [J]. 膜科学与技术, 2001, 21（2）: 37-43.

[199]　纪钦洪, 熊亮, 于广欣, 等. 煤化工高盐废水处理技术现状及对策建议 [J]. 现代化工, 2017,（12）: 1-4.

[200]　童莉, 郭森, 周学双. 煤化工废水零排放的制约性问题 [J]. 化工环保, 2010（05）: 371-375.

[201]　陈海斌. 煤化工反渗透浓盐水处理和回用的探讨 [J]. 神华科技, 2012（04）: 86-89.

[202]　刘志学. 煤化工废水处理技术运行实况调研 [J]. 煤炭加工与综合利用, 2016（02）: 11-14, 18.

[203]　张建飞, 权秋红, 石维平, 等. 一种多级电驱动离子膜处理高含盐废水的方法: CN 105384300 [P]. 2015-12-23.

[204]　陈业钢, 吴晓华. 一种煤化工浓盐水蒸发结晶分盐装置: CN 204417276 [P]. 2015-1-18.

[205]　陈业钢, 吴晓华. 一种低能耗煤化工浓盐水分质结晶组合装置: CN 205011538 [P]. 2015-4-19.

[206]　金燕, 张关永, 许志立, 等. 电渗析法进行胱氨酸母液脱盐的研究 [J]. 氨基酸和生物资源, 1995（01）: 13-15.

[207] Grib H, Belhocine D, Lounici H, et al. Desalting of phenylalanine solutions by electrodialysis with ion-exchange membranes [J]. Journal of Applied Electrochemistry, 2000, 30 (2): 259-262.

[208] Liu L-F, Yang L-L, Jin K-Y, et al. Recovery of l-tryptophan from crystallization wastewater by combined membrane process [J]. Separation and Purification Technology, 2009, 66 (3): 443-449.

[209] Diblikova L, Curda L, Homolova K. Electrodialysis in whey desalting process [J]. Desalination and Water Treatment, 2010, 14 (1-3): 208-213.

[210] Simova H, Kysela V, Cernin A. Demineralization of natural sweet whey by electrodialysis at pilot-plant scale [J]. Desalination and Water Treatment, 2010, 14 (1-3): 170-173.

[211] 刘贤杰, 陈福明. 电渗析技术在酱油脱盐中的应用 [J]. 中国调味品, 2004 (04): 17-21.

[212] Fidaleo M, Moresi M, Cammaroto A, et al. Soy sauce desalting by electrodialysis [J]. Journal of Food Engineering, 2012, 110 (2): 175-181.

[213] Strathmann H, Krol J J, Rapp H J, et al. Limiting current density and water dissociation in bipolar membranes [J]. Journal of Membrane Science, 1997, 125 (1): 123-142.

[214] Wang Q, Wu B, Jiang C, et al. Improving the water dissociation efficiency in a bipolar membrane with amino-functionalized MIL-101 [J]. Journal of Membrane Science, 2017, 524370-524376.

[215] Liu X, Jian X, Yang H, et al. A photocatalytic graphene quantum dots-Cu_2O/bipolar membrane as a separator for water splitting [J]. New Journal of Chemistry, 2016, 40 (4): 3075-3079.

[216] McDonald M B, Bruce J P, McEleney K, et al. Reduced graphene oxide bipolar membranes for integrated solar water splitting in optimal pH [J]. Chem Sus Chem, 2015, 8 (16): 2645-2654.

[217] McDonald M B, Freund M S. Graphene oxide as a water dissociation catalyst in the bipolar membrane interfacial layer [J]. ACS Applied Materials & Interfaces, 2014, 6 (16): 13790-13797.

[218] Liu Y, Chen J, Chen R, et al. Effects of multi-walled carbon nanotubes on bipolar membrane properties [J]. Materials Chemistry and Physics, 2018, 203: 259-265.

[219] 王伟, 傅荣强, 刘兆明. 双极膜电渗析由葡萄糖酸钠制备葡萄糖酸的实验研究 [J]. 膜科学与技术, 2017, 37 (1): 107-113.

[220] 黄川徽, 李应生, 徐铜文, 等. 双极膜法生产葡萄糖酸的规模化研究 [J]. 中国科学技术大学学报, 2008, 38 (6): 656-659.

[221] Choi J H, Kim S H. Moon S H. Recovery of lactic acid from sodium lactate by ion substitution using ion-exchange membrane [J]. Separation and Purification Technology, 2002, 28 (1): 69-79.

[222] Moresi M. Sappino F. Economic feasibility study of citrate recovery by electrodialysis [J]. Journal of Food Engineering, 1998, 35 (1): 75-90.

[223] Boniardi N, Rota R, Nano G, et al. Lactic acid production by electrodialysis. 2. Modelling [J]. Journal of Applied Electrochemistry, 1997, 27 (2): 135-145.

[224] Boniardi N, Rota R, Nano G, et al. Lactic acid production by electrodialysis. 1. Experimental tests [J]. Journal of Applied Electrochemistry, 1997, 27 (2): 125-133.

[225] Wang Z X, Luo Y B, Yu P. Recovery of organic acids from waste salt solutions derived from the manufacture of cyclohexanone by electrodialysis [J]. Journal of Membrane Science, 2006, 280 (1-2): 134-137.

[226] Belafi-Bako K, Nemestothy N, Gubicza L. A study on applications of membrane techniques in bioconversion of fumaric acid to L-malic acid [J]. Desalination, 2004, 162 (1-3): 301-306.

[227] Widiasa I N, Sutrisna P D, Wenten I G. Performance of a novel electrodeionization technique during citric acid recovery [J]. Separation and Purification Technology, 2004, 39 (1-2): 89-97.

[228] Paidar M, Fateev V. Bouzek K. Membrane electrolysis—History, current status and perspective [J]. Electrochimica Acta, 2016, 209: 737-756.

[229] Al-musleh E I, Mallapragada D S, Agrawal R. Continuous power supply from a baseload renewable power plant [J]. Applied Energy, 2014, 122: 83-93.

[230] Gottesfeld S, Dekel D R, Page M, et al. Anion exchange membrane fuel cells: Current status and remai-

ning challenges [J] . Journal of Power Sources, 2018, 375: 170-184.

[231] Biyikoglu A. Review of proton exchange membrane fuel cell models [J] . International Journal of Hydrogen Energy, 2005, 30 (11): 1181-1212.

[232] Li X G, Sabir M. Review of bipolar plates in PEM fuel cells: Flow-field designs [J] . International Journal of Hydrogen Energy, 2005, 30 (4): 359-371.

[233] Wang L, Liu H T. Performance studies of PEM fuel cells with interdigitated flow fields [J] . Journal of Power Sources, 2004, 134 (2): 185-196.

[234] Kirubakaran A, Jain S, Nema R. A review on fuel cell technologies and power electronic interface [J] . Renewable and Sustainable Energy Reviews, 2009, 13 (9): 2430-2440.

[235] 刘建国, 孙公权. 燃料电池概述 [J] . 物理, 2004 (02): 79-84.

[236] 谢聪鑫, 郑琼, 李先锋, 等. 液流电池技术的最新进展 [J] . 储能科学与技术, 2017, 6 (5): 1050-1057.

[237] Wei X, Xu W, Vijayakumar M, et al. TEMPO-Based catholyte for high-energy density nonaqueous redox flow batteries [J] . Advanced Materials, 2014, 26 (45): 7649-7653.

[238] Ding Y, Zhao Y, Yu G. A membrane-free ferrocene-based high-rate semiliquid battery [J] . Nano Letters, 2015, 15 (6): 4108-4113.

[239] Wei X, Xu W, Huang J, et al. Radical compatibility with nonaqueous electrolytes and its impact on an all-organic redox flow battery [J] . Angewandte Chemie-International Edition, 2015, 54 (30): 8684-8687.

[240] Xi X, Li X, Wang C, et al. Non-aqueous lithium bromine battery of high energy density with carbon coated membrane [J] . Journal of Energy Chemistry, 2017, 26 (4): 639-646.

[241] Lin K X, Chen Q, Gerhardt M R, et al. Alkaline quinone flow battery [J] . Science, 2015, 349 (6255): 1529-1532.

[242] Huskinson B, Marshak M P, Suh C, et al. A metal-free organic-inorganic aqueous flow battery [J] . Nature, 2014, 505 (7482): 195-198.

[243] Janoschka T, Martin N, Martin U, et al. An aqueous, polymer-based redox-flow battery using non-corrosive, safe, and low-cost materials [J] . Nature, 2015, 527 (7576): 78-81.

[244] Carmo M, Fritz D L, Mergel J, et al. A comprehensive review on PEM water electrolysis [J] . International Journal of Hydrogen Energy, 2013, 38 (12): 4901-4934.

[245] 吴曦, 徐士鸣, 吴德兵, 等. 逆电渗析法热-电转换系统循环工质匹配准则 [J] . 化工学报, 2016, 67 (S2): 326-332.

[246] Jia Z, Wang B, Song S, et al. Blue energy: Current technologies for sustainable power generation from water salinity gradient [J] . Renewable and Sustainable Energy Reviews, 2014, 3: 191-100.

[247] Audinos R. Ion-Exchange membrane processes for clean industrial chemistry [J] . Chemical engineering & technology, 1997, 20 (4): 247-258.

[248] Xu T, Fu R, Huang C. Towards the cleaning production using electrodialysis with bipolar membranes-a review [J] . Trends in Chemical Engineering, 2006, 10: 17-29.

[249] Takahashi K, Umehara K, Cruz G P T, et al. Mutual separation of two monovalent metal ions by multi-stage electrodialysis [J] . Chemical Engineering Science, 2005, 60 (3): 727-734.

[250] Goldstein I S. Method for recovering acid from an acid-sugarhydrolysate: US 5244553 [P] . 1993.

[251] Frenzel I, Holdik H, Stamatialis D F, et al. Chromic acid recovery by electro-electrodialysis: II. Pilot scale process, development, and optimization [J] . Separation and Purification Technology, 2005, 47 (1): 27-35.

[252] Cifuentes L, Ortiz R, Casas J. Electrowinning of copper in a lab-scale squirrel-cage cell with anion membrane [J] . AIChE Journal, 2005, 51 (8): 2273-2284.

[253] 徐铜文. 离子交换膜的重大国家需求和创新研究 [J] . 膜科学与技术, 2008 (5): 1-10.

[254] 马洪运, 吴旭冉, 王保国. 双极膜分离技术及应用进展 [J] . 化工进展, 2013 (10): 2274-2278.

[255] McDonald M B, Ardo S, Lewis N S, et al. Use of bipolar membranes for maintaining steady-state ph gradi-

ents in membrane-supported, Solar-driven water splitting [J] . Chem Sus Chem, 2014, 7（11）: 3021-3027.

[256] Vermaas D A, Sassenburg M, Smith W A. Photo-assisted water splitting with bipolar membrane induced pH gradients for practical solar fuel devices [J] . Journal of Materials Chemistry A, 2015, 3（38）: 19556-19562.

[257] 陈霞，蒋晨啸，徐铜文，等．反向电渗析（RED）在新能源及环境保护应用中的研究进展[J] . 化工学报，2018, 69（1）: 188-202.

[258] Zhengjin Y, Liuchuan T, Daniel P T, et al. Alkaline benzoquinone aqueous flow battery for large-scale storage of electrical energy [J] . Advanced Energy Materials, 2018, 8（8）: 1702056.

[259] Yang Z, Guo R, Malpass-Evans R, et al. Highly conductive anion-exchange membranes from microporous tröger's base polymers [J] . Angewandte Chemie-International Edition, 2016, 128（38）: 11671-11674.

第 12 章
气体膜分离过程

主 稿 人：曹义鸣　中国科学院大连化学物理研究所
　　　　　　　　　研究员

　　　　　王　志　天津大学教授

　　　　　贺高红　大连理工大学教授

编写人员：曹义鸣　中国科学院大连化学物理研究所
　　　　　　　　　研究员

　　　　　介兴明　中国科学院大连化学物理研究所
　　　　　　　　　教授级高级工程师

　　　　　于海军　中国科学院大连化学物理研究所
　　　　　　　　　研究员

　　　　　王　志　天津大学教授

　　　　　董松林　天津大学博士

　　　　　生梦龙　天津大学博士

　　　　　贺高红　大连理工大学教授

　　　　　肖　武　大连理工大学副教授

　　　　　阮雪华　大连理工大学副教授

审 稿 人：陈观文　中国科学院化学研究所研究员

　　　　　邓麦村　中国科学院大连化学物理研究所
　　　　　　　　　研究员

第一版编写人员：曹义鸣　陈　华

12.1 引言

12.1.1 气体膜分离特点

气体膜分离是气体分离方法的一种。目前可用于气体分离的方法主要有：深冷分离、吸附分离、溶剂吸收分离、膜分离等。

深冷法是把气体经压缩、冷凝后，利用气体的沸点差进行蒸馏而使不同气体分开的，其特点是产品气纯度高；但由于压缩、冷凝能耗高，深冷分离更适用于大规模气体分离过程。

吸附分离法基本原理是利用吸附剂对不同气体在吸附量、吸附速率等方面的差异进行分离的。根据对吸附气体的解吸方式不同，吸附分离又分为变温吸附（TSA）和变压吸附（PSA）。其中变压吸附根据吸附剂的吸附容量随压力而变化的特性，在加压时完成气体的吸附分离，在降压条件下完成吸附剂的再生，从而实现气体分离及吸附剂循环使用。变压吸附-解吸循环周期短，装置可以小型化，而且操作能耗也不高，适用分离对象广（如 O_2、N_2、H_2、CO_2、CO、水蒸气等），近年来发展迅速，已成为一种强有力的分离方法。

溶剂吸收法是利用气体混合物中各组分在液体吸收剂中溶解度的不同，将其中目标组分分离，可分为物理吸收法和化学吸收法。如 CO_2 吸收分离，物理吸收法通过交替改变 CO_2 和吸收剂的操作压力或操作温度实现 CO_2 吸收和解吸，从而达到分离 CO_2 的目的。化学吸收法利用 CO_2 与吸收剂的化学反应将 CO_2 从混合气中分离出来。物理吸收法在吸收和解吸过程中不发生化学反应，消耗的能量比化学吸收法少。化学吸收法具有选择性高、应用广泛等优势，缺点是再生时耗能较大，同时胺吸收剂会腐蚀设备。

膜分离是根据膜对不同气体的渗透速率差而对气体进行分离的。气体膜渗透是气体与特殊制造膜相接触，在膜两侧压力差驱动下，气体分子透过膜的现象。对于不同气体组成的混合气体，由于不同气体分子透过膜的速率不同，渗透速率快的气体在渗透侧富集，而渗透速率慢的气体则在原料侧富集。膜分离的主要特点是能耗低、设备简单和系统紧凑、操作方便、运行可靠性高、成本和操作费用均较低等。表 12-1 比较了各种气体分离方法的原理、技术成熟程度、规模、气体种类、浓度、形态、能耗、用途等特点。

表 12-1　各种气体分离方法比较[1-3]

项目	深冷分离法	吸附法(PSA)	化学吸收法	膜分离法
原理	液化后根据沸点差蒸馏	根据吸附剂对特定气体进行吸附与解吸	根据特定气体与吸收剂之间的化学反应	根据膜对特定气体的选择透过
技术成熟程度	成熟技术	技术革新	成熟技术	技术开发
装置规模	大规模（数千 m^3/h 以上）	中、小规模	大规模（每小时数千立方米以上）	中、小规模
气体种类	O_2、N_2、Ar、Kr、Xe 等	O_2、N_2、H_2、CO_2、CO 等	天然气或烟道气 CO_2 分离等	O_2、N_2、H_2、CO_2、CO 等

续表

项目	深冷分离法	吸附法(PSA)	化学吸收法	膜分离法
产品气浓度(以空分为例)	高纯度(99%以上)	中等纯度(90%～99%)	高纯度(以 CO_2 分离为例,CO_2 浓度 99%以上)	中、低纯度(25%～40%)
产品形态	液态、气态	气态	气态	气态
能耗	$0.04\sim0.08kW\cdot h/m^3$ (按 30%氧浓度换算)	$0.05\sim0.15kW\cdot h/m^3$ (按 30%氧浓度换算)	$4090\sim4545kJ/kg\ CO_2$	$0.06\sim0.12kW\cdot h/m^3$(按 30%氧浓度换算)
其他特点	适用于大规模生产,产品气为干气	产品气带压,可无人运行,吸附剂寿命 10 年以上,有噪声,产品气为干气	技术可靠,易于实施,产品气为干气,吸收剂有毒性,易降解且损耗大	简单连续过程,装置及操作简单,可无人运行,无噪声,清洁,产品气为干气

12.1.2　气体膜分离现状

12.1.2.1　主要气体膜分离过程

早在 1831 年 J. K. Mitchell 用膜进行氢气和二氧化碳混合气渗透实验，发现了不同种类气体分子透过膜的速率不同的现象，首次揭示了用膜实现气体分离的可能性[4]。1866 年，T. Graham 研究了橡胶膜对气体的渗透性能，发现用膜可以将空气中氧气富集，并提出了溶解-扩散机理[5]，即气体分子首先在膜表面溶解，使膜两侧表面产生浓度梯度，在此浓度梯度驱动下，气体分子在膜内扩散，最后在膜另一侧表面解析。同时他还发现如增加膜的厚度，膜对气体的渗透速率减少，但对气体选择性保持不变。

虽然在一百多年前科学家就已经发现利用膜实现气体分离的可能性，但由于当时没有找到合适的膜结构，膜渗透速率很低，膜分离难以与传统的分离技术如深冷、吸收等竞争，故未能引起产业界的足够重视。

气体膜分离应用研究始于 20 世纪 50 年代初，1950 年 S. Weller 和 W. A. Steiner 用 $25\mu m$ 厚乙基纤维素平板膜进行空气分离，得到氧浓度为 32%～36%的富氧空气[6]。稍后 1954 年 D. W. Brubaker 和 K. Kammermeyer 发现硅橡胶膜对气体的渗透速率比乙基纤维素高出约 500 倍，具有优越的渗透性[7]。1965 年 S. A. Stern 等用厚 $25\mu m$ 的聚四氟乙烯膜，采用三级膜分离从天然气中浓缩氦气[8]。同年 DuPont 公司发表了从混合气中分离氢气、氦气的专利。

20 世纪 60 年代初，Loeb 和 Sourirajan 用相转化法制造出醋酸纤维素非对称膜，并成功地应用于反渗透过程[9]。但由于膜在干燥过程中，水的表面张力作用致使膜表面产生孔缺陷，而无法用于气体分离。1969 年 Kenneth 和 Burris 发明了加入表面活性剂以减少界面张力的方法，避免了膜在干燥过程产生缺陷，但这研究没有继续下去[10]。直到 1977 年 DuPont 公司用熔融法制造出内径为 $36\mu m$ 的均质聚酯中空纤维膜，并用于氢回收，这标志了气体膜技术开始走向工业应用[11]。由于均质膜对气体渗透速率太低，DuPout 公司通过减少丝径增加膜分离器的填充密度（$10000ft^2/ft^3$ 膜分离器）来增加其对气体处理量。

气体膜分离技术的真正突破是在 20 世纪 70 年代末，1979 年美国的 Monsanto 公司研制出 Prism 膜分离装置，成功应用在合成氨驰放气中回收氢气。Prism 装置采用聚砜-硅橡胶复合膜，以聚砜非对称膜作为底膜，在其表面真空涂布一层硅橡胶膜。底膜起分离作用，硅橡胶涂层是为了修补底膜皮层上的孔缺陷，以保证高选择性[12,13]。非对称底膜由于皮层仅有 0.2μm 左右厚，远比均质膜薄，因此其渗透速率大大提高，自商业应用以来，目前已广泛应用在合成氨驰放气中和甲醇尾气中氢回收以及石油炼厂气中氢回收。

除氢氮分离膜外，20 世纪 70 年代以来，富氮膜、富氧膜、二氧化碳分离膜及 VOC 膜等也取得长足进展。1976 年美国 GE 公司把硅橡胶-聚碳酸酯共聚物用水面展开法得到 0.015μm 厚超薄膜，数张膜重叠，作为医疗用富氧膜，翌年把装置推向市场。1982 年日本帝人公司开发的聚 4-甲基-1-戊烯膜，富氧浓度达到 40%。但由于聚 4-甲基-1-戊烯膜氧氮分离系数只有 4，用于富氮的经济浓度只有 95%。1986 年 Permea 公司（Monsanto 子公司）推出 Prism-α 富氮装置，所用的膜也是硅橡胶/聚砜复合膜，但由于改进了制膜工艺，使其对气体渗透性能比 Prism 提高约 3～5 倍[14,15]。1990 年前后，Generon、Praxair 和 Medal 公司也相继采用定制聚合物使氧氮分离系数达到 6～8，富氮浓度高于 99%，用于小规格制氮系统，经济性优于空气深冷工艺。

1994 年 Medal 公司推出聚酰亚胺（PI）中空纤维膜，用于 CO_2/CH_4 分离，但由于高压 CO_2 和烃类气氛下 PI 抗塑化能力弱，分离系数衰减明显；此外 PI 作为膜材料，对 CO_2 的透气性差，所以很多研究人员通过合成新的 PI 和化学改性来改善 PI 的链结构，阻止 PI 分子链段的紧密堆砌，减弱链间分子相互吸引力，增加 CO_2 的溶解性，以期得到高选择性和高透过性的膜材料。目前，天然气脱碳市场仍以 UOP 公司的醋酸纤维素膜为主。UOP 在巴基斯坦建成了迄今为止最大规模的天然气脱碳装置，处理量为 5.1×10^6 m^3/d。此外，Cynara（现在的 Natco 公司）、GMS（现在的 Kvaerner 公司）也有醋酸纤维素膜可用于天然气脱碳。

水蒸气是可凝性气体，在聚合物膜中渗透速率非常高，因此，常用聚合物膜材料如聚砜（PSF）膜、聚酰亚胺（PI）膜、硅橡胶（PDMS）膜以及醋酸纤维素（CA）膜等均可以用于制造水蒸气透过膜。1987 年 Permea 公司推出 Cactus™膜法脱湿分离器，随后日本 UBE 公司推出聚酰亚胺中空纤维膜脱湿组件。目前美国 Permea 公司和 UOP 公司、日本 UBE 公司等均有气体脱湿过程用的分离膜产品，实现了空气及天然气脱湿的工业化应用。

有机蒸气膜法回收 VOCs 研究始于 20 世纪 80 年代，膜材料多为功能性硅橡胶，用于从聚合原料气、驰放气以及汽油储罐等中回收有经济价值的 VOCs。目前国外膜分离法回收 VOCs 的生产厂家主要包括[16]：美国 MTR、德国 GKSS 等。1998 年，中国科学院大连化学物理研究所和吉化公司合作进行了现场实验，采用螺旋卷式膜分离器回收聚乙烯生产过程中排放的乙烯和丁烯单体，取得了较好的效果。国内主要生产厂家有中国科学院大连化学物理研究所、天邦膜技术国家工程研究中心有限责任公司和大连欧科膜技术工程有限公司等。

12.1.2.2 多种分离工艺集成过程

低温分离、吸附分离、溶剂吸收分离和膜分离等均可用于气体分离，各种过程均有局限性和应用范围。集成膜技术就是把膜技术与其他工艺优化组合，根据各技术自身特点，发挥协同作用，达到高效、低成本、低能耗及污染少的目标。举例如下。

① 膜分离以分压差为推动力，适用于高浓度气体分离；变压吸附适用于低浓度气体分离，吸附可较长时间内操作，再生周期长。如把膜分离与变压吸附组合可以高效地从空气中制取 99.5％氧气。

② VOC 膜分离过程通常采用膜分离、变压吸附、吸收和冷凝分离等集成，实现单独工艺过程很难做到的高回收率和低能耗，油气浓度可降至排放标准。将膜分离氢回收与氨蒸馏集成，可以回收成氨驰放气中氢气与氨气，使过程更具有经济性。

③ 炼厂气中含有大量轻烃，采用压缩冷凝、变压吸附、氢气膜分离和有机蒸气膜分离等梯级耦合膜分离工艺，按照最合理的工序将合适的分离技术有机整合，实现不同分离单元的无隙匹配和高附加值物质的分离回收。

④ 胺吸收法更适合低浓度二氧化碳分离，将膜法-胺吸收法联合工艺用于从天然气脱二氧化碳，可以提高天然气脱二氧化碳的经济性。

⑤ 膜接触器吸收技术是膜技术与吸收过程进行耦合的新型吸收过程，膜起着分隔气体与吸收剂作用，同时为气体提供扩散通道，吸收剂根据气体各组分溶解度差提供选择性。膜接触器既具有中空纤维膜高装填面积，传质效率高，又具有吸收分离法的高选择性，同时避免在传统吸收塔中常常出现的不良现象，如液泛、漏液、夹带和鼓泡等。可以应用于天然气和沼气脱酸性气体、人工肺中体外膜肺氧合器（extra corporeal membrane oxygenation，ECMO）等。

膜分离技术具有能耗低、操作简单、装置紧凑、占地面积少等优点，因此氢分离膜、富氧膜、富氮膜相继研制成功，并应用于市场，有力地促进了气体膜分离技术的发展。其应用越来越广泛，对它的研究也日益深入。表 12-2 列出工业化的气体膜分离技术和目前正在研究开发的新技术，表 12-3 列出目前世界上气体分离膜主要生产厂家。

表 12-2　目前已工业化气体膜分离技术和正研发的新技术[3,17,18]

分离组分（快气/慢气）	应用
H_2/N_2、CO、CH_4	化学工业、石油精炼等 H_2 回收，合成气中 H_2/CO 调比
He/N_2、CH_4	天然气中 He 回收
O_2/N_2	空气分离（富 O_2 空气、富 N_2 惰性气）
CO_2/CH_4	天然气、生物气、沼气等脱 CO_2，三次采油中 CO_2 分离
CO_2/N_2	烟气中 CO_2 捕集
$H_2O/$空气、CH_4	空气脱湿、天然气脱湿
$H_2O/$有机溶剂	有机蒸气脱水
VOCs/空气、N_2	空气中或工业尾气中挥发性有机物（VOCs）回收
N_2/CH_4	天然气中脱氮气
$H_2S/$烃	天然气中脱 H_2S
烯烃/烷烃	烯烃/烷烃分离等
n-HC/i-HC	$C_4 \sim C_8$ 烃的异构体分离
SO_2/N_2	烟气脱硫
CO_2/H_2	合成气 CO_2/H_2 分离

表 12-3　世界上气体分离膜主要生产厂家[19,20]

公司	膜材料	产品	膜组件
Permea(Air Products)	聚砜、聚酰亚胺	富 N_2 膜、H_2 分离膜、天然气脱 CO_2、脱湿膜	中空纤维式
Medal(Air Liquide)	聚酰亚胺/聚芳酰胺	富 N_2 膜、H_2 分离膜	中空纤维式
Praxair(Air Liquide)	聚酰亚胺	富 N_2 膜	中空纤维式
Generon(MG)	溴化聚碳酸酯		中空纤维式
GMS(Kvaerner)		主要天然气分离	中空纤维式
Separex(UOP)	醋酸纤维素	天然气脱 CO_2	螺旋卷式
Grace(Kvaerner-GMS)	醋酸纤维素	天然气脱 CO_2	螺旋卷式
Cynara(Natco)	醋酸纤维素	天然气脱 CO_2	中空纤维式
Parker-Hannifin	聚酰亚胺		中空纤维式
Ube	聚酰亚胺	富 N_2 膜、H_2 分离膜、天然气脱 CO_2、脱湿膜	中空纤维式
Borsig/(GKSS Licensees)	硅橡胶	VOC 分离、富 O_2 膜	叠片式
MTR	硅橡胶	VOC 分离	螺旋卷式
大连化物所/天邦	聚砜	富 N_2 膜、富 O_2 膜、H_2 分离膜、脱湿膜	中空纤维式和卷式

　　成熟的膜分离过程包括空气分离、H_2 回收、天然气处理、VOCs/气体、空气除湿等，正在发展的膜分离应用集中在石油精炼和化工行业的烃类回收，如天然气中 C_3^+、H_2S、N_2 的脱除等。至今工业应用分离膜的材料大多采用工程塑料或经过物理/化学改性的商业材料。由于气体渗透系数和分离系数间存在 trade-off 效应，使得膜性能很难超越 Robeson 上限（在气体分离膜中，气体的渗透性和选择性成反比，而理想的结果是既要高的渗透性，又要高的选择性，在一定程度上两者会有一个相对最大值，这个就是 Robeson 上限）；另外，膜分离技术仍需要和其他工业化分离手段相竞争。因此，需要开发出高分离系数和高通量的气体膜，目前气体分离膜发展研究热点主要集中在：

- 聚合物材料分子设计；
- 规模化生产的无缺陷、超薄皮层（$<0.1\mu m$）中空纤维分离膜；
- CO_2/H_2 和 CH_4/N_2 分离膜及过程；
- 有机微孔聚合物材料（如 PIMs、TR 膜等）；
- 有机-无机杂化膜（如 MMMs）；
- 促进传递膜（含醚氧键、胺类化合物等）；
- 无机分离膜材料（如 SAPO-34 等）；
- 新过程（如膜吸收等集成过程等）。

12.2　气体分离膜材料及分离原理

12.2.1　膜分类

　　气体分离膜按膜结构形态分成对称膜与非对称膜（不对称膜）两大类，如图 12-1 所示。

　　对称膜厚度范围为 $10\sim200\mu m$，传质阻力取决于整张膜的厚度。对称膜中致密膜的结构最为紧密，渗透通量很小，工业过程实际应用很少，主要用在实验室表征材料的本征渗透

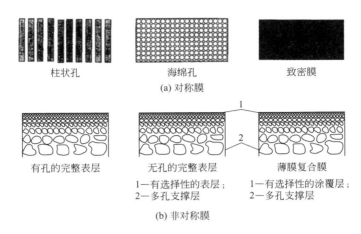

图 12-1　分离膜的结构形态分类

分离性能。其制备方法主要包括溶液浇铸和熔融挤压等。对称膜中的多孔膜按其孔径大小还可分为分子流、表面扩散流、毛细管冷凝作用和分子筛分作用等。但多孔膜与非多孔膜界限难以截然分开，通常认为如果气体透过膜主要受通道（即孔）的大小影响，是多孔膜；而通过高分子链热运动间隙（即自由体积）透过膜的是非多孔膜。一般高分子膜的自由体积约 $1nm^3$，因此认为多孔膜的下限孔径约为 1nm。

　　非对称膜由多孔支撑层和致密皮层构成，皮层厚度通常为 $0.05\sim0.3\mu m$，支撑层厚度约 $50\sim200\mu m$。传质阻力主要取决于皮层厚度，支撑层承受机械压力。其制备方法主要是溶液相分离法。还可以采用复合膜形式制造非对称膜，非对称膜的皮层与支撑层由不同材料制造。目前工业用膜大多采用非对称膜。

12.2.2　气体分离膜材料（按材料化学分类）

　　膜材料是膜技术的核心，其性能优劣会直接影响气体分离性能、应用范围、使用条件及寿命等。理想的气体分离膜材料应同时具有高透气性和选择性、良好的机械性能、优良的热性能和化学稳定性以及成膜加工性能、材料价格便宜等。气体分离膜可以由多种材料制备，主要有高分子聚合物材料[21]、无机材料和杂化材料等。

12.2.2.1　有机高分子膜材料

　　有机膜是研究最早、发展最成熟的一类气体分离膜，具有以下优点：

① 膜材料种类多，可满足不同分离过程的要求；

② 材料价格便宜，具有经济竞争优势；

③ 材料柔韧性好，易于膜加工成各种型式（如平板式、管式和中空纤维式等）及组装成膜组件；

④ 制膜工艺已经成熟，制膜成本较低，易于规模化生产。

　　作为气体膜材料需满足以下要求：

① 高通量和高选择性。但膜的渗透性和选择性往往矛盾，通常膜材料的渗透性越好，其选择性会越差，反之亦然，即渗透性和选择性受 Robeson 上限的限制[22]。因此，对特定

待分离体系，选择聚合物材料必须考虑均衡的透过性及选择性。

②　较好的机械强度和耐热性。不少气体分离膜在数十个大气压下操作，要求膜材料具有一定机械强度及抗压能力。一般机械强度随温度升高而降低，当温度太高时膜会发生蠕变破坏。理论上聚合物材料的使用温度上限是其玻璃化转变温度，但由于受聚合物膜内非平衡态自由体积衰减和原料气中可塑化气体或杂质等影响，实际上膜使用温度远低于其玻璃化转变温度[23]。

③　较强的耐化学腐蚀性。膜在实际操作过程中必然要与一些极性的气体甚至液体组分相接触，如果膜不具备较好的耐化学性能，就会与原料发生反应，从而影响膜的性能，乃至减少膜的寿命[24]。

④　作为膜材料，聚合物必须价格低廉且容易制备，所用溶剂最好能与水互溶，规模化生产时安全性好，制膜经济性好，以保证竞争力。

聚合物作为气体分离膜材料已经研究了几十年，且已被市场接受。表 12-4 列出了部分商用聚合物膜材料的气体选择透过性。影响气体渗透的聚合物材料本身主要因素有：聚合物性质（包括不饱和程度、交联、结晶度和取代基的性质等）、聚合物摩尔质量、聚合物的自由体积和分子链迁移率等。渗透分子大小和形状等也是影响气体渗透率的主要因素，文献[25] 详细讨论了膜特性、聚合物结构与分离效果之间的关系。

表 12-4　部分商用聚合物膜材料的气体选择透过性

聚合物	渗透系数/Barrer					理想分离系数		
	H_2	N_2	O_2	CH_4	CO_2	O_2/N_2	CO_2/CH_4	CO_2/N_2
CA-2.45	12	0.15	0.82	0.15	4.8	5.5	32	32
PSF	14	0.25	1.4	0.25	5.6	5.6	22.4	22.4
Matrimid®	18	0.28	2.1	0.32	10	7.5	31.25	35.7
PPO	61	4.3	16.8	4.1	61	4.1	14.88	14.2

注：$1Barrer = 10^{-10} cm^3 (STP) \cdot cm/(cm^2 \cdot s \cdot cmHg)$。

目前市场用的膜材料大多是工程塑料，为进一步改善膜材料渗透分离性能，可以对膜材料进行功能化改性，文献［26］详述了各种功能化改性策略，针对气体通过膜传质是扩散控制还是溶解控制两种方式，提出：扩散控制膜主要是通过引入官能团促进或抑制链的堆积来控制非晶聚合物的自由体积，但此类膜的气体渗透性和选择性受 Robeson 上限限制。溶解控制利用与某些渗透分子具有化学相互作用的官能团增加气体溶解度，并提供增强扩散渗透途径，这种功能化膜气体渗透性能可超越 Robeson 上限限制，但经常会受到杂质影响导致化学功能失活。

20 世纪 90 年代末，俄罗斯科学院 Topchiev 石油化工合成研究所（Topchiev Institute of Petrochemical Synthesis，Russian Academy of Sciences）开发并定期更新的"玻璃态聚合物的气体分离特性"数据库，列有大量高分子材料对气体的渗透系数数据可供查阅。利用该数据库还可以用基团贡献法计算新型聚合物的渗透系数。另外，数据库还附有正电子湮灭寿命光谱测量的聚合物自由体积信息。

气体分离膜中常用的有机高分子材料主要包括以下几类：纤维素类衍生物、聚砜类、聚酰胺类、聚酰亚胺类、聚酯类、聚烯烃类、乙烯类聚合物、含硅聚合物、含氟聚合物以及甲壳素类等[27]。

纤维素（结构式见图 12-2）是自然界最为丰富的天然高分子，来源广泛且可以再生，是最廉价且具备优异性能的膜材料[28,29]，纤维素及其衍生物是应用研究最早、应用较多的膜材料，主要包括纤维素、醋酸纤维素、硝酸纤维素等。其中醋酸纤维素具有较高的气体透过率和较高气体选择系数，可制成 O_2/N_2 分离膜和 CO_2/CH_4 分离膜。

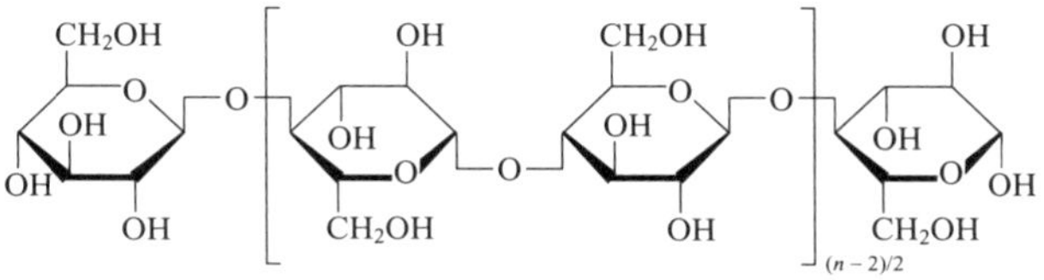

图 12-2　纤维素的化学结构式

因醋酸纤维素膜具有较高抗高碳烃类气体塑化能力，UOP 公司用它制成卷式膜已广泛用到天然气脱碳市场。然而，利用纤维素材料制备的气体分离膜主要缺点是易被压密，热稳定性较差[30]。

聚砜是机械强度好、耐热、耐酸碱、价格较便宜的膜材料，且在 N-甲基吡咯烷酮（NMP）、二甲基亚砜（DMSO）以及 N,N-二甲基乙酰胺（DMAC）等常用非质子极性溶剂中具有良好的溶解性[31-33]。图 12-3 是一些常用的商用聚砜材料的化学结构式，该材料使用范围广，除了用于微滤和超滤以外，还是多种商品复合膜（如反渗透膜、气体分离膜等）的支撑层材料，本身也可用于制备气体分离膜。最早商业化应用的 Prism 膜分离器的材料就是双酚 A 型聚砜，经硅橡胶涂层后用于合成氨驰放气、炼厂气中氢气的回收等。聚砜材料的气体分离膜主要缺点是气体渗透性和选择性不够高（常温下聚砜材料的 O_2 渗透系数和 O_2/N_2 分离系数分别为 1.0Barrer 和 6 左右）。除双酚 A 型聚砜外，其他常见的聚砜材料如聚芳醚砜（PES）、酚酞型聚醚砜（PES-C）、聚芳砜等都可用于制作气体分离膜。

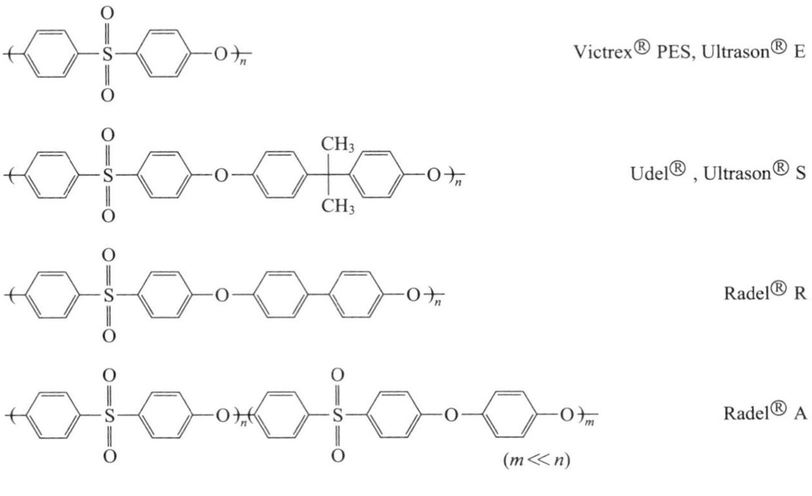

图 12-3　商用聚砜材料的化学结构式

聚酯类树脂具有强度高，尺寸稳定性好，耐热、耐溶剂和化学品的优良性能，广泛用作分离膜的支撑增强材料[34]。聚酯类树脂主要有涤纶、聚对苯二甲酸丁二醇酯和聚碳酸酯等。另外，聚四溴碳酸酯由于其良好的氧氮渗透选择性，可作为性能优越的富氧膜材料使用。

聚烯烃类主要包括聚乙烯、聚丙烯、聚氯乙烯、聚偏氯乙烯和聚 4-甲基-1-戊烯等。聚乙烯和聚丙烯难以用溶剂溶解，通常采用熔融拉伸法制作多孔膜，因疏水性比较强，可用在膜吸收过程。聚 4-甲基-1-戊烯的 O_2 和 CO_2 渗透系数分别为 32.2Barrer 和 92.6Barrer，O_2/N_2 分离系数为 4 左右，渗透系数次于硅橡胶，但选择性远高于硅橡胶，且可制成皮层约 $1\mu m$ 非对称中空纤维膜，是比较理想的空气分离膜和脱湿膜材料，是目前 ECMO 膜的首选材料。聚 4-甲基-1-戊烯经表面氟化后氧氮选择性高达 7～8[35]。PVA（聚乙烯醇）常用于和其他成膜性能不好的聚合物或无机物共混制膜[36]。

含硅聚合物主要包括聚二甲基硅氧烷（PDMS，化学结构式见图 12-4）和聚三甲硅基丙炔（PTMSP）[37]。PDMS 是现有的通用橡胶态聚合物材料中渗透速率最高的，但是机械强度差。该类材料常用于复合膜中作为底膜材料的堵孔剂，消除底膜表皮层的缺陷，使膜的选择性提高至材料的本征性能[12,13,38]。

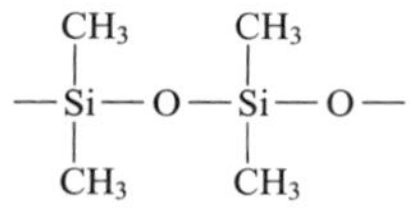

$$\begin{array}{ccc} CH_3 & & CH_3 \\ | & & | \\ -Si-O- & & Si-O- \\ | & & | \\ CH_3 & & CH_3 \end{array}$$

图 12-4 PDMS 的化学结构式

该类材料还可以被涂覆在多孔的超滤底膜上作为功能层用于氧氮分离或有机蒸气分离[39]。

PTMSP 是一种高自由体积的玻璃态聚合物，其结构特征为：主链为聚乙炔，每条链上的碳原子共平面，因而易形成长程刚性片段；侧链带有体积较大的官能团，阻碍了其长程刚性片段的密实堆积，进而形成了微孔。PTMSP 透气速率比 PDMS 还高一个数量级，对大分子的烃类气体的渗透速率大于小分子永久性气体如氢气等，对烃类/H_2 具有很好的选择性。但 PTMSP 链刚性不强，形成的微孔不规则，分布较宽，分离永久性气体混合物的分离系数很低，如 O_2/N_2 的分离系数为 1.5，且其他的应用由于化学稳定性和热稳定性以及抗老化性能较差而受到限制[40]。

含氟聚合物具有优异的高温稳定性和化学惰性、良好的耐候性、独特的气体渗透性和吸附性能，被广泛地应用于气体分离和有机蒸气渗透等领域。全氟聚合物可以由全氟单体均聚或共聚而得，聚四氟乙烯疏水性强，是膜吸收过程的理想膜材料。

表 12-5 列出了一些常用玻璃态和无定形态含氟聚合物的气体渗透性能。通常在含氟聚合物中引入含侧链基团的单体（如六氟丙烯、全氟丁烯基醚）或体积庞大的环状单体单元（如二氧环戊烯）来降低其结晶度，增加自由体积。其中，Teflon AF2400 具有极高的气体渗透系数，其对 O_2 的渗透系数为 1600Barrer（25℃），对 N_2 的渗透系数为 780Barrer（25℃），但其对有机蒸气进行传输时易发生塑化[41]。2017 年，Fang[42] 等报道了一系列无定形全氟二氧戊环共聚物膜，其对 He/CH_4、H_2/CH_4、N_2/CH_4 等的渗透选择性超过 2008 年 Robeson 上限。通过改变共聚单体的比例，聚合物膜显示出可调的传输性质，而且这些共聚物可溶于氟化溶剂中，使用现有的工业方法即可使其放大生产。然而含氟单体种类少、价格昂贵、共聚反应时单体之间的竞聚率限制了其发展。由通用高分子材料

氟化也可以得到含氟聚合物，如对聚 4-甲基-1-戊烯（PMP）表面氟化处理，可提高其氧氮分离系数。

表 12-5　玻璃态和无定形态含氟聚合物的气体渗透性能[3]

聚合物	渗透系数/Barrer						选择性
	O_2	N_2	CH_4	CO_2	C_2H_6	C_3H_8	CO_2/CH_4
Teflon AF2400	1600	780	600	3900	370	200	6.5
Teflon AF1600	270	110	80	520			6.5
Hyflon AD80	67	24	12	150			12.5
Hyflon AD60	57	20	10	130			13
Cytop	16	5.0	2.0	35			17.5

聚酰亚胺（PI）是主链上含有酰亚胺环的一类聚合物，由芳香族或脂肪族环四酸二酐和二元胺经缩聚得到的芳杂环高聚物，具有耐高温、优良机械稳定性的优点，最早是由 Bogert 和 Renshaw 在 1906 年合成的。

PI 的刚性主链对不同分子具备筛分作用，对 H_2/N_2、CO_2/CH_4 和 O_2/N_2 等具有很高的分离性能，是气体分离膜的理想材料之一。聚酰亚胺用于气体分离始于 20 世纪 80 年代，UBE 首先实现了 PI 中空纤维膜商业化，展示了 PI 作为膜材料的广阔前景。目前各公司广泛采用 PI 作为高性能膜材料，杜邦公司在 20 世纪 80 年代末期开发了用于空气富氮的聚酰亚胺膜分离器，美国 Monsanto 公司开发的第二代 Prism 分离器也是采用聚酰亚胺膜，Medal、Parker-Hannifin 和德国 Evonik Industries AG 公司等均采用聚酰亚胺作为气体分离膜材料，已成功应用于各种工业气体混合物的分离，如氢回收、空气分离、气体除湿和乙醇气相脱水等工业分离过程。

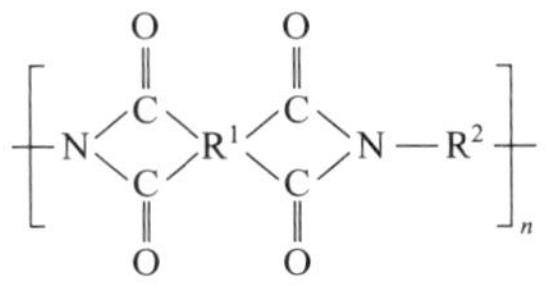

图 12-5　聚酰亚胺的一般结构

聚酰亚胺一般的结构式见图 12-5，具有以下优势：①很高的热稳定性，可以使分离系统在较高的温度下操作；②良好的机械性能，便于制造膜组件，也使组件可以在很高的压力下操作；③优异的化学稳定性，有利于膜结构和性能的稳定；④良好的成膜性，可以选择多种成膜体系；⑤结构多样可调变，针对不同的目标分离体系，可通过选择不同的二酐或者二胺单体调整材料的分子结构，合成不同种类聚酰亚胺。聚酰亚胺主要有芳香族二酸聚酰亚胺、全芳香聚酰亚胺及全氟聚酰亚胺等。

图 12-6 列出了四种已经商业化的聚酰亚胺材料分子式。聚酰亚胺分子链刚性强、分子链间作用力大，使聚酰亚胺具有较高的气体渗透性和选择性，例如商用聚酰亚胺 Matrimide® 5218 的气体渗透系数和分离系数均优于聚砜。表 12-6 列出了一些常用聚酰亚胺的气体渗透分离性能。

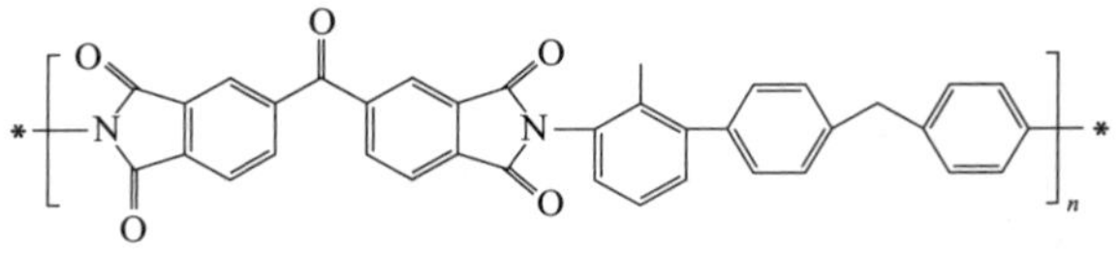

Lenzing P84(PI)

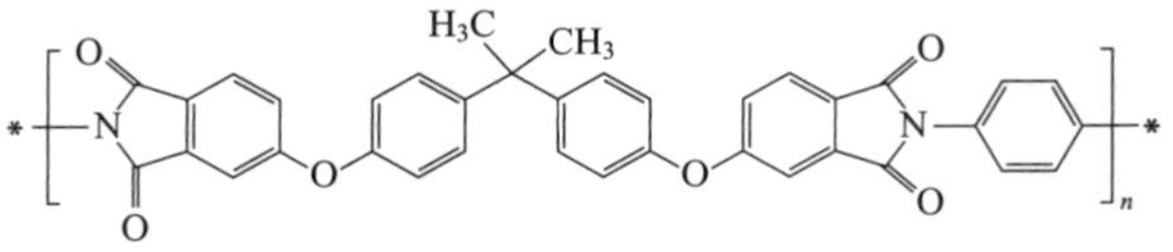

聚醚酰亚胺(PEI)

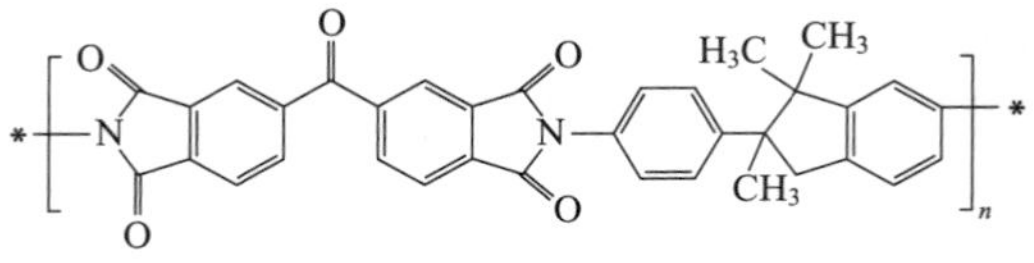

Matrimid(PI)

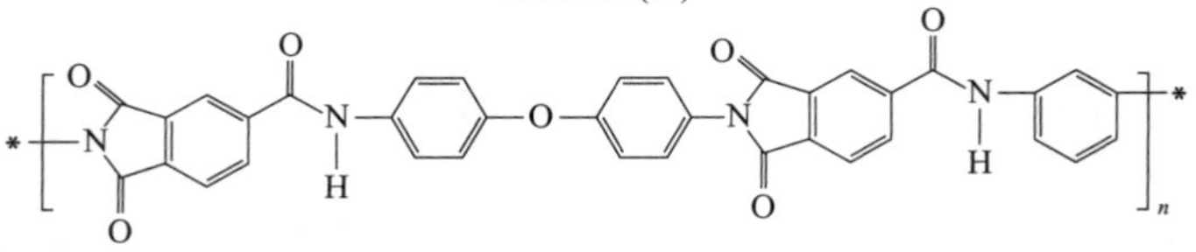

Torlon(聚酰胺酰亚胺)

图 12-6 四种商业化聚酰亚胺膜材料分子式

表 12-6 常用聚酰亚胺的气体渗透分离性能[26]

聚酰亚胺	渗透系数/Barrer						理想分离系数				
	He	H_2	O_2	N_2	CO_2	CH_4	He/N_2	H_2/N_2	O_2/N_2	CO_2/CH_4	CO_2/N_2
PMDA-ODA	—	10.6	0.825	0.145	3.55	0.0937	—	73.1	5.7	38	24.5
PMDA-MDA	9.40		0.98	0.20	4.31	0.10	47.0	—	4.9	43.1	21.6
BPDA-DDBT	—	31.20	—	—	8.20	0.11	—	—	—	74.1	—
BPDA-DDS	—	11.31	—	—	2.57	0.09	—	—	—	28.6	—
BTDA-BAPHF	—	16.10	1.14	0.20	4.37	0.105	—	82.6	5.9	42.0	22.4
BTDA-BAHF	—	30.80	2.50	0.45	10.10	0.226	—	68.4	5.6	45.0	22.4
6FDA-TMPDA	—	499.90	110.35	30.13	555.72	24.49	—	16.6	3.7	22.7	18.4
6FDA-mPDA	80.46	—	5.39	0.87	20.25	0.35	92.5	—	6.2	57.9	23.3
6FDA-DAT	—	81.96	8.83	1.53	39.59	0.69	—	53.6	5.8	57.4	25.9

聚酰亚胺作为气体分离膜材料具有优异综合性能，但聚酰亚胺分子链刚性强、分子链间作用力大引起聚酰亚胺分子链紧密堆砌，使得大部分聚酰亚胺的气体渗透系数仍有待进一步改善，而在一些分离体系上的选择性也需提高。设计、合成具有高渗透性和良好渗透选择性的聚酰亚胺一直是膜科学工作者追求的目标。

兼顾高透气性和良好透气选择性的理想聚酰亚胺材料结构应具有如下特征：

① 刚性分子骨架，低链段活动性；

② 较差的链段堆砌，即大的自由体积；

③ 链段相互作用要尽可能弱。

为得到理想的聚酰亚胺气体分离膜材料，可以在分子水平上对聚酰亚胺结构进行改性。通常采用以下方法：

① 引入柔性结构单元；

② 引入庞大的侧基；

③ 引入扭曲的非平面结构；

④ 通过共聚破坏分子的对称性和重复规整度；

⑤ 交联；

⑥ 自聚微孔聚酰亚胺膜、聚酰亚胺炭膜、热重排聚酰亚胺等；

⑦ 促进传递膜、混合基质聚酰亚胺膜等。

（1）共聚

共聚是在聚合物主链中引入特定链段或特定侧基，对聚合物化学结构及其组成进行调控，调节和改善材料对气体的渗透分离性能[43]；或者在昂贵的材料中引入廉价单体，在基本保持膜渗透性能前提下，降低材料成本。

在刚性聚合物中引入柔性链段，形成硬段-软段共聚物，玻璃态的硬段主要提供材料的热性能和机械性能，橡胶态的软段主要提供气体渗透的微结构（图 12-7）。硬段-软段聚合物能够综合两种不同性质的聚合物的特点，从而得到性能更优异的膜材料，在许多膜过程材料中受到广泛重视。常用的硬段主要有聚酰亚胺、聚酰胺和聚氨酯等，常用的软段主要有聚醚、聚硅氧烷类等[44,45]。

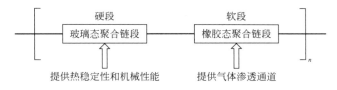

图 12-7　硬段-软段共聚物膜材料示意图

（2）交联

聚合物交联形成网络后，减小链段活动性，可以改善聚合物膜机械性能和热性能，也可以改变聚合物结构，使渗透性能下降、渗透选择性升高[46]。常用的交联方法有[47]热处理、化学交联和光辐照交联等。

聚酰亚胺也可被二端氨基化合物交联，这种交联反应可在常温下发生。如将硬段 6FDA 聚酰亚胺膜在对苯二甲胺的甲醇溶液中浸泡，聚酰亚胺的酰亚胺环被打开，羰基与交联剂的氨基反应生成酰胺基，产生交联反应。图 12-8 模拟了交联反应发生的过程。交联也可以改善聚酰亚胺膜的抗 CO_2 塑化性能[48]。

12.2.2.2　无机材料

除有机聚合物膜外，近年来无机膜的研究得到了很大的发展。无机膜包括金属、金属氧化物、陶瓷、多孔玻璃和沸石等材料制成的膜。多孔无机膜孔径分布窄、耐高温、化学稳定性以及机械强度好[50]。

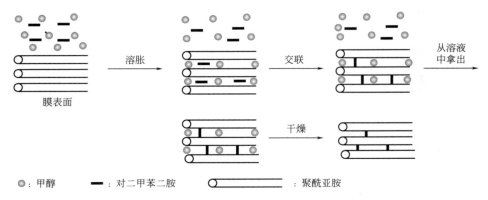

图 12-8　聚酰亚胺膜化学交联[49]

　　但是无机膜也存在一些缺点，例如：制造成本较高；质地脆，需要特殊的形状和支撑系统；制造大面积的膜比较困难；高温条件下膜分离器的安装和密封比较困难[42,45]。在气体分离应用上，多孔膜因孔径控制比较难，重复性不好，除了铀同位素的分离已经工业化外，其他过程均处于基础研究中，许多问题有待于深入研究和探讨，离工业化还有一段距离。

　　无机膜目前应用主要集中于脱氢、加氢和氧化反应。关于无机膜研究最多的方向是将金属钯用于制备氢气选择性分离膜，这主要是由于金属钯具有优良的氢气吸附和解离能力，同时具有很高的选择透过性。理论上可以将氢气与其他杂质分子完全分离，得到的氢气纯度可达到 99.9995%[51,52]。为了提高机械稳定性，金属钯管厚度在 $100\mu m$ 左右，这会导致氢气透量相对较低，制造成本相对较高。将金属钯负载在多孔基质表面，可有效将膜厚度降低到几个微米，成本降低 20～40 倍，透氢量提高一个数量级[53]。

　　目前存在的主要问题是钯膜氢脆影响使用寿命。在氢气氛下，钯膜在 573K 温度下存在相变（α-PdH 与 β-PdH），由于 α-PdH 与 β-PdH 晶相具有不同的晶胞参数，金属钯在长时间氢的溶解析出过程中导致钯反复地收缩膨胀，最终导致钯结构发生破坏[54-58]。

　　另外，钯膜的化学稳定性问题也是阻碍钯复合膜实现工业化的主要障碍之一[59]，杂质气体如 CO、CO_2、C_xH_y 及 H_2S 等在膜表面发生化学反应，生成金属碳化物或者硫化物，明显降低了膜透氢性能，或其与体相金属的晶格参数存在差异，晶格发生膨胀，导致膜结构发生不可逆的破坏[59-62]。目前研究方向之一是把其他金属（例如 Ag、Cu、Ni、Fe、Au、Pt）掺入钯中构成合金膜或者膜表面增加保护层来提升钯膜化学稳定性。

12.2.2.3　有机微孔聚合物材料

　　至今工业应用的膜材料都采用工程塑料或经过物理/化学改性的工程塑料。气体渗透系数和分离系数间的 trade-off 关系使其分离性能很难超越 Robeson 上限。受 PTMSP 高自由体积启发，2004 年，P. M. Budd 和 N. B. McKeown 合成出第一个自具微孔聚合物材料（polymers of intrinsic microporosity，PIMs），并将其命名为 PIM-1[63]，PIM-1 是由含有螺环的四羟基单体和含有四氟基单体通过缩聚反应而制备，其 CO_2 渗透系数达 8000Barrer 以上，对氮气和甲烷的选择性分别约为 16 和 10。PIMs 的衍生物多由刚性强的多卤代物与含有多个羟基的化合物发生双亲核取代反应制得。它具有刚性、扭曲的分子结构，其链段不能自由内转动，阻碍了大分子链的有效堆积，促使在膜内部形成连续的微孔结构，再加上其良好的热稳定性、溶解性成型和优良的力学性能。按照刚性扭曲单元的不同，自具微孔聚合物可分为螺环单元类（Spiro）、三蝶烯单元类（Trip）、特格勒碱单元类（Tröger Base）等[64-68]。

热致重排过程是聚合物前驱体在固态下经热处理发生原位分子内重排，羟基等官能团与亚胺环发生固态热转变，伴随着分子链结构和构型的变化，转变为另一种刚性芳杂环结构的反应，所得聚合物称为热致重排聚合物（thermally rearranged polymers，TR-polymer）。热致重排聚合物是一种具有高自由体积和特殊孔径分布的刚性微孔聚合物材料[69]，2007 年 Freeman 课题组和 Lee 课题组提出了“热重排”的概念[70]，将聚酰亚胺进行热处理以获得更高的自由体积以及更窄的微孔尺寸分布，材料具有较大的比表面积，有利于气体分子的渗透。

热致重排反应是在相对高温下进行的，原本的柔性分子链发生原位化学反应以及分子链段的运动，形成刚性硬质共轭的片层结构，这种硬质棒状结构在三维空间中堆砌和排列，在聚合物基体中留下小分子气体可以透过的连通型微孔，实现气体快速输送。同时，较小的自由体积单元融合形成较大的连通型自由体积单元，其细颈作为可调整尺寸的“分子窗口”，减少选择性的损失[71,72]。热致重排聚合物膜表现出优异的气体渗透选择性能，超出传统聚合物膜材料。

热致重排聚合物可以通过设计前驱体的分子结构和优化热致重排过程来调控膜孔尺寸和分布，设计制备具有目标气体分离性能的热重排聚合物。其前驱体多为邻位官能化的聚酰亚胺或聚酰胺等。由于在高温处理过程聚合物分子链易降解，大大降低膜的机械性能。近年来研究主要集中在机械性能的改善、气体分离性能的进一步优化、中空纤维膜的纺制等[73]，调控措施有：引入特殊官能团[74,75]；共聚[76,77]；通过分子链间的交联，抑制分子重排过程中膜孔的坍塌和分子链间的滑移[78-80]；掺杂无机粒子[81,82]。

12.2.2.4 有机无机杂化膜

有机膜易于加工，可用于制备非对称膜，但气体渗透系数和分离系数间的 trade-off 关系使其分离性能很难超越 Robeson 上限。无机膜最大的优势就是高气体渗透分离性能，但是无机膜材料柔韧性差，制备工艺复杂。有机无机杂化膜（mixed matrix membrane)[83] 是指将无机固体颗粒混入有机高分子中结合而成的膜，它通过在有机膜中引入无机粒子来提高有机膜的气体渗透分离性能，它兼具有机膜易成形、韧性好等优点和无机膜气体渗透分离性能好的特点，实现有机膜与无机膜的优势互补。无机颗粒的作用主要是：一方面通过其微孔结构的分子筛分效应促进气体分离，另一方面打破高分子链间结构堆砌促进气体分子在聚合物相中的传递，两方面的共同作用影响气体的渗透和分离性能。

被引入聚合物中制备混合基质膜的无机材料主要包括：分子筛（沸石分子筛和碳分子筛）、碳纳米管（CNTs）、二氧化硅、二氧化钛、氧化石墨烯以及新型金属-有机骨架材料（MOFs）等[84-92]。目前，混合基质膜研究面临的挑战主要有两类：分散相粒子的团聚（表层或底层团聚），有机-无机相界面缺陷。如何抑制或消除这些缺陷是混合基质膜制备过程需要解决的主要问题。

12.2.2.5 促进传递膜

用接枝或聚合方式将活性载体基团以共价键的形式连接在聚合物链上，活性载体基团能主动选择与膜上游侧的特定气体如 CO_2 发生可逆反应，通过载体摆动来实现分子促进传递。固定载体膜材料柔韧，结晶性低，具有高渗透性能；活性基团能与特定气体进行可逆反应，因此一般都具有较高的分离选择性。固定载体膜中最常见的载体包括吡啶基、氨基和羧酸根等碱性基团[93,94]。

12.2.3 气体分离膜材料（按分离过程分类）

不同的分离体系，所需要的膜材料不同。下面将针对不同的分离体系对常见的膜材料进行介绍。

12.2.3.1 H₂回收

美国 Monsanto 公司、Ube 公司等，以聚砜/硅橡胶、聚酰亚胺、醋酸纤维素为膜材料，研制了第一代商业应用的氢气分离膜。表 12-7 列出了第一代用于氢气回收的膜材料及其分离性能。

表 12-7 第一代用于氢气回收的膜材料

膜材料	生产厂商	分离因子			参考文献
		H_2/N_2	H_2/CO	H_2/CH_4	
聚砜-硅橡胶	Monsanto	39	23	24	[95]
聚酰亚胺	Ube	35.4	30	—	[96]
醋酸纤维素	Separex	33	21	26	[95,96]

12.2.3.2 天然气中 He 回收

工业上通常采用低温冷凝法获得 He，但是耗能较大。随着膜技术的发展，膜分离法提纯氦气展现出越来越好的应用前景。工业上应用的膜应具有高渗透选择性和良好的化学、机械和热稳定性。

（1）传统聚合物膜材料

表 12-8 列出了目前常用于天然气中 He 回收的传统聚合物膜材料，其中醋酸纤维素膜用于分离纯化 He 已经初步实现了商业化，Cynara®（Cameron 的子公司）和 UOP Separex®（Honeywell 的子公司）可提供醋酸纤维素膜组件。聚酰亚胺及其共聚物膜在其结构中具有交替平坦且体积庞大的链段，是最具商业化前景的膜材料。

表 12-8 用于天然气中 He 回收的传统聚合物膜材料

膜材料	渗透系数/Barrer			分离因子		参考文献
	He	CH_4	N_2	He/CH_4	He/N_2	
醋酸纤维素	13.6	0.14	0.14	97	97	[97]
聚酰亚胺	98.5	0.63	1.27	156	77.5	[98]
聚氨酯	10	9.1	2.4	1.1	4.2	[99]
聚（甲基丙烯酸甲酯）	9.57	0.0064	0.013	1495.3	736	[100]

（2）其他膜材料

其他材料制备的分离膜在天然气中纯化 He 中显示出了极大的优势（表 12-9、表

12-10)，但是由于制造成本及生产工艺不成熟等原因，其研究仍处于实验室阶段。

表 12-9　用于天然气中 He 回收的其他聚合物膜材料

膜材料	渗透系数/Barrer			分离因子		参考文献
	He	CH₄	N₂	He/CH₄	He/N₂	
聚三甲基硅烷基丙炔	5690	14833	5490	0.4	1	[101]
6FDA-DAF	98.5	0.243	—	405.3	—	[102]
AO-PMI-1	412	34	33	12.1	12.5	[103]
四甲基二丙烯三胺	40	0.597	0.59	67	67.8	[104]

表 12-10　用于天然气中 He 回收的混合基质膜材料

膜材料	渗透系数/Barrer			分离因子		参考文献
	He	CH₄	N₂	He/CH₄	He/N₂	
聚砜/二氧化硅(20%)	27.7	1.1	1.12	25.2	24.7	[105]
PIM-1/ZIF-8(43%)	3180	430	350	7.4	9.1	[106]
聚醚酰亚胺/二氧化硅	10.1	0.04	0.12	252.5	84.2	[107]
聚三甲基甲硅烷基丙炔/二氧化硅/正硅酸乙酯	890	470	300	1.9	3	[108]

12.2.3.3　O_2/N_2 分离

(1) 聚合物膜材料

目前，用于 O_2/N_2 分离的高分子膜材料主要有聚砜、聚二甲基硅氧烷、聚酰亚胺、醋酸纤维素、聚丁二烯等。表 12-11 中列出了某些高分子膜材料的 O_2 和 N_2 渗透系数以及 O_2/N_2 的分离因子。

表 12-11　用于 O_2/N_2 分离的致密聚合物膜材料

膜材料	渗透系数/Barrer			参考文献
	O_2	N_2	O_2/N_2	
聚二甲基硅氧烷	352	181	1.94	[109]
聚苯醚	15.8	3.81	4.15	[109]
天然橡胶	28.4	9.5	2.99	[109]
醋酸纤维素	0.43	0.14	3.07	[109]
聚乙烯(低密度)	2.89	0.97	2.98	[109]
聚砜	1.1	0.18	6.11	[109]
聚乙烯(高密度)	0.41	0.143	2.87	[109]
聚碳酸酯	1.4	0.3	4.67	[110]
聚丙烯腈	0.0081	0.0009	9.0	[111]

O_2/N_2 分离膜主要用于空气的分离，可分为富氧分离膜和富氮分离膜，现在大多数的高分子膜都优先透氧，为富氧分离膜。实现膜材料的工业应用，不仅要求膜材料具有高的气体渗透性和分离因子，膜材料的化学稳定性、机械强度和长期稳定性也要满足要求。目前，硅橡胶、聚-4-甲基-1-戊烯、三醋酸纤维素和聚三甲基硅炔等高分子材料均已实现 O_2/N_2 分离

膜的工业应用。

为提高分离膜的气体渗透性能，PIMs 膜、热重排膜等有机微孔聚合物材料也用于 O_2/N_2 分离性能的研究。表 12-12 中列出了部分有机微孔聚合物膜材料的 O_2 和 N_2 渗透系数以及 O_2/N_2 的分离系数 α。

表 12-12　用于 O_2/N_2 分离的多孔聚合物膜材料

| 膜材料 | 渗透系数/Barrer | | 分离因子 | 参考文献 |
	O_2	N_2	O_2/N_2	
PIM-1	370	92	4.02	[112]
PIM-7	190	42	4.52	[112]
PIM-Trip-TB	2718	629	4.32	[113]
pTR 450	45	10	4.50	[114]
mTR 450	130	34	3.82	[114]

（2）无机膜材料

20 世纪 40 年代以来，随着无机膜的发展，其在化学稳定性、机械性和耐高温方面的优势使无机膜在某些工业上开始取代高分子膜并具有工业大规模应用趋势。炭膜以其孔径均匀、孔径分布范围小、孔径范围可调且对气体的选择分离性好等优点吸引着大批的研究者。美国的 Foley 等[115]采用平均孔径为 $0.2\mu m$ 的商业化多孔不锈钢板管为支撑体，通过超声喷涂的方法制备复合炭膜，以烧结的不锈钢管和多孔不锈钢板为支撑体制备的复合炭膜，氧气通量分别为 43Barrer 和 3.3Barrer，氧氮分离因子分别达到了 3.7 和 30.4。尽管炭膜的氧氮分离性能在现有的富氧膜材料中处于绝对领先地位，但其工业应用却受到很大的限制，其主要原因在于非支撑炭膜如中空纤维炭膜与炭薄膜，质地呈脆性，在储存、运输和使用过程易于破损；而力学性能较高的复合炭膜相对于有机聚合物膜而言制作成本又很高，难以大规模推广应用。鉴于此，对炭膜的共混改性研究受到越来越多学者的关注。将炭材料和有机聚合物共混，使炭材料的高选择性和聚合物的柔顺性、易加工性结合起来，从而在降低炭材料高制作成本的同时提高共混膜的氧氮分离性能。

Vu 等[116]研究了以聚酰亚胺为前驱体在 800℃ 裂解而成的 CMS 膜分散在两种商品名为 Matrimid 5218 和 Ultem 1000 的聚酰亚胺高聚物基质中形成的聚合物基质共混改性膜，O_2 渗透系数为 6Barrer，O_2/N_2 分离因子为 8。常见的共混氧氮分离膜分离性能见表 12-13。

表 12-13　用于 O_2/N_2 分离的炭膜材料前驱体及膜性能

| 聚合物 | 渗透系数/Barrer | 分离因子 | 参考文献 |
	O_2	O_2/N_2	
聚酰亚胺	11	9.5	[117]
聚乙酸乙烯酯	1.2	10	[118]
聚砜	1.8	7.7	[119]
聚醚砜	0.7	7.4	[120]

除炭膜外，陶瓷透氧膜的研究和开发引起了人们越来越普遍的关注。钙钛矿陶瓷透氧膜是一种混合氧离子电子传导膜，该类陶瓷材料不仅具有传导离子而且具有传导电子的能力，

具有良好的耐溶剂腐蚀性和稳定性，由于其管径小、管壁薄及比表面积比较大，通过相转化共烧结技术制备出的陶瓷中空纤维膜的非对称结构非常适合透氧膜。常见的钙钛矿陶瓷透氧膜材料主要包括（La,Sr）（Co,Fe）O_3 钙钛矿型、（La,Sr）（Fe,B）O_3 钙钛矿型、（Ba,Sr）（Fe,B）O_3 钙钛矿型等[121]，氧气渗透通量约为 $1\sim2mL/(min\cdot cm^2)$。

迄今为止，炭膜和钙钛矿陶瓷膜还没有实现大规模工业化，还存在一些亟待解决的问题：如何增加渗透性不牺牲气体的选择性，如何实现自动化生产增强涂覆过程的均匀性，如何降低复合膜的成本，等。

12. 2. 3. 4　CO_2 分离

烟道气中 CO_2 捕集、天然气或沼气净化以及合成气脱碳制氢等实际工业过程均需分离 CO_2。CO_2/N_2、CO_2/CH_4 和 CO_2/H_2 是三种主要的含 CO_2 混合物体系。

（1）普通高分子膜材料

CO_2 分离膜材料是分离 CO_2 膜技术的核心。目前，商品的 CO_2 分离膜大多数是普通高分子膜，例如醋酸纤维素（CA）膜、聚砜（PSF）膜、聚醚砜（PES）膜、聚苯醚（PPO）及聚酰亚胺（PI）膜等，其选择透过机制都为扩散选择机制，CO_2 渗透系数为 $5\sim10$ Barrer，相应的 CO_2/CH_4 分离因子为 $20\sim40$，已经成功用于天然气脱碳过程[122]。但是由于其渗透选择性能不高，仍需要进一步构建合适的分子结构以及聚合物堆积程度，提高 CO_2 的扩散系数，降低 CH_4 的扩散系数，提高膜的渗透选择性能。

酰胺基与 CO_2 具有良好的亲和性，但聚酰胺和聚酰亚胺材料由于刚性比较强，所以膜的渗透性较差。目前较多使用的聚醚与聚酰胺嵌段共聚所制备的聚醚共聚酰胺——PEBA 材料，已经商业化的最著名的就是 Arkema 公司生产的一系列以 Pebax 为商标的产品，如 Pebax-1657、Pebax-2533 等。由于聚酰亚胺是用二元酸酐和二元胺单体缩聚反应而来，采用不同的二元酸酐和不同的二元胺单体进行组合能制备出一系列化学结构不同的聚酰亚胺材料。大多数的聚酰亚胺都具有足够高的分子量使其能够加工成坚韧的极薄膜，具有良好的气体分离性能。

目前商品膜的渗透选择性能还远不能满足多种 CO_2 分离过程的要求。为此，不少研究者们通过对膜材料进行分子设计及后处理，开发了很多性能优异的新型高分子膜材料。用于 CO_2 分离研究的普通高分子膜材料主要有天然高分子材料，含氟、硫、磷的高聚物膜材料，含硅高聚物膜材料，聚酰胺和聚酰亚胺类膜材料和聚醚氧类膜材料。

研究者们发现醚氧类基团对 CO_2 具有强的亲和作用，为此开发了一系列富含醚氧基团的聚氧乙烯型膜。聚氧乙烯型膜是指富含聚氧乙烯（PEO）链段或醚氧（EO）基团的一类膜的总称，是一类典型的 CO_2 分离膜[123]。然而，使用纯 PEO 作为膜材料难以制得具有优异渗透选择性能的 CO_2 分离膜。交联和共聚可实现膜内具有高 PEO 含量的同时保持膜处于橡胶态。Freeman 课题组以聚乙二醇双丙烯酸酯、聚乙二醇丙烯酸酯、聚乙二醇甲醚丙烯酸酯、聚乙二醇二甲基丙烯酸酯以及它们的混合物作为聚合单体，利用光引发聚合制备了一系列交联的聚氧乙烯型膜[124-126]。研究较多的 PEO 型嵌段共聚物有聚氧乙烯-聚酰胺（PEO-PA）、聚氧乙烯-聚酰亚胺（PEO-PI）、聚氧乙烯-聚氨酯（PEO-PU）等[127-130]。性能较好的 PEO 型嵌段共聚物膜最大的优势在于它可以通过简单的涂覆法制备成具有超薄分离层的复合膜。德国 GKSS 研究中心用 Polyactive 共聚物膜材料成功制备了平方米规模的分离层厚度小于

100nm 的聚氧乙烯型嵌段共聚物复合膜[131]。此外，美国膜技术研究中心（MTR）利用富含 EO 基团的聚合物膜材料研制了 Polaris™复合膜，第二代 Polaris™复合膜的气体分离性能达到了国际领先的水准[132]。

（2）有机微孔聚合物膜材料

有机微孔聚合物是指具有较大比表面积且所含有的绝大多数孔属于微孔的聚合物的总称。根据孔结构形成机理的不同，有机微孔聚合物可大致分为共价有机骨架、共轭微孔聚合物、超交联聚合物、热重排（TR）聚合物和自聚微孔聚合物（PIMs）。其中，TR 聚合物和 PIMs 为膜材料的 CO_2 分离膜研究较为广泛。

通过热重排处理得到的 TR 聚合物的气体渗透系数通常比聚合物前驱体的气体渗透系数至少高两个数量级。但是，由于受到制备条件的限制（高温热处理），TR 聚合物骨架上难以引入 CO_2 亲和的功能基团，TR 聚合物膜的分离性能普遍较低。

PIMs 是依据自身的刚性骨架以及分子的非平面性质而获得微孔结构的。2005 年由 Mckeown 课题组设计并合成的 PIM-1 是最具代表性的 PIMs[133]。为了提高 PIMs 膜对 CO_2 的溶解性以及调控聚合物的骨架结构，通过多种化学反应在 PIM-1 的氰基反应位点处引入了不同的极性基团，如伯氨基、酰胺基、脒基、羧基以及四唑基等。Guiver 课题组利用"点击化学"的方法将 PIM-1 中的氰基转变为 CO_2 亲和的四唑基团，所制膜具有良好的分离性能[134]。

（3）促进传递膜材料

促进传递膜是向分离膜中引入载体，通过待分离组分与载体之间发生可逆化学反应，促进某种物质通过膜的传递，能很好地改善膜的分离性能。促进传递膜可分为液膜、离子交换膜和固定载体膜。

促进传递的研究最早就起源于液膜。虽然液膜分离性能非常优异，但膜液是靠毛细管虹吸作用固定在液膜中，为了使膜液稳定，很难制得很薄的膜，所以渗透速率不是太高，且在压差作用下载体会随着膜液流失，膜性能不稳定，所以液膜一般寿命较短，不利于大规模应用[135]。

离子交换膜中由于载体仍然具有移动性，能主动选择与膜上游侧的 CO_2 进行可逆反应，因此一般都具有较高的分离选择性。Quinn 等[136]以聚苯乙烯三甲基氟化季铵盐制备的 CO_2 分离膜，F^- 作为 CO_2 载体可以主动与进料侧的 CO_2 选择性地形成配合物，并在聚合物链间扩散传递，所以具有很高的分离选择性，CO_2/CH_4 的分离因子达到 1000。

固定载体膜是通过接枝或聚合的方式，将活性载体基团以共价键的形式连接在聚合物链上，所以载体非常稳定，但载体不能自由移动，是通过在所在位置的平衡摆动来实现促进传递的，其选择性比起含有可移动载体的液膜和离子交换膜略低。但是，固定载体膜其膜材料柔韧，成膜性好，结晶性低，因而更容易得到高渗透性能的膜，而且固定载体膜材料大多价廉易得，也易于进行物理或化学改性，因此广受青睐。固定载体膜中最常见的载体包括吡啶基、氨基和羧酸根等碱性基团。目前各种含氨基的材料是最常见以及研究最为深入的载体，如聚乙烯基胺（PVAm）、聚丙烯基胺、季戊四乙二胺、含叔氨基的聚酰胺等。乔志华等[93]选用小分子哌嗪（PIP）交联改性 PVAm 制备了 PVAm-PIP/PSF 膜。李诗纯等[94]以均苯三甲酰氯为有机相单体，以 N,N'-双（3-氨丙基）甲胺和 4,7,10-三氧-1,13-癸烷二胺的混合物为水相单体，在涂覆了改性硅橡胶中间层的聚砜支撑膜上进行界面聚合制备了聚酰胺复合膜。表 12-14 列举了一些代表性的用于二氧化碳分离的聚合物膜材料。

表 12-14　用于二氧化碳分离的聚合物膜性能

膜材料	CO_2 渗透系数/Barrer	分离因子	参考文献
PIM-1	>1000	40(CO_2/N_2),20(CO_2/CH_4)	[134]
聚酰亚胺	5~10	20~40(CO_2/CH_4)	[122]
Polyactive	100	55(CO_2/N_2),9(CO_2/H_2)	[131]
Polaris	2200	55(CO_2/N_2)	[132]
PVAm/PIP	600	277(CO_2/N_2)	[93]

（4）无机膜材料

常见分离 CO_2 的无机膜有多孔陶瓷膜（Al_2O_3 和 TiO_2）、多孔玻璃膜（SiO_2）、多孔金属膜、碳分子筛膜（简称炭膜）及沸石分子筛膜等。多孔陶瓷膜中以 Al_2O_3 陶瓷膜最为常见，通过条件控制可制备出孔径为 1~100nm 的陶瓷膜，而多孔玻璃膜的孔径结构则通过调节玻璃组成和处理条件来控制。上述两种无机膜通常采用溶胶-凝胶方法或化学气相沉积（CVD）方法进行表面修饰，进一步减少膜表面孔尺寸，从而提高分离性能[137]。目前，用于 CO_2 分离的无机膜材料研究较多的有炭膜、分子筛膜、MOF 膜等。

炭膜是指由炭素材料构成的分离膜，是碳分子筛膜（CMSM）的简称，主要由含碳物质的有机聚合物作为前驱体热解而成，如聚酰亚胺（PI）、聚糠醇、酚醛树脂、聚丙烯腈、聚偏二氯乙烯、纤维素和聚醚砜酮等。炭膜具有近似气体分子尺寸的超细微孔结构，不仅对气体分离表现出极高的选择性和渗透能力，而且具有耐高温、耐高压、耐有机溶剂及耐酸碱腐蚀性等优点[138,139]。通过掺杂无机纳米粒子对炭膜进行修饰是一种简单有效的方法[140]。研究发现，将杂原子物质（如沸石、碳分子筛、聚乙烯醇、聚乙烯吡咯烷酮、金属及金属氧化物等）引入到炭膜前驱体中制备炭膜，可显著提高炭膜的气体分离性质[141]。在分离 CO_2 中研究较多的炭膜材料及其性能如表 12-15 所示。

表 12-15　用于分离 CO_2 的炭膜前驱体及膜性能

炭膜前驱体	CO_2 渗透系数/Barrer	分离因子	参考文献
PI	0.5	122(CO_2/N_2)	[142]
BPDA-ODA/PI	600	100(CO_2/CH_4)	[143]
Fe/C/PI	1039	33.5(CO_2/N_2)	[144]
Fe/C/PI	1039	129.5(CO_2/CH_4)	[144]
PF/SPF(45/55)	2800	27(CO_2/CH_4)	[145]
P25/PAA	1558.6	58.1(CO_2/N_2)	[146]

分子筛膜是一类具有亚纳米孔的无机膜，自身具有抵御 CO_2 塑化的化学抗性和高选择性。沸石膜通常是将硅酸盐多晶体薄片负载到多孔支撑体上，膜内部孔径的尺寸大小决定何种气体组分优先通过，具有较高的内表面和较大的孔容。分子筛孔壁通过 TO_4 有序连接，骨架组成可变，具有负电性、离子交换性质和固体酸性质。分子筛膜主要分为 MFI 型、A 型、NaY 型和 SAPO 型四大类，在分离 CO_2 中研究较多的分子筛材料及其性能如表 12-16 所示。

表 12-16　用于分离 CO_2 的分子筛膜材料

膜材料	CO_2 渗透系数/Barrer	分离因子(体系)	参考文献
NaZSM-5	44775	54.3(CO_2/N_2)	[147]
Sil-1	298500	2.5(CO_2/CH_4)	[148]
Sil-1	11340	12(CO_2/H_2)	[149]
ZSM-5	11501	47(CO_2/N_2)	[140]
NaY	8058	39(CO_2/N_2)	[150]
NaY	14320	30(CO_2/CH_4)	[151,152]
NaY	3885	67(CO_2/N_2)	[152]
MFI		10(CO_2/H_2)	[153]
HZSM-1		75(CO_2/N_2)	[154]

MOF 是由金属离子和有机配体通过配位形成的具有晶格结构的材料，通过选择不同的金属、配体以及配位条件可合成具有不同孔径和孔结构的 MOF，同时也为 MOF 的功能化改性提供了条件。研究表明，MOF 具有较高的 CO_2 吸附量，化学稳定性良好，同时部分 MOF 还具有优异的水热稳定性，孔径大小与一些气体分子的动力学直径相似。因此，MOF 是一种应用前景较大的捕集 CO_2 膜材料[155]。

ZIF（沸石咪唑酯材料）合成制备工艺简单、孔径较小，因此 ZIF 是研究较多的用来分离 CO_2 的 MOF 膜材料。ZIF 的金属中心原子如锌、钴和铜等与咪唑酯（Im）或是功能化咪唑酯上的氮原子链接形成中性框架结构同时具有由四元环或六元环的 ZnN_4、CoN_4 和 CuN_4 形成的可调节的纳米尺寸孔道结构。ZIF 化合物同分子筛的框架结构相似，比如分子筛中的 T-O-T（T 代表 Si、Al、P）键被 M-Im-M（M 代表 Zn、Cu、Co 等）键取代。杨维慎等用热涂覆法在 Al_2O_3 表面制备一层纳米级超薄 ZIF 膜，利用纯气测试可知 H_2 的渗透速率为 3800GPU，H_2/CO_2 分离因子可达 300[156]。

目前已经制备出多种 MOF 膜用来研究在不同体系下的分离性能，在 CO_2/N_2 分离领域的膜材料有 ZIF-69、HKUST-1[157] 等；在 CO_2/CH_4 分离领域的膜材料有 ZIF-8[158]、HKUST-1[157]、MOF-5[159]、MIL-53[160]、SIM-1[161]、ZIF-7[162]、ZIF-22[163]、ZIF-69、ZIF-95[164]、ZIF-90 等；在 CO_2/H_2 分离领域，大多数的 MOF 材料都是 H_2 优先透过膜，H_2 优先透过膜具有较高的分离因子和氢气渗透速率，而 CO_2 选择性膜更具有较大的工业应用价值，但目前研究较少。大多数的 MOF 膜相比于其他无机膜表现出较高的 CO_2 渗透通量和分离因子。几种典型的 MOF 膜材料的性能如表 12-17 所示。

表 12-17　用于分离 H_2/CO_2 的 MOF 膜性能

膜材料	CO_2 渗透系数/Barrer	分离因子	参考文献
IRMOF-1	39200	5781(CO_2/H_2)	[165]
ZIF	3.76	291(H_2/CO_2)	[156]
ZIF-8	358	55(H_2/CO_2)	[166]
ZIF-8	40	42(H_2/CO_2)	[167]
MIL-53(Al)-NH_2	88560	30.9(H_2/CO_2)	[168]

无机膜目前仍处于实验室阶段，以下几个原因限制了无机膜的大规模应用：一是目前大

多数无机膜的性能是在纯气条件下测试，缺乏真实环境下（如烟道气、天然气等）的膜性能数据；二是无机膜的重现性较差，难以重复制备；三是制备无机膜成本较高。因此，突破上述几个问题将有助于进一步推动无机膜在 CO_2 分离领域的应用。

（5）混合基质膜材料

混合基质膜主要由无机或有机纳米材料作为分散相，聚合物材料作为连续相。常见的聚合物材料有聚酰亚胺、聚醚酰亚胺、聚醚砜、醋酸纤维素、磺化聚醚醚酮、聚醚共聚酰胺以及 PVAm 等。常见的纳米填料有二氧化硅、二氧化钛、碳分子筛、氧化石墨烯以及 MOF 等。

目前混合基质膜的研究依旧处于实验室阶段，表 12-18 列举了几种具有代表性的用于二氧化碳分离的混合基质膜材料。

表 12-18　用于二氧化碳分离的混合基质膜材料

膜材料	CO_2 渗透系数 /Barrer	分离因子	参考文献
CSM-18.4/Matrimid	37.7	38.1(CO_2/N_2)	[169]
MIL-125/Matrimid	18	44(CO_2/CH_4)	[170]
NH_2-MIL-125/PSF	40.0	28.3～29.2(CO_2/CH_4)	[171]
UIO-66/Pebax	139.7	61.1(CO_2/N_2)	[172]
ZIF-8/Pebax	1287	29.6～32.3(CO_2/N_2),8.1～9.0(CO_2/CH_4)	[173]
CNTs/GO/Matrimid	38.07	81(CO_2/N_2),84.60(CO_2/CH_4)	[174]
CANs/Pebax	2026	56～85(CO_2/N_2),19～33(CO_2/CH_4)	[175]
PEGSS/Matrimid	8.21	61.24(CO_2/N_2),50.29(CO_2/CH_4)	[176]

12.2.3.5　空气及天然气脱湿

通常人们采用分子筛脱除空气中的水，但存在能耗较大、压降较大等问题。膜技术以其高效、低能耗、压力损失小等优点引起了人们的关注。用于空气及天然气脱湿过程的膜主要有聚砜（PSF）膜、聚酰亚胺（PI）膜、聚二甲氧基硅烷（PDMS）膜以及醋酸纤维素（CA）膜[177]。目前美国的 Permea 公司和 UOP 公司、日本的 UBE 公司以及我国的长春应用化学研究所和大连化学物理研究所均已经开发出用于气体脱湿过程的分离膜及膜分离工艺，实现了空气及天然气脱湿的工业化应用。表 12-19 列出了两种用于空气脱湿的膜材料及脱湿性能。

表 12-19　用于空气脱湿的膜材料及脱湿性能

膜材料	空气通量 /(mL/min)	原料气水含量 /(mg/L)	产品气露点 /℃	参考文献
PES-C/PI	150	2.48	0.087	[178]
PS/SPS-Sylgard	17.7	—	−23.2	[179]

美国 Separex 公司开发了醋酸纤维素螺旋式膜组件用于海上开发平台天然气脱水，其 H_2O/CH_4 分离因子为 500，在 7.8MPa、38℃下脱水后的天然气的水蒸气露点温度可达 −48℃，水蒸气含量<10^{-4} 时，可以除去 97% 的水分，这对天然气的输送，避免管道腐蚀十

分有利[180]。中国科学院大连化学物理研究所于 1994 年研制出中空纤维膜天然气脱水装置，并在长庆气田进行了天然气膜法脱水先导性试验，在此基础上开发出天然气膜法脱水工业试验装置，脱湿膜采用了复合膜结构，其致密层是聚砜材料，涂层是硅橡胶；膜组件的构造是中空纤维式。试验结果表明：在输气压力 4.6MPa 下，净化气水蒸气露点达到 $-13\sim-8^{\circ}C$，甲烷回收率不低于 98%[181]。

12.2.3.6 VOCs 回收

采用膜分离技术处理废气中的 VOCs，不受浓度限制，且无二次污染，具有很高的经济效益和良好的社会效益。常用的处理废气中 VOCs 的膜分离工艺包括：蒸汽渗透（vapor permeation，VP）、气体膜分离（gas/vapor membrane separation，GMS/VMP）和膜接触器（membrane contactor）等。随着膜材料和膜技术的进一步发展，国外已有许多成功应用的范例。GKSS[182]、日东电工以及 MTR 公司[15]已经开发出多套用于 VOCs 回收的气体分离膜装置。表 12-20 归纳了针对不同化合物的 VOCs 回收应用的复合硅橡胶膜的有效选择性范围。

表 12-20 用于 VOCs 回收应用的各种化合物的复合硅橡胶膜有效选择性范围

挥发性有机化合物	膜选择性（α-VOC/N_2）	挥发性有机化合物	膜选择性（α-VOC/N_2）
辛烷	90~100	异丁烷	20~40
1,1,2-三氯乙烷	60	四氢呋喃	20~30
异戊烷	30~60	丙酮	15~25
二氯甲烷	50	丙烷	10
CFC-11（CCl_3F）	23~45	二氟二氯甲烷-1301	3
1,1,2-三氯乙烷	30~40		

近年来，德国的 GKSS 公司、美国的 MTR 公司和日本的日东电工都成功地实现了采用膜技术回收废气中 VOCs 的工业化生产，其主要工业应用列于表 12-21。

表 12-21 采用膜技术回收废气中 VOCs 的工业应用

生产厂家	气源	处理对象	处理量/（m^3/h）
GKSS	汽油储罐	汽油蒸气	100~4000
	聚合原料气	氯乙烯单体	100
	驰放气	1,2-二氯乙烯	10
MTR	薄膜涂层	HCFC-123	509
	制冷设备排放气	CFC-12	255
	医院消毒气	CFC-12、环氧乙烷	—
日东电工	汽油储罐	汽油蒸气	150~1350
	石油产品储罐	己烷	20~120
	高分子树脂溶解槽	甲苯	5

12.2.3.7 C₄~C₈ 同分异构体的分离

$C_4\sim C_8$ 同分异构体繁多，且各个同分异构体之间的性质相近，以 C_5 的馏分分离为例，工业上通常采用萃取精馏或恒沸精馏分离，由膜法涉及的分离过程较少，其研究目前停留在实验室阶段。表 12-22 列出了一些用于 $C_4 \sim C_8$ 同分异构体分离的分子筛膜性能报道。

表 12-22　用于 $C_4 \sim C_8$ 同分异构体分离的分子筛膜性能

膜材料	分离体系	渗透速率(GPU)			分离因子 $(n\text{-}C_8/i\text{-}C_8)$	参考文献
		$n\text{-}C_6$	$n\text{-}C_8$	$i\text{-}C_8$		
硅分子筛	$50\%n\text{-}C_8/50\%i\text{-}C_8$		25.1	19.4	1.3	[183]
	$10\%n\text{-}C_8/90\%i\text{-}C_8$		104.6	14.3	7.3	
	$91.8\%n\text{-}C_6/4.1\%n\text{-}C_8/4.1\%i\text{-}C_8$	80.7	376.5	9.3	40	
	纯组分	636.5	263.0	439.3	0.6	
	$92\%n\text{-}C_6/8\%n\text{-}C_8$	349.6	842.7		4.3	
	$92\%n\text{-}C_6/8\%i\text{-}C_8$	603.6	—	197.2		

12.2.3.8　烯烃/烷烃分离

膜法分离丙烯/丙烷，通常采用促进传递机制。使用具有优先溶解、透过丙烯的载体，达到分离丙烯/丙烷的目的。目前，固体膜以及液体膜均可用来分离丙烯/丙烷，但其分离效果仍有待提高，现阶段膜法分离丙烯/丙烷仍处于实验室阶段。表 12-23 列出了常用于烯烃/烷烃分离的膜材料渗透系数和分离因子。

表 12-23　用于烯烃/烷烃分离的膜材料

膜材料	渗透系数/Barrer		分离因子	参考文献
	C_3H_6	C_3H_8	C_3H_6/C_3H_8	
乙基纤维素	52	16	3.25	[184]
醋酸纤维素	15.2	5.85	2.6	[184]
6FDA-TeMPD	37	4.30	8.6	[185]
聚二甲基硅氧烷	6600	6000	1.1	[185]

12.2.4　气体膜分离原理

膜法气体分离的基本原理是根据混合气体中各个组分在压力的推动下透过膜的传递速率不同，从而达到分离目的。对不同结构的膜，气体通过膜的传递扩散方式不同，因而分离机理也各异。多孔膜是利用不同气体通过膜孔的速率差进行分离的，其分离性能与气体的种类、膜孔径等有关。其传递机理可分为分子流（即 Knudsen 扩散）、黏性流、表面扩散流、分子筛筛分、毛细管凝聚等。气体透过非多孔膜按传递机理可分为溶解-扩散、双吸附双迁移机理和促进传递机理等。图 12-9 列出分离膜按分离机理分类。

12.2.4.1　分子流及黏性流

气体在多孔膜中的传递主要为 Knudsen 扩散流和黏性流，它们所占的比率由膜孔孔径（r）和气体分子平均自由程（λ）决定。分子平均自由程 λ 由式(12-1)计算，如果孔径很小或气体压力很低时，$r/\lambda \ll 1$，孔内分子流动受分子与孔壁之间碰撞作用支配，气体通过膜孔流量与其分子量 M 成反比，称分子流或 Knudsen 扩散，如图 12-10 所示。

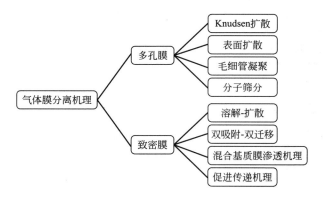

图 12-9　分离膜按分离机理分类

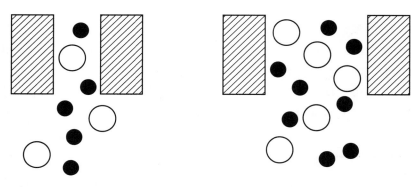

图 12-10　Knudsen 扩散　　　　　　　　　**图 12-11**　黏性流

$$\lambda = \frac{3\eta}{2p}\sqrt{\frac{\pi RT}{2M}} \tag{12-1}$$

根据 Kundsen 理论，气体透过单位面积流量 q 为

$$q = \frac{4}{3}r\varepsilon\left(\frac{2RT}{\pi M}\right)^{\frac{1}{2}}\frac{(p_1-p_2)}{LRT} \tag{12-2}$$

进一步可简化为

$$q = J(p_1-p_2) \tag{12-3}$$

式中：

$$J = \frac{4}{3}r\varepsilon\left(\frac{2RT}{\pi M}\right)^{\frac{1}{2}}\frac{1}{LRT} \tag{12-4}$$

式中，η 为气体的黏度；R 为普适气体常数；T 为温度；M 为分子量；p 为压力；p_1、p_2 分别为进料侧和渗透侧的气体分压；L 为膜孔的长度；r 为孔径。

从式（12-2）可见，q 与分子量平方根成反比，因此不同气体分离效果与它们分子量比值的平方根成反比（如表 12-24）。显然只有对分子量相差大的气体有明显的透过速率差，这时分子流才有分离效果。从式（12-4）可知，渗透速率 J 与压力差无关。

如果膜孔径 r 与分子平均自由程比值 $r/\lambda \gg 1$，孔内分子流动受分子之间碰撞作用支配，为黏性流，见图 12-11。根据 Hargen-Poiseuille 定律，对黏性流动，气体透过单位面积流量 q 为

表 12-24　双组分 Knudsen 扩散的分离系数

气体对	分离系数	气体对	分离系数
H_2/N_2	3.73	H_2/SO_2	5.64
H_2/CO	3.73	N_2/O_2	1.07
H_2/H_2S	4.11	O_2/CO_2	1.17
H_2/CO_2	4.67		

$$q = \frac{r^2 \varepsilon (p_1 + p_2)(p_1 - p_2)}{8 \eta L R T} \tag{12-5}$$

进一步可简化为

$$q = J(p_1 - p_2) \tag{12-6}$$

式中

$$J = \frac{r^2 \varepsilon (p_1 + p_2)}{8 \eta L R T} = \frac{r^2 \varepsilon}{4 \eta L R T} \times \frac{p_1 + p_2}{2} \tag{12-7}$$

可见，q 取决于被分离气体黏度比。由于气体黏度一般差别不大，因此气体处于黏性流状态是没有分离性能的。

从式(12-7) 可知，渗透速率 J 与膜两侧压力的平均值 $(p_1 + p_2)/2$ 成正比。

一般膜孔都有一定的孔径分布，气体平均自由程处于最小孔径和最大孔径之间，因此气体透过膜的渗透性是分子流和黏性流共同作用的结果。这时，气体透过大孔速率与黏度成反比，而透过小孔的速率与分子量平方根成反比。因此，气体透过整张膜的流量是黏性流和分子流共同贡献的结果（如图 12-12）。例如，PM-10 膜的公称平均孔径为 1nm，按照式(12-4)，透过速率应与压力无关，而事实上则表现出与压力的依存关系，这表明该膜具有孔径分布，存在着比 1nm 孔径更大的孔[186]。

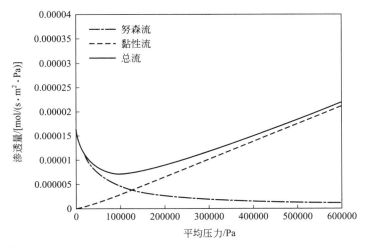

图 12-12　Kundsen 扩散流与黏性流对渗透量的贡献（温度 298K，氮气）

12.2.4.2　表面扩散流

如果分子吸附在孔壁上，那么浓度梯度使分子沿固体表面移动，产生表面扩散流，如图 12-13。吸附气体沿孔壁的表面扩散可以用 Fick 第一定律来描述：

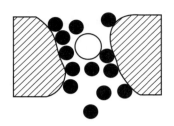

图 12-13 表面扩散流

$$q_s = -D_s \frac{dc_s}{dx} \tag{12-8}$$

式中，q_s 是表面扩散流所产生的流量，D_s 是表面扩散系数。室温下，D_s 一般处在 $1 \times 10^{-4} \sim 1 \times 10^{-3} \mathrm{cm^2/s}$ 范围内，介于分子在气体介质和液体介质中的扩散系数之间。尽管吸附分子的扩散系数小于非吸附气体，表面扩散流对总的气体流量具有不可忽略的贡献[187]。

通常沸点低或临界温度高的气体易被孔壁吸附，表面扩散显著，见图 12-14[187]；而且操作温度越低，孔径越小，表面扩散贡献越明显[188]。例如对平均孔径 4nm 的玻璃膜，如用 CO_2、H_2 纯气测量分离系数，测试温度为 583K 时，测得 H_2/CO_2 分离系数为 4.42；但当测试温度下降到 273K 时，H_2/CO_2 分离系数下降到 2.54，表明当温度下降时，CO_2 在膜孔上产生表面扩散[189]。

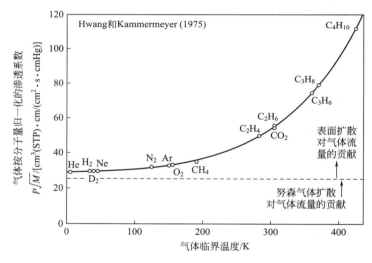

图 12-14 气体临界温度对表面扩散的影响

在表面扩散流存在的情况下，气体流过膜孔流量由气相流（一般为 Knudsen 扩散）和表面扩散流叠加，见图 12-14。对于非凝聚性气体，$P\sqrt{M}$ 基本恒定，对于凝聚性气体，随着气体临界温度的增大，表面扩散流对总的气体流量的贡献加大，如图 12-14。

图 12-15 是温度对表面扩散的影响，在图中，气体流过膜孔流量先是随着温度升高而减少，达到最小值后，又随温度升高而增大。这是因为低温下表面扩散流动很大，占主导因素，而表面扩散流是随着温度升高而减少的。当达到一定温度后，表面扩散流可忽略，这时 Knudsen 扩散占主导因素，流量又随温度升高而增大。因此，气体流过膜孔流量随温度变

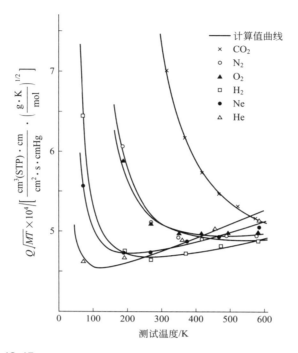

图 12-15　气体在不同温度下透过 Vycor 玻璃微孔膜的渗透速率[189]

化曲线表现出最小值[189]。

12. 2. 4. 3　毛细管凝聚机理

对孔径比分子筛孔大 1nm 左右的膜孔，凝聚性气体将在孔内产生毛细管凝聚，可以阻碍其他非凝聚性气体分子通过，从而产生分离作用，如图 12-16 所示[190]。

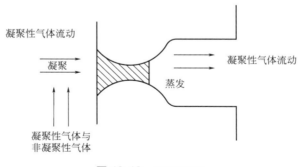

图 12-16　毛细管凝聚

12. 2. 4. 4　分子筛分机理

如果膜孔径介于不同分子动力学直径之间，那么直径小的分子可以通过膜孔，而直径大的分子被挡住，实现气体分离，即具有筛分效果，如图 12-17。一般具有分子筛分作用的膜孔较小且分布较均匀，利用分子筛分原理可以得到很好的分离效果。

由于分子筛分是基于气体分子大小（见表 12-25）而实现分离的，

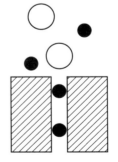

图 12-17　分子筛分

以分子筛分为机理的多孔膜在保持较好的气体渗透通量的同时表现出较高的选择性，是一个较为理想的分离过程。无机膜分离过程多遵循分子筛分机理，如文献报道的硅膜、炭膜以及分子筛膜等无机多孔膜[191-195]都表现出了超高的气体渗透分离性能。另外，一种新型的膜材料——自聚微孔聚合物材料也展现出了以分子筛分为机理进行气体分离的潜力[196]。

表 12-25　气体分子动力学直径

气体种类	动力学直径/nm	气体种类	动力学直径/nm
He	0.26	N_2	0.364
H_2	0.289	CO	0.376
NO	0.317	CH_4	0.38
CO_2	0.33	C_2H_4	0.39
Ar	0.34	Xe	0.396
O_2	0.346	C_3H_8	0.43

综上所述，Knudsen 扩散分离过程的选择性较低；常见分离气体（O_2、N_2、H_2 和 CH_4 等）的沸点高、与膜材料的相互作用较差，通常不容易发生表面扩散流或毛细管凝聚现象；分子筛分机理可以有效地将不同尺寸的气体分子分离，具有很高的分离性能，是气体分离膜研究的一个重点。

12.2.4.5　溶解-扩散机理

气体渗透通过非多孔膜（致密膜）的机理与多孔膜存在差异。其中，溶解-扩散机理是公认的、应用最多的有机致密膜气体渗透机理，如图 12-18 所示。

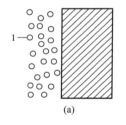 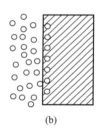 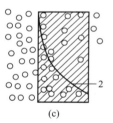 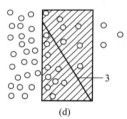

| (a) | (b) | (c) | (d) |

图 12-18　气体渗透通过膜的溶解-扩散机理
1—气体分子；2—浓度梯度（非稳态）；3—浓度梯度（稳态）

溶解-扩散机理认为气体渗透通过致密膜过程分三步[197]：①气体分子在膜上游表面吸附溶解；②气体分子在膜内扩散；③气体分子在膜下游表面解吸。通常认为气体在膜上游表面的吸附溶解和下游表面的解吸过程很快，而气体在膜内的扩散过程相对较慢，气体在膜内的渗透是速率控制步骤。

刚开始时，溶解-扩散过程处于非稳态，气体在膜内浓度呈非线性分布，当达到稳态时，气体在膜内浓度线性分布，气体在膜内的扩散流量 q 为

$$q = \frac{P(p_1 - p_2)A}{\delta} \tag{12-9}$$

式中，p_1 为膜高压侧压力；p_2 为膜低压渗透侧压力；A 为膜有效渗透面积；δ 为膜的厚度；P 为渗透系数；

$$P = SD \tag{12-10}$$

式(12-10) 中渗透系数 P 等于扩散系数 D 和溶解度系数 S 的乘积，表明气体通过非多孔膜渗透是根据溶解-扩散机制进行的。

气体 A 和 B 的理想分离系数可以表达为：

$$\alpha_{A/B} = \frac{P_A}{P_B} = \left[\frac{D_A}{D_B} \right] \times \left[\frac{S_A}{S_B} \right] \tag{12-11}$$

式中，D_A/D_B 为扩散选择性；S_A/S_B 为溶解选择性。理想分离系数反映了膜材料本身对不同气体渗透能力的差异。

分离因子反映膜对不同气体（A/B）分离能力的大小。根据下式定义：

$$\alpha_{AB} = \frac{y_A/y_B}{x_A/x_B} \tag{12-12}$$

式中，x、y 分别为原料气、渗透气浓度。

分离因子既可以通过实测原料气和渗透气中组成计算，也可以根据理论进行估算。

假定混合气独立透过膜，且在膜两侧为全混流，则

$$\frac{y_A}{y_B} = \frac{q_A}{q_B} = \frac{P_A(p_{1A} - p_{2A})}{P_B(p_{1B} - p_{2B})} \tag{12-13}$$

由于原料侧混合气的浓度比等于分压比，因此，

$$\alpha_{AB} = \frac{y_A x_B}{y_B x_A} = \frac{P_A(p_{1A} - p_{2A}) p_{1B}}{P_B(p_{1B} - p_{2B}) p_{1A}} = \frac{P_A}{P_B} \times \frac{(1 - p_{2A}/p_{1A})}{(p_{1B} - p_{2B}/p_{1B})} \tag{12-14}$$

可见，分离因子不仅与膜材料性能（P_A/P_B）有关，而且还随操作条件改变。如果渗透侧压力很低，与原料侧相比可忽略不计

$$\alpha_{AB} = \frac{P_A}{P_B} \tag{12-15}$$

即为式(12-11) 的理想分离系数，它反映了膜材料对不同气体的分离能力。通常，分离因子比理想分离系数低。

（1）影响溶解度的主要因素

① 温度的影响　一般而言，气体在膜中的溶解度 S 与温度 T 呈 Arrhenius 型关系：

$$S = S_0 \exp(-\Delta H_s/RT) \tag{12-16}$$

式中，S_0 为溶质在极稀情况下的溶解度；ΔH_s 为溶解热，是摩尔冷凝热（ΔH^C）和摩尔混合热（ΔH^M）之和。对于非凝聚性气体（H_2、O_2 等），ΔH_s 主要取决于摩尔混合热 ΔH^M，为正值，溶解度随温度增加而增大；而对于可凝性蒸气如碳氢化物，ΔH_s 主要取决于冷凝热 ΔH^C，为负值，故其溶解度随温度的上升而减小。

② 气体的性质　影响溶解度的主要因素是冷凝的难易程度，即临界温度、正常沸点和 Lennard-Jones 常数。图 12-19 列出了典型的玻璃态聚合物（聚砜）、橡胶态聚合物（硅橡胶）以及理想液体中气体的溶解度与其临界温度的关系。

③ 膜材料性质　表 12-26 列出了一些聚合物对 CO_2/CH_4 的扩散与溶解选择性，不凝聚性气体在膜中溶解度取决于亨利系数或 Flory-Huggins 分子间相互作用引力参数。对玻璃态聚合物，由于各种不凝聚性气体与无定形高分子膜间的相互作用参数差异较小，因此溶解选择性小于扩散选择性。

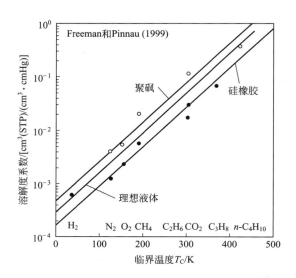

图 12-19　气体在玻璃态聚合物（聚砜）、橡胶态聚合物（硅橡胶）以及理想液体的
溶解度和其临界温度的关系[198]

表 12-26　一些聚合物对 CO_2/CH_4 的扩散与溶解选择性[198]

聚合物	CO_2 渗透系数/Barrer	CO_2 扩散系数 /$(10^{-8}cm^2/s)$	CO_2 溶解度系数/$[cm^3$ /$(cm^3 \cdot atm)]$	CH_4 溶解度系数/$[cm^3$ /$(cm^3 \cdot atm)]$	总选择性	扩散选择性	溶解选择性
橡胶态聚合物							
硅橡胶	3800	2200	1.29	0.42	3.2	1.1	3.1
聚异戊二烯	153	125	0.94	0.26	5.1	1.4	3.6
玻璃态聚合物							
聚对苯二甲酸乙二醇酯	17.2	4.46	2.9	0.83	27.3	7.8	3.5
聚苯乙烯	12.4	8.50	1.1	0.38	15.8	5.5	2.9
聚碳酸酯	6.8	3.20	1.6	0.40	19	4.7	4.0
聚砜	5.6	2.00	2.1	0.59	22	5.9	3.7
聚酰亚胺	2.7	0.56	3.6	0.95	46	11.9	3.8

（2）影响扩散系数的主要因素

　　橡胶态聚合物和玻璃态聚合物均可用于气体分离，橡胶态聚合物在玻璃化转变温度以上使用，链段具有较强的运动能力。而玻璃态聚合物在低于其玻璃化转变温度下使用，聚合物链段的运动处于被冻结的状态，无法实现构象的转变，分子链段热运动过程形成的链段间距是气体扩散的主要通道[199]。

　　Vrentas 和 Duda[200,201] 提出了气体在玻璃态聚合物中扩散的自由体积理论，认为在部分聚合物链段间存在孔洞即自由体积。如图 12-20 所示，气体分子通过由一个自由体积单元跳跃至下一个自由体积单元完成气体扩散过程。气体分子要实现这一过程需要满足两个条件：相邻位置有足够大的自由体积单元；气体分子有足够的能量克服跳跃阻力。理论指出气体扩散过程受温度影响，温度升高，链段的灵活性加强，并且分子热运动加剧，气体扩散过程增强。

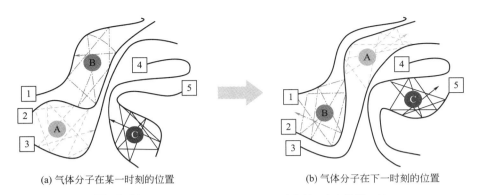

(a) 气体分子在某一时刻的位置　　　　　　(b) 气体分子在下一时刻的位置

图 12-20　气体通过分子链段热运动形成的链段空穴扩散跃迁

数字 1～5 表示聚合物的分子链段。A、B、C 表示溶解于膜内正在进行扩散的气体分子，在进行纯气

渗透实验时它们是同一种气体分子，而在进行分离实验时它们则可能为不同的气体分子。

这些分子的位置随着链段运动而在膜内不断发生变迁

扩散系数通常是由扩散分子大小、聚合物的自由体积决定的。图 12-21 列出了不同气体在水、天然橡胶和聚氯乙烯中的扩散系数（D）与摩尔体积的关系，气体分子尺寸越大，扩散性能越差。

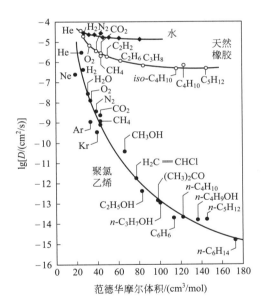

图 12-21　不同气体在水、天然橡胶和聚氯乙烯中的扩散系数（D）与摩尔体积的关系[198]

通常扩散系数与自由体积的关系可以表示为：

$$D_A = A_D \exp\left(-\frac{B}{FFV}\right) \tag{12-17}$$

在式(12-17)中，A_D 是指前因子，与气体分子大小及温度相关；B 是与渗透气体分子大小成比例的参数；FFV 是聚合物的自由体积分数。

自由体积与构成聚合物结构单元有关，可由基团贡献法估算[202,203]。根据 Paul 等提出的基团贡献法，可以预测某一材料对各种气体渗透性的本征值[203]，计算公式如下：

$$P = A\exp(-B/FFV) \tag{12-18}$$

$$V_0 = 1.3\sum_{k=1}^{k}(V_w)_k \tag{12-19}$$

$$(FFV)_n = [V-(V_0)_n]/V \tag{12-20}$$

式中，V 代表聚合物的实际体积，可以用 $1/\rho$（ρ 为聚合物的密度）表示；V_0 代表聚合物链占据的体积；V_w 代表基团的范德华体积；k 代表基团个数；A、B 的数值可以根据表 12-27 选取。

表 12-27　由 Bondi 方法修订数据库后估算出的 A 和 B 的数值

参数	$CH_4^①$	$N_2^②$	$O_2^②$	$CO_2^②$	$H_2^②$	$He^①$
n	105	104	104	105	65	81
A	114	112	397	1750	1070	1800
B	0.967	0.914	0.839	0.860	0.643	0.701

① 在 35℃，10 个大气压条件下；

② 在 35℃，2 个大气压条件下。

从许多文献中的 P-$(1/FFV)$ 关系图看，上述公式尚不能很好地描述 P 与 FFV 的关系，存在一些问题，例如：渗透系数的影响因素不仅仅只有 FFV；文献中的 $(V_w)_k$ 可能会有偏差；Bondi 基团贡献法中给出的修正因子 1.3 是比较粗略的。

为了更准确地预测 P 值，Paul 课题组对式(12-19) 做了修正，V_0 由式(12-21) 计算。

$$(V_0)_n = \sum_{k=1}^{k}\gamma_{nk}(V_w)_k \tag{12-21}$$

式中，γ_{nk} 是经验值，可由基团贡献法[203] 得到。

（3）气体渗透性与选择性关系——Robeson 上限（Robeson upper bound）

通常聚合物膜的渗透系数和分离系数是一对矛盾的性能，即对不同气体间选择性的增加会同时降低气体的渗透系数，反之亦然。Robeson 在 1991 年提出了聚合物膜对气体的透气性和选择性存在的关系式，即 Robeson 上限[22]，如图 12-22 所示，其经验公式为：

$$P_A = k\alpha_{A/B}^n \tag{12-22}$$

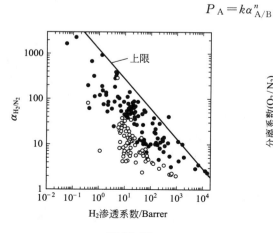
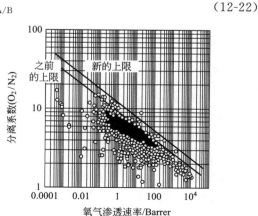

图 12-22　气体渗透性与选择性关系——Robeson 上限

式中，P_A 为两气体组分中渗透快的气体 A 的渗透系数；$\alpha_{A/B}$ 是两组分的分离系数；k 和 n 为相关的参数。n 与气体分子的大小相关，$-1/n$ 与 $d_A - d_B$ 成线性关系（其中 d_A 和 d_B 为气体 A 与 B 的分子动力学直径），k 是与气体的冷凝能力和聚合物的结构相关的参数。

随着气体膜分离的发展和新材料的涌现，在 2008 年 Robeson 对其上限进行了修改[204]。表 12-28 给出了不同分离体系的 k 和 n 的数值。新的上限对与聚合物结构有关联的 k 进行了大的改动，而与气体分子大小相关联的参数 n 没有大的变化。

表 12-28　不同气体分离体系 Robeson 上限的截距值 k 和斜率[204]

气体组分	之前的上限数据（1991 年）		气体组分	新的上限数据（2008 年）	
	k/Barrers	n		k/Barrers	n
O_2/N_2	389224	-5.800	O_2/N_2	1396000	-5.666
CO_2/CH_4	1073700	-2.6264	CO_2/CH_4	5369140	-2.636
H_2/N_2	52918	-1.5275	H_2/N_2	97650	-1.4841
H_2/CH_4	18500	-1.2112	H_2/CH_4	27200	-1.107
He/N_2	12500	-1.0242	He/N_2	19890	-1.017
He/CH_4	5002	-0.7857	He/CH_4	19800	-0.809
He/H_2	960	-4.9535	He/H_2	59910	-4.864
CO_2/N_2	NA	NA	CO_2/N_2	30967000	-2.888
N_2/CH_4	NA	NA	N_2/CH_4	2570	-4.507
H_2/CO_2	1200	-1.9363	H_2/CO_2	4515	-2.302
He/CO_2	705	-1.220	He/CO_2	3760	-1.192

1999 年，Freeman[205] 对 Robeson 上限经验公式进行了理论推导，得到如下公式：

$$\alpha_{A/B} = \beta_{A/B} / P_A^{\lambda_{A/B}} \tag{12-23}$$

此公式与 Robeson 上限式（12-22）表达方式不同，实质上是一致的。

式中，

$$\lambda_{A/B} = (d_B/d_A)^2 - 1 \tag{12-24}$$

$$\beta_{A/B} = \frac{S_A}{S_B} S_A^{\lambda_{A/B}} \exp\left\{ -\lambda_{A/B} \left[b - f\left(\frac{1-a}{RT} \right) \right] \right\} \tag{12-25}$$

对于 $\lambda_{A/B}$，其仅由气体分子的大小决定；而在 $\beta_{A/B}$ 的表达式中，仅有一个可变参数 f，它是温度的函数，$a = 0.64$，$b = 9.2$（橡胶态）或 11.5（玻璃态），当气体分子与聚合物之间无强相互作用时，溶解度系数仅与气体分子的冷凝性有关。

在式（12-23）的推导过程中，认为在致密膜中的传递遵循溶解-扩散机理，扩散是控速步骤。另外，要求分子链间距接近或小于动力学直径，气体分子在聚合物链中的扩散需要克服一定的势垒，可以看作是一个活化过程。当气体分子为 He、H_2、N_2、O_2、CH_4 以及 CO_2 等轻质分子时，聚合物中的可渗透空穴尺寸可以用这些气体分子的动力学直径来表示。

刚性玻璃态聚合物的气体渗透性质决定了 Robeson 上限的位置，Robeson 上限的斜率值是刚性玻璃态聚合物分子筛分效应的自然结果。由式（12-25），对于给定的气体对，$\lambda_{A/B}$ 不变，而聚合物链的刚性的增大（分子链间距增大）或者溶解选择性的提高能够增大 $\beta_{A/B}$。影响气体渗透性能的聚合物结构因素包括聚合物的玻璃化转变温度（T_g）、结晶度、极性及其与气体分子的相互作用等，这些因素都可由对聚合物的化学结构的设计来实现。

Haiqing Lin 等[206]引入一个可调参数，修正了自由体积理论来解释聚合物膜中 CO_2/CH_4 的分离性能，可以满意地预测各种纯气体分离上限，且上界的斜率和截距与 Robeson 上限经验方程和 Freeman 活化能理论的值一致。引入塑化对自由体积影响，该模型还可以预测 CO_2/CH_4 混合气体在 CO_2 和非甲烷烃类高分压存在下的分离上限；应用到醋酸纤维素膜（CA）材料，可以解释在高 CO_2 分压原料气下 CO_2/CH_4 的分离特性。

12. 2. 4. 6　双吸附-双迁移机理

（1）纯气在聚合物膜上渗透

根据溶解-扩散机制，气体渗透速率与压力无关，通常橡胶态聚合物都符合这一规律。但对玻璃态聚合物，气体渗透速率往往表现出与压力有关的现象。对于一些与聚合物有很强相互作用的渗透物（如有机蒸气），溶解度系数与浓度有关，压力升高溶解度系数增大，如图 12-23（a）所示呈现高度的非线性。特别是在高压下，这种非理想吸附行为通常使用 Flory-Huggins 模型方程（12-26）进行描述[207,208]：

$$\ln \frac{p}{p_{sat}} = \ln \phi_g + (1 - \phi_g) + \chi(1 - \phi_g)^2 \qquad (12-26)$$

式中，p_{sat} 为气体在实验温度下的饱和蒸气压；χ 为 Flory-Huggins 相互作用参数；ϕ_g 为气体溶解在聚合物中的体积分数。

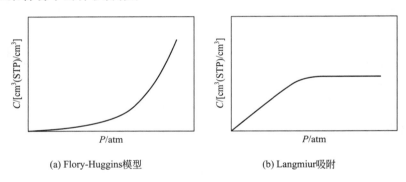

(a) Flory-Huggins模型　　　　　　(b) Langmiur吸附

图 12-23　非理想体系的等温吸附线

另外，对于有些聚合物，压力升高会使得溶解度系数减小然后趋于平衡，如图 12-23（b）。Koros 等[209]对 PET-CO_2 体系测定吸附等温线（见图 12-24），当温度低于 PET 玻璃化转变温度（85℃）时，CO_2 在 PET 膜内溶解度随压力呈现出非线性变化，偏离亨利定律，表明存在双吸附现象。

Meares 首先提出玻璃态高分子膜中由于分子链运动冻结，存在着微腔不均匀结构[210,211]。Barrer、Vieth 等提出膜内存在气体分子溶解（亨利吸附）和微腔壁上吸附（朗格缪尔吸附）两种机制，如图 12-25（a）所示；基于这两种吸附机理，膜内气体浓度如图 12-25（b）所示，表达为亨利溶解 C_D 和朗格缪尔吸附 C_H 的叠加[212,213]。

$$C = C_D + C_H = k_D p + \frac{C'_H b p}{1 + b p} \qquad (12-27)$$

式中，k_D 为亨利系数；b 为亲和参数；C'_H 为饱和参数。其中，k_D 和 b 与温度有关，随

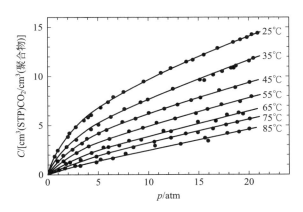

图 12-24　CO_2 在 PET 中吸附等温线

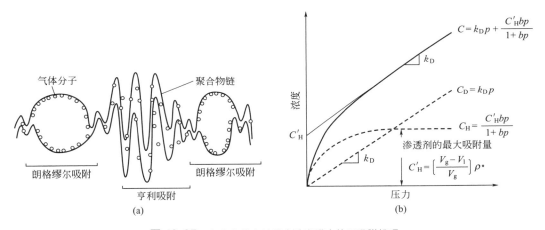

图 12-25　气体分子在玻璃态致密膜中的双吸附机理

温度的升高而减少。

研究结果表明，式(12-27) 可以很好地描述简单气体在玻璃态聚合物上的吸附现象。

显然，当 $bp \gg 1$ 或 $bp \ll 1$ 时，浓度随压力 p 呈线性。实际上，从式(12-27) 可得

$$C \propto (k_D + C'_H b) p \quad 当 bp \ll 1 \tag{12-28a}$$

$$C \propto k_D p + C'_H \quad 当 bp \gg 1 \tag{12-28b}$$

从等温吸附曲线高压处的斜率可求出 k_D，再改变式(12-27) 形式，以 $1/(C - k_D p)$ 与 $1/p$ 作图，由直线截距和斜率分别可求出 C'_H 和 b 值。表 12-29～表 12-31 列出一些聚合物双吸附模型参数。

表 12-29　**CO_2 在玻璃态聚合物中双吸附模型参数** (35℃)[214]

聚合物	$k_D/[cm^3/(cm^3 \cdot atm)]$	$C'_H/(cm^3/cm^3)$	b/atm^{-1}
聚醚砜	0.63	29.9	0.31
TMPC	1.01	27.6	0.28
6FDA-BAPHF	1.23	31.9	0.4
6FDA-pp'ODA	1.34	34.0	0.52

TMPC：四甲基双酚 A 聚碳酸酯；6FDA-BAPHF 和 6FDA-pp'ODA：聚酰亚胺。

表 12-30　6FDA-1,5-NDA 聚酰亚胺双吸附模型参数[215]

气体	$k_D/[cm^3/(cm^3 \cdot atm)]$	$C'_H/(cm^3/cm^3)$	b/atm^{-1}
N₂	0.29①	12.25	0.086
	0.30②	12.15	0.087
O₂	0.31①	17.24	0.099
	0.33②	16.95	0.100
CH₄	0.33①	27.58	0.14
	0.37②	27.23	0.14
CO₂	1.38①	42.80	0.93
	1.65②	40.46	1.04

① 由压力计算的数值；
② 由逸度计算的数值。

表 12-31　部分聚合物双吸附模型参数[216]

聚合物	气体	$k_D/[cm^3(STP)/(cm^3 \cdot atm)]$	$C'_H/[cm^3(STP)/cm^3]$	b/atm^{-1}
聚砜	CO₂	0.664	17.91	0.326
	CH₄	0.161	9.86	0.070
	N₂	0.0753	9.98	0.0156
聚羟基醚	CO₂	0.289	10.01	0.184
	CH₄	0.051	2.70	0.067
	N₂	—	—	—
聚醚酰亚胺	CO₂	0.758	25.02	0.366
	CH₄	0.207	7.31	0.136
	N₂	0.063	4.15	0.045
聚碳酸酯	CO₂	0.685	18.81	0.262
	CH₄	0.147	8.38	0.084
	N₂	0.0909	2.11	0.0564
聚酰胺	CO₂	0.631	22.69	0.215
	CH₄	0.181	6.45	0.100
	N₂	0.081	1.22	0.074

除实验测得双吸附模型参数外，模型参数还可以采用 Lennard-Jones 势参数、Flory-Huggins 理论中聚合物与气体相互作用参数或基团贡献法进行估算。

b 与气体分子的 Lennard-Jones 势参数 (ε/k) 有关，可由式(12-29) 表示[217]：

$$\ln b = 0.026 \frac{\varepsilon}{k} + \ln \frac{\theta}{1-\theta} - I' \tag{12-29}$$

式中，θ 是被气体分子占据的自由体积的表面积分数；I' 是系统常数，依赖于气体-聚合物体系所选择的参考状态。

k_D 可由气体分子的 Lennard-Jones 势参数进行估算。

$$k_D = \exp\left(\frac{-1-\chi+0.0255\varepsilon/k}{V}\right) \tag{12-30}$$

式中，χ 是 Flory-Huggins 理论中聚合物与气体相互作用参数，可以由下式估算，V 是气体在聚合物中的摩尔体积。

$$\chi = \left(\frac{\delta_p - \delta_g}{RT}\right)^2 \tag{12-31}$$

这里，δ_p 和 δ_g 分别为聚合物与气体的溶解度参数。

饱和参数 C'_H 与聚合物在玻璃态时的过剩体积有关，即 C'_H 与任意温度下的玻璃态比体积 (V_g) 和假想的液体体积的比体积 (V_1) 的差 $(V_g - V_1)$ 成比例：

$$C'_H = 22414 \frac{V_g - V_1}{V_g} \times \frac{1}{V_气} \tag{12-32}$$

如图 12-26，当温度降低至玻璃化转变温度以下时，由于聚合物链的松弛不充分，一部分自由体积以微腔形式冻结在聚合物链中，这部分自由体积处于热力学不平衡状态，称为过剩自由体积，即 $(V_g - V_1)$。过剩自由体积 $(V_g - V_1)$ 用热膨胀系数差 $(a_1 - a_g)$ 表示，即

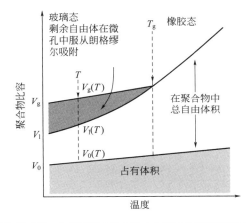

图 12-26　非晶型聚合物中自由体积分数和温度的关系

$$\frac{V_g - V_1}{V_g} = (a_1 - a_g)(T_g - T) \tag{12-33}$$

代入式(12-32)，得

$$C'_H = 22414(a_1 - a_g)(T_g - T)/V_气 \tag{12-34}$$

双吸附-双迁移模型中各参数与气体渗透性、气体扩散率和气体溶解度等多种因素有关，Kanehashi 等[218]基于对文献中约 250 种玻璃态聚合物进行统计分析，试图建立模型参数与聚合物玻璃化转变温度、自由体积分数和气体溶解度等关系，对同系列玻璃态聚合物模型参数相关性较好；但很难定量地比较不同系列玻璃态聚合物参数值。Saberi 等[214]使用基团贡献法预测双吸附（DMS）模型参数，先把 82 种不同聚合物拆解成 37 个基团单元，建立了基团双吸附参数数据库，然后采用基团双吸附参数预测了数据库外其他 6 种不同聚合物 CO_2 双吸附模型参数值，与测试值一致。

Paul 和 Koros[219]认为 Langmuir 吸附分子只有部分可以迁移，其迁移率与亨利溶解分子一样，可得到：

$$D_D \frac{\partial^2 c_m}{\partial x^2} = \left[1 + \frac{K}{(1+bp)^2}\right]\frac{\partial c_D}{\partial t} \tag{12-35}$$

式中，$K = C'_H b / k_D$。

可以得到透过系数：

$$\overline{P}=k_D D[1+FK/(1+bp)] \tag{12-36}$$

式中，$F=D_H/D_D$，表示固定化程度，一般 $F<1$；$\overline{P}$ 与 bp 理论曲线如图 12-27 所示。对不同 F 值，$\overline{P}$ 均随压力增加而减少。玻璃态聚合物通常都有这种趋势[218,220-222]。

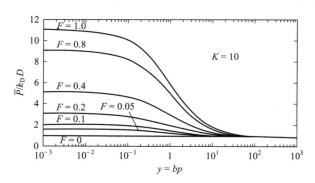

图 12-27 双吸附-部分迁移模型的渗透系数与 bp 理论曲线

用 $\overline{P}$ 对 $(1+bp)^{-1}$ 作图，从图上直线的截距和斜率，再结合由吸附实验得到的 k_D、b、C'_H，可算出 D_H、D_D。

Wang 等用 N_2、O_2、CH_4 和 CO_2 气体测定 6FDA-1,5-NDA 聚酰亚胺膜渗透系数，根据式（12-36）计算了双吸附-双迁移模型参数，列于表 12-32。

表 12-32   6FDA-1,5-NDA 聚合物双吸附-部分迁移模型参数[215]

气体	K	F	$D_H/(cm^2/s)$	$D_D/(cm^2/s)$
N_2	3.59	0.092	2.21×10^{-9}	2.39×10^{-8}
O_2	5.40	0.039	5.54×10^{-9}	1.42×10^{-7}
CH_4	11.6	0.037	3.25×10^{-10}	8.83×10^{-9}
CO_2	28.9	0.065	6.55×10^{-9}	1.01×10^{-7}

（2）混合气在聚合物膜上渗透

混合气在玻璃态聚合物中渗透时，在总压一定条件下，某一组分的渗透往往受其他组分存在的影响，有时变大，有时变小。

M. P. McCandless 研究 $CO-H_2$ 混合气在 Kapton 聚酰亚胺膜上渗透时发现，不但混合气透过膜的总透量仅为按相同分压下由纯组分算得的透量的 70%～80%，而且表观分离系数也比按纯组分计算的值小，压力越高，这种差别越大。这表明混合气中组分之间相互作用影响混合气渗透过程。

考虑到玻璃态聚合物存在着 Langmuir 吸附，Koros 等借助于气体分子在催化剂活性中心和分子筛吸附中心发生竞争吸附概念，将纯气公式扩散到混合气渗透。双组分混合气，得到[223,224]：

$$c_A=c_{DA}+c_{DA}=k_{DA} p_A+\frac{c'_{HA} b_A p_A}{1+b_A p_A+b_B p_B} \tag{12-37}$$

$$c_B=c_{DB}+c_{DB}=k_{DB} p_B+\frac{c'_{HB} b_B p_B}{1+b_A p_A+b_B p_B} \tag{12-38}$$

并得到各组分的稳态渗透系数

$$P_A = k_{DA} D_{DA} \left(1 + \frac{F_A K_A}{1 + b_A p_A + b_B p_B} \right) \qquad (12\text{-}39)$$

$$P_B = k_{DB} D_{DB} \left(1 + \frac{F_B K_B}{1 + b_A p_A + b_B p_B} \right) \qquad (12\text{-}40)$$

该模型揭示出混合气组分 A 和 B 互为竞争组分，即对 Langmuir 吸附中心发生竞争，从而影响渗透行为。用式(12-39)、式(12-40) 可以较好地预测混合气的渗透系数。

由于混合气在膜中相互竞争吸附效应，对双组分混合气渗透，在总压一定下，"慢气"（指渗透速率小的气体）使"快气"（指渗透速率大的气体）变慢，"快气"使"慢气"变快。

由于双吸附-双迁移模型忽略渗透组分之间的平衡和动力学相互作用，对多组分渗透过程预测误差还是比较大。Ghoreyshi[225] 等提出基于 Maxwell-Stefan 传质模型，考虑了渗透组分在吸附和扩散方面产生的耦合效应。用双吸附模型来描述吸附平衡，基于二元扩散系数的 Maxwell-Stefan 传质模型描述多组分扩散行为，预测结果对 CH_4/CO_2 和 C_3H_6/C_3H_8 分离实验数据吻合较好，而传统的双吸附-双迁移模型的结果较差。由于气体分离膜通常采用基于扩散选择性的玻璃态聚合物膜，因此，考虑传质动力学耦合效应尤其重要。该模型的一个主要优点是它可采用纯组分在膜中的吸附和渗透数据来预测真实的混合气选择性。

12.2.4.7　复合膜传质机理

实际应用的气体分离膜绝大多数是非对称膜，因分离皮层很薄，当皮层有缺陷时，常在膜外层包覆一层高渗透系数的材料（如硅橡胶等），硅橡胶的作用是填补表面孔和缺陷，这时，复合膜的阻力主要集中于底膜。传质采用阻力模型分析，如图 12-28 所示[226,227]。溶解的气体依次流经涂层、致密皮层、充填涂层聚合物的致密层有孔部分和支撑层扩散。

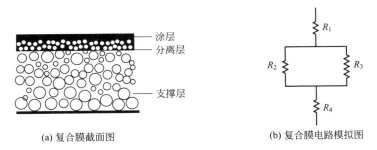

(a) 复合膜截面图　　　　　　(b) 复合膜电路模拟图

图 12-28　复合膜结构示意图及模拟电路模型

将渗透过程类比为电路，将气体流经膜的过程与电流类比，可得描述流量的渗透方程。各层阻力分别为：

$$R_i = \frac{1}{A_i} \left(\frac{L}{P} \right)_i \qquad (12\text{-}41)$$

式中，A 为气体渗透的有效膜面积；P 为气体在膜内的渗透系数；L 为气体渗透通过的膜厚度。

整个渗透过程的总阻力为：

$$R_t = R_1 + R_4 + \frac{R_2 R_3}{R_2 + R_3} \qquad (12\text{-}42)$$

式中，$i=1,2,3,4$；1 表示涂层，2 表示致密层，3 表示充满涂层聚合物的致密层针孔，4 表示支撑层。

非对称膜的总渗透速率 J 可表示为：

$$J = \frac{1}{R_t A} \tag{12-43}$$

式中，R_t 为气体渗透通过膜的总阻力；A 为气体渗透的有效膜面积。

12.2.4.8　混合基质膜气体渗透机理

混合基质膜中引入无机粒子，其气体渗透性能兼具有机膜和无机膜气体渗透特性。假如无机粒子均匀分散在聚合物基质中，无相界面缺陷、无粒子团聚等问题，气体渗透通过分散相和连续相而实现，其渗透性能可采用 Maxwell 模型计算预测[228,229]：

$$P_{\text{eff}} = P_c \left[\frac{P_d + 2P_c - 2\phi_d (P_c - P_d)}{P_d + 2P_c + \phi_d (P_c - P_d)} \right] \tag{12-44}$$

式中　P_{eff}——混合基质膜有效渗透系数；

　　　P_c——连续相的气体渗透系数；

　　　P_d——分散相的气体渗透系数；

　　　ϕ_d——分散相的体积分数。

当 $P_d \gg P_c$ 时，Maxwell 方程可以简化为式（12-45）：

$$P_{\text{eff}} = P_c \left(\frac{1 + 2\phi_d}{1 - \phi_d} \right) \tag{12-45}$$

Maxwell 方程假定气体扩散通过粒子边界层时不受相邻粒子干扰，适用于分散相含量较低的混合基质膜（如<20%）。Bruggeman 等考虑了分散粒子间相互作用对气体渗透影响，对 Maxwell 模型进行了修正[230]：

$$\left(\frac{P_{\text{eff}}/P_c - P_d/P_c}{1 - P_d/P_c} \right) \left(\frac{P_{\text{eff}}}{P_c} \right)^{-1/3} = 1 - \phi_d \tag{12-46}$$

当 $P_d \gg P_c$ 时，公式（12-46）可简化为公式（12-47）：

$$\left(\frac{P_{\text{eff}}}{P_c} \right)^{-1/3} = 1 - \phi_d \tag{12-47}$$

12.2.4.9　促进传递机理

为实现气体分离膜同时具有高透过性和高选择性的目标，研究者们尝试在膜内引入可以促进某种物质在膜内传递过程的载体，从而改善膜的分离性能，这就是促进传递膜[231]。促进传递膜内的载体能够与待分离气体中的某种透过组分发生特异性的可逆反应形成中间化合物，并在膜内从高化学势侧向低化学势侧扩散。中间化合物在低化学势侧分解为原透过组分及载体，载体在膜内可继续发挥促进传递作用。因而该类型气体分离膜可以具有很高的选择性和渗透性，从而突破 Robeson 上限的限制[22,204]。根据载体在膜中的移动性，促进传递气体分离膜可以分为移动载体膜和固定载体膜两大类。

促进传递膜最早起源于移动载体膜，主要指液膜，在液膜内活性载体是流动的。液膜一般可以分成两类：乳化液膜和支撑液膜。液膜的易挥发性和载体的易流失性导致了膜难以长期保持高活性，大大缩短了其使用寿命，限制了该类型膜的应用。为克服上述缺陷，研究者们后续又开发出固定载体膜这类将活性载体固定化的促进传递膜。在固定载体膜内，载体通过接枝或共聚等手段，以共价键的形式固定在膜材料分子骨架上，使载体能够在一定的范围内振动而不能自由扩散。这种方法实现了载体的固载化，比较彻底地解决了载体流失的问题。

一般认为，无论是在移动载体膜还是在固定载体膜中，促进传递作用与溶解扩散作用并存。在液膜等移动载体膜中，未反应的载体和特定组分，以及载体与特定组分反应产生的配合物均可以在膜内扩散传递[232-234]。而在固定载体膜中，未参加反应的组分以扩散的方式通过膜，参加反应的特定组分以某种"跳跃"方式在膜内载体之间传递，特定组分与载体形成的配合物不能自由移动[235,236]。此外，在促进传递膜内传递机理的研究中，一般使用促进因子 F（facilitated factor）来表征载体的促进作用[237]，其定义如下：

$$F = \frac{\text{引入载体后特定组分通过膜的传递通量}}{\text{未引入载体时特定组分的传递通量}} = \frac{J_A}{J_{SD}} \tag{12-48}$$

描述被促进传递组分与载体之间可逆反应的最简单反应式为[237,238]：

$$A + X \underset{k_r}{\overset{k_f}{\rightleftharpoons}} AX \tag{12-49}$$

式中，A、X 和 AX 分别为被促进传递组分、载体和组分-载体配合物；k_f 和 k_r 分别为正反应和逆反应的速率常数。

对于移动载体膜，在一维稳态下，组分 A 的总通量可表示为：

$$J_A = -D_A \frac{dC_A}{dz} - D_{AX} \frac{dC_{AX}}{dz} = F J_{SD} \tag{12-50}$$

式中，J_A 为组分 A 的总通量；J_{SD} 为没有参加反应的组分 A 的通量；D_A 和 D_{AX} 分别为未反应组分 A 和组分-载体配合物 AX 在膜内扩散系数；C_A 和 C_{AX} 分别为膜内未反应组分 A 和组分-载体配合物 AX 的浓度；z 为膜进料侧表面开始的膜内传递距离。

为了定量表征膜的性能，需求解如下的反应扩散方程：

$$R'_A = D_A \frac{d^2 C_A}{dz^2} = k_f C_A C_X - k_r C_{AX} \tag{12-51}$$

$$R'_X = D_X \frac{d^2 C_X}{dz^2} = k_f C_A C_X - k_r C_{AX} \tag{12-52}$$

$$R'_{AX} = D_{AX} \frac{d^2 C_{AX}}{dz^2} = -k_f C_A C_X + k_r C_{AX} \tag{12-53}$$

式中，R'_A、R'_X 和 R'_{AX} 分别为被促进传递组分、载体和组分-载体配合物的反应速率；D_X 为载体 X 在膜内扩散系数；C_X 为膜内载体 X 的浓度。

边界条件：

$$z = 0, \quad C_A = C_{A,0}, \quad \frac{dC_{AX}}{dz} = \frac{dC_X}{dz} = 0$$

$$z = l, \quad C_A = C_{A,l}, \quad \frac{dC_{AX}}{dz} = \frac{dC_X}{dz} = 0$$

$$\int_0^l (C_X + C_{AX}) dz = C_T l$$

式中，$C_{A,0}$ 为组分 A 在进料侧气相与膜界面处膜中溶解的气体浓度；$C_{A,l}$ 为组分 A 在渗透侧气相与膜界面处膜中溶解的气体浓度；C_T 为膜内载体总浓度。

式(12-51)~式(12-53) 为二阶微分方程组，研究者们[232-234]通过不同方式对该方程组进行求解，得到移动载体膜中气体通量或促进因子的表达式。

Cussler 认为，当传递过程达到稳态时，膜内未反应组分 A 以及组分 A 和载体 X 所生成配合物 AX 的浓度都呈线性分布[234,239]。此时，式(12-50) 可推导为：

$$J_A = \frac{D_A}{l}(C_{A,0} - C_{A,l}) + \frac{D_{AC}}{l}(C_{AX,0} - C_{AX,l}) \tag{12-54}$$

式中，$C_{AX,0}$ 为配合物 AC 在进料侧气相与膜界面处膜中浓度；$C_{AX,l}$ 为配合物 AX 在渗透侧气相与膜界面处膜中浓度。

在进料侧膜表面可逆反应的平衡常数 K 可表示为：

$$K = \frac{C_{AX,0}}{C_{A,0}C_{X,0}} \tag{12-55}$$

式中，$C_{X,0}$ 为未反应载体 C 在进料侧气相与膜界面处膜中浓度。

膜进料侧载体总浓度 C_T 等于未反应载体浓度 $C_{X,0}$ 和已反应载体浓度 $C_{AX,0}$ 之和，即：

$$C_T = C_{X,0} + C_{AX,0} \tag{12-56}$$

当渗透侧浓度 $C_{A,l}$ 可忽略时，通过式(12-54)~式(12-56) 得到组分 A 的总通量为：

$$J_A = \frac{D_A}{l}C_{A,0} + \frac{D_{AX}}{l} \times \frac{KC_TC_{A,0}}{1 + KC_{A,0}} \tag{12-57}$$

Noble[240]通过另外一种方法计算出 F 的表达式。在计算过程中，Noble 定义了以下的无量纲参数：

$$\varepsilon = \frac{D_{AX}}{k_r l^2} \tag{12-58}$$

$$\omega = \frac{D_{AX}C_T}{D_A D_{A,0}} \tag{12-59}$$

$$K' = \frac{k_f C_{A,0}}{k_r} \tag{12-60}$$

ε 为 Damkoler 数的倒数，反映了逆反应速率与扩散速率之比，ε 越大表明反应越接近平衡即过程为反应控制，ε 越小则表明反应为扩散控制；ω 为迁移因子（载体 X 与组分 A 迁移能力之比）；K' 为无量纲反应平衡常数。

若膜内载体 X 大量过剩，其浓度可视为常数，则反应可按照拟一级反应处理，得到如下解析解：

$$F = \frac{1 + \dfrac{\omega K'}{1 + K'}}{1 + \dfrac{\omega K'}{1 + K'} \times \dfrac{\tanh\lambda}{\lambda}} \tag{12-61}$$

式中 λ 为：

$$\lambda = \frac{1}{2}\sqrt{\frac{1 + (\omega + 1)K'}{\varepsilon(1 + K')}} \tag{12-62}$$

当 ε 很小（$\varepsilon \ll 1$）时，膜内传递过程为扩散控制，$\dfrac{\tanh\lambda}{\lambda} \to 0$，促进因子可表示为：

$$F = 1 + \frac{\omega K'}{1 + K'} \tag{12-63}$$

实际上，当未反应组分 A 的通量 J_{SD} 可以表示为 $J_{SD} = \dfrac{D_A}{l} C_{A,0}$（忽略渗透侧浓度）时，将式(12-63) 代入式(12-50)，可以得到与式(12-57) 相同的形式。

Noble 进一步考察了外扩散阻力的影响[241]，得到了如下的解析解：

$$F = \frac{\left(1 + \dfrac{\omega K'}{1 + K'}\right)\left(1 + \dfrac{1}{Sh_0} + \dfrac{1}{Sh_l}\right)}{1 + \dfrac{\omega K'}{1 + K'} \times \dfrac{\tanh\lambda}{\lambda} + \left(1 + \dfrac{\omega K'}{1 + K'}\right)\left(\dfrac{1}{Sh_0} + \dfrac{1}{Sh_l}\right)} \tag{12-64}$$

式中，Sh_0 和 Sh_l 分为进料侧表面和渗透侧表面的 Sherwood 数。当外扩散阻力可忽略时，$Sh_0 \to \infty$ 且 $Sh_l \to \infty$，式(12-64) 可变为式(12-61)。

然而，目前对固定载体膜促进传递机理的研究还不充分，仅有少数研究者深入描述组分在膜内促进传递机理。

Cussler 等[242]认为载体只能在平衡位置上振动，气体分子必须通过载体的摆动才能从进料侧传递到渗透侧（如图 12-29 所示），不参加反应的气体分子很少，自由扩散可以忽略。因此，只有当载体之间距离小于载体摆动的距离时才有气体分子的传递。他们据此预测载体浓度存在一个临界值，低于此值不发生促进传递现象。然而，Tsuchida 等[243]报道，当载体浓度很低时也观测到了促进传递现象。

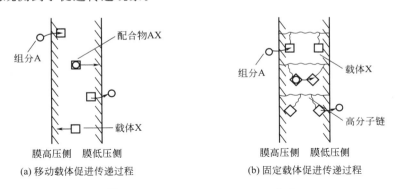

(a) 移动载体促进传递过程　　　　　　(b) 固定载体促进传递过程

图 12-29　Cussler 摆动模型示意图[244]

Noble[235,236]认为气体分子能够沿着高分子链在配合物分子之间迁移。如图 12-30 所示，组分 A 的一部分分子沿着浓度梯度不断向膜渗透侧传递，同时，另一部分分子与载体 X 发生可逆反应，形成载体配合物 AX，这部分分子在不同配合物 X_{j-1}、X_j 和 X_{j+1} 之间迁移，向渗透侧进行促进传递。两种传递方式之间也发生质量交换，即载体配合物分解产生的组分 A 的分子可能转为以溶解-扩散方式进行传递，而进行溶解-扩散方式传递的 A 组分分子也可能与载体结合形成载体配合物，转为以促进传递方式进行传递。

Noble[235]通过位置 j 处配合物 AX_j 的质量守恒，得到了稳态下的反应-扩散微分方程，发现此方程和式(12-61) 在形式上是相同的。Noble 利用式(12-61)，对 O_2 在固定载体膜中的渗透系数进行了分析，发现预测值与实验值相符较好。Noble 的研究结果表明，对于移动载体膜和固定载体膜，尽管在微观上膜内传递机理可能不同，但描述两者促进传递机理的模

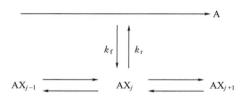

图 12-30　Noble 模型中溶质与相邻三个载体间的相互作用示意图[235]

型在数学上是等价的。

　　Noble[235,236]进一步指出，尽管描述移动载体膜和固定载体膜的反应-扩散微分方程在数学上是等价的，但方程中配合物扩散系数（D_{AX}）的物理意义是不同的，固定载体膜中的扩散系数是有效扩散系数，与载体之间的相互作用有关。Noble[245]通过串联阻力模型，求出了有效扩散系数的表达式。

　　基于酸性气体 CO_2，王志等[246-252]开发了多种氨基促进传递膜，并对膜内的促进传递机理进行了深入研究[253-257]，建立了可定量描述促进传递膜气体渗透速率 3 种不同反应形式的数学模型［式(12-65)～式(12-67)][253]，同时首次将 Henry 系数表达式(12-68)[258]引入模型中，对文献中已报道的促进传递液膜和促进传递固定载体膜实验数据进行拟合分析后发现：对于常见的含伯氨基或仲氨基的支撑液膜，采用由无水参与的反应式推导的表达式［式(12-66)]，可以得到与实验值接近的扩散系数和可逆反应平衡常数；对于含伯氨基或仲氨基的固定载体膜，膜中一部分氨基可能同时发生了无水参与的氨基与 CO_2 反应和有水参与的氨基与 CO_2 反应，因此使用由式(12-65) 表达式描述 CO_2 渗透速率比较合适。

$$R_A = \frac{D_A}{lH_A} + \frac{D_{AX}KC_T}{l(H_A + Kp_{A,0})} \qquad [由简单反应式（12-49）推导获得] \qquad (12-65)$$

$$R_A = \frac{D_A}{lH_A} + \frac{D_{AX}C_TK}{l(2Kp_{A,0} + \sqrt{KH_Ap_{A,0}})} \qquad （由无水参与的反应式推导获得） \qquad (12-66)$$

$$R_A = \frac{D_A}{lH_A} + \frac{KD_{AX}[\sqrt{1+4C_TH_A/Kp_{A,0}} - 1]}{2lH_A} （由有水参与的反应式推导获得） \qquad (12-67)$$

$$H_A = \frac{\exp\left(22.2819 - \frac{138.306 \times 10^2}{T} + \frac{691.346 \times 10^4}{T^2} - \frac{155.895 \times 10^7}{T^3} + \frac{120.037 \times 10^9}{T^4}\right)}{7.50061}$$

（当温度为 298K 时，$H_A = 3.04 \times 10^3 \, MPa\cdot cm^3/mol$）(12-68)

　　然而，促进传递机理十分复杂，目前人们对该传递机理仅有初步认识，多数已提出的数学模型均难以通过实验数据获得验证。因此，气体分离膜内的深层次促进传递机理仍待人们在后续研究过程中进一步探索与完善。

12.3　气体分离膜制造方法

　　有机聚合物膜从结构形态上可分为对称均质膜与非对称膜，其制膜技术存在很大的差异。同一种膜材料制成的分离膜，由于不同的制膜工艺和工艺参数，膜性能差别很大，所以制膜工艺对聚合物分离膜具有重要意义，制膜技术直接决定了膜的最终结构和性能。理想膜制备技术将使得膜保持接近或超过其材料的本征分离性能（表皮结构无孔缺陷），同时具有较大渗透通量（分离层超薄化），并具有较好的机械性能（具备机械支撑层）。

聚合物膜可以制成致密的或多孔的、对称的或非对称的、平板的或中空纤维的。气体分离膜常用的制造方法有[259]：熔融法、水上展开法、包覆法、相转变法和界面聚合法等。均质膜通过溶液浇铸、熔融挤压等方法来制备，其渗透通量很小，实际应用较少，一般用于表征膜材料性能。而非对称膜一般由超薄的致密皮层与多孔支撑层构成，由于非对称膜的通量大且易于大规模生产，目前大部分工业应用以非对称膜为主。根据制备方法，非对称膜制备可分为相转化法和复合膜法，而相转化法又是制造非对称膜的主要工艺，因此本节重点介绍相转化法制膜工艺。

12.3.1　烧结法

烧结法是把大小一定的聚合物微细粉末置于模具中，在一定温度下挤压，使粒子的表面变软而相互黏结形成多孔体，最后进行机械加工即得到膜[260]。

烧结法通常用来制造多孔膜，膜孔径大于 $1\mu m$。

制膜过程中常掺进另一种不相熔的添加剂（如淀粉等），待烧结完成后，再萃取出。此法多用于制造聚乙烯和聚四氟乙烯等多孔膜。

12.3.2　拉伸法

拉伸法用于结晶聚合物制造微孔膜。它把部分结晶的聚合物薄膜，通过单向或双向牵伸，形成有微细裂纹的多孔膜。拉伸法[259,261]制造工艺首先用高速挤出聚合物，使聚合物在接近熔点下形成高取向结晶膜，冷却后，短时间内（数秒）拉伸到 300%，破坏结晶构造，得到宽为 $20\sim250nm$ 细长裂纹。

12.3.3　熔融法

对于没有适合溶剂的聚合物材料，通常采用熔融挤压法成膜。熔融法通常用来制造均质膜。它是把聚合物加热到熔融态，挤压成平板膜或由喷丝头挤出，冷却后可得到均质无孔膜[259]。熔融挤压法纺丝效率很高，可以高速纺丝，而且多孔喷丝头制造工艺也很成熟。

12.3.4　核径迹法

核径迹法[33,262]制造工艺大致可分两步，首先将聚合物薄膜暴露于重离子束中，受轰击发生高分子链降解；然后在酸浴中浸蚀，形成圆柱孔。可通过调节聚合物薄膜的性质、辐射条件、蚀刻时间和蚀刻温度等因素控制膜的孔径分布、孔道尺寸和孔隙率。如孔密度可由照射时间控制，调节酸处理时间和温度便可控制所需的孔径。核径迹法制得的膜孔径分布很窄，可以制成膜孔径在 $0.02\sim10\mu m$ 不同规格的膜。应用中子蚀刻的高聚物材料主要有聚酯和聚碳酸酯两类。

12.3.5　水面展开法

水面展开法是将聚合物溶液倒在水面上，在表面张力作用下，铺展成薄膜，随着溶剂不断挥发，聚合物膜慢慢形成，得到固体薄膜[263]。这种薄膜机械强度差，需要将其覆盖到多孔基膜上制成复合膜，且要求采用多层覆盖。水面展开法装置简单，但在连续制膜过程中稳定性较差，铸膜液体系的溶剂必须和水不混溶，同时要求制膜环境非常洁净。

12.3.6　相转化法

相转化法利用铸膜液与周围环境进行溶剂、非溶剂传质交换，原来的稳态溶液变成非稳态而产生液-液相转变为两相：即最终形成膜的聚合物富相与形成孔的聚合物贫相，最后固化形成膜结构。这种方法操作简单，可用于制备各种形态的膜，因此成为最常用的制膜工艺。相转化膜有两个特点：皮层与支撑层为同一材料；皮层与支撑层同步制备形成。常用的相转化制膜方法有蒸汽诱导相分离法、溶剂蒸发凝胶法、热致相分离法和液-液相分离法等[264,265]。

12.3.6.1　蒸汽诱导相分离法

在利用相转化法制备高分子膜时，溶剂与非溶剂的交换对成膜速率有很大影响，而成膜速率又决定着最终形成的膜结构。若将初生态膜先置于非溶剂蒸汽氛围（常用水蒸气）中暴露一段时间，再将其浸没到非溶剂凝胶浴中固化成膜，被称为蒸汽诱导相分离法（VIPS）[266]，如图 12-31 所示。多数研究认为，由于蒸汽中的非溶剂量有限，相分离在成膜过程中发生比较缓慢，膜的断面最终形成对称结构，避免了直接采用非溶剂诱导相分离法（NIPS）成膜时出现的大孔缺陷。

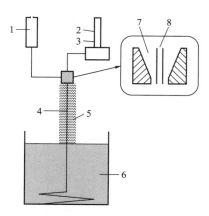

图 12-31　蒸汽诱导相分离的工艺示意图

1,7—聚合物溶液；2—齿轮泵；3,8—芯液；4—中空纤维膜；5—蒸汽氛围；6—凝胶浴

聚合物浓度和环境湿度对蒸汽诱导分离膜的孔径结构有重要影响。从表 12-33 可以明显看到，随着相对湿度降低，水进入铸膜液中速度变慢，延缓相分离速度，粗化时间延长，形成较大的膜孔。铸膜液中聚合物浓度增加会增加黏度，限制聚合物迁移，导致膜孔变小[267]。

表 12-33　相对湿度（RH）和聚合物浓度对聚砜膜孔径的影响　　　　　单位：μm

聚合物质量浓度/%	RH100%	RH90%	RH80%	RH70%
15	6.9	7.0	12.1	16.4
30	5.5	6.0	10.6	11.8

水蒸气诱导时间对暴露在空气侧的铸膜液组成及聚合物聚集状态都有影响（表 12-34），当水蒸气诱导时间较短时，空气侧界面处铸膜液的溶剂挥发较少，因此，空气侧界面处铸膜液组成和聚合物聚集状态变化不大。但随着水蒸气诱导时间的延长，进入膜表面的水量增多，有利于聚合物贫相核的生长，因而水蒸气诱导时间从 2min 延长至 5min 时，膜的表面孔增大，数量增多，孔隙率增加。

表 12-34　不同水蒸气诱导时间制得 PVDF 膜的孔隙率

时间/min	0.5	2.0	3.5	5.0
孔隙率/%	68.8	73.4	74.9	79.1

膜气体通量见表 12-35。水蒸气诱导时间较短时，溶剂与非溶剂的传质交换量少，此时浸入凝固浴，界面铸膜液发生快速凝胶分相，使表面孔的粗化生长终止，故气体通量较小；随着水蒸气诱导时间的延长，从环境中进入到铸膜液中的水量增多，膜的表面孔增大，孔的数量增多。而膜内为海绵状结构，连通性较好，所以气体通量增大较多。

表 12-35　水蒸气诱导时间对 PVDF 膜的气体透过性能影响

水蒸气诱导时间/min	0.5	2.0	3.5	5.0
气体通量/[m³/(m²·s)]	0.015	0.055	0.065	0.0715

测试条件：温度 25℃。过膜压差：50kPa。

12.3.6.2　溶剂蒸发凝胶法

溶剂蒸发凝胶法是把包含聚合物、低沸点溶剂和非溶剂的铸膜液暴露在空气中，随着溶剂蒸发，铸膜液中非溶剂浓度不断增加，当铸膜液进入非稳态时，产生液-液相分离而形成膜[268]。用蒸发凝胶法可以得到具有致密皮层和多孔支撑层的非对称膜。

对多孔膜，铸膜液由聚合物和混合溶剂配制而成，混合溶剂中包括大量低沸点良溶剂和少量高沸点的不良溶剂。将铸膜液在支撑板上铺展后，易挥发的良溶剂迅速逸出，留下的是不易挥发的不良溶剂和聚合物，产生液-液相分离形成膜。

根据实际经验，溶剂与不良溶剂的沸点至少相差 30～40℃。形成的膜孔结构与孔空隙率受不良溶剂影响，用低浓度非溶剂时，膜具有封闭孔结构、低空隙率；用中等浓度非溶剂时，形成既有开放又有封闭的混合结构；用高浓度非溶剂时，得到完全开放的孔结构。

制膜环境也影响膜结构，高浓度的溶剂蒸气延缓凝胶化，而高空气流速和温度则加速凝胶发生。

简单的溶剂蒸发法在实际制膜中很少应用。

12.3.6.3　热致相分离法

热致相分离法（TIPS）[269-271]是利用一种潜在溶剂，它在高温时是溶剂，在较低温度时又是非溶剂，在高温下与聚合物配制成均一铸膜液，将溶液平铺成一定厚度的平板状或纺丝制备成中空纤维状后，再以一定的速度冷却或淬冷溶液，使之发生相分离后固化，用常见且对环境较为友好的试剂萃取出分散在膜前体中的稀释剂，最后形成微孔结构。潜在溶剂可以是单一溶剂，也可以是溶剂与非溶剂组成的混合溶剂。

用热致相分离的聚合物一般具有可结晶性。当温度低于铸膜液熔点时，聚合物从溶液中结晶出来，形成呈平衡的纯结晶态和液态两相，使混合自由能降低，称之为固-液分相。

图 12-32 中曲线 A 为双节线，曲线 B 为旋节线，在双节线以上区域溶液为均相的体系，而在旋节线以下区域为不稳区，双节线和旋节线之间区域为亚稳区，将发生成核-生长相离。在发生液-液相分离后，孔形态取决于旋节相分离还是成核-生长机理。到相分离后期，如果按成核-生长机理，如图 12-33（a），形成的液滴是独立的，最后溶剂去除后，形成封闭的多孔结构；如果按旋节相分离机理，形成的液滴相互连接，溶剂去除后形成了相互贯穿的连通孔，如图 12-33（b）所示[269]。

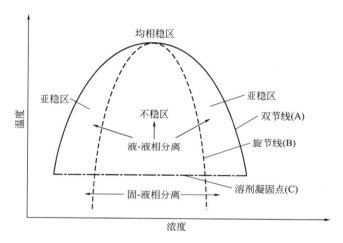

图 12-32　聚合物/稀释剂二元体系温度-浓度相图[270]

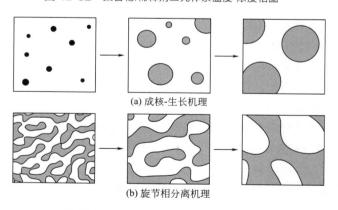

(a) 成核-生长机理

(b) 旋节相分离机理

图 12-33　两种分相机理下液滴粗化过程[270]

冷却速率是决定膜孔结构的关键参数。根据所用溶剂、非溶剂的不同，用热致相分离法可以制造微孔滤膜或非对称膜，它可以应用于许多以前由于溶解度差而不能用沉浸相转化法制膜的聚合物。目前热致相分离法制膜主要用在聚烯烃，如聚丙烯、聚-4-甲基-

1-戊烯等。

12.3.6.4　湿法制膜

湿法制膜是把事先配制好的铸膜液在支撑体上流延后,立即浸入凝胶浴成膜。由湿法相分离得到的膜一般是皮层有孔的非对称膜,适合于用作复合膜的底膜。

12.3.6.5　干法制膜

干法制膜或称完全蒸发法,是最简单的制膜方法。它是将铸膜液倒在支撑体上(如玻璃板、聚四氟乙烯板或聚酯无纺布等),用刮刀使之铺展或不用刮刀使之自然铺展开,置于特定环境中待溶剂蒸发后,最后形成均质膜。测试膜材料渗透系数时所用的致密膜通常用此法制造。

12.3.6.6　干-湿法制膜

干-湿法制膜也称沉浸凝胶法,是由 Loeb 和 Sourirajan 提出的,所以也称 L-S 法[272],是目前实际应用最多的相转化制膜法,该方法的成膜过程是先将临近热力学不稳定组成的铸膜液进行低沸点溶剂或非溶剂的挥发,提高初生膜表面的聚合物浓度,形成致密皮层;然后浸入凝胶浴中进行溶剂/非溶剂的交换,产生液-液分相,直至凝胶固化成膜。1962 年 Loeb 和 Sourirajan 首先用 L-S 法得到醋酸纤维素反渗透膜,在同等膜厚下,非对称醋酸纤维素膜透水量比同样材质均质膜提高 10 倍左右。Riley 等[273]通过电子显微镜观察发现这种膜具有非对称结构:即非常薄而致密的皮层($0.2\mu m$)以及海绵状疏松的多孔支撑层。非对称醋酸纤维素膜成功研制是膜技术发展史上一个里程碑,提高了人们对膜结构的认识。用沉浸凝胶法可以制造微孔滤膜、超滤膜、反渗透膜、纳滤膜、气体分离膜、渗透汽化膜等多种类型分离膜。

干-湿法制膜工艺过程如图 12-34 所示。其中包括三个基本制膜步骤:

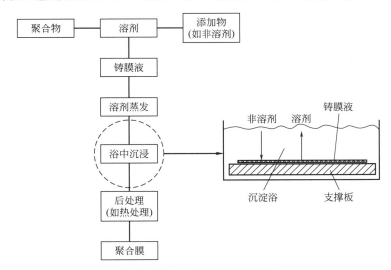

图 12-34　干-湿法制膜工艺过程

① 配制铸膜液　铸膜液中通常包含聚合物、溶剂(相对聚合物而言)、非溶剂(相对聚合物而言),一般要求溶剂和非溶剂可以任何比例互溶;

② 铸膜液刮在玻璃板上，制成有一定厚度初生膜或用纺丝设备纺成中空纤维初生膜；

③ 初生膜在空气（或含有要求组分的气相氛围）暴露一定时间后，随即浸入沉淀浴（通常是水、醇类等），浴中非溶剂向膜相内扩散，同时初生膜中溶剂向沉淀浴外扩散，在膜相与浴相界面上发生溶剂、非溶剂传质交换。使初生膜中非溶剂浓度增加，产生非稳态，导致液-液相分离。如果溶剂外扩散速率大于非溶剂内扩散速率，膜界面上聚合物浓度提高，表面将形成高浓度聚合物致密层。致密层的形成使溶剂外扩散速率下降，使膜液内聚合物浓度较低，形成多孔支撑层。随着溶剂与非溶剂不断交换，液-液相分离后的膜液富相进入玻璃化转变区，产生玻璃化转变而凝胶成固态，最后得到具有表皮层致密、底层疏松多孔的非对称膜。

分离膜的最终结构及性能主要取决于聚合物铸膜液的热力学性质以及成膜过程中溶剂与非溶剂的相互交换传质动力学（包括初生膜在气相氛围中蒸发、沉淀浴与铸膜液界面上发生溶剂与非溶剂传质交换等）。

通常将制膜过程视为热力学等温过程，Strathmann 等[274]引入三角相图直观地表征聚合物制膜液的热力学性质。如图 12-35 所示[275]，双节线把相图分为单相区和两相区，旋节线把两相区又分为亚稳区和不稳区。制膜液相分离产生的聚合物富相和贫相组成位于双节线上，由结线连接，膜液组成在相图中的位置反映了其热力学状态，C_p 为临界点[276,277]。

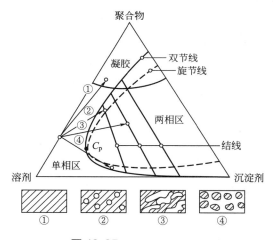

图 12-35 膜的相分离路线

一般热力学液-液分相有成核-增长的双节线分相和旋节线分相两种分相机制[278]。①为凝胶（或玻璃化转变）分相，③为旋节线分相，②和④为成核增长机理。一般相转化膜的气体分离膜皮层通过①凝胶分相形成，支撑层由②贫聚合物相成核增长分相形成。

采用图 12-35 所示的三元相图解释膜孔形成机理，制膜液在分相过程中经过的路线决定了膜的结构[279]。当体系组成变化沿均相进入①区发生玻璃化转变而凝胶固化，形成固态相；对于双节线分相过程，体系组成变化从临界点上方进入双节线和旋节线之间的亚稳分相区②时，发生聚合物贫相成核的液-液分相，由溶剂、非溶剂和少量聚合物所组成的贫相小滴溶液分散于连续的富聚合物相中，这些小液滴在浓度梯度的推动下不断增大，直到周围的连续相经结晶、凝胶化或玻璃化转化等相转变而固化为止，期间贫相小液滴的聚结形成多孔结构。当体系组成变化从位于临界点下方的组成进入双节线和旋节线之间的亚稳分相区④

时，发生富聚合物相成核的液-液分相，富聚合物相小液滴将分散于由溶剂、非溶剂和少量聚合物形成的连续贫相中，这些富聚合物相小液滴在浓度梯度的推动下增大，直到聚合物固化成膜为止，但此路线形成的膜是机械强度较低的乳胶粒结构[265,280,281]。

对于旋节线液-液分相，体系的组成变化正好从临界点组成进入旋节线内的不稳区③，体系迅速形成由贫聚合物相微区和富聚合物相微区相互交错而成的液-液分相体系，所形成的结构为双连续结构，即贫相和富相完全互相交错连接，这种结构经聚合物的相转变固化作用将最终形成双连续膜结构形态[265,282]。

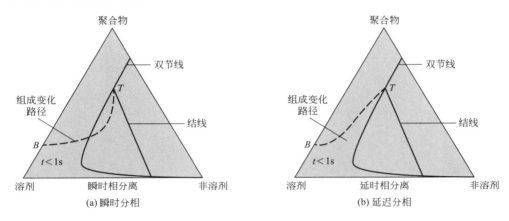

图 12-36　制膜液进入凝胶浴后（$t < 1s$）的组成路径[283]

相转化法制膜过程中，随着制膜液中非溶剂含量的增加，在到达相图中的双节线组成时，体系原有的热力学平衡被打破，将自发地进行液-液分相。为了获得良好的膜性能，需要精确控制成膜过程中的各个影响因素。热力学相图能预测聚合物溶液体系是否适合制膜、将发生何种相分离、分相后聚合物富相凝胶固化的难易，从而在一定程度上预测膜结构。但相转化是一个复杂的非平衡过程，热力学平衡相图只提供聚合物溶液体系是否以及发生何种分相的情况，而实际分相固化过程是一个动力学过程，不同的分相类型决定了不同的膜结构，图 12-36 展示了瞬时与延迟两种相分离方式膜液组成不同的路径变化情况，（a）铸膜液进入沉淀浴后组成线立刻穿透双节线发生瞬时相分离，（b）铸膜液进入沉淀浴后组成线在一定时间内仍在液相区而不发生相分离，即延时相分离。可以说膜具体的结构形态是由动力学因素所决定，瞬时分相通常形成指状孔结构膜，而延时相分离形成海绵状结构膜，如图 12-37 所示[283]。

对聚合物-溶剂-非溶剂（通常用水）三元铸膜液体系，用干-湿法制备的非对称分离膜通常有表面微孔缺陷，需要界面涂覆填塞其缺陷，方可用以气体分离。为克服此弊端，采用三元以上组分铸膜液，在铸膜液添加低沸点溶剂，通过成膜过程中低沸点溶剂大量蒸发使膜表面聚合物浓度提高，可以得到完整无缺陷的膜皮层。

目前的研究主要集中于铸膜液组成（包括聚合物浓度、有机溶剂种类、溶剂与非溶剂比率）、凝胶浴组成、凝胶浴温度、纺丝温度、干纺距离、芯液组成、芯液速度、牵伸倍数等因素对相转化过程热力学和动力学及固化后膜结构和性能的影响。

Khayet 等[284]分析了相分离过程中热力学和动力学对中空纤维膜形态和内表面结构的影响，发现非溶剂的选择对于 PVDF-HEP 中空纤维膜的形态、结构及其直接接触膜蒸馏过

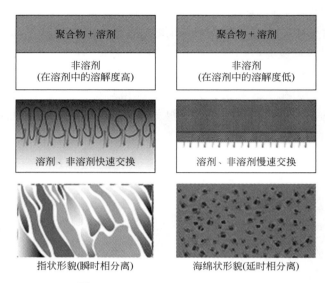

图 12-37　分相类型对膜结构的影响

程的性能有重要影响。利用 N,N-二甲基乙酰胺（DMAC）水溶液作为芯液，随着芯液中 DMAC 含量增加，芯液的凝胶能力减弱，相分离过程变慢，中空纤维膜的内表面孔隙率增加，孔径变大，内层的指状孔减少直到消失，形成开放的海绵状孔，孔径分布变窄，内表面粗糙度增加，穿透压降低，直接接触式膜蒸馏过程的通量增加。利用 Hansen 溶解度参数理论计算出不同非溶剂组成与溶剂之间的 Hansen 溶解度参数差值，随着非溶剂中 DMAC 含量增加，Hansen 溶解度参数差值变小，非溶剂与混合溶剂（DMAC 和 TEP）之间的相互作用减弱，纺丝溶液在热力学上更稳定，在动力学上分相速度更慢。Hansen 溶解度参数理论可以用于指导任何非溶剂致相分离的热力学和动力学过程分析。

　　Khayet 等[285]指出高贯通性的海绵状孔和消除中空纤维膜的外皮层可以提高直接接触膜蒸馏的通量。他们采用双通道喷头纺制 PVDF-HEP 中空纤维膜，双通道喷头的外通道通入不同组成的外凝胶浴，利用 Hansen 溶解度参数理论对凝胶浴组成进行优化。在外凝胶浴中加入 DMAC 可制备多孔的外表面，降低膜厚，增加内表面的孔径和粗糙度，提高直接接触膜蒸馏产水量。在内外凝胶浴都采用 50％DMAC 水溶液时，膜蒸馏过程的水通量达到最大值，比仅用 50％DMAC 水溶液为外凝胶浴的膜水通量提高两倍。

　　Yip 等[286]结合热质耦合传递、膜收缩、扩散理论和自由体积理论、聚合物溶液/气相界面传质，以及 Alosy 和 Duda 提出的摩擦扩散模型，提出了一种非溶剂气相分离过程模型。将传质路径和三元相图结合，模拟了四种三元体系（醋酸纤维素/丙酮/水、聚偏氟乙烯/DMAC/水、聚砜/N-甲基吡咯烷酮（NMP）/水、聚醚酰亚胺/NMP/水）。通过与文献数据比对，证实了该模型可以准确预测相对湿度、溶剂挥发度、空气流速、蒸发温度、初始膜厚度和聚合物浓度等不同参数在蒸汽诱导相分离过程（VIPS）中对膜特征（分相时间、非对称结构、孔等特征）的影响。得到以下结论：相对湿度越大，越容易分相，分相时间越短。存在临界相对湿度，当大于该湿度时即使铸膜液中没有水也可以发生分相；增加空气流速有利于相分离，减少分相时间，减小膜厚度；提高蒸发温度有利于降低分相时间，蒸发温度过低可能不会发生分相；膜初始厚度的降低有利于加快分相，减小分相时间，聚合物浓度梯度随膜厚度的增加而增加；初始聚合物浓度越高，膜孔越少。

Khare 等[287]采用 VIPS 工艺，通过控制潮湿空气的暴露时间、相对湿度、空气温度和气流速度获得具有独特形貌的膜。建立了水/NMP/聚醚砜（PES）/PVP 四元系统的 VIPS 模型，使用有限差分方程进行数值求解。数学模型预测瞬时厚度和聚合物浓度以及膜内的组成是随相分离时间和距蒸汽/铸膜液界面的距离的函数。模型预测表明：水的转移导致膜厚度的增加，以及在蒸汽/铸膜液界面（顶表面）处聚合物质量分数减少，这种聚合物浓度的降低可以解释特征性沙漏形态的演变。模型预测还表明：通过增加溶液中的传质系数或降低 PES：PVP 质量比，可以增加从最小孔到膜表面区域的不对称程度。

Su 等[288]通过红外显微（FTIR-microscope）技术，测定了分子量为 25000 和 120000 的 PMMA 溶液在非溶剂诱导相分离过程（NIPS）中与非溶剂接触时的聚合物组成变化，结合三元相图确定了铸膜液在亚稳区的停留时间，分析其停留时间与得到的膜结构之间的关系。研究发现在 NIPS 过程中，存在一个临界停留时间。当铸膜液在亚稳区停留时间小于临界停留时间时，形成致密多孔结构（旋节分解结构，SD 结构）；当铸膜液在亚稳区停留时间大于临界停留时间时，形成大孔胞腔结构（成核生长机制，NG 结构）。这很好地解释了在 NIPS 过程中，膜倾向于在两相界面处形成致密结构的原因。利用临界停留时间和聚合物浓度关系，建立了致密层厚度与聚合物浓度之间的数学模型，可以预测聚合物在 NIPS 成膜过程中，膜结构从细孔结构转变为大孔胞腔结构的位置。

根据 Henis 传质阻力模型，非对称膜分离皮层只要有百万之一孔隙率的缺陷，膜对气体分离系数就远低于聚合物材料本征值，需要涂层堵缺陷。不但增加后续工艺，而且涂层对工艺过程要求很严格，不是简单操作即可涂上。有不少学者开展研制无或少缺陷、超薄皮层研究[289-291]。Ismail 等[291]通过控制聚合物浓度、溶剂比（低挥发性溶剂与高挥发性溶剂的比例）、强迫对流蒸发时间和纺丝喷头剪切速率等制膜变量，采用正交设计和响应面法研究了这些变量及其相互作用对膜结构和性能的主要影响，优化膜的形成过程，制备出基本无缺陷的非对称膜。

12.3.6.7 双浴法制膜

湿法工艺制备的膜一般是皮层含有孔缺陷的非对称膜，需要涂层形成复合膜，以满足气体分离对膜性能的要求。而双浴法工艺是制造皮层无缺陷非对称膜的方法。该工艺的关键是初生膜在凝胶前，先经过一非溶剂浴（第一浴），短时间内带走膜表面皮层溶剂，使膜表面聚合物浓度达到很高，然后进入凝胶浴（第二浴）凝胶，可得皮层无缺陷非对称膜结构。

Kim 等[292]采用双浴法制备出皮层致密无缺陷的非对称气体分离膜，纺丝液用聚砜和 NMP 溶剂配制，第一浴采用聚乙二醇（PEG），当纺丝液进入聚乙二醇浴时，其组成进入①区发生了凝胶（见图 12-35），形成致密初生态皮层；第二浴采用水作为凝胶浴，当初生态纤维进入水浴时发生旋节相分离，得到无缺陷致密皮层和支撑层球状结构多孔支撑层。研究表明，在 PEG 浴中存在最佳停留时间（30s），O_2/N_2 分离系数接近聚砜材料本征值（见表 12-36）。

Chung 等[293]采用双凝胶浴技术制备了用于肾透析的聚醚砜中空纤维膜，第一个凝胶浴采用弱凝胶值异丙醇（PA），而水作为第二凝胶浴。其优点是可以更好地控制内外皮层形态，制备具有致密内皮层和松散外支撑层结构透析膜。

表 12-36　双浴法制备的聚砜中空纤维气体分离膜性能[292]

浸没 PEG 时间/s	O_2/N_2 选择性	O_2 流量/GPU	CO_2/CH_4 选择性	CO_2 流量/GPU
0	1.05	21.78	0.94	25.18
10	0.95	3.97	1.09	6.64
30	5.66	0.17	23.75	0.95
60	4.07	0.57	14.33	2.15
120	1.56	1.96	1.13	2.02

注：$1GPU = 10^{-6} cm^3(STP)/(cm^2 \cdot s \cdot cmHg)$。

12.3.6.8　共挤出法制膜

有的高性能膜材料价格昂贵，分离层与支撑层用同一材料制成中空纤维膜，其材料成本高；还有一些膜材料机械性能较差或者黏度太小，不易制成单层中空纤维膜。制备复合膜是这些材料能用于工业化制膜的一条途径。传统的复合膜制备方法如涂覆和界面聚合等都是支撑层与功能层分开制备，既费时费力又增加了制膜的成本。1992 年 Ekiner 等[294]发明了三通道喷头共挤出法制备双层非对称中空纤维膜技术，其优势是一步制成支撑层与功能层，减少了制膜步骤和制膜过程中产生缺陷的因素。

如图 12-38 所示，共挤出法是指支撑层与功能层使用不同聚合物配制的制膜液，支撑层制膜液与功能层制膜液同时从三通道喷头中挤出，经凝胶浴固化一步成膜。三通道喷头结构如图 12-39 所示[295,296]，内插管通芯液，中环走支撑体铸膜液，采用廉价聚合物溶液，外环是分离层材料。丁晓莉等[295]外环采用 Matrimid 5218/NMP/THF 溶液，中环采用廉价聚

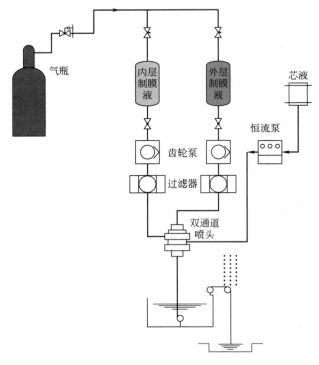

图 12-38　中空纤维复合膜制造工艺示意图

合物 PSF/NMP 溶液，经凝胶浴凝胶后，得到中空纤维复合膜，外皮层是致密分离层，内外聚合物交界处是多孔结构，对气体渗透无阻力，所制得中空纤维膜氧气渗透性能为 8.93GPU，O_2/N_2 分离系数为 7.61。

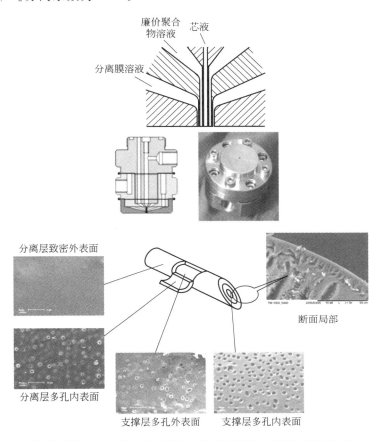

图 12-39　用于制造中空纤维复合膜三通道喷头及膜断面 SEM 照片

12.3.7　包覆法

包覆法是一种复合膜的制造方法。它把均匀的聚合物溶液，用涂布、喷涂、浸渍或者轮涂等手段包覆到多孔底膜上，然后再进行界面聚合或等离子聚合，使其形成薄膜层，得到复合膜。根据起分离作用的功能层不同，可将该类型复合膜分为两种：一种是支撑层起分离作用，涂层材料常采用硅橡胶等高渗透性低选择性的材料，此时涂层主要起堵孔作用，如 Prism 聚砜-硅橡胶复合膜[11,12]等；另一种是涂层起分离作用，支撑层单纯地起机械支撑作用，对气体渗透几乎没有阻力，如有机蒸气回收和富氧过程使用的硅橡胶/多孔支撑层复合膜、界面聚合制备的含氨基的促进传递膜等。

用包覆法制备复合膜最初用于反渗透膜制备过程。用相转化法制备的非对称反渗透膜水通量与致密分离层的厚度成反比，所以降低致密层厚度是提高膜透水速度的有效途径。根据高分子溶液的松弛理论可计算出醋酸纤维素/丙酮体系反渗透膜的最小皮层厚度，再变薄非常困难。另外，相转化法制备的非对称膜在使用过程中由于过渡层的存在，膜易被压密，使透水量下降。假如分别制备致密皮层和多孔支撑层，既可以降低致密皮层的厚度，又可以消除引起压密的过渡层，这就是当年复合膜制造工艺的基本思路。

与相转化法制备的非对称膜相比，复合膜具有以下特点[297,298]：

① 如果相转化法制备的非对称膜材料价格较高，支撑层材料可采用廉价材料，此时采用复合膜形式可以省去大量昂贵材料；

② 拓宽了非对称膜材料范围，一些材料很难通过相转化法制成非对称膜，比如材料本身质地较脆，此时可以通过制备成复合膜实现非对称形式；

③ 复合膜的制作，一般是先制作多孔支撑层，然后直接在多孔支撑层上以各种方法制作超薄皮层。

复合膜超薄皮层的制作方法主要包括聚合物溶液涂覆、界面聚合或交联和共挤出法。复合膜性能受支撑层制备条件和皮层制备方法等因素的限制，支撑层影响主要包括：支撑层材料性质、制备条件、预湿等前处理，要求其有适当大小的孔密度、孔径和孔径分布，有良好的耐压密性和物化稳定性；分离层主要受包括涂层液浓度、涂层次数、涂层时环境温湿度、涂层液溶剂等因素的影响。另外还可采用中间层和保护层来制备复合膜[299,300]。

12.3.8　界面聚合法复合膜制造方法

12.3.8.1　界面聚合制膜原理及其特点

界面聚合反应利用逐步增长聚合机理，以有机化学中经典的 Schotten-Bauman（肖顿-鲍曼）反应为依据[301]，是制备高分子量聚合物的有效方法，其制备复合膜的过程如图12-40所示。首先，将多孔支撑体（通常是微滤膜或超滤膜）浸入含有活泼单体或预聚物（最常用的是胺类）的水溶液中，并晾干一定时间；然后，将此膜浸入含有另一种活泼单体（通常是酰氯）的有机相溶液中，两种单体在界面处发生反应，并在多孔支撑体上形成致密的聚合物皮层；最后，对生成的膜进行后处理（如热处理等）制得复合膜。如果选用的支撑体亲水性较差、疏水性很强，在界面聚合制膜时也可以先将支撑体浸入有机相，而后再浸入水相。

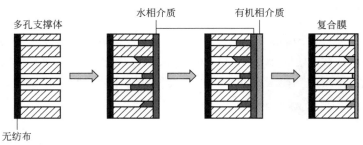

图 12-40　界面聚合法制备复合膜示意图

界面聚合法制备复合膜具有如下优点：①反应具有自抑制性，初始膜的形成会阻碍水相单体向反应区扩散[302]，可制得厚度小于 50nm 的薄膜；②反应在两相界面处进行，界面反应对反应物的纯度没有特别要求；③界面聚合易于制得无缺陷的聚合物薄膜，这是由于反应具有自抑制性和自密封性[303]；④界面聚合膜的分离层与支撑层结合较为牢固，这是由于分离层与支撑层之间存在的分离层/支撑层互嵌的界面区[304]；⑤界面聚合制膜易于放大到工业规模。

12.3.8.2　界面聚合法在气体分离膜制备中的应用

自从 Morgan 和 Kwolek[305,306]提出界面聚合的概念以来，许多膜领域的专家对界面聚合法制膜进行了深入研究，并成功制备出了商业使用的超薄复合型反渗透膜，现被广泛用于制备反渗透膜、纳滤膜，但界面聚合制备气体分离膜的研究还处于实验室水平。

Chern[307,308]等以亚甲基双苯胺为水相单体，1,2,4,5-四酰氯苯为有机相单体，在聚砜超滤膜上制备了聚酰亚胺复合膜，所制膜纯气测试性能：CO_2渗透系数为 44.12Barrer，CO_2/CH_4理想分离因子为 20.51。Petersen 等[309]以商品化的多功能胺和对苯二甲酰氯的衍生物为反应单体，在聚醚酰亚胺超滤膜上制备一系列聚酰胺复合膜。其中，经过硅橡胶涂覆的复合膜 CO_2纯气渗透速率为 109.6GPU，CO_2/N_2理想分离因子为 30。Son 等[310]采用界面聚合法在硅橡胶支撑体上，制备了聚吡咯复合膜，O_2渗透系数为 40.2Barrer，O_2/N_2理想分离因子为 17.2。

王志课题组首次采用界面聚合法制备出了含氨基的促进传递膜[311]，对界面聚合制备气体分离膜的工艺进行了系统研究，对界面聚合过程中单体浓度和种类、溶剂种类、反应时间和后处理等工艺条件进行考察。赵卷等[311,312]以三乙烯四胺（TETA）、四乙烯五胺等若干种多胺为水相单体，均苯三甲酰氯（TMC）为有机相单体，在聚砜或聚醚砜（PES）超滤膜上制备了一系列含伯氨基和仲氨基的促进传递膜，并考察了制膜条件（如单体种类、单体浓度、反应时间和热处理等）对膜性能的影响。通过优化界面聚合制膜工艺，聚（TETA-TMC）/PES复合膜的 CO_2渗透速率可达到 13.3GPU，CO_2/CH_4分离因子为 94.1。除界面聚合工艺的研究之外，王明明等[313,314]采用 TMC 为油相单体，二氨基苯甲酸钠和 4,7,10-三氧-1,13-癸烷二胺为水相单体，制备了含有羧酸根基团和醚氧基团的抗氧化高性能复合膜，所制膜 CO_2渗透速率可达 5831GPU，CO_2/N_2分离因子可达 86。李诗纯等[315]选用 TMC 为油相单体，DGBAmE 以及含叔胺的 N,N'-双(3-氨丙基)甲胺共同为水相单体，制备兼具扩散选择机制、溶解选择机制和反应选择机制的多选择机制膜，其复合膜的 CO_2渗透速率可达 1600GPU，CO_2/N_2分离因子可达 138，同时具有良好的长时间运行稳定性，并且在实际操作温度 35～50℃下仍保持较好的 CO_2分离性能。

12.3.8.3　界面聚合成膜机理研究进展

国内外学者对界面聚合制备复合膜的工艺条件进行了较为深入的研究，但关于界面聚合成膜机理的研究报道却较少。成膜过程中的界面聚合反应决定了复合层的结构，进而影响着膜性能。因此加深对成膜机理的认识，对复合膜的制备具有重要意义。

由于界面聚合反应速率极快［对胺和酰氯均相体系而言，速率常数约为 $10^2 \sim 10^4$ L/(mol•s)[316]］，生成的膜较薄，且聚合过程比较复杂（涉及单体扩散、聚合反应、聚合物相分离、聚合物相增长等多个过程）[317]，很难直接监测整个成膜过程。一些研究者基于反应体系中的物料衡算方程，建立了用于描述界面聚合反应过程中聚合物膜宏观性质（如膜厚度）变化的数学模型，但这种宏观模型无法预测膜的微观性质（如分子量分布等）变化。Karode 等[318,319]首次建立了用于描述界面聚合反应过程所形成聚合物膜分子量分布的数学模型，随后对聚合物膜的分相过程提出了新观点，提出聚合物分相由成核增长和旋节线分相两种机理控制，并建立了新的模型。Dhumal 等[317]对 Karode 的模型[319]做了进一步改进，建立了可同时预测聚合膜分子量分布和结晶度的新模型。

随着实验技术的进步，一些研究者利用实验手段对界面聚合成膜机理进行了研究，使用的技术主要有 pH 技术（pH 值法）[320,321]、光反射技术（LRI 方法）[322]、悬滴界面张力技术（PDR 方法）[322,323]等。

Yadav 等[321]使用 pH 技术对己二胺和己二异氰酸酯界面聚合反应制备聚脲微胶囊的成膜动力学进行在线监测。通过在线测定 pH 值随反应时间的变化，可间接测定己二胺随反应时间的变化，进而得到聚合反应速率的相对大小。LRI 方法的原理是根据高分子材料在固态和液态时所表现出的不同光学性质来对界面聚合的反应动力学进行研究[324]。Krantz 等[322]在研究界面聚合反应过程中悬滴界面张力变化时发现，浓度为 2% 的 MPD 和浓度为 0.1% 的 TMC 反应成膜初期，悬滴的表面张力急速下降，在 20s 时达到自抑制状态；随后悬滴的表面张力缓慢下降，他们认为交联反应缓慢进行使得悬滴的表面张力逐渐下降。

袁芳、于型伟等[325-327]采用视频光学接触角测定仪（OCA）和粒子成像测速仪（PIV）对低反应活性 N-甲基二乙醇胺（MEDA）与均苯三甲酰氯（TMC）界面聚合成膜过程进行了研究。通过视频光学接触角测量仪在线观测界面聚合的成膜过程，探寻了界面聚合过程的成膜机理：①水相单体在有机相中的扩散速率大于有机相在水相中的扩散速率，因此界面聚合膜朝有机相侧生长；②界面处存在的水相单体浓度梯度会导致界面不稳定性，并产生凸起结构，而这种凸起结构会随制膜条件（有机溶剂、酸接受剂的种类等）的变换而改变；③界面聚合反应形成的初生膜会因为其巨大的表面能而处于热力学不稳定状态，所以以初生膜表面形成均匀分布的针孔缺陷，进而导致水相液滴穿过针孔表现出胞状结构。随着聚合反应的进行，新形成的较大的胞状结构不断将原有的较小的胞状结构覆盖，最终形成粗糙的复合膜。此外，袁芳等[328]还研究了界面聚合制备气体分离复合膜的制备-结构-性能关系：有机相单体浓度主要控制复合膜分离层的厚度，而水相单体浓度主要控制复合膜分离层的交联度。在保证形成完整的分离层的前提下，适当降低有机相单体浓度和增加水相单体浓度能够获得具有高 CO_2 渗透速率和高 CO_2/N_2 分离因子的复合膜。

反渗透膜、纳滤膜以及气体分离膜应用的分离物系不同，理想的膜结构和性质有着巨大差异。实用的气体分离复合膜要具备致密均匀的膜结构，且没有对气体分子无选择性的缺陷。在典型的气体分离过程中，$1m^2$ 膜面积上只要有一个缺陷，就可能使膜失去选择性。尽管已经有商品化的反渗透膜、纳滤膜，但用界面聚合法制备出真正商品化的气体分离膜仍有较长的路要走。

12.3.9　炭膜制备方法

炭膜是由聚合物前驱体在惰性气氛下经高温（>500℃）热解炭化制备而成的一种新型高性能的炭基多孔膜材料。炭膜制备过程主要包括：前驱体聚合物膜制备、预处理、炭化处理以及后处理等工艺过程。聚合物前驱体分热塑性前驱体与热固性前驱体。热塑性聚合物前驱体，包括聚芳醚酮类、聚醚砜酮类、聚丙烯腈、聚醚酰亚胺等；热固性聚合物前驱体，包括聚酰亚胺、聚糠醇、酚醛树脂和纤维素衍生物等。二者制备工艺大体相同，但热固性聚合物前驱体不需要预处理过程。以下为热塑性聚合物前驱体制备炭膜过程[329,330]。

（1）前驱体聚合物膜的制备

将一定量的干燥聚合物溶解在溶剂中，加热搅拌溶解，经离心、脱泡和静置后，在玻璃板上刮涂成薄层铸膜液，放在恒温台上进行溶剂蒸发。将所形成的初生膜从玻璃板上剥离，放置真空烘箱中真空干燥，脱除膜内残余溶剂后得到聚合物膜。

（2）预处理过程

热塑性聚合物前驱体需要在空气氛围中进行预处理，形成稳定的交联网状结构，限制炭化过程中聚合物发生熔融和分子链间相互滑移，保持膜的形态和自由体积，使得炭膜结构完整、气体渗透系数好。

将聚合物膜剪成膜片，放置于马弗炉中进行预处理。升温程序为：以 $5℃/min$ 的升温速率从室温升高至终温 $T-50℃$，以 $2℃/min$ 升高至 $T-30℃$，再以 $1℃/min$ 升高至终温 T，恒温 $30min$，然后自然或快速降温至室温，降温速率如图 12-41 所示。预处理气氛为流动的干燥空气。

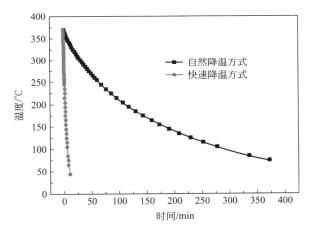

图 12-41　预处理过程中自然降温和快速降温方式下的降温速率

（3）炭化过程

膜的炭化过程是在加热炉中进行，以流动氮气（99.99%）为惰性氛围。将预处理后膜样品夹在石墨板之间，平放在管式炉恒温区域，将炉口密封。升温程序为：以 $5℃/min$ 的升温速率从室温升至 $400℃$，然后以 $3℃/min$ 的升温速率升温至终温，恒温 $60min$，最后自然降至室温得到碳分子筛膜。

12.3.10　热致重排聚合物膜制备方法

热致重排聚合物（thermally rearranged polymers，TR-polymer）通常是由官能化的聚酰亚胺或者聚酰胺等前驱体通过高温热处理生成的具有刚性骨架的产物。

具体制备过程如下：配制一定浓度的聚酰亚胺或聚酰胺溶液，在玻璃板上铺制成膜或纺制成中空纤维膜，脱净溶剂后，置于气氛保护的管式炉或马弗炉中，高温烧结即可得到热致重排聚合物膜。重排过程中，邻位官能基团与酰亚胺键或酰胺键发生反应，如图 12-42

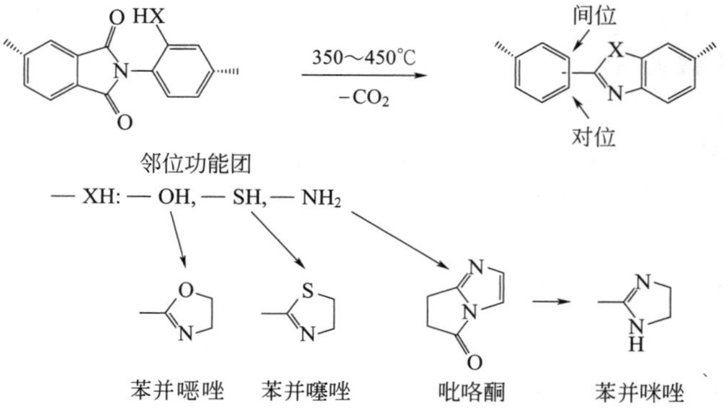

(a) 聚酰亚胺前驱体

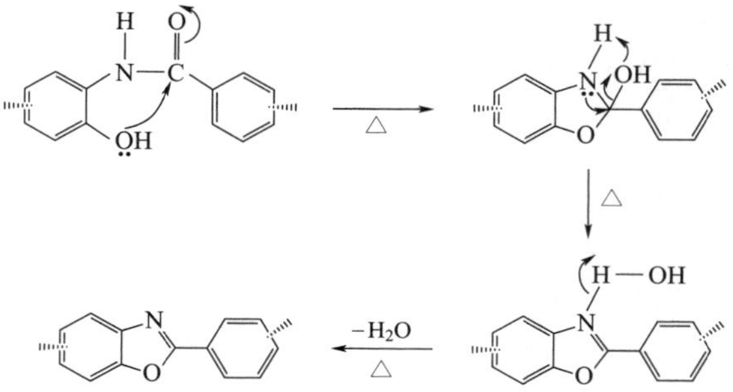

(b) 官能化聚酰胺前驱体

图 12-42　官能化前驱体热致重排过程

所示[68]。

　　通常，以聚酰亚胺为前驱体的热致重排膜具有高的气体渗透性和选择性，但重排所需的温度较高，要求严格的惰性气氛或真空环境；而聚酰胺可以在较温和的环境下发生热环化，得到的膜机械性能较好。表 12-37 是以聚酰亚胺和聚酰胺为前驱体的热致重排条件以及所得热致重排聚合物膜的性能比较。

表 12-37　6FAP-6FDA-API 热重排过程和 6FAP-6FC-PHA 热环化过程的对比[331]

前驱体	6FAP-6FDA-API	6FAP-6FC-PHA
热重排反应	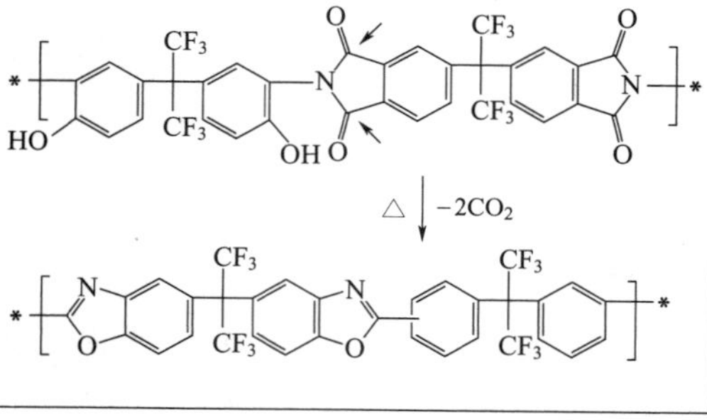	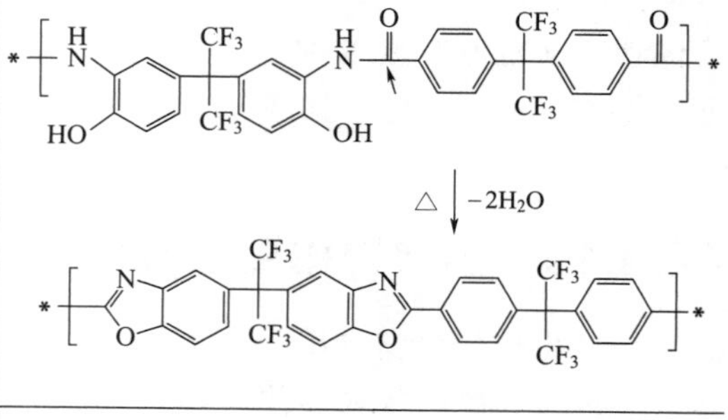
100%转化时的热处理温度	>400℃	<350℃

续表

前驱体	6FAP-6FDA-API	6FAP-6FC-PHA
热处理气氛	真空或者惰性气氛	空气或者惰性气氛
机械性能	脆性大	较强韧
气体渗透性能	高渗透性和选择性	略低的渗透性和选择性

在聚酰亚胺或者聚酰胺的邻位引入可以发生 Claisen 重排的烯丙基醚[332]，可以将分子重排温度降低约 200℃，反应机理如图 12-43 所示。在相同的热处理条件下，通过 Claisen 热致重排可以得到更高的热重排率。

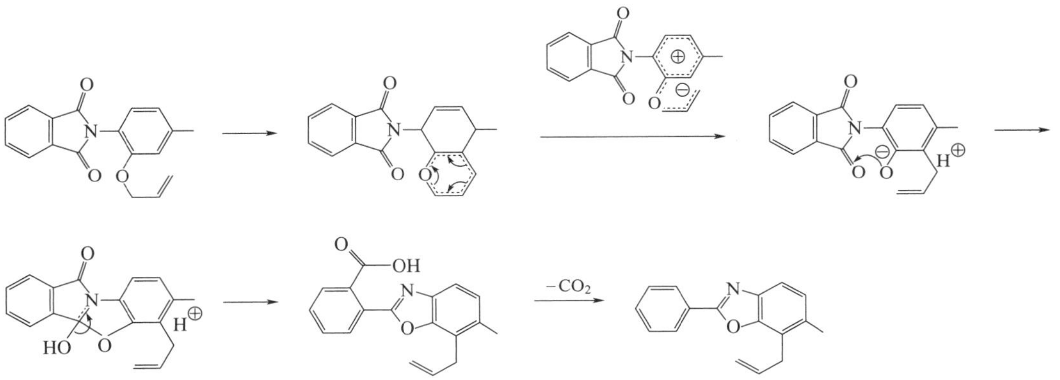

图 12-43　Claisen 热致重排机理

12.3.11　混合基质膜制备方法

混合基质膜（mixed matrix membrane，MMM）是通过在有机膜中引入无机粒子来提高有机膜的分离性能，并且保持有机膜韧性好、易加工成型的特点，实现有机膜与无机膜的优势互补。MMM 制备过程的包括：无机颗粒/聚合物共混液配制、铸膜液处理及成膜、MMM 高温后处理等工艺过程。以下简述 MOFs/聚合物混合基质膜制备方法。

（1）MOFs/聚合物共混液配制[333]

将一定量 MOFs 加入有机溶剂中，室温下，进行高速机械搅拌/超声处理，交替重复多次，得到 MOFs 分散液；将一定量的干燥的聚合物溶解在溶剂中，加热搅拌得到聚合物稀溶液。采用 Priming 方法，即一定温度下先将少量聚合物溶液加入高速搅拌的 MOFs 分散液中，待完全均匀混合后将剩余聚合物溶液分批加入，形成 MOFs/聚合物共混稀溶液。

（2）铸膜液处理及成膜

把 MOFs/聚合物共混稀溶液加热搅拌，用气体吹脱溶剂，浓缩至固含量 $w=20\%$ 以上；然后经搅拌/超声，交替重复多次，滤布过滤，真空脱泡后制成铸膜液；刮涂在光滑玻璃板上，放入真空烘箱中加热脱除溶剂成膜。

（3）高温后处理

膜成形后自玻璃板取下，放入真空烘箱中继续高温热处理。热处理过程：逐段升温，每段温度间隔30℃左右、稳定时间12h；待加热完成后，自然降至室温即得到混合基质膜。

影响MOFs/聚合物混合基质膜制备过程的因素：两相间空隙缺陷及分散相粒子的团聚是影响混合基质膜气体渗透分离性能的主要因素。除选择分散相和有机基质外，制膜条件也是膜制备的关键因素，像MOFs含量、加料方式和后处理温度等均会影响混合基质膜性能。例如，采用Priming加料方式，将MOFs分散液和聚合物溶液共混配制铸膜液，可以抑制MOFs与聚合物间的相界面缺陷，如图12-44所示；又如，后处理温度升至溶剂沸点以上，可以解吸在MOFs孔结构中残留制膜溶剂，可使气体渗透系数显著增加[334]。

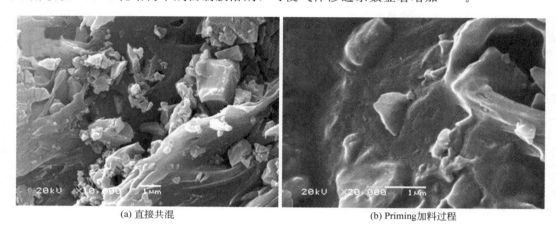

(a) 直接共混　　　　　　　　　　(b) Priming加料过程

图12-44　$Cu_3（BTC）_2$/Ultem® 1000 混合基质膜的断面电镜图

12.3.12　气体分离膜制造工艺

12.3.12.1　平板膜制造工艺

在实验室可在恒温、恒低湿度箱体内，直接在平整的玻璃板上流延成膜，隔离空气中湿气水平静置若干天，待溶剂完全蒸发得到致密膜，如图12-45（a）所示。

图12-45（b）是流延法制备非对称膜工艺示意图，在恒温、恒湿或一定溶剂蒸气气氛的箱体内，直接在平整的玻璃板上涂上聚合物溶液薄膜（可以固定玻璃板移动刮刀或固定刮刀移动玻璃板），根据需要蒸发一定时间后，然后在相应配方凝固浴中浸泡一定时间，发生非溶剂与溶剂交换，等完全固化后，放入水浴中把溶剂置换出来，可得到多孔非对称膜或致密皮层非对称膜。膜的厚度可以通过固定在刮刀上的微调螺丝调节。

除实验室用膜用玻璃板作为成膜基体外，在工业生产中，通常采用直接在支撑材料上流延成膜。膜与支撑材料构成一体，制得的膜强度高，性能稳定。图12-46（a）是平板膜连续制造装置示意图。聚合物溶液通过刮刀均匀涂布在无纺布上，溶剂在气隙中逐渐汽化形成致密的表层；当无纺布上的薄膜连同初生的致密层浸入凝固浴中，溶剂和非溶剂快速交换，在液膜中形成连续的富聚合物相和离散的贫聚合物相，即形成非对称膜，如图12-46（b）。

除铸膜液配方是影响膜性能重要因素外，成膜条件如环境温度、湿度、气速、凝胶条

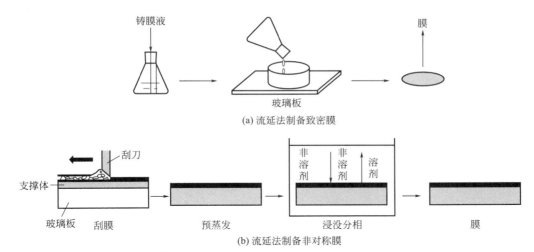

图 12-45 流延法制备致密膜和非对称膜示意图

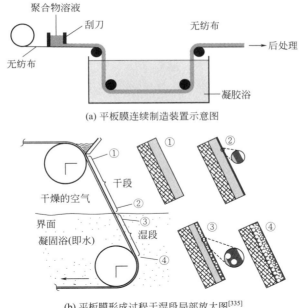

图 12-46 平板膜制造工艺

件、刮膜速度、进水角度、支撑材料等均对膜性能有重大影响。

对于大规模连续制膜的成膜基体，要求其透气性好、耐酸、耐碱、基体材料的缩水率与膜凝胶收缩率一致、成膜后基体与膜不剥离。聚酯无纺布价格便宜，均匀性、一致性、热稳定性好；经热压光处理，表面光洁、无粘毛，常用作基体材料。表 12-38 列出部分用于分离膜的无纺布（100％聚酯纤维）的性能参数。

表 12-38 部分用于分离膜的无纺布参数

质量 /(g/m²)	厚度 /mm	抗拉强度(纵向/横向) /(N/25mm)	透气率(200Pa) /[L/(m²·s)]
85	0.102	122/57	30
98	0.152	167/78	72

12.3.12.2　中空纤维膜制造工艺

中空纤维膜具有自身耐压力特点，这与平板膜需要支撑体不同。此外，中空纤维膜还具有比表面积大的优点（参见表 12-55），因此中空纤维膜在膜分离领域获得了广泛应用。图 12-47 是中空纤维膜制备过程及喷头结构示意图。

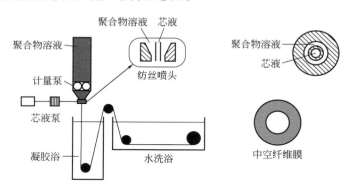

图 12-47　中空纤维膜纺丝工艺及喷头示意图

纺丝液经脱泡过程后，用计量泵从喷丝头挤出，经溶剂从初生态膜表面短时间蒸发后，进入凝胶浴，凝胶后的纤维膜再经洗涤，最后缠绕在收丝筒上。

纺中空纤维膜通常使用内插式喷丝头。喷丝头常用结构如图 12-47 所示，外环通聚合物溶液，内管由计量泵往中空纤维膜中空供芯液，以阻止初生中空纤维膜出喷头后塌瘪。芯液可使用纯水或一定溶剂组成的水溶液。

纺中空纤维膜的材料要求可纺性好，如醋酸纤维素（CA）、聚砜（PSF）、聚丙烯腈（PAN）共聚物等都是常用的聚合物膜材料。中空纤维膜性能受纺丝条件影响很大，根据铸膜液配方及纺丝条件制备中空纤维多孔膜、中空纤维梯度密度膜以及皮层致密无缺陷的中空纤维膜等。

表 12-39 列出聚砜梯度密度非对称膜纺丝条件和气体渗透性能；表 12-40(a)、(b) 分别列出皮层致密无缺陷聚酰亚胺非对称膜的纺丝条件和气体渗透性能。

表 12-39　**聚砜梯度密度非对称膜纺丝条件**（第二代聚砜膜）[336]

纺丝膜液质量组成			纺丝温度/℃	凝胶温度/℃	凝胶浴	干纺距离/cm	芯液组成	$(P/l)_{O_2}$/GPU	$\alpha(O_2/N_2)$	HFM(OD/ID)/μm
聚合物	溶剂	非溶剂								
PSF 37.0%	NMP 35.91%	PA 27.09%	90~120	室温	H_2O	2.5~18.5	H_2O	43.0	5.0~5.2	500/250

表 12-40(a)　**聚酰亚胺**（Matrimide5218）**非对称膜纺丝条件**[337]

纺丝膜液组成				干纺距离/cm	芯液组成（NMP/H_2O质量比）	HFM(OD/ID)/μm
聚合物	溶剂	非溶剂	质量比			
PI	NMP	EtOH	M1:26.2/58.9/14.9	2.5~18.5	96/4	250/125
PI	NMP/THF		M2:26.2/55.9/3/14.9	2.5~11.5		
PI	NMP/THF		M3:26.2/53.0/5.9/14.9	2.5~11.5		

注：纺丝温度 50℃。凝胶水浴温度 20~25℃。

表 12-40(b)　聚酰亚胺（Matrimide5218）非对称膜气体渗透分离性能[337]

膜	干纺距离 /cm	α (O$_2$/N$_2$)	α (He/N$_2$)	$(P/l)_{O_2}$ /GPU	$(P/l)_{He}$ /GPU	皮层厚度 /nm
M1	2.5	6.0	68.5	33.7	386.6	39
	6.5	6.6	78.4	19.4	230.6	68
	11.5	6.6	81.1	17.5	213.0	75
	18.5	6.8	87.6	11.2	144.4	118
M2	2.5	5.6	67.2	19.9	240.7	76
	6.5	7.1	93.6	12.2	160.2	107
	11.5	7.0	86.1	9.4	115.4	140
M3	2.5	7.4	112.3	9.2	151.9	143
	6.5	7.5	113.9	7.0	106.8	188
	11.5	7.4	103.1	5.9	81.3	224

一般而言，用于制备非对称膜的膜液包括聚合物、混合溶剂（高挥发性与低挥发性）以及非溶剂组分，通过调控非溶剂组成使得膜液逼近热力学不稳定限，即非常接近浊点的组成。在制备过程中，膜液以一定的剪切速率由喷头挤出，首先经过干纺阶段，在这个阶段通过施加强制对流迫使外表面膜液内的低沸点溶剂发生挥发，进而使得膜表皮的聚合物浓度提高，形成初生皮层，且皮层以下的膜液仍处于可流动状态；接着初生膜进入凝胶浴发生液-液分相，在这个阶段膜的主体结构主要通过溶剂-非溶剂交换以及膜内组分相分离形成[338]。事实上干纺阶段形成的表皮层，对膜内主体与凝胶浴之间的传质形成阻力。Strathmann 等[274]通过实验发现表皮层的扩散系数比其下的膜主体扩散系数要低两个数量级。表皮层所形成的阻力直接影响到其下膜主体在凝胶浴内发生的溶剂非溶剂交换速率，从而使得其下支撑层发生不同的液-液分相及凝胶，进而影响到所形成的分离膜支撑层结构。在膜制备过程中当非溶剂诱导的分相发生时，在贫聚合物相内发生成核现象，并在富聚合物相内生长变大，膜最终成型后贫聚合物相形成多孔结构而富聚合物相形成相对致密的膜主体结构。某些情况下聚合物稀相内的核会增大形成大孔结构，这主要是由于从周围聚合物溶液向核内的溶剂扩散速率高于反向的非溶剂扩散所导致的[339]。只要核周围是稳定的（没有新核产生且核内没有凝胶现象发生），核生长增大就会继续发生。这样就会在膜内形成直径 20～100μm 的锥形（或指状）或者球形大孔，这些大孔在膜承受较高压力时成为可能引起膜破裂的位点。

12.3.12.3　膜制备过程的主要影响因素

铸膜液配方、成膜条件如环境温度、湿度、环境气流速率、凝胶条件、纺丝速度、芯液组成等影响膜性能重要因素。后处理及干燥方式对膜性能也有重大影响。

（1）铸膜液配方

① 聚合物浓度　一般而言，随着铸膜液中聚合物含量增加，初凝胶时皮层铸膜液中聚合物浓度越高，膜孔径和孔隙率都减小，最后形成膜的皮层较厚，膜对气体渗透速率低，分离系数越接近材料本征值。

② 溶剂选择　相转化法制造高分子膜，需要配制铸膜液溶液，合适的溶剂通常遵循以下三条原则：

　　a. 溶剂与聚合物的溶解度参数相近原则，即组分间溶解度参数越接近，混合自由焓越小，溶解性能越好；

　　b. 溶剂与聚合物的极性相近原则，即相似相溶；

　　c. 溶剂与聚合物的路易斯酸、碱性相配原则。

　　溶解过程中通过溶剂与高分子间路易斯酸、碱的配对作用，溶剂分子向高分子中可溶剂化点位扩散，增加高分子链的可移动性，最终形成均匀的高分子溶液。成膜过程中由于凝胶中溶剂分子与高分子间的路易斯酸碱配对作用调节了高分子的聚集态结构，对改善膜的气体透过性特别有效[336]。

　　常用于制备气体分离膜的聚合物溶剂有 N,N-二甲基甲酰胺（DMF）、N,N-二甲基乙酰胺（DMAC）、二甲基亚砜（DMSO）、六甲基磷酰胺（HMPA）、N-甲基吡咯烷酮（NMP）、磷酸三乙酯（TEP）、磷酸三甲酯（TMP）、四甲基脲（TMU）等，其相应的物性见表 12-41[340,341]。DMAC、DMF 和 NMP 是常用溶剂，它们对多数聚合物溶解能力强、毒性低，且都与非溶剂水具有良好的相溶性。

表 12-41　常见有机溶剂的热力学特性

溶剂	密度 /(kg/m²)	黏度 /(mPa·s)	δ_{ds} /MPa⁰·⁵	δ_{ps} /MPa⁰·⁵	δ_{hs} /MPa⁰·⁵	δ_{ts} /MPa⁰·⁵	D_{s-w}/(×10⁻⁶ cm²/s)	D_{w-s} /(×10⁻⁶ cm²/s)
DMAC	941.2	0.9472	16.8	11.5	10.2	22.7	9.1	16.8
DMF	949.1	0.8499	17.4	13.7	11.3	24.8	10.2	17.1
DMSO	1100.4	2.1878	18.4	16.4	10.2	26.7	10.7	6.9
HMPA	1025.8	3.5570	18.4	8.6	1.3	23.2	6.2	6.4
NMP	1032.4	1.8179	18.0	12.3	7.2	22.9	8.9	9.3
TEP	1069.4	1.6753	16.8	11.5	9.2	22.3	6.3	13.7
TMP	1213.4	2.1937	16.8	16.0	10.2	22.3	8.0	9.2
TMU	968.1	1.5330	16.8	8.2	11.1	21.7	7.8	12.0

　　注：δ_{ds} 为溶剂溶解度参数的色散分量；δ_{ps} 为溶剂溶解度参数的极化分量；δ_{hs} 为溶剂参数的氢键分量；δ_{ts} 为溶剂浓度参数；D_{s-w} 为溶剂在水中的扩散系数；D_{w-s} 为水在溶剂中的扩散系数。

　　可以把溶剂分为 3 类：a. DMSO、NMP，趋于形成指状孔结构；b. TMP、DMAc、TMU、DMF，指状孔和海绵状共存；c. HMPA、TEP，趋于形成海绵状孔结构。

　　常用成膜聚合物的溶解度参数见表 12-42。

表 12-42　聚合物的溶解度参数

聚合物	色散力 (δ_d)	极性力 (δ_p)	氢键 (δ_H)	溶解度参数 (δ_{sp})
醋酸纤维素	16.9	16.3	3.7	23.78
聚偏氟乙烯	17.2	12.5	9.2	23.20
聚砜	19.7	8.3	8.3	22.94
聚醚砜	18.7	10.3	7.7	22.70
聚醚酰亚胺	17.3	5.4	6.3	19.19

　　Zadhoush 等[342]研究了不同溶剂的溶解能力对聚砜膜结构及性能的影响。他们发现当采用 2-吡咯烷酮作为溶剂时，所制备的聚砜膜具有多孔皮层及网状结构，大孔较少；当

NMP 作为溶剂时，所制备的聚砜膜表现出致密皮层及明显的蜂窝状及指状孔结构。与 NMP 相比，2-吡咯烷酮对聚砜的溶解能力差，它的加入使得该铸膜体系膜液的黏度明显增大，同时它与聚砜链之间形成的氢键作用也使得该体系的相分离发生延迟。膜性能的评价结果与其结构相对应，即弱溶剂 2-吡咯烷酮的加入使得膜的通量增加而分离性能下降。

　　Bottino 等[343-345]分别考察了 DMAC、DMF、DMSO、HMPA、NMP、TEP 和 TMU 七种溶剂对 PVDF 膜结构影响：a. DMF 为溶剂时，在膜上表层形成大而短的指状孔，其余部分属于海绵状结构；b. DMAC、TMU 和 TMP 为溶剂时，形成的孔径适中，上表层比下表层致密，指状孔几乎横贯整张膜；c. DMSO 和 NMP 为溶剂时，形成大量宽而长的不规则指状孔，并且指状孔相互连通形成较大的空腔；d. MPA 为溶剂时，则在整个海绵状孔中间夹杂着短的指状孔和孤立的洞；e. TEP 为溶剂时，趋于形成海绵状结构，指状孔小部分存在。

　　③ 低沸点非溶剂选择[346-348]　干-湿法相转化制膜工艺中，非溶剂添加剂也是常用的组分，当挥发性溶剂组分蒸发后，铸膜液进入分相区发生分相，形成孔状结构。低沸点添加剂的加入有利于减小网络尺寸，使膜的结构趋于细密。由于添加剂的快速挥发，在膜的表面会形成一层较厚的致密皮层，例如四氢呋喃（THF）、丙酮、乙醇、丙醇、乙酸等的加入，使膜的平均孔径减小，通量降低，选择性提高。

　　Koros 等[280]将干-湿相分离工艺应用于纺丝工艺，制备了用于气体分离的不对称聚砜中空纤维。由 THF 组成的纺丝溶液作为挥发性溶剂，DMAC 为挥发性较弱的溶剂，乙醇为非溶剂，在初生的中空纤维膜与水的混凝之前，诱导其相分离，见图 12-48。通过正交实验设计，优化了纤维的渗透性能选择性。表皮厚度为 120nm，O_2/N_2 分离系数 5.8，O_2 渗透速率 $(P/L)_{O_2}=8.8$GPU，皮层基本无缺陷。

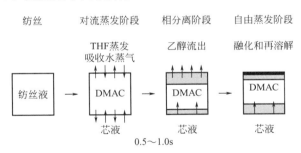

图 12-48　干/湿纺丝过程中早期的相分离情况

　　Han 等[349]研究了通过添加不同量 PVP 以改变膜液黏度后对 PSF/NMP 铸膜体系所制备膜性能的影响。他们发现向该体系内添加非溶剂 PVP 后，一方面因组成更接近相分离点而促进膜液的热力学相变；另一方面膜液的黏度变大又会导致膜液相变动力学受到阻碍。因此，聚砜铸膜体系分相行为受到这两种因素的共同控制。在低 PVP 添加量（约 5%）时，膜液的热力学相变起主要控制作用，所制备的膜分离层薄，大孔多，故通量较大；当 PVP 添加量较高时，膜液黏度的急剧增加导致分相动力学速率的变慢，完全抵消了其对热力学分相行为的促进作用，故发生延迟相分离使得所制备的膜皮层变厚，孔减小，故而通量较低。

　　Ismail 等[350]研究了 PEI 铸膜体系溶剂比例（非挥发性溶剂/挥发性溶剂）对膜结构及性能的影响。他们发现减小溶剂比例，即增加膜液中挥发性溶剂 THF 的添加量可使得膜的致密皮层变厚，膜表面孔隙率变低。这主要归因于干纺阶段膜表面挥发性溶剂 THF 的挥发导致膜表面聚合物浓度发生明显增加。他们的研究证明了膜液的聚合物浓度、溶剂比、强制对流挥发时间、剪切速率等是控制非对称膜致密皮层完整度的关键因素。

（2）预挥发/干程、纺丝速度的影响

对于干法、干/湿法相转化，挥发时间的变化不仅改变了铸膜液的组成，也改变了铸膜液中聚合物的聚集态结构，因而对膜的形态结构有着复杂的影响。随着预蒸发时间的延长，由于溶剂的挥发，使初生膜暴露于空气一侧的表层中聚合物浓度局部增大，所形成的膜表面层中的网络孔较小。

① 气流影响　与平板膜相比，中空纤维膜通过干湿纺制备的过程明显不同：中空纤维膜的高速纺丝决定了初生膜在干纺阶段的停留时间只能保持在 $1/100 \sim 1/10s$ 的水平，远远短于平板膜的 $3 \sim 10s$ 的挥发时间；而优点在于可以很方便地控制膜液出喷头的温度，使得其非常接近膜液中挥发性溶剂的沸点。这样初生膜离开喷头进入干纺阶段后，膜液内的低沸点溶剂会发生闪蒸现象，减少此阶段气体对流促使溶剂挥发的依赖，使得初生膜皮层的聚合物浓度提高，有助于形成致密皮层。同时通过对干纺阶段施加 N_2 对流以调节空气中所含水分，即调节相对湿度对干纺阶段的影响[337]。

② 纺丝速度影响溶液流变与剪切速度　在中空纤维膜制备过程中，高黏度的聚合物膜液从喷头高速挤出，其所承受的剪切流变将会影响聚合物链的规整度及膜成型过程中的凝胶机理，此方面的研究逐渐引起重视。Shilton 等[351]以聚砜铸膜体系为对象，系统研究了溶液流变的影响，他们发现不同温度下流变对膜液分相表现出不同的影响。在低温（$-15.0℃$）下即使无剪切膜液仍有可能发生相变；在中低温（$-5.0℃$）下 $70s^{-1}$ 的剪切速率即有可能诱发膜液发生相变；在相对高温（$-5.0℃$ 以上）情况下，$400 \sim 1000s^{-1}$ 的剪切速率也不能诱发膜液发生相变。

对强制对流纺丝体系而言，高剪切速率与低凝胶强度的芯液结合有利于制备出高选择系数的聚砜中空纤维膜。高剪切情况下可促使经过喷头挤出的聚合物链发生重排，聚合物链的重排将提高膜表面分离层的规整度，进而促使膜的分离系数得到提高，使得所制备的中空纤维膜表现出高于材料本征分离系数的分离性能[352]。

Lai 等[350]希望通过对制膜过程中流变学进行研究，不通过热处理和涂层等后处理手段直接制备无缺陷和超薄皮层的不对称气体分离膜。他们选用聚砜/DMAC/THF/乙醇制膜体系进行研究，发现聚合物浓度、铸膜液中低沸点溶剂和高沸点溶剂的组成、强制对流蒸发时间和制膜过程的剪切速率对于皮层的厚度和皮层完整性有重要影响。铸膜液中聚合物和低沸点溶剂增加，蒸发时间延长导致分离膜皮层变厚，表面孔隙率降低。增加制膜过程中铸膜液的剪切速率，可以减小皮层厚度，增加皮层中分子取向。在剪切速率小于 $381s^{-1}$ 之前，皮层的形成主要是通过旋节分相过程，随着剪切速率增加，氮气、氢气的渗透速率和选择性都有所提高。当剪切速率超过 $381s^{-1}$ 之后，剪切力对聚合物的分相过程造成影响，形成多孔皮层，氮气渗透速率增加、氢气的渗透速率和选择性都有所降低。通过改变纺丝过程中制膜液的流变性能可以制备出无缺陷、超薄皮层的不对称气体分离膜。

（3）非溶剂凝胶浴及其温度选择

在相分离法制膜过程中，气相或液相的非溶剂与铸膜液接触传质改变液态膜的组成，并进而分相成膜，这是关键的一步，决定了膜的结构和性能。这里非溶剂的选择是重要的，其组成和性质对溶剂与非溶剂之间的传质动力学与成膜体系的分相热力学性质有很大影响。对其选择也有一些经验可以遵循：如溶剂与非溶剂必须互溶，强非溶剂易造成瞬时分相，形成孔状结构；弱非溶剂大多是延时分相，形成海绵状结构。

作为绝大多数聚合物溶液的强非溶剂的自来水是常用的非溶剂凝胶浴。另外，醇类也很常用。Bottino 等[353]研究了水、甲醇及其水混合物、乙醇及其水混合物、甘油及其水混合物、溶剂水混合物、正丁醇、四氯化碳、氯仿、乙醚、四氯乙烯、四氯乙烷等各种非溶剂对磺化聚偏氟乙烯相分离成膜过程的影响，结果显示在弱凝胶浴组成下，膜结构均为海绵状结构，将弱非溶剂加到强非溶剂水中时，随着弱非溶剂浓度的增加，膜结构依次从指孔状结构转变成海绵状结构，并且膜通量减小。Deshmukh 等[354]在 PVDF/DMAC 体系下得到的结论相同。吴庸烈等[355]研究了不同浓度的甲醇和乙醇水溶液对膜结构的影响，发现对不同的非溶剂体系，膜结构的转变点处凝胶浴的平均溶解度参数是相同的。Cheng 等[356]则在水中加入了一定量的溶剂，认为凝胶浴中加入溶剂后减慢了传质速度，从而影响了膜结构。

M. Khayet 等[285]研究了外凝胶浴对 PVDF-HFP 膜结构及性能的影响。他们发现通过向凝胶水浴中添加溶剂 DMAC，可以避免形成膜致密皮层，所制备膜的通量明显增加。DMAC 的加入明显减弱了凝胶水浴对膜液的分相能力，使得所制备的膜更多孔且孔更大。当 DMAC 在内/外凝胶浴中的浓度同时达到 50%～60%时，所制备的膜表现出内侧通孔、外侧无皮层、断面呈海绵状孔的整体结构。

毛智明等[357]研究了凝胶浴温度对溶剂法纤维素中空纤维膜结构与性能的影响。他们以 N,N-二甲基乙酰胺为非溶剂添加剂制备了纤维素非对称中空纤维膜，考察了外凝胶浴温度对纤维素非对称中空纤维膜结构和性能的影响。实验结果证明，随外凝胶浴温度的升高，膜的相转化速率逐渐变快，由延迟相分离向瞬间相分离过渡，在外凝胶浴温度为 65℃时，膜外皮层厚度明显减小且断面出现更多的指状孔结构。

凝胶浴温度的提高使膜厚和透水速度增加[358]，这是由于高的凝胶浴温度使凝胶剂分子运动的速度加快，具有较高的能量，易于扩散进入初生膜，加速高分子在聚集过程的凝胶化。由于凝胶剂扩散速率的加快，容易形成较疏松的膜结构，使膜的透水速度加快，膜的厚度也因固化前处于高度溶胀状态（固化剂大量进入），结构疏松而增厚。

总之，通过调整非溶剂凝胶浴的溶解度参数、传质特性等可以改变液态膜中溶剂与非溶剂之间的相对传质速度调整液态膜组成，并改变相分离体系的热力学特性，从而改变膜结构和性能。

芯液的选择对于中空纤维膜的制备至关重要。Wang 等[359]研究了水和乙醇在 PVDF/DMAC 体系中作为芯液对膜结构和性能的影响，结果表明乙醇作为芯液所制备的膜内壁的皮层消失，有效孔隙率增大，气体渗透通量增大。

（4）膜的后处理

对固化后的湿膜进行后处理是极其重要的程序，它会对分离膜的最终渗透性能产生巨大影响。将膜浸入一定温度的热水中加热一段时间，一般来说可以达到减小孔隙率和孔径、提高膜的选择渗透性的效果。这是因为当温度升高到膜的玻璃化温度之上时，链段运动开始解冻，分子链段运动的弛豫时间缩短，相邻链段在成膜时引起的残余应力或分子间相互作用力的影响下互相接近，引起大分子的迁移运动，从而缩小了部分空隙，减小了膜孔径。

在后处理过程中，膜内残留的溶剂及非溶剂应该被有效去除，干燥时纤维膜发生相应收缩并确定最终的膜结构。

表 12-43 中序号 1、3 是湿膜采用直接空气干燥；2、4 是采用先用乙醇置换，然后再用己烷置换乙醇，最后是空气干燥。

表 12-43　干燥方式的中空纤维膜气体渗透性能的影响

项目	干燥方式	气体流量$(P/l)_{CO_2}$ /[$\times 10^{-6} cm^3/(cm^2 \cdot s \cdot cmHg)$]	选择性(CO_2/CH_4)
1	空气	2.5	53
2	乙醇/正己烷/空气	7.1	41
3	空气	2.3	46
4	乙醇/正己烷/空气	6.3	32

注：1、2 和 3、4 样品分别采用不同的制备方法。

从表 12-43 中可很明显地看出，两种不同干燥方式所得到膜性能截然不同。直接空气干燥时，由于水的沸点比溶剂（NMP）低，首先蒸发掉，留下来的溶剂使膜表面及其附近的微孔重新融合，使膜皮层变厚。如果先用乙醇、己烷进行置换，膜内残留溶剂可基本上被置换掉，不会发生膜内微孔再融合现象，所以膜皮层较薄，渗透速率比较大，且分离系数有所减少。

Peinemann 等[360]研究了不同后处理方法对 PEI 膜性能的影响，主要包括在不同温度下用水对膜进行处理（90℃下 2h，20℃下 4h）；室温下丙酮或乙醇处理 2h。他们发现高温水及室温丙酮处理后的 PEI 膜经 70℃干燥后膜的氧气渗透速率更高。室温下水处理的 PEI 膜导致了较厚的致密皮层，其氧气渗透速率极低。这主要是因为膜内的溶剂未充分去除，在干燥过程中因为溶剂的存在使得聚合物发生再溶解，造成了膜内原来的多孔结构致密化。在铸膜液中的非溶剂丁内酯含量较高的情况下，因为膜内残留的溶剂含量更低，使得后处理对膜结构及性能的影响程度变小。在水处理情况下温度越高对膜内残留溶剂的清洗效果更好，所制备的分离膜最终气体渗透性能也更优越。

在湿态膜的干燥过程中，在聚合物与水相互作用力较强的情况下，往往会出现随着水挥发导致的毛细管力使得孔结构坍塌造成的膜结构致密化，极大地破坏了其气体渗透分离性能。这是因为相分离法成膜的非溶剂一般为水，成膜后残留在孔中的稀相液的主要成分是水，其表面张力高达 72.3mN/m，而膜中孔径一般在 $10^{-8}\sim10^{-6}$ m 数量级，根据 Laplace 方程，在干燥过程中其毛细管应力高达 1.45～145bar，所以用低表面张力的有机溶剂置换水来避免如此高的毛细管应力造成毛细管坍塌，减少膜的孔隙率。科学家们一直致力于寻找一种合适的干燥方法。1964 年，Riley 等[361]尝试使用四氯化碳来萃取湿态 CA 反渗透膜中的水分，尽管效果尚可，但是实验证明这种方法耗时太长。1969 年 Kenneth 等[362]采用不同浓度下不同种类的表面活性剂浸泡 CA 膜，然后置空干燥，发现可以很好地避免在干燥过程中造成的膜收缩。1970 年 Gantzel 和 Merten[363]采用−10℃快速冷却与真空升华方法干燥 CA 反渗透膜，干膜的 N_2 渗透速率为 $3.1\times10^{-6} cm^3$(STP)/($cm^2 \cdot s \cdot cmHg$)，He 对 N_2 的分离系数为 34，虽然低于 CA 的本征值 97，但是已经表现出一定的气体分离能力。1988 年 Lui 等[364]采用不同的溶剂置换方法干燥 CA 膜，他们发现湿态膜表面存在一个临界孔径，经溶剂置换干燥后可以具备最优的 CO_2 与 CH_4 分离性能。介兴明等[365]为避免纤维素的膜结构被破坏，采用乙醇-正己烷-空气干燥方法制备纤维素干膜样品，得到了较好的膜结构保留。在所有这些干燥方法中，溶剂置换法（即先采用低碳醇置换膜内的水，再采用非极性低沸点的正己烷置换膜内低碳醇，非极性的正己烷挥发对膜结构影响极小）因为相对较为简单的工艺与较好的效果而被认为是最可取的干燥方法。

Wang 等[366]比较了用甲醇、乙醇、1-丙醇、正己烷置换干燥的情况下膜的性能，发现用有机非溶剂处理后膜通量提高了 3～4 倍，膜孔径稍有增加，但增加的通量主要是由有效孔隙率的增加提供的。Deshmukh 等[354]发现在这三种醇中，用甲醇处理的膜通量稍低，可能是因为甲醇的快速挥发，使膜在干燥前残留一部分水分从而发生收缩。Cheng 等[356]在制膜过程中则采用了先用乙醇再用正己烷分步置换、干燥的处理方式。这是由于乙醇与水有良好的相溶性，然而乙醇较水易挥发，干燥时最后仍残留较多的水，所以进一步用正己烷置换乙醇水以达到满意的效果。

12.3.12.4　支撑层孔结构形成机理

（1）支撑层中指状孔形成

用光学显微镜或电子显微观察膜断面结构，可观察到两类不同膜结构，如图 12-49[342]。

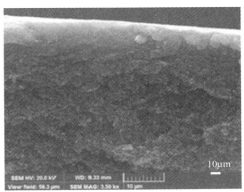

(a) 指状孔　　　　　　　　　　　　　　　(b) 海绵状孔

图 12-49　分离膜断面的电镜照片[342]

一类是由快速凝胶（即瞬时相分离）制备的膜，断面是"空腔孔"或称"指状孔"结构，包括形态各异的大空腔，有指状、锥形和泪滴等形状。通常这类膜具有高孔隙率和高渗透速率，但分离系数或截留率低，而且机械强度差，耐压性能不好，适用微孔过滤或超滤。空腔孔通常在瞬间相分离情况下产生，其生长速度比凝胶前峰的移动速度快，增加铸膜液的黏度或调整溶剂/非溶剂配对延迟相分离都能降低大空腔的生成趋势[265,339,368]。另一类是在相对慢凝胶过程中所形成的膜，断面是海绵状结构。这类膜具有低孔隙率和低渗透速率，分离系数或截留率较高，能耐较高压力，适用于反渗透或气体分离。

指状孔既可能出现在膜的外（内）表面附近，也可能离开表面出现在膜断面内部。通常指状孔结构的膜耐压强度差，使用过程中易被压密，渗透速率衰减快。尤其对中空纤维膜，严重时膜会被压塌，以至不能使用。因此，希望在制膜中消除支撑层指状孔结构。

针对聚合物-溶剂-非溶剂体系，许多研究者发现抑制指状孔规律，归纳如下：

a. 选择相溶性差溶剂/非溶剂作制膜溶剂/沉淀剂；

b. 增加铸膜液配方中聚合物浓度，或者在浸入沉淀浴前，先预蒸发溶剂，提高铸膜液中聚合物浓度；

  c. 向铸膜液中添加少量非溶剂；

  d. 向沉淀浴中添加溶剂等。

指状孔形成过程可分为两个过程：初生孔核产生；核成长而形成指状孔。

伴随成膜机理的研究，出现了许多描述大空腔形成的理论或假说，指状孔形成机理已有不少文献报道。关于初生孔核的成因，粗分为机械作用现象、界面现象和液-液相分离现象；核孔成长也可分为扩散成长和对流成长。下面选择较主要的工作予以介绍。

① Strathmann 模型[367]　Strathmann 认为大空腔是浸入后皮层收缩产生的应力作用的结果。当铸膜液浸入沉淀浴后，在膜表面形成固态皮层。由于聚合物松弛慢，在膜液收缩时所产生的应力不能及时释放，致使皮层破裂而形成初生孔核。当新形成孔核壁上膜液脱溶剂而发生收缩时，使核孔不断成长，直至孔壁固化，形成指状孔结构。

② Matz 模型[369]　Matz 和 Ray 等认为大空腔与界面现象有关。针对醋酸纤维素/丙酮/水体系，Matz 等[369]认为在沉浸过程中，水与丙酮传质交换，膜液/沉淀浴界面的张力减少到 0。这时，界面变得极不稳定，使水很容易浸入膜液，形成初生核孔。孔核底部由于与浴接触，丙酮浓度低而固化；孔核顶部则由于膜液本体中丙酮扩散进入使得浓度高，仍保持低界面张力，使水不断向内浸入，最后形成指状孔结构。Ray 等[370]认为铸膜液表面溶剂蒸发使气液形成大的浓度梯度，因而产生了界面过量分子作用势梯度，使在界面存在的浓度随机扰动不断扩大，形成铸膜液表面孔洞结构。

③ Smolders 模型（或称成核-成长模型）[368]　Smolders 等注意到：指状孔出现在膜皮层下，而且往往瞬时相分离产生指状孔，而延时相分离则是海绵状结构，因此认为液-液相分离是指状孔的成因。他们提出了指状孔形成的成核-成长机理，即当铸膜液与沉淀浴接触发生瞬时分离时，在皮层下产生贫相细核，这初始核当于新的沉淀浴，与其下面铸膜液接触。当核中溶剂浓度高时，将发生延时相分离，没有新核产生。在延时时间内，铸膜液本体中溶剂不断向核中扩散，核将持续成长，直至周围聚合物固化，最后形成指状孔结构；皮层下相分离的非均相性造成扩散前沿不规整，它决定大空腔前锋的位置。当核中非溶剂浓度高时，又发生瞬时相分离，这样初始细核的生长被抑制，通常形成海绵状结构。因此，增大铸膜液的黏度不会抑制指状孔，但抑制初始核产生或者抑制核生长，均可有效消除膜内指状孔产生。

④ Koros 等[371]对膜表面下层的大空穴形成原因进行探讨，指出大空穴的尺寸和存在位置主要由动力学因素所影响，局部的溶剂和非溶剂间的交换速率比与聚合物富相形成速率之间的竞争决定大空腔的生长。在相分离过程中，聚合物贫相被聚合物富相所包围，因水的扩散速率大于溶剂的扩散速率，相邻的聚合物贫相和富相之间存在水的浓度差，导致二者之间存在水的渗透压。当贫相与富相之间的渗透压大于二者之间聚合物固化后的强度时，聚合物贫相可使周围的聚合物富相破裂而继续生长，形成大空穴。反之则聚合物贫相生长停止，形成海绵状结构。

用成核-生长模型可以较好解释上述抑制指状孔产生的经验规律。事实上抑制指状孔规律中 a、b、c 是抑制初始核生长；而 d 是使铸膜液倾向于延时相分离发生，从而抑制核产生。明显地，影响液-液相分离的因素也是影响指状孔形成的因素，其中较主要是选择溶剂/非溶剂对。例如，相溶好的溶剂/非溶剂 DMSO/H_2O、DMAC/H_2O、DMF/H_2O 和 NMP/

H_2O 配对，用于多种聚合物如聚酰胺、聚砜、醋酸纤维素等制膜，所形成的膜都有指状孔结构。大空腔的形成十分复杂，不同形状大空腔的成因不尽相同，试图用一种理论解释大空腔的形成机理目前尚有困难。

（2）支撑层中海绵状结构形成

任何有助于减缓凝胶速度的措施，如选用相互扩散系数小的溶剂/非溶剂对，或在凝胶介质中加入各种添加剂，或增加铸膜液或其表层聚合物浓度，均有利于形成海绵状结构。具体方法如下：

① 聚合物浓度：当聚合物浓度高于临界点浓度时，则会形成具有良好机械性能的类似胞腔状的结构。

② 添加剂影响：分为高分子添加剂和低分子添加剂，添加剂引入会改变铸膜液的热力学和动力学性质。添加剂引入一方面降低铸膜液的热力学稳定性，促进相分离；另一方面提高铸膜液的黏度，延缓相分离。添加剂的分子量和加入量决定哪方面起主导作用。加入高分子量的 PVP 容易形成海绵状孔[372]，当聚砜铸膜液中司盘 80 的含量增加到 15％时，聚砜膜的结构从指状孔变为海绵状孔[373]。

③ 溶剂/非溶剂体系：溶剂与聚合物相溶性越好，成膜聚合物在非溶剂中分相、固化的速度越慢，越易形成均一的海绵状结构[374]。换言之，当溶剂与非溶剂之间溶解度参数的差值 ｜Δδ｜ 越小时，铸膜液在凝固浴中成膜越慢，越容易延时分相，易形成海绵状孔[375]。

④ 凝固浴的组成：向凝固浴中加入一定量的溶剂，可以降低溶剂与非溶剂之间的扩散速率，有助于形成海绵状孔[376]。在凝胶浴中加入一定量的弱非溶剂（如醇类等），会延迟相分离速度，形成海绵状孔[354]。

⑤ 成膜温度：温度对成膜过程的影响分为两方面，一方面，升温有利于提高铸膜液的热力学稳定性；另一方面，温度的升高会加快分子扩散速率，同时降低体系黏度，降低传质阻力。因此，凝固浴温度对膜结构和性能的影响随着制膜体系不同而不同，需要针对特定体系进行系统实验和深入分析[358]。

⑥ 空气湿度：如果空气浴中含水量较大，聚合物溶液空气浴过程中会吸收空气中的水分，从而使得表面产生分相，形成薄膜，浸入凝固浴后铸膜液主体与凝固浴中非溶剂的传质阻力因为这层薄膜的存在而变大，分相过程极其缓慢，这种分相过程可以制备具有多孔表面和网兜状断面结构的膜，这种方法一般用于制备大孔径多孔膜[377]。

⑦ 空气浴时间：当铸膜液中含有挥发性溶剂时，随着在空气浴中溶剂的蒸发，溶液组成进入两相区并发生分相，浸入凝固浴后铸膜液表面的分相会极大降低成膜速率，通过这种方法可制得具有对称结构的海绵状超滤膜[348]。

12.4　相转化成膜机理

12.4.1　铸膜液体系热力学

聚合物分离膜目前已在工业上得到广泛应用，各应用领域均对膜材料和膜结构提出了不同的要求，对于微滤和超滤膜，膜的孔隙率和孔径将最终决定其过滤效率，而对于气体分离膜而言，膜材料的选择性、渗透性和致密皮层结构决定了其分离效率。要获得适用的膜结构，就需要对成膜机理进行研究，以实现对膜结构的控制，获得性能优异的选择性分离膜。从铸膜液到聚合物膜形成机理分别有：聚合物溶液直接玻璃化转化而凝胶固化、贫相的成核与生长、富相的成核与生长及旋节线分相四个基本过程[378-380]。因此，成膜机理的研究一直是膜研究领域中非常重要的部分。

（1）液-液相分离过程

Loeb-Sourirajan 法所得到膜结构是由液-液相分离产生的，其结构将取决于铸膜液体系的相图形态。一般高分子铸膜液体系包含聚合物、溶剂、非溶剂三元组分，但为了调节膜结构、改善膜性能，往往还在铸膜液中加入其他添加剂，因此高分子铸膜液体系通常包含三元以上组分。但三元以上铸膜液体系的相图难以在平面上描述。

图 12-50 是三元体系等温自由能曲面，当均匀聚合物溶液由于非溶剂浸入变成不稳定时，将导致液-液相分离使混合 Gibbs 自由能最低。如果体系组成落在 B、D 之间，将分成组成为 B、D 两相，该过程称为液-液相分离。相分离可依据成核-生长机制和旋节相分离机制。

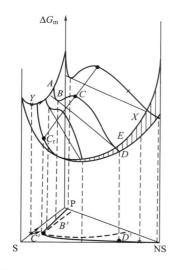

图 12-50　三元体系等温自由能曲面图

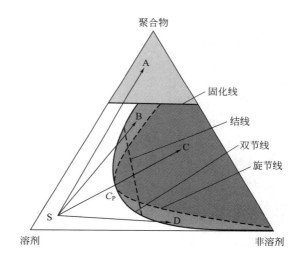

图 12-51　完整的三元聚合物/溶剂/非溶剂体系相图
A—玻璃化转变凝胶固化区；B、D—液-液两相区
（成核-生长机制）；C—液-液两相区（旋节相分离机制）

三元体系完整的相图如图 12-51 所示[379,380]。细分为四个区域，图中 S 是单相溶液区，由聚合物-溶剂轴和浊点线或称双节线（binodal）构成；浊点线右边 B 区-C 区-D 区是液-液两相区。在两相区，旋节线（spinodal）又划出亚稳区（B 区与 D 区）和非稳区（C 区），在各区域相分离机制是不同的。浊点线与旋节线之间是亚稳区，相分离是成核-生长机制，即当组分进入 B 区时，在稀相产生核，其中超过临界尺寸的核将不断成长，直至核聚结而形成膜结构[378-380]；旋节线右边是非稳区，相分离是增幅分解机制，即膜液中浓度波动在非稳区将持续增长，最后形成网络结构膜[381]。结线表示富相与贫相对应的平衡浓度。玻璃化转变线以上 A 区域是固态单相区，当铸膜液组分进入该区形成固态。

C_P 是临界点浓度，它决定液-液相分离时是稀相成膜还是富相成核。如果膜液在 C_P 点以下 D 区相分离，初生核在富相产生，连续相是稀相，最终形成的膜结构将是松散的[379]，没有机械强度而不能使用。因此实用的膜均要求在 C_P 点以上发生相分离，使最终膜结构中富相是连续相，具备一定的机械性能。

在成膜过程中，聚合物溶液体系是否以及发生何种液-液分相过程主要由溶液的热力学因素所决定。而实际浸入凝胶分相制膜为一动力学过程，膜的具体结构形态通常由制膜过程的动力学因素所决定。当制膜液浸入凝胶浴后，薄膜内溶剂将向凝胶浴中扩散，而凝胶浴中的非溶剂也将向薄膜内扩散，浸入凝胶成膜为一动力学双扩散过程。随着双扩散过程的不断进行，体系将发生热力学液-液分相。当铸膜液沿路径 S→A 变化直接达到玻璃化转变线，产生玻璃化转变，形成均质、致密玻璃态膜；当铸膜液沿路径 S→B 改变时，膜液组成将穿过浊点线进入亚稳区，这时在稀相产生初始核，大于临界核的初始核快速增长，导致液-液相分离，随着溶剂与非溶剂的不断交换，富相组分浓度将沿着浊点线上升，当穿过玻璃化转变线进入固相 A 区而被固化成膜。前者对应着皮层形成，后者对应着支撑层形成，因而可解释非对称膜结构的形成机理。

根据体系发生液-液分相的快慢，通常存在两种不同形式的液-液分相行为，即瞬时液-液分相（制膜液浸入凝胶浴后迅速分相成膜）和延时液-液分相（制膜液浸入凝胶浴中一定时间后才分相成膜）。上述两种不同的液-液分相行为原则上将形成两种不同的膜结构形态。瞬时液-液分相将得到相对多孔的膜表层，这种分相行为将形成多孔膜［如微滤（MF）和超滤（UF）膜］。而延时液-液分相通常将得到致密的膜表层，这种分相行为将形成具有致密表层和多孔底层的聚合物膜［如气体分离（GS）和渗透汽化（PV）膜］。

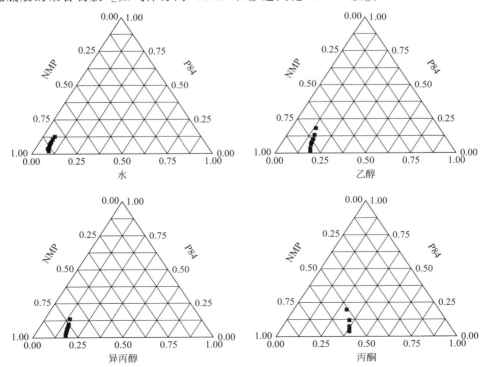

图 12-52　P84/NMP/非溶剂相图[382]

　　铸膜液所选用组分不同，相图也随之改变。图 12-52 是 P84 聚酰亚胺铸膜液体系对不同非溶剂的相图，水非溶剂性最强，乙醇与异丙醇差不多，丙酮非溶剂性最弱。

　　根据分离对象要求，选定成膜聚合物材料，膜结构可以通过改变溶剂/非溶剂配对来调整，可以制造致密膜、非对称多孔膜（指状孔或海绵状孔）、非对称皮层致密膜（指状孔或海绵状孔）等。同一聚合物用不同配方制备的膜性能也不相同，表 12-44 是不同溶剂对膜性能的影响[383]，用 DMF 作溶剂的聚酰亚胺（PI）膜渗透系数最小，但分离系数最高。

表 12-44　不同溶剂对 6FDA/PMDA-TMMDA 聚酰亚胺膜分离性能的影响

溶剂	渗透系数/Barrer						分离系数			
	He	H_2	O_2	N_2	CH_4	CO_2	H_2/N_2	He/N_2	O_2/N_2	CO_2/CH_4
PI-CH_2Cl_2	144	240	45.0	11.7	13.3	187	20.5	12.3	3.8	14.1
PI-NMP	131	210	35.4	8.76	8.99	144	24.0	14.9	4.0	16.1
PI-DMF	84.7	130	21.2	5.16	5.35	88.6	25.1	16.4	4.1	16.6

　　注：6FDA/PMDA-TMMDA 聚酰亚胺为六氟二酐/均苯四甲酸二酐、四甲基甲烷二胺聚酰亚胺。

　　表 12-45 列出了常用于制备气体分离膜的铸膜液体系，可供参考。

表 12-45　气体分离膜的铸膜液体系

聚合物	溶剂	非溶剂	参考文献
醋酸纤维素	丙酮	水	[384]
聚砜	二甲基乙酰胺	水、乙醇	[385]
聚砜	三氯甲烷	乙醇（甲醇、异丙醇）	[385]
聚砜	二甲基甲酰胺（或邻苯二甲酸二甲酯）	水（乙醇、甲醇、1-丙醇、丙酮）	[386]
聚砜	N-甲基吡咯烷酮	水（乙醇、甲醇、1-丙醇、丙酮）	[387]
聚砜+聚乙烯吡咯烷酮	二甲基乙酰胺	水	[388]
聚醚砜	N-甲基吡咯烷酮（或二甲基乙酰胺、二甲基甲酰胺、二甲基亚砜）	水（乙醇、1-丙醇、丙酮）	[386,387,389]
聚砜+聚醚砜	N-甲基吡咯烷酮	水	[390]
聚偏氟乙烯	N-甲基吡咯烷酮（或二甲基乙酰胺、二甲基甲酰胺、二甲基亚砜等）	水	[391]
聚砜	二甲基乙酰胺+四氢呋喃	乙醇+水	[392]
六氟二酐-2,2-双（4-氨基苯基）六氟丙烷	N-甲基吡咯烷酮	水	[391]
聚（2,6-二甲基-1,4-苯醚）(PPO)	氯仿	2-乙基己醇、1-辛醇、2-丙醇、2-癸醇、3,5,5-三甲基-1-己醇、2,4,4-三甲基-1-戊醇、2-甲基-3-己醇、3-乙基-3-戊醇、2-甲基-2-己醇	[393]
TPX 聚（4-甲基-1-戊烯）	环己烷	乙醇、1-丁醇、1-己醇、1-辛醇、1-癸醇、1-十二醇	[394]
六氟二酐-2,2-双（4-氨基苯基）六氟丙烷	N-甲基吡咯烷酮/丙酸	水	[395]
六氟二酐-均四甲基苯	N-甲基吡咯烷酮/丙酸/β-甲基吡啶/丙酸酐	水	[396]
六氟二酐-2,6-二氨基甲苯	N-甲基吡咯烷酮	水	[397]
六氟二酐-4,4-二氨基二苯醚/1,5-萘二胺	N-甲基吡咯烷酮/四氢呋喃	乙醇	[398]

续表

聚合物	溶剂	非溶剂	参考文献
Torlon 4000T-LV	N-甲基吡咯烷酮/四氢呋喃	乙醇	[399]
Torlon® 聚酰胺酰亚胺	N-甲基吡咯烷酮/四氢呋喃	水、甲醇、乙醇	[400]
六氟二酐-2,4,6-三甲基-1,4-苯二胺	N-甲基吡咯烷酮/四氢呋喃	乙醇/硝酸锂	[401]
聚偏氟乙烯	二甲基甲酰胺/四氢呋喃	甲基丙烯酸聚乙二醇酯	[402]
聚酰亚胺	N-甲基吡咯烷酮/四氢呋喃	乙醇/硝酸锂	[403]
Matrimid®	N-甲基吡咯烷酮	正丁醇	[404]
P84® 聚酰亚胺	N-甲基吡咯烷酮/四氢呋喃	乙醇	[405]
酚酞型聚芳醚酮	氯仿或四氢呋喃	C_1-C_4 醇	[406]

　　双节线通常用浊点法测定。常用测试方法有以下两种。①用非溶剂滴入事先配制好的不同浓度溶剂-聚合物溶液，计算浊点产生时的各组分浓度，得到浊点线。浊点用目视或光透射法观察，测试装置见图 12-53。②把用同一非溶剂/溶剂比例下配制的不同聚合物浓度的溶液，冷却使各溶液依次变浊，得到浊点温度，内插得到所需温度的聚合物浓度；然后改变非溶剂/溶剂比例，得到浊点线，装置及数据处理见图 12-54[385]。方法①装置简单，测试方便；方法②精度比较高。

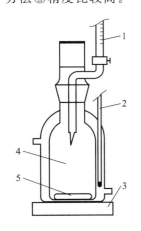

图 12-53　浊点测试装置

1—滴定管；2—温度计；3—磁力搅拌器；
4—分相滴定瓶；5—转子

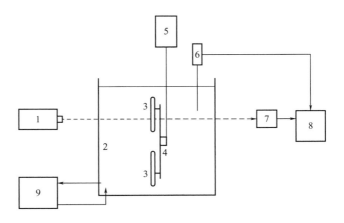

图 12-54（a）　浊点法测定浊点温度的装置示意图

1—激光；2—恒温槽；3—毛细管；4—旋转轮；5—电动机；
6—温度计；7—检测器；8—记录仪；9—低温恒温器

　　为了得到完整的双节线，可使用外推式（12-69）[407]。

$$\ln \frac{\phi_{NS}}{\phi_P} = b\ln \frac{\phi_S}{\phi_P} + a \qquad (12\text{-}69)$$

　　式中，ϕ_{NS}、ϕ_S、ϕ_P 分别为非溶剂、溶剂和聚合物体积分数；a 与 b 是截距与斜率，可由聚合物低浓度区数据求得，再外推到高浓度区求浊点线。对更高浓度区，式（12-69）线性关系不成立，浊点线只是近似值。

　　针对常用浊点滴定方法操作麻烦，Catharina Kahrs 等[408]发展了一种新的相图分相结线（Tie-Tie 法）的确定方法，见图 12-55。首先将一定质量的聚合物膜液（PES/NMP）加入已知质量的离心管内，并向管内加入足够量的非溶剂水促使其发生液-液分相。通过改变

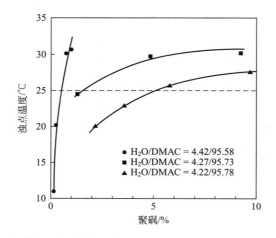

图 12-54（b）   三种假定二元体系的浊点温度

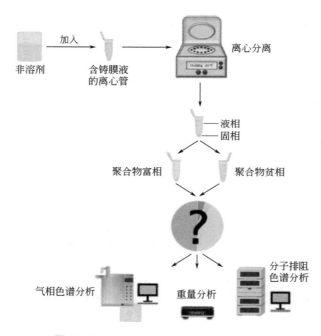

图 12-55   分相结线（双节线）实验测试手段

非溶剂水的添加量，可以得到不同组成的液-液分相，即可以确定相图中的不同位置的两相结线。

液-液分相后，将离心管放入离心机中充分离心，使得其中的两相发生彻底分离，富聚合物相即为离心管底部的凝胶状物质，其上则为贫聚合物相。在接下来的相组成分析过程中，针对溶剂是否具有挥发性将采取不同的方法。鉴于大多数铸膜体系的溶剂都是非挥发性的，故仅对此情况进行描述。

把贫聚合物相移走后分别对两相进行称重，并将富聚合物相通过定量 DMAC 的充分溶解形成均匀溶液。接下来即可对彻底分离后的贫聚合物相和富聚合物相进行组分分析：

溶液中的固相聚合物浓度使用分子排阻色谱法确定，而溶剂/非溶剂等液相组成由气相色谱确定。

　　分子排阻色谱法首先需要确定 PES 浓度的标定曲线，即将 PES 溶解于 DMAC 中，并制备成 PES 含量 $w=0.036\%\sim1.0\%$ 浓度不等的溶液，采用这些不同浓度的标本，通过分子排阻色谱法，得到不同的分析结果，进而形成标定曲线。PES 分子量则通过已知不同分子量的聚苯乙烯所得到的标准曲线进行确定。

　　制备三种不同溶剂/非溶剂混合液相，并经过气相色谱分析，可以得到标准曲线用于各溶液样本中液相溶剂/非溶剂具体组成的标定。

　　图 12-52 和图 12-56～图 12-61 列出常用铸膜液体相图可供参考。

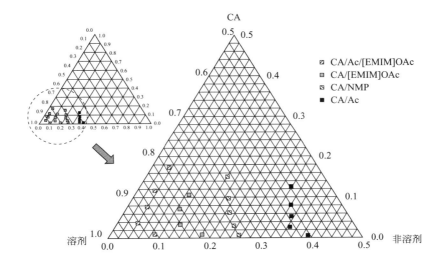

图 12-56　CA/[EMIM]OAc/Ac/NMP/H$_2$O 相图[384]

注：CA 为醋酸纤维素；［EMIM］OAc 为 1-乙基-3-甲基咪唑乙酸盐；
Ac 为丙酮；NMP 为 N-甲基-2-吡咯烷酮；非溶液为 H$_2$O

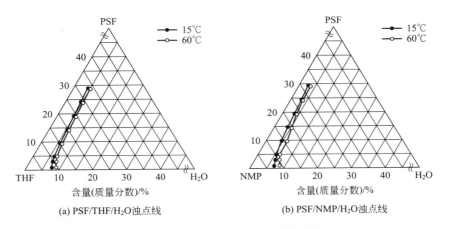

(a) PSF/THF/H$_2$O浊点线　　　　　(b) PSF/NMP/H$_2$O浊点线

图 12-57　不同温度下三元体系相图[276]

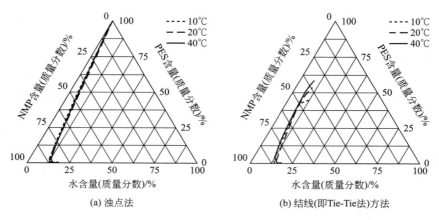

图 12-58　不同温度下 PES/NMP/H_2O 相图[401]

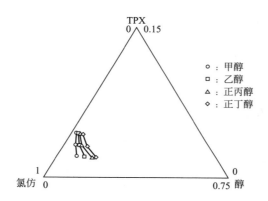

图 12-59　TPX/氯仿/醇类三元体系相图[394]

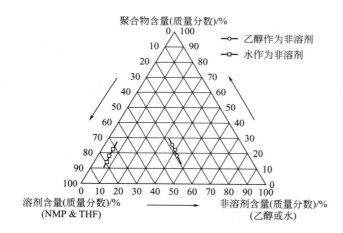

图 12-60　6FDA-DAM/溶剂/非溶剂相图[401]

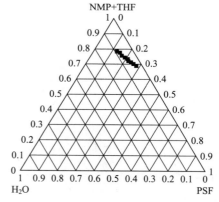

图 12-61　PSF/混合溶剂（NMP/THF=70/30，质量比）+ H_2O 四元体系相图[409]

（2）浊点线及结线计算[276,282,410-412]

由于实验手段限制，用浊点法只能测得低浓度聚合物铸膜液的浊点线，通常聚合物浓度在 20% 以内。对于聚合物浓度相对较高的体系，可以应用溶液理论来描述体系相图，其中

Flory-Huggins 理论由于其物理概念清晰，方程处理简单明了，并且积累了大量基础数据，在铸膜液相图计算中最为常用。

对三元体系铸膜液，根据 Flory-Huggins 理论，体系的 Gibbs 自由能用式（12-70）表示。

$$\Delta G^m/RT = n_1\ln\phi_1 + n_2\ln\phi_2 + n_3\ln\phi_3 + \chi_{12}(u_2)n_1\phi_2 + \chi_{13}(u_3)n_1\phi_3 + \chi_{23}(v_3)n_2\phi_3 \tag{12-70}$$

式中，下标 1、2、3 分别表示非溶剂、溶剂和聚合物；n_i 和 ϕ_i 分别表示组分 i 的摩尔数和体积分数；R、T 分别为气体常数和热力学温度；χ_{12} 和 χ_{13} 分别为非溶剂-溶剂和非溶剂-聚合物之间的相互作用参数；χ_{23} 为溶剂和聚合物之间的相互作用参数。

u_2、u_3、v_3 是浓度函数，按式（12-71）计算

$$u_2 = \frac{\phi_2}{\phi_1+\phi_2}, \quad u_3 = \frac{\phi_3}{\phi_1+\phi_3}, \quad v_3 = \frac{\phi_3}{\phi_2+\phi_3} \tag{12-71}$$

组分 i 的化学位由式（12-72）计算

$$\frac{\mu_i}{RT} = \left(\frac{\partial \dfrac{\Delta G^m}{RT}}{\partial n_i}\right)_{P,T,nj,j\neq i} \qquad i=1,2,3 \tag{12-72}$$

得到

$$\mu_1/RT = \ln\phi_1 - s\phi_2 - r\phi_3 + [1+\chi_{12}(u_2)\phi_2+\chi_{13}\phi_3](1-\phi_1) - s\phi_2\phi_3\chi_{23} - \phi_2 u_2(1-u_2)\frac{\partial\chi_{12}(u_2)}{\partial u_2} \tag{12-73}$$

$$s\mu_2/RT = s\ln\phi_2 - \phi_1 - r\phi_3 + [s+\chi_{12}(u_2)\phi_2+s\chi_{23}(v_3)\phi_3](1-\phi_2) - \phi_1\phi_3\chi_{13} + \phi_1 u_2(1-u_2)\frac{\partial\chi_{12}(u_2)}{\partial u_2} \tag{12-74}$$

$$r\mu_3/RT = r\ln\phi_3 - \phi_1 - s\phi_2 + [r+\chi_{13}\phi_1+s\chi_{23}\phi_2](1-\phi_3) - \phi_1\phi_2\chi_{12}(u_2) \tag{12-75}$$

式中，$s=V_1/V_2$，$r=V_1/V_3$ 分别是组分摩尔体积比。

成膜过程中，随着溶剂扩散出来和非溶剂进入，聚合物溶液中非溶剂含量的不断增加，当到达相图中的双节分相线组成时，体系原有的热力学平衡被打破，并将自发地进行液-液分相而形成的两相。这时，形成的两相应满足相化学势平衡。

根据两相平衡时化学位相等，

$$\mu_i' = \mu_i'' \tag{12-76}$$

上标"'"表示聚合物富相或浓相，"""表示聚合物贫相或稀相。

各相中各组分浓度应归一，即

$$\sum\phi_i' = 1 \qquad \sum\phi_i'' = 1 \tag{12-77}$$

方程（12-76）可用最小二乘法求解，目标函数 F 为

$$F = \sum_{i=1}^{3}\left(\frac{\mu_i'-\mu_i''}{RT}\right)^2 = \min \tag{12-78}$$

上式是多元非线性偏微分方程，可采用数值方法如单纯法、牛顿法[413] 或 Marquardt 法求解，具体计算时使目标函数达到最小值，来决定稀相与富相组分浓度值，即得到浊点线和结线。

（3）旋节线及临界点计算

① 旋节线方程　对组分数为 n 体系的旋节线方程为

$$G \equiv |G_{ij}| = 0 \tag{12-79}$$

式中，G 表示独立组分变量 G_{ij} 的 $n-1$ 阶行列式，$G_{ij} = \left(\dfrac{\partial^2 \overline{\Delta G}_m}{\partial \phi_i \partial \phi_j}\right) v_{\text{ref}}$；$v_{\text{ref}}$ 是参考组分摩尔体积；$\Delta \overline{G}_m$ 表示单位体积 Gibbs 自由能。

② 临界点方程　临界点位于旋节线顶点上，因此从对旋节线方程求导可得到临界点的附加条件

$$|G|_i = 0 \tag{12-80}$$

式中，是用单元 $\dfrac{\partial G}{\partial \phi_1}$，$\dfrac{\partial G}{\partial \phi_2}$，…，$\dfrac{\partial G}{\partial \phi_n}$ 取代 G 中的 i 行而形成的行列式。

对三元体系，如选择组分 1 作为参考组分，得到旋节线方程，

$$G_{22} G_{33} = (G_{23})^2 \tag{12-81}$$

式中，

$$G_{22} = \frac{1}{\phi_1} + \frac{v_1}{v_2 \phi_2} - 2\chi_{12} + 2(u_1 - u_2)\frac{\mathrm{d}\chi_{12}}{\mathrm{d}u_2} + u_1 u_2 \frac{\mathrm{d}^2 \chi_{12}}{\mathrm{d}u_2^2}$$

$$G_{23} = \frac{1}{\phi_1} - (\chi_{12} + \chi_{13}) + \frac{v_1}{v_2}\chi_{23} + u_2(u_1 - 2u_2)\frac{\mathrm{d}\chi_{12}}{\mathrm{d}u_2} + u_1 u_2^2 \frac{\mathrm{d}^2 \chi_{12}}{\mathrm{d}u_2^2} - \phi_3 \frac{\mathrm{d}\chi_{13}}{\mathrm{d}\phi_3} + \frac{v_1}{v_2}\phi_3 \frac{\mathrm{d}\chi_{23}}{\mathrm{d}\phi_3}$$

$$G_{33} = \frac{1}{\phi_1} + \frac{v_1}{v_3 \phi_3} - 2\chi_{13} - 2u_2^2(1 - u_1)\frac{\mathrm{d}\chi_{12}}{\mathrm{d}u_2} + u_1 u_2^3 \frac{\mathrm{d}^2 \chi_{12}}{\mathrm{d}u_2^2} + 2(\phi_1 - \phi_3)\frac{\mathrm{d}\chi_{13}}{\mathrm{d}\phi_3} + \phi_1 \phi_3 \frac{\mathrm{d}^2 \chi_{13}}{\mathrm{d}u_2^2}$$

$$+ \frac{2v_1}{v_2}\phi_2 \frac{\mathrm{d}\chi_{23}}{\mathrm{d}\phi_3} + \frac{v_1}{v_2}\phi_2 \phi_3 \frac{\mathrm{d}^2 \chi_{23}}{\mathrm{d}\phi_3^2}$$

则得到临界点方程为

$$G_{222} G_{33}^2 - 3G_{223} G_{23} G_{33} + 3G_{233} G_{23}^2 - G_{22} G_{23} G_{333} = 0 \tag{12-82}$$

（4）二元组分相互作用参数 χ_{ij}

铸膜液体系是强非理想溶液，Flory-Huggins 理论采用组分间相互作用参数来表征溶液的非理想性质。对三元组分体系，共有 3 个相互作用参数 χ_{ij}，非溶剂-聚合物和溶剂-聚合物可根据 Hildebrand 方程进行估算。

$$\chi_{ij} = \frac{v_i}{RT}(\delta_i - \delta_j)^2 \tag{12-83}$$

δ 是溶解度参数，与其色散分量 δ_d、偶极分量 δ_p 和氢键分量 δ_h 有关，可用式（12-84）计算。

$$\delta^2 = \delta_d^2 + \delta_p^2 + \delta_h^2 \tag{12-84}$$

常见聚合物和溶剂的溶解度参数见表 12-42 和表 12-46。

对低分子非溶剂-溶剂的 χ_{ij} 可以通过活度系数 γ 计算。

$$\chi_{ij} = \frac{\dfrac{\Delta G^E}{RT} - [x_i \ln(x_i / \phi_i) + x_j \ln(x_j / \phi_j)]}{x_i \phi_j} \tag{12-85}$$

式中，$\Delta G^E / RT$ 是超额 Gibbs 自由能。

表 12-46　常用溶剂的溶解度参数[283]

溶剂	δ_d /MPa$^{1/2}$	δ_p /MPa$^{1/2}$	δ_h /MPa$^{1/2}$	溶剂	δ_d /MPa$^{1/2}$	δ_p /MPa$^{1/2}$	δ_h /MPa$^{1/2}$
醋酸	14.5	8	13.5	乙醚	19	1.8	7.4
丙酮	15.5	10.4	6.9	庚烷	15.1	0	0
乙腈	15.3	17.9	6.1	己烷	14.8	0	0
苯	18.4	1	2.9	甲醇	15.1	12.2	22.2
正丁醇	15.9	5.7	15.7	甲基叔丁基醚	15.5	3.6	5.2
乙酸丁酯	15.8	3.7	6.3	甲基乙基酮	15.9	9	5.1
四氯化碳	17.6	0	0	N-甲基吡咯烷酮	18	12.3	7.2
三氯甲烷	17.6	3	4.2	戊烷	14.3	0	0
环己烷	16.7	0	0	正丙醇	15.8	6.7	17.3
二氯乙烷	19	7.4	4.1	异丙醇	15.8	6.1	16.4
二氯甲烷	18.2	6.3	7.8	二异丙醚	14.4	2.9	5.1
N,N-二甲基乙酰胺	16.8	11.5	10.2	四氢呋喃	19	10.2	3.7
N,N-二甲基乙酰胺	17.4	13.7	11.2	甲苯	18	1.4	2
二甲亚砜	18.4	16.3	10.2	三氯乙烯	18	3.1	5.3
二氧己环	16.8	5.7	8	水	15.5	16	42.3
乙醇	15.8	8.8	19.4	二甲苯	17.6	1	3.1
乙酸乙酯	15.8	5.3	7.2				

$$\frac{\Delta G^E}{RT} = x_i \ln\gamma_i + x_j \ln\gamma_j \tag{12-86}$$

式中，γ_i、γ_j 是活度系数，其值可从汽-液平衡数据求得，还可以通过其他途径如活度系数方程或基团加和法得到。表 12-47 列出常用聚合物/溶剂/非溶剂三元铸膜液的相互作用参数值，可供计算相图参考。

表 12-47　聚合物/溶剂/非溶剂相互作用参数值[266]

项目	χ_{12}	χ_{13}	χ_{23}	χ_{14}	χ_{24}	χ_{34}
聚醚砜/聚乙烯吡咯烷酮/N-甲基吡咯烷酮/水	1.0	1.5	0.5	0.5	0.5	−1.0
聚醚砜/N,N-二甲基乙酰胺/水	$0.8923 - 0.5911u_2^2 + 0.2821u_2^2$	1.6	0.39	—	—	—
聚醚砜/N-甲基吡咯烷酮/水	$0.785 + 0.665u_2$	1.6	0.37	—	—	—
聚醚砜/N,N-二甲基甲酰胺/水	$0.5 + 0.04u_2 + 0.8u_2^2 - 1.2 + 0.04u_2^3 + 0.8u_2^4$	1.6	0.47	—	—	—
聚偏氟乙烯/N,N-二甲基甲酰胺/水	$0.5 + 0.04u_2 + 0.8u_2^2 - 1.2 + 0.04u_2^3 + 0.8u_2^4$	20.9	0.43	—	—	—
聚砜/2-吡咯烷酮/水	$0.32 + 0.47/(1 - 0.5u_2)$	2.5	0.5	—	—	—
聚砜/N-甲基吡咯烷酮/水	$0.785 + 0.665u_2$	2.7	0.24	—	—	—
聚醚酰亚胺/N-甲基吡咯烷酮/水	$0.785 + 0.665u_2$	2.1	0.507	—	—	—
聚醚酰亚胺/N,N-二甲基乙酰胺/水	$0.8923 - 0.5911u_2^2 + 0.2821u_2^2$	2.1	0.55	—	—	—
聚醚酰亚胺/N,N-二甲基甲酰胺/水	$0.5 + 0.04u_2 + 0.8u_2^2 - 1.2 + 0.04u_2^3 + 0.8u_2^4$	2.1	0.59	—	—	—
醋酸纤维素/丙酮/水	1.3	1.4	0.5	—	—	—

Sadeghi 等[414]对原有的 Flory-Huggins 模型进行修正，把 Ruzette 和 Mayes 可压缩正则解理论（compressible regular solution theory of Ruzette and Mayes）引入原始 Flory-Huggins 模型中，得到了新的与浓度有关的相关相互作用参数方程，无需事先实验测定相关相互作用参数。应用改进的模型计算得到的聚合物/溶剂/非溶剂三元体系相图，与实验结果吻合较好。Sadeghi 等模型具有通用性，为相图计算提供了简单易行的方法。

（5）铸膜液固化过程-玻璃化转变分析

用液-液相分离制造的膜一般具有非对称结构。通常认为致密皮层由液-液相分离前聚合物溶液结晶、凝胶或玻璃化转变形成；多孔支撑层是由液-液相分离形成。

对于无定形聚合物溶液不存在结晶、半结晶现象，凝胶是有可能形成的，如图 12-62。但通常凝胶过程很慢，如对 PPO/DMAC 体系，Gaides 等[415]测定的结果表明，溶液形成凝胶至少需要 1h，这远大于溶液在沉浸过程中产生沉淀所需的时间。

Burghardt 等[416]用溶液玻璃化转变来解释液-液相分离后溶液固化。聚合物溶液由于添加溶剂或非溶剂而使玻璃化转变温度 T_g 下降，制膜用的聚合物溶液的浓度在 $w=15\%\sim40\%$。其 T_g 在室温以下，如图 12-63 所示。

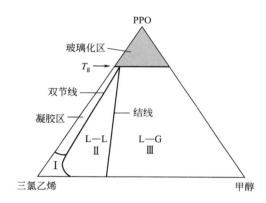

图 12-62　PPO/三氯乙烯/甲醇三元体系的相图

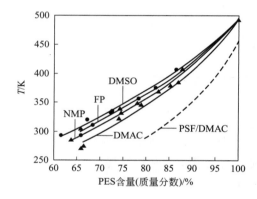

图 12-63　聚醚砜在各种溶剂中的玻璃化转变温度
（虚线代表聚砜在 DMAC 中的玻璃化转变温度）

通常人们在室温制膜，固化也应在室温（25℃）进行。当将铸膜液浸入沉淀浴后，膜液中溶剂与凝胶浴中的非溶剂相互交换，产生液-液相分离，随着溶剂与非溶剂交换继续进行，富相聚合物浓度不断增加，玻璃化转变温度提高，如图 12-63 所示。达到室温（25℃）时，富相发生玻璃化转变而被固化[417]。

实验室及工业上制膜通常使用水作为沉淀剂。因为水与常用制膜溶剂的玻璃化转变温度接近（见表 12-48），由水和溶剂组成的混合溶剂的聚合物溶液的玻璃化转变温度和纯溶剂溶液接近，如图 12-64[417]。因此，在室温发生玻璃化转变时，无论是混合溶剂溶液还是纯溶剂溶液，聚合物浓度是相同的，固化线在相图上是一条水平线（见图 12-62和图 12-64）。

不同溶剂组成的聚合物溶液在室温发生玻璃化转变时浓度是不同的（见图 12-63），对不同溶剂聚合物溶液制成的铸膜液，如果玻璃化转变时，聚合物浓度越高，那么最终形成的膜皮层就越薄，膜的气体渗透量就越大。

表 12-48　溶剂、非溶剂玻璃化转变温度[417]

组分	T_g/K	组分	T_g/K
水	136～139	N,N-二甲基乙酰胺	146
甲醇	102～110	N-甲基吡咯烷酮	143
乙醇	97～100	甲苯	115～117
N-甲酰基哌啶	144	氯甲烷	99～103
二甲基亚砜	150	二氯甲烷	106～114
N,N-二甲基甲酰胺	129	丙酮	93～100

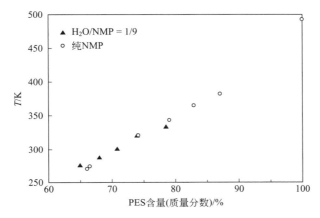

图 12-64　纯 NMP 和 H_2O/NMP=1/9 时玻璃化转变温度

曹义鸣等[411]应用聚合物自由体积理论计算 PSF/DMAC/EtOH 和 PSF/DMAC/THF 体系在发生玻璃化转变时的温度，其结果表明：上述两体系在发生玻璃化转变时，聚合物溶液的浓度高于 PSF/DMAC 体系，即当液-液相分离后，聚合物富相固化时的聚合物的浓度比 PSF/DMAC 体系更高，形成比 PSF/DMAC 体系更为致密的皮层。

12.4.2　铸膜液在蒸发过程传质动力学

用 Loeb-Sourirajan 法制造非对称膜，通常经过三个基本步骤，即配制铸膜溶液、铸膜液在空气中预蒸发和沉浸到非溶剂浴中凝胶，后两者是膜形态形成过程。在铸膜液配方给定后，后两者实际上决定着最终膜结构。在蒸发阶段，人们关心的是在沉浸前铸膜液中各组分浓度的改变。

传质动力学模型基于基本扩散方程和连续性方程，或利用不可逆热力学化学位梯度建立关联组分的通量微分方程，描述相分离前铸膜液组成随时间和空间分布，计算浸入瞬间的组成轨迹，根据组成轨迹曲线在相图位置、延迟时间和组分浓度分布等，判断相分离类型、解释非对称结构形成、皮层厚度或指状孔形成机理等。

传质动力学模型可分为两大类，一类是根据 Fick 定律建立的；另一类是根据不可逆热力学理论建立的，下面列出常见几类传质动力学模型，并给予简要说明。

(1) William 模型（Fick 型传质动力学模型）[418]

William 结合气相传质，研究 CA/丙酮二元体系传质动力学问题，如图 12-65。考虑到随着丙酮蒸发，铸膜液将产生收缩，气-液相界面发生移动，推导出蒸发过程传质动力学方程。

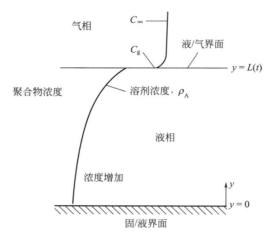

图 12-65 双组分制膜液蒸发成膜过程

① 膜相传质动力学方程

$$\frac{\partial}{\partial y}\left[\rho_T D \frac{\partial w_A}{\partial y}\left(1+\rho_A \frac{K}{\rho_P}\right)\right]=\frac{\partial \rho_A}{\partial t} \tag{12-87}$$

② 气相传质动力学方程

$$\frac{\rho_T D}{w_A-1}\times\frac{\partial w_A}{\partial y}=k_c(C_g-C_\infty) \tag{12-88}$$

边界条件及初始条件

$$\frac{\partial \rho_A}{\partial y}=0 \quad y=0 \tag{12-89}$$

$$\frac{\rho_T D}{w_A-1}\times\frac{\partial w_A}{\partial y}=\frac{k_c P'_A M_w \gamma_A x_A}{RT} \quad y=L(t) \tag{12-90}$$

③ 膜厚变化方程

$$L(t)=L_0+\int_0^t D \frac{\partial \rho_A}{\partial y}\left(\frac{1-K}{\rho_T-\rho_A}\right)dt \tag{12-91}$$

William 用该模型研究蒸发过程中非对称膜结构的形成，表明：初生皮层形成时间随铸膜液厚度增加而增加；气相传质是影响膜相传质的重要因素。

（2）Shojaie 模型（不可逆热力学型传质动力学模型）[419]

Shojaie 等应用不可逆热力学理论，推导出 CA/丙酮/H_2O 三元体系蒸发传质动力学方程（如图 12-66）。他们注意到随着丙酮蒸发，膜液温度将下降，并给出相应的传热方程。

① 传质动力学方程

膜相：

$$\frac{\partial w_i}{\partial t}=\left(\frac{z^\cdot}{L(t)}\times\frac{dL}{dt}\right)\frac{\partial w_i}{\partial z^\cdot}-\left(\frac{1}{\rho L^2(t)}\right)\frac{\partial}{\partial z^\cdot}\left(f_i \frac{\partial w_1}{\partial z^\cdot}+g_i \frac{\partial w_2}{\partial z^\cdot}\right) \quad i=1,2 \tag{12-92}$$

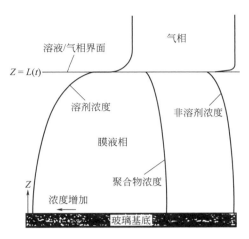

图 12-66　干式铸膜形成过程的物理示意图

气相：

$$n_i^G = M_i \left[k_x^{\cdot} (x_b - x_{in}) + x_{ib} (N_1^G + N_2^G) \right] \quad i = 1, 2 \tag{12-93}$$

② 传热方程

膜相：

$$\frac{\partial T}{\partial t} - \frac{z^{\cdot}}{L(t)} \left(\frac{\mathrm{d}L}{\mathrm{d}t} \right) \frac{\partial T}{\partial z^{\cdot}} = \frac{\alpha}{L^2(t)} \times \frac{\partial^2 T}{\partial z^{\cdot 2}} \tag{12-94}$$

支撑玻璃板：

$$\frac{\partial T_{sub}}{\partial t} = \left(\frac{\alpha_{sub}}{L_{sub}^2} \right) \frac{\partial^2 T_{sub}}{\partial \overline{z}^{\cdot 2}} \tag{12-95}$$

界面移动：

$$\frac{\mathrm{d}L}{\mathrm{d}t} = -\frac{n_1^G + n_2^G}{\rho} \tag{12-96}$$

　　用 Shojaie 模型可以研究蒸发过程温度、铸膜液组成等对成膜过程影响。研究表明：蒸发过程中膜相温度的下降，降低了可挥发性组分蒸气压，对传质影响很大。通过改变膜液组分浓度和铸膜液初始膜厚，用蒸发方法可以得到非对称膜、对称膜或致密膜等不同结构。如增加初始膜厚，将得到较厚皮层的非对称膜；减少铸膜液水含量，最后得到致密无孔膜。

　　Matsuyama 等[420,421]研究了 PVDF/DMF/H_2O 体系传质动力学过程，用传质动力学数学模型计算了 PVDF/DMF 铸膜液置于气相中水蒸气在膜液表面沉积及向内部传递的传质过程。计算得到的 PVDF/DMF 铸膜液吸收气相中水蒸气而产生液-液相分离现象以及铸膜液重量变化规律都与实验结果一致。此外，他们还根据熔点下降给出等温结晶线。

12.4.3　铸膜液在沉浸过程传质动力学

　　成膜过程伴随着溶剂和非溶剂的交换，相分离正是通过膜界面上溶剂和非溶剂交换使铸膜液组成穿入浊点线而达到的。因此相分离前铸膜液内组成轨迹线位置对膜结构形成至关重要。如图 12-51 所示，如果膜界面组成随着 A 途径变化，膜表面将由均相区进入凝胶区而发生玻璃化转变，最终得到具有致密皮层膜；如果膜界面组成随 B 途径进行，那么膜表面将直接进入液-液相分离区而分相，最后富相固化而得到多孔皮层膜。

铸膜液中组成随时间改变，由于通常膜厚很薄（几十至几百微米），并且有时膜是在沉浸瞬间形成，很难用实验手段在短时间内正确测定膜内组分浓度分布。因此通常采用适当的传质模型描述溶剂和非溶剂交换动力学，来了解膜内聚合物浓度变化途径。

传质动力学模型也可分为两大类，一类是基于 Fick 定律建立的；另一类是基于不可逆热力学理论建立的，下面列出常见几类传质动力学模型，并给予简要说明。

（1）Fick 型传质动力学模型

① Mchugh 模型[422]　　Mchugh 和 Yilmaz 在忽略沉淀浴相传质阻力下，应用 Fick 扩散方程建立聚合物-溶剂-非溶剂三元体系在沉浸过程的传质动力学方程。为简化计算，他们采用拟二元方法，即把三元体系转化为二元问题处理。

膜相传质方程

$$\frac{\partial \overline{w_1}}{\partial t} = -D\left[\left(\frac{\alpha k}{(1-k\,\overline{w_1})^2} + \frac{2k}{1-k\,\overline{w_1}}\right)\left(\frac{\partial \overline{w_1}}{\partial z}\right)^2 - \frac{\partial^2 \overline{w_1}}{\partial z^2}\right] \tag{12-97}$$

边界条件：

$$\frac{-D\overline{\rho}}{(1+k\overline{w_1})}\left(\frac{\partial \overline{w_1}}{\partial z}\right)_{z=0} = 常数 \quad t>0 \tag{12-98}$$

初始条件：

$$\overline{\rho_i}(t=0,z>0;z\to\infty,t>0) = \overline{\rho_i} \tag{12-99}$$

$$\overline{w_i}(t=0,z>0;z\to\infty,t>0) = \overline{w_i} \tag{12-100}$$

明显地，膜液中溶剂快速扩散到沉淀浴中，沉淀浴中传质阻力不容忽视。如果铸膜液沉浸到非溶剂浴中将形成非对称膜结构；如果铸膜液暴露在空气中将导致多孔膜结构。因此，完整的传质动力学模型还应包括凝胶浴相传质动力学方程。

② Tsay 模型[423]　　Tsay 和 Mchugh 进一步发展 Mchugh 和 Yilmaz 的传质动力学模型，放宽了界面浓度不变的条件，假设界面浓度随时间变化。

膜相：

$$\frac{\partial \phi_{1p}}{\partial t} = \frac{\eta}{l} \times \frac{dl}{dt} \times \frac{\partial \phi_{1p}}{\partial \eta} + \frac{1}{l^2} \times \frac{\partial}{\partial \eta}\left(\frac{D_{11}}{D_0} \times \frac{\partial \phi_{1p}}{\partial \eta} + \frac{V_1}{V_2} \times \frac{D_{12}}{D_0} \times \frac{\partial \phi_{2p}}{\partial \eta}\right) \tag{12-101}$$

$$\frac{\partial \phi_{2p}}{\partial t} = \frac{\eta}{l} \times \frac{dl}{dt} \times \frac{\partial \phi_{2p}}{\partial \eta} + \frac{1}{l^2} \times \frac{\partial}{\partial \eta}\left(\frac{V_2}{V_1} \times \frac{D_{21}}{D_0} \times \frac{\partial \phi_{1p}}{\partial \eta} + \frac{D_{22}}{D_0} \times \frac{\partial \phi_{2p}}{\partial \eta}\right) \tag{12-102}$$

沉淀浴：

$$\frac{\partial \phi_{1b}}{\partial t} = \frac{dl}{dt} \times \frac{\partial \phi_{1b}}{\partial x} + \frac{\partial}{\partial x}\left(\frac{D_b}{D_0} \times \frac{\partial \phi_{1b}}{\partial x}\right) \tag{12-103}$$

膜/浴界面移动：

$$\frac{dl}{dt} = \frac{-\frac{D_{11}}{D_0} \times \frac{\partial \phi_{1b}}{\partial \eta} - \frac{V_1}{V_2} \times \frac{D_{12}}{D_0} \times \frac{\partial \phi_{2b}}{\partial \eta} + l\frac{D_b}{D_0} \times \frac{\partial \phi_{1b}}{\partial x}}{l(\phi_{2p} - \phi_{2b})} \tag{12-104}$$

用 Tsay 模型可以计算相分离延时时间，但计算结果同时也表明，Tsay 模型中界面聚合物浓度随时间减少。这与通常在实验中观察到的界面聚合物浓度随时间增加的现象相悖。

（2）不可逆热力学型传质动力学模型

① Cohen 传质动力学模型[424]　　Cohen 等应用不可逆热力学理论建立的处理三元体系（H_2O/丙酮/CA、H_2O/乙酸/CA、EtOH/甲苯/PS）传质动力学方程，但仅考察膜侧传质动力学问题。

$$\frac{\partial(\phi_1/\phi_3)}{\partial t}=\frac{1}{RT}\times\frac{\partial}{\partial m}\left(D_1\phi_1\frac{\partial\mu_1}{\partial m}\right) \tag{12-105}$$

$$\frac{\partial(\phi_2/\phi_3)}{\partial t}=\frac{1}{\alpha RT}\times\frac{\partial}{\partial m}\left(D_2\phi_2\frac{\partial\mu_2}{\partial m}\right) \tag{12-106}$$

边界及初始条件

$$\phi_1(0,t)=\phi_1^s,\phi_2(0,t)=\phi_2^s \tag{12-107}$$

$$J_1(M,t)=J_2(M,t)=0 \tag{12-108}$$

$$\phi_1(m,t)=\phi_1^c,\quad \phi_2(m,t)=\phi_2^c \tag{12-109}$$

式中，m 是固定在膜表面的移动坐标。把空间固定坐标转换到膜表面移动坐标是根据式（12-110）进行的。

$$m=\int_0^z\phi_3\mathrm{d}x \tag{12-110}$$

在膜表面 $m=0$，在膜和支撑界面上 $m=M$。

Cohen 等假设沉浸过程为稳态传质，由式（12-105）～式（12-110）推导出

$$\frac{\partial\phi_2}{\partial\phi_1}=\frac{\sigma\phi_2(\partial\mu_2/\partial\phi_1)_{T,P,\phi_2}-\phi_1(\partial\mu_1/\partial\phi_1)_{T,P,\phi_2}}{\phi_1(\partial\mu_1/\partial\phi_2)_{T,P,\phi_1}-\sigma\phi_2(\partial\mu_2/\partial\phi_2)_{T,P,\phi_1}} \tag{12-111}$$

式中，σ 是膜-浴界面上溶剂自膜内往浴中扩散速率与非溶剂由浴中往膜内扩散速率的比值。代入化学位表达式，即可从上式计算膜内组成轨迹线。因 Cohen 等在计算中采用稳态假设，很明显与成膜过程非稳态传质矛盾，但可以从膜内组成轨迹线解释膜非对称结构产生机理。

一个简单的例子可说明 Cohen 等的工作是有缺陷的。当 $\sigma=1$ 时，意味着溶剂自膜中扩散出的量与非溶剂扩散进入的量相等，这时聚合物浓度应保持不变，相图上组分轨迹线应是水平线，但计算结果并非如此。

② Reuvers 模型[425,426]　　Reuvers 和 Smolders 等把不可逆热力学理论和 Stefan-Maxwell 方程应用到 CA/丙酮铸膜液沉浸到水浴中传质动力学研究，考虑了由于溶剂扩散到水浴中而产生的膜界面移动（如图 12-67 所示），建立 CA/丙酮/H_2O 体系传质动力学模型。

膜相传质方程

$$\frac{\partial(\phi_i/\phi_3)}{\partial t}=\frac{\partial}{\partial m}\left(\sum_{j=1}^2V_i\phi_3L_{ij}\frac{\partial\mu_j}{\partial m}\right)\quad i=1,2 \tag{12-112}$$

$$J_i=-\sum_{j=1}^2\left(L_{ij}\frac{\partial\mu_j}{\partial x}\right)=-\sum_{j=1}^2\left(V_i\phi_3L_{ij}\frac{\partial\mu_i}{\partial m}\right)\quad i=1,2 \tag{12-113}$$

水浴相传质方程

$$\frac{\partial\phi_i}{\partial t}=\frac{\partial}{\partial y}\left[D(\phi_i)\frac{\partial\phi_i}{\partial y}\right]-\frac{\partial\phi_i}{\partial y}\times\frac{\partial X(t)}{\partial t}\quad i=1,2 \tag{12-114}$$

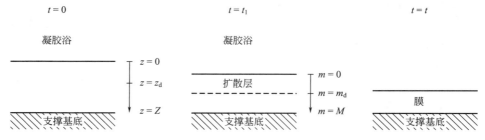

图 12-67　不同浸没时间下相分离过程的传质过程

界面移动方程：

$$\frac{\partial X(t)}{\partial t} = J_1(y=0) + J_2(y=0) \tag{12-115}$$

初始条件：

$$\phi_{ib}(y,0) = \phi_{ib}^0 \quad y>0 \quad i=1,2 \tag{12-116}$$

$$\phi_{ip}(m,0) = \phi_{ip}^0 \quad 0<m\leqslant M \quad i=1,2 \tag{12-117}$$

边界条件：

$$\mu_{ib}(y=0,t) = \mu_{ip}(m=0,t) \quad i=1,2 \tag{12-118}$$

$$J_{ib}(y=0,t) = -J_{ip}(m=0,t) \quad i=1,2 \tag{12-119}$$

$$\phi_{ip}(M,0) = \phi_{ip}^0 \quad i=1,2 \tag{12-120}$$

式中，下标 p 和 b 分别表示膜相和沉淀浴相；L_{ij} 是热力学唯象系数，根据 Onseger 倒易关系，$L_{ij}=L_{ji}$。式(12-115) 是由于溶剂和非溶剂交换速率不相等导致界面发生移动的速度，边界条件式(12-118) 意味着在任何时间界面两侧都处于相平衡。

计算步骤：

a. 选定两相界面组分浓度；根据边界条件相平衡条件式(12-118)，计算界面上浴侧组分浓度；

b. 根据式(12-112) 求膜侧组分的浓度分布；

c. 由式(12-113) 计算界面上溶剂自膜中流出的流量和非溶剂流入的流量；

d. 根据式(12-115) 计算界面移动速率；

e. 由式(12-114) 求浴中组分分布；

f. 根据式(12-115) 计算界面上非溶剂自浴中流出的流量和溶剂流入的流量；

g. 比较 c 和 f 步骤得到的流量，如相等则计算结束，如不相等则返回步骤 a 重新计算，直到相等。

Reuvers 模型采用化学位作为推动力和应用不可逆热力学理论处理非线性传质问题，避免了 Fick 扩散方程要处理扩散系数随浓度变化和耦合扩散等一些困难问题。

但由于 Reuvers 模型中假定界面上膜相与液相处于热力学平衡，而且在整个计算过程中平衡浓度值保持不变。这假设仅在短时间内成立。因此 Reuvers 模型虽然能正确预测瞬时相分离和延时相分离两种相转变现象存在，但不能准确预测相分离延时时间。

建立在连续性方程和扩散方程基础上的传质动力学模型十分复杂，其准确性依赖于组分化学位的热力学描述以及动力学参数、微分方程的边界条件和初始条件的确定是否正确。传质动力学模型存在以下不足：

a. Flory-Huggins 理论是场平均理论，只适用于较高浓度聚合物溶液，但铸膜液相转变所产生的贫相和沉淀浴中聚合物浓度极低，可近似为零，采用 Flory-Huggins 理论计算化学位会带来较大的误差；

b. 膜侧扩散方程建立在单一相基础上，只能描述分相前的传质行为，不能提供分相后到固化这段时间内的信息；

c. 膜侧与浴侧边界上相平衡假定背离了成膜过程非平衡态事实；

d. 伴随溶剂挥发，铸膜液温度将发生变化，存在热质耦合传递过程，应考虑温度影响[286]。

传质模型可以计算任何时间和膜内任何位置的组成浓度，作为一种初步的估算还是十分有用的。不断有学者进行研究，对上述模型进行了改进[427-430]。

Kim 等[429]利用传质理论在铸膜液与凝胶浴界面处建立了新的边界条件，而不是基于铸膜液与凝胶浴之间的瞬时平衡假设，尤其适用于传质速度极快的条件。

Lee 等[431]改进传质模型：a. 除浓度梯度产生的扩散外，还考虑了密度差引起的对流对传质通量贡献，密度差对流可以使传质通量增加近两个数量级，这对早期非对称膜功能层形成有显著影响；b. 铸膜液和凝胶浴非溶剂浴界面上的平衡浓度可变，从初始的非平衡值变化到平衡值，解除了铸膜液和非溶剂浴界面上浓度瞬时平衡假设。

为克服 Flory-Huggins 场平均理论不足，Akthakul 等[432]采用晶格玻尔兹曼（LB）方法模拟非对称膜在非溶剂诱导相分离制备过程中的结构演化，晶格玻耳兹曼（LB）方法是一种能正确描述流体宏观行为的介观模型，粒子分布的统计平均值引起了宏观输运，动力学行为由 Boltzmann 方程的连续模型来描述。

Lin 等[433]建立了新的耗散粒子动力学（DPD）模拟方法，用于研究非溶剂诱导相分离（NIPS）的成膜过程。考虑了溶剂-非溶剂相互作用、聚合物浓度和非溶剂温度等因素，研究膜非对称形态与致密皮层厚度、亚层多孔性等。

Junior 等[434]建立了相场模型（phase-field model）方法，预测聚合物膜形态。采用依赖各组分体积分数关系的扩散通量方程，通过质量守恒定律和热力学方法检验了模型的一致性，该模型的应用不局限于旋节区域内聚合物初始浓度的计算。

Tang 等[435]采用粗粒度的耗散粒子动力学（DPD）模拟方法，研究非溶剂诱导相分离（NIPS）过程中聚合物分子量对膜结构和形态的影响，得到了聚醚砜浓度对膜结构影响大于聚醚砜分子量影响的结论。

传质动力学模型是高度非线性偏微分方程组，且膜侧与浴侧组分浓度相差很大，方程求解有相当难度，需要很高技巧。Karode 等[428]提出了一种改进算法，对三元铸膜液体系，在膜形成过程中允许对膜内组分扩散分布进行数值积分，而不需要像 Reuvers 等采用差分迭代；界面组成由一套联立方程计算，不需要用户对界面组成进行反复迭代，该算法很容易从三元体系扩展到四元体系。

蒙特卡罗方法被引入研究成膜过程相分离问题。He 等[436]采用蒙特卡罗方法模拟了聚合物溶液中溶剂和非溶剂的扩散行为，以及旋节线分相到成核-生长的机理的转变机制。Liu 等[437]使用蒙特卡罗方法和聚合物链胀落晶格模型，研究含两亲性嵌段共聚物制膜体系热力学和动力学行为。Wallace[438]采用蒙特卡罗方法研究了非对称膜的相分离问题。

虽然膜结构研究很大程度上依赖于利用扩散模型计算出的铸膜液组成变化，但实验方法如磁共振成像也被用来研究铸膜液中组分扩散现象，Laity 等[439]用它来追踪二醋酸纤维素溶液在浸没水中凝固时的组成和结构变化。

12.4.4　传质动力学模型应用实例

传质动力学模型把铸膜液组成描述为空间和时间的函数，把某时刻组成在相图上表示构成组成轨迹线，不同时刻组成轨迹线构成铸膜液中各组分浓度变化的形貌。根据其形貌与相图各区域相对位置关系，可以得到一些预测膜结构的有用信息，例如：①膜的收缩程度；②界面处的聚合物浓度；③界面附近聚合物浓度较高区域的厚度；④聚合物浓度的整体分布。其中，第①点与最终膜的厚度有关，从第②、③点可以得到最终膜皮层结构的信息，而第④点则对应于膜的支撑层孔分布情况。尤其改变铸膜液配方时，比较不同配方的组成轨迹线可以定性预测配方对膜厚度、皮层结构和支撑层等影响。

（1）判断成膜机理-瞬时分相和延时分相

由模拟计算得到的组成轨迹线以及光透射实验，Reuvers 等[425,426]提出了延迟时间的概念：根据铸膜液发生相分离的时间，把相分离分为瞬时相分离和延时相分离两类。瞬时相分离是指铸膜液置于气相中或沉浸到沉淀浴中时，相分离瞬间产生；而延时相分离则要经过一段时间后相分离才产生。两种不同相分离机制所得到的膜结构完全不同，瞬时相分离形成较薄皮层和多孔结构的非对称膜结构，而延时相分离则得到较厚致密的皮层和海绵状亚层结构，且随着延时时间的增长，形成的膜越致密。

采用光透射法可以测定铸膜液相分离时间，测试装置如图 12-68 所示[425]。方法：首先把一定厚度膜液刮在玻璃板上，然后膜面朝下放置在测试槽中，平缓地加入沉淀剂。沉淀剂与膜液接触瞬间设为时间 $t=0$。当膜液未发生液-液相分离前，膜液是透明的，光穿过膜液强度不变，记录仪记录下一条直线。当膜液发生液-液相分离时，透过膜液的光强将明显减弱，这时所对应的时间即为膜液发生液-液相分离时间，如图 12-69。

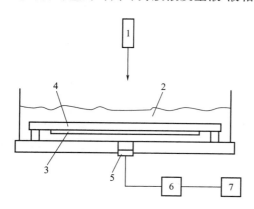

图 12-68　用光透射法测定铸膜液相分离时间的实验设备

1—聚光源；2—凝胶浴；3—铸膜液；4—支撑玻璃板；

5—光接收器；6—光电转换器；7—记录仪

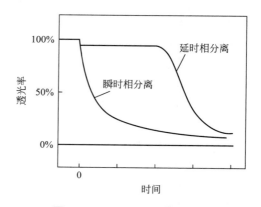

图 12-69　透光率随时间的变化

Reuvers 等[425]用传质动力学方程计算得到的组成轨迹线穿过三元相图中浊点线时间快慢来判断铸膜液是发生瞬时相分离还是延时相分离。如果轨迹线没有穿过浊点线而位于外侧，那么液-液相分离将在玻璃板侧膜液浓度开始改变时发生，即延时相分离。如果轨迹线很快穿过浊点线，进入液-液两相区，立即发生相分离，为瞬时相分离。

图 12-36 给出了流延制膜液浸入凝固浴瞬间聚合物薄膜内的组成变化曲线，对应以上两类相分离。图 12-36(a) 表明在制膜液浸入凝胶浴瞬间（$t<1s$），薄膜表层下面已迅速发生液-液分相——瞬时分相。而图 12-36(b) 则表明，当体系发生延时液-液分相时，在制膜液浸入凝胶浴瞬间（$t<1s$），薄膜表层以下的组成均未进入分相区域，仍处于互溶均相状态，未发生液-液分相，需再经过一定时间（几秒钟）的物质交换，才能进入液-液分相状态——延时分相。

（2）阐明膜非对称结构形成机理

图 12-70 是由 Reuvers 模型[426]计算得到的 PES-NMP-H_2O 铸膜液内在沉浸过程的浓度分布。在很短时间内，膜内聚合物浓度为很陡的曲线，在膜-浴界面附近，PES 浓度非常高，沿膜-支撑体侧方向，浓度急剧下降。固化后，将得到非对称结构膜，高浓度聚合物处成为致密皮层；而低浓度聚合物处形成多孔结构。从组成路径或浓度分布可以定性预测最终膜的皮层、亚层孔和支撑层孔结构。

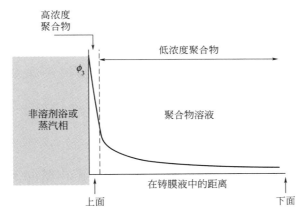

图 12-70 聚合物在铸膜液内沉浸过程中的浓度分布图

（3）通过计算机模拟计算，并与实验相结合，考察制膜工艺参数对膜结构及性能的影响[238,441,442]

① 铸膜液聚合物浓度影响。图 12-71 是用传质动力学模型计算的铸膜液内组成轨迹线结果。从图中可见，铸膜液中聚合物初始浓度越高，膜-浴界面附近聚合物浓度也越高，最后得到膜皮层越厚，而且皮层上孔也越少，膜的渗透速率也越小。

② 凝胶浴组成影响。凝胶浴可用纯水作凝胶剂，也可用在水中加入一定量溶剂，不同组成凝胶浴对铸膜液相分离有很大影响，图 12-72 对不同组成凝胶浴所计算的 CA/二噁烷/水三元体系铸膜液内组成轨迹线结果。凝胶浴采用纯水和 $w=0.185$ 二噁烷水溶液。从图中可见，两者均发生瞬时相分离，但随着凝胶浴中加入二噁烷，组成轨迹线穿透浊点线的程度减弱，这意味着相分离时间延长。事实上，当凝胶浴中二噁烷浓度超过 $w=0.19$ 后，组成轨迹线不再穿过浊点线，发生延时相分离，这已为实验所证实[441,442]。

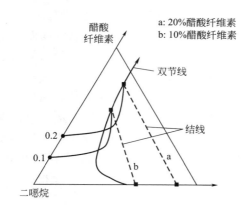

图 12-71　醋酸纤维素/二噁烷/水体系中不同醋酸
纤维素浓度时铸膜液内组分轨迹

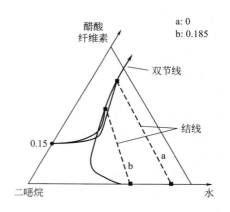

图 12-72　在醋酸纤维素/二噁烷/水体系中改变
凝胶浴组成计算的铸膜液内组成轨迹线

③ 铸膜液中非溶剂影响。研究铸膜液组成时，常常考察如何调整铸膜液中聚合物和溶剂的比例，而实际上如向铸膜液加入非溶剂，对铸膜液相分离影响很大。随着铸膜液中加入的非溶剂量增加，组成轨迹线愈移近浊点线，发生相分离所需的时间愈短。当非溶剂浓度越过某值时，相分离类型也要发生改变，可以从延时相分离转为瞬时相分离，如图 12-73 和图12-74 所示[441,442]。

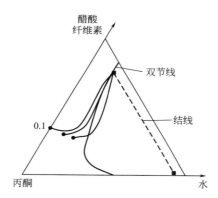

图 12-73　醋酸纤维素/丙酮/水体系随水在铸膜液中含量（w＝0，12.5%和20%）变化的组分变化轨迹

Radovanovic 等[443] 把 Reuvers 模型应用到异丙醇/DMAC/PSF 三元体系。他们首先测定膜/沉淀浴界面上非溶剂、溶剂流量，通过流量拟合来计算传质模型中未知参数值；再用求得数值计算铸膜液从瞬时相分离转变（Ⅱ）到延时相分离（Ⅰ）的铸膜液初始浓度，与实验所得结果是相吻合的，如图 12-75 所示。

④ 预测相转化法制备膜的形貌。Mohsenpour 等[412] 以 Flory-Huggins 理论为基础，构建以（溶剂-聚合物轴与双节线距离）/（溶剂-添加剂间相互作用参数）为无量纲热力学参数，考察了相互作用参数和组分（溶剂、非溶剂、聚合物和添加剂）摩尔体积对双节线和膜形态的影响。随着无量纲热力学参数的增大，膜形貌趋向于多孔。当双节线越接近溶剂/聚合物轴时，沉淀路径越快穿过双节线，从而导致较大的孔隙尺寸和指状形态。如果黏度显著增加，相分离速率降低，孔隙变小，形成海绵状形态。

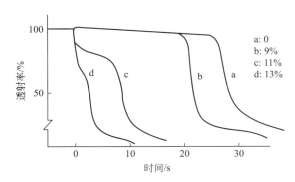

图 12-74　CA/丙酮/水体系铸膜液中加入不同量水的相分离时间
a、b 延时相分离；c、d 瞬时相分离

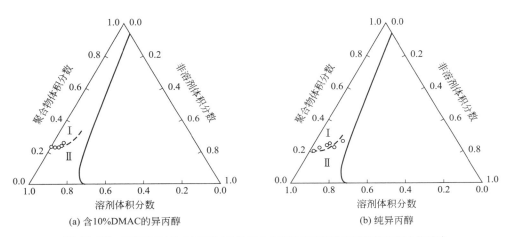

图 12-75　异丙醇/DMAC/PSF 三元体系中Ⅰ型和Ⅱ型相分离膜的初始聚合物浓度

在过去的几年里，有关相转化膜文献大量涌现，Guillen[444]综述了许多常用非溶剂诱导相分离聚合物膜的制备，讨论了膜制备的关键因素包括聚合物类型和浓度、溶剂类型、非溶剂类型和组成、聚合物溶液添加剂和膜浇铸条件，旨在选择合适的聚合物-溶剂-非溶剂体系和铸膜条件，为制备具有理想渗透分离性能、形态结构稳定的膜提供指导。

12.5　气体分离膜结构及性能表征

12.5.1　分离膜结构

即使是同一材料制备的膜，如果制膜工艺不同，膜结构的差别也会很大。膜结构主要有对称和非对称、致密和多孔、皮层、过渡层和支撑层、孔形状、孔径及其分布、分离层孔隙率、支撑层空隙率和皮层粗糙度，还有结晶度、高分子形态等。工业上气体分离基本上使用非对称膜和复合膜，与性能密切相关的是膜形貌、孔径、孔隙率和皮层厚度等。

12.5.1.1　膜孔径

为获得高选择性，气体分离是依据溶解-扩散机理进行的，如果膜上有孔存在，将导致膜的分离性能下降。如采用复合膜，太多的孔会使涂层堵孔变得困难；即使大孔被堵住，使用中，大孔也容易被压力击穿。因此，膜孔径大小对膜性能至关重要。

通常聚合物膜上孔都不是单一孔径，具有孔径分布，一般可用正态分布或对数正态分布描述。石磊等[445]通过向聚合物膜液中加入不同组分，制备了具备不同孔径分布的 PVDF-HFP 膜，孔径大小及分布使得膜表现出不同的通量及截留分子量，如图 12-76 所示。

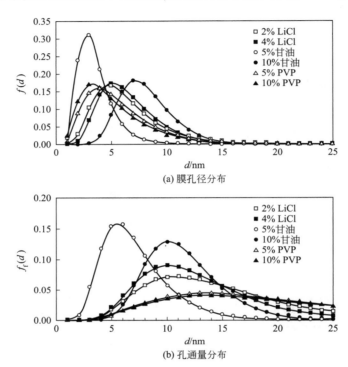

(a) 膜孔径分布

(b) 孔通量分布

图 12-76   不同添加剂制备 PVDF-HFP 膜的孔径分布及孔通量分布

注：所列百分数皆为质量分数

膜孔径测定粗略地可分为几何法和物理法。

几何法指用透射或扫描电子显微镜直接观察膜孔的几何结构，来确定孔径和孔分布，得到的孔径通常称几何孔径。由于气体分离膜上孔隙率一般非常低（约小于 10^{-4}），在高放大倍数下，电镜扫描范围比较窄，寻找孔非常困难。因而电镜法在气体分离膜孔径测定中不常使用。近年来原子力显微镜（AFM）经常被用来测定膜表面孔的大小、形态以及表面粗糙度等。

物理法是通过测定与膜孔有关的物理效应来计算膜孔径的，这种孔径通常定义为物理孔径。常用测定方法有：泡压法、压汞法、滤速法、气体渗透法等。由于所依据的物理效应不同，对同一样品膜，如采用的测定方法不同，得到的平均孔径并不一致，甚至有的还相差比较大。

12.5.1.2   膜孔隙率

膜孔隙率通常定义为单位膜面积上孔所占的面积的比例。孔隙率大小影响膜分离性能。根据阻力模型计算，即使膜孔隙率低至 10^{-6} 时，膜对气体的分离系数很低，基本上反映出孔流性质。当膜孔隙率大于 10^{-4} 时，即使采用涂层堵孔，其复合膜分离性能与底膜比较，也没有明显提高，如图 12-77[226,227]。

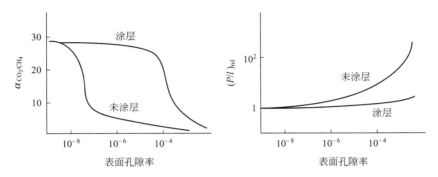

图 12-77　表面涂层和未涂层膜的表面孔隙率与选择性和通量的关系

常用测定膜孔隙率的方法主要有压汞法和气体渗透法等。

12.5.1.3　膜厚

膜厚是影响膜的渗透性能的重要因素，而对分离性能一般影响不大。均质膜的厚度可用千分尺直接测量其断面厚度得到。非对称膜厚度可分为两方面：一是膜断面厚度，主要影响膜承受压力能力；另一是膜皮层厚度，它直接关联膜的渗透能力。

测定膜皮层厚度的方法有电镜法和气体渗透法，由于皮层和支持层之间没有截然分开的界线，用电镜观察得到的皮层厚度误差比较大，往往随着放大倍数改变而不同。当膜孔隙率很小时（如为 10^{-6}），气体渗透法比较常用，可以同时获得膜平均孔径、孔隙率和皮层厚度等结构参数。

12.5.2　分离膜形貌表征技术

分离膜的结构对膜的性能至关重要，因此，分离膜的结构表征技术对于分离膜的制备和应用都有重要意义。常用分离膜结构表征技术包括扫描电子显微镜、透射电子显微镜、原子力显微镜、激光扫描共聚焦显微镜、正电子湮灭、电子顺磁共振和 X 射线衍射，下面对这些表征技术进行介绍。

（1）扫描电子显微镜

扫描电子显微镜（scanning electron microscopy，SEM）是最常用的膜结构表征技术，通过在真空环境中聚焦很窄的高能电子束来扫描样品，通过光束与物质间的相互作用，激发出各种物理信息。通过对这些信息的接受、放大和显示成像，获得测试试样表面形貌的观察结果。SEM 被广泛用于表征分离膜的表面、断面结构和孔径分布[446]。

（2）透射电子显微镜

透射电子显微镜（transmission electron microscopy，TEM）的原理是由电子枪发射出来的电子束在真空通道中穿过聚光镜照射在样品上。透过样品后的电子束携带有样品内部的结构信息，样品内致密处透过的电子量少，稀疏处透过的电子量多。TEM 的样品厚度仅限于数十纳米，因此多用于测试复合膜的分离层结构。Inukai 等利用界面聚合法将多壁碳纳米管引入到 RO 膜的聚酰胺功能层中，并用 TEM 对聚酰胺层的结构进行表征[447]。

（3）原子力显微镜

原子力显微镜（atomic force microscopy，AFM）利用微悬臂感受和放大悬臂上尖细探针与受测样品原子之间的作用力（原子之间的接触、原子键合、范德瓦尔斯力或卡西米尔效应）来测试材料的表面性能，主要用来测试 RO 和 NF 膜分离层的峰-谷结构[448]。通过对膜污染的表征和原子力测试，科学家发现粗糙度更高的 RO 和 NF 膜更容易受到污染。

（4）激光扫描共聚焦显微镜

激光扫描共聚焦显微镜（laser scanning confocal microscopy，LSCM）是在荧光显微镜成像的基础上加装激光扫描装置，使用紫外线或可见光激发荧光探针，通过调整焦距可获得样品不同深度层次的图像。Vana 等[449]利用 LSCM 技术对硝酸纤维素膜的孔道进行三维结构表征，并得到分离膜的孔径、孔分布和比表面积等结构参数。

（5）正电子湮灭技术

正电子湮灭技术（positron annihilation spectroscopy，PAS）利用正电子在凝聚物质中的湮没辐射带出物质内部的微观结构、电子动量分布及缺陷状态等信息，从而提供一种非破坏性的研究手段。Kim 等[450]利用 PAS 技术对 RO 膜的聚酰胺分离层结构进行表征，发现在聚酰胺分离层中存在网络孔（0.21～0.24nm）和聚集孔（0.35～0.45nm）两种形式。

（6）电子顺磁共振技术

电子顺磁共振（electron paramagnetic resonance，EPR）技术是由不配对电子的磁矩发源的一种磁共振技术，可用于从定性和定量方面检测物质原子或分子中所含的不配对电子，并探索其周围环境的结构特性。Khulbe 等[451]将电子自旋探针 TEMPO 加入聚酰胺反渗透膜中，通过探测膜孔中电子自旋探针的 EPR 谱图对反渗透膜的孔径变化进行表征。

（7）X 射线衍射法

X 射线衍射法是利用 X 射线在晶体中的衍射现象来获得衍射后 X 射线信号特征，经过处理得到衍射图谱，常用于检测分离膜中聚合物的晶体结构。当 X 射线的衍射角在 5°～7°之间时称为小角 X 射线衍射法（small-angle X-ray scattering，SAXS）。Cruz-Silva 等[452]利用 SAXS 和 TEM 技术对碳纳米管在聚酰胺分离层中所起物理和化学作用进行深入的研究。

12.5.3　分离膜结构表征方法

测定孔径的方法很多，但所测孔径的数值往往误差很大。这主要是由于各种膜孔的形状十分复杂，而各种测定方法都假定它们是某种理想的形态。比较理想的方法是在实际使用的环境下测定，但一般来说是不易做到的，最多只能是在接近该条件下进行。所以，通常都是尽量结合实际使用的状态来选择测定方法。

（1）泡压法

当多孔膜的孔被已知表面张力的液体充满时，气体通过膜孔所需的压力与膜孔半径存在如下关系：

力平衡时，从毛细管力等于压力可得到

$$r = \frac{2\sigma\cos\theta}{p}$$

$$(12\text{-}121)$$

式中，p 为压力；r 为孔半径；σ 为表面张力；θ 为液体与孔壁之间的接触角。

因此，若已知气体和液体的表面张力与接触角，则可以利用气体通过膜孔并在膜面上产生气泡时所对应的压力 p，以式（12-121）可求孔半径。实验时，用膜面上出现第一个气泡所对应的压力计算出的孔半径作为膜的最大半径，用气泡数最多时所对应的压力计算出的孔半径作为膜的最小孔径。由最大与最小孔径即可算出膜的平均孔径。

泡压法的实验装置如图 12-78 所示。

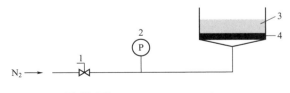

图 12-78　泡压法实验装置示意图
1—调节阀；2—压力表；3—液体；4—膜

由于水/空气界面张力比较高（72.3×10^{-3} N/m），当膜上存在小孔时，泡压法的测试压力将达到较高值，这可能会引起膜结构改变。通常泡压法测试可采用先用低界面张力的液体置换膜中的水再进行测试，例如用异丁醇置换水。

泡点法适用于膜孔径为 $0.01\mu m$ 以上孔尺寸的测定，并且孔是两端开放的直通圆孔。

（2）压汞法

压汞法的基本原理与泡压法相似，它适用于较大的膜孔径测定。当力平衡时：

$$2\pi r \sigma \cos\theta = \pi r^2 p \tag{12-122}$$

则

$$r = \frac{2\sigma \cos\theta}{p} \tag{12-123}$$

通常汞对聚合物接触角为 $141.3°$，汞/空气的界面张力为 0.480N/m，上式可简化为：

$$r = \frac{7492}{p} \tag{12-124}$$

式中，p 为外加压力，单位为 bar；r 为在给定 p 下汞能进入的最小孔半径，nm。低压下汞首先进入较大的孔，随着 p 增加，小孔逐渐打开，进入膜孔中汞的体积也增加，直至体积随 p 的变化趋向平缓。从通过体积随 p 的变化曲线可以得到孔径分布，再由孔径分布曲线可求得最可几孔径。

适合压汞法测定的孔径范围在 $5nm \sim 10\mu m$。

压汞法的缺点如下：

① 假定细孔的形态为直圆筒，因而对其他一些形态的细孔就难以适应；

② 计算中假设水银的接触角为 $141.3°$，但实际上汞与试样的接触角将随试样的品种而异。而且在测试过程中，水银难免被污染，造成表面张力和接触角发生变化，将带来误差；

③ 孔径越小，将汞压入孔中所需的压力也就越高，这将不可避免地使试样产生压缩变形。

（3）气体渗透法

气体渗透法适用于测定干态膜孔结构，例如，气体分离膜的孔径、孔隙率等。

气体分离膜皮层要求致密无孔，同时要求皮层尽量薄，纺丝过程中不可避免有微量孔隙存在，通常孔隙率非常低（约 $10^{-4} \sim 10^{-9}$），无法用常规液体膜孔径表征方法测试。Marchese 等[453]提出了一种气体渗透法，可以根据气体渗透结果计算出平均孔径、孔隙率和皮层厚度，具体过程如下：

气体在非对称膜中渗透由两部分组成：通过致密膜皮层的溶解-扩散渗透通量；通过孔流扩散通量，孔流包括滑移流贡献以及黏性流贡献。气体 i 渗透通过膜的总通量 Q_i 可以表示为：

$$Q_i = \frac{P_{1,i}A_1}{l}\Delta p + \frac{P_{2,i}A_2}{lq^2}\Delta p \tag{12-125}$$

式中，第一项是致密面积部分 A_1 的通量，第二项是通过孔或者缺陷部分 A_2 的通量。$P_{1,i}$ 和 $P_{2,i}$ 分别是气体通过致密部分和孔部分的本征渗透系数；q 是膜孔曲折因子；l 是皮层厚度；Δp 是跨膜压差。

式（12-125）两侧除以总面积 A_t 并重新整理，得到式（12-126）：

$$\frac{Q_i}{\Delta p A_t} = K_i = \frac{P_{1,i}(1-\varepsilon)}{l} \tag{12-126}$$

式中，K_i 是总有效渗透系数；$\varepsilon = A_2/A_t$ 是表面孔隙率。

气体渗透通过孔的扩散可以参考在毛细管中的流动表示式（12-127）：

$$P_{2,i} = \frac{r^2\,\overline{p}}{k_0\eta_i p_2} + \frac{4r\delta}{3p_2 k_1}\overline{v}_i \tag{12-127}$$

式中，第一项是黏性流项；第二项是滑移流项，与膜上下游平均压力 $\overline{p}$ 成正比。η_i 是组分 i 的黏度，p_2 为膜渗透侧的压力，$\overline{p}$ 是平均压力，r 是膜平均孔径，$\overline{v}_i$ 为组分 i 的平均分子速率，k_0、k_1 和 δ 为膜结构因子，k_0 和 k_1 与膜孔形状有关，δ 与膜平均孔径与气体分子平均自由程的比值有关。

渗透组分的平均分子速率定义为式（12-128）：

$$\overline{v}_i = \sqrt{\frac{8RT}{\pi M_i}} \tag{12-128}$$

式中，M_i 是气体摩尔质量；T 是热力学温度；R 是气体常数。假定膜表面孔及缺陷的平均形状都为长方形，则 k_0 值为 2.5，δ/k_1 约等于 0.8，则式（12-128）可以转化为式（12-129）：

$$K_i = \frac{P_{1,i}}{l}(1-\varepsilon) + 1.0667\frac{r}{lp_2}\times\frac{\varepsilon}{q^2}\overline{v}_i + 0.4\frac{r^2}{l\eta_i}\times\frac{\varepsilon}{q^2}\times\frac{\overline{p}}{p_2} \tag{12-129}$$

如果以总有效渗透系数 K_i 为纵坐标，平均压力 $\overline{p}$ 为横坐标，进行作图得到一条直线，其截距和斜率分别可以表示为式（12-130）和式（12-131）：

$$K_{0,i} = \frac{P_{1,i}}{l}(1-\varepsilon) + 1.0667\frac{r}{lp_2}\times\frac{\varepsilon}{q^2}\overline{v}_i \tag{12-130}$$

$$B_{0,i} = 0.4\frac{r^2}{l\eta_i p_2}\times\frac{\varepsilon}{q^2} \tag{12-131}$$

用于气体分离的非对称膜其表面孔及缺陷比例非常低，即式（12-130）中 $1-\varepsilon$ 可取为 1，从式（12-130）和式（12-131）可以得到：

$$r = 2.6667 \frac{B_{0,i}}{\left(K_{0,i} - \dfrac{P_{1,i}}{l}\right)} \eta_i \, \overline{v}_i \tag{12-132}$$

此外采用两种分子量差异较大的气体测定渗透通量，该膜的致密分离层厚度 l 亦可由下式计算得到：

$$l = \frac{P_{1,\mathrm{A}} - P_{1,\mathrm{B}} \dfrac{B_{0,\mathrm{A}} \eta_{\mathrm{A}} \overline{v}_{\mathrm{A}}}{B_{0,\mathrm{B}} \eta_{\mathrm{B}} \overline{v}_{\mathrm{B}}}}{K_{0,\mathrm{A}} - K_{0,\mathrm{B}} \dfrac{B_{0,\mathrm{A}} \eta_{\mathrm{A}} \overline{v}_{\mathrm{A}}}{B_{0,\mathrm{B}} \eta_{\mathrm{B}} \overline{v}_{\mathrm{B}}}} \tag{12-133}$$

通常，非对称膜皮层厚度未知，只要孔隙率不是非常低（例如 $>10^{-4}$），这时，$P_{1,i}/l \ll K_{0,i}$，可忽略不计，根据式(12-132)可以计算得到膜表面的平均孔径 r。如果孔隙率非常低（例如 $\ll 10^{-4}$），此时应采用两种分子量差异较大的气体测定渗透通量，由式(12-133)计算致密分离层厚度 l，代入式(12-132)计算膜表面平均孔径 r。平均孔径 r 确定后，代入式(12-130)或式(12-131)可以求得膜的表面孔隙率 ε。

Hashemifard 等[454]考虑皮层孔壁粗糙度等因素，认为滑移流只贡献部分孔流，提出新的利用气体渗透数据预测皮层多孔膜结构参数的方法。

气体通过膜孔的渗透速率 J（即单位面积、单位压差下渗透通量）可以表示为式(12-134)：

$$J = \frac{1}{RT} \left\{ \phi \, \frac{2r_\mathrm{p}}{3} \left(\frac{8RT}{\pi M}\right)^{0.5} + (1-\phi)\left[\psi r_\mathrm{p} \left(\frac{\pi RT}{8M}\right)^{0.5} + \frac{r_\mathrm{p}^2 \overline{p}}{8\eta} \right] \right\} \frac{\varepsilon}{l_\mathrm{p}} \tag{12-134}$$

式中，第一项是 Knudsen 流贡献，第二项是滑移流贡献，第三项黏性流贡献。ψ 为滑移流校正系数，表征滑移流程度的因子，取值 $0 \sim 1$；r_p 是孔径；ε 是表面孔隙率；l_p 是孔长度（皮层厚度）；$\overline{p}$ 是平均压力；η 是黏度；M 是气体分子量；ϕ 是分子与孔壁碰撞概率，由式(12-135)表示。

$$\phi = \frac{1}{1 + [2\sqrt{2}\,\pi\sigma^2/(k_\mathrm{B}T)]r_\mathrm{p}\overline{p}} \tag{12-135}$$

式中，ϕ 是孔径、分子碰撞半径 σ 及系统温度、压力函数；k_B 是玻尔兹曼常数。

计算时先假定 r_p、ε/l_p 和 ψ 初始值，由式(12-135)计算 ϕ，再代入式(12-134)，计算渗透速率 J，再与实验测得渗透速率值比较，根据比较结果，不断调整 r_p、ε/l_p 和 ψ 值，使得渗透速率计算值与实验数值偏差最小。此时即可得到皮层孔径 r_p、孔隙率与孔长度比值 ε/l_p 等皮层孔结构参数。

Hashemifard 新模型优于 Yasuda 和 Tsai 模型（孔流由 Knudsen 流和黏性流组成）、Wakao 模型（$\psi = 1$）与 Rangarajan 模型，能准确地预测 NF、UF、MF、MD 和膜接触器等各种类型膜的孔径和有效孔隙率。

12.5.4　分离膜性能

12.5.4.1　溶解度系数

溶解度系数表示聚合物膜对气体的溶解能力。溶解度系数与被溶解的气体及高分子种类有关。高沸点易液化的气体在膜中容易溶解，具有较大的溶解度系数，如图 12-19。表12-49 列出部分气体在聚合物中的溶解度系数。

表 12-49(a)　部分气体在聚合物中的溶解度系数

聚合物	$S(298K)/[cm^3(STP)/(cm^3 \cdot bar)]$			
	N_2	O_2	CO_2	H_2
弹性体				
聚丁二烯	0.045	0.097	1.00	0.033
天然橡胶	0.055	0.112	0.90	0.037
氯丁橡胶	0.036	0.075	0.83	0.026
丁苯橡胶	0.048	0.094	0.92	0.031
丁腈橡胶(80/20)	0.038	0.078	1.13	0.030
丁腈橡胶(73/27)	0.032	0.068	1.24	0.027
丁腈橡胶(68/32)	0.031	0.065	1.30	0.023
丁腈橡胶(61/39)	0.028	0.054	1.49	0.022
聚二甲基丁二烯	0.046	0.114	0.91	0.033
丁基橡胶	0.055	0.122	0.68	0.036
聚氨酯橡胶	0.025	0.048	(1.50)	0.018
聚硅氧烷橡胶	0.081	0.126	0.43	0.047
半晶状聚合物				
高密度聚乙烯	0.025	0.047	0.35	—
低密度聚乙烯	0.025	0.055	0.46	—
反式 1,4-聚异戊二烯	0.056	0.102	0.97	0.38
聚四氟乙烯	—	—	0.19	—
聚甲醛	0.025	0.054	0.42	—
聚(2,6-二苯基-1,4-苯醚)	0.043	0.1	1.34	—
聚对苯二甲酸乙二醇酯	0.039	0.069	1.3	—
玻璃态聚合物				
聚苯乙烯	—	0.055	0.55	—
聚氯乙烯	0.024	0.029	0.48	0.026
聚醋酸乙烯酯	0.02	0.04	—	0.023
聚(双酚 A-碳酸酯)	0.028	0.095	1.78	0.022

表 12-49(b)　部分气体在聚酰亚胺中的溶解度系数和扩散系数

聚酰亚胺	$D/(10^{-8}cm^2/s)$				$S/[10^{-3}cm^3(STP)/(cm^3 \cdot cmHg)]$			
	O_2	N_2	CO_2	CH_4	O_2	N_2	CO_2	CH_4
PMDA-ODA	1.0	0.32	0.80	0.0079	8.1	4.5	45	12
BTDA-BAPHF	1.9	0.49	1.2	0.10	6.0	0.49	36	10
BTDA-BAHF	1.9	0.47	1.7	0.12	13.0	0.47	59	19
6FDA-TMPDA	36.31	13.65	16.00	3.57	2.28	1.67	26.37	5.24
6FDA-DAT	5.39	1.26	1.77	0.18	1.22	0.91	16.95	2.89

溶解度系数随温度变化，通常可用 Arrhenius 公式表示：

$$S = S_0 \exp\left(\frac{-\Delta H}{RT}\right) \tag{12-136}$$

12.5.4.2　扩散系数

扩散系数表示由于高分子链热运动所引发的气体分子在膜中传递能力的大小。由于气体分子在膜中传递需要能量来排开链与链之间一定体积，而所需能量大小与分子直径有关。因此，扩散系数随分子体积增大而减少，如图 12-21。

Robeson 等[455]提出：

$$\ln D = \alpha + \beta d_g^2 \tag{12-137}$$

式中，D 为气体在膜中的扩散系数；d_g 为扩散气体的直径。

扩散系数与温度有关，温度越高，高分子链运动越激烈，气体分子扩散越容易，扩散系数随温度升高而增加，遵循 Arrhenius 关系：

$$D = D_0 \exp\left(\frac{-\Delta E_D}{RT}\right) \tag{12-138}$$

ΔE_D 是扩散活化能，它随分子直径增大而增加，即分子直径越大，扩散越不易。表 12-50 列出了部分气体在聚合物中的扩散系数及扩散活化能。

表 12-50　部分气体在聚合物中的扩散系数及扩散活化能[①]

聚合物	扩散气体											
	N_2			O_2			CO_2			H_2		
	D (298)	D_0	E_D/R	D (298)	D_0	E_D/R	D (298)	D_0	E_D/R	D (298)	D_0	E_D/R
弹性体												
聚丁二烯	1.1	0.22	3.6	1.5	0.15	3.4	1.05	0.24	3.65	9.6	0.053	2.55
天然橡胶	1.1	2.6	4.35	1.6	1.94	4.15	1.1	3.7	4.45	10.2	0.26	3.0
氯丁橡胶	0.29	9.3	5.15	0.43	3.1	4.7	0.27	20	5.4	4.3	0.28	3.3
丁苯橡胶	1.1	0.55	3.9	1.4	0.23	3.55	1.0	0.90	4.05	9.9	0.056	2.55
丁腈橡胶（80/20）	0.50	0.88	4.25	0.79	0.69	4.05	0.43	2.4	4.6	6.4	0.023	3.1
丁腈橡胶（73/27）	0.25	10.7	5.2	0.48	2.4	4.6	0.19	13.5	5.35	4.5	0.52	3.45
丁腈橡胶（68/32）	0.15	56	5.85	0.28	9.9	5.15	0.11	67	6.0	3.85	0.52	3.5
丁腈橡胶（61/39）	0.07	131	6.35	0.14	13.6	5.45	0.038	260	6.7	2.45	0.92	3.8
聚二甲基丁二烯	0.08	105	6.2	0.14	20	5.55	0.063	160	6.4	3.0	1.3	3.75
丁基橡胶	0.05	34	6.05	0.08	43	5.95	0.06	36	6.0	1.5	1.36	4.05
聚氨酯橡胶	0.14	55	5.35	0.24	7	5.1	0.09	42	5.9	2.6	0.98	3.8
聚硅氧烷橡胶	15	0.0012	1.35	25	0.0007	1.1	15	0.0012	1.35	75	0.0028	1.1
半晶态聚合物												
高密度聚乙烯	0.10	0.33	4.5	0.17	0.43	4.4	0.12	0.19	4.25	—	—	—
低密度聚乙烯	0.35	5.15	4.95	0.46	4.8	4.8	0.37	1.85	4.6	—	—	—
反式 1,4-聚异戊二烯	0.50	8	4.9	0.70	4.0	4.6	0.47	7.8	4.9	5.0	1.9	3.8
聚四氟乙烯	0.10	0.015	3.55	0.15	0.0017	3.15	0.10	0.00093	3.4	—	—	—
聚甲醛	0.021	1.34	5.35	0.037	0.22	4.65	0.024	0.20	4.75	—	—	—
聚(2,6-二苯基-1,4-苯醚)	0.43	11.2×10^{-4}	1.0	0.72	6.75×10^{-4}	1.55	0.39	9×10^{-4}	0.9	—	—	—
聚对苯二甲酸乙二醇酯	0.0014	0.058	5.25	0.0036	0.38	5.5	0.0015	0.75	5.95	—	—	—

续表

聚合物	扩散气体											
	N$_2$			O$_2$			CO$_2$			H$_2$		
	D (298)	D_0	E_D/R	D (298)	D_0	E_D/R	D (298)	D_0	E_D/R	D (298)	D_0	E_D/R
玻璃态聚合物												
聚苯乙烯	0.06	0.125	4.25	0.11	0.0125	4.15	0.06	0.128	4.35	4.4	0.0036	2.0
聚氯乙烯	0.004	295	7.45	0.012	42.5	6.55	0.0025	500	7.75	0.50	5.9	4.15
聚醋酸乙酯	0.03	30	6.15	0.05	6.31	5.55	—	—	3.95	2.1	0.013	2.6
聚甲基丙烯酸乙酯	0.025	0.68	5.1	0.11	0.039	3.8	0.030	0.021	3.95	—	—	—
聚（双酚 A-碳酸酯）	0.015	0.0335	4.35	0.021	0.0087	3.85	0.005	0.018	4.5	0.64	0.0028	2.5

注：$D(298)$ 的单位为 $10^{-6} cm^2/s$；D_0 的单位为 cm^2/s；E_D/R 的单位为 $10^3 K$。

12.5.4.3 渗透系数

气体透过膜的能力大小可以用渗透系数表示，表 12-51、表 12-52 列出部分气体在聚合物中的渗透系数[108]。根据溶解-扩散机理，渗透系数等于溶解度系数与扩散系数的乘积

$$P = SD \tag{12-139}$$

渗透系数随温度增加而增大，如图 12-79 所示。它遵循 Arrhenius 关系：

$$P = P_0 \exp\left(\frac{-\Delta E_P}{RT}\right) \tag{12-140}$$

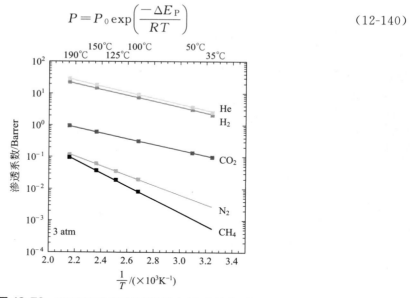

图 12-79 温度对气体渗透性能的影响（聚苯并咪唑）

聚合物膜对气体渗透系数大小主要取决于构成聚合物的分子结构，如表 12-52 所示。从同一基团在不同聚合物中对分子渗透的贡献相同，可以预测聚合物膜对气体的渗透速率。Park 等[203]从 105 种聚合物归纳出 41 个基团，预测 CH$_4$、N$_2$、O$_2$、CO$_2$、H$_2$ 透过聚合物膜的渗透系数，取得了平均误差为 0.701% 的结果。Robeson 等[456]将 65 种聚合物分解为 21 个基团，通过对构成聚合物的基团的自由体积加和，计算 N$_2$、O$_2$、He 在聚合物中的渗透系数，也取得了较好结果[457]。

表 12-51　部分气体在聚合物中的渗透系数（25℃）

| 聚合物 | P/Barrer[①] | | | | | | α | | | | |
	He	H_2	O_2	N_2	CO_2	CH_4	He/N_2	H_2/N_2	O_2/N_2	CO_2/CH_4	CO_2/N_2
天然橡胶		—	23.3	6.43	153	—	—		3.6	—	23.8
丁基橡胶	—	7.2	1.3	0.324	5.16	—	—	22.2	4.0	—	15.9
硅橡胶	—	649	605	281	3240	—	—	2.3	2.1	—	11.5
聚四氟乙烯					2.5						
聚苯醚											
聚碳酸酯	13.6	—	1.48	0.289	6.0	0.257	47.1		5.13	23.3	20.8
聚砜			1.4		5.6				5.6	22	
聚酰亚胺(Matrimid)	22.5		1.32		8.7		122		7.2	60	—
聚酰亚胺(P84)	7.2		0.24		0.99		292		10.0	—	

① 1Barrer＝10^{-10} mL(STP)·cm/(cm²·s·cmHg)。

表 12-52　部分气体在聚酰亚胺分离膜中的渗透性（30℃）

| 聚酰亚胺组/mmol | | | | | | 气体渗透性 P/bar | | | | | |
| 羧酸二酐 | | | | 二胺 | | | | | | | |
BPDA	BTDA	PMDA	6FDA	TMBD	MTMB	H_2	CO_2	O_2	H_2/CH_4	CO_2/CH_4	O_2/N_2
—	—	—	21	21		134	80.5	30.8	60	36	4.2
—	—	—	21		21	106	51.2		73	35	
—	21	—	—		21	44.4	18.6	46.5	75	32	5.3
—	—	21	—		21	48.7	19.5		95	38	
2.1	—	—	18.9	21	—	124	72		62	36	
6.3	—	—	14.7	21	—	111	64.9		60	35	
		2.1	18.9	21		124	96.2		51	39	
		4.2	16.8	21		150	103		43	30	
—		10.5	10.5	21		127	82		49	32	

用渗透仪可以测定渗透系数、溶解度系数以及扩散系数[457,458]。

气体在膜内的扩散行为可以用 Fick 第一定律和第二定律描述：

$$q(t) = -D \left. \frac{\partial C(x,t)}{\partial x} \right|_{x=\delta} \qquad (12\text{-}141)$$

$$\frac{\partial c}{\partial t} = D \frac{\partial^2 c}{\partial x^2} \qquad (12\text{-}142)$$

边界条件：

$$x=0, \quad c=c_1 \quad t>0$$
$$x=L, \quad c=c_2 \quad t>0$$

初始条件：

$$t=0, \quad c=0 \quad 0 \leqslant x \leqslant L$$

积分式(12-142)，则气体在膜内浓度分布为：

$$c = c_1\left(1 - \frac{x}{L}\right)\frac{2c_1}{\pi}\sum_{n=1}^{\infty}\frac{1}{n}\sin\frac{n\pi x}{L}\exp\left(-D\pi^2 n^2\frac{t}{L^2}\right) \tag{12-143}$$

由式（12-141）可得，气体透过膜的速率：

$$q(t) = D\int_0^t -\left(\frac{\partial c}{\partial t}\right)_{x=\delta}\mathrm{d}t$$

$$= Dc_1\frac{t}{L}\left(1 - \frac{L^2}{6D}\right) - \left(\frac{2c_1 L}{\pi^2}\right)\sum_{n=1}^{\infty}\left[\frac{(-1)^n}{n^2}\right]\exp\left(-D\pi^2 n^2\frac{t}{L^2}\right) \tag{12-144}$$

当 $t\to\infty$，渗透达到稳态，代入 $c=sp$ 则：

$$q(t) = P\frac{t}{L}\left(1 - \frac{L^2}{6D}\right)p_1 \tag{12-145}$$

如图 12-80 所示，直线在轴上截距 θ，称延迟时间，$\theta = L^2/6D$。

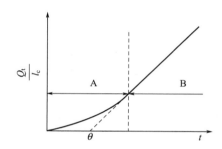

图 12-80　气体渗透的延迟时间测定
A—非瞬态；B—稳态

可以从直线段的斜率计算渗透系数 P，从延迟时间计算扩散系数 D，然后从得到的 P 与 D 值，根据 $P=SD$ 计算 S。

气体的渗透性可根据恒体积法测试，装置见图 12-81。

当气体传递达到稳态时，根据式（12-146）计算：

$$P = \frac{V_m\times V\times L}{A\times RT\times p_0}\times\frac{\mathrm{d}p}{\mathrm{d}t} \tag{12-146}$$

式中，P 是气体的渗透系数，Barrer；A 是膜面积，cm^2；p_0 是渗透池上下侧压力差，cmHg；V 是渗透下侧腔体及管路的体积，cm^3；V_m 是理想气体标准状态下的摩尔体积，cm^3(STP)/mol；L 是膜厚度，cm；T 是热力学温度，K；$\mathrm{d}p/\mathrm{d}t$ 为渗透侧压力随时间变化，cmHg/s；R 是气体常数，$R=6236.56cm^3\cdot cmHg/(mol\cdot K)$。

扩散系数 D 可根据式（12-147）计算：

$$D = \frac{l^2}{6\theta} \tag{12-147}$$

式中，θ 是气体延滞时间，s。根据溶解扩散机制，气体的溶解度系数由式（12-148）计算：

$$S = \frac{P}{D} \tag{12-148}$$

如果改变实验方式（即 $x=0$，$c\neq c_1$，$t>0$），采用脉冲或谐波方式加压，也可以从非

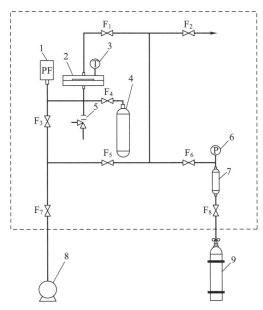

图 12-81　分离膜测试体系

1—真空规；2—渗透池；3—温度传感器；4—缓冲罐；5—安全阀；6—压力传感器；

7—储气罐；8—真空泵；9—气瓶

稳态输出曲线测得扩散系数，再从稳态数据计算渗透系数，两者相除得到溶解度系数[458]。

测试用的致密膜制备可按 12.3.6.5 和 12.3.12.1 节介绍的方法操作。膜厚会影响渗透性[459]，制膜时应尽量保持支撑板水平，使膜片厚度均匀。平板膜裁成圆形样品，直径为 20～35mm，厚度约为 20～100μm，无褶皱、针孔、污渍。制备样品时溶剂蒸发时间尽量长；初生膜取下后放入真空烘箱热处理进一步脱除残余溶剂，然后再升温到稍低于膜材料玻璃化转变温度进行熟化处理，以消除内应力、使聚合物分子链构型趋向热力学平衡。测试时应保证设备真空侧气体泄漏量远少于待测样品渗透系数值。

12.5.4.4　理想分离系数

理想分离系数反映了膜材料本身对不同气体分离能力，两种气体（A/B）理想分离系数根据式(12-49)计算：

$$\alpha_{AB} = \frac{P_A}{P_B} \tag{12-149}$$

12.5.5　中空纤维膜耐压性能

中空纤维膜具有自支撑特性，无需外加支撑体，自身可承受一定压力。中空纤维膜耐压强度就是反映了膜在压力作用下抗压塌能力。它与膜材料本身的机械性能（如机械强度、弹性模量等）、膜形态结构（如指状结构还是海绵状结构等）以及膜几何尺寸（内外径、内外圆同心度等）等密切相关。

中空纤维膜耐压强度 P_e 可用下式估算：

$$P_e = \frac{2E}{1-v^2} \times \frac{t^3}{D^3} \qquad (12\text{-}150)$$

式中，v 是泊松比；t 是中空纤维膜壁厚；D 是外径；E 是聚合物膜弹性模量，它不仅与膜材料本征杨氏弹性模量有关，还取决于膜的结构及空隙率，即使膜的几何尺寸相同，低空隙率膜比高空隙率具有更高的 E 值。

从式(12-150) 可知，P_e 与壁厚 t 三次方成正比，与外径 D 的三次方成反比。增加中空纤维膜壁厚或者减少丝外径，有助于增强膜的耐压能力。但有时减少外径受喷头制造技术限制，可以采用减少丝内径以增加壁厚。需要注意的是，内径减少将引起丝内压降增加。如果丝内外圆同心度不好，丝壁厚薄不均，将降低膜的耐压强度，因此，中空纤维膜对制造工艺有更高要求。此外，即使膜的几何尺寸相同，海绵状结构的膜要比指状结构耐压强度高。

12.5.6 影响分离膜性能的其他重要因素

12.5.6.1 膜耐热性

对聚合物膜而言，使用温度越高，渗透速率越大，但使用温度受膜耐热性能限制。理论上聚合物膜使用温度极限是膜材料的玻璃化转变温度，当温度超过玻璃化转变温度后，膜要发生蠕变而破坏。但实际上受使用压力和膜内残余溶剂等影响，以及对膜使用寿命的要求，膜实际使用温度远远低于材料的玻璃化转变温度。表 12-53 列出了常用聚合物的玻璃化转变温度[460]。

表 12-53 部分聚合物的玻璃化转变温度

聚合物	T_g/℃	聚合物	T_g/℃
聚酰胺酰亚胺	275	聚砜	190
聚酰亚胺	250	聚醚醚酮	143
聚醚砜	224	聚苯丙醇胺	134
聚醚酰亚胺	213	聚苯硫醚	92

12.5.6.2 膜寿命

气体分离膜的渗透性能随着使用时间延长会降低，直接影响膜使用寿命，这对膜分离系统的设计至关重要。分离膜性能降低的原因有：膜污染、膜内开孔结构的压密及致密皮层的物理老化作用。

聚合物材料的物理性能，如密度、自由体积、热力学性能和机械性能等会随老化时间而变化，这种随时间变化的物理老化现象主要受体积松弛所引起的聚合物链段运动减弱的影响[7,8]。在中空纤维膜的纺制过程中，由于剪切力、分子取向等原因使中空纤维膜处于非平衡态。随着老化时间的延长，中空纤维膜逐渐由非平衡态向平衡态转变，引起的自由体积减小使中空纤维膜的气体渗透速率减小。如 Lin 等[461]把聚酰亚胺 6FDA-durene 非对称中空纤维膜放置 141 天，O_2 渗透速率下降了 40%。

在聚合物膜使用过程中，由于压力作用，膜压密而发生物理老化，导致渗透速率减少，最后使膜不能用。通常，膜寿命定义为膜渗透速率下降到允许值时所使用的时间。膜寿命与膜材料及膜结构等有关。如材料的机械强度越高，耐压性能越好，膜使用寿命越长；海绵状结构膜要比指状结构膜更耐压。影响物理老化发生的速率快慢和程度大小主要因素有：膜材料的化学结构[461]、膜厚、使用压力和老化温度等。一旦膜材料和结构给定后，膜寿命主要与使用压力和温度有关。

聚合物膜老化可用自由体积的减少来描述。Simha 和 Somcynsky 认为[462]：自由体积减小可以由晶格数量减少（自由体积扩散）和晶格收缩解释。McCaig 等[463]将自由体积扩散机理和晶格收缩机理结合提出了双机理模型。该模型认为，自由体积的减少由自由体积扩散和晶格收缩两部分组成：

$$f = f_i - \Delta f_D - \Delta f_{LC} \tag{12-151}$$

式中，Δf_D 是由自由体积扩散引起的自由体积分数减少量，可用 Fick 第二定律来描述自由体积的扩散；Δf_{LC} 是由晶格收缩引起的自由体积分数减少量，用 Hirai 和 Eyring 模型[464]来计算。

Paul 等[463]首先建立了定量描述物理老化过程的数学模型。该模型描述了两种同时发生的自由体积损失机制：膜表面的自由体积扩散（厚度相关）和晶格收缩（厚度无关），通过模型参数的优化，理论计算结果与实验数据一致。

丁晓莉等[465]忽略过渡层和支撑层孔结构压密影响，认为致密层引起的老化现象是膜性能衰减的主要原因，并忽略支撑层对致密层自由体积变化的阻碍作用，致密层两侧界面作自由表面处理。把双机理模型推广到中空纤维膜老化机理研究，所得到结果与模型预测符合较好，其结果简述如下。

（1）气体渗透速率与自由体积分数的关系

气体在玻璃态聚合物膜中的渗透与自由体积的关系可用 Analogous 关系式表示：

$$P = A \exp(- B/f) \tag{12-152}$$

式中，P 是气体渗透系数，Barrer；A、B 是与气体类型有关的常数；f 是自由体积分数，由下式计算：

$$f = \frac{V - V_0}{V} \tag{12-153}$$

式中，V 是聚合物单位质量体积，cm^3/g；V_0 是聚合物链段占有体积，cm^3/g，可用 Bondi[203,466]基团贡献法计算。

由于自由体积分数在膜内分布不均一，膜的渗透系数可以沿在膜厚方向上积分求和后的平均数来表示：

$$\frac{1}{\langle P(t) \rangle} = \frac{1}{L} \int_{-L/2}^{L/2} \frac{\mathrm{d}x}{P(x,t)} \tag{12-154}$$

（2）中空纤维膜的物理老化模型[465]

如图 12-82 所示，在中空纤维膜上建立坐标系。致密层在 r_0 到 $r_0 + L$ 之间，r_0 为中空纤维膜支撑层（包括过渡层）与致密层交界位置的厚度，L 为致密皮层厚度。当膜厚无限小时，自由体积扩散机理占主导地位，可以将晶格收缩引起的自由体积减小忽略[203]。由于中空纤维膜的致密皮层的厚度较小（约 90～250nm），中空纤维膜致密皮层的自由体积变化只考虑自由体积扩散的影响。假设自由体积扩散系数 D 是个常数，简化的自由体积扩散模型可以用 Fick 第二定律来表示：

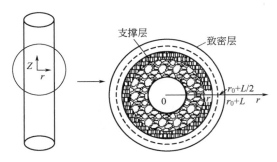

图 12-82 中空纤维膜坐标系示意图

$$\frac{\partial f}{\partial t} = D\left(\frac{1}{r} \times \frac{\partial f}{\partial r} + \frac{\partial^2 f}{\partial r^2}\right) \qquad (12\text{-}155)$$

式中，D 为体积扩散系数，cm^2/s，是可调参数。

初始条件：$f = f_g(t=0, r_0 < r < r_0 + L)$；

边界条件：$f = f_e(t > 0, r = r_0, r = r_0 + L)$ $\qquad (12\text{-}156)$

$$\frac{\partial f}{\partial r} = 0 \quad (t \geqslant 0, r = r_0 + L/2)$$

偏微分方程（12-155）用分离变量法求解，再联合公式（12-152）和公式（12-154）便可计算出中空纤维膜渗透速率随老化时间的变化。

12.5.6.3 玻璃态聚合物膜的塑化现象

CO_2 诱导塑化是 CO_2 分离膜应用在天然气净化、EOR 伴生气分离及在较高 CO_2 分压的烟道气时中经常遇到的现象，这一现象制约了 CO_2 分离膜的大规模应用和膜性能的进一步提升。根据 Wessling[467] 等的一系列研究，从宏观上描述，玻璃态聚合物 CO_2 诱导塑化的定义为：当对膜进行纯 CO_2 条件下的性能测试，CO_2 进料气的压力达到某一临界值时，CO_2 的渗透系数随着进料气压力的增加而提高，此时使渗透系数增加的最小压力叫塑化压力，如图 12-83。表 12-54 给出了常用聚合物塑化压力值。

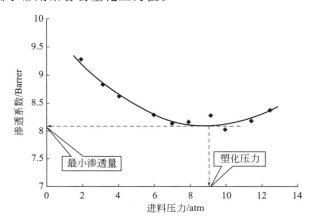

图 12-83 玻璃态聚合物的 CO_2 渗透行为[468]

表 12-54　常用聚合物塑化压力（p_{pl}）

聚合物	p_{pl}/bar	温度/℃	聚合物	p_{pl}/bar	温度/℃
聚砜	34	23	聚苯醚	14	25
聚醚砜	27	21	聚酰亚胺（Matrimid）	12	22
聚醚酰亚胺	28	21	聚酰亚胺（P84）	22	23
双酚 A-聚碳酸酯	31	25	醋酸纤维素	11	27
BPZ-聚碳酸酯	24	23	三乙酸纤维素	10	24
四甲基双酚 A-聚碳酸酯	13	25			

Adewole 等[468]从双吸附双迁移模型出发，基于塑化条件下气体在膜内渗透系数与渗透压力之间的经验公式，并根据塑化压力点下渗透系数对压力导数为 0 的条件，综合具体塑化渗透实验数据，提出了一种半经验三参数模型以评估塑化压力与膜内气体渗透系数之间的关系，根据该三参数模型评估了超过 90 种聚合物膜塑化压力、气体渗透系数以及目标气体损失率之间的关联关系，结果证明该模型可以简单地应用于高压塑化情况下膜内气体渗透分离行为的预测。

塑化的结果往往是聚合膜被某种物质溶胀，同时也加速了其他组分的渗透。利用含有 CH_4 和 N_2 的混合气研究膜内 CO_2 诱导塑化现象时发现，通常 CH_4、N_2 相比于 CO_2 对膜内 CO_2 诱导塑化现象表现得更为敏感，并首先出现渗透速率增长趋势，CH_4 或 N_2 渗透速率的增加程度也高于 CO_2 渗透速率的增加程度。此外，从微观角度分析这一现象可知 CO_2 诱导塑化提高了聚合物链段的灵活性，降低了聚合物的玻璃化转变温度。Sanders 等[469]在研究 CO_2 对聚醚砜的影响时，观察到 PES 在 100℃时，压力从 7.8atm 升至 35atm 并与 CO_2 达到平衡后，其玻璃化转变温度（T_g）降低了 76℃，由此可以判断 PES 被 CO_2 诱导塑化。Chiou 等[470]观察到多种聚合物吸附 CO_2 发生塑化后均导致了玻璃化转变温度（T_g）的降低，其中 PVC 下降了 18℃，聚对苯二甲酸乙二醇酯下降了 22℃，聚甲基丙烯酸甲酯下降了 38℃。

当玻璃态聚合物膜暴露在含可凝性气体（如 CO_2）中，分离膜容易被塑化。当 CO_2 与玻璃态聚合物膜发生较强的相互作用时（如图 12-84 所示），显著增加了 CO_2 在膜中的溶解度，大量气体分子溶解在膜中减弱了聚合物链段间的相互作用力，增大了聚合物链段移动性，使得聚合物链段变得松弛，最后导致聚合物自由体积增大，分离膜根据分子的大小和形状进行选择性分离的能力下降。因此，CO_2 诱导塑化作用会增加分离膜的气体渗透性能，但是由于所分离气体混合物中慢气（如 CH_4、N_2）的渗透速率增加更明显，一般会大于 CO_2 渗透速率的增加，从而导致膜选择性恶化。目前，提高分离膜抗 CO_2 诱导塑化能力的方法有热处理、化学交联、氢键交联以及聚合物共混等方法。

聚合物

塑化组分
（气体、蒸汽或液体）

被塑化的聚合物

图 12-84　渗透气诱导塑化现象

12.5.6.4　原料气中杂质影响

燃煤烟道气中的主要成分是 CO_2、O_2、N_2 以及水蒸气。其他组分还包括 SO_x、NO_x、H_2S、轻烃和芳烃等杂质性气体，经过一系列处理之后，其含量能降低到 $10mg/m^3$。另外，燃煤烟道气中还会含有一些灰尘，主要包括 SiO_2、Al_2O_3、Na_2O、Fe_2O_3、CaO、MgO、P_2O_5、K_2O 等，这些灰尘通过长时间的堆积可能会结块，不仅会堵塞膜孔，同时也给气体分离过程制造了很大的障碍，所以在进行气体分离之前都会事先经过一系列的预处理而被脱除。O_2、SO_2、NO_2 等气体具有较强的氧化性，有可能氧化作为促进传递膜载体的氨基，造成膜的氧化降解，因此将氨基作为固定载体的复合膜用于烟道气 CO_2 分离可能会出现膜的透过分离性能下降，并进一步降低膜的使用寿命。另外，SO_2 和 NO_2 等是酸性气体，与烟道气中的水蒸气结合后形成的酸可能与氨基等碱性载体发生酸碱中和反应，生成稳定的盐，从而使载体失去活性丧失促进传递效果。O_2、SO_2、NO_2 的降解作用在烟道气 CO_2 分离中已经有一些研究。

Idem 等[471]以燃煤电厂烟道作为研究对象，通过系统研究考察了单乙醇胺（MEA）吸收法捕集 CO_2 时烟道气中的杂质性气体 SO_2 和 O_2 对 MEA 降解的影响，实验证实了 SO_2 和 O_2 的存在都能强化 MEA 的降解。他们在用 MEA 和 MEA/MDEA 混合物捕集 CO_2 的小试中发现[472]，捕集后 MEA 和 MEA/MDEA 吸收剂中均出现了亚硫酸盐化合物红外吸收峰，这些化合物是由 MEA 和 MDEA 与烟道气中的 SO_2 发生反应产生的，而且这些化合物的存在表明 MEA 和 MDEA 与 SO_2 和 O_2 发生的反应均是不可逆反应。

Bedell 等[473]在对胺吸收法捕集烟道气过程中存在的吸收剂降解机理探究时表明，氧化降解机理是捕集过程中吸收剂降解的重要原因。降解会导致胺吸收剂的再生成本大大增加，酸性氧化剂还会导致吸收剂氧化生成稳定的盐，胺吸收剂只能用电渗析或离子交换的方式再生。由于烟道气中氧化剂的存在导致胺吸收法的使用受到了很大的限制。

在凝结性气体杂质如水和碳氢化合物存在的情况下，高自由体积的玻璃态聚合物，如聚酰亚胺、TR 聚合物和 PIMs 等，可能会受到严重影响并导致性能下降。目前，经得起各种杂质影响的膜材料研究还没有取得重大突破，进料气需充分预处理，通过吸收或吸附等其他方法去除可冷凝气体和其他杂质是目前可行的技术解决方案。

研究中发现气体膜分离过程水的存在对膜内 CO_2 传递具有重要作用，根据传质机理的不同对膜的分离性能产生不一样的影响。对于简单溶解-扩散机理的均质聚合物膜，CO_2 渗透通量因水分子的存在可能增大或减小。湿膜状态下，水分子溶胀橡胶态聚合物使自由体积增加，使得 CO_2 在膜内的扩散系数增大，提高了 CO_2 渗透速率。而水渗透在玻璃态聚合物中会导致竞争吸附、塑化等现象，例如疏水 PIM-1 膜在加湿条件下 CO_2 渗透速率明显降低[474]。在亲水性强的膜中，水渗透进膜形成足够大的缔合体分布在膜内，使溶质的水合水量有所增加，Liu[475]研究了亲水 PVA 膜在湿态和干态下的性能，前者渗透性能明显偏高，认为水的存在扩大了 CO_2 气体在 PVA 材料中的溶解度系数。

对于促进传递膜，CO_2 在膜中的传递方式既有简单的溶解-扩散也有载体的促进传递，一般湿膜比干膜具有更高的 CO_2 渗透系数和分离因子。Matsuyama 等[476]将 2-(N,N-二甲基)胺乙基丙烯酸接枝到聚乙烯（PE）多孔基质膜上制备 CO_2 促进传递膜，测试发现湿态溶胀膜的分离透过性能高于干态膜，并认为湿态下 CO_2 主要以 HCO_3^- 的形式在膜内传递。张颖[251]利用全反射红外光谱和拉曼光谱技术证实了 CO_2 与水分子在膜内载体的作用下反应生

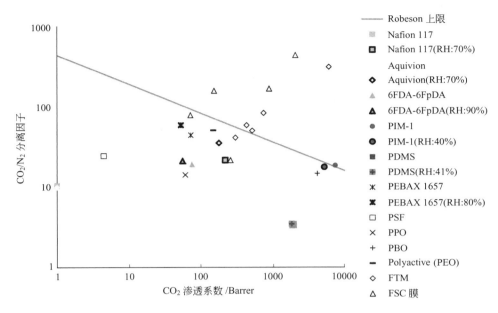

图 12-85　干湿气体混合物中 CO_2/N_2 分离性能的比较[477]

成大量体积非常小容易扩散的 HCO_3^-。相比于干膜情况下溶解在膜内的 CO_2 与载体的弱酸碱作用，湿膜的传质阻力减小，提高了 CO_2 在膜内的传递，因此在复合膜性能使用过程中需加湿原料气，并且使用前对膜进行预加湿来缩短初始平衡时间。水在 CO_2 分离膜材料中的作用机理较为复杂，目前水影响膜性能的研究尚不全面，图 12-85 是部分 CO_2 分离膜在干湿气体混合物中 CO_2/N_2 分离性能的比较，促进传递膜可以越过 Robeson 上限，是很有发展前景的 CO_2 分离膜。

可加湿的膜气体性能评价装置主要由进气系统、膜系统和分析检测系统组成（图 12-86），实验室测试气体一般由钢瓶气提供，膜系统主要包括原料气加湿除液装置和膜池装置，分析检测系统包括体积流量计和气相色谱仪。高压钢瓶中的纯气或混合气经过降压后进入加湿罐，气体在加湿罐的纯水中鼓泡，使其被水蒸气饱和。由于加湿过程中可能出现雾沫夹带和加湿后的气体在管路中产生部分冷凝，使得进料气中可能存在一定含量的液态水，因此在接近膜池入口处设置除液罐。气体进入除液罐后，液态水分由于重力作用落下积存在罐底，脱去液态水分的气体进入膜池，透过膜的气体由吹扫气带往色谱进行分析，原料侧的截留气直接排入空气中。

12.5.6.5　膜的应用条件

当膜法气体分离应用在不同领域时，原料气的组成、压力和温度等差异很大，而且前大部分膜材料都是针对不同应用领域开发的，只能在某个或某些特定场合下使用，普适性不强。具有良好机械性能的玻璃态高性能聚合物如聚酰亚胺、TR 聚合物和 PIMs 等适用于高压条件下，如天然气净化等。由于高压下促进传递膜易产生载体活性位饱和现象，使载体失活而失去促进传递作用，因此，适用于低压烟气净化领域。最近研究进展表明，促进传递膜在沼气温度高于 100℃ 的条件下也表现出优越和稳定的二氧化碳分离能力，拓宽了促进传递膜在高温领域的开发与应用。

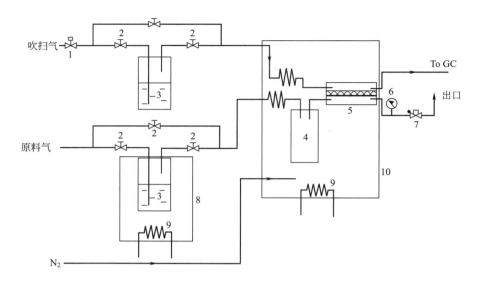

图 12-86　可加湿的膜性能评价装置

1—流量控制器；2—调节阀；3—加湿罐；4—除液罐；5—膜池；6—压力表；

7—流量计；8—水浴锅；9—加热丝；10—烘箱

12.5.6.6　膜材料的加工性能

另一个重要挑战是膜材料的批量重现性和可加工性。为了将膜材料用于大规模应用，膜材料应能制成厚度在 $0.1\sim1\mu m$ 范围内具有选择层的薄膜，以获得高透气性，并被组装成卷式膜组件或中空纤维膜组件以便最大限度地提高比表面积和装填密度。从这个意义上说，商业上可用的 PEO 和 PVAm 聚合物是作为分离层的优选材料。MTR 公司开发的卷式 TFC 膜组件，经真实气体性能测试二氧化碳渗透率高达 4000GPU，这基本达到了美国能源部提出的烟气捕集目标。规模化的制备薄、可重复、无缺陷的气体分离膜是一项具有挑战性的工作。混合基质膜在工业应用中是可行的，但前提是纳米填料（分散相）易于分散在连续相材料中的。最近的研究有还制备 TR 和 PIMs 中空纤维膜，如果这些材料机械性能好并具有长期稳定性，有可能取代目前常用的气体分离膜材料。利用低成本的聚合物膜作为支撑层和高性能的 TR 聚合物作为分离层，通过共挤出法制备双层中空纤维膜，可以显著降低成本。

12.6　膜分离器

12.6.1　引言

为使膜可用于实际的气体分离过程，需制成膜分离器，并与机、泵、过滤器、阀、仪表、管路等装配形成流程才能完成要求的分离任务。膜分离器是膜分离过程的关键部件。膜分离器本身是一类传质分离设备。膜是分离器的核心部件，其分离性能是决定膜分离器性能优劣的主要因素。另外，分离器的结构设计和使用时的操作条件也可不同程度地影响膜分离器的分离性能。

通常，气体分离膜可制成平板型和中空纤维型。由它们可组装成板框式、管式、螺旋卷式和中空纤维式分离器。这四种分离器在形式上有很大区别，但设计分离器的出发点是相同的，都是要求尽量提高单位体积分离器的膜面积，保证气体在分离器内的流动分布均匀，并与膜充分接触。

以上四种分离器中，管式分离器的填充密度最低，约为 $30\sim328m^2/m^3$。板框式分离器的填充密度通常约为 $30\sim500m^2/m^3$。螺旋卷式分离器的填充率与间隔层厚度等尺寸有关，通常可达 $200\sim1000m^2/m^3$。中空纤维式分离器的填充密度与中空纤维丝外径有关，如表 12-55 所示。对于外径为 $200\mu m$ 的中空丝，分离器的填充密度可达 $6000\sim12000m^2/m^3$。早期开发中空纤维气体分离膜的原因之一就是因为中空纤维式分离器的填充密度高，可弥补中空纤维膜渗透速率较低的不足。随着制膜水平的发展，近年来中空纤维膜的分离层有效厚度已降至 $0.1\mu m$ 左右，与平板膜的分离层厚度相近。

表 12-55　工业应用的主要膜分离器特征

特征	板框式	螺旋卷式	中空纤维式
装填密度/(m^2/m^3)	$30\sim500$	$200\sim1000$	$500\sim10000$
组件面积/m^2	$5\sim20$	$20\sim40$	$300\sim600$
压降	低	中等	高
流体分布	中等	弱	强
制造成本	高	中等	低

为使膜两侧可承受较高的压力差，管式分离器将膜直接制在支撑管上，螺旋卷式和板框式分离器中的膜片之间必须有间隔层和流道隔片。中空纤维式分离器则不受这一限制，因为结构合适的中空纤维膜两侧可承受很高的压力差。例如，大连化学物理研究所制造的聚砜-硅橡胶中空纤维复合膜两侧可耐压力差高达 11.0MPa。由此也不难理解，中空纤维膜分离器很适合在气源压力较高的场合下应用。

分离器的外壳可看成是不同耐压等级的压力容器。随应用条件下的压力不同，以上四种膜分离器的外壳材质也不一样。高压下使用的分离器外壳可用碳钢；低压下使用的分离器外壳可以是铝、玻璃钢等质轻材料。在分离器中，膜经适当组装、固定和密封等工序后形成合适的气流通道。通常，分离器的内部结构在组装时被固定，用户不可随意拆卸。

在膜分离器设计中，应考虑的因素还包括：①尽量减小原料气与渗透气侧压降，操作费用小；②尽量使分离器内气体流动分布均匀，如无浓差极化、无返混、密封性良好等；③便于分离器加工和组装，制造成本低。

由于原料气和渗透气的流动，膜分离器中必然存在压降。在某些场合，尾气作为产品须加压使用，故要求尾气压力愈高愈好，以减少后序工艺压缩功耗。高压侧设计中应使流动阻力降最小。由于同样原因，渗透气侧压降也应愈小愈好。

膜分离器中气体流速分布是否均匀，对分离器的性能也有影响。分离器的设计、组装和应用中，必须避免出现气流短路及流动死区。气流短路会降低应达到的分离程度；流动死区中，气体流动缓慢，边界层传质阻力增大，会加剧膜表面浓差极化，降低分离器的分离性能。

12.6.2　流型

依据原料气和渗透气的相对流动方向，气体膜分离器中的流型可分为逆流、并流和错流三种，如图 12-87 所示。气体膜分离的推动力是渗透组分在膜两侧的分压差。同样操作条件下，膜分离器的分离性能与流型有关。理论计算和实践都证明，逆流流型可获得最佳分离结果。这是因为逆流流型的平均推动力最大。

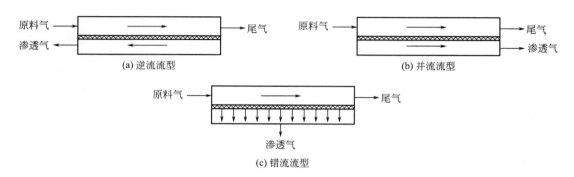

图 12-87　气体膜分离器中的流型

逆流和并流流型中，流经膜低压侧任一点处的渗透气流不仅包括从该点渗透过来的渗透气，也包括从处于该点上游的所有膜面积上渗透过来的渗透气。沿膜长方向上各点处渗透气组成和流量是由一组微分方程描述的，这将在后续节中详细介绍。

在错流流型中则不然。错流流型中，渗透气流动方向和膜表面垂直。流经渗透气侧膜表面各点的气体都只是该点的渗透气，其组成不受渗透气主体流动的影响。在双组分渗透的场合，渗透侧膜表面各点气体组成满足以下关系式：

$$\frac{x_{1p}}{x_{2p}} = \frac{P_1(x_{1f}p_f - x_{1p}p_p)}{P_2(x_{2f}p_f - x_{2p}p_p)} \tag{12-157}$$

式中，x 为气体组成；P 为渗透系数；p 为压力；下标 p 表示渗透侧；下标 f 表示原料侧。

因此，渗透气侧膜表面各点气体组成只取决于膜的渗透系数、原料气组成和膜两侧的压力大小。

值得注意的是，气体透过膜的分离层后流动方向并不一定与渗透气流主体的流动方向一致。对于均质膜而言，由于膜没有多孔支撑层，气体透过膜后流动方向必定与渗透气流主体的流动方向一致。对于非对称膜，由于膜有多孔支撑层，气体透过膜的分离层后首先流过多孔支撑层，再汇合于渗透气流主体。图 12-88 表示原料气沿膜的分离层流过，渗透气在流入渗透气流主体之前错流流过膜的多孔支撑层。虽然从局部来看，图 12-88 所示的属错流流型，但从总体分析，仍是逆流流型。这时，膜分离器的分离特性更接近于逆流流型的模拟结果。膜的渗透速率愈大，这一倾向愈明显。

以上所述的是非对称膜的分离层面向原料气的情形。有些场合下是将膜的多孔支撑层面向原料气的。此时，膜的分离层一侧压力较低，分离层不是被压向多孔支撑层，而是受到使其剥离支撑层的张力。由于没有多孔支撑层的保护，如膜两侧压力差较大，这一操作方式有可能损坏致密分离层。因此，只有在原料气压力较低时，才可能采用这一操作方式。例如，膜分离制富氮气的原料空气压力通常不超过 1.5MPa，不至于损坏致密层，可以采用这一操

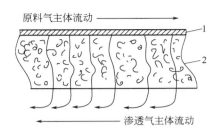

图 12-88　非对称膜的错流渗透
1—分离层；2—多孔支撑层

作方式。

在工业生产中主要的膜分离器有板框式、管式、螺旋卷式、中空纤维式等。前两种开发的较早，但由于填充率较低，不如中空纤维式和卷式分离器结构紧凑，相对成本高，因而在气体分离中应用较少。而近十年来，针对含 VOCs 等可爆炸性混合气体分离，一种基于平板膜研发的叠片式分离器得到了广泛的应用。因此以下主要介绍螺旋卷式、中空纤维式和叠片式分离器。

12.6.3　螺旋卷式分离器

螺旋卷式分离器（spiral-wound modules）由平板膜制成。图 12-89、图 12-90 分别为螺旋卷式分离器的制作和结构示意图。将两张膜的三边密封，组成一个膜叶。为使两张膜间保持间隙便于渗透气流过，在两片平板膜中夹入一层多孔支撑材料。在膜叶上铺有隔网，用带有小孔的多孔管卷绕依次放置的多层膜叶，形成膜卷；最后将膜卷装入圆筒形的外壳中，形成一个完整的螺旋卷式分离器。使用时，高压侧原料气流过膜叶的外表面，渗透组分透过膜，流过膜叶内部并经多孔管流出分离器。膜叶愈长，渗透气侧压降也愈大。膜叶的长度取决于渗透气侧允许压降。膜叶的数目称为叶数，有一叶、二叶、四叶或更多叶的分离器。叶数越多，密封要求越高，难度越大，但可以增加膜面积，而不加长渗透物流的流通长度，不

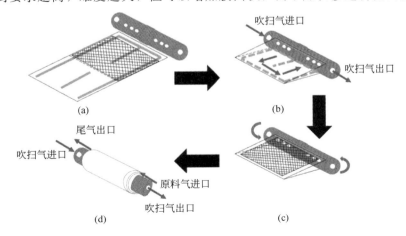

图 12-89　螺旋卷式膜分离器制作示意图

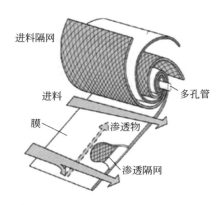

图 12-90　螺旋卷式膜组件结构示意图

会增加渗透物流的流动阻力。

　　螺旋卷式分离器中，原料气与渗透气间的流动既非逆流也非并流。器内每一点处原料气与渗透气的流动方向互相垂直。这一结构使膜分离器的断面成为气流分布装置。分布器的结构参数，如支撑层厚度和中心管尺寸等，能影响器内流动特性。实际应用当中，常把几个膜组件的中心管密封串联起来，构成一个组件，再安装到压力容器内。

12.6.4　中空纤维式分离器

　　中空纤维式分离器整体如同一列管式换热器，其核心部件是一束中空纤维膜。中空纤维膜又简称为中空丝，平行放置于分离器中。中空丝直径、长度和填充量决定膜面积大小。用于气体分离的中空纤维膜外径范围大致是 $50 \sim 500 \mu m$。大型工业用中空纤维膜分离器可含有数万至数十万根中空丝。在丝束的一端或两端用环氧树脂做成封头，在封头处与外壳固定后，将丝内与丝外分隔成可耐一定压力的流道，经与外壳密封后组成完整的分离器。

　　中空纤维式膜分离器从广义的概念来说是管式膜分离器的一种，但中空纤维膜在分离器内不需要支撑物，是自身支撑。中空纤维膜可分为两种结构，一种结构如图 12-91(a)，中空纤维束装在耐压的金属壳体中，纤维束一端封闭，一端开口，原料流体走纤维外侧，在推动力的作用下，可渗透物质由纤维外侧渗透进纤维丝内，并从纤维束的开口端排出。另一种结构如图 12-91(b)，纤维束两端都是开口的，原料流体可以走丝外，亦可走丝内，同样渗透流体亦可走丝内或丝外。原料流体走丝内时，中空纤维所能承受的压力，不如走丝外时高。

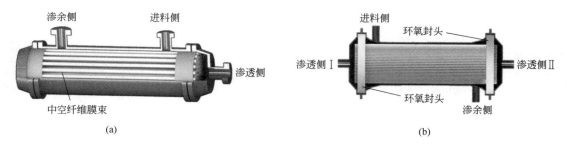

(a)　　　　　　　　　　　　　　　　(b)

图 12-91　两种中空纤维膜分离器结构示意图

与列管式换热器类似，中空纤维膜分离器的丝内侧简称为管程，丝外侧简称为壳程。壳程走原料气时，渗透气从丝外向丝内渗透，并沿丝内流出分离器，这是最常见的操作模式。视原料气和渗透气相对流向不同，这一操作模式又分为逆流流型和错流流型。在逆流流型中，原料气与渗透气流动方向相反；而在径向错流分离器中，原料气首先沿径向流动，流动方向与中空纤维膜垂直。

通常，在所有流型中，理想逆流流型的分离结果最优。但若中空纤维式分离器的设计不合理，可能使丝外原料气流动产生明显的不均匀性，降低分离器的有效分离系数。相对而言，错流流型比较容易做到丝外气流均匀分布。

丝外气体流动不均匀程度直接影响分离器的分离性能。流动不均匀性的极端情况是存在短路或流动死区。为使丝外流动尽可能均匀，通常须在气体入口处设有气流均布装置。原料气流入均布装置后，首先沿径向流动，再转向沿轴向流动。为减少丝外流动不均匀性，还可将中空丝制成弯曲状。这可使丝束更为蓬松，有利于气流均匀分布。

主体错流的分离器丝束可有两个封头，也可只有一个封头。当有两个封头时，分离器的结构呈中心对称；由于丝内渗透气在两端流出分离器，可减少丝内流动阻力。

对于只有一个封头的分离器，减小丝内流动阻力的一个途径是缩短分离器的长度。然而，分离器过短，会导致分离器组装时，膜的利用率下降。因为在制作封头时，必须为封头长度留有余量。

主体错流的分离器中，必须设有开孔的中心管，并在器壁与丝束间留有气体流动通道。这会使分离器内的中空纤维膜填充率有所降低。

实际应用中，还可采用原料气走丝内的操作模式。这时，要求分离器的丝束有两个封头，原料气从一个封头流入，从另一个封头流出分离器。与原料气走丝外的操作模式一样，逆流流型可使分离结果最优。由于丝内侧气体流动分布较均匀，当要求分离程度较高时，原料气走丝内比较有利。另外，如果膜的分离层在中空纤维的外表面，原料气走丝内会使膜受到向外的张力。当中空纤维膜的耐压较高时，不宜采用这一操作模式。

从分离器的结构来看，原料气走丝外的分离器可以只有一个封头，原料气走丝内的分离器必须有两个封头。双封头分离器的内部结构比单封头分离器略为复杂。

具体应用中选择何种操作模式，还应综合考虑以下三个方面：①气体在丝内流动阻力明显大于在丝外流动阻力，并对流量的变化较为敏感；②丝外流动的均匀性较差，如要求尾气中被分离组分的分离程度较高，应使原料气走丝内；③从耐压能力来看，中空纤维受外压比受内压更有利。因此，通常只在原料气压力比较低（如＜2.0MPa）时才考虑原料气走丝内的操作模式。

实际应用中，氢气分离膜大多采用原料气走丝外的操作模式。因为含氢原料气压力通常较高。但用于制富氮空气时，可采取原料气走丝内的操作模式。这不仅是因为原料气压力低（通常＜1.0MPa），还因为丝内流动不均匀性小，更有利于制取纯度更高的氮气。

同时，根据膜组件中使用的膜材料的种类数分为单膜组件和双膜组件。

（1）单膜组件

常规的膜组件内仅有一种膜材料，因而膜材料的性能直接决定了膜组件的分离性能，当膜材料选择性不足时，膜组件的分离能力也将受到限制。如图 12-92（a）所示[478]，典型单膜组件进行气体分离的过程中，随着原料沿膜长度方向不断流动，快气组分将会被快速富集至渗透侧，从而将慢气组分截留至渗余侧。通常对于长度为 1.5～3.5m 的商业化膜组件，90％的快气组分将在前 10％长度内被富集至渗透侧，使余下的 90％长度的膜材料处理着慢气浓度显著提高的渗余气。然而为了保证快气组分的回收率，后 90％长度的膜材料仍然必不可少，因而造成了大量慢气组分在渗余侧积累，从而渗透进入产品中，使产品纯度显著下降。这种膜原料/渗透侧浓差极化的现象是由膜材料自身选择性造成的，在任何体系中均无法避免。在 CO_2/CH_4、轻烃$/CO_2$、H_2/CO_2 等体系中，这类现象十分显著，严重地影响了单膜组件的分离效率。

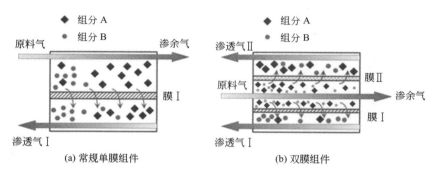

图 12-92 膜组件原料/渗透侧浓差极化示意图[478]

（2）双膜组件

为了克服单膜组件中存在的浓差极化问题，双膜组件被提出。采用两种具有不同渗透性能的膜（多孔的和非多孔的）设计成一个分离组件，使两种膜材料具有独立操作的渗透侧，同时分别针对原体系内不同组分进行分离，则可以降低单膜组件内部膜两侧的极化现象，从而提高分离的选择性。其分离过程如图 12-92（b）所示。

双膜分离器的基本结构见图 12-93[479]，膜内组装两种不同性质的中空纤维膜丝。高压原料气进入壳侧，两种不同性质的膜分别选择透过不同的组分，从而在两个渗透侧得到不同的产品，渗余气从壳侧另一端流出，变换渗透气出口位置可改变分离器内的气体流型，封闭其中一种膜的两端就可以进行另一种膜的单膜分离操作。

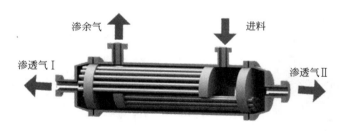

图 12-93 双膜组件结构示意图[479]

双膜组件的膜组件形式与常规膜分离器类似，而不同之处在于，由于双膜组件具有两种膜材料，其渗透侧流道需要单独设置，以实现多种组分的同步分离。而且两种膜材料分别对各自膜材料的快气进行富集。此外，操作压力、渗透侧压力梯度、单位膜面积进料量等因素会影响双膜组件的分离效果。

气体膜分离器的流动形式是决定膜分离组件效率的另一关键因素。常规的单膜组件流动形式主要有并流、逆流、错流。双膜组件可通过开、关不同位置的渗透侧出口实现多种流动形式。根据原料气和两个渗透气的流动方向，可以将双膜组件的流型分为并/并流、逆/逆流、逆/并流、并/逆流等流动形式，如图 12-94 所示[480]。Perrin 等[481]对双膜组件的流动形式进行了综合考察，包括常规的逆流、并流和渗透侧全混流动、侧流流动等理想情况在内的多种流动形式均被系统比较。研究结果表明，逆/逆流流型为双膜组件最优的流动形式，其分离性能在某些情况下甚至超过理想状态的全混流流动形式。

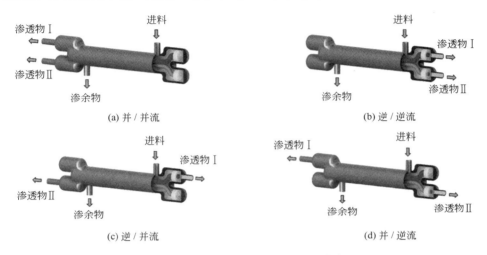

(a) 并/并流　　　　　　　(b) 逆/逆流

(c) 逆/并流　　　　　　　(d) 并/逆流

图 12-94　双膜组件流动形式示意图[480]

12.6.5　叠片式分离器

近十年来，针对含 VOCs 等的混合气体易爆的特性，对膜分离器的设计提出了新的要求。为了克服目前卷式膜组件分离效率偏低、不能用于爆炸性混合气体分离、抗污染能力不足的缺点，大连欧科膜技术工程有限公司开发设计了新型的叠片式膜分离器，不仅提高了气体在膜表面的有效分布，提高了膜分离的效率，而且也有效地防止可能的静电积聚，使膜组件可以应用于爆炸性混合气体的分离，结构上的改进也同时提高了膜的抗污染能力。该膜分离器的结构形式如图 12-95 所示[482]，叠片式分离器包括膜组件外壳，如上下端盖、筒体和 O 形圈，下端盖设有原料气接管口，上端盖设有透过气接管口和未透过气接管口。另外还包括膜分离单元组、折流挡板和连接密封件。

膜分离单元组包括 1 个以上的膜分离单元组，每个膜分离单元组包括 1 个以上膜分离单元和导电材料制成的定位垫、平板膜片和装于平板膜片之间的导流网。相邻两个膜分离单元组之间用折流挡板间隔。最上端的折流挡板上还安装有一个筒状连接密封件，将相对应的最上端的折流挡板的孔与所述透过气接管口连接密封，从而形成了透过气的气流通道。

膜分离单元（膜袋）的内孔径为 50～100mm，其外径为 200～500mm。膜分离单元（膜袋）的总个数为 20～500 个，通常根据气体分离的具体要求分成 7～8 个以上的膜分离单元组。

叠片式分离器内将平板膜通过切割设备切成一个中心有一个直径大于 50mm 圆孔的外环直径小于 500mm 的圆形膜片，并在同一直径两边对称各切出一个弓形缺口作为气体流

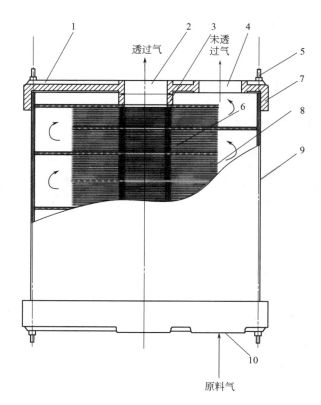

图 12-95 叠片式膜分离器的结构图

1—端盖；2—透过气接管口；3—连接密封件；4—未透过气接管口；5—折流挡板；
6—定位垫；7—O形圈；8—膜分离单元；9—筒体；10—原料气接管口

道，这样气体在膜表面流经的距离最远不超过 300mm，而现有的卷式膜组件的距离一般都大于 1000mm，减少静电在气体流经膜表面的积聚可能，也大大提高了气体在膜表面的分布，提高了膜分离效率。将两片膜片的周边约 4～8mm 宽通过焊接连在一起，两片膜片之间装有导流网便于气体流动，这样成为一片独立的气体膜分离单元。每片膜分离单元具有相同的分离面积，将一定数量的膜分离单元叠加在一起，中间圆孔对齐，每两片膜分离单元之间用特定形状的采用导电材料制成的定位垫连接在一起，定位垫的导电性能将可能产生的静电及时耗散从而确保安全，并可以处理处于爆炸范围内的混合气体，而定位垫上有 O 形圈使两片膜分离单元之间原料气流与产品气流分开。定位垫中间夹着膜分离单元，根据所处理气量的要求，将相应数量的膜分离单元 20～500 片，在容器内压紧叠放在一起，成为叠片式气体分离膜组件。叠片式膜分离器的静电耗散网络示意和设备如图 12-96 所示。

　　基于以上的结构设计，叠片式分离器的特点是本质安全、低流阻、低浓度极化，可以达到如下的实施效果：

　　① 膜分离器内原料侧流速衰减幅度小于 20%，浓度极化程度降低 10%。相对于卷式膜组件，渗透气的流通通道短，降低了渗透侧的阻力降，相当于提高膜两侧的操作压差，有利于分离效果的提高。在真空操作的条件下，分离效果的提高更明显，在达到相同的有机气体处理效果（如相同的回收率、相同的尾气浓度）时，膜面积可以减少 20%，膜系统的切割

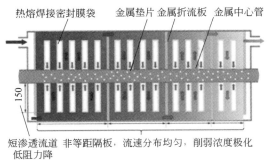
热熔焊接密封膜袋　金属垫片 金属折流板　金属中心管
150
短渗透流道 非等距隔板，流速分布均匀，削弱浓度极化
低阻力降

(a) 叠片式膜分离器静电耗散网络示意图

(b) 叠片式膜分离器实物图

图 12-96 叠片式膜分离器

率降低 15％，进而节约投资、降低真空操作的能耗。

② 隔板与中心管形成的分布式静电消除结构，膜分离器内静电电压小于 100V（标准空气的击穿电压约为 3000V/mm），显著提高安全性。当该组件应用到处理含有空气的烃类气体时，安全性要大大优于传统的卷式膜组件。

③ 隔板间膜袋数量可调的定制式设计，满足低流动阻力或低浓差极化等不同需求。

④ 膜分离器的阻力降可以控制。由于可调隔板间的膜袋数量可以调整，当需要低阻力降时，增加膜袋的数量；反之采用适宜的膜袋数量，可以兼顾膜阻力降和传质效率。

⑤ 叠片式膜组件为立式安装，内部设有防冲隔板，降低了气体夹带液体或者固体颗粒对分离膜的影响，膜的寿命更长，经过十多年的应用验证，膜组件的寿命可以达到 10 年。

12.7　分离器的模型化及过程设计

在膜分离过程设计和操作条件优化时，必须掌握膜分离结果与分离器的分离性能和操作条件等因素间的关系。与传统的单元操作类似，气体膜分离过程设计和优化有助于将膜分离技术的优势转化为竞争力。分离器的模型化是膜分离过程设计和优化的基础。

12.7.1　分离器的设计模型

12.7.1.1　渗透速率方程和有关定义

气体透过膜上各点的渗透速率由以下方程式描述：

$$\left[组分\ i\ 透过速率\right]=\left[\frac{组分\ i\ 渗透系数}{膜的有效厚度}\right]\left[膜面积\right]\left[膜两侧组分\ i\ 分压差\right] \qquad (12\text{-}158)$$

对于不存在化学作用的渗透过程，组分 i 透过膜的渗透系数取决于该组分和膜的特性与操作温度。气体透过橡胶态高分子膜的渗透系数是气体在膜中扩散系数与溶解度系数之积；气体透过玻璃态高分子膜的渗透系数较复杂，通常用"双吸附-双迁移"模型描述。

已获得工业化应用的气体分离膜都属于非对称膜，其典型结构是在具有梯度密度的多孔支撑体上覆盖极薄的致密层。致密层的真实厚度难以准确测定。为简便起见，渗透系数和膜的有效厚度常结合在一起使用，它们的比值称为渗透率。这样，式(12-158) 又可写成：

$$[组分~i~透过速率]=[渗透率][膜面积][膜两侧组分~i~分压差] \qquad (12\text{-}159)$$

渗透系数、渗透率等参数的量纲、单位间换算关系见表 12-56。

表 12-56　各参数的定义、单位和换算关系

名称	工程单位①	SI 单位	其他
渗透量	m^3/h	mol/s	cm^3/s
渗透流率	$m^3/(h \cdot m^2)$	$mol/(s \cdot m^2)$	$cm^3/(s \cdot cm^2)$
渗透速率②	$m^3/(h \cdot m^2 \cdot atm)$	$mol/(s \cdot m^2 \cdot Pa)$	$cm^3/(s \cdot cm^2 \cdot cmHg)$
渗透系数	$m^3 \cdot m/(h \cdot m^2 \cdot atm)$	$mol \cdot m/(s \cdot m^2 \cdot Pa)$	$cm^3 \cdot cm/(s \cdot cm^2 \cdot cmHg)$

① 标准条件系指 0℃、1atm；

② 渗透系数的基本单位是 Barrer，$1Barrer=10^{-10}cm^3 \cdot cm/(s \cdot cm^2 \cdot cmHg)$。

式(12-158) 中等号右边第三项又称为膜分离的推动力。由于各组分渗透通过膜的速率不同，渗透系数大的组分（简称为快气）优先透过膜，在渗透气侧得到提浓；渗透系数小的组分（简称为慢气）在原料气侧得到富集。因此，各组分的推动力沿膜长度方向是变化的，膜上各点的透过速率随位置不同而异。

对于组分 i 透过微分膜面积 dA 的情形（图 12-97），式(12-159) 可写为

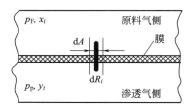

图 12-97　组分 i 透过微分膜面积 dA 的渗透

$$dR_i=(p_i/t_m)dA \Delta p_i=J_i dA \Delta p_i \qquad (12\text{-}160)$$

对于无孔均质膜，Δp_i 是原料气侧与渗透气侧分压差。式(12-160) 可写为：

$$dR_i=J_i dA(p_F x_i - p_P y_i)=J_i dA p_F(x_i - \gamma y_i) \qquad (12\text{-}161)$$

式中，γ 是渗透气侧压力与原料气侧压力之比：

$$\gamma=p_P/p_F \qquad (12\text{-}162)$$

为使渗透过程得以进行，必须使 $\Delta p_i>0$。有三种途径可满足这一条件：①提高原料气侧压力；②在渗透气侧抽真空；③在渗透气侧用惰性气体吹扫，以降低 y_i。实际应用中，通常只有前两种途径可行。第三种途径要求使用吹扫气，只有在渗透气无价值时才可能采用。

渗透速率式(12-160) 适用于被分离体系中的任意组分。因此，两组分 i 和 j 渗透通过膜的相对速率可表达为：

$$\frac{dR_i}{dR_j}=\frac{J_i}{J_j} \times \frac{\Delta p_i}{\Delta p_j}=\alpha \frac{\Delta p_i}{\Delta p_j} \qquad (12\text{-}163)$$

α 是组分 i 相对于组分 j 的理想分离系数。其定义为纯组分透过膜的渗透率之比。即

$$\alpha=\frac{i~组分的渗透速率}{j~组分的渗透速率} \qquad (12\text{-}164)$$

膜的分离系数和渗透率是表征气体分离膜性能的两个重要参数。α 值计算中，通常将快气的渗透速率作为分子，慢气的渗透速率作为分母，这样得到的 α 值大于 1。

α 与膜材料、温度有关，通常与压力无关。α 值愈大，表示膜的渗透选择性愈高；α 值等于 1，表示膜没有分离性能。

式(12-160) 表明，渗透速率随膜的渗透系数和原料气压力增大而增大，随膜的有效厚度和渗透气侧压力增大而减小。一定条件下，组分 i 透过膜的渗透系数是一常数，原料气侧和渗透气侧压力也常是固定的操作条件。因此，为增大渗透速率，膜的厚度愈小愈好。然而，膜太薄，机械强度必然降低，难以承受膜两侧必要的压力差。为兼顾膜的强度和渗透速率，工业化应用的高分子气体分离膜都是非对称膜或薄层复合膜。

依照渗透速率式(12-161)，双组分分离时，对于膜上任一微元面积 dA，原料气摩尔分数 x 与渗透气摩尔分数 y 满足如下关系式：

$$\frac{y}{1-y} = \alpha \, \frac{x - \gamma y}{(1-x) - \gamma(1-y)} \tag{12-165}$$

上式表明，渗透气组成不仅取决于原料气组成和分离系数，也与压力比 γ 有关。随着 α 的增大和 γ 的减小，渗透气中快气浓度提高。

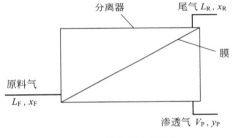
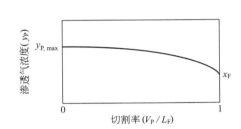

(a) 膜分离级示意图　　　　　　　(b) 两组分分离时渗透气浓度随切割率变化情况

图 12-98　x-y 关系随 α 和 γ 的变化情况

依靠各组分渗透速率的差异，在分压差推动下，原料气流被分离成组成不同的尾气和渗透气。图 12-98(a) 表示一个膜分离单元，L 和 V 是摩尔流量，总物料平衡方程式是：

$$L_F = L_R + V_P \tag{12-166}$$

组分 i 的物料平衡式可写为：

$$L_F x_{i,F} = L_R x_{i,R} + V_P y_{i,P} \tag{12-167}$$

描述膜分离结果的几个常用术语包括：切割率 θ，渗透气中组分 i 的收率 ψ_i，尾气中组分 i 的收率 Φ_i 和浓缩倍数 e_i。它们的定义分别是：

$$\theta = V_P / L_F \tag{12-168}$$

$$\psi_i = y_{i,P} V_P / x_{i,F} L_F \tag{12-169}$$

$$\Phi_i = x_{i,R} L_R / x_{i,F} L_F = 1 - \psi_i \tag{12-170}$$

$$e_i = y_{i,P} / x_{i,F} \tag{12-171}$$

显然，切割率和收率均为小于 1 的正数。如图 12-98(b) 所示，随着切割率的增大，浓缩倍数随渗透气浓度降低而减小。

气体膜分离的分离系数还有不同的定义方法。以下介绍的另外两种定义的分离系数与理想分离系数不同，也是文献中经常提到的。

① 分离级分离系数 α_s 以二组分分离为例，快气组分（下标 1）与慢气组分（下标 2）透过膜的分离级分离系数 α_s 定义为：

$$\alpha_s = \frac{y_{1,P}/y_{2,P}}{x_{1,F}/x_{2,F}} = \frac{y_{1,P} x_{2,F}}{y_{2,P} x_{1,F}} \tag{12-172}$$

α_s 表征分离器的分离结果，其值大小与膜两侧压力和切割率等操作条件有关。实际情况下，$\alpha_s < \alpha$；仅当 $\gamma \rightarrow 0$ 时，$\alpha_s \rightarrow \alpha$。随着渗透过程的进行，高压侧快气浓度愈来愈小。因此，分离过程的切割率愈高，渗透气中快气浓度愈低，α_s 值也愈小。随着膜面积的增加，快气组分的渗透推动力下降，渗透气中快气浓度和分离级分离系数 α_s 都下降。

② 分离器的有效分离系数 α_e 用于混合气体的分离时，有以下几种因素会使分离器可能达到的分离系数低于膜的理想分离系数：a. 渗透气体组分间存在竞争吸附；b. 膜两侧传质阻力不可忽略；c. 分离器内存在非理想流动。考虑了这些不利因素影响后，分离器实际达到的分离系数称为有效分离系数。分离器的有效分离系数可能显著低于膜的理想分离系数，其数值可由实际分离结果经适当的模型回归得到。

12.7.1.2 影响膜分离结果的几个重要因素

（1）气相传质阻力

气体膜分离包括高压侧传递、透过膜的渗透及低压侧传递等 3 个步骤，总传递阻力是这 3 个传质步骤之和。通常假定，气体膜分离传质阻力集中在膜上，而忽略膜两侧的传质阻力。这使膜分离器的模型化大为简化。然而，当膜的渗透率很大时，此假设与实际情况有明显偏差。对膜法空气脱湿的研究结果表明，虽然膜的水蒸气/空气理想分离系数大于 10000，有效分离系数仅为 40 左右。这是因为水蒸气的传质速率是由渗透气侧传质阻力控制的。又例如，在促进传递中，膜的高透过能力可使膜的渗透阻力与气相膜表面的传质阻力处于同一量级。这时，膜分离的模型化必须考虑气相膜表面的传质阻力。组分 i 的总传递阻力 K_{iO}^{-1} 包括膜的渗透阻力和膜两侧的气相-膜表面间的传质阻力：

$$K_{iO} = [1/k_F + 1/k_P + t_m/P_i]^{-1} \tag{12-173}$$

这样，膜分离的有效传质系数与分离器内流速和流道结构尺寸有关。

（2）分离器内流动不均匀性

不同形式的分离器内都能存在不均匀流动；通常，以中空纤维式分离器的壳程较为严重。中空纤维膜分离器中不均匀流动起源于器内中空丝在空间的不均匀分布。Chen 等[483]对无规排列的中空纤维束的流体力学模拟结果表明，一定条件下，多达 50% 的流体可通过仅占流道总数目 20% 的大流道流过，产生严重的流动不均匀性。流动不均匀性的直接后果是器内各处单元膜面积的处理量不同，造成总体分离性能的下降；极端情况是可能存在流动短路和流动死区，降低分离器的分离性能。虽然分离器中流动不均匀性对分离器的分离性能有直接影响，但是文献中对这一问题的报道较少。

理想分离器中不考虑器内流动的不均匀性。分离过程的模型化是以分离器为考察对象的，分离结果完全由膜性能和操作条件决定。对工业用大型中空纤维膜分离器，丝外流动不均匀性难以避免。流动不均匀性的结果是分离器内各处单位膜面积的处理量不同。换言之，流动不均匀性使气体在器内停留时间不一致，出现停留时间分布。由于优先渗透组分的收率随停留时间的变化关系是下凹的渐近渐升曲线，见图 12-99，出现停留时间分布会降低优先渗透组分的收率。这也是器内流动不均匀性降低膜分离器的分离性能的根本原因。

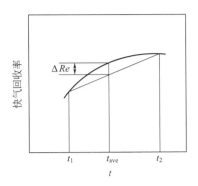

图 12-99　优先渗透组分的收率随停留时间的变化关系示意图

（3）膜的非对称结构的影响

工业化应用的气体分离膜都属于非对称膜，其典型结构是在多孔支撑层上覆盖一致密分离层，如图 12-100 所示。为简便起见，在气体分离膜的模型化中，可以认为非对称膜等效于如下的双层结构：上层是集中了所有渗透阻力的致密分离层，下层是没有渗透阻力或流动阻力的多孔支撑层。这样，支撑层孔隙中流过的渗透气组成 y' 与渗透气主体组成 y 并不相等。一般认为，支撑层中不同孔隙的渗透气互不影响，y' 只与该点的条件有关。

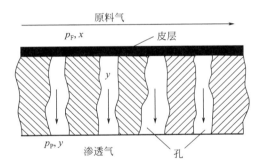

图 12-100　非对称膜的错流渗透

$$dR_i = J_i dA(p_F x - p_P y') \tag{12-174}$$

式中

$$y' = dR_i / \sum dR_j \tag{12-175}$$

如 12.6.2 节中所述，并流和逆流流型中，渗透气侧任一点处主体浓度是该点上游的所有膜面积的渗透气混合后决定的。显然，主体浓度与 y' 不同，这称作错流渗透。

必须指出的是，在气体分离膜的模型化中完全忽略了多孔支撑层的阻力，这在膜的渗透率较大时，是不合适的。膜的渗透率较大时，多孔支撑层的流动阻力可能影响膜的分离结果。研究结果表明，为使膜的分离系数达到致密层分离系数的 90%，多孔支撑层的流动阻力应低于膜的总传递阻力的 10%。

因此，当膜的渗透率较大时，由于复合膜具有选择层和多孔支撑层两层结构，且气体在孔道、聚合物中可以同时进行传质，所以需要引入串联阻力复合模型[38]对其进行描述。阻力复合模型的电阻等效图见图 12-101，其中 $R_1 \sim R_4$ 分别为涂层阻力项（R_1）、支撑层渗透阻力项（R_2）、支撑层孔道阻力项（R_3）和缺陷阻力项（R_4）。

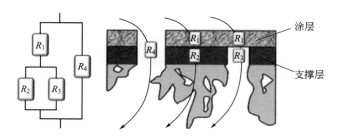

图 12-101　复合阻力膜的示意图及相应的电阻模型

$$R_1 = \frac{l_1}{P^{\text{coating}} \Delta d_{\text{ln1}}} \tag{12-176}$$

$$R_2 = \frac{l_2}{P^{\text{sub}} \Delta d_{\text{ln2}}} \tag{12-177}$$

$$R_3 = \frac{3l_2}{4\varepsilon r \Delta d_{\text{ln2}}} \sqrt{\frac{\pi MRT}{2}} \tag{12-178}$$

$$R_t = R_1 + \frac{R_2 R_3}{R_2 + R_3} \tag{12-179}$$

式中，P 为聚合物膜渗透系数；coating 表示涂层；sub 表示支撑层；Δd_{ln1} 和 Δd_{ln2} 分别为涂层和支撑层膜的对数平均厚度，m；R_t 为总阻力项。当复合膜涂覆不完全仍存在缺陷时，膜缺陷阻力项为：

$$R_4 = \left(\frac{\varepsilon^{\text{def}} r^{\text{def}}}{l_2} r^{\text{def}} \frac{1}{8\mu RT} \overline{P} + \frac{4}{3} \sqrt{\frac{2}{\pi RMT}} \times \frac{\varepsilon^{\text{def}} r^{\text{def}}}{l_2} \right)^{-1} \Delta d_{\text{ln12}}^{-1} \tag{12-180}$$

式中，def 角标表示膜缺陷的结构参数；Δd_{ln12} 为复合膜（包括涂层和支撑层）的对数平均厚度。

相应地，总阻力项变为：

$$R_t' = \frac{R_t R_4}{R_t + R_4} \tag{12-181}$$

由总阻力项可以计算复合膜的透量：

$$J = \frac{1}{R_t d_{\text{ln}}} \tag{12-182}$$

（4）分离器内流动压降

气体在膜分离器中流动时，必然在原料气侧和渗透气侧产生压降。压降大小取决于膜分离器结构、流道截面形状、大小和长度等条件。原料气侧的压降使原料气侧实际压力低于进口压力；渗透气侧压降使渗透气侧实际压力高于渗透气的出口压力。以上两种情况下，流动阻力都会减小膜分离的推动力，降低膜分离器的分离性能。在设计分离器时，需妥善安排分离器的流道结构，既能得到较高的膜面积填充率，又不使分离器内流动压降过大。

对于中空纤维膜分离器，随着丝内径的减小，丝长（即器长）的增加以及渗透速率的增大，丝内将出现明显的压力分布，见图 12-102。

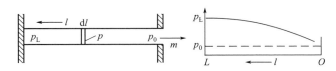

图 12-102　中空纤维丝内压力分布

在中空纤维膜分离器中，原料气走丝内或走丝外有时取决于流动压降大小。在同样气体处理量下，原料气走丝外的压降比走丝内的压降小得多。因此，当切割率低时，原料气走丝外有利于增大气体处理量。相反地，当切割率高时，原料气走丝内更有利，因为大部分原料气须透过膜进入渗透气侧。

（5）流型

在 12.6.2 节中，已经介绍了在膜分离器中有并流、逆流（合称为平行流）和错流等流型。如不考虑膜的非对称结构引起的错流渗透的影响，逆流流型的分离结构最优。当存在错流渗透时，逆流和并流流型的分离结果的差别显著减小。

12.7.1.3　中空纤维式分离器用于二组分分离的严格算法

描述膜分离器的数学模型包括以下关系式：①各组分透过膜的传质速率方程；②各组分物料平衡方程；③膜两侧气体流动压降表达式；④反映分离器结构和流型等操作形态的边界条件。

其中，传质速率方程即是式(12-161)。图 12-103(a)、（b）分别表示用中空纤维膜分离器分离二组分混合气的并流和逆流流型。取微元膜面积 $\mathrm{d}A$，组分 i 的物料衡算方程和渗透速率方程分别是：

$$-\mathrm{d}(Lx_i)=\mathrm{d}(Vy_i)=(\mathrm{d}A)J_i p_{\mathrm{F}}(x_i-ry_i) \tag{12-183}$$

对于分离层在外侧的中空纤维膜，$\mathrm{d}A=\pi d_o\mathrm{d}z$；而对于均质中空纤维膜，$\mathrm{d}A=\pi d_{\mathrm{LM}}\mathrm{d}z$，其中，$d_{\mathrm{LM}}=(d_o-d_i)/\ln(d_o/d_i)$，$d_o$ 和 d_i 分别是中空纤维膜的外径和内径。

分离器模型化的严格算法中须考虑器内压降。对于中空纤维式分离器，壳程（丝外）压降很小，通常予以忽略；丝内流动压降可用 Hagen-Poisenille 方程描述。

模型化微分方程组的边界条件随分离器的结构和流型而异，须视具体情况作具体分析。为简便起见，在分离器的模型化中引入了一些假设条件。归纳起来，中空纤维式分离器模型化中常用的假设包括：

① 如气流主体没有错流流动，可以忽略分离器的径向浓度梯度；因此，仅考虑沿膜长度方向的浓度变化；

② 分离器内气体流动不均匀性可以忽略；

③ 操作条件下，各组分的渗透率与压力、组成无关；

④ 壳程（丝外）气体流动压降可以忽略；

⑤ 丝内气体流动压降可用 Hagen-Poisenille 方程描述；

⑥ 气体黏度与压力无关；

⑦ 操作条件下，膜不发生物理形变；

⑧ 膜分离过程是在等温下进行的。

以上假设条件不仅用于二组分分离的模型化，也已用于多组分分离的模型化。

（1）原料气走丝外

这里要解决的问题是如何计算性能确定的分离器，在指定操作条件下的分离结果。不失一般性，这一操作型计算问题可以表述为：中空纤维膜的内径、外径和长度已知，中空丝的一端封闭，渗透气从丝内另一端流出，流量、压力和组成均已知的原料气从分离器的一端引入器的壳程。要求建立数学模型，计算渗透气和尾气的流量及组成。分离器的模型化必须考虑器内流型，如图 12-103 所示。

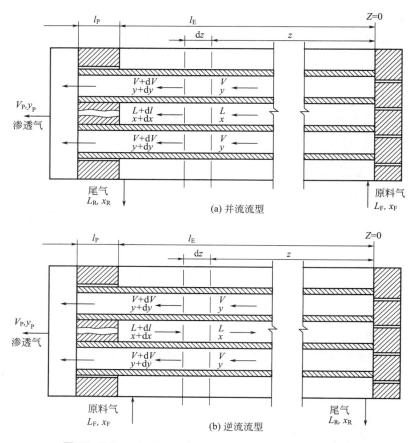

图 12-103　原料气走丝外的中空纤维膜分离器微元物料衡算

① 并流流型　假定所用膜是均质膜，即不存在膜内错流流动。取膜面积微元 dA，快气（下标 1）的物料平衡和渗透速率方程分别是：

$$-d(Lx) = J_1(\pi D_{LM} dz N_T)(p_F x - p_P y) = d(Vy) \qquad (12\text{-}184)$$

式中，D_{LM} 是中空纤维内径和外径的对数平均值；N_T 是中空纤维根数。同样，慢气（下标 2）的物料衡算式是：

$$-d[L(1-x)] = J_2(\pi D_{LM} dz N_T)[p_F(1-x) - p_P(1-y)] \qquad (12\text{-}185)$$

$$d[V(1-y)] = -d[L(1-x)] \qquad (12\text{-}186)$$

假定原料气侧在丝外，其压力 p_F 恒定，丝内侧压降服从 Hagen-Poiseuille 方程，即

$$\frac{dp_P}{dz} = -\frac{128\mu q}{\pi D_i^4 N_T} \qquad (12\text{-}187)$$

式中，q 是轴向任一点渗透气侧体积流量，它与摩尔流量 V 间关系服从理想状态方程：

$$q = RTV/p_P \tag{12-188}$$

这样可得：

$$\frac{\mathrm{d}p_P^2}{\mathrm{d}z} = -\frac{256\mu RTV}{\pi D_i^4 N_T} \tag{12-189}$$

为将该方程无量纲化，令：

$$\alpha = J_1/J_2; \quad \gamma = p_P/p_F \tag{12-190}$$

$$z^* = z/l_E; \quad l^* = L/L_F; \quad V^* = V/V_F \tag{12-191}$$

$$K_1 = \pi D_{LM} l_E N_T p_F J_2/L_F \tag{12-192}$$

$$K_2 = 128\mu RT l_E L_F/(\pi D_i^4 N_T p_F^2) \tag{12-193}$$

式(12-184)～式(12-186) 和式(12-189) 可写成：

$$-\mathrm{d}(L^* x)/\mathrm{d}z^* = K_1\alpha(x - \gamma y) = \mathrm{d}(V^* y)/\mathrm{d}z^* \tag{12-194}$$

$$-\mathrm{d}[L^*(1-x)]/\mathrm{d}z^* = K_1[(1-x) - \gamma(1-y)] = \mathrm{d}[V^*(1-y)]/\mathrm{d}z^* \tag{12-195}$$

$$\mathrm{d}\gamma/\mathrm{d}z^* = -K_2 V^*/\gamma \tag{12-196}$$

由式(12-194) 和式(12-195) 可得：

$$-\mathrm{d}L^*/\mathrm{d}z^* = K_1\{\alpha(x - \gamma y) + [(1-x) - \gamma(1-y)]\} = \mathrm{d}V^*/\mathrm{d}z^* \tag{12-197}$$

由总物料平衡可得各点处 L^* 和 V^* 的关系式：

$$L^* = 1 - V^* \tag{12-198}$$

利用等式

$$\mathrm{d}x/\mathrm{d}z^* = [\mathrm{d}(L^* x)/\mathrm{d}z^* - x\mathrm{d}L^*/\mathrm{d}z^*]/L^* \tag{12-199}$$

和

$$\mathrm{d}y/\mathrm{d}z^* = [\mathrm{d}(V^* y)/\mathrm{d}z^* - y\mathrm{d}V^*/\mathrm{d}z^*]/V^* \tag{12-200}$$

可得到 x, y, V^* 和 γ 关于 z^* 的微分方程组，列于表 12-57。该方程组的求解还须确定边界条件。x 和 V^* 的边界条件容易确定

$$z = 0 \text{ 处}, \quad x = x_F, \quad V^* = 0 \tag{12-201}$$

γ 和 y 的边界条件略为复杂，渗透气出口压力 p_o 是一定值，$\gamma_o = p_o/p_F$。由于在封头内有压降，γ 的边界条件可写为

$$z^* = 1, \gamma = [\gamma_o^2 + 2K_2 V^* l_P/l_E]^{1/2} = \phi_2(\gamma_o, V^*) \tag{12-202}$$

$z^* = 0$ 处，y 值大小取决于组分间渗透速率的相对大小

$$y = \frac{\alpha(x - \gamma y)}{\alpha(x - \gamma y) + (1-x) - \gamma(1-y)} \tag{12-203}$$

上式是一关于 y 的二次方程，可解出 y 的表达式

$$y = \{1 + (\alpha-1)(x_F + \gamma) - [\{1 + (\alpha-1)(x_F + \gamma)\}^2 - 4\alpha(\alpha-1)\gamma x_F]^{1/2}\}/\{2(\alpha-1)\gamma\}$$

$$= \phi_1(x_F, \gamma) \tag{12-204}$$

由于 $z^* = 0$ 处 γ 是未知的，以上微分方程组的求解是一边值问题。由以上边界条件，可求解微分方程组，得到：a. $z^* = 1$ 处 V^* 值，即是切割率；b. $z^* = 1$ 处，x 和 y 值，即是尾气和渗透气中快气组成；c. $z^* = 0$ 处 γ 值，表明丝内压降大小。

② 逆流流型　见图 12-103(b)，关于 y，V^* 和 γ 的微分方程与并流流型中相同。关于 x 的微分方程符号有改变；微元膜面积的物料平衡式也有变化。式(12-198) 可改写成

$$L^* = V^* + L_R^* = V^* + 1 - V_P^* \tag{12-205}$$

由于 L_R^* 和 V_P^* 都是未知的，最好不要将 L^* 表达成 L_R^* 和 V_P^* 的函数，而应将 L^* 视为另一变量。与并流情形类似，可以得到 x、y、V^*、L^* 和 γ 关于 z^* 的微分方程组和边界条件，见表 12-57。

表 12-57   原料气走丝外，二组分分离的中空纤维膜分离器的计算模型

流型	计算模型与边界条件
并流流型	计算模型 $\mathrm{d}x/\mathrm{d}z^* = -K_1\{\alpha(1-x)(x-\gamma y) - x[(1-x)-\gamma(1-y)]\}/(1-V^*)$ $\mathrm{d}y/\mathrm{d}z^* = K_1\{\alpha(1-y)(x-\gamma y) - y[(1-x)-\gamma(1-y)]\}/V^*$ $\mathrm{d}V^*/\mathrm{d}z^* = K_1\{\alpha(x-\gamma y) + [(1-x)-\gamma(1-y)]\}$ $\mathrm{d}\gamma/\mathrm{d}z^* = -K_2 V^*/\gamma$ 边界条件 $z^* = 0, x = x_F; y = \phi_1(x_F,\gamma); V^* = 0$ $z^* = 1, \gamma = \phi_2(\gamma_0, V^*)$
逆流流型	计算模型 $\mathrm{d}x/\mathrm{d}z^* = K_1[\alpha(1-x)(x-\gamma y) - x\{(1-x)-\gamma(1-y)\}]/L^*$ $\mathrm{d}y/\mathrm{d}z^* = K_1[\alpha(1-y)(x-\gamma y) - y\{(1-x)-\gamma(1-y)\}]/V^*$ $\mathrm{d}V^*/\mathrm{d}z^* = K_1[\alpha(x-\gamma y) + \{(1-x)-\gamma(1-y)\}]$ $\mathrm{d}L^*/\mathrm{d}z^* = K_1[\alpha(x-\gamma y) + \{(1-x)-\gamma(1-y)\}]$ $\mathrm{d}\gamma/\mathrm{d}z^* = -K_2 V^*/\gamma$ 边界条件 $z^* = 0, y = \phi_1(x,\gamma); V^* = 0$ $z^* = 1, \gamma = \phi_2(\gamma_0, V^*), x = x_F; L^* = 1$

注：$K_1 = \pi D_{LM} l_E N_T p_F J_2/L_F$，$K_2 = 128\mu RT l_E L_F/(\pi D_i^4 N_T p_F^2)$，函数 ϕ_1 和 ϕ_2 由式(12-204) 和式(12-202) 表示。

以上两种流型中，在 $z^* = 0$ 处，$V^* = 0$。因此，微分方程组中 $\mathrm{d}y/\mathrm{d}z^*$ 的值在 $z^* = 0$ 点是不确定的。应用罗必塔法则，可得

$$\frac{\mathrm{d}y}{\mathrm{d}z^*} = K_1 \frac{\mathrm{d}\{\alpha(1-y)(x-\gamma y) - y[(1-x)-\gamma(1-y)]\}/\mathrm{d}z^*}{\mathrm{d}V^*/\mathrm{d}z^*} \tag{12-206}$$

该方程可写为

$$\frac{\mathrm{d}y}{\mathrm{d}z^*} = \frac{[\alpha - (\alpha-1)y]\mathrm{d}x/\mathrm{d}z^*}{2[\alpha(x-\gamma y) + (1-x) - \gamma(1-y)] + \gamma[\alpha - (\alpha-1)y]} \tag{12-207}$$

如果各渗透组分的黏度显著不同，或分离器中组分浓度变化较大，用于计算 K_2 的气体黏度变化范围也必然增大。解决这一问题的一种途径，是将混合气的黏度表达为气体组成和纯组分黏度的函数。对于含有 n 个组分的体系，可写成

$$\mu = \sum_i y_i \mu_i \left(\sum_j \delta_{ij} y_j\right) \tag{12-208}$$

其中

$$\delta_{ij} = \frac{[1 + (\mu_i/\mu_j)^{1/2}(M_{wj}/M_{wi})^{1/4}]^2}{[8(1 + M_{wi}/M_{wj})]^{1/2}} \tag{12-209}$$

以上情况下，需定义参考组成来计算无量纲常数 K_2。例如，可定义进料气组成为参考组成，微分方程组中 K_2 值应由参考组成下的 K_2 值和实际黏度与参考条件下黏度之比的乘积来代替。

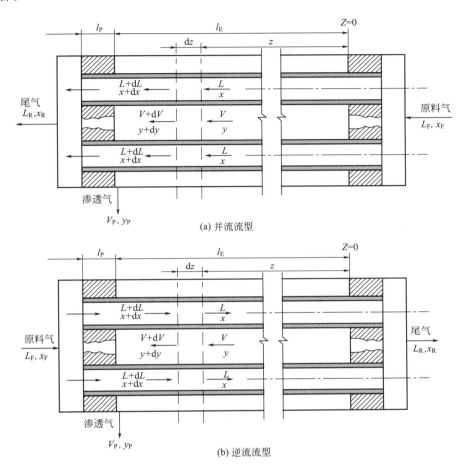

图 12-104　原料气走丝内的中空纤维膜分离器微元物料衡算

（2）原料气走丝内

这一情况下，可以忽略渗透气侧压降，见图 12-104，由于流动阻力，原料气侧压力 p_F 沿流动方向下降。无量纲量 K_1、K_2 和其余变量应定义为

$$\gamma = p_P / p_{FI} \tag{12-210}$$

$$K_1 = \pi D_{LM} l_E N_T p_{FI} J_2 / L_F \tag{12-211}$$

和
$$K_2 = 128\mu R T l_E L_F / (\pi D_i^4 N_T p_{FI}^2) \tag{12-212}$$

式中，γ 是一常数，记为 γ_0。定义压力比 β

$$\beta = p_F / p_{FI} \tag{12-213}$$

与原料气走丝外时的压力比 γ 相似，这里定义的参数 β 也是随膜长度方向变化的。表 12-58 中列出原料气走丝内时，并流和逆流流型的两组分分离无量纲微分方程组和边界条件。可注意到原料气走丝内时，微分方程组的求解是一初值问题。

表 12-58　原料气走丝内，二组分分离的中空纤维膜分离器的计算模型

流型	计算模型与边界条件
并流流型	计算模型 $\mathrm{d}x/\mathrm{d}z^* = -K_1\{\alpha(1-x)(\beta x-\gamma_0 y)-x[\beta(1-x)-\gamma_0(1-y)]\}/L^*$ $\mathrm{d}y/\mathrm{d}z^* = K_1\{\alpha(1-y)(\beta x-\gamma_0 y)-y[\beta(1-x)-\gamma_0(1-y)]\}/(1-L^*)$ $\mathrm{d}L^*/\mathrm{d}z^* = -K_1\{\alpha(\beta x-\gamma_0 y)+[\beta(1-x)-\gamma_0(1-y)]\}$ $\mathrm{d}\beta/\mathrm{d}z^* = -K_1\{\alpha(\beta x-\gamma_0 y)+[\beta(1-x)-\gamma_0(1-y)]\}$ $\mathrm{d}\beta/\mathrm{d}z^* = -K_2 L^*/\beta$ 边界条件 $z^* = 0, x = x_F; y = \phi_1(x_F, \gamma')$ $L^* = 1; \beta = [1-2K_2(l_P/l_E)]^{1/2}$ 其中，$\gamma' = \gamma_0/\beta$
逆流流型	计算模型 $\mathrm{d}x/\mathrm{d}z^* = K_1\{\alpha(1-x)(\beta x-\gamma_0 y)-x[\beta(1-x)-\gamma_0(1-y)]\}/L^*$ $\mathrm{d}y/\mathrm{d}z^* = K_1\{\alpha(1-y)(\beta x-\gamma_0 y)-y[\beta(1-x)-\gamma_0(1-y)]\}/V^*$ $\mathrm{d}L^*/\mathrm{d}z^* = K_1\{\alpha(\beta x-\gamma_0 y)+[\beta(1-x)-\gamma_0(1-y)]\}$ $\mathrm{d}V^*/\mathrm{d}z^* = K_1\{\alpha(\beta x-\gamma_0 y)+[\beta(1-x)-\gamma_0(1-y)]\}$ $\mathrm{d}\beta/\mathrm{d}z^* = K_2 L^*/\beta$ 边界条件 $z^* = 0, x = \phi_1(x, \gamma_0); V^* = 0$ $z^* = 1, \beta = [1-2K_2(l_P/l_E)]^{1/2}; x = x_F; L^* = 1$

注：$K_1 = \pi D_{LM} l_E N_T p_{FI} J_2/L_F$，$K_2 = 128\mu RT l_E l_F/(\pi D_i^4 N_T p_{FI}^2)$，函数 ϕ_1 由式（12-204）表示。

12.7.1.4　二组分分离的简化算法

以上介绍的中空纤维式分离器的严格算法中须求解由多个微分方程组成的方程组，计算量较大。在有的场合，只需对膜分离结果进行估算。为此，不少研究者提出了膜分离器的简化模型，以便于较快地得到计算结果。

(1) 忽略膜两侧压降的简化模型

如忽略膜两侧流动阻力，描述膜分离器的微分方程组（表 12-57 和表 12-58）可大为简化。

① 全混合流型　Weller 和 Steiner[484]最早提出两组分混合气膜分离的模型，他们假设膜两侧都发生全混合，如图 12-105 所示。此时，渗透速率方程可写成

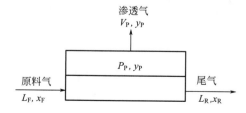

图 12-105　两组分分离的全混合模型

$$V_P y_P = J_1 A P_F(x_R - \gamma y_P) \tag{12-214}$$

$$V_P(1-y_P) = J_2 A p_F[(1-x_R) - \gamma(1-y_P)] \tag{12-215}$$

式中，下标 R 表示尾气出口，P 表示渗透气出口；A 是膜面积。由式（12-214）和式（12-215）可得

$$\frac{y_P}{1-y_P}=\alpha\ \frac{x_R-\gamma y_P}{1-x_R-\gamma(1-y_P)} \tag{12-216}$$

结合物料衡算式可解得 y_P、V_P 和 x_R。

$$L_F x_F = V_P y_P + (L_F - V_P)x_R \tag{12-217}$$

该模型中假定膜两侧为全混流，因而可以不考虑流动阻力降和流型对分离结果的影响。对于膜面积很小的实验室研究等场合，可以认为该假设是适用的。

② 逆流流型　如忽略膜两侧压降，BIaisdell 和 Kammermeyer[485]得到了逆流条件下的简化模型。

$$\frac{dL'}{dx}=\frac{-L'}{x+\dfrac{\alpha}{(1-\alpha)+(\gamma-1)/(x-\gamma y)}} \tag{12-218}$$

式中

$$L'=L/L_R;\ y=(L'x-x_R)/(L'-1) \tag{12-219}$$

式（12-218）的边界条件是

$$x=x_R,\ L'=1;\ x=x_F,\ L'=\frac{1}{1-\theta} \tag{12-220}$$

该式求解是一边值问题。求解以上各式可得到 L、y 随 x 的变化关系。

完成分离任务所需膜面积可由下式积分得到

$$A=\frac{L_F}{J_1 P_F}\times\frac{-(1-\theta)dL'}{(x-\gamma y)+\dfrac{(1-x)-\gamma(1-y)}{\alpha}} \tag{12-221}$$

③ 并流流型　BIaisdell 和 Kammermeyer[485]还得到了并流条件下的简化模型

$$\frac{dL''}{dx}=\frac{-L''}{x+\dfrac{\alpha}{(1-a)+(\gamma-1)/(x-\gamma y)}} \tag{12-222}$$

式中

$$L''=L/L_F,\ y=(x_F-xL'')/(1-L'') \tag{12-223}$$

原料气入口处

$$x=x_i;\ y=y_i;\ L''=1 \tag{12-224}$$

尾气出口处

$$x=x_o;\ y=y_o;\ L''=1-\theta \tag{12-225}$$

相对而言，逆流流型的求解比并流流型更简便，因为边界条件都不必用试差法确定。

流型和切割率对分离结果的影响已由 Tranchino 等[486]和 BIaisdell 与 Kammermeyer[485]进行了研究。图 12-106 是不同流型、不同压力比 γ 时，渗透气中快气浓度 y 随切割率 θ 的变化情况示意图。当 $\theta\to0$ 时，各流型的 y 值趋近于同一值；当 $\gamma\to0$ 时，各流型的分离结果相同。通常，若以所需膜面积和快气回收率来衡量，逆流流型的分离结果最好，错流流型次之，并流流型最次。

另外，如果 $1/\gamma<1/x_F$，原料气侧压力与渗透气侧压力之比是影响快气的浓缩倍数

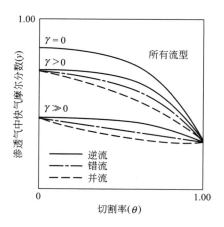

图 12-106　两组分分离中压力比和流型对分离结果的影响示意图

(y/x_F) 的主要因素。实际上，当 $\alpha \gg 1/\gamma$ 或 $\alpha \ll 1/\gamma$ 时，α 对浓缩倍数的影响很小。Pan 和 Habgood[487]的研究表明，浓缩倍数不可能大于 α、$1/\gamma$ 和 $1/x_F$ 之中的最小者。原料气组成、尾气组成和快气的渗透率一定，增大慢气的渗透率会降低浓缩倍数，增大所需的膜面积。如慢气的渗透率一定，增大快气的渗透率，会降低所需的膜面积，并提高快气的浓缩倍数。

值得注意的是，对中空纤维膜，忽略丝内压降是有条件的，丝内压降大小对丝内径的变化十分敏感，当丝内径较小、丝内侧压力低和丝长度较大时，应该用严格算法验算。

（2）近似计算方法

① 级数近似法　Boucif 等[488]首先提出将尾气和渗透气出口组成表示成无量纲膜面积 A^* 的级数形式，取级数的前三项，可求得并流和逆流情形的近似解。以逆流流型为例，在分离器的任意截面上原料气侧和渗透气侧的快气组成 x、y 可分别表示为

$$x = a_0 + a_1 A^* + a_2 A^{*2} + a_3 A^{*3} \tag{12-226}$$

$$y = b_0 + b_1 A^* + b_2 A^{*2} + b_3 A^{*3} \tag{12-227}$$

式中，A^* 是无量纲膜面积，

$$A^* = J_2 A p_F / L_F \tag{12-228}$$

a_0、a_1、a_2、a_3、b_0、b_1、b_2、b_3 是待定系数。对逆流流型，尾气出口处 $A^* = 0$；对并流流型，原料气进口处 $A^* = 0$；将式（12-225）和式（12-226）代入表 12-57 中相应流型的微分方程组和边界条件，并令等号两端 A^* 的同次幂系数相等，得到上述待定系数关于 α、γ 和 x_F 的代数方程组。由该方程组，可解出八个待定系数。

由于式（12-225）和式（12-226）只取了级数的前三项，级数近似法仅适用于切割率较低的情形[486]。该近似法的另一缺点是不便于扩展到多组分分离的计算。

② 平均推动力近似法　朱葆琳和蒋国梁[489]假定：a. 气体流过分离器的压降及渗透气在丝内的流动阻力均可略去不计；b. 气体在丝内外皆呈柱流；c. 丝内轴向浓度梯度可以忽略。由以上假定，可以忽略渗透速率表达式（12-161）中推动力 $(x - \gamma y)$ 沿膜长度方向的变化，描述分离器模型的微分方程组可简化成如下代数方程组

$$V_P = L_F - L_R \tag{12-229}$$

$$V_P y_P = L_F x_F - L_R x_R \tag{12-230}$$

$$V_P y_P = J_1 A \left[p_F \left(\frac{x_F + x_R}{2} \right) - p_P y_P \right] \tag{12-231}$$

$$V_P (1 - y_P) = \left(\frac{J_1}{\alpha} \right) A \left[p_F \left(1 - \frac{x_F + x_R}{2} \right) - p_P (1 - y_P) \right] \tag{12-232}$$

以上方程组很容易用牛顿-拉斐逊法求解，得到 V_P、L_R、x_R 和 y_P 等四个未知数。平均推动力近似法假定了推动力 $(x - \gamma y)$ 沿膜长度方向不变，因而与具体流型无关。与其他近似算法相似，该近似法也不适用于切割率高的情形，平均推动力法的一个重要特点是容易扩展到多组分分离的计算。

12.7.1.5 中空纤维膜分离器用于多组分分离的模型化

与两组分分离时相似，多组分分离的模型化也包括严格算法和简化算法[490]。

(1) 严格算法

原料气是多组分时，可选择某个组分（例如，渗透率最小的组分）的渗透率 J_{ref} 为基准定义分离系数。对于逆流流型，第 i 组分的物料平衡和渗透速率方程是

$$d(L x_i) = d(V y_i) = \pi D_{LM} dz N_T J_i p_F (x_i - \gamma y_i) \quad (i = 1, 2, \cdots, n) \tag{12-233}$$

与二组分分离时相似，可从以上方程得到 L^* 和 V^* 关于 z^* 的无量纲化微分方程组

$$\frac{dL^*}{dz^*} = \frac{dV^*}{dz^*} = \pi D_{LM} N_T J_{ref} p_F l_E / L_F \sum_i [a_i (x_i - \gamma y_i)] = K_{1,M} \sum_i \left[a_i x_i - \gamma \sum_i \alpha_i y_i \right] \tag{12-234}$$

其中

$$K_{1,M} = \pi D_{LM} N_T J_{ref} p_F l_E / L_F \tag{12-235}$$

对原料气走丝外的逆流流型，n 组分体系分离的微分方程组和边界条件列于表 12-59。

表 12-59 原料气走丝外的逆流流型，多组分分离的中空纤维式分离器的计算模型

$$dx_i / dz^* = K_1 \{ a_i (x_i - \gamma y_i) - x_i [\sum_i \alpha_i x_i - \gamma \sum_i \alpha_i y_i] \} / L^* \quad (i = 1, 2, \cdots, n-1)$$

$$dy_i / dz^* = K_1 \{ a_i (x_i - \gamma y_i) - y_i [\sum_i \alpha_i x_1 - \gamma \sum_j \alpha_i y_i] \} / V^* \quad (i = 1, 2, \cdots, n-1)$$

$$dL^* / dz^* = K_1 (\sum_i \alpha_i x_i - \gamma \sum_i \alpha_i y_i)$$

$$dV^* / dz^* = K_1 (\sum_i \alpha_i x_i - \gamma \sum_i \alpha_i y_i)$$

$$d\gamma / dz^* = -K_2 V^* / \gamma$$

边界条件

$$z^* = 0, V^* = 0; y_i = \phi_1 (x_i, \gamma) (i = 1, 2, \cdots, n-1)$$

$$z^* = 1, y = \phi_2 (\gamma_0, V^*); L^* = 1; x = x_{i,F} (i = 1, 2, \cdots, n-1)$$

注：$\alpha_i = J_i / J_{ref}$，$K_1 = \pi D_{LM} l_E N_T p_F J_{ref} / L_F$，$K_2 = 128 \mu R T l_E L_F / (\pi D_i^4 N_T p_F^2)$，函数 ϕ_1，ϕ_2 的具体形式由式 (12-204) 和式 (12-202) 表示。

(2) 简化算法

多组分分离的严格算法中，待求解的微分方程数随着组分数的增加而迅速增大，因而求

解计算量也迅速增加。为缓解这一问题。不少研究者提出了多组分分离的简化算法。在严格算法中有时需要合适的初值，也可由简化算法提供。

Shindo 等[491]忽略膜两侧的压降，提出了多组分分离的简化算法，分别对并流、逆流、错流、全混合等流型给出了模型表达式。以并流流型为例，与严格算法中相似，取微分膜面积 dA 为控制体，对于第 i 组分和整个分离体系，可分别列出物料平衡方程和渗透速率方程，并整理得到

$$dx_i = -\frac{dA}{L}\left[J_i p_F(x_i - \gamma y_i) - x_i\sum_{k=1}^{n}J_k p_F(x_k - \gamma y_k)\right] \quad (i=1,2,\cdots,n-1)$$

（12-236）

从原料气入口到器内任一点，物料平衡方程可写为

$$V = L_F - L$$

（12-237）

$$y_i = \frac{x_{i,F}L_E - x_iL}{L_F - L} \quad (V \neq 0)$$

（12-238）

而在原料气入口处，$V=0$，y_i 可从下式得到

$$y_i = \frac{J_i p_F(x_i - \gamma y_i)}{\sum_{k=1}^{n}J_k p_F(x_k - \gamma y_k)} \quad (V \neq 0)$$

（12-239）

为将微分方程组无量纲化，定义如下无量纲参数

$$S = \frac{AJ_{ref}p_F}{L_F}, \gamma = p_P/p_F$$

（12-240）

$$L^* = L/L_F, \ L_R^* = L_R/L_F$$

（12-241）

$$\theta = 1 - L^*$$

（12-242）

$$V^* = V/L_F$$

（12-243）

$$q_i = J_i/J_{ref}$$

（12-244）

可列出忽略压降条件下，描述并流流型 n 组分体系分离的微分方程组

$$\frac{dL^*}{ds} = -\sum_{k=1}^{n}q_k(x_k - \gamma y_k)$$

（12-245）

$$\frac{dx_i}{ds} = -\frac{q_i}{L^*}(x_i - \gamma y_i) + \frac{x_i}{L^*}\sum_{k=1}^{n}q_k(x_k - \gamma y_k) \quad (i=1,2,\cdots,n-1)$$

（12-246）

$$x_n = 1 - \sum_{k=1}^{n-1}x_k$$

（12-247）

$$V^* = 1 - L^*$$

（12-248）

$$y_i = \frac{x_{i,F} - L^*x_i}{1 - L^*}, \ V^* \neq 0 \quad (i=1,2,\cdots,n-1)$$

（12-249）

$$\sum_{k=1}^{n}\frac{x_kq_k/q_i}{\gamma[(q_y/q_i)-1]+(x_i/y_i)} = 1, \ V^* = 0$$

（12-250）

$$y_j = \frac{x_iq_j/q_i}{\gamma[(q_j/q_i)-1]+(x_i/y_i)}, \ V^* = 0(j \neq i,n)$$

（12-251）

$$y_n = 1 - \sum_{k=1}^{n-1} y_k \tag{12-252}$$

求解以上微分方程组，可得到并流流型 n 组分体系的分离结果。

与并流流型相似，对于逆流流型，可导出一整套微分方程组。但逆流流型中渗透气流动方向与并流时相反，因而 V^* 带有负号。对逆流流型，式（12-248）和式（12-249）应分别改写为

$$V^* = l - (1-\theta) \tag{12-253}$$

$$y_i = \frac{x_i L^* - x_{i,\mathrm{R}}(1-\theta)}{L^* - (1-\theta)}, \ V^* \neq 0 \tag{12-254}$$

式（12-245）、式（12-246）和式（12-250）～式（12-252）仍然适用。

错流流型中，渗透气流动方向与膜表面垂直，因而 $V^*=0$。渗透气中各组分的摩尔分数由式（12-250）～式（12-252）解出。由物料平衡方程式

$$x_{i,\mathrm{F}} = x_{i,\mathrm{R}}(1-\theta) + y_{i,\mathrm{P}}\theta \quad (i=1,2,\cdots,n) \tag{12-255}$$

可求解出口处渗透气浓度。

平均推动力法：Chen 等[492] 将两组分分离的平均推动力法扩展到适合于任意多组分的情形，依据假设

$$x_i - \gamma y_i = \frac{x_{\mathrm{F},i} + x_{\mathrm{R},i}}{2} - \gamma y_i \tag{12-256}$$

在整个膜面积上，i 组分的渗透速率方程和物料衡算方程可积分，成为如下代数方程组

$$V_{\mathrm{P}} y_i = A J_i p_{\mathrm{F}} \left[\frac{x_{\mathrm{F},i} + x_{\mathrm{R},i}}{2} - \gamma y_i \right] \quad (i=1,2,\cdots,n) \tag{12-257}$$

$$L_{\mathrm{F}} x_{\mathrm{F},i} = V_{\mathrm{P}} y_i + L_{\mathrm{R}} x_{\mathrm{R},i} \quad (i=1,2,\cdots,n) \tag{12-258}$$

文献［492］中给出，以上代数方程组的具体求解方法：平均推动力法假设推动力在膜长度方向上不发生变化，计算结果与具体流型无关。同两组分分离时相似，平均推动力法不适合于切割率较高的情形。文献［492］中还给出了该近似方法的适用范围。

在分离器的模型化中，经常遇到以下三种非线性代数方程组或常微分方程组的求解问题：

① 解非线性代数方程组；

② 解非线性常微分方程组的初值问题；

③ 解非线性常微分方程组的边值问题。

实际应用中，选用何种数值方法，随方程组的复杂程度而异。通常，牛顿-拉斐逊法是求解非线性代数方程组的最好方法，龙格-库塔法是求解非线性常微分方程组的初值问题的有效算法，而差分法是求解非线性常微分方程组的边值问题的有效方法。

12.7.1.6　中空纤维膜分离器的设计型计算

中空纤维膜器的设计型计算是要确定完成预定的分离任务所需的膜面积。原料气组成一定，分离进行的程度可以用渗透气组成或者尾气组成来表示。在模型的数学描述上，这意味着独立变量分别是 x（尾气组成）和 y（渗透气组成）。与操作型问题不同，这里可以更方便地用无量纲膜面积

$$A^* = \pi D_{LM} N_T p_F J_2 / L_F = K_1 z^* \qquad (12\text{-}259)$$

若以 x 为独立变量，由表 12-57 中微分方程组经适当变形，可得 y、A^*、V^*、γ 关于 x 的微分方程组，见表 12-60。

表 12-60　并流流型，壳程进料的中空纤维式分离器用于两组分分离设计型计算模型

项目	计算模型与边界条件
尾气浓度为独立变量	计算模型 $dA^*/dx = -(1-V^*)/\{\alpha(1-x)(x-\gamma y) - x[(1-x)-\gamma(1-y)]\}$ $dy/dx = -[(1-V^*)/V^*]\{\alpha(1-y)(x-\gamma y) - y[(1-x)-\gamma(1-y)]\}/$ $\{\alpha(1-x)(x-\gamma y) - x[(1-x)-\gamma(1-y)]\}$ $dV^*/dx = (1-V^*)\{\alpha(x-\gamma y) + [(1-x)-\gamma(1-y)]\}/$ $\{\alpha(1-x)(x-\gamma y) - x[(1-x)-\gamma(1-y)]\}$ $d\gamma/dx = -K_3 V^{*2}/[\gamma\{\alpha(1-x)(x-\gamma y) - x[(1-x)-\gamma(1-y)]\}]$ 边界条件 $x = x_F, A^* = 0; \gamma = \phi_1(x,\gamma); V^* = 0$ $x = x_R, \gamma = \phi_2(\gamma, V^*)$
渗透气浓度为独立变量	计算模型 $dA^*/dy = -V^*/\{\alpha(1-y)(x-\gamma y) - y[(1-x)-\gamma(1-y)]\}$ $dx/dy = -[V^*/(1-V^*)]\{\alpha(1-x)(x-\gamma y) - x[(1-x)-\gamma(1-y)]\}/\{\alpha(1-y)(x-\gamma y) -$ $y[(1-x)-\gamma(1-y)]\}$ $dV^*/dy = V^*\{\alpha(x-\gamma y) + [(1-x)-\gamma(1-y)]\}/$ $\{\alpha(1-y)(x-\gamma y) - y[(1-x)-\gamma(1-y)]\}$ $d\gamma/dx = -K_3 V^{*2}/[\gamma\{\alpha(1-y)(x-\gamma y) - y[(1-x)-\gamma(1-y)]\}]$ 边界条件 $y = y_F, A^* = 0; x = x_F; V^* = 0$ $y = y_0, \gamma = \phi_2(\gamma_0, V^*)$

注：$K_3 = 128\mu R T L_F^2/(\pi^2 D_i^4 D_{LM} N_T^2 p_{F,i}^3 J_2)$，函数 ϕ_1、ϕ_2 的具体形式由式（12-204）和式（12-202）表示。

12.7.1.7　两组分分离螺旋卷式分离器的模型化

对于螺旋卷式分离器的模型化，常用的假设包括：

① 膜表面不存在浓度梯度；

② 操作条件下，各组分的渗透率与压力、组成无关；

③ 气体黏度与压力无关；

④ 操作条件下，膜不发生物理形变。

前已述及，卷式膜分离器中的流型既不是并流，也不是逆流；原料气和渗透气流动方向互相垂直。图 12-107 表示卷式分离器展开后的一个膜叶。被分离组分从膜叶的两面渗透到低压侧，与渗透气流主体汇合后流入中心管。显然，卷式分离器的模型化比中空纤维式更为复杂，因为渗透气侧各点处快气浓度不仅沿原料气流方向（L 方向）是变化的，沿渗透气流动方向（W 方向）也是变化的。原料气侧组成变化情况也与 W 方向有关。

Pan[493] 对卷式膜分离器的模型化进行了研究。设单位长度膜叶的原料气量为 u，组分物料平衡方程是：

$$[\delta(ux)/\delta l]_w = -2Q_1(p_F x - p_P y') \qquad (12\text{-}260)$$

$$\{\delta[u(1-x)]/\delta l\}_w = -2Q_2\{p_F(1-x) - p_P(1-y')\} \qquad (12\text{-}261)$$

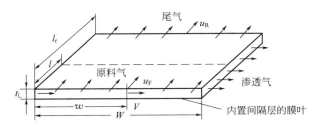

图 12-107　卷式分离器的流动方式

假定渗透气侧只在沿膜叶长度方向（W 方向）上有压降。为简便起见，将渗透气流率 V_a 和摩尔分数 y_a 在 L 方向取平均值，即 V_a 和 y_a 只随 W 方向变化，可得如下微分方程组

$$dV_a / dw = u_F - u_R \tag{12-262}$$

$$d(V_a y_a) / dw = u_F x_F - u_F x_R \tag{12-263}$$

$$d(p_P^2) / dw = -2R_g T \mu V_a / (l_T t_L B) \tag{12-264}$$

式中，u_R 和 x_R 也是 w 的函数，B 是膜叶间隔材料性能参数。令

$$V_a^* = V_a / L_F ; W^* = w / W ; \gamma = p_P / p_F ; K_s = 2RT\mu W L_F / (l_T t_L B p_F^2) \tag{12-265}$$

以上方程组可无量纲化

$$dV_a^* / dW^* = 1 - u_R / u_F \tag{12-266}$$

$$d(V_a^* y_a) / dW^* = x_F - x_R(u_R / u_F) \tag{12-267}$$

$$d\gamma_2 / dW^* = -K_s V_a^* \tag{12-268}$$

在 l 方向上 p_P 恒定，式（12-260）和式（12-261）可沿 l 方向积分。对错流渗透的情形，可导出以下关系式

$$1 - u_R / u_F = (y_R' / y_F')^a \left[(1 - y_R') / (1 - y_F') \right]^b \left[\alpha - (\alpha-1) y_R' \right] / \left[\alpha - (\alpha-1) y_F' \right] \tag{12-269}$$

$$2 l_T J_2 \left(\frac{p_F}{u_F} \right) \alpha(1-\gamma) = \alpha - (\alpha-1) y_F' - \left\{ \alpha - (\alpha-1) y_R' \right\} \left(\frac{u_R}{u_F} \right) - (\alpha-1) \int_{y_F'}^{y_R'} \left(\frac{u}{u_F} \right) dy' \tag{12-270}$$

其中

$$a = \left[\gamma(\alpha-1) + 1 \right] / \left[(\alpha-1)(1-\gamma) \right] \tag{12-271a}$$

$$b = \left[\gamma(\alpha-1) - \alpha \right] / \left[(\alpha-1)(1-\gamma) \right] \tag{12-271b}$$

y_F' 和 y_R' 分别是 x_F 和 x_R 的函数，由式（12-164）表示。指定压力比 γ，可由式（12-269）和式（12-270）求出 u_R 和 x_R。边界条件是：

$$w^* = 0, V_a^* = 0 ; (V_a^* y_a) = 0 \tag{12-272}$$

$$w^* = 1, y = \gamma_0 \tag{12-273}$$

12.7.2　化工计算软件在膜过程中的应用

气体膜分离过程模拟除对膜分离过程自身需要描述外，还包括前处理过程换热、气体组分的露点等对过程中的操作参数、过程结构和优化设计进行评价。目前，许多商用的过程模拟软件都建立了强大的过程模型、优化工具包和物性计算包等，为整个过程的设计和检验提供了方便。在化学工程领域，常用的软件包括 HYSYS、AspenPlus、PROll、SimSci 等，用于过程与设备模拟、分析、设计、优化及开停车指导、动态仿真培训、设计先进控制系统等。目前，除 PROll 提供独立气体膜分离过程单元，其他软件虽然没有提供独立气体膜分离过程模型，但是往往可以经由用户扩展形式加以实现，例如 Rautenbach 等[494] 使用简单的错流模型在不考虑压降的条件下在 AspenPlus 中加入了用于气体膜分离的用户模型，Davis[495] 在 HYSYS 中建立了用于中空纤维气体膜分离的一个无需外部客户程序的模型，该模型也假设压降可忽略。金大天等[496] 利用 VB 程序把膜分离过程数学模型编译成 DLL 文件，利用 Registration extensions 工具包嵌入 HYSYS 中，实现了事件驱动，成为独立的化工单元操作，成功实现了 HYSYS 化工计算软件的二次开发。

12.7.3 膜分离及其耦合流程的设计方法

膜分离及其耦合流程的设计，主要包括流程结构设计、操作参数调节和优化判据等三方面。流程结构设计和操作参数调节都会导致分离过程存在多方面的差异。基于正确的优化判据，设计者才能合理地进行比较，从而做出判断、选择更好的分离过程。对于复杂体系的分离流程，往往需要采用多个分离单元进行组合，流程结构设计方法需要解决分离序列的组合爆炸问题。复杂流程的参数优化，一方面可调参数多，另一方面参数调节的影响存在耦合与传递，需要从全局来考虑。

12.7.3.1 流程设计优化的判据

（1）分离效果的综合评价指数

对不同分离过程（分离技术、流程结构、操作条件等发生变化）进行对比分析，需要一个可靠的指标来衡量好坏。最简单直接的判据是分离效果，需要综合考虑产品浓度和回收率，如图 12-108 所示。进料/渗透压力比和渗透切割比是影响膜法丙烯回收效果的两个关键参数，其变化带来的影响通过渗透侧浓度和回收率可以清晰地体现[497]。

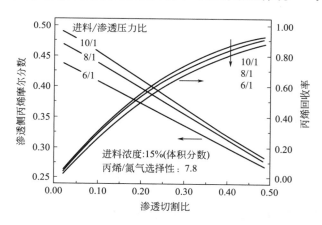

图 12-108 以分离效果为判据的膜法丙烯回收过程优化

然而，简单地利用分离效果进行评判，往往无法同时兼顾目标物质的富集程度和回收率。在图 12-108 中，提高进料/渗透压力比，可以同时提高丙烯的富集程度和回收率，由此可知，采用较高的进料压力能更好地实现丙烯浓缩；随着渗透切割比的提高，虽然回收率在提高，但是丙烯富集程度迅速下降，存在非常明显的"trade-off"关系，因此难以直观地确定更合适的渗透切割比。针对上述问题，可以分别定义二者的权重，或者二者的权重比例系数，从而将分离效果的不同方面（回收率和富集程度）在统一的分离效果综合评价指数下得以综合考虑，如式（12-274）所示[498]。

$$I_{SP} = e^{y_P/y_F} \times R_R^n \qquad (12\text{-}274)$$

式中，I_{SP} 为分离效果的综合评价指数；y_F 表示目标物质在进料气中的摩尔分数；y_P 表示膜分离渗透富集后的摩尔分数；R_R 表示目标物质的回收率；而 n 为调节产品浓度和回收率权重的参数。仍然以膜法丙烯富集回收为例，根据需求将权重参数 n 设置为 2.5，由此得出的渗透切割比和操作压力比对分离效果的影响规律见图 12-109。随着进料/渗透压力比的提高，分离效果综合评价指数 I_{SP} 逐渐增加，因此采用较高的进料压力能更好地实现丙烯浓缩，与简单利用分离效果进行评判得出的结论一致。随着渗透切割比的提高，分离效果综合评价指数 I_{SP} 先增加后减小，存在明显的极值点，由此可以得出膜单元具体的进料/渗透压力比条件下最佳的渗透切割比。此外，随着进料/渗透压力比的降低，最佳渗透切割比逐渐增加，主要是通过较高的丙烯回收率来弥补丙烯富集程度下降的影响。

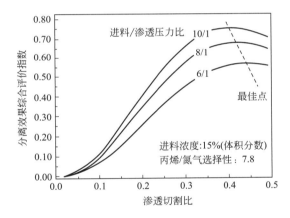

图 12-109　以分离效果的综合评价指数为判据的膜法丙烯回收过程优化

产品浓度和回收率的权重参数 n 必须根据分离对象的具体情况进行设定。面向不同分离对象时，权重参数可能存在很大的差别。以膜法氢气回收为例，由于浓度对氢气在加氢过程中的利用率影响很大，因此维持较高的渗透氢气浓度至关重要，在这种情况下，产品浓度对分离效果显得更重要，因此权重参数 n 应当远小于 1。

在图 12-110 给出了权重参数 $n=0.25$ 时氢气分离效果综合评价指数（已按照理论指数为 1 进行处理）变化趋势。由图可知，提高膜单元的进料/渗透压力比，氢气分离效果综合评价指数 I_{SP} 逐渐增加，有利于达到更好的氢气回收效果；提高渗透切割比，分离效果综合评价指数 I_{SP} 先增加后减小，存在明显的极值点，由此可以得出具体的进料/渗透压力比条件下膜单元最佳的渗透切割比。与膜法丙烯富集回收过程明显不同的是进料/渗透压力比对最佳渗透切割比的影响。随着进料/渗透压力比的提高，膜法氢气回收过程的最佳渗透切割比逐渐增加。

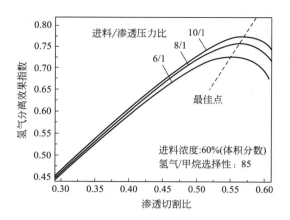

图 12-110　以分离效果的综合评价指数为判据的膜法氢气回收过程优化

（2）膜分离过程的热力学效率

综合评价指数能够整体地反映分离效果差异，但不能体现为实现这一分离效果所付出的代价，比如创造渗透推动力（压差）的能耗。分离过程通过有目的地、能动地做功，从混合物中逐步分离出较纯的物质，实现物质从无序走向有序，其本质是一种能量形式转化的热力学过程。压力推动下的气体膜分离过程，渗透较快的气体在膜的低压侧富集，渗透较慢的气体在高压侧富集，这是典型的物理有效能（压力）向化学有效能（浓度）转变的过程。综上所述，热力学效率（自由能效率）可以作为同时考虑分离效果和能耗的膜过程设计优化判据，而且是一种脱离外部条件限制、反映分离过程本质的衡量指标[499,500]。

气体膜分离过程可以简单地看作将原料气分离成渗透气渗余气。对实际过程的分离效果，可以通过拟定的理想途径来计算最小分离功。基于吉布斯自由能理论，气体膜分离过程的理论最小分离功 $W_{\min,T}$ 可以采用式（12-275）进行计算。

$$\frac{W_{\min,T}}{RT}=F_{\mathrm{P}}\left[y_{\mathrm{P}}\ln\frac{y_{\mathrm{P}}}{y_{\mathrm{F}}}+(1-y_{\mathrm{P}})\ln\frac{1-y_{\mathrm{P}}}{1-y_{\mathrm{F}}}\right]$$
$$+F_{\mathrm{R}}\left[y_{\mathrm{R}}\ln\frac{y_{\mathrm{R}}}{y_{\mathrm{F}}}+(1-y_{\mathrm{R}})\ln\frac{1-y_{\mathrm{R}}}{1-y_{\mathrm{F}}}\right] \tag{12-275}$$

实际的气体膜分离过程，在组成分割的同时伴随着压力的变化。基于非平衡热力学相关理论，膜过程的实际总功耗 $W_{\mathrm{total},T}$ 可以采用式（12-276）进行计算。

$$\frac{W_{\mathrm{total},T}}{RT}=F_{\mathrm{P}}\left[y_{\mathrm{P}}\ln\frac{p_{\mathrm{P}}y_{\mathrm{P}}}{p_{\mathrm{F}}y_{\mathrm{F}}}+(1-y_{\mathrm{P}})\ln\frac{p_{\mathrm{P}}(1-y_{\mathrm{P}})}{p_{\mathrm{F}}(1-y_{\mathrm{F}})}\right]$$
$$+F_{\mathrm{R}}\left[y_{\mathrm{R}}\ln\frac{p_{\mathrm{R}}y_{\mathrm{R}}}{p_{\mathrm{F}}y_{\mathrm{F}}}+(1-y_{\mathrm{R}})\ln\frac{p_{\mathrm{P}}(1-y_{\mathrm{R}})}{p_{\mathrm{F}}(1-y_{\mathrm{F}})}\right] \tag{12-276}$$

在式（12-275）和式（12-276）的基础上，可以通过式（12-238）计算气体膜分离真实过程的热力学效率 η。

$$\eta=W_{\min,T}/W_{\mathrm{total},T} \tag{12-277}$$

在上述公式中，进料参数：操作压力 p_{F}，目标组分的摩尔分数 y_{F}，其他组分的摩尔分数 $1-y_{\mathrm{F}}$。渗透气参数：摩尔流量 F_{P}，操作压力 p_{P}，目标组分的摩尔分数 y_{P}，其他组分的摩尔分数 $1-y_{\mathrm{P}}$。渗余气参数：摩尔流量 F_{R}，操作压力 p_{R}，目标组分的摩尔分数 y_{R}，

其他组分的摩尔分数 $1-y_R$。除此之外，假设气体膜分离过程为恒温渗透过程，操作温度为 T。

以过程热力学效率为判据对不同操作条件下的膜法丙烯回收过程进行比较，结果如图 12-111 所示。对于丙烯/氮气选择性为 7.8 的有机蒸气膜来说，采用较高的进料/渗透压力比（在图中给出的范围内）可以显著提高膜分离热力学效率。此外，随着渗透切割比的提高，膜分离过程的热力学效率呈现先增加后减小的趋势，存在明显的极值点，由此可以得出丙烯回收膜单元具体的进料/渗透压力比条件下最佳的渗透切割比。值得注意的是，分别以分离效果综合评价指数和膜过程热力学效率为判据得出的最优操作点不完全一致。

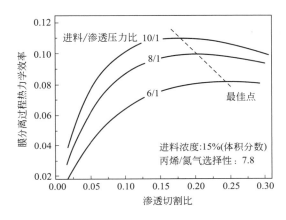

图 12-111　以膜分离过程热力学效率为判据的膜法丙烯回收过程优化

以过程热力学效率为判据对膜法氢气回收过程进行优化的结果如图 12-112 所示。对于氢气/甲烷选择性为 85 的氢气分离膜来说，采用较低的进料/渗透压力比（在图中给出的范围内）可以达到更高的热力学效率。与此同时，热力学效率随着渗透切割比的提高呈现先增加后减小的趋势，存在明显的极值点，可以得出氢气回收膜单元在某一进料/渗透压力比条件下最佳的渗透切割比。与图 12-112 对比可知，以分离效果综合评价指数和膜过程热力学效率为判据得出的优化趋势和结果存在明显的差别。

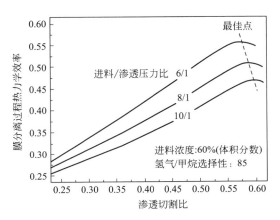

图 12-112　以膜分离过程热力学效率为判据的膜法氢气回收过程优化

（3）过程经济效益评价指标

面向工业应用的气体膜分离过程，最重要的目标是创造经济效益。因此，膜过程的优化设计，除了要考虑能耗等公用工程，还需要考虑设备折旧、运行维护和管理成本，以及经济效益与投资之间的关系。典型气体膜分离过程的经济效益，可以通过式（12-278）进行初步核算。

$$经济效益 = \sum 产品价值 - \sum 原料成本 - 运行成本 \qquad (12\text{-}278)$$

在式（12-278）中，运行成本可由式（12-279）进行计算。

$$运行成本 = \sum 公用工程 + \sum 设备折旧 + 维护/管理成本 \qquad (12\text{-}279)$$

对于气体膜分离装置的公用工程，主要是压缩机和/或真空泵的电耗、膜前预热消耗的蒸汽以及物料冷却消耗的循环水，其中电耗占整个公用工程消耗的 90% 以上。设备折旧可以按照各类设备的使用寿命采用直线折旧法进行计算。对于大多数气体膜分离装置，膜分离器、压缩机和/或真空泵、仪表控制系统占总投资的比例超过 80%，因此在膜过程优化设计的初期，可以只考虑上述几类固定资产的折旧。

由于相同的经济效益可能是由不同的投资和不同的运行成本创造的，因此在比较不同的气体膜分离过程时，需要进一步计算单位投资产出的经济效益或者单位运行成本产出的经济效益，分别通过式（12-280）和式（12-281）进行计算。

$$相对经济效益\ I = 经济效益/总投资 \qquad (12\text{-}280)$$

$$相对经济效益\ C = 经济效益/运行成本 \qquad (12\text{-}281)$$

12.7.3.2　多级膜流程结构优化设计

同时保证目标物质高回收率和高富集程度的关键是高性能分离膜。由于材料本征性能和制膜工艺的限制，商业化气体分离膜的选择性很多情况下不能满足工业需求。多级膜分离过程是实现目标物质高回收率和高富集程度的有效途径。

对于多级膜分离过程的优化设计，其关键是如何做好各分离级的渗透切割比调节，在减少各级内部返混（局部渗透气在膜分离器内汇集成渗透气主体，如图 12-113 所示）损失的同时，尽可能避免外部返混损失（第 $n+1$ 级渗透气与第 $n-1$ 级渗余气合股，编号顺序示例见图 12-114），从而保证多级膜分离过程具有较高的分离效率。

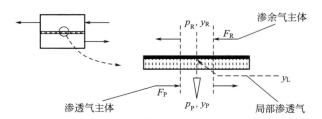

图 12-113　膜分离器内局部渗透气与渗透气主体的关系

$$y_{L} \approx \frac{\alpha\left(y_{R}\dfrac{p_{R}}{p_{P}} - y_{L}\right)}{\left(\dfrac{p_{R}}{p_{P}} - 1\right) + (\alpha - 1)\left(y_{R}\dfrac{p_{R}}{p_{P}} - y_{L}\right)} \qquad (12\text{-}282)$$

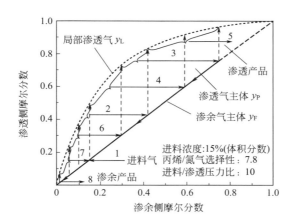

图 12-114　基于局部渗透组成曲线的多级膜分离过程设计

根据气体膜分离的渗透控制方程，可以采用式（12-282）计算局部渗透气的组成，进而可以在直角坐标中构建类似精馏塔相平衡曲线的局部渗透组成曲线[501]。以膜法丙烯回收过程为例，在图 12-114 中给出了局部渗透气组成和渗余气主体组成（对角线）的对应关系。基于局部渗透组成曲线和渗余主体组成曲线，可以图形化设计多级膜分离流程。在设计过程中可以直观地判断内部返混损失和外部返混损失。

以膜法丙烯回收过程为例，多级膜分离流程的设计过程：

➤ 聚合尾气（1），丙烯含量 15%（本例设计过程中的含量均以体积分数计），进入膜系统第 n 分离级（待定）的渗余侧，获得的渗透气（2），丙烯含量达到 42%，增压进入第 $n-1$ 分离级的渗余侧；

➤ 第 $n-1$ 分离级，由于局部渗透气的丙烯含量差别大，最高处含量超过 80%，最低处含量低于 50%，因此将该分离级分为 $n-1a$ 和 $n-1b$ 两段；

➤ 从第 $n-1a$ 分离级获得渗透气（3），丙烯含量较高，约为 75%，增压后从第 $n-2$ 分离级的初始端进入该级的渗余侧；

➤ 从第 $n-1b$ 分离级获得渗透气（4），丙烯含量低于（3），约为 60%，增压后从第 $n-2$ 分离级的中间部位进入该级的渗余侧；

➤ 在第 $n-2$ 分离级的渗透侧获得丙烯摩尔分数超过 85% 的富丙烯（渗透产品 5）；

➤ 第 n 分离级的渗余气，丙烯摩尔分数超过 10%，进入第 $n+1$ 分离级的渗余侧，由于局部渗透气的丙烯含量差别大，最高处含量超过 35%，最低处含量低于 10%，因此将该分离级分为 $n+1a$ 和 $n+1b$ 两段；

➤ 从第 $n+1a$ 分离级获得渗透气（6），丙烯含量较高，约为 30%，增压后从第 $n-1$ 分离级的中间部位进入该级的渗余侧；

➤ 从第 $n+1b$ 分离级获得渗透气（7），丙烯含量低于（6），约为 15%，增压后从第 n 分离级的初始端进入该级的渗余侧；

➤ 在第 $n+1b$ 分离级的渗余侧获得丙烯摩尔分数降低至 2% 的氮气（渗余产品 8）；

➤ 根据设计结果，进料级为第 3 级，全流程的级数为 4。为了减少内部返混损失，第 2 分离级和第 4 分离级均拆分为 2 段。

根据图 12-114 设计出的多级膜法丙烯回收工艺的原则流程图见图 12-115。最终获得的

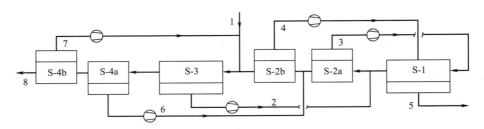

图 12-115 根据局部渗透组成曲线设计的四级膜法丙烯回收流程

渗透产品中丙烯含量超过 85%，丙烯回收率超过 88.5%。

12.7.3.3 含烃石化尾气复杂体系膜耦合流程设计

石油化工行业是气体膜分离技术应用的最主要的领域，尤其是石化过程副产的含烃石化尾气。与合成氨驰放气回收、空气分离、二氧化碳捕集等膜分离过程相比，含烃石化尾气的分离回收更加复杂：组分多达十余种，可分离出氢气、乙烷、乙烯、丙烯、丁烯、液化石油气和石脑油等众多产品；来源多种多样，大多数炼化企业的气源超过 10 套生产装置，比如催化裂化、加氢精制、催化重整、延迟焦化等。

面向多原料、多回收目标的多元复杂体系，提高分离效率和目标物质回收率需要着重解决如下问题：①优选高效低耗的分离技术，并满足其高效运行的条件；②各股原料按照组成差别和关键物质的含量梯级进入分离系统，减少物料浓差混合过程的化学势损失；③安排合适的路线，按照最合理的工序将合适的分离技术有机整合，实现不同分离装置的无隙匹配。

含烃石化尾气复杂体系膜耦合流程设计，首先要解决的是复杂设计问题的简化。具体简化措施如下[502]。

(1) 基于产品归属和分离性质的组分归类合并

尽管含烃石化尾气中有近 20 种组分，但在资源化过程中，并不是每一种物质都需要将其分离成纯物质。利用含烃石化尾气中各物质在产品中的归属，以及各种物质的分离性质差异，可以对复杂多元体系的组分数进行合并简化，见图 12-116。由于致污物质往往需要在预处理中被脱除，在分离序列构建过程中含烃石化尾气可以简单地看成是氢气（H_2）、轻烃（CHC）和燃料气（FG）的三元体系。

(2) 气体分离技术优势分离区域的划分

针对多种气体分离技术可供选择这一现状，需要建立一种优选方法：一方面，尽可能地选用目标物质回收程度和分离效率都比较高的技术；另一方面，保证进料状况（进料的组成）与分离技术高效运行的条件符合。对浅冷分离系统（SCS）、吸收稳定系统（GAS）、橡胶态膜分离系统（RPM）、变压吸附系统（PSA）、深冷分离系统（CSS）和玻璃态膜分离系统（GPM）等六种常用的含烃石化尾气分离技术，以回收率和单耗为判据进行比较，可以划分出各自的优势分离区域，结果如图 12-117 所示。需要特别说明的是，由于制冷效率、膜性能和吸附剂性能的差异，各技术优势分离区域的边界是可变的。

(3) 气体分离技术的矢量描述

基于不同原理的分离单元在过程设计中有独特的数学表达形式，因此需要一种可比较的统一方式来描述这些分离单元。大多数分离单元，可以看作是一个将一股进料按照一定比例

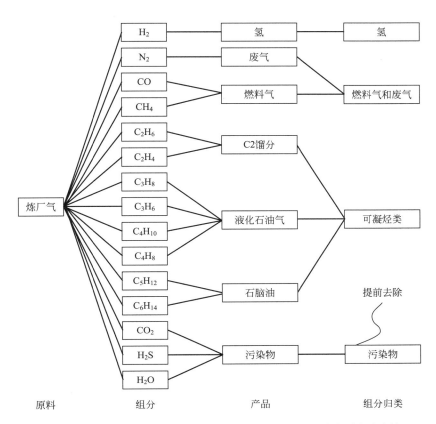

图 12-116　基于产品归属和分离性质差异程度的含烃石化尾气组成归类合并

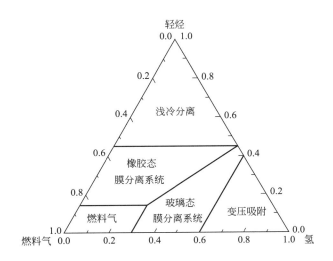

图 12-117　含烃石化尾气处理常用气体分离技术的优势分离区域

分割成两股组成不同的输出物料的黑匣子（black box），围绕这个黑匣子，进料和出料保持物料守恒，包括总物料守恒和各组分的守恒。基于这种理解，处理含烃石化尾气的分离单元可以用一对矢量在三角坐标体系中描述。

（4）多来源含烃石化尾气的分类与合并

大多数炼化企业的含烃石化尾气气源超过 10 套生产装置，如果都单独进入综合分离系统，进料组合方案将超过 100 种。因此，必须对含烃石化尾气按照一定规律分类合并，在避免严重的浓差混合损失的同时，尽可能减少原料流股数。图 12-117 中的优势分离区域，为含烃石化尾气的分类合并提供了最直接的判据：处于某一种分离技术优势区域的原料，能够满足该技术高效运行的要求。因此，复杂含烃石化体系根据优势区域可以分为四类：变压吸附系统 PSA 的进料，浅冷分离系统 SCS 的进料，玻璃态膜分离系统 GPM 的进料，橡胶态膜分离系统 RPM 的进料。

对复杂设计问题进行简化后，含烃石化尾气的多流股及组成变化、分离技术的优势区域以及分离单元操作的路径都可以在三角坐标体系中表达出来。在此基础上，可以开展含烃石化尾气膜耦合梯级分离序列的设计和规划。典型含烃石化尾气的综合回收可以分为单一进料模式和多股进料模式，以下将分别举例设计。

（1）单一进料膜耦合梯级分离序列的设计

单一进料的分离序列设计任务，不仅指一股含烃石化尾气为原料的分离任务，也可以是多股组成相似（处于同一分离技术的优势分离区域内）的含烃石化尾气为原料的分离任务。举例设计：以芳烃歧化与烷基转移反应的尾气为原料，进行单一进料梯级耦合分离序列的图解设计程序，具体见图 12-118。

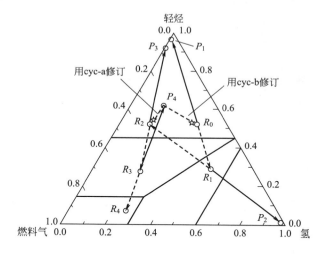

图 12-118　单一进料膜耦合梯级分离序列的图解设计示例

第 1 步：根据氢气/轻烃含量确定芳烃歧化尾气在三角坐标体系中的位置（R_0）。

第 2 步：根据 R_0 所在的优势分离区域，确定轻烃为第一分离目标，并选择 SCS 系统（浅冷）对芳烃歧化尾气进行分离；根据 SCS 系统的工业数据近似预测分离效果，绘制描述分离单元的矢量对（$R_0 \rightarrow P_1 / R_0 \rightarrow R_1$），确定一次分离尾气（$R_1$）的位置。

第 3 步：根据 R_1 所在的优势分离区域，确定氢气为第二分离目标，并选择 GPM 系统（氢气膜分离）对 R_1 进行分离；根据 GPM 系统的运行数据近似预测分离表现，绘制描述分离单元的矢量对（$R_1 \rightarrow P_2 / R_1 \rightarrow R_2$），确定二次分离尾气（$R_2$）的位置。

第 4 步：重复第三步的做法，直至多次分离后的尾气（R_4）进入燃料气区域。

将图 12-118 中的设计结果转化为示意流程框图，见图 12-119。

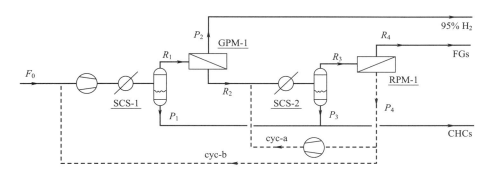

图 12-119　芳烃歧化尾气综合回收的膜耦合梯级分离流程

芳烃歧化尾气含有约 52%（摩尔分数，本节下同）的轻烃和 34% 的氢气，增压至 2.0MPa 后进入浅冷分离（SCS-1）。根据 SCS 的实际生产效果，冷凝液 P_1 中轻烃的含量将超过 95%，而不凝气 R_1 中轻烃的含量将降低至 30% 以下。由于分离过程的"双向富集"效应，R_1 中氢气的含量将提高至 50% 以上。一次分离尾气 R_1 进入玻璃态膜分离系统 GPM-1。根据实际生产数据，渗透气 P_2 的氢气浓度大于 95%，而渗余气 R_2 中氢气含量降低至 15%。随着氢气的脱除，R_2 中轻烃将富集到约 50% 左右。二次分离尾气 R_2 进入浅冷分离系统 SCS-2，进一步冷凝分离轻烃。尽管 R_2 和 F_0 的轻烃浓度非常接近，但为了在分离系统中给燃料气设置出口，避免积累和死循环，这两股物料不能合并进入 SCS-1。冷凝液 P_3 中轻烃含量超过 92%，而不凝气 R_3 中轻烃含量降低至 30% 左右，氢气含量增至 25% 左右。三次分离尾气 R_3 进入橡胶态膜分离系统 RPM-1。轻烃优先透过橡胶态膜，在渗透气 P_4 中富集，浓度达到 63% 左右，而甲烷、氮气和剩余的氢气在渗余气 R_4 中富集。R_4 中轻烃含量低于 15%，氢气含量低于 30%，作为燃料气。

在上述设计中，RPM-1 富集的轻烃，即可以与 F_0 汇合后进入 SCS-1，又可以与 R_2 汇合后进入 SCS-2，进一步分离轻烃。两种循环方式各有利弊：P_4 进入 SCS-1，对于氢气来说存在较大的"浓差"返混，势必降低氢气回收率；P_4 进入 SCS-2，需要增设一台压缩机，设备投资和流程复杂性有所增加。一般情况下，原料流量较大时适合于将 P_4 引入 SCS-2，而流量较小时将 P_4 引入 SCS-1 更合适。

基于图 12-119 的膜耦合梯级分离流程，在过程模拟软件 UniSim Design 中对分离效果进行评估：氢气产品的浓度大于 95%，回收率达到 85%；轻烃凝液中 C_2^+ 有效含量大于 94%，回收率达到 97%；芳烃歧化尾气综合回收单耗为 0.227kW·h/m³ 尾气。

（2）多股进料梯级耦合分离序列的设计

多股进料的分离序列设计任务，主要针对大型炼化一体化企业的含烃石化尾气，不仅来源多样，而且组成差异非常大，不能简单地合并成为一股进料。举例设计：以某大型炼化企业加氢裂化干气等 19 股含烃石化尾气为原料，进行多股进料膜耦合梯级分离序列的图解设计程序，具体见图 12-120 和图 12-121。

第 1 步：根据组成确定 19 股含烃石化尾气在坐标体系中的位置。

第 2 步：按照分离技术的优势区域将待处理的 19 股尾气分类成 4 组，并按照"杠杆"原理合并，分别作为对应气体分离单元的进料（F_1、F_2、F_3、F_4）。

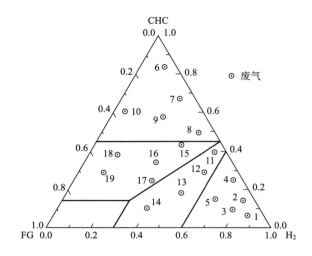

图 12-120　某炼厂多来源含烃石化尾气（19 股）的分类与合并

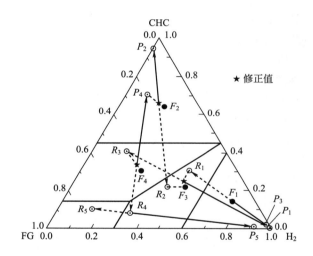

图 12-121　多股进料膜耦合梯级分离序列的图解设计示例

第 3 步：对 4 股进料按照第一分离目标物质的含量（氢气或者轻烃）确定优先处理的进料：$F_1 \gg F_2 \gg F_3 \gg F_4$。

第 4 步：根据 F_1 所在的优势区域，采用 PSA 装置分离氢气，并根据工业数据近似预测分离效果，绘制矢量对（$F_1 \rightarrow P_1 / F_1 \rightarrow R_1$），确定解吸气（$R_1$）的位置。

第 5 步：根据 F_2 所在的优势区域，采用 SCS 系统回收轻烃，并按照近似预测的分离表现绘制矢量对（$F_2 \rightarrow P_2 / F_2 \rightarrow R_2$），确定冷凝尾气（$R_2$）的位置。

第 6 步：进料 F_3 和一次尾气 R_1、R_2 处于同一个优势分离区域，按照杠杆原理进行合并，采用 GPM 膜分离系统提纯氢气，然后绘制矢量对（$F_3' \rightarrow P_3 / F_3' \rightarrow R_3$）确定 GPM 渗余气（$R_3$）的位置。

第 7 步：进料 F_4 和一次尾气 R_3 处于同一个优势区域，合并后采用 RPM 膜分离系统浓缩轻烃，然后绘制矢量对（$F_4' \rightarrow P_4 / F_4' \rightarrow R_4$）确定 RPM 渗余气（$R_4$）的位置。

第 8 步：RPM 的渗余气 R_4 位于 GPM 的优势分离区域，采用 GPM 系统进一步回收氢气，并绘制矢量对（$R_4 \rightarrow P_5 / R_4 \rightarrow R_5$）确定 GPM 渗余气（$R_5$）的位置。由于 R_5 已经位于燃料气区域，不再对其进行分离加工。

将图 12-121 中的设计结果转化为示意流程框图，见图 12-122。

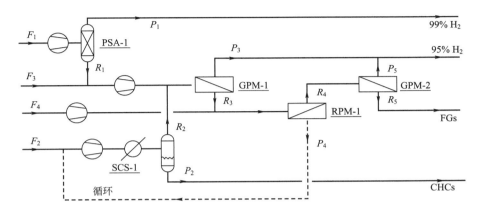

图 12-122 综合回收多股含烃石化尾气的膜耦合梯级分离流程

氢气含量大于 60% 的五股含烃石化尾气合并成 F_1，增压至 2.0MPa 后进入变压吸附系统 PSA-1。根据实际生产经验，吸附塔产出的氢气 P_1 纯度超过 99%，而吸附塔再生解吸气的氢气含量降低至 45% 左右。由于分离过程的双向富集效应，R_1 中轻烃的含量将提高至 30% 以上。

轻烃含量超过 45% 的五股含烃石化尾气合并成 F_2，增压至 2.0MPa 以后进入浅冷分离系统 SCS-1。根据实际生产效果，冷凝液 P_2 的轻烃含量超过 95%，而不凝气 R_2 中轻烃含量降低至 30% 以下。由于分离过程的"双向富集"效应，R_2 中氢气的含量将提高至 45% 左右。

位于 GPM 优势分离区域的 4 股含烃石化尾气合并成 F_3，与 PSA-1 解吸气 R_1 汇合后增压至 2.0MPa，再与 SCS-1 的冷凝尾气 R_2 汇合，进入氢气膜分离系统 GPM-1。根据实际生产数据，渗透气 P_3 的氢气浓度大于 95%，而渗余气 R_3 的氢气含量降低至 15%。随着氢气的脱除，R_3 中的轻烃将富集到 40% 左右。

位于 RPM 优势分离区域的 5 股含烃石化尾气合并成 F_4，增压至 2.0MPa 后与 GPM-1 渗余气 R_3 汇合，进入有机蒸气膜分离系统 RPM-1。根据实际生产数据，渗透气 P_4 中轻烃富集，浓度超过 70%，渗余气 R_4 中轻烃浓度低于 10%，氢气含量增加至 35%。

膜系统 RPM-1 的渗透气 P_4 与 SCS-1 的原料 F_2 汇合；同时，渗余气 R_4 进入 GPM-2 回收氢气。尽管 R_4 与 F_3、R_1、R_2 都位于 GPM 优势区域，但为了在分离系统中设置燃料气出口，避免积累和死循环，R_4 不与其他三股汇合，单独设置 GPM-2 回收氢气。GPM-2 的渗透气 P_5 中氢气含量达到 92%，可直接作为产品，也可进入 PSA-1 进一步提纯；渗余气 R_5 的氢气含量低于 20%，轻烃含量低于 15%，作为燃料气进入瓦斯管网。

基于图 12-122 的膜耦合梯级分离流程，在过程模拟软件 UniSim Design 中对分离效果进行评估：PSA 氢气产品浓度大于 99%，膜分离氢气产品浓度大于 95%，总回收率达到 92%；轻烃凝液中 C_2^+ 有效含量大于 94%，回收率达到 93%；膜耦合梯级分离系统对多股进料进行综合回收的单耗为 $0.266kW \cdot h/m^3$ 尾气。上述过程模拟中各股含烃石化尾气的压力均设为常压；在实际生产中，大多数石油加工装置副产尾气都具有一定的压力。因此，实际生产中膜耦合梯级分离系统的单耗将更低。

12.8　应用

迄今，气体膜分离技术的工业化已有 40 年的历史，20 世纪 70 年代末，美国孟山都公司制成了聚砜-硅橡胶中空纤维复合膜分离器，并成功地用于从合成氨驰放气回收氢，成为气体膜分离技术获得工业化应用的标志。在早期发展中，气体膜分离主要用于石油炼厂和石化行业尾气中的氢回收。近年来，随着膜性能的不断提高，在氧/氮分离和二氧化碳/烃分离等方面也已取得了很大进展。

我国于 20 世纪 80 年代初开始研究气体分离膜及其应用过程，40 年内取得了长足的进展。围绕 N_2-H_2 和 N_2-O_2 分离开展了多种有机聚合物膜材料和制膜工艺的研究，研制出中空纤维式和螺旋卷式组件。我国现在已能批量生产用于从工业气回收氢的中空纤维膜组件和用于窑炉助燃的卷式膜组件。

与深冷法和吸附法相比，膜法气体分离具有投资省、操作费用低、设备结构紧凑和操作简便等优点，在炼油和石化行业中提浓和回收氢气等方面获得了广泛应用。膜分离法的工业化应用还包括：合成气的氢/一氧化碳调比；天然气中脱二氧化碳；从空气制取高氮和富氧空气；空气中有机蒸气的脱除和压缩空气脱湿等领域。本节中将详细介绍气体膜分离技术的应用过程。

12.8.1　氢的分离与回收

12.8.1.1　合成氨中氢的分离与回收

工业上，合成氨由氢气和氮气在高压、高温下反应生成。氢气通常是由烃（主要是天然气、石脑油或煤）和空气经水蒸气转化得到的。空气中的氮气在造气时不参与任何反应。经造气得到的粗合成气除含有氢、氮，通常还含有一氧化碳、二氧化碳、甲烷和氩气等杂质。经过一系列化学转化和净化，最终得到主要成分是氢气和氮气，含有少量甲烷和氩气的原料气，用于生产合成氨。氨合成条件下反应气体大致组成是：氢气 60%、氮气 20%、甲烷 15%、氩气 5%。

合成氨反应是一可逆反应。合成塔出口气体用冷凝法分离出大部分氨后，须返回合成系统。由于甲烷和氩不参与反应，为维持系统的物料平衡，必须间歇地或连续地从合成系统排出部分气体，称为驰放气。驰放气排放量与造气原料有关，通常约为 $150 \sim 200m^3/t$ NH_3。如果不用合适的方法回收氢，这部分氢气只能作为燃料烧掉，造成很大浪费。

驰放气经减压到 14MPa 左右，很适合于用膜分离法回收其中的氢气。为消除驰放气中的氨对高分子膜的不利影响，在进入膜分离器之前，须用软水在氨吸收塔中除去氨。驰放气在氨吸收塔中与高压水泵打进的低温软化水在填料层中逆流接触，气相中的氨被水吸收后制得氨浓度大于 10％的氨水。氨水由塔底排出后，可作为化肥出售或送碳化车间生产碳铵，也可送尿素车间回收氨用于生产尿素。经水吸收后，驰放气中氨含量一般可降至 $50\mu L/L$ 以下。驰放气由塔顶排出，经除雾并加热到 $40\sim60℃$ 后进入膜分离器组。各分离器的渗透气可以并联汇集到联通管，送入合成系统的三段或四段压缩机。经膜分离器后，尾气仍可用作燃料气。表 12-61 表示一大型合成氨装置的驰放气氢回收前后的物料平衡。

表 12-61　膜分离法合成氨驰放气回收氨的物料平衡[503]

组分	进水系塔的原料气	进分离器的原料气	产品氢气(高压)	产品氢气(低压)	燃烧气
氢/%	60	61	92	86	—
氮/%	22	23	4	7	—
甲烷/%	10	10	2	4	—
氩/%	6	2	3	3	—
氨/%	2	0.0200	0.0330	0.0270	99
水分/%	—	0.03	0.05	0.04	1
压力/(kgf/cm²)	135	135	70	28	17
温度/℃	4	35	35	35	46
流量/(m³/h)	10200	9950	2470	4150	250

注：氢、氮、甲烷、氩、氨、水分组成皆为质量分数。

膜分离法从驰放气回收氢技术给合成氨行业增产降耗提供了新途径。国内数十家氮肥企业的实践证明，应用该技术能产生如下直接效益：

① 如回收的氢用于增产合成氨，氨产量可增加 3％～5％。

② 通常，驰放气中氨含量约为 6％～8％，如驰放气用作燃料，这部分氨被白白浪费，又造成严重的环境污染。在膜法回收氢的流程中，采用高压水洗法回收氨，驰放气中氨含量可降至 $50\mu L/L$ 以下，氨回收率几乎达 100％，完全消除了污染隐患。

③ 采用该技术，通过增大驰放气放空量，降低进入合成系统的惰性气体含量，可明显提高合成效率。应用结果表明，使用膜法回收氢装置后，合成系统压力可下降 4～5MPa；循环机组功耗明显降低，吨氨实际节电 50～100kW·h。

为达到较高的氢回收率，一级膜分离法从合成氨驰放气回收的氢浓度约为 85％～90％。利用一级渗透气的压力，通过膜分离器的级联，可以得到氢浓度在 98％以上的纯氢。图 12-123

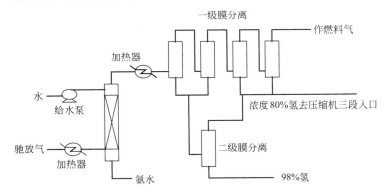

图 12-123　二级膜分离从合成氨驰放气回收高浓度氢的流程简图

表示用二级膜分离从合成氨驰放气回收高浓度氢的流程简图。该流程已用于山东高密化肥厂、黑龙江化工厂等厂家制取氢浓度为98％以上的纯氢，用于生产双氧水等产品。

12.8.1.2　煤制甲醇中氢的分离与回收

我国资源状况是石油、天然气资源短缺，煤炭资源相对丰富，发展以煤为原料制取石油类产品的煤化工技术，实施石油替代战略，是关系国家能源安全的重大课题。经由煤或/和天然气制取低碳烯烃的路线中，作为重要的基础化工原料，煤或天然气经合成气生产甲醇是重要一环。甲醇合成工艺中为了减少合成气中惰性气体的积累，一般选择在甲醇分离器后排放一定量的驰放气，并以此来控制合成系统的压力。此处合成气中的惰性气体含量最高，一氧化碳、氢气等有效成分相对其他部位较低，且甲醇已得到分离，是排放惰性气体较为经济的位置。甲醇驰放气氢回收的氢气纯度要求不高且压力高，完全符合膜分离法要求，故膜法回收氢在此领域得到广泛应用。同合成氨尾气中回收氢的情形相似，回收的氢经加压返回甲醇合成塔，可增加甲醇产量，降低甲醇生产成本。

来自合成系统的高压驰放气由 H_2、CO、CO_2、N_2、H_2O、Ar 等组成，如图 12-124 所示，首先经过水洗塔洗的驰放气会含有部分甲醇和水，要经气液分离器进行脱水，驰放气在通过气液分离器之后的管路可能会由于降温出现水雾，而水会使膜分离效果下降，损坏中空纤维膜，所以气液分离器排出的气体必须经过一套管式换热器加热，驰放气在换热器中被加热到80℃左右后进入膜分离器。分离器组由采用并联的若干根相互独立的 $\phi200mm \times 3800mm$ 中空纤维膜分离器组成。其中每根独立的分离器均配有阀门可以自由切断、接通。生产中可根据不同的驰放气处理量进行切换改变氢气回收纯度和回收率。表 12-62 列出了典型的甲醇驰放气经膜分离处理的运行工艺参数和气体组成[504]，图 12-125 是甲醇驰放气氢回收膜分离器现场图[505]。

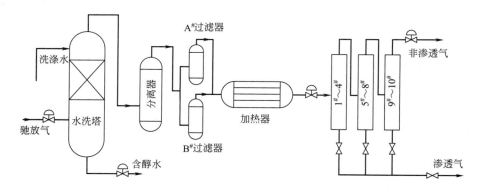

图 12-124　煤制甲醇驰放气中氢回收膜分离系统工艺流程

表 12-62　氢回收系统生产运行工艺参数和气体组成

气体	流量 /(m³/h)	压力 /MPa	温度 /℃	组分浓度（体积分数）						
				H_2/%	CO/%	CO_2/%	CH_4/%	N_2/%	Ar/%	CH_3OH
膜入口气体	9810	4.8	50	79.6	4.46	4.12	2.55	8.70	0.57	100×10^{-6}
渗透气	6165	3.1	50	95.03	0.68	3.02	0.25	0.92	0.11	95×10^{-6}
渗余气	3645	4.6	50	52.6	10.68	3.89	7.21	25.05	0.41	103×10^{-6}

图 12-125　甲醇驰放气氢回收膜分离器现场图

12. 8. 1. 3　炼厂气的氢气和轻烃回收

1993 年中国首次成为原油净进口国，此后进口量和对外依存度持续攀高，2009 年进口量突破 2 亿吨，对外依存度超过 50％，2018 年进口量进一步增长至 4.4 亿吨，对外依存度逼近 70％，石油短缺问题时刻威胁到国家能源安全。提高石油资源的利用率，是应对石油资源短缺的重要途径。近年来，全国炼化企业每年产生含烃石化尾气超过 2000 万吨，将其中的高附加值物质进行分离提纯，可产出氢气、乙烷、乙烯、丙烯、丁烯、液化石油气以及石脑油等多种产品和基础化工原料，总经济效益超过 150 亿元/年。

目前，高分子聚合物制备的氢气分离膜和有机蒸气分离膜在含烃石化尾气分离、回收和利用等方面已经普遍应用。根据膜分离过程对高附加值物质的分离回收情况，含烃石化尾气膜法分离回收应用的典型案例可以分为：炼厂气膜法氢气/轻烃综合回收流程、炼厂气膜法氢气梯级回收流程以及聚合尾气膜法单体回收流程。

（1）炼厂气膜法氢气/轻烃综合回收流程

炼化企业的含烃石化尾气来源多种多样，普通炼油厂有近十股尾气来源，而大型炼化一体化企业则有近 20 套装置能产出压力、组成都明显不同的各种含烃尾气。这些含烃石化尾气中的高附加值物质包括氢气和轻烃（主要是 C_2、C_3、C_4 和 C_5）。20 世纪 90 年代国外开始采用气体膜分离和其他技术组合回收氢气和轻烃，但是简单地堆砌多种技术难以充分而高效地分离目标物质，导致装置能耗高，目标物质收率低[506]。

大连理工大学膜科学与技术研究开发中心在深入调研压缩冷凝、变压吸附、氢气膜分离和有机蒸气膜分离等气体分离技术后，在国内首先提出含烃石化尾气的梯级耦合膜分离工艺[507]。该工艺面向多原料、多回收目标的多元复杂体系，通过拟三组分相图下的矢量分析优选高效低耗的分离技术，并满足其高效运行的条件；各股原料按照组成差别和关键物质的含量梯级进入分离系统，减少物料浓差混合过程的化学势损失；安排合适的路线，按照最合理的工序将合适的分离技术有机整合，实现不同分离单元的无隙匹配。

基于大连理工大学开发的含烃石化尾气梯级耦合膜分离工艺，中国石化下属某大型炼化分公司于 2008 年建成年加工 28 万吨炼厂尾气的综合回收中心，对常减压装置、重整装置、柴油加氢装置、加氢裂化装置、加氢脱硫装置、PX 异构化装置和歧化装置的 13 股含烃石化尾气进行综合利用，联产氢气、乙烷、液化石油气和轻油等多种产品和基础化工原料，其原则工艺流程见图 12-126。

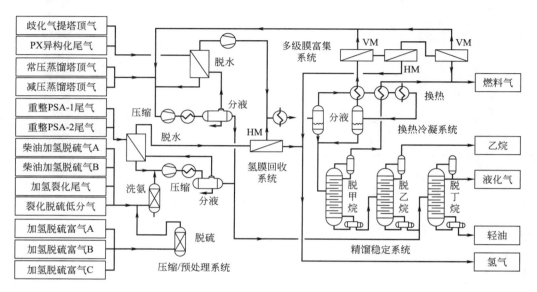

图 12-126　中国石化下属某大型炼化分公司 28 万吨/年炼厂气综合回收流程

　　根据组成的差别以及关键物质的含量，中国石化下属某大型炼化分公司千万吨炼油新区的 13 股含烃石化尾气可分为富氢尾气（来自重整、柴油加氢、加氢裂化和加氢脱硫等炼化装置）和富烃尾气（来自 PX 异构化、歧化和常减压蒸馏等装置）。富氢尾气中氢含量高于40.0%（体积分数），经预处理（包括压缩、有机胺脱硫、水洗脱氨和变温吸附脱水等单元）后进入氢气膜分离（HM）单元，在渗透侧获得氢浓度大于 95.0%（体积分数）的粗氢气，可作为要求比较低的加氢/临氢装置原料，也可以送往变压吸附装置进一步提纯；在氢气膜分离单元的渗余侧获得氢浓度小于 20.0%（体积分数）的贫氢二次尾气。富烃尾气中轻烃的总含量大于 45.0%（体积分数），经预处理（包括压缩和变温吸附脱水等单元）后与贫氢二次尾气合股进入浅冷系统，在 −20℃ 左右获得轻烃凝液进入精馏稳定系统，冷凝尾气经冷量回收后进入多级膜富集系统（包括两个有机蒸气膜分离单元和一个氢气膜分离单元），在有机蒸气膜分离单元（VM）的渗透侧获得轻烃富集的循环气，返回富烃尾气的预处理系统中，在氢气膜分离单元（HM）的渗透侧获得粗氢气。

　　综合回收中心的原料总量为 27700m³/h，产品包括 10700m³/h 氢气、3970m³/h 乙烷、15000kg/h 液化石油气和 2560kg/h 石脑油，氢气回收率为 95%，轻烃总回收率达到 94%，年创造经济效益超过 2.0 亿元。

（2）炼厂气膜法氢气梯级回收流程

　　对炼化企业副产的含烃石化尾气进行综合回收的前提是拥有充足的燃料气来源。当燃料气源的余量受限时，只能对氢气和轻烃进行选择性回收。近年来，随着原油的重质化和劣质化，以及油品质量要求的日趋严格，氢气成本已经成为炼化企业原料成本中仅次于原油成本的第二位成本要素，严重制约炼油工业的可持续发展，因此，大多数炼化企业在受限条件下往往优先考虑回收含烃石化尾气中的氢气。

大多数含烃石化尾气的氢含量处于 20%～90%（体积分数）之间，比如，催化裂化干气的氢含量一般为 25%～35%（体积分数），柴油加氢低分气的氢含量一般在 60%（体积分数）左右，丙烷脱氢尾气/乙苯脱氢尾气的氢含量可接近 90%（体积分数）。含烃石化尾气的氢含量对膜分离渗透气氢含量有显著影响。通常，氢含量低于 40%（体积分数）的含烃石化尾气，膜分离可将氢浓度提升至 80%（体积分数）左右；氢含量为 50%～80%（体积分数）的含烃石化尾气，膜分离可获得氢浓度超过 95%（体积分数）的粗氢气；氢含量高于 80%（体积分数）的含烃石化尾气，膜分离可获得浓度超过 99%（体积分数）的氢气。膜分离技术用于含烃石化尾气的氢气回收，具有很宽的浓度适应范围，但不能深度脱除硫化氢和一氧化碳等易导致催化剂中毒的特殊杂质。为此，最新一代的炼化企业氢气回收项目往往将膜法氢气梯级回收与变压吸附耦合，同时实现氢气回收的高纯度和高回收率。

基于大连理工大学开发的膜分离与变压吸附联合处理含烃石化尾气的氢气梯级回收工艺[508]，中国石油下属某大型石化分公司于 2014 年建成年产出氢气 $14.5×10^8 m^3$ 的富氢回收装置，其原则工艺流程见图 12-127。该装置进料的最低氢气浓度为 28.29%（体积分数），最高氢气浓度为 91.6%（体积分数），包括催化裂化、煤柴油加氢、汽油加氢、轻烃回收、异构化、乙苯脱氢、连续重整、加氢裂化和渣油加氢等十余套装置副产的含烃石化尾气。该装置包括三组膜分离单元，其中 HM-1 处理催化裂化干气，进料氢气含量低于 35%（体积分数），获得氢气含量为 80.54%（体积分数）的富氢气；HM-2 处理重整副产氢，作为变压吸附单元处理能力调节的辅助单元，进料氢气含量高于 80%（体积分数），并且不含硫化氢和一氧化碳等容易导致催化剂中毒的特殊杂质，产出氢气含量大于 99%（体积分数）的氢气，压缩后作为产品进入氢网；HM-3 处理煤柴油低分气、变压吸附尾气、异构化尾气、轻烃回收干气和加氢富气等，进料氢气含量 50%～80%（体积分数），产出氢气含量高于 95%（体积分数）的粗氢气，由于粗氢气中含有容易导致催化剂中毒的特殊杂质，送往变压吸附单元进一步提纯。

富氢回收装置的原料气总量为 229000m³/h，产出氢气 172900m³/h，氢气总回收率达到 96.4%，氢气浓度大于 99.0%（体积分数），其他杂质含量满足氢网要求，并副产富乙烯的乙苯合成原料 23900m³/h 和制氢原料 26660m³/h。其中，膜法梯级回收流程增收的氢气（按变压吸附提纯后的产品计）达到 48000m³/h，年创造经济效益超过 3 亿元。

12.8.1.4　其他含氢气体中氢的分离

合成气是一氧化碳、氢气、二氧化碳、甲烷和氮气的混合物。其中 H_2/CO 浓度比随合成气的来源不同而异。当合成气用来生产甲醇、乙酸等产品时，要求其中 H_2/CO 浓度比符合相应的化学计量比。甲烷水蒸气转化制得的合成气的 H_2/CO 浓度比等于 3:1，而常用的合成反应要求 H_2/CO 浓度比为 0～2.0。膜分离法是调节合成气中 H_2/CO 浓度比（简称为调比）的有效方法。合成气通常具有一定的压力，因而不必压缩即可用膜分离法调比。

还有的情况下，用膜分离法脱除原料气中的氢，产品气是膜分离的尾气。这时，尾气中产品气回收率是过程经济性的重要指标。2013 年 5 月中国科学院大连化学物理研究所在陕西延长集团建成一套处理量为 $1×10^4 m^3/h$ 的 CO 分离浓缩装置，产品气 CO 用于后续工艺

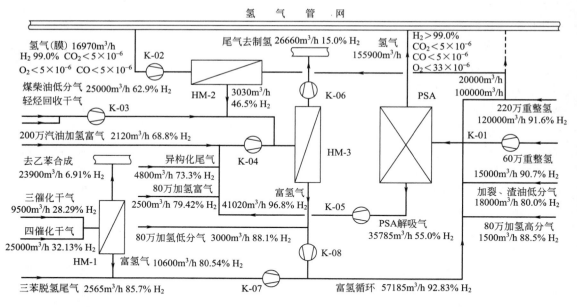

图 12-127 中国石油下属某大型石化分公司 $14.5 \times 10^8 m^3$/年膜-吸附氢气梯级回收流程

羰基合成。图 12-128 为 CO 膜分离装置工艺流程示意图，系统由换热器、多级精密过滤器及膜分离器组等组成。原料气经一级前置过滤器和两级精密过滤器脱除颗粒及液雾，再经过换热器加热到 60℃后，进入膜分离器组进行分离。

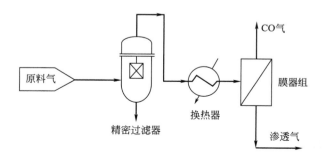

图 12-128 CO 膜分离装置工艺流程示意图

表 12-63 是 CO 膜分离系统的物料平衡表。原料气来自低温甲醇洗的合成气，还含有微量 CH_3OH 和 CO_2。经膜分离，在低压侧得到富含 H_2 的气体（渗透气），进燃气管网；而

表 12-63 CO 膜分离系统的物料平衡表

项目	原料气	CO 产品气	渗透气
CO 含量（摩尔分数）/%	59.20	98.31	23.38
H_2 含量（摩尔分数）/%	40.24	0.71	76.46
N_2 含量（摩尔分数）/%	0.26	0.48	0.06
CH_4 含量（摩尔分数）/%	0.12	0.23	0.02
Ar 含量（摩尔分数）/%	0.17	0.27	0.08
流量/（m^3/h）	10000	4685	5315

在高压侧得到的尾气为 CO 产品气 [约含 CO 98%（摩尔分数）]，减压后并入用户管网送后续工段。

　　膜分离器组由 6 根直径 200mm 的膜组件组成，分成 2 组，每组 3 根膜组件并联，2 组间膜器串联连接，操作压力为 4.2MPa（表压），CO 产品气为 2.4MPa（表压），图 12-129 为 CO 膜分离装置图。

图 12-129　CO 膜分离装置

12.8.2　氦的分离与回收

　　氦气是一种稀有的高价值气体，它具有比空气轻，液态温度接近热力学零度、惰性等特点，具有很强的扩散性、良好的导热性、低密度、低溶解度、低蒸发潜热等性能，在电子、光纤制造、气象气球/飞船、航天及深冷等工业领域具有广泛应用。例如，氦气可作为特种金属冶炼的保护气；氦与氧以一定比例配制成人造空气；氦气是低温物理、低温电子学、宇宙空间技术、红外遥控、超导体技术等各个领域中的致冷剂；在火箭和导弹技术中，氦可作为燃料压送剂；氦还用于光学仪器和激光技术；氦代替氢填充气球和飞船，更安全可靠。

　　在空气、天然气和含放射性元素的矿石及某些矿泉水中都含有少量的氦。不过对工业生产来说，氦的来源只有：①空气分离副产品，即从大型制氧机分馏塔内不凝性气体——氦氖混合物馏分中提取；②从含氦天然气中提取。由于空气中含氦极微（约 5μL/L），并且受空气分离设备能力的限制，空分副产的氦气产量不大。目前，世界上绝大多数的氦气来源于天然气，其中所含氦气浓度可高达 4%（新墨西哥州，美国），但大部分天然气中氦气平均浓度仅为 0.2%～0.5%。我国在世界上属于贫氦国，目前仅有四川盆地威远气田年产氦气 $5 \times 10^4 \mathrm{m}^3$，其天然气中氦气浓度仅为 0.18%[509]。

　　目前，深冷分离法是从天然气提氦的主要方法。该法利用氦液化温度极低的特点，在深冷条件下使几乎全部的甲烷和大部分氮气液化，经低温精馏分离出粗氦，继而在高压低温下使粗氦中的氮和甲烷冷凝，并经吸附获得纯氦。采用深冷分离法提氦时，原料气组成和含氦量不同，氦气的生产成本相差很大。

深冷法提氦的产品纯度可达 99.9％以上，氦回收率大于 92％，但操作弹性低，设备投资和操作费用都较大。我国属贫氦国家，天然气中氦浓度约为 0.18％～0.20％（体积分数）。用深冷法生产 1m³ 纯氦须处理约 600m³ 天然气，压缩功和冷损失占提氦成本的很大比例。

从天然气提取制备氦气的流程如图 12-130 所示，天然气液化后的废气进入低温精馏单元脱除氮气后，根据初始氦气含量的差异，其排放气中一般含有 1％～3％的氦气，其余为氮气、甲烷与氢气[510]。氦气回收提纯分为三个步骤，首先通过低温冷凝，除去大部分的氮气，得到浓度 50％～70％的粗氦气；第二步通过变压吸附及催化氧化去除氮气、甲烷及氢气，使得氦气的品质提高到 90％浓度左右；最后再进一步去除痕量氮气，得到高纯度的氦气产品后直接液化以便输送。

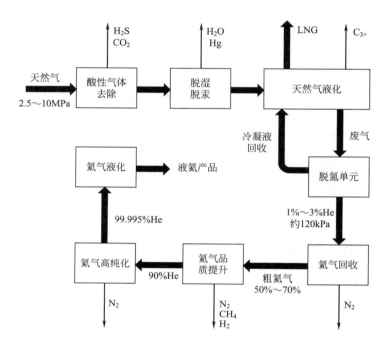

图 12-130　天然气中氦气的提取纯化工艺

限于目前高分子膜的分离性能，用膜分离法直接从含氦天然气制取高纯氦时氦收率过低，尚缺乏竞争力。如能用膜分离法浓缩贫氦天然气，得到富氦天然气再送深冷分离制取纯氦，可显著降低提氦成本。大连化学物理研究所与威远天然气化工厂合作，用大连化学物理研究所生产的聚砜-硅橡胶中空纤维复合膜进行了膜分离法从天然气中提浓氦的实验研究。在天然气进口压力 1.4～1.9MPa，常温下经一级膜分离使氦浓缩 5～5.5 倍，氦收率达到 63％～75％。

与单纯的深冷分离法相比，联合法提氦工艺有如下特点：①经一级膜分离得到的富氦天然气约为原料天然气量的 1/5～1/10，氦浓度约为 1.5％；经二级膜分离，富氦天然气量更少，氦浓度也更高。因此，膜分离法可大幅度减少深冷分离处理的天然气量，大幅度降低温深冷装置投资和操作费用。②经膜分离，尾气压降不大，不需加压即可返回天然气管网。因此，用膜分离法进行氦的预浓缩，所需能耗很少。③与单纯的深冷法提氦相比，联合法可大幅度增加深冷装置的氦产量。因此，联合工艺是强化深冷法提氦的有效措施。

随着氦气价格的上涨以及气体分离膜性能的提高，作为氦气制备过程的潜在应用技术，气体分离膜愈来愈表现出应用于天然气提纯制备氦气的可行性。与甲烷与氮气相比，氦气因为分子小在聚合物膜内扩散快，表现出很高的渗透分离性能；但是因为氢气分子体积与氦气相当，聚合物膜无法对此二者进行高效分离。事实上，在传统的三级天然气提氦工艺中，除了第三级因为氢气与氦气无法通过膜分离实现分离使得膜技术无法有效应用外，第一步和第二步都存在通过聚合物膜实现分离性能的潜力。

采用聚合物膜从天然气中提取制备氦气产品的工艺包括两种：一种是直接从天然气中分离回收氦气，另一种是如图 12-130 所示，从脱氮单元排空气中分离回收氦气[511]。

通过聚合物气体分离膜实现天然气直接提取制备高纯氦气效果的影响因素主要包括：天然气的氦浓度、压力以及聚合物膜的氦气/甲烷分离系数。众所周知，气体膜分离是压力驱动的分离过程，随着天然气压力及氦气浓度的提高，分离过程的驱动力得到增加，使得为了实现相同的分离效果，对分离膜的分离系数要求降低。以天然气直接分离制备氦气两级膜分离过程为例，在天然气压力 10.0MPa 及含氦量 4.0% 条件下，为了得到 99% 的氦气产品，分离膜的氦气对甲烷分离系数高于 54 即可，这个性能目前聚吡咙膜和 Hyflon AD60 膜都可以实现。

为了实现天然气中制备 99% 浓度的氦气产品，受氦气回收率要求及膜的分离性能限制，一般采用二级甚至三级分离。多级分离一方面可以通过渗余气回流提高氦气的回收率，同时使得整个分离过程的压力差分布于三级膜，避免了单级膜极高压力下操作容易导致聚合物膜塑化的弊端；但是鉴于氦气是快渗透气，需要对渗透侧的气体再压缩进入下一级分离，会大幅度增加过程的能耗。据估计，根据天然气压力及氦气含量的不同，三级膜分离回收氦气的能耗高达 13～33MJ/kg 氦，这个能耗远高于传统的低温精馏-变压吸附工艺（约 4.7MJ/kg 氦）。因此目前情况下，采用聚合物膜直接从天然气中提取制备氦气，只有在天然气中氦气含量较高的情况下才会具备一定的应用价值。

从脱氮单元排空气中分离回收氦气的膜过程主要涉及的是氦气与氮气的分离。与天然气直接制备氦气不同，因为排空气是没有压力的，在引入膜分离工艺后此部分气体作为原料气必须压缩以提供膜分离的驱动力。如上所述，膜分离是压力驱动的分离过程，采用相同的聚合物膜，原料气中氦气浓度的增加可以有效降低对原料气压力的要求。以氦气对氮气分离系数为 10 的聚合物膜为例，采用一级膜分离过程实现氦气提浓到 70% 以及 70% 的氦气回收率，当原料气中氦气含量为 1.0% 时，原料气压力不能低于 40MPa；当氦气含量增加到 2.0% 时，原料气的压力要求则降低到 18MPa；当氦气浓度进一步增加到 3.0% 时，对原料气压力的要求则降低到 15.5MPa。鉴于如前所述高压下膜塑化现象的问题，采用二级膜分离过程对氦气进行回收更为合理。

对膜法氦气氮气分离过程而言，存在一个膜分离系数的转折点，当膜的分离系数低于转折点值时，为了实现分离过程的目标，对原料气的压力要求会发生急剧的增加，这主要是因为在膜无法提供有效分离的情况下，为了达到分离目标，必须大幅度增加原料气的压力以提供足够的分离推动力。整体而言，采用二级或者三级膜分离过程，对脱氮排出气中的氦气进行回收工艺上是可行的，现有的聚合物膜如聚酰胺膜及聚酰亚胺膜等也具备高于转折点的分离系数。

就目前的膜分离性能及工艺水平而言，对天然气中氦气的分离提纯过程，采用两级膜分离工艺，将氦气浓度从 50%～70% 提高到 90% 是最可行的，同时此过程所产生的能耗与传统工艺相当。鉴于高性能膜材料开发的日新月异以及膜分离性能的不断提升，辅以分离工艺的优化设计，聚合物气体分离膜技术应用于天然气中氦气的提取纯化指日可待。

12.8.3 膜法富氧与富氮

膜法富氧应用研究开始于 20 世纪 50 年代。由于与深冷分离法、变压吸附法等传统的富氧方法相比，膜法富氧具有设备简单、占地面积少、操作方便、能耗低等优点，因而具有很高的经济效益和社会效益，被工业发达国家称为"资源的创造性技术"。

现有的高分子膜都优先透过氧。因此，膜分离的尾气是富氮气，渗透气是富氧气。由此也不难理解，膜分离法制得的富氮气压力与原料空气压力相近，而富氧气压力却比原料空气压力低得多。

与膜法提氢的流程相比，膜法富氧或富氮的流程更为简单。空气的组成是恒定的，不含对高分子膜有害的杂质组分。只需除去压缩空气中可能含有的少量冷凝水和压缩机油滴。原料空气中的冷凝水或压缩机油滴容易附着在膜表面，降低膜的渗透速率。油类等重烃在膜表面的吸附对膜性能的损害是不可逆的。因此，原料压缩空气的净化很重要。

空气中氧浓度只有 20.9%（体积分数）。为提高膜法富氧的生产能力，富氧膜多采用渗透系数大的高分子材料制成。聚二甲基硅氧烷（PDMS）是典型的富氧膜材料，其氧/氮分离系数仅为 2.0。如富氧膜的氧/氮分离系数约为 2~3，通常操作条件下，用这样低分离系数的膜制得的富氧空气氧浓度约为 28%~40%（体积分数）。

迄今，膜法富氧的应用有医疗用富氧机、氧吧空调等，除此之外，工业上膜法富氧助燃技术在节能减排方面的应用也越来越广泛，特别是局部增氧助燃技术，取得了巨大的经济效益和社会效益。

12.8.3.1 膜法制富氧空气的操作方式

膜法制取富氧空气的操作方式分为正压式和负压式两种。在正压操作方式中，原料空气经加压后送入膜的一侧，在膜的另一侧得到常压的富氧空气。在负压操作方式中，用真空泵将膜的渗透气侧抽适当的真空度，得到富氧空气。

这两种产生压力差的方式不同，经济性也不一样。正压操作方式中消耗的是原料空气的压缩功，而负压操作方式中消耗的是真空泵所需功耗。膜法制富氧空气的切割率较低，如采用正压式操作会有大量带压尾气排出膜分离器。如带压尾气被白白放空，必然使富氧生产成本显著增大。如采用负压操作方式，则不存在这一问题。因此，在膜法制富氧空气应用中，主要采用负压操作方式。

膜法富氧的氧浓度取决于膜的分离性能和操作条件。通常，膜法富氧过程的切割率和氧回收率都较低。如忽略切割率的影响，膜的分离系数和压力比对富氧浓度的影响示于图 12-131。由于实际分离过程中总有一定的切割率，富氧浓度略低于图中所示值。

12.8.3.2 医疗用富氧机

治疗慢性支气管炎和肺疾病的方案之一是经常呼吸富氧空气。供患者使用的富氧空气的氧浓度最大不超过 40%（体积分数），否则可能造成患者氧中毒。在医院里，这样浓度的富氧空气是由医用纯氧经适当稀释并调节湿度后供给患者的，患者吸氧时，须有医师经常监护。因此，这一方案不适合于患者在家中使用。

为满足成人正常的呼吸需要，富氧机必须能提供流量为 6L/min、氧浓度 28%~40% 的

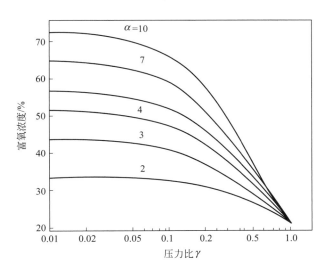

图 12-131　富氧浓度随分离系数和压力比的变化情况

富氧空气。20 世纪 80 年代初，日本和美国率先用高分子膜分离器制成家用富氧机。目前，日本和美国公司、中国科学院大连化学物理研究所均有膜法家用富氧机定型产品。

膜法富氧机可在富氧浓度 22％～35％ 范围内任意调节并保持长期稳定，仅需接通电源即可获得所需富氧浓度和流量的富氧空气，而且无菌、无杂质、无任何气味，是高标准医疗保健用氧，且不存在使患者氧中毒的危险。水蒸气透过高分子膜的渗透率很大，因此，膜法制得的富氧空气不必加湿即可供呼吸。

12.8.3.3　氧吧空调

氧吧空调的核心部分为板式富氧膜组件，只有 A4、B5 或 A5 纸张大小，厚度 1cm 左右，富氧浓度在 29％～32％ 之间，富氧流量一般在 2～5L/min。氧吧空调的工作原理就是从室外抽取含氧量只有 20.9％ 的空气，经过富氧膜处理后将氧含量提升至 30％ 以上，可以有效解决由于密闭空间氧气含量过低而引起的头晕及呼吸不畅等问题，此外，氧吧空调的氧吧功能及换新风技术还能独立运行，在不制冷、不制热的情况下，单独运行氧吧和换新风功能。

12.8.3.4　富氧助燃

燃料迅速地与空气中的氧化合，发出光和热的现象称为燃烧。窑炉等工业用燃烧设备的目的是使燃料充分燃烧，并有效地利用燃烧放出的热能。燃烧过程离不开氧，氧气的供给情况可决定燃烧过程进行得是否充分。

空气中含有 20.9％（体积分数）的氧，约 78％ 的氮及少量惰性气体。在燃烧过程中，不能助燃的氮和惰性气体吸收大量的热能后排入废气，造成热损失。富氧助燃即是采用富氧空气助燃。富氧助燃不仅能使燃料充分燃烧、优化火焰燃烧结构、提高热量有效利用率、降低空气过剩系数、减少热量损失、降低燃料消耗、改善产品质量。还能延长设备使用寿命，减少烟尘、粉尘及 NO_x、CO、CO_2、SO_x 等的排放，从而有利于净化生态环境，具有投资少、见效快、回收周期短，而且既能用于扩大劣质燃料的应用范围，又能充分发挥优质燃料的性能，因而有很大的应用价值。我国工业窑炉耗能约占全国耗能总量的 1/4。工业窑炉的富氧助燃是富氧燃烧应用研究的重点。

对于工业窑炉，用富氧助燃有很多好处。用富氧助燃，可明显降低空气过剩系数，减少燃料消耗和烟气排放量，提高热量利用率。用富氧助燃，所需空气量及排放的烟气量均显著减少，火焰温度随所用富氧空气中氧浓度增大而显著提高。国内外的研究均表明，氧气的体积分数在 26％～30％左右时最佳，氧浓度在 26％～30％之间每提升一个百分点，火焰温度提高 35℃。当气体中氧浓度在 28％左右时，可有效提高炉膛温度 30～40℃；氧浓度增加到30％以上时，火焰温度增加幅度较小，而制氧成本上升，整体经济效益下降。

图 12-132 表示膜法富氧助燃的流程图。膜分离器组用负压操作方式制取富氧空气，与空气和煤气混合后，送加热炉燃烧。

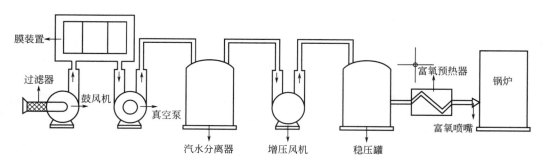

图 12-132　工业膜法富氧助燃的流程示意图[512]
当系统阻力小（喷嘴前压力＞500Pa 时），增压风机可取消

在富氧助燃装置中，氧气喷管与喷枪之间的距离、喷射氧量和氧气喷管安装的角度等都是影响助燃效果的重要参数。

富氧助燃可采用整体增氧和局部增氧两种方式。以玻璃窑炉的富氧助燃为例，把氧气引入玻璃熔窑的方法有如下四种：①氧气→燃料喷枪；②空气→氧气→燃料喷枪；③二次空气预混合；④喷枪下喷氧。前三种都是整体增氧措施，最后一种属局部增氧。

采用整体增氧，可明显减少排出的烟气量，减少烟气带走的热量，提高熔化区的火焰温度，进而增大火焰向玻璃液或配合料的传热。但因为使用富氧后，火焰空间温度整体提高，势必导致耐火材料侵蚀的加剧，缩短炉龄并降低玻璃质量。因此，除单元窑外，这一助燃措施在其他几种窑型的玻璃窑上并不多见。

局部增氧助燃技术，避免了整体增氧副作用多、投资巨大等缺点，而且所配富氧量非常少，仅为所需助燃风量的 1％～5％，原来炉窑的鼓/引风量均显著下降，其核心是通过专用富氧喷嘴把高品质富氧空气送到产品最需要的位置，使燃料在此能充分、及时、完全地燃烧，同时供给的助燃风量又相对小，从而能传递给产品尽可能多的有效热量，达到节能减排的目的。目前局部增氧助燃技术在国内外已成功实施 30 种窑炉，平均节能 10.6％，而且延长炉龄，减少烟尘排放。

局部增氧是在喷枪下一定位置安装一个单独的氧气喷管。例如，对玻璃熔窑，使用时，氧气喷管以一定的角度和速度将富氧空气引进窑炉空间，冲击火焰下部，在窑内形成一不对称火焰。它有一垂直的温度梯度，在靠近玻璃液侧形成一高温带。使火焰下部增加向玻璃液的对流和辐射，而在靠近窑碹的一侧温度并不升高，使窑顶免受由此带来的侵蚀加重。同时，由于火焰增强，火焰变短，可防止在蓄热室内燃烧，并有助于熔窑温度的控制。

对于蓄热式熔窑来说，局部增氧将引起烟气温度的下降和烟气量的减少，窑炉的格子砖寿命也会因此得到延长。

膜法富氧的应用潜力很大，可用于有色金属的高温熔炼，玻璃、水泥、陶瓷熔炼，各种工业锅炉和窑炉的燃烧；石油精炼，化学过程氧化和部分氧化反应，发酵和生化反应，水产养殖以及医疗保健，柴油机增氧和高原缺氧地区的供氧等。

12.8.3.5　经济性分析

Xiong 等[513]对富氧燃烧技术在国内发展的经济可行性进行合理评估，选取了国内典型的 300MW 亚临界和 600MW 超临界燃煤发电机组所对应的氧燃烧系统进行了技术经济学评价。结果表明：富氧燃烧系统发电成本是传统燃烧系统的 1.39～1.42 倍，氧燃烧系统 CO_2 减排成本和 CO_2 捕获成本的范围分别为 160～184 元/t 和 115～128 元/t。考虑到氧燃烧技术在燃烧效率、脱硫脱硝效率等方面的优势，如果对电厂排放的 CO_2 征收碳税和找到高浓度 CO_2 的销售出口，或对电厂建设的融资和原煤价格进行政策倾斜，或提高制氧系统和烟气处理系统的功耗价格比，富氧燃烧电站可望达到或接近传统电站的经济性。

12.8.3.6　膜法富氮

膜法富氮是 20 世纪 80 年代发展起来的空气膜分离技术，在 80 年代中期已经成熟并得到了广泛的应用，近年来，我国也正在推广应用该项技术。目前，国外最大膜分离装置的氮气产量已达到 580t/d，纯度为 90%～99%。

空气中氮气含量比氧气含量高得多，用现有的高分子膜可制得氮浓度大于 99% 的富氮空气（在膜法富氮产品气中，仍含有少量的氩等惰性气体）。实际应用中，膜法富氮的操作压力多在 0.8～1.2MPa，过高或过低都不利于降低制氮成本。富氮气是膜分离的尾气，其压力与原料空气压力相近，在很多场合下，不经压缩即可使用。

富氮空气的作用可概括为：①隔绝空气，防止燃烧和氧化的作用；②控制呼吸，保鲜作用；③占据空间，加压作用；④工业上合成氨，制备硝酸和化肥等的重要原料。富氮空气的应用见表 12-64。

表 12-64　富氮空气的应用

应用领域	应用实例
化学工业	配管、储罐等的清洗，惰性化及催化剂再生
食品工业、包装	包装品排空气,果汁、食用油脱氧,酒、啤酒储槽的密封保存
金属热处理	退火、淬火、氮化、烧结等的保护气
船舶	化学品舱、原油舱制造过程氮气保护、充氮
药品	原料、制品清洗和充氮
橡胶制品	轮胎等橡胶制品制造过程氮气保护、充氮
气体输送、储藏	粉尘防爆,谷类储藏、除霉、驱虫、充氮保护
石油、天然气	储槽、管线的清洗及充氮保护
涂装、喷漆	防止漆聚合,充氮,防火
三次采油(EOR)	向废油井中压入氮气,以回采残油
蔬菜、水果储藏	生鲜物品的氮气氛保存

除膜法富氮外，传统的制氮方法还有深冷分离法和变压吸附法，表 12-65 给出了三种制氮技术综合性能的对比，从中可以看出，膜分离制氮在中小规模范围内（400m³/h 以下）是一种非常稳定适用的氮气源。

表 12-65　三种制氮技术的对比[514,515]

分离方法		深冷分离	变压吸附	膜分离
原理	分离机理	低温精馏	吸附-解吸	溶解-扩散
	相变化	有	无	无
设备情况	设备状态	固定式	固定/移动	移动式
	运动部件	有	有	无
	工艺流程	复杂	一般	简单
	生产规模/(m³/h)	＞2000	≤2000	≤400
	占地面积	大	中	小
操作维修情况	原料气要求	脱水、脱油	脱水、脱油	脱油
	产品气浓度/%	＞99.5	97～99.5	95～99
	启动时间	大于 6h	≤30min	＜1min
	随时开/停车	不可	不宜	可
	长期运转稳定性	不好	不好	很好
	无人操作	不可	较难	容易
	再生工艺	不需	需要	不需
	能耗（产气 200m³/h 时)/(kW·h/m³)	0.6	0.55	0.4
	维修情况	需要	需要	不需

与液氮运输法相比，膜法富氮有以下优点：不需要储罐，不用汽化器，无挥发损失；与变压吸附法相比，膜法富氮设备无运动部件，产品氮气不需后续过滤即可使用；与惰性气体发生器相比，膜法富氮装置更安全（无爆炸危险），产品氮气不含二氧化碳及水蒸气。膜法富氮设备紧凑，可移动，启动和停车方便，生产工人不必倒班。另外，膜分离装置占地小，可随时增减分离器根数以扩大或缩小生产能力。由于膜法富氮具有以上特点，在中小规模应用的场合，膜分离法在与传统制氮方法的竞争中经常处于优势。

与膜法富氧过程不同，膜法富氮过程的切割率较高，所用膜大多是中空纤维型的。原料压缩空气可以走丝内（如 Permea 公司的 Prism-α 分离器），也可以走丝外（如 Dow 化学公司的 Generon 分离器）。Generon 分离器中，原料气由中心管上的小孔流入中纤维丝束，经中空丝的丝外，流出分离器成为富氮产品气；渗透气由中空丝内侧流出分离器。已经工业化的富氮分离膜是由高分子材料制成的，其氧渗透率 J_{O_2} 大于氮渗透率 J_{N_2}，它们的比值是分离系数 α。如要求的富氮气浓度不高，膜的分离系数不必很大。例如，典型的操作条件下，用氧/氮分离系数等于 3 的膜制取氮浓度为 95% 的富氮气，氮回收率可达 30%。但如要求得到的富氮气纯度较高或要求氮回收率较高，膜的分离系数也必须相应提高；否则，会有数量可观的氮渗透到低压侧，严重降低氮回收率。

富氮气浓度、产量和操作条件一定，膜性能参数 J_{O_2} 和 α 大小决定所需膜面积，因而决定膜分离器投资（固定投资的主要部分）。图 12-133 表示不同分离系数时膜面积随 J_{N_2} 的变化情况。由图可知，J_{N_2} 相同，α 愈高（J_{O_2} 也愈大），所需膜面积愈小。若 $\alpha = 4$，J_{O_2} 从 $2 \times 10^{-5}\,\mathrm{cm^3/(cm^2 \cdot s \cdot cmHg)}$ 提高到 $3.5 \times 10^{-5}\,\mathrm{cm^3/(cm^2 \cdot s \cdot cmHg)}$，完成同样分离任务所需膜面积可减少约 40%。

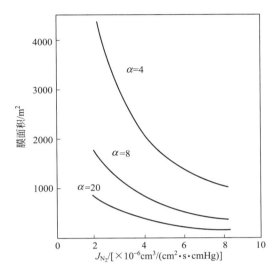

图 12-133 不同分离系数时，膜面积随 J_{N_2} 的变化关系

膜是膜分离装置的核心，制造成本较高。以广泛应用的中空纤维膜为例，售价在 5～20 美元/m² 膜面积。在整套膜法富氮设备投资中，膜分离器价值约占 60%，其余为压缩机、过滤器、自控及仪表等设备费用。因此，提高膜的氧渗透率对于降低膜法富氮的成本具有重要意义。

分离系数 α 是影响氮回收率的重要参数。膜的分离性能一定，产品氮浓度愈高，氮回收率愈低。图 12-134 表示分离系数不同的膜，在通常操作条件下氮回收率随产品氮纯度的变化关系。随着膜的分离系数的提高，氮回收率也增大，生产单位体积产品氮气的成本下降。计算条件：原料气压力 $=0.7\mathrm{MPa}$（表压），渗透气压力 $=$ 常压，膜的有效长度 $=3\mathrm{m}$，中空纤维膜外径 $=400\mu\mathrm{m}$，中空纤维膜内径 $=200\mu\mathrm{m}$，氧渗透系数 $=3 \times 10^{-5}\,\mathrm{cm^3(STP)/(cm^2 \cdot s \cdot cmHg)}$。

膜法富氮的主要操作费用于空气压缩所消耗的功。指定富氮气纯度和产量，生产单位体积产品氮气的功耗与分离过程的氮回收率成反比。

膜法制氮具有产品浓度和产量可调的优点，但这是有条件的，由图 12-134 可知，如用分离系数较低的膜制取纯度较高的富氮气，氮回收率很低。对于生产规模为 $100\mathrm{m^3/h}$ 的制氮装置，如要求富氮浓度为 98%，膜的氧/氮分离系数不应低于 6，氮回收率才与变压吸附法相当。

膜性能一定，膜法富氮成本与产品氮气浓度密切相关。图 12-135 表示所需膜面积随产品氮浓度变化情况。氮浓度愈高，所需膜面积愈大。

膜法富氮是在与变压吸附和深冷分离等传统的制氮方法的竞争中发展起来的。在产品氮浓度一定条件下，膜法富氮装置的生产能力与膜面积成正比，单位氮气产品的生产成本对生

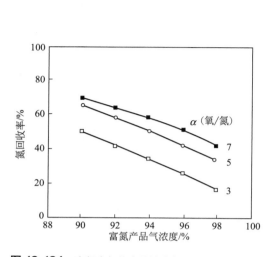

图 12-134　富氮空气的产品纯度与回收率的变化关系

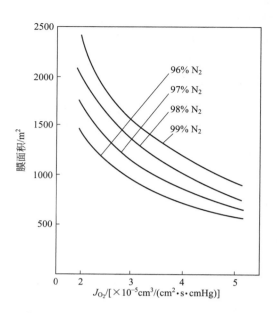

图 12-135　所需膜面积随产品氮浓度变化情况

产规模的变化不敏感。但深冷法和吸附法则不同。用深冷法或变压吸附法制氮，单位氮气产品的生产成本随生产规模的减小而明显增加。因此，生产规模愈小，膜法富氮的经济性愈明显。以膜分离法现有的生产效率，在满足较少用量和较低纯度氮气的用户时是非常有吸引力的。

　　膜法富氮是正在迅速发展的应用领域，发展的动力是膜材料更新和制膜技术的完善。1985 年，美国 Permea 公司和 Dow 化学公司推出了它们的第一代工业化富氮膜分离器。从那以后，他们改进膜的性能，也都推出了第二代富氮膜分离器。Permea 公司的第二代分离器（Prism-α）所用膜材料与第一代分离器的相同，但改进了制膜工艺，使膜的分离层更薄。因此，第二代分离器的膜的渗透系数比第一代分离器提高了 1～2 倍。Dow 化学公司的第一代富氮膜分离器所用膜材料是聚（4-甲基-1-戊烯）。但在第二代富氮膜分离器（Generon Ⅱ）中，膜材料改成了溴化聚碳酸酯。溴化聚碳酸酯的渗透率和分离系数都较大。同样操作条件下，富氮气浓度为 99.5% 时，第二代膜分离器产氮量是第一代分离器的十倍；在富氮气浓度为 95% 时，产品氮流量是第一代分离器的两倍。

　　膜分离法制氮的一般工艺流程如图 12-136 所示。空气经压缩机压缩及压缩机后冷却器冷却后，进入空气净化单元除去压缩空气中的尘、水及油雾，然后进入膜分离单元。膜分离单元的核心部件是膜组件，其中数万根细小的中空纤维丝浇铸成管束而置于承压管壳内。在膜分离单元前设置电加热器加热净化空气，以维持空气温度稳定。空气进入膜分离器后沿轴向流动，O_2 不断地透过膜而在纤维的另一侧富集，通过渗透气出口排出，而氮气则从与气体入口相对的另一端非渗透气出口排出。达到纯度要求的氮气进入氮气缓冲罐，经缓冲罐出口调节阀调节压力并送往用户[516]。

　　膜分离法可与传统的分离方法结合，组成集成分离过程用于制取氮气。集成工艺就是将膜分离工艺和其他分离工艺，如低温冷凝或精馏、吸附或变压吸附、化学催化反应等方法相

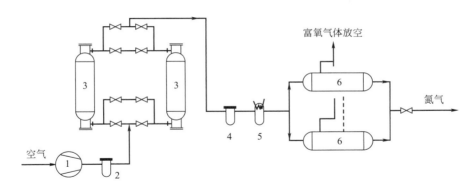

图 12-136　膜分离法制氮工艺流程

1—空气压缩机；2—过滤器；3—干燥机；4—过滤器；5—电加热器；6—膜组件

耦合使用，从而满足工艺需求。集成工艺可以提高设备利用率、降低热负荷及充分利用能源等，如联碳公司的供氮业务已有 23％属于非单纯低温工艺的产品，已推出膜-低温及膜-PSA两种非低温空分装置，以该非低温工艺生产的氮代替液氮，经济效益可大大提高。目前已有的集成工艺有：①低温-膜；②膜-吸收；③膜-PSA；④膜-化学催化反应；⑤膜-PSA-催化反应。

　　Beaver 等[517]报道了膜分离-变压吸附联合过程用于民用航空的例子。膜法空气分离得到的富氮气可用于飞机燃料箱的惰性保护气；同时得到的富氧气经加压送变压吸附装置，得到可供机上人员使用的呼吸气。

　　膜分离法也可与深冷法结合用于空气分离。Beaver 等[517]报道了已研制出制液氮规模为5L/d 的膜分离-深冷法小型液氮装置。

　　已经工业化的富氮膜的氧/氮分离系数约为 4～7。用这样性能的膜生产含氮量大于 99％以上的产品气时，氮回收率较低。如要求产品氮纯度很高，也可在膜分离单元后用化学除氧[517]手段脱除残存的少量氧，得到高纯度氮气。该集成分离过程中，膜分离法得到氮含量大于 99％的富氮气，随后加入少量氢气，送入催化反应器。在反应器中，氢与氧化合生成水，经脱水，氮中残存的氧含量可降至 5×10^{-6} 以下。

12.8.4　二氧化碳的分离

12.8.4.1　天然气脱 CO_2

　　能源短缺与环境污染是当今世界面临的两大问题。天然气作为世界上最为有效、安全、清洁的燃料及化工原料，其燃烧释放的 CO_2 比石油低 26％，比煤低 41％。我国天然气资源总量约为 $2.2 \times 10^{12} m^3$，居世界第九位。据国际能源署（IEA）预测，2025 年我国的天然气产量将突破 $2000 \times 10^8 m^3$，2035 年将突破 $3000 \times 10^8 m^3$。天然气是液态烃和多种杂质气体的混合物，其中包括 H_2S、CO_2、羰基硫等酸性气体，还有 N_2、He、水蒸气等杂质。从储运、腐蚀控制、产品规格及环境保护等方面出发，我们对天然气中杂质的脱除有严格的要求。

　　以天然气输送管线中腐蚀问题为例，据统计，内腐蚀导致的重大事故在天然气管线事故中占有很大比例，是我国乃至世界天然气管线事故的主要原因之一。其中 CO_2 是引起腐蚀的主要有害气体之一，在相同的 pH 值下，CO_2 溶于水后对钢铁的腐蚀甚至比盐酸更加严重。因此采取高效、经济的方法脱除天然气中的 CO_2，对气体的安全输送具有重要意义。

膜分离技术具有分离效率高、能耗低、设备简单、工艺适应性强等优点，已在天然气脱 CO_2 领域发挥重要作用。目前，世界上已有 21 个国家采用膜分离技术净化天然气，处理量已达 $3 \times 10^7 \, m^3/d$。其中，巴西采用霍尼韦尔 UOP Separex 膜技术分离天然气中的 CO_2，该膜过滤系统能同时在海上井口和陆地采集设施上使用。到目前为止，全球各地已安装 UOP 膜过滤系统超过 130 套[518]。

除用于分离天然气中 CO_2，膜也可分离强化采油（驱油）过程中混入油田伴生气中的 CO_2。油田伴生气通常指与石油共生的天然气，由于将 CO_2 注入油层中可以提高原油采收率、延长油井生产寿命、并有效实现 CO_2 封存，因此利用 CO_2 驱油可以产生可观的效益。但利用 CO_2 驱油也是一把双刃剑，在 CO_2 驱油过程中，只有部分 CO_2 永久封存于地下，其余溶于原油中的 CO_2 会随油田伴生气溢出，部分伴生气中 CO_2 含量甚至可达 90%，这类气体无法满足国家管输标准（CO_2 体积分数≤3%）。因此，从环保和碳源利用角度考虑，伴生气中过量的 CO_2 必须加以分离提纯并回注油藏。Dow 化学公司将中空纤维膜分离器用于分离油田伴生气中。在美国 Kelly-Snyder 油田 SACROC 区块实施的 CO_2 混相驱油回注项目，是美国最成功的 CO_2 混相驱油实例之一[519]。

经过 30 多年的发展，膜法脱除天然气中 CO_2 技术已趋成熟，设备规模开始走向大型化。迄今最大的利用膜法脱除天然气中 CO_2 的装置已由美国 UOP 公司在巴基斯坦 Kadanwari 建成[520]，现场照片如图 12-137 所示。Kadanwari 集气站位于沙漠深处，其天然气量达 $5.1 \times 10^6 \, m^3/d$。如用传统吸收法脱除 CO_2，在人员配置、设备维护和装置能耗等方面均不如膜分离法经济高效。在这套气体膜分离装置中，用 Separex 膜不仅可将 CO_2 含量由 12% 降至 3%，还可同时脱除天然气中的水蒸气。

国内第一套使用气体膜分离技术的天然气脱二氧化碳的装置于 2006 年 10 月由中国科学院大连化学物理研究所在海南福山油田建成[521]，该装置采用重力分离与高效旋风气液分离组合预处理、三级预过滤和多段膜串并联等组合工艺流程，处理量为 $4 \times 10^4 \, m^3/d$，操作压力 5.1MPa，原料气中 CO_2 含量约 81%（体积分数），CH_4 含量约 15%（体积分数），其他组分还包括 N_2、$C_2 \sim C_6^+$ 和饱和水蒸气等。经膜处理后，天然气（CH_4 体积分数约 75%～80%）流量≥350m^3/h，同时，还回收轻质油。2010 年 10 月，中国石化吉林某油田利用膜分离法进行天然气脱 CO_2，装置规模 $65 \times 10^4 \, m^3/d$，可将天然气中 CO_2 从 16% 脱至 5%（物质的量分数）[522]。

膜法用于天然气脱二氧化碳的经济性与天然气价格、处理量等一系列因素有关。由于各组分的渗透推动力是其分压差，膜分离法更适合于二氧化碳含量较高的天然气的净化。在某些情况下，联合应用传统的胺吸收法和膜分离法可提高天然气脱二氧化碳的经济性。美国 Kellog 气体研究所发表了膜法-吸收法联合工艺从天然气脱二氧化碳的可行性研究。美国西方油气公司 Mallet 就采用膜分离法分别与 MDEA 法和 API-MDEA 法的集成工艺进行脱 CO_2 处理。中国石油某海外处理量为 $6.09 \times 10^6 \, m^3/d$ 的 CO_2 吸收装置采用膜分离和 MDEA 溶液吸收的二级工艺[523]。

图 12-137　UOP 公司在巴基斯坦 Kadanwari 建立的天然气脱 CO_2 装置

美国 Kelly-Snyder 油田 SACROC 区块初期采用热钾碱法回收产出气中的 CO_2。随着生产规模的不断扩大，该工艺已无法满足要求。目前采用膜分离技术对产出气进行处理，膜分离系统日处理气量已达 $509.7 \times 10^4 m^3$，产出气中的 CO_2 含量从处理前的 $65\% \sim 85\%$，富集至 95%[524]。

为循环使用二氧化碳，Dow 化学公司将中空纤维膜分离器用于强化采油的油田气中二氧化碳的分离，在 Sun 和 Chevron 的两套装置运行参数如表 12-66 所示。

表 12-66　中空纤维膜分离器用于油田气中二氧化碳的分离[525]

项目	指标	项目	指标
原料气处理量/($\times 10^4 m^3$/d)	145(Sun)	尾气温度/℉	200
	58(Chevron)	渗透气压力/psi	50
入口压力/psi	520(Sun)	预热用燃料气消耗/(m^3/d)	3000(Sun)
	480(Chevron)		1300(Chevron)
尾气压力/psi	低于入口压力约 40		

注：$1psi = 6.89kPa$，$t/℃ = \dfrac{5}{9}(t/℉ - 32)$。

12.8.4.2　沼气脱 CO_2

沼气作为一种可再生的生物能源，主要可以分为垃圾填埋气、污水沼气池沼气和有机废物沼气池沼气。这三种沼气的组成如表 12-67 所示。经过分离和提纯的沼气（通常超过 90%）可以代替天然气等化石燃料，用于发电和作为汽车燃料，这种处理方式能够有效减少化石燃料的使用以及温室气体的排放。但是，沼气中含有的大量 CO_2 会降低沼气燃烧的热值，增加压缩和运输成本并导致使用设备的腐蚀。因此，脱除 CO_2 对提升沼气品质、降低成本及减少设备腐蚀至关重要。

表 12-67   垃圾填埋气、污水沼气池沼气和有机废物沼气池沼气组成

沼气种类	CH_4/%	CO_2/%	N_2/%	O_2/%	H_2S/($\times 10^{-6}$)	参考文献
垃圾填埋气	45～62	24～40	1～17	1～2.6	15～427	[526-529]
污水沼气池沼气	58～65	33～40	1～8	<1	0～24	[526,529-531]
有机废物沼气池沼气	60～70	30～40	1	1～5	10～180	[526,529]

目前，国内在化学吸收、变压吸附等技术领域已开发出可商业化应用的提纯设备。此外，还有其他基于低温工艺的技术，但这些技术仍处于开发阶段。变压吸附法、水洗法和化学吸收法的设备和技术工艺比较成熟，在沼气提纯领域的市场份额超过 90%，而国外沼气膜分离回收技术已趋成熟，占据分离回收市场的 20.6%[532]，如图 12-138 所示。膜分离法具有较小的占地面积、较低的成本、较高的回收率以及温和的分离条件，无疑是最具竞争力的分离方法之一。各种沼气提纯方法技术比较见表 12-68[533,534]。

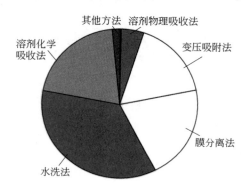

图 12-138   国外沼气不同提纯技术应用比例[532]

表 12-68   沼气提纯方法技术参数比较[532,533]

技术参数	水洗法	物理吸收	化学吸收	深冷法	膜分离法	变压吸附
CH_4 含量/%	95～99	95～99	97～99	90～98	95～99	95～99
CH_4 回收率/%	99.0	98.5	99.9	98	95～97	98.5
耗电量/(kW·h/m³)	0.22～0.25	0.23～0.27	0.09～0.11	0.18～0.25	0.35～0.40	0.17～0.18
处理沼气量/(m³/h)	300～1400	250～2800	250～2000	—	250～750	350～2800
是否精脱硫	否	否	是	是	是	是
是否耗试剂	否	是	是	否	否	否
是否耗水	是	否	是	否	否	否

与膜法天然气脱二氧化碳的情形不同，沼气的压力几乎为常压，在使用膜从沼气中分离 CO_2 的实际操作中，通常需要先将沼气升压以满足操作压力，并且在进入膜组件之前需要将原料沼气中的水和 H_2S 等污染物除去，以避免设备腐蚀以及延长膜的使用寿命，如图 12-139 所示。

在工业上膜法分离 CO_2 通常分为三种流程：单级膜分离、二级膜分离和带有再循环回路的二级膜分离。Baker 和 Lokhandwala[535] 报道了包括单级及多级等常规的膜分离方法，这些分离方法分别针对不同分离要求、不同天然气压力和组成进行了优化，可以有效地将天

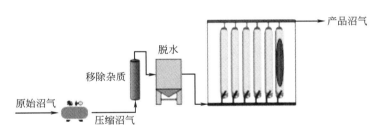

图 12-139　膜分离沼气一般流程图[534]

然气 CO_2 浓度降低以满足天然气装船和管道运输的要求。

Havas 和 Lin[536]考察了沼气分离的单段和两段膜过程，如图 12-140(a) 和 （b） 所示，并进行了系统的技术经济分析，找出了最佳资本成本和运行条件。他们发现两段膜分离过程比单段膜分离的操作费用更低，得到的产品 CH_4 纯度为 96％，回收率为 85％。Shao 等[537]设计了一个二级膜分离过程，证明了膜技术在提纯沼气方面的优势。Baker 等[535]对沼气提纯的流程进行了应用结构优化，设计了一套带有循环气的两级膜过程：将离开二级膜过程的富 CH_4 气与原料沼气混合，重新返回一级膜分离过程，使用这样的流程可使产品 CH_4 纯度达到 96％，回收率为 99.5％，如图 12-140(c) 所示。

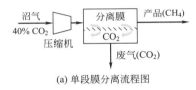

(a) 单段膜分离流程图

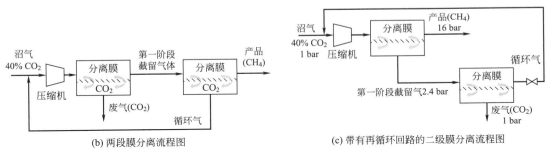

(b) 两段膜分离流程图　　　　　(c) 带有再循环回路的二级膜分离流程图

图 12-140　沼气膜分离流程示意图

二级气体膜分离系统虽然成功解决了单级系统回收率较低的不足，然而，二级系统流程复杂，设备投资高。为了解决这一问题，阮雪华等[538]针对规模为 $1000m^3/h$ 厌氧发酵生物气设计了一套一级二段气体膜分离技术（图 12-141），该技术根据单级分离系统中渗透气甲烷浓度变化的特征，将膜分离器按合适比例重排为两段，使得甲烷回收率超过 95.0％，压缩天然气产量超过 $500m^3/h$，产值超过二级系统。该流程与一般的一级、二级气体膜分离装置的经济性对比见表 12-69。

在欧洲，大多数生物甲烷化工厂都位于德国，此后瑞典、英国、瑞士等其他欧洲国家也建造了生物甲烷化设施[534]。Schell 和 Houston[539]报道了使用一家商业醋酸纤维素卷式膜的沼气处理工厂。该工厂已经在 17～30bar 的压力下处理大约 $60m^3/h$ 的原料沼气稳定运行 18 个月。Röhr 和 Wimmerstedt[540]测试了两种用于从污水沼气池中提纯沼气的商业膜组件，

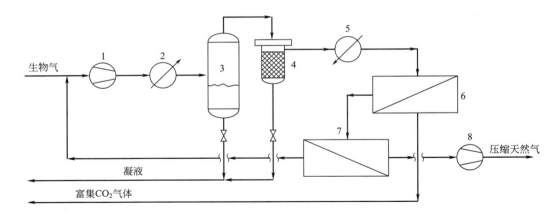

图 12-141　一级二段生物甲烷膜分离提纯系统的示意流程图[538]

1—压缩机；2—冷凝器；3—分液罐；4—过滤器；5—加热器；6,7—膜分离器；8—压缩机

表 12-69　三套膜分离生物甲烷提纯系统的经济性对比[538]

系统	投资费用/(10^6CNY)	操作费用/(10^6CNY/a)	折旧/(10^6CNY/a)	天然气产量/(m³/h)	毛利/(10^6CNY/a)
一级	3.0	0.986	0.223	405	1.29
二级	4.7	1.57	0.334	510	2.38
一级二段	3.8	1.22	0.278	500	2.50

所研究的膜包含两种不同的膜材料：醋酸纤维素和涂覆硅橡胶的聚砜。该中试装置的运行气体体积流量为15m³/h，压力为10～35bar。Rautenbach 和 Welsch[494]报道了一家利用膜法处理垃圾填埋气的工厂。该工厂证明了气体预处理的重要性，并建议采用二级膜装置以提高产品回收率。Stern 等[541]对来自废水处理厂的沼气进行了长期（1000h）测试。该试验工厂能够处理大约 3.4m³/h 的原始沼气，并在高达 55bar 的压力下运行。在测试期间，他们发现沼气中的一些次要组分可能损坏中空纤维，这导致分离性能的显著恶化。Miltner 和Makaruk 等[542]报道了奥地利第一个利用膜技术进行沼气分离的工厂，该工厂的沼气处理量可达 100m³/h。已经实现生产的沼气提纯装置的生产能力为25kg/h（相当于33m³/h）的生物甲烷，并且在不同甲烷浓度的沼气下都保证了产品气体的质量。

在我国，沼气生产与利用效率低，经济效益差。我国农村大量的小型沼气池所产的沼气主要是用于做饭和照明，没有发挥出更大的经济效益。近几年，通过引进德国、丹麦等欧洲发达国家热电肥联产的高效沼气工程技术和关键设备，我国已建成一批沼气热电联产工程和发电并网的大型沼气工程，在广西南宁、山东博兴、内蒙古通辽等地已建成沼气净化提纯制取生物甲烷示范项目。

12.8.4.3　烟道气捕集 CO_2

烟道气是指煤或其他化石燃料经燃烧后所产生的气态物质，可被细分为电厂燃烧尾气和工业过程废气，其主要成分包括：N_2、CO_2、O_2、水蒸气以及酸性杂质气等。烟道气是世界上排放的 CO_2 的主要来源之一，因此，将烟道气中 CO_2 进行捕集和利用，对降低大气中 CO_2 浓度、减少温室效应具有重要意义。

电厂尾气和工业废气由 CO_2、N_2 以及少量硫化物和氮氧化物组成。其中，典型的电厂尾气中 CO_2 含量约为 13%～16%（体积分数），压力多为常压。典型的工业废气中 CO_2 含量约为 20%～30%（体积分数），压力也多为常压。两种不同组成的烟道气对分离膜技术的需求也有所不同。

烟道气分离技术主要可分为：化学吸收法、膜分离法、熔融碳酸盐电化学分离法、合成 CO_2 水合物法、酶基吸附工艺法以及离子液体捕集法等。其中，化学吸收法工艺较为成熟并已工业化，其余方法还处于研究阶段。膜分离技术作为一种用于烟道气中脱除 CO_2 的新方法，具有成本低、建造简易、能耗低、操作便捷、安全和环保等优势，具有理想的应用前景和经济价值。

膜法捕集烟道气中的 CO_2 是基于 CO_2、N_2 以及其他气体在气体分离膜中具有不同的渗透选择性，依据两种或多种气体在膜中渗透速率的不同加以分离的。相比其他待分离混合气，烟道气具有如下特点：气体流量大、CO_2 分压较低、出口温度高、含有大量 N_2 及少量酸性杂质气等。针对烟道气出口温度高以及含有少量酸性杂质气这两个特点，现在的处理方法通常是先将烟道气进行冷却并脱除其中酸性杂质气再进行膜分离过程，这样虽然降低了对分离膜制备的要求，但是增大了能耗，也使整套工艺流程更为复杂。

目前，工业上膜法捕集烟道气 CO_2 的工艺流程有一级分离流程、串联分离流程、二级分离流程以及多级分离流程等，采用何种流程取决于原料气成分、分离目标和市场因素。以二级分离流程为例，原料气经过冷却、脱硫等步骤后压缩加压，进入一级膜分离器，完成第一次分离后，截留侧气体进入二级膜分离器，完成第二次分离后，将第二次分离的渗透侧气体经过压缩与第一次分离后的渗透测气体会合作为产品气体。这种集成式膜分离法可以有效降低能耗，节约建设成本，同时提高产品质量。

近年来，已有很多关于膜法捕集烟道气中 CO_2 中试的相关报道，具体见表 12-70。美国俄亥俄州立大学 Ho 课题组研制了一种螺旋形膜组件，并利用面压缩 O 形环进行封装，在 1000mL/min 的进气速率下测试，得到了 800GPU 的 CO_2 渗透速率，CO_2/N_2 分离因子达到了 140，同时控制了压降在 1.5psi/m（约 10342Pa/m）[543]。美国 MTR 公司利用聚氧乙烯型聚合物规模化制得 Polaris 平板复合膜（在 0.2MPa 操作压力下，CO_2 渗透速率为 1000～2000GPU，CO_2/N_2 分离因子约 50～60）。韩国化学技术研究所应用不对称聚醚砜中空纤维膜，开发了一种带有脱湿步骤的四级膜分离中试设备，用以分离液化天然气燃烧后的烟道气，处理量可达到 1000m³/d，经最后一级分离后，CO_2 浓度与回收率可分别达到 95%～99%（体积分数）和 70%～95%。挪威科技大学选用巴斯夫（BASF）公司生产的 PVAm 制得平板膜（在 0.1MPa 操作压力下，CO_2 渗透速率约为 70～220GPU，CO_2/N_2 分离因子

表 12-70　部分膜捕集烟道气 CO_2 中试项目相关信息

膜材料	试验机构	国家	试验规模	烟道气来源	文献来源
UItrason®	NCCC	美国	1000mL/min 气	燃煤火力发电厂	[543]
Polaris®	MTR	美国	500m³/s 气	燃气火力发电厂	[544]
PES	KRICT	韩国	1000m³/d	液化天然气燃烧后气体	[545]
PVAm	NTNU	挪威	12～20m²	水泥厂	[546]
PolyActive®	Helmholtz-Zentrum Geesthacht	德国	12.5m²	燃煤火力发电厂	[547]
PVAm 类	天津大学	中国	720m³/d	模拟烟道气	

约 80～300）和中空纤维膜；利用 PVAm 平板膜组件及中空纤维膜组件在燃煤电厂进行了真实烟道气试验。

国内首套具有独立自主知识产权的 $30m^3/h$ 电厂烟气脱碳的中试装置于 2018 年年底在中石化南京化工研究院有限公司完成设计，并于 2019 年 6 月完成调试并开始运行，该装置由天津大学、中石化南京化工研究院有限公司和中科院大连化学物理研究所 3 家单位共同参与完成。目前，该团队正在进行 $50000m^3/d$ 的电厂烟气脱碳示范工程设计，计划将于 2021 年完成建设和调试运行。

12.8.5　天然气及空气脱湿

12.8.5.1　天然气脱湿

天然气的主要成分是甲烷。从井口喷出的天然气中通常含有浓度较高的水蒸气。已知在高压、低温下，天然气中的烃类和二氧化碳可与水生成固体水合物，在天然气的输送中，这样形成的固体水合物容易堵塞管道和阀门。此外，在水或水蒸气存在下，硫化氢和二氧化碳等酸性气体还会对输送管道产生严重腐蚀。因此，在天然气输送之前，必须进行脱湿。

从天然气中脱除水蒸气的方法包括冷凝法、分子筛吸附法和溶剂吸收法。高分子膜法脱湿是近年来发展起来的一种脱湿方法。对于有机高分子膜，水蒸气透过膜的渗透率比甲烷的渗透率大得多，因此，膜法脱湿早就引起了人们的注意。

用于天然气脱湿的高分子膜多属致密膜，如在膜表面上有液态水，会增大各组分的渗透阻力，降低膜的脱湿性能，因此，膜法脱湿时，须避免水蒸气在膜表面冷凝。为满足这一要求，进入膜分离器的原料天然气的相对湿度不宜超过 90%，这可通过预热或降低原料气压力来实现。

通常，天然气的压力较高，不经压缩即可进行膜法脱湿。水蒸气在分压差的推动下优先渗透通过膜，进入渗透气侧，脱湿后的天然气由尾部流出分离器。膜的水蒸气/甲烷分离系数和甲烷的渗透率决定脱湿过程的分离特性。如果膜的分离系数过大，渗透气侧水蒸气含量必然很高，会降低水蒸气的渗透推动力。解决这一问题的方法有二：①用吹扫气稀释渗透气侧的水蒸气；②在渗透气侧抽真空。这两种方法都可降低渗透气侧水蒸气分压，用前一方法会消耗部分天然气；而用后一方法会增大设备投资和操作费用。另外，如果膜的分离系数偏低，会有数量可观的甲烷渗透到低压侧，造成天然气的损失。

美国 Separex 公司用 Separex 分离器进行了从海底油田天然气脱湿的中间试验[548]。他们的醋酸纤维素螺旋卷式膜的水蒸气/甲烷分离系数约为 500。进入膜分离器的原料天然气压力约 7.7MPa，温度为 38℃，经膜法脱湿后，天然气的露点降至 −48℃（水蒸气含量 $100×10^{-6}$）。水蒸气脱除率大于 97%。如天然气中含有过量的二氧化碳，在输送和使用之前，也需脱去，这样，膜法脱湿和脱碳可同时进行。中间试验结果表明，原料气中二氧化碳含量较大时，膜法脱湿也是可行的。

膜法脱湿设备占地小，重量轻，基本不需维护，因而非常适合于海上平台等空间较小的场合。对于处理气量为 $2.83×10^6 m^3/d$ 的天然气脱湿过程，用传统的乙二醇法脱湿不仅占地面积大，投资费用也高；改用膜法脱湿，设备占地面积显著减小。仅减小占地面积一项，节省的海上平台建设费用就大于膜法脱湿装置费用。这一特定条件下，膜法脱湿的经济性非常明显。

中国科学院大连化学物理研究所采用聚砜膜材料制备脱水膜，水蒸气/甲烷分离系数大于 1500，在长庆气田建立了一套 $1.2 \times 10^5 \mathrm{m}^3/\mathrm{d}$ 天然气膜法脱水的工业试验装置，并进行现场试验。稳定运行结果为：净化气压力露点 $-8 \sim -13 ℃$（输气压力 4.6MPa），达到气体传输要求；甲烷回收率 $\geqslant 98\%$[549]。

天然气脱水技术主要有膜分离法、吸收法和吸附法，吸收法适用于天然气量较大时；膜分离法和吸附法适用于气量不大于 $5 \times 10^5 \mathrm{m}^3/\mathrm{d}$ 的处理规模。表 12-71 列出了吸附法和膜分离法的比较[522]。

表 12-71　两种天然气脱水方法的比较

项目	膜分离法	分子筛吸附
分离原理	溶解扩散	物理吸附
脱水深度	平均水露点降低 40℃	脱水深度高
甲烷损失	<1%	<1%
操作弹性	大	小
占地面积	小	大
操作维护	静态分离、转动部件少、操作维护简单、无需专人值守	阀门开关频繁、再生温度高、维护工作量大、需要专人值守
主要设备	过滤器、换热器、膜分离器、真空泵	吸附塔、加热器、换热器、程控阀、压缩机

12.8.5.2　空气脱湿

20 世纪 80 年代初，Permea 公司开始研制膜法脱湿的工业化设备，到 1987 年，Cactus™膜法脱湿分离器实现了工业化。在 Cactus™中空纤维膜脱湿器中，采用了原料气走丝内、渗透气走丝外的操作模式，并用一定量的产品气作吹扫气，以提高脱湿效果，由于设备体积小，吹扫气用量也不大，Cactus™膜法脱湿器在小量压缩空气的脱湿方面占有一定的市场。

日本 UBE 公司用聚酰亚胺中空纤维膜制成的脱湿组件也已经商品化。聚酰亚胺的水蒸气/空气分离系数很高（$\alpha_{水蒸气/氧气} > 1000$，$\alpha_{水蒸气/氮气}$ 接近 10000），在分离器中，采用原料气（压缩空气）走丝内的操作方式，水蒸气和少量空气渗透通过膜进入丝外，尾气是干燥空气。

图 12-142 表示 UBE 公司中空纤维式脱水组件示意图，分离器是双封头型，为提高脱湿程度，UBE 公司的脱湿组件用部分产品气作吹扫气，图 12-143 表示 UBE 公司组件用于空

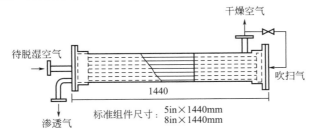

图 12-142　脱湿用中空纤维式分离器示意图

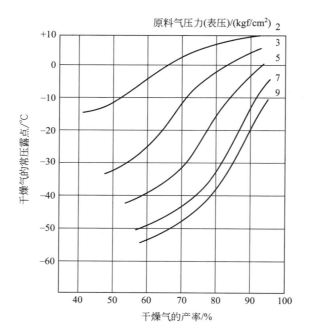

图 12-143 UBE 脱湿膜组件性能

（原料空气条件：含 30℃饱和水蒸气）

气脱湿时的产品气露点、回收率和原料空气压力之间的关系，其中原料空气含 30℃饱和水蒸气。

由图 12-143 可知，分离器性能一定，吹扫气量的大小取决于原料空气的压力和对产品气露点的要求。如产品空气露点和原料空气的压力一定，产品空气的收率也随之确定。由于分离器内的流动阻力降很小，产品气压力几乎与原料空气压力相等。

除 UBE 公司之外，日本旭硝子公司和旭化成公司也都开发了膜法除湿分离器，德国 GKSS 化学研究所开发了用于空气脱湿的板框式膜分离器。中国科学院长春应用化学研究所研制成功压缩空气脱湿用大型中空纤维膜组件。

表 12-72 列出了各种压缩空气脱湿方法的特点。膜法脱湿是正处于发展中的脱湿方法，目前还只用于小规模空气脱湿的场合，为扩大其应用范围，还必须在降低设备成本等方面作进一步的努力。

表 12-72　压缩空气脱湿方法比较

脱湿方法	吸附法	冷却法	吸收法	膜分离法
脱湿程度	高	低	低	中-高
常压露点	$-30 \sim -50℃$	$0 \sim -20℃$	$0 \sim -30℃$	$-20 \sim -40℃$
装置占地面积	大	大	大	小
操作难度	中	中	难	易
适用规模	中-大	小-大	大	小-大
脱湿原理	吸附	冷凝	吸收	渗透
主要设备	吸附塔	冷冻机	吸收塔	膜分离器
	热交换器	热交换器	热交换器	热交换器

12.8.6　有机蒸气膜法脱除与回收

多种工业过程如石油化工、制药、涂料生产、橡胶生产、印刷、油墨生产、喷漆等在生产中会产生有机蒸气（VOCs）废气，其中包括脂肪族烃类如丁烷、正己烷、汽油，烯烃类如乙烯、丙烯、氯乙烯等，芳香族烃类如苯、甲苯、二甲苯，醇类如甲醇、异丙醇，酮类如丙酮，卤代烃类如 CCl_4、CH_2Cl_2 等，不仅种类繁多，而且数量也很惊人。如排入大气中，一则污染大气，破坏生态平衡，如氟氯烃破坏臭氧层；二则损害人体、影响健康，如卤代烃等对肝脏损害很大，苯等致癌；三则由于大部分有机蒸气易燃易爆，对生产过程也存在不安全性；四则也浪费资源，这些蒸气很大部分可回收再用。

目前世界各国均在强化大气环境保护法规，例如 1999 年和 2008 年欧盟环保标准规定固定源 VOCs 排放控制指标，通常要求 VOCs 去除率在 95% 以上，排放浓度控制在 $100mg/m^3$ 以下。美国环境保护署（USEPA）制订的固定源大气污染物排放标准针对有组织的工艺排气中的 VOCs 排放，一般要求 TOC（总有机化合物，扣除甲烷、乙烷）削减率不低于 98%，或者排放浓度限值为 $20×10^{-6}$。我国对 VOCs 的排放要求也日益严格，2015 年环境保护部发布的国家标准中对于大气污染物有组织排放控制要求，非甲烷总烃浓度 $\leqslant 120mg/m^3$，苯的排放量 $<4mg/m^3$，VOCs 去除效率（回收率）$\geqslant 95%$，部分地区要求去除效率 $\geqslant 97%$。

目前，回收 VOCs 的方法已有吸附法、冷凝法、催化燃烧法等对其加以处理或回收，但这些方法都有明显的不足，如易造成二次污染。新近发展起来的膜法分离技术经济有效，将逐渐在这一领域取得广泛应用。

通常，膜法分离有机蒸气是从空气或 N_2 气氛中分离与回收有机组分。与 N_2、H_2、O_2 相比，有机蒸气沸点比较高，是可凝性气体，而且分子直径也大。与 H_2/N_2 以扩散选择性分离气体不同，有机蒸气是以溶解选择性分离气体的。因此，选择有机蒸气膜材料要求高溶解选择性，可以不考虑扩散选择性，尽可能选择高扩散系数的聚合物，并要求耐有机溶剂。三维交联的聚合物（如硅橡胶类聚合物）和聚酰亚胺，渗透性和选择性都不错（见表 12-73[550]），是常用的膜材料。多孔支撑层所用材料亦要求耐有机溶剂性好，如聚醚酰胺（PEAR）、聚酰亚胺（PI）等。

表 12-73　硅橡胶有机蒸气分离膜的选择性（VOC/N_2）（25℃）

有机蒸气	α	有机蒸气	α
甲烷	2.2	CFC113	25
丙烷	4.6	丙酮	55
异丁烷	8.4	水	83
正丁烷	11	三氯乙烷	95
异戊烷	24	甲基乙基酮	111
正戊烷	40	乙酸乙酯	139
正己烷	110	甲苯	183

非对称膜和复合膜均可以用于有机蒸气分离，而常用是复合膜，如硅橡胶/聚醚酰胺复合膜。膜分离器采用卷式或中空纤维膜，这两种分离器的操作分加压和减压两种方式。图 12-144 对这两种分离器在加压和减压操作下的性能进行了比较[440]。

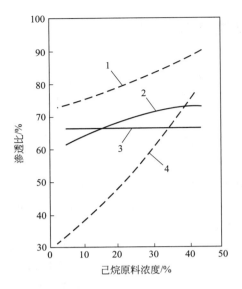

图 12-144 组件类型和操作条件对分离性能影响的比较

1—内压中空纤维式（操作体系为加压式）；2—螺旋卷式（减压式）；3—内压中空纤维式（减压式）；

4—螺旋卷式（加压式）原料气：己烷蒸汽-氮。原料流速：50m³/h。

温度：25℃。膜面积：14m²。电能：3.7kW（加压和减压体系均相同）

$$渗透比 = \frac{有机蒸气的渗透流速}{有机蒸气的原料流速}$$

可以看出，加压操作时中空纤维膜分离器比卷式膜分离器分离性能好；但是在减压操作时，随着蒸气浓度增高，卷式分离器结果更好，再考虑加压操作费用高，而且有机蒸气易燃易爆，加压操作很危险，因此在实际应用中，一般选用卷式膜分离器，采用减压操作。这种类型的分离器的性能，不仅受膜本身性能的影响，而且受隔板部的压力损失和粘接剂的耐久性等的影响。

因为有机蒸气易燃易爆，基于本质安全设计的叠片式膜分离器，具有本质安全、低流阻、低浓度极化的特点，近年来得到了广泛的应用。具体内容可参见 12.6.5 节。

12.8.6.1 工艺流程

在不同的应用场合有不同的工艺流程设计。根据不同的有机蒸气浓度、流量以及如灰尘等污染物，按照膜性能及脱除回收所要达到的目标，选择适当的膜分离器及动力设备如真空泵和预处理设备，设计出最佳工艺流程。

图 12-145 是膜法分离、回收 n-C_5 蒸气流程图[440]。原料气在鼓风机驱动下，先经过过滤器脱除夹带的油沫和尘埃，再进入膜分离器，在渗透侧真空泵驱动下，有机蒸气优先透过膜，在渗透侧浓缩；然后送入吸收塔回收。从吸收塔放出尾气再送回原料侧回收。部分操作参数及结果列在表 12-74。浓缩后的有机蒸气也可以通过冷冻回收，如图 12-146 所示[440]。

如果原料气处理量很大，相应要求膜组件数很多。这时为减少组件，可以采用加压操作，具体流程如图 12-147[440]所示。与真空法不同，加压式操作时，浓缩有机蒸气回收设备置在膜分离器前，原料气（包括浓缩蒸气）先经过加压浓缩、回收后，其饱和蒸气再送入膜分离器进行分离浓缩。

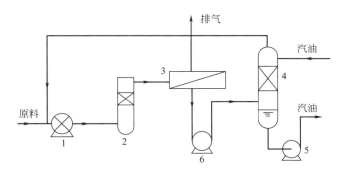

图 12-145　膜法回收汽油蒸汽工艺流程图（标准法）[440]

1—鼓风机；2—过滤器；3—膜分离器；4—回收柱；5—泵；6-真空泵

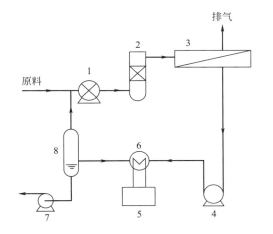

图 12-146　膜法回收烃蒸气工艺流程图（制冷法）

1—鼓风机；2—过滤器；3—膜分离器；4—真空泵；

5—制冷器；6—换热器；7—泵；8—储罐

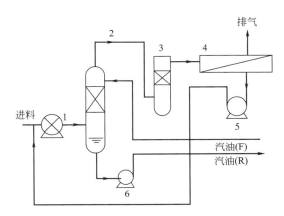

图 12-147　膜法回收汽油蒸气工艺流程图（低压法）

1—压缩机；2—回收柱；3—过滤器；

4—膜分离器；5—真空泵；6—泵

表 12-74　烃蒸气的回收装置的操作参数

原料侧		渗透气侧	
通量/(m³/d)	400	烃浓度(体积分数)/%	5.0
压力/atm	1	回收百分比/%	90
温度/℃	35	电能耗/kW·h	约50
组分(体积分数)/%	C_3　1.2	烃回收量/(L/d)	约570
	C_4　4.8		
	C_5　17.3		
	C_6　10.3		
	C_7　0.4		
	空气　66.0		
	合计　100		

　　膜分离、变压吸附、催化燃烧、吸收和冷凝分离等 VOCs 分离方法都有各自的适用范围和优缺点，单独使用很难同时具备高收率、高纯度、低能耗的优点。因此，多种分离方法耦合流程被开发，并得到了广泛的工业应用。

　　如利用吸收、膜分离和变压吸附进行油气回收集成流程如图 12-148 所示[522]。可根据不同的排放要求，选择不同的工艺组合。油气经压缩机增压后送入吸收塔用汽油吸收，回收的汽油由吸收塔塔底流出。从吸收塔顶流出的饱和油气/空气混合物流入 VOCs 膜分离单元，进一步回收其中的油气。经过膜分离器后，渗透侧得到富集油气的渗透气，返回压缩机前循环，提高了油气的回收率；渗余侧为净化后的空气，其中含有少量的油气（10g/m³），可以满足欧洲 94/63/EC 排放标准（35g/m³）和我国 GB 20950—2007（25g/m³）和 GB 20952—2007（25g/m³）的排放要求[522]。若在膜分离后采用变压吸附工艺，可进一步将其油气浓度降至 120mg/m³。

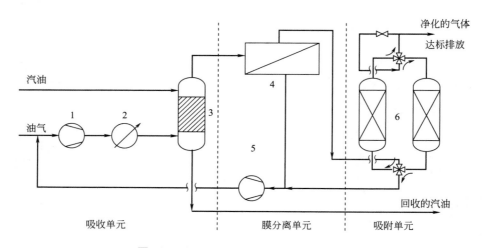

图 12-148　膜分离与吸收和吸附的耦合工艺
1—压缩机；2—冷却器；3—吸收塔；4—膜分离器；5—真空泵；6—变压吸附

　　如利用压缩冷凝、VOCs 膜分离、H_2 膜分离和变压吸附进行聚烯烃装置中轻烃和 N_2 同时回收的集成流程如图 12-149 所示[551]。该工艺可用于聚烯烃装置排放尾气中的烯烃回收，首先通过冷凝-膜集成技术将尾气中的 C_4 等烃重组组分分离循环使用，然后再将膜渗余气通过耦合 PSA 技术进一步回收排放尾气中的轻质烯烃。通过膜分离有效回收了 C_4 以上的烃类组分，回收率达 60% 以上，使其循环使用，并减轻了后续 PSA 装置的负荷，利用 PSA 技术对轻质烯烃更佳的回收效果得到高纯度的 C_2 组分，回收率超过 85%[552]。

　　聚乙烯和聚丙烯等热塑性树脂在农业、电子、汽车和日用品等方面用途广泛，是国民经济中非常重要的石化产品。2018 年，我国聚乙烯总产量约为 1600 万吨，聚丙烯总产量约为 2100 万吨。在乙烯聚合过程中，往往添加 1-丁烯作为共聚单体来提高产品的抗撕裂和抗冲击强度，同时还添加戊烷等低沸点烃类作为冷凝诱导剂，为了深度脱除产物吸附的 1-丁烯和戊烷，通常采用氮气吹扫进行脱气操作。在丙烯聚合过程中，由于单体不能完全反应，产物中残存一定量的丙烯单体，通常也是采用氮气吹扫进行脱气操作。在聚烯烃生产过程中形成的由氮气、烯烃和其他烃类组成的混合气体，统称为聚合尾气。

　　气相法乙烯聚合尾气中一般含有 20%（体积分数）的轻烃，主要包括乙烯、乙烷、丁

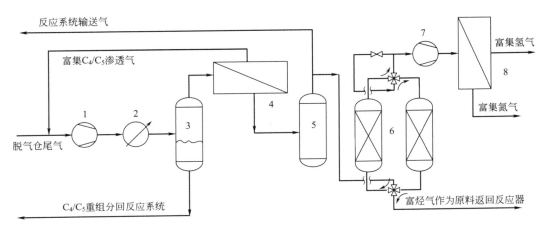

图 12-149　综合回收轻烃和氮气的压缩＋冷凝＋膜分离＋变压吸附工艺
1—压缩机；2—冷凝器；3—分液罐；4—有机蒸气膜分离器；5—缓冲罐；6—变压吸附；
7—压缩机；8—氢气膜分离器

烯、丁烷和戊烷，另外还含有少量氢气和甲烷，通过图 12-150 所示的多级膜耦合分离系统，可以实现共聚单体 1-丁烯、冷凝诱导剂戊烷、乙烯以及氮气的综合回收。如图所示，常压的脱仓尾气先经压缩机增压至 1.40MPa（表压）左右，然后经水冷、冷量回收和丙烷制冷降温至－20℃，再通过气液分离罐分离液化的 C_4/C_5 重组分；不凝气经冷量回收后进入第一段有机蒸气膜单元对残余的 C_4/C_5 进一步浓缩回收，然后进入第二段有机蒸气膜单元获得富乙烯的反应系统输送气；对重组分和乙烯进行回收以后的富氮尾气，再利用第三段有机蒸气膜单元深度脱除轻烃、第一段氢气分离膜单元脱除氢气，获得纯化氮气作为脱气仓的吹扫气。

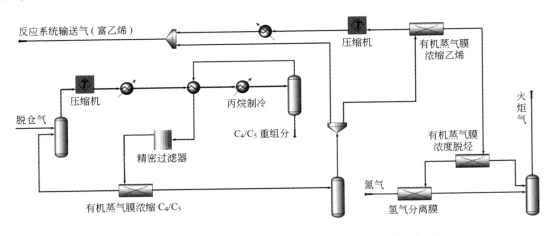

图 12-150　中国石化南方某公司 20 万吨聚乙烯装置尾气膜法回收工艺

中国石化南方某公司 20 万吨聚乙烯装置脱仓尾气流量约为 1850m³/h，经图 12-150 所示多级膜耦合分离系统，可回收共聚单体和冷凝诱导剂 0.28t/h［收率 87.5％，液相轻烃含量 99.0％（体积分数）］，乙烯约 0.20t/h（收率 78.0％），氮气约 750m³/h［收率 76.5％，浓度达到 95.5％（体积分数），不计反应系统输送气部分］，主要消耗为压缩机和制冷机的电机消耗，合计约为 340kW，按照年运行 8000h 核算，每年可创造经济效益约 2000 万元。

美国 UNIPLO 气相法聚丙烯工艺的聚合尾气中一般含有超过 60%（体积分数）的丙烯和丙烷，另外含有少量的氢气、乙烯、乙烷。通过图 12-151 所示的多级膜耦合分离系统，可实现丙烯和氮气的综合回收。如图所示，微正压的聚丙烯尾气经压缩机增压至 2.65MPa（表压）左右，然后经水冷、冷量回收和丙烷制冷降温至 −25℃，再通过气液分离罐分离液化的丙烯和丙烷；不凝气经冷量回收后进入有机蒸气膜单元对残余的丙烯和丙烷进一步浓缩回收，第一段有机蒸气膜的渗透气中丙烯/丙烷总浓度可达到 30%（体积分数）以上，与聚丙烯尾气合股后进入回收装置的主压缩机，第二段有机蒸气膜的渗透气中丙烯/丙烷总浓度可达到 9%（体积分数）左右，经辅压缩机增压后返回第一段有机蒸气膜之前；丙烯和丙烷充分回收以后的富氮尾气，再利用第三段有机蒸气膜单元深度脱除轻烃、第一段氢气分离膜单元脱除氢气，获得纯化氮气作为聚丙烯颗粒的吹扫气。

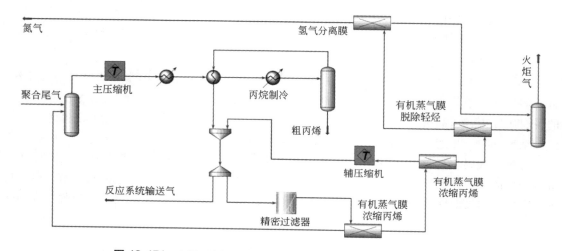

图 12-151　中国石油东北某公司 30 万吨聚丙烯装置尾气膜法回收工艺

中国石油东北某公司 30 万吨 UNIPLO 聚丙烯装置尾气流量约为 6150m³/h，装置集成的浅冷回收系统 [2.65MPa（表压），−25℃] 可回收丙烯和丙烷约 6.85t/h [收率 92.6%，轻烃含量 94.8%（摩尔分数）]。经图 12-151 所示多级膜耦合分离系统（原浅冷系统不变）可回收丙烯和丙烷约 7.04t/h [收率 95.2%，轻烃含量 94.8%（质量分数）]，氮气约 520m³/h [收率 78.7%，浓度达到 95.0%（体积分数），不计反应系统输送气部分]。与原装置进程的浅冷回收系统相比，多级膜耦合分离系统增加电耗（压缩机和制冷机增加量）合计约为 105kW，按照年运行 8000h 核算，每年可创造经济效益约 1000 万元。

12.8.6.2　操作参数对分离性能的影响

在实际应用过程中，一些操作参数如进料浓度、渗透侧与进料侧的压力比（简称压比）、操作温度等均对膜的分离性能有一定的影响。

一般说来，原料中有机蒸气浓度越大，膜两侧分压差也增大，有利于有机蒸气透过膜，渗透量及脱除率也增大。因此，膜分离法尤其适合分离较高浓度的有机蒸气。

温度增高，脱除率和渗透量呈下降趋势。根据溶解-扩散机理，渗透速率与温度关系符合 Arrhenius 方程，对有机蒸气如庚烷、正己烷等，渗透活化能为负值；对空气中的 O_2、

N_2 等小分子而言，渗透活化能为正值。温度升高，有机蒸气渗透速率下降，而空气渗透速率上升，因此，有机蒸气渗透量和脱除率减少。

　　渗透气/原料气压比对渗透侧浓缩的有机蒸气浓度及膜面积有很大影响。压比越小，渗透侧有机蒸气浓度越高，分离所需的膜面积越少，对分离极其有利。但压比减小，将要求增加渗透侧真空泵容量，增加操作能耗。通常以采用 0.1 压比为宜，参见图 12-152～图 12-154。

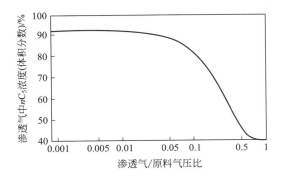

图 12-152　压比与渗透侧有机蒸气的关系

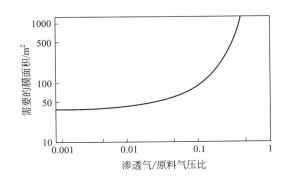

图 12-153　压比与所需膜面积的关系

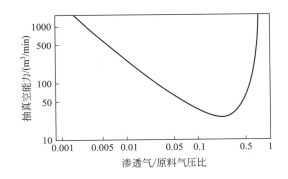

图 12-154　压比与抽真空能力的关系

　　上述这些参数要综合考虑，进行最优化工艺设计，从而达到分离效率高而操作费用低的双重目的。

12.8.6.3　膜法与吸收等传统方法的比较

　　膜法分离回收有机蒸气具有能耗低、操作简便、运行可靠、无二次污染等特点。同时有机蒸气产生大多为间歇过程，其温度、压力、流量和浓度都有一个范围，要求回收分离设备有较大的适应性，膜法能满足这一要求，而其他方法难以达到这一要求；加之膜性能卓越，其设备投资少，占地面积小；而其他传统方法都有各自的不足：如冷凝法对高沸点有机蒸气分离效果好，而对较易挥发的有机物效果则不佳，并且需要低温和高压，设备费用和操作费用都很高；催化燃烧法催化剂价格昂贵，易中毒，燃烧产物产生二次污染。

　　表 12-75 综合考虑回收效率、操作难易程度及费用、设备费用及占地面积，比较了膜法、吸附法和冷凝法，可以看出膜法比较优越。膜法分离回收有机蒸气技术具有广泛的应用

前景。德国的 GKSS 公司开发出甲苯分离、回收膜技术[111]，美国的 MTR 也已开发出甲苯、庚烷、丙酮、烯烃等有机蒸气膜分离技术，并与传统方法如吸附法、冷凝法有机结合，已达到较理想的效果，经济效益和社会效益都很明显。中科院大连化物所在 1998 年所开发成功烯烃/N₂ 分离膜及卷式分离器，并进行了聚乙烯生产过程回收乙烯与丁烯单体中试试验，取得了浓缩乙烯、丁烯 2～3 倍、平均回收率约为 0.68 的结果[109]。从此以后，我国膜分离回收烯烃技术不断发展，从 2001 年起气体膜分离技术开始在国内推广使用，大连理工大学和大连欧科膜技术工程有限公司研制的高性能 VOCs 分离膜，平均寿命＞5 年，C_3H_6/N_2 混合气选择性＞7.5，C_3H_6 渗透速率超过 1000GPU，并研制出本质安全的低流阻、低浓度极化的高效叠片式膜分离器，设备成本和操作费用都低于国外膜分离器。目前该膜分离器已经被国内 90% 以上新建聚烯烃装置采用，并逐步替换了德国和美国的进口膜分离器。

表 12-75　用于有机蒸气分离的各种分离过程比较

特性	膜分离法	常温常压吸收法	常温低压吸收法	深冷冷凝法	冷冻吸收法	吸附法
性能	++	++	++	+++	+++	+
运行性	+++	++	++	+	+	+
安全性	+++	+++	++	++	+	++
建设性	+++	++	++	+	+	++
运行费	+++	+++	++	+	+	++
设备面积	+++	++	++	+	+	+
评分	17	14	12	9	8	9

综合技术性能、装置运行性、安全性、建设投资、操作费用等因素，膜分离法明显优于传统分离技术，目前，膜分离技术已经扩展到化学工业其他领域，产生了巨大的经济效益与社会效益。表 12-76 列出了有机蒸气膜分离技术可以应用的领域[522]。

表 12-76　有机蒸气膜分离技术的应用领域

应用领域	典型可回收有机溶剂	应用领域	典型可回收有机溶剂
石化、天然气工业	烯烃、苯、汽油、NGL、丙酮等	胶黏带工业	MEK、IPA、乙醇、二氯甲烷、乙酸乙酯、甲苯等
用户储罐、油槽车	汽油、苯、甲苯等		
合成纤维工业	丙酮、甲苯等	磁带工业	MEK、IPA、乙酸乙酯、甲苯等
合成树脂工业	烯烃、THF、MEK、乙酸乙酯、甲苯、二氯甲烷等	加油站	汽油等
		涂装工业	MEK、丁醇、正己烷、甲苯等
合成橡胶、天然橡胶工业	正己烷、苯等	油墨工业	苯、乙酸乙酯、丁酮、异丙醇等
胶片工业	THF、IPA、乙醇、乙酸乙酯、氯甲烷等	有机硅工业	氯甲烷、丙烯等
		氟化工工业	二氟一氯甲烷、三氟甲烷等

目前，膜技术正处于上升势头，膜法分离回收有机蒸气仍有很大的发展空间。今后，随着各国政府提高有机蒸气的排放标准，随着膜材料、制膜工艺应用工艺等的不断改善和提高，膜法将进一步扩大其技术工艺的优越性，进一步拓展新的有机蒸气分离应用领域。

12.8.7　膜法气/液分离

常温（20℃）下，氧气在水中溶解度约为 8mg/L，氮气的溶解度更大，如图 12-155 所

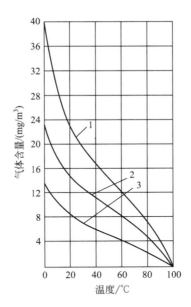

图 12-155　不同温度下，氧、氮和空气在水中的溶解度
1—空气；2—氮气；3—氧气

示。水中溶解的气体对工业生产造成很大影响，例如，大规模集成电路（线宽 0.5～
0.25μm）生产用的超纯水中溶解氧浓度须小于 1μg/L；工业上的高压锅炉用水要求溶解氧
浓度须小于 0.05mg/L。宾馆和公寓内自来水中的溶解氧会加剧水管腐蚀，并产生水锈等污
染物。因此，也有必要除去自来水中的溶解氧。

　　从水中脱气的方法有多种。以水中脱氧为例，物理脱氧法包括加热法和真空脱气法，化
学脱氧法包括亚硫酸钠还原法等。膜法脱气是另一种处于发展中的脱气方法。

　　膜法液体脱气过程是气/液膜接触器的一种，如图 12-156 所示，是利用疏水性和透气性
的膜将液相和气相分开。在气压遵循道尔顿分压定律，即某一气体在气体混合物中产生的分
压等于在相同温度下单独占有整个容器时所产生的压力；而气体混合物的总压强等于其中各
气体分压之和。在液相遵循亨利定律，即在等温等压下，某种挥发性溶质（一般为气体）在
溶液中的溶解度与液面上该溶质的平衡压力成正比。当工作液流过疏水性中空纤维膜的一

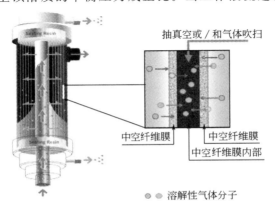

图 12-156　中空纤维脱气膜的技术原理

侧，在膜的另一侧进行负压抽真空，这就形成了气液两相间的分压梯度，即发生传质作用的驱动力。当与水接触的某气体的分压减少，那么溶解在水中的该气体的浓度也相应减少，即达到脱气目的。在应用过程中，中空纤维膜的比表面积非常大，水与膜充分接触，因而能达到很好的脱气效果。

从脱气膜的原理可以看出，如图 12-157 所示，主要是通过抽真空和吹扫的方式来降低溶解气体的分压，以达到脱气的目的[553]。中空纤维脱气膜的操作方式分为吹扫模式、气侧抽真空模式和组合模式，各种模式的操作方式和适用范围见表 12-77。

表 12-77　中空纤维膜脱气操作方式和适用范围

类型	操作方式	关键因素	适用气体
吹扫模式	采用与被脱除气体不同的气体进行吹扫，中空纤维内部被脱除气体的分压不断降低，从而将被脱除气体带到壳体外排除	脱除效率取决于吹扫气体的纯度	去除 CO_2 的最经济方法
真空模式	抽真空降低了壳程内的气体分压，使溶解性气体向气相移动，随后，气体通过真空泵排除	真空度越高，液相中的溶解气体浓度越低	去除全部溶解气体的方法
组合方式	一种抽真空与气体吹扫相结合的模式		去除 O_2 的最经济方法

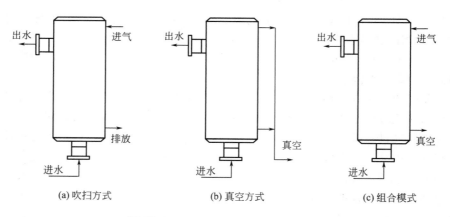

图 12-157　中空纤维脱气膜的操作方式

目前应用于脱气过程的中空纤维膜分为非多孔膜和多孔膜两种[206]。非多孔膜主要是由聚（4-甲基-1-戊烯）（PMP）为原料通过熔融拉伸制得，由多孔支撑层和无孔皮层组成。PMP 具有优异的气体透过性能，可制成厚度小于 $1\mu m$ 的无孔皮层，如图 12-158 所示。与多孔膜相比水蒸气的透过量少，操作稳定性高。多孔膜主要为聚丙烯（PP）微孔膜，代表产品为 Membrana 公司的 Liqui-Cel 系列液体脱气膜产品，如图 12-159 所示。液体脱气过程中多孔的中空纤维膜经过憎水处理后在膜壳内被捆扎成束。气体和液体分别在膜的内外两侧逆向流动，在脱气过程中要保证水不会透过多孔膜。水透过多孔膜时的压力称为穿透压，穿透压由多孔膜的疏水性、孔径分布所决定，是决定膜脱气过程运行稳定性的关键因素。

大日本油墨化学（Dainippon Ink and Chemicals）工业株式会社开发的以聚烯烃［聚(4-甲基-1-戊烯)］为材料的水中脱氧中空纤维膜组件。应用时，原料水走丝内，在丝外抽真空以产

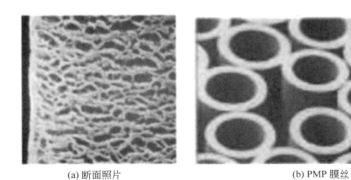

(a) 断面照片　　　　　　　　　　　(b) PMP 膜丝

图 12-158　PMP 中空纤维膜的结构

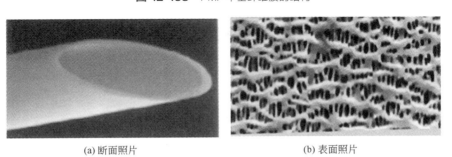

(a) 断面照片　　　　　　　　　　　(b) 表面照片

图 12-159　Liqui-Cel 分离膜的形态

生气体传递的推动力。图 12-160 表示该公司的 MJ-520 型脱气装置从水中脱氧的操作性能。

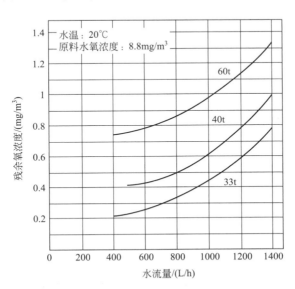

图 12-160　MJ-520 型脱气装置从水中脱氧的操作性能

12.8.8　体外膜肺氧合

体外膜肺氧合（extra corporeal membrane oxygenation，ECMO）是根据生物肺肺泡气

体交换原理设计的一种医疗器械，是目前最接近人体肺功能的人工器官。ECMO 俗称叶克膜、人工肺，是一种医疗急救技术设备。ECMO 过程主要包括血液泵、氧合器、插管和管道、变温水箱/热交换器、空氧混合调节器、监测系统等部分。其工作原理是将静脉血从体内引流到体外，经气体交换装置吸入氧排出二氧化碳后再用驱动泵将血液灌回体内，从而使心脏及肺脏得到充分休息，对于肺功能的支持可以有效改善低氧血症，避免了长期高氧吸入所致的氧中毒以及机械通气所致的气道损伤；对于心功能可以增加和维持心排量，改善全身循环灌注，保证了循环稳定，为心肺功能的恢复赢得时间。ECMO 系统构成见图 12-161。

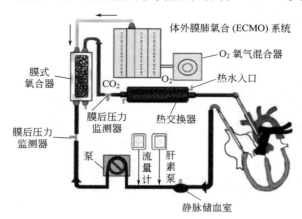

图 12-161　ECMO 系统构成

全球范围内，ECMO 系统的生产厂家仅有美国的美敦力、德国的理诺珐（索林）和瑞典的迈柯唯三家，我国目前尚无企业可以生产，其难点主要为驱动泵和氧合器。氧合器是 ECMO 系统中血液中氧气和二氧化碳的交换场所，是 ECMO 系统的核心部件。ECMO 过程要求氧合器具有高氧气交换效率、较小的预充体积、良好的抗血浆渗漏和抗凝血能力。

氧合器的发展经过三个阶段：第一阶段为鼓泡式氧合器，特点是血液与氧气直接接触，容易发生气栓，破坏血细胞；第二阶段为硅橡胶式氧合器，氧气交换效率低，预充体积大，容易发生凝血。第三阶段为中空纤维膜式，中空纤维膜装填密度高，预充体积小，减少凝血风险，是目前主流的商业化氧合器型式[554]。

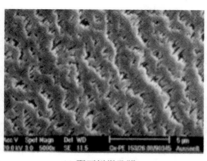

(a) 聚丙烯微孔膜　　　　　　　　　　(b) PMP 无孔膜

图 12-162　中空纤维膜式氧合器分离膜外表面电镜照片

用于氧合器的中空纤维膜分为有孔膜和无孔膜两种，如图 12-162 所示。有孔膜主要为聚丙烯（PP）微孔膜，利用熔融拉伸法制膜，氧气通过膜孔扩散到血液中。PP 膜疏水性好，具有一定的生物惰性，但长时间使用过程中仍会发生血浆渗漏，使用寿命短。无孔膜采用聚（4-甲基-1-戊烯）（PMP）材料，通过熔融拉伸法或热致相分离法成膜，氧气通过溶解扩散进入到血液中。PMP 材料具有良好的氧气透过性，可制成厚度仅为 $1\mu m$ 的无缺陷分离层，保持氧合器的氧气透过效率。在临床应用中，无孔膜可以有效抑制血浆渗漏，确保 EC-MO 过程长期稳定运行，在临床上可以稳定运行超过 30 天。表 12-78 列出了几种聚合物膜的渗透性能及结构参数等。

表 12-78　各种膜材料的透气性和分离层厚度

膜材料	氧气透气性/Barrer	二氧化碳透气性/Barrer	分离层厚度/μm	血浆透过
PDMS	600	3200	$100\sim200$	不易渗漏
PP	2.2	9.2	多孔膜	易渗漏
PMP	32.2	92.6	<1	不易渗漏

血液和气体分别在氧气器膜丝外腔和内腔流动，血液在氧合器中的流动状态对传热和气体交换效率有重要影响。如图 12-163 所示，现有的商业化氧合器都通过组件结构和膜丝排布方式对血液流动状态进行调控。组件结构分为矩形和圆筒形两种，目的是减少血液流动死区，降低凝血风险。膜丝排布分为平行式和交叉式，研究表明，膜丝内外径、交叉角度、装填密度对于氧合器的传热和气体交换效率有重要影响[555]。

图 12-163　氧合器中膜丝排布方式

在 ECMO 过程中，与血液接触的氧合器、管路等多采用疏水性高分子材料制备，生物相容性差，在与血液接触过程中容易发生凝血现象，造成 ECMO 过程氧合性能下降并引起严重的并发症。表面涂层技术是在氧合器内部、膜丝和管路等部件表面涂覆抗凝血涂层，抑制 ECMO 过程的凝血现象、保持系统稳定运行。目前商业化的 ECMO 系统都采用表面涂层方式提高管路和氧合器的抗凝血能力。按不同抗凝机理分类，表面抗凝涂层的功能基团分为抑制补体激活（白蛋白）、抑制凝血因子激活（肝素）和提高表面亲水性（两性离子、聚氧乙烯）三类[556]。具体的商业化氧合器表面抗凝涂层技术见表 12-79。

表 12-79　商业化氧合器的表面抗凝涂层技术

制造商	涂层技术	抗凝血功能基团
Medtronic	Carmeda	肝素
Maquet	Trilium	肝素、磺酸基团和聚氧乙烯
	Bioline	重组人血清白蛋白和肝素
	Safeline	合成白蛋白

续表

制造商	涂层技术	抗凝血功能基团
	SoftIine	两亲性聚合物
Terumo	X-Coating	聚（2-甲基丙烯酸羟乙酯）
Sorin	Smart-X	聚己内酰胺-聚二甲基硅氧烷-聚己内酰胺
	P. h. i. s. i. o.	磷酰胆碱

符号表

A	纯水渗透系数，$mol/(cm^2 \cdot s \cdot atm)$ 或 $m/(s \cdot Pa)$；膜的有效面积，cm^2
b	亲和参数
B	溶质（盐）渗透系数，m/s；盐透过性常数，cm/s
B_i	组分 i 的迁移率
C	交换容量，meq/g
ΔC	溶质（盐）的浓度差
C_1	主体溶液的浓度，%（质量分数）
C_2	透过液中溶质的浓度，%（质量分数）
C_+、C_-	正、负离子的浓度，mol/cm^3
C_A、C_B	进料气中组分 A、B 的浓度
$C_A{}'$、$C_B{}'$	通过膜的渗出气中 A、B 的浓度
C_H	Langmuir 吸附饱和参数
C_i	溶液中离子 i 的浓度，mol/cm^3
C_W	水在膜中浓度，mol/cm^3
$\overline{C_i}$	离子 i 在溶液里的浓度，mol/cm^3
$\overline{C_R}$	固定活性基离子浓度
$\overline{C_S}$	膜两侧溶液的平均浓度，无量纲
d_h	毛细管直径（水力直径）
D	扩散系数，cm^2/s
Da	Damkohler 数
E	过程能耗
E_m	膜电位
f	化学反应无量纲速率
$\overline{f_i}$	离子 i 在溶液中的活度系数
F	法拉第常数
F_g	透气速率，即单位时间通过单位面积膜的气体扩散速率

F_i	反应腔的流量
ΔG	混合自由能
h	膜两侧液面差
h_i	膜通量参数
H	膜厚
ΔH	溶解热
i	分子 i 对聚合物膜的塑化作用
I	通过膜对的电流强度
$I_{\lim}$	极限电流，A
$J+$、$J-$	在电位梯度下，正、负离子的迁移速率，$mol/(cm^2 \cdot s)$
J_i	组分 i 的渗透速率，$cm^3(STP)/(cm^2 \cdot s \cdot cmHg)$；组分 i 的渗透通量
$J_{i(d)}$	在化学梯度下，离子 i 在 x 方向上的扩散速率，$mol/(cm^2 \cdot s)$
J_s	溶质透过速率，$mol/(cm^2 \cdot s)$
J_t	运转 t 小时后的透过速率，$l/(m^2 \cdot h)$
k_D	亨利系数
k_g	气相传质系数
k_l	液相传质系数
k_m	膜相传质系数
K	膜蒸馏系数；溶质在膜与溶液间的分配系数
K_G	总传系数
K_i	吸附系数
K_s	盐的扩散系数
K_s^C、K_s^A	盐在阳膜和阴膜中的扩散系数
K_w^C、K_w^A	水在阳膜和阴膜中的扩散系数
K_w	水的浓差渗透系数
Kn	Knudsen 数
l_0	微孔的长度
L	毛细管的长度；丝长，m
L_p	水的渗透系数，$mol/(cm^2 \cdot s \cdot atm)$
m	膜的流量衰减系数；平均孔径；相平衡常数；质量
M	组分 i 透过膜的渗透量，g
M_S	溶质分子量
M_w	水分子量
N	单位膜面积内的孔道数目；膜对数量
N_s	膜堆的组装对数
p	吸附压力
Δp	水力压差；进料侧与透过测得压力差（跨膜压差）

p_1，p_2	气体分压
Δp_i	膜两侧蒸气压差
P	气体渗透系数，cm^3（STP）$\cdot cm/(cm^2 \cdot s \cdot cmHg)$
ΔP	膜两侧压力差，atm
P_i	渗透腔、反应腔压力比
q	膜所移动的气体量；组分 i 单位时间透过体积，cm^3/s
Q	进料液流量；膜堆的产水量，m^3/h
Q_i	渗透腔的流量；气体 i 渗透通过膜的总通量
r	微孔的半径
R	溶质截留率；气体常数；一个膜对的电阻
R_E	溶质的表观截留率
R_i	各层阻力
R_m	膜电阻，$\Omega \cdot cm^2$
S	膜的有效面积，m^2；溶解度参数
S_{mt}	膜有效面积，cm^2
t	隔板的厚度，cm；操作时间，h；运转时间，h；纯水层的厚度；临界孔径半径
$\bar{t}$	阴阳离子的迁移数
T	热力学温度，K
ΔT	体系的温差
u_i	膜分离系数
U	有效传热系数；原料气流量，m^3/s
V	渗透气流量，m^3/s；透过液的体积，L
V_x	流体在 x 方向上的平均流速，取流体重心的运动速率，cm/s
$\overline{V}_1$、$\overline{V}_2$	分子的平均速度
$\overline{V}_l$	在离子交换膜微孔中，液体重心的运动速度，cm/s
W	隔板的宽度，cm
x	x 方向上的距离，cm；垂直于膜面方向上的距离，cm；距高浓度侧膜表面的位置；膜中位置
x_A、x_B	原料液中 A 与 B 两种组分的物质的量分数
x_i	原料气 i 组分物质的量浓度
y_A、y_B	渗透物中 A 与 B 两种组分的物质的量分数
y_F、x_F	易渗透组分在渗透物和原料液中的物质的量分数
y_i	渗透气 i 组分物质的量浓度
Z	离反应器进口端的无量纲距离；分离效率
α	气体分离系数；实际分离系数；分离因子；催化活性；气体 A 和 B 的理想分离系数；液相中活度
$\alpha_{A/B}$	膜对组分 A、B 的分离系数

$\overline{\alpha}$	膜相中的活度
β	化学增强因子；水的电渗析系数；增浓系数
γ_i	组分 i 的活度系数
δ	膜厚，cm
δ_{di}	色散分量
δ_{hi}	氢键分量
δ_{pi}	极性分量
ε	表面孔隙率
η	电流效率；流体的黏度，$\eta_{水}(20℃)=10^{-3}\,\text{Pa·s}$
θ	滞后时间
κ_1	与水的扩散有关的膜常数
κ_2	与孔内流动有关的膜常数
κ_3	与溶质扩散有关的膜常数
λ	气体的平均自由程
μ	液相的化学位
$\overline{\mu}$	膜相的化学位
μ_i	组分 i 的化学位
$\dfrac{\mathrm{d}\mu_i}{\mathrm{d}x}$	离子 i 在 x 方向上的化学位梯度，$\text{J}/(\text{mol}^3·\text{cm}^3)$
μ_i	溶液中离子 i 的淌度，$\text{mol·cm}^2/(\text{J·s})$；组分 i 的化学势；组分 i 的物质的量体积
ν	平均速度
ν_+	1mol 电解质完全解离的阳离子数
ν_-	1mol 电解质完全解离的阴离子数
ν_{pore}	毛细管内的流速
ν_i	组分 i 的活度系数
π	渗透压，atm
$\Delta\pi$	膜两侧的渗透压差；溶液渗透压差，atm
σ	膜的反射系数（大多数实用反渗透膜的 σ 接近 1）
τ	膜孔曲折因子
φ	电位，V
φ_i	溶质的校正系数
ω	溶质的渗透系数，$\text{mol}/(\text{cm}^2·\text{s·atm})$

参考文献

[1]　Ravanchi M T, Kaghazchi T, Kargari A, et al. Application of membrane separation processes in petrochemi-cal industry: A review [J]. Desalination, 2009, 235 (1-3): 199-244.

［2］ 张卫风，马伟春，邱雪霏. 二氧化碳吸收剂富液再生的研究进展 ［J］. 应用化工，2017，46（09）：1822-1826.

［3］ Bernardo P, Drioli E, Golemme G. Membrane gas separation: A review/state of the art ［J］. Ind Eng Chem Res, 2009, 48（10）：4638-4663.

［4］ Mitchell J K. On the penetrativeness of fluid ［J］. Journal of Membrane Science, 1995, 100（1）：11-16.

［5］ Graham T. On the absorption and dialytic separation of gases by colloid septa. 1. Action of a septum of caoutchouc ［J］. Journal of Membrane Science, 1995, 100（1）：27-31.

［6］ Weller S, Steiner W A. Separation of gases by fractional permeation through membranes ［J］. Journal of Applied Physics, 1950, 21（4）：279-283.

［7］ Brubaker D W, Kammermeyer K. Separation of gases by plastic membranes-permeation rates and extent of separation ［J］. Industrial and Engineering Chemistry, 1954, 46（4）：733-739.

［8］ Stern S A, Sinclair T F, Gareis P J, et al. Helium recovery by permeation ［J］. Industrial and Engineering Chemistry, 1965, 57（2）：49-60.

［9］ Loeb S, Sourirajan S. Sea water demineralization by means of an osmotic membrane ［J］. Adv Chem Ser, 1963, 38: 117-132.

［10］ Kenneth D Vos, Burris F O J R. Dry cellulose acetate reverse osmosis membranes ［J］. I & EC Proc Des Dev, 1969, 8: 84-89.

［11］ Gardner R J, Crane R A, Hannan J F. Hollow fiber permeation for separation gases ［J］. Chemical Engineering Progress, 1977, 73（10）：76-78.

［12］ Henis J M S, Tripodi M K. A novel-approach to gas separations using composite hollow fiber membranes ［J］. Separation Science and Technology, 1980, 15（4）：1059-1068.

［13］ Henis J M S, Tripodi M K. The developing technology of gas separation membranes ［J］. Science, 1983, 220（4592）：11-17.

［14］ Fritzsche A K, Murphy M K, Cruse C A, et al. Characterization of asymmetric hollow fiber membranes with graded-density skins ［J］. Gas Separation & Purification, 1989, 3（3）：106-116.

［15］ Kesting, Robert E Fritzsche, Alfred K Murphy, et al. Asymmetric gas separation membranes having graded density skin: US 4880441 ［P］, 1989-11-14.

［16］ Baker R W, Simmons V L, Kaschemekat J, et al. Membrane systems for VOC recovery from air streams ［J］. Filtr Sep, 1994, 31（3）：231-235.

［17］ Wang L, Corriou J P, Castel C, et al. A critical review of cyclic transient membrane gas separation processes: State of the art, opportunities and limitations ［J］. Journal of Membrane Science, 2011, 383（1-2）：170-188.

［18］ 段翠佳，曹义鸣，介兴明. 金属有机骨架材料/聚酰亚胺混合基质膜的制备及气体分离性能 ［J］. 高等学校化学学报，2014，35（7）：1584-1589.

［19］ Baker R W. Future directions of membrane gas separation technology ［J］. Ind Eng Chem Res, 2002, 41（6）：1393-1411.

［20］ Nunes S P, Peinemann K V. Membrane technology: In the chemical industry, second, revised and extended edition ［M］. Wiley-VCH Verlag GmbH & Co. KGaA, 2006.

［21］ 周琪，张俐娜. 气体分离膜研究进展 ［J］. 化学通报，2001，64（1）：18-25.

［22］ Robeson L M. Correlation of separation factor versus permeability for polymeric membranes ［J］. Journal of Membrane Science, 1991, 62（2）：165-185.

［23］ Qin J J, Chung T S, Cao C, et al. Effect of temperature on intrinsic permeation properties of 6FDA-Durene/1, 3-phenylenediamine（mPDA）copolyimide and fabrication of its hollow fiber membranes for CO_2/CH_4 separation ［J］. J Membr Sci, 2005, 250（1-2）：95-103.

［24］ Morrissey P, Vesely D, Cooley G. Stability of sulphonate type membranes in aqueous bromine/bromide environments ［J］. J Membr Sci, 2005, 247（1-2）：169-178.

［25］ George S C, Thomas S. Transport phenomena through polymeric systems ［J］. Prog Polym Sci, 2001,

26（6）：985-1017.

[26] Jue M L, Lively R P. Targeted gas separations through polymer membrane functionalization [J]. React Funct Polym, 2015, 86: 88-110.

[27] 汪锰，王湛，李政雄. 膜材料及其制备 [M]. 北京：化学工业出版社，2003.

[28] Gardner J S, Walker J O, Lamb J D. Permeability and durability effects of cellulose polymer variation in polymer inclusion membranes [J]. J Membr Sci, 2004, 229（1-2）：87-93.

[29] 介兴明. 溶剂法纤维素中空纤维膜的制备与性能研究 [D]. 中国科学院大连化学物理研究所，2005.

[30] Tan T, Zhean X, Feng X, et al. Research progress of polymeric matrix membrane materials for gas separation [J]. New Chemical Materials, 2012, 40（10）：4-5.

[31] Camacho Z C, Ruiz T F A, Hernandez L S, et al. Aromatic polysulfone copolymers for gas separation membrane applications [J]. J Membr Sci, 2009, 340（1-2）：221-226.

[32] Ismail A F, Lorna W. Suppression of plasticization in polysulfone membranes for gas separations by heat-treatment technique [J]. Sep Purif Technol, 2003, 30（1）：37-46.

[33] Powell C E, Qiao G G. Polymeric CO_2/N_2 gas separation membranes for the capture of carbon dioxide from power plant flue gases [J]. J Membr Sci, 2006, 279（1-2）：1-49.

[34] Gopalani D, Kumar S, Jodha A S, et al. A novel method for production of polyester films-based nuclear track microfilters [J]. J Membrane Sci, 2000, 178（1-2）：93-98.

[35] Eash H J, Jones H M, Hattler B G, et al. Evaluation of plasma resistant hollow fiber membranes for artificial lungs [J]. Asaio J, 2004, 50（5）：491-497.

[36] Sa-nguanruksa J, Rujiravanit R, Supaphol P, et al. Porous polyethylene membranes by template-leaching technique: Preparation and characterization [J]. Polym Test, 2004, 23（1）：91-99.

[37] Peng F B, Liu J Q, Li J T. Analysis of the gas transport performance through PDMS/PS composite membranes using the resistances-in-series model [J]. Journal of Membrane Science, 2003, 222（1-2）：225-234.

[38] Sadrzadeh M, Amirilargani M, Shahidi K, et al. Gas permeation through a synthesized composite PDMS/PES membrane [J]. J Membr Sci, 2009, 342（1-2）：236-250.

[39] Vopicka O, De Angelis M G, Sarti G C. Mixed gas sorption in glassy polymeric membranes: I. CO_2/CH_4 and $n-C_4/CH_4$ mixtures sorption in poly（1-trimethylsilyl-1-propyne）（PTMSP）[J]. J Membr Sci, 2014, 449: 97-108.

[40] Olivieri L, Meneguzzo S, Ligi S, et al. Reducing ageing of thin PTMSP films by incorporating graphene and graphene oxide: Effect of thickness, gas type and temperature [J]. J Membr Sci, 2018, 555: 258-267.

[41] 王汉利，单体美，王磊. 无定型含氟聚合物的制备及其在气体分离膜领域的研究进展 [J]. 有机氟工业，2018，（02）：21-29.

[42] Fang M F, Okamoto Y, Koike Y, et al. Gas separation membranes prepared with copolymers of perfluoro（2-methylene-4,5-dimethyl-1,3-dioxlane）and chlorotrifluoroethylene [J]. J Fluor Chem, 2016, 188: 18-22.

[43] Mikawa M, Nagaoka S, Kawakami H. Gas transport properties and molecular motions of 6FDA copolyimides [J]. J Membr Sci, 1999, 163（2）：167-176.

[44] Park H B, Kim C K, Lee Y M. Gas separation properties of polysiloxane/polyether mixed soft segment urethane urea membranes [J]. J Membr Sci, 2002, 204（1-2）：257-269.

[45] Gomes D, Peinemann K V, Nunes S P, et al. Gas transport properties of segmented poly（ether siloxane urethane urea）membranes [J]. J Membr Sci, 2006, 281（1-2）：747-753.

[46] Staudt-Bickel C, Koros W J. Improvement of CO_2/CH_4 separation characteristics of polyimides by chemical crosslinking [J]. J Membr Sci, 1999, 155（1）：145-154.

[47] Hillock A M W, Koros W J. Cross-linkable polyimide membrane for natural gas purification and carbon dioxide plasticization reduction [J]. Macromolecules, 2007, 40（3）：583-587.

[48] Vanherck K, Koeckelberghs G, Vankelecom I F J. Crosslinking polyimides for membrane applications: A review [J]. Prog Polym Sci, 2013, 38（6）: 874-896.

[49] Liu Y, Wang R, Chung T S. Chemical cross-linking modification of polyimide membranes for gas separation [J]. J Membr Sci, 2001, 189（2）: 231-239.

[50] 徐南平 邢卫红，赵宜江. 无机膜分离技术与应用 [M]. 北京: 化学工业出版社，2003: 1-3.

[51] Alique D, Martinez-Diaz D, Sanz R, et al. Review of supported Pd-based membranes preparation by electroless plating for ultra-pure hydrogen production [J]. Membranes, 2018, 8（1）: 39.

[52] Sholl D S, Ma Y H. Dense metal membranes for the production of high-purity hydrogen [J]. MRS Bull, 2006, 31（10）: 770-773.

[53] Li H, Caravella A, Xu H Y. Recent progress in Pd-based composite membranes [J]. J Mater Chem A, 2016, 4（37）: 14069-14094.

[54] Paglieri S N, Way J D. Innovations in palladium membrane research [J]. Sep Purif Methods, 2002, 31（1）: 1-169.

[55] Shu J, Grandjean B P A, Kaliaguine S, et al. Hysteresis in hydrogen permeation through palladium membranes [J]. J Chem Soc-Faraday Trans, 1996, 92（15）: 2745-2751.

[56] Juenker D W, Vanswaay M, Birchenall C E. On the use of palladium diffusion membranes for the purification of hydrogen [J]. Rev Sci Instrum, 1955, 26（9）: 888.

[57] Elkina I B, Meldon J H. Hydrogen transport in palladium membranes [J]. Desalination, 2002, 147（1-3）: 445-448.

[58] Wise M L H, Farr J P G, Harris I R. X-Ray studies of alpha-beta miscibility gaps of some palladium solid solution hydrogen systems [J]. Journal of the Less-Common Metals, 1975, 41（1）: 115-127.

[59] Gao H Y, Lin Y S, Li Y D, et al. Chemical stability and its improvement of palladium-based metallic membranes [J]. Ind Eng Chem Res, 2004, 43（22）: 6920-6930.

[60] Haydn M, Ortner K, Franco T, et al. Metal-supported palladium membranes for hydrogen separation [J]. Powder Metall, 2015, 58（4）: 250-253.

[61] David E, Kopac J. Devlopment of palladium/ceramic membranes for hydrogen separation [J]. Int J Hydrog Energy, 2011, 36（7）: 4498-4506.

[62] Li H, Goldbach A, Li W Z, et al. Pdc Formation in ultra-thin Pd membranes during separation of H_2/CO mixtures [J]. J Membr Sci, 2007, 299（1-2）: 130-137.

[63] Budd P M, Elabas E S, Ghanem B S, et al. Solution-processed, organophilic membrane derived from a polymer of intrinsic microporosity [J]. Adv Mater, 2004, 16（5）: 456-459.

[64] Budd P M, Ghanem B S, Makhseed S, et al. Polymers of intrinsic microporosity（PIMs）: Robust, solution-processable, organic nanoporous materials [J]. Chem Commun, 2004, （2）: 230-231.

[65] McKeown N B, Budd P M. Polymers of intrinsic microporosity（PIMs）: Organic materials for membrane separations, heterogeneous catalysis and hydrogen storage [J]. Chem Soc Rev, 2006, 35（8）: 675-683.

[66] Bezzu C G, Carta M, Tonkins A, et al. A spirobifluorene-based polymer of intrinsic microporosity with improved performance for gas separation [J]. Adv Mater, 2012, 24（44）: 5930-5933.

[67] 傅麟翔. 基于三蝶烯的耐溶胀抗老化固有微孔聚合物（PIMs）气体分离膜材料的研发 [D]. 北京化工大学，2017.

[68] 王正宫. 特勒格碱基自具微孔聚合物气体分离膜 [D]. 中国科学院大学，2019.

[69] Kim S, Lee Y M. Rigid and microporous polymers for gas separation membranes [J]. Progress In Polymer Science, 2015, 43: 1-32.

[70] Park H B, Jung C H, Lee Y M, et al. Polymers with cavities tuned for fast selective transport of small molecules and ions [J]. Science, 2007, 318（5848）: 254-258.

[71] Park C H, Tocci E, Kim S, et al. A simulation study on oh-containing polyimide（HPI）and thermally rear-

ranged polybenzoxazoles （ Tr-Pbo ）: Relationship between gas transport properties and free volume morphology [J]. J Phys Chem B, 2014, 118 (10): 2746-2757.

[72] Rizzuto C, Caravella A, Brunetti A, et al. Sorption and diffusion of CO_2/N_2 in gas mixture in thermally-rearranged polymeric membranes: A molecular investigation [J]. J Membr Sci, 2017, 528: 135-146.

[73] Lee J, Kim J S, Moon S Y, et al. Dimensionally-controlled densification in crosslinked thermally rearranged （ XTR ） hollow fiber membranes for CO_2 capture [J]. J Membr Sci, 2020, 595.

[74] Li S, Jo H J, Han S H, et al. Mechanically robust thermally rearranged （ Tr ） polymer membranes with spirobisindane for gas separation [J]. J Membr Sci, 2013, 434: 137-147.

[75] Luo S J, Liu J Y, Lin H Q, et al. Preparation and gas transport properties of triptycene-containing polybenzoxazole （ Pbo ）-based polymers derived from thermal rearrangement （ Tr ） and thermal cyclodehydration （ Tc ） processes [J]. J Mater Chem A, 2016, 4 (43): 17050-17062.

[76] Do Y S, Seong J G, Kim S, et al. Thermally rearranged （ Tr ） poly （ benzoxazole-co-amide ） membranes for hydrogen separation derived from 3, 3′-dihydroxy-4, 4′-diamino-biphenyl （ Hab ）, 4, 4′-oxydianiline （ Oda ） and isophthaloyl chloride （ Ipcl ） [J]. J Membr Sci, 2013, 446: 294-302.

[77] Jiang X W, Xiao X A, Dong J, et al. Effects of non-tr-able codiamines and rearrangement conditions on the chain packing and gas separation performance of thermally rearranged poly （ benzoxazole-co-imide ） membranes [J]. J Membr Sci, 2018, 564: 605-616.

[78] Calle M, Doherty C M, Hill A J, et al. Cross-linked thermally rearranged poly （ benzoxazole-co-imide ） membranes for gas separation [J]. Macromolecules, 2013, 46 (20): 8179-8189.

[79] Jo H J, Soo C Y, Dong G, et al. Thermally rearranged poly （ benzoxazole-co-imide ） membranes with superior mechanical strength for gas separation obtained by tuning chain rigidity [J]. Macromolecules, 2015, 48 (7): 2194-2202.

[80] Lee J, Kim J S, Kim J F, et al. Densification-induced hollow fiber membranes using crosslinked thermally rearranged （ XTR ） polymer for CO_2 capture [J]. J Membr Sci, 2019, 573: 393-402.

[81] Japip S, Erifin S, Chung T S. Reduced thermal rearrangement temperature via formation of zeolitic imidazolate framework （ zif ）-8-based nanocomposites for hydrogen purification [J]. Sep Purif Technol, 2019, 212: 965-973.

[82] Smith S J D, Hou R J, Lau C H, et al. Highly permeable thermally rearranged mixed matrix membranes （ Tr-Mmm ） [J]. J Membr Sci, 2019, 585: 260-270.

[83] Vu D Q, Koros W J, Miller S J. Mixed matrix membranes using carbon molecular sieves- I . preparation and experimental results [J]. J Membr Sci, 2003, 211 (2): 311-334.

[84] Adams R, Carson C, Ward J, et al. Metal organic framework mixed matrix membranes for gas separations [J]. Microporous Mesoporous Mat, 2010, 131 (1-3): 13-20.

[85] Chung T S, Jiang L Y, Li Y, et al. Mixed matrix membranes （ Mmms ） comprising organic polymers with dispersed inorganic fillers for gas separation [J]. Prog Polym Sci, 2007, 32 (4): 483-507.

[86] Huang Z, Li Y, Wen R, et al. Enhanced gas separation properties by using nanostructured pes-zeolite 4a mixed matrix membranes [J]. J Appl Polym Sci, 2006, 101 (6): 3800-3805.

[87] Ismail A F, Goh P S, Sanip S M, et al. Transport and separation properties of carbon nanotube-mixed matrix membrane [J]. Sep Purif Technol, 2009, 70 (1): 12-26.

[88] Kanehashi S, Gu H, Shindo R, et al. Gas permeation and separation properties of polyimide/ZSM-5 zeolite composite membranes containing liquid sulfolane [J]. J Appl Polym Sci, 2013, 128 (6): 3814-3823.

[89] Perez E V, Balkus K J, Ferraris J P, et al. Mixed-matrix membranes containing MOF-5 for gas separations [J]. J Membr Sci, 2009, 328 (1-2): 165-173.

[90] Suzuki T, Yamada Y. Synthesis and gas transport properties of novel hyperbranched polyimide-silica hybrid membranes [J]. J Appl Polym Sci, 2013, 127 (1): 316-322.

[91] Zhang Y F, Musseman I H, Ferraris J P, et al. Gas permeability properties of matrimid （ R ） membranes

containing the metal-organic framework Cu-Bpy-Hfs［J］. J Membr Sci, 2008, 313（1-2）: 170-181.

［92］ Zornoza B, Tellez C, Coronas J, et al. Metal organic framework based mixed matrix membranes: An increasingly important field of research with a large application potential［J］. Microporous and Mesoporous Materials, 2013, 166: 67-78.

［93］ Qiao Z H, Wang Z, Zhang C X, et al. PVAm-PIP/PS composite membrane with high performance for CO_2/N_2 separation［J］. Aiche Journal, 2013, 59（1）: 215-228.

［94］ Li S C, Wang Z, Yu X W, et al. High-performance membranes with multi-permselectivity for CO_2 separation［J］. Advanced Materials, 2012, 24（24）: 3196-3200.

［95］ Henis J M S, Tripodi M K. Multicomponent membranes for gas separations: US, 4230463［P］. 1980-10-28.

［96］ Tsuru T, Yamaguchi K, Yoshioka T, et al. Methane steam reforming by microporous catalytic membrane reactors［J］. Aiche Journal, 2010, 50（11）: 2794-2805.

［97］ Gantzel P K, Merten U. Gas Separations with high-flux cellulose acetate membranes［J］. Industrial & Engineering Chemistry Process Design & Development, 1970, 9（2）: 331-332.

［98］ Fryčová M, Sysel P, Hrabánek P, et al. Helium permeation through mixed matrix membranes based on polyimides and silicalite-1［J］. Diff Fundam, 2009, 11: 1-2.

［99］ Li H, Freeman B D, Ekiner O M. Gas permeation properties of poly（urethane-urea）S containing different polyethers［J］. Journal of Membrane Science, 2011, 369（1）: 49-58.

［100］ Zadhoush A, Hosseini S S, Mousavi S M. The importance and influence of rheological characteristics of polymer solutions in phase inversion process and morphology of polymeric membranes［J］. Iranian Journal of Polymer Science & Technology（PERSIAN）, 2016, 28（5）: 351-371.

［101］ Langsam M, Anand M, Karwacki E J. Substituted propyne polymers: I. Chemical surface modification of poly［1-（trimethylsilyl］propyne］for gas separation membranes［J］. Gas Separation & Purification, 1988, 2（4）: 162-170.

［102］ Tae-Han Kim, Koros W, Ronaldhusk G. Advanced gas separation membrane materials: Rigid aromatic polyimides［J］. Separation Science, 1988, 23（12-13）: 1611-1626.

［103］ Swaidan R, Ghanem B S, Litwiller E, et al. Pure-and mixed-gas CO_2/CH_4 separation properties of PIM-1 and an amidoxime-functionalized PIM-1［J］. Journal of Membrane Science, 2014, 457: 95-102.

［104］ Guzmán-Gutierrez M T, Ruiz-Treviño F A, Zolutukhin M, et al. Gas transport properties of high free volume polyarylates based on isophthalic/terephthalic acid chloride mixtures［J］. Journal of Membrane Science, 2007, 305（1）: 347-352.

［105］ Ahn J, Chung W-J, Pinnau I, et al. Polysulfone/Silica nanoparticle mixed-matrix membranes for gas separation［J］. Journal of Membrane Science, 2008, 314（1）: 123-133.

［106］ Bushell A F, Attfield M P, Mason C R, et al. Gas permeation parameters of mixed matrix membranes based on the polymer of intrinsic microporosity PIM-1 and the zeolitic imidazolate framework ZIF-8［J］. Journal of Membrane Science, 2013, 427: 48-62.

［107］ Takahashi S, Paul D R. Gas permeation in poly（ether imide）nanocomposite membranes based on surface-treated silica. Part 1: Without chemical coupling to matrix［J］. Polymer, 2006, 47（21）: 7519-7534.

［108］ Gomes D, Nunes S P, Peinemann K-V. Membranes for gas separation based on poly（1-trimethylsilyl-1-propyne）-silica nanocomposites［J］. Journal of Membrane Science, 2005, 246（1）: 13-25.

［109］ Lau C H, Li P, Li F Y, et al. Reverse-selective polymeric membranes for gas separations［J］. Progress in Polymer Science, 2013, 38（5）: 740-766.

［110］ Koros W J, Chan A H, Paul D R. Sorption and transport of various gases in polycarbonate［J］. Journal of Membrane Science, 1977, 2（2）: 165-190.

［111］ Kim J H, Ha S Y, Nam S Y, et al. Selective permeation of CO_2 through pore-filled polyacrylonitrile membrane with poly（ethylene glycol）［J］. Journal of Membrane Science, 2001, 186（1）: 97-107.

［112］ Lau C H, Li P, Li F, et al. Reverse-selective polymeric membranes for gas separations ［J］. Progress in Polymer Science, 2013, 38（5）: 740-766.

［113］ Carta M, Croad M, Malpass-Evans R, et al. Triptycene induced enhancement of membrane gas selectivity for microporous troger's base polymers ［J］. Advanced Materials, 2014, 26（21）: 3526-3531.

［114］ Comesaña-G á ndara B, Calle M, Jo H J, et al. Thermally rearranged polybenzoxazoles membranes with biphenyl moieties: Monomer isomeric effect ［J］. Journal of Membrane Science, 2014, 450: 369-379.

［115］ Shiflett M B, Foley H C. Ultrasonic deposition of high-selectivity nanoporous carbon membranes ［J］. Science, 1999, 285（5435）: 1902-1905.

［116］ Vu D Q, Koros W J, Miller S J. Effect of condensable impurity in CO_2/CH_4 gas feeds on performance of mixed matrix membranes using carbon molecular sieves ［J］. Journal of Membrane Science, 2003, 221（1）: 233-239.

［117］ Moaddeb M, Koros W J. Gas transport properties of thin polymeric membranes in the presence of silicon dioxide particles ［J］. Journal of Membrane Science, 1997, 125（1）: 143-163.

［118］ Mahajan R, Koros W J. Factors controlling successful formation of mixed-matrix gas separation materials ［J］. Industrial & Engineering Chemistry Research, 2000, 39（8）: 2692-2696.

［119］ Wang H, Holmberg B A, Yan Y. Homogeneous polymer-zeolite nanocomposite membranes by incorporating dispersible template-removed zeolite nanocrystals ［J］. Journal of Materials Chemistry, 2002, 12（12）: 3640-3643.

［120］ Li Y, Chung T-S, Cao C, et al. The effects of polymer chain rigidification, zeolite pore size and pore blockage on polyethersulfone（PES）-zeolite a mixed matrix membranes ［J］. Journal of Membrane Science, 2005, 260（1）: 45-55.

［121］ Shao Z, Xiong G, Tong J, et al. Ba effect in doped Sr（$Co_{0.8}Fe_{0.2}$）$O_{3-\delta}$ on the phase structure and oxygen permeation properties of the dense ceramic membranes ［J］. Separation and Purification Technology, 2001, 25（1）: 419-429.

［122］ Nunes S P, Peinemann K V. Membrane technology: In the chemical industry ［M］. Wiley-VCH, 2001.

［123］ Liu S L, Shao L, Mei L C, et al. Recent progress in the design of advanced peo-containing membranes for CO_2 removal ［J］. Progress in Polymer Science, 2013, 38（7）: 1089-1120.

［124］ Lin H Q, Freeman B D. Gas and vapor solubility in cross-linked poly（ethylene glycol diacrylate）［J］. Macromolecules, 2005, 38（20）: 8394-8407.

［125］ Lin H Q, Kai T, Freeman B D, et al. The effect of cross-linking on gas permeability in cross-linked poly（ethylene glycol diacrylate）［J］. Macromolecules, 2005, 38（20）: 8381-8393.

［126］ Lin H Q, Gupta R P. Plasticization-enhanced hydrogen purification using polymeric membranes ［J］. Science, 2006, 311（5761）: 639-642.

［127］ Car A, Stropnik C, Yave W, et al. Tailor-made polymeric membranes based on segmented block copolymers for CO_2 separation ［J］. Advanced Functional Materials, 2010, 18（18）: 2815-2823.

［128］ Chen H, Xiao Y, Chung T S. Synthesis and characterization of poly（ethylene oxide）containing copolyimides for hydrogen purification ［J］. Polymer, 2010, 51（18）: 4077-4086.

［129］ Reijerkerk S R, Arun A, Gaymans R J, et al. Tuning of mass transport properties of multi-block copolymers for CO_2 capture applications ［J］. Journal of Membrane Science, 2010, 359（1）: 54-63.

［130］ Yave W, Szymczyk A, Yave N, et al. Design, synthesis, characterization and optimization of Ptt-B-Peo copolymers: A new membrane material for CO_2 separation ［J］. Journal of Membrane Science, 2010, 362（1）: 407-416.

［131］ Yave W, Car A, Wind J, et al. Nanometric thin film membranes manufactured on square meter scale: Ultra-thin films for CO_2 capture ［J］. Nanotechnology, 2010, 21（39）: 395301.

［132］ Merkel T C, Wei X, He Z, et al. Selective exhaust gas recycle with membranes for CO_2 capture from natural gas combined cycle power plants ［J］. Industrial & Engineering Chemistry Research, 2013, 52（3）:

1150-1159.

[133] Budd P M, Msayib K J, Tattershall C E, et al. Gas separation membranes from polymers of intrinsic micro-porosity [J]. Journal of Membrane Science, 2005, 251 (1-2): 263-269.

[134] Du N, Park H B, Robertson G P, et al. Polymer nanosieve membranes for CO_2-capture applications [J]. Nature Materials, 2011, 10 (5): 372-375.

[135] Teramoto M, Takeuchi N, Maki T, et al. Facilitated transport of CO_2 through liquid membrane accompanied by permeation of carrier solution [J]. Separation & Purification Technology, 2002, 27 (1): 25-31.

[136] Quinn R, Laciak D V. Polyelectrolyte membranes for acid gas separations [J]. Journal of Membrane Science, 1997, 131 (1): 49-60.

[137] Bredesen R, Jordal K, Bolland O. High-temperature membranes in power generation with CO capture [J]. Chemical Engineering & Processing Process Intensification, 2004, 43 (9): 1129-1158.

[138] Ismail A F, David L I B. A review on the latest development of carbon membranes for gas separation [J]. Journal of Membrane Science, 2001, 193 (1): 1-18.

[139] Saufi S M, Ismail A F. Fabrication of carbon membranes for gas separation--a review [J]. Carbon, 2004, 42 (2): 241-259.

[140] 刘庆岭，王同华，王楠，等. 炭膜的功能化及其在气体分离上的应用 [J]. 膜科学与技术, 2008, 28 (4): 91-96.

[141] Salleh W N W, Ismail A F, Abdullah T M, et al. Precursor selection and process conditions in the prepara-tion of carbon membrane for gas separation: A review [J]. Separation & Purification Reviews, 2011, 40 (4): 261-311.

[142] Suda H, Haraya K. Gas permeation through micropores of carbon molecular sieve membranes derived from kapton polyimide [J]. The Journal of Physical Chemistry B, 1997, 101 (20): 3988-3994.

[143] Hayashi J, Yamamoto M, Kusakabe K, et al. Simultaneous improvement of permeance and permselectivity of 3,3′, 4,4′-biphenyltetracarboxylic dianhydride-4,4′-oxydianiline polyimide membrane by carbonization [J]. Industrial & Engineering Chemistry Research, 1995, 34 (12): 4364-4370.

[144] Zhao X, Wang T, Lin L I, et al. Fabrication of Fe/C hybrid carbon membranes for gas separation [J]. Journal of the Chemical Industry & Engineering Society of China, 2009, 60 (9): 2232-2236.

[145] Zhou W, Yoshino M, Hidetoshi Kita A, et al. Carbon molecular sieve membranes derived from phenolic resin with a pendant sulfonic acid group [J]. Indengchemres, 2001, 40 (22): 4801-4807.

[146] 孙美悦，李琳，张萍萍，等. P25杂化炭膜的制备及其气体分离性能 [J]. 无机材料学报, 2013, 28 (5): 485-490.

[147] Shin D W, Hyun S H, Cho C H, et al. Synthesis and CO_2/N_2 gas permeation characteristics of ZSM-5 zeolite membranes [J]. Microporous and Mesoporous Materials, 2005, 85 (3): 313-323.

[148] van den Broeke L J P, Kapteijn F, Moulijn J A. Transport and separation properties of a silicalite-1 membrane—ii. Variable separation factor [J]. Chemical Engineering Science, 1999, 54 (2): 259-269.

[149] Bakker W J W, Kapteijn F, Poppe J, et al. Permeation characteristics of a metal-supported silicalite-1 zeo-lite membrane [J]. Journal of Membrane Science, 1996, 117 (1): 57-78.

[150] Hasegawa Y, Watanabe K, Kusakabe K, et al. The separation of CO_2 using y-type zeolite membranes ion-exchanged with alkali metal cations [J]. Separation and Purification Technology, 2001, 22-23: 319-325.

[151] Poshusta J C, Tuan V A, Falconer J L, et al. Synthesis and permeation properties of SAPO-34 tubular membranes [J]. Industrial & Engineering Chemistry Research, 1998, 37 (10): 3924-3929.

[152] Kusakabe K, Kuroda T, Uchino K, et al. Gas permeation properties of ion-exchanged Faujasite-type zeolite membranes [J]. AIChE Journal, 1999, 45 (6): 1220-1226.

[153] Alshebani A, Pera M, Landrivon E, et al. Nanocomposite MFI-ceramic hollow fibres: Prospects for CO_2

separation [J]. Microporous and Mesoporous Materials, 2008, 115 (1): 197-205.

[154] Hailing G, Guangshan Z, Hua L, et al. Hierarchical growth of large-scale ordered zeolite silicalite-1 membranes with high permeability and selectivity for recycling CO_2 [J]. Angewandte Chemie International Edition, 2006, 45 (42): 7053-7056.

[155] Venna S R, Carreon M A. Metal organic framework membranes for carbon dioxide separation [J]. Chemical Engineering Science, 2015, 124: 3-19.

[156] Peng Y, Li Y, Ban Y, et al. Metal-organic framework nanosheets as building blocks for molecular sieving membranes [J]. Science, 2014, 346 (6215): 1356-1359.

[157] Guerrero V V, Yoo Y, Mccarthy M C, et al. HKUST-1 membranes on porous supports using secondary growth [J]. Journal of Materials Chemistry, 2010, 20 (19): 3938-3943.

[158] Bux H, Liang F, Li Y, et al. Zeolitic imidazolate framework membrane with molecular sieving properties by microwave-assisted solvothermal synthesis [J]. Journal of the American Chemical Society, 2009, 131 (44): 16000-16001.

[159] Liu Y, Ng Z, Khan E A, et al. Synthesis of continuous MOF-5 membranes on porous alpha-alumina substrates [J]. Microporous and Mesoporous Materials, 2009, 118 (1-3): 296-301.

[160] Hu Y, Dong X, Nan J, et al. Metal-organic framework membranes fabricated via reactive seeding [J]. Chemical Communications, 2011, 47 (2): 737-739.

[161] Aguado S, Nicolas C H, Moizan V, et al. Facile synthesis of an ultramicroporous MOF tubular membrane with selectivity towards CO_2 [J]. New Journal of Chemistry, 2011, 35 (1): 41-44.

[162] Li Y S, Liang F Y, Bux H, et al. Molecular sieve membrane: Supported metal-organic framework with high hydrogen selectivity [J]. Angewandte Chemie-International Edition, 2010, 49 (3): 548-551.

[163] Huang A, Bux H, Steinbach F, et al. Molecular-sieve membrane with hydrogen permselectivity: ZIF-22 in LTA topology prepared with 3-Aminopropyltriethoxysilane as covalent linker [J]. Angewandte Chemie-International Edition, 2010, 49 (29): 4958-4961.

[164] Huang A, Chen Y, Wang N, et al. A highly permeable and selective zeolitic imidazolate framework ZIF-95 membrane for H_2/CO_2 separation [J]. Chemical Communications, 2012, 48 (89): 10981-10983.

[165] Rui Z, James J B, Lin Y S. Highly CO_2 Perm-selective metal-organic framework membranes through CO_2 annealing post-treatment [J]. Journal of Membrane Science, 2018, 555: 97-104.

[166] Xu G, Yao J, Wang K, et al. Preparation of ZIF-8 membranes supported on ceramic hollow fibers from a concentrated synthesis gel [J]. Journal of Membrane Science, 2011, 385 (1-2): 187-193.

[167] Hou J, Wei Y, Zhou S, et al. Highly efficient H_2/CO_2 separation via an ultrathin metal-organic framework membrane [J]. Chemical Engineering Science, 2018, 182: 180-188.

[168] Zhang F, Zou X, Gao X, et al. Hydrogen selective NH_2-MIL-53 (Al) MOF membranes with high permeability [J]. Advanced Functional Materials, 2012, 22 (17): 3583-3590.

[169] Anjum M W, De C F, Didden J, et al. Polyimide mixed matrix membranes for CO_2 separations using carbon-silica nanocomposite fillers [J]. Journal of Membrane Science, 2015, 495: 121-129.

[170] Anjum M W, Bueken B, De V D, et al. MIL-125 (Ti) based mixed matrix membranes for CO_2 separation from CH_4 and N_2 [J]. Journal of Membrane Science, 2016, 502: 21-28.

[171] Guo X, Huang H, Ban Y, et al. Mixed matrix membranes incorporated with amine-functionalized titanium-based metal-organic framework for CO_2/CH_4 separation [J]. Journal of Membrane Science, 2015, 478: 130-139.

[172] Shen J, Liu G, Huang K, et al. UiO-66-polyether block amide mixed matrix membranes for CO_2 separation [J]. Journal of Membrane Science, 2016, 513: 155-165.

[173] Nafisi V, Hagg M-B. Development of dual layer of ZIF-8/PEBAX-2533 mixed matrix membrane for CO_2 capture [J]. Journal of Membrane Science, 2014, 459: 244-255.

[174] Li X, Ma L, Zhang H, et al. Synergistic effect of combining carbon nanotubes and graphene oxide in mixed

matrix membranes for efficient CO_2 separation [J]. Journal of Membrane Science, 2015, 479: 1-10.

[175] Li Y, Sun H, Wang Y, et al. Green routes for synthesis of zeolites [J]. Progress in Chemistry, 2015, 27 (5): 503-510.

[176] Wang S F, Tian Z Z, Feng J Y, et al. Enhanced CO_2 separation properties by incorporating poly (ethylene glycol)-containing polymeric submicrospheres into polyimide membrane [J]. Journal of Membrane Science, 2015, 473: 310-317.

[177] 贾金才. 膜分离法空气净化的应用与研究进展 [J]. 深冷技术, 2011, 4: 33-38.

[178] 彭曦, 吴庸烈, 刘静芝, 等. SPES-C 与 PI 共混材料膜的气体除湿性能 [J]. 高分子材料科学与工程, 1998, 6: 80-82.

[179] 邢丹敏, 曹义鸣, 徐仁贤. 聚砜中空纤维膜法空气除湿的研究 [J]. 膜科学与技术, 1997, 2: 39-43.

[180] Schell W J, Houston C D, Spiral-wound permeators for purification and recovery [J]. Chemical Engineering Progress, 1982, 78 (10): 33-37.

[181] 刘丽, 陈勇, 康元熙, 等. 天然气膜法脱水工业过程开发 [J]. 石油化工, 2001, 30 (4): 302-304.

[182] Ohlrogge K, Wind J, Behling R D. Off-gas purification by means of membrane vapor separation systems [J]. Separation Science and Technology, 1995, 30 (7-9): 1625-1638.

[183] Funke H H, Kovalchick M G, Falconer J L, et al. Separation of hydrocarbon isomer vapors with silicalite zeolite membranes [J]. Industrial & Engineering Chemistry Research, 1996, 35 (5): 1575-1582.

[184] Sridhar S, Khan A A. Simulation studies for the separation of propylene and propane by ethylcellulose membrane [J]. Journal of Membrane Science, 1999, 159 (1-2): 209-219.

[185] Okamoto K, Noborio K, Hao J Q, et al. Permeation and separation properties of polyimide membranes to 1, 3-butadiene and n-butane [J]. Journal of Membrane Science, 1997, 134 (2): 171-179.

[186] Bradley D F, Baker R W. Gas separation with porous anisotropic polymer films [J]. Polymer Engineering & Science, 1971, 11 (4): 284-288.

[187] Baker R W. Membrane technology and applications, 3rd Edition [M]. John Wiley & Sons, 2012.

[188] Yamasaki A, Inoue H. Surface diffusion of organic vapor mixtures through porous glass [J]. Journal of Membrane Science, 1991, 59 (3): 233-248.

[189] Hwang S, Kammermeyer K. Surface diffusion in microporous media [J]. The Canadian Journal of Chemical Engineering, 1966, 44: 82-89.

[190] Baker R W. Membrane technology and applications, 2nd Edition [M]. Wiley, 2012.

[191] Ismail A F, David L I B. A review on the latest development of carbon membranes for gas separation [J]. Journal of Membrane Science, 2001, 193 (1): 1-18.

[192] Rao A P, Desai N V, Rangarajan R. Inorganic membranes: New materials for separation technology [J]. Journal of Scientific & Industrial Research, 1997, 56 (9): 518-522.

[193] Lin Y S, Kumakiri I, Nair B N, et al. Microporous inorganic membranes [J]. Separation and Purification Methods, 2002, 31 (2): 229-379.

[194] Dong J H, Lin Y S, Kanezashi M, et al. Microporous inorganic membranes for high temperature hydrogen purification [J]. Journal of Applied Physics, 2008, 104 (12): 121301-121317.

[195] Anderson M, Wang H, Lin Y S. Inorganic membranes for carbon dioxide and nitrogen separation [J]. Reviews in Chemical Engineering, 2012, 28 (2-3): 101-121.

[196] Xu S J, Liang L Y, Li B Y, et al. Research progress on microporous organic polymers [J]. Progress in Chemistry, 2011, 23 (10): 2085-2094.

[197] Wijmans J G, Baker R W. The solution-diffusion model: A review [J]. Journal of Membrane Science, 1995, 107 (1-2): 1-21.

[198] Baker R W, Low B T. Gas separation membrane materials: A perspective [J]. Macromolecules, 2014, 47 (20): 6999-7013.

[199] Xiao Y C, Low B T, Hosseini S S, et al. The strategies of molecular architecture and modification of poly-

imide-based membranes for CO_2 removal from natural gas-a review ［J］. Progress in Polymer Science, 2009, 34（6）: 561-580.

［200］ Vrentas J S, Duda J L. Diffusion in polymer-solvent systems. I. Reexamination of the free-volume theory ［J］. Journal of Polymer Science: Polymer Physics Edition, 1977, 15（3）: 403-416.

［201］ Vrentas J, Duda J. Diffusion in polymer-solvent systems. II. A predictive theory for the tependence of diffusion coefficients on temperature, concentration, and molecular weight ［J］. Journal of Polymer Science: Polymer Physics Edition, 1977, 15（3）: 417-439.

［202］ Budd P M, Mckeown N B, Fritsch D. Free volume and intrinsic microporosity in polymers ［J］. Journal of Materials Chemistry, 2005, 15（20）: 1977-1986.

［203］ Park J Y, Paul D R. Correlation and prediction of gas permeability in glassy polymer membrane materials via a modified free volume based group contribution method ［J］. Journal of Membrane Science, 1997, 125（1）: 23-39.

［204］ Robeson L M. The upper bound revisited ［J］. Journal of Membrane Science, 2008, 320（1-2）: 390-400.

［205］ Freeman B D. Basis of permeability/selectivity radeoff relations in polymeric gas separation membranes ［J］. Macromolecules, 1999, 32（2）: 375-380.

［206］ Lin H, Yavari M. Upper bound of polymeric membranes for mixed-gas CO_2/CH_4 separations ［J］. Journal of Membrane Science, 2015, 475: 101-109.

［207］ Kamiya Y, Naito Y, Mizoguchi K, et al. Thermodynamic interactions in rubbery polymer/gas systems ［J］. Journal of Polymer Science Part B: Polymer Physics, 1997, 35（7）: 1049-1053.

［208］ Duthie X, Kentish S, Powell C, et al. Operating temperature effects on the plasticization of polyimide gas separation membranes ［J］. Journal of Membrane Science, 2007, 294（1-2）: 40-49.

［209］ Koros W, Paul D. CO_2 sorption in poly（ethylene terephthalate）above and below the glass transition ［J］. Journal of Polymer Science: Polymer Physics Edition, 1978, 16（11）: 1947-1963.

［210］ Meares P. The diffusion of gases through polyvinyl acetate1 ［J］. Journal of the American Chemical Society, 1954, 76（13）: 3415-3422.

［211］ Meares P. The diffusion of gases in polyvinyl acetate in relation to the second-order transition ［J］. Transactions of the Faraday Society, 1957, 53: 101-106.

［212］ Barrer R, Barrie J, Slater J. Sorption and diffusion in ethyl cellulose. Part Ⅲ. Comparison between ethyl cellulose and rubber ［J］. Journal of Polymer Science, 1958, 27（115）: 177-197.

［213］ Vieth W R, Frangoulis C S, Rionda J J. Kinetics of sorption of methane in glassy polystyrene ［J］. Journal of Colloid and Interface Science, 1966, 22（5）: 454-461.

［214］ Saberi M, Rouhi P, Teimoori M. Estimation of dual mode sorption parameters for CO_2 in the glassy polymers using group contribution approach ［J］. Journal of Membrane Science, 2020, 595: 117481-117490.

［215］ Wang R, Chan S S, Liu Y, et al. Gas transport properties of poly（1,5-naphthalene-2,2'-bis（3,4-phthalic）hexafluoropropane）diimide（6FDA-1,5-NDA）dense membranes ［J］. Journal of Membrane Science, 2002, 199（1-2）: 191-202.

［216］ Barbari T A, Koros W J, Paul D R. Gas sorption in polymers based on bisphenol-A ［J］. Journal of Polymer Science Part B Polymer Physics, 1988, 26（4）: 729-744.

［217］ Choi S H, Lee M K, Oh S J, et al. Gas sorption and transport of ozone-treated polysulfone ［J］. Journal of Membrane Science, 2003, 221（1-2）: 37-46.

［218］ Kanehashi S, Nagai K. Analysis of dual-mode model parameters for gas sorption in glassy polymers ［J］. Journal of Membrane science, 2005, 253（1-2）: 117-138.

［219］ Paul D R, Koros W J. Effect of partially immobilizing sorption on permeability and the diffusion time lag ［J］. Journal of Polymer Science Polymer Physics Edition, 1976, 14（4）: 675-685.

［220］ Barbari T A, Koros W J, Paul D R. Gas transport in polymers based on bisphenol-A ［J］. Journal of Polymer Science Part B Polymer Physics, 1988, 26（4）: 709-727.

[221] Zhou S, Stern S A. The effect of plasticization on the transport of gases in and through glassy polymers [J]. 1989, 27（2）: 205-222.

[222] Wang L, Corriou J P, Castel C, et al. Transport of gases in glassy polymers under transient conditions: Limit-behavior investigations of Dual-Mode sorption theory [J]. Industrial & Engineering Chemistry Research, 2013, 52（3）: 1089-1101.

[223] Koros W J, Paul D R. CO_2 sorption in poly（ethyleneterephthalate）above and below the glass transition [J]. Journal of Polymer Science Polymer Physics Edition, 1978, 16: 1947-1963.

[224] Chun C. The study of 6FDA-polyimide gas separation membranes [D]. Singapore: National University of Singapore, 2003.

[225] Ghoreyshi A A, Asadi H, Pirzadeh K. A generic transport model for separation of gas mixtures by glassy polymer membranes based on maxwell-stefan formulation [J]. RSC Advances, 2015, 5（60）: 48207-48216.

[226] Henis, J M, Tripodi, M K. The developing technology of gas separating membranes [J]. Science, 1983, 220（4592）: 11-17.

[227] Peng F B, Liu J Q, Li J T. Analysis of the gas transport performance through PDMS/PS composite membranes using the resistances-in-series model [J]. Journal of Membrane Science, 2003, 222（1/2）: 225-234.

[228] Keskin S, Sholl D S. Selecting metal organic frameworks as enabling materials in mixed matrix membranes for high efficiency natural gas purification [J]. Energy & Environmental Science, 2010, 3（3）: 343-351.

[229] Erucar I, Keskin S. Computational screening of metal organic frameworks for mixed matrix membrane applications [J]. Journal of Membrane Science, 2012, 407: 221-230.

[230] Bouma R H B, Checchetti A, Chidichimo G, et al. Permeation through a heterogeneous membrane: The effect of the dispersed phase [J]. Journal of Membrane Science, 1997, 128: 141-149.

[231] Freeman B, Yampolskii Y. Membrane gas separation [M]. John Wiley & Sons, 2011.

[232] Al-Marzouqi M H, Hogendoorn K J A, Versteeg G F. Analytical solution for facilitated transport across a membrane [J]. Chemical Engineering Science, 2002, 57（22-23）: 4817-4829.

[233] Bao L H, Trachtenberg M C. Modeling CO_2-facilitated transport across a diethanolamine liquid membrane [J]. Chemical Engineering Science, 2005, 60（24）: 6868-6875.

[234] Cussler E L. Diffusion: Mass transfer in fluid systems [M]. Cambridge University Press, 2009.

[235] Noble R D. Analysis of facilitated transport with fixed site carrier membranes [J]. Journal of Membrane Science, 1990, 50（2）: 207-214.

[236] Noble R D. Facilitated transport mechanism in fixed site carrier membranes [J]. Journal of Membrane Science, 1991, 60（2-3）: 297-306.

[237] Freeman B, Yampolskii Y, Pinnau I. Materials science of membranes for gas and vapor separation [M]. John Wiley & Sons, 2006.

[238] Mulder M. 膜技术基本原理: 第2版 [M]. 北京: 清华大学出版社, 1999: 82-94, 226-229.

[239] Yoshikawa M, Ezaki T, Sanui K, et al. Selective permeation of carbon dioxide through synthetic polymer membranes having pyridine moiety as a fixed carrier [J]. Journal of Applied Polymer Science, 1988, 35（1）: 145-154.

[240] Noble R D. Kinetic efficiency factors for facilitated transport membranes [J]. Separation Science and Technology, 1985, 20（7-8）: 577-585.

[241] Noble R D, Way J D, Powers L A. Effect of external mass-transfer resistance on facilitated transport [J]. Industrial & Engineering Chemistry Fundamentals, 1986, 25（3）: 450-452.

[242] Bhown A, Cussler E L. Mechanism for selective ammonia transport through poly（vinylammonium thiocyanate）membranes [J]. Journal of the American Chemical Society, 1991, 113（3）: 742-749.

[243]　Tsuchida E, Nishide H, Ohyanagi M, et al. Facilitated transport of molecular oxygen in the membranes of polymer-coordinated cobalt schiff base complexes [J]. Macromolecules, 1987, 20 (8): 1907-1912.

[244]　Cussler E, Aris R, Bhown A. On the limits of facilitated diffusion [J]. Journal of Membrane Science, 1989, 43 (2-3): 149-164.

[245]　Noble R D. Generalized microscopic mechanism of facilitated transport in fixed site carrier membranes [J]. Journal of Membrane Science, 1992, 75 (1-2): 121-129.

[246]　Liao J Y, Wang Z, Gao C Y, et al. Fabrication of high-performance facilitated transport membranes for CO_2 separation [J]. Chemical Science, 2014, 5 (7): 2843-2849.

[247]　Liao J Y, Wang Z, Gao C Y, et al. A high performance pvam-ht membrane containinng high-speed facilitated transport channels for CO_2 separation [J]. Journal of Materials Chemistry A, 2015, 3 (32): 16746-16761.

[248]　Li S C, Wang Z, Yu X W, et al. High-performance membranes with multi-permselectivity for CO_2 separation [J]. Advanced Materials, 2012, 24 (24): 3196-3200.

[249]　Qiao Z H, Wang Z, Zhang C X, et al. PVAm-PIP/PS composite membrane with high performance for CO_2/N_2 separation [J]. AIChE Journal, 2013, 59 (1): 215-228.

[250]　Zhao S, Wang Z, Qiao Z H, et al. Gas separation membrane with CO_2-facilitated transport highway constructed from amino carrier containing nanorods and macromolecules [J]. Journal of Materials Chemistry A, 2012, 1 (2): 246-249.

[251]　Wang Z, Yi C, Zhang Y, et al. CO_2-facilitated transport through poly (N-vinyl-γ-sodium aminobutyrate-co-sodium acrylate) /polysulfone composite membranes [J]. Journal of Applied Polymer Science, 2010, 100 (1): 275-282.

[252]　Cai Y, Wang Z, Yi C, et al. Gas transport property of polyallylamine-poly (vinyl alcohol) /polysulfone composite membranes [J]. Journal of Membrane Science, 2008, 310 (1): 184-196.

[253]　Zhang C, Wang Z, Cai Y, et al. Investigation of gas permeation behavior in facilitated transport membranes: Relationship between gas permeance and partial pressure [J]. Chemical Engineering Journal, 2013, 225 (3): 744-751.

[254]　尹春海 . 含氨基固定载体膜制备及其 CO_2 传递特性研究 [D]. 天津 : 天津大学, 2007.

[255]　蔡彦 . 提高固定载体促进传递膜渗透性能的方法和理论研究 [D]. 天津 : 天津大学, 2008.

[256]　杨东晓 . 分离 CO_2 固定载体膜传质机理及其膜过程模拟和优化研究 [D]. 天津 : 天津大学, 2009.

[257]　张晨昕 . 分离 CO_2 膜传质机理及其过程模拟研究 [D]. 天津 : 天津大学, 2014.

[258]　Chakma A, Meisen A. Solubility of carbon dioxide in aqueous methyldiethanolamine and N, N-bis (hydroxyethyl) piperazine solutions [J]. Industrial & engineering chemistry research, 1987, 26 (12): 2461-2466.

[259]　Tan X M, Rodrigue D. A review on porous polymeric membrane preparation. Part Ⅱ: Production techniques with polyethylene, polydimethylsiloxane, polypropylene, polyimide, and polytetrafluoroethylene [J]. Polymers, 2019, 11 (8): 35.

[260]　Kharton V V, Figueiredo F M, Kovalevsky A V, et al. Processing, microstructure and properties of $LaCoO_3$-delta ceramics [J]. Journal of the European Ceramic Society, 2001, 21 (13): 2301-2309.

[261]　Kurumada K, Kitamura T, Fukumoto N, et al. Structure generation in PTFE porous membranes induced by the uniaxial and biaxial stretching operations [J]. J Membrane Sci, 1998, 149 (1): 51-57.

[262]　Ovchinnikov V V, Seleznev V D, Surguchev V V, et al. Controllable changes in the porous structure of polymeric nuclear track membranes [J]. J Membrane Sci, 1991, 55 (3): 299-310.

[263]　张世民, 程千炬, 谷恒勤, 等 . 聚 4-甲基戊烯-1 溶液水面展开制备超薄膜的研究 [J]. 功能高分子学报, 1989, 2 (2): 110-114.

[264]　俞三传, 高从堦 . 浸入沉淀相转化法制膜 [J]. 膜科学与技术, 2000, 20 (5): 36.

[265]　Vandewitte P, Dijkstra P J, Vandenberg J W A, et al. Phase separation processes in polymer solutions in

relation to membrane formation [J]. J Membrane Sci, 1996, 117 (1-2): 1-31.

[266]　Ismail N, Venault A, Mikkola J P, et al. Investigating the potential of membranes formed by the vapor induced phase separation process [J]. J Membrane Sci, 2020, 597: 35.

[267]　Park H C, Kim Y P, Kim H Y, et al. Membrane formation by water vapor induced phase inversion [J]. J Membrane Sci, 1999, 156 (2): 169-178.

[268]　Castellari C, Ottani S. Preparation of reverse osmosis membranes. A numerical analysis of asymmetric membrane formation by solvent evaporation from cellulose acetate casting solutions [J]. J Membrane Sci, 1981, 9 (1-2): 29-41.

[269]　Saxena R, Caneba G T. Studies of spinodal decomposition in a ternary polymer-solvent-nonsolvent system [J]. Polym Eng Sci, 2002, 42 (5): 1019-1031.

[270]　唐元晖，林亚凯，王晓琳. 热致相分离法高性能聚偏氟乙烯中空纤维膜先进制备技术及应用 [J]. 中国工程科学，2014, 16 (12): 24-34.

[271]　赵瑨云，蔡广儒. 热致相分离法制备聚合物多孔膜及其应用研究进展 [J]. 九江学院学报（自然科学版），2015, 1: 11-14.

[272]　Loeb S, Sourirajan S. Sea water demineralization by means of an osmotic membrane [J]. Advances in Chemistry Series, 1963, 38: 117-132.

[273]　Riley R L, Gardner J O, Merten U. Cellulose acetate membranes: Election microscopy of structure [J]. Science, 1964, 143: 801-803.

[274]　Strathmann H, Scheible P, Baker R W. A rationale for the preparation of loeb-sourirajan-type cellulose acetate membranes [J]. Journal of Applied Polymer Science, 1971, 15 (4): 811-828.

[275]　Lishun W U, Junfen S U N, Qingrui W. Study progress of pore forming mechanism of phase inversion membrane [J]. Membrane Science and Technology, 2007, 27 (3): 86-90.

[276]　Kim J Y, Lee H K, Baik K J, et al. Liquid-liquid phase separation in polysulfone/solvent/water systems [J]. J Appl Polym Sci, 1997, 65 (13): 2643-2653.

[277]　Li Z, Li S, Jiang C. The formation mechanism of polymeric membrane by immersion precipitation processes-the state of the art [J]. Membrane Science and Technology, 2002, 22 (2): 29-36.

[278]　Stropnik C, Kaiser V. Polymeric membranes preparation by wet phase separation: mechanisms and elementary processes [J]. Desalination, 2002, 145 (1-3): 1-10.

[279]　L Y, J M A. Analysis of nonsolvent-solvent-polymer phase diagrams and theirrelevance to membrane formation modeling [J]. Jouranl of Applied Polymer Science, 1986, 31 (4): 997-1018.

[280]　Pesek S C, Koros W J. Aqueous quenched asymmetric polysulfone hollow fibers prepared by dry wet phase-separation [J]. J Membrane Sci, 1994, 88 (1): 1-19.

[281]　Lau W W Y, Guiver M D, Matsuura T. Phase-separation in carboxylated polysulfone solvent water-systems [J]. Journal of Applied Polymer Science, 1991, 42 (12): 3215-3221.

[282]　Kim J H, Min B R, Won J, et al. Phase behavior and mechanism of membrane formation for polyimide/dmso/water system [J]. J Membrane Sci, 2001, 187 (1-2): 47-55.

[283]　Guillen G R, Pan Y J, Li M H, et al. Preparation and characterization of membranes formed by nonsolvent induced phase separation: A review [J]. Ind Eng Chem Res, 2011, 50 (7): 3798-3817.

[284]　Garcia-Fernandez L, Garcia-Payo M C, Khayet M. Mechanism of formation of hollow fiber membranes for membrane distillation: 1. Inner coagulation power effect on morphological characteristics [J]. J Membrane Sci, 2017, 542: 456-468.

[285]　Garcia-Fernandez L, Garcia-Payo M C, Khayet M. Mechanism of formation of hollow fiber membranes for membrane distillation: 2. Outer coagulation power effect on morphological characteristics [J]. J Membrane Sci, 2017, 542: 469-481.

[286]　Yip Y, Mchugh A J. Modeling and simulation of nonsolvent vapor-induced phase separation [J]. J Membrane Sci, 2006, 271 (1-2): 163-176.

[287]　Khare V P, Greenberg A R, Krantz W B. Vapor-induced phase separation-effect of the humid air exposure step on membrane morphology part i. Insights from mathematical modeling [J]. J Membrane Sci, 2005, 258 (1-2): 140-156.

[288]　Su S L, Wang D M, Lai J Y. Critical residence time in metastable region-a time scale determining the demixing mechanism of nonsolvent induced phase separation [J]. J Membrane Sci, 2017, 529: 35-46.

[289]　Ma C H, Zhang C, Labreche Y, et al. Thin-skinned intrinsically defect-free asymmetric mono-esterified hollow fiber precursors for crosslinkable polyimide gas separation membranes [J]. J Membrane Sci, 2015, 493: 252-262.

[290]　Etxeberria-Benavides M, Karvan O, Kapteijn F. Membranes fabrication of defect-free p84 polyimide hollow fiber for gas separation: Pathway to formation of optimized structure [J]. Membranes, 2020, 10: 4-19.

[291]　Ismail A F, Lai P Y. Development of defect-free asymmetric polysulfone membranes for gas separation using response surface methodology [J]. Separation and Purification Technology, 2004, 40 (2): 191-207.

[292]　Kim H J, Tabe-Mohammadi A, Kumar A, et al. Asymmetric membranes by a two-stage gelation technique for gas separation: Formation and characterization [J]. J Membr Sci, 1999, 161 (1-2): 229-238.

[293]　Yang Q, Chung T S, Santoso Y E. Tailoring pore size and pore size distribution of kidney dialysis hollow fiber membranes via dual-bath coagulation approach [J]. J Membrane Sci, 2007, 290 (1-2): 153-163.

[294]　Ekiner O M, Hayes R A, Manos P. Novel multicomponent fluid separation membranes: US 5085676 [P]. 1992-02-04.

[295]　Ding X L, Cao Y M, Zhao H Y, et al. Fabrication of high performance matrimid/polysulfone dual-layer hollow fiber membranes for O_2/N_2 separation [J]. J Membrane Sci, 2008, 323 (2): 352-361.

[296]　Ding X L, Cao Y M, Zhao H Y, et al. Fabrication of dual-layer matrimid (r) /psf hollow fiber membrane and its gas separation performance [J]. Chemical Journal of Chinese Universities-Chinese, 2008, 29 (10): 2074-2078.

[297]　Chung T S, Shieh J J, Lau W W Y, et al. Fabrication of multi-layer composite hollow fiber membranes for gas separation [J]. J Membrane Sci, 1999, 152 (2): 211-225.

[298]　Shieh J J, Chung T S, Paul D R. Study on multi-layer composite hollow fiber membranes for gas separation [J]. Chemical Engineering Science, 1999, 54 (5): 675-684.

[299]　Ji P F, Cao Y M, Zhao H Y, et al. Preparation of hollow fiber poly (N, N-dimethylaminoethyl methacrylate) -poly (ethylene glycol methyl ether methyl acrylate) /polysulfone composite membranes for CO_2/N_2 separation [J]. J Membrane Sci, 2009, 342 (1-2): 190-197.

[300]　Ji P F, Cao Y M, Jie X M, et al. Impacts of coating condition on composite membrane performance for CO_2 separation [J]. Separation and Purification Technology, 2010, 71 (2): 160-167.

[301]　E. S. 威尔克斯. 工业聚合物手册 [M]. 北京: 化学工业出版社, 2006.

[302]　Mulder M. 膜技术基本原理. 第 2 版 [M]. 北京: 清华大学出版社, 1999: 55.

[303]　Freger V. Kinetics of film formation by interfacial polycondensation [J]. Langmuir, 2005, 21 (5): 1884-1894.

[304]　Bartels C R. A surface science investigation of composite membranes [J]. Journal of Membrane Science, 1989, 45 (3): 225-245.

[305]　Morgan P W, Kwolek S L. Interfacial polycondensation. II. Fundamentals of polymer formation at liquid interfaces [J]. Journal of Polymer Science Part A: Polymer Chemistry, 1996, 34 (4): 531-559.

[306]　Wittbecker E L, Morgan P W. Interfacial polycondensation. I. [J]. Journal of Polymer Science, 1959, 40 (137): 289-297.

[307]　Chern Y T, Chen L W. Preparation of composite membranes via interfacial polyfunctional condensation for gas separation applications [J]. Journal of Applied Polymer Science, 1992, 44 (6): 1087-1093.

[308]　Chern Y T, Chen L W. Interfacial polyfunctional condensation: Curing reaction [J]. Journal of Applied

Polymer Science, 1991, 42（9）: 2535-2541.

[309] Petersen J, Peinemann K V. Novel polyamide composite membranes for gas separation prepared by interfacial polycondensation [J]. Journal of Applied Polymer Science, 1997, 63（12）: 1557-1563.

[310] Son W I, Hong J M, Kim B S. Polypyrrole composite membrane with high permeability prepared by interfacial polymerization [J]. Korean J Chem Eng, 2005, 22（2）: 285-290.

[311] Zhao J, Wang Z, Wang J, et al. Influence of heat-treatment on CO_2 separation performance of novel fixed carrier composite membranes prepared by interfacial polymerization [J]. Journal of Membrane Science, 2006, 283（1-2）: 346-356.

[312] 赵卷. 界面聚合法制备分离 CO 固定载体复合膜 [D]. 天津: 天津大学, 2006.

[313] 王明明. 抗氧化耐酸分离 CO_2 膜制备及性能研究 [D]. 天津: 天津大学, 2012.

[314] Wang M M, Wang Z, Li S C, et al. A high performance antioxidative and acid resistant membrane prepared by interfacial polymerization for CO_2 separation from flue gas [J]. Energy & Environmental Science, 2013, 6（2）: 539-551.

[315] Li S C, Wang Z, Yu X W, et al. High-performance membranes with multi-permselectivity for CO_2 separation [J]. Adv Mater, 2012, 24（24）: 3196-3200.

[316] Morgan P W, Kwolek S L. Interfacial polycondensation. Ⅱ. Fundamentals of polymer formation at liquid interfaces [J]. Journal of Polymer Science, 1959, 40（137）: 299-327.

[317] Dhumal S S, Wagh S J, Suresh A K. Interfacial polycondensation-modeling of kinetics and film properties [J]. Journal of Membrane Science, 2008, 325（2）: 758-771.

[318] Karode S K, Kulkarni S S, Suresh A K, et al. Molecular weight distribution in interfacial polymerization—model development and verification [J]. Chemical Engineering Science, 1997, 52（19）: 3243-3255.

[319] Karode S K, Kulkarni S S, Suresh A K, et al. New insights into kinetics and thermodynamics of interfacial polymerization [J]. Chemical Engineering Science, 1998, 53（15）: 2649-2663.

[320] Yadav S K, Suresh A K, Khilar K C. Microencapsulation in polyurea shell by interfacial polycondensation [J]. AIChE Journal, 1990, 36（3）: 431-438.

[321] Yadav S K, Khilar K C, Suresh A K. Microencapsulation in polyurea shell: Kinetics and film structure [J]. AIChE Journal, 1996, 42（9）: 2616-2626.

[322] Chai G Y, Krantz W B. Formation and characterization of polyamide membranes via interfacial polymerization [J]. Journal of Membrane Science, 1994, 93（2）: 175-192.

[323] Khare V P, Greenberg A R, Krantz W B. Development of pendant drop mechanical analysis as a technique for determining the stress-relaxation and water-permeation properties of interfacially polymerized barrier layers [J]. Journal of Applied Polymer Science, 2003, 90（10）: 2618-2628.

[324] Song Y J, Liu F A, Yang R H, et al. Characterization methods of the reaction kinetics of interfacial polymerization and the TFC membrane structure [J]. Journal of Tianjin Institute of Textile Science and Technology, 1999, 04（10）: 2-10.

[325] 于型伟. 界面聚合法制备分离 CO_2 复合膜及成膜过程研究 [D]. 天津: 天津大学, 2010.

[326] 袁芳. 界面聚合法成膜过程观测及分离 CO_2 复合膜制备 [D]. 天津: 天津大学, 2012.

[327] Yuan F, Wang Z, Yu X W, et al. Visualization of the formation of interfacially polymerized film by an optical contact angle measuring device [J]. The Journal of Physical Chemistry C, 2012, 116（21）: 11496-11506.

[328] Yuan F, Wang Z, Li S, et al. Formation-structure-performance correlation of thin film composite membranes prepared by interfacial polymerization for gas separation [J]. Journal of Membrane Science, 2012, 421-422: 327-341.

[329] Fu S L, Sanders E S, Kulkarni S S, et al. Carbon molecular sieve membrane structure-property relationships for four novel 6FDA based polyimide precursors [J]. Journal of Membrane Science, 2015, 487: 60-73.

[330] Wang T H, Zhang B, Qiu J S, et al. Effects of sulfone/ketone in poly（phthalazinone ether sulfone ke-

tone) on the gas permeation of their derived carbon membranes [J] . Journal of Membrane Science, 2009, 330 (1-2) : 319-325.

[331] Kushwaha A, Dose M E, Smith Z P, et al. Preparation and properties of polybenzoxazole-based gas separation membranes: A comparative study between thermal rearrangement (TR) of poly (hydroxyimide) and thermal cyclodehydration of poly (hydroxyamide) [J] . Polymer, 2015, 78: 81-93.

[332] Alberto T S R, Sergey S, Volkan F, et al. Claisen thermally rearranged (CTR) polymers [J] . Science Advances, 2016, 2 (7) : 1-9.

[333] Duan C J, Kang G D, Liu D D, et al. Enhanced gas separation properties of metal organic frameworks/ polyetherimide mixed matrix membranes [J] . Journal of Applied Polymer Science, 2014, 131 (17) : 1-10.

[334] Duan C J, Jie X M, Liu D D, et al. Post-treatment effect on gas separation property of mixed matrix membranes containing metal organic frameworks [J] . Journal of Membrane Science, 2014, 466: 92-102.

[335] Dai Y, Li Q, Ruan X H, et al. Fabrication of defect-free matrimid® asymmetric membranes and the elevated temperature application for N_2/SF_6 separation [J] . Journal of Membrane Science, 2019, 577: 258-265.

[336] Kesting R E, Fritzsche A K, Murphy M K, et al. The second-generation polysulfone gas-separation membrane. I. The use of lewis acid: Base complexes as transient templates to increase free volume [J] . Journal of Applied Polymer Science, 1990, 40 (9-10) : 1557-1574.

[337] Clausi D T, Koros W J. Formation of defect-free polyimide hollow fiber membranes for gas separations [J] . Journal of Membrane Science, 2000, 167 (1) : 79-89.

[338] Pesek S C, Koros W J. Aqueous quenched asymmetric polysulfone membranes prepared by dry/wet phase separation [J] . Journal of Membrane Science, 1993, 81 (1-2) : 71-88.

[339] Kim Y D, Kim J Y, Lee H K, et al. Formation of polyurethane membranes by immersion precipitation. II . Morphology formation [J] . Journal of Applied Polymer Science, 1999, 74 (9) : 2124-2132.

[340] Bottino A, Capannelli G, Gozzelino G, et al. Preparation of a new class of polymeric composite membranes and their application in pervaporation [J] . Journal of Materials Science, 1992, 27 (4) : 1081-1084.

[341] Barton, Allan F M. CRC handbook of solubility parameters and other cohesion parameters [M] . Florida: CRC Press Inc, 1983.

[342] Mousavi S M, Zadhoush A. Investigation of the relation between viscoelastic properties of polysulfone solutions, phase inversion process and membrane morphology: The effect of solvent power [J] . Journal of Membrane Science, 2017, 532: 47-57.

[343] Bottino A, Capannelli G, Munari S, et al. Solubility parameters of poly (vinylidene fluoride) [J] . Journal of Polymer Science Part B: Polymer Physics, 1988, 26 (4) : 785-794.

[344] Bottino A, Capannelli G, Monticelli O, et al. Poly (vinylidene fluoride) with improved functionalization for membrane production [J] . Journal of Membrane Science, 2000, 166 (1) : 23-29.

[345] Bottino A, Cameraroda G, Capannelli G, et al. The formation of microporous polyvinylidene difluoride membranes by phase separation [J] . Journal of Membrane Science, 1991, 57 (1) : 1-20.

[346] Uragami T, Fujimoto M, Sugihara M. Studies on syntheses and permeabilities of special polymer membranes: 24. Permeation characteristics of poly (vinylidene fluoride) membranes [J] . Polymer, 1980, 21 (9) : 1047-1051.

[347] Chabot S, Roy C, Chowdhury G, et al. Development of poly (vinylidene fluoride) hollow-fiber membranes for the treatment of water/organic vapor mixtures [J] . Journal of Applied Polymer Science, 1997, 65 (7) : 1263-1270.

[348] Munari S, Bottino A, Capannelli G. Casting and performance of polyvinylidene fluoride based membranes [J] . Journal of Membrane Science, 1983, 16: 181-193.

[349] Han M J, Nam S T. Thermodynamic and rheological variation in polysulfone solution by PVP and its effect in the preparation of phase inversion membrane [J] . Journal of Membrane Science, 2002, 202 (1-2) :

55-61.

[350] Ismail A F, Lai P Y. Effects of phase inversion and rheological factors on formation of defect-free and ultra-thin-skinned asymmetric polysulfone membranes for gas separation [J]. Separation and Purification Technology, 2003, 33（2）: 127-143.

[351] Gordeyev S A, Lees G B, Dunkin I R, et al. Super-selective polysulfone hollow fiber membranes for gas separation: Rheological assessment of the spinning solution [J]. Polymer, 2001, 42（9）: 4347-4352.

[352] Ismail A F, Dunkin I R, Gallivan S L, et al. Production of super selective polysulfone hollow fiber membranes for gas separation [J]. Polymer, 1999, 40（23）: 6499-6506.

[353] Bottino A, Capannelli G, Munari S. Effect of coagulation medium on properties of sulfonated polyvinylidene fluoride membranes [J]. Journal of Applied Polymer Science, 1985, 30（7）: 3009-3022.

[354] Deshmukh S P, Li K. Effect of ethanol composition in water coagulation bath on morphology of PVDF hollow fibre membranes [J]. Journal of Membrane Science, 1998, 150（1）: 75-85.

[355] 孔瑛，吴庸烈，等. 膜蒸馏用聚偏氟乙烯微孔膜的结构控制Ⅱ. 凝固浴对膜形态结构的影响 [J]. 水处理技术, 1992, 18（3）: 11-16.

[356] Cheng L P, Lin D J, Shih C H, et al. PVDF membrane formation by diffusion-induced phase separation-morphology prediction based on phase behavior and mass transfer modeling [J]. Journal of Polymer Science Part B: Polymer Physics, 1999, 37（16）: 2079-2092.

[357] 毛智明，曹义鸣，介兴明，等. 纤维素非对称中空纤维超滤膜的制备与油水分离应用的研究 [J]. 石油化工, 2010, 39 （7）: 750-756.

[358] Cheng L P. Effect of temperature on the formation of microporous PVDF membranes by precipitation from 1-octanol/DMF/PVDF and water/DMF/PVDF systems [J]. Macromolecules, 1999, 32（20）: 6668-6674.

[359] Wang D L, Li K, Teo W K. Preparation and characterization of polyvinylidene fluoride （PVDF） hollow fiber membranes [J]. Journal of Membrane Science, 1999, 163（2）: 211-220.

[360] Kneifel K, Peinemann K V. Preparation of hollow fiber membranes from polyetherimide for gas separation [J]. Journal of Membrane Science, 1992, 65（3）: 295-307.

[361] Riley R, Merten U, Gardner J O. Cellulose acetate membranes-electron microscopy of structure [J]. Science, 1964, 143（3608）: 801-803.

[362] Vos Kenneth D, Burris F O. Drying cellulose acetate reverse osmosis membranes [J]. Industrial & Engineering Chemistry Product Research and Development, 1969, 8（1）: 84-89.

[363] Gantzel P K, Merten U. Gas separations with high-flux cellulose acetate membranes [J]. Industrial & Engineering Chemistry Process Design and Development, 1970, 9（2）: 331-332.

[364] Lui A, Talbot F D F, Fouda A, et al. Studies on the solvent exchange technique for making dry cellulose-acetate membranes for the separation of gaseous-mixtures [J]. Journal of Applied Polymer Science, 1988, 36（8）: 1809-1820.

[365] Jie X M, Cao Y M, Qin J J, et al. Influence of drying method on morphology and properties of asymmetric cellulose hollow fiber membrane [J]. Journal of Membrane Science, 2005, 246（2）: 157-165.

[366] Wang D L, Li K, Teo W K. Porous PVDF asymmetric hollow fiber membranes prepared with the use of small molecular additives [J]. Journal of Membrane Science, 2000, 178（1-2）: 13-23.

[367] Strathmann H, Kock K, Amar P, et al. The formation mechanism of asymmetric membranes [J]. Desalination, 1975, 16（2）: 179-203.

[368] Smolders C A, Reuvers A J, Boom R M, et al. Microstructures in phase-inversion membranes. part Ⅰ. formation of macrovoids [J]. Journal of Membrane Science, 1992, 73（2-3）: 259-275.

[369] Matz R. The structure of cellulose acetate membranes Ⅱ. The physical and transport characteristics of the porous layer of anisotropic membranes [J]. Desalination, 1972, 11（2）: 207-215.

[370] Ray R J, Krantz W B, Sani R L. Linear-stability theory model for finger formation in asymmetric membranes [J]. Journal of Membrane Science, 1985, 23（2）: 155-182.

[371] Mckelvey S A, Koros W J. Phase separation, vitrification, and the manifestation of macrovoids in polymeric asymmetric membranes [J]. Journal of Membrane Science, 1996, 112 (1): 29-39.

[372] Matsuyama H, Maki T, Teramoto M, et al. Effect of PVP additive on porous polysulfone membrane formation by immersion precipitation method [J]. Separation Science and Technology, 2003, 38 (14): 3449-3458.

[373] Tsai H A, Huang D H, Fan S C, et al. Investigation of surfactant addition effect on the vapor permeation of aqueous ethanol mixtures through polysulfone hollow fiber membranes [J]. Journal of Membrane Science, 2002, 198 (2): 245-258.

[374] Wang H H, Jung J T, Kim J F, et al. A novel green solvent alternative for polymeric membrane preparation via nonsolvent-induced phase separation (NIPS) [J]. Journal of Membrane Science, 2019, (574): 44-54.

[375] Yilmaz L, Mchugh A J. Analysis of nonsolvent solvent polymer phase-diagrams and their relevance to membrane formation modeling [J]. Journal of Applied Polymer Science, 1986, 31 (4): 997-1018.

[376] Mansourizadeh A, Ismail A F. A developed asymmetric PVDF hollow fiber membrane structure for CO_2 absorption [J]. International Journal of Greenhouse Gas Control, 2011, 5 (2): 374-380.

[377] Ohya H, Shiki S, Kawakami H. Fabrication study of polysulfone hollow-fiber microfiltration membranes: Optimal dope viscosity for nucleation and growth [J]. Journal of Membrane Science, 2009, 326 (2): 293-302.

[378] Wienk I M, Boom R M, Beerlage M A M, et al. Recent advances in the formation of phase inversion membranes made from amorphous or semi-crystalline polymers [J]. Journal of Membrane ence, 1996, 113 (2): 361-371.

[379] Li S G, Th. V D B, Smolders C A, et al. Physical gelation of amorphous polymers in a mixture of solvent and nonsolvent [J]. Macromolecules, 1996, 29 (6): 2053-2059.

[380] Musil V, Brumen M. Polymeric membrane formation by wet-phase separation; turbidity and shrinkage phenomena as evidence for the elementary processes [J]. Polymer, 2000, 41 (26): 9227-9237.

[381] Cahn J W. Phase separation by spinodal decomposition in isotropic systems [J]. Journal of Chemical Physics, 1965, 42 (1): 93-99.

[382] Lua A C, Shen Y. Preparation and characterization of asymmetric membranes based on nonsolvent/NMP/P84 for gas separation [J]. Journal of Membrane Science, 2013, 429: 155-167.

[383] Shao L, Chung T S, Wensley G, et al. Casting solvent effects on morphologies, gas transport properties of a novel 6FDA/PMDA-TMMDA copolyimide membrane and its derived carbon membranes [J]. Journal of Membrane Science, 2004, 244 (1-2): 77-87.

[384] Kim D, Le N L, Nunes S P. The effects of a co-solvent on fabrication of cellulose acetate membranes from solutions in 1-ethyl-3-methylimidazolium acetate [J]. Journal of Membrane Science, 2016, 520: 540-549.

[385] Wijmans J G, Kant J, Mulder M H V, et al. Phase separation phenomena in solutions of polysulfone in mixtures of a solvent and a nonsolvent: Relationship with membrane formation [J]. Polymer, 1985, 26 (10): 1539-1545.

[386] Brian T Swinyard, et al. Phase separation in non-solvent/dimethylformamide/polyethersulphone and non-solvent/dimethylformamide/polysulphone systems [J]. British Polymer Journal, 2010, 20 (4): 317-321.

[387] Guiver M D, Matsuura T. Phase separation in polysulfone/solvent/water and polyethersulfone/solvent/water systems [J]. Journal of Membrane Science, 1991, 59 (2): 219-227.

[388] Habert A C, Borges C P. Membrane formation mechanism based on precipitation kinetics and membrane morphology: Flat and hollow fiber polysulfone membranes [J]. Journal of Membrane Science, 1999, 155 (2): 171-183.

[389] Zeman L, Tkacik G. Thermodynamic analysis of a membrane-forming system water/N-methyl-2-pyrrolidone/polyethersulfone [J]. Journal of Membrane Science, 1988, 36 (1): 119-140.

［390］ Baik K J, Kim J Y, Lee H K, et al. Liquid-liquid phase separation in polysulfone/polyethersulfone/N-methyl-2-pyrrolidone/water quaternary system ［J］. Journal of Applied Polymer ence, 2015, 74（9）: 2113-2123.

［391］ Bottino A, Camera-Roda G, Capannelli G, et al. The formation of microporous polyvinylidene difluoride membranes by phase separation ［J］. Journal of Membrane Science, 1991, 57（1）: 1-20.

［392］ 曹义鸣. 聚合物膜相转化成膜机理研究 ［D］. 大连: 中国科学院大连化学物理研究所, 1997.

［393］ Noh S H, Chowdhurry G, Matsuura T. Influence of surface tensions of solvent/nonsolvent mixtures in membrane casting solutions on the performance of poly（2, 6-dimethyl-1, 4-phenylene）oxide membranes for gas separation applications ［J］. Journal of Membrane Science, 2000, 174（2）: 225-230.

［394］ Lai J Y, Lin F C, Wang C C, et al. Effect of nonsolvent additives on the porosity and morphology of asymmetric TPX membrane ［J］. Journal of Membrane Science, 1996. 118（1）: 49-61.

［395］ Chung T S, Kafchinski E R, Foley P. Development of asymmetric hollow fibers from polyimides for air separation ［J］. Journal of Membrane Science, 1992, 75（1-2）: 181-195.

［396］ Chung T S, Lin W H, Vora R H. The effect of shear rates on gas separation performance of 6FDA-durene polyimide hollow fibers ［J］. Journal of Membrane Science, 2000, 167（1）: 55-66.

［397］ Cao C, Wang R, Chung T S, et al. Formation of high-performance 6FDA-2, 6-DAT asymmetric composite hollow fiber membranes for CO_2/CH_4 separation ［J］. Journal of Membrane Science, 2002, 209（1）: 309-319.

［398］ Ren J, Wang R, Chung T S, et al. The effects of chemical modifications on morphology and performance of 6FDA-ODA/NDA hollow fiber membranes for CO_2/CH_4 separation ［J］. Journal of Membrane Science, 2003, 222（1-2）: 133-147.

［399］ Kosuri M R, Koros W J. Defect-free asymmetric hollow fiber membranes from Torlon, a polyamide-imide polymer, for high-pressure CO_2 separations ［J］. Journal of Membrane Science, 2008, 320（1-2）: 65-72.

［400］ Peng N, Chung T-S, Li K Y. The role of additives on dope rheology and membrane formation of defect-free Torlon（R）hollow fibers for gas separation ［J］. Journal of Membrane Science, 2009, 343（1-2）: 62-72.

［401］ Xu L, Zhang C, Rungta M, et al. Formation of defect-free 6FDA-DAM asymmetric hollow fiber membranes for gas separations ［J］. Journal of Membrane Science, 2014, 459（3）: 223-232.

［402］ Chen C, Tang L, Liu B, et al. Forming mechanism study of unique pillar-like and defect-free PVDF ultrafiltration membranes with high flux ［J］. Journal of Membrane Science, 2015, 487: 1-11.

［403］ Ma C, Zhang C, Labreche Y, et al. Thin-skinned intrinsically defect-free asymmetric mono-esterified hollow fiber precursors for crosslinkable polyimide gas separation membranes ［J］. Journal of Membrane Science, 2015, 493: 252-262.

［404］ Dai Y, Li Q, Ruan X, et al. Fabrication of defect-free Matrimid® asymmetric membranes and the elevated temperature application for N_2/SF_6 separation ［J］. Journal of Membrane Science, 2019, 577: 258-265.

［405］ Etxeberria-Benavides M, Karvan O, Kapteijn F, et al. Fabrication of defect-free P84® polyimide hollow fiber for gas separation: Pathway to formation of optimized structure ［J］. Membrane, 2020, 10（1）: 4.

［406］ Jansen J C, Macchione M, Drioli E. High flux asymmetric gas separation membranes of modified poly（ether ether ketone）prepared by the dry phase inversion technique ［J］. Journal of Membrane Science, 2005, 255（1-2）: 167-180.

［407］ Boom R M, Vandenboomgaard T, Vandenberg J W A, et al. Linearized cloudpoint curve correlation for ternary-systems consisting of one polymer, one solvent and one nonsolvent ［J］. Polymer, 1993, 34（11）: 2348-2356.

［408］ Kahrs C, Metze M, Fricke C, et al. Thermodynamic analysis of polymer solutions for the production of polymeric membranes ［J］. Journal of Molecular Liquids, 2019, 291: 111351.

［409］ Holda A K, Aernouts B, Saeys W, et al. Study of polymer concentration and evaporation time as phase inversion parameters for polysulfone-based SRNF membranes [J]. Journal of Membrane Science, 2013, 442: 196-205.

[410] Zeman L, Tkacik G. Thermodynamic analysis of a membrane-forming system water/N-methyl-2-pyrrolidone/polyethersulfone [J]. Journal of Membrane Science, 1988, 36: 119-140.

[411] 曹义鸣. 聚合物膜相转化成膜机理研究 [D]. 大连：中国科学院大连化学物理研究所，1997.

[412] Mohsenpour S, Esmaeilzadeh F, Safekordi A, et al. The role of thermodynamic parameter on membrane morphology based on phase diagram [J]. Journal of Molecular Liquids, 2016, 224: 776-785.

[413] Koak N, Heidemann R A. Phase boundary calculations for solutions of a polydisperse polymer [J]. Aiche Journal, 2001, 47 (5): 1219-1225.

[414] Sadeghi A, Nazem H, Rezakazemi M, et al. Predictive construction of phase diagram of ternary solutions containing polymer/solvent/nonsolvent using modified Flory-Huggins model [J]. Journal of Molecular Liquids, 2018, 263: 282-287.

[415] Gaides G E, Mchugh A J. Gelation in an amorphous polymer-a discussion of its relation to membrane formation [J]. Polymer, 1989, 30 (11): 2118-2123.

[416] Burghardt W R, Yilmaz L, Mchugh A J. Glass-transition, crystallization and thermoreversible gelation in ternary PPO solutions-relationship to asymmetric membrane formation [J]. Polymer, 1987, 28 (12): 2085-2092.

[417] Li S G, Vandenboomgaard T, Smolders C A, et al. Physical gelation of amorphous polymers in a mixture of solvent and nonsolvent [J]. Macromolecules, 1996, 29 (6): 2053-2059.

[418] Krantz W B, Ray R J, Sani R L, et al. Theoretical-study of the transport processes occurring during the evaporation step in asymmetric membrane casting [J]. Journal of Membrane Science, 1986, 29 (1): 11-36.

[419] Shojaie S S, Krantz W B, Greenberg A R. Dense polymer film and membrane formation via the dry-cast process. 1. Model development [J]. Journal of Membrane Science, 1994, (94): 255-280.

[420] Matsuyama H, Teramoto M, Nakatani R, et al. Membrane formation via phase separation induced by penetration of nonsolvent from vapor phase. I. Phase diagram and mass transfer process [J]. Journal of Applied Polymer Science, 1999, 74 (1): 159-170.

[421] Matsuyama H, Teramoto M, Nakatani R, et al. Membrane formation via phase separation induced by penetration of nonsolvent from vapor phase. II. Membrane morphology [J]. Journal of Applied Polymer Science, 1999, 74 (1): 171-178.

[422] Mchugh A J, Yilmaz L. Further. Comments on the diffusion-equations for membrane formation [J]. Journal of Membrane Science, 1989, 43 (2-3): 319-323.

[423] Tsay C S, Mchugh A J. Mass-transfer modeling of asymmetric membrane formation by phase inversion [J]. Journal of Polymer Science Part B: Polymer Physics, 1990, 28 (8): 1327-1365.

[424] Cohen C, Tanny G B, Prager S. Diffusion-controlled formation of porous structures in ternary polymer systems [J]. Journal of Polymer Science Part B: Polymer Physics, 1979, 17 (3): 477-489.

[425] Reuvers A J, Smolders C A. Formation of membranes by means of immersion precipition. 2. The mechanism of formation of membranes prepared from the system cellulose-acetate acetine water [J]. Journal of Membrane Science, 1987, 34 (1): 67-86.

[426] Reuvers A J, Vandenberg J W A, Smolders C A. Formation of membranes by means of immersion precipition. 1. A model to descrive mass-transfer during immersion percipition [J]. Journal of Membrane Science, 1987, 34 (1): 45-65.

[427] Cheng L P, Dwan A H, Gryte C C. Membrane formation by isothermal precipitation in polyamide formic-acid water-systems. 2. Precipitation dynamics [J]. Journal of Polymer Science Part B: Polymer Physics, 1995, 33 (2): 223-235.

[428] Karode S K, Kumar A. Formation of polymeric membranes by immersion precipitation: An improved algo-

rithm for mass transfer calculations [J]. Journal of Membrane Science, 2001, 187（1-2）: 287-296.

[429] Kim Y D, Kim J Y, Lee H K, et al. A new modeling of asymmetric membrane formation in rapid mass transfer system [J]. Journal of Membrane Science, 2001, 190（1）: 69-77.

[430] Patsis G P, Glezos N. Molecular dynamics simulation of gel formation and acid diffusion in negative tone chemically amplified resists [J]. Microelectronic Engineering, 1999, 46（1-4）: 359-363.

[431] Lee H, Krantz W B, Hwang S T. A model for wet-casting polymeric membranes incorporating nonequilibrium interfacial dynamics, vitrification and convection [J]. Journal of Membrane Science, 2010, 354（1-2）: 74-85.

[432] Akthakul A, Scott C E, Mayes A M, et al. Lattice Boltzmann simulation of asymmetric membrane formation by immersion precipitation [J]. Journal of Membrane Science, 2005, 249（1-2）: 213-226.

[433] Lin H H, Tang Y H, Matsuyama H, et al. Dissipative particle dynamics simulation on the membrane formation of polymer-solvent system via nonsolvent induced phase separation [J]. Journal of Membrane Science, 2018,（548）: 288-297.

[434] Padilha Junior E J, Staudt P B, Tessaro I C, et al. A new approach to phase-field model for the phase separation dynamics in polymer membrane formation by immersion precipitation method [J]. Polymer, 2019, 186: 122054.

[435] Tang Y H, Ledieu E, Cervellere M R, et al. Formation of poiyethersuifone membranes via nonsoivent induced phase separation process from dissipative particie dynamics simulations [J]. Journal of Membrane Science, 2020: 599.

[436] He X H, Chen C J, Jiang Z Y, et al. Computer simulation of formation of polymeric ultrafiltration membrane via immersion precipitation [J]. Journal of Membrane Science, 2011, 371（1-2）: 108-116.

[437] Liu S, Jiang Z, He X. Computer simulation of the formation of anti-fouling polymeric ultrafiltration membranes with the addition of amphiphilic block copolymers [J]. Journal of Membrane Science, 2013, 442: 97-106.

[438] Wallace E J, Hooper N M, Olmsted P D. The kinetics of phase separation in asymmetric membranes [J]. Biophysical Journal, 2005, 88（6）: 4072-4083.

[439] Laity P R, Glover P M, Barry A, et al. Studies of non-solvent induced polymer coagulation by magnetic resonance imaging [J]. Polymer, 2001, 42（18）: 7701-7710.

[440] Ohya H, et al. Polyimide Membranes——Applications, Fabrications, and properties [M]. Tokyo: Gordon and Breach Publishers, 1996.

[441] 王磊，李薇，王旭东. 凝固浴组分对双凝固浴法制备 PVDF 膜结构和性能影响 [J]. 膜科学与技术，2012, 32: 5-9.

[442] Khayet M, Feng C Y, Khulbe K C, Matsuura T. Study on the effect of a non-solvent additive on the morphology and performance of ultrafiltration hollow-fiber membranes [J]. Desalination, 2002, 148: 321-327.

[443] Radovanovic P, Thiel S W, Hwang S T. Formation of asymmetric polysulfone membranes by immersion precipitation. 1. Modeling mass-transport during gelation [J]. Journal of Membrane Science, 1992, 65（3）: 213-229.

[444] Guillen G R, Pan Y, Li M, et al. Preparation and characterization of membranes formed by nonsolvent induced phase separation: A review [J]. Industrial & Engineering Chemistry Research, 2011, 50（7）: 3798-3817.

[445] Shi L, Wang R, Cao Y M, Liang D T, Tay J H. Effect of additives on the fabrication of poly（vinylidene fluoride-co-hexafluropropylene）（PVDF-HFP）asymmetric microporous hollow fiber membranes. Journal of Membrane Science, 2008, 315: 195-204.

[446] Li X, Wang Y, Lu X, et al. Morphology changes of polyvinylidene fluoride membrane under different phase separation mechanisms [J]. Journal of Membrane Science, 2008, 320（1-2）: 477-482.

[447] Inukai S, Cruz-Silva R, Ortiz-Medina J, et al. High-performance multi-functional reverse osmosis mem-

branes obtained by carbon nanotube. polyamide nanocomposite [J]. Scientific Reports, 2015, 5: 13562.

[448] Fang Y, Duranceau S J. Study of the effect of nanoparticles and surface morphology on reverse osmosis and nanofiltration membrane productivity [J]. Membranes, 2013, 3(3): 196-225.

[449] Ley A, Altschuh P, Thom V, et al. Characterization of a macro porous polymer membrane at micron-scale by confocal-laser-scanning microscopy and 3D image analysis [J]. Journal of Membrane Science, 2018, 564: 543-551.

[450] Kim S H, Kwak S Y, Suzuki T. Positron annihilation spectroscopic evidence to demonstrate the flux-enhancement mechanism in morphology-controlled thin-film-composite (TFC) membrane [J]. Environmental Science & Technology, 2005, 39(6): 1764-1770.

[451] Khulbe K C, Matsuura T, Lamarche G, et al. Study of the structure of asymmetric cellulose acetate membranes for reverse osmosis using electron spin resonance (ESR) method [J]. Polymer, 2001, 42(15): 6479-6484.

[452] Cruz-Silva R S I, Takumi Araki, Morelos-Gomez A, Ortiz-Medina J, Takeuchi K, Hayashi T, Tanioka A, Tejima S, Noguchi T, Terrones M, Endo M. High performance and chlorine resistant carbon nanotube/aromatic polyamide reverse osmosis nanocomposite membrane [J]. MRS Advances 2016, 1: 1469-1476.

[453] Marchese J P C L. Characterization of asymmetric polysulphone membranes for gas separation [J]. Gas Separation & Purification, 1991, 5(4): 215-221.

[454] Hashemifard S A, Ismail A F, Matsuura T, et al. Predicting the structural parameters of integrally skinned porous membranes [J]. Journal of Membrane Science, 2014, 454: 451-462.

[455] Robeson L M, Liu Q, Freeman B D, et al. Comparison of transport properties of rubbery and glassy polymers and the relevance to the upper bound relationship [J]. J Journal of Membrane Science, 2015, 476: 421-431.

[456] Robeson L M, Smith C D, Langsam M. A group contribution approach to predict permeability and permselectivity of aromatic polymers [J]. Journal of Membrane Science, 1997, 132(1): 33-54.

[457] Yeom C K, Lee J M, Hong Y T, et al. Analysis of permeation transients of pure gases through dense polymeric membranes measured by a new permeation apparatus [J]. Journal of Membrane Science, 2000, 166(1): 71-83.

[458] Beckman I N, Syrtsova D A, Shalygin M G, et al. Transmembrane gas transfer: Mathematics of diffusion and experimental practice [J]. Journal of Membrane Science, 2020: 601.

[459] Huang Y, Paul D R. Effect of film thickness on the gas-permeation characteristics of glassy polymer membranes [J]. Ind Eng Chem Res, 2007, 46(8): 2342-2347.

[460] Rezakazemi M, Sadrzadeh M, Matsuura T. Thermally stable polymers for advanced high-performance gas separation membranes [J]. Prog Energy Combust Science, 2018, 66: 1-41.

[461] Lin W H, Chung T S. The physical aging phenomenon of 6FDA-durene polyimide hollow fiber membranes [J]. Journal of Polymer Science Part B: Polymer Physics, 2000, 38(5): 765-775.

[462] Simha R, Somcynsky T. On statistical thermodynamics of spherical and chain molecule fluids [J]. Macromolecules, 1969, 2(4): 342-350.

[463] McCaig M S, Paul D R, Barlow J W. Effect of film thickness on the changes in gas permeability of a glassy polyarylate due to physical aging Part II. Mathematical model [J]. Polymer, 2000, 41(2): 639-648.

[464] Hirai N, Eyring H. Bulk Viscosity of Liquids [J]. Journal of Applied Physics, 1958, 29(5): 810-816.

[465] 丁晓莉, 曹义鸣, 赵红永, 等. 聚酰亚胺中空纤维气体分离膜的物理老化现象 [J]. 高校化学工程学报, 2010, 24(03): 382-387.

[466] Bondi A. Physical properties of molecular crystals, liquids and glasses [M]. New York: Wiley, 1968.

[467] Visser T, Masetto N, Wessling M. Materials dependence of mixed gas plasticization behavior in asymmetric membranes [J]. Journal of Membrane Science, 2007, 306(1-2): 16-28.

[468] Adewole J K, Ahmad A L, Sultan A S, et al. Model-based analysis of polymeric membranes performance

in high pressure CO₂ removal from natural gas ［J］. Journal of Polymer Research, 2015, 22: 32.

［469］ Sanders E S. Penetrant-induced plasticization and gas permeation in glassy-polymers ［J］. Journal of Membrane Science, 1988, 37 (1): 63-80.

［470］ Chiou J S, Barlow J W, Paul D R. Plasticization of glassy-polymers by CO₂ ［J］. Journal of Applied Polymer Science, 1985, 30 (6): 2633-2642.

［471］ Uyanga I J, Idem R O. Studies of SO₂-and O₂-induced degradation of aqueous MEA during CO₂ capture from power plant flue gas streams ［J］. Industrial & Engineering Chemistry Research, 2007, 46 (8): 2558-2566.

［472］ Wonders A G, Paul D R. Effect of CO₂ exposure history on sorption and transport in polycarbonate ［J］. Journal of Membrane Science, 1979, 5 (1): 63-75.

［473］ Bedell S A. Oxidative degradation mechanisms for amines in flue gas capture ［M］// Gale J, Herzog H, Braitsch J. Greenhouse Gas Control Technologies 9. 2009: 771-778.

［474］ Lasseuguette E, Ferrari M-C, Brandani S. Humidity impact on the gas permeability of PIM-1 membrane for post-combustion application ［M］// Dixon T, Herzog H, Twinning S. 12th International Conference on Greenhouse Gas Control Technologies, Ghgt-12. 2014: 194-201.

［475］ Liu L, Chakma A, Feng X. Gas permeation through water-swollen hydrogel membranes ［J］. Journal of Membrane Science, 2008, 310 (1-2): 66-75.

［476］ Matsuyama H, Teramoto M, Sakakura H, et al. Facilitated transport of CO₂ through various ion exchange membranes prepared by plasma graft polymerization ［J］. Journal of Membrane Science, 1996, 117 (1-2): 251-260.

［477］ Pfister M, Belaissaoui B, Favre E. Membrane gas separation processes from wet postcombustion fiue gases for carbon capture and use: A critical reassessment ［J］. Industrial & Engineering Chemistry Research, 2017, 56 (2): 591-602.

［478］ Sengupta A, Sirkar K K. Ternary gas-mixture separation in 2-membrane permeators ［J］. Aiche Journal, 1987, 33 (4): 529-539.

［479］ 肖武，高培，姜晓滨，等. 双膜组件及耦合工艺的研究与应用进展 ［J］. 化工进展，2019, 38 (01): 136-144.

［480］ Chen B, Ruan X, Jiang X, et al. Dual-membrane module and its optimal flow pattern for H₂/CO₂ Separation ［J］. Industrial & Engineering Chemistry Research, 2016, 55 (4): 1064-1075.

［481］ Perrin J E, Stern S A. Modeling of permeators with 2 different types of polymer membranes ［J］. Aiche Journal, 1985, 31 (7): 1167-1177.

［482］ 丛奎春，王颖，马艳勋，等. 叠片式气体分离膜组件及其壳体结构: CN 207520868U ［P］, 2018-06-22.

［483］ Chen V, Hlavacek M. Application of voronoi tessellation for modeling randomly packed hollow-fiber bundles ［J］. Aiche Journal, 1994, 40 (4): 606-612.

［484］ Weller S, Steiner W A. Engineering aspects of separation of gases-fractional permeation through membranes ［J］. Chem Eng Prog, 1950, 46 (11): 585-590.

［485］ Blaisdell C T, Kammermeyer K. Counter-current and co-current gas separation ［J］. Chemical Engineering ence, 1973, 28 (6): 1249-1255.

［486］ Tranchino L, Santarossa R, Carta F, et al. Gas separation in a membrane unit-experimental results and theoretical predictions ［J］. Sep Sci Technol, 1989, 24 (14): 1207-1226.

［487］ Pan C Y, Habgood H W. Analysis of single-stage gaseous permeation process ［J］. Industrial & Engineering Chemistry Fundamentals, 1974, 13 (4): 323-331.

［488］ Boucif N, Majumdar S, Sirkar K K. Series solutions for a gas permeator with countercurrent and cocurrent flow ［J］. Industrial & Engineering Chemistry Fundamentals, 1984, 23 (4): 470-480.

［489］ 朱葆琳，蒋国梁. 中空纤维氮/氢分离器分离性能计算方法 ［J］. 化工学报，1987, 38 (3): 281-292.

［490］ Kovvali A S, Vemury S, Krovvidi K R, et al. Models and analyses of membrane gas permeators ［J］. Journal of Membrane Science, 1992, 73 (1): 1-23.

［491］ Shindo Y, Hakuta T, Yoshitome H, et al. Calculation methods for multicomponent gas separation by permeation［J］. Sep Sci Technol, 1985, 20（5-6）: 445-459.

［492］ Chen H, Jiang G L, Xu R X. An approximate solution for countercurrent gas permeation separating multi-component mixtures［J］. Journal of Membrane Science, 1994, 95（1）: 11-19.

［493］ Pan C Y. Gas separation by permeators with high-flux asymmetric membranes［J］. AIChE Journal, 1983, 29（4）: 545-555.

［494］ Rautenbach R, Welsch K. Treatment of landfill gas by gas permeation-pilot-plant results and comparison to alternatives［J］. Journal of Membrane Science, 1994, 87（1-2）: 107-118.

［495］ Davis R A. Simple gas permeation and pervaporation membrane unit operation models for process simulators［J］. Chemical Engineering Technology, 2002, 25（7）: 717-722.

［496］ 金大天, 曹义鸣, 介兴明. 多组分气体分离膜组件的数学模拟［J］. 石油化工, 2008, 37（10）: 1032-1038.

［497］ Baker R W, Wijmans J G, Kaschemekat J H. The design of membrane vapor-gas separation systems［J］. Journal of Membrane Science, 1998, 151（1）: 55-62.

［498］ Brunetti A, Drioli E, Lee Y M, et al. Engineering evaluation of CO_2 separation by membrane gas separation systems［J］. Journal of Membrane Science, 2014, 454: 305-315.

［499］ Xu J Y, Wang Z, Zhang C X, et al. Parametric analysis and potential prediction of membrane processes for hydrogen production and pre-combustion CO_2 capture［J］. Chemical Engineering Science, 2015, 135: 202-216.

［500］ 李保军, 贺高红, 肖武, 等. 炼厂气回收过程中分离技术的能效分析［J］. 化工进展, 2016, 35（10）: 3072-3077.

［501］ Ruan X H, He G H, Li B J, et al. Chemical potential analysis for directing the optimal design of gas membrane separation frameworks［J］. Chemical Engineering Science, 2014, 107: 245-255.

［502］ Ruan X H, Xiao H Y, Jiang X B, et al. Graphic synthesis method for multi-technique integration separation sequences of multi-input refinery gases［J］. Separation and Purification Technology, 2019, 214: 187-195.

［503］ 王学松. 膜分离法及其在氢回收中的应用. 精细化工, 1984（2）: 7-12.

［504］ 王磊, 王辉. 膜法技术在甲醇弛放气回收氢气中的应用［J］. 煤化工, 2015, 43（02）: 27-29.

［505］ 樊玉海. 甲醇合成系统氢回收装置的系统应用及改进［J］. 同煤科技, 2016,（02）: 29-31.

［506］ 阮雪华, 焉晓明, 代岩. 气体膜分离技术用于石油化工节能降耗的研究进展: 上［J］. 石油化工, 2015, 44（07）: 785-790.

［507］ 贺高红, 李保军, 阮雪华. 炼厂气集中梯级回收方法: CN200910011802.1［P］. 2011-09-07.

［508］ 贺高红, 陈博, 阮雪华. 一种使用膜分离与变压吸附联合处理炼厂气的方法和系统: CN201410851664.9［P］. 2014-12-31.

［509］ 张雪, 刘建朝, 李荣西, 等. 中国富氦天然气资源研究现状与进展［J］. 地质通报, 2018, 37（Z1）: 476-486.

［510］ Rufford T E, Chan K I, Huang S H, et al. A review of conventionai and emerging process technologies for the recovery of helium from natural gas［J］. Adsorption Science & Technology, 2014, 32（1）: 49-72.

［511］ Scholes C A, Ghosh U. Helium separation through polymeric membranes: Selectivity targets［J］. Journal of Membrane Science, 2016, 520: 221-230.

［512］ 黄永香. 膜法富氧助燃技术在锅炉上的应用［J］. 广西节能, 2017,（03）: 32-33.

［513］ Xiong J, Zhao H B, Zheng C G. Techno-economic evaluation of oxy-combustion coalfired power plants［J］. Chinese Science Bulletin, 2011, 56（31）: 3333-3345.

［514］ 李东飞. 膜分离制氮［J］. 金属热处理, 1992,（05）: 5-7.

［515］ 张晶. 变压吸附与膜分离制氮方式对比［J］. 天津化工, 2019, 33（04）: 10-12.

［516］ 余化, 冯天照. 制氮工艺技术的比较与选择［J］. 化肥设计, 2012, 50（1）: 13-15.

［517］ Beaver E, Bhat P, Sarcia D. Integration of membranes with other air separation technologies［C］. Proceedings of the AIChE Symp Ser F, 1988.

［518］ Siyuan S. Petrobras using Honeywell UOP technology to process off shore gas.［J］. Petroleum & Equipment, 2013,（1）: 23.

［519］ 马鹏飞, 韩波, 张亮, 等. 油田 CO_2 驱产出气处置方案及 CO_2 捕集回注工艺［J］. 化工进展, 2017, 036（0z1）: 533-539.

［520］ 周晓艳, 周鹭, 凌爱军. 膜技术在天然气中脱出 CO_2 的最新发展［J］. 内蒙古石油化工, 2008,（9）: 50-52.

［521］ 张永军, 苑慧敏, 万书宝, 等. 天然气中二氧化碳脱除技术［J］. 化工中间体, 2008, 4（9）: 1-3.

［522］ 章龙江, 汤林, 党延斋. 气体分离膜及其组合技术在石油化工领域的应用［M］. 北京: 石油工业出版社, 2015.

［523］ 陈颖, 张雪楠, 梁宏宝, 等. 富含 CO_2 天然气净化技术现状及研究方向［J］. 石油学报（石油加工）, 2015,（1）: 194-202.

［524］ 秦积舜, 韩海水, 刘晓蕾. 美国 CO_2 驱油技术应用及启示［J］. 石油勘探与开发, 2015, 42（02）: 209-216.

［525］ Rautenbach R, Welsch K. Treatment of landfill gas by gas permeation: pilot plant results and comparison with alternative uses［J］. Gss separation and Purification, 1993, 7（1）: 31-37.

［526］ Rasi S, Veijanen A, Rintala J. Trace compounds of blogas from different blogas production plants［J］. Energy, 2007, 32（8）: 1375-1380.

［527］ Jaffrin A, Bentounes N, Joan A M, et al. Landfill biogas for heating greenhouses and providing carbon dioxide supplement for plant growth［J］. Biosystems Engineering, 2003, 86（1）: 113-123.

［528］ Shin H C, Park J W, Park K, et al. Removal characteristics of trace compounds of landfill gas by activated carbon adsorption［J］. Environmental Pollution, 2002, 119（2）: 227-236.

［529］ Khan I U, Othman M H D, Hashim H, et al. Biogas as a renewable energy fuel-A review of biogas upgrading, utilisation and storage［J］. Energy Conversation and Management, 2017, 150: 277-294.

［530］ Spiegel R J, Preston J L. Technical assessment of fuel cell operation on anaerobic digester gas at the Yonkers, NY, wastewater treatment plant［J］. Waste Manage, 2003, 23（8）: 709-717.

［531］ Spiegel R J, Preston J L. Test results for fuel cell operation on anaerobic digester gas［J］. Journal of Power Sources, 2000, 86（1-2）: 283-238.

［532］ 冉毅, 蔡萍, 黄家鹄, 等. 国内外沼气提纯生物天然气技术研究及应用［J］. 中国沼气, 2016, 34（5）: 61-66.

［533］ 邱天然, 王曼娜, 王学军, 等. 膜技术在沼气纯化中的应用: 现状与未来［J］. 膜科学与技术, 2015, 35（06）: 113-120.

［534］ Angelidaki I, Treu L, Tsapekos P, et al. Biogas upgrading and utilization: Current status and perspectives［J］. Biotechnology Advances, 2018, 36（2）: 452-466.

［535］ Baker R W, Lokhandwala K. Natural gas processing with membranes: An overview［J］. Industrial & Engineering Chemistry Research, 2008, 47（7）: 2109-2121.

［536］ Havas D, Lin H. Optimal membranes for biogas upgrade by removing CO_2: High permeance or high selectivity［J］. Separation Science and Technology, 2017, 52（2）: 186-196.

［537］ Shao P, Dal-Cin M, Kumar A, et al. Design and economics of a hybrid membrane-temperature swing adsorption process for upgrading biogas［J］. Journal of membrane science, 2012, 413: 17-28.

［538］ 阮雪华, 贺高红, 肖武, 等. 生物甲烷膜分离提纯系统的设计与优化［J］. 化工学报, 2014, 65（005）: 1688-1695.

［539］ Schell W J, Houston C. Use of membranes for biogas treatment［J］. Energy Prog（United States）, 1983, 3（2）: 96-100.

［540］ RöHr M, Wimmerstedt R. A comparison of two commercial membranes used for biogas upgrading［J］. Desalination, 1990, 77（1-3）: 331-345.

［541］ Stern S, Krishnakumar B, Charati S, et al. Performance of a bench-scale membrane pilot plant for the upgrading of biogas in a wastewater treatment plant［J］. Journal of membrane science, 1998, 151（1）: 63-74.

[542] Miltner M, Makaruk A, Bala H, et al. Biogas upgrading for transportation purposes-operational experiences with Austria's first bio-CNG fuelling station [J]. Chemical Engineering Transactions, 2009, 18: 617-623.

[543] Salim W, Vakharia V, Chen Y, et al. Fabrication and field testing of spiral-wound membrane modules for CO_2 capture from flue gas [J]. Journal of Membrane Science, 2018, 556: 126-137.

[544] White L S, Wei X, Pande S, et al. Extended flue gas trials with a membrane-based pilot plant at a one-ton-per-day carbon capture rate [J]. Journal of Membrane Science, 2015, 496: 48-57.

[545] Choi S H, Kim J H, Lee Y. Pilot-scale multistage membrane process for the separation of CO_2 from LNG-fired flue gas [J]. Separation and Purification Technology, 2013, 110: 170-180.

[546] He X, Lindbråthen A, Kim T J, et al. Pilot testing on fixed-site-carrier membranes for CO_2 capture from flue gas [J]. International Journal of Greenhouse Gas Control, 2017, 64: 323-332.

[547] Pohlmann J, Bram M, Wilkner K, et al. Pilot scale separation of CO_2 from power plant flue gases by membrane technology [J]. International Journal of Greenhouse Gas Control, 2016, 53: 56-64.

[548] Schell W J. Spiral-wound permeators for purifications and recovery [J]. Chemical Engineering Progress, 1982, 78 (10): 33-37.

[549] 刘丽, 陈勇, 康元熙, 等. 天然气膜法脱水工业过程开发 [J]. 石油化工, 2001, 30 (4): 302-304.

[550] Xia Q C, Wang J, Wang X, et al. A hydrophilicity gradient control mechanism for fabricating delamination-free dual-layer membranes [J]. Journal Membrane Science, 2017, 539: 392-402.

[551] 张朝环, 刘潇, 李轩, 等. 聚乙烯装置驰放气的回收利用 [J]. 2017, 36 (B11): 560-562.

[552] 刘丽, 姜宏, 杨丽芸, 等. 采用变压吸附技术与膜分离技术回收聚乙烯尾气中的轻烃 [J]. 2018, 43 (1): 89-91.

[553] Peng Z G, Lee S H, Zhou T, et al. A study on pilot-scale degassing by polypropylene (PP) hollow fiber membrane contactors [J]. Desalination, 2008, 234: 316-322.

[554] Breiter S. Membranes for oxygenators and plasma filters [M]. Elsevier: Biomaterials for Artificial Organs, 2011: 3-33.

[555] Nagase K, Kohori F, Sakai K J B E J. Oxygen transfer performance of a membrane oxygenator composed of crossed and parallel hollow fibers [J]. Biochemical Engineering Journal, 2005, 24 (2): 105-113.

[556] Maul T M. ECMO biocompatibility: Surface coatings, anticoagulation, and coagulation monitoring [J]. International Journal of Artificial Organs, 2016: 27-56.

第 13 章
气固分离膜

主 稿 人：邢卫红　南京工业大学研究员

编写人员：邢卫红　南京工业大学研究员

　　　　　仲兆祥　南京工业大学教授

　　　　　张　峰　南京工业大学副教授

　　　　　韩　峰　江苏久朗高科技股份有限公司博士

审 稿 人：孟广耀　中国科技大学教授

13.1　概述

气固分离膜是指能够实现气体和超细颗粒分离的膜，主要应用于化工、石油、冶金、电力、建材等行业，对燃烧、气化、反应等过程产生的含尘气体进行净化或对粉体进行回收。与深层过滤材料相比，气固分离膜具有耐高温、耐腐蚀、分离精度高和透气性能好等特点，可用于粒径小于 $2.5\mu m$ 的粉尘脱除或回收。对大气污染治理而言，气固分离膜可使烟气中粉尘排放浓度小于 $10mg/m^3$，甚至满足某些要求严格地区的标准上限，即粉尘排放浓度达到超低排放标准（小于 $5mg/m^3$）[1]。

13.1.1　气固分离膜的发展现状

现代工业生产过程中，涉及气固相分离净化的领域十分广泛，早在 20 世纪 50 年代，国外就开始了有机膜材料在中低温除尘方面的研究，我国在 20 世纪 80 年代中期开始发展燃煤锅炉粉尘排放控制技术，目前有机膜在中低温除尘市场的应用已比较成熟。高温膜材料方面，美国、德国、日本等国在 20 世纪 70 年代开展了大量高温气体除尘研究，20世纪 90 年代中期，国外在高温气体过滤除尘技术方面取得了较大的进展，国内在高温膜材料及技术方面尚处于起步阶段，与国外有较大差距。根据中国环境保护产业协会的有关统计，国内中高温除尘市场的容量超过 3000 亿元，目前中低温除尘项目仍然占据主要份额，预计随着国家环保政策的影响和高温除尘技术的不断进步，未来高温除尘市场份额将不断上升。

气固分离膜从材质可分成有机材料和无机材料。有机材料主要有：聚酰亚胺（PI）、聚苯硫醚（PPS）、芳纶和聚四氟乙烯（PTFE）等，一般使用温度小于 260℃，属于中低温气固分离膜材料；无机材料主要有多孔陶瓷膜和多孔金属膜等，最高使用温度可达 800℃，属于中高温气固分离膜材料。气固分离陶瓷膜的主要特点是抗腐蚀性好，分离精度高，但易脆不易密封；金属膜的主要特点是抗热震性能好，易于焊接和加工，高温密封更方便，但高温下易氧化腐蚀。从使用成本来看，有机膜材料气体处理量大，投资成本小，运行成本低；无机膜材料可以在高温下直接进行固体粉尘的截留，有效利用气体的物理显热，实现能量回收，但一次性投资成本大[2-4]。

气固分离膜的发展趋势：有机膜材料需要提高膜材料的耐温性能，进一步提高过滤精度，改善膜表面性质，实现膜表面的双疏性；无机膜材料需要针对高温复杂环境的需求，开发除尘催化一体的多功能膜材料，实现污染物一体化分离技术，制备方面需要降低膜的生产成本，提高气体渗透性能。

13.1.2　气固分离膜的结构

气固分离膜几何形状：有机膜一般为袋式、折叠式等；无机膜一般为管式、挂烛式、蜂窝式等（如图 13-1 所示）。气固分离膜的微结构主要由支撑体和分离层构成（如图 13-2 所示），支撑体不仅需要孔隙率高、孔径大以保证高的气体透过速率，而且需要高强度和高稳定性以保证使用寿命。对陶瓷膜和金属膜而言，支撑体还必须具有高机械强度、低热膨胀性能、高抗氧化性能；对有机膜而言，支撑体还需要具备较高的拉伸强度和耐温性能等。

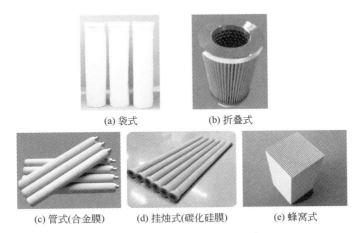

(a) 袋式　　　　　(b) 折叠式

(c) 管式(合金膜)　　(d) 挂烛式(碳化硅膜)　　(e) 蜂窝式

图 13-1 常见的气固分离膜外观形状

(a) 碳化硅陶瓷膜　　　　　(b) PTFE有机复合膜

图 13-2 气固分离膜的断面微结构图

　　管式合金膜［图 13-1(c)］和挂烛式陶瓷膜［图 13-1(d)］长度一般为 1500～3000mm，直径为 60～150mm，PTFE 膜袋［图 13-1(a)］的长度一般为 3000～8000mm，直径 135～250mm。碳化硅膜［图 13-2(a)］、合金膜、PTFE 膜［图 13-2(b)］的微结构均为支撑体和膜层的两层结构，与液体分离膜相比缺少中间层（过渡层），主要是为了降低气体过滤阻力，提高气体渗透性能。对无机膜而言，支撑体和膜层主要由颗粒构成；有机膜主要是由粗纤维搭建支撑层，由纳米纤维搭建网状结构膜层，因此气固分离时透气阻力较低。表 13-1 是典型气固分离膜的主要微结构参数，有机膜的孔隙率大于无机膜，因此透气性高于无机膜。

表 13-1 典型气固分离膜的微结构参数

参数	碳化硅膜(PALL 公司)	钛铝合金膜(易态科技)	PTFE 膜(久朗高科)
支撑体孔隙率/%	30～50	30～45	70～90
支撑体孔径/μm	40～60	20～30	约 100

续表

参数	碳化硅膜（PALL 公司）	钛铝合金膜（易态科技）	PTFE 膜（久朗高科）
膜层孔隙率/%	45～50	30～40	80～90
膜层孔径/μm	1～10	0.5～10	0.2～5
膜层厚度/μm	50～200	100～200	0.3～30

13.1.3　主要应用领域

气固分离膜已在工业尾气治理、室内空气净化、干燥粉体回收、洁净气体生产等过程中得到越来越广泛的应用。在中低温气固分离方面，有机膜的主要应用领域有水泥工业窑炉尾气、燃煤电厂尾气、干燥系统、化肥工业、有色金属工业、染料工业、食品工业等气体净化和产品回收；在高温气固分离方面，无机膜的主要应用领域有洁净煤气化（IGCC）、工业窑炉烟气净化和余热回用、石油化工和化学工业的窑炉烟气净化和催化剂回收、垃圾焚烧尾气净化、贵金属高温回收、生物质汽化、多晶硅生产中的气体净化等。

13.2　气固分离膜材料与制备方法

13.2.1　有机膜材料

13.2.1.1　聚四氟乙烯膜

聚四氟乙烯膜（PTFE 膜）由于其特殊的分子结构和组成而具有良好的化学稳定性，低摩擦系数，且耐强酸、强碱、强溶剂腐蚀，可在-180～$260℃$范围内长期使用。PTFE膜孔径一般在0.5～$5\mu m$之间，具有孔隙率高、表面摩擦系数小、耐高温、疏水性优异等特点，是理想的气固分离膜材料[80,83-86]。图 13-3（a）、（b）为典型的 PTFE 膜微结构形貌。根据实际工业除尘工况条件的差别，目前其在气固分离领域的应有主要有以下两种方式：①以纯 PTFE 本身作为滤料使用；②将 PTFE 薄膜复合到其他无纺布材料，制备复合膜材料 [见图 13-3（c）]。

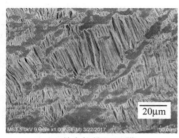 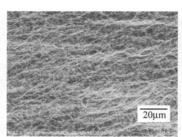 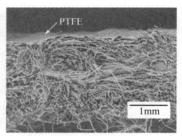

(a) 单向拉伸PTFE膜　　　　　(b) 双向拉伸PTFE膜　　　　　(c) PTFE复合膜

图 13-3　PTFE 膜扫描电镜照片

13.2.1.2　纳米纤维膜

纳米纤维膜一般指采用静电纺丝工艺使纤维堆积形成的膜，具有较均一的孔径、高孔隙率和比表面积，一方面由于纤维与空气中的污染物之间具有更多的有效接触，因此过滤效率高；另一方面，纤维直径与空气分子的平均自由程（约 66nm）相当，由于"滑脱效应"（slip effect），使得过滤阻力降低[5]。可用于静电纺制备纳米纤维膜的聚合物主要有聚乳酸（PLA）、聚酰胺（PA）、聚丙烯腈（PAN）、聚酯（PET）、聚甲基丙烯酸甲酯（PMMA）、聚醚酰亚胺（PEI）、聚氧乙烯（PEO）、聚乙烯醇（PVA）、聚乙烯吡咯烷酮（PVP）、醋酸纤维素（CA）、聚砜（PSF）等[6,7]。纳米纤维膜主要有串珠、蛛网和复合等不同结构（如图 13-4 所示），这些微结构可以降低在空气过滤中的阻力。表 13-2 总结了不同结构的纳米纤维膜在气固分离应用中的过滤效率和过滤阻力，可以看出蛛网结构和复合结构的纳米纤维膜具有更低的过滤阻力。

图 13-4　不同结构静电纺纳米纤维膜的扫描电镜照片
（a）光滑结构[9]；（b）串珠结构[8]；（c）蛛网结构[10]；（d）复合结构[11]

表 13-2　不同结构纳米纤维膜过滤性能比较

纳米纤维膜结构	过滤效率/%	过滤阻力/Pa	参考文献
光滑结构	99.00	＞300	［9,21］
串珠结构	99.99	165.3	［8］
蛛网结构	99.99	111	［10］
复合结构	99.99	117	［11］

13.2.2　金属膜材料

金属膜又称多孔金属膜，主要由耐腐蚀的不锈钢或金属间化合物如 310 不锈钢、Inconel600（Fe-Cr-Ni）、蒙乃尔（Ni-Cu-Fe-Mn）、哈氏合金（Ni-Cr）等制备而成。具有过滤面积大、过滤精度高、压力损失低、密封性能好、耗材少等优点，材料类型主要有丝网、纤维毡和粉末烧结等[78]。图 13-5 是应用于高温烟气净化使用的多孔金属膜材料，多孔金属膜通常为孔径梯度复合结构，主要由基体和膜层组成。基体是不锈钢金属多孔材料，膜层一般选用与基体易于复合的金属间化合物，也有在多孔金属基体上复合陶瓷的多孔金属膜[12]。

表 13-3 为典型高温过滤金属膜性能参数与陶瓷膜的比较，金属材料的机械强度要明显高于陶瓷膜材料。

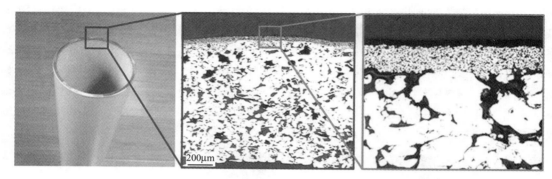

图 13-5   多孔金属膜材料

表 13-3   典型金属膜材料基本性能参数与陶瓷膜的比较[13]

过滤材料	平均孔径 /μm	渗透通量 /[m³/(h•m²•kPa)]	孔隙率 /%	强度 /MPa	延伸率	过滤效率 /%
AT&M-FeAl	10.1	1.47	45.3	120	0.5～2	>99.9
AT&M-310S	22.5	21.3	35	160	>30	>99.5
FeAl	10	135	30	122	约1	>99.9
Hastlloy	10	120	23	240	>8	>99.9
Schumacher-T10（陶瓷）	10	75	38	13	<1	>99.9

目前多孔金属膜还存在一定的问题：在常温下其抗拉性较差，在超过 600℃时会出现随着温度升高强度下降的现象，使用过程中存在着最高温度的限制，主要是因为金属膜容易氧化，膜孔径出现变化，过滤精度下降，高温使用中稳定性不高，其强度和耐蚀性低于陶瓷材料。

13.2.3   陶瓷膜材料

陶瓷膜可由金属氧化物、碳化硅等陶瓷材料制备而成，于 20 世纪 80 年代应用于集成气化联合循环发电厂中的除尘系统。陶瓷膜具有耐高温、耐腐蚀、抗热震性能优良等特点，最适合应用于高温工况下的气固分离过程[14,15]。目前气固分离陶瓷膜主要有碳化硅膜、陶瓷纤维膜等。

13.2.3.1   碳化硅膜

碳化硅是共价键性极强的化合物，机械强度大，具有耐高温（>800℃）、耐腐蚀、抗热震性能高、孔径范围宽、应用范围广等优点，被认为是 21 世纪高温气固分离过程最为理想的过滤材料之一。20 世纪 80 年代蜡烛状膜过滤单元就投入工业应用，主要是碳化硅与黏土烧结而成，但应用过程发现膜在高温下的耐热性和抗蠕变性存在问题。目前用于工业过程的挂烛式碳化硅陶瓷膜的外形如图 13-6 所示，挂烛式过滤元件为一端封闭、一端开口具有法

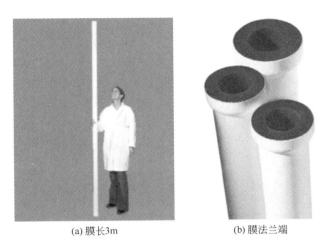

(a) 膜长3m　　　　　　　　(b) 膜法兰端

图 13-6　挂烛式碳化硅陶瓷膜外观[4]

兰构型的结构。

我国碳化硅陶瓷膜的研究开发起步较晚，南京工业大学开发的高温除尘碳化硅膜具有较高的性能[16-20]。其采用原位反应烧结制备双层结构膜，内层为平均孔径较大的支撑体以保证滤管的强度，在支撑体的外表面涂覆一层平均孔径较小的碳化硅膜层，以实现表面过滤（图 13-7），支撑体孔径比较大，孔隙率一般大于 40%，平均孔径 $40\sim60\mu m$，分离膜层平均孔径在 $1\sim10\mu m$ 范围内可调，可以根据实际粉尘粒径大小选择合适的膜孔径[81,82]。

(a)　　　　　　　　　　(b)　　　　　　　　　　(c)

图 13-7　碳化硅陶瓷膜管实物图（a）、断面（b）和表面微观图（c）

13.2.3.2　陶瓷纤维膜

陶瓷纤维膜主要由碳化硅、氧化铝、莫来石和硅酸铝纤维等制成，如图 13-8 所示。陶瓷纤维膜和碳化硅陶瓷膜一样，能够在 $800℃$ 的烟气温度下长期使用。美国 3M 公司研制的含铝、硼、硅等元素的陶瓷纤维滤袋，具有透气性能更好、重量更轻、过滤气速高（最高能达到 $5m/min$）的优点，但使用过程中膜容易折断；德国 BWF 公司开发的袋形陶瓷纤维过滤单元 KE-85，耐温可达 $850℃$；英国 TENMAT 公司开发的刚性陶瓷纤维滤袋（图 13-9），耐高温达 $1600℃$、不燃烧，可以过滤直径小于 $1\mu m$ 的尘粒，适合应用于冶金工业、垃圾焚烧和火力电厂等，具有过滤阻力低、清灰效果好和运行维护方便等优点。

图 13-8　陶瓷纤维纺织的柔性滤袋材料

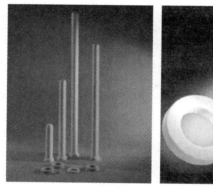

图 13-9　英国 TENMAT 公司生产的刚性陶瓷纤维滤管[71]

13.2.4　气固分离膜的主要制备方法

13.2.4.1　双向拉伸法制备 PTFE 膜

双向拉伸法或机械拉伸法是有机膜材料的主要制备方法，聚四氟乙烯（PTFE）膜的制备工艺主要采用双向拉伸。一般是将 PTFE 树脂与液体润滑剂混合后，压制成毛坯，再经过挤出、压延等工序制成 PTFE 薄片，再经过热处理去除添加剂，同时进行拉伸获得 PTFE 膜材料（其工艺流程见图 13-10）。拉伸工艺主要分为两种：一是单独进行纵向拉伸，获得狭长纤维孔结构，见图 13-10（ⅱ）、（ⅲ）；二是同时进行双向拉伸，获得由纤维和结点构建的网状多孔膜材料，见图 13-10（ⅳ）。经过拉伸后的薄膜密度显著下降，拉伸强度提高，形成大量的空隙，同时其尺寸稳定性也显著提高。

13.2.4.2　纳米纺丝法

纳米纺丝法又称静电纺丝技术，它是一种非常简单且易于控制的技术，可用于制备连续纳米纤维。其原料适用范围较广，包括合成高聚物、天然高聚物、聚合物合金和负载有发色团、纳米颗粒或活性物质的聚合物溶液，以及金属和陶瓷[21]。典型的静电纺丝装置包括供液装置、高压电源、纺丝模头和接收装置，如图 13-11 所示。首先，聚合物溶液或熔体通过微量注射泵控制以一定速率从纺丝针头挤出，纺丝针头连接着高压电源，在纺丝针头和接地的金属接收板之间形成电压为几十千伏的静电场。聚合物溶液或熔体从纺丝头被挤出后在静

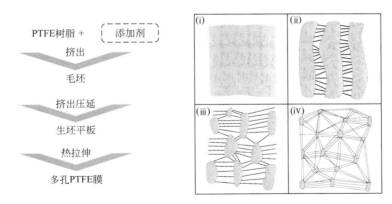

图 13-10　PTEF 膜的制备工艺流程简图及拉伸示意图

（ⅰ）拉伸前；（ⅱ）生坯、拉伸初期；（ⅲ）纵向拉伸；（ⅳ）双向拉伸

电场作用下表面逐渐带有电荷，在电场力作用下被逐渐牵伸细化，最后固化沉积在接收装置上，形成 3D 立体堆积结构的纳米纤维膜。

在静电纺丝过程中，聚合物纺丝液在纺丝针头处形成带电液滴，当电场力与带电液滴的表面张力达到平衡时，带电液滴就稳定在纺丝针头的末端。当电场力进一步增大，将会破坏这一平衡，带电液滴将变成圆锥形状，即目前被普遍定义的泰勒锥（Taylor cone）[22]，其半角为 49.3°。继续增加电场强度，带电射流会从 Taylor 锥尖端喷射出来，由于此时射流速率较低且表面受力相对平衡，故成一条波动不大的直线，这一过程的射流在很多静电纺丝研究中被称为稳态射流。受到弯曲不稳定的影响，稳态射流在直线飞行一小段距离后开始向一侧偏离，形成环，同时射流也被高度拉伸变细；接着，弯曲不稳定再次在这些变细的射流上发生，形成新的次级环，如图 13-12 所示，这一过程的射流被称为非稳态射流。这个过程不断重复，直到射流中溶剂完全挥发或熔体冷却固化，或者纤维的直径减小到足够小而不再受到弯曲不稳定的影响为止。最终射流在接收装置上形成直径在 5～5000nm 范围内的纳微米纤维。

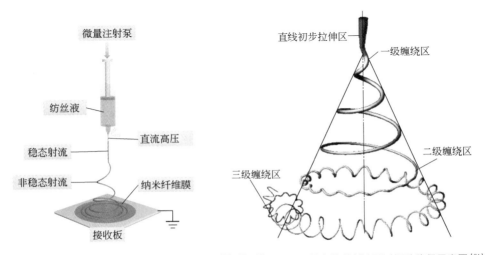

图 13-11　典型的静电纺丝工艺示意图[23]　　**图 13-12**　典型的静电纺丝射流瞬时运动路径示意图[24]

静电纺丝过程中的影响因素主要可分为三类：纺丝液体系、纺丝工艺参数和纺丝环境因素[25-27]。其中纺丝液体系主要包括聚合物分子量和聚合物溶液的黏度、表面张力和电导率；纺丝工艺参数主要包括纺丝电压、纺丝速率和接收距离；纺丝环境因素主要包括温度、湿度和气压。通过调控这些影响因素，可制备直径不同或异形结构的纳米纤维膜。

13. 2. 4. 3 烧结助剂法

烧结助剂法，即通过添加烧结剂在高温下形成液相或者与骨料颗粒在颈部发生化学反应，加速骨料颗粒的传输过程，最后获得高强度的陶瓷材料，主要用于多孔陶瓷膜材料的制备过程。加入的烧结助剂高温下与碳化硅表面氧化生成的二氧化硅反应，在碳化硅颗粒颈部形成颗粒间"焊接"，从而获得高强度的多孔陶瓷材料[28,29]。该法制备的多孔陶瓷的性能与烧结助剂的选择密切相关，烧结助剂的种类有金属氧化物、碱土金属氧化物、堇青石（$2MgO \cdot 2Al_2O_3 \cdot 5SiO_2$）、莫来石（$3Al_2O_3 \cdot 2SiO_2$）、$SiO_2$、$Si$、$Si_3N_4$、$AlN$ 以及自然界黏土（高岭土 $Al_2O_3 \cdot 2SiO_2 \cdot 2H_2O$、滑石粉 $3MgO \cdot 4SiO_2 \cdot H_2O$、硅藻土 $SiO_2 \cdot nH_2O$）等[30-32]。这些助剂的加入可以降低目标陶瓷的制备温度、节省能源、降低生产成本，而且获得的材料具有优良的抗热震性能、化学稳定性和较高的强度。目前采用加入烧结助剂的技术，通过高温反应，获得高温环境下性能稳定的颈部相，是实现高强度多孔陶瓷低温下烧结制备的主流技术之一。图 13-13 给出的是典型的采用烧结助剂法制备碳化硅多孔陶瓷的流程示意图。

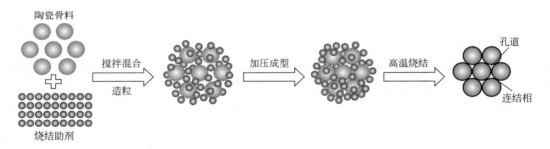

陶瓷骨料   搅拌混合 造粒   加压成型   高温烧结   孔道

烧结助剂   连结相

图 13-13 采用烧结助剂法制备的碳化硅多孔陶瓷流程示意图

13. 2. 4. 4 铸造法

铸造法是目前比较成熟的工业化生产多孔金属膜材料的方法。铸造法适用于材料熔点相对较低的金属材质，主要有铝合金、钢、铜、青铜、黄铜等，所制备的多孔金属孔隙度可达90%以上。根据具体工艺不同，铸造法又分为直接吹气法、熔体发泡法和渗流法等。直接吹气法通过吹气装置将气体由熔体底部吹入，产生气泡上浮并聚集形成泡沫，经传送带运输液态金属泡沫并使其冷却成为泡沫产品。该技术要求材料发泡温度区间宽、金属熔体黏度合适，以便提高泡沫稳定性，保证收集与成形过程中多孔体不破碎。熔体发泡法是在熔融金属中加入发泡剂而产生气孔，主要包括熔化合金锭、熔体增黏、加入发泡剂搅拌、保温发泡、成型等工序。渗流法是将金属熔液渗入装有耐高温且可去除颗粒的铸模中，经后续去除颗粒工序而获得多孔金属。根据颗粒模板不同，可以获得开孔或闭孔多孔金属材料[72]。

13.3　气固分离原理

在气固分离过程中，含尘气体的过滤形式主要分为内部过滤和表面过滤。内部过滤又称深层过滤，首先是含尘气体通过洁净滤料，此时起过滤作用的主要是膜滤料本身的结构；当膜滤料达到一定的容尘量后，在滤料表面形成的粉尘层对含尘气体将起主要过滤作用，这就是表面过滤。对于厚而蓬松、孔隙率较大的过滤层，深层过滤比较明显；对于薄而紧、孔隙率较小的过滤层，主要表现为表面过滤。

13.3.1　粉尘分离原理

气固分离膜截留粉尘的机理主要有直接拦截、惯性碰撞、扩散效应、重力效应、静电效应等。当气流夹带粉尘与膜表面接触时，有可能产生的过滤机理如图 13-14 所示。当气流通过分离膜层时，流线产生偏折，此时，其中较大粉尘粒子由于惯性作用继续向前作直线运动，于是就会偏离流线而撞到膜表面，称为"惯性碰撞"效应；同时，较小粉尘粒子惯性较小，仍然跟随流线而运动，若此时粒子半径小于分离膜孔径，就会被拦截下来，称为"直接拦截"效应；更细微的粒子在气流中受到气体分子撞击后，并不均衡地跟随流线，而是在气流中做布朗运动。由于这种无规则的热运动，粒子可能与膜材料相碰撞而被捕集，称为"扩散效应"。此外，若有外力作用，如重力、静电力等，则颗粒产生沉降作用，也可能会撞到分离膜层上，分别称为重力效应、静电效应等。

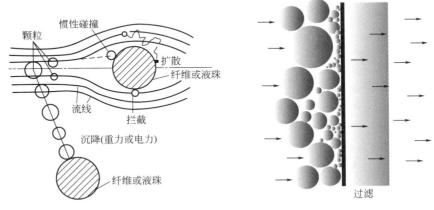

图 13-14　粉尘分离碰撞机理　　　　　　**图 13-15**　气固分离膜表面筛分机理

膜分离的另一重要机理是筛分（图 13-15），即因尘粒太大，不能通过特定的孔和通道被筛分下来。

单个分离膜孔对颗粒的截留效率是无量纲参数的函数，与截留效率相关的无量纲参数见表 13-4。

表 13-4　与截留效率有关的无量纲参数[73]

符号	名称	内容	物理意义	分离机理
Re	雷诺数	$\dfrac{\rho_g v_0 d_f}{\mu}$	流体惯性力/流体黏性力	所有分离机理
Stk	斯托克斯数（惯性参数）	$\dfrac{C_\mu \rho_p d_p^2 v_0}{18\mu d_f}$	颗粒惯性力/黏性阻力	惯性碰撞
G	重力参数	$\dfrac{C_\mu \rho_p d_p^2 g}{18 v_0}$	$\dfrac{颗粒终端沉降速度}{流体的特征速度}$	重力沉降
K_E	静电参数	$F_E \Big/ \left(\dfrac{C_\mu}{3\pi\mu d_p v_0}\right)$	静电力/流体对颗粒的曳力	静电吸引
Pe	贝克莱数	$\dfrac{v_0 d_f}{D_{mp}}$	对流量/扩散量	布郎扩散
R	拦截参数	d_p/d_f	$\dfrac{粉尘颗粒粒径}{分离膜层纤维或颗粒直径}$	直接拦截
a	填充率	$1-\varepsilon$	膜材料体积/填充层体积	所有分离机理

注：D_{mp} 为颗粒扩散系数；ρ_g 为流体的密度；v_0 为流体特征速度，m/s；μ 为黏度系数；d_f 为分离膜层纤维/颗粒直径，m；ρ_p 为颗粒的密度；d_p 为颗粒直径，m；ε 为床层孔隙率；C_μ 为 Cummingham 修正系数；g 为重力常数；F_E 为静电吸引力。

13. 3. 1. 1　惯性碰撞

惯性碰撞是各种分离机理中最重要的，尤其是对于 $d_p > 1\mu m$ 的粒子。在各种效应中，起主导作用的是颗粒的惯性、质量及速度，所以在不计重力等其他作用的情况下，在此极限轨迹以内的所有颗粒可以通过惯性碰撞而被截留。

对有机膜而言，成膜纤维一般为圆柱体，分离效率计算见式(13-1)。

$$\eta_1 = D_1 / d_f \tag{13-1}$$

式中，η_1 为惯性碰撞的捕集效率；D_1 为远离捕集体处的极限轨迹的尺寸；d_f 为捕集体的直径。

当粉尘颗粒粒径 d_p 远小于 d_f 时，可忽略粒子尺寸的影响，只考虑粒子质量的影响，从而得到了计算 η_1 的各种公式，见表 13-5。

13. 3. 1. 2　直接拦截

直接拦截机理主要假设为粒子有尺寸大小而质量可以忽略，因此，不同粒径的粒子都跟着气流的流线而运动。当气流遇到分离膜层时，流线产生偏折，若此时粒子半径 d_p 小于分离膜孔径 D 时，粒子被截留下来。当粒子直径 d_p 与分离膜孔径比值 R 比较大时，直接拦截效应就比较突出，在单独计算拦截效率时，拦截效率 η_R 与 Stk 无关，而只是气流流线及 R 的函数，η_R 主要计算公式见表 13-6。

表 13-5　有机膜计算惯性分离捕集效率 η_1 的各种公式[33]

分离膜	流动状态	公式	公式编号
纤维圆柱体	黏流（$Re \leqslant 1$）	$1 - \dfrac{1.2}{Re^{0.2} Stk^{0.54}} + \dfrac{0.36}{Re^{0.4} Stk^{1.08}}$	(13-2)
	势流（$Re \to \infty$）	$\dfrac{Stk}{Stk + 1.5}$	(13-3)
	过渡区（$Re = 10$）	$\dfrac{Stk^3}{Stk^3 + 0.77 Stk^2 + 0.22}$	(13-4)

表 13-6　计算直接拦截效率 η_R 的公式[34]

分离膜	流动状态	公式	公式编号
纤维圆柱体	黏流	$\dfrac{1}{(2.002-\ln Re)}\left[(1+R)\ln(1+R)-\dfrac{R(2+R)}{2(1+R)}\right]^3$ $\eta_R=\dfrac{R^2}{2.002-\ln Re}$（当 $R<0.07$ 时，$Re\ll0.5$ 时）	(13-5)
	势流	$(1+R)^2-\dfrac{1}{1+R}$（若 $R\ll0.1$，$\eta_R=2R$）	(13-6)

13.3.1.3　扩散效应

随着粒子粒径减小，流速减慢，温度的增加，粒子的热运动加速，从而与膜材料表面的碰撞概率也增加，扩散效应也越显著。对于 $d_p\leqslant1\mu m$ 的粒子，扩散机理开始起主导作用。在扩散效应下，粒子在接近分离膜表面孔道时就会被收集，所以扩散效应分离效率 η_D 一般主要与 Pe 及 Re 两个无量纲参数有关。η_D 的主要计算公式见表 13-7。

表 13-7　计算扩散作用下分离效率 η_D 的公式[35]

分离膜	流动状态	公式	公式编号
纤维圆柱体	黏流（$Re<1$）$Pe\ll1$	$\dfrac{2\pi}{Pe(1.502-\ln Pe)}$	(13-7)
	黏流（$Re<1$）$Pe\geqslant1$	$2.9La^{-1/3}Pe^{-2/3}+0.624Pe^{-1}$	(13-8)
		$2La^{-1}\left[2(1+x)\ln(1+x)+\dfrac{1}{(1+x)}\right]$ $x=1.308(La/Pe)^{1/8}$，$La=2.002-\ln Re$	(13-9)
	黏流（$Re<1$）Pe 很大	$KLa^{-1/3}Pe^{-2/3}$，$K=1.71\sim2.92$	(13-10)
	势流（$Re\gg1$）（$Pe\gg1$）	$2.05La^{-0.4}Pe^{-0.6}$ $KPe^{-1/2}$，$K=1.57\sim3.19$	(13-11) (13-12)
	$0.1<Re<10^4$ $10<Pe<10^5$	$\dfrac{\pi}{Pe}\left(\dfrac{1}{\pi}+0.55Re^{1/6}Pe^{1/3}\right)$ 或 $\dfrac{1}{Pe}+1.727Re^{1/6}Pe^{-2/3}$	(13-13)

13.3.1.4　重力沉降

重力分离是最基本的一种分离方式，当粒子具有一定的大小和密度，且流速较低时，粒子会因重力作用而沉降到分离膜表面上，即重力效应。对于水平面上符合 Stokes 定律，颗粒的重力沉降分离效率应为

$$\eta_G=G=\frac{u_s}{v_0}=\frac{C_u\rho_p d_p^2 g}{18\mu v_0} \tag{13-14}$$

式中，u_s 为 Stokes 沉降速度。

只有颗粒粒径较大、气速较小时，重力沉降的作用才比较明显。式（13-14）是指气流与

重力方向相同时的情况，对于任意横向放置的圆柱体，则数值要乘以圆柱体在垂直于气流方向上的投影面积与顺着气流方向上的投影面积的比值。

13.3.1.5 静电效应

一般粉尘或膜材料可能有电荷，当两者带有异性电荷时，则静电吸引作用显现出来，使滤尘效率提高，但却使清灰变得困难。在外界不施加静电场时，由于捕集体的导电、离子化气体分子的经过、放射性的辐照、带电粒子的沉降等现象，这种电荷会慢慢减少。无外加电场时，有三种情况：①颗粒荷电，膜材料为中性，此时在膜材料上产生反向诱导电荷，有静电吸引力 F_{EM}；②膜材料荷电，颗粒中性，则颗粒只有反向诱导电荷，产生吸引力 F_{EI}；③两者均带荷电，则按电荷配对情况，可能吸引，也可能为排斥力 F_{EC}。对于服从 Stokes 定律的粒子，静电力可写成无量纲参数 K_E，而静电分离效率 η_E 就是 K_E 的函数。它们的计算公式列于表 13-8 中。

表 13-8　静电吸引效应的计算公式

荷电情况	参数	圆柱体	公式编号
颗粒荷电、膜材料中性	F_{EM}	$\dfrac{\varepsilon_c-1}{\varepsilon_c+1}\times\dfrac{q^2}{4\varepsilon_0(r-d_f/2)^2}$	(13-15)
	K_{EM}	$\dfrac{\varepsilon_c-1}{\varepsilon_c+1}\times\dfrac{C_\mu q^2}{3\pi\mu d_p d_f^2 \varepsilon_0 v_0}$	(13-16)
	η_{EM}	黏流：$2\sqrt{\dfrac{K_{EM}}{La}}$	(13-17)
		势流：$(6\pi K_{EM})^{1/3}$	(13-18)
颗粒中性、膜材料荷电	F_{EI}	$\dfrac{4Q^2}{\varepsilon_0}\times\dfrac{\varepsilon_p-1}{\varepsilon_p+2}\times\dfrac{(d_p/2)^3}{r^3}$	(13-19)
	K_{EI}	$\dfrac{4}{3\pi}\times\dfrac{\varepsilon_p-1}{\varepsilon_p+2}\times\dfrac{C_\mu d_p^2 Q_a^2}{d_f^2 \mu v_0 \varepsilon_0}$	(13-20)
	η_{EI}	$\left(\dfrac{3\pi K_{EL}}{2}\right)^{1/3},\left(\dfrac{2r}{d_f}\gg1\right)$	(13-21)
两者均荷电	F_{EC}	$\dfrac{2Qq}{\varepsilon_0 r}$	(13-22)
	K_{EC}	$\dfrac{4Q_b q C_\mu}{3\pi\mu d_p d_f v_0 \varepsilon_0}$	(13-23)
	η_{EC}	$-\pi K_{EC}$	(13-24)

注：Q 为膜材料上电荷量，C；Q_a 为单位长度捕集体上电荷量，C；Q_b 为单位面积捕集体上电荷量，C；q 为粒子上电荷量，C；μ 为黏度系数；v_0 为气流速度，m/s；ε_0 为自由空间的介电常数，$\varepsilon_0=8.85\times10^{-12}$ C/(V·m)；ε_p 为粒子的介电常数，C/(V·m)；ε_c 为捕集体的介电常数，C/(V·m)；d_f 为捕集体直径，m；d_p 为粒子直径，m；r 为粒子与孔道壁间的距离，m；C_μ 为 Cummingham 修正系数。

13.3.1.6 各种分离机理的协同效应

在实际过滤中，有许多参数会影响粒子的分离特性，如上述不同分离机理所涉及的分离力、气固混合物的物理性质、流体动力特性、粒子粒径和分布以及粒子的密度等。常常是各种分离机理同时存在的，协同效应的分离效率可近似写成：

$$\eta_0 = 1 - (1-\eta_I)(1-\eta_D)(1-\eta_R)(1-\eta_G)(1-\eta_E) \tag{13-25}$$

根据不同机理的组合，分离效率又有不同的表达式。

① 惯性碰撞及直接拦截同时存在，对于黏流情况（$Re = 0.2$）下的圆柱体，分离效率的计算式见式(13-26)。

$$\eta_{IR} = 0.16[R + (0.5 + 0.8R)Stk - 0.1052Stk^2] \tag{13-26}$$

② 扩散与直接拦截的联合效应，对于圆柱体 Langmuir 给出：

$$\eta_{DR} = \frac{1}{La}\left[(1+2x)\ln(1+2x) - \frac{x(2+2x)}{1+2x}\right] \tag{13-27}$$

式中 x 可由下式求得：

$$x\left(x - \frac{R}{2}\right)^2 = 0.28LaPe^{-1}$$

Friedlander 及 Pasceri 提出了层流时的半经验公式：

$$\eta_{DR} = 6Re^{1/6}Pe^{-2/3} + 3R^2Pe^{1/2} \tag{13-28}$$

③ 惯性、拦截与扩散的联合效应，对于圆柱体，需要在式(13-26) 的 Stk 项中加上一个 $1/Pe$ 项，即

$$\eta_{IRD} = 0.16\left[R + (0.5 + 0.8R)\left(Stk + \frac{1}{Pe}\right)\right] - 0.16\left[0.1052R\left(Stk + \frac{1}{Pe}\right)^2\right] \tag{13-29}$$

13.3.2　影响气体过滤的因素

13.3.2.1　颗粒物的影响

颗粒物对气体过滤的影响主要表现在粉尘颗粒形状、大小和浓度等方面。颗粒物形状分为规则形和不规则形。规则形状的粉尘颗粒表面光滑，比表面积小，经过膜材料时不易被拦截；形状不规则的颗粒表面粗糙，表面积大，在经过膜材料时容易被拦截，但是会对分离膜材料产生磨损。

粉尘粒径对膜除尘性能影响显著。粉尘粒径越大，压降升高的速率越慢，截留率越高；粉尘粒径越小，压降升高越快，截留率也越低。这是由于孔堵塞发生在过滤初始阶段，然后颗粒物才在滤材表面沉积。粒径大的颗粒，在表面不易聚集容易清除，压降短时间内会缓慢上升后趋于稳定；随着颗粒粒径的减小，颗粒越容易进入膜通道中发生堵塞使压降增大。粒径越小，滤饼压降越大，因为颗粒粒径越小，滤饼的空隙率越小，阻力越大[36]。

粉尘浓度对气体过滤的影响主要表现在对过滤压降、过滤效率和膜材料的磨损和清灰周

期等方面。粉尘浓度对过滤压降的影响比较单一：在单个反吹周期内，过滤压降随时间基本呈线性增长；过滤压降随着进气浓度的增大而增大，粉尘浓度越大，单位时间内沉积在膜表面的滤饼越厚，压降升高速率越快。

膜过滤开始阶段，进气中粉尘浓度越大，粒径小于膜孔径的颗粒穿透膜孔径的概率就越大，过滤效率较低。随着过滤时间的延长，膜表面形成滤饼，滤饼层的厚度和致密程度会影响粉尘截留和气体的渗透性能。

13.3.2.2　气体性质的影响

气体性质尤其是湿度会影响气固分离膜的性能，主要是因为高湿粉尘会影响颗粒间作用力进而影响膜面滤饼结构，限制了除尘过程的膜稳定运行和过滤器的使用寿命[37]。颗粒亲水性越强，滤饼阻力增长速率随环境湿度变化得越快；疏水性越强，滤饼过滤阻力增长速率随环境湿度变化得越慢[38,39]。通常可通过调整环境湿度来改变颗粒间作用力的大小，达到改变滤饼堆积结构，降低滤饼阻力的目的。

当工业尾气中含有腐蚀性气体，如 SO_2 和碱金属蒸气等，会对滤材表面的膜层和支撑体造成腐蚀，造成过滤效率下降，过滤精度降低，缩短材料的使用寿命。图 13-16 是氧化铝陶瓷膜过滤工业窑炉烟气时膜表面的腐蚀情况。经过长时间气体腐蚀后，微观陶瓷结构表面出现许多细小的颗粒，颈部结合程度明显降低，造成膜材料机械强度下降[40]。

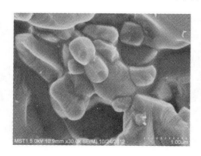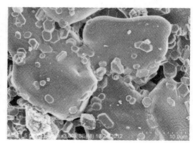

图 13-16　工业窑炉烟气腐蚀前后陶瓷膜材料微观形貌[40]

13.3.2.3　操作条件的影响

气体温度的升高，将促使颗粒的扩散系数提高，黏性变大，从而使依靠惯性和重力效应的大颗粒的沉降效率降低，而小颗粒由于布朗运动的加剧，也会降低气体的体积流量并增加过滤阻力。根据达西定律，操作压力增大，气体渗透的推动力增加，气体渗透通量将增加；温度升高导致气体黏度增大，故而渗透阻力项增大，气体渗透通量将减小[41,42]。

图 13-17 是温度对气体渗透通量的影响，随着温度的增大，渗透通量呈减小趋势。一般情况下，气固分离膜孔径越大，气体温度对渗透通量的影响越大，这是因为温度越高，气体分子自由程增大，与膜孔壁碰撞概率增大，导致高温下气体通过膜孔的速率小于低温下的气体通过速率。

反吹是气固分离膜常用的操作工艺，通过反向气体将膜表面形成的滤饼层清除，恢复膜过滤性能。膜除尘器上一般加上反吹系统用来清灰，利用切换装置停止过滤气流，并借用外加动力形成足够动量的逆向气流，使膜材料的表面粉尘震动或胀缩变形过程中剥落，反吹清灰的过程如图 13-18 所示，高压气体从渗透侧方向通过孔道进入到组件内，当它所形成的冲击力大于滤饼在膜管表面附着力或滤饼颗粒之间的附着力时，滤饼就会从膜表面脱落，从而完成清灰过程。

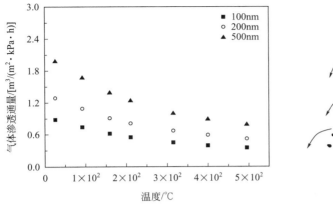

图 13-17 温度对气体渗透通量的影响

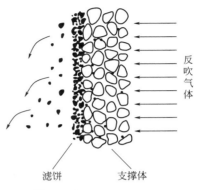

图 13-18 反吹清灰示意图

13.4 气固分离膜的性能评价

13.4.1 微结构表征

13.4.1.1 孔径

国际纯粹化学与应用化学联合会（IUPAC）依据孔径大小，将孔分为微孔（小于2nm）、介孔（2～50nm）和大孔（大于50nm）[43]。通常膜孔径指平均孔径或等效孔径，大多具有符合高斯曲线的孔径分布。对孔径的表征方式有最大孔径、平均孔径和孔径分布等，相应的测定方法有很多，主要分为几何法和物理法两类。

几何法指采用扫描电镜、透射电镜或原子力显微镜对气固分离膜的横截面直接观测，确定其孔径和孔径分布，测得的孔径通常称为几何孔径[44-46]。该方法操作简便、测试灵活、分析快速，可用于粗略评估孔径范围在几十纳米以上的气固分离膜的孔径。物理法是基于膜孔隙为均匀圆孔的假设前提下，利用实验测出与膜孔径相关的物理参数，再计算出等效孔径，常用的测定方法有泡压法和压汞法。

13.4.1.2 孔隙率

孔隙率指膜中所有孔体积与其外表面体积的比值，常用 $P(\%)$ 来表示，常用的孔隙率测定方法主要有密度法和液体置换法。

（1）密度法[47]

基于膜的表观密度与膜材料标准密度的不同，计算得到孔隙率，如式（13-30）所示。

$$P = \left(1 - \frac{\rho}{\rho_0}\right) \times 100\%$$ （13-30）

式中，ρ 为膜的表观密度，g/cm^3，可通过实际测量得到；ρ_0 为膜材料的标准密度，g/cm^3。

（2）排水法[48]

孔隙率作为多孔陶瓷材料的一个主要技术指标，它是决定多孔支撑体渗透性能和机械强度的关键因素。而孔隙率是膜的微孔总体积（与微孔大小及数量有关）与膜的总体积之比，用 P 表示（无量纲），分离膜及多孔支撑体的孔隙率采用阿基米德法进行（GB/T 1966—1996），即采用电子天平仪器测量材料的干湿质量，从而计算得出膜材料的孔隙率。其孔隙率按下式计算

$$P = (G_2 - G_1)/(G_2 - G_3) \tag{13-31}$$

式中，G_1 为干燥试样质量；G_2 为孔道浸满水的饱和试样在空气中的质量；G_3 为孔道浸满水的饱和试样在水中的质量。

一般情况下，孔隙率越大，渗透性能越好，但机械性能越差。

13.4.1.3　厚度

膜厚度与其气固分离性能密切相关。厚度增加，过滤阻力增大，膜渗透性能降低。根据膜材料的不同，可选择不同的膜厚度测量方式。对于陶瓷膜和金属膜这类不易变形的材料，其厚度的测量，可直接切割膜管得到横截面，利用扫描电镜观察，再利用图片分析软件量取膜厚度。对于纳米纤维膜这类易变形的材料，采用上述方法时，对样品制取要求较高，制样须在液氮冷冻条件下，快速割断膜材料，避免对其造成挤压变形。纳米纤维膜厚度还可以采用精度为 $1\mu m$ 的测厚规直接测量单层纳米纤维膜的厚度，每个样品须随机选取 5 个点测量，再取平均值。这一方法操作简单，测量便捷，且对样品无损坏。

13.4.2　膜材料稳定性

13.4.2.1　热膨胀性

膜材料的热膨胀性是指承受温度骤变的能力，它是材料力学性能和热学性能对受热条件的综合反映。多孔陶瓷或多孔金属材料应用于高温净化除尘系统不仅要承受高温高压，而且工况温度波动大，易引起材料的热应力腐蚀，反复热冲击下容易发生断裂失效，缩短材料的使用寿命。

膜材料的抗热震性能与其本身的一些热力学参数相关，如热导率、热膨胀系数、弹性模量、断裂能等。热导率越高，在一定温差条件下材料内部达到温度场分布均匀的速度越快，材料受热冲击越小，抗热震性能越好。热膨胀系数越小，抗热震性越好。弹性模量越大，缓解和释放热应力的能力越强，抗热震性越好。

陶瓷抗热震性能评价的经典理论主要有抗热震断裂理论、抗热震损伤理论两种。Kingery[49]等基于热弹性理论，以热应力-固有强度之间的平衡条件为判据，认为热应力达到材料固有强度的极限后，材料发生断裂即一旦裂纹成核就会导致材料的完全破坏，该理论主要用于针对致密高强度陶瓷的评价。经典热震损伤理论[50]是基于断裂力学理论，以断裂能-应变能为判据，认为弹性应变能释放率超过形成两个新表面所需的断裂能时，裂纹就失

稳扩展，这种判据用于多孔低强度陶瓷的评价等。而 Andersson[51] 等则提出了用压痕淬冷法来评价陶瓷的抗热震性能，此法与前两者相比，更简单，试样制备较容易，被广泛应用于陶瓷材料抗热震性能评价。

13.4.2.2　化学稳定性

含尘烟气中，不仅存在着固相的粉尘，还存在如燃煤电厂废气中因燃烧不充分产生的含有硫、微量碱金属盐等组分的微细粉尘，另外还含有大量带腐蚀性的气相组分，如二氧化硫、三氧化硫、硫化氢、氯、氯化氢及氨等，在高温下具有一定的腐蚀性。无机膜材料在高温下的耐腐蚀性能不仅与材料本身的性质相关，而且还与所处腐蚀环境（腐蚀介质和腐蚀温度）有着密切的联系，在不同的腐蚀介质或腐蚀温度中，腐蚀程度也不一样[52-54]。当膜材料与腐蚀环境之间的化学态达到平衡时，表明这种材料具有相应的抗腐蚀性能。化学稳定性较好的有机膜主要有 PTFE/PPS、PTFE/PTFE、PTFE/玻纤和 PTFE/PET 等膜材料。

13.4.3　气固分离性能

13.4.3.1　分离效率

分离膜的分离效率 η 系指含尘气流在通过分离膜时所截留下来的粉尘量占入口处粉尘量的百分数：

$$\eta = \frac{G_c}{G_t} \times 100\% \tag{13-32}$$

式中，G_t 为入口处的粉尘量，kg；G_c 为被捕集的粉尘量，kg。

为了表明分离膜的分离性能，经常采用分级效率的概念。所谓分级效率就是在某一粒径（或粒径范围）下的分离效率。分级分离效率可以直观地看出在不同的粒径下的分离效率，可以通过下面的方程来计算分离膜的总分离效率 E_T。

$$E_T = \int_{d=0}^{d=\infty} \frac{\partial g(d)}{\partial d} f(d) \partial d \times 100\% \tag{13-33}$$

式中，$g(d)$ 表示粒子的空气动力学粒径尺寸分布；$f(d)$ 表示分级效率曲线。

在实际应用中，总分离效率的计算都是使用计算机对一系列等式进行计算而不是直接进行积分运算。实际应用中，由于 $g(d)$ 和 $f(d)$ 在很多情况下不明确或不易得出，上述积分通常被转换成式(13-34)来计算总分离效率：

$$E_T = \sum_{d=0}^{d=\infty} \left\{ [g(d)_{N+1} - g(d)_N] f\left[\frac{(d)_N + (d)_{N+1}}{2}\right] \right\} \times 100\% \tag{13-34}$$

13.4.3.2　穿透率或截留率

一般可用穿透率 K 或截留率 η 来表示过滤效率，即

$$K = (1-\eta) \times 100\% \tag{13-35}$$
$$\eta = (c_i - c_o) \times 100\% / c_i$$

截留率 η 表示对粉体颗粒的拦截效率；c_i 表示进口粉尘浓度；c_o 表示出口粉尘浓度。

当 $\eta_1 = 0.9999$、$\eta_2 = 0.9998$ 时，看不出这两者差别的实在意义。可是换算成穿透率则有 $K_1 = 0.01\%$、$K_2 = 0.02\%$，说明 K_2 比 K_1 大一倍；用 K_2 的膜过滤器穿透过来的微粒要比用 K_1 的膜过滤器多一倍。

13.4.3.3　净化系数

净化系数 K_c 以穿透率的倒数表示，即

$$K_c = \frac{1}{K} \tag{13-36}$$

表示经过过滤器以后微粒浓度降低的程度。当 $K = 0.01\%$ 时

$$K_c = \frac{100}{0.01} = 10^4 \tag{13-37}$$

说明过滤器前后的微粒浓度相差一万倍。

13.4.3.4　过滤阻力

过滤阻力是评定膜过滤性能的一个重要技术指标，它表示气流通过膜孔时的压力损失。膜过滤器的运行阻力主要由结构阻力和过滤阻力两部分组成。其中，结构阻力 Δp_c 指由除尘器进出口阀门以及分布管道引起的局部阻力和沿程阻力，此部分阻力不可避免，但可以通过采用合理的结构和流体动力设计而尽可能减少，使其不超过除尘器总阻力的 $20\% \sim 30\%$；过滤阻力 Δp_f 指由分离膜本身引起的局部阻力，包括膜材料阻力和滤饼层阻力。

过滤阻力 Δp_f（Pa）由新膜阻力 Δp_0（Pa）与滤饼层阻力 Δp_d（Pa）组成，可以用式（13-38）和式（13-39）表示：

$$\Delta p_f = \Delta P_0 + \Delta p_d \tag{13-38}$$

$$\Delta p_d = \alpha m_d \mu v = \xi_d \mu v \tag{13-39}$$

式中，α 为滤饼层阻力，$\alpha = \dfrac{K}{\rho_d}\left(\dfrac{A_d}{V_d}\right)\left(\dfrac{1-\varepsilon}{\varepsilon}\right)$，$\alpha$ 单位为 m/kg；m_d 为粉尘负荷，kg/m^2；μ 为流体的动力黏度，Pa·s；v 为过滤速度，m/s；ξ_d 为滤饼层阻力系数，m^{-1}；K 为 Kozeny-Carman 系数；ρ_d 为粉尘密度；A_d/V_d 为尘粒表面积与体积之比，m^{-1}；ε 为滤饼层孔隙率，%。

13.5　气固分离膜装备

13.5.1　终端过滤模式

终端过滤模式又称直管式或蜡烛状过滤模式，标准的过滤元件形式是一头堵住，另一端敞开。敞开的一端有法兰，用于固定在花板上，而花板的作用是将含尘气体和净化气体分开，如图 13-19 所示。终端过滤一般为表面过滤，粉尘被截留在膜过滤元件的表面，并在一段时间后形成滤饼，通过反吹可以去除一部分滤饼层。表面滤饼的存在增加了一部分过滤阻

力，但也提高了除尘效率，一般这种膜过滤模式的出口气体含尘浓度低于 $5\mathrm{mg/m^3}$。

图 13-19　陶瓷过滤元件的基本外形结构

　　目前所有的过滤器设计都是基于单层花板或多层花板排列布置的，这两种设计都可用于不同的过滤器。单层花板式是高温膜过滤应用最为广泛的一种结构形式。通常将一端开口、一端封闭的蜡烛状膜过滤元件平行悬挂在一个花板上，通过花板将原料气和净化气体分隔开（图 13-20）。过滤气体从过滤元件外表面进入，洁净气体由元件内表面排出。过滤元件可以组合成多个单元。过滤单元固定在共用气室的花板上，用卡套和高温密封垫连接。在脉冲清灰过程中，脉冲气体从上到下导入过滤元件内部，与气体过滤相反方向反吹。常用反吹系统有基于文丘里的喷射式脉冲系统和偶压脉冲（couple pressure pulse，CPP）系统。采用的气体有空气和氮气。有时为了避免不必要的凝结，反吹气体需要进行预热。过滤器外壳可以是圆形的（用于高压）或者四方形的（用于常压）[55]。单层花板式过滤器的优点是安装和维护比较方便，主要缺点是当圆形过滤器外壳尺寸一定时，膜过滤元件的数量（装填面积）受到限制。

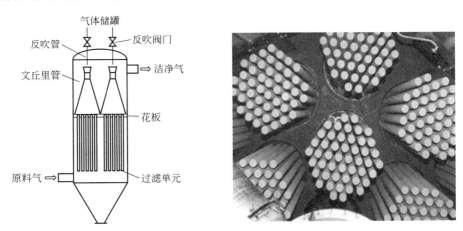

图 13-20　单层花板式过滤器设计原理与实物图[4]

　　为了增加陶瓷膜装填面积，发展了多层花板式过滤器，主要有西屋（Westinghouse）陶瓷过滤器与鲁奇（Lurgi）陶瓷过滤器两种[56]。鲁奇陶瓷过滤器的主要特征是过滤元件不是悬挂而是直立着，如图 13-21(a) 所示。管状过滤单元从底部支撑，由水平管定位。管状过滤单元呈组垂直叠放，这样在器体中可放置多层。来自压缩储器罐的脉冲压缩空气通过水平管，再进入垂直管，使每一组过滤单元同时得到清灰。鲁奇陶瓷过滤器的过滤单元数的排列更紧凑、制作大过滤器更灵活。倒置的重物定位块产生收缩应力有利于接头密封，并增加陶瓷过滤单元的结构稳定性。

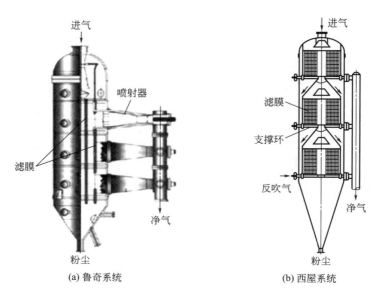

(a) 鲁奇系统　　　　　　　　　(b) 西屋系统

图 13-21　多层花板式高温陶瓷过滤系统[4]

西屋陶瓷过滤系统由过滤单元平行排列，用花板吊挂而成，见图 13-21（b）。单元组合由很多烛状陶瓷膜组成，每个组合共用一个气室，蜡烛状过滤单元固定在共用气室的花板上，用卡套和高温密封垫连接。可装 30～60 根陶瓷膜，每个气室有自己的文丘里管和脉冲喷吹管。每个组合吊装在相同的支撑骨架上，形成过滤组。在脉冲清灰过程中，脉冲气体从上到下导入共用气室。根据过滤的烟气流量，系统可以设计成每个气室拥有更多的陶瓷膜，或者增加每个过滤组的气室数，或者容纳更多的过滤组[57]。

13.5.2　壁流过滤模式

无论烛状或管状陶瓷过滤元件，都存在体积大、强度要求高、安装、密封、更换和维护不便等问题。由于陶瓷过滤元件具有一定的刚性，除了传统的管式形态外，还可以制成单元模块式的蜂窝形状的过滤元件，如图 13-22 所示。这种结构有很多平行通道，进气通道底部堵死，出气通道上部堵死，采用这种结构单位体积的过滤面积将大大增大，而且整体强度提

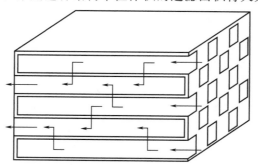

图 13-22　壁流式过滤[4]

高，通道的壁厚也减小很多，壁厚只有 1mm，过滤阻力大大降低。材质主要是堇青石，孔隙率 30%～50%，膜孔径 0.2～0.5μm，膜厚度不到 50μm。

13.5.3　错流过滤模式

错流过滤一直是液体过滤领域的主流过滤形式，在高温气体除尘领域，错流过滤还尚未大规模进入工业化应用阶段。图 13-23 是两种错流过滤系统设计。图 13-23(a) 的设计中，原料气进入膜管内部，部分气体垂直通过管壁被净化，其余气体顺着管道进入旋风分离器。超细颗粒在膜面因浓度增加，而形成团聚体，然后被带入旋风分离器去除。图 13-23(b) 的设计中，原料气从膜外管壁进入，洁净气体从管内出来，浓尘气体经过旋风分离器分离后再与原料气混合，进行多次分离。膜管外壁与壳体间间距较小，以提供较高的错流速率。

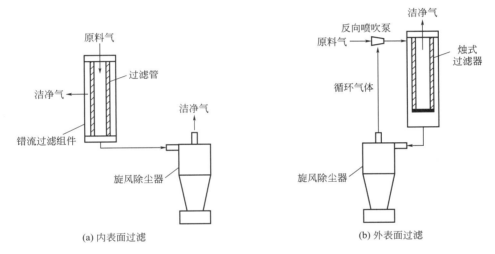

图 13-23　错流式过滤[74]

13.6　典型应用案例

13.6.1　室内空气净化

良好的室内空气质量对人体健康尤为重要，室内空气污染物成分复杂，以可吸入颗粒物（$PM_{2.5}$ 和 PM_{10}）、微生物污染（病毒、细菌、真菌）及气体污染物（甲醛、苯等）为主[58]。室内空气净化主要使用 PTFE 膜，其对 0.3μm 颗粒物去除效率可达 99.9999%，远高于 HEPA 过滤器的 99.97%，可以达到超高效空气过滤器（ULPA）标准，而阻力只有 HEPA 的一半[59]。

除 PTFE 膜以外，采用静电纺丝法制备的纳米纤维膜其纤维直径在几纳米到几微米，

对 $0.3\mu m$ 颗粒物去除效率均在 99.9% 以上[60]。聚偏氟乙烯（PVDF）膜可以在细菌过滤方面展现优异的性能，将 PVDF 膜集合成三级过滤，经过粗滤、预过滤及精过滤，可以对空气中的细菌达到 99.99995% 的截留。相比较而言，无机膜对固体颗粒物的分离具有更高效率，但装填密度小，很少用于室内空气的净化。

13.6.1.1 家用空气净化器

家用空气净化器是对室内空气中的固态污染物、气态污染物等具有一定去除能力的电器装置，空气净化器最主要的构件为风机、过滤单元、外壳，风机为空气净化提供动力，过滤单元是空气净化器的核心，决定了空气净化器的净化效果以及耗材更换成本[79]。

将 PTFE 膜与无纺布骨架支撑材料复合后，作为空气净化器去除 $PM_{2.5}$ 的过滤元件，可将传统过滤材料"深层过滤"转变成"表面过滤"，不仅可以维持高的过滤效率（对 $PM_{2.5}$ 过滤效率高于 99.999%），而且可降低过滤阻力和空气净化器的噪声。表 13-9 为家用空气净化器用 PTFE 膜材料主要技术参数。

表 13-9　家用空气净化器用 PTFE 膜材料主要技术参数

项目	孔径 /μm	孔隙率 /%	过滤效率 (0.3μm)/%	风阻(5.33cm/s) /Pa	厚度 /μm	使用寿命 /a
指标	0.2～5	80～95	＞99.999	30～50	2～10	＞1

13.6.1.2 洁净空间

洁净空间主要是指生物洁净室和工业洁净室。生物洁净室以空气中微生物作为主要控制对象，应用于制药、无菌动物饲养、医院中手术室、烧伤病房、白血病房、食品生产、高级化妆品生产方面等。工业洁净室的受控粒子主要为尘埃等非生物粒子，应用于精密机械、半导体、航空航天、原子能等工业。根据空气中微粒数量 ISO 14644-1 将洁净室分为 9 个等级（表 13-10）。

表 13-10　ISO 14644-1 空气洁净度等级划分[75]　　　　　单位：个/m³

空气洁净度等级	对应粒径的粒子最大浓度限制					
	0.1μm	0.2μm	0.3μm	0.5μm	1.0μm	5.0μm
1 级	10	2				
2 级	100	24	10	4		
3 级	1000	237	102	35	8	
4 级	10000	2370	1020	352	83	
5 级	100000	23700	10200	3520	832	29
6 级	1000000	237000	102000	35200	8320	293
7 级				352000	83200	2930
8 级				3520000	832000	29300
9 级				35200000	8320000	293000

洁净室微粒控制方法主要是空气过滤法，气体经过粗效、中效、高效或超高效空气过滤器去除空气中的微粒。HEPA 或 ULPA 决定了洁净室的等级。超高效空气过滤器主要由玻

璃纤维制成，对 $0.3\mu m$ 微粒过滤效率 99.999% 以上，对 $0.1\mu m$ 微粒也有较好的去除效率，但是阻力偏高。

PTFE 膜材料对 $0.1\mu m$ 微粒过滤效率可高于 99.9999%，阻力为 $200\sim300Pa$，性能优于玻纤超高效空气过滤器，已被用于化学洁净室的空气净化。PTFE 膜具有极低的化学物质散发量，可保证高等级空气洁净度的实现。用于洁净空间净化的 PTFE 膜材料技术参数如表 13-11 所示。

表 13-11　用于洁净空间净化的 PTFE 膜技术参数

项目	孔径 /μm	孔隙率 /%	过滤效率 ($0.1\mu m$)/%	风阻($5.33cm/s$) /Pa	厚度 /μm	最高使用温度 /℃
指标	$0.1\sim2$	$80\sim95$	>99.999	$200\sim300$	$10\sim100$	260

目前江苏久朗高科技股份有限公司、宁波昌祺氟塑料制品有限公司等已开始规模化生产用于洁净空间的 PTFE 膜材料。

13.6.2　工业尾气净化

13.6.2.1　概述

工业尾气的排放标准《生活垃圾焚烧污染控制标准》（GB 18485—2014）中要求颗粒物的排放要求由原 $80mg/m^3$（标况）降到 $20mg/m^3$（标况）；《工业炉窑大气污染物排放标准》（DB 50659—2016）等地方标准在国家标准的基础上进一步限定了工业窑炉的排放要求；《火电厂大气污染物排放标准》（GB 13223—2011）中规定重点地区出口粉尘浓度排放限值为 $20mg/m^3$（标况）。2011 年提出"超低排放"的理念，烟尘排放浓度不超过 $10mg/m^3$（标况），成为燃煤发电机组清洁生产水平的新标杆。2014 年《煤电节能减排升级与改造行动计划》要求东部地区新建机组基本达到燃机排放限值（$5.0mg/m^3$，标况）。复杂的工况及严格的排放要求对粉尘的过滤技术提出了更高要求，传统的电除尘和布袋除尘很难达到理想的效果，气固分离膜技术的不断发展，为燃煤锅炉等工业尾气的超低排放提供了新方法。

13.6.2.2　燃煤锅炉尾气净化

煤粉经粉碎后喷入锅炉中进行燃烧，绝大部分可燃物都能在炉膛内燃尽，其余的不燃物在高温作用下不同程度地熔融，由于表面张力作用而产生颗粒状的细灰（又称粉煤灰或飞灰）夹杂在烟气中。粉煤灰的粒度为 $0.3\sim200\mu m$，其中小于 $5\mu m$ 的占总煤灰的 20% 左右。我国煤炭资源极其丰富，煤种较多，加上锅炉燃烧条件和技术水平的不同，导致飞灰的理化性质差异较大[61]。某燃煤电厂锅炉粉煤灰粒径分布如图 13-24 所示，图 13-25 为粉煤灰电镜照片。

江苏久朗高科技股份有限公司已成功将气固分离膜技术应用于燃煤锅炉烟气除尘，在相同运行条件下，PTFE 复合膜的除尘器出口粉尘浓度始终维持在 $2.0mg/m^3$（标况）左右，远远低于布袋式除尘器的 $25mg/m^3$（标况），达到国家超低排放标准；PTFE 复合膜过滤阻力比布袋式除尘器低 100Pa 以上，可有效降低运行成本[62]。

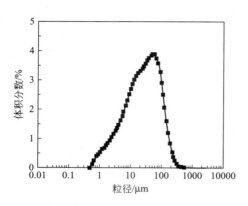

图 13-24　粉煤灰粒径分布

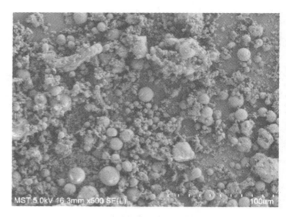

图 13-25　粉煤灰电镜照片

13.6.2.3　煅烧炉尾气净化

国内外煅烧的炉型主要有回转窑、罐式煅烧炉、回转床煅烧炉、电煅烧炉和焦炉等。煅烧过程中会产生夹带有各种不同粒径及理化性质粉尘的气体，在排放前需要进行净化处理。

水泥行业因生产过程会产生大量的粉尘而被列入高污染行业，其粉尘的相当一部分来源是窑头及窑尾。将 PTFE/玻纤复合膜应用在水泥的窑尾粉尘污染控制方面，可以使除尘效率提高一个数量级，而使用膜材料的阻力可降低 15%～25%，经过膜分离后的粉尘浓度远低于 $5mg/m^3$，运行阻力最低可以达到 600Pa，长期稳定运行的阻力范围为 600～800Pa，和普通滤袋相比，有机复合膜不仅能够满足超低排放要求，还能降低风机运行能耗，延长膜的使用寿命。特别是 PTFE/玻纤复合膜能够满足在水泥行业等高温腐蚀性烟气除尘工程的使用要求，具有较为广阔的应用前景[63]。

普通滤料与膜材料运行阻力趋势如图 13-26 所示。

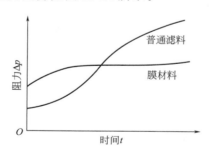

图 13-26　膜材料与普通滤料的运行阻力示意图

此外，PTFE/玻纤复合膜还可用于窑尾脉冲式除尘器、袋式除尘器的改造，改造后的除尘器显示了极高的除尘效率。经检测，粉尘排放浓度小于 $10mg/m^3$（标况），每年减少粉尘排放 120t 左右，达到了清洁生产和保护生态环境的双重目标，除尘器改造前后的参数对比如表 13-12 所示。

焦炉的污染物种类多、危害大，其中有部分物质还具有致癌性，因此需要净化后才能排空。干法除尘工艺是目前焦炉除尘的主要方法，在我国现代化大中型焦炉中得到广泛应用。焦炉的烟尘中含有灼热性焦粒及黏性焦油，可使用消静电膜材料进行净化处理。由于 PTFE 膜表面张力低，含有焦油的颗粒不易吸附在膜表面，更容易被反吹清灰脱除。

表 13-12　除尘器改造前后参数比较[64]

项目	改造前	改造后
规格	70m² 电除尘器	在线脉冲袋式除尘器 4290m²
处理烟气量/(m³/h)	176000	240000
粉尘入口浓度/(g/m³)(标况)	≤80	≤80
烟气最高温度/℃	<300	<260
阻力/Pa	<250	<1000
风速	电场风速 0.7m/s	过滤风速 0.93m/min
粉尘排放实测/(mg/m³)(标况)	99.6	<10

　　电炉在冶炼过程中会产生大量烟气，其中主要的污染物是粉尘。电炉烟气净化主要是减小冶炼过程中的粉尘危害并使其中的有价值组分得到综合利用的过程。采用 CDM 袋式除尘器净化镍铁电炉熔炼的烟气，并采用高温膜材料作为滤材，可有效分离矿热电炉熔炼产生的粉尘。

　　针对硼硅铁合金在其冶炼过程中产生含有大量微细粉尘和 B_2O_3 的烟气易造成烟气外溢和酸雨危害的难题，采用覆膜针刺毡滤料的脉冲袋式除尘器和酸雾吸收塔相结合的处理工艺，对铁合金电炉烟气进行净化，处理后烟囱出口处粉尘含量小于 $5mg/m^3$，B_2O_3 含量小于 $1mg/m^3$，优于国家排放标准[65]。硼硅铁合金电炉烟气净化系统如图 13-27 所示，主要技术参数如表 13-13 所示。

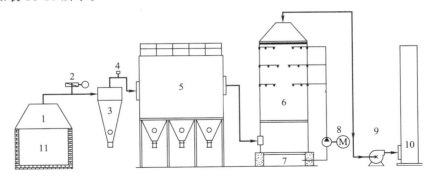

图 13-27　硼硅铁合金电炉烟气净化系统

1—集气罩；2—冷风阀；3—预处理器；4—温度传感器；5—脉冲布袋除尘器；
6—吸收塔；7—吸收碱液池；8—吸收碱液循环泵；9—风机；10—烟囱；11—电炉

表 13-13　硼硅铁合金电炉烟气净化系统主要技术参数

名称	技术参数	名称	技术参数
烟气量/(m³/h)(标况)	120000	滤袋材质	有机复合膜
除尘器入口含尘浓度/(g/m³)	≤2	脉冲阀/个	72
除尘器入口烟气温度/℃	≤130	清灰压缩空气压力/MPa	0.30~0.35
袋式除尘器过滤面积/m²	2000	除尘效率/%	>99
袋式除尘器室数	6	系统总阻力/Pa	≤1600
滤袋规格/mm×mm	$\phi130×6000$	设备耐压/Pa	4500

13.6.2.4　焚烧炉尾气净化

　　焚烧法是实现废物减量化、无害化、资源化最有效的方法。焚烧炉可将废弃物、医疗垃圾、生活废品等进行高温焚烧，达到数量减少或缩小的目的，同时还可利用部分焚烧介质的热能。通过过去数十年的研究及工程实践，以袋式过滤为主体的干法处理工艺，被认为是废弃物焚烧炉烟气处理的最合适处理方法，国标 GB/T 18485 规定：垃圾焚烧炉除尘装置必须采用袋式除尘器。

生活垃圾由于成分和焚烧条件的多样性，使烟气成分复杂多变。生活垃圾本身水分含量较高，在烟气净化过程中应避免结露现象，产生的粉尘颗粒平均粒径较小，约为 $20\mu m$，其中的 $CaCl_2$ 和 $CaSO_3$ 还具有较强的吸湿性和黏附性。结合垃圾焚烧烟气的特点，纯 PTFE 复合膜已成为垃圾焚烧烟气处理的首选方案，在袋式除尘器滤袋针孔位置贴合耐高温密封条可以很好地实现近零排放的目的。

针对不同的焚烧尾气，可以选取不同材质类型膜材料。在医疗废物焚烧烟气净化方面，可以选择催化膜材料，在去除粉尘的同时还可以有效去除致癌性的二噁英，催化膜对二噁英的去除率高于 99%，达到粉尘二噁英的协同治理[66]。利用连续玄武岩纤维力学性能佳、耐高温、耐腐蚀、强度高、不易被水解的特点，将玄武岩复合膜用于多个生活垃圾焚烧的烟气治理，不仅有效解决了滤袋寿命过短的问题，还使出口粉尘浓度一直低于 $5mg/m^3$[67]。采用玻纤复合膜对宁波某垃圾发电厂的袋式除尘器进行改造，不仅降低了运行阻力，延长了清灰的时间间隔，还在 HCl 等酸性气体达标排放的前提下，节约熟石灰的用量 10%～30%，提高了熟石灰的使用效率[68]。

13.6.3　工业烟气净化

13.6.3.1　IGCC 烟气净化

整体煤气化联合循环（integrated gasification combined cycle，IGCC）发电系统，是将煤气化技术和高效的联合循环相结合的先进动力系统，可以在提高燃煤发电效率的同时减少环境污染，目前已建成的典型 IGCC 电站见表 13-14。

表 13-14　已建成的典型 IGCC 电站[77]

项目	荷兰	美国	西班牙	意大利	日本	加拿大
系统名称	Demkolec	Wabash River	Elogas	Sarlux	NPRC	Nexen Opti
所在地	Buggenum	West Terre Haute	Puertollano	—	Yokohama	Alberta
净功率/MW	253	265	300	550	342	160
工艺状态	示范	商业性改造	示范-商业化	示范-商业化	示范-商业化	示范-商业化
投运年份	1994	1995	1997	2001	2003	2006
设计净效率/%	43	40	45			
煤气净化系统	湿法脱硫	干式除灰、湿法脱硫	干湿除灰、湿法脱硫			

IGCC 发电的工艺流程首先将煤炭在气化炉中转化为中低热值煤气（主要成分为 CO、H_2），经过除尘、水洗、脱硫等净化处理，将煤气中的硫化物、氮化物、粉尘、重金属等污染物去除，进入燃气轮机的燃烧室中燃烧发电，排出的高温气体进入余热锅炉利用，产生过热蒸汽，进而驱动蒸汽轮机做功发电。为了保护燃气轮机的叶轮，必须将高温煤气中的颗粒物含量降低到 $5mg/m^3$ 以下，所以气体除尘是 IGCC 工艺中至关重要的一环。F-40 膜管已用

于 IGCC 电站上，操作温度达 870℃，操作压力可达 3MPa，滤速 5cm/s，过滤效率达 99.9% 以上，过滤后气体含尘浓度低于 3mg/m³（标况），连续稳定运行 8000h 以上。10-20 型陶瓷膜管也已应用到 IGCC 工艺中，在 250～285℃ 和 2.6MPa 下连续稳定运行超过 15000h。表 13-15 给出的是应用于 IGCC 气体高温除尘的碳化硅膜产品参数。

表 13-15　高温除尘的碳化硅膜参数[76]

型号	过滤精度/μm	膜层材料	气体渗透率/10⁻¹⁴m²
SL-20	3	—	1050
05-20	<0.3	莫来石颗粒	3.2
10-20	0.3	莫来石颗粒	6.3
F-20	0.5	Al₂O₃ 纤维/SiC 颗粒	7.5
F-40	0.5	Al₂O₃ 纤维/SiC 颗粒	25

13.6.3.2　多晶硅烟气净化

多晶硅是以硅和干燥的 HCl 为原料，在一定的条件下进行氯化反应，形成 Si 的氯化物，经冷凝、蒸馏、H₂ 还原 CVD 法制得。在改进的西门子法生产多晶硅过程中，第一步即有机硅（二甲基二氯硅烷）的生产过程中，固态催化剂将作为污染气态产物的粉尘存在，在流化床反应器中合成 SiHCl₃ 时，SiHCl₃ 合成气的除尘净化是保证后续多晶硅纯度的关键因素[69]。

在有机硅生产中，硅粉和氯甲烷直接合成甲基氯硅烷混合物，流化床反应器排放的烟气温度在 280～320℃ 左右，气体混合物进入多级旋风分离器，除去大部分硅粉和铜粉后，进入喷淋塔，进行湿法除尘，之后再进行袋式除尘，该工艺过程如图 13-28 所示。该法有一个很大的缺陷，那就是湿式除尘使大量有价值的硅粉和铜粉成为固体废渣，只能以低价出售，并且需要对废渣进行水洗，也会产生大量废水，严重增加环保压力。

图 13-28　湿法除尘结合袋式除尘器治理有机硅生产烟气工艺

为了直接将催化剂在高温下截留，南京工业大学开发出将陶瓷膜与流化床反应器耦合构成一体式流化床膜反应器，用于直接法合成有机硅产品，工艺流程如图 13-29 所示。这种方式提高了反应的转化率，既可回收有价值的硅粉和铜粉，又可以避免水洗工艺产生废水排放，减少环保压力，而且陶瓷膜除尘器在反吹过程中由于滤饼的脱除，滤饼中含有微粉催化剂，使得硅粉转化率增大 10%[70]。

13.6.4　气体中超细颗粒回收

13.6.4.1　染料生产

我国染料的产量居世界前列，生产品种的产量基本满足用户需求。但与其他先进的染料生产国相比，染料的质量、品种、工艺及技术装备还存在一些差距。合成染料生产工艺复杂，在加工过程中会产生超细染料粉体，如果能够有效回收利用，不仅可以降低废气排放、

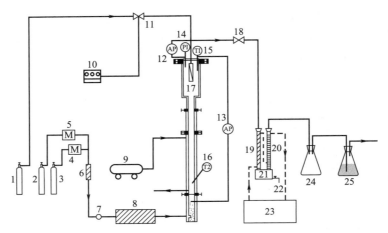

图 13-29　一体式流化床膜反应器工艺流程

1,2—N₂；3—CH₃Cl；4,5—MFC；6—干燥机；7—单向阀；8—预热器；9—空压机；10—脉冲显示器；
11—螺线管阀；12,13—压差转换器；14—压力传感器；15,16—温度传感器；17—膜组件；18—针阀；
19—冷凝器；20—回流冷凝器；21—罐；22—样品收集口；23—凝结循环机；24—稳定罐；25—废气处理罐

保护环境，同时回收的染料亦可以增加收入。

某染料公司在染料生产过程中，采用旋风分离＋喷淋的方式进行尾气净化，这种尾气净化方式只能去除部分大颗粒的染料粉体，染料收集不充分，并且染料废气通过水洗塔后降温，气体中的微小染料分子会重新生成大颗粒的凝胶团，对设备的运行非常不利。

对整个工艺过程中产生的染料颗粒物取样检测，进行粒径分布情况进行测试，结果如图13-30所示。

从以上三个样品检测结果可以看出，染料颗粒有团聚现象，粒径在 $10 \sim 100 \mu m$，且染料 a 和染料 c 粒径集中在 $10 \sim 20 \mu m$，但其中含有一些粒径较小，约为 $1 \sim 3 \mu m$ 的染料粉体，此部分染料粉体粒径小，穿透性极强。染料 b 粒径较大，且几乎没有小粒径的染料。染料 a 和染料 c 的相对密度较小，是造成染料回收困难的主要原因。

通过对比，最终采用膜法染料回收工艺（图13-31），有效解决了粉尘排放浓度高、设备运转的阻力大、粉体架桥等问题。

13.6.4.2　钛白粉回收

钛白粉是一种重要的无机化工产品，在涂料、油墨、造纸、塑料橡胶、化纤、陶瓷等工业中有着重要的用途。生产过程中通常采用闪蒸干燥工艺对钛白粉进行干燥，干燥后采用袋式除尘器对钛白粉进行收集。浙江某公司金红石型钛白粉、锐钛型钛白粉生产过程中干燥气体量大，进入袋式除尘器粉尘浓度为 $20g/m^3$，钛白粉平均粒径为 $0.2\mu m$。因钛白粉粒径小，堆积密度大，对钛白粉收集布袋有较大的磨损，普通布袋使用寿命短、截留效率低，部分细小粉尘容易穿过布袋过滤材料，无法有效截留，造成产品损失，污染环境。

经膜材料回收后，钛白粉回收率高于99.99％，经膜法回收后排放气体中钛白粉浓度低于 $5mg/m^3$，采用膜法回收设备每年可多回收产品 5t 左右，提高了公司效益。膜材料与普通过滤材料相比具有过滤精度高、过滤阻力小等特点，过滤方式为表面过滤，钛白粉被截留在膜材料表面，使用寿命长。

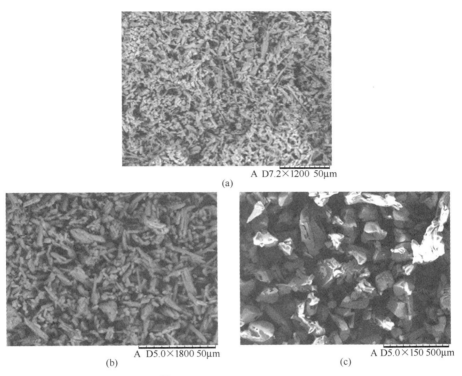

A D7.2×1200 50μm

(a)

A D5.0×1800 50μm

(b)

A D5.0×150 500μm

(c)

图 13-30 染料颗粒粒径表征

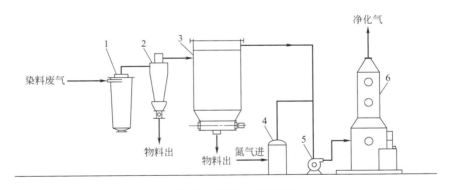

图 13-31 膜法染料回收工艺

1—旋风干燥器；2—旋风分离器；3—膜法除尘器；4—氮气缓冲罐；5—引风机；6—烟囱

13.6.4.3 催化剂回收

分子筛生产是催化剂生产的重要组成部分，由于生产工序的原因，分子筛生产总是伴随着大量粉尘的产生，并且其数量随着产量的增大而增加。因此，分子筛超细粉的治理和回收成了生产过程的重要工序之一。

湖北某企业生产过程中需对 ZHP 分子筛催化剂闪蒸干燥，干燥后采用袋式收尘器进行分子筛催化剂收集，干燥气体量 $60000m^3/h$，进入袋式除尘器粉尘浓度 $20g/m^3$，分子筛催化剂平均粒径 $1\sim2\mu m$。因催化剂粒径小、渗透性强，细小催化剂容易穿过布袋过滤材料，无法有效截留，造成布袋过滤通量下降、压力上升，且严重影响使用寿命。采用气固分离膜材料对闪蒸干燥后的分子筛催化剂进行回收后，粉尘排放指标达到国家超低排放指标，催化剂回收率大于 99.99％，每年通过该技术回收下来的催化剂接近 10t，不仅增加了使用单位的整体经济效益，也保护了大气环境。过滤膜材料采用表面过滤方式，相比普通过滤材料过滤精度高、过滤阻力小、使用寿命延长，是一种高效的新型过滤材料。

符号表

a	填充率
d_f	捕集体直径，m
d_p	颗粒直径，m
D_{mp}	颗粒扩散系数
E_T	总收集效率
F_E	静电吸引力
g	重力常数
G	重力参数；粉尘量
K	穿透率
K_c	净化系数
K_E	静电参数
P	孔隙率，％
Pe	贝克莱数
R	拦截参数
Re	雷诺数
Stk	斯托克斯数（惯性参数）
v_0	流体特征速率，m/s
ε	床层孔隙率；介电常数
η	分离效率；截留率
η_1	惯性碰撞的捕集效率
η_D	扩散效应捕集效率
η_E	静电捕集效率
η_G	重力沉降捕集效率
η_R	直接拦截效率
ρ_g	流体的密度
ρ_p	颗粒的密度

参考文献

[1] 邢卫红，顾学红，等．高性能膜材料与膜技术［M］．北京：化学工业出版社，2017.

[2] 魏巍，徐超男，韩峰，等．NaA 分子筛合成残余物掺杂制备 SiC 膜支撑体［J］．膜科学与技术，2020，40（1）：

123-130.

[3] Giuffrida A, Romano M C, Lozza G. Efficiency enhancement in IGCC power plants with air-blown gasification and hot gas clean-up [J]. Energy, 2013, 53 (5): 221-229.

[4] Heidenreich S. Hot gas filtration-A review [J]. Fuel, 2013, 104: 83-94.

[5] Li P, Wang C, Zhang Y, et al. Air filtration in the free molecular flow regime: A review of high-efficiency particulate air filters based on carbon nanotubes [J]. Small, 2014, 10 (22): 4543-4561.

[6] Zhang S, Liu H, Yu J, et al. Microwave structured polyamide-6 nanofiber/net membrane with embedded poly (m-phenylene isophthalamide) staple fibers for effective ultrafine particle filtration [J]. J Mater Chem A, 2016, 4 (16): 6149-6157.

[7] Zhang S, Tang N, Cao L, et al. Highly integrated polysulfone/polyacrylonitrile/polyamide-6 air filter for multi-level physical sieving airborne particles [J]. ACS Appl Mater Interfaces, 2016, 8 (42): 29062-29072.

[8] Wang Z, Zhao C C, Pan Z J, et al. Porous bead-on-string poly (lactic acid) fibrous membranes for air filtration [J]. J Colloid Interface Sci, 2015, 441: 121-129.

[9] Ahn Y C, Park S K, Kim G T, et al. Development of high efficiency nanofilters made of nanofibers [J]. Current Applied Physics, 2006, 6 (6): 1030-1035.

[10] Wang N, Wang X, Ding B, et al. Tunable fabrication of three-dimensional polyamide-66 nano-fiber/nets for high efficiency fine particulate filtration [J]. J Mater Chem, 2012, 22 (4): 1445-1452.

[11] Yang Y, Zhang S, Zhao X, et al. Sandwich structured polyamide-6/polyacrylonitrile nanonets/bead-on-string composite membrane for effective air filtration [J]. Sep Purif Technol, 2015, 152: 14-22.

[12] 范益群, 卢军, 徐南平. 改进浸浆法制备氧化钛/多孔钛复合微滤膜 [J]. 膜科学与技术, 2011, 31 (3): 205-209.

[13] 向晓东. 烟尘纤维过滤理论、技术及应用 [M]. 北京: 冶金工业出版社, 2007.

[14] 任祥军, 程正勇, 刘杏芹, 等. 陶瓷膜用于气固分离的研究现状和前景 [J]. 膜科学与技术, 2005, 25 (2): 65-68.

[15] 陶文亮, 田蒙奎, 聂登攀. 无机膜在高温气体除尘中的试验研究 [J]. 膜科学与技术, 2006, 26 (1): 35-38.

[16] Han F, Zhong Z X, Zhang F, et al. Preparation and characterization of SiC whisker-reinforced SiC porous ceramics for hot gas filtration [J]. Ind Eng Chem Res, 2015, 54: 226-232.

[17] Han F, Zhong Z X, Yang Y, et al. High gas permeability of SiC porous ceramics reinforced by mullite fibers [J]. J Eur Ceram Soc, 2016, 36: 3909-3917.

[18] Wei W, Zhang W Q, Jiang Q, et al, Preparation of non-oxide SiC membrane for gas purification by spray coating [J]. J Membr Sci, 2017, 540: 381-390.

[19] Yang Y, Han F, Xu W Q, et al. Low-temperature sintering of porous silicon carbide ceramic support with SDBS as sintering aid [J]. Ceram Int, 2017, 43 (3): 3377-3383.

[20] Yang Y, Xu W Q, Zhang F, et al. Preparation of highly stable porous SiC membrane supports with enhanced air purification performance by recycling NaA zeolite residue [J]. J Membr Sci, 2017, 541: 500-509.

[21] 冯雪, 汪滨, 王娇娜, 等. 空气过滤用聚丙烯腈静电纺纤维膜的制备及其性能 [J]. 纺织学报, 2017 (04): 6-11.

[22] Greiner A, Wendorff J H. Electrospinning: A fascinating method for the preparation of ultrathin fibres [J]. Angew Chem Int Ed, 2007, 46 (30): 5670-5703.

[23] Taylor G. Disintegration of water drops in an electric field [J]. Proceedings of the Royal Society of London Series A, Mathematical and Physical Sciences, 1964, 280 (1382): 383-397.

[24] Reneker D H, Yarin A L. Electrospinning jets and polymer nanofibers [J]. Polymer, 2008, 49 (10): 2387-2425.

[25] Medeiros E S, Mattoso L H C, Offeman R D, et al. Effect of relative humidity on the morphology of electro-

spun polymer fibers [J]. Can J Chem, 2008, 86 (6): 590-599.

[26] Casper C L, Stephens J S, Tassi N G, et al. Controlling surface morphology of electrospun polystyrene fibers: Effect of humidity and molecular weight in the electrospinning process [J]. Macromolecules, 2004, 37 (2): 573-578.

[27] Uyar T, Besenbacher F. Electrospinning of uniform polystyrene fibers: The effect of solvent conductivity [J]. Polymer, 2008, 49 (24): 5336-5343.

[28] 陈纲领, 漆虹, 彭文博, 等. 原位反应烧结制备高强度多孔莫来石支撑体 [J]. 稀有金属材料与工程, 2008, 37: 74-77.

[29] She J H, Deng Z Y, Ohji T. Oxidation bonding of porous silicon carbide ceramics [J]. J Mater Sci, 2002, 37: 3615-3622.

[30] Eom J H, Kim Y W, Raju S. Processing and properties of macroporous silicon carbide ceramics: A review [J]. Journal of Asian Ceramic Societies, 2013, 1 (3): 220-242.

[31] Liu S F, Zeng Y P, Jiang D L, et al. Fabrication and characterization of cordierite-bonded porous SiC ceramics [J]. Ceram Int, 2009, 35: 597-602.

[32] Ohji T, Fukushima M. Macro-porous ceramics: Processing and properties [J]. Int Mater Rev, 2012, 57 (2): 115-131.

[33] 周志强, 等. 煤粉颗粒在气流中燃烧的试验研究: 工程热物理论文集 [C]. 北京: 清华大学出版社, 1985.

[34] 谭天佑, 梁凤珍. 工业通风除尘技术 [M]. 北京: 中国建筑工业出版社, 1984.

[35] 化工工业手册编委会. 化学工程手册: 第五卷 [M]. 北京: 化学工业出版社, 1989.

[36] 刘伟. 碳化硅多孔陶瓷的制备与气固分离性能研究 [D]. 南京: 南京工业大学, 2014.

[37] 李宁, 杨福绅, 张卫东. 环境湿度对 PTFE 覆膜滤料除尘性能的影响研究: 2015 年中国化工学会年会论文集 [C]. 北京: 环境友好的化学工程技术论坛, 2015.

[38] 李宁. 环境湿度对不同性质粉尘除尘性能影响的研究 [D]. 北京: 北京化工大学, 2013.

[39] 袁艳玲. 环境湿度对 PTFE 覆膜滤料过滤性能影响研究 [D]. 北京: 北京化工大学, 2015.

[40] 朱建军. 陶瓷膜材料的高温稳定性研究 [D]. 南京: 南京工业大学, 2013.

[41] Heidenreich S, Haag W, Salinger M. Next generation of ceramic hot gas filter with safety fuses integrated in venturi ejectors [J]. Fuel, 2013, 108: 19-23.

[42] 仲兆祥, 李鑫, 邢卫红, 等. 多孔陶瓷膜气体除尘性能研究 [J]. 环境科学与技术, 2013, 36 (6): 155-158.

[43] Sing K S W, Everett D H, Haul R A W, et al. Reporting physisorption data for gas/solid systems with special reference to the determination of surface area and porosity [J]. Pure Appl Chem, 1985, 57 (4): 603-619.

[44] 樊文玲, 陆晓峰. 原子力显微镜在聚合物膜研究中的应用 [J]. 核技术, 2003, 26 (3): 233-238.

[45] 刘培生. 多孔材料孔径及孔径分布的测定方法 [J]. 钛工业进展, 2006, 23 (2): 29-34.

[46] 王燕兰, 张方. 扫描电镜法用于多孔金属孔隙率的计算 [J]. 火工品, 2012, (6): 49-53.

[47] Vaz C M, Van T S, Bouten C V, et al. Design of scaffolds for blood vessel tissue engineering using a multi-layering electrospinning technique [J]. Acta Biomater, 2005, 1 (5): 575-582.

[48] 多孔陶瓷显气孔率、容量试验方法: GB/T 1966—1996 [S].

[49] Kingery W D. Factors affecting thermal stress resistance of ceramic material [J]. J Am Ceram Soc, 1955, 38 (1): 8.

[50] Herrmannn M, Standke G, Höhn S, et al. High-temperature corrosion of silicon carbide ceramics by coal ashes [J]. Ceram Int, 2014, 40 (1): 1471-1479.

[51] Andersson T, Rowcliffe D J. Indentation thermal shock test for ceramics [J]. J Am Ceram Soc, 1996, 79: 1509.

[52] 李艳征. 先进陶瓷材料的强韧性及抗热震性研究 [D]. 济南: 山东大学, 2006.

[53] Rys-Matejczuk M, Muller M. Corrosion behaviour of ceramic filter candle materials for hot gas filtration under biomass gasification conditions at 850℃ [J]. Adv App Ceram, 2013, 112 (8): 466-470.

［54］ 何贤昶．陶瓷材料概论［M］．上海：上海科学普及出版社，2005.

［55］ 孟广耀，董强，刘杏芹，等．无机多孔分离膜的若干新进展［J］．膜科学与技术，2003，23（4）：261-268.

［56］ Gao H Y, He Y H, Shen P Z, et al. Porous FeAl intermetallic fabricated by elemental powder reactive synthesis［J］. Int, 2009, 17: 1041-1045.

［57］ Ahmadi G, Smith D H. Gas flow and particle deposition in the hot gas filter vessel at the Tidd 70 MWE PFBC demonstration power plant［J］. Aerosol Sci Technol, 1998, 29: 206-223.

［58］ 日本空气净化协会．室内空气净化原理与使用技术［M］．北京：机械工业出版社．2016.

［59］ Burton N C, Grinshpun S A, Reponen T. Physical collection efficiency of filter materials for bacteria and viruses［J］. Ann Occup Hyg, 2007, 51（2）：143-151.

［60］ 丁彬，俞建勇．静电纺丝与纳米技术［M］．北京：中国纺丝出版社，2011.

［61］ 陈隆枢，陶晖．袋式除尘技术手册［M］．北京：机械工业出版社，2010.

［62］ 王国华，陈留平，张峰，等．膜技术在燃煤电厂烟气除尘中的应用［J］．盐业与化工，2015，44（2）：50-53.

［63］ 沈雅菲，黄斌香，黄磊，等．聚四氟乙烯覆膜滤料及其在水泥行业粉尘污染控制应用［J］．应用化工，2013，42（2）：347-349.

［64］ 刘忠东，钱晓露．电除尘器改造为脉冲袋收尘器的方案与效果［J］．新世纪水泥导报，2004（1）：83-85.

［65］ 肖林，丁志江，肖立春，等．硼硅铁合金电炉烟气净化系统及节能研究［J］．环境工程，2014，32（2）：152-154.

［66］ 朱杰，陆斌．催化覆膜滤袋在医疗废物焚烧线上的应用［J］．广东科技，2015，24（8）：53-54.

［67］ 李刚．玄武岩覆膜滤料在垃圾焚烧和电力行业的应用［J］．技术与工程应用，2012，1：28-31.

［68］ 范志鹏．垃圾发电厂布袋除尘器节能改造分析［J］．工程技术，2016（12）：221.

［69］ 马晔风，周俊波．多晶硅尾气处理与净化工艺研究进展［J］．氯碱工业，2010，46（9）：1-4.

［70］ 武军伟，邢卫红，张峰，等．一体式流化床膜反应器合成二甲基二氯硅烷［J］．化工学报，2014，65（7）：2776-2784.

［71］ 温珍茂．太棉高温气体过滤技术在电石炉中的应用［J］．环境保护，2008，404：70-71.

［72］ 刘家雷，叶先勇，何元章，等．多孔金属材料制备方法的研究进展［J］．材料导报，2013，27（7）：90-93.

［73］ 岑可法．气固分离理论及技术［M］．杭州：浙江大学出版社，1999.

［74］ Sibanda V, Greenwood R, Seville J. Particle separation from gases using cross flow filtration［J］. Powder Technology, 2001, 118: 193-201.

［75］ 洁净室及相关控制环境国际标准：ISO 14611-1［S］．2015.

［76］ 韩峰．高性能碳化硅陶瓷膜支撑体制备［D］．南京：南京工业大学，2017.

［77］ 江丽霞，蔡睿贤，金红光，等．世界上若干典型 IGCC 电站发展现状［J］．燃气轮机发电技术，2000，3-4：1-9.

［78］ 汤丽萍，王建忠．金属纤维多孔材料：孔结构及性能［M］．北京：冶金工业出版社，2016.

［79］ 都丽红．PM2.5 和气体净化技术［M］．北京：化学工业出版社，2019.

［80］ 郝新敏．聚四氟乙烯微孔膜及纤维［M］．北京：化学工业出版社，2000.

［81］ Han F, Xu C N, Wei W, et al. Corrosion behaviors of porous reaction-bonded silicon carbide ceramics incorporated with CaO［J］. Ceramics International, 2018, 44（11）：12225-12232.

［82］ Xu C N, Xu C, Han F, et al. Fabrication of high performance macroporous tubular silicon carbide gas filters by extrusion method［J］. Ceramics International, 2018, 44（15）：17792-17799.

［83］ Feng S S, Li D Y, Low Z X, et al. ALD-seeded hydrothermally-grown Ag/ZnO nanorod PTFE membrane as efficient indoor air filter［J］. Journal of Membrane Science, 2017, 531（1）：86-93.

［84］ Feng S S, Zhong Z X, Wang Y, et al. Progress and perspectives in PTFE membrane: Preparation, modification, and applications［J］. Journal of Membrane Science, 2018, 549（1）：332-349.

［85］ Xu C, Fang J, Low Z X, et al. Amphiphobic PFTMS@nano-SiO₂/ePTFE Membrane for Oil Aerosol Removal［J］. Industrial & Engineering Chemistry Research, 2018, 57（31）：10431-10438.

[86] ZhuX, Feng S S, Zhao S F, et al. Perfluorinated superhydrophobic and oleophobic SiO$_2$@PTFE nanofiber membrane with hierarchical nanostructures for oily fume purification [J]. Journal of Membrane Science, 2020, 594: 117473.

（感谢景德镇陶瓷大学常启兵教授、大连理工大学董应超教授对本章的协同审阅）

第 14 章
渗透汽化

主稿人，编写人员：余立新　清华大学教授

李继定　清华大学教授

审　稿　人：陈翠仙　清华大学教授

第一版编写人员：蒋维钧

14.1　概述

14.1.1　过程简介

　　渗透汽化是以混合物中各组分在膜两侧蒸气压差为推动力，依靠各组分在膜中的溶解与扩散速率的不同来实现混合物分离的膜过程。一般而言，待分离的混合物为液体混合物，或者是由液体汽化而来的蒸汽混合物。图 14-1 是最典型的一种渗透汽化过程的流程示意图，其中包括预热器、渗透汽化膜分离器、冷凝器和真空泵四个主要设备。料液经过预热后进入渗透汽化膜分离器，在膜的后侧保持低的组分分压，在膜两侧组分各自的分压差驱动下，组分通过膜向膜的后侧扩散，并且汽化成蒸汽后离开膜器。其中，扩散快的组分较多地透过膜进入膜的后侧，扩散慢的组分较少地透过膜进入膜的后侧，因此可以达到分离料液的目的。

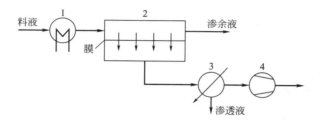

图 14-1　渗透汽化典型流程图
1—预热器；2—渗透汽化膜分离器；3—冷凝器；4—真空泵

　　图 14-1 所示的系统中，预热器的作用有二：其一，给组分汽化提供热量；其二，提高料液温度，增大传质的推动力，进而提高过程的渗透通量。真空泵的作用是抽走膜后侧的不凝气（空气），这些不凝气可以是系统启动前设备内的空气，也可以是系统运行过程中泄漏进系统的空气。如果没有真空泵，仅仅用冷凝器实现组分的冷凝来形成低的组分分压，虽然也可以实现渗透汽化过程，但此时组分蒸汽是通过静止不凝气的扩散到达冷凝器的，速率很慢。用真空泵抽走不凝气之后，组分蒸汽便是以流动的方式从膜后侧到达冷凝器，过程的速率很快。当然，随着不凝气的排除，也会有微量物料随之被排出系统。

　　除了该典型的渗透汽化流程外，还可以设计出如图 14-2、图 14-3 和图 14-4 所示的

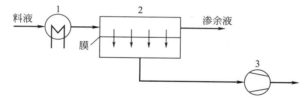

图 14-2　直接抽真空的渗透汽化
1—预热器；2—渗透汽化膜分离器；3—真空泵

流程。

图 14-2 中，透过膜的组分直接被真空泵抽出系统，对于膜后真空度要求很高（比如绝压 133Pa 以下）的情况，如果没有合适的冷源将透过物蒸汽冷凝的话，便只能用真空泵将透过物蒸汽抽出系统，以使膜后侧达到低压要求。

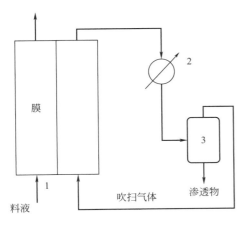

图 14-3　扫气渗透汽化
1—渗透汽化膜器；2—冷凝器；3—气液分离器

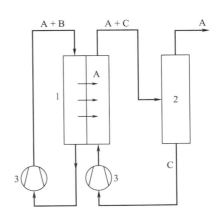

图 14-4　吸收渗透汽化
A—苯，易渗透组分；B—环己烷；C—苯烷；
1—渗透汽化膜分离器；2—精馏塔；3—泵

图 14-3 中，用惰性气体将透过膜的渗透物蒸汽吹扫带出膜器，使膜后侧保持低的组分分压，这种方式称为扫气渗透汽化（sweeping gas pervaporation）。吹扫气也可以是可凝气体，此时经过冷凝后，渗透物和吹扫物经过液液分层后可以得到产物，吹扫物经过汽化后再进入膜器。

图 14-4 中，选用适当的溶剂将透过膜的渗透物吸收，以保持膜后侧渗透物的低分压，这种方法称为吸收渗透汽化法（pertraction）。该图是用吸收渗透汽化法分离苯与环己烷的流程。通过膜的苯被萘烃吸收带走，苯-萘烃混合物经过精馏分离，萘烃返回膜器循环使用[1]。

除了上述各种渗透汽化的类型之外，还有饱和蒸汽渗透（saturated vapor permeation），与上述渗透汽化相比较，这种方式的加料为饱和蒸汽，因此组分在透过膜的过程中没有相变，膜器的加料侧也就无需为透过物汽化而供热。从表观上看，蒸汽渗透过程中膜的两侧均为汽相，似乎应该属于气体膜分离过程。它们的主要区别是：气体膜分离的对象是不凝气，膜后侧压力通常高于大气压，渗透物是气态产物，过程的推动力靠原料气侧的加压来提供，所加压力的大小除了受膜设备机械强度的限制外，原则上没有什么限制。而在蒸汽渗透中，加料侧的压力受汽液平衡条件的制约，一定温度的蒸汽混合物，当压力高于其饱和蒸气压时将液化，此时蒸汽渗透就成了渗透汽化。蒸汽渗透和渗透汽化的不同点有：①在相同的质量流量下，蒸汽渗透加料的体积流量比渗透汽化大几百倍，因此其膜组件的结构上要求加料侧有较大的流通截面；②气体在膜组件中的流动状况较液体好，分布较均匀，物质在汽相中的扩散系数大，浓差极化的影响较小；③蒸汽渗透中，原料气一侧干净，膜污染小。

14.1.2　过程特点和适用领域

渗透汽化过程的特点如下：

① 渗透汽化过程的最突出特点是分离选择性高，选择性常用分离因子表示（分离因子也称分离系数，其定义见 14.2.1 节）。针对不同物系的性质，选用合适的膜材料和合适的制膜条件，可以制得分离系数很大的膜。分离系数一般达到几十、几百、几千，甚至更高，因此只用单级即可实现很显著的分离效果。

② 渗透汽化过程的分离效果不受气液平衡的限制，主要受膜内渗透速率的控制。因此，各组分的分子结构（如支链、直链、基团位置不同等）和极性等的不同，均有可能成为其分离的依据。因此，渗透汽化适用于用精馏方法难以分离的恒沸物和近沸物（如同分异构体）的分离。

③ 过程中不引入其他试剂，产品不会被污染。

④ 过程简单，附加的处理过程少，操作方便。

⑤ 过程中虽有透过物的相变，但是因为透过物的量一般较少，汽化和随后的冷凝过程需要的能量较少。

⑥ 膜后侧需要抽真空，但是在通常采用的"冷凝加抽真空法"中，需要由真空泵抽出的主要是漏入系统的惰性气体，抽气量并不大。

⑦ 渗透通量小，一般小于 $1000g/(m^2 \cdot h)$，而选择性高的膜，有时通量只有 $100g/(m^2 \cdot h)$，甚至更低。

根据渗透汽化的特点，它适用于以下过程：

① 具有一定挥发性的物质的分离，这是应用渗透汽化法进行分离的先决条件。

② 从混合液中分离出含量少的物质，例如有机物中少量水的脱除，水中少量有机物的脱除。这时既可以充分利用渗透汽化分离系数大的优点，又可少受渗透物汽化耗能与渗透通量小的不利影响。

③ 恒沸物的分离。当恒沸液中一种组分的含量较少时（如乙醇-水恒沸液中的水），可以直接用渗透汽化法得到纯的产品。当恒沸液中两组分含量接近时（如异丙醇水），可以用渗透汽化与精馏联合的集成过程。

④ 精馏难以分离的近沸物的分离。

⑤ 与反应过程结合。利用渗透汽化分离系数高、单级分离效果好的特点，选择性地移走反应产物，促进化学反应的进行。

14.2　基本理论

14.2.1　基本原理和主要操作指标

图 14-5 是渗透汽化的简单示意图，其中用到的膜是致密膜，或者是有致密皮层的复合膜或者非对称膜。原料液进入膜组件，流过膜面，在膜后侧保持低压（绝压几百帕到几千帕）。由于原料液和膜后侧组分的化学位（直观表现为组分的蒸气压）不同，所以原料液中

的各组分都倾向于通过膜向膜后侧渗透。原料液中各组分通过膜的速率不同，透过膜的渗透物的组成便与原料液组成不同，从而实现分离。

渗透汽化过程的主要技术指标是膜的选择性和渗透通量。

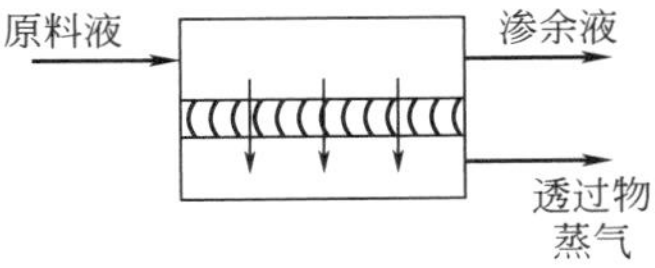

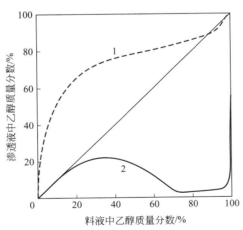

图 14-5　渗透汽化过程示意图

(1) 选择性

可以用分离系数和增浓系数来表示选择性。

① 分离系数 α。它的定义如下：

$$\alpha = \frac{y_i / y_j}{x_i / x_j} \tag{14-1}$$

式中，x_i、x_j 分别是原料液中组分 i 和组分 j 的摩尔分数或者质量分数；y_i、y_j 分别是渗透物中组分 i 和组分 j 的摩尔分数或者质量分数。

通常 i 表示渗透速率快的组分，因此 α 的数值大于 1。α 越大，膜的选择性越好。

② 增浓系数 β。它定义为 y_i 和 x_i 的比值，一般 i 表示透过速率快的组分，β 越大，膜的选择性越好。

上述两种表示选择性的系数中，分离系数用得比较普遍。

因为两种系数受溶液组成的影响较大，所以渗透汽化的选择性有时还用 McCabe Thiele 图线表示。图 14-6 是某种亲水膜的乙醇-水体系渗透汽化分离性能图。影响膜的选择性的因素很多，除了混合物组分和膜本身外，还与混合物的组成、操作温度、压力和料液在膜面的流动状况等有关。所以，图 14-6 所示的曲线是在一定操作条件下测得的，需要注明，以便于他人使用。

图 14-6　乙醇-水体系渗透汽化分离性能
1—汽液平衡线；2—渗透汽化分离曲线

(2) 渗透通量

单位时间内通过单位膜面积的组分的质量称为该组分的渗透通量，其定义式如下：

$$J_i = \frac{M_i}{At} \tag{14-2}$$

式中，M_i 为组分 i 的透过量，g；A 为膜面积，m^2；t 为操作时间，h；J_i 为组分 i 的渗透通量，$g/(m^2 \cdot h)$。

影响膜的渗透通量的因素有混合物组分和膜材料的性质、膜的结构、混合物的组成、操作温度、压力和料液在膜面的流动状况等。

对膜的要求是选择性好、渗透通量大。实际上这两个性能指标常常很难同时达到。选择性好的膜的通量往往较小，而渗透通量大的膜的选择性又比较差。所以，在选膜和制膜时需要根据具体情况对这两项指标进行优化。

为了综合表示渗透汽化分离性能，有时也可以用渗透汽化的分离指数（PSI）来表示：

$$PSI = (\alpha - 1)J \qquad\qquad (14\text{-}3)$$

14.2.2　推动力和传递过程

（1）渗透汽化过程的推动力

推动力是膜两侧组分的化学位差，直观表现为原料液中组分的蒸气压和膜后侧组分的蒸气压差。影响推动力的主要因素有：

① 料液温度。温度高，组分的蒸气压高，过程的推动力大。

② 料液组成。待除去的组分的含量愈低，其蒸气压愈小，推动力愈小，为了保证必要的推动力，必须使膜后侧压力保持比较低的水平。例如，为了将苯的含水量降低到 50mg/L 以下，膜后侧的压力必须低至 $400 \sim 667Pa$。

③ 膜后侧的压力。原料侧组分的蒸气压可以根据热力学中有关气液平衡的关联式计算。

（2）渗透汽化的传递过程

渗透汽化过程是传质和传热同时进行的过程。组分从料液侧至膜后侧的质量传递过程分五步进行。

第一步：组分从料液主体通过边界层传递到料液和膜的界面。

第二步：界面处组分溶于膜表面。

第三步：组分从膜的料液侧扩散至膜后侧表面。

第四步：组分在膜后侧解吸，汽化成气体。

第五步：组分的气体离开膜后侧，被收集后排出系统。

在汽化面上，组分解吸汽化的阻力很小，对整个传递过程的影响可以忽略不计。

组分气体离开膜后侧的过程与膜组件的结构和组分气体的移除方式有关。对于常用的冷凝加抽真空法，组分气体以主体流动的方式从膜后侧流动至冷凝器，这一步骤的传质阻力也可以忽略不计。

第一步在一定的条件下，对整个传递速率有一定影响（参见本手册的第 6 章浓差极化与膜污染）。因此，讨论渗透汽化的传质过程时，主要集中在第二步和第三步上，即组分通过固体膜的传递上。

渗透汽化过程需要吸收热量，一般情况下此热量由料液的显热提供。在渗透汽化过程中，热量也从料液侧透过膜传递到膜后侧的组分汽化处（称为汽化面）。料液侧和膜后侧汽化面之间保持一定的温度差。

（3）渗透汽化渗透通量的计算

描述渗透汽化通量的模型大致有三种类型。

① 经验关系式　根据实验测定的结果，将渗透通量表示为与一些主要影响因素相关的关系式。例如对乙醇水溶液进行渗透汽化分离时，水与乙醇的渗透通量分别表示为[2]：

$$J_w = a(t) + b(t)x_w + c(t)x_w^2 \tag{14-4a}$$

$$J_e = A(t) + B(t)x_e + C(t)x_e^2 \tag{14-4b}$$

式中，J_w 和 J_e 分别为水和乙醇的渗透通量；x_w 和 x_e 分别为水和乙醇在料液中的摩尔分数；a、b、c、A、B 和 C 是与温度有关的系数，由实验数据回归得来。

这类关系式很实用，但是都有一定的适用范围。

② 传递系数法　与常用的传质方程式类似，将渗透通量表示为：

$$J = 传质系数或者渗透系数(K) \times 推动力 \tag{14-5}$$

根据实验测定出各种因素对渗透通量的影响，整理实验数据，将 K 表示成与各种因素相关的关系式[3,4]。

③ 根据传递机理建立相应的数学模型进行计算。这将在下一节中进行讨论。

14.2.3　组分在膜中的溶解和传递过程

渗透汽化过程中渗透物是通过致密膜进行扩散的，所以通常用溶解扩散模型来描述[5,6]。前面所述传质的五步中的中间三步即是溶解扩散模型的核心，即溶解、扩散、脱附汽化。该模型一般认为溶解和脱附的阻力很小，膜的料液侧表面与料液呈平衡，膜后侧汽化面与气相呈平衡。

由此可知，渗透物在聚合物膜中的溶解特性对分离性能有重要影响。为了表示溶解过程的影响，可以将渗透汽化的分离系数 α 表示为：

$$\alpha = \alpha_s \alpha_D \tag{14-6}$$

$$\alpha_s = \frac{x_1^m / x_2^m}{x_1 / x_2} \tag{14-7}$$

$$\alpha_D = \frac{y_1 / y_2}{x_1^m / x_2^m} \tag{14-8}$$

式中，α_s 称为溶胀的分离系数；α_D 称为扩散的分离系数；x_1^m 是组分 1 在膜中的摩尔分数（或者在膜中溶解的各组分中组分 1 的摩尔分数）；x_2^m 是组分 2 在膜中的摩尔分数（或者在膜中溶解的各组分中组分 2 的摩尔分数）。

14.2.3.1　溶解平衡

（1）溶解度

与物质在液体中的溶解一样，物质在聚合物中也有一定的溶解度。并且当液体或者可凝气溶解进高分子中之后，还会引起聚合物结构的变化，使聚合物链段的活动度增加。在一定条件（温度和压力）下，当两相达到平衡时，液体在两相中的浓度存在一定的关系，可以表示成：

$$K_s = c^m / c \tag{14-9}$$

式中，K_s 为溶解度常数；c 为液相中组分的浓度，g/cm^3 溶液；c^m 为聚合物中组分的浓度，g/cm^3 膜。

溶解平衡也可以表示为：

$$c^m = Sp \tag{14-10}$$

式中，S 为溶解度系数，与体系的性质（液体/聚合物）和温度有关；p 为组分的饱和蒸气压或者分压。

混合液中一种组分在聚合物中的溶解不仅取决于它和聚合物的相互作用，而且还受其他组分与聚合物的相互作用以及二组分之间相互作用的影响。

液体在聚合物中的溶解度需要用实验测定。已经有多种溶液理论可以描述有机液体与聚合物间的溶解。

（2）单一组分在聚合物中的溶解度

可以用 Flory-Huggins 理论和溶解度参数理论来描述单一组分在聚合物中的溶解度。

① Flory-Huggins 理论　按照该理论[7]，溶剂（s）和聚合物膜（m）组成的二组分体系的混合自由能 ΔG_m 为：

$$\Delta G_m = RT(x_s \ln\phi_s + x_m \ln\phi_m + \psi_{sm} x_s \phi_m) \tag{14-11}$$

式中，ϕ_s 和 ϕ_m 分别是聚合物相中溶剂 s 和聚合物 m 的体积分数；x_s 和 x_m 分别是聚合物相中溶剂 s 和聚合物 m 的摩尔分数；ψ_{sm} 是溶剂和聚合物间的相互作用参数，表示溶剂和聚合物间亲和力的大小，亲和力越大，ψ_{sm} 越小。

当液体进入聚合物时，总的自由能变化 ΔG 除了混合自由能 ΔG_m 外，还有弹性自由能 ΔG_{el} 的变化。

$$\Delta G = \Delta G_m + \Delta G_{el} \tag{14-12}$$

当达到溶胀平衡时，$\Delta G = 0$，此时可得

$$\ln(1-\phi_m) + \phi_m + \psi_{sm}\phi_m^2 + (V_p\rho/M_c)(\phi_m^{1/3} - 0.5\phi_m) = 0 \tag{14-13}$$

式中，最后一项表示弹性项的贡献，其中 V_p 为渗透物的摩尔体积；ρ 为聚合物的密度；M_c 为聚合物两个链节之间的分子量。渗透汽化中，一般膜中渗透物的溶胀量不大，弹性作用的影响小，式(14-13) 中的最后一项可以忽略，故得

$$\psi_{sm} = -\frac{\ln(1-\phi_m) + \phi_m}{\phi_m^2} \tag{14-14}$$

于是，根据式(14-14)，用溶胀实验测出溶胀平衡时聚合物相中聚合物的体积分率 ϕ_m 即可求得 ψ_{sm}。实验测得的一些溶剂和聚合物的相互作用参数可参考文献 [8]。

② 溶解度参数理论　根据该理论[9]，可以用溶剂与聚合物的溶解度参数差来表示其相互亲和力的大小。溶解度参数差越小，其相互的亲和力越大，溶剂越容易进入聚合物。溶解度参数有几种表示方式，应用比较普遍的是 Hansen 提出的三元溶解度参数法[10]，把物质

的溶解度参数 δ 表示为三个分量的矢量和：

$$\delta = [\delta_d^2 + \delta_p^2 + \delta_h^2]^{1/2} \tag{14-15}$$

式中，δ_d、δ_p 和 δ_h 分别表示溶解度参数的色散分量、极性分量和氢键分量，分别反映这三种力对于分子内聚能的贡献。

Mulder 等用溶剂和聚合物的溶解度参数的矢量差 Δ 来表示溶剂和聚合物间相互作用的度量[11]：

$$\Delta = [(\delta_{d,s} - \delta_{d,m})^2 + (\delta_{p,s} - \delta_{p,m})^2 + (\delta_{h,s} - \delta_{h,m})^2]^{1/2} \tag{14-16}$$

Δ 越小，表示溶剂和聚合物间的亲和力越强，溶剂在聚合物中的溶胀量越大。

对于二组分体系（溶剂＋聚合物），Flory 相互作用参数和溶解度参数理论中的 Δ 值均可以作为表示二组分相互作用力强弱的标志。以醇类（甲醇、乙醇、丙醇和丁醇）与聚二甲基硅氧烷（PDMS）组成的二组分体系为例说明它们的作用。表 14-1 列出了它们的三维溶解度参数值。表 14-2 列出了 PDMS 与各种醇组成的二组分体系的 Δ 和 ψ 值。其中的 Δ 值按照式(14-16) 计算，ψ 值根据实验测得的溶胀量按照式(14-14) 计算。

表 14-1　PDMS 与四种醇的溶解度参数

组分	δ_d	δ_p	δ_h	δ
PDMS	7.8	0.05	2.3	8.1
甲醇	7.4	6.0	10.9	14.3
乙醇	7.7	4.3	9.5	13.0
丙醇	7.8	3.3	8.5	12.0
丁醇	7.8	2.8	7.7	11.0

表 14-2　不同醇在 PDMS 中的 ψ 与 Δ 值

体系	溶胀量/(g/100g)	ψ	Δ
PDMS-甲醇	2.1	3.0	10.5
PDMS-乙醇	6.3	2.1	8.4
PDMS-丙醇	13.0	1.5	7.0
PDMS-丁醇	16.5	1.4	6.1

由表 14-2 中的数据可以看出两种不同的方法给出了相同的趋势，从甲醇到丁醇，它们与 PDMS 的相互作用力依次增强，PDMS 中醇的溶胀量依次增大。考察甲醇、乙醇、丙醇和丁醇分别通过 PDMS 膜的渗透通量数据可以看出，溶胀量最小的甲醇的渗透通量最小，正丁醇的渗透通量最大[12]。

（3）二组分混合液在聚合物中的溶解度

由于伴生效应，二组分液体混合物在聚合物中的溶解比单一组分在聚合物中的溶解要复杂得多。此时，组分在聚合物中的溶解不仅取决于它自身分子与聚合物的相互作用，还强烈地受另外一组分与聚合物间以及二组分间的相互作用的影响。

根据 Flory-Huggins 理论，对于三组分体系（二组分混合液＋聚合物），其混合自由能为：

$$\Delta G_{\mathrm{m}} = RT(x_1\ln\phi_1 + x_2\ln\phi_2 + x_{\mathrm{m}}\ln\phi_{\mathrm{m}} + \psi_{12}u_2x_1\phi_1 + \psi_{1\mathrm{m}}x_1\phi_{\mathrm{m}} + \psi_{2\mathrm{m}}x_2\phi_{\mathrm{m}}) \quad (14\text{-}17)$$

式中，各符号的意义同式(14-11)，下标 1 和 2 分别表示混合液中的二组分，m 表示聚合物膜；$u_2 = \phi_2/(\phi_1 + \phi_2)$；两液体组分间的 Flory 相互作用参数 ψ_{12} 可以按式(14-18)计算：

$$\psi_{12} = \frac{1}{x_1\phi_2}\left(x_1\ln\frac{x_1}{\phi_1} + x_2\ln\frac{x_2}{\phi_2} + \frac{\Delta G^{\mathrm{E}}}{RT}\right) \quad (14\text{-}18)$$

对于很多二组分体系，特别是水溶液，其剩余自由能 ΔG^{E} 可以参阅文献 [13]，也可以用 Van Laar、Margules 或者 Wilson 方程计算[14]。式中 $\psi_{1\mathrm{m}}$ 与 $\psi_{2\mathrm{m}}$ 可以根据溶胀实验按照式(14-14)求取，但是还要考虑第三组分的存在对它的影响，可以引入有关反映三组分效应的参数 ψ_{T}[15]或者对二组分参数进行修正[16]。

对于二组分混合液在聚合物中的溶胀来说，有意义的不仅是它的总溶胀量，更重要的是溶胀液的组成或者说是溶胀的选择性。从式(14-17)出发，假设 ψ 与浓度无关，则可以推导出：

$$\ln\left(\frac{\phi_1}{\phi_2}\right) - \ln\left(\frac{x_1}{x_2}\right) = (R-1)\ln\frac{\phi_2}{x_2} - \psi_{12}[(\phi_2 - \phi_1) + (x_1 - x_2)] - \phi_{\mathrm{m}}(\psi_{1\mathrm{m}} - R\psi_{2\mathrm{m}})$$

$$(14\text{-}19)$$

式中，R 为二组分的摩尔体积比。将式(14-19)的左侧与溶胀分离系数的定义式(14-7)比较可知：

$$\ln\frac{\phi_1}{\phi_2} - \ln\frac{x_1}{x_2} \approx \ln\alpha_{\mathrm{s}} \quad (14\text{-}20)$$

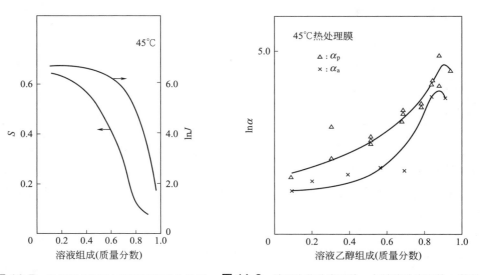

图 14-7　渗透汽化通量与平衡溶解度的关系　　图 14-8　渗透汽化分离系数 α 与溶胀分离系数 α_{s} 的关系

根据式(14-19)，已知 ψ_{12}、$\psi_{1\mathrm{m}}$、$\psi_{2\mathrm{m}}$、R 和 ϕ_{m}，便可以计算出 α_{s}。根据此式还可以看

出对溶胀选择性有重要影响的三个因素：

① 两个渗透物的摩尔体积差。仅就这一点而论，摩尔体积小的组分优先溶解，而且摩尔体积相差越大，或者聚合物的浓度越大，对其优先溶解的影响也越大。

② 每个组分与聚合物膜的亲和力。亲和力强对 α_s 有正效应。

③ 两个渗透组分的相互亲和力。例如对于脱水的情况，水的浓度低，多数情况下水与有机溶剂的亲和力小（ψ_{12} 大），这有利于水的溶胀选择性。详细的讨论可以参考文献 [16]。

（4）溶解平衡对渗透汽化分离性能的影响

液体混合物在聚合物膜内的溶解平衡与渗透汽化分离性能有密切关系，因为组分在膜内的浓度梯度直接影响组分在膜内的扩散速度。

从通量的角度来看，溶胀度大，渗透汽化的通量大，如图 14-7 所示[17,18]。

从分离因子的角度看，溶胀选择性大，则渗透汽化的分离因子也大（图 14-8）。或者溶胀液中某组分含量高，则渗透汽化的渗透液中该组分的浓度也高[16,19]。见图 14-9 以及表 14-3。

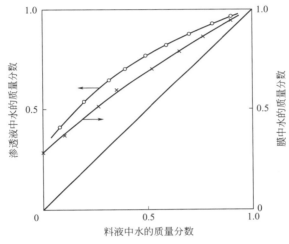

图 14-9　乙醇-水/CA 膜体系的溶解平衡与渗透汽化分离试验结果

表 14-3　**几种醇水溶液与 PDMS 膜体系的试验结果**

体系	总溶解度 /(g/100g)	水的溶解度 /(g/100g)	醇的溶解度 /(g/100g)	溶胀的分离系数 α_s	渗透汽化的分离系数 α
甲醇-水	0.16	0.13	0.03	4.6	7.7
乙醇-水	0.21	0.14	0.07	8.2	8.2
丙醇-水	0.41	0.17	0.24	23.0	18.1
丁醇-水	1.27	0.22	1.05	86.0	47.0

但是也有相反的案例[20]，Boddeker 用离子交换膜分离羧酸水混合物，羧酸优先溶解，但是水却优先渗透。

14.2.3.2　扩散过程

组分通过渗透汽化膜的机制一般认为是分子扩散。可以用本手册第 5 章中的相关理论进行描述。值得注意的是，每一组分都有可能对另外一个组分的扩散产生影响。很难直接用膜内扩散的研究结果来进行渗透汽化过程的设计计算。

14.2.3.3　非平衡溶解扩散模型

一般提到溶解扩散模型时，总是假定料液侧膜面处组分从液相进入膜内的阻力很小，组分在料液与膜面间处于平衡状态。有研究表明[21]，组分溶入膜内的过程是有阻力的，组分在溶液与膜面之间并没有达到溶解平衡，不平衡的程度由 $D/\delta k$ 衡量，膜厚 δ 越大，溶解速率系数 k 越大，扩散系数 D 越小，越接近溶解平衡。膜越薄，离平衡越远，溶解时的阻力对渗透汽化过程的影响越大。

14.2.4　液相主体到膜面的传递过程

（1）浓差极化

液相主体的浓度和膜面处料液中组分的浓度是不相等的，优先透过组分在膜面处料液中的浓度低于主体溶液中的浓度，这个现象称为浓差极化，对该现象的描述以及消除可以参见本手册的第 6 章。

Cote 和 Lipski[22] 应用毛细管膜组件分别对从水中去除微量的四氯化碳、三氯乙烯和酚进行研究，对于四氯化碳和三氯乙烯这两种易挥发液体，在 Re 从 200 到 670 的范围内，四氯化碳和三氯乙烯的总传质系数随 Re 的增加而增加，表明液膜阻力在总传质阻力中占很大的比例。当 Re 进一步增大，进入湍流区，液膜阻力减小，过程变为膜阻控制。对于从水中除酚，因为酚的渗透通量小，膜阻为控制步骤，Re 对酚的渗透通量没有影响。

陈翠仙[23] 等用板式膜器和 PVA/PAN 复合膜对乙醇水溶液在不同温度（57℃和67℃）、不同料液质量分数（分别含乙醇 77%、87%、92%、97%）的条件下，在 Re 从 1000 到 55000 的范围内进行实验，发现 Re 对渗透通量有影响。在温度高、醇浓度低，即渗透通量较高的条件下，Re 的影响更加显著。

因此，对于渗透汽化过程来说，浓差极化是不容忽视的。在设计膜器时，应当注意料液流动条件的选择。设计时需要参考下列液相传质系数的关联式[24]（适用于管式和板式膜组件）：

层流时：$0.1 < Re \times Sc \times \dfrac{d}{L} < 10^4$

$$Sh = \frac{kd}{D} = \left(3.66^3 + 1.61^3 \times Re \times Sc \times \frac{d}{L}\right)^{1/3} \tag{14-21}$$

湍流时：

$$Sh = \frac{kd}{D} = 0.023 Re^{7/8} Sc^{1/4} \tag{14-22}$$

$$Sh = \frac{kd}{D} = 0.04 Re^{3/4} Sc^{1/3} \tag{14-23}$$

上面各式中，Sh 为 Sherwood 数；Re 为 Reynold 数；Sc 为 Schmidt 数；L 为流道的长度；d 为流道的内径。对于板式膜组件中的矩形流道，d 为流道的当量直径 d_e：

$$d_e = \frac{4 \times 流道截面积}{流道周边长度} \tag{14-24}$$

（2）温差极化

透过膜的组分在膜后侧汽化时需要吸收热量，该热量由料液降温提供，所以料液主体温度高于膜中温度，这样才给热量传递提供推动力。如图 14-10 所示的是渗透汽化中的温度分布。对于平板膜，在稳态下，从料液传递到膜后侧的热通量 q 可以表示为：

$$q = \frac{1}{\frac{1}{\alpha} + \frac{\delta}{\lambda}}(T_b - T_2) \tag{14-25}$$

$$q = \sum J_i r_i \tag{14-26}$$

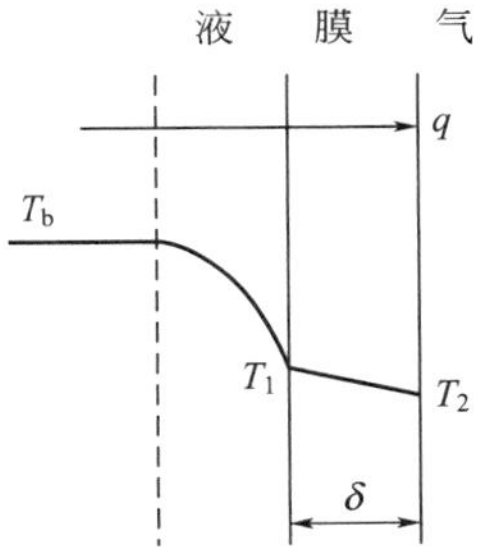

图 14-10　渗透汽化过程的温度分布

式中，α 是液相中的传热膜系数；λ 为膜的热导率；J_i 和 r_i 分别是渗透组分 i 的通量和汽化潜热；$1/\alpha$ 和 δ/λ 分别表示从料液主体到膜表面的传热阻力和通过膜的传热阻力。由于这些阻力的存在，在靠近膜面的料液中，存在图 14-10 中的温度边界层，这一现象称为温差极化。

（3）提高液相传质速率和传热速率的途径

为了增加液体中的湍流程度，可以提高料液流过膜面的流速、采用脉冲流动以及在流道中设置各种几何形状的湍流促进器来实现，这些措施相应地会增加流动阻力，增加能耗，增大操作费用；增加湍流促进器也使膜器变得复杂，设备造价增大。此外，提高温度可以减小料液的黏度，提高组分的扩散系数，进而提高传质系数和传热系数，减小极化现象的影响。

14.2.5　影响过程的因素

影响渗透汽化过程分离性能的因素主要有以下几方面：

（1）膜材料和结构以及被分离组分的物化性质

这是影响渗透汽化分离效果的最基本的因素。对于一定的料液和分离要求而言，最重要的问题是要选择一种适宜的膜材料和膜的结构。对于同一种物料体系，如果分离目标不同，也往往需要采用不同的膜。例如，同样是有机物/水体系，当脱除有机物中少量水时，应该采用优先透水的 PVA/PAN 复合膜，而当去除水中少量有机物时，则应采用优先透有机物的有机硅复合膜。

（2）温度

温度会影响混合液组分在膜中的溶解度和扩散系数，进而影响渗透汽化的渗透通量和分离因子。一般扩散系数 D 与温度的关系符合 Arrhenius 方程的形式，即

$$D = D_0 \exp(E_D/RT) \tag{14-27}$$

式中，E_D 称为扩散的活化能，与聚合物的状态有关，其值在聚合物玻璃化转变温度上下也会变化，所以扩散系数随温度的变化关系在玻璃态和橡胶态中也有差别。

一般而言，在其他条件恒定的情况下，温度升高，渗透通量增大，渗透通量与温度的关系也符合 Arrhenius 方程的形式[25,26]，即

$$J = J_0 \exp(E_P/RT) \tag{14-28}$$

式中，E_P 称为渗透的表观活化能，其值通常在 $17 \sim 63\mathrm{kJ/mol}$ 的范围内。图 14-11 是乙醇水溶液在 PVA 化学交联膜中渗透汽化通量与温度的关系[27]。

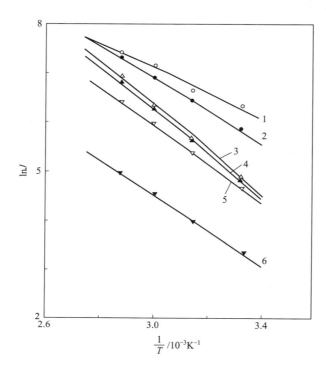

图 14-11 渗透通量与温度的关系

料液中乙醇的质量分数分别为：1—0；2—10%；3—30%；4—50%；5—70%；6—90%

温度对分离系数也有影响，但是其影响相对较小且无一定的规律。一般说，多数情况是温度升高，分离因子有所下降，说明随温度升高，非优先渗透组分的渗透通量的升高相对更快一些。

（3）料液组成

料液组成的变化直接影响组分在膜面处的溶解度，而组分在膜内的扩散系数与其浓度有关。所以渗透通量等分离性能与料液组成有密切关系。因为在膜内组分与聚合物以及组分间的相互作用力的影响，使得另一组分的存在对某组分的扩散产生复杂的伴生效应，所以不能根据纯组分的渗透性能简单地按照一般的理想情况（即组分的渗透通量与组分的含量成正比）来预测渗透汽化的分离效果。

通常，随着料液中优先渗透组分浓度的提高，总渗透通量增大，但是组成对分离系数的影响往往出现比较复杂的情况。图 14-12[27] 是乙醇水溶液在 PVA 化学交联膜中渗透通量和料液组成的关系。因为乙醇的通量相对较小，总通量接近水的通量，可见总通量随料液中优先渗透组分（水）的浓度的提高而增大。图 14-12 中乙醇通量随料液组成的变化则有复杂的关系：在某一组成时有最大值，表明在此点上下，分离系数随料液组成有不同的变化关系。

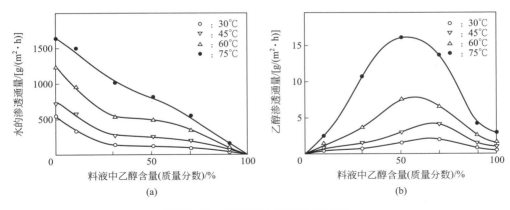

图 14-12　渗透通量与料液组成的关系

图 14-13 和图 14-14 是异丙醇水溶液在乙烯基吡咯接枝的聚偏氟乙烯膜中渗透通量和分离系数随料液组成的变化关系，它们均随料液中水含量的提高而增大[28]。

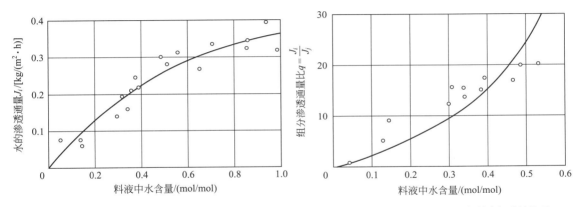

图 14-13　水的渗透通量与料液组成的关系　　　　　　　　　**图 14-14**　水与异丙醇的通量比与料液组成的关系

温度 80℃；膜后侧压力 1.6kPa　　　　　　　　　　　　　　料液温度 80℃；膜后侧压力 1.6kPa

（4）膜两侧的压力

膜两侧压力的影响主要体现为对渗透汽化推动力的影响。

料液侧压力增加对料液的蒸气压影响不大，对料液在膜中的溶解度影响不大，所以对渗透汽化的分离性能影响不大。一般料液侧只需保持为克服流动阻力所必需的压头即可。对于易挥发液体，为了提高料液温度，可以适当提高其压力。

膜后侧压力显著影响过程的推动力，因此对渗透汽化的分离性能有很大影响。膜后侧压力低，推动力大，渗透通量大。图 14-15 是用再生纤维素膜分离水-四氢呋喃混合液时渗透通量和膜后侧压力的关系[29]。

对于从混合物中分离微量杂质时，例如从水中分离微量有机物或者从有机物中分离微量水时，因为料液侧待分离的微量组分的蒸气压很低，所以膜后侧需要很低的压力，此时膜后侧压力的影响更加明显。

膜后侧压力对分离系数也有影响，通常膜后侧压力升高时，将使易挥发组分在渗透物中的相对含量增加，所以分离系数增大。当优先渗透组分为难挥发组分时，随膜后侧压力升

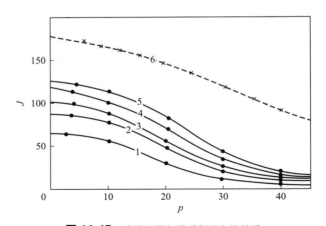

图 14-15　渗透通量与膜后侧压力的关系

料液温度：20℃（实线）；30℃（虚线）

料液水含量（x，摩尔分数）1—$x=0.296$；2—$x=0.404$；

3—$x=0.5$；4—$x=0.570$；5—$x=0.634$；6—$x=0.570$

高，分离系数降低。

（5）料液流速

料液流过膜表面的流速不可忽视。在料液流速较低、温差极化和浓差极化的影响比较显著的情况下，提高流速可以使从料液主体到膜面的传质系数和传热系数增大，可以有效提高过程的渗透通量。

14.3　渗透汽化膜

14.3.1　渗透汽化膜和膜材料

14.3.1.1　膜的种类

渗透汽化膜按材料分：可以分为有机膜、无机膜和有机-无机杂化膜。

也可以按照膜的结构形态分：则有致密的均质膜、非对称膜、复合膜等几种。

关于膜材料请参见本手册的第 2 章、第 3 章和第 4 章。对于有机溶剂的脱水，典型的膜有 PVA/PAN 复合膜和分子筛膜；对于从水中脱除有机物，典型的膜有 PDMS 复合膜和有机无机杂化膜[30-34]。用于有机物-有机物分离的膜则尚未工业化，有兴趣的读者可以参阅相关的研究文献。

14.3.1.2　渗透汽化膜性能的测定

渗透汽化实验装置通常有两种形式，如图 14-16 和图 14-17 所示。

在图 14-16 中，料液置于罐 1 中，用泵 2 将料液送至恒温加热器，加热到一定温度后，送入渗透汽化器 5，料液以较高流速流过膜面，从渗透汽化器出来后，返回料液罐，再由泵送至渗透汽化器，循环流动。渗透物透过膜后，在膜后侧汽化，至冷凝器冷凝。实验室中一

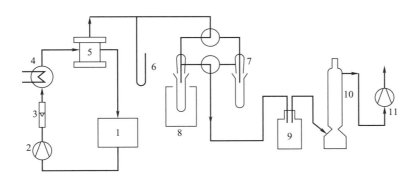

图 14-16　典型的渗透汽化实验装置流程

1—料液罐；2—泵；3—流量计；4—恒温加热器；5—渗透汽化器；6—压力计；
7—冷凝取样器；8—液氮冷阱；9—缓冲罐；10—干燥器；11—真空泵

般使用液氮作为冷却介质，保证渗透气几乎全部在冷凝器中冷凝下来。残余的气体经过缓冲罐、干燥器，由真空泵排出。通常渗透汽化器的设计和料液流量的选取以浓差极化的影响已经可以忽略不计为准。根据需要也可以将实验装置设计成可以测定极化的影响。冷凝取样器间歇操作，每隔一定时间切换一次。测定每次冷凝液的量与组成，根据式(14-2) 和式(14-1) 计算膜的渗透通量和分离系数。

　　图 14-17 为杯式渗透汽化实验装置。用搅拌器搅拌以消除浓差极化的影响。为了保持渗透汽化器的恒温，可以将渗透汽化器置于恒温水浴中，或者用夹套加热实现。

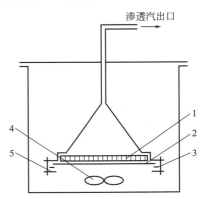

图 14-17　杯式渗透汽化实验装置

1—支撑板；2—膜；3—垫圈；
4—搅拌器；5—法兰圈

14.3.2　渗透汽化膜的制造

　　在渗透汽化过程中，主要使用高分子膜和分子筛膜，主要为复合膜。高分子膜可以用涂布法、表面聚合法和表面改性法等制备，分子筛膜可以在多孔陶瓷基材上形成活性分离层。具体的制备细节可以参见本手册的第 2 章、第 3 章和第 4 章。

14.4　渗透汽化膜器

14.4.1　概述

　　渗透汽化过程中可以使用板框式、螺旋卷式、圆管式和中空纤维（毛细管）式等几种类型的膜组件。对这些组件的通用描述可以参见本手册的第 7 章膜器件。本部分仅对渗透汽化组件中特别的地方进行介绍。

这些特别的地方源于渗透汽化的以下特点：

① 渗透汽化过程是有相变的过程，其膜后侧为气体，如果膜器中不同时供热的话，料液的温度将沿着流动方向不断下降。

② 渗透汽化过程的推动力是膜两侧的蒸汽压差，膜后侧为真空，一般情况下膜后侧的绝压为几百帕，膜后侧的压力大小对过程有重要的影响。所以，组件中膜后侧气体的流动阻力（从膜面到冷凝器的流动阻力）对膜组件的分离效果影响很大，要求膜组件的膜后侧的流动阻力尽可能小，因此，在组件的构造上要求膜后侧有较大的流动空间。

③ 渗透汽化通常在较高的温度（60～100℃）下操作，同时很多情况下要接触到浓度很高的有机液体，这对膜组件的材料以及密封材料都提出了较高的要求。

④ 渗透汽化的通量小，一般在 2000g/(m^2·h)以下，因此，在渗透汽化膜组件中料液流量几乎不变。

14.4.2　渗透汽化膜组件示例

以板框式膜组件为例，介绍渗透汽化膜组件的特别之处。

板框式膜组件中，需要用到耐溶剂的密封垫片（如弹性石墨、乙丙二聚物、PTFE 等材料制成的垫片），以便于膜器内或者级间加热，也有利于减小膜后侧气体的流动阻力。

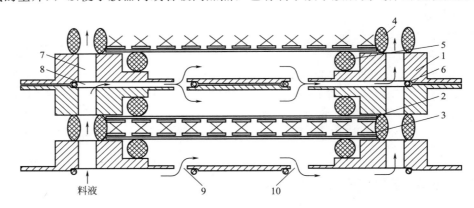

图 14-18　GFT 板框式膜组件 A

1—膜框；2—膜；3—支撑板；4～6—垫圈；7—料液主流道；
8—进框流道；9—进框孔；10—出框孔

图 14-18 和图 14-19 是 GFT 公司的膜器结构示意图[35]。每一片膜的有效面积为 500mm×500mm，每个膜组件的总膜面积最大为 50m^2，组件由膜框（1）、膜（2）和支撑板（3）依次叠合而成，其中膜框由两片结构拼合而成，提供料液的流通通道，支撑板则为两片多孔板中间夹支撑网构成。膜框、膜与支撑板组合时，依靠垫片（4，5，6）压合密封。料液从板框一侧的主流道（7）进入，通过膜框两片结构中间的进框流道（8）与进框孔（9）进入框内，然后流过膜表面，从膜框的另一侧出框孔（10）流出。框内流道高约 1mm。渗透液透过膜而汽化后，依次经支撑板上面的孔与支撑网流出。整个组件放置在圆筒形真空容器内，使汽化得到的蒸气从支撑板的四周流出，直接进入到真空容器中，以减少流道阻力。

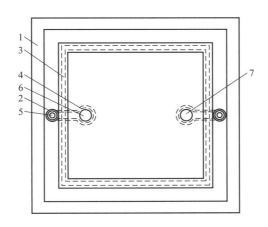

图 14-19　GFT 板框式膜组件 B

1—膜框；2～4—垫圈；5—料液主流道；6—进框孔；7—出框孔

图 14-20 和图 14-21 是设有加热板的板框式膜组件的示意图[36]。板框元件按照图 14-21 （a）或者（b）的方式排列。料液在流过膜面进行渗透汽化的同时被热流体加热，以提供渗透汽化所需的热量，使料液在操作过程中保持较高的相对恒定的温度。

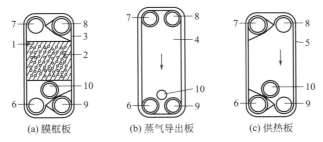

(a) 膜框板　　　　(b) 蒸气导出板　　　　(c) 供热板

图 14-20　有加热板的板框式膜组件的板框元件

1—膜；2—孔；3～5—垫圈；6—料液进口通道；7—料液出口通道；

8—热流体进口流道；9—热流体出口流道；10—渗透汽出口流道

14.5　过程设计

14.5.1　流程与工艺条件的确定

14.5.1.1　典型流程

典型的渗透汽化流程如图 14-22 所示。料液用泵送入预热器 3 和 4，加热到要求的温度后进入膜组件。料液和渗透汽化膜的活性层接触，依靠膜后侧抽真空形成的膜两侧的蒸气压差，优先透过组分透过膜而汽化，渗透气离开膜组件进入冷凝器，被冷凝而分出。不凝气以及部分未被冷凝的渗透气被真空泵抽出系统。料液在膜分离器中被脱除了其中的优先透过组分（通常还有部分其他组分也会透过膜而被分出）流出，称为渗余液，一般而言，渗余液即

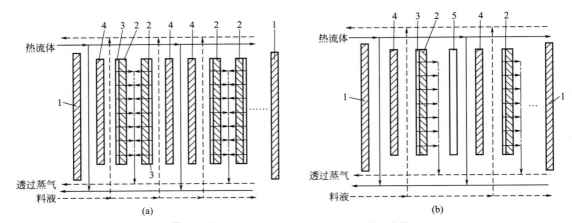

图 14-21　有加热板的板框式膜组件的操作示意图

1—盖板；2—膜框板；3—膜；4—供热板；5—蒸气导出板

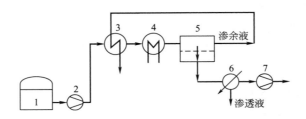

图 14-22　渗透汽化典型工艺流程

1—料液罐；2—泵；3，4—预热器；5—渗透汽化膜分离器；
6—冷凝器；7—真空泵

为渗透汽化过程的目标产物。例如，工业酒精在膜器中被脱水后，渗余液即为无水酒精产品。为了降低预热料液的能量消耗，可用渗余液来预热料液。

14.5.1.2　主要工艺条件

渗透汽化的主要工艺条件包括料液温度、膜后侧压力和料液流过膜面的流速。

（1）料液温度

一方面，料液温度高，过程的推动力大，渗透物在膜中的扩散系数大，渗透通量大，膜面积就小，膜组件的造价就低；另一方面，料液温度高时，膜后侧压力可以较高，冷凝所需要的费用少。但是，提高温度将受膜的耐温性和耐溶剂性的限制，过高的温度将严重降低膜组件的使用寿命，增加更换膜器的费用。所以，料液温度需根据料液的性质、分离要求和所选膜的性质而综合决定。

（2）膜后侧压力

膜后侧压力是决定渗透汽化推动力大小的又一因素，膜后侧压力低，推动力大，渗透通量大。膜后侧压力还受渗透物冷凝温度和真空泵能耗的限制。

① 膜后侧压力和渗透物冷凝温度的关系　膜后侧压力 p_p（如果不计蒸汽管路中的压力降可以视为冷凝器中的压力）、冷凝器中渗透物的饱和蒸气压 p_i^o 与冷凝器出口气体组成的关

系为：

$$y_i = p_i^\circ / p_p \tag{14-29}$$

式中，y_i 为冷凝器出口气体中渗透物的摩尔分数。冷凝器中的温度越低，渗透物的饱和蒸气压越低，冷凝器出口气体中渗透物的残存浓度越低，真空泵的吸入量越小，能耗越低。渗透物的饱和蒸气压和温度的关系可以用 Antoine 方程描述。

温度越低，渗透物的饱和蒸气压越低，因此，要采用低的膜后压力，必须相应降低冷凝器中的冷凝温度。通常冷凝温度低于室温，需要采用人工制冷进行冷凝，温度越低，冷凝所需的费用越高。另外，在选择冷凝温度时，还需考虑渗透物的凝固点，尽可能使渗透物处于液相状态，以便于它从冷凝器排出。

② 膜后侧压力和真空泵能耗的关系　膜后侧压力越低，即真空泵入口压力越低，在真空泵吸入气体的物质的量（以其中的不凝气为基准计，不凝气主要是漏入系统的空气）一定的条件下，真空泵吸入的气体体积越大，压缩比也越高，能耗越大。

所以，膜后侧压力需要根据以上几个方面综合考虑，经优化后确定。

(3) 料液流过膜面的流速

料液流过膜面的流速应该根据浓差极化和温差极化的影响与流过组件的摩擦损失而定，选择较高的流速有利于减少浓差和温差极化的不利影响，但将使流体流过膜组件的摩擦损失增加。此外流速还与流体在膜组件内流体的分布有关，流速过小，易导致流体分布不均。因此，需要综合权衡确定流速。对于板框式膜组件，通常取流过膜面的流速为 $1 \sim 3\mathrm{cm/s}$。

14.5.1.3　膜组件的流程

在渗透汽化分离中，由于分离系数很大，所以一般为单级操作，即不存在像精馏中理论级之间的级联。单级操作时，渗透物中一般均含有一定浓度的难渗透组分，通常需要进一步回收处理。所以，渗透汽化主要用于从混合物分离出含量很少的物质。当混合液中两个组分的含量均较大时，一般采用渗透汽化与其他方法（如精馏）的联合分离流程。

对于单级操作，当分离任务需要多个膜组件时，组件可以采用串联、并联和串并联等流程（图 14-23）。

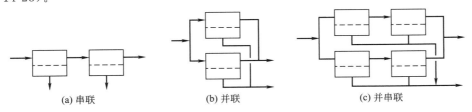

(a) 串联　　　　(b) 并联　　　　(c) 并串联

图 14-23　膜组件的流程

渗透汽化中有物质的相变，相变时需要汽化热，通常情况下由料液的显热供给。所以在渗透汽化过程中，料液的温度会下降。

(1) 无中间加热

从液体混合物中分离出微量物质时，例如从水中分离出微量有机物时，或者从苯或二氯甲烷中分离出微量水时，由于分离出来的组分的相对量很少，料液温度的降低很少，这时就不需要中间加热。

（2）中间加热

当需要从料液中分离出的组分的量较多时，则料液温度会降低很多。例如将 95％ 的工业酒精脱水到 99％ 以上时，料液温度将会下降 50℃ 左右。对于这种情况，需要从外部补充热量，使渗透汽化在所需的温度下进行。供热可以通过两种途径达成。一是在膜组件内进行加热，例如采用图 14-20 所示的带有加热的板框式膜组件，二是在膜组件间进行加热（图 14-24）。中间加热的次数多，可以总保持在较高的温度下操作，有利于减少膜的面积，但是设备个数的增加也会使费用增加。所以，需要综合考虑才能确定中间加热的次数。

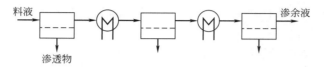

图 14-24　具有中间加热的渗透汽化组件流程

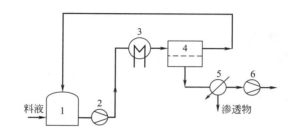

图 14-25　间歇操作流程

1—料液罐；2—泵；3—预热器；4—膜分离器；5—冷凝器；6—真空泵

14.5.1.4　操作方式

可以采用图 14-22 所示的连续操作方式，即料液连续送入膜组件，从膜器出来的渗余液即为产品，连续送出。也可以采用图 14-25 所示的间歇操作方式，即一批料液加入料液罐，开始操作，用泵将料液经加热送入膜器，分离出部分组分后返回料液罐，再由泵送至膜器，如此循环，直至料液组成达到要求时，将成品从料液罐放出，进行下一批次的操作。

14.5.2　进行过程设计的实验依据

进行渗透汽化过程设计的核心是确定所需要的膜面积，膜面积的确定离不开实验数据。

通常，渗透汽化过程的设计问题可以表述如下：欲分离一料液（按照二组分混合液考虑），其流量为 $F(\text{kg/h})$，其中优先渗透组分的含量为 x_F（质量分数），要求将其中的优先渗透组分的含量降到 x_R，选定了适当的膜和工艺条件，需要计算膜面积和渗余液的量 R。

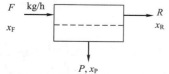

图 14-26　渗透汽化的物料衡算

参照图 14-26 做系统的物料衡算，得

$$F = R + P \tag{14-30}$$

$$Fx_F = Rx_R + Px_P \tag{14-31}$$

上两式中，有三个未知数（R、渗透液的量 P 和渗透液中优选渗透组分的含量 x_P），需要知道两个组分的渗透通量

才能确定 x_P：

$$x_P = J_1/(J_1 + J_2) \qquad (14\text{-}32)$$

式中，J_1 和 J_2 分别是优先渗透组分和难渗透组分在操作范围内的平均渗透通量。

计算出 x_P 之后便可以根据式(14-30) 和式(14-31) 计算出 R 和 P。

然后就可以计算出所需要的膜面积 A：

$$A = P/(J_1 + J_2) \qquad (14\text{-}33)$$

组分的渗透通量是料液性质、膜的性质（膜材料和结构等）、膜组件结构以及流速、温度、膜后侧压力等工艺参数的复杂函数，需要通过用实际体系进行的实验数据来回归模型中的参数。所以，必须通过前期的实验才能进行过程设计。最基本的实验应该是在固定一系列条件后获得通量 J 与浓度 x 和温度 T 的关系

$$J = f(x, T) \qquad (14\text{-}34)$$

14.5.3　膜面积的计算

以两组分混合液为例说明膜面积的精确计算和粗略计算。

已知料液流量 $F(\mathrm{kg/h})$，其中优先渗透组分的含量为 x_F（质量分数），加热到温度 T_i 后进入膜组件，要求将其中的优先渗透组分的组成降到 x_R，已经通过实验确定了 $J = f(x, T)$。可以用下面的微积分方法精确计算膜面积和渗余液的温度 T_R。

在图 14-27 中，分析了膜组件中膜面积为 dA 的一个微元内的情况[37,38]：

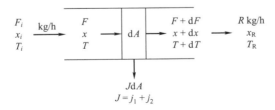

图 14-27　渗透汽化过程物料衡算

总物料衡算为

$$F = (F + dF) + J\,dA \qquad (14\text{-}35)$$

优先透过组分的物料衡算为

$$Fx = (F + dF)(x + dx) + yJ\,dA \qquad (14\text{-}36)$$

热量衡算：在无热损失的情况下，渗透物在 T_0 下汽化并离开膜组件：

$$FTC_F = (F + dF)(T + dT)C_F + J\,dA(T_0 C_P + \Delta H_V) \qquad (14\text{-}37)$$

式中，C_F 和 C_P 分别为料液和渗透物液体的平均定压比热容；ΔH_V 为渗透物在 T_0 时的汽化潜热；J 为总的渗透通量。

整理以上三式，可以得到下面的微分方程组：

$$dF = -J \, dA \tag{14-38}$$

$$dx/dA = \{J(x-y)\}/F \tag{14-39}$$

$$dT/dA = (J/F)[(T-T_0 C_P/C_F) - \Delta H_V/C_F] \tag{14-40}$$

然后即可以用数值求解的方法得到膜面积 A、渗余液的量 R、渗透液的量 P 和组成 y。

如果只是粗略估算，可以取平均渗透通量，用式(14-30)～式(14-33) 计算。

14.5.4　过程的热衡算

渗透汽化过程中料液的温度降可以由系统的热量衡算确定。对图 14-28 所示的膜组件进行热量衡算可得：

$$FC_F T_F = RC_R T_R + P(C_P T_P + \Delta H_V) + Q_L \tag{14-41}$$

式中，C_F、C_R、C_P 分别为料液、渗余液与渗透液的比热容，$kJ/(kg \cdot ℃)$；ΔH_V 为渗透物的汽化潜热，kJ/kg；Q_L 为膜组件的热损失。

所以，膜组件进出口的温度差为：

$$\Delta T = T_F - T_R = T_F - \frac{FC_F T_F - [P(C_P T_P + \Delta H_V) + Q_L]}{RC_R} \tag{14-42}$$

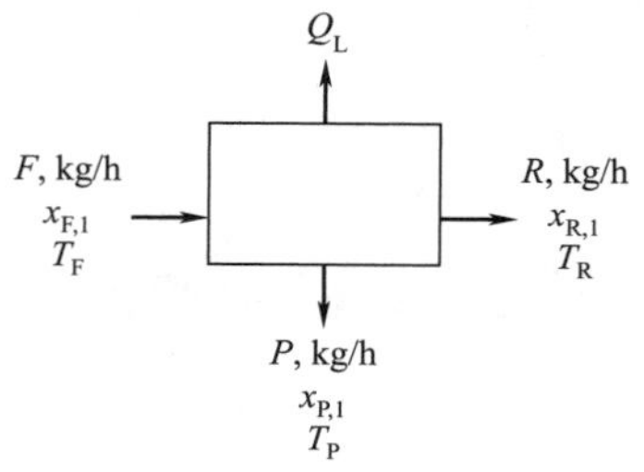

图 14-28　膜组件的热量衡算

14.5.5　膜组件内的流动阻力

膜组件内流动阻力分为料液侧的流动阻力和膜后侧的流动阻力。

（1）料液侧的流动阻力

料液侧流体的压力对渗透汽化过程的分离性能基本上没有影响。所以，料液侧的摩擦损失的计算主要是为了确定进料泵的压头和功率。料液侧流体的摩擦损失的计算原则上与液体流经管道、管件和一般设备的摩擦损失类似。因为渗透汽化过程所用的膜组件的形状和结构尺寸各异，且各具特点，所以实际设计时必须应用由根据实际组件的实验数据得出的计算式进行设计。

（2）膜后侧渗透气的流动阻力

膜后侧气相的压力直接影响渗透汽化过程的推动力，所以后侧渗透气流动的摩擦损失引起的压力降对渗透汽化有重要的影响，是设计膜组件结构尺寸时必须周密考虑的问题。

14.5.6　渗透汽化过程的附属设备

渗透汽化过程中的附属设备包括加热器、冷凝器和真空泵等，对于这些设备的设计和选型可以参考专门的手册。

14.5.7 过程优化和强化

以上设计工作不是孤立进行的,应该是在综合设备费(膜器费用)和操作费用(加热、冷凝等)的基础上优化进行的。需要考虑的因素有:操作温度、中间加热的次数、膜组件的尺寸、膜后侧的压力和渗透气的冷凝温度。

14.5.8 原料的预处理和膜的清洗

因为多数情况下,渗透汽化膜组件中料液比较洁净,线速度较高,浓差极化的影响小,所以固体在膜面的沉积不严重。然而对于固体物含量比较高或者在操作过程中形成固体的体系,膜污染仍然是需要注意的问题。例如,对于含盐的有机溶剂脱水时,随水的脱出,盐的浓度上升,当盐含量达到饱和值之后,就会在膜面上沉淀,由于这一阻力层的形成,渗透通量将下降。此外,固体物也可能在膜组件的通道中沉积,为了减少膜组件中固体物的沉积,可以在系统中设置在线过滤器。

清洗可以在线或者离线进行。多数渗透汽化装置采用在线清洗。对于脱水膜,一种典型的清洗方法是利用设备体积的 1~3 倍的纯净溶剂(异丙醇等)在较高的温度(50~80℃)下在系统中进行循环。在工业装置中,可以考虑每 1~4 周清洗一次。

对于有机物渗透膜,可以采用热清洗,系统中可设蒸汽喷嘴,清洗时,用适当压力的蒸汽吹扫,然后用去离子水循环,使膜恢复原来的状态。

通常经过清洗的渗透汽化膜能完全恢复到原来的操作指标。由于与活性层和支撑层接触的化学物质的侵蚀作用,经历几年后,渗透汽化膜会逐渐降解。一般而言,渗透汽化膜的渗透通量和选择性的降低很慢,其有效使用期可达数年。

14.6 应用

14.6.1 概述

20 世纪 80 年代以来,渗透汽化已经由实验室研究逐步发展到了工业化应用,第一套工业实验装置是 1982 年在巴西建立的乙醇脱水装置。

渗透汽化工业应用的发展主要动力在于该过程中不引入其他物料、对环境污染小、能量消耗低、设备紧凑、操作方便等。渗透汽化过程的应用主要有以下几个方面:①有机物脱水;②水中脱除有机物;③有机物混合物的分离;④蒸汽渗透;⑤与反应过程的结合。

14.6.2 有机物脱水

有机物的脱水是渗透汽化应用研究最多、技术最成熟的方面。渗透汽化的工业应用主要也集中在这一领域。渗透汽化是对精馏、萃取和吸附等传统分离方法的非常有益的技术手段的补充。

14.6.2.1 恒沸液的脱水

恒沸液分离是渗透汽化最能发挥优势的领域。用渗透汽化进行恒沸液的分离可以分为两种情况：一种是用渗透汽化法直接得到产品，适用于含水量较少的恒沸液，例如从工业乙醇制备无水乙醇；另一种情况是用渗透汽化将恒沸液分离为两个偏离恒沸组成的产物，然后再用精馏等方法进行后续处理，这种方法也被称为恒沸液的分割（azeotropic splitting）。

（1）乙醇脱水

乙醇和水形成的恒沸液，在 101.3kPa 下恒沸液组成是含乙醇 0.894（摩尔分数），或者 95.57％（质量分数），恒沸温度是 78.15℃。用精馏的方法分离含乙醇 10％左右的发酵液只能得到接近恒沸组成的工业乙醇。为了进一步脱水得到含醇 99.8％（质量分数）以上的无水乙醇，原来的技术手段是萃取精馏、恒沸精馏、加盐精馏或者吸附等，这些方法过程复杂、能耗高，采用渗透汽化法可以获得显著的改进。

如果从 10％左右的发酵液制备无水乙醇，可以采用精馏和渗透汽化的联合流程（图 14-29）。含水量较多的一段用精馏法脱水，含水量较少的一段用渗透汽化法脱水。这种流程分别发挥了两种分离方法的优势。含有乙醇 5％～50％的渗透液可以直接返回精馏塔，没有乙醇的损失。

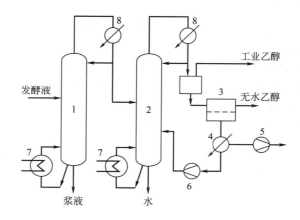

图 14-29 从发酵液制乙醇的精馏/渗透汽化联合流程

1—初馏塔；2—精馏塔；3—渗透汽化膜分离器；4—冷凝器；

5—真空泵；6—渗透液泵；7—再沸器；8—冷凝器

下面是一个实际的工业案例。

【案例 14-1】　乙醇脱水

① 所属行业：医药化工；所属地：辽宁省。

② 待分离的物系：乙醇-水溶液，水分含量不大于 8％（体积分数）。

③ 处理量：32000 吨/年。

④ 处理要求：成品含水量不大于 0.5％（体积分数）。

⑤ 用渗透汽化分离时的过程流程如图 14-30 所示。

⑥ 所用膜的类型：平板式渗透汽化膜及组件；膜面积 1920m²。

⑦ 操作条件：料液温度（85±1）℃，进料压力≤0.35MPa，膜后侧真空度≥0.098MPa。冷媒乙二醇温度为 -10～0℃。

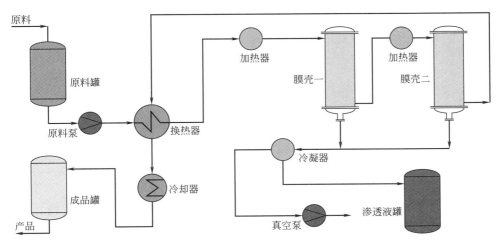

图 14-30　案例 1: 渗透汽化法进行乙醇脱水的工业案例

⑧ 最终达到的效果: 该装置从调试完成至 2017 年已经稳定运行了 5 年, 处理能力超过 4.5t/h (按 300 天/年计折合为 3.24 万吨/年)。成品乙醇质量稳定在含水量 0.5% 以下 (体积分数)。

⑨ 与以往的分离方法相比, 其优势表现为: 该厂之前采用的是以甲苯为夹带剂的共沸精馏工艺, 处理 1 吨原料需要耗费约 2 吨蒸汽, 改为渗透汽化膜法脱水工艺之后, 处理 1 吨原料只需消耗约 0.125 吨蒸汽, 蒸汽消耗量减少超过 90%, 带来了可观的经济效益。此外, 由于过程中不需要加入第三组分, 渗透汽化膜脱水产出的乙醇产品更环保、更安全, 完全符合 GMP 生产要求, 满足 FDA 等医药行业认证的需要。

下面是另外一个早期的例子[39]: 德国 GFT 公司在法国 Betheniville 建造的乙醇脱水装置中共有膜 2400m², 料液为 93.2% (质量分数) 的乙醇水溶液, 每小时生产 99.8% (质量分数) 的乙醇 5000kg, 渗透液含乙醇的质量分数为 20%, 可以返回前面的精馏系统。

（2）异丙醇脱水

异丙醇的沸点是 82.5℃, 与水形成恒沸液, 恒沸点温度为 80.37℃, 恒沸液中含有异丙醇 87.7% (质量分数)。在渗透汽化技术没有问世之前, 通常采用苯、异丙醚或者二氯乙烷等为恒沸剂进行恒沸精馏脱水。

日本某厂采用三井造船 (株) 制造的 GFT 渗透汽化装置回收生产中用过的异丙醇, 直接由含异丙醇 87% (质量分数) 的水溶液制备 99.7% (质量分数) 的异丙醇, 这是在日本建立的第一套渗透汽化生产装置, 每小时可以处理料液 500kg。采用渗透汽化法比恒沸精馏法有显著的节能效果 (表 14-4)[40]。

表 14-4　渗透汽化法与恒沸精馏操作费用比较

项目	渗透汽化	恒沸精馏
消耗量		
水蒸气/[kg/(kg·IPA)]	0.3	1.6
电能/[kW·h/(kg·IPA)]	0.03	0.01
冷却水/[t/(kg·IPA)]	0.0055	0.01

续表

项目	渗透汽化	恒沸精馏
操作费用/[日元/(kg·IPA)]		
水蒸气	0.9	4.8
电能	0.6	0.2
冷却水	0.55	1.0
挟带剂	—	0.03
膜	1.9	—
总计/[日元/(kg·IPA)]	3.95	6.03

注：表中的费用由当时的价格计算。

Texaco 公司也报道了一个异丙醇脱水的例子[41]，他们用渗透汽化过程改造已有的精馏/恒沸精馏装置，目的是打破原有生产中的瓶颈环节。具体做法是在恒沸精馏之前加入渗透汽化装置，将异丙醇的质量分数从 85% 提高到 95%（图 14-31）。在这一浓度范围内水的渗透通量大，能够发挥渗透汽化的优势。然后再进入恒沸精馏塔时，异丙醇中的含水量已经降低了，能够降低恒沸精馏的负荷。

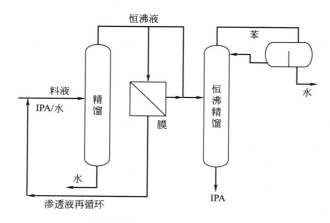

图 14-31　异丙醇分离过程流程

14.6.2.2　非恒沸液的脱水

非恒沸液的脱水分两类举例说明，一类是沸点比水低并且和水互溶的有机物中少量水的去除；一类是和水部分互溶的有机物中微量水的脱除。

第一类中，以丙酮水为例进行说明。丙酮在常压下的沸点是 56.2℃，与水互溶。图 14-32示出用 GFT 膜分离丙酮水溶液时渗透液的组成与料液组成的关系[42]。图中同时绘出丙酮水体系的汽液平衡数据。在极大部分浓度范围内 PVA 复合膜对水具有很高的选择性，因而使用渗透汽化可以得到含水量很低的丙酮。与精馏法比较，当丙酮中含水量较少，比如小于10%（质量分数），采用渗透汽化的能耗将比精馏低很多，因为丙酮水体系精馏时，大量的丙酮需要从精馏塔塔顶蒸出。

以二氯乙烯和甲苯的脱水为例说明与水互溶度很小的有机物中微量水的脱除。图 14-33 是二氯乙烯脱水的流程图。含水量 0.2%（质量分数）的二氯乙烯经过预热后送入装有 PVA 复合膜的渗透汽化装置，脱水后得到含水量小于 10mg/L 的纯品。渗透物中含水45%～50%，经

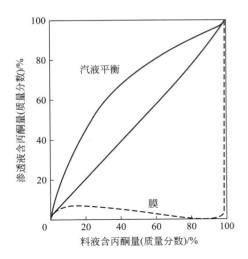

图 14-32　丙酮-水体系的分离效果

$t=30℃$，$p=0.1MPa$

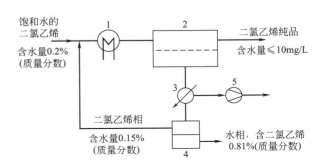

图 14-33　二氯乙烯脱水流程

1—预热器；2—渗透汽化膜分离器；

3—冷凝器；4—分层器；5—真空泵

冷凝器冷凝和分层器分相后，二氯乙烯相返回渗透汽化器脱水，水相送至汽提器处理。由于二氯乙烯中含水量少，在渗透汽化过程中料液温度下降不多，所以，不需要中间加热。这一流程的另外一个特点是两相互溶度小，利用这一特点渗透物可以用分相法分离，回收大部分二氯乙烯，降低过程中物料的损耗。

用渗透汽化进行甲苯脱水的实际案例如下。

【案例 14-2】　甲苯脱水

① 所属行业：医药化工；所属地：浙江省。

② 待分离的物系：甲苯-水溶液，含水量不大于 1000mg/kg。

③ 处理量：20 吨/天。

④ 处理要求：成品含水量不大于 200mg/kg。

⑤ 用渗透汽化分离时的过程流程如图 14-34 所示。

⑥ 所用膜的类型：平板式渗透汽化膜及组件，膜面积 90m²。

⑦ 操作条件：料液温度（90±3）℃，进料压力≤0.3MPa，膜后侧真空度≥0.098MPa。冷媒乙二醇温度为 0～10℃。

⑧ 最终达到的效果：该装置从调试完成至 2017 年已经稳定运行超过 3 年，处理能力超过 1200L/h（按 300 天/年计折合约为 7000 吨/年），产品含水量低于 100mg/kg，产品/原料一次得率高于 99%。

⑨ 与以往的分离方法相比，其优势如下：该厂之前采用的是金属钠除水的方法，将金属钠投入经油水分层后的油相甲苯溶液中，然后对混合物进行一次蒸馏得到脱水甲苯产品。该方法具有一定的危险性，而且随着操作人员变动或者工况波动，产品质量不稳定，另外过程中需要将所有的甲苯产品进行一次全蒸发，能耗比较高。采用渗透汽化膜脱水技术后，生产的安全性大为改善，产品质量非常稳定，同时能耗也大幅下降，处理 1 吨含水甲苯溶液的蒸汽消耗从 200～300kg 降到了约 25kg，能耗降低的比例达 90% 以上。

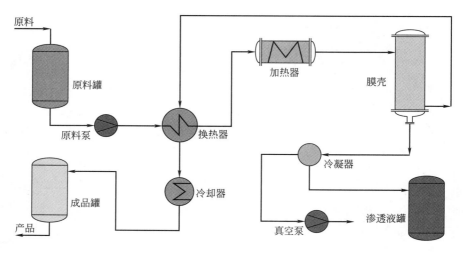

图 14-34 渗透汽化对甲苯脱水的过程流程

14.6.3　水中有机物的脱除

从水中脱除有机物时，最常用的膜材料是硅橡胶等有机物优先透过的材料。

用渗透汽化法脱除水中有机物的经济性与水中有机物的含量等因素有关。一般而言，与其他分离方法相比，水中有机物含量在 0.1%～5% 之间时，用渗透汽化法比较好。浓度更高时，精馏和汽提等可能在经济上更加有利。有机物含量更低时，渗透汽化通量小、膜面积大、膜组件投资大，此时，用吸附可能更加合理，或者用生物法进行废液处理更加经济。图14-35 列出了各种方法的大致适用范围。

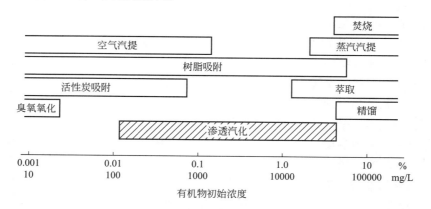

图 14-35 水中脱除有机物的各种方法的适用范围

下面介绍用渗透汽化从水中分离有机物的四个例子：①从发酵液中提取有机物；②酒类饮料中脱除乙醇；③废水处理和污染的地下水的处理；④溶剂回收。

（1）从发酵液中提取有机物

发酵法制取乙醇时，生成的乙醇对于发酵反应有抑制作用，用渗透汽化法把发酵液中的乙醇分离出来，可以避免乙醇的抑制作用，提高发酵罐的生产能力[43,44]。此时的优点是渗透汽化可以在低温下进行，不损害酶的活性。从发酵液中提取乙醇和丁醇进行过工业实验研究[45-47]。

（2）酒类饮料中除去乙醇

用聚二甲基硅氧烷/聚砜复合膜对几种酒进行除乙醇试验，证明可以用渗透汽化法制得高质量的低度酒饮料。在渗透汽化过程中，杂醇（戊醇和丙醇等）也可以被分离和回收。图 14-36 所示的是 Escudier 等进行的啤酒脱乙醇的中试结果[48]，用渗透汽化法很容易制得含乙醇 0.7%（质量分数）的无醇啤酒，乙醇的最低含量可以达到 0.1%（质量分数）。

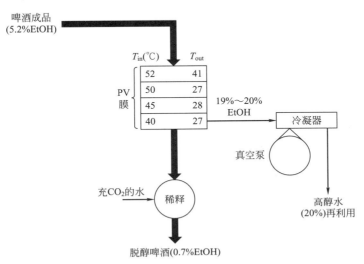

图 14-36　啤酒脱乙醇的工艺过程

（EtOH 含量均为质量分数）

（3）废水和被污染的地下水的处理

美国 MTR 公司曾开发了水中脱除有机物的渗透汽化膜和装置（per vap system）[49,50]，采用卷式膜组件，使用 Code-100 和 Code-200 两种型号的硅橡胶作为膜的活性层，每个组件的直径 16.76cm，长度 127cm，膜面积 5～8m²，装置上可以装 1～6 个组件。应用小组件（直径 5.08cm，面积 0.15～0.3m²）进行实验的部分结果见表 14-5 和图 14-37。

表 14-5　应用 Per Vap 试验装置的试验结果

试验体系	料液质量分数 /%	渗透通量 /[L/(m²·h)]	温度 /℃	膜后侧压力 /kPa	分离系数 α
Code-100 膜					
水①		1.6	58	2.7	
水-乙醇	10	0.8	30	0.67	7.5
水-1,1,2-三氯乙烷	0.3	0.4	30	0.67	400
水-乙酸乙酯①	2.0	1.2	50	5.3	100
Code-200 膜					
水-乙醇	10	0.4	30	0.67	6
水-1,1,2-三氯乙烷	0.3	0.10	30	0.67	3000
水-乙酸乙酯	0.3	0.5	40	2.0	150

① 15.24cm 组件的数据。

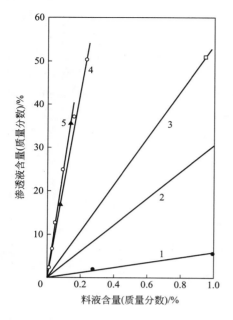

图 14-37   渗透液组成与料液组成的关系

1—乙醇；2—丙酮；3—乙酸乙酯；

4—1,1,2-三氯乙烷；5—氯仿

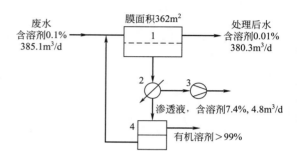

图 14-38   废水处理（去 1,1,2-三氯乙烷）流程

1—膜组件；2—冷凝器；

3—真空泵；4—分层器

　　实验结果表明，该装置对极性溶剂的分离系数小，对非极性溶剂的分离系数大。对几个有代表性的有机物来说，分离系数的大小顺序是：氯仿＞1,1,2-三氯乙烷＞乙酸乙酯＞乙醇。这个顺序与这些有机物溶液中有机物的蒸气压大小次序是一致的。

　　根据实验结果设计的一个分离有机物的装置实例如下：每天处理 385.1m³ 含有溶剂1,1,2-三氯乙烷 1g/L 的废水，要求水中溶剂的脱除率为 90%，分离系数为 200，水的渗透通量为 0.5kg/(m²·h)。设计出的流程如图 14-38 所示。渗透液分层可提高装置的分离效果。

　　Bengston 与 Boddeker 用聚醚酰胺嵌段聚合物（PEBA）膜去除水中的低挥发性有机物[51]，也证明渗透汽化是一种有效的方法。表 14-6 是部分试验结果。试验的条件是料液浓度 100mg/L，膜材料是肖氏硬度（shore hardness）为 40 的 PEBA，膜厚度 46μm，温度 80℃。对于所有体系，水的渗透通量均在 200~300g/(m²·h) 之间。

表 14-6   若干有机物的渗透汽化数据

有机物	沸点/℃	在水中的溶解度 (20℃)/(g/L)	有机物渗透通量 /[g/(m²·h)]	增浓系数 β
o-二氯苯	179.0	0.05		1000
甲苯	110.6	0.05		275
苯乙烯	145.2	0.3	5.1[①]	690
百里酚	231.8	0.8	8.4	380
4-叔丁基酚	239.5	0.8	5.4	250
硝基苯	210.9	1.9	5.6	295
o-硝基苯	214.5	2.0	4.5	273

续表

有机物	沸点/℃	在水中的溶解度 (20℃)/(g/L)	有机物渗透通量 /[g/(m²·h)]	增浓系数 β
2,5-二甲基酚		2.2	3.5	210
o-氯酚	174.5	2.8	5.1	265
苯甲酸	249.2	2.9	0.4	20
o-甲酚		25	2.8	150
酚	181.8	84	1.3	75

① 为避免聚合，温度为30℃。

（4）溶剂回收

Blume 等[50]提出过一个回收乙酸乙酯的方案，处理的料液中溶剂含量（质量分数）2%，流量为 385.1m³/d，溶剂回收率 90%，分离因子为 100，料液含量为 2%时通量为1L/(m²·h)，其他各参数见图 14-39。

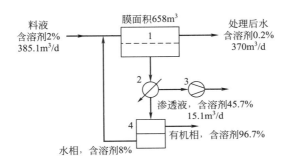

图 14-39　渗透汽化法回收乙酸乙酯（处理量 385.1m³/d）
1—膜分离器；2—冷凝器；3—真空泵；4—分层器
（溶剂含量皆为质量分数）

14.6.4　有机物的分离

渗透汽化早期的研究工作很多围绕有机物的分离进行[52,53]，但是最先工业化的是难度相对较小的有机物脱水，随后有机物和有机物分离的研究虽然没有停息，文献也很多，但是工业化的例子几乎没有。

基础研究中，汽油脱硫、碳酸二甲酯和甲醇的分离、芳烃和非芳烃的分离等过程中都试图用渗透汽化作为解决方案[54]。

14.6.5　蒸气渗透

蒸汽渗透（VP）是渗透汽化的一种变形，已经具备工业化应用的条件。第一个用蒸汽渗透进行乙醇脱水的工业装置于 1989 年在德国建成[55]。图 14-40 是其简化的流程。该装置每天处理 94%（质量分数）的乙醇 30m³，它由一个蒸发器和三个串联的蒸汽渗透器组成。料液在预热器中用渗余料加热后进入蒸发器，蒸发成为 0.22MPa、100℃的饱和蒸汽，送入第一个蒸汽渗透器，流出时压力降为 0.05MPa，出口温度为 95℃。用单级罗茨蒸汽压缩机压缩成 100℃ 的饱和蒸汽后，进入第二个蒸汽渗透器；从第二个蒸汽渗透器流出的蒸汽经过压缩后进入第三个蒸汽渗透器，从第三个蒸汽渗透器出来后，渗余料先预热料液，然后在冷凝器中冷凝成液体，即为无水乙醇产品。冷凝液送回乙醇蒸馏塔，仅有很少一部分乙醇随真空泵损失。蒸汽渗透器采用 Lurgi 板框式，每一个器件由 150 个高 160cm 的膜框组成。

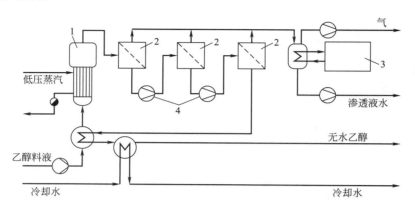

图 14-40　乙醇脱水的蒸汽渗透装置流程

1—蒸发器（0.22MPa）；2—膜组件；3—冷却系统；4—蒸汽压缩机

下面是一个 NaA 分子筛渗透汽化膜用于异丙醇脱水的工业案例。

【案例 14-3】　蒸汽渗透用于异丙醇脱水

图 14-41 和图 14-42 为年产 5000 吨异丙醇溶剂的蒸汽渗透工业装置流程和运行结果。该装置由 10 个装填面积为 7m² 的折流板式膜组件串联构成，总装填膜面积为 70m²。异丙醇原料以 500～1000L/h 的流量经预热器预热后进入蒸发器，所形成的蒸气进入过热器过热至 95～110℃ 后进入膜组件。原料含水量（质量分数）由约 17% 脱水至 2% 以下。原料液经过前五级膜组件脱水后，含水量降至 6%，其渗透液进入前级冷凝器；后五级膜组件进一步脱

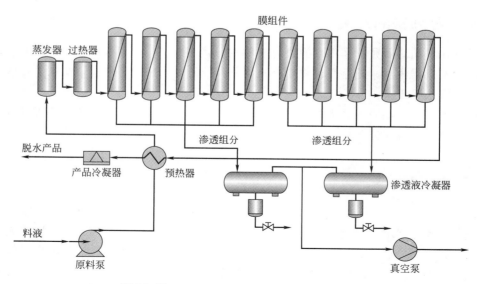

图 14-41　NaA 分子筛膜异丙醇蒸汽渗透脱水流程

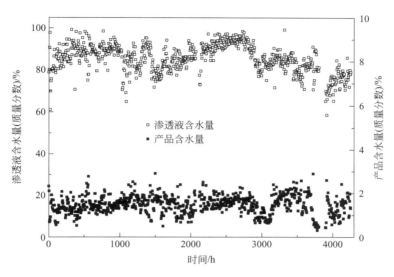

图 14-42　NaA 分子筛膜用于异丙醇蒸汽渗透脱水运行结果

原料流量：600～1200L/h；含水量（质量分数）：17%；操作温度：95～105℃

水后达到 2% 以下，对应的渗透液进入后级冷凝器。原料侧压力为 0.1～0.3MPa（绝压），保持原料为气相；渗透侧通过真空泵保持压力为 2000～3000Pa（绝压）。渗透组分在冷凝器中经 −10～0℃ 载冷剂冷却后进入收集罐。

　　改为蒸汽渗透之前的异丙醇脱水是采用加片碱（氢氧化钠）萃取精馏的方式，即先将废异丙醇溶剂经片碱吸水后，片碱与异丙醇溶液分层，对上层异丙醇再进行蒸馏除去固体杂质。表 14-7 为片碱脱水与 NaA 分子筛膜脱水用于异丙醇脱水回收的运行成本进行对比。片碱法可将含水量（质量分数）约 17% 异丙醇溶液降低至约 3% 以下，每吨异丙醇需消耗片碱 170～180kg；对脱水后的异丙醇需再次蒸馏，需消耗大量蒸汽；吸水后的废碱难以回收，导致大量废碱堆积无法处理；此外片碱对设备腐蚀较为严重，操作复杂，人工费用相应较高。与片碱脱水工艺相比，NaA 分子筛膜脱水过程节省约 60% 的运行成本，且过程无废弃物排放。该装置可减排碱性废水 1000 吨/年，节约蒸汽 2500 吨/年、片碱 1500 吨/年，大大降低环保压力，同时操作简单，操作人员工作强度显著降低。

表 14-7　异丙醇溶剂脱水技术运行成本分析

项目	片碱脱水	NaA 分子筛膜脱水
片碱消耗/(元/吨产品)	520	0
膜更换费用/(元/吨产品)	0	156
蒸汽消耗/(吨/吨产品)	0.75～0.8	0.2～0.3
电耗/(kW·h/吨产品)	5	95
总操作费用/(元/吨产品)	650	299
废弃物排放	产生废碱液	无
操作难易程度	操作工序复杂、需多人操作	设备紧凑、过程连续、仅需 1 人现场维护

　　由此可知，NaA 分子筛膜脱水技术不仅解决了异丙醇脱水回收的问题，而且实现了节能减排，促进了传统工艺的技术升级，创造了良好的经济和社会效益。该技术可以用于甲

醇、乙醇、异丙醇、乙腈、四氢呋喃等大部分溶剂的脱水，其脱水产品的含水量能够达到 50mg/kg 以下。

下面再介绍一个用蒸汽渗透回收 VOCs 的工业案例。

【案例 14-4】 用蒸汽渗透回收 VOCs

聚合物蒸汽渗透复合膜和卷式膜组件是目前蒸汽渗透膜技术的主要用膜和膜组件。蒸汽渗透膜法回收 VOCs 的工艺如图 14-43 所示。

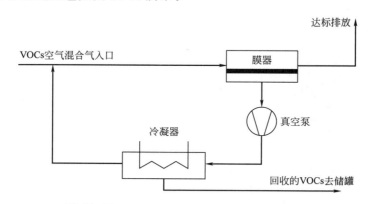

图 14-43 蒸汽渗透膜法回收 VOCs 的工艺示意图

天津渤海化工集团公司于 2015 年 8 月建成了一套蒸汽渗透膜法回收芳烃 VOCs 装置，芳烃 VOCs 空气混合气的处理量为 240m³/h，2015 年 10 月投入生产运行，运行效果良好，资源实现了再生利用，产生了经济效益，排放气达标排放。

14.6.6　与其他过程的联合应用

渗透汽化脱水过程可以和酯化过程耦合，脱除生成的水以促进反应的转化；渗透汽化脱除乙醇和丁醇可以和发酵过程耦合，以消除产物对微生物的抑制作用。更多有关膜集成的介绍详见本书的第 19 章。

14.7　回顾与展望

1917 年 Kober 在其发表的一篇论文中首次使用 pervaporation（渗透汽化）一词[56]，但是直到 20 世纪 50 年代还只有零星的研究报道[57,58]。到 20 世纪 80 年代，渗透汽化在有机物脱水中已经实现工业化，并取得了良好的经济效益。从水中分离出有机物方面也有突破。但是在有机物和有机物分离方面一直没有得到突破。为了使其在该领域也实现工业化，还需要大量的研究和开发工作。首先是高效膜的研制，有机物混合体系的种类繁多，如何采用适当的膜材料和制膜方法，制备出分离系数高、渗透通量大、还要有一定量产的膜，是值得探讨的。膜的耐热性和耐溶剂性是需要探讨的另外一个课题。降低膜的造价，对于过程的实用化至关重要，但是没有一定的量产，也无法得到资金的关注。膜器方面，使用不锈钢材料制备的板框式膜组件造价高，而管式膜的制备比平板膜复杂。这些需要综合考虑，才能让渗透汽化过程得到进一步的发展。

致谢

本章的执笔人佘立新和李继定对第一版的作者、已故的蒋维钧教授表示感谢，对江冠金先生和顾学红先生提供的工业案例表示感谢。

符号表

A	膜面积，m^2
c	液相浓度，mol/m^3 或者 kg/m^3
C	热容，$kJ/(kg\cdot K)$或者 $kJ/(kmol\cdot K)$
d	管子内径，m
d_e	当量直径，m
D	扩散系数，m^2/h
E_D	扩散的活化能，$kJ/kmol$
E_P	渗透的表观活化能，$kJ/kmol$
F	进料流量，$kmol/h$ 或 kg/h
G	自由能
ΔH_V	渗透物的汽化热，kJ/mol 或 kJ/kg
J	渗透通量，$kg/(m^2\cdot h)$
k,K	传质系数，m/h
K_s	溶解度常数
L	流道的长度，m
M	物质的质量，kg；分子量
p	压力，Pa
P	渗透液流量，kg/h 或者 $kmol/h$
q	传热通量，$kJ/(m^2\cdot h)$
Q_L	热损失，kJ/h
r	汽化热，kJ/mol 或 kJ/kg
R	渗透液流量，$kmol/h$ 或 kg/h；气体常数
S	溶解度系数，$kg/(m^2\cdot Pa)$
t	时间，h
T	温度，K
V	摩尔体积，$m^3/kmol$
x	原料液组成，摩尔分数或质量分数
y	渗透液组成，摩尔分数或质量分数
α	分离系数；传热系数，$kJ/(m^2\cdot h\cdot K)$

β	增浓系数
δ	溶解度参数；膜厚，m
λ	热导率，$W/(m\cdot K)$
ρ	密度，kg/m^3
ϕ	体积分数
ψ	Flory-Huggies 相互作用参数

上、下标

b	气相或者液相的主体
D	扩散
e	乙醇
f	料液
i	组分 i
j	组分 j
L	液体
m	混合；膜
P	渗透物
R	渗余液
S	溶剂；溶解；溶胀
V	气体
W	水

参考文献

[1] Cabasso Israel, Jagur-Grodzinski Joseph, Vofsi David. Permeation of organic solvents through polymeric membranes based on polymeric alloys of polyphosphonates and acetyl cellulose. II. Separation of benzene, cyclohexene, and cyclohexane [J]. Journal of Applied Polymer Science, 1974, 18（7）: 2137-2147.

[2] 刘茉娥，周志军，陈欢林，等. 渗透汽化中试膜组件的设计及装置性能测试 [J]. 高校化学工程学报, 1997, 11（2）: 150-155.

[3] Hoover K C, Hwang S T. Pervaporation by a continuous membrane column [J]. Journal of Membrane Science, 1982, 10（2-3）: 253-271.

[4] 邵新明，朱长乐. 毛细管膜分离器中渗透蒸发过程的计算机仿真 [J]. 膜科学与技术, 1987（1）: 54-59.

[5] Lee C H. Theory of reverse osmosis and some other membrane permeation operations [J]. Journal of AppliedPolymer Science, 1975, 19（1）: 83-95.

[6] Mulder M H V, Smolders C A. On the mechanism of separation of ethanol/water mixtures by pervaporation. I. Calculations of concentration profiles [J]. Journal of Membrane Science, 1984, 17（3）: 289-307.

[7] Paul J Flory. Principles of polymer chemistry [M]. New York: Cornell University Press, 1953.

[8] Newman R D, Prausnitz J M. Thermodynamics of concentrated polymer solutions containing polyethylene, polyisobutylene, and copolymers of ethylene with vinyl acetate and propylene [J]. AIChE Journal, 1973, 19（4）: 704-710.

［9］ Hildebrand J H，Scott R L．Solubility of non-electrolytes［M］．New York：Plenum Press，1949．

［10］ Hansen C M，Skaarup K．Three-dimensional solubility parameter-key to paint component affinities．Ⅲ．Independent calculation of the parameter components［J］．Journal of Paint Technology，1967，39：511-514．

［11］ Mulder M H V，Smolders C A．Pervaporation，solubility aspects of the solution-diffusion model［J］．Separation and Purification Methods，1986，15（1）：1-19．

［12］ Bell C M．Gerner F J，Strathmann H．Selection of polymers for pervaporation membranes．J Membrane Sci，1988，36：315-329．

［13］ Jaime W．Mixing and excess thermodynamic properties：a literature source book［M］．Amsterdam：Elsevier Scientific Pub，1978．

［14］ 朱自强，徐汛．化工热力学：第二版［M］．北京：化学工业出版社，1991．

［15］ Zivny A，Pouchly J．Theoretical analysis of sorption of a binary solvent in a polymer phase．Ⅰ．Occurrence and character of inversion in preferential sorption．Journal of Polymer Science［J］．Polymer Physics Edition，1972，10（8）：1467-1480．

［16］ Ren Jizhong，Jiang Chengzhang．The coupling effect of the thermodynamic swelling process in pervaporation［J］．Journal of Membrane Science，1998，140（2）：221-233．

［17］ 余立新，蒋维钧．渗透蒸发机理研究（Ⅰ）——乙醇水溶液在 PVA 膜中平衡组成的测定及应用［J］．膜科学与技术，1994，14（3）：30-35．

［18］ 余立新，蒋维钧．渗透蒸发机理研究（Ⅱ）——溶解扩散行为与渗透蒸发性能之间关系的研究［J］．膜科学与技术，1995，15（2）：47-51．

［19］ Mulder M H V．Thermodynamics principles of pervaporation［M］//Huang R Y M，ed．Pervaporation membrane separation processes．Amsterdam：Elsevier，1991：225-251．

［20］ Boddeker K．Pervaporation with ion-exchange membranes［C］．Atlanta，USA：1986//Bakish R ed．Proceedings of first international conference on pervaporation processes in the chemical industry．NJ，USA：Englewood，1987：96-110．

［21］ 余立新，蒋维钧．渗透蒸发过程非平衡溶解扩散模型［J］．化工学报，1994，45（4）：510-513．

［22］ Cote P，Lipski C．Mass transfer limitations in pervaporation for water and waste water treatment：Proceedings of third international conference on pervaporation processes in the chemical industry［C］．Nancy，France：1988：449-462．

［23］ 陈翠仙，钱峰，蒋维钧．渗透汽化过程中的极化现象［C］．大连：第一届全国膜和膜过程学术报告会，1991：333-337．

［24］ Rautenbach R，Rainer Albrecht．Membrane processes［M］．Chichester：Wiley，1989：82．

［25］ Huang R Y M，Lin V J C．Separation of liquid mixtures by using polymer membranes．Ⅰ．Permeation of binary organic liquid mixtures through polyethylene［J］．Journal of Applied Polymer Science，1968，12（12）：2615-2631．

［26］ Shantora V，Huang R Y M．Separation of liquid mixtures by using polymer membranes．Ⅲ．Grafted poly（vinyl alcohol）membranes in vacuum permeation and dialysis［J］．Journal of Applied Polymer Science，1981，26（10）：3223-3243．

［27］ Huang R Y M，Yeom C K．Pervaporation separation of aqueous mixtures using crosslinked poly（vinyl alcohol）（PVA）．Ⅱ．Permeation of ethanol-water mixtures［J］．Journal of Membrane Science，1990，51（3）：273-292．

［28］ De Pinho M N，Rautenbach R H C．Mass transfer in radiation-grafted pervaporation membranes［J］．Journal of Membrane Science，1990，54（1-2）：131-143．

［29］ Neel J，Nguyen Q T，Clement R，Lin D J．Influence of downstream pressure on the pervaporation of water-tetrahydrofuran mixtures through a regenerated cellulose membrane（cuprophan）［J］．Journal of Membrane Science，1986，27（2）：217-232．

［30］ Sun T，Fang M，Wu Zhen，et al．Molecular dynamics insights into the structural and diffusive properties of

ZIF-8/PDMS mixed matrix membranes in the *n*-butanol/water pervaporation process [J]. Modelling and Simulation in Materials Science and Engineering, 2017, 25 (3): 035002/1-035002/13.

[31] Roy S S, Nayan R. Polymeric nanocomposite membranes for next generation pervaporation process: Strategies, challenges and future prospects [J]. Membranes, 2017, 7 (3): 53/1-53/64.

[32] Ebneyamini A, Azimi H, Tezel F, et al. Modelling of mixed matrix membranes: Validation of the resistance-based model [J]. Journal of Membrane Science, 2017, 543: 361-369.

[33] Khodadadi D, Azam M, Hamid R, et al. Pervaporative performance of polydimethylsiloxane-graphene/polyethersulfone hybrid membrane: Effects of graphene structure and surface properties [J]. Chemical Engineering Research and Design, 2017, 124: 181-192.

[34] Wang X, Chen J, Fang M, et al. ZIF-7/PDMS mixed matrix membranes for pervaporation recovery of butanol from aqueous solution [J]. Separation and Purification Technology, 2016, 163: 39-47.

[35] Van Dijk, Arnold J, Brueschke B E A, et al. Apparatus for separation of mixtures by pervaporation: DE 3529175 A1 [P]. 1987.

[36] 西川英一. プレート型 PV 膜モヅュール及びPV 膜分離装置: 公開特許公報特开平 7-256059 [P]. 1995.

[37] 王保国, 蒋维钧. 用于渗透汽化过程的中空纤维膜器工艺流程设计模型 [J]. 水处理技术, 1993, 19 (6): 324-329.

[38] 刘茉娥, 周志军, 陈欢林, 等. 渗透汽化中试膜组件的设计及装置性能测试 [J]. 高校化学工程学报, 1997, 11 (2): 150-155.

[39] Rapin J L. The betheniville pervaporation unit: the first large scale productive plant for the dehydration of ethanol: Proceedings of third international conference on pervaporation processes in the chemical industry [C]. Nancy, France: 1988: 364-378.

[40] Asada T. Pervaporation membrane plant: Industrial experience and plant design in Japan [M] //Huang R Y M. Pervaporation Membrane Separation Processes. Amsterdam: Elsevier, 1991.

[41] Bartels C R, Dorawala T G, Reale J, Shah V. Plant evaluation of pervaporation process: Proceedings of third international conference on pervaporation processes in the chemical industry [C]. Nancy, France: 1988: 486-493.

[42] Fleming H L. Dehydration of organic/aqueous mixture by membrane pervaporation [M] // Kampen W, ed. Proceedings of international conference on fuel alcohols and chemicals. Charlotte NC: K-Engineering, 1989.

[43] Chmiel H. Continuous product removal from bioreactors: DE 3418414 [P]. 1985.

[44] 张卫, 虞星炬, 袁权, 等. 乙醇发酵——完全细胞截留渗透汽化膜分离耦合过程 [J]. 膜科学与技术, 1997, 3: 42-47.

[45] Zhang G, Li J, Wang N, et al. Enhanced flux of polydimethylsiloxane membrane for ethanol permselective pervaporation via incorporation of MIL-53 particles [J]. Journal of Membrane Science, 2015, 492: 322-330.

[46] Liu J, Chen J, Fang M, et al. Performance of a pilot-scale pervaporation system for the separation of an ethanol-water mixture [C] //Abstracts of Papers, 250th ACS National Meeting & Exposition. Boston: 2015: I+ EC-78.

[47] Zhuang X, Chen X, Su Yi, et al. Improved performance of PDMS/silicalite-1 pervaporation membranes via designing new silicalite-1 particles [J]. Journal of Membrane Science, 2015, 493: 37-45.

[48] Escudier J L Le, Bouar M, Moutounet M, et al // Bakish R A, ed. Applications and evaluation of pervaporation for the production of low alcohol wines: proceedings of the third international conference on pervaporation processes in the chemical industry. Engelwood, NJ: 1988: 387-397.

[49] Kaschemekat J, Wijmans J G, Baker R W, Blume I. Separation of organics from water using pervaporation: proceedings of the third international conference on pervaporation processes in the chemical industry. Engelwood, NJ: 1988: 405-412.

[50] Blume I, Wijmans J G, Baker R W. The separation of dissolved organics from water by pervaporation [J]. Journal of Membrane Science, 1990, 49 (3): 253-286.

[51] Bengston G, Boddeker K W//Bakish R A, ed. Pervaporation of low volatiles from water: Proceedings of the

third international conference on pervaporation processes in the chemical industry. Englewood, NJ: 1988: 439-448.

[52] Binning R C, Lee R J. Production of high-octane alkylate by-using a permeable membrane separation system: US 2923751 [P]. 1960-02-02.

[53] Binning R C, Stuckey J M. Separation of hydrocarbons by ethyl cellulose permselective membranes: US 2958657 [P]. 1960.

[54] 李继定，杨正，金夏阳，等. 渗透汽化膜技术及其应用 [J]. 中国工程科学，2014（12）：46-51.

[55] Sander U, Janssen H. Industrial application of vapor permeation [J]. Journal of Membrane Science, 1991, 61: 113-129.

[56] Kober P A. Pervaporation, perstillation and percrystallization [J]. Journal of the American Chemical Society, 1917, 39: 944-948.

[57] Farber L. Application of pervaporation [J]. Science, 1935, 82（2120）：158.

[58] Heisler E G, Hunter A S, Siciliano J, et al. Solute and temperature effects in the pervaporation of aqueous alcoholic solutions [J]. Science, 1956, 124（3211）：77-79.

第 15 章
液膜

主　稿　人：万印华　中国科学院过程工程研究所研究员

　　　　　　贺高红　大连理工大学教授

编写人员：顾忠茂　中国原子能科学研究院研究员

　　　　　　万印华　中国科学院过程工程研究所研究员

　　　　　　贺高红　大连理工大学教授

　　　　　　冯世超　中国科学院过程工程研究所副研究员

　　　　　　李祥村　大连理工大学副教授

　　　　　　郑文姬　大连理工大学副教授

　　　　　　张文君　大连理工大学讲师

审　稿　人：陈欢林　浙江大学教授

第一版编写人员：顾忠茂　万印华　朱国斌

15.1　引言

液膜（liquid membrane）作为一项分离技术于 20 世纪 60 年代开始被广泛研究[1-4]。早在 20 世纪 30 年代，Osterbout[5]用一种弱有机酸作载体，发现了钠与钾透过含有该载体的"油性桥"的现象，并根据溶质于"流动载体"之间的可逆化学反应，提出了促进传递的概念。进入 20 世纪 50 年代后，这一传递现象被许多实验研究进一步证实[6-8]，例如，对于膜相中仅含 10^{-6} mol/L 氨霉素（valinomycin）的液膜，可使钾的传质通量提高 5 个数量级[9]。

液膜技术按照形态及操作方式的不同，可以分为厚体液膜（bulk liquid membrane，BLM）、乳化液膜（emulsion liquid membrane，ELM）、支撑液膜（supported liquid membrane，SLM）和 Pickering 液膜体系。

1968 年美国埃克森研究与工程公司的 N. N. Li 博士提出了 ELM 分离方法[10,11]，由此开创了研究液体表面活性剂膜或乳化液膜的历史[11]。自 20 世纪 70 年代以来，ELM 技术迅速崛起为一门新的分离技术，相继在石油化工、精细化工、食品医药、环境保护、核工业等领域得到了广泛应用，如：工业废水中无机离子的分离浓缩[12]、稀土金属的提取[13]、生化产品分离萃取[14]、含氯酚和苯胺等有毒有害有机物废水的分离[15,16]、核工业废料处理[17]等。ELM 技术近年来在微细颗粒制备领域又备受关注。乳状液内水相的空间限制作用与膜相的传质速率控制作用，可实现对所制备的微细颗粒的尺寸与形貌的控制。从 1997 年开始日本学者 Hirai 等在这方面做了大量工作，采用 W/O/W 型 ELM，分别制备了碳酸钙、磷酸钙[18]、稀土金属草酸盐等微细颗粒[19-21]，以及 Gd_2O_3：Yb/Er、Gd_2O_2S：Yb/Er、Gd_2O_3：Eu^{3+}、Gd_2O_2S：Eu^{3+} 等一系列超细转换发光粉体[22,23]，颗粒尺度从几十纳米到几个微米。

20 世纪 60 年代中期，Bloch 等[24]采用支撑液膜研究了金属提取过程，Ward 与 Robb[25]研究了 CO_2 与 O_2 的液膜分离，他们将支撑体液膜称为固定化液膜。至 80 年代，Cussler 将硬脂酸等浸渍于玻璃纤维上，研究了 Na 从低浓度向高浓度的迁移，形成了较早的支撑液膜体系。之后，随着膜材料的不断发展，支撑液膜技术逐渐开始被广泛地研究[26]。支撑液膜（SLM）被认为是一种极具潜力的分离技术，该技术已经被证实可以用来回收溶液中的重金属离子、弱酸弱碱、分离气体混合物以及各种有机物，尤其是近些年来，在分离工业废水中的有毒物质及发酵产物方面，进行了广泛的研究[27-30]。

20 世纪初，Ramsden[31]第一次发现有些不溶于水的固体颗粒与油性溶剂混合在一起时可以形成乳液。几年后，Pickering[32]对其进行了全面细致的研究工作，所以人们将固体颗粒稳定的乳液命名为 Pickering 乳液。Pickering 乳液在医药、食品、化妆品等领域具有重要的应用价值。乳液的界面颗粒膜具有类似包衣的作用，可以应用于药物的控制释放；在合成颗粒方面，经常以 Pickering 乳液为模板，利用颗粒在界面上的自组装性质，通过表面聚合或冷冻干燥的方法合成具有特殊功能及形貌的各种微球。

15.2　概述

15.2.1　定义与特征

膜是分隔液-液（气-液、气-气）两相的中介相，它是两相之间进行物质传递的"桥梁"。如果此中介相（膜）是一种与被它分隔的两相互不相溶的液体，则这种膜便称为液膜。通常，不同溶质在液膜中具有不同的溶解度（包括物理溶解和化学络合溶解）与扩散系数，二者的乘积可以作为液膜渗透性能度量。液膜对不同溶质的选择性渗透，导致了溶质之间的分离。

与前面各章谈论的膜过程不同，液膜过程与溶剂萃取过程具有更多的相似之处。由图 15-1可知，液膜与溶剂萃取一样，都由萃取与反萃取两个步骤组成。但是，如图 15-1(a) 所示，溶剂萃取中的萃取与反萃取是分步进行的，它们之间的耦合是通过外部设备（泵与管线等）实现的。如果将图 15-1(a) 中的油相之厚度逐渐缩小，直至几十微米，则这层极薄的油相便成了介于料液相与接收相之间的液膜。如图 15-1(b) 所示，萃取与反萃取分别发生在膜的左右两侧界面，溶质从料液相萃入膜左侧，并扩散到膜右侧，再被反萃入接收相，由此实现了萃取与反萃取的"内耦合"（internal coupling）。液膜传质的"内耦合"方式，打破了溶剂萃取所固有的化学平衡。

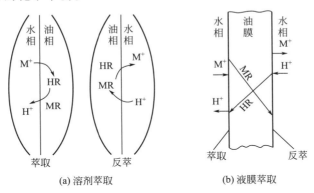

图 15-1　溶剂萃取与液膜萃取示意图

与传统的溶剂萃取相比，液膜的非平衡传质具有以下三个优点：①传质推动力大，所需分离级数少。从理论上讲，只需一级即可实现完全萃取。Cussler 和 Evans[33]用胺类作载体的液膜提取 Cr(Ⅶ)，在 4min 内，料液水相中的 Cr(Ⅶ) 从 100mg/L 降至接近 0mg/L，而接收相中 Cr(Ⅶ) 的浓度从 0 上升至 900mg/L。对于萃取分配系数较低的体系，液膜非平衡特征的优势更为明显[33]。②试剂消耗量少。流动载体（萃取剂）在膜的一侧与溶质络合，在膜的另一侧将其释放。载体在膜中犹如河中的"渡船"，将溶质从膜的一侧"渡"到另一侧。膜载体的"渡船"功能表现为溶质的膜渗透速率与膜载体浓度不成比例。Frankenfeld 等[34]在用 LIX64N 为载体的液膜萃取 Cu(Ⅱ) 的研究中，发现大幅度改变载体浓度对提取率的影响很小。载体在膜内穿梭流动，并在传递过程中不断得到再生，其结果是所需膜载体的浓度大大降低，并使液膜体系中膜相与料液相之比亦可降低。例如，对于湿法磷酸提取铀的过程中，液膜中萃取剂的浓度仅为溶剂萃取的 1/5，有机相与料液水相之比也比溶剂萃取低得多[35]。液膜体系中载体浓度和相比的降低，可以减少液膜形成过程中的试剂夹带损失，导致试剂消耗量比溶剂萃取过程低一个数量级[36]。液膜的这一特性对于所用试剂十分昂贵（如冠醚等）或者处理量很大的场合（如废水处理过程）具有显著的经济意义。③ "上坡"（uphill）效应，或者溶质 "逆其浓度梯度传递" 的效应。Martin 和 Davies[37] 在用 Shell SME529 作载体的液膜提取铜的研究中，成功地将含 Cu（Ⅱ）120mg/L 的料液相中的 Cu（Ⅱ）迁移到已经含 Cu（Ⅱ）20000mg/L 的硫酸溶液中。Matulevicius 与 Li[38] 认为，溶质从液膜低浓度侧向高浓度侧传递的效应，是由于在膜两侧界面上分别存在着有利于溶质传递的化学平衡关系，这两个平衡关系是溶质在膜内顺其浓度梯度而扩散，界面两侧化学位的差异导致溶质透过界面而传递。液膜的这一特性使其在从稀溶液中提取与浓缩溶质方面具有优势。

与固体膜相比，液膜的优点如下。

① 传质速率高。溶质在液体中的分子扩散系数（$10^{-6} \sim 10^{-5}$ cm^2/s）比在固体中（$<10^{-8}$ cm^2/s）高几个数量级，而且，在某些情况下，液膜中还存在对流扩散[39]。所以，即使是厚度仅为微米级的固体膜，其传质速率亦无法与液膜比拟。

② 选择性好。固体膜往往只能对某一类离子或分子的分离具有选择性，而对某种特定离子或者分子的分离，则性能较差。例如，对于 O$_2$/N$_2$ 分离，欲从空气中制备纯度为 95% 的 O$_2$，则 O$_2$/N$_2$ 的分离系数应超过 70，现在最好的商用聚合物膜，其分离系数仅为 7.5，而采用液膜所获得的分离系数可高达 79[40]。

与固体膜相比，液膜的缺点如下。

① 过程与设备复杂，尤其是乳化液膜，整个过程包括制乳、提取与破乳三个工序，所用各种设备之间的匹配较困难。

② 难以实现稳定操作。许多工业规模的固体膜过程均很容易实现稳定操作，但液膜过程往往把互相矛盾的条件交织在一起，例如，为了强化传质，希望在传质过程中产生巨大的萃取与反萃的界面，这就难以避免料液相与接收相的直接接触而导致泄漏和溶胀。

由于液膜的复杂性所导致的种种困难，至今液膜工业应用的实例很少。尽管如此，研究者们仍在努力探索各种潜在工业应用意义的液膜分离技术。

15.2.2　液膜构型

（1）厚体液膜

最简单的液膜研究是在所谓 Schulman 桥的 U 形管式传质池内进行的[41-43]，这种液膜叫厚体液膜（bulk liquid membrane）。如图 15-2 所示，传质池分为两部分，下部为液膜相 M，上部分别为料液相 F 和接收相 R，对三相均以适当强度进行搅拌，以利于传质并避免料液相与接收相的混合。厚体液膜具有恒定的界面面积和流体力学条件，结构简单，操作方便，广泛用于液膜传质机理研究，但由于单位体积相接处界

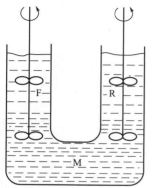

图 15-2　厚体液膜示意图
F—料液相；M—膜相；R—接收相

面甚小，这种液膜仅限于实验室研究，本章将不作详细讨论。

（2）乳化液膜

乳化液膜，又称液体表面活性剂膜，实际上是一种双重乳状液体系，即"水-油-水"（W/O/W）体系或者"油-水-油"（O/W/O）体系。

乳化液膜按如下步骤制备：首先将互不相溶的两相在高剪切力下制成乳状液，再将此乳状液分散于第三相（连续相）中，则介于乳状液球中被包裹的内相与连续外相之间的这一相叫作液膜。

乳化液膜体系如图 15-3 所示，图中所示乳状液球内被包裹的内相与连续外相是相溶的，而它们于膜相则互不相溶。乳状液既可以是水包油的，也可以是油包水的。根据定义，前者构成的液膜为水膜，适用于油溶液中溶质的提取和分离；后者构成的液膜为油膜，适用于水溶液中溶质的提取和分离。

膜相通常含有表面活性剂、萃取剂（载体）、溶剂与其他添加剂以控制液膜的稳定性、渗透性与选择性。液膜的配方可根据特定的分离要求而特制。

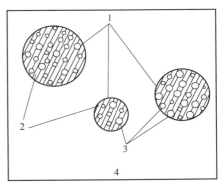

图 15-3　乳化液膜体系示意图
1—乳状液球；2—膜相；
3—内相微滴；4—连续外相

当用搅拌法将乳状液分散于连续相（第三相）中时，便形成许多细小的乳状液球。由于膜相中表面活性剂的存在，在搅拌条件下的乳状液球是稳定的，破碎很少。乳状液球的大小和乳状液中表面活性剂的性质与浓度、乳状液黏度、混合方式与强度等诸因素有关，在多数情况下，乳状液球的直径控制在 $0.5\sim2\,mm$ 范围内，每个乳状液球内的内相微滴的直径取决于表面活性剂的性质与浓度以及制乳强度，一般为 $1\sim10\,\mu m$。大量细小的乳状液球与连续相之间巨大的传质界面，促进了液膜分离过程。更为细小的内相微滴使得反萃的界面面积比萃取的界面面积高 $2\sim3$ 个数量级，这一点通常是液-液萃取所无法达到的。乳化液膜的这一特性，使得它非常适合于反萃反应较慢的体系，对于萃取和反萃均是慢速反应的过程，只需加速萃取反应，即可加速整个液膜传质过程[44]。

当达到预期的分离程度后，停止搅拌，乳状液小球迅速聚结，形成一乳状液层与连续相分离。将分离出的乳状液破乳后，回收浓集的内相，循环使用膜相。间歇式乳化液膜分离流程如图 15-4 所示。

（3）支撑液膜

支撑液膜具有两种形式，一种是将液膜（溶剂与萃取剂等）通过毛细管力吸附在多孔固体膜的孔道里。这里多孔固体膜是液膜的一层支撑膜，见图 15-5（a），这种液膜可以称作浸渍式液膜（impregnated liquid membrane）；对于另一种形式，膜液被两层多孔膜所支撑，见图 15-5（b），这种液膜可以称作隔膜式液膜或夹心饼式液膜。

采用离子液体（ionic liquid，IL）代替传统有机溶剂作为膜液相，制备的支撑液膜称为离子液体支撑液膜（supported ionic liquid membrane，SILM）。离子液体支撑液膜具有较高的热稳定性和化学稳定性。其中，作为膜液相的离子液体几乎没有蒸气压，并且由于黏度大

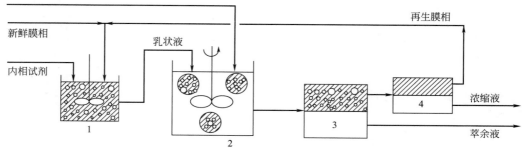

图 15-4　间歇式乳化液膜分离流程示意图
1—制乳；2—提取；3—澄清；4—破乳

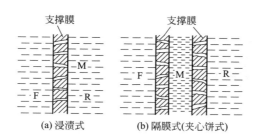

图 15-5　支撑液膜示意图
F—料液相；M—膜相；R—接收相

而使毛细管作用极强，这些优点可以有效地减少膜溶剂在压差作用下从膜孔中流失的问题。

由于离子液体阴阳离子可调节，可以根据被分离组分的物理化学性质，通过选择适当的阳离子、阴离子或微调阳离子的烷基链或阴离子的取代基，改变离子液体的物理化学特性，设计需要的离子液体，从而实现更为有效的混合气体或混合液体的分离。离子液体性能稳定，易于回收，采取合适的回收方法即可实现支撑型离子液体膜的重复使用，因此可以降低成本、减少排放。

离子液体支撑液膜制备所用的惰性膜基[45]可以是高分子有机膜，如聚酰胺、聚砜、聚偏氟乙烯等，也可以是无机膜，如陶瓷和 Al_2O_3 等，还可以是超滤膜、纳滤膜和半透膜，膜基的选择要取决于离子液体，制备的离子液体支撑液膜要符合离子液体在膜孔中分散均匀和通量高的要求。

近年来，离子液体支撑液膜主要用于 CO_2/N_2[46-48]、CO_2/CH_4[47-49]、CO_2/H_2[50] 及 CO_2/He[51] 等气体体系的分离，是离子液体膜的研究热点之一[52,53]。

表 15-1 是由不同阴阳离子组成的离子液体与支撑底膜制备成的 SILMs，将其用于从混合气体（CO_2、H_2、N_2 和 CH_4 等）中分离 CO_2，考察不同阴阳离子的组成对所制得液膜分离气体 CO_2 的影响[54-57]。

浸渍式液膜十分简单，因而被广泛研究。浸渍支撑膜所需的膜液量极小，例如对于厚度为 $20\mu m$、孔隙率为 50% 的支撑膜，浸渍 $1m^2$ 所需的膜液仅为 $10mL$[58]。为了提高传质比表面积，浸渍式液膜可以将用膜液浸渍后的支撑膜制成卷包式组件（图 15-6）或中空纤维管组

表 15-1　不同阴阳离子所制液膜对气体分离的渗透率和选择性分离的影响

阳离子	阴离子	载体	$P(CO_2)$	$\alpha(CO_2/N_2)$
$[Bmim]^+$	$[BF_4]^-$	PVDF	$(31.90\pm0.14)\times10^{-11}m^2/s$	35
$[Bmim]^+$	$[PF_6]^-$	PVDF	$(14.20\pm0.08)\times10^{-11}m^2/s$	23
$[Hmim]^+$	$[PF_6]^-$	PVDF	$(30.70\pm0.09)\times10^{-11}m^2/s$	28
$[Omim]^+$	$[PF_6]^-$	PVDF	$(30.70\pm0.09)\times10^{-11}m^2/s$	22
$[C_4mim]^+$	$[Tf_2N]^-$	PVDF	$(2.5\pm0.01)\times10^{-9}m^2/s$	39
$[C_4mim]^+$	$[BF_4]^-$	PVDF	$(2.1\pm0.01)\times10^{-9}m^2/s$	35
$[C_4mim]^+$	$[PF_6]^-$	PVDF	$(1.3\pm0.01)\times10^{-9}m^2/s$	23
$[N_{2224}]_2^+$	[malonate]$^-$	PES	2147Barrer	178
$[N_{2224}]_2^+$	[maleate]$^-$	PES	2147Barrer	198
[胆碱][Pro]/PEG200＝1∶0		PES	2050Barrer	34.8

件（图 15-7）。与乳化液膜相比，支撑液膜无需表面活性剂，避免了制乳与破乳工序，故设备简单、操作方便，但膜的稳定性交叉、传质速率较低。

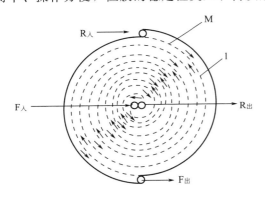

图 15-6　卷包式支撑液膜示意图
F—料液相；M—膜相；R—接收相；1—支撑膜

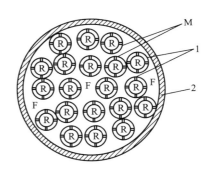

图 15-7　中空纤维管支撑液膜组件横截面示意图
F—料液相；M—膜相；R—接收相；
1—支撑膜；2—外壳

（4）Pickering 乳化液膜

Pickering[59]乳液是一种依靠固体颗粒（如胶体二氧化硅）吸附于两相界面所稳定的乳状液。

Pickering 乳液通常是由水相、油相、固体颗粒组成（有时也含有表面活性剂），分为 W/O 型和 O/W 型。乳液的类型主要受颗粒润湿性的影响，颗粒的润湿性通常由三相接触角 θ 来表示，对应于传统表面活性剂的 HLB 值。Finkle 等[60]最早将乳液类型与颗粒的三相接触角进行了联系，提出当 $\theta<90°$ 时，颗粒更加亲水，易于形成 O/W 型乳状液；当 $\theta<90°$ 时，颗粒更加亲油，易于形成 W/O 型乳状液，如图 15-8 所示。当颗粒的接触角接近 90°时，具有中等润湿性，此时能稳定吸附于油水界面处。

常见的颗粒乳化剂有：黏土颗粒、二氧化硅、氧化物、氢氧化物、金属盐、胶体银、Janus 颗粒等。亲水性较强的固体颗粒易于形成 O/W 型乳液，亲油性较强的固体颗粒易于形成 W/O 型乳液。

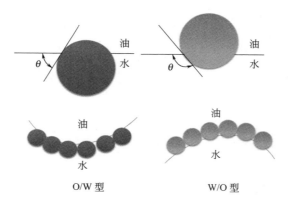

图 15-8　颗粒的润湿性对 Pickering 乳液类型的影响[61]

Pickering 乳液在医药、食品、化妆品等领域具有重要的应用价值。乳液的界面颗粒膜具有类似包衣的作用，可以应用于药物的控制释放；在合成颗粒方面，经常以 Pickering 乳液为模板，利用颗粒在界面上的自组装性质，通过表面聚合或冷冻干燥的方法合成具有特殊功能及形貌的各种微球。

15.2.3　液膜传质机理

与某些膜过程相似，液膜传质的推动力基于溶质在液膜两侧界面化学位的差异，换言之，溶质透过液膜的传递受控于膜两侧的浓度差。

液膜的传质过程按若干种不同的机理进行，但大体上可分为两大类：①基于纯粹物理溶解的被动传递；②基于选择性可逆化学反应的促进传递。

（1）被动传递

液膜的被动传递过程是一种单纯的溶解-扩散过程，其分离选择性主要取决于各溶质在膜内溶解度的差异。如图 15-9 所示，将含有溶质 A 与 B 的溶液与液膜左侧接触，若溶质 A 在膜中的溶解度远大于溶质 B，则透过液膜传递的溶质主要为 A，其结果是溶质 A 主要进入膜的右侧而溶质 B 主要留在膜左侧。传质速率与分配系数、扩散系数之乘积成正比。一旦膜两侧溶质浓度相等，液膜传递随即终止。所以，这种液膜不具备浓集溶质的功能，因而其实际用途较少，主要用于有机物的分离。

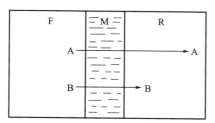

图 15-9　被动传递示意图
F—料液相；M—膜相；R—接收相

被动传递液膜的一个典型例子是甲苯与正庚烷的分离[62]，将甲苯-正庚烷混合物（料液相）与表面活性剂水溶液（膜相）接触，并用一种溶剂（如 S100N）作为接收相。由于甲苯在水膜中的溶解度远大于正庚烷，所以它更容易透过水膜传递而进入接收相（S100N）。再用普通方法将甲苯与 S100N 分离，即可获得比较纯净的甲苯。

（2）促进传递

促进传递可以极大地提高溶质透过液膜的传递速率，并提高接收相的容量。通常将促进传递分为无载体和有载体两种传递机理[38,62,63]。

① 无载体促进传递　亦称 I 型促进传递[42]，其实质在于使渗透到接收相的溶质的有效浓度维持在 0，如图 15-10 所示，溶质 A 因选择性溶解而从料液相（F）进入膜相（M），并在膜中扩散，当其抵达膜相与接收相（R）的界面时，它与接收相中的试剂 B 发生不可逆化学反应，生成的反应物 AB 不溶于液膜，无法透过液膜作逆向扩散。其结果，溶质 A 从料液相逆其浓度梯度被"泵送"到接收相，并在接收相获得浓集。

无载体促进传递机理可以用含酚废水处理这一实例予以说明[64-70]。图 15-11 为乳化液膜提取苯酚示意图，外水相（料液相）中的以分子形态存在的苯酚溶解于油膜，并透过膜相扩散至膜相-内水相（接收相）界面，内水相中的 NaOH 与苯酚反应，生成酚钠。离子型的酚钠不溶于油膜而被捕集于内水相。上述化学反应使内水相中分子形态的苯酚浓度维持在 0，使液膜内、外相中分子形态苯酚的浓度差始终维持在很高数值，从而为苯酚由外水相向内水相的渗透提供了很大的推动力，只要内水相中存在足够量的 NaOH，外水相中的苯酚就会不断地向内水相中渗透而得以浓集。

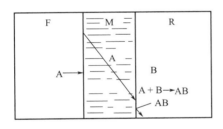

图 15-10　无载体促进传递机理示意图
F—料液相；M—膜相；R—接收相

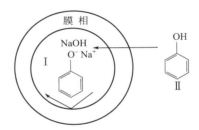

图 15-11　乳化液膜提取苯酚示意图
I —内相（接收相）；Ⅱ—连续外水相（料液相）

② 载体促进传递　这类传递方式并不要求料液相中的溶质通过物理溶解进入膜相，而是在膜相中引入载体，即络合剂或萃取剂，该载体可选择性地与溶质发生可逆的化学反应。在合适的热力学条件下，载体与溶质在膜相-料液相界面处发生正向化学反应（络合反应），生成的络合物溶于膜相并在膜内扩散至膜的另一侧，在膜相-接收相界面处，如果存在有利于逆向反应（解络反应）的热力学条件，则溶质被解络而进入接收相。解络后的自由载体则在其自身浓度梯度的驱使下在膜内相料液侧扩散，并在膜相-料液相界面处继续与料液中的溶质络合。于是，只需在膜中引入少量载体，就足以选择性地从稀溶液中提取与浓缩所需溶质。

由此可见，载体促进传递由溶质-载体的界面化学反应和络合物、载体在膜内的扩散所构成。对于快速化学反应过程，总传质速率受膜扩散速率控制；对于慢速化学反应过程，总传质速率受界面化学反应速率控制；对于中等速率化学反应过程，则界面化学反应速率与膜扩散速率对总传质速率均有贡献。

在载体促进传递过程中，载体与待提取溶质和所谓"供能溶质"的传递互相耦合，供能溶质顺其浓度梯度传递，导致待提取溶质逆其浓度梯度而传递[71]，这种所谓"上坡"效应与存在于生物细胞膜之间的主动传递极为相似。

根据待提取溶质与供能溶质的传递方向，载体促进传递可分为逆向传递与同向传递，如图 15-12 所示。下面分别予以介绍。

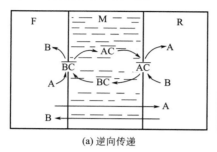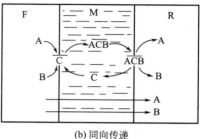

（a）逆向传递　　　　　　　　（b）同向传递

图 15-12　载体促进传递机理示意图

A—待提取溶质；B—供能溶质；C—载体；F—料液相；M—膜相；R—接收相

a. 逆向传递　指与载体相耦合的待提取溶质与供能溶质传递相反的液膜过程。如图 15-12(a) 所示，在 F/M 界面，供能溶质 B 脱离载体 C 而进入料液相 F 并释放能量，料液相 F 中待提取物质 A 与载体 C 结合，生成的络合物 AC 在膜内扩散；在 M/R 界面，供能溶质 B 与载体络合，供入能量，并将溶质 A 释放至接收相 R。其结果，供能溶质 B 与待提取溶质 A 逆向传递。

逆向传递中引入的膜载体包括酸性磷类萃取剂、螯合萃取剂、羧酸类萃取剂（包括羧酸冠醚）以及季铵盐等。这类传递过程的供能溶质大多为 H^+，膜两侧 H^+ 的浓度梯度是液膜过程的传质推动力。

现以 Co^{2+} 的液膜提取为例[72]说明逆向传递机理。如图 15-12 所示，在 F/M 界面，料液相中 Co^{2+} 与膜相中的萃取剂 HR［即图 15-12(a) 中的载体 C］反应：

$$Co^{2+} + 2HR \longrightarrow CoR_2 + 2H^+ \tag{15-1}$$

式(15-1) 中生成的钴络合物（CoR_2）进入膜相并将 H^+ 释放到料液相，接着 CoR_2 在膜内扩散到 M/R 界面，发生反萃反应：

$$CoR_2 + 2H^+ \longrightarrow Co^{2+} + 2HR \tag{15-2}$$

接收相中的 H^+ 将钴从膜相中反萃到接收相，使其以 Co^{2+} 形态存在，并使膜相中的萃取剂质子化，实现质子与钴离子的交换过程。

接收相中的 H^+ 使式(15-2) 的反萃反应向右进行，使膜中 M/R 处的 CoR_2 处于低浓度状态，从而维持 CoR_2 在膜中 F/M 侧之间的高浓差。以钴的提取为例的逆向传递过程中的溶质浓度分布如图 15-13 所示，H^+ 不断地由接收相 R 向料液相 F 的传递，为 Co^{2+} 同料液相 F 向接收相 R 的传递提供了推动力，并使 Co^{2+} 在接收相 R 中获得浓集。

b. 同向传递　指与载体相耦合的待提取溶质和供能溶质传递方向相同的液膜过程。如图 15-12(b) 所示，在 F/M 界面，料液相 F 中待提取溶质 A、供能溶质 B 与载体 C 反应

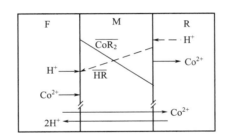

图 15-13　逆向传递中溶质浓度分布示意图（以钴提取为例）

（其中溶质 B 供入能量，溶质 A 消耗能量），生成的络合物 ACB 进入膜相 M 并在膜内扩散；当 ACB 抵达 M/R 界面，溶质 B 释放至接收相 R，并为溶质 A 向接收相的释放供能。其结果，供能溶质 B 与待提取溶质 A 同向传递。同向传递中引入的膜载体包括中性萃取剂与碱性萃取剂。中性萃取剂包括中性磷类萃取剂（如 TBP、TBPO、TRPO 和 TOPO 等）与大环化合物（如冠醚及其衍生物）；碱性萃取剂包括大分子量伯胺（如 N1923）、仲胺（如 Amberlite LA-2）与叔胺（如 TOA 与 Alamine336 等）。

同向传递中所采用的供能溶质一般为酸或碱，也可以在接收相中引入比膜载体络合能力更强的络合剂。

现以液膜分离 K^+ 为例，说明同向传递机理[73]。如图 15-14 中所示，在该体系中，料液相为 1mol/L KCl 和 1mol/L LiCl 水溶液，膜相含有二苯并-18-冠-6（DB18C6）作为载体（L），接收相为 1mol/L KCl。开始时，膜两侧的 K^+ 的浓度相等。

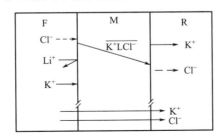

图 15-14　同向传递中溶质浓度分布示意图（以钾提取为例）

在图 15-14 所示的 F/M 界面上，膜相中载体 L［即图 15-12（b）中的载体 C］选择性络合料液相的 K^+，由于电中性的需要，料液相的 Cl^- 络合物结成络合离子对 K^+LCl^-：

$$K^+ + Cl^- + L \longrightarrow K^+LCl^- \tag{15-3}$$

按式（15-3）生成的络合离子对 K^+LCl^- 在膜内扩散，当抵达 M/R 界面时，Cl^- 向接收相（Cl^- 低浓侧）释放，促使 K^+ 向接收相（高浓侧）释放，解络反应如下：

$$K^+LCl^- \longrightarrow L + K^+ + Cl^- \tag{15-4}$$

在这一过程中，与 K^+ 的冠醚络合物迅速形成络合离子对的 Cl^- 在膜两侧的浓度差，推动了络合离子对在膜内的扩散，从而使 K^+ 逆其浓度梯度传递。由于 DB18C6 不与 Li^+ 络合，Li^+ 留在料液相而与 K^+ 分离。在上述过程中，供能溶质 Cl^- 与待提取溶质 K^+ 的传递方向相同。

15.3 乳化液膜

如前所述，乳化液膜[74]体系通常由流动载体（萃取剂）、表面活性剂、膜溶剂及内相反萃剂构成。其中膜溶剂是膜溶液的主要成分（占 $80\%\sim90\%$），表面活性剂占 $1\%\sim5\%$，其他成分（包括流动载体）一般不超过 20%。乳化液膜以 W/O/W 型体系为主，本节仅讨论这种类型的液膜。以下介绍乳化液膜过程的制乳、分散-提取-澄清和破乳等主要步骤。

15.3.1 制乳

15.3.1.1 膜配方

（1）萃取剂/反萃剂

乳化液膜研究及应用的主要目的之一是分离物理和化学性质极其相似的物质（如同电性等价离子的分离、同分异构轻组分的分离等），选择合适的萃取剂作为流动载体是提高液膜选择性的关键之一，也是液膜体系设计的关键所在。一种较为理想的液膜用萃取剂应满足以下基本条件[75]：

① 选择性高，对欲分离的一种或几种物质来说，分离系数越大越好。

② 萃取容量要大，单位体积或单位质量的萃取剂所能萃取物质的饱和容量越大越好，这就要求萃取剂具有较多的功能基团和适宜的分子量，否则，萃取容量就会减少，试剂单耗成本就会增加。

③ 化学稳定性强。萃取剂不易水解，加热不易分解，能耐酸、碱、盐、氧化剂或还原剂的作用，对设备腐蚀性小，在原子能工业中则要求萃取剂具有较高的抗辐射能力。

④ 溶解性好。萃取剂及其萃合物必须溶于膜相，而不溶于内相和外相，即：对于水膜，要求其水溶性好，而不溶于油相；对于油膜，要求其油溶性好，而不溶于水相。如果萃取剂或萃合物在膜相或膜界面形成沉淀，也会导致膜过程操作失败。

⑤ 适当的络合性。作为液膜用萃取剂，其形成的萃合物应该具有适中的稳定性，如果络合物形成体很稳定，那么它扩散到膜的另一侧就难以释放溶质，显然这种流动载体也不适宜于液膜分离。

萃取剂按其组成和结构特征主要可分为：酸性萃取剂、碱性萃取剂和中性萃取剂三大类[76]。表 15-2 列出了一些常用萃取剂。如需进一步了解，可参阅文献 [76-78]。

（2）酸性萃取剂及相应的反萃剂

酸性萃取剂通常用于金属阳离子的液膜萃取，其特点是：萃取剂为一弱酸性有机化合物（HR 或 H_2R_2），金属离子在水相中以阳离子 M^{n+} 或者能解离为阳离子络离子形式存在，金属离子与 HA 反应后结合生成中性螯合物（或称为内络合物），所生成的中性螯合物难溶于水而易溶于有机溶剂，故能被萃取到有机膜相中。

通常酸性络合萃取过程具有较高的选择性，所以在分析、分离过程中应用很广泛。酸性萃取剂可分为三类，即：

表 15-2　常用萃取剂[77]

萃取剂类型	化合物类型	萃取剂名称	代号或缩写	在水中溶解度/(g/L)	使用情况
中性萃取剂	醇	$C_4 \sim C_5$ 醇			国外用于从酸性氯化物溶液中萃取 H_3PO_4
		仲辛醇	2-octanol 2-辛醇	1.00	从 HCl 溶液中萃取 Ti(Ⅲ)、Fe(Ⅲ)、Au(Ⅲ),从 H_2SO_4-HF 溶液中萃取分离 Nb-Ta;用作 P204 和 N235 的添加剂
		芳香多元醇		0.02	
	酮	甲基异丁基酮	MIBK	19.1	用作 Nb-Ta 和 Zr-Hf 的分离
	中性磷酸酯	磷酸三丁酯	TBP	0.38	在核燃料前、后处理及稀土、有色金属元素分离中广泛应用;用作 P204 的添加剂
		甲基膦酸二甲庚酯	P350	0.01	萃取性能优于 TBP,目前主要用于稀土元素的分离;Sb(Ⅲ)-Sn(Ⅳ)分离;并作添加剂
		三丁基氧膦	TBPO		
		三正辛基氧膦	TOPO		协萃剂、添加剂和分析试剂
	取代酰胺	二仲辛基乙酰胺	N503		从 H_2SO_4-HF 溶液中萃取分离 Nb-Ta;从 HCl 溶液中萃取 Ga、In、Ti(Ⅲ)、Fe(Ⅲ)、Au(Ⅲ)等;Re-Mo 的分离;废水脱酚
酸性萃取剂	酸性磷酸酯	二(2-乙基己基)磷酸	D2EHPA-(或 HDEHP)P204	0.02	在核燃料前、后处理及稀土、有色金属元素分离中广泛应用
		异辛基膦酸单异辛酯	P507		用于稀土分组和重稀土分离
		单、双正十二烷基磷酸混合物	PK 酸		从高酸度溶液中萃取 Fe(Ⅲ)
	羧酸酚	环烷酸	naphthenic acid	0.09	可用于 Ni-Co 和稀土元素的分离
		叔碳酸	versatic acid C-547	0.30	用于氨溶液中 Ni-Co 的分离
	羧酸酚	二取代邻羟烷基酚	Polyol		从卤水中萃取 B
	羟肟	5,8-二乙基-7-羟基十二烷基-6-酮肟	LIX-63	0.02	从氨溶液中萃取 Cu
		2-羟基-5-十二烷基二苯甲酮肟	LIX-64 O-3045	0.005	从低酸度溶液中萃取 Cu
		2-羟基-5-壬基二苯甲酮肟	LIX-64N		从低酸度溶液中萃取 Cu
		2-羟基-3-氯代-5-壬基二苯甲酮肟	LIX-70		从较高酸度溶液中萃取 Cu
		2-羟基-5-仲辛基二苯甲酮肟	N510		从 pH=2~3、c_{Cu}=0.8~5g/L 的溶液中萃取 Cu
		2-羟基-4-仲辛氧基二苯甲酮肟	N53C		从较高酸度(pH=1)、较高浓度(40g/L)Cu 溶液中萃取 Cu
	取代 8-羟基喹啉	7-十二烯基-8-羟基喹啉	Kelex100		从较高酸度和较高浓度 Cu 溶液中萃取 Cu

萃取剂类型	化合物类型	萃取剂名称	代号或缩写	在水中溶解度/(g/L)	使用情况
碱性萃取剂（液体离子交换剂）	伯胺	多支链二十烷基伯胺	Primene JM-T N116		从 H_2SO_4 介质中提取分离 Th,提取分离稀土及其他金属元素
		仲烷基伯胺	N1923		萃取 Th、稀土
	仲胺	N-十二烯基三烷基甲胺	Amberlite LA-1 或 LA-2		从浸出液中萃取 U
	叔胺	三烷基胺	Alamine 336 N235	0.01	适用于从 H_2SO_4 介质中提取 U 和 Zr-Hf 的分离;从 HCl 介质中萃取 W,分离 Co-Ni,也可用于从 H_2SO_4 介质中提取 Mo、Pu、Np 等
		三异辛胺	TIOA		从氯化物溶液中萃取 U,分离 Co-Ni
		三月桂胺（三正十二胺）	TLA		用于从 HNO_3 介质中分离、纯化 Pu、Np
	季铵盐	氯化甲基三烷基胺	Aliquat 336 N263	0.04	萃取 V、Nb

① 酸性磷氧萃取剂，如 P204[二(2-乙基己基)磷酸，简称 D2EHPA、HDEHP]、P507[(2-乙基己基)膦酸单-2-乙基己基酯]。

② 螯合萃取剂，如羟肟类、8-羟基喹啉衍生物及 β-双酮类。

③ 羧酸及取代酸类萃取剂，如 RCOOH、羧酸冠醚。

在上述三种酸性萃取剂中，酸性磷氧萃取剂的选择性一般不及螯合萃取剂，但价格低廉，形成的金属络合物油溶性较金属螯合物好，因此应用非常广泛。酸性磷氧化合物的种类很多，其中 P204 是一个很好的代表，其结构式为：

$$CH_3-CH_2-CH_2-CH_2-\overset{\overset{\displaystyle C_2H_5}{|}}{CH}-CH_2-O-\overset{\overset{\displaystyle O}{\|}}{P}-OH$$
$$CH_3-CH_2-CH_2-CH_2-\underset{\underset{\displaystyle C_2H_5}{|}}{CH}-CH_2-O$$

P204 是一种有机弱酸，在很多非极性溶剂（例如煤油、苯等）中，通过氢键发生分子间的缔合作用，而以二聚体的形式存在。

(3) 碱性萃取剂及相应的反萃剂

碱性萃取剂是一类与无机酸的 H^+ 形成稳定的配位键而生成相应盐的有机试剂，被萃取金属以络阴离子形式与有机盐的阳离子相结合，生成电中性的疏水性化合物，被萃入有机相。这种依靠正负电荷相吸引而结合成的电中性化合物又称为缔合物，因此这类萃取也可看作离子缔合物的萃取。这类萃取剂的说明如下。

① 在酸性水溶液中形成盐的醚、酮、醇、醛、酯等有机试剂，可萃取水相中络阴离子。

② 在酸性水溶液中形成铵盐的胺类萃取剂，即伯胺、仲胺、叔胺及季铵盐，可萃取水相中的金属络阴离子。常用的有：a. 伯胺，如 N1923、Primene JM-T；b. 仲胺，如二月桂胺、Amberlite LA-2；c. 叔胺，如三辛胺（TOA）、Alamine 336；d. 季铵盐，N263、

Aliquat 336 等。

　　乳化液膜体系常用的碱性萃取剂是胺类萃取剂。由于胺类萃取剂的萃取反应机理与阴离子交换树脂类似，因此也称为阴离子交换剂，这类萃取剂既有溶剂平衡速度快的优点，又有离子交换树脂分离效率高的优点，是乳化液膜体系中研究最为广泛的一类流动载体。

　　许多金属离子可与水溶液中的多种阴离子配位体如 SO_4^{2-}、CN^-、SCN^- 以及卤素阴离子等形成各种络阴离子，利用某些条件下金属生成络阴离子被胺萃取的性质，可与在该条件下不能形成络阴离子的一些金属分离；利用不同类型的胺、不同的稀释剂和胺浓度，对金属络阴离子具有不同的选择性，以及在各种水相介质中金属络阴离子稳定性的差别，可进一步提高萃取的选择性。因此，选择合适的胺类萃取剂及改变金属络阴离子的形成条件（即改变萃取条件），可取得良好的分离效果。

　　研究中发现采用伯胺及仲胺作流动载体时液膜的稳定性差，通常不宜采用[44]。目前，叔胺如 Alamine336、N235 已广泛应用于酸性溶液的液膜萃取，季铵盐如 N263、Aliquat336 则用于较高 pH 下溶液的液膜提取。

　　王向德等[79,80]根据钨的水溶液化学，采用钨细泥或钨精矿碱熔后所得粗钨酸钠溶于水作为料液，调 pH 为 8～9 除去杂质硅后，利用钨在 pH＞8 时以 WO_4^{2-} 存在而不形成杂多酸的特性，在未去除磷、砷和钼的情况下，直接进行一级间歇式液膜迁移，所用载体为 N263。表面活性剂为 JMA-1，5min 在内水相直接得到仲钨酸铵（APT）结晶，提取率为 99.85%，纯度达一级品标准。

　　以胺类萃取剂为载体迁移金属络阴离子，根据内水相反萃剂的不同，有以下两种迁移机理。

　　① 同向迁移：当用碱作内水相反萃剂时，金属络阴离子按同向迁移机理进行，即金属络离子与供能 H^+ 的透膜迁移方向相同。例如以叔胺为载体、氢氧化钠为内水相试剂的液膜体系提取铬时，传质机理即属此类，其萃取反应与反萃反应如下[42]。

萃取：

$$2R_3N_{(o)} + 2H^+ + Cr_2O_7^{2-} \longrightarrow (R_3NH)_2Cr_2O_{7(o)} \tag{15-5}$$

碱反萃：

$$(R_3NH)_2Cr_2O_{7(o)} + 2(Na^+ + OH^-) \longrightarrow 2R_3N_{(o)} + (2Na^+ + Cr_2O_7^{2-}) + 2H_2O \tag{15-6}$$

　　② 反向迁移：当用酸作内水相反萃剂时，金属络阴离子的迁移按反向迁移机理进行，即金属络阴离子的迁移方向与耦合阴离子的迁移方向相反。例如以季铵盐为载体、酸为内水相试剂液膜提取铬时，传质机理即属此类，其萃取反应与反萃反应如下[42]。

萃取：

$$(R_3NH)_2X_{(o)} + 2H^+ + Cr_2O_7^{2-} \longrightarrow (R_3NH)_2Cr_2O_{7(o)} + 2H^+ + X^{2-} \tag{15-7}$$

酸反萃：

$$(R_3NH)_2Cr_2O_{7(o)} + 2H^+ + X^{2-} \longrightarrow (R_3NH)_2X_{(o)} + 2H^+ + Cr_2O_7^{2-} \tag{15-8}$$

式中，X^{2-} 为 SO_4^{2-} 或 $2Cl^-$。

　　水相反萃剂的选择通常与溶剂萃取相同，但必须注意 pH＞8 的氨水溶液不能用作内水相反萃剂，因为氨能迅速通过膜相进入外水相，但可用 NaOH 和 Na_2CO_3[81]。对于用失水山梨醇单油酸酯（Span-80）稳定的乳化液膜体系，采用 Na_2CO_3 要比 NaOH 为佳[82]。

　　一般而言，膜相胺类萃取剂的浓度不能过高。有研究[82]发现高浓度的胺类萃取剂会导致渗透浓胀和膜破裂增大。

（4）中性萃取剂及相应的反萃剂

　　中性萃取剂是一类只有给予基团而不含可解离质子的有机试剂。由于试剂中没有离子基团，水相中金属阳离子以中性络合物被萃取。起中和作用的离子是水相荷负电的配位体。中性金属盐与中性萃取剂通过溶剂化作用实现萃取。以配位键与阳离子结合的水分子可以被萃取剂的给予基代换。由于被萃取金属离子与两种不同的配位体（即水相中的阴离子和有机相中萃取剂的电子给予基）配位，因此可以把这种萃合物称为混配络合物。给电子基团通常是氧原子，常用的萃取剂如下。

　　① 中性含磷萃取剂：例如磷酸三丁酯（TBP）、三辛基氧膦（TOPO）。

　　② 中性含氧萃取剂：包括酮、醚、醇、酯、醛等，如乙醚、冠醚、仲辛醇、甲基异丁基酮，它们在硝酸或弱酸性溶剂中萃取金属盐时，有时属于中性络合萃取。

　　③ 中性含氮萃取剂：例如吡啶。

　　④ 中性含硫萃取剂：例如二甲基亚砜、二苯基亚砜等。

　　尽管中性萃取剂品种较多，但目前广泛用作液膜流动载体的主要是中性含磷萃取剂和大环聚醚（如冠醚）。常用的中性含磷萃取剂有磷酸三丁酯（TBP）、三正丁基氧磷（TBPO）、三正辛基氧磷（TOPO）。这类萃取剂，因其具有较好的化学稳定性和辐照稳定性，已广泛应用于核燃料处理中锕系和镧系元素的分离。

　　Frankenfeld 等[83]研究了以 D2EHPA 和 TOPO 为载体从磷矿下料中回收铀，据报道经一级 10min 液膜处理，可回收 90％的铀，其浓缩倍数可达 30。

　　李晓东[84]、李绍秀等[85]分别进行了以 TRP 和 TRPO 为载体，液膜提取、分离 W（Ⅵ）和 Mo（Ⅵ）的研究，结果表明，选择适当的操作条件，W 和 Mo 的回收率均达 90％以上，且可实现 W/Mo 分离。

　　利用大环聚醚，特别是冠醚及其衍生物进行液膜分离碱金属及碱土金属的研究，国内外均有报道[69,86,87]，近年来，有关研究更显活跃[88-95]。由于大环聚醚可以根据所要络合的离子的大小和特性进行合成，具有高度的选择性，因此在金属离子的高效提取与浓缩方面，人们对大环聚醚液膜工艺进行了卓有成效的探索[95-105]。Reusch 等[41]采用含二苯并-18-冠-6（DB18C6）的液膜体系对锂和钾的分离进行了研究，发现钾离子的迁移通量是锂离子的4000 倍。Izatt、Christensen 及其同事广泛研究了多种大环化合物为载体的液膜体系对碱金属、碱土金属及过渡金属离子的促进迁移[88-93,96-98]。特别值得注意的是对 Pb^{2+} 的研究，他们发现当采用二癸基-1,10-二氮-18-冠-6 和二环己基-18-冠-6（DC18C6）为载体时，即使料液中 Pb^{2+}：Ca^{2+} 达 1：100，该液膜体系对 Pb^{2+} 仍具有很高的选择性[89]。

　　以中性萃取剂为液膜流动载体迁移金属离子的萃取反应与反萃反应可表示为：

　　萃取：

$$M^+ + A^- + L_{(o)} \longrightarrow MLA_{(o)} \tag{15-9}$$

反萃：

$$MLA_{(o)} + M_s^+ + R^- \longrightarrow L_{(o)} + MR + M_s^+ + A^- \tag{15-10}$$

式中，M^+ 是金属离子；A^- 是助络阴离子；$L_{(o)}$ 为中性萃取剂；R^- 是阴离子络合剂；M_s^+ 为伴阳离子。

许多研究者采用上述机理进行了液膜法提取分离 $Pb^{2+[88,89,98,101]}$ 的研究。当采用 DC18C6 为流动载体，$P_2O_7^{4-}$ 为内水相反萃剂时，由于 Pb^{2+}-DC18C6 的稳定常数为 $10^{4.27}$，而 Pb^{2+}-$P_2O_7^{4-}$ 的稳定常数为 $10^{11.24}$，因此可提供极大的传质推动力，成功地使 Pb^{2+} 通过膜相由外水相向内水相迁移[88]。Akhond 等[105]研究了氮杂-18-冠-6 和棕榈酸为混合载体，硫代硫酸盐为接受相液膜迁移 Cd^{2+} 的研究，发现该液膜体系可有效分离 Cd^{2+}/Pb^{2+}、Cd^{2+}/Fe^{3+}、Cd^{2+}/Zn^{2+} 及 Cd^{2+}/Mn^{2+}，而 Cd^{2+} 与 Ag^+ 和 Cu^{2+} 的分离选择性不高，但加入掩蔽剂硫氰酸盐可有效抑制 Ag^+ 和 Cu^{2+} 的迁移，而 Cd^{2+} 的迁移几乎不受影响，可实现 Cd^{2+} 与 Ag^+ 和 Cu^{2+} 的分离。

此外，还可利用其他方法来提供或强化溶质透膜迁移的推动力，如采用可逆电化学氧化-还原反应[106,107]、光化学反应[108]及改变温度[109]等。

（5）表面活性剂

表面活性剂是乳化液膜体系的关键组分之一，在液膜分离中起着极为重要的作用，它直接影响着液膜的稳定性、溶胀性能、液膜乳液的破乳以及油相回用等方面，因此，有关液膜用表面活性剂的研究一直是较为活跃的研究领域[110-136]。

目前，研究最为广泛的是 W/O/W 型液膜体系，根据经典的乳状液膜理论[137]，制备这类表面活性剂液膜需采用 HLB 值为 3~6 的表面活性剂。尽管这类表面活性剂有不同市售产品，但可用于液膜体系的却十分有限。一种较为理想的液膜用表面活性剂应具备以下特点：

① 制成的液膜有尽可能高的稳定性，有一定的温度适应范围，耐酸、碱，且溶胀小；

② 能与多种载体配合使用，不与膜相载体反应；若有反应，必须有助于液膜萃取，而不能催化分解载体（萃取剂）；

③ 容易破乳，油相可反复使用；

④ 价格低廉，无毒或低毒，且能长期稳定保存。

表面活性剂分为阴离子表面活性剂，主要是磺化聚合物产品，由聚合物亲油基和 —SO₃H（Na）亲水基构成；阳离子表面活性剂，主要是季铵盐和胺盐型，如十六烷基三甲基溴化铵（CTAB）；非离子表面活性剂，如失水山梨醇单油酸酯（Span-80）和聚胺类；两性表面活性剂，如 2C18GEQAPA。

Span-80 是最早用于液膜体系的表面活性剂之一。国内外许多液膜研究者都曾对由它构成的液膜分离体系进行过大量的研究[112-119]，但由它构成的液膜还不够稳定，尤其是与强碱性溶液接触时，由于分子中酯键水解，使膜的稳定性急剧下降。当内水相 NaOH 浓度达 5% 时，制成的乳液难以使用，此外，由 Span-80 构成的液膜会发生严重的溶胀，且耐温性能差，25℃ 以上使用时破损严重。Ruppert 等[115]在中试时还发现 Span-80 易被细菌侵害而变质。因此，在实际应用中受到了很大限制。

聚胺类表面活性剂是近年来研究和应用较多的一类液膜用表面活性剂，美国专利产品

ENJ-3029[112]和 ECA-4360[113]就是聚胺衍生物的混合物，液膜创始人 N. N. Li 在其多项研究中证明这两种表面活性剂性能较为理想。1982 年以来，我国液膜研究人员陆续筛选出一类结构与 ENJ-3029 类似的润滑油添加剂聚异丁烯丁二酰亚胺（单丁二酰亚胺、双丁二酰亚胺、多丁二酰亚胺），如上-205、兰-115A、兰-115B 用于液膜体系，取得了较好的效果。郁建涵等[118]研究了多种条件下丁二酰亚胺类表面活性剂构成液膜的稳定性。实验结果表明，聚异丁烯丁二酰亚胺是一类性能较好的表面活性剂，所制液膜耐酸、碱，稳定性好，其性能远优于 Span-80，与 ENJ-3029、ECA-4360 接近[119]，丁二酰亚胺类表面活性剂已是目前国内研究及应用最多的一类表面活性剂。在液膜除锌[138,139]、除汞[140]、除铬[141]、除铜[142]及金的高集回收[143]中均取得了较好效果。

由于市售适合液膜性能要求的表面活性剂品种有限，国外也只有专利产品 ENJ-3029 和 ECA-4360 是液膜专用表面活性剂。为满足液膜研究及工业应用的需要，进一步提高液膜用表面活性剂的综合性能，国内外陆续合成了多种性能较市售产品性能更为优良的表面活性剂。张秀娟等[113]于 1982 年率先在国内合成了液膜专用工业表面活性剂 LMS-2。据报道，该表面活性剂是由 C_4 烯烃共聚物制备的一种阴离子型表面活性剂，易溶于油，不溶于水。所制液膜耐酸、碱，温度适应范围广，有持久的高度稳定性，且易破乳，溶胀很小。破乳后的油相不需添加新的表面活性剂即可反复使用，大量的研究表明[63,112-114]，LMS-2 的确是一种性能优异的表面活性剂，并已成功地用于七种工业废水的处理，其中酚醛树脂含酚废水的处理是我国第一项成功的工业应用[63]。LMS-2 还成功地用于稀土及各种稀有金属如钨、钼、镓、铟、锗等的富集与分离[144-148]。继此之后，他们又陆续报道了 LMS-3[122]和 LMA-1[123,127]两种新型液膜用表面活性剂，并在实际应用中取得了满意的效果[79,149]。

307-I[121]是另一种合成液膜专用表面活性剂，由中国科学院大连化学物理研究所于 1985 年研制成功。该表面活性剂是一种磺化烯烃聚合物，易溶于油，难溶于水。金美芳等[121]对 307-I 表面活性剂构成的液膜体系进行了研究，比较了较高温度（40℃）下 307-I 与 ENJ3029、上-205 及兰-115A 等表面活性剂液膜内相包酸、碱时的稳定性及耐温性能，认为 307-I 型表面活性剂耐酸碱性能、耐温性能均较为优越，但未见进一步研究报道。

李成海等[124]报道了他们研制的高分子表面活性剂 PSN-89414，它是由聚丁二烯分子中引入磺酸基团生成的聚丁二烯磺酸钠阴离子型表面活性剂。据报道[74]，该表面活性剂能有效地降低油-水界面张力，制成的液膜很稳定，溶胀小。PSN-89414 液膜体系用于分离富集稀土元素，提取速率快，效率高，内相浓度可达 103g/L，且电破乳容易，是一种较为优良的液膜用表面活性剂。

LYF 是另一种磺酸型阴离子表面活性剂，由东北师范大学刘沛妍等[125,136]研制成功。它是由液体聚丁二烯（$M_B = 1600$）与浓硫酸-醋酸酐进行磺化而得到的一种聚合物表面活性剂。据报道，LYF 聚合物表面活性剂液膜体系的稳定性好，溶胀小，破乳容易，破乳后油相的含水量少，是一种较好的液膜用表面活性剂。

下面列出部分研究得最广泛的液膜用表面活性剂的结构。

① Span-80：

② ENJ-3029：

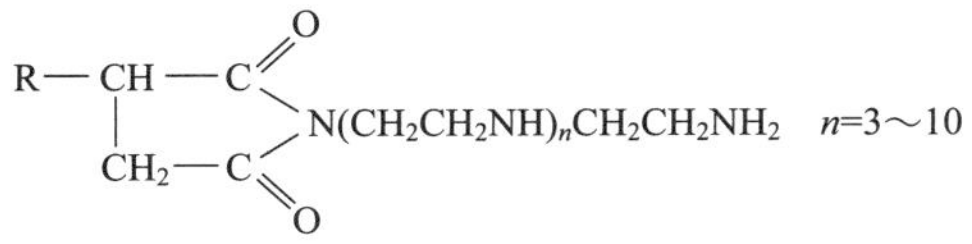

R 为聚异丁烯；平均分子量约 2000。

③ 兰-115A：

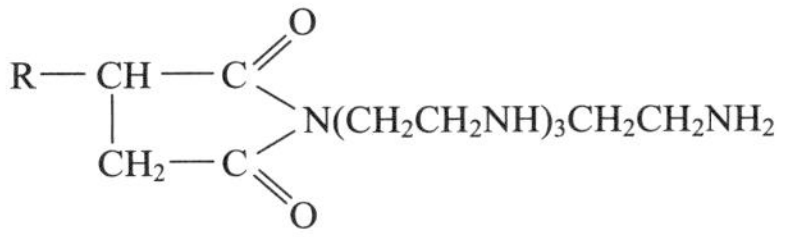

R 为聚异丁烯；平均分子量约 900。

④ LMS2：

$$R-SO_3H$$

R 为 C_4 烯烃共聚物；平均分子量约 8000。

⑤ LMA-1：

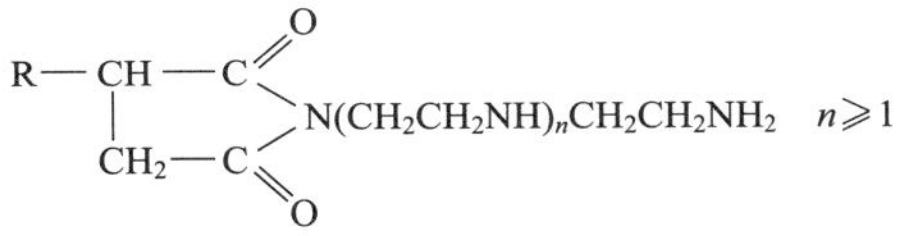

R 为 C_4 烯烃共聚物；平均分子量约 8000。

⑥ $2C_{18}\triangle^9GE$：

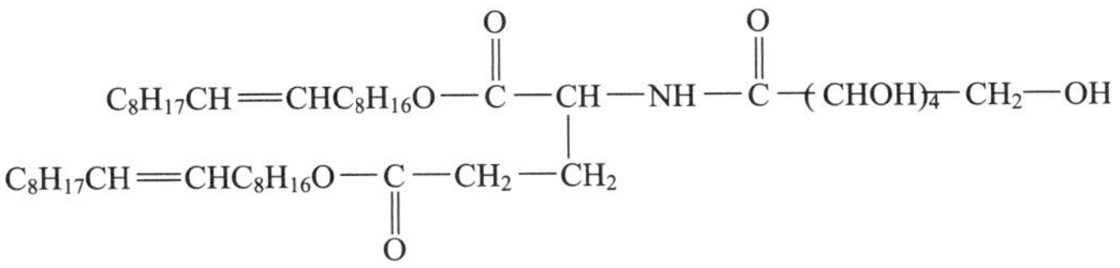

⑦ 丁二酰亚胺类：单烯基丁二酰亚胺 T151、聚异丁烯多丁二酰亚胺 T155、双聚异丁烯多丁二酰亚胺 T158，均为非离子表面活性剂，分子量 4000～8000，极性部分约占分子总质量的 6%。

T151：

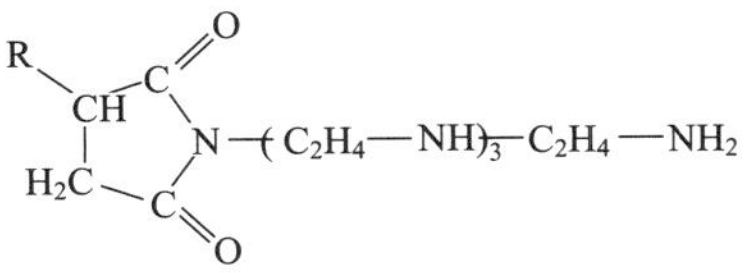

T155：

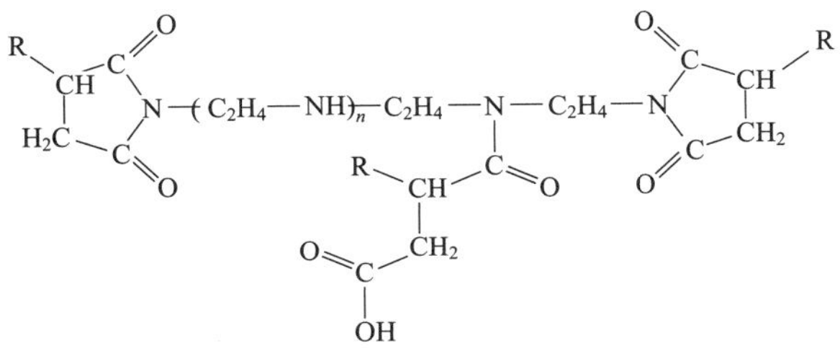

T158：

总的来说，合成液膜用表面活性剂性能较为优越，但品种、数量还不能满足液膜研究及应用的需要，性能仍需进一步提高。继续合成新型液膜用表面活性剂对促进液膜分离技术的发展具有重要意义。

（6）膜溶剂

膜溶剂是构成液膜的主要成分。根据分离要求选择适当的膜溶剂，如烃类分离宜用水膜，故常以水作为膜溶剂；水溶液中的重金属分离宜用油膜，常选用中性油、煤油等烃类作膜溶剂。膜溶剂作为液膜的主要构成物必须具有一定的黏度才能维持液膜的机械强度，以免破裂。膜溶剂直接影响液膜的性能，包括膜稳定性、溶质的分配系数、膜的厚度及膜相传质系数等，从而影响液膜体系的分离效能。

为了增加液膜的稳定性，可以适当添加膜增强剂。对水包油型乳状液膜可添加甘油作膜增强剂，对油包水型乳状液膜则可以石蜡油和其他矿物油作增黏剂。

从工业应用考虑，一种理想的液膜用溶剂应具备以下特点：

① 溶解性：在内外水相溶解度很低；

② 相溶性：与表面活性剂和萃取剂的相溶性能好，不会形成第三相；

③ 挥发性：闪点高，不易挥发；

④ 毒性：毒性低，在水处理中，必须避免使用可留下毒性残留物的溶剂；

⑤ 密度：所选溶剂应与水相有足够的密度差，以便外水相与乳状液以及内水相膜相快速分离；

⑥ 黏度：溶剂必须具有一定的黏度才能维持液膜的机械强度，以免破裂；

⑦ 价格低廉，来源充足。

基于上述考虑，脂肪烃类溶剂通常较芳香烃类溶剂为佳。目前国内广泛使用的液膜溶剂有民用煤油、航空煤油、加氢煤油及经处理得到的磺化煤油。国外常用膜溶剂有低臭石蜡溶剂 LOPS（Exxon 公司）、中性溶剂油 S100N（Exxon 公司）、Shellsol T（Shell 公司）等。

15.3.1.2　乳液制备

乳液制备就是根据液膜研制过程中所选定的液膜体系，将由膜溶剂、表面活性剂、流动载体以及其他膜添加剂组成的膜溶液与内相溶液混合，制成所需的水包油（O/W）型或油包水（W/O）型乳液。为制得稳定的乳液，内分散相液滴的大小需保持在 $1\sim3\mu m$，这就要求有很高的能量输入，通常可通过激烈搅拌制得。实验室研究常采用高速搅拌机，另外也可使用超声波乳化器。Shere[149,150] 发现利用超声波乳化器可制得更稳定的液膜乳液。贝歇尔[137] 对乳化技术有极详细的论述，其中涉及多种乳化设备、表面活性剂的加入方式、加料顺序、搅拌方式等。

对于大规模液膜乳液的制备，一般采用胶体磨。张秀娟等[151-153]在液膜除酚工业试验中，先通过 1500r/min 机械搅拌预制乳 1min，再用胶体磨 JTM-50 制乳 3min，便制得了十分稳定的乳液，并成功用于液膜除酚工业运行及离子矿稀土浸渗液的液膜富集中试试验[144,152,153]。

均质器是可用于液膜中试及工业应用的另一商业产品，Marr 等[154]在应用中发现动态均质器在应用中存在腐蚀问题，影响了使用效果。为此，他们研制了一种静态均质器，其结构如图 15-15 所示。其原理是在高压条件下，油相和水相先经图中的孔板 3 进行预乳化，然后进入主腔室由其中的小刀刃 5 产生的涡流进行最终乳化。该设备中试装置的制乳能力为 600L/h，系统压力为 0.4MPa，喷嘴直径为 2mm，放大装置的制乳能力为 6000L/h，并在主腔室中增加了小刀刃的数量。由于静态均质器内无运动部件，腐蚀性可降至最小，已成功用于奥地利黏胶纤维含锌废水液膜处理工艺中液膜乳液的制备。

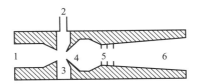

图 15-15　静态均质器示意图[154]

1—料液相入口；2—第二相入口；3—预乳化孔板；4—均质化喷嘴；
5—均质化刀刃；6—扩散管

上述各种制备方法均是通过高剪切压力作用向体系内输入大量能量来实现相分散。这样制备的乳状液通常具有较宽的粒度分布，稳定性不高；另外有些物质对机械剪切压力十分敏感（例如，高速剪切作用下，蛋白质易降解、淀粉易变性），不能采用上述方法制备其乳状液产品。因此，许多学者致力于开发新型的乳化设备与乳化工艺。近年来出现了膜法乳化[155,156]和微道法乳化[157,158]，两者乳化机理基本相同。以膜法乳化为例，它是使用孔径均匀的微孔膜（有机/无机），利用膜自身所具有的细小孔道作为微分散器，在较低压力驱动下分散相透过膜，在膜的另一侧受到连续相的流动剪切作用，直接形成微小液滴，制得粒径小、分布窄、较稳定的乳状液（见图 15-16）。这种方法能耗小、操作简单，已成为一个新

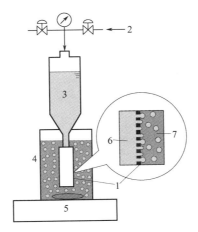

图 15-16　膜法乳化制备 W/O、W/O/W 乳液示意图

1—膜组件；2—压缩氮气；3—分散相；4—连续相及乳液储存器；5—磁力搅拌；6—分散相；7—连续相

的研究热点。乳化技术的发展必将推动乳状液产品的进一步开发与 ELM 技术的工业化应用。

15.3.1.3 乳化液膜体系

表 15-3 和表 15-4 分别列出了一些典型的 I 型和 II 型促进传递乳化液膜体系，供设计液膜体系时参考。

表 15-3　I 型促进传递乳化液膜体系

提取	外水相	表面活性剂	膜相溶液	内水相	效率/%	参考文献
醋酸	$CH_3COOH(1\sim5g/L)$	ECA-4360(4%)	LOPS	NaOH	>90	[159]
生物碱	小檗碱或麻黄定	Span-80(2%)	煤油	HCl(0.2mol/L)	约 100	[160]
氨	$NH_3(4.0g/L)$,pH 10.5	Span-80(2%)	S100N	$H_2SO_4(20\%)$	—	[161]
	$NH_3(1.0g/L)$,pH≥10.5	Span-80(4%)	石蜡油	$H_2SO_4(20\%)$	99.5	[162]
胆固醇	血液	Span-80	石蜡油	皂草苷	80～85	[163]
氰化物	$HCN(0.1g/L)$,pH 6～7	聚胺 E644(1.0%)	煤油或石蜡油	NaOH	99	[164]
硝酸盐	$NaNO_3(0.22g/L)$	Span-80(2%)	S100N	$H_2SO_4(50\%)$ $Fe_2SO_4(20\%)$ $H_2O(30\%)$	84	[165]
酚	$ArOH(0.2\sim1.0g/L)$	Span-80(2%)	S100N	NaOH(0.1%～20%)	98	[58,165]
	$ArOH(1.67g/L)$	LMS-2(3%～5%)	煤油+石蜡油	NaOH	99.98	[152,177]
	$ArOH(7.0\sim47g/L)$	LMS-3(5.0%)	煤油+石蜡油	NaOH	>99.99	[122]

表 15-4　II 型促进传递乳化液膜体系

提取	外水相	萃取剂	膜相表面活性剂	溶剂	内水相	效率/%	参考文献
钡	Ba^{2+}、Mg^{2+}、Ca^{2+}、Sr^{2+}（各 0.005mol/L），pH 8.5		Span-80(5%)	矿物油/甲苯	0.2mol/L HCl	—	[166]
镉	$Cd(CN)_4^{2-}$	Aliquat 336	Span-80(0.1%)，聚胺(3.0%)	S100N	EDTA,pH 4～6	99	[167]
铈	Ce^{3+}	TOPO(0.1mol/L)	Span-80/20	环己烷	柠檬酸钠,pH 8	98.5	[168]
铯	$Cs^+(0.001mol/L)$	Br_2DCC(0.002mol/L)	Span-80/85(3.3%,2:1)	矿物油/甲苯	柠檬酸钠(0.05mol/L)	96	[168]
铬	$Cr_2O_7^{2-}(0.06g/L)$	TOA(1%)	LMS-2(4%)	煤油	NaOH(0.1mol/L)	99.8	[169]
	$Cr_2O_7^{2-}$ 0.25mol/L H_2SO_4	TBP(20%)	Span-80(4%～5%)	正己烷	NaOH(5%)	>99	[170]
钴	$Co(NO_3)_2$,pH 3.1,0.5mol/L HNO_3	D2EHPA(6.3%)	Span-80(2%)	环己烷	2mol/L HNO_3	约 90	[171]
	$CoSO_4(1.0g/L)$	D2EHPA	ECA4360	LOPS	H_2SO_4(50～200g/L)	约 95	[172]
	0.1mol/L NaAc,pH 5,Co^{2+},pH 7.95	LIX-64N(0.36%)	Span-80	甲苯	EDTA(0.005mol/L)pH 7.9	99	[168]

续表

提取	外水相	萃取剂	膜相表面活性剂	溶剂	内水相	效率/%	参考文献
钴/锰	Co^{2+} (0.82g/L,0.86g/L) Mn^{2+} (1.38g/L,1.44g/L)	TBP	Span-80	—	—	Co:64～95 Mn:98.6	[173]
铜	Cu^{2+}、Mg^{2+}、Al^{3+}、 Fe^{2+}、Fe^{3+}、Cu^{2+} (8g/L)、Zr^{2+}(100g/L)、 $CuSO_4$(0.3g/L)	LIX-64N (2.5%) Acorga PT 5050(5%) LIX-64N SME529	聚胺(2.0%) PA 18(2%) Span-80	S100N Shellso 1T Shellso 1T	H_2SO_4(20%) H_2SO_4(250g/L) H_2SO_4(250g/L)	99 — —	[174,175] [176] [177]
铕	Eu^{3+} (1.3×10^{-3}mol/L), pH 2～3	D2EHPA (0.5%)	Span-80(2%)	煤油/聚 异丁烯 (10%)	2mol/L HNO_3	—	[178]
金	$AuCl_4$(Pt、Pd、Ag、Cu、 Pb、Fe),pH 2.54	N 503	聚胺 E644(4%)	煤油 /石蜡油	Na_2SO_3	>97	[179]
铁	$FeCl_4^-$	$CH_3(C_8H_{17})_3$ NCl(5mol/L)	Span-80(2%)	甲苯	1mol/L HCl	—	[180]
镧/钕	La^{3+} (8.0×10^{-4}mol/L) Nd^{3+} (3.5×10^{-4}mol/L) pH 1.5～2.5	PC 88A	Span-80 PX100 $2C_{18}\triangle^9GE$ 或 $2C_{18}\triangle^9GE$ C_2QA	正己烷	0.5mol/L H_2SO_4	$\alpha_{Nd/La}=$ 4.1～7.0	[181]
铅	Pb^{2+}、Na^+、K^+、 Rb^+、Cs^+、Ag^+、 Tl^+、Mg^{2+}、Ca^{2+}、 Sr^{2+}、Ba^{2+}、Zn^{2+}	DC18C6	Span-80(3%)	甲苯	$Li_4P_2O_7$ (0.05mol/L)	—	[98]
汞	Hg^{2+} (2.5～190mg/L)	1,1-二丁基- 3-本甲酰硫脲	Rofatan OM (脂肪酸酯) (3.5%)	癸烷	0.2mol/L HCl 7.6g/L 硫脲	96	[153]
钼	$Mo_7O_{24}^{6-}$(1.06g/L) H_2SO_4(16g/L)	TNOA (0.02mol/L)	Span-80(5%)	煤油	Na_2CO_3 (2mol/L)	99.5	[82]
镍	Ni^{2+}(2.2g/L)	DTPA(5%)	ECA 4360(3%), Span-80(0.2%)	Shellso 1T	H_2SO_4 (250g/L)	—	—
磷酸 根	PO_4^{3-} (0.27%～0.57%)	胺	Span-80 (1%～2%)聚胺	异链烷烃	$CaCl_2+NH_4OH$ 或 $Ca(OH)_2$	91～98	[165]
混合 稀土	RE^{3+}(1.0g/L)	D2EHPA(6%)	聚胺/ Span-80(3:1)	煤油	6mol/L HCl	99	[182]
银	Ag^+、Na^+、K^+、 Rb^+、Cs^+、Tl^+、 Mg^{2+}、Ca^{2+}、Sr^{2+}、 Ba^{2+}、Pb^{2+}、Zn^{2+}	DC18C6	Span-80(3%)	甲苯	$Li_2S_2O_3$ (0.05mol/L)	—	[98]
铜	Na^+、K^+、Rb^+、Li^+ (各 0.01mol/L)		Span-80(5%)	矿物油 /甲苯	0.2mol/L HCl	—	[166]

提取	外水相	萃取剂	膜相表面活性剂	溶剂	内水相	效率/%	参考文献
锶	$Sc(10^{-4}mol/L)$ 0.01mol/L HCl	Br_2DCC $(1×10^3mol/L)$	Span-80/85 (3.3%,2∶1)	矿物油 /甲苯	柠檬酸钠 (0.05mol/L)	96	[168]
锝	TcO_4^-， 0.05mol/L HNO_3	Aliquat 336	Span-80(3%)	环己烷	$NaClO_4$ (1mol/L)	92	[168]
混合稀土	RE^{3+}(2.12g/L)	P507	NS	煤油	HCl (8mol/L)	>93	[183]
铀	UO_2^{2+} 0.34mol/L H_2SO_4	TNOA	Span-80	煤油	Na_2CO_3	95	[184]
锌	Zn^{2+}(0.5g/L)	DTPA (2%~4%)	ECA 4360(2%)	Shellsol T	H_2SO_4 (250g/L)	99.5	[176]
钨	WO_4^{2-} （按 W 计45g/L）， P(100mg/L)， Mo(500mg/L)	N263(5%)+ 仲辛醇(15%)	LMA-1	磺化煤油	NH_4Cl (5mol/L)	>99	[79]
铟锗	In 0.250g/L Ge 0.034g/L Ca 0.045g/L	P204(7%)+ 环烷酸(1%) P204(7%)+ Str-1(1%)	LMS-2(3%) LMS-2(3%)	磺化煤油 磺化煤油	HCl (3mol/L) NHF (0.5mol/L)	>95 >98	[172] [172]
钯	Pd^{2+}(63mg/L) Fe^{3+}(250000mg/L) H^+(1000mol/m³)	MSP-8	PX100	正庚烷	硫脲 (50~300mol/m³) H^+ (1000mol/m³)	>90	[185]

15.3.2　分散、提取与泄漏、溶胀

液膜工艺的分离操作包括分散和澄清，分散是使乳状液和料液进行混合接触，料液中的指定溶质经萃取和反萃取进行液膜传递，然后在澄清过程中借助重度的差异使负载液膜乳液与迁移后的料液进行相分离，将乳液与料液两相分离开来。在进行分散操作前，通常要对料液进行预处理，典型的作法是使料液通过 $1～10\mu m$ 的滤网过滤，有时也可视料液情况先进行絮凝和沉降后再进行过滤。在分散操作中，一般将乳状液珠直径控制在 $1×10^{-4}～2×10^{-3}$ m 的范围内。液膜传质分离过程完成后，可利用沉降槽进行负载液膜乳液和料液的分离。液膜工艺中的澄清操作与常规溶剂萃取类似，本节从略。下面主要讨论液膜分离操作中的分散操作方式、乳化液珠直径、提取、泄漏及溶胀。

15.3.2.1　分散操作方式

液膜分散操作有间歇式和连续式两种。间歇式操作通常用于实验室筛选合适的液膜材料、研究传质机理、研究影响液膜稳定性、溶胀及传质速率的各种因素等，以此为基础，得出液膜最佳配方及操作条件，为工艺放大提供必要的基础数据和设计依据。

连续操作通常用于中试试验及工业运行，液膜乳液和料液可以并流或逆流方式进行。由于逆流运行可充分利用内水相试剂，提取效率高，是一优选操作方式。

与溶剂萃取类似，乳化液膜用传质设备可以用混合-澄清槽或塔设备。混合澄清槽操作灵活，可适应料液、相比及流量变化，其缺点是设备庞大，并可能有较大试剂损耗。

许多研究人员采用混合-澄清槽进行了乳化液膜研究[175,186,187]。Downs 等[157]建立了从城市污水中除氨的二级连续逆流混合-澄清液膜工艺，其流程见图 15-17。

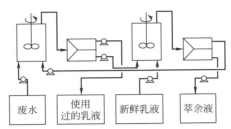

图 15-17　二级连续逆流混合-澄清液膜工艺流程[157]

与混合-澄清槽相比，塔式设备占地少、效率高[188]。舒仁顺等[189]采用转盘塔进行了液膜脱酚的连续性小试及中间试验，进水酚浓度为 1000mg/L，一级脱酚后，出水中酚浓度降至 5mg/L。张秀娟等[169]利用转盘塔进行了酚醛树脂生产含酚废水工业应用，经二级逆流液膜处理，出水中酚含量从 1000mg/L 降至 0.5mg/L 以下，达到了国家规定的排放标准。Marr[154]、王士柱等[139]在含锌废水处理中均采用搅拌塔，亦取得了满意效果。

15.3.2.2　乳状液球直径

液膜分离过程中，乳液与水混合接触是传质分离的基础。而乳液与水相混合分散过程中生成大量细小的乳状液球，提供巨大的比表面积以供传质，是液膜技术具有高效和快速等特点的重要原因[190]。同时，液膜的溶胀和破损也与乳液的分散密切相关，因此，有关液膜乳液的分散研究受到液膜研究者的广泛关注[62,190-203]。

通常以索特平均直径（体积/比表面积，d_{32}）来表征分散过程中乳状液球直径的大小。Teramoto[197]的研究表明，索特平均直径（d_{32}）足以表征乳状液球大小，没有必要采用体积分布。Ohtake[198]和 Rautenbach[199]等的研究表明，乳状液球直径的大小取决于乳液的黏度、表面活性剂的性能、浓度以及混合分散的操作方式。由于研究体系及操作条件不同，其乳状液球直径数学关联式不相同。万印华[195]、王子镐[196]等在综合一般液-液分散体系研究的基础上，通过标准构型搅拌槽内分散过程中乳状液球作用力的分析，得出了具有相似形式的乳状液球直径半经验关联式。理论推导表明，当乳液黏度的影响可以忽略不计时，乳状液球平均直径关联式可简化为 $d_{32}/L = AWe^{-0.6}$，L 为搅拌桨的直径，m；A 为无量纲经验常数；We 为 Weber 数。与文献［200］的结果具有相似的形式。对液膜分散体系实验研究表明，乳液黏度对乳状液球直径大小的影响不能忽略不计，但由于操作条件不同，且未考虑乳液与外水相比例及油相与内水相比例的影响，回归所得半经验关联式中有关常数不一致[195]。

在对液膜体系中乳状液球作用力分析的基础上[201]，同时考虑乳液与外水相的体积比以及乳液中油相与水相体积比的影响，推导出下列半经验关联式：

$$d_{32}/d_0 = (1 + BN_{vi})^{0.6} \tag{15-11}$$

$$N_{vi} = (\rho_c/\rho_d)^{1/2} \frac{\mu_d \varepsilon^{1/3} d_{32}^{1/3}}{\sigma} (1+\alpha_1 \Phi_1)^{-1} (1+\alpha_2 \Phi_2)^{-1} \tag{15-12}$$

$$d_0 = C_1 (1+\alpha_1 \Phi_1)^{1.2} (1+\alpha_2 \Phi_2)^{1.2} We^{-0.6} L \tag{15-13}$$

式中，$We = N^2 L^3 \rho_c/\sigma$，$N$ 为搅拌速度，L 为搅拌桨直径，σ 为乳/水界面张力；B、C_1 为无量纲经验常数；N_{vi} 黏性因子；d_{32} 为索特平均直径；d_0 为非黏滞性液滴直径；ρ_c 为连续相密度；ρ_d 为分散相密度；α_1、α_2 为湍动耗散常数；μ_d 为分散相黏度；ε 为单位质量的平均能量耗散率；Φ_1 为乳状液中内水相的体积分数；Φ_2 为乳状液的体积分数。

他们制备了一系列 W/O 及 O/W 乳液，并改变 Φ_1 及 Φ_2，测定了 W/O/W 及 O/W/O 体系中乳珠的大小，按式(15-11)～式(15-13) 进行回归，得出式中常数 $B = 4.08$、$C_1 = 0.053$、$\alpha_1 = \alpha_2 = 2$。同时比较了 Ohtake[198] 和 Kataoka[202] 报道的数据和按上述关联式的计算结果，两者极为吻合。

15.3.2.3　提取

液膜过程的合理设计和放大，需要大量可靠的实际资料。并需充分理解过程包含的传递机理。因此，对液膜体系中溶质的传递现象进行数学描述很有必要。迄今为止，描述液膜传质的数学模型很多，形式也各不相同。但对于快速化学反应和简单溶解过积的体系来说，在数学模型的研究中主要有两种途径：第一种是假设在液膜的传质过程中液膜的厚度不变，以此为基础，Cahn 和 Li[44,203] 提出了"平板模型"，Matulevicius 等[38] 提出了"空心球壳模型"（hollow spherical model）；第二种是假设在液膜的传质过程中，液膜的厚度是逐渐变化的，Ho 等[204,179] 建立了适用范围较广的膜相扩散控制的数学关系式，称之为"渐进前沿模型"（advancing front model）。下面仅对有关典型模型作一简要介绍。

(1)　平板模型[44,203]

Cahn 和 Li 假设，透过液膜的传质与一恒定的膜厚和膜两侧渗透物的浓度差 c 等直接相关，其渗透速率可以下式表示：

$$-\frac{dc}{dt} = DA \frac{\Delta c}{\delta} \tag{15-14}$$

式中　c——外部连续相中的渗透物质浓度；

　　　t——时间；

　　　D——渗透物在膜相的扩散系数；

　　　Δc——渗透物质在厚度为 δ 的膜相中的浓度变化；

　　　A——有效渗透面积；

　　　δ——膜厚。

由于在液膜系统中，膜厚 δ 和有效渗透面积 A 均难以定量确定，故常以 $D'(V_e/V_w)$ 来代替 DA/δ。此处 D 为有效渗透速率常数；V_e/V_w 为乳状液体积/外水相体积，简称为乳水比。据此可导得间歇式分批试验操作一段时间 t 以后，外相起始浓度 c_0 和外相残余浓度 c 的关系式：

$$\ln \frac{c_0}{c} = D' \frac{V_e}{V_w} t \tag{15-15}$$

该模型简单明确，并将各种影响因素全部归结在 D' 中，便于计算。但实践表明，D' 值随计算所取渗透时间间隔不同而有较大差别[44,135]，模型假设与试验结果有时出现明显不一致，故只可用于粗略的设计放大计算。

（2）空心球壳模型[38,192]

Matulevicius 和 Li 根据如下假设，建立了描述膜分离过程的模型：

① 连续相和乳状液充分混合，分离过程为局限于液膜相内的传质过程。

② 每一乳状液球内包含许多内相微滴，微滴中含有反应试剂，但从浓度梯度考虑，外相溶质仅扩散至内相微滴外层，即被内相完全"捕集"，故可近似地将这许多微滴看作一个大液滴（见图 15-18）。

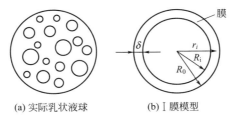

(a) 实际乳状液球　　(b) Ⅰ 膜模型

图 15-18　空心球壳模型

③ 乳状液球一旦形成便保持其完整性。

根据以上假设，便可建立如下描述溶质透过液膜的扩散过程方程：

$$\frac{\partial c}{\partial t} = D\left(\frac{\partial^2 c}{\partial r^2} + \frac{2}{r} \times \frac{\partial c}{\partial r}\right) \tag{15-16}$$

初始条件边界条件为：

$t < 0$ 时，
$$r = R_i,\ c = 0 \tag{15-17}$$

$t = 0$ 时，
$$r > R_i,\ c = c_\infty;\ r < R_0,\ c = 0 \tag{15-18}$$

$t > 0$ 时，
$$r = R_0,\ c = Sc_\infty \tag{15-19}$$

假定大液滴大小分布函数为：

$$\frac{n}{N} = f\,\mathrm{d}R \tag{15-20}$$

式中，t 为时间；R_i 为内乳状液滴的半径；c 为渗透物在膜中的浓度；c_∞ 为连续相中渗透物的浓度；R_0 为外乳状液滴的半径；S 为渗透物在膜相中的溶解度；n 为半径 R_0 的大液滴数；N 为乳状液球总数；f 为大液滴大小分布函数；R 为大液滴的半径。

当膜厚较大、液滴半径小得多时，上述方程可以求解。连续相中渗透组分在 t 时刻的浓度与初始浓度之比 M 为：

$$M = 6\phi \sum_{n=1}^{\infty} \frac{\exp(-q_n^2 \tau)}{3\phi + 9\phi^2 + q_n^2} \tag{15-21}$$

$$q_n = 3\phi \cot(q_n)$$

式中　ϕ——常数，是 V_e/V_w、k、δ 和 f 的函数，S 表示渗透组分在膜相的溶解度；

　　　τ——傅里叶传质数，$\tau = D_1/\delta^2$；

　　　δ——恒定膜厚，$\delta = R_0 - R_i$。

以傅里叶传质数 τ 和速率常数 ϕ 两个参数描述连续相中渗透物浓度，每次试验用试差法确定 ϕ 和 τ。结果表明，有些数据可与分离模型符合得很好。

该模型虽然考虑了乳状液几何形状的影响，但仍然假定有效膜厚 δ 为恒定，实际上除非液滴内部存在强烈的内部环流，否则，随着内包反应试剂外层消耗殆尽，溶质渗透将有一个逐渐增加的距离才能进入内相反应。含表面活性剂的微小液滴内部不存在强烈的环流，这表示随着时间的增加，膜厚及传质阻力均将增加，与本模型假设不符。

（3）渐进前沿模型[179,204,205]

Ho、Hatton 和 Terry 等提出的渐进模型基于如下假设：

① 乳液内相微滴在乳状液球内均匀分布；

② 外相渗透物透过液膜后，立即和内相试剂发生瞬间不可逆反应，使乳状液球最外层的内相微滴首先达到饱和，该饱和区进而向乳状液球中心逐渐推进；

③ 饱和区和新鲜区之间有一明显界面，这一界面称反应前沿（见图 15-19）；

④ 忽略膜外相传质阻力，不考虑膜的破裂。

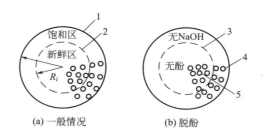

图 15-19　渐进前沿模型示意图

1—乳液滴；2,3—反应前沿；4—含酚钠的内相小液珠；5—含 NaOH 的内相小液珠

根据以上假设，可得在乳状液球内和外部连续相中溶质浓度的方程如下。

乳状液球内：

$$\frac{\partial c}{\partial t} = \frac{D_e}{r^2} \times \frac{\partial}{\partial r}\left(r^2 \frac{\partial c}{\partial r}\right), \quad R_f(t) \leqslant r \leqslant R \tag{15-22}$$

$t = 0$ 时，
$$c = 0 \quad (r < R) \tag{15-23}$$

$t < 0$ 时，
$$c = \alpha c_e \quad (r = R) \tag{15-24}$$

$t > 0$ 时，
$$c = 0 \quad [r = R_f(t)] \tag{15-25}$$

外相：

$$-V_e \frac{dc_e}{dt} = N(4\pi R^2) D_e \frac{\partial c}{\partial r}\bigg|_{r=R} = \frac{3}{R}(V_m + V_i)D_e \frac{\partial c}{\partial r}\bigg|_{r=R} \tag{15-26}$$

$t=0$ 时，$\qquad\qquad\qquad\qquad c=c_e$ $\qquad\qquad\qquad\qquad$ (15-27)

反应前沿的物料衡算式：

$$-\left(\frac{V_i}{V_m+V_i}\right)c_{iv}\frac{dR_f}{dt}=D_e\frac{\partial c}{\partial r}\bigg|_{r=R_f(t)} \qquad (15\text{-}28)$$

$$t=0，R_t=R \qquad (15\text{-}29)$$

式中，t 为时间；D_e 为渗透物的有效扩散系数；α 为平衡状态时，渗透物在乳状液膜与外相之间的分配系数；c、c_e 分别为饱和区内及膜外相的渗透物浓度；c_{iv} 为内相反应溶剂的初始浓度；V_e、V_m、V_i 分别为膜外相、膜相和膜内相体积；R、R_f 分别为乳状液球和反应前沿的半径；N 为乳状液球总数；r 为乳状液球半径坐标。

该模型的有效性以不同搅拌条件下的液膜脱酚和脱氨数据做了检验，实验值和模型计算值吻合得很好。

Hatton 等[205]详细比较了渐进前沿模型和固定膜厚模型，认为前者较好。渐进前沿模型是目前广泛认可的一种乳化液膜传质模型，由于该模型仅考虑了膜相扩散阻力，与实际情况有一定距离。因此以渐进前沿模型为基础，针对不同液膜体系，在进一步考虑外相传质阻力、内相可逆反应、乳状液球外液膜薄层（不含内相试剂）传质阻力、乳液泄漏及液膜溶胀等不同影响因素的基础上，提出了多种液膜传质数学模型。Bunge[206]、Janakiraman[207]、Teramoto[208]和顾忠茂[209]和 Yan[210]等在考虑不同影响因素的基础上分别建立了考虑滴内可逆反应扩散模型、渐进反应区模型（advancing reaction zone model）、多层球壳模型（multilayer shell model）以及表面活性剂所造成的界面阻力的模型以及同时考虑膜相及膜外相边界层阻力模型。

利用乳化液膜提取和分离稀土是国内外较为活跃的研究领域[211]。Teramoto 等[208]提出了"多层球壳模型"来解释稀土离子通过液膜的传质行为。他们认为由于载体在水相中的溶解极低，所以降低了水相-膜相界面上的化学反应速率。因此在建立模型时，界面上的化学反应阻力是可忽略的。多层球壳模型考虑的影响因素周全，所得的实验值与其模型的计算值能够较好地吻合。但是，该模型引入参数较多，并且不易确定，而且该模型只能通过数值解法，求得数值解，无法得到解析解。这是此模型的局限所在。

液膜数学模型工作近年来已取得较大进展，一些数学模型研究已考虑了强烈搅拌带来的乳液破裂问题以及外水相进入内水相引起的乳状液溶胀问题（液膜破裂造成的泄漏和液膜溶胀，均对液膜体系的正常操作带来不良影响）。

Teramoto[49,197]、Chan[212]、Borwankar[213]、徐铜文等[214]分别建立了考虑乳液破裂时的液膜传质模型。由于各模型考虑因素很多，所得数学表达式极为复杂，无法得到解析解。

Chaudhuri 等[215,216]建立了考虑液膜溶胀的传质模型，该模型忽略了液膜破损的影响。在实验的基础上建立乳液体积与传质时间的经验关联式以描述传质过程中的液膜溶胀，并以 Span-80 为表面活性剂、Alamine 336 为载体、Na_2CO_3 为内相反萃剂，进行乳酸提取实验。结果表明，当表面活性剂浓度较高时，虽然溶胀严重，但实验结果与模型预测值吻合较好；而当表面活性剂浓度较低时，由于破损严重，模型不适用。

　　韩伟等[217]则在模型中同时考虑了乳液渗透溶胀和液膜破损的影响，建立了改进的Ⅱ型促进传递渐进前沿模型，对提出的模型采用数值法求解，并用间歇式液膜提取苯丙氨酸实验进行验证。

　　由于实际应用中的运行过程通常均以连续方式进行，因此，对连续液膜过程的传质数学模型研究是液膜技术研究及应用的重要一环，得到了液膜研究人员的重视并对此进行了广泛研究[94,218-231]。

　　对于基于Ⅰ型促进迁移的连续液膜过程，Ho和Li[218]根据"空心球壳模型"建立了多级逆流、多级并流混合-澄清槽及机械搅拌塔的液膜传质过程，证明了无论采用混合澄清槽还是机械搅拌塔，逆流操作的提取效率均大于并流操作方式。由于采用"空心球壳模型"仅能得到提取效率、萃取器大小及提取时间的一级解，还由于空心球壳模型本身的局限性，与实际传质过程有一定距离。Hatton和Wardius[219,220]在Ho等[204]提出的"渐进前沿模型"的基础上，进一步利用拟稳态解（零级解）描述了基于Ⅰ型促进传递的连续并流及逆流多级混合-澄清槽液膜过程。Rautenbach等[199]则在"渐进前沿模型"的基础上，建立了描述搅拌塔中连续逆流操作的液膜传质过程，并讨论了轴向返混时对传质的影响。对氨的连续逆流提取表明，模型计算值和实际计算值吻合很好。Kinugasa等[221]进行了喷淋塔中液膜法连续逆流处理含酚溶液的迁移数学模型研究及模拟。该模型考虑了外向边界层阻力、膜相扩散阻力及轴向返混的影响，并在所建模型的基础上探讨了各影响因素对传质的影响，发现酚在外相边界层扩散阻力是传质扩散控制步骤。

　　对于基于Ⅱ型促进传递的连续液膜过程，Ho等[218]认为以"空心球壳模型"为基础，采用总包传质系数建立的Ⅰ型促进传递数学模型同样适合于Ⅱ型促进传递模型，可相应地用来描述多级并流、逆流混合-澄清槽以及搅拌塔的连续液膜传质过程，并在物料衡算的基础上建立了描述各传质过程的数学模型。

　　Hayworth[36]、Kataoka[222]、Bast[223]及Matsumoto[224]等先后进行了类似研究。同样地，由于采用"空心球壳模型"来表征Ⅱ型促进传递液膜过程也只能得到提取速率、萃取器大小及提取时间的一级解，而渐进前沿模型能更准确地描述液膜传质过程。Teramoto等[225]在其建立的间歇式Ⅱ型促进传递模型的基础上[197]，进一步提出了描述单级混合-澄清槽中连续液膜过程的数学模型。由于该模型含有许多复杂的数学方程及参数，求解困难，只能得到数值解。Teramoto等同时还提出了混合槽中描述乳液停留时间分布的函数方程，指出对于连续混合液膜过程，必须考虑乳液在混合槽中的停留时间分布。目前有关Ⅱ型促进传递的连续液膜过程的数学模型研究不及Ⅰ型促进传递的连续液膜过程广泛和深入，以"渐进前沿模型"为基础，对基于Ⅱ型促进传递的多级连续液膜过程（如多级混合-澄清槽及搅拌塔）的数学模型研究尚有待发展及完善。

　　在乳化液膜的提取过程中，表面活性剂是不可缺少的。研究学者证明，在乳化液膜提取过程中，外界面表面活性剂层的阻力对传质有至关重要的影响且不可忽略。因此，研究者提出将表面活性剂对乳化液膜传质的影响引入模型中，并建立了考虑外界面表面活性剂层阻力的传质模型。顾忠茂[229]提出了考虑表面活性剂阻力效应的传质模型，模型中考虑了溶质在乳化液滴内的渗透、外界面表面活性剂层的阻力及乳化液膜的破裂；并提出了有效扩散系数的概念，简化了传质过程。Borwankar等[230]在顾忠茂提出的考虑表面活性剂阻力效应的传质模型基础上，提出外水相的传质阻力不能忽略，建立了乳化液膜提取的物理模型。朱宪等[231]用 Lewis 恒界面传质池对乳化液膜分离 Zn^{2+} 的传质阻力进行实验研究，在此基础上建立了既考虑外界面传质阻力又考虑膜破裂的乳化液膜传质模型，该模型的计算值与实验值符合较好。郑儒博等[232]在考虑表面活性剂阻力效应的乳化液膜传质模型的基础上，进一步考虑了表面活性剂吸附速率对乳化液膜传质过程的影响，建立了改进的模型，并采用以 LUX84-I 为载体、T161 为表面活性剂、煤油为膜相、硫酸溶液为内相的乳化液膜进行 Cu^{2+} 的提取实验，相比于其他模型，改进模型的计算值与实验数据吻合更好，尤其在提取过程前 20s 中。

15.3.2.4　泄漏

液膜的泄漏或破损率是评价液膜稳定性的重要指标。乳化液膜过程中的泄漏包括内相试剂及提取进入内相的溶质因膜破裂而进入外相产生的"短路"与内相试剂和提取进入内相的试剂经膜相迁移进入外相，因此，膜泄漏会导致传质推动力下降，分离效率降低，甚至可能导致液膜过程失效。通常采用示踪法，通过在膜内相包封示踪物质，经混合接触一段时间后，使液膜乳液与外相分离，测定外相中示踪物质的量，按下式计算泄漏率（ξ）：

$$\xi = \frac{外相中示踪物质的量}{内相中示踪物的起始量} \times 100\% \tag{15-30}$$

为保证测定的准确性，示踪物质的选择有严格的限制，必须不能通过液膜迁移。影响液膜稳定性的主要因素包括液膜配方、乳液的制备及乳液与外相的混合情况。

（1）液膜配方的影响

表面活性剂、膜溶剂、内水相的性质及体积分数对液膜的泄漏影响较大，其中表面活性剂可极大地影响液膜的稳定性，对液膜的稳定性起着关键性作用。研究表明[112,117]，聚胺类表面活性剂（如 ECA4360、兰-115A、LMA-1 等）制得的液膜耐酸、碱，稳定性好，性能较 Span-80 为佳。张秀娟等[112-114]根据液膜专用表面活性剂 LMS-2 高分子量的特点，较详细地研究了其分子量及分布对液膜稳定的影响，考查了不同分子量及分子量分布时的界面吸附性能，认为性能优良的表面活性剂必须具有合适的分子量及分子量分布，对 LMS-2 的生产及应用具有指导作用。同时，也为后来助表面活性剂 LA[121]、表面活性剂 LMS-3[122]、LMA-1[123,126]的研制提供了指导，并在液膜研究及应用中进一步证实了高分子表面活性剂有利于形成稳定液膜。如前所述，迄今，国内已相继研制了 307-I、EM-301、PSN-89414、LYF 及 LMA 等多种液膜专用高分子表面活性剂。据报道，其综合性能均优于市售产品如 Span-80、兰-115A 及聚胺类表面活性剂 ENJ-3029 等。

为保持液膜的稳定性，表面活性剂的浓度必须足够高，通常随着表面活剂的浓度增大，液膜的稳定性随之提高，但当表面活性剂的浓度达到某一值后，继续增大表面活性剂的浓度，对液膜的稳定性影响不大，即存在所谓"临界浓度"——表面活性剂在油/水界面饱和吸附时所需表面活性剂的浓度[82,119,133]。在乳化液膜研究及应用中，表面活性剂的浓度通常介于 2%～5% 之间[73]。由于液膜载体具有与表面活性剂类似的亲油、亲水结构，会在油/水界面上与表面活性剂分子竞争吸附，因此，过高的载体浓度会降低表面活性剂分子在界面的吸附，从而影响液膜的稳定性，通常载体浓度以 10% 左右为宜[230-234]。

膜相黏度是影响液膜稳定性的另一重要因素，而膜溶剂是决定膜相黏度的主要因素。采用低黏度的溶剂会形成较薄的液膜，这种液膜在提取初期传质速率高，但随着接触时间的延长，液膜会出现严重的破损。高黏度溶剂构成的液膜强度高，虽然传质速度相对较慢，但因为稳定性高，总的提取效率更高。因此，采用黏度较高的油作为溶剂有利于必需的液膜稳定性[159,179,235]。Evans 和 Cussler[236,237] 利用多种不同的有机溶剂混合物，用 Span-80 作表面活性剂，LIX-64 作载体，制成油包铬酸钾乳化液膜，对稳定性做了测试。结果表明：选用黏度大的聚丁二烯加适量密度大、极性小的四氯乙烷或三甲基戊烷，或选用石蜡油加适量六氯代-1,3-丁二烯作膜溶剂，所得乳状液稳定性好；选用聚丁二烯加极性较大的二癸醇作膜溶剂，所得乳状液就不够稳定，与连续水相接触 1～3min 后乳液就显著破裂。

表 15-5　几种表面活性剂所构成的液膜的稳定性[123]

表面活性剂	不同时间(min)表面活性剂液膜的破损率/%							
	10	20	30	40	10	20	30	40
LMA-1	0.12	0.14	0.15	0.18	0.21	0.28	0.34	0.39
LMS-3	0.28	0.34	0.39	0.42	0.16	0.19	0.23	0.30
兰-113A	0.47	0.58	0.75	0.83	0.65	0.90	1.12	1.24
ENJ-3029	0.54	0.62	0.73	0.90	5.15	6.14	7.28	8.43
备注	内水相:含 10000mg/L KCl 的 1.0mol/L NaOH				内水相:含 10000mg/L KCl 的 0.5mol/L H_2SO_4			

内相试剂是影响液膜稳定性的另一因素。研究表明[111,123]，不同内相试剂对表面活性剂液膜稳定性的影响不同，这一点也可以从表 15-5 中看出。对于采用 Span-80 作为表面活性剂的液膜，当以 NaOH 为内相试剂时，由于 NaOH 会使 Span-80 水解，可导致液膜稳定性急剧下降[238]。

提高内相的体积分数会使液膜变薄，从而引起液膜破损率增大[174,175]。但较低的内相体积分数又会降低传质速率[164,230,231]，较为合适的内相体积分数以 0.3～0.5 为宜[111]。

（2）乳液制备的影响

通常为制备稳定的液膜乳液，需要极为强烈的能量输入（如采用高速搅拌、超声波等）将内相分散成微细液滴。一般认为，当表面活性浓度足够高时，内相微滴越小，形成的乳液也越稳定[151,174]。王子镐等[196] 从表面活性剂的界面吸附特性出发，认为对于某一表面活性剂浓度，都有一适宜的内相滴径值，使液膜体系获得较好的稳定性。值得注意的是过于稳定的液膜乳液可能会为后续破乳操作带来困难，Draxler 等[176] 认为实际操作中，可允许适度的液膜破损。

（3）提取过程中搅拌强度的影响

在液膜提取的过程中，混合搅拌速度越高，则形成的乳状液球越细，传质比表面积越大，传质速率随之升高，但乳液的破损率也随之升高，从而可能使总的提取率或分离效率下降[198,230]。因此，液膜混合传质过程中，混合搅拌必须维持适当强度，一般以保持乳液液球直径 0.1～3mm 为宜。

15.3.2.5　溶胀

溶胀是指外水相通过液膜进入内相从而使内相体积增大的现象。溶胀对液膜过程极为不利，主要表现在：①溶胀稀释了内相富集液浓度，直接降低浓缩及分离效果；②降低溶质提取的传质推动力；③使液膜变薄，导致乳液稳定性下降；④改变乳液的流变特性，给破乳及相分离带来困难[58,187,210,239]。Draxler 等[176]预测了溶胀对乳化液膜提取铜的经济性的影响，认为当溶胀率达到 30%～40%时，与溶胀萃取相比，液膜的经济性会完全消失。因此，溶胀是直接影响液膜技术的完善及其工业化进程的技术关键之一。

溶胀有渗透溶胀和夹带溶胀（又称乳化溶胀或包裹溶胀）两种。渗透溶胀是由于内外水相存在电解质浓度差产生渗透压时发生的溶胀。渗透压溶胀的机理有两种[240,241]，即表面活性剂的水合作用机理和反胶束对水的加溶作用机理。

表面活性剂的水合作用机理见图 15-20(a)。由图可见，吸附于油/水界面的表面活性剂分子的亲水基与水结合形成水合分子。由于外相中水的活度很高，水合表面活性剂分子便扩散通过液膜向膜相/内水相界面迁移，而内水相中水的活度较低，水便从表面活性剂水合分子中脱除进入内水相。除表面活性剂外，萃取剂由于具有与表面活性剂类似的亲油、亲水基团，也有迁移水的作用，引起液膜溶胀[120,210,240,242]。

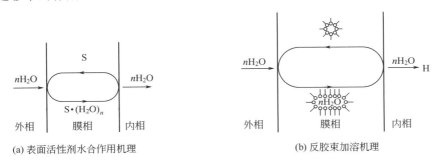

(a) 表面活性剂水合作用机理　　　　　　　(b) 反胶束加溶机理

图 15-20　乳化液膜渗透溶胀的机理

反胶束对水的加溶作用机理见图 15-20(b)。表面活性剂在非极性溶剂中形成对水具有加溶作用的反胶束，其中表面活性剂分子的亲水基和水形成反胶束内核，而表面活性剂的亲油基指向非极性溶剂形成胶束外部。同样地，由于外水相水的活度较高，反胶束在膜相/外水相加溶水后便向膜相/内水相界面迁移，而内水相中水的活度较低，水便从反胶束中脱离进入内水相[243,244]。王子镐[133]等通过膜相水的扩散系数的测定，提出了渗透溶胀的溶解-扩散机理，认为作为化学位梯度的渗透压只为水进入液膜提供了一种趋势，而使渗透真正成为可能，则是表面活性剂油溶液对水的加溶作用。这种加溶可使水在油相的溶解度剧增数百倍，因此，表面活性剂的作用是渗透溶胀的关键所在。当水分子被表面活性剂水合带入膜相后，由于化学位梯度的作用力大于水合作用力，因此脱离表面活性剂分子而单独扩散通过膜相进入内水相。并在此机理模型的基础上，推导了渗透溶胀方程，该方程的预测值与他们的实验结果和文献 [210] 的实验结果很吻合。

图 15-21 是夹带溶胀机理示意图。按照这一机理，夹带溶胀产生于分散过程中乳液的反复聚结及再分散，其主要依据是夹带溶胀随混合搅拌速度的升高而迅速增大[210,245]。在乳化液膜提取操作中，乳化液滴边提取物质边上浮，最后聚集在容器的上部，紧密排列的乳滴之间的空隙就是夹带的水，因水膜容易破裂，经短暂的时间，这部分水进入乳化液中，这就是夹带溶胀的产生机理。有关液膜溶胀的数据因操作条件及体系不同，数值相差极大，在10%至 100%不等[159,245]。丁瑄才等[130,245]在研究中发现渗透溶胀一般在 30%以下，而夹带溶胀可达 500%。万印华等[126]报道，采用高分子表面活性剂 LMS-3 和 LMA-1，溶胀可

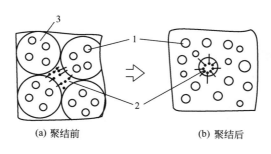

(a) 聚结前　　　　　　　(b) 聚结后

表面活性剂分子
亲油层　　　　亲水基

图 15-21　夹带溶胀机理示意图[210]
1—内相微滴；2—夹带水滴；3—乳珠

控制在 5％以下。Ohtake[198]与曹汉瑾等[191]的研究表明，分散操作中混合方式的不同，产生的夹带溶胀不同，采用喷嘴分散有利于降低夹带溶胀。

丁瑄才[130]对表面活性剂及溶胀的关系进行了研究，考察了多种表面活性剂的物理特性：表面活性剂在表面上紧密排列时所占表面积 σ、饱和表面膜电位 ΔV_s、偶极矩 μ 及分子量与溶胀的关系。指出：σ 值大、μ 值高和分子量大的表面活性剂构成的液膜溶胀最小（见表 15-6）。Li 等[131]对 EM301、Span-80 和上-205 等多种表面活性剂的液膜稳定性和溶胀研究得到了类似结果。

表 15-6　几种表面活性剂的物化参数及所构成的液膜的溶胀率[130]

参数	Span-80	上-205	兰-113A	ENJ-3029	LMS-2
$\Delta V_s/\text{mV}$	230	210	200	290	80
$\sigma/\text{Å}^2$	61.2	45.0	69.0	75.0	597
分子量	300	966	920	2150	5018
μ/mD	372	235	365	578	1252
溶胀率/％	500	250	500	300	30

Draxler[246]、严年喜[132]等研究了不同结构及组成的载体对溶胀的影响。Draxler 等发现含氧化合物如 D2EHPA 及 TOPO 对溶胀影响较大，而含氮化合物 LIX64 及 Aliquat 336 可抑制溶胀，尤其是 Aliquat 336 更为明显。后面的研究也表明，含氧表面活性剂对溶胀影响要大于含氮类表面活性剂。一般认为含氧化合物在膜与外水相接触的界面上可被强烈水化，从而促进了水分子的传递。

Goto[119]、王子镐等[133,120,242]研究了界面吸附对表面活性剂液膜的影响，并根据表面活性剂在 W/O 型乳液界面的吸附情况来说明液膜的稳定性。对解释不同条件下液膜的稳定性，选择合适的表面活性剂及其用量有一定的参考价值。万印华等[126]则针对液膜属于 W/O/W 多重乳液的特点及存在 W/O 型乳液与外水相的界面吸附，进一步提出了"乳化液膜体系表面活性剂双界面吸附模型"，可较好地解释不同内、外水相介质及表面活性剂对液膜稳定性和溶胀的影响。

大量研究表明，优化操作条件可降低夹带溶胀，但乳化液膜体系中的表面活性剂和载体均会一定程度地迁移水，因此溶胀不可避免，但可采用一些方法来降低溶胀，如：

① 筛选合适的表面活性剂是降低溶胀的有效途径。一些合成的液膜专用表面活性剂如 LMS-2[109,132]、EM-301[132,247]、LMA[136] 及谷氨酸二烷基酯[117,119,248] 的性能比市售 Span-80 和聚胺类表面活性剂性能优良，可明显降低溶胀。

② 提高膜相黏度以增强膜的强度可减少水的迁移，有利于降低渗透及夹带溶胀[154,196]。

③ 降低内相的体积比使膜厚度增加可减慢水的迁移[187,230,244]。

④ 在外水相添加不能迁移的盐类以使内、外水相的活度接近亦可降低溶胀[239,249,250]。据报道在液膜分离发酵产品过程中添加葡萄糖可有效抑制溶胀[251,252]。

⑤ 在膜相中加入优先与表面活性剂形成反胶束的物质来取代含水反胶束亦可降低溶胀[239]。

液膜溶胀的机理及实验研究表明，合理设计液膜体系及优化操作条件最大限度地减少溶胀是可能的，而通过表面活性剂和载体本身性能的改善来有效降低表面活性剂和载体对水的迁移是抑制溶胀的关键所在[126,133,134,242]。

15.3.3　破乳

15.3.3.1　破乳的主要方法

为了将使用过的乳状液膜重新使用，需要将乳液破乳，分离出膜相用于循环制乳，分出内相以便加工获得产品。在这一步骤中，希望减少膜物质损失，并降低能量消耗、药品消耗和投资费用。破乳效果的好坏，直接影响到整个液膜工艺的经济性，是液膜技术工业化进程中必须妥善解决的关键技术之一。

乳化液膜破裂有以下两种情况：乳滴内小水滴聚结成大水滴然后破裂以及乳滴周边的水滴与第三相接触发生破裂。这两种情况都是极端的情况。一般乳化液内部水滴聚结的概率小，而膜接触第三相界面变化较大，通常都易从此处破裂。膜破裂的两种情况如图 15-22 所示。

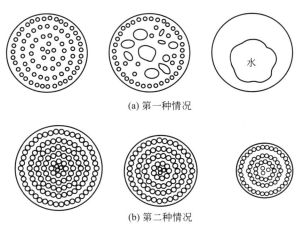

图 15-22　乳化液膜破裂的两种情况示意图

破乳研究已有近百年的历史。自 20 世纪初，随着原油开采与冶炼行业的发展，破乳技术研究开始了大踏步的前进；到 20 世纪 60 年代后期，ELM 技术的出现又为破乳技术的发展增添了新的动力，使其成为学术界一个长期研究热点。破乳方法大体可被划分为化学法（chemical demulsification）、生物法（bio-demulsification）和物理法（physical demulsification）。

下面简述几种液膜研究中常用的破乳技术，以供选用时参考。

(1) 化学法（破乳剂法）[213,253]

破乳剂是一种有机溶剂或溶剂混合物，这种溶剂或溶剂混合物与液膜中任一组分不发生化学反应，并具有挥发性，沸点低，可蒸发回收。这种溶剂通过界面吸附引起表面活性剂在油/水界面脱附，达到破乳的目的，但不破坏膜相组分。这个方法在一定范围内是有效的，缺点是加入破乳剂进一步增添了污染，同时一般都会提高乳化剂的消耗，成本高，工业应用价值不大。

破乳剂大体可以分为五类：酸碱、电解质、反相表面活性剂、有机溶剂以及复合型破乳剂。它们改变界面性质的机理各有不同，详见表 15-7。

表 15-7　化学破乳机理（破乳剂法）

破乳剂	适用体系	破乳机理	参考文献
有机溶剂	任意乳液体系	乙醇、丙酮、戊烷、苯等有机溶剂，反复洗涤溶解乳状液；或不断稀释连续相、萃取界面吸附的活性物质来实现破乳	[254,255]
酸碱	蛋白或脂类表面活性物质稳定的乳液	改变原有界面上吸附的表面活性物质的物性、团聚状态或者促使其水解等，使油水界面变得脆弱、易破裂，珠滴聚并	[249,250,256,257]
电解质	离子型表面活性剂吸附于油水界面形成双电层的乳液体系	电解质使表面活性剂与带有反向电荷的离子相互作用，平衡界面电荷、降低电荷密度、压缩双电层、降低界面稳定性	[258,259]
反相表面活性剂	非离子型表面活性分子稳定界面膜的乳液	破坏界面膜原有的紧密结构；珠滴在热运动或重力沉降时发生碰撞聚并破乳	[260-262]
复合破乳剂	位阻/双电层等稳定机理同时起作用的乳液体系	若干种破乳剂复配同时或分别逐一加入，破坏界面的每一种稳定因素	[263,264]

上述各类破乳剂中反相表面活性剂应用最为广泛，发展历史最长。从 20 世纪 20 年代开始，出现了第一代（20 世纪 20～30 年代）低分子量阴离子型表面活性剂（羧酸盐、磺酸盐及硫酸酯盐型表面活性剂），第二代（20 世纪 40～50 年代）低分子量非离子型表面活性剂（如 OP 系列、平平加型、Tween 系列等），第三代（20 世纪 60 年代后）高分子型表面活性剂[265-269]。2005 年徐桂英课题组[269]合成的一系列油溶性树枝状有机高分子破乳剂，适用于 W/O 型原油乳状液破乳。其中枝化度最高的 SD31 型破乳剂的脱水能力最强，脱水率可达 90%。

(2) 生物法

某些生物质也可以用来破乳。据 2004 年冯志强报道，山东石油大学成功开发了一种生物原油破乳剂，并已经进入了工业放大研究阶段[270]。该破乳剂与常用的化学破乳剂相比，破除原油乳状液后，油水界面清晰，且脱出水中含油量低。生物破乳剂破乳机理被认为是由于生物胞体具有椭球型外型，短轴长约 $0.4\mu m$，长轴长约 $0.8\mu m$，比一般乳状液的液滴尺寸（$0.2\mu m$）大许多，再者其外表面具有—COO—、—NH$_2$、—SH、—OH 等许多活性基团，使水滴能较快地在表面上润湿、铺展、聚并。2005 年，崔昌峰等又研究开发了一种新型生物复合原油破乳剂。该破乳剂由生物制剂 BA、天然大分子改性剂 GD 和助剂 ZY 三种成分构成，也表现出了优异的破乳脱水与净化水质的效果[271]。

（3）物理法

物理法与化学法相对应，它是通过向乳状液体系施加一定环境压力，比如力、电、热、声等，来促使乳状液体系的不稳定。根据所施加外场的性质和施加手段的不同，物理法可划分为重力法、离心法、电法、热法、微波法、超声法等。最近还出现了膜法、冷冻解冻法等许多新型物理破乳方法。下面详细介绍几种常用的方法：

① 高速离心法：把乳液经过高速离心机分离，借助于乳液的膜相和内相密度之差而迅速分层澄清，以回收膜相。但是在工业生产时，这个方法的投资和操作费用可能更高，特别是在含水量很高时，更是如此。

② 静电破乳法：把乳液置于常压或高压电场（直流或交流均可），使乳状液中分散的微细液滴聚结形成大液滴，并在重力作用下沉降分离。这一方法操作简单，设备简单，容易实现连续化，破乳程度又较高，是国内外破乳液膜研究及应用中普遍采用的破乳方法。

③ 加热破乳法：将乳液加热，随着温度上升，膜相黏度下降，同时乳液聚结加剧，促使液膜破裂。加热破乳的缺点是经济费用太高，因而不常采用。

④ 研磨破乳法[269,262]：利用具有不同粒径的球形亲水材料为研磨剂，在电动搅拌耙推动下，进行旋转研磨，在摩擦力和剪切力的作用下达到破乳目的。据报道[270,271]，研磨破乳法特别适合高含水量乳液的破乳，如对溶胀后的乳液及电破乳中形成第二相的破乳。

⑤ 冷冻解冻破乳法：冷冻解冻诱导破乳是利用温度场的循环变化，使乳状液油水两相发生相变，导致乳状液体系的不稳定。由于冰淇淋、调味料等乳状液食品（O/W）的生产发展，使该项技术在 O/W 型乳状液中的研究应用相对较早，发展也比较成熟。然而对于反相乳状液（W/O 型），冷冻解冻破乳研究还处于初级阶段。

⑥ 联合破乳法：将上述方法结合进行，如将高速离心与加热相结合，高速离心与溶剂相结合，均可达到较好的破乳效果。严忠及其同事[278]研究了离心-脉冲电压和脉冲电压-研磨法联合进行液膜破乳。实验结果表明，这两种联合破乳法破乳速度快，效率高，产生的第三相较少，更适合于液膜研究及应用需要。

上述几种破乳方法中，静电破乳法比较成熟，特别是高压静电破乳，是目前公认的最经济和有效的乳化液膜破乳方法[273-278]，因此在液膜工艺中广为采用。

15.3.3.2　静电破乳

静电破乳的基本方式可分为采用裸电极的交、直流电破乳，采用绝缘电极的交、直流和高压静电破乳。电破乳产生以来，其研究工作可分为机理研究和影响因素研究两大部分。工业上大规模采用电破乳始于 20 世纪初的石油脱水过程。20 世纪 50 年代以来，对其机理的认识也取得了较大进展，主要以 Pearce 的两步机理[279]、Waterman 的碰撞机理[280,281]、Bailes 和 Lakai 的介电张弛机理[282,283]为代表，但迄今对静电破乳的机理尚未充分了解，对电破乳过程难以进行准确的动力学描述。在影响因素的研究方面，主要是对与电破乳装置本身特性相关的因素及与乳状液性质相关的参数进行研究。由于液膜乳状液和原油乳状液在含水量和稳定性方面存在着较大的区别，国内外学者对液膜电破乳进行了广泛的研究[272-278,284]。

（1）静电破乳机理

在 Pearce 两步机理和 Waterman 碰撞机理的基础上，Bailes 和 Lakai 提出了介电张弛机理[282,283,285]。Bailes 等在用高压脉冲电场及绝缘电极流动体系进行破乳时，发现存在最佳破乳频率，高于或低于此频率时，破乳效果均降低，并明确提出了液滴对外电场的响应是受电解质的张弛过程控制的观点。

Bailes 等认为：

① 在电场作用下，乳状液液滴先形成链而后聚结[283]，但所形成的链不能过长，以免形成短路导致能量泄漏，同时，形成的链也不能过短，其长短恰好能使链中的粒子在所加的电场里发生聚结。当频率较低时，由于脉冲作用时间长，形成的链过于完整导致能量泄漏；当频率较高时，电场变化太快，脉冲作用时间短，使液滴来不及形成链，这两种情况对破乳均不利。只有在某一频率时，破乳效果才最好，所以，存在最佳破乳频率。

② 乳状液液滴之间发生聚结的前提条件是液滴被完全极化[285]，破乳体系可看作是复合电解质，低频时，复合电解质虽然有足够长的时间使液滴极化，但因液滴碰撞次数少，破乳效果不好；高频时，电场变化太快，电解质没有足够长的时间极化，液滴不能达到完全极化状态，破乳效果也不好。其聚结力公式如下：

$$F = 6.6\pi h \varepsilon_r \varepsilon_{r0} R^2 E = qE \tag{15-31}$$

式中，q 为液滴所带的电荷量；E 为平均电场强度；ε_r 为连续相的相对介电常数；ε_{r0} 为真空介电常数；R 为液滴半径；h 为粒子所带的电荷量与其饱和电荷量的差（相当于充电程度）。

液滴的充电性质取决于隔离电极与粒子的各种电解质（如绝缘层、连续介质等）的张弛时间。因而，在无绝缘层的情况下，最佳频率将取决于连续相的张弛时间。无绝缘层时连续相（油相）的张弛时间 τ 与最佳频率 f_m 可按 Waterman 公式计算：

$$\tau = \frac{\varepsilon_r \varepsilon_{r0}}{\phi} \tag{15-32}$$

$$f_m = \frac{1}{2\pi\tau} \tag{15-33}$$

式中，ϕ 为连续相的电导率；f_m 为最佳频率。

在有绝缘层（a）和连续相（b）时，界面张弛时间 τ' 与最佳频率 f'_m 可按 Waterman 公式计算：

$$\tau' = \frac{\delta_a \varepsilon_{rb} + \delta_b \varepsilon_{ra} \varepsilon_{r0}}{\delta_a \phi_b + \delta_b \phi_a} \tag{15-34}$$

$$f'_m = \frac{1}{2\pi\tau'} \tag{15-35}$$

式中，δ_a，δ_b 为电解质的厚度；ε_{ra} 和 ε_{rb} 为 a、b 相的相对介电常数；ε_{r0} 为真空介电常数；ϕ_a 和 ϕ_b 为 a、b 相的电导率。

乳状液是比较复杂的体系，把乳状液看成电解质是不准确的[285,287]。因为，只要油相中含水，则其电阻大大下降。况且乳状液的电导与纯油的电导相差很大[287]。如果把乳状液和绝缘层看作是复合电解质，那么，可用等效电路的方法处理绝缘电极破乳体系[288]。刘百年等[286]认为经合理简化，绝缘电极可等效于 RC 电路，与 RC 串联电路具有相同的规律。频率增加时，破乳率下降是由于乳状液上电压下降的结果。这是出现极值，即最佳频率的原因[286]。

（2）静电破乳过程

通常认为电破乳分为三个步骤：水滴的电致聚结→水滴沉降→水滴在油水界面上聚结而下沉。

① 电致聚结　电致聚结按 Waterman[281] 的观点是由于水滴在电场中极化所产生的偶极力撞击的结果。严忠[284] 等认为对于乳状液膜体系，只有水滴撞击时产生不可逆孔才有破乳的可能。而水滴间生成不可逆孔的动力是电偶极力。电偶极力按 Waterman 公式为：

$$F = \frac{\phi E^2 d^6}{L^4} \tag{15-36}$$

式中，ϕ 为连续相的电导率；E 为电场强度；d 为水滴直径；L 为两水滴间距离。

电致聚结过程可能有以下两种情况[284]：

a. 有效过程　在强电场的作用下，水滴间因电偶极力的作用发生碰撞，由于作用力大或油膜不太牢固产生较大的不可逆孔，两水滴呈 8 字形，见图 15-23 中 b，继之在界面张力的作用下经椭球形最后变成球形。

b. 无效过程　如图 15-24 所示，在不太强的电场作用下水滴变成椭球形，水滴间由于偶极力的作用产生碰撞力。因油膜较牢固或电场强度弱，两椭球间只产生较小的可逆孔。脉冲电场消失后水滴间静电力消失。两椭球由于界面张力及去面压力的作用，逐渐恢复到球形。此时未发生点聚结，无破乳现象发生，称为无效过程。无效过程有电流通过，但无破乳现象。

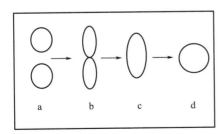

图 15-23　电致凝结有效过程

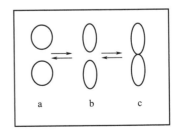

图 15-24　脉冲电场电致凝结无效过程

② 水滴沉降　水滴沉降是按 Stockes 公式来计算的。一个水滴在油中匀速下降速度公式为：

$$\vartheta = \frac{2}{9\eta} r^2 (\rho_2 - \rho_1) g \tag{15-37}$$

式中，ϑ 为粒子的沉降速度；r 为粒子半径；ρ_1 为油相密度；ρ_2 为水相密度；η 为油的黏度；g 为重力加速度。

粒子的沉降速度与粒子的半径平方成反比。通常水滴在电场作用下愈聚愈大时，下降速度变化很快。对乳状液来说由于水滴沉降中受其他水滴的影响，所以计算时 ρ_2 是指水滴的密度，ρ_1 是指乳状液的密度，显然水与乳液的密度差较水与油的密度差小，所以水滴下降速度较慢。但除使用密度较大的油相外，水滴沉降过程一般不太慢，不致成为速度控制步骤。破乳初期黏度 η 指乳状液的黏度，它比油的黏度大得多，所以破乳初期水滴沉降得慢，但一旦油相出现，η 就指油相的黏度，水滴沉降显著变快。

③ 水滴在界面上的聚结　油膜的强度是影响水滴聚结的主要因素，其强度决定于表面活性剂分子亲油基间的作用力，但载体与金属离子作用后，在界面吸附也会影响膜的强度。水滴界面上有一层表面活性剂分子所形成的膜，破乳后大量表面活性剂分子从水滴表面转移到油中，按吸附平衡的规律，余下的水滴上所吸附的表面活性剂量要增加，所以膜又加固。当水滴不太大时水滴下沉的撞击力不足以破坏水滴与油水界面的膜，于是水滴就堆积起来，形成含较大水滴的乳状液，通称絮状物，这时，水滴在界面上的聚结速度称为电破乳的控制步骤。

总之，乳状液电破乳包括三个步骤，电破乳速度决定其中最慢步骤的速度，而影响电破乳速度的最关键步骤通常是电聚结过程。

（3）静电破乳的影响因素

影响乳状液膜电破乳的因素主要包括与破乳器电性能相关的参数及影响液膜乳液性能的一些因素，如电极的绝缘材料、破乳电压、频率和波形、温度、搅拌以及乳液本身的组成、配比等。此外，迁移过程的溶胀现象和电破乳过程可能发生的絮状物也对电破乳有影响。

① 电极的绝缘材料　目前原油破乳中裸电极破乳和绝缘电极破乳两种形式均有采用。理论上讲由于绝缘材料会有额外的功率消耗，采用裸电极较好。但由于破乳过程中带电粒子的成链作用，裸电极通常易发生短路，产生火花、破坏表面活性剂，影响破乳后膜相的重复使用。乳液中含水量越高，这种情况越容易发生。就原油破乳而言，由于含水量仅 4% 左右，因此可采用裸电极破乳；而液膜用乳液含水量为 50% 左右，故以采用绝缘电极为宜。采用绝缘电极的电破乳在乳液中并不形成电流，这样可以减少表面活性剂的损失，并降低由于乳液形成水链造成的电能泄漏，目前乳状液膜技术中通常采用这种办法。

在交流电场中，双层介质的电压与介质的介电常数成反比，因此在破乳装置中，绝缘层对乳液介质来说则有：

$$E_a/E_b = \varepsilon_b/\varepsilon_a \tag{15-38}$$

式中，E_a、E_b 分别为乳液和绝缘层的电场强度；ε_a、ε_b 分别为乳液和绝缘层的介电常数。

电破乳用电极绝缘材料一般应符合以下标准：a. 耐高压，以便采用很薄的绝缘层；b. 介电常数要高，以便在乳液而不是绝缘层之间形成足够高的电场强度；c. 化学稳定性好。

Draxler 等[289]认为许多塑料虽然满足上述条件，但随着时间的延长，会发生溶胀，不宜用作电破乳电极的绝缘材料。刘菊仙等[290]比较了玻璃电极和聚氯乙烯电极的破乳效果，发现玻璃电极破乳效果较好。由式(15-38)可见，要使乳液获得高的电场强度，就必须使用介电常数大的绝缘电极，Hsu 等[274]认为破乳电极绝缘材料的介电常数应在 4 以上。目前乳化液膜电破乳中经常使用的绝缘电极材料有聚乙烯、聚四氟乙烯、有机玻璃和玻璃等。

② 破乳电压　根据静电破乳机理，提高电场强度会增大电场中水滴的相互作用力，从而加快电破乳速率。而电场强度随电压升高而增大，所以提高电压，理论上将使小水滴间有更大的点吸引力，电破乳也将更快、更彻底，这已被大量实验所证实[230,277,291,292]。图 15-25 表示破乳电压对破乳的影响。很明显，随着破乳电压升高，破乳速率升高。必须注意的是，升高电压有一定限度，过高的电压对水滴具有分散作用[293]，同时，还有可能击穿电极绝缘层，产生火花，对油相造成破坏。

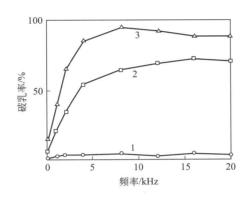

图 15-25　电压和频率对破乳的影响[282]

1—200V；2—1000V；3—3000V

③ 频率和波形　大量研究表明，频率对破乳影响极大[128,269]。Feng 等[276]发现在 5kV 下破乳 10min，当频率由 0.5kHz 增加到 5kHz 时，破乳效率则由 50% 增加到 100%。Draxler 等[176]发现达到相同破乳率（50%）时，提高频率可降低破乳电压，而增大频率可显著提高破乳效率。由图 15-25 可看到相同结论。

Draxler 等[289]还认为破乳过程中有一最小电场强度，低于该值时，即使在很高频率下也不能产生破乳效果。

Bailes[283]、Yan[278,294]等发现当电压恒定时，存在一最佳频率。当频率低于该频率时，破乳速度随频率升高而增大；而当频率超过这一频率值时，继续增大频率，破乳速度反而下降。

目前有关频率对破乳的作用机理尚不十分清楚。Bailes[282,283,285]等提出了以介电张弛机理来阐明频率对破乳的影响。Yan[278,294]等则提出以等效电阻-电容（RC）串联电路的观点来解释频率对破乳的影响。为进一步揭示频率与破乳的作用机理，尚需今后在实验及理论两方面不断完善。

Bailes[282]、Draxler[289]、Yan[294,295]等还研究了交流电波形对破乳的影响，得到了一致结论，即采用方波的破乳效果优于三角形波、正弦波和锯齿形波。其原因可能是在相同峰值电压下，方波对乳液中的水滴作用时间长。同时，方波及其谐波频率范围广，包含了破乳所需的频率范围[289]。

④ 温度　温度升高可以降低乳状液的黏度或引起表面活性分子热运动的加剧，导致脱

附，使水滴在电场作用下更容易聚结，从而加速电破乳。陆岗等[291,292]研究了温度（25~65℃）对电破乳的影响，结果表明，随着温度的升高，破乳所需时间减少。王欣昌[296]和Yan等[295]实验发现温度上升有个限度，电破乳速率在温度达到60℃后影响变小，而且过高的温度也会使部分表面活性剂因挥发或反应而损失，不利于连续操作。

⑤ 搅拌 破乳过程中，适当的搅拌有利于增大内水相水滴相互碰撞的概率，提高破乳速率。Feng等[276]实验发现，当搅拌速率由0提高到200r/m时，破乳速率增加了5~6倍。同时，适当的搅拌有利于减少电破乳过程中海绵状第三相的形成及积累。

⑥ 其他因素 改变乳液的形成和配比会对乳液的性能产生影响，从而影响破乳效果。选用不同的表面活性剂及不同用量均会对破乳产生影响，Kataoka等[277]发现采用ECA-4360时，破乳要比采用Span-80时困难得多，同时，随着表面活性剂用量的增加，破乳速率则随之下降。此外，乳液中油相与内相的体积比（简称油内比）也会对破乳产生影响。实验发现，随着油内比的增加，乳液黏度随之降低，破乳速率随之增大[291,292]。当乳液中油内比<1时，乳液黏度较大，破乳较为困难，对于这类高含水量的乳液，宜采用高压低频、窄脉冲电源[297]。

乳状液膜电破乳的基本原理是电致聚结，是利用电场作用下小水滴及其膜的极化耦合使水滴逐步聚结变大。而在恒电场的情况下，同样大小尺寸的小水滴间的聚结力与介电常数成正比。据此，陈靖和王士柱[298]提出加入极性溶剂增大膜相的介电常数，从而提高电破乳效率的方法。

电破乳过程中经常生成海绵状第三相，悬浮于油相与水相之间。这是直径在50~200μm间的水滴，当液膜强度大时，水滴在水面上聚结速率变慢，水滴积累在水面上重叠成第三相。第三相含水量极高（80%以上），电导率很大，造成第三相电场过弱，加上膜相与内相体积比减小，乳状液黏度也急剧增大，因此电破乳是困难的，用搅拌或研磨方式可有效地控制第三相的形成及积累[270,271,273,276]。

液膜技术问世以来，高压静电破乳技术作为一种经济、高效的破乳技术，受到国内外学者的高度重视并进行了广泛研究，目前已研制开发了多种符合液膜特点的静电破乳器。Hsu等[274]报道了一种装有水平玻璃绝缘电极的连续破乳器，其结构如图15-26所示。其中玻璃绝缘电极由内径5mm、外径7mm的硅硼酸耐热玻璃弯绕成水平格栅，并有两根直立接头。玻璃外表面喷涂一层很薄的氟乙烯-丙烯共聚物（FEP）以降低电极表面对水的湿润能力；玻璃格栅的水平部分充装电解质水溶液以作高压导体，直立端装入变压器油。玻璃绝缘电极装在耐热有机玻璃制成的破乳器筒体中，直立接线端由筒体顶部两个小孔中导出，将一柔性导线插入直立端通过变压器油层与电解质溶液层接触，该导线再与变压器高压输出端连接。玻璃电极上方装有一金属电极，并将该金属电极和破乳器底部的水溶液接地。

Draxler和Marr[176]开发了一种由两块平行的平面型电极构成的静电破乳器，该破乳器的能耗为0.5~5kW·h/m³乳液。这种绝缘电极可以防止高压下打火，降低能耗，防止电解及保护电极材料不受酸或碱的腐蚀，这种破乳器已成功用于液膜法去除黏胶纤维废水中的Zn[176]。他们[154,275,289]又报道了一种圆柱型破乳器（见图15-27），这种破乳器可在电极间产生不均匀电场，且有利于破乳器中流体的流动。它是由一中心电极及另一双层玻璃间充有电解质液体构成的外层玻璃电极组成，这种破乳器的特点之一是易于放大，只需将多个电极组合即可，另一特点是电极同轴排列方式可形成不均匀电场，可提高破乳速度，主要缺点是成本高，同时由于内电极附近极高的电场强度，有可能产生再乳化。

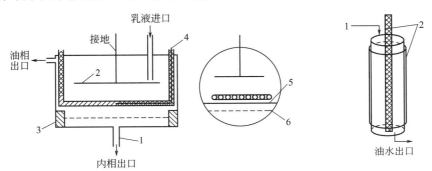

图 15-26　绝缘电极的连续破乳器示意图[274]
1—不锈钢管（接地）；2—不锈钢电极；3—底板；
4—接高压端；5—底板上端；6—油-内相界面

图 15-27　圆柱型破乳器示意图[289]
1—乳液；2—电极

Feng 等[276]研制出一种连续静电破乳器，并配制了专门设计的高压电源，破乳能力为 32~55L/h。该破乳器长 30cm、宽 20cm、高 6cm，其中的电极水平放置，电极间的距离为 7cm，电源功率为 300V·A，最大电压和电流分别为 20kV 和 50mA，频率范围为 0.6~2.5kHz，破乳器中还装有搅拌器供破乳时使用。Yan 等[278]也研制了一种连续式高压静电极破乳器，破乳能力为 33L/h。配备的高压脉冲电源可产生脉冲周期为 0.2~0.5ms 的脉冲波，峰值电压为 15kV，频率范围为 200~300Hz。

15.3.3.3　膜法破乳

20 世纪 90 年代中后期开始，Hlavacek、Scott、Colle、Kocherginsky 与骆广生等又研究了膜法破乳[299-311]。膜法破乳主要是采用有机/无机微孔膜在较低的跨膜压差作用下过滤破乳，膜在破乳过程中主要起分散相絮凝聚结介质的作用。与上述两种新方法相比，膜法具有明显的一个优势就是它不存在破乳后聚结介质的去除再生问题。

膜法破乳的研究对象涵盖了 O/W 型和 W/O 型两类乳状液；所采用的膜类型囊括了管式膜、中空纤维膜和平板膜三种类型；所使用的膜材料也多种多样，均能被乳状液分散相良好润湿。对于膜法破除 W/O 型乳状液，一般采用的膜是无机陶瓷膜、玻璃膜，以及硝化纤维、铜纺等有机亲水膜；并且膜的孔径要小于乳状液分散相的最小水滴粒径，多为微滤和超滤膜，这样可以兼顾较好的破乳率和膜透量。

在膜法破乳的操作过程中，压力及其施加方式是研究的重点。操作压力存在最佳的范围。因为压力过低，不利于水滴进入膜孔发生变形破乳，且膜透量低，处理能力小；然而跨膜压差过高，水滴在膜表面上或膜孔中的停留时间就太短，又不利于水滴的不断聚并长大。

膜法破乳的机理：珠滴并不会在膜表面直接发生聚并，而是会在跨膜压差的驱动下进入膜孔，该破乳机理如图 15-28 所示[306]；另外一部分学者则提出水滴在膜表面上吸附聚结的破乳机理，如图 15-29 所示[307,308]。

膜法是一种具有巨大应用潜力的物理破乳方法，可有效破除低黏度、流动性好、低分散相体积分数的乳状液体系。然而对于黏度高的乳状液，该方法的处理能力十分有限。再者，

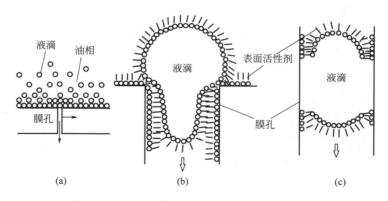

图 15-28　水滴在膜孔内破裂聚并的破乳机理示意图

（a）水滴吸附于膜表面；（b）水滴进入膜孔并发生形变；（c）水滴在膜孔内破裂并吸附于孔壁

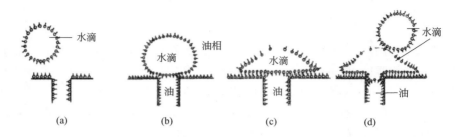

图 15-29　水滴在膜表面上吸附聚并破乳的示意图

（a）水滴靠近膜表面；（b）水滴到达膜表面；（c）水滴在膜表面上铺展，并产生局部界面缺陷；
（d）其他的水滴到达吸附于膜表面上的水滴并在界面缺陷处与之发生聚并

通过对其破乳机理分析可知膜法破乳对乳状液体系的洁净程度要求较高，如果乳状液中含有大量细微固体颗粒，必然会引发颗粒堵塞膜孔，从而不利于破乳，甚至会使破乳过程中断。

15.3.3.4　冷冻解冻法破乳

20 世纪 30 年代，冷冻解冻破乳被用于破除 O/W 型乳状液，并提出液滴的聚并是影响破乳结果的重要因素。O/W 和 W/O 型乳状液是两个完全相反的体系，当水是连续相时，水相的冻结膨胀会产生向内的压缩及排挤作用；当水作为分散相时，界面膜则受到向外的压力作用。由于二者的冷冻过程存在本质差异，因此破乳机理上既有联系也有差别。

（1）O/W 型乳状液

① 冰晶挤压[312-314]：这是目前大部分学者认同的主流破乳机理。冷冻过程中生成的冰晶对油滴存在挤压作用，油滴会在少量未冻结水区域被浓缩，促使其发生絮凝和聚并。

② 界面膜破坏[315,316]：冰晶形成过程中，尖锐的树枝结构会刺破界面膜进入油滴，造成部分聚并（partial coalescence），在解冻过程中界面张力作用促使发生聚并破乳。

③ 连续相网络[317,318]：对于冷冻过程中只有油滴凝固时，会形成庞大的三维空间网络结构，该结构在融化过程中坍塌，油滴发生聚并，在乳液中形成相互连通的"油"通道，在界面张力及重力作用下发生彻底分相。

④ 乳化剂重新排列[319]：油水界面膜上的水分子由于被冻结分离而失去了对活性剂分

子的定向作用，相邻液滴界面膜中的乳化剂分子交织在一起，在解冻过程中，乳化剂分子重新进行排列，存在缺陷的界面膜促使液滴产生聚并。

除了上述的几种破乳机制外，还有乳化剂失活[320]和界面静电斥力降低[321]等理论。

（2）W/O 型乳状液

① 水滴非均匀冻结[322,323]：珠滴尺寸往往影响乳液的过冷度，因此大小不同的珠滴在冷冻过程中的冻结程度不同，此时各珠滴内自由水含量的不同存在化学势差，导致水滴间传质速率加快，发生聚并。

② 笼效应-毛细作用[323,324]：当连续相凝固点高于内水相时，冷冻过程中会先冻结形成油笼，然后当嵌入在油笼内部的珠滴开始凝固膨胀时，油笼受到向外的压力而破碎产生大量裂缝，此时部分未冻结水在毛细作用下进入裂缝，形成连通各珠滴的微通道网络；在解冻过程中，各个水滴在界面张力的作用下收缩聚拢，最后在重力作用下彻底分相。

此外，上面提到的乳化剂重新排列、界面膜破坏机理同样适用于 W/O 型乳状液。2003 年 Chen 和 He 等[325]认为冷冻过程中非高浓缩乳液的活性剂以胶团形式进入油相，在解冻时无法及时铺展到界面造成破乳。1993 年 Aronson 等[326]在研究高浓缩乳液耐低温稳定性时提出液滴堆积密度较高的情况下，冰晶生长过程中容易刺破油膜进入相邻水滴内部，实现部分聚并及破乳。上述研究工作也再次证明界面膜强度是影响乳状液稳定的重要因素，当界面膜出现缺陷后，乳状液的稳定性将大大降低。

（3）乳液冷冻解冻影响因素

① 界面膜的影响：在冷冻过程中，生成的冰晶会对界面膜产生一个挤压作用，使界面膜变形。因此，界面膜的扩张性和可压缩性直接关系到乳液的冻融稳定性。而界面膜的强度主要受乳化剂影响，许多大分子组成的界面膜具有较高的黏弹性，在冷冻解冻过程中可以很好地稳定乳液。Ghosh 等[327]在研究相变顺序的影响时发现当界面处的乳化剂最先被冻结时，乳液冷冻解冻稳定性较好。还有研究发现小分子乳化剂稳定的乳液界面膜较脆弱，经过一次冷冻解冻循环就出现破乳，而一些大分子量的蛋白质分子稳定的乳液界面膜耐挤压能力强，经过多次循环冷冻解冻稳定性依然较好。

② 水相的影响：林畅等[328]曾经就水相组成对乳液过冷度的影响进行了系统研究，发现高浓乳液对温度非常敏感，只要操作温度低于内水相凝固点时经过单次循环冷冻解冻就可以完全破乳，而当水相中加入盐离子后，乳液经过单次冷冻解冻不会破乳。另外，盐离子还会使乳液中的颗粒发生絮凝或在界面上排布更加紧密[323]，界面膜强度增加，乳液更加稳定。

③ 油相的影响：油相的黏度随温度的降低而增大，且不同油相之间的黏度差别很大。黏度越高，在冷冻过程中液滴之间发生碰撞的概率越小。黏度也会影响着冰晶生长过程的形态。当油为脂类时，会冻结成较大的结晶，相邻珠滴的界面膜在冷冻过程中容易发生接触，出现部分聚并；当油相为烷烃时，被冻结后的界面较光滑，融化后仍能有较好的黏弹性，冷冻解冻稳定性好于脂类乳状液[315]。

另外，目前对冷冻解冻过程进行观察的技术有差示扫描量热（differential scanning calorimeter，DSC）及核磁共振（nuclear magnetic resonance，NMR）。Clausse 等[329,330]将 DSC 应用于乳液液滴形貌的表征，从乳液的凝固和融化过程得到是否存在溶质、乳液类型、质量传递，乳液稳定性和珠滴尺寸等信息。Hindmarsh 等[321,332]通过 NMR 的自扩散测量装置观察冷冻对乳液珠滴尺寸以及稳定性的影响，发现乳液的结晶温度依赖于珠滴的粒径。Binks 和 Rodrigues[333]借助冷冻断裂扫描电镜观察到随着十二烷基硫酸钠（sodiumdodecyl sulfate，SDS）浓度升高珠滴表面从光滑到被致密颗粒层包裹的过程，证明了表面活性剂对颗粒的改性作用。

（4）冷冻解冻在乳液领域的应用

① 环境保护领域：工业生产中产生大量废旧乳状液，如含油污水、精炼厂的废润滑油泥、落地油、废切削液等，都需要进行处理才能够进行排放。相比于原油破乳，在这些方面使用冷冻解冻脱水脱油，具有更好的环境及经济意义。Chen 和 He[334]研究的体系为精炼厂的废油泥，是一种成分复杂、稳定、含水量为38%～70%的 W/O 乳状液，使用了化学破乳剂、重力离心、超声、冷冻解冻四种方法进行破乳，结果发现传统方法的破乳率最高仅为30%左右，而冷冻解冻法却高达90%，突显了其对润滑油体系破乳的优越性。经济性方面，He 等的处理费用由 2.5 美元/L 降低到 0.01 美元/L，Jean 等[335]回收油相的所需能耗与取得的经济价值的比值等于 3（当冷冻装置的效率为 0.2 时），虽然其后续处理费用未知，但是常规方法对油的回收率几乎为 0，因此冷冻解冻法具有应用前景，特别是当可以利用自然条件冷冻从而无需额外能量输入时。

② 食品和精细化工领域：与上述需要进行破乳的体系不同，食品和精细化工产品在储运过程中会经历变温过程，所以耐温差性能对此类产品非常重要，如各种防晒霜、粉底液、调味料、油基口服液等，经常采用多次冷冻解冻循环来考察其稳定性。Takuya 等[336]指出冷冻条件下破乳效果主要受油滴中油脂结晶晶形的影响，大豆油脂/水乳化液在-10℃不稳定，在更低的-20℃下反而稳定。

③ 材料工程领域：利用冰晶在冷冻过程中产生的特殊形貌，对乳状液进行冷冻干燥可以制备复合纤维材料，得到的具有独特结构的材料可以用于生物医药方面，如血管支架、组织再生、药物缓释等[337]。Nakagawa 等[338]通过碳纳米管悬浮液制备了多孔泡沫材料，发现冷冻方法的改变可以得到不同形貌的材料，并建立了数学模型对其他条件下的材料结构进行预测。

15.4 支撑液膜

15.4.1 支撑液膜的类型

按照支撑体的构型，支撑液膜主要可以分为两种类型：平板型支撑液膜和中空纤维管型支撑液膜。此外，还有一些支撑液膜列入其他类型之中。

15.4.1.1 平板型支撑液膜

图 15-30 是平板型支撑液膜装置示意图[339]。它由电渗析膜构件改造而成。支撑体是一片多微孔高分子薄膜，含载体的有机溶液附着在其微孔之中，形成有机液膜。膜厚度和有效液膜面积与所用的支撑体的薄膜厚度、孔径和孔隙率有关。支撑液膜夹在两个水相腔室之间。在腔室内各有一片网状塑料垫片，它支持膜相，并防止水相流体的短路。料液和反萃液

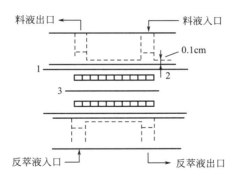

图 15-30　平板型支撑液膜装置剖面图
1—接片；2—静态混合网；3—膜

可以用输液泵分别使其在膜相两侧腔室中循环流动。这种构型的两个腔室的体积可以很小，适合于实验室研究。当然，可以把多个单元构件连接起来，扩大传质面积，应用于中试或工业规模的运行。但这种平板型支撑液膜构件的单位体积的传质面积比较小，即填充比较小，一般约 $10^2\,\mathrm{m}^2/\mathrm{m}^3$。因此，它不是理想的工业化应用构型。

15. 4. 1. 2　中空纤维管型支撑液膜

中空纤维管是一种管状的合成高分子纤维，管壁上有微孔。一般中空纤维管的内径约 $1.0\sim10.0\,\mathrm{mm}$，外径 $2.0\sim14.0\,\mathrm{mm}$，管壁的微孔径约为 $0.02\sim1.0\,\mu\mathrm{m}$，孔隙率约为 $40\%\sim80\%$。用这种中空纤维管作为支撑体，载体的有机溶液是附着在管壁上的微孔之中形成液膜，内管道通料液，管外的通道流反萃液。图 15-31 是一种实验室使用的中空纤维管型支撑液膜构件的剖面图[339]。这种类型的支撑体液膜的充填比最高，一般约为 $10^4\,\mathrm{m}^2/\mathrm{m}^3$。它最适合工业化应用。

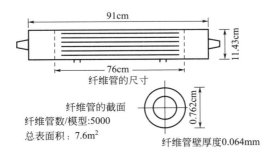

图 15-31　中空纤维管型支撑液膜构件剖面图

15. 4. 1. 3　其他类型支撑液膜

为了提高支撑液膜的分离效率或改善支撑液膜的稳定性，不少研究者在上述两种基本构型的基础上设计出新的支撑液膜构件。这里仅举两例，其他例子在讨论支撑液膜的稳定性问题时再介绍。

图 15-32 为 Danesi 设计的组合平板型支撑液膜体系[339]。其中有两种不同载体的液膜，SLM（A）和 SLM（B）。两个液膜之间是水溶液 B，它既是反萃液，又是料液。两个液膜的外侧是溶液 A，它也兼有料液与反萃液的双重作用。化学性质十分相似的金属离子 Eu^{3+} 和

Am^{3+}，从溶液 A 经过 SLM（A）进入溶液 B，再经过 SLM（B）进入溶液 A，经过一个组合单元的分离，回收了原始溶液 A 中 90％的 Eu^{3+} 和 40％的 Am^{3+}。若经过 9 个组合单元的分离，则能回收 90％的 Eu^{3+}，而仅伴有 5％ Am^{3+}。可见，这种组合平板型支撑液膜体系能提高分离效率。Danesi 等[340-342]还设计了另一种组合平板型支撑液膜体系，用于分离 Sm^{3+}、Ce^{3+} 和 Nd^{3+}，可获得纯度 99.99％的 Sm^{3+}。

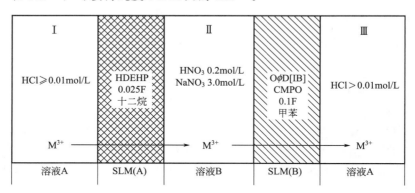

图 15-32　组合平板型支撑液膜体系

朱国斌研究组[341,342]设计的夹心支撑液膜体系能提高液膜的运行稳定性。如图 15-33 是一种中空纤维管夹心支撑液膜体系的示意图。在这种夹心支撑体中，一根细的中空纤维管套在另一根稍粗的中空纤维管中。内管和外管之间有很窄的夹缝，有机液膜充填在夹缝和内管及外管外壁与外套内壁的通道中。溶质从内管道经过液膜输送到反萃液之中。这种夹心支撑液膜的稳定性较好，有机液膜的补充也比较方便。但由于夹心的结构使液膜的厚度扩大了一倍多，使传质速率下降。而且，夹心中空纤维管型的构件只能靠手工组装，因此要把这种支撑液膜推向工业应用，还有许多工艺技术问题有待进一步研究解决。

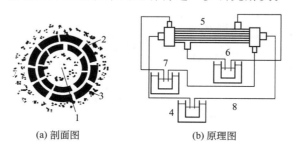

(a) 剖面图　　　　　(b) 原理图

图 15-33　中空纤维管夹心支撑液膜体系[342]
1,4—料液；2,6—反萃液；3—膜相；5—中空纤维管；7—有机相；8—泵

15.4.1.4　支撑体材料

迄今尚未有支撑液膜专用的固体支撑材料商品面世。目前，用于支撑液膜体系的支撑体均是超滤或渗析用的多微孔薄膜或中空纤维管商品。这些固体分离膜或纤维管并不完全适合作为支撑体材料。因为不论是化学稳定性或机械性能以及几何尺寸等方面，支撑体都有更苛刻的要求，所以目前的商品分离薄膜或中空纤维管只有少数几种用作支撑体。表 15-8 和表 15-9 列举出一些支撑体材料。

表 15-8　薄膜支撑体材料举例

商品名	材料	厚度/μm	孔径/μm	孔隙率/%
Fluoropor FP-200	聚四氟乙烯	100	2.00	83
Fluoropor FP-045		80	0.45	75
Fluoropor FP-010		60	0.10	55
Duragard 2500	聚丙烯	25	0.04×0.4	45
Celgard-2500 Celgard-2400		25～50	0.02～1.0	40～80
Nuclepore	聚碳酸酯	10	0.4	12.5

表 15-9　中空纤维管支撑体材料举例

商品名	材料	内径/mm	厚度/mm	孔径/μm	孔隙率/%
TA-001Gore-Tex	聚四氟乙烯	1.0	0.4	2.0	50
KPF-400	聚丙烯	0.4	0.033	0.135	45
Asaki Kasei	聚丙烯	0.8	0.3	—	70
Asaki Kasei	聚丙烯腈	0.8	0.3	—	81

支撑体材料的性能和结构对于支撑液膜的稳定性和传质速率有重要的影响，这方面的问题尚需进一步研究解决。一般要求支撑体具有化学稳定性（如耐酸、耐碱和耐油性）、合适的厚度、孔径、孔隙率以及良好的机械强度。

15.4.1.5　膜液

膜液由膜溶剂和载体组成，难溶于所处理的溶液，其用量一般较少。根据所处理的体系不同，膜溶剂分为油溶剂和水溶剂，油溶剂又包括小分子量的有机溶剂，如煤油、正十二烷、环己烷等烃类，大分子量的高分子有机溶剂[343]，如聚丙二醇（poly propylene glycol，PPG）、聚丁二醇（polytetramethylene glycols，PTMG），以及功能化的有机溶剂[344-347]，如具有特定基团的聚己二醇。而载体的选择取决于待处理或回收的分离物质。室温离子液体由于具有无显著的蒸气压、黏度高、热稳定性高、化学稳定性好等诸多优点，使其替代了传统的有机溶剂膜液，在支撑液膜领域的应用得到了迅速的发展。

(1) 离子液体支撑液膜的主要应用

近年来，离子液体支撑液膜主要用于 CO_2/N_2[348,349]、CO_2/CH_4[348]、CO_2/H_2[350-352] 以及 CO_2/He[353] 等气体的分离。美国科罗拉多大学的研究者对离子液体支撑液膜作了较为系统的研究[354-360]，该研究小组分别针对纯气和 CO_2/N_2、CO_2/CH_4 混合气体系研究了咪唑离子液体支撑液膜的分离性能。结果表明，咪唑离子液体支撑液膜对 CO_2 的分离性能较好，CO_2/N_2 选择性在 Robeson 上限之上（见图 15-34），由于离子液体的难挥发性，液膜的高效运行时间达到了 106 天。

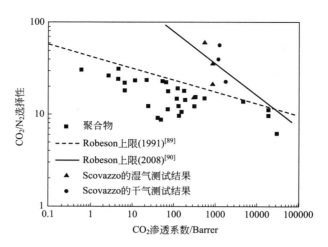

图 15-34 咪唑离子液体支撑液膜 CO_2 的分离性能

作为液膜支撑膜的聚合物膜在 CO_2 混合气中会产生溶胀和塑化现象，且在高温下存在化学稳定性下降的问题[358]，为此，有的研究者以无机膜为支撑体制备了离子液体支撑液膜，研究了其 CO_2 分离性能[354-357]。Barghi 等制备了 ［Bmim］［PF_6］-Al_2O_3 支撑液膜，其 CO_2 渗透和分离性能高于 Robeson 上限[355]。Hanioka 等制备了以功能化离子液体为载体的促进传递支撑液膜[351]，在液膜体系中，离子液体在膜中起到载体和液膜相的双重作用，在有水存在的条件下，该膜对 CO_2/CH_4 的选择性达到 $100\sim120$，稳定操作时间达到 260 天。

（2）离子液体支撑液膜的稳定性

影响支撑液膜稳定性的主要因素是跨膜压差。目前，以聚合物微孔膜为支撑体的离子液体支撑液膜所能耐受的最大压力在 0.2MPa 左右[358]，为了提高膜的稳定性，Gan 等制备了以纳滤膜为支撑体的离子液体支撑液膜[359]，发现膜在高达 10MPa 的跨膜压差下仍然保持了较好的稳定性，但该膜的渗透通量较低。

离子液体与膜材料的性质是影响离子液体支撑液膜稳定性的另一个因素。Neves 等研究了支撑膜的亲疏水性对液膜稳定性的影响[360]，发现以疏水性离子液体作为膜液时，以疏水性膜材料制备的微孔膜作为支撑体的支撑液膜稳定性较好，而以亲水性微孔膜制备的支撑液膜稳定性较差。他们认为，这是由于疏水性离子液体与亲水性膜材料的亲和性较差，因此在膜制备过程中浸入微孔膜的离子液体较少。Ilconich 等测定了 1-己基-3-甲基咪唑三氟甲基磺酸亚铵盐在不同温度下 CO_2/He 的理想选择性，并研究了膜的稳定性[353]，发现在 125℃以下以聚砜微孔膜为支撑体的膜具有较好的稳定性；当温度高于 125℃时，膜的稳定性下降。造成这一现象的原因在于，操作温度超过了聚合物的玻璃化转变温度使膜的机械性能下降。Myers 等制备的 Nylon 支撑液膜可耐受 300℃的高温，且随着温度的升高，膜渗透通量增大，但选择性下降[352]。

离子液体支撑液膜虽克服了膜液挥发损失问题，但较大的跨膜压差仍会造成严重的膜液流失和膜性能的下降，现有报道都没有对用于气体分离的离子液体支撑液膜的稳定性机理做较全面的研究。

15.4.2　支撑液膜传质推动力——热力学问题

15.4.2.1　耦合传输过程的亲和能

支撑液膜分离技术的应用研究主要集中在金属离子的分离与浓集领域。金属离子如何从料液通过液膜进入反萃液，对其传输的推动力的研究，是支撑液膜体系传质热力学问题。

金属离子通过载体耦合传递的积累已在 15.2.2.2 节中叙述过，在支撑液膜体系的运行过程中，金属离子是不断从料液的一侧被传输到另一侧的，是在非平衡态条件下运行的过程。但是，若各传输步骤处于稳态条件，则可以把同时并行的萃取与反萃取反应当作平衡态热力学问题来讨论支撑液膜体系传输的推动力问题[299]。

对于逆向耦合传输的支撑液膜体系，其萃取与反萃取反应式如下：

$$\mathrm{M^+ + \overline{HX}} \underset{\text{反萃}}{\overset{\text{萃取}}{\rightleftharpoons}} \mathrm{\overline{MX} + H^+} \tag{15-39}$$

式中，分子式上的横线表示有机相。根据质量作用定律，萃取反应的平衡常数（K_1）的表达式为：

$$K_1 = \frac{[\overline{\mathrm{MX}}]_1 [\mathrm{H^+}]_1}{[\overline{\mathrm{HX}}]_1 [\mathrm{M^+}]_1} \tag{15-40}$$

式中，下脚标"1"所对应各项表示萃取侧各溶质活度及平衡常数。同理，反萃取反应的平衡常数（K_2）的表达式为：

$$K_2 = \frac{[\overline{\mathrm{MX}}]_2 [\mathrm{H^+}]_2}{[\overline{\mathrm{HX}}]_2 [\mathrm{M^+}]_2} \tag{15-41}$$

式中，下脚标"2"所对应各项表示反萃取侧各溶质活度及平衡常数。

对于支撑液膜体系，萃取与反萃反应是在膜的两侧界面同时进行的。膜相存在溶质的浓度梯度，若载体的浓度比配合物的浓度高得多，则有 $[\overline{\mathrm{H}_a\mathrm{X}}]_1 = [\overline{\mathrm{H}_a\mathrm{X}}]_2$，配合物在膜两侧的浓度差较明显，可以设对于一定的膜相，浓度梯度（Δc）为恒值，而且不大，即：$\Delta c = \dfrac{[\overline{\mathrm{M}_m\mathrm{X}_n}]_1}{[\overline{\mathrm{M}_m\mathrm{X}_n}]_2}$。在此前提条件下，可以把萃取和反萃取反应合并为：

$$m\,\mathrm{M}_{(1)}^{n+} + n\,\mathrm{H}_{(2)}^+ \rightleftharpoons m\,\mathrm{M}_{(2)}^{n+} + n\,\mathrm{H}_{(1)}^+ \tag{15-42}$$

与式（15-42）相对应的平衡常数为：

$$K_{\mathrm{SIM}} = K_1 K_2 = \Delta c\, \frac{[\mathrm{M^+}]_2^m [\mathrm{H^+}]_1^n}{[\mathrm{M^+}]_1^m [\mathrm{H^+}]_2^n} \tag{15-43}$$

式（15-43）的范哈甫等温式或化学反应等温式为：

$$\Delta G = \Delta G^a + RT \ln \frac{\Delta c [\mathrm{M}^{n+}]_2^m [\mathrm{H^+}]_1^n}{[\mathrm{M}^{n+}]_1^m [\mathrm{H^+}]_2^n} \tag{15-44}$$

式中，ΔG 是耦合传输反应的亲和能；ΔG^a 是耦合传输反应的标准吉布斯自由能，而且 $\Delta G^a = -RT \ln K_{\mathrm{SIM}}$。因为 $K_1 \times K_2 = 1$，所以 $\Delta G^a = 0$。式（15-44）可以简化为：

$$\Delta G = RT\ln\Delta c + RT\ln S_a \tag{15-45}$$

式中，$S_a = \dfrac{[M^{n+}]_2^m \ [H^+]_1^n}{[M^{n+}]_1^m \ [H^+]_2^n}$，为各溶质的活度熵；$\Delta c$ 为膜相中溶质的浓度梯度。

式(15-45) 可作为耦合传输反应式(15-42) 在恒温恒压条件下传输方向的判别式，ΔG 也是支撑液膜体系逆向耦合传输的推动力。

对于同向耦合传输的支撑液膜体系，其萃取与反萃取反应式为：

$$m\,M^{n+} + n\,X^{m-} + E \underset{\text{反萃}}{\overset{\text{萃取}}{\rightleftharpoons}} EM_m X_{n(0)} \tag{15-46}$$

同理可以得出同向耦合传输反应及其亲和能公式：

$$m\,M_{(1)}^{n+} + n\,X_{(1)}^{m-} \rightleftharpoons m\,M_{(2)}^{n+} + n\,X_{(2)}^{m-} \tag{15-47}$$

$$\Delta G = \Delta G^{\alpha} + RT\ln\frac{\alpha[M^{n+}]_2[X^{m-}]_2}{[M^{n+}]_1[X^{m-}]_1} \tag{15-48}$$

式中，X^{m-} 为阴离子；E 为中性萃取剂；其他符号意义同前所述。同样，ΔG 的公式为：

$$\Delta G = RT\ln\alpha + RT\ln Q_a$$

式中

$$S_a = \frac{[M^{n+}]_2[X^{m-}]_2}{[M^{n+}]_1[X^{m-}]_1}, \quad \Delta c = \frac{[EM_m X_n]_{1(0)}}{[EM_m X_n]_{2(0)}} \tag{15-49}$$

式(15-49) 可以作为同向耦合传输过程的方向判别式。

综上所述，支撑液膜体系传质推动力主要来自两水相的组成的差异，一般条件下，膜相的性质对传质推动力的影响比较小。当然，以 $\Delta G \leqslant 0$ 作为判据，只能给出支撑液膜体系传质的方向和限度，至于传质速率，则是传质动力学要解决的问题。

15.4.2.2　相界面的热力学性质

支撑液膜体系中至少有四个相共存，包括两个水相、一个有机液膜相和一个支撑体固相和水-固界面，这些相界面的热力学性质对于支撑液膜体系的性质与功能有一定的影响。

支撑体的微孔具有不规则的几何构型，其表面也是毛糙的。不过，在分析界面的张力时，通常将支撑体的微孔理想化为有规则的毛细管，把膜表面无孔部分水-固界面当作水与容器壁的关系看待，不分析其界面张力。若按理想化的支撑孔隙，对于亲油的支撑体，有机溶剂被吸附在管内，在支撑体、水相和液膜之间的毛细管作用力，可用 Young-Dupre 公式计算[358]。

$$\Delta p_c = \frac{2\sigma}{R}\cos\theta \tag{15-50}$$

式中，Δp_c 表示毛细管作用力（或毛细管内外压差）；σ 表示水油之间的界面张力；R 表示毛细管半径；θ 表示油与支撑体的接触角，一般 $\theta < 90°$。由于在支撑液膜体中，支撑液膜夹在两个水相之间，若两侧水相的压强相等，并且两侧的 σ、R 也相等，纳米毛细管两侧

压强相等。但实际上，液膜两侧的水相的组成不同，因此，σ 值在两侧之间必然有差别。显然，液膜两侧存在压差，这势必影响液膜稳定性。为了使液膜能稳定吸附在微孔之中，要求采取措施保持压强平衡。

若支持体亲水，纳米毛细管内是水相，毛细管作用力也可以应用式（15-50）计算，只是式中的 σ 为水的平面张力，θ 为水与支撑体的接触角。若 $\theta < 90°$，水就可以进入毛细管内，因此要求水与支撑体的 $\theta > 90°$，这样使水不会进入支撑体的空隙之中。

综上所述，我们可以应用 Young-Dupre 公式指导选择支撑液膜体系的水相组成、有机溶剂、载体和支撑体，σ、R 和 θ 是重要参考参数。由于支撑体的毛细孔隙是不规则的，实际应用 Young-Dupre 公式时，需要引入一个校正因子 f[359]，为此，式（15-50）需改写为：

$$\Delta p_c = \frac{f \sigma \cos\theta}{R} \tag{15-51}$$

式中，f 值一般为 0.5～1.0。

15.4.3　支撑液膜的传质动力学

在热力学上，我们可以用体系的亲和能判断一个支撑液膜体系的传质方向和限度。但如果支撑液膜体系中金属离子耦合传输的速率很低，则该体系就没有实际应用价值。因此，支撑液膜体系的耦合传输机理和速率问题是支撑液膜分离技术的重要内容。

15.4.3.1　平板型支撑液膜的传质动力学

有关平板型支撑液膜体系的传质动力学研究方面[361]，Danesi[362-364] 的工作最有代表性，他对平板型液膜体系中金属离子的逆向耦合传输的过程提出如图 15-35 所示的传质模型，由此推导出体系的传质速率方程式。

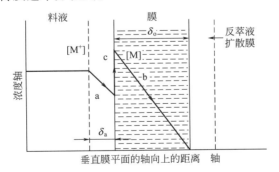

图 15-35　平板型支撑液膜体系传质过程
a—水相扩散过程：$\Delta_a = \delta_a / D_a$；b—化学反应过程：$K_1$、$K_{-1}$；
c—膜内扩散过程：$\Delta_o = \delta_o / D_o$。

平板型支撑液膜体系的传质过程包括五个步骤。第一步是金属离子在水边界层内扩散，如图 15-35 所示，设金属离子在料液本体的浓度是均匀的，而在水边界层内的浓度梯度是线性的。则金属离子沿垂直于膜屏幕的轴向扩散遵守 Fick 第一定律。

第二步是金属离子与载体分子在水-油界面发生络合或缔合反应。当载体的浓度足够高，

H^+在界面的浓度足够低，而且在界面上产生的络合物或缔合物的浓度也足够低，那么萃取反应的正逆两个方向为一级反应过程。

Δ_a、Δ_o分别为料液相边界层和膜相中金属离子的浓度变化量；δ_a、δ_o分别为料液相边界层和膜相的厚度；D_a、D_o分别为料液相边界层和膜相中金属离子的扩散系数；K_1、K_{-1}分别为界面萃取反应和反萃取反应的一级反应速率常数。

第三步是膜内配合物或缔合物分子的扩散过程。膜溶剂的介电常数要求足够小，配合物或缔合物的离解度小至可以忽略不计。在这种条件下，只考虑膜内配合物或缔合物的扩散过程。设膜内配合物的浓度梯度为线性变化，配合物或缔合物的扩散也服从 Fick 第一定律。

第四步是配合物或缔合物在反萃取侧油-水界面离解的反萃取反应。这一步骤一般比膜内扩散步骤快得多，可以忽略对整个传质过程速率的影响。

第五步是金属离子在反萃界面向溶液本体的扩散过程。由于这一扩散过程比膜内扩散过程快得多，因此，我们也可以忽略它对整个传质过程速率的影响。

以上就是 Danesi 的平板型支撑液膜体系的传质模型。在稳态条件下，三个步骤的通量方程相等，可以导出总的通量方程（J）：

$$J = \frac{K_1}{K_1\Delta_a + K_{-1}\Delta_o + 1}c \tag{15-52}$$

c 为料液中金属离子随时间变化的体积浓度。

若定义体系的传质渗透系数（permeability coefficient）P 为：

$$P = \frac{K_1}{K_1\Delta_a + K_{-1}\Delta_o + 1} \tag{15-53}$$

则式（15-52）可改写为：

$$J = Pc \tag{15-54}$$

式（15-54）表明，平板型支撑液膜体系的传质过程是一级速率过程。在一定温度和压力条件下，某一膜体系的渗透系数或传质速率与 K_1、K_{-1}、Δ_a 和 Δ_o 等参数有关。

在稳态条件下，在料液侧的水-油界面，$K_1 c_i = K_{-1}\bar{c}_i$，$c_i$ 和 $\bar{c}_i$ 分别为料液侧水相和膜相中金属离子的界面浓度，则萃取反应的分配比 $K_d = \dfrac{\bar{c}_i}{c_i} = \dfrac{K_1}{K_{-1}}$。若 $K_d \gg 1$，则式（15-53）可改写为：

$$P = \frac{K_d}{K_d\Delta_a + \Delta_o} \tag{15-55}$$

式中，P 为渗透系数。

式（15-53）和式（15-55）表明了平板型支撑液膜体系传质速率常数的物理意义，揭示了影响体系传质速率常数的物理意义，揭示了影响体系传质速率的参数或因素。实验中可以测定给定支撑液膜体系的渗透系数 P，也可以观测各种因素，如料液的循环流量、溶液中的相关组成、膜溶剂的种类、载体在膜中的浓度和膜的支撑体性质等对传质渗透系数的影响。

在支撑液膜体系的实验中，料液中金属离子的浓度（c）随时间（t）变化的速率（$\mathrm{d}c/\mathrm{d}t$）可以测量，测金属离子透过膜的通量方程式可以写为：

$$J = -\frac{\mathrm{d}c}{\mathrm{d}t} \times \frac{V}{A\varepsilon} \tag{15-56}$$

式中，V 为循环流动料液的总体积，cm^3；A 为平板型支撑液膜的表观面积，cm^2；ε 为支撑体薄膜的孔隙率。

由式(15-54) 和式(15-56)，可以得到如下微分方程式：

$$-\frac{\mathrm{d}c}{c} = \frac{\rho A\varepsilon}{V}\mathrm{d}t \tag{15-57}$$

选择式(15-57) 的积分区间：$t=0$，$c=c_0$；$t=t$，$c=c_t$。c_0 为料液中金属离子的初始浓度，c_t 为料液中金属离子在 t 时刻的浓度。在此积分区间内，可以得到定积分式：

$$\lg \frac{c_i}{c_0} = -\frac{P\varepsilon A}{2.303V}t \tag{15-58}$$

若定义

$$k = -\frac{P\varepsilon A}{2.303V} \tag{15-59}$$

则式(15-58) 可以改写为：

$$\lg \frac{c_i}{c_0} = kt \tag{15-60}$$

式(15-60) 为实验测定平板型支撑液膜体系的渗透系数的理论依据。不同实验时刻（t）的料液中金属离子的浓度（g_1）可以分析测定。如图 15-36 所示，将 $\lg c_1/c_0$ 对 t 作图，得到直线斜率 k，再将 k 代入式(15-59)，便可求得 P 值。若改变实验条件和体系的参数，可以观察 P 与各种因素的关系，选择最佳的传质速率常数的条件和体系参数。

Danesi 还研究了料液中金属离子浓度较高（> $10^{-2}\,\mathrm{mol/L}$）时平板型支撑液膜体系的传质动力学。在这种情况下，上述第二步的假设不存在，即载体在膜内以游离态和结合态存在的浓度比例关系颠倒过来了，即结合态的载体浓度比游离态的载体浓度高得多，此时通量方程和 c_1-t 关系方程[361,362]如下：

$$J = \frac{[\overline{E}]}{n\,\Delta n} \tag{15-61}$$

$$c_i = c_0 - \frac{[\overline{E}]A\varepsilon}{n\,\Delta nV}i \tag{15-62}$$

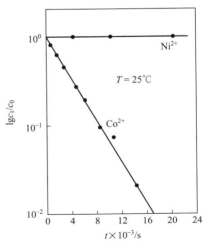

图 15-36　$\lg c_1/c_0$-t 图

上两式中，$[\overline{E}]$ 表示载体在膜相中总的浓度，即包括结合态和游离态载体的浓度；n 为载体对金属离子的配位数，$[\overline{E}]/n = \overline{\varepsilon}_i$，其他符号的意义同上。式(15-62) 表明，在此情况下，体系的传质速率由膜相的参数或因子决定，膜相的扩散为速率的控制步骤。

膜体系的渗透系数的倒数 $1/P = R$，R 为体系的传质阻力系数[363]。上述的三个步骤各具有相应的阻力系数（R_a、R_c 和 R_o），总的阻力系数为各步骤阻力系数之和。根据式（15-55），体系总的阻力系数为：

$$R = \frac{1}{P} = \Delta_a + \frac{1}{k_1} + \frac{\Delta_o}{K_d} \tag{15-63}$$

式中，$\Delta_a = R_a$，为水扩散层阻力；$\Delta_o/K_d = R_o$，为膜扩散层阻力；$R_c = 1/K_1$，为水-油界面化学反应阻力。式（15-63）可以改写为：

$$R = R_a + R_c + R_o \tag{15-64}$$

当料液中存在两种以上的金属离子（M_1）和（M_2）时，可以用两种离子在膜体系的传质渗透系数（P_1 和 P_2）来定义它们的分离系数或分离因子（α_{12}）[364]：

$$\alpha_{12} = P_1/P_2 \tag{15-65}$$

一般存在于同一体系的两种金属离子的 Δ_a 和 Δ_o 基本上是相同的，但两种金属离子与同一种载体的络合程度不同，将式（15-55）代入式（15-65），得到：

$$\alpha_{12} = \frac{K_{d1}}{K_{d2}} \left(\frac{K_{d2}\Delta_a + \Delta_o}{K_{d1}\Delta_a + \Delta_o} \right) \tag{15-66}$$

当 $K_{d1}\Delta_a < \Delta_o$ 和 $K_{d2}\Delta_a < \Delta_o$ 时，可以得出：

$$\alpha_{12(\max)} = \frac{K_{d1}}{K_{d2}} \tag{15-67}$$

式（15-67）指出了同一体系内，两种金属离子的最大分离因子。

当 $K_{d1}\Delta_a > \Delta_o$ 和 $K_{d2}\Delta_a > \Delta_o$ 时，可以得出：

$$\alpha_{12(\min)} = 1 \tag{15-68}$$

式（15-68）说明，在这种情况下，即膜相反应为速率控制步骤时，两种离子尽管分配比有差别，但这个膜体系不可能分离这两种金属离子。

对于料液中金属离子的浓度很稀和反萃效果不理想的情况下，式（15-60）不适用。文献[365]对于这种体系的传质动力学进行了理论推导和实验检验，获得的通量方程和渗透系数公式包括了 Danesi 的结果，还能应用于很稀浓度的反萃效果差的体系。

15.4.3.2　中空纤维管支撑液膜的传质动力学

图 15-37 为中空纤维管支撑液膜的单管截面图，料液从管内流过，其流动方向平行于管壁（z 轴），反萃液从管外流过，管壁的空隙中充以有机液膜，金属离子沿着垂直于管壁的方向（y 轴）传输。Danesi[339]在平板型支撑液膜的传质模型基础上，设在 z 轴上每一个点的径向截面（$R - \delta_a$）区域中，金属离子的浓度是均匀的；而在水边界层内的（δ_a）存在线性浓度梯度；金属离子沿 z 轴线性变化。对于稳态传质过程，因为有 $J_o(2\pi RL) = J_a(2\pi RL - \delta_a)$，所以有：

$$J_o = J_a \frac{R - \delta_a}{R} \tag{15-69}$$

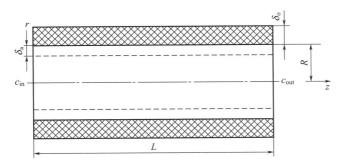

图 15-37　中空纤维管支撑液膜单管截面图

z—轴向坐标；r—径向坐标；c_{in}—$z = 0$ 处入口浓度；c_{out}—$z = L$ 处入口浓度；

L—纤维长度，cm；R—中空纤维内径，cm；δ_a—水环边界层厚度，cm；δ_o—中空纤维壁厚，cm

水相传质方程的解为：

$$J_a = \frac{K_d \left(\dfrac{R}{R - \delta_a} \right) c_z}{K_d \left(\dfrac{R}{R - \delta_a} \right) \dfrac{\delta_a}{D_a} + \delta_o \dfrac{\tau}{D_o}} \tag{15-70}$$

式中，J_a 为半径 $R - \delta_a$ 处的通量；K_d 为界面平衡关系；c_z 为半径 z（$0 \leqslant z \leqslant R$）处的体积浓度；$D_a$ 为金属离子水相扩散系数；τ 为曲折因子；D_o 为金属离子在膜相中的扩散系数。

在纤维管的长度（L）较短、J_a 较小的条件下，c_z 与 z 的关系可视作线性：

$$c_z = c_{in} - \frac{c_{in} - c_{out}}{L} z \tag{15-71}$$

将式(15-71) 代入式(15-70)，并对该式积分，可以获得单位时间金属离子的总通量方程：

$$m = \int_0^L J_a 2\pi(R - \delta_a) \mathrm{d}z = \frac{K_d}{K_d \Delta_a^* + \Delta_o^*} \tag{15-72}$$

式中

$$\Delta_a^* = \frac{R}{R - \delta_a} \times \frac{\delta_a}{D_a} \tag{15-73}$$

$$\Delta_o^* = \frac{\delta_o \varepsilon}{D_o} \tag{15-74}$$

ε 为膜的孔隙率。

在整个纤维管的物料平衡式中为：

$$m = Q(c_{in} - c_{out}) = \overline{u} \pi R^2 (c_{in} - c_{out}) \tag{15-75}$$

式中，Q 为单管中料液的流量，$\mathrm{cm^3/s}$；$\overline{u}$ 为平均线速度，$\mathrm{cm/s}$。

由式(15-72) 和式(15-75) 求得：

$$c_{out} = c_{in} \left(\frac{\phi - 1}{\phi + 1} \right) \tag{15-76}$$

式中，

$$\phi = R \bar{u} / P^* L\varepsilon \tag{15-77}$$

式中，

$$P^* = \frac{K_d}{K_d \Delta_a^* + \Delta_o^*} \tag{15-78}$$

式(15-76) 只适用于单管的中空纤维管支撑液膜体系。对于多管的中空纤维管支撑液膜体系，ϕ_N 的方程式为：

$$\phi_N = Q_T / P^* L\varepsilon \pi NR \tag{15-79}$$

式中，Q_T 为体系料液的总流量；N 为体系中中空纤维管根数。

显然，式(15-76) 只有在 $\phi > 1$ 的条件下才成立，否则 c_{out} 将成为负值。若 $\phi = 1$，则 J_a 很大，即料液中金属离子的浓度，从入口进到出口降为 0。

式(15-76) 和式(15-77) 表明，对于一个具体的化学体系，金属离子通量随着中空纤维管的内径减小和料液流速增加而变大；另外，在高的渗透系数（P^*）和长的纤维管尺寸（L）的液膜体系中，一次通过的料液金属离子的通量（J_a）增大。一般情况下，中空纤维管的壁厚和孔隙率等因素，使得 $\Delta_o^* > K_d \Delta_a$，那么厚度和孔隙率等因素，使得 $P^* \approx K_d // \Delta_o^*$。

式(15-79) 可改写为：

$$P^* = Q_T / \phi^* L \pi NR \tag{15-80}$$

式(15-80) 可以预测支撑液膜装置可能运行的参数，如料液的总流量 Q_T、中空纤维管的长度（L）和半径（R）、孔隙率（ε）以及纤维管的数量（N）等。而 P^* 可以用 K_d / Δ_o^* 来估计。

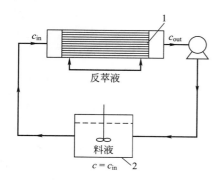

图 15-38　循环运行的支撑液膜体系示意图
1—中空纤维管 SLM 构件；2—液槽

以上讨论的是料液一次通过的传质动力学方程。如果料液在管内循环流动（图 15-38），也可以导出相应的通量方程。

设体系的料液总体积为 V，料液槽内的物料平衡方程为：

$$-V \frac{dc_{in}}{dt} = Q(c_{in} - c_{out}) \tag{15-81}$$

Q 为体系的料液流量。

中空纤维管组件的物料平衡方程为：

$$P^* (2\pi RLN\varepsilon) \frac{c_{in} + c_{out}}{2} = Q(c_{in} - c_{out}) \tag{15-82}$$

根据式(15-81) 与式(15-82) 的左边相等，并结合式(15-83)，可以获得：

$$\ln \frac{c_{in}}{c_{in}^o} = -\frac{A}{V} P^* \left(\frac{\phi}{\phi+1} \right) t \tag{15-83}$$

式中，c_{in}^o 是在 $t = 0$ 时料液中金属离子的浓度；A 是支撑液膜的总面积（$A = 2\pi RLN\epsilon$），其他符号意义同上。当 $\phi > 1$ 时，式(15-83) 才成立。当 $\phi \geqslant 1$ 时，c_{out} 接近 c_{in}，式(15-83) 变为式(15-58)。在此种情况下，中空纤维管型支撑液膜的传质行为与平板型支撑液膜的传质行为相同。

当料液中金属离子的浓度足够高时，膜相中载体分子几乎都与金属离子结合，此时金属离子的通量（J_a）不再随 z 轴变化，式(15-72) 的积分结构为：

$$m = \frac{[\overline{E}]}{n \Delta_o^*} 2\pi RL\epsilon \tag{15-84}$$

式中，$R \approx R - \delta_a$，$[\overline{E}]$ 表示载体在膜相中总的浓度，即包括结合态和游离态载体的浓度；n 为载体对金属离子的配位数，$[\overline{E}]/n = \overline{c_i}$；其他符号意义同上。应用物料平衡式(15-75) 可以得到：

$$c_{out} = c_{in} - \frac{[\overline{E}] 2L\epsilon}{n \Delta_o^* \overline{u} R} \tag{15-85}$$

对于循环运动的中空纤维管型支撑液膜体系，其物料平衡方程为：

$$-V \frac{d c_{in}}{dt} = \frac{[\overline{E}] 2\pi RL\epsilon}{n \Delta_o^*} \tag{15-86}$$

对上式积分，得到：

$$c_{in} = c_{in}^o - \frac{[\overline{E}] At}{n \Delta_o^* V} \tag{15-87}$$

只有当 $[\overline{E}] 2L\epsilon / \Delta_o^* \overline{u} R \ll c_{in}$ 时，式(15-85) 和式(15-87) 才成立。

Danesi 所推导的中空纤维管型支撑液膜体系的传质动力学获得了实验结果的校验。

15.4.4　支撑液膜工程问题

15.4.4.1　支撑液膜不稳定的原因

支撑液膜的不稳定性表现在两个方面：①膜的传质速率或渗透系数随着运行的时间变小；②膜渗透。现有的支撑液膜的稳定性均不能满足工业化应用的要求，其使用寿命短的仅数小时，长的也不过几个月。因此，研究支撑液膜不稳定的原因和机理以及改善的方法成为最主要的研究热点[366]。从现有的关于支撑液膜稳定性研究结果表明，影响支撑液膜稳定性的原因是多方面的，其机理也很复杂。归纳起来，支撑液膜不稳定的可能原因和机理如下。

（1）溶解度反应

膜中的载体和稀释剂溶于水相（料液和反萃液），引起支撑液膜传质功能下降，缩短膜体系的使用寿命。如果支撑液膜的载体和稀释剂在水中的溶解度较大，膜的稳定性就差，使用寿命就短。例如 Deblay 等[367]观察到，溶剂在水中的溶解度大于 30mg/L 时，支撑液膜的寿命不到 10h。但是 Neplenbroek[368]和 Takeuchi 等[369]在研究以甲苯和正十二烷烃为溶剂的液膜稳定性时，液膜的稳定性并未改善。他们认为，液膜渗漏是其不稳定的主要原因，有机溶剂的溶解造成液膜的不稳定是次要原因。

（2）跨膜压差效应

在支撑液膜两侧流动的水相的流速差异引起膜两侧产生压差，因此，膜液有可能被压力挤出支撑体的毛细空隙而造成液膜渗漏，使其传质功能下降，甚至丧失。由于毛细管力的作用，液膜能抵抗一定的跨膜压差。Danesi 等[370]观测到，跨膜压差大于 0.20kPa 时，对膜的稳定性就有影响。对于不同的支撑液膜体系，都有一个阻止渗漏的临界跨膜压差。文献[371]给出了估计临界跨膜压差的方程。

（3）侵湿效应

这一效应由 Danesi[362]首先提出，随后，Takeuchi[371]作了进一步研究。在支撑液膜体系的运动过程中，由于金属配合物或缔合物在水-油界面的聚集、膜与水界面的污染、载体和稀释剂的溶解等因素的作用，导致界面张力和接触角随时间变小。一旦界面张力减小至一定程度，乳化作用在水-油界面发生，并把液膜带入水相。实验表明，乳化作用所形成的液珠或胶束越稳定，液膜的流失越严重[368,372]。若水-油-固三相的接触角减小到一临界值（即 $\cos\theta=1$），水溶液将侵入膜空隙之中，发生膜渗漏现象。因为接触角随体系运行时间而变化，文献[371]建议定义一个侵湿指数，称为临界侵湿时间，即：$\cos\theta=1$ 时，液膜完全被水侵湿的时间。可见液膜的流失与膜相和水相的组成有关。不过，Zha 等[372]指出，侵湿效应在解释不同的载体和溶剂流失入水相的差异性会遇到困难。

（4）空隙堵塞现象

膜空隙堵塞的可能原因有两方面：其一是水滴进入孔中[369,373]；其二是膜相中有不溶于有机溶剂的配合物等堵塞空隙。文献[372]指出，由于放射性的诱导，有机溶剂和支撑体之间可能发生特殊的化学反应，引起膜空隙的堵塞。水与金属离子的配合物形成的胶束或液珠堵塞空隙等更是容易发生的现象。

（5）诱导乳化现象

Neplenbroek 等[368,374]在研究液膜流失和乳化作用的相关性时观察到，有机相的乳化作用生成的胶束越稳定，液膜的流失越严重。这是由于在支撑体的空隙中有机液体形成凹凸面或弯月面膜的某种振动导致油包水的液滴生成。这种变形归因于"Kelvin Helmoholtz 不稳定性"或膜的振动。膜的乳化破裂可能由"Marangoni 效应"所致。

（6）渗透压效应

因支撑液膜两侧水溶液中的离子强度差异而产生的渗透压，有可能使离子强度低的一侧中的水渗入膜相，引起液膜传质能力的下降。例如 Danesi 等[370]观察到了有机相中水含量的增加。油-水界面张力越小，水渗透过液膜的速率越高。朱国斌和李标国[373]也用红外光谱方法证实水进入支撑液膜的现象。Fabiani[375]观察到，水渗透支撑液膜的速率随着料液中 LiCl 浓度的增大（即渗透压增大）而增大。Deblay 等[367]还把渗透压效应按水在有机液膜中的含量分为三个范围：水在有机液膜中的含量低于 15g/L 时，液膜的稳定性好；水在液膜中的含量从 15g/L 增加到 40g/L 时，液膜的稳定性或寿命明显降低或缩短；水在有机膜中的含量超过 40g/L 时，液膜的寿命接近"0"。但是 Neplenbroek 等[368,374]对渗透压效应的研究得出截然相反的结果。他们观察到，水相的盐的浓度增大时，膜液的流失减少，稳定性增强。他们认为水渗透是液膜不稳定的后果并非膜液流失的结果。在液膜发生渗漏之前，水在液膜中微小的溶解度不足以引起膜液的流失，在液膜发生渗透之前，液膜两侧水溶液中很大的离子浓度差所引起的水渗透流量很小，不足以取代液膜而填充空隙。

除了上述六种影响支撑液膜稳定性和寿命的因素和机理外，还有其他一些原因，例如支撑体膜的结构缺陷引起的液膜局部破裂；支撑体被有机溶剂溶胀，使液膜的有效传质面积下降，可能导致支撑液膜传质功能破坏，甚至完全失去传质功能；支撑体的性质和空隙尺寸对于支撑液膜也有重要影响[375]。值得指出，上述各种因素对于支撑液膜稳定性和寿命的影响往往是相互耦合的，尽管在特定的体系，某一些因素可能起关键性作用。

15.4.4.2　支撑液膜稳定性改进措施

改进支撑液膜体系稳定性的措施可以归为两大类：①改进支撑液膜体系的组成和构型，提高膜的稳定性；②将失效的液膜再生，使液膜恢复传质功能。

（1）支撑液膜的再生方式

间歇再生方式[376]是使失效的支撑液膜体系停止运行，让有机液膜溶液经反萃通道流过，或循环数分钟，使膜液重新渗入支撑体的空隙，回复膜体系的传质功能。图 15-39 为中空纤维管支撑体系间歇再生方式示意图。这种再生方式的不足之处是要中止体系的运行，而且再生效果也未必令人满意。例如当空隙中有局部被油包水乳化膜堵塞时，再生的效果可能较差。

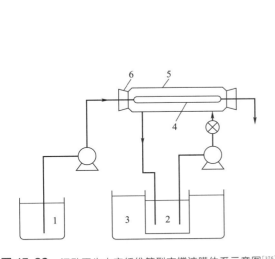

图 15-39　间歇再生中空纤维管型支撑液膜体系示意图[376]
1—反萃液；2—料液；3—水浴槽；4—HFSLM；
5—玻璃管；6—橡皮塞

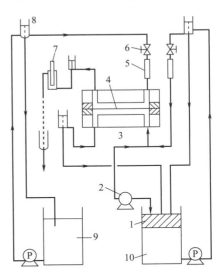

图 15-40　混合再生方式示意图[371]
1—液槽；2—泵；3—垫片；4—液膜；5—流量计；
6—阀；7—pH 检测器；8—调平器；
9—料液；10—反萃液

混合载流再生方式[377,378]是把有机液膜溶液加在反萃液的通道与反萃液混合流动循环一段时间，以补充膜液的流失，然后将有机膜液回收。这种再生方式见图 15-40。

减压虹吸再生方式如图 15-41 所示[379]。这种再生方式虽然不用中止体系的运行，但其

图 15-41　减压虹吸再生方式示意图[379]
1—料液；2—有机相；3—黏结树脂；4—抽真空；5—中空纤维管

减压虹吸作用可能给料液和反萃取液中的水进入孔隙造成机会。

毛细孔重力渗流再生方式[379]用于中空纤维管型支撑液膜的再生。如图 15-42 所示，在构件的上端有一个有机膜液储槽，中空纤维管经过液槽，有机膜液通过管壁的毛细孔和沟道流至整个中空纤维管壁并充满其空隙。这种再生方式可以连续不断地补充流失的液膜，延长液膜的寿命并提高其稳定性。

浮力蠕动再生方式如 15-43 所示[379]。这种再生方式是将储存有机液膜的槽放置在构件下端部位，有机溶液借助浮力蠕动，向上补充到中空纤维管壁空隙中。

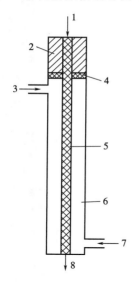

图 15-42　毛细孔重力渗流再生方式示意图[380]
1—反萃液进口；2—含有载体的有机溶液池；
3—料液出口；4—密封圈；5—浸渍了有机
溶液的微孔中空纤维；6—玻璃套管；
7—料液进口；8—反萃液出口

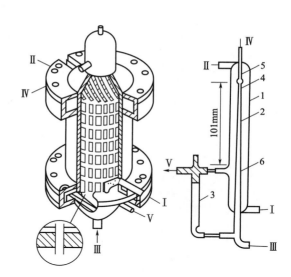

图 15-43　浮力蠕动再生方式示意图[379]
Ⅰ—料液进口；Ⅱ—料液出口；Ⅲ—反萃液进口；
Ⅳ—反萃液出口；Ⅴ—膜溶液供应管；
1—玻璃外壳；2—中空纤维管；3—压力调节器；
4—玻璃插头；5—聚四氟乙烯管；6—膜溶液池

（2）支撑液膜构件的改进

Neplenbroek 等[381]为了克服料液与液膜界面由于低盐浓度形成水包油胶束使液膜流失的问题。他们在料液这一侧的液膜界面上覆盖一层厚约 1mm 凝胶层，据称这种支撑液膜的传质功能良好，寿命以年计。

流动液膜也许是能从根本上解决支撑液膜稳定性问题的一种构型，我们将在 15.7 节中予以讨论。

15.5 Pickering 液膜

15.5.1 Pickering 液膜配方

由于 Pickering 液膜的稳定剂为胶体粒子，因此与表面活性剂稳定的液膜相比具有以下优势[382-386]：

① Pickering 液膜所需的胶体粒子浓度远远低于表面活性剂浓度，固体粒子的原料来源广、成本低，可大大降低乳化剂的用量和成本；

② 部分胶体粒子具有 pH 或温度响应性，Pickering 液膜或乳液也具有相应性能，可通过改变刺激条件实现胶体粒子的分离和回收；

③ Pickering 液膜体系不易受外界酸碱性、盐浓度、温度及油相组成的影响，具有更强的稳定性；

④ 胶体粒子对人体和环境的毒害作用远小于表面活性剂；

⑤ 功能性的固体粒子通过 Pickering 聚合可制备具有特定用途的复合材料。

表 15-10[382] 对传统乳液和 Pickering 乳液进行了比较，Pickering 乳液的类型主要由粒子在油水界面的润湿性决定[387-390]，亲水性较强的粒子倾向于稳定 O/W 型乳液，而疏水性较强的粒子则更容易稳定 W/O 型乳液。

表 15-10　Pickering 乳液与传统乳液比较[382]

项目	Pickering 乳液	传统乳液
稳定剂	固体粒子	表面活性剂
稳定机理	固体粒子吸附在油水界面，形成单层或多层固体膜，阻止液滴聚并，从而稳定乳液	表面活性剂的亲水基团吸引水层，亲油基团包围油层，使水和油混合，形成乳液
影响乳液类型的主要因素	润湿性(用接触角 θ 表征)	亲水亲油平衡值(HLB 值)
Pickering 乳液较传统乳液的优点	①稳定剂用量小，成本低；②赋予乳液特殊性能；③稳定毫米级液滴；④乳液毒副作用小，环境友好；⑤乳液的稳定性好	①稳定剂用量大，成本高；②无特殊性能；③不能稳定毫米级液滴；④乳液毒副作用大；⑤乳液的稳定性较好
Pickering 乳液较传统乳液的缺点	难以稳定高内相乳液，且由高内相乳液获得的材料多为闭孔结构	易稳定高内相乳液，且由高内相乳液易得到开孔结构

至今为止，已有许多固体粒子用于稳定 Pickering 乳液，可将其分为无机粒子和有机粒子两类。其中对无机粒子的研究较多，主要有二氧化硅（SiO_2）[391]、二氧化钛（TiO_2）[392]、碳酸钙（$CaCO_3$）[393]、四氧化三铁（Fe_3O_4）[394]、水滑石（LDHs）[395]、羟基磷灰石（HAp）[396]、黏土等。用于稳定 Pickering 乳液的有机粒子有聚苯乙烯（PS）胶体粒子[397]、聚（*N*-异丙基丙烯酰胺）（PNIPAM）胶体粒子[398]、淀粉[399]等。表 5-11 有针对性地综述了部分未改性的固体粒子所稳定乳液的特性。

表 15-11　Pickering 乳液用粒子类型[382]

固体粒子				Pickering 乳液			
类型	粒子	尺寸	形貌	水相	油相	液滴尺寸	类型
无机粒子	SiO$_2$	粒径 100nm	颗粒	水	极性油	2～10μm	O/W
	Fe$_3$O$_4$	粒径 15～35nm	球形	水	非极性/弱极性油相	—	O/W
	LDHs	粒径 50～300nm	六角	水	石蜡	—	O/W
		厚度 5nm	板状				
	HAp	粒径 40nm	球形				pH＞7.7 为 O/W 乳液
		直径 80nm、长 410nm	棒状纤维状	水	7 种油相（正十二烷、肉豆蔻酸甲酯、十一烷醇、甲苯、正己烷、氯仿和二氯甲烷）	(62±58)μm	
		直径 100nm、长 2320nm					
有机粒子	PS	粒径 2.1μm	球形	水	乙氧基化三羟甲基丙烷三丙烯酸酯	—	O/W
	PNIPAM	—	颗粒	水	庚烷/三氯乙烯/十六烷/甲苯	—	O/W
	淀粉	粒径 1～3μm	颗粒	水		10～100μm	O/W
	壳聚糖	—	颗粒	水	液体石蜡/正己烷/甲苯/二氯甲烷	—	pH＞6 时为 O/W
	PS-PNIPAM 颗粒	粒径 160nm	球形	水	己烷	几微米至几十微米	O/W

极其亲水和极其疏水的固体颗粒在乳化过程中，不能稳定任何类型的乳液，若想用极其亲水（疏水）的颗粒制备稳定的 Pickering 乳液，或是想用亲水性（疏水性）较强的颗粒制备 W/O（O/W）型乳液，就需对粒子进行表面改性。常用的粒子改性方法有偶联剂修饰改性、表面活性剂覆盖改性和聚合物接枝包覆改性等。表 15-12 综述了部分经表面改性的固体粒子及其稳定乳液的特性[400-403]。

表 15-12　粒子改性对 Pickering 乳液特性的影响[382]

固体粒子				Pickering 乳液			
种类	改性方法	尺寸	形貌	水相	油相	液滴尺寸	类型
SiO$_2$	硅烷偶联剂改性	—	—	水	甲苯		随偶联剂量变化
TiO$_2$	硬脂酸涂覆改性	粒径 7～9nm、长 60nm	针状	水	—		W/O
CaCO$_3$	表面活性剂 SDS 协同	粒径 80～100nm	球形	水	甲苯		随 SDS 量变化
HAp	PLLA 接枝改性	粒径 30～70nm	颗粒	水	二氯甲烷溶解 PLLA		W/O
磷酸锆	十八烷基异氰酸酯改性	厚度 2.8nm	片状	水	矿物油	—	O/W
碳纳米管	酸的氧化改性	直径 40nm、长 250μm	管状	水	苯乙烯	(50±20)μm	O/W

15.5.2　Pickering 液膜稳定机制及影响因素

15.5.2.1　Pickering 液膜稳定机制

国内外学者对 Pickering 乳液的稳定机理进行了广泛而深入的研究，英国 Hull 大学的 Binks[404]、英国 Reading 大学的 Midmore[405]、加拿大 Albert 大学的 Masliyah[406]、美国

Texas 大学的 Tambe[407]、德国 Kiel 大学的 Lagaly[408] 和山东大学孙德军都做出了较大贡献。Pickering 乳液稳定性除了与普通乳液一样受到油水比、油相黏度、活性剂性质等因素影响之外，特别要考虑到颗粒的影响。有研究表明，由润湿性适中的颗粒单独稳定的乳液可以稳定长达三年的时间，稳定性显著优于普通乳液。

　　目前普遍接受的胶体颗粒稳定乳液的模型有两种：第一种模型，也是传统模型认为颗粒必须吸附在油水界面处并形成牢固的界面膜（单层或多层）包裹分散相珠滴以阻止聚并的发生，此模型强调颗粒在珠滴表面的高覆盖率[409]；第二种模型提出颗粒的搭桥作用[410]，认为颗粒依靠相互作用在连续相中形成三维网络结构环绕在珠滴周围，对嵌入其中的珠滴起到一定程度固定作用，防止发生聚并，而且颗粒的存在也同时增加了连续相黏度，降低珠滴聚并速率及分层的程度。

（1）固体颗粒界面膜理论

　　如图 15-44（a）所示，该理论认为固体颗粒乳化剂在乳液液滴表面紧密排布，在油/水界面间形成了一层致密的膜，空间上阻隔了乳液液滴之间的碰撞聚并；同时颗粒乳化剂吸附在液滴表面，也增加了乳液液滴之间的相互斥力，两者共同作用提高了乳液的稳定性[27,411]。目前通过激光共聚焦等手段，能够实现对稳定粒子进行染色，可以观察到液滴表面存在明显的粒子层[412]。

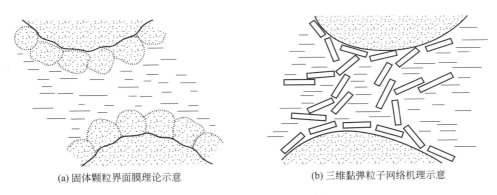

(a) 固体颗粒界面膜理论示意　　　　　　(b) 三维黏弹粒子网络机理示意

图 15-44　Pickering 乳液的稳定机理

（2）三维黏弹粒子网络机理

　　如图 15-44（b）所示，吸附在油/水界面上的胶体颗粒之间的相互作用主要有静电作用力、偶极作用力、范德华作用力、疏水作用力和 DLVO 作用力。当颗粒吸附在油/水界面上，颗粒间的静电作用力、疏水作用力和 DLVO 排斥通过水相作用，偶极作用力通过油相作用，而范德华作用力则通过水相和油相作用。Lagaly 等[413] 在研究膨润土和蒙脱土体稳定的 Pickering 乳液时发现体系中存在三维网络结构，一方面可以有效地减缓或者抑制乳液的分层现象，另一方面可以阻止液滴靠近和碰撞，减少乳液滴之间聚结现象的产生。

15.5.2.2　Pickering 液膜稳定性影响因素

　　颗粒性质及其在乳液中的分布情况对 Pickering 乳液的稳定机制和稳定效果产生影响，其中以颗粒润湿性的影响最大。下面将从颗粒表面润湿性、颗粒浓度、颗粒尺寸和初始分散位置几个研究较充分的方面具体说明颗粒的影响。

（1）颗粒表面润湿性

颗粒的润湿性通常由三相接触角 θ 来表示，对应于传统表面活性剂的 HLB 值。当颗粒的接触角接近 90°时，具有中等润湿性，此时能稳定吸附于油水界面处，脱附能最大，可以用下式表示：

$$\Delta E = \pi r^2 \gamma_{ow} (1 \pm \cos\theta_{ow})^2 \tag{15-88}$$

式中，r 是颗粒粒径；γ_{ow} 是界面张力；θ_{ow} 是三相接触角。可见，脱附能与颗粒半径、油水界面张力和接触角都有关[414]。当珠滴要发生聚并时，颗粒必须脱附进入任何一个体相，这个过程需要额外输入能量，因此提高了液滴发生聚并的阈能[415]。接触角的大小决定了乳液的类型和稳定性（表 15-13）[416,417]。

表 15-13　固体颗粒三相接触角与乳液类型/稳定性的关系

三相接触角	性能	稳定性
远小于 90°	极端亲水，完全溶于水相，不易形成稳定的乳液	不稳定
小于 90°	亲水，容易被水相润湿，易形成 O/W 乳液	较稳定
稍小于 90°	亲水性稍强于疏水性，易形成 O/W 乳液	稳定
稍大于 90°	疏水性稍强于亲水性，易形成 W/O 乳液	稳定
大于 90°	疏水，容易被油相润湿，易形成 W/O 乳液	较稳定
远大于 90°	极端疏水，完全溶于油相，不易形成稳定的乳液	不稳定

（2）颗粒浓度

胶体粒子浓度对 Pickering 乳液的稳定性的影响与表面活性剂一致，Pickering 乳滴的粒径随着胶体粒子浓度的增加开始先下降，当到达一最小值时，粒径基本保持不变[418]。低粒子浓度会导致乳液不稳定，高粒子浓度可能会对连续相的流体力学性质产生影响，提高乳液的稳定性。

Aveyard 等[419]发现颗粒浓度越高，分散相珠滴尺寸越小，乳液黏度越大。颗粒浓度每提高十倍，分散相珠滴粒径缩小为原来的八分之一。他们提出存在临界颗粒浓度，小于此浓度时，颗粒的浓度会决定珠滴的尺寸，超过这一浓度时，多余的颗粒将进入连续相中形成凝胶，增强了乳液沉降稳定性。在该小组的后续工作中提出颗粒吸附浓度主要受脱附能参数（γ_{ow} 和 θ_{ow}）的影响。Vignati 等[421]分别只用 5%的颗粒覆盖率得到了非常稳定的乳液，这很难用传统机理进行解释。Horozov 等[420]从颗粒间相互作用力和颗粒在界面排布结构形式角度进行分析，提出了颗粒稳定乳液的两种机理，即致密颗粒层的空间位阻作用及稀疏颗粒层的架桥作用，如图 15-45 所示。

（3）水相电解质和 pH

当水相中含有电解质时，会导致水相颗粒不稳定，发生絮凝和聚沉现象。Briggs 等[422]研究了盐的加入对球状颗粒稳定的 O/W 乳液稳定性的影响。他们发现微絮凝状态的颗粒可以制备稳定的 O/W 乳液，而强絮凝的颗粒不能制备稳定的乳液。Binks 等[423]研究了 NaCl、LaCl_3 和 TEBA（四乙基溴化铵）三种盐对球状 SiO_2 颗粒稳定的 O/W 乳液性质的影响。发现当溶液中不含电解质时，乳液的分层稳定性和聚结稳定性都较差；当加入 LaCl_3 和 TEBA 并使固体颗粒处于微絮凝状态时，制备的乳液最稳定；絮凝程度增强，乳液稳定性变差。

水相 pH 的改变能够改变颗粒的润湿性和/或电性质，从而影响颗粒的界面吸附。目前，

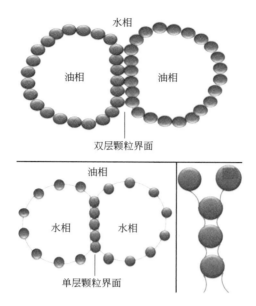

图 15-45　Pickering 乳液稳定的两种机理

多数学者集中于考察用调节 pH 的方法来控制颗粒的润湿性，从而控制颗粒稳定的乳液类型与稳定性。近年来，人们制备了多种具有 pH 响应特性的颗粒乳化剂。此类颗粒乳化剂表面接枝有可电离的有机基团（如羧基、氨基等）。当水相 pH 发生变化时，有机基团发生解离或去解离，导致颗粒润湿性发生变化，从而控制乳液的类型与稳定性。

　　Armes 等[424]合成了 pH 敏感的聚苯乙烯小球作为稳定剂并成功制备了 pH 响应的O/W 乳液，当 pH 较低时，颗粒表面的氨基大量质子化，导致颗粒非常亲水无法稳定乳液；当 pH 升高时，颗粒表面的氨基质子化程度降低，颗粒具有适宜的亲疏水性，能够形成稳定的 O/W 乳液，如图 15-46 所示。

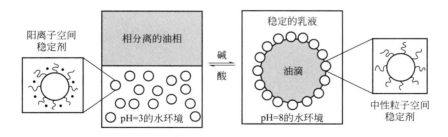

图 15-46　pH 敏感的聚苯乙烯小球制备的 O/W 乳液稳定机理

（4）油水相体积比

　　油水相体积比是影响 Pickering 乳液体系稳定性的主要因素之一，随着内相体积的增加，乳液乳滴的粒径随之变大，当内相体积增加到一定程度，油水界面处吸附的固体颗粒不足以阻止液滴之间的并聚时，会发生相反转现象。Binks 等[425]通过研究亲水性 SiO$_2$ 固体颗粒稳定 Pickering 乳液发现，当 SiO$_2$ 固体颗粒的浓度不变时，在油相的体积分数为 70％时稳定的 Pickering 乳液体系会发生突然的相反转，从水包油型变为油包水型乳液。

　　近年来，高内相 Pickering 乳液成为研究油水相体积比影响 Pickering 乳液稳定性的典型实例。高内相乳液是指分散相的体积分数在 74％以上，甚至高达 99％的乳液。2008 年，Ikem 等[426]首次通过油酸分子处理 SiO$_2$ 在油水界面自组装形成 92％的油包水 Pickering 乳液。到目前为止，见诸报道的能够实现高内相 Pickering 乳液稳定的胶体粒子十分有限，主要集中在一些经过物理改性或化学改性的无机粒子，如在表面功能化双亲性嵌段共聚物的疏水性碳纳米管、修饰疏水性分子来调节其表面润湿性的亲水性 SiO$_2$ 和 TiO$_2$ 等[427,428]。Ni 等[429]利用反应条件温和的水热法制备了双亲性的中空碳微球，通过调节水热反应的温度调控中空碳微球的表面润湿性，并成功制备了高内相 Pickering 乳液，为高内相 Pickering 乳液的发展提供了一条新思路。

15.5.3 Pickering 液膜的制备方法

随着科学技术的进步，制备 Pickering 乳液的方法从传统的分散方法（如涡旋震荡、低能量超声甚至是手动搅拌）向现代高新技术乳化方法（高速剪切乳化法、膜乳化法[429]、超声细胞破碎乳化法、高压微射流乳化法等）转变。在研究者们的不懈努力下，Pickering 乳液的乳化措施越来越多，它们通过输入较高的能量来形成相对稳定的 Pickering 乳液。

（1）高速剪切乳化法

高速剪切乳化法是利用剪切机在高速旋转的状态下把分散相打碎成若干个小液滴，液滴迅速被连续相中的纳米粒子包裹的过程[47,430]。其制备的乳液液滴大小不均一，而且制备过程噪声较大，不利于工艺放大。

（2）膜乳化法

如图 15-47 所示的膜乳化过程示意图[431]，分散相被挤压出微孔膜的孔，而连续相循环流动。液滴在孔出口处生长，直到达到一定尺寸时，与膜表面分离。这是由来自流动连续相的液滴上的拖曳力、液滴的浮力、界面张力和驱动压力之间的平衡决定的。在孔隙处的液滴在界面张力的作用下形成球形，但是根据连续相的流速和液滴与膜表面之间的接触角可能发生一些变形。最终液滴的尺寸和尺寸分布不仅由膜的孔径和尺寸分布决定，而且还由膜表面和本体溶液中的聚结度决定。

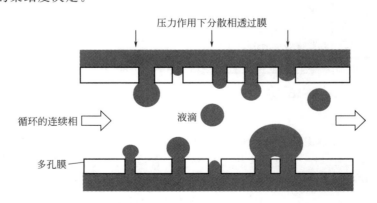

图 15-47 膜乳化原理示意图

与常规的基于湍流的方法（例如均质化和旋转系统）相比，使用膜乳化来制备给定尺寸的液滴需要更少的能量。然而，其工业化的主要限制因素之一就是通过膜的分散相流量很低，特别是对于小的亚微米液滴。

（3）超声细胞破碎乳化法

超声波细胞破碎仪可以将电能转换成声能，声能将介质水激发成许多小气泡，这些小气泡很快炸开，释放出很高的能量，类似于小炸弹，从而把细胞等物质炸碎（也叫"空化效应"）[432-434]。

（4）高压微射流乳化法

高压微射流技术是集输送、混合、湿法粉碎、均质等多单元操作于一体的全新技术，该方法具有高效缩小液滴粒径和使液滴粒径分布更加均匀的优点，从而起到超微细化、乳化和均一化效果，能够在各种乳剂的均质制备与生产研究中得到广泛利用。然而，从流体力学角度来讲，只有良好的制备工艺才能获得理想性能的乳剂。

15.5.4　Pickering 液膜的破乳

15. 5. 4. 1　Pickering 乳液破乳过程

较传统乳液，颗粒的存在提高了 Pickering 乳液的稳定性，但由于乳液本身的热力学不稳定，仍然会发生破乳。根据过程是否可逆分为两类：

（1）可逆过程

分层/沉降（creaming/settlement）是由于组成乳液两相存在密度差，外力作用下分散相珠滴将上浮或下沉。絮凝（flocculation）指分散相珠滴相互靠拢、接触、聚集成团的过程，珠滴大小和分布都不会产生变化，仍然维持原有状态。由于颗粒产生的空间位阻作用，极大地阻止了这两个过程的发生，乳液的稳定性提高。

（2）不可逆过程

聚并（coalescence）是在絮凝的基础上发生排液合并的过程，此过程中珠滴液膜被破坏。液膜体系中的作用力和液膜厚度的局部变化都会引起聚并，是造成乳状液破坏的直接原因。奥氏熟化（Ostwald ripening）的直观表现就是液滴分布向较大液滴的方向移动，大小分布趋于均匀化。Pickering 乳液的奥氏熟化过程如图 15-48 所示。

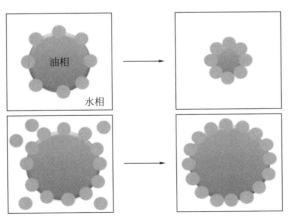

图 15-48　Pickering 乳液奥氏熟化过程[434]

15.5.4.2 Pickering 乳液破乳方法

目前针对 Pickering 乳液的破乳研究还相对较少，主要通过调节 pH 改变颗粒润湿性、加入硅酸盐等化学破乳剂、热法、微波法、超声法和离心破乳，其中以使用化学改变颗粒吸附性质和添加破乳剂为主。但化学法存在普适性差和二次污染的缺点，因此需要进一步探索。

(1) 化学试剂法

化学试剂法是指加入化学破乳剂至 Pickering 乳液内，常用破乳剂有环氧乙烷（EO）/环氧丙烯（PO）共聚物和聚环氧烷/二甲基硅氧烷/聚环氧烷三嵌段共聚物等。Jiang 等[435]通过硅酸盐和控制 pH 来脱除破乳过程中产生的含有黏土颗粒的残片层，NaOH 和 Na_2SiO_3 的加入可以增加黏土颗粒的分散性，提高 pH 会改变颗粒的润湿性，使黏土颗粒从油相中几乎完全进入水相，形成 O/W 乳液，再通过加入 HCl 实现最后的分离。但此方法操作步骤烦琐。Feng 等[436]对含水量为 5%（质量分数）的石脑油稀释沥青乳化液进行破乳，加入 130mg/kg 的乙基纤维素（EC）可以得到 90% 的脱水率，50%（质量分数）的颗粒物质发生沉淀，残余液滴尺寸增大 5~10 倍。Feng 等[437]还借助显微镜及 AFM 研究了 EC 对界面膜的破坏过程并提出破乳机理是 EC 与沥青中原有活性物质（沥青质、胶质、固体颗粒）在界面上发生竞争吸附，从而使界面膜强度下降并发生破裂，造成分散相水滴的絮凝和聚并。Stark 等[438]从一个新的角度进行了研究，采用同时添加沥青质稳定剂及乳液化学破乳剂的方法，利用其协同效应进行破乳，结果表明比单纯使用化学破乳剂时脱水率提高了约 10%，其他各项指标也均有所提高。

(2) 物理法

物理法破乳研究方面，Xia 等[439,440]对比了热法和微波法对含有不同颗粒物（石墨粉、硫酸钡、胶质和沥青质）乳状液的破乳情况，结果发现与常规加热法相比，微波辐射在提高破乳率的同时可以使破乳时间最多缩短至几十分之一，且脱出水的透光率较高。Yang[441] 和 Tan 等[442]分别采用超声和微波与化学法联用破乳，发现对高含水量乳液的破乳效果优于低含水量乳液。

(3) 冷冻解冻破乳

① 冷冻过程界面颗粒行为　冰晶生长前沿处的颗粒行为在合金铸造方面研究较多。研究发现存在一个临界推进速率，当冰晶生长低于此速率时，颗粒将被生长的冰晶前沿推动向前运动，反之，则颗粒会被包馅于固体冰晶中。研究表明此临界速率受颗粒与体系的热导率、颗粒的大小、形状、界面的流变性的影响[443]。

Uhlmann 等[444]从热力学角度建立模型用于预测颗粒被推动或被包馅的条件。他们还认为直径小于 $15\mu m$ 的固体颗粒，直径对临界速度没有影响，反之，直径越大，临界速度越小。另外，研究还表明受阻力作用的影响，临界生长速率随着液体黏度的增加而降低。动力学判据在热力学判据的基础上又加入了颗粒与晶体生长前沿界面间的相互作用。颗粒被推动时，受到由液体黏滞阻力引起的拖曳力和界面能差异导致的范德华排斥力。随着晶体界面的生长速率增加，颗粒的受力平衡被破坏时，就会导致颗粒被包馅。杨小刚[445]从动力学和热力学两个方面研究了临界推进速率，认为凝固界面形貌受油水两相的热导率比值影响较大，并提出了当含水量小于 20% 时的最大临界推进速率。

　　被冷冻前沿界面推动的颗粒会在生长的冰晶间堆积起来，反过来影响冰晶的生长形貌，可以用来制备具有精细均匀孔隙结构的生物材料，当堆积于生长冰晶间的颗粒尺寸较小时，会使冰晶边沿部分出现微结构，如图 15-49 所示。这种冷冻刻蚀技术在制备医用陶瓷材料方面应用较多。而嵌入到冰晶内部的颗粒会改变导热速率，因而也会影响冰晶后续的生长过程。

小颗粒　　　　　　　　大颗粒

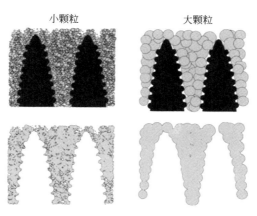

图 15-49　颗粒尺寸对孔形态的影响[446]

　　② 冷冻解冻破乳机理　赵丹萍等研究了黏土和 SiO_2 颗粒稳定的 Pickering 乳液[447]，发现颗粒对低含水量乳液有辅助破乳的作用，冷冻解冻对于含有颗粒的 Pickering 乳液的破乳机理有异于普通乳状液。在含水量较高时，珠滴间的距离很窄，容易发生聚并，颗粒加入前后对破乳率的影响不大；而当含水量较低时，珠滴较分散，颗粒的辅助作用对破乳的结果就变得尤为显著。所提出的破乳机理如图 15-50 所示。

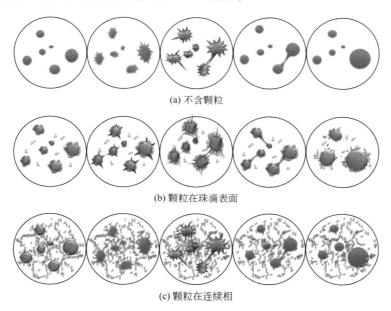

(a) 不含颗粒

(b) 颗粒在珠滴表面

(c) 颗粒在连续相

图 15-50　颗粒辅助破乳过程机理示意图

　　如图 15-50(a) 所示，对于低含水量的不含颗粒的普通乳状液来说，因为珠滴堆积密度较低，冷冻过程中珠滴不易产生相互接触，解冻过程中发生聚并的珠滴数量较少，所以其冷冻解冻破乳效果较差。

如图 15-50(b) 所示，当颗粒主要吸附在珠滴界面上时，在冷冻过程中，冰晶更易冲破界面膜强度较弱的区域，并沿此方向生长，因而得到更为细长的冰晶，增加了相邻珠滴发生接触的概率，从而提高了解冻时破乳效率。而当体系中颗粒浓度较低时，在界面膜上的吸附量较少，对冰晶生长的影响较小，冰晶仍然是各向同性的生长，相邻珠滴不容易发生接触，而当颗粒浓度较高时，界面膜缺陷位置减少且黏弹性增加，不容易被冰晶刺破，脱水率降低，这也是颗粒的辅助破乳作用存在临界颗粒浓度的原因。

如图 15-50(c) 所示，当颗粒主要分散于连续相时，此时连续相中的颗粒会搭建起贯穿乳液的三维网状结构[448]。当分散相冻结体积向外膨胀时，会压缩相邻珠滴间的连续相，进而使位于连续相中的颗粒堆积更加紧密，而处于三维网络空隙间的珠滴会被逐渐压缩靠拢，最终发生聚并，导致乳液破乳。此种情况下颗粒相当于起到了增加分散相体积从而提高珠滴堆积密度的作用。

（4）其他方法

Pickering 乳液的一大特点即颗粒作为乳化剂，而颗粒的润湿性对于乳液的稳定非常重要，因此一部分破乳研究侧重在调整 pH 或液相组成以改变颗粒润湿性方面。Read 等[449]考察了油相对 pH 响应的聚苯乙烯乳化行为的影响，当油相极性过高或过低时，降低 pH 都会导致快速破乳，而当油相的极性适中时，降低 pH 则引起由 W/O 型至 O/W 型的过渡相转变。Zaki 等[450]提出采用 CO_2 进行破乳的新型方法，利用沥青质在 CO_2 中溶解性差的特点，使沥青质发生沉淀，进而实现破乳。Yan 和 Masliyah 等[451,452]在这方面进行了大量研究，通过加入新的油相对黏土稳定的 O/W 型乳液进行破乳，并考察了油相体积分数、颗粒浓度等因素的影响。研究发现，随着乳液与新油相的混合时间增长，乳液含油量呈指数下降。

15.6 液膜应用

15.6.1 湿法冶金

15.6.1.1 铀的分离[35,83,453]

在原子能工业中铀是重要的核原料，从铀矿的浸出液提取铀是铀的主要来源。但地球上铀矿的储藏量很少，为了增加铀的来源，希望将磷矿里含有的浓度很低的铀（不超过 200mg/L）富集起来，这对缺乏铀矿的国家甚为重要。用液膜法处理湿法磷酸过程中产生的磷矿渣，可以在生产磷酸的同时，把铀富集起来利用。

液膜法在磷矿中回收铀的流程见图 15-51，实验表明，经一次液膜处理 10min，就可回收 90% 的铀，其浓缩倍数可达 30。该液膜体系油相以 ENJ3029 作表面活性剂。D2EHPA（二-2-乙基己基磷酸）＋TOPO（三辛基氧膦）作载体，使用 H_3PO_4＋$FeCl_2$ 溶液作液膜内水相[81]。

液膜法回收铀与萃取法相比，其优点是进料处理简单、处理温度低、有机溶剂损耗少、

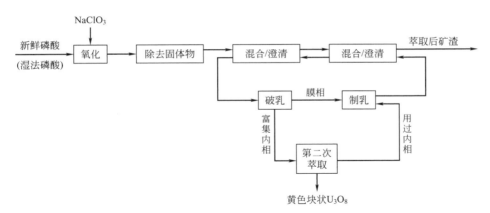

图 15-51 液膜法提铀流程简图

操作步骤少、直接操作费用低等。从年产 40 万吨 P_2O_5 的工厂中回收铀的费用（以 U_3O_8 计）：萃取法约 21 美元/磅（1 磅＝0.4536kg）；乳化液膜法约 15 美元/磅。

支撑液膜用于分离铀同样可取得很好效果。Rabcock 等[453]用一种叔胺（Alamine336）作载体的聚砜中空纤维液膜组件，进行了提铀扩大实验。他们采用三段供料排料流程，流程示意图见图 15-52。一定体积的料液通过每个组件进行再循环。进料液连续引入第一组件的排料作为第二个组件的供料，第二组件的排料作为第三个组件的供料。当料液从第一个组件流向第三组件时，铀浓度不断下降，最终残液浓度可达要求指标。含铀 2g/L 的原料液，经三个组件的处理后，铀的回收率达 99%。

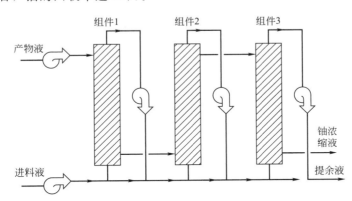

图 15-52 三段支撑液膜组件提铀流程简图

15.6.1.2 稀土元素的分离与回收

离子矿稀土是我国独有的稀土资源，开采容易。目前采用 $(NH_4)_2SO_4$ 浸取矿土的办法，从中置换稀土，再经过滤可获得含 $1000\sim2000$mg/L 的稀土水溶液，然后用草酸沉淀，灼烧转化成氧化稀土。这种工艺的稀土收率低，产品纯度不高，操作步骤麻烦，且价格昂贵。因而采用液膜法从离子吸附型浸出液中提取富集稀土，是开发我国稀土资源的有针对性的工艺[454-457]。郁建涵等[118,454]首先报道了采用 P204 载体液膜体系提取稀土的间歇式实验结果，提取率达到 99%，富集液中稀土浓度高达 30g/L，并进行了小型逆流式台架实验，其提取率大于 97%[455]。在大部分这类研究中，均为单一载体，其中以 P304 或 P507 为佳。

以上的实验结果均属于实验室的小型实验，在实验中一般都在料液中添加缓冲剂（NaAc）或加碱来控制料液的 pH，从而确保传质过程的推动力。

王向德[144] 系统研究了液膜法自离子矿稀土浸出液中富集稀土、稀土分组及分离单一稀土。他们首先利用 P204 为载体，LMS-2 为表面活性剂，HCl 为内水相，对 $1.0 \sim 2.0g/L$ 左右的离子型稀土型矿浸出液进行液膜富集，富集后的内水相稀土浓度小试达 84g/L，中试达 60g/L 以上，稀土迁移率大于 90%。并通过在稀土浸出液中添加络合剂，利用"非平衡萃取原理"——在非平衡的条件下控制各种稀土离子的萃取速度，从而达到提高分离稀土效率之目的，由于所选络合剂与稀土的络合常数随稀土原子系数增大而增大，尽管载体与稀土的络合常数也随稀土原子序数增大而增大，仍可保证轻稀土优先进入内水相，实现了稀土快速二分组，即外水相中重稀土组 Sm-Lu（含量大于 99.52%）及内水相 Y 和轻稀土组 La、Ce、Pr、Nd（即 Y＋La-Nd 组含量＞99.98%）。通过在 Y＋La-Nd 组中加入络合剂 X，可分离出纯度 99.96% 的 Y 及 99.95% 的 La-Nd；而外水相加入络合剂 X，将 Sm-Lu 组分为 Sm-Er 及 Tm-Lu 二组。利用 Eu^{3+}、Yb^{3+} 的还原特性，将铕分离和镱先行分离，通过选择合适的协同萃取载体，利用所谓"推拉-络合交换"液膜体系，使最难分离的两对稀土 Pr 和 Nd、Sm 和 Gd（由于 Cd 断效应）分离。图 15-53 为液膜法系统分离稀土流程示意图。试验表明从稀土浸出液至分离出 15 种单一稀土仅需 16 步、31 级、446min 即可完成。该过程采用 LMS-2 或 LMA-1 为表面活性剂，P205、P507、N263、TBP、DMSO 等为流动载体，内相试剂可采用 HCl、HNO_3 和氧化剂。

15.6.1.3　金的提取[143,458]

传统的湿法冶金提金工艺将金矿石用氰化钠溶液浸取，再用锌置换法提金。该工艺过程复杂，金的提取率较低，且产生的含氰废水难以处理。

金美芳等[458] 开发了用乳化液膜法从含金浸出液中同时提取金和回收氰的新工艺。二级逆流连续提取实验表明，金的提取率高于 97%，氰的回收率高于 90%，金的浓缩倍数大于 50，所获得的含金浓缩液（含金 100mg/L）可用于电解法制备纯金。

15.6.2　废水处理

15.6.2.1　含酚废水处理

酚是焦化厂、石油炼制厂和合成树脂厂废水中常见的污染物质，工业上常用的处理方法是溶剂萃取和生化处理。溶剂萃取适用于处理高浓度的含酚废水，但处理后水中酚的残留量每升仍有几百毫克，需进一步处理方能排放；生化法适合处理浓度小于 200mg/L 的低浓度含酚废水，但设备占地面积大，处理时间长，在含酚量突然增高时装置难以正常运转。而液膜法除酚率高，流程简单，且同时可处理高浓和低浓含酚废水[44,152,165]。

液膜法处理含酚废水，最早由黎念之等提出，现已完成了实验室、中间工厂和扩大规模的实验，结果表明这种方法具有应用前景。无论是低浓度或高浓度的酚都能用液膜法处理，它有可能代替溶剂萃取和生化法。液膜法处理后，可使废水中的酚降至每升几毫克，甚至0.5mg/L。

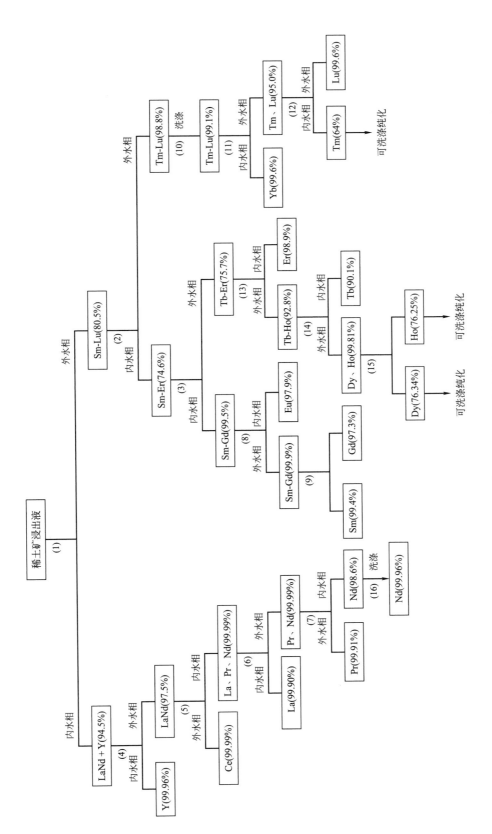

图 15-53　液膜法系统分离稀土流程示意图

国内不少单位也进行了液膜法脱酚的研究工作，效果良好。中科院大连化物所[459]、上海市环保所[189]、华南理工大学[152]等单位都相继进行了试验研究，并开始在生产中部分应用。张秀娟等[153,190]建立了处理能力为 500L/h 的酚醛树脂含酚废水液膜工业运行装置（流程见图 15-16），废水起始含酚约 1000mg/L，经二级液膜处理，出水含酚低于 0.5mg/L，可直接排放，无二次污染。

15.6.2.2　含氨废水处理[162,180]

处理含氨废水可以使用与处理含酚废水类似的乳状液，只是内水相不同，此处要用酸性水溶液，一般为硫酸。由于氨具有明显的油溶性，故很易从外部水相透过油膜进入内相，与 H_2SO_4 生成 $(NH_4)_2SO_4$ 而富集于膜内相，从而达到从废水中去除氨的目的。

连续试验数据表明，废水与乳液在混合器中接触 10～20min，NH_3 去除率能达 98%，废水中含氨量从 400mg/L 降至 80mg/L。此过程的液膜可连续循环使用，内水相生成的 $(NH_4)_2SO_4$ 可用作肥料，整个过程能耗很少，基本上不要蒸汽和冷却水，仅料液输送泵和搅拌消耗一些电能。

一组具代表性的液膜组成是：0.1%Span-80＋3%非离子型聚胺＋96%异链烷烃，内包相为 20% H_2SO_4，待处理原料与膜内相的体积比为 19:1。

有些工业生产的排放水中同时还有 NH_3 和 H_2S，从而形成含硫化铵的酸性废水，使得常用的蒸汽汽提法造成了某些特殊困难，单用液膜法来进行处理也受到工艺本身的限制。但若采用以液膜法分离氨和汽提法分离硫化氢相结合的工艺，就可以圆满地解决。具代表性的液膜组成是：以 88%前述异链烷烃作油膜溶剂，12% Lubri201（为苯乙烯和顺丁烯二酐的共聚物，其中 95%的基团被 C_{10}～C_{18} 的醇酯化）作表面活性剂和膜的稳定剂，膜内相为 20%～30%的 H_2SO_4 或琥珀酸。该种乳状液既耐搅拌，又耐高温。

15.6.2.3　废水中重金属去除和贵金属回收

随着工业的发展，环境污染日趋严重，特别是大量重金属废水，造成严重污染及资源浪费。液膜法的特点之一是适合于低浓度物质的分离，特别适合于从低浓度废水中去除有毒金属或回收有用物质。

Marr 等[176]和王士柱等[138]对液膜法处理含锌废水进行了较系统的研究。他们的研究已经由小试、中试到了工业规模。表 15-14 列举了他们用乳状液膜分离技术处理黏胶纤维厂含锌废水的试验结果。

表 15-14　乳状液膜分离技术处理黏胶纤维厂含锌废水试验结果

项目	Marr 等			王士柱等		
	项目	中试	工业	项目	中试	工业
处理量/(m³/h)		0.7	70～75 (350)		0.5	50
Zn^{2+} 浓度/(mg/L)	入口	450～500	350	入口	500	约 550
	出口	2～10	5	出口	<5	5～15
膜相流量/(L/h)		40	7000		16.7	300
膜相组成（质量分数）/%	PX-10	2	3	[1]S205,[2]T154	[1]2	[2]0.2
	HDEHDTP	3	3	[1]HDEHDTP,[2]T203	[1]4	[2]4
	Shellsol	95	94	煤油	94	95.8

续表

项目	Marr 等			王士柱等		
	项目	中试	工业	项目	中试	工业
内水相水流/(L/h)		4	300		8.3L/d	65L/d
内水相组成： H₂SO₄/(g/L)	入口 出口	250 100	250~300 100	入口 出口	300	300 约150
Zn²⁺/(g/L)	出口	55~65	55~60	出口	10~30	>20
破乳器	电压/kV 频率/Hz 功率/(kW·h/m²)	20 50 5	 500 	电压/kV 频率/Hz 功率/(kW·h/m²)	8 50 0.13	6.5 50 0.02
萃取设备尺寸	高度/m 直径/mm	7 150	10 1600	高度/m 直径/mm	1.2 90	3 500

注：上标 1、2 所在项目中有两种物质，1、2 是区分这两种物质的。

从表 15-14 的数据看，乳化液膜分离技术处理含锌废水可以达到很高的浓缩倍数（奥地利＞100 倍，国内＞40 倍），与传统的溶剂萃取法相比较，有机相用量大大减少。在料液酸度较低情况下，设备出口含锌量可达 5mg/L，基本上符合排放标准。此外，根据 Marr 和王士柱等的估算，回收 1kg 锌所需费用低于 1kg 锌的价值。

废水中提取 Cr⁶⁺ 的中间试验，经两极提取，废水中 Cr⁶⁺ 从 100mg/L 降至 1mg/L 以下，反萃取中 Cr⁶⁺ 达到 65g/L。李思芽等[273]也进行了二级逆流连续提取 Cr⁶⁺ 的液膜中间试验，经两级处理后，废水中的 Cr⁶⁺ 从 1500mg/L 降至 0.5mg/L 以下。

Weiss 等[167]用二丁基苯酰硫脲作载体，研究了废水提取 Hg²⁺ 的液膜过程，Hg²⁺ 的提取率大于 95%。液膜提汞研究中发现，搅拌 10min 后，废水中的 Hg²⁺ 从 1100mg/L 降至 0.2mg/L，提取率达 99.9% 以上。Boyadzhiev 和 Bezenshek[460]研究了用油酸/亚油酸作载体的液膜除汞，浓缩倍数达 1000。

电镀工业中镉的毒性甚高，一些学者开展了液膜除镉研究[461,462]。张秀娟和黄平瑜[463]的研究表明，采用复合载体 TRPO/HDEHP 的液膜，有可能从电镀废水中同时回收 Cd²⁺ 和 CN⁻，并返回电镀槽复用。

Izatt 等[464]和 Beil 等[465]用大环化合物作载体，研究了 Pb²⁺ 的提取，提取率达 91%。

Guerriero 等[466]用支撑液膜从含有铜、砷、锌、铁、锑和铋的硫酸浸出液中回收铟，他们以 D2EHPA 为载体，获得的 In³⁺/Cu²⁺ 分离系数为 10⁴~10⁶，铟的浓缩倍数为 400。

Tang 等[467]研究用乳化液膜法，从高浓锌的废水中回收镉，镉和锌的迁移率分别为 98.6% 和 1.0%。

15.6.3　气体和烃类混合物分离

15.6.3.1　O₂/N₂ 分离

空气分离具有广阔的潜在市场。欲制备纯度大于 95% 的氧气，O₂/N₂ 分离系数必须大于 70[468,469]。在液膜 O₂/N₂ 分离方面，由于迄今尚未能制备出稳定性良好的载体，工作仍然处于实验室阶段。Roman 和 Baker[470]的工作推进了液膜 O_2/N_2 分离研究。他们制备的以席夫碱为载体的支撑液膜，其 O_2/N_2 分离系数达到 30。Baker 等[471]试验了这种液膜的寿命，分离出的 O_2 纯度由初始的 85% 降至 67%。Bellobono 等[472]制备的液膜，在 343K 时，O_2/N_2 分离系数高达 50。Pez 和 Carlin[40]用固定在金属网眼内的熔融硝酸锂或硝酸钠液膜，在 800K 下获得的 O_2/N_2 分离系数为 79，但熔盐的腐蚀性很强。

15.6.3.2　酸性气体分离[469]

从气体混合物中去除或回收 CO_2 是一个重要的工业过程。Evans[473]发现，浓 HCO_3^-/CO_3^{2-} 溶液的水膜对去除 CO_2 非常有效。Ward 和 Robb[25]的进一步研究表明，对于从 O_2/CO_2 混合气体中去除 CO_2 的反应工程，亚砷酸钠对反应起催化作用。使用 0.5mol/L 亚砷酸钠的饱和碳酸氢铯溶液渗透的多孔醋酸纤维素薄膜，CO_2/O_2 的分离系数高达 4100，亚砷酸钠的存在使 CO_2 的渗透率增加了 3 倍。由于亚砷酸钠很稳定，此优良性能使之实际上可以无限期地保持下去。

Way 和 Noble[474]用含有无机胺阳离子载体的全氟磺酸离子交换膜，研究从 H_2S/CH_4 混合气体中去除 H_2S。在常温常压条件下，H_2S/CH_4 分离系数达到 1200。

烟道气脱硫也是支撑液膜研究的一个重要方面。Roberts 和 Friedlander[475]用支撑液膜研究了 SO_2 的分离，所采用的膜液为 NaOH、$NaHSO_3$ 或 $Na_2S_2O_3$ 水溶液。对于 SO_2 浓度较低的原料气，SO_2 的浓集系数达到 1000。Sengupta 等[476]筛选了几种用于烟道气脱硫的溶剂/载气系统，获得的最佳体系为 1mol/L $NaHSO_3$ 和 Na_2SO_3 水溶液，对合成烟道气的脱硫实验表明，SO_2/CO_2 分离系数为 150～190。

15.6.3.3　烃类混合物分离[11,468,469,525]

一些烃类化合物的物理化学性质很相似，用常规的蒸馏法、萃取法往往很难达到分离要求，且所需设备庞大，操作费和维修费高昂。使用液膜法有简便、快捷、高效等优点，已用于分离苯-正己烷、甲烷-庚烷、正己烷-苯-甲苯、己烷-庚烷、正己烷-环己烷等类混合物体系的研究。

由于上述待分离烃类混合物料液均为有机相，故应该用水膜，常用液膜组成为水、皂草苷和丙三醇。水是膜基体；皂草苷是一种水溶性表面活性剂，控制液膜的稳定性；丙三醇是一种有效的液膜增强剂，延长液膜寿命。有时还在液膜中加入水溶性增溶添加剂，作为分离特殊烃组分的载体，以控制液膜对烃组分渗透的选择性。例如，黎念之曾采用 7.5% 和 2.5% 的醋酸亚铜铵作增溶添加剂来分离初始浓度各为 50% 的己烯和正庚烷的混合物，溶剂相采用正辛烷，所得从正庚烷中分离己烯的分离系数分别为 7.6 和 14.5。用于不同烃组分分离的增溶添加剂可参阅文献 [469]。

15.6.4　其他应用

15.6.4.1　生物制品提取

液膜法提取、分离生物制品是目前较为活跃的研究领域，国内外均有大量研究报道，主要包括青霉素[477-481]、氨基酸[234,227,482-485]及其他有机酸[486,487]等生物发酵产品的富集分离。刘红和潘红春[488]概述了液膜在这一领域的研究进展。

发酵产品的成本主要取决于发酵液中目的产品分离回收过程。回收过程一般包括沉淀、过滤、漂洗、纯化及蒸发结晶等多个步骤，操作步骤繁多，分离周期长，能源消耗多，产品成本高。利用液膜技术分离发酵产品，既可以直接应用于发酵过程中，也可作为发酵的下游工艺。液膜技术直接应用于发酵过程的优点是可以源源不断地将产品分离，因此有利于提高发酵目的产品的产率，对革新传统发酵工艺具有积极意义。

液膜法提取分离发酵产品，大多以胺类萃取剂为载体，如 Amberlite LA-2、Alamine 336、Aliquat 336。当将液膜法直接用于发酵过程时，必须考虑液膜组分对发酵菌种的毒性，以免影响发酵过程。如在液膜法提取乳酸时，Alamine 336 会严重抑制德氏乳杆菌（*Lactobacillus delbrueckii*）的生长，30％ Alamine-336 油醇溶液会使它完全失活。此外，发酵所需 pH 与提取目的产品所需的 pH 一般并不一致，必须妥善处理好这一问题。而采用液膜技术作为发酵产品下游工艺时，由于发酵产品及电解质浓度均较高，用于分离某些低浓度产物及副产品较为合适，但设计的液膜体系必须具有较高的选择性。

15.6.4.2　生物脱毒与药物释放

在医药方面，液膜可用作给血液供氧、从肠道中除去尿素以及药物中毒后的紧急解毒处理等[116,489]。

利用氟代烃作液膜包结 O_2，用来对血液充氧和脱 CO_2，起人工肺作用，但并不存在常见的红细胞崩坏和蛋白质变性等问题；肾病患者发生尿中毒，可望使用包结尿素酶和酸的混合物的液膜，在肠道中去除尿素。尿素在尿素酶作用下降解为 CO_2 和 NH_3，CO_2 由肺部排出，尿素与酸生成不溶于液膜的物质捕集于液膜内排出体外，此机理类似于人工肾；医院常遇到误食阿司匹林中毒的小孩、服用巴比妥酸盐自杀的患者，由于这两种药物均是有机酸，可以使用包结碱的液膜制成冰淇淋饮料来解毒，病人可免受催吐、洗胃、引泄之苦，这对患有胃溃疡的病人更为有利；以稳定的多层液膜包结的药物，具有在一段时期内逐渐释放出有效剂量的功能，是一种有前途的变短效药为长效药的措施[490]。

15.6.4.3　微球颗粒制备

乳液模板法是近年来发展起来的一种制备多孔材料的方法，用乳液模板法可以精确控制孔的大小和分布。乳液模板法有多种分类方式，如果按照乳化方式可以分为机械搅拌乳化法、超声乳化法、乳化-溶剂挥发法以及膜乳化法等；如果按照钙离子与海藻酸钠凝胶反应进行的方向可分为乳化内源凝胶法[491]和乳化外源凝胶法[492]。以钙离子与海藻酸钠反应制备海藻酸钙微球颗粒为例，其原理如图 15-54 所示。

要制备单分散、形貌好的海藻酸钙微球，得到单分散和稳定的乳液是技术的关键步骤。传统的乳化技术能耗高、稳定性差，液滴不呈单分散，得到海藻酸钙微球的形貌较差。近年来通过 SPG 膜乳化法制备了单分散的海藻酸钙微球，微球的粒径可通过膜的孔径大小和膜材来控制[493]，也可利用微流控技术实现高度分散的乳液制备[494,495]，受到广泛关注。但是这些技术操作复杂，成本较高，目前还不能满足工业化需要。因此，制备粒径均匀、球形度好、大小适中的海藻酸钙微球，依然是微球和微胶囊制剂研究的重点和难点[495]。

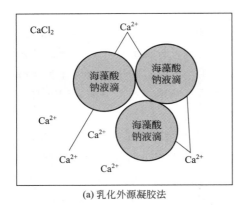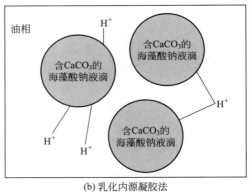

图 15-54　乳液模板法制备海藻酸钙微球示意图

15.6.5　Pickering 液膜在不同领域的应用

15.6.5.1　Pickering 乳液在石油行业中的应用

Pickering 乳液在严苛条件下，尤其是高温高盐环境下具有良好的稳定性，因此近年来在石油行业越来越受重视。

（1）Pickering 乳液在钻井中的应用

随着钻井深度的增加和苛性油藏的存在，使油基钻井液的应用越来越多。水基钻井液虽然成本低，但是通常只适用于低温低压地层。对于高温高压井，需要使用油基钻井液。油田使用的油基钻井液通常是 W/O 乳液体系，又叫作逆乳化钻井液。若将亲油性的纳米材料引入油基钻井液中，可以大幅提高油基钻井液的稳定性，并能对钻井液的流变性进行控制[496-499]。

Sushant 等[500]发现，基于 Pickering 乳液配制的油基钻井液，在 225℃下静置 96h，能够保持流变性和稳定性，而且其中的固体颗粒可以封堵渗透率大的地层，在一定程度上减少漏失，同时提高了钻井液的黏度。

艾加伟等[501]使用纳米疏水材料 DSW-S 配制钻井液，加入 1% DSW-S 后，乳液液滴排列变得更加紧密，体系更加均匀，破乳电压从 318V 提高到 535V，大幅提高了钻井液的乳化稳定性，有助于油基钻井液安全快速钻进。

（2）Pickering 乳液提高石油采收率

① Pickering 乳液作为驱油剂　可流动稠油的黏度通常高达几千至几万毫帕·秒，由于水与稠油流度比差异太大，容易造成水的止进，从而导致无效驱替和低采收率[502]。

Exxon 公司[503]最早提出 Pickering 乳液采油法，并被用来开发黏度在 20～3000mPa·s 范围内的稠油。W/O 乳液作为驱替液可以进行长时间注入，且在流动过程中可以保持稳定，显著提高采收率[504]。

Son 等[505]提出乳液和水交替注入具有更好的驱油效果，并提出了 W/O 型 Pickering 乳液驱油机理，见图 15-55。

在此基础上，Sharma 提出了使用纳米颗粒-表面活性剂-聚合物协同稳定 Pickering 乳液，即 NSP Pickering 乳液[506]。结果表明，NSP Pickering 乳液累积采油量比表面活性剂-

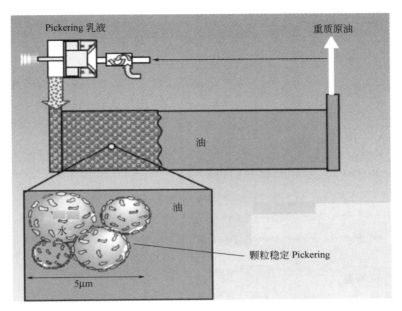

图 15-55　W/O 型 Pickering 乳液驱油机理

聚合物协同稳定的乳液多 60％。随着纳米技术的发展，能够配制出微米级甚至纳米级的 Pickering 乳液，能够更顺利地通过多孔介质进而提高采收率。

②　Pickering 乳液作为堵水剂　在较低剪切速率下，Pickering 乳液常常具有较高的黏度，这种流度特性使其可以对注入的水进行封堵[507]。同样地，稳定性好、低流度的 Pickering 乳液可以用来封堵地层中存在的天然裂缝或者在套管固结过程中产生的细小裂缝。Roberts 等[508]在超过临界速度下同时注入颗粒和水，在粗糙裂缝表面的剪切作用下发生自乳化，生成的小液滴可以在裂缝中进行封堵。

（3）Pickering 乳液的防砂功能

高内相乳液分散相体积分数超过 74％时，通过聚合作用，可以制成多孔材料[509]。Ikem 等[510]以 Pickering 乳液作为模板，制备了气测渗透率大于 $0.987\mu m^2$、抗压强度超过 3.5MPa 的多孔材料。将 Pickering 乳液循环至油管外的环形空间，一段时间后，固化成稳定的致密环，可以起到防砂作用，但是油气可以通过。多孔材料的防砂原理如图 15-56 所示。

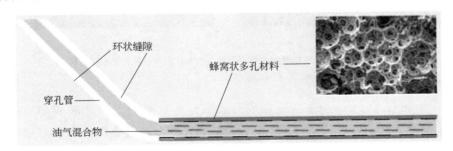

图 15-56　多孔材料的防砂原理

（4）Pickering 乳液用于污水处理

Lin 等[511]油酸包覆的氧化铁纳米粒子为稳定剂、氢氧化钠溶液作为水相、磷酸三丁酯和玉米油的混合物作为油相，制备了稳定的 Pickering 乳液膜。有效回收了污水中的酚醛树脂类物质，具有高效性和高选择性。由于氧化铁粒子具有磁响应性，污水处理完成后，便于回收重复利用。

毋伟[512]等提出以 Pickering 乳液处理高浓度有机废水。他们以改性的碳酸钙纳米颗粒稳定 Pickering 液膜，将固体颗粒加入污水中，以污水中的有机物作为油相，使用超声或搅拌的方法形成乳液，并用离心法进行分离。该方法处理苯乙烯和硝基苯有机废水取得一定效果，而且可以推广到废水中的大部分有机成分。

15.6.5.2　Pickering 乳液用于复合材料制备

Pickering 乳液因固体粒子润湿性的不同可以制备 O/W、W/O 及 W/O/W 等多种类型的乳液，当使用可聚合的单体油相或者在一定条件下可挥发、溶解的组分时，以不同类型的 Pickering 乳液为模板，制备具有特殊结构（如空心微球、中空胶囊、核壳结构、Janus 粒子等）和特殊性能（如 pH 响应性、温度响应性、光响应性、磁响应性等）的功能高分子。

(1) 多孔材料制备

当高内相乳液中水相的体积分数在 74% 以上、且连续相中含有可聚合单体时，即可以高内相乳液为模板，通过聚合获得多孔材料。多孔材料由于空隙的存在，具有质轻、传递性能好等优点，在过滤、负载、化学及生物分离、组织工程学支架等领域有潜在应用。Bismarck 等以油酸改性的二氧化硅纳米粒子为稳定剂，苯乙烯和二乙烯基苯为连续相，制备了高内相 Pickering 乳液，并以此为模板，制备出具有高渗透性的大孔聚合物材料，如图 15-57 所示[513]。Guo 等[514]通过磺化改性的聚苯乙烯乳胶粒子为 Pickering 乳化剂，通过选择不同的连续相，制备出了开孔结构多孔材料与闭孔结构多孔材料。

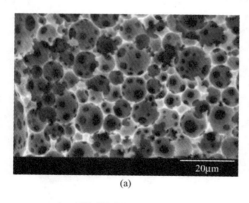
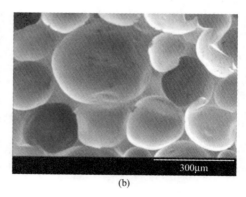

(a)　　　　　　　　　　　　　(b)

图 15-57　（a）传统乳化剂稳定的高内相乳液为模板制备的多孔材料；
（b）高内相 Pickering 乳液为模板制备的多孔材料（内相含水量均为 75%）

张超等[515]进行了 Pickering 乳液合成阻燃高分子材料的研究，以 $Mg(OH)_2$ 稳定的 Pickering 乳液为模板，通过偶氮二异丁腈引发剂引发聚合，制备出含水 $Mg(OH)_2$/聚苯乙烯（PS）复合材料，如图 15-58 所示为材料的 SEM 图片，复合材料具有 $155\mu m$ 的孔洞，由于水和 $Mg(OH)_2$ 双重阻燃作用，氧指数较高，阻燃效果较好。

(2) 微胶囊空心微球的制备

以 Pickering 乳液为模板，制备由纳米颗粒为壳的微胶囊，因为其在微胶囊技术领域潜

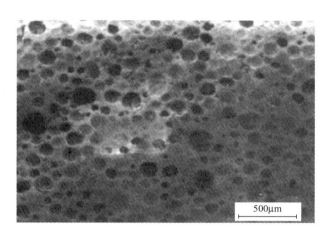

图 15-58　含水 Mg（OH）$_2$/PS 复合材料的 SEM 照片

在的重要性，已经引起了广泛的关注。Wang 等[516]以疏水性的二氧化硅纳米粒子为稳定剂、含有单体苯乙烯的十六烷为油相分散相，制备出了具有核壳结构的微胶囊，如图 15-59 所示。以亲水的 SiO$_2$ 纳米粒子为 Pickering 乳化剂，以十六烷为液体模板，通过苯乙烯、二乙烯基苯及 4-乙烯基吡啶的共聚得到草莓状的纳米胶囊[517]。此外，离子凝胶法[518]、溶剂挥发法[519]等也被用于微胶囊的制备。

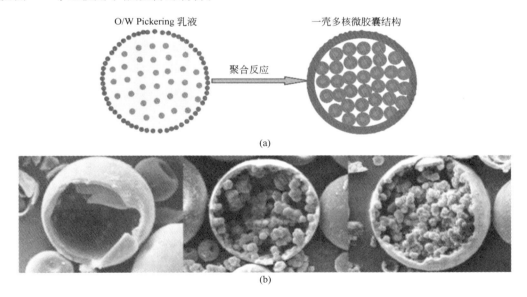

图 15-59　（a）Pickering 乳液聚合制备微胶囊空心球原理；
（b）调控颗粒浓度，可制备结构不同的微胶囊空心核壳结构

（3） Janus 粒子的制备

Janus 粒子具有独特的不对称双面结构，粒子在两个不同面上物理或化学性质不同，由于 Janus 粒子的这种特性，使其在生物传感、生物探测、表面活性剂、自组装等领域有着广泛的应用前景。以 Pickering 乳液为模板制备 Janus 粒子是近些年来发展的制备 Janus 粒子的新方法。

Budhlall 等[520]首先通过 Pickering 细乳液聚合制备合成锂皂石（Laponite）纳米黏土颗粒包覆的聚苯乙烯或聚二乙烯苯胶粒，再将该胶粒以 Pickering 乳化剂的方式模板化于石蜡-水界面，最后通过阳离子交换的方式对半球进行化学改性，获得了表面电荷具有各向异性的 Janus 胶粒。Cho 等[521]先合成了具有热响应性的亚微米级的聚合物核壳结构粒子，再以此粒子为 Pickering 乳化剂得到了苯乙烯/水乳液，并在此基础上聚合获得了哑铃型非球形 Janus 粒子，该粒子表现出与温度相关的两亲性特征，如图 15-60 所示。王朝阳等[522]利用双重 Pickering 乳液制备出具有各向异性结构和不对称磁性的 Janus 微球，并发现可以通过调整油水两相体积比调节空隙的分布规律，制备了不同相貌的 Janus 粒子。

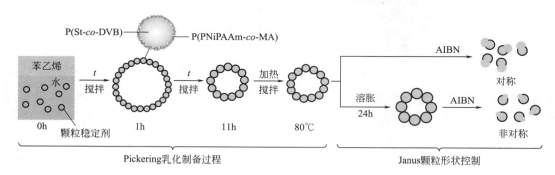

图 15-60　Pickering 乳液 Janus 胶粒制备过程及形貌控制

Jiang 等[523]利用 Pickering 乳液法合成出了一种由刺激响应性微凝胶组成的 Janus 粒子，通过富集金纳米粒子的方式证明了获得的 Janus 粒子两面化学成分的不同，该 Janus 粒子表现出良好的 pH 响应性和温敏性，可以用作刺激响应的微制动器。

（4）其他应用

此外，Pickering 乳液模板法在制备分子印迹高分子材料[524]、特殊结构中空微球[525]、各种响应性（pH、热、磁等）材料[526-528]及医用高分子材料[529]等领域都有广泛的应用研究。

15.6.5.3　Pickering 乳液在药物载体制备方面的应用

（1）载药微球或胶囊

采用 Pickering 乳液干燥法制备载药微球或胶囊的过程是先将药物溶入油相或水相中，然后用无机粒子制备稳定的 Pickering 乳液，再将油相或水相除去，得到载药微球或胶囊。

Wei 等[530]以 SiO_2 颗粒为稳定剂，溶有聚乳酸-羟基乙酸共聚物（PLGA）的 CH_2Cl_2 为油相，制备 O/W 型 Pickering 乳液，通过溶剂蒸发除去 CH_2Cl_2 和酸洗有效除去 SiO_2 粒子，制备无毒、生物相容性好的 PLGA 微球，见图 15-61。微球对布洛芬的载药量为 5.3%～29.5%，包封率为 73.6%～97.7%，PLGA 微球对布洛芬有一定的缓释效果。

Zhang 等[531]用疏水性 SiO_2 为稳定剂，溶有左旋聚乳酸（PLLA）的 CH_2Cl_2 为油相，制备稳定 W/O 型 Pickering 乳液。将该 Pickering 乳液逐滴注射到含有疏水性 SiO_2 的培养皿中，使 SiO_2 粒子覆盖在 Pickering 乳液的液滴表面，干燥后去除水相和油相得到多孔胶囊，该胶囊 100h 后释放了大约 42% 的模拟药物，对药物具有缓释效果，见图 15-62。

通过在 Pickering 乳液中发生聚合反应制备微球或胶囊，然后将微球或胶囊放入药物溶

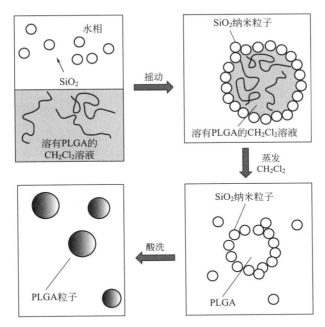

图 15-61　SiO$_2$ 粒子包覆的 PLGA 微球制备

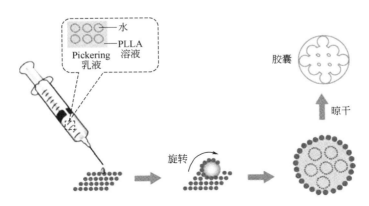

图 15-62　基于 Pickering 乳液的液珠和多孔胶囊的制备

液中，得到载药微球或胶囊，其操作简单，可通过调节释放介质的温度来调节药物释放速率。如图 15-63 所示，Zhu 等[532]以 Fe$_3$O$_4$ 纳米粒子为稳定剂，含有 Cu^{2+} 的水相为外相，制备 O/W Pickering 乳液。Cu$_3$(BTC)$_2$ 纳米晶体在油水界面原位生长和聚甲基丙烯酸甲酯（PMMA）聚合作用得到超稳定中空微球。该微球对布洛芬的装载能力为 250mg/g，45℃时 10mg 微球的药物总释放时间为 7h，装载量和释放特性受温度的影响。

（2）载药凝胶或多孔支架材料

　　Pickering 乳液也可用于制备载药凝胶或载药多孔支架[533]。Chen 等[534]利用氧化石墨烯/聚乙烯醇（GO/PVA）稳定 O/W 型 Pickering 乳液，预先将丙烯酰胺、N,N'-亚甲基双丙烯酰胺和过硫酸钾加入水相中，经水相聚合作用得到多孔 GO/PVA 凝胶，将凝胶浸入 DOX 溶液中制备载药 GO/PVA 凝胶，该载药凝胶具有较好的抗癌性能和缓释作用。

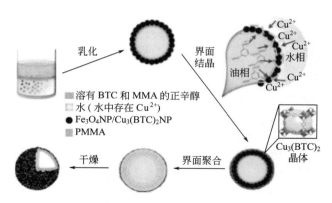

图 15-63　磁性载药中空微球的制备

如图 15-64 所示，Hu 等[535]以聚乳酸疏水改性的羟基磷灰石（*g*-HAp）为稳定颗粒，溶有 PLLA 的 CH_2Cl_2 溶液为油相，将药物布洛芬加入油相中，制备 Pickering 乳液，再将 CH_2Cl_2 和水蒸发后得到结构可控的 HAp/PLLA 纳米复合载药多孔支架。布洛芬的释放速度随着释放介质的 pH 和 *g*-HAp 纳米粒子浓度的增加而加快，多孔支架对布洛芬具有明显的缓释作用。该研究团队还制备了 *g*-HAp/PLGA[536]和 *g*-HAp/PCL[537]载药多孔支架，载药多孔支架均对布洛芬药物具有缓释作用。

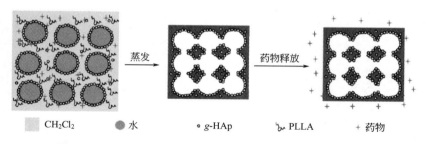

图 15-64　IBU-HAp/PLLA 复合多孔支架的制备及其体外药物释放

（3）新型药物纳米晶自稳定 Pickering 乳液

张焦等[538]为克服 Pickering 乳液在药剂学的应用特别是给药安全性方面带来的限制，提出了采用难溶性药物自身的纳米晶作为固体微粒稳定 Pickering 乳液。在这种新型的药物纳米晶自稳定 Pickering 乳液中，仅存在水、油和药物 3 种物质，不含表面活性剂、异种固体微粒等其他辅料，其中部分药物溶解于油中，大量药物则以纳米晶体形式吸附于油滴表面，对油滴形成包裹，稳定 Pickering 乳液。与传统 Pickering 乳液相比，避免了异种固体微粒的安全隐患，且提高了 Pickering 乳液的载药量；与单纯的药物纳米晶相比，稳定性更好。

如图 15-65 所示，张继芬等[539]以难溶性药物水飞蓟宾自身纳米晶作为固体微粒稳定剂，制备成 Pickering 乳液，优化的水飞蓟宾纳米晶乳滴粒径为 $(27.3\pm3.1)\mu m$。该乳液有效保存时间达 40d 以上。大鼠口服生物利用度对比药物纳米晶和水飞蓟宾原料药混悬剂分别提高了 1.43 倍和 3.8 倍。

15.6.5.4　Pickering 乳液在食品中的应用

食品级 Pickering 颗粒以淀粉、蛋白质、脂肪等材料为主。实际上，在食品领域，黄油、

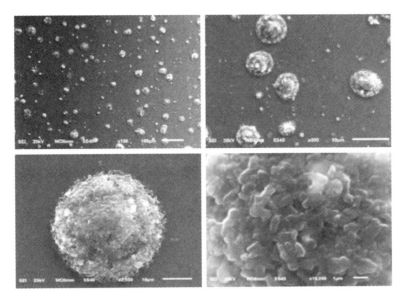

图 15-65　水飞蓟宾纳米晶核壳结构

人造奶油、冰淇淋等食品都是全部或部分通过脂肪晶体粒子在油水界面形成立体屏障阻止液滴的聚集来保持稳定[540]。Pickering 乳化在食品中的应用，主要是用于食品的制备过程，如乳制品、冰淇淋、饮料等的制备过程，使制得的产品质地均匀，口感好，稳定性更强。

（1）淀粉

天然淀粉分子具有亲水性，由于表面存在蛋白质，淀粉颗粒略少，天然淀粉颗粒通常不适合吸附在乳液的油水界面。如图 15-66 所示，Li 等[541]分别用大米、糯米和小麦淀粉颗粒

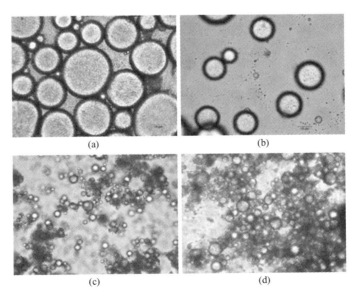

（a）　　　　　　　　　　　　　（b）

（c）　　　　　　　　　　　　　（d）

图 15-66　以菫菜淀粉和改性菫菜淀粉为稳定剂的 Pickering 乳液

（a）2％菫菜淀粉；（b）2％改性菫菜淀粉；（c）30％菫菜淀粉；

（d）30％改性菫菜淀粉（放大 40 倍）

成功制备乳液，且由大米颗粒制备的乳液稳定性最好，在几个月后仍保持稳定。

Sjoo 等[542]对淀粉颗粒稳定的油包水乳状液在不同条件下进行加热处理，并评估了温度对乳滴特征的影响。发现淀粉加热糊化的特性使其在油滴界面膨胀形成一个更好的封闭屏障，形成的乳液更加稳定。

Song 等[543]采用辛烯基琥珀酸酐（OSA）改性籼米淀粉为颗粒乳化剂制备以大豆油为油相的 O/W 乳液。Pickering 乳液的微观结构表明，淀粉颗粒积累在油水界面形成一个密集层，保持乳液的稳定。这些结果表明液滴之间可能形成网络结构，使乳液呈现凝胶行为。

（2）纤维素

纤维素具有各向异性分子结构，各向异性晶体表面结构可以表现为宏观效应。纤维素主要表现为亲水性，未经改性的纤维素只能稳定 W/O 乳液。

如图 15-67 所示，Kalashnikova 等[544]研究了 3 种不同起源且纵横比不同的纤维素纳米晶体对 Pickering 乳液的影响。发现这些纳米晶体在油水界面发生不可逆吸附形成超稳乳液，且纵横比直接影响覆盖率，从绿色藻类中提取的纤维素晶体纵横比为 160，能形成高度缠结的网络结构，在覆盖率为 44％时即可有效稳定。随着纤维素纵横比增大，形成的 Pickering 乳液逐渐从分散液滴过渡到网络结构。Wen[545]用纳米纤维素（CNCS）作为颗粒乳化剂来制备 D-柠檬烯 Pickering 乳液，发现 CNCS 质量分数为 0.2％时，能够保护柠檬烯不被化学降解并改善其在水中的分散度。

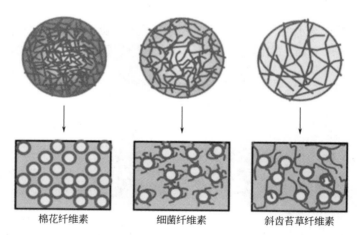

| 棉花纤维素 | 细菌纤维素 | 斜齿苔草纤维素 |

图 15-67　3 种不同起源且纵横比不同的纤维素纳米晶体对 Pickering 乳液的影响

（3）脂肪类

脂肪晶体颗粒一直被用来稳定 W/O 食品乳液。在许多乳液中，固体颗粒是食品乳化生产中必不可少的，如冰淇淋中的冰晶、沙拉酱中的卵黄颗粒、奶油中的脂肪颗粒等。脂肪晶体不具有表面活性，但在到达一定浓度时可以在连续相中形成网络结构，包裹其中的分散液滴以减少液滴扩散和聚集。

如图 15-68 所示，Frasch-Melnik[546]用单甘酯和甘油三酯混合稳定的乳液来控制盐在不同温度梯度下的释放，调整食品合适的咸味，有利于减少高盐对冠状动脉、高血压和心脏病

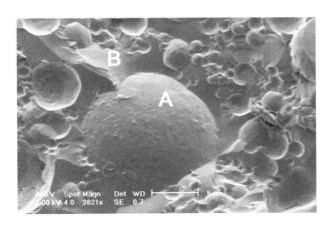

图 15-68　1%软脂酸甘油酯为稳定剂的 Pickering 乳液
A—水滴；B—脂肪晶体稳定剂

患者的影响。随着研究的深入，很快将会有更多 Pickering 乳化应用在食品工业中。

（4）蛋白质类

蛋白质具有两亲性和强表面活性，常被用来制备和稳定可食性 O/W 型 Pickering 乳液[547]，乳清蛋白可以作为乳化剂制备出乳液液滴粒径小于 1nm 的 O/W 乳液。

如图 15-69 所示，Wu 等[548]用分离乳清蛋白纳米粒子（WPI·NPs）来制备和稳定 Pickering（O/W）乳化液，发现 200～500nm WPI·NPs 制备的 O/W 乳状液更稳定。

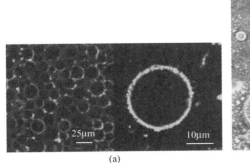
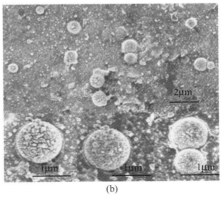

(a)　　　　　　　　　　(b)

图 15-69　乳清蛋白纳米粒子稳定的 Pickering（O/W）乳液

Liang[549]报道了豌豆分离蛋白（PPI）在酸性条件下可以作为一种优良的食品 Pickering 乳液稳定剂。在 pH 3 的乳液中，PPI 颗粒浓度从 0.25g/100mL 增加到 3g/100mL 导致乳滴尺寸大幅度减少，而其形成乳液的稳定性逐渐增加。激光扫描共聚焦显微镜观察表明，增加颗粒浓度可以形成三维网络结构，有效地稳定 Pickering 乳液。

胡亚琼[550]以纳米尺寸大小的小麦醇溶蛋白胶体颗粒为 Pickering 乳化剂，在高剪切乳化条件下制得食品级 Pickering 乳液，通过调节 pH 改变蛋白胶体颗粒的润湿性，制成的 Pickering 乳液能稳定放置 150d 以上。

15.7　液膜新进展

　　高渗透性、高选择性与高稳定性是膜分离所应具备的基本性能，但是，迄今所开发的大多数液膜过程，很难同时具备这三种性能，这就限制了它们的工业应用。支撑液膜和乳化液膜所存在的问题，系该两种液膜本身之构型所致，难以完全解决。于是，各国学者转而探索新的液膜构型，以期在保持液膜分离特点的同时，克服乳化液膜工艺过程复杂、支撑液膜不稳定等缺点。

15.7.1　流动液膜（包容液膜）分离

　　第 15.4 节中所讨论的支撑液膜，实质上是以图 15-5(a) 所示的浸渍式支撑液膜为基础的。如前所述，这种液膜体系中因膜液从微孔中流失而导致膜的不稳定是不可避免的。图 15-5(b) 所示的夹心饼式支撑液膜，则为消除膜液流失提供了可能性。然而，夹心饼式液膜的膜层较厚且静止不动，传质阻力甚高。于是，人们想到驱使膜液流动的方法，以期在提高液膜稳定性的同时，降低传质阻力，这就是所谓"流动液膜"的构象。一种螺旋卷式流动液膜，如图 15-70 所示，膜液在两张微孔膜之间的薄层通道内流动[330,551,552]，料液相与接收相则被这两张微孔膜所隔开。

　　基于同样的原理，一种叫作中空纤维包容液膜的新构型也于 20 世纪 80 年代末问世[553,554]。国内有些学者将这种构型称为同级萃取反萃膜过程[555]或双膜分离[556]。中空纤维包容液膜组件的横截面如图 15-71 所示。

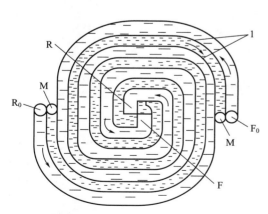

图 15-70　卷包型流动液膜组件膜截面示意图
（膜液在两层多孔支撑膜之间流动）

F—料液相；M—膜相；R—接收相；1—支撑膜；

F_0—料液相入口；R_0—接收相出口

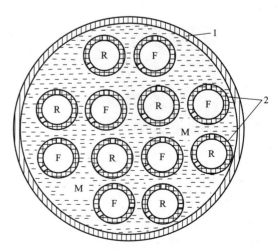

图 15-71　中空纤维包容液膜组件的横截面
（膜液在交错排列的中空纤维管外流动）

F—料液相；M—膜相；R—接收相；

1—外壳；2—支撑膜

在流动液膜体系中，即使支撑膜微孔中的膜液溶解到料液相或接收相中，膜液可随时被补充到膜孔中，所以，这种液膜比支撑液膜具有更好的稳定性。同时，螺旋卷式或中空纤维式的构型使单位体积的传质面积大为提高，这两种构型的比传质面积可达 $2\times10^2\,\mathrm{m^2/m^3}$[551]与 $4\times10^3\,\mathrm{m^2/m^3}$。

应当指出，尽管流动液膜与包容液膜体系中两层支撑液膜之间的膜液可以流动，但进入支撑液膜微孔中的膜液仍然处于静止状态，这部分膜液对传质阻力的贡献将十分巨大。戴猷元等[555]在对 50%TBP 煤油-醋酸-水溶液体系的实验中，发现料液水相流量加大而有所减少的料液水相边界层阻力对总传质阻力的影响甚微。在总传质阻力中，萃取膜阻与反萃膜阻比有机膜液的阻力更大。总之，这类构型液膜的传质通量甚小。

15.7.2　液体薄膜渗透萃取

液体薄膜渗透萃取技术是 20 世纪 80 年代初保加利亚学者提出的[557]，在这一技术中，水-油-水三相液体均处于连续流动之中，其工作原理如图 15-72 所示，料液相 F 与接收相 R 交错地顺着垂直的亲水固体支撑体向下流动，料液相 F 与接收相 R 在各自的支撑体表面形成薄层水膜，料液相支撑体介于两个接收相支撑体之间，即偶数支撑体上附着料相水膜，奇数支撑体上附着接收相水膜。支撑体的亲水性有助于获得料液与接收液稳定而均匀地沿着支撑体表面向下流动。整个装置内充满了有机膜液，而各支撑体均浸没在有机膜液中。有机膜液用泵循环，并与料液相和接收相逆流而行。提取过程的浓集因子取决于 F 与 R 的流比。

在这一构型的液膜体系中，三种液体的连续流动，导致了溶质的湍流扩散，所以导致了溶质的湍流扩散，所以传质通量较高。这种液膜尽管较厚（几毫米），但其膜阻力却低于厚度仅为 $20\,\mu\mathrm{m}$ 的支撑液膜（膜液不流动）。

这种液膜的特点是可以长期稳定地实现连续操作。

15.7.3　静电式准液膜分离

静电式准液膜是中国原子能科学研究院于 20 世纪 80 年代中期发展起来的新型液膜技术[558-560]，该技术将静电相分散技术与液膜原理相结合，实现了萃取与反萃在同一反应槽内的耦合，具备液膜过程所特有的非平衡传质特性。

静电式准液膜过程的原理如图 15-73 所示，液膜反应槽的上部充满了含有萃取剂的油溶液，用一种特制的人字形挡板将其分为萃取池与反萃池，萃

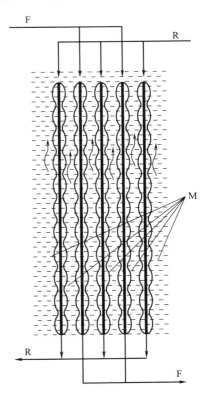

图 15-72 液体薄膜渗透萃取原理

F—料液相；M—膜相；R—接收相

取池与反萃池的两侧分别设置一对电极；反应槽的底部被隔板分为萃取与反萃澄清池。萃余液（或浓缩液）与连续油相的界面高度可通过改变萃余液（或浓缩液）出口处的高度加以调节。

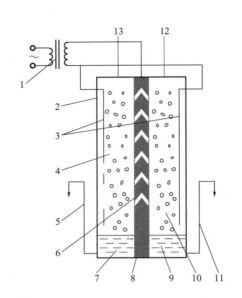

图 15-73　静电式准液膜过程原理示意图

1—高压电源；2—反应相；3—接地电极；4—萃取池；
5—萃余液；6—挡板-高压电源；7—萃取澄清池；
8—隔水板；9—反萃澄清池；10—反萃池；
11—浓缩液；12—反萃液；13—料液

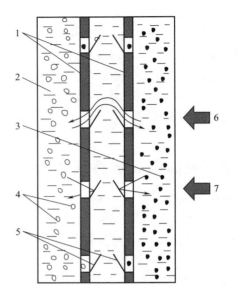

图 15-74　挡板-电极示意图

1—电极；2—连续油相；3—反萃水滴；
4—料液水滴；5—挡板；6—油相通过
挡板缝自由流动；7—挡板阻止料液
与反萃水滴相混

图 15-74 为挡板-电极示意图，挡板的功能是在为连续油相的流动提供通道的同时，防止料液水相与反萃水相的混合，从而实现萃取与反萃在反应槽内的耦合。由图 15-73 可见，连续油相可以通过挡板-电极的孔道自由流动，而一旦料液水滴（或反萃水滴）进入这些孔道，由于孔道中电场微弱，使进入孔道的水滴聚结而在重力作用下从孔道中流回萃取池（或反萃池），从而避免了料液水相与反萃水相的混合。

实验开始时，首先在萃取池与反萃池上同时施加高压静电场，接着，料液与反萃液分别从萃取池与反萃池的上部加入，在静电场的作用下，这两种水相在连续油相中分别被分散成无数细小的微滴。在萃取池，水相微滴中的溶质被萃入油相，生成的络合物在其浓度梯度推动下，透过挡板孔道扩散到反萃池，在那里溶质被反萃到反萃水相微滴，连续油相中的萃取剂被再生后，在其自身浓度梯度推动下，透过挡板孔道扩散回萃取池。上述过程的循环，使萃取与反萃在同一反应槽内得到耦合，从而使溶质不断地从料液水相不断地向反萃水相传递而获得浓集。表 15-15 列举了从水溶液中提取 Co^{2+} 的一组典型的数据[560]。在稳态条件下，含有 1.0g/L Co^{2+} 的料液水滴在静电场中经过高度为 10mm 的油相，其 Co^{2+} 的浓度降至 0.01g/L；与此同时，反萃液中的 Co^{2+} 浓度却从 0 剧增至 19.8g/L；油相中钴络合物的浓度始终维持在 0.3～0.4g/L，远低于其平衡浓度。这一结果显示了静电式准液膜的非平衡传质特性。用静电式液膜法已研究了若干金属提取体系，包括 Co^{2+}、Ni^{2+}、Y^{3+}、Eu^{3+}、

La^{3+}、Sc^{3+} 以及混合稀土的提取[559-564]，提取率均达 95％以上。

表 15-15　从水溶液中提取 Co^{2+} 的典型实验条件及结果

项目	实验条件	实验结果
工艺条件	料液水相	1.0g/L Co^{2+}，0.1mol/L CH_3COONa $pH_0 = 5$
	反萃水相	1.0mol/L H_2SO_4
	油相	含 10％（体积分数）D2EHPA 的煤油
操作条件	电压	3kV
	电流	650μA
	料液流量	200mL/h
	反萃液流量	10mL/h
	水滴在电场中停留时间	4s
结果	萃余液浓度	0.01g/L
	浓缩液浓度	19.8g/L
	油相浓度	0.3g/L（反萃侧），0.4g/L（萃取侧）

静电式准液膜体系中避免了乳化液膜所必需的表面活性剂的引入，从而使提取过程大为简化。乳化液膜的泄漏与溶胀分别为 0.2％～10％ 与 4％～30％，使得分离效率与浓缩程度均受到限制。静电式准液膜可通过调整挡板的结构与尺寸使萃取侧与反萃侧的两种水相之间的混合（相当于"泄漏"与"溶胀"）分别控制在 0.06％ 和 1％，从而使分离效率与浓缩程度大为提高。关于对 Sc^{3+} 与混合稀土的分离，乳化液膜法与静电式准液膜法获得的分离系数分别为 43[565] 与 1781[564]。对乳化液膜提取混合稀土，已报道的浓缩液稀土浓度的最高值为 157.5g/L（RE_2O_3），而在静电式准液膜法浓缩 Y^{3+} 的研究中[563]，浓缩液中 Y^{3+} 的浓度达 295g/L（Y_2O_3）。

与支撑液膜相比，静电式准液膜具有较高的传质通量，例如：对于 Co^{2+} 的提取，支撑液膜的传质通量为 2.8×10^{-9} mol/($cm^2 \cdot s$)[566]，而静电式准液膜的传质通量可达 6.5×10^{-8} mol/($cm^2 \cdot s$)[559]。

静电式准液膜技术的主要问题是：电极绝缘层必须具有耐压、憎水与耐油等特性，在长期运行中，其耐久性仍待进一步解决。

针对上述问题，对挡板-电极组件进行了重新设计和制作，并对其性能进行了研究[567]，结果表明，新挡板较原挡板-电极组件在传质性能和耐压性能方面有较大的改善，而且泄漏率有所降低。

15.7.4　内耦合萃反交替分离

内耦合萃反交替分离过程是中国原子能科学研究院于 20 世纪 90 年代初开发的一种新型液膜过程[568-570]，这也是一种连续式的萃取与反萃在同一反应槽内部耦合的传质过程。如图 15-75 所示，内耦合萃反交替分离反应槽具有双混合澄清式结构，反应槽下部被一适当高度的中间隔板分隔为萃取侧与反萃侧，萃取侧与反萃侧又分别被各自的溢流板分隔为混合室与澄清室。

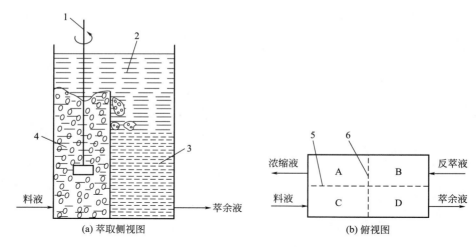

图 15-75　内耦合萃反交替分离过程的基本原理示意图

1—搅拌器；2—澄清有机相；3—萃余水相；4—O/W 型油水分散体；5—隔板；6—溢流板；

A—反萃澄清室；B—反萃混合室；C—萃取混合室；D—萃取澄清室

　　过程启动前，反应槽的两个混合室和两个澄清室内均注有适量体积的水相垫底料，随后加入的有机溶液淹没中间隔板，以作为连通萃取侧与反萃侧的膜溶液。

　　过程启动后，萃取侧混合室的上层有机相在独特的机械搅拌作用下，与下层料液水相形成高度分散的油水乳状液。乳状液层以上的有机相层依然保持澄清。随着料液水相的不断供给，该乳状液便不断地溢入萃取澄清室，分相后即可从底部获得萃余液；并入上方澄清有机相层的负载有机相，在反萃侧混合室机械搅拌作用下，越过中间隔板，进入反萃侧混合室，并在反萃侧混合室的机械搅拌作用下，与下层反萃水相形成高度分散的乳状液，乳状液层之上的有机相层依然保持澄清。随着反萃水相的不断供给，乳状液不断地溶入反萃澄清室，分相后即可从底部获得浓缩液；并入上方澄清有机相层的再生有机相，则在萃取侧机械搅拌作用下，越过中间隔板，返回到萃取侧混合室，继续进行上述传质过程，从而实现了在同一反应槽内萃取与反萃的耦合。

　　内耦合萃反交替法提取 La^{3+} 的实验表明：经一级提取，料液中的 La^{3+} 浓度从 1.0g/L 降至 0.005g/L 以下，提取率达 99.5%，循环反萃液中 La^{3+} 的浓度高达 415g/L（以 La_2O_3 计），比乳化液膜法所能达到的浓缩液浓度高 3.7 倍。

　　内耦合萃反交替方式并非溶剂萃取技术中萃取段与反萃段的简单合并，这种内耦合方式具有液膜的非平衡萃取特点，所以它具有液膜所具有的优点。它采用了溶剂萃取过程中应用最广泛、结构最简单、价格最低廉的混合澄清槽为传质单元设备，且避免了乳化液膜技术的制乳与破乳工序，这种溶剂萃取与液膜技术的优势互补，使该技术在工业应用方面有可能具有较强的竞争性。

符号表

Δa	浓度变化量

A	面积
c	浓度
d	直径
D	扩散系数
E	电场强度
$[\overline{E}]$	载体在膜相中总的浓度
f	校正因子
f_m	频率
F	力
g	重力加速度
ΔG	吉布斯自由能
h	粒子所带的电荷量与其饱和电荷量的差
J	通量
k	直线斜率
K	反应平衡常数、反应速率常数
K_d	分配比
L	长度
n/N	数量
Δo	浓度变化量
P	渗透系数
Δp_c	毛细管作用力
q	电荷量
Q	流量
r/R	半径
S	溶解度；熵
t	时间
υ	速度
V	体积
α	分配系；分离系数
δ	厚度
ε	孔隙率
ε_r	介电常数
η	傅里叶传质数
θ	接触角
μ	黏度
ξ	泄漏率
ρ	密度
σ	界面张力
τ	曲折因子

ϕ	电导率
Φ	体积分数
ω	能量耗散率

参考文献

［1］ Marczewska B，Marczewski K．First glass electrode and its creators F．Haber and Z．Klemensiewicz-On 100th anniversary［J］．Zeitschirft f Physik Chemie, 2010, 224（5）：795-799.

［2］ Barnes T，Beutner R．The alleged membrane potential produced by diffusion in nerve muscle fibres. Nature, 1950, 166: 197-198.

［3］ Ling G，Gerard R W．External potassium and the membrane potential of single muscle fibres. Nature, 1950, 165: 113-114.

［4］ Boguslavsky L I．Adsorption and electrochemical processes on the interface between two immiscible liquids. Prog Surf Sci, 1985: 1-167.

［5］ Osterbout W J V，Stanley W M．The accumulation of electrolytes：V．models showing accumulation and a steady state. J Gen Physionl, 1932（15）：667.

［6］ Widdas W F．Facilitated transfer of hexoses across the human erythrocyte membrane. J Physiol, 1954（125）：163-180.

［7］ Scholander P F．Oxygen transport through hemoglobin solutions. Science, 1960（151）：585-590.

［8］ Wittenberg J B．The molecular mechanism of hemoglobin-facilitated oxygen diffusion. J Biol Chem, 1966（241）：104-114.

［9］ Stark G，Benz R．The transport of potassium through lipid bilayer membranes by the neutral carriers valino-mycin and monactin. J Membr Biol, 1971（5）：133-153.

［10］ 郑领英，王学松．膜技术［M］．北京：化学工业出版社，2000.

［11］ Li N N，Somerset N J．Separating hydrocarbons with liquid membranes（Exxon Research and Engineering Co.）：US3410794［P］.1968-11-12.

［12］ Sengupta B，Sengupta R，Subrahmanyam N．Copper extraction into emulsion liquid membranes using LIX 984N-C［J］．Hydrometallurgy, 2006, 81: 67-73.

［13］ 路淑斌，王向德．无污染快速液膜法分离稀土的系统研究——钇和铽、镝的分离［J］．水处理技术，1997，23（1）：7-11.

［14］ Habaki H，Egashira R，Stevens G W，et al．A novel method improving low separation performance for W/O/W ELM permeation of erythromycin［J］．J Membr Sci, 2002, 208: 89-103.

［15］ Lin S H，Pan C L，Leu H G．Liquid membrane extraction of 2-chlorophenol from aqueous solution［J］．J Hazard Mater, 1999, 65（3）：289-304.

［16］ Devulapalli R，Jones F．Separation of aniline from aqueous solutions using emulsion liquid membranes［J］．J Hazard Mater, 1999, 70（3）：157-170.

［17］ Kulkarni P S，Mukhopadhyay S，Bellary M P，et al. Studies on membrane stability and recovery of uranium（Ⅵ）from aqueous solutions using a liquid emulsion membrane process［J］．Hydrometallurgy, 2002, 64: 49-58.

［18］ Hirai T，Hodono M，Komasawa I．The preparation of spherical calcium phosphate fine particles using an emulsion liquid membrane system［J］．Langmuir, 2000, 16: 955-960.

［19］ Hirai T，Okamoto N，Komasawa I．Preparation of rare-earth-metal oxalate spherical particles in emulsion liquid membrane system using alkylphosphinic acid as cation carrier［J］．Langmuir, 1998, 14: 6648-6653.

［20］ Hirai T，Kawamura Y，Komasawa I．Preparation of Y_2O_3 nanoparticulate thin films using an emulsion liquid-membrane system [J]. J Colloid Interf Sci, 2004, 275: 508-513.

[21] Hirai T, Orikoshi T. Preparation of yttrium oxysulfide phosphor nanoparticles with infrared-to-green and -blue upconversion emission using an emulsion liquid membrane system [J]. J Colloid Interf Sci, 2004, 273: 470-477.

[22] Hirai T, Hirano T, Komasawa I. Preparation of Gd_2O_3: Eu^{3+} and Gd_2O_2S: Eu^{3+} phosphor fine particles using an emulsion liquid membrane system [J]. J Colloid Interf Sci, 2002, 253: 62-69.

[23] Hirai T, Orikoshi T. Preparation of Gd_2O_3: Yb, Er and Gd_2O_2S: Yb, Er infrared-to-visible conversion phosphor ultrafine particles using an emulsion liquid membrane system [J]. J Colloid Interf Sci, 2004, 269: 103-108.

[24] Bloch R, Finkelstein A, Kedem O, et al. Metal-Ion Seperations by Dialysis through Solvent Membranes [J]. I&EC Process Design and Development, 1967 (6): 231-237.

[25] Ward W J, Robb W I. Carbon dioxide-oxygen separation: facilitated transport of carbon dioxide across a liquid film [J]. Science, 1967 (156): 1481-1484.

[26] 余夏静, 叶雪均. 液膜技术及其应用研究进展 [J]. 污染防治技术, 2011 (03): 69-72.

[27] Vernekar P V, Jagdale Y D, Patwardhan A W, et al. Transport of cobalt (II) through a hollow fiber supported liquid membrane containing di- (2-ethylhexyl) phosphoric acid (D2EHPA) as the carrier [J]. Chem Eng Res Des, 2013, 91 (1): 141-157.

[28] Gega J, Otrembska P. Separation of Ni (II) and Cd (II) ions with supported liquid membranes (SLM) using D2EHPA as a carrier [J]. Sep Sci Technol, 2014 (49): 1756-1760.

[29] Ong Y T, Yee K F, Cheng Y K, et al. A review on the use and stability of supported liquid membranes in the pervaporation process [J]. Separation &Purification Reviews, 2014, 43 (1): 62-88.

[30] Benjjar A, Eljaddi T, Kamal O, et al. The development of new supported liquid membranes (SLMs) with agents: Methyl cholate and resorcinarene as carriers forthe removal of dichromate ions [J]. J Environ Chem Eng, 2014, 2 (1): 503-509.

[31] Ramsden W. Separation of solids in the surface-layers of solutions and suspensions (Observation on surface-membranes, Bubbles, Emulsions and Mechanical Coagulation) preliminary account [J]. Proceedings of the Royal society of London, 1903, 72: 156-164.

[32] Pickering S U. Emulsions [J]. Journal of the Chemical Society, Transactions, 1907, 91: 2001-2021.

[33] Cussler E D, Evans D F. Liquid membranes for separations and reactions [J]. J Member Sci, 1980 (6): 113-121.

[34] Frankenfeld J W, Cahn R P, Li N N. Extraction of copper by liquid membranes Sep Sci Technol, 1981, 16 (4): 385-402.

[35] Yan Z, et al. Treatment of the wastewater containing high concentration of Cr (VI) using liquid membrane [C] //Proc of the ICOM' 90. Chicago: 1990: 718.

[36] Hayworth H C, et al. Extraction of uranium from wet process phosphoric acid by liquid membranes. Sepn Sci Technol, 1983, 18 (6): 493-521.

[37] Martin T P, Davies G A. The extraction of copper from dilute aqueous solutions using a liquid membrane process [J]. Hydromentallurgy, 1977, 2: 315.

[38] Matulevicius E S, Li N N. Facilitated transport through liquid membranes [J]. Sep Purif Methods, 1975, 4 (1): 73-96.

[39] Muruganadam N, Paul D R. Evaluation of substituted polycarbonates and a blend with polystyrene as gas separation membranes [J]. J Membr Sci, 1987 (34): 185-198.

[40] Pez G P, Carlin R T. Method for gas separation: US 4617029 [P]. 1986-10-14.

[41] Reusch C F, Cussler E L. Selective membrane transport [J]. AIChE J, 1973, 19: 736-741.

[42] Strzelbicki J, Bratsch R A. Transport of alkali metal cations across liquid membranes by crown ether carboxylic acids [J]. J Membr Sci, 1982, 10: 35-47.

［43］ Izatt R M, et al. Effect of co-anion on DC18C6-mediated Tl⁺ transport through an emulsion liquid membrane ［J］. J Membr Sci, 1986, 28: 77-86.

［44］ Gu Z M, Wasan D T, Li N N. Interfacial mass transfer in ligand accelerated metal extraction by liquid surfactant membranes ［J］. Sepn Sci Technol, 1985, 20: 599-612.

［45］ 薛冠, 胡小玲, 赵亚梅, 等. 离子液体在支撑液膜中的应用 ［J］. 现代化工, 2008, 28（8）: 87-89.

［46］ Scovazzo P, Kieft J, Finan D A, et al. Gas separations using non-hexafluorophosphate ［PF₆］⁻ anion supported ionic liquid membranes ［J］. J Membr Sci, 2004, 238（1-2）: 57-63.

［47］ Scovazzo P, Havard D, McShea M, et al. Long-term, continuous mixed-gas dry fed CO₂/CH₄ and CO₂/N₂ separation performance and selectivities for room temperature ionic liquid membranes ［J］. J Membr Sci, 2009, 327（1-2）: 41-48.

［48］ Baltus R E, Counce R M, Culbertson B H, et al. Examination of the potential of ionic liquids for gas separations ［J］. Sep Sci Technol, 2005, 40（1）: 525-541.

［49］ Hanioka S, Maruyama T, Sotani T, et al. CO₂ separation facilitated by task-specific ionic liquids using a supported liquid membrane ［J］. J Membr Sci, 2008, 314（1-2）: 1-4.

［50］ Myers C, Pennline H, Luebke D, et al. High temperature separation of carbon dioxide/hydrogen mixtures using facilitated supported ionic liquid membranes ［J］. J Membr Sci, 2008, 322（1）: 28-31.

［51］ Ilconich J, Myers C, Pennline H, et al. Experimental investigation of the permeability and selectivity of supported ionic liquid membranes for CO₂/He separation at temperatures up to 125℃ ［J］. J Membr Sci, 2007, 298（1-2）: 41-47.

［52］ Noble R D, Douglas L G. Perspective on ionic liquids and ionic liquid membranes ［J］. J Membr Sci, 2011, 369（1-2）: 1-4.

［53］ Lozano L J, Godínez C, de los Ríos A P, et al. Recent advances in supported ionic liquid membrane technology ［J］. J Membr Sci, 2011, 376（1-2）: 1-14.

［54］ Neves L A, Nemestóthy N, Alves V D, et al. Separation of biohydrogen by supported ionic liquid membranes Desalination, 2009, 240（1-3）: 311-315.

［55］ Neves L A, Crespo J G, Coelhoso I M. Gas permeation studies in supported ionic liquid membranes J Membr Sci, 2010, 357（1/2）: 160-170.

［56］ Huang K, Zhang X M, Li Y X, et al. Facilitated separation of CO₂ and SO₂ through supported liquid membranes using carboxylate-based ionic liquids ［J］. J Membr Sci, 2014, 471: 227-236.

［57］ Fan T, Xie W, Ji X, et al. CO₂/N₂ separation using supported ionic liquid membranes with green and cost-effective ［Choline］［Pro］/PEG200 mixtures ［J］. Chinese J Chem Eng, 2016, 11: 1004-9541.

［58］ Boyadzhiev L, Lazarova Z. Liquid membranes（liquid pertraction）［M］//Nole R D, Stem S A ed. Membrane Seperation technology: Principles and applications. Elsevier, 1995: 283.

［59］ Pickering S U. Emulsions ［J］. Journal of the Chemical Society, Transactions, 1907, 91: 2001-2021.

［60］ Finkle P, Draper H D, Hildebrand J H. The theory of emulsification ［J］. J Am Chem Soc, 1923, 45: 2780-2788.

［61］ Binks B P. Particles as surfactants - similarities and differences ［J］. Curre Opin Colloid In, 2002, 7（1-2）: 21-41.

［62］ Li N N. Permeation through liquid surfactant membranes ［J］. AIChE J, 1971, 17: 459-463.

［63］ Li N N. Liquid membrane encapsulated reactive products ［J］. J Membr Sci, 1978（3）: 265-269.

［64］ Li N N, Shrier A L. Liquid membrane water treating ［M］//Li N N ed. Recent Dev. //Sepn Sci Vol 1. Boca Raton, Florida: CRC Press, 1972: 163.

［65］ Cahn R P, Li N N. Separation of phenol from waste water by the liquid membrane technique ［J］. Sepn Sci, 1974, 9（6）: 505-519.

［66］ Halwachs W, Flaschel E, Schugerl K. Liquid membrane transport — a highly selective separation process for organic solutes ［J］. J Membr Sci, 1980（6）: 33-44.

［67］ Teramoto M, et al. Modeling of the permeation of copper through liquid surfactant membranes［J］. Sepm Sci Technol, 1983, 18（5）: 735-764.

［68］ Zhang X J, Liu J G, Lu T S. Analyses of rural drinking water resources quality in the north area of Shaanxi ［J］. Water Treatment, 1987（2）: 127.

［69］ Ho W S, Li N N. Modeling of liquid membrane extraction process［M］//Bautista R G ed. Hydromet. Process Fundamentals. NewYork: Plenum Peress, 1984: 555.

［70］ Chang Y C, Li S Y. A study of emulsified liquid membrane treatment of phenolie waste water［J］. Desalination, 1983（47）: 351-361.

［71］ Baker R W, et al. Coupled transport membranes［J］. J Membr Sci, 1977（2）: 215.

［72］ Wasan D T, Gu Z M, Li N N. Separation of metal ions by ligand-accelerated transfer through liquid surfactant membranes［J］. Faraday Discuss of the Chem Soc, 1984, 77: 67-74.

［73］ Cussler E L. Chemical product engineering［J］. AIChE J, 2003, 49（5）: 1072-1075.

［74］ Gu Z M, Ho W S, Li N N. Design considerations of emulsion liquid membranes［M］//Ho W S, Sirkar K K ed. Membrane Handbook. NewYork: Chapman & Hall, 1922: 656.

［75］ 张瑞华. 液膜分离技术［M］. 南昌: 江西人民出版社, 1984.

［76］ 高自立, 孙思修, 沈静兰. 溶剂萃取化学［M］. 北京: 科学出版社, 1991.

［77］ 李以圭, 李洲, 费维扬, 等. 液液萃取过程和设备（上册）［M］. 北京: 原子能出版社, 1981.

［78］ 徐光宪, 王文清, 吴光, 等. 萃取化学原理［M］. 上海: 上海科技出版社, 1984.

［79］ Wang X D, et al. Modeling the separation performance of nanofiltration membranes for the mixed salts solution with Mg^{2+} and Ca^{2+}［J］. J Membr Sci, 2006, 284: 384-392.

［80］ 王向德, 等. 液膜工艺向资源回收与化工冶金发展中几个问题的解决途径［J］. 稀有金属与硬质合金, 1992 （110）: 33-39.

［81］ Frankenfeld J W, Li N N//Calmon C, Gold H ed. Ion Exchange for Pollution Control［M］. Boca Raton, FL: CRC Press, 1979: 163.

［82］ Hirato T, et al. Concentration of Mo（Ⅵ）from aqueous sulfuric acid solution by an emulsion-type liquid membrane. Process Mater Trans JIM, 1990, 31（3）: 213-218.

［83］ Frankenfeld J W, et al. Wasser-in-oel-emulsion Water-in-oil-emulsion: Deutrches Patent 2758546［P］. 1978.

［84］ 李晓东, 等. TBP 乳状液膜提取分离钨（Ⅵ）钼（Ⅵ）的初步研究［J］. 膜科学与技术, 1995, 15（3）: 38-43.

［85］ 李绍秀, 等. 乳状液膜法分离钨钼的研究酸性体系［J］. 膜科学与技术, 1996, 16（3）: 33-39.

［86］ 张秀娟, 等. 液膜分离钾离子的研究——钾离子的促进迁移与活性迁移［J］. 化工学报, 1981, 1: 83-88.

［87］ 朱家芹, 杨燕生. 稀土离子在王冠化合物为载体的液膜中迁移规律的研究［J］. 稀土, 1981（3）: 1-7.

［88］ Izatt R M, et al. Effect of macrocycle type on Pb^{2+} transport through an emulsion liquid membrane［J］. Sep Sci Technol, 1987, 22（2&3）: 661 -675.

［89］ Izatt R M, et al. Separation of bivalent cadmium, mercury, and zinc in a neutral macrocycle-mediated emulsion liquid membrane system［J］. Anal Chem, 1987, 59: 2405 -2409.

［90］ Izatt R M, et al. Macrocycle-Facilitated transport of ions in liquid membrane systems［J］. Sep Purif Methods, 1986, 5（1）: 21-72.

［91］ Izatt R M, et al. Transport of $AgBr_2^-$, $PdBr_4^-$, and $AuBr_4^-$ in an emulsion membrane system using K-dicyclohexano-18-crown-6 as carrier［J］. Sep Sci Technol, 1986, 22（2&3）: 691 -699.

［92］ Izatt R M, et al. Cation selectivity in a toluene emulsion membrane system［J］. Solvent Extr ion Exch, 1984, 2（3）: 459 -477.

［93］ Izatt R M, et al. Use of a macrocyclic crown ether in an emulsion（liquid surfactant）membrane to effect rapid separation of Pb^{2+} from cation mixtures［J］. Sep Sci Technol, 1982: 289-294.

［94］ 李伟宣, 等. 中性冠醚载体在乳液膜技术中的应用［J］. 化工学报, 1992, 43（1）: 75-81.

［95］ 李卫平, 等. 杂元素冠醚研究（Ⅻ）——氧、硫、硒和碲杂冠醚的液膜迁移性能比较［J］. 高等学校化学学报, 1996, 17（4）: 501-504.

［96］　Lamb J D, et al. The influence of macrocyclic ligand structure on carrier-facilitated cation transport rates and selectivities through liquid membranes [J]. J Membr Sci, 1981, 9: 83-107.

［97］　Lamb J D, et al. The relationship between complex stability constants and rates of cation transport through liquid membranes by macrocyclic carriers [J]. J Am Chem Soc, 1980, 102: 6820-6824.

［98］　Christensen J J, et al. Effect of receiving phase anion on macrocycle-mediated cation transport rates and selectivities in water-toluene-water emulsion membranes [J]. Sep Sci Technol, 1983, 18（4）: 363-373.

［99］　Dadfarnia S, et al. Specific membrane transport of copper（Ⅱ）ion by a cooperative carrier composed of 1, 7-diaza-15-crown-5 and palmitic acid [J]. J Membr Sci, 1992, 75（1-2）: 61-68.

［100］　Dadramia S, et al. Highly selective membrane transport of Zn^{2+} ion by a cooperative carrier composed of 1,10-diaza-18-crown-6 and Palmitic Acid [J]. Bull Chem Soc Jpn, 1992, 65: 2779-2783.

［101］　Parham H, et al. Selective membrane transport of Pb^{2+} ion by a cooperative carrier composed of 18-crown-6, tetrabutylammonium iodide and palmitic acid [J]. J Membr Sci, 1994, 95: 21-27.

［102］　Parham H, et al. Highly selective and efficient transport of mercury as $Hg（NO_2）_4^{2-}$ ion using Ba^{2+}-18-crown-6 as carrier [J]. J Membr Sci, 1994, 86（1-2）: 29-35.

［103］　Akhond M, et al. Highly selective and efficient membrane transport of copper as $Cu（SCN）_4^{2-}$ ion using K^+-dicyclohexyl-18-crown-6 as carrier [J]. Sep Sci Technol, 1995, 30（15）: 3061-3072.

［104］　Moyer B A, et al. Comprehensive equilibrium analysis of the complexation of Cu（Ⅱ）by tetrathia-14-crown-4 in a synergistic extraction system employing didodecylnaphthalene sulfonic acid [J]. Sep Sci Technol, 1995, 30（7-9）: 1047-1069.

［105］　Akhond M, et al. Specific uphill transport of Cd^{2+} ion by a cooperative carrier composed of aza-18-crown-6 and palmitic acid [J]. J Membr Sci, 1996, 117（1/2）: 221-226.

［106］　Grimaldi J J, et al. Transport processes in organic chemistry. 5. Multicarrier transport: coupled transport of electrons and metal cations mediated by an electron carrier and a selective cation carrier [J]. J Am Chem Soc, 1979, 101: 1333-1334.

［107］　Shinkai S, Minami T, Kusano Y, et al. Photoresponsive crown ethers. 8. Azobenzenophane-type switched-on crown ethers which exhibit an all-or-nothing change in ion-binding ability [J]. J Am Chem Soc, 1983, 105: 1851-1856.

［108］　Shinkai S, et al. Photoresponsive crown ethers. 4. Influence of alkali metal cations on photoisomerization and thermal isomerization of azobis（benzocrown ethers）[J]. J Am Chem Soc, 1982, 104: 1960-1967.

［109］　Pannell K, et al. Dibenzo-crown facilitated transport across a $CHCl_3$ liquid membrane [J]. J Membr Sci, 1982, 11（2）: 169-175.

［110］　Li N N, et al. Novel liquid membrane formulations: US 4259189 [P]. 1981.

［111］　Li N N, et al. Water in oil emulsions useful in liquid membrane: US 4360448 [P]. 1982.

［112］　张秀娟, 等. 新型液膜分离工业用表面活性剂 LMS-2 [J]. 精细化工, 1987, 4（4, 5）: 128.

［113］　张秀娟, 等. 新型表面活性剂 LMS-2 在液膜法处理含酚废水中的应用 [J]. 环境化学, 1982（4）: 320.

［114］　Zhang X J, et al. Newsurfactant LMS-2 for industrial application in liquid membrane separation [J]. Water Treatment, 1988, 3（2）: 233.

［115］　Ruppert M, et al. Liquid-membrane-permeation and its experiences in pilot-plant and industrial scale [J]. Sci Technol, 1988, 23（12&15）: 1659-1666.

［116］　Li N N. Blood oxygenation process: US 3942527 [P]. 1976.

［117］　Nakashio F, et al. Role of surfactants in the behavior of emulsion liquid membranes-development of new surfactants [J]. J Membr Sci, 1988, 38（3）: 249-260.

［118］　郁建涵, 等. 丁二酸亚胺在液膜分离技术中的应用 [J]. 膜分离技术与科学, 1982, 2（2）: 1.

［119］　Goto M, et al. Development of new surfactant for liquid surfactant membrane process [J]. J Chem Eng Japan, 1987, 20（2）: 157-164.

［120］　张河哲, 等. 谷氨酸二烷基酯的合成及其表面活性研究 [J]. 高等学校化学学报, 1992, 15（6）: 816-818.

［121］ 金美芳，等．Ⅰ型表面活性剂的特性及在液膜技术中的应用［J］．水处理技术，1985，11（4）：60-64.

［122］ 万印华，等．液膜法处理和回收多种废水中高浓度酚的研究［J］．水处理技术，1991，17（4）：219.

［123］ 万印华，等．新型乳化液膜用表面活性剂 LMA-1 的性能及其应用［J］．膜科学与技术，1992，12（4）：19-24.

［124］ 李成海，等．液膜用高分子表面活性剂性能研究［J］．膜科学与技术，1993，15（1）：39.

［125］ 刘沛妍，等．适用于液膜分离的磺化液体聚丁二烯型聚合物表面活性剂［J］．化学通报，1993（10）：44-46.

［126］ 万印华．表面活性剂液膜稳定性和溶胀研究及新型系列液膜用高分子表面活性剂的合成与应用［D］．广州：华南理工大学环境科学研究所，1993.

［127］ Nakashio F. Recent advances in separation of metals by liquid surfactant membranes［J］. J Chem Eng Japan，1993，26（2）：123-133.

［128］ 孙闻东，等．双烃型表面活性剂的乳状液膜提取铬离子的研究［J］．膜科学与技术，1995，17（3）：30-35.

［129］ B A Mikucki，K Osseoasare. The liquid surfactant membrane process：Effect of the emulsifier type on copper extraction by LIX65N-LIX63 mixtures［J］. Hydrometallurgy，1986，16（2）：209-229.

［130］ 丁瑄才，等．乳状液膜溶胀性质的研究［J］．膜科学与技术，1990，10（2）：21-25.

［131］ Peterson E S，Stone M L，Cummings D G，et al. Separations of hazardous organics from gas and liquid feedstreams using phosphazene polymer membranes［J］. Separation Science & Technology，1993，28（1-3）：271-281.

［132］ 严年喜，等．W/O/W 乳液的渗透溶胀与夹带溶胀［J］．高等学院化学学报，1990，11（7）：733-738.

［133］ 王子镐，傅举孚．（W/O）/W 表面活性剂液膜体系的溶胀现象——（Ⅰ）表面活性剂的界面吸附和乳化溶胀［J］．化工学报，1989，40（4）：387-394.

［134］ 王子镐，等．（W/O/）/W 表面活性剂液膜体系的溶胀现象——（Ⅱ）渗透溶胀过程的模拟［J］．化工学报，1989，40（4）：395-401.

［135］ 万印华，等．乳状液液膜体系中助表面活性剂 LA 的作用及其应用研究［J］．膜科学与技术，1993，15（1）：32-40.

［136］ Nigond L，Condamines N，Cordier P Y，et al. Recent advances in the treatment of nuclear wastes by the use of diamide and picolinamide extractants［J］. Separation Science & Technology，1995，30（7-9）：2075-2099.

［137］ P. 贝歇尔著．乳状液理论与实践［M］．北京大学化学系胶体化学教研室译．北京：科学出版社，1978.

［138］ 王士柱，姜长印，张泉荣，等．乳状液型液膜的工业过程研究［J］．膜科学与技术，1992，12（1）：8-15.

［139］ 王士柱，马念慈，姜长印，等．乳状液型液膜法提取锌-连续逆流试验［J］．膜科学与技术，1986，6（4）：5-59.

［140］ 金挑根，等．液膜处理含汞废水研究（一）配方及成膜工艺［J］．膜分离科学与技术，1983，3（4）：20.

［141］ 李思芽，等．液膜法提取高浓度含铬废水的研究［J］．膜科学与技术，1995，15（2）：21-26.

［142］ 朱才铨，等．液膜技术处理含铜废水的研究［J］．水处理技术，1983，9（3）：18-22.

［143］ 金美芳，等．乳化液膜提金的研究：氰化浸出贵液中提金［J］．水处理技术，1992，18（6）：374-382.

［144］ 王向德．液膜法自低品位稀土矿生产氯化稀土和富铈、富钇氯化物中间试验［J］．稀土，1992，15（2）：30-35.

［145］ 刘兴荣，等．乳状液膜提取稀土的传质模型研究（Ⅲ）．膜科学与技术，1996，16（2）：51-57.

［146］ 范葵阳．液膜法回收仲钨酸铵生产废水和废液中的钨［D］．广州：华南理工大学环境科学研究所，1989.

［147］ 陈树钟，张秀娟．液膜法提取锗的研究［J］．稀有金属，1991，15（2）：107-110.

［148］ 李绍秀，等．乳状液膜法分离钨钼的研究弱碱性体系［J］．膜科学与技术，1996，16（2）：8-14.

［149］ Shere Aniruddha J，Cheung，H Michael. Modeling of leakage in liquid surfactant membrane systems［J］. Chemical Engineering Communications，1988，68（1）：143-164.

［150］ Shere Aniruddha J，Cheung H Michael. Effect of preparation parameters on leakage in liquid surfactant membrane systems［J］. Separation Science & Technology，1988，23（6-7）：687-701.

［151］ Zhang X J，et al. //Li N N，Strathmann II ed. Separation Technology［M］. NewYork：United Engineering Trustees，1988：190.

［152］ 欧风．石油产品应用技术［M］．北京：石油工业出版社，1983：574.

[153] Zhang X J, Liu J H, Lu T S, et al. Industrial application of liquid membrane separation for phenolic wastewater treatment [J]. Water Treatment, 1987, 2: 127.

[154] Marr R J, et al. Liquid membrane permeation [J]. Chem Eng Process, 1990, 27: 59-64.

[155] Terry R E, et al. Extraction of phenolic compounds and organic acids by liquid membranes [J]. J Membr Sci, 1982, 10: 305-323.

[156] Tang H, Ma Z L, Liu L J. Alkaloid extraction from plants with liquid membranes [J]. Water Treatment, 1990, 5 (2): 214-221.

[157] Downs H H, et al. Extraction of ammonia from municipal wastewater by the liquid membrane process [J]. J Sep Process Technol, 1981, 2 (4): 19.

[158] Jing W H, Wu J, Jin W Q, et al. Monodispersed W/O emulsion prepared by hydrophilic ceramic membrane emulsification [J]. Desalination, 2006, 191: 219-222.

[159] Kukizaki M, Goto M. Preparation and evaluation of uniformly sized solid lipid microcapsules using membrane emulsification [J]. Colloid Surface A, 2007, 293: 87-94.

[160] Kawakatsu T, Kikuchi Y, Nakajima M. Regular-sized cell creation in microchannel emulsification by visual microprocessing method [J]. Journal of the American Oil Chemists' Society, 1997, 74 (3): 317-321.

[161] Xu Q Y, Nakajima M, Binks B P. Preparation of particle-stabilized oil-in-water emulsions with the micro-channel emulsification method [J]. Colloid Surface A, 2005, 262: 94-100.

[162] Lee C J, Chan C C. Extraction of ammonia from a dilute aqueous solution by emulsion liquid membranes. 1. Experimental studies in a batch system [J]. Eng Chem Res, 1990, 29: 96-100.

[163] Yagodin G, Lopukhin Y, Yurtov, E, et al. Extraction of cholesterol from blood using liquid membranes [J] //Proc Int Solv Extr Conf ISEC83. Denver: 1983: 385-386.

[164] Qian X L, Ma X S, Shi Y J. Removal of cyanide from wastewater with liquid membranes [J]. Water Treatment, 1989, 4 (1): 99-112.

[165] Li N N, et al. Liquid membrane process for the separation of aqueous mixtures: US 3779907 [P]. 1973.

[166] Bartsch R A, et al. Separation of metals by liquid surfactant membranes containing crown ether carboxylic acids [J]. J Membr Sci, 1984, 17: 97-107.

[167] Weiss S, et al. The liquid membrane process for the separation of mercury from waste water [J]. J Membr Sci, 1982, 12: 119-129.

[168] Macasek P P, et al. Membrane extraction in preconcentration of some uranium fission products [J]. Sobent Extr&Ion Exch, 1984, 2 (2): 227-252.

[169] Zhang X J, et al. //Li N N, Strathmann H, ed. Seperation Technology [M]. NewYork: United Enginnering Trustees, 1988: 215.

[170] Vohra D K, et al. Extraction of Cr (Ⅵ) from acidic (sulfate) Aqueous-Medium using liquid surfactant membraneemulsions [J]. Indian J Technol, 1989, 27: 574.

[171] Strzelbicki J. Separation of cobalt by liquid surfactant membranes [J]. Sep Sci Technol, 1978, 15: 141-152.

[172] Cu Z M, et al. Ligand-accelerated liquid membrane extraction of metal ions [J]. J Membr Sci, 1986, 26: 129-142.

[173] Abou-Nemeh, et al. //Baird M H, Vijayan S ed. Proc. 2nd international conference on separations science and technology [C]. Ottawa, Ontario: Canadian Society of Chemical Engineering, 1989: 416.

[174] Frankenfeld J W, et al. Extraction of copper by liquid membranes [J]. Sep Sci Technol, 1981, 16 (4): 385-402.

[175] Cahn R P, et al. //Li N N ed. Recent development in separation science [M]. Boca Raton, FL: CRC Press, 1981.

[176] Draxler J Furst W, Marr R J. Separation of metal species by emulsion liquid membranes [J]. J Membr Sci, 1988, 38: 281-293.

［177］ Martin T P, Davies G A. The extraction of copper from dilute aqueous solutions using a liquid membrane process ［J］. Hydrometallurgy, 1977, 2: 315-334.

［178］ Yu J H, et al. //Li N N, Calo J M, ed. Recent development in separation science ［M］. Boca Raton, FL: CRC Press, 1986: 197.

［179］ Yan N X, Shi Y J, Su Y F. A study of gold extraction by liquid membranes ［J］. Water Treatment, 1990, 5（2）: 190-201.

［180］ Ohki A, et al. Transport of iron and cobalt complex ions through liquid membrane mediated by methyltrioctylammonium ion with the aid of redox reaction ［J］. Sep Sci Technol, 1983, 18（11）: 969-983.

［181］ Coto M, et al. In: Pro. Symp. Solvent Extr. Fukuoka ［C］. Japan: Kyushu University, 1989: 113.

［182］ Zhang R H, Wang D X. Extraction of mixed rare earth from aqueous solution emulsion liquid membrane ［J］. Water Treatment, 1989, 4（2）: 165-176.

［183］ 黄炳辉, 等. 用液膜技术浓缩稀土料液浓缩效果的研究 ［J］. 膜科学与技术, 1994, 14（2）: 44-49.

［184］ Hirato T, Kishigami I, Awakura Y, et al. Concentration of uranyl sulfate solution by an emulsion-type liquid membrane process ［J］. Hydrometallurgy, 1991, 26（1）: 19-33.

［185］ Kakoi T, et al. Selective recovery of palladium from a simulated industrial wastewater by liquid surfactant membrane process ［J］. J Membr Sci, 1996, 118: 63-71.

［186］ 顾忠茂, 严家德. 新型化工分离技术——液膜分离 ［M］. 北京: 中国科学院原子能研究所, 1979.

［187］ Ma X S, et al. Study of operating condition affecting mass transfer rate in liquid surfactant membrane process ［J］. Sep Sci Technol, 1987, 22（2&3）: 819-829.

［188］ Protsch M, Marr J. Proc Int Solv Extr Conf, ISEC83 ［C］. Denver: 1983: 66.

［189］ 舒仁顺, 张月贞, 刘瑜, 等. 液膜技术处理含酚废水的中间规模试验研究 ［J］. 中国环境科学, 1981, 1（5）.

［190］ 王向德, 等. 纯化—反应—浓缩—结晶—分级工序合一的液膜工艺（Ⅰ）膜科学与技术, 1994, 14（4）: 10-15.

［191］ 曹汉瑾, 等. 液膜夹带溶胀发生的机理 ［J］. 膜科学与技术膜科学与技术, 1995, 15（3）: 57-60.

［192］ Casamtta G, et al. Liquid membrane separation ［J］. Chem Eng Sci, 1978, 33（2）: 145-152.

［193］ 高桥胜六, 等. 化学工学论文集（日）, 1980, 6（6）: 65.

［194］ 今井正直, 等. 化学工学论文集（日）, 1984, 10（6）: 707.

［195］ 万印华, 等. 搅拌槽内液膜乳液分散性能的研究 ［J］. 石油化工, 1992, 21（7）: 460-465.

［196］ 王子镐, 傅举孚. 粘度对表面活性剂液膜溶胀的影响 ［J］. 化工学报, 1992, 43（2）: 148-153.

［197］ Teramoto M, et al. Modeling of the permeation of copper through liquid surfactant membranes ［J］. Sep Sci Technol, 1983, 18（8）: 735-764.

［198］ Ohtake T, Hano T, Takagi K, et al. Effects of viscosity on drop diameter of W/O emulsion dispersed in a stirred tank ［J］. J Chem Eng Jpn, 1987, 20（5）: 443-447.

［199］ Rautenbach R, Machhammer O. Modeling of liquid membrane separation processes ［J］. J Member Sci, 1988, 36: 425-444.

［200］ Kim S J, et al. Separation of hydrocarbons by liquid surfactant membrane with a batch stirred vessel ［J］. Sep Sci Technol, 1997, 32（7）: 1209.

［201］ Shama A, et al. Drop size prediction in liquid membrane systems ［J］. J Membr Sci, 1991, 60: 261.

［202］ Kataoka T, Nishiki T, et al. Dispersed mean drop sizes of（W/O）/W emulsions in a stirred tank ［J］. J Chem Eng Jpn, 1986, 19: 408-412.

［203］ Cahn R P, Li N N. Separations of organic compounds by liquid membrane processes ［J］. Membr Sci, 1976, 1（2）: 129-142.

［204］ Ho W S, et al. Batch extraction with liquid surfactant membranes: A diffusion controlled model ［J］. AIChE J, 1982, 28（4）: 662-670.

［205］ Hatton T A, et al. EIESC/AIChE Joint Meeting of Chem Eng ［C］. Beijing: 1982.

［206］ Bunge A L, et al. A diffusion model for reversible comsumption in emulsion liquid membranes ［J］. J Membr Sci, 1984, 21（1）: 55-71.

[207] Janakiraman B. Liquid membranes: Advancing reaction zone model for finite reactions [J]. Sep Sci Technol, 1985, 20（5&6）: 423-443.

[208] Teramoto M, et al. Extraction of lanthanoids by liquid surfactant membranes [J]. Sep Sci Technol, 1986, 21（3）: 229-250.

[209] 顾忠茂. 液体表面活性剂膜的传质模型 [J]. 化工学报, 1986（1）: 3-11.

[210] Yan N X, et al. Removal of acetic acid from wastewater with liquid surfactant membranes: an external boundary layer and membrane diffusion controlled model [J]. Sep Sci Technol, 1987, 22（2&3）: 801-818.

[211] Milanova M, et al. On the liquid membrane extraction of lanthanum and neodymium [J]. Sep Sci Technol, 1993, 28（8）: 1641-1646.

[212] Chan C C, Lee C J. A mass transfer model for the extraction of weak acids/based in emulsion liquid-membrane systems [J]. Chem Eng Sci, 1987, 42（1）: 83-95.

[213] Borwankar R P, et al. Experimental support for analyses of coalescence [J]. AIChE J, 1988, 34（5）: 862-864.

[214] 徐铜文, 范文元. 乳状液膜法提取钪的反应扩散模型 [J]. 化工学报, 1994, 45（1）: 90-95.

[215] Chaudhuri J B, et al. Emulsion liquid membrane extraction of organic acids— I . A theoretical model for lactic acid extraction with emulsion swelling [J]. Chem Eng Sci, 1992, 47（1）: 4-48.

[216] Chaudhuri J B, et al. Emulsion liquid membrane extraction of organic acids— II . Experimental [J]. Chem Eng Sci, 1992, 47（1）: 49-56.

[217] 韩伟, 邓修, 马新胜, 戴干策;改进的 II 型促进迁移液膜传质渐进前沿模型 [J]. 化工学报, 1997, 48（6）: 667-672.

[218] Ho W S, Li N N. //Bautista R, ed. Hydrometallurgical process fundamentals [M]. NewYork: Plenum Press, 1984: 555.

[219] Hatton T A, Wardius D S. Analysis of staged liquid surfactant membrane operations [J]. AIChE J, 1984, 30（6）: 934-944.

[220] Wardius D S, Hatton T A. A model for liquid membrane extraction with instantaneous reaction in cascaded mixers [J]. Chem Eng Comm, 1985, 37: 159-171.

[221] Kinugasa T, Watanabe K, Utunomiya T, et al. Modeling and simulation of counterflow（W/O）emulsion spray columns for removal of phenol from dilute aqueous solutions [J]. J Membr Sci, 1995, 102: 177-184.

[222] Kataoka T, Nishiki T, Yamauchi M, et al. A simulation for liquid surfactant membrane permeation in a continuous countercurrent column [J]. J Chem Eng Jpn, 1987, 20（4）: 410-415.

[223] Bart H J, et al. Mass transfer in a permeation column [J]. J Membr Sci, 1988, 36: 413-423.

[224] Matsumoto M, Ema K, Kondo K, et al. Copper extraction with liquid surfactant membrane in mixco extractor [J]. J Chem Eng Jpn, 1990: 23（4）: 402-407.

[225] Teramoto M, et al. Modeling of the permeation of copper through liquid surfactant membranes [J]. Sep Sci Technol, 1983, 18（8）: 735-764.

[226] Shem J Q, et al. Extraction of alanine using emulsion liquid membranes featuring a cationiccarrier [J]. J Membr Sci, 1996, 120: 45-53.

[227] Wan Y H, et al. Treatment of high concentration phenolic waste water by liquid membrane with N503 as mobile carrier [J]. J Membr Sci, 1997, 155: 263-275.

[228] Fuller E J, Li N N. Extraction of chromium and zinc from cooling tower blowdown by liquid membranes [J]. J Membr Sci, 1992, 18: 251-271.

[229] 顾忠茂, 张鹤飞, Wason D T, 等. 液体表面活性剂膜的传质模型 [J]. 化工学报, 1986（1）: 1-8.

[230] Borwankar R P, Chan C C, Wasan D T, et al. Analysis of the effect of internal phase leakage on liquid membrane separations [J]. AIChE J, 1988, 34（5）: 753.

[231] 朱宪, 蒋楚生, 李盘生. 乳化液膜分离 Zn^{2+} 的界面传质阻力及传质模型 [J]. 高校化学工程学报, 1996, 10

（1）.

[232] 郑儒博. 乳化液膜表面活性剂阻力模型改进与实验研究 [D]. 大连: 大连理工大学, 2009.

[233] Abou-Nemeh I, et al. Kinetic study of the emulsion breakage during metals extraction by liquid surfactant membranes （LSM）from simulated and industrial effluents [J]. J Membr Sci, 1992, 70: 65-73.

[234] Thien M P, et al. Separation and concentration of amino acids using liquid emulsion membranes [J]. Biotechnol Bioeng, 1988, 32: 604-615.

[235] Imai M, Furusaki S. Mean diameter and leakage of inner aqueous phase of W/O/W emulsion with highly viscous organic solvents [J]. Water Treatment, 1990, 5（2）: 179-189.

[236] Evans D F, et al. Colloid Inter Sci, 1976, 5: 119.

[237] Cussler E L, et al. Membranes with common ion pumping [J]. AIChE J, 1975, 21（1）: 160-167.

[238] Abou-Nemeh I, Peteghem A P V. Some aspects of emulsion instability on using sorbitan monooleate （Span 80）as a surfactant in liquid emulsion membranes [J]. Chem Ing Tech, 1990, 62（5）: 420-421.

[239] Mukkolath A V, et al. Chem Ind, 1990, 6: 192.

[240] Thien M P, Hatton T A. Liquid emulsion membranes and their applications in biochemical processing [J]. Sep Sci Technol, 1988, 23（8&9）: 819-853.

[241] Itoh H, et al. Water transport mechanism in liquid emulsionmembrane process for the separation of amino acids [J]. J Membr Sci, 1990, 51（3）: 0-322.

[242] 王子镐, 傅举孚, 等. 表面活性剂液膜萃取过程的乳液溶胀（Ⅰ）——载体对乳液溶胀的影响 [J]. 化工学报, 1995, 46（3）: 3-9.

[243] Matsumoto S, et al. Water permeability of oil layers in W/O/W emulsions under osmotic pressure gradients [J]. J Colloid Interface Sci, 1980, 77（2）: 555-563.

[244] Bart H J, et al. Water and solute solubilization and transport in emulsion liquid membranes [J]. J Membr Sci, 1995, 102: 103-112.

[245] Ding X C, Xie F Q. Study of the swelling phenomena of liquid surfactant membranes [J]. J Membr Sci, 1991, 59: 0-188.

[246] Draxler J, et al. Ber Bansenges Phys Chem, 1982, 86: 64.

[247] 刘振芳, 等. EM-301 表面活性剂的液膜性能及其应用 [J]. 膜科学与技术, 1990, 10（3）: 38-43.

[248] Fumiyuki N, Masahiro G, Kazuo K, Role of surfactant in liquid surfactant membrane process [J]. Water Treatment, 1990, 5（2）: 157-169.

[249] Ohtake T, Hano T, Takagi K, et al. Analysis of water entrapment into dispersed W/O emulsion drops [J]. J Chem Eng Jpn, 1988, 21（3）: 272-276.

[250] Kiaugasa T, Watanabe K, Takeuchi H, et al. Stability of （W/O）emulsion drops and water permeation through a liquid membrane [J]. J Chem Eng Jpn, 1992, 25（2）: 128-133.

[251] Scholler C, Chaudhuri J B, Pyle D L, et al. Emulsion liquid membrane extraction of lactic acid from aqueous solutions and fermentation broth [J]. Biotechnol Bioeng, 1993, 42: 50-58.

[252] 王子镐, 傅举孚. 表面活性剂液膜萃取过程的乳液溶胀（Ⅱ）——乳液溶胀的抑制 [J]. 化工学报, 1995, 46（3）: 3-9.

[253] Gadekar P T, et al. Recovery of nitrophenols from aqueous solutions by a liquid emulsion membrane system [J]. Sep Sci Technol, 1992, 27（4）: 427-445.

[254] 吴子生, 等. 研磨破乳技术及其应用的研究 [J]. 东北师范大学学报, 1992（4）: 60-64.

[255] 褚莹, 等. 研磨破乳率的条件转换及其经验计算式 [J]. 化工学报, 1994 45（3）: 361-365.

[256] 褚莹, 等. 研磨破乳的规律及其机理 [J]. 高等学校化学学报, 1996, 17（8）: 1285-1288.

[257] Sun Q H, Deng Y L. Synthesis of micrometer to nanometer $CaCO_3$ particles via mass restriction method in an emulsion liquid membrane process [J]. J Colloid Interf Sci, 2004, 278: 376-382.

[258] Wu Q S, Zheng N W, Li Y D, et al. Preparation of nanosized semiconductor CdS particles by emulsion liquid membrane with o-phenanthroline as mobile carrier [J]. J Membr Sci, 2000, 172: 199-201.

［259］Chen C M, Lu C H, Chang C H, et al. Influence of pH on the stability of oil-in-water emulsions stabilized by a splittable surfactant ［J］. Colloid Surface A, 2000, 170（2-3）: 173-179.

［260］Comas D I, Wagner J R, Tomás MC. Creaming stability of oil in water（O/W）emulsions: Influence of pH on soybean protein-lecithin interaction ［J］. Food Hydrocolloid, 2006, 20（7）: 990-996.

［261］Ríos G, Pazos C, Coca J. Destabilization of cutting oil emulsions using inorganic salts as coagulants ［J］. Colloid Surface A, 1998, 138（2-3）: 383-389.

［262］高芒来, 佟庆笑, 孟秀霞. MD 膜驱剂对水包油乳状液的破乳作用［J］. 油田化学, 2003, 20（3）: 249, 265-267.

［263］Kim Y H, Koczo K, Wasan D T. Dynamic film and interfacial tensions in emulsion and foam systems ［J］. J Colloid Interf Sci, 1997, 187: 29-44.

［264］Kim Y H, Wasan D T, Breen P J. A study of dynamic interfacial mechaniums for demulsification of water-in-oil emulsions ［J］. Colloid Surface A, 1995, 95: 235-247.

［265］Sun T L, Zhang L, Wang Y Y, et al. Influence of demulsifiers of different structures on interfacial dilational properties of an oil-water interface containing surface-active fractions from crude oil ［J］. J Colloid Interf Sci, 2002, 255: 241-247.

［266］Zhang R Q, Liang C H, Wu D, et al. Characterization and demulsification of produced liquid from weak base ASP flooding ［J］. Colloid Surface A, 2006, 290（1-3）: 164-171.

［267］董国君, 曹华, 檀国荣, 等. 嵌段聚醚破乳剂的合成及破乳规律［J］. 化学工程师, 2005, 121（9）: 64-66.

［268］赵福麟. 乳化原油破乳剂［J］. 石油大学学报, 1994, 18: 104-113.

［269］Zhang Z Q, Xu G Y, Wang F, et al. Demulsification by amphiphilic dendrimer copolymers ［J］. J Colloid Interf Sci, 2005, 282: 1-4.

［270］冯志强, 杨永军, 朱成君, 等. 原油生物破乳剂的研究与应用［J］. 石油大学学报（自然科学版）, 2004, 28（3）: 93-99.

［271］崔昌峰, 杨永军, 朱成君, 等. 新型原油生物复合破乳剂的研究与应用［J］. 石油化工腐蚀与防护, 2005, 22（4）: 5-8.

［272］李思芽, 等. 离心—脉冲电压对液膜破乳的研究［J］. 膜科学与技术, 1994, 14（3）: 11-15.

［273］李思芽, 等. 液膜法提取高浓度含铬废水的研究［J］. 膜科学与技术, 1995, 15（2）: 21-26.

［274］Hsu E C, Li N N. Membrane recovery in liquid membrane separation processes ［J］. Sep Sci Technol, 1985, 20（2&3）: 115-130.

［275］Draxler J, Marr R J. Auslegungskriterien für elektrostatische emulsionsspaltanlagen ［J］. Chem Ing Tech, 1990, 62（7）: 525-530.

［276］Feng Z L, et al. Water Treatment, 1988, 3: 320.

［277］Kataoka T, Nishiki T. Development of a continuous electric coalescer of W/O emulsions in liquid surfactant membrane process ［J］. Sep Sci Technol, 1990, 25（1&2）: 171-185.

［278］Yan Z, et al. Water Treatment, 1990, 5: 1-6.

［279］Pearce C A R, et al. The mechanism of the resolution of water-in-oil emulsions by electrical treatment ［J］. Brit J Appl Phys, 1954, 5（4）: 136-143.

［280］Waterman L C. Chem Eng Prog, 1965, 61（10）: 52.

［281］Waterman L C, Winslow J D. Work in the past ten years in the laboratory of chemical engineering of Delft University ［J］. World Petroleum Congr, London, 1966, 12: 58.

［282］Bailes P J, Lakai S K L. Trans Inst Chem Eng, 1981, 59: 229.

［283］Bailes P J, Lakai S K L. Liquid phase separation in pulsed DC fields ［J］. Trans Inst Chem Eng, 1982, 60: 115.

［284］严忠, 等. 液膜的电破乳［J］. 膜科学与技术, 1992, 12（4）: 7-13, 54.

［285］Bailes P J, Lakai S K L. Influence of phase ratio on electrostatic coalescence of water-in-oil dispersions ［J］. Chem Eng Res Des, 1984, 62（1）: 33-38.

［286］ 刘百年，等．利用高压脉冲电场破坏 W/O 型乳状液机理研究［J］．膜科学与技术，1995，15（3）：49.

［287］ Hanai T，Koizumi N，Sugano T，et al. Dielectric properties of emulsions Ⅱ．Electrical conductivities of O/W emulsions［J］．Kolloid-Zeitschrift，1960，171：20-23.

［288］ 陈季丹，等．电解质物理化学［M］．北京：机械工业出版社，1982.

［289］ Draxler J，Marr R．Design criteria for electrostatic deemulsifiers［J］．Inter Chem Eng，1993，33（1）：525-530.

［290］ 刘菊仙，等．高压静电破乳［J］．石油化工，1988，17：23-29.

［291］ Coelhoso I M，et al. Kinetics of liquid membrane extraction in systems with variable distribution coefficient［J］．J Membr Sci，1997，127：141-152.

［292］ 陆岗，等．液膜乳状液电破乳的研究［J］．膜科学与技术，1993，15（2）：40-45.

［293］ Gu Z M．A new liquid membrane technology-electrostatic pseudo liquid membrane［J］．J Membr Sci，1990，52（1）：77-88.

［294］ Yang Z，Li S Y，Zhang W H，et al. An investigation into the breakdown of W/O type emulsions by pulsed voltage［J］．Water Treatment，1990，5（2）：127-135.

［295］ Yang Z，et al. An investigation into the breaking-down of water-in-oil type emulsions by means of pulsed voltage［J］．Desalination，1987，62：323.

［296］ 王欣昌，等．液膜分离技术中的电破乳研究［J］．膜分离科学与技术，1985，5（3）：58-65.

［297］ 谢琦，严忠．脉冲电场破乳条件的研究［J］．膜分离科学与技术，1993，15（1）：55.

［298］ 陈靖，王士柱．乳状液膜法处理含锌废水的研究进展［J］．水处理技术，1995，21（4）：189-192.

［299］ 朱国斌，李国际．支撑液膜分离技术原理及展望［J］．稀土，1988，1：7-15.

［300］ Teramoto M，et al. Development of spiral-type supported liquid membrane module for separation and concentration of metal ions［J］．Sep Sci Technol，1987，22（11）：2175-2201.

［301］ Danesi P R．Multistage separation of metal ions with a series of composite supported liquid membranes［J］．J Membr Sci，1984，20：231.

［302］ Hlavacek M．Break-up of oil-in-water emulsions induced by permeation through a microfiltration membrane［J］．J Membr Sci，1995，102：1-7.

［303］ Hong A C，Fane A G，Burford R P．The effects of intermittent permeate flow and crossflow on membrane coalescence of oil-in-water emulsions［J］．Desalination，2002，144（1-3）：185-191.

［304］ Scott K，Jachuck R J，Hall D．Crossflow microfiltration of water-in-oil emulsions using corrugated membranes［J］．Sep Purif Technol，2001，22：431-441.

［305］ Lu W F，Kocherginsky N M，Zhang C X，et al. A novel method of breaking water-in-oil emulsions by using micro porous membrane［J］．Transactions of Tianjin University，2001，17（3）：210-213.

［306］ Colle R D，Longo E，Fontes S R．Demulsification of water/sunflower oil emulsions by a tangential filtration process using chemically impregnated ceramic tubes［J］．J Membr Sci，2007，289（1-2）：58-66.

［307］ 章德玉，刘有智，焦纬洲．无机微孔膜外压内抽法对 W/O 乳状液破乳效果影响的研究［J］．化学工业与工程技术，2006，27（1）：25-28.

［308］ 章德玉，刘有智，焦纬洲，等．无机微滤膜对 W/O 乳状液真空破乳的研究［J］．水处理技术，2006，32（10）：66-69.

［309］ Sun D Z，Duan X D，Li W U，et al. Demulsification of water-in-oil emulsion by using porous glass membrane［J］．J Membr Sci，1998，146（1）：65-72.

［310］ 骆广生，邹财松，孙永，等．微滤膜破乳技术的研究［J］．膜科学与技术，2001，21（2）：62-66.

［311］ Kocherginsky N M，Tan C L，Lu W F．Demulsification of water-in-oil emulsions via filtration through a hydrophilic polymer membrane［J］．J Membr Sci，2003，220（1-2）：117-128.

［312］ Thanasukarn P，Pongsawatmanit R，McClements D J．Impact of fat and water crystallization on the stability of hydrogenated palm oil-in-water emulsions stabilized by a nonionic surfactant［J］．J Agr Food Chem，2006，54（10）：3591-3597.

［313］ Hindmarsh J P, Wilson D I, Johns M L, et al. NMR verification of single droplet freezing models［J］. AICHE J, 2005, 51（10）: 2640-2648.

［314］ Hindmarsh J P, Russell A B, Chen X D. Observation of the surface and volume nucleation phenomena in undercooled sucrose solution droplets［J］. J Phys Chem C, 2007, 111（16）: 5977-5981.

［315］ Hillgren A, Alden M. Differential scanning calorimetry investigation of formation of poly（ethylene glycol）hydrate with controlled freeze-thawing of aqueous protein solution［J］. J Appl Polym Sci, 2004, 91（3）: 1626-1634.

［316］ Hillgren A, Evertsson H, Alden M. Interaction between lactate dehydrogenase and Tween 80 in aqueous solution［J］. Pharm Res, 2002, 19（4）: 504-510.

［317］ Ghosh S, Peterson D G, Coupland J N. Effects of droplet crystallization and melting on the aroma release properties of a model oil-in-water emulsion［J］. J Agr Food Chem, 2006, 54（5）: 1829-1837.

［318］ Xu D X, Yuan F, Wang X Y, et al. The effect of whey protein isolate-dextran conjugates on the freeze-thaw stability of oil-in-water emulsions［J］. Journal of Dispersed Science and Technology, 2011, 32（1）: 77-83.

［319］ Rochow T G, Mason C W. Breaking emulsions by freezing［J］. Ind Eng Chem, 1936, 28（11）: 1296-1300.

［320］ Alden M, Magnusson A. Effect of temperature history on the freeze-thawing process and activity of LDH formulations［J］. Pharm Res, 1997, 14（4）: 426-430.

［321］ Ausborn M, Schreier H, Brezesinski G, et al. The protective effect of free and membrane-bound cryoprotectants during freezing and freeze-drying of liposomes［J］. J Controll Release, 1994, 30（2）: 105-116.

［322］ Clausse D, Pezron I, Komunjer I. Stability of W/O and W/O/W emulsions as a result of partial solidification［J］. Colloid Surface A, 1999, 152: 23-29.

［323］ Avendano-Gomez J R, Grossiord J L, Clausse D. Study of mass transfer in oil-water-oil multiple emulsions by differential scanning calorimetry［J］. J Colloid Interf Sci, 2005, 290（2）: 533-545.

［324］ Li Y, Ma R J, Zhao L Z, et al. A valid way of quasi-quantificationally controlling the self-assembly of block copolymers in confined space［J］. Langmuir, 2009, 25（5）: 2757-2764.

［325］ Chen G H, He G H. Separation of water and oil from water-in-oil emulsion by freeze/thaw method［J］. Sep Purif Technol, 2003, 31（1）: 83-89.

［326］ Aronson M P, Petko M F. Highly concentrated water-in-oil emulsions - influence of electrolyte on their properties and stability［J］. J Colloid Interf Sci, 1993, 159（1）: 134-149.

［327］ Ghosh S, Coupland J N. Factors affecting the freeze-thaw stability of emulsions［J］. Food Hydrocollois, 2008, 22（1）: 105-111.

［328］ 林畅. 冷冻解冻法破除油包水型乳状液的研究［D］. 大连: 大连理工大学, 2007.

［329］ Clausse D, Gomez E, Dalmazzone C, et al. A method for the characterization of emulsions, thermodgranulometry: applicatioin to water-in-crude oil emulsion［J］. J Colloid Interf Sci, 2005, 287（2）: 694-703.

［330］ Clausse D. Differential thermal analysis, differential scanning calorimetry, and emulsions［J］. J Therm Anal Calorim, 2010, 101（3）: 1071-1077.

［331］ Hindmars H J P, sederman A J, Gladden L F, et al. Rapid measurement of dispersion and velocity in freezing drops using magnetic resonance methods［J］. Exp Fluids, 2005, 38（6）: 750-758.

［332］ Hindmarsh J P, Su J H, Flanagan J, et al. PFG-NMR analysis of intercompartment exchange and inner droplet size distribution of W/O/W emulsions［J］. Langmuir, 2005, 21（20）: 9076-9084.

［333］ Binks B P, Rodrigues J A. Enhanced stabilization of emulsions due to surfactant-induced nanoparticle flooculation［J］. Langmuir, 2007, 23: 7436-7439.

［334］ He G H, Chen G H. Lubricating oil sludge and its demulsification［J］. Dry Technol, 2002, 20（4-5）: 1009-1018.

［335］ Jean D S, Lee D J, Wu J C S. Separation of oil from oily sludge by freezing and thawing［J］. Water Research, 1999, 33（7）: 1756-1759.

［336］ Takuya H, Kazuhisa Y. Demulsification of oil-in-water emulsion under freezing conditions: Effect of crystal structure modifer［J］. Journal of American Oil Chemists' Society, 2000, 77（8）: 859-864.

［337］ Saulnier P, Anton N, Heurtault B, et al. Liquid crystals and emulsions in the formulation of drug carriers ［J］. Cr Chim, 2008, 11（3）: 221-228.

［338］ Nakagawa K, Thongprachan N, Charinpanitkul T, et al. Ice crystal formation in the carbon nanotube suspension: A modelling approach［J］. Chem Eng Sci, 2010, 65（4）: 1438-1451.

［339］ Danesi P R, Reicheley-Yinger L. A simplified model for the coupled transport of metal ions through hollow-fiber supported liquid membranes［J］. J Membr Sci, 1984, 20: 231-248.

［340］ Danesi P R, Cianetti C. Multistage separation of metal ions with a series of composite supported liquid membranes［J］. J Membr Sci, 1984, 20: 215-226.

［341］ 易涛, 严纯华, 李标国, 等. 平板夹心型支撑液膜萃取体系中 La^{3+} 的迁移行为［J］. 中国稀土学报, 1995, 15（3）: 197-200.

［342］ 朱国斌, 李洁, 杜启云, 等. 中空纤维管夹心型支撑液膜萃取体系中 La^{3+} 的迁移行为［J］. 中国稀土学报, 1995, 15（4）: 303-307.

［343］ Adamson A W. Phsical chemistry of surfaces. 5th ed［M］. NewYork: John Wiley&Sons, 1990: 386.

［344］ Cotton R A, Fifield C W. Standardization of membrane filters［M］//Dulka B J ed. Membrane filtration application: Techniques and problems. NewYork: Marcel Dekker, 1981: 19.

［345］ Danesi P R. Separation of metal species by supported liquid membranes［J］. Sep Sci Technol, 1984, 85, 19（11&12）: 857-894.

［346］ Ho S V, Sheridan P W, Krupetsky E. Supported polymeric liquid membranes for removing organics from aqueous solutions I. Transport characteristics of polyglycol liquid membranes ［J］. J Membr Sci, 1996, 112（1）: 13-27.

［347］ HO S V. A supported polymeric liquid membrane process for removal of carboxylic acids from a waste stream ［J］. Environ Prog Sustai, 1999, 18（4）: 273-279.

［348］ Scovazzo P, Kieft J, Finan D A, et al. Gas separations using non-hexafluorophosphate ［PF_6］$^-$ anion supported ionic liquid membranes［J］. J Membr Sci, 2004, 238（1）: 57-63.

［349］ Scovazzo P, Havard D, Mcshea M, et al. Long-term, continuous mixed-gas dry fed CO_2/CH_4, and CO_2/N_2, separation performance and selectivities for room temperature ionic liquid membranes［J］. J Membr Sci, 2009, 327（1-2）: 41-48.

［350］ Ruth E B, Robert M C, Benjamin H C, et al. Examination of the potential of ionic liquids for gas separations［J］. Sep Sci Technol, 2005, 40（1-3）: 525-541.

［351］ Hanioka S, Maruyama T, Sotani T, et al. CO_2 separation facilitated by task-specific ionic liquids using a supported liquid membrane［J］. J Membr Sci, 2008, 314（1-2）: 1-4.

［352］ Myers C, Pennline H, Luebke D, et al. High temperature separation of carbon dioxide/hydrogen mixtures using facilitated supported ionic liquid membranes ［J］. J Membr Sci, 2008, 322（1）: 28-31.

［353］ Ilconich J, Myers C, Pennline H, et al. Experimental investigation of the permeability and selectivity of supported ionic liquid membranes for CO_2/He separation at temperatures up to 125℃［J］. J Membr Sci, 2007, 298（1-2）: 41-47.

［354］ Iarikov D D, Hacarlioglu P, Oyama S T. Supported room temperature ionic liquid membranes for CO_2/CH_4 separation ［J］. Chemical Engineering Journal, 2011, 166（1）: 401-406.

［355］ Barghi S H, Adibi M, Rashtchian D. An experimental study on permeability, diffusivity, and selectivity of CO_2 and CH_4 through ［bmim］［PF_6］ ionic liquid supported on an alumina membrane: Investigation of temperature fluctuations effects ［J］. J Membr Sci, 2010, 362（1-2）: 346-352.

［356］ Close J J, Farmer K, Moganty S S, et al. CO_2/N_2 separations using nanoporous alumina-supported ionic liquid membranes: Effect of the support on separation performance [J]. J Membr Sci, 2012, s 390-391 (3): 201-210.

[357] Albo J, Santos E, Neves L A, et al. Separation performance of CO_2 through supported magnetic ionic liquid membranes (SMILMs) [J]. Sep Purif Technol, 2012, 97 (36): 26-33.

[358] Robeson L M. The upper bound revisited [J]. J Membr Sci, 2008, 320 (1): 390-400.

[359] Gan Q, Rooneya D, Xuea M, et al. An experimental study of gas transport and separation properties of ionic liquids supported on nanofiltration membranes [J]. J Membr Sci, 2006, 280 (1): 948-956.

[360] Neves L A, Crespo J G, Coelhoso I M. Gas permeation studies in supported ionic liquid membranes [J]. J Membr Sci, 2010, 357 (1-2): 160-170.

[361] Chiarizia R, et al. Mass transfer rate through solid supported liquid membranes: Influence of carrier dimerization and feed metal concentration on membrane permeability [J]. J Membr Sci, 1983, 14: 1-11.

[362] Danesi P R, et al. Rate and mechanism of facilitated americium (Ⅲ) transport through a supported liquid membrane containing a bifunctional organophosphorous mobile carrier [J]. J Phys Chem, 1983, 87: 4708-4715.

[363] Danesi P R. //ISEC83. Denver: 1983: 378.

[364] Danesi P R, et al. Separation of cobalt and nickel by liquid-liquid extraction and supported liquid membranes with di (2,4,4-trimethylpentyl) phosphinic acid [cyanex 272]? Solvent Extraction&Ion Exchange, 1984, 2 (6): 781-814.

[365] Yan C H, Liu Y M, Huo Z C, et al. Kinetics of extraction of Y^{3+} with supported liquid membrane (SLM) containing HEH (EHP) [J]. Water Treatment, 1992, 7 (2): 233-242.

[366] Zha F F. Stability studies of supported liquid membrane [D]. Sydney: University of New South Wales, 1995.

[367] Deblay P, et al. Selection of organic phases for optimal stability and efficiency of flat-sheet supported liquid membranes [J]. Sep Sci Technol, 1991, 26 (1): 97-116.

[368] Neplenbroek A M, et al. Supported liquid membranes: instability effects [J]. J Membr Sci, 1992, 67 (2&3): 121.

[369] Takeuchi H, Takashi K, Goto W. J Membr Sci, 1987, 34: 97-104.

[370] Danesi P R, Reicheley-Yinger, Rickert P G. Lifetime of supported liquid membranes: the influence of interfacial properties, chemical composition and water transport on the long-term stability of the membranes [J]. J Membr Sci, 1987, 31 (2-3): 117-145.

[371] Takeuchi H, Nakano M. J Membr Sci, 1989, 42: 183.

[372] Zha F F, et al. Water Treatment, 1992, 75: 69-80 Critical displacement pressure of a supported liquid membrane. J Membr Sci,

[373] Zhu G B, Li B G. A study of water uptake in supported liquid membranes [J]. Water Treatment, 1990, 5 (2): 150-156.

[374] Neplenbroek A M, Bargeman D, Smolders D A. Supported liquid membranes: instability effects [J]. J Membr Sci, 1991, 67 (2&3): 153.

[375] Fabiani C, et al. Degradation of supported liquid membranes under an osmotic pressure gradient [J]. J Membr Sci, 1987, 30 (1): 97-104.

[376] Takigawa D Y. The effect of porous support composition and operating parameters on the performance of supported liquid membranes [J]. Sep Sci Technol, 1992, 27 (3): 325-339.

[377] Teramoto M, et al. Mechanism of copper permeation through hollow fiber liquid membranes [J]. Sep Sci Technol, 1983, 18 (10): 871-892.

[378] Hiroshi T, Katsuroku T, Makoto N. Separation of heavy metals from aqueous solutions by hollow-fiber type supported liquid membranes in a continuous regenerating mode [J]. Water Treatment, 1990, 5 (2): 222-236.

［379］ Nakano M, Takahashi K, Takeuchi H, et al. A method for continuous operation of supported liquid membranes［J］. I Chem Eng Jpn, 1987, 20（3）: 326-328.

［380］ Danesi P R, et al. Some observations on the performance of hollow-fiber supported liquid membranes for CoNi separations, solvent extraction and ion exchange［J］. Solvent Extraction& Ion Exchange, 1986, 4: 1, 149-164.

［381］ Neplenbroek A M, et al. Nitrate removal using supported liquid membranes: transport mechanism［J］. J Membr Sci, 1992, 67（2&3）: 107-119.

［382］ 张明, 王爱娟, 李均明, 等. 纳微米颗粒的表面改性及其在 Pickering 乳液中的应用进展［J］. 材料导报 A: 综述篇, 2016, 8: 130-135.

［383］ Chevalier Y, Bolzinger M A. Emulsions stabilized with solid nanoparticles: Pickering emulsions［J］. Colloid Surface A, 2013, 439: 23-34.

［384］ 杨飞, 王君, 蓝强, 等. Pickering 乳状液的研究进展［J］. 化学进展, 2009, 21（7/8）: 1418-1426.

［385］ Wei Z, Yang Y, Yang R, et al. Alkaline lignin extracted from furfural residues for pH- responsive Pickering emulsions and their recyclable polymerization［J］. Green Chemistry, 2012, 14（11）: 3230-3236.

［386］ 杨传玺, 王小宁, 杨诚. Pickering 乳液稳定性研究进展［J］. 科技导报, 2018, 36（5）: 70-76.

［387］ Li X, Zhu C, Wei Y, et al. Fabrication of macroporous for a mandmi-crospheres of polystyrene by Pickering emulsion polymerization［J］. Colloid Polym Sci, 2014, 292（1）: 115.

［388］ Chevalier Y. Emulsions stabilized with solid nanoparticles: Pickering emulsions［J］. Colloids Surf A: Physico chem Eng Aspects, 2013, 439（2）: 23.

［389］ YanWang. Surface modification of hydroxyapatite nanoparticles and research on their composites［D］. Shanghai: East China University of Science and Technology, 2011（in Chinese）.

［390］ Hua Y, et al. Hydrophilic polymer foams with well-defined open-cell structure prepared from Pickering high internal phase emulsions［J］. J Polym Sci PartA: Polym Chem, 2013, 51（10）: 2181.

［391］ Wei Z, Wang C, Hao L, et al. Facile fabrication of biocompatible PLGA drug-carrying microspheres by O/W Pickering emulsions［J］. Colloids Surf B: Biointerfaces, 2012, 91（3）: 97.

［392］ Whitby C P, Fornasiero D, Ralston J. Structure of oil-in-water e mulsions stabilized by silica and hydrophobised titania particles［J］. J Colloid Interface Sci, 2010, 342（1）: 205.

［393］ Cui Z G, Shi K Z, Cui Y Z, et al. Double phase inversion of emul- sions stabilized by a mixture of $CaCO_3$ nanoparticles and sodium do- decylsulphate［J］. Colloid Surf A: Physico Chem Eng Aspects, 2008, 329（s1-2）: 67.

［394］ Zhou J, Xiuying Q, Binks B P, et al. Magnetic Pickering emulsions stabilized by Fe_3O_4 nanoparticles［J］. Langmuir, 2011, 27（7）: 3308.

［395］ Fei Y, Liu S, Jian X, et al. Pickering emulsions stabilized solely by layered double hydroxides particles: The effect of salt on emulsion for mation and stability［J］. J Colloid Interf Sci, 2006, 302（1）: 159.

［396］ Hu Y, Gu X, Chen W, et al. Macroporous nanocomposite materials prepared by solvent evaporation from Pickering emulsion templates［J］. Macromol Mater Eng, 2014, 299（9）: 1070.

［397］ Fujii S, Okada M, Furuzono T. Hydroxyapatite nanoparticles as stimulus-responsive particulate emulsifiers and building block for porous materials［J］. J Colloid Interface Sci, 2007, 315（1）: 287.

［398］ Kim S H, Yi G R, Kim K H, et al. Photocurable Pickering emulsion for colloidal particles with structural complexity［J］. Langmuir, 2008, 24（6）: 2365.

［399］ Sakiko T, Haruma K. Thermosensitive Pickering emulsion stabilized by poly（N-isopropylacrylamide）-carrying particles［J］. Langmuir, 2008, 24（7）: 3300.

［400］ Binks B P, Lumsdon S O. Influence of particle wettability on the type and stability of surfactant-free emulsions［J］. Langmuir, 2000, 16（23）: 8622.

［401］ Stiller S, Gers-Barlag H, Lergenmueller M, et al. Investigation of the stability in emulsions stabilized with different surface modified ti-taniumdioxides［J］. Colloids Surf A: Physico Chem Eng Aspects, 2004, 232 （s2-3）：2.

[402] Mejia A F, Diaz A, Pullela S, et al. Pickering emulsions stabilized by amphiphilicnano-sheets [J]. Soft Matter, 2012, 40（8）: 10245.

[403] Angelika M, Raquel V, Milo S, et al. Particle-stabilized surfactant-free medium internal phase emulsions as templates for porous nano-composite materials: Poly-Pickering-foams [J]. Langmuir, 2007, 23（5）: 2398.

[404] Binks B P, Fletcher P D I, Holt B L, et al. Drop sizes and particle coverage in emulsions stabilised solely by silica nanoparticles of irregular shape [J]. Phys Chem Chem Phys, 2010, 12（38）: 11967-11974.

[405] Midmore B R. Interaction between colloidal silica and a nonionic surfactant hexagonal liquid crystalline phase [J]. Colloid Surface A, 2001, 182（1-3）: 83-92.

[406] Gray M R, Masliyah J H, Xu Z H. Oil sands and the environment reply [J]. Phys Today, 2011, 64（2）: 9.

[407] Tambe D E, Sharma M M. The effect of colloidal particles on fluid-fluid interfacial properties and emulsion stability [J]. Adv Colloid Interfac, 1994, 52: 1-63.

[408] Lagaly G, Dekany I. Adsorption on hydrophobized surfaces: Clusters and self - organization [J]. Adv Colloid Interfac, 2005, 114: 189-204.

[409] Aveyard R, Binks B P, Clint J H. Emulsions stabilised solely by colloidal particles [J]. Adv Colloid Interfac, 2003, 100: 503-546.

[410] Horozov T S, Binks B P. Particle-stabilized emulsions: A bilayer or a bridging monolayer? [J]. Angew Chem Int Ed, 2006, 45（5）: 773-776.

[411] 易成林, 杨逸群, 江金强, 等. 颗粒乳化剂的研究及应用 [J]. 化学进展, 2011, 23（1）: 65-79.

[412] Binks B P, Rodrigues J A. Inversion of emulsions stabilized solely by ionizable nanoparticles [J]. Angew Chem, 2005, 117（3）: 445-448.

[413] Lagaly G, Reese M, Abend S. Smectites as colloidal stabilizers of emulsions: I. Preparation and properties of emulsions with smectites and nonionic surfactants [J]. Appl Clay Sci, 1999, 14（1）: 83-103.

[414] 杨飞. 片状无机纳米粒子在油/水界面的吸附及其稳定的 Pickering 乳液 [D]. 山东: 山东大学, 2007.

[415] Tambe D E, Sharma M M. The effect of colloidal particles on fluid-fluid interfacial properties and emulsion stability [J]. Adv Colloid Interfac, 1994, 52: 1-63.

[416] Akartuna I, Studart A R, Tervoort E, et al. Stabilization of oilin-water emulsions by colloidal particles modified with short amphiphiles [J]. Langmuir, 2008, 24（14）: 7161-7168.

[417] Stiller S, Gers-Barlag H, Lergenmueller M, et al. Investigation of the stability in emulsions stabilized with different surface modified titanium dioxides [J]. Colloid Surface A, 2004, 232（2）: 261- 267.

[418] Yin G, Zheng Z, Wang H, et al. Slightly surface-functionalized polystyrene microspheres prepared via Pickering emulsion polymerization using for electrophoretic displays [J]. J Colloid Interf Sci, 2011, 361（2）: 456-464.

[419] Aveyard R, Binks B P, Clint J H. Emulsions stabilised solely by colloidal particles [J]. Adv Colloid Interfac, 2003, 100: 503-546.

[420] Horozov T S, Binks B P. Particle-stabilized emulsions: A bilayer or a bridging monolayer? [J]. Angew Chem Int Ed, 2006, 45（5）: 773-776.

[421] Vignati E, Piazza R, Lockhart T P. Pickering emulsions: interfacial tension, colloidal layer morphology, and trapped-particle motion [J]. Langmuir, 2003, 19（17）: 6650-6656.

[422] BriggsT R. Emulsions with finely divided solids [J]. J Ind Eng Chem, 1921, 13: 1008-1010.

[423] Binks B P, Lumsdon S O. Stability of oil-in-water emulsions stabilised by silica particles [J]. Phys Chem Chem Phys, 1999, 1: 3007-3016.

[424] Amalvy J I, Armes S P, Binks B P, et al. Use of sterically-stabilised polystyrene latex particles as a pH-responsive particulate emulsifier to prepare surfactant-free oil-in-water emulsions [J]. Chem Commun, 2003

（15）：1826-1827.

［425］ Binks B P, Whitby C P. Silica particle- stabilized emulsions of silicone oil and water: Aspects of emulsifica-tion［J］. Langmuir, 2004, 20（4）: 1130-1137.

［426］ Ikem V O, Menner A, Bismarck A. High internal phase emulsions stabilized solely by functionalized silica particles［J］. Angew Chem Int Ed, 2008, 47（43）: 8277- 8279.

［427］ Ikem V O, Menner A, Bismarck A. Tailoring the mechanical performance of highly permeable macroporous polymers synthesized via Pickering emulsion templating［J］. Soft Matter, 2011, 7（14）: 6571-6577.

［428］ Hermant M C, Klumperman B, Koning C E. Conductive Pickering-poly（high internal phase emulsion）composite foams prepared with low loadings of single-walled carbon nanotubes［J］. Chem Commun, 2009（19）: 2738-2740.

［429］ Ni D Z, Wang L, Sun Y H, et al. Amphiphilic hollow carbonaceous microspheres with permeable shells［J］. Angew Chem Int Ed, 2010, 49（25）: 4223-4227.

［430］ Koglin B, Pawlowski J, Schnoring H. Kontinuierliches emulgieren mitrotor/stator-maschinen: einflub der volumenbezogenen dispergierleistung und der verweilzeit auf die emulsionsfeinheit［J］. Chem-Ing-Tech, 1981, 53（8）: 641-647.

［431］ Joscelyne S M, Trägårdh G. Membrane emulsification-a literature review. J Membr Sci, 2000, 169: 107-117.

［432］ Bechtel S, Gilbert N, Wagner H G. Grundlagenuntersuchungen zur herstellung vonol/wasser-emulsionen im ultraschallfeld［J］. Chem-Ing-Tech, 1999, 71（8）: 810-817.

［433］ Behrend O, Schubert H. Influence of hydrostatic pressure and gas content on continuous ultrasound emul-sification［J］. Ultrason Sonochem, 2001, 8（3）: 271-276.

［434］ Ashby N P, Binks B P. Pickering emulsions stabilised by Laponite clay particles［J］. Phys Chem Chem Phys, 2000, 2（24）: 5640-5646.

［435］ Jiang T, Hirasaki G J, Miller C A, et al. Using silicate and pH control for removal of the rag layer containing clay solids formed during demulsification［J］. Energy & Fuels, 2008, 22（6）: 4158-4164.

［436］ Feng X H, Xu Z H, Masliyah J. Biodegradable polymer for demulsification of water-in-bitumen emulsions［J］. Energy & Fuels, 2009, 23（1）: 451-456.

［437］ Feng X H, Mussone P, Gao S, et al. Mechanistic study on demulsification of water-in-diluted bitumen emulsions by ethylcellulose［J］. Langmuir, 2010, 26（5）: 3050-3057.

［438］ Stark J L, Asomaning S. Synergies between asphaltene stabilizers and demulsifying agents giving im-proved demulsification of asphaltene-stabilized emulsions［J］. Energy &Fuels, 2005, 19（4）: 1342-1345.

［439］ Xia L X, Lu S W, Cao G Y. Stability and demulsification of emulsions stabilized by asphaltenes or resins［J］. J Colloid Interf Sci, 2004, 271（2）: 504-506.

［440］ 夏立新, 曹国英, 陆世维. 沥青质和胶质稳定的油包水乳状液的破乳研究［J］. 油田化学, 2003, 20（1）: 23-25.

［441］ Yang X G, Tan W, Tan X F. Demulsification of crude oil emulsion via ultrasonic chemical method［J］. Petrol Sci Technol, 2009, 27（17）: 2010-2020.

［442］ Tan W, Yang X G, Tan X F. Study on demulsification of crude oil emulsions by microwave chemical meth-od［J］. Sep Sci Technol, 2007, 42（6）: 1367-1377.

［443］ Rempel A W, Worster M G. The interaction between a particle and an advancing solidification front［J］. J Cryst Growth, 1999, 205（3）: 427-440.

［444］ Uhlmann D R. Crystal-growth in glass-forming systems［J］. Abstracts of Papers of the American Chemical Society, 1975,（169）: 39.

［445］ 杨小刚. 原油乳状液冻融稳定性的研究［D］. 天津: 天津大学, 2009.

［446］ Deville S. Freeze-casting of porous ceramics: A review of current achievements and issues［J］. Advanced Engineering Materials, 2008, 10（3）: 155-169.

［447］ 赵丹萍. 冷冻解冻法破除 W/O 型 Pickering 乳状液的研究［D］. 大连：大连理工大学，2010.

［448］ Horozov T S, Binks B P. Particle-stabilized emulsions: A bilayer or a bridging monolayer? ［J］. Angew Chem Int Ed, 2006, 45（5）: 773-776.

［449］ Read E S, Fujii S, Amalvy J I, et al. Effect of varying the oil phase on the behavior of pH-responsive latex-based emulsifiers: Demulsification versus transitional phase inversion［J］. Langmuir, 2004, 20（18）: 7422-7429.

［450］ Zaki N N, Carbonell R G, Kilpatrick P K. A novel process for demulsification of water-in-crude oil emulsions by dense carbon dioxide［J］. Ind Eng Chem Res, 2003, 42（25）: 6661-6672.

［451］ Yan N X, Gray M R, Masliyah J H. On water-in-oil emulsions stabilized by fine solids［J］. Colloid Surface A, 2001, 193（1-3）: 97-107.

［452］ Yan N X, Masliyah J H. Demulsification of solids-stabilized oil-in-water emulsions［J］. Colloid Surface A, 1996, 117（1-2）: 15-25.

［453］ Rabcock W C, et al. ISEC' 80. Membrane Extraction Section. 1980: 80.

［454］ 郁建涵，等. 第二届全国稀土湿法冶金学术讨论会. 1982.

［455］ 郁建涵，等. 乳状液型液膜法提取稀土［J］. 稀土，1987（1）: 3-9.

［456］ 张瑞华，等. 提取稀土液膜体系的研究［J］. 中国稀土学报，1984，2: 30.

［457］ 张瑞华，等. 用液膜技术分离稀土的研究［J］. 稀土，1984（4）: 33-38.

［458］ Jin M F, et al. //Pro of Sino-Japan. Symp On Lip Member Ion Exchange. Electrodialysis, Reverse Osmosis and Ultrafiltration［C］. Xian: 1994: 141.

［459］ 李新培，章元琦. 乳化液膜研究-连续逆流分离柱处理含酚污水［J］. 膜分离科学与技术，1981，1: 21.

［460］ Boyadzhiev L, et al. Carrier mediated extraction: Application of double emulsion technique for mercury removal from waste water［J］. J Membr Sci, 1983, 14: 13-18.

［461］ Izatt R, Bruening R, Bruening M, et al. Modeling diffusion-limited, neutral-macrocycle-mediated cation transport in supported liquid membranes［J］. Anal Chem, 1989, 61: 1140-1148.

［462］ Takashi S. Transport of cadmium（Ⅱ）ion through a supported liquid membrane containing a bathocuproine［J］. Sep Sci Technol, 1991, 26（12）: 1495-1506.

［463］ 张秀娟，黄平瑜. 液膜分离中同步迁移概念的建立［J］. 化工学报，1988（5）: 60-67.

［464］ Izatt R, et al. Effect of co-anion on DC18C6-mediated Tl$^+$ transport through an emulsion liquid membrane ［J］. J Membr Sci, 1986, 28: 77-86.

［465］ Beil M, et al. Sep Sci Technol, 1982, 17: 289.

［466］ Guerriero R, et al. Indium recovery from sulphuric solutions by supported liquid membranes［J］. Hydrometallurgy, 1988, 20: 109-120.

［467］ Tang B, et al. //Proc of Sino-Japn Symp on Liq Membr［C］. Shanghai: 1998: 29.

［468］ Maulevicius E S, et al. Facilitated transport through liquid membranes［J］. Sepn Purif Methods, 1975, 4 （1）: 73-96.

［469］ Way J P, Noble R D. Chap 44［M］//Ho W S, Sizkar K K, ed. Membrane Handbook. NewYork: Chanpman&Hall, 1992: 833.

［470］ Roman J C, Baker H W. Method and apparatus for producing oxygen and nitrogen and membrane therefor: US 4542010［P］, 1985.

［471］ Baker R W, et al. J Membr Sci, 1987, 31（1）: 156.

［472］ Bellobono I R, Muffato F, Selli E, et al. Transport of oxygen facilitated by peroxo-bis ［N, N' -ethylene bis-（salicylideneiminato）-dimethylformamide-cobalt（Ⅲ）］ embedded in liquid membranes immobilized by photografting onto cellulose［J］. Gas Separation & Purification, 1987, 1（2）: 103-106.

［473］ Evans T. Facilitation by carbonic anhydrase of carbon dioxide transport［J］. Science, 1967, 155 （3758）: 44-47.

［474］ Way I D. Hydrogen sulfide facilitated transport in perfluorusulfonic acid membranes［M］// Noble R D,

Way J D ed. Liquid Membranes. Theory and Applications. Washington DC: Am Chem Sco, 1987: 123.

[475] Roberts D L, Friedlander S K. Sulfur dioxide transport through aqueous solutions: Part I. [J]. Aiche Journal, 2010, 26 (4): 593-602.

[476] Sengupta A, et al. Liquid membranes for flue gas desulfurization [J]. J Membr Sci, 1990, 51: 105-126.

[477] Sang C L, et al. Continuous extraction of penicillin G by an emulsion liquid membrane in a countercurrent extraction column [J]. J Membr Sci, 1997, 124: 43-51.

[478] Hano T, et al. Extraction of penicillin with liquid surfactant membrane [J]. J Chem Eng Jpn, 1990, 23 (6): 772.

[479] Tadashi Hano, Michiaki Matsumoto, Takaaki Ohtake. Continuous extraction of penicillin G with liquid surfactant membrane using Vibro Mixer? [J]. Journal of Membrane Science, 1994, 93 (1): 61-68.

[480] Lee Kwi Ho, Lee Sang Cheol, Lee Won Kook. Penicillin G extraction from model media using an emulsion liquid membrane: A theoretical model of product decomposition [J]. Journal of Chemical Technology & Biotechnology, 1994, 59 (4): 365-370.

[481] Lee Kwi Ho, Lee Sang Cheol, Lee Won Kook. Penicillin G extraction from model media using an emulsion liquid membrane: Determination of optimum extraction conditions [J]. Journal of Chemical Technology and Biotechnology, 1994, 59 (4): 371-376.

[482] 韩伟, 严忠, 吴子生, 等. 液膜法提取浓缩氨基酸 [J]. 水处理技术, 1995 (2): 77-80.

[483] Reismger H, et al. Comparison of the separation of lactic acid and l-leucine by liquid emulsion membranes [J]. J Membr Sci, 1993, 80: 85-97.

[484] Itoh H, Thien M P, Hatton T A, et al. A liquid emulsion membrane process for the separation of amino acids [J]. Biotechnology and Bioengineering, 1990, 35 (9): 853-860.

[485] Seong-Ahn Hong, Hyung-Joon Choi, Suk Woo Nam. Concentration of amino acids by a liquid emulsion membrane with a cationic extractant [J]. Journal of Membrane Science, 1992, 70 (2-3): 225-235.

[486] Chaudhuri J B, Pyle D L. Emulsion liquid membrane extraction of organic acids—II. Experimental [J]. Chemical Engineering Science, 1992, 47 (1): 49-56.

[487] 林立, 金美芳, 温铁军, 等. 乳化液膜提取柠檬酸及其溶胀的研究 [J]. 水处理技术, 1995, 21 (6): 331-336.

[488] 刘红, 潘红春. 液膜萃取技术在生物工程领域的应用研究进展 [J]. 膜科学与技术, 1998 (03): 12-16.

[489] Li N N. Liquid membrane artificial lung: US3733776 [P]. 1973.

[490] Nakhare S, et al. East Pharm, 1994, 37 (440): 65.

[491] Marr R, et al. //Ho W S, Sirkar K K ed. Membrane handbook [M]. NewYork: Chapman&Hall, 1992: 718.

[492] Teramoto Masaaki, Matsuyama Hideto, Takaya Hitoshi, et al. Development of spiral-type supported liquid membrane module for separation and concentration of metal ions [J]. Separation Science and Technology, 1987, 22 (11): 2175-2201.

[493] Teramoto M, et al. Separation of ethylene from ethane by a flowing liquid membrane using silver nitrate as a carrier [J]. J Membr Sci, 1989, 45: 115-136.

[494] 张杰, 张新宇, 张代佳, 等. 喷雾法制备载牛血清白蛋白海藻酸钙微球系统研究 [J]. 大连理工大学学报, 2009 (6): 822-826.

[495] Rastogi R, Sultana Y, Aqil M, et al. Alginate microspheres of isoniazid for oral sustained drug delivery [J]. Int J Pharmaceut, 2007, 334 (1-2): 71-77.

[496] Agarwal S, Phuoc T, Soong Y, et al. Nanoparticle-stabilized invert emulsion drilling fluids for deep-hole drilling of oil andgas [J]. Can J Chem Eng, 2013, 91 (10): 1641-1649.

[497] Maliheh D Z, Eghbal S, Behzad P. Hydrophobic silica nanoparticle-stabilized invert emulsion as drilling fluid for deep drilling [J]. Pet Sci, 2016, 14 (1): 1-11.

[498] 罗陶涛, 段敏, 杨刚. 基于 Pickering 乳状液的油基钻井液乳化稳定性能研究 [J]. 钻采工艺, 2015, 38 (1): 99-101.

[499] Melle S, Lask M, Fuller G G. Pickering emulsion with controllable stability [J]. Langmuir, 2005, 21 (6):

2158-2162.

［500］　Sushant A, Tran X P, Yee S, et al. Nanoparticle-stabilized invert emulsion drilling fluids for deep-hole drilling of oil and gas［J］. Can J Chem Eng, 2013, 91（10）: 1641-1649.

［501］　艾加伟，庞敏，陈馥，等. DSW-S纳米颗粒对油基钻井液的稳定作用［J］. 油田化学, 2016, 33（1）: 5-8.

［502］　赵福麟. 油田化学［M］. 东营: 中国石油大学出版社, 2010: 129-130.

［503］　Exxon production research company［J］. Analytical Chemistry, 1981, 53（9）: 1137A.

［504］　Kaminsky R D, Wattenbarger R C, Lederhos J P, et al. Viscous oil recovery using solids-stabilized emulsions［C］//SPE Annual Technical Conference and Exhibition. Florence: SPE, 2010: SPE No. 135284.

［505］　Son H A, Yoon K Y, Lee G J, et al. The potential applications in oil recovery with silica nanoparticle and polyvinyl alcohol stabilized emulsion［J］. J Pet Sci Eng, 2015, 126: 152-161.

［506］　Sharma T, Kumar G S, Chon B H, et al. Thermal stability of oil-in-water Pickering emulsion in the presence of nanoparticle, surfatant and polymer［J］. J Ind Eng Chem, 2015, 22: 324-334.

［507］　Zhang Tiantian, Davidson A, Bryant S L, et al. Nanoparticle-satbilized emulsions for application in enhanced oil recovery［C］//SPE Improved Oil Recovery Symposium Conference. Tulsa: SPE, 2010: SPE No. 129885.

［508］　Roberts M R, Aminzadeh B, Dicarlo D A, et al. Generation of nanoparticle-stabilized emulsions in fractures［C］//Eighteenth SPE Improved Oil Recovery Symposium Conference. Tulsa: SPE, 2012: SPE No. 154228.

［509］　邹声文，王朝阳，魏增江，等. 粒子与聚合物协同稳定高内相Pickering乳液［J］. 化学学报, 2012, 70（2）: 133-136.

［510］　Ikem V O, Menner A, Bismarck A, et al. Liquid screen: Pickering emulsion templating as an effective route for formingpermeable and mechanically stable void-free barriers for hydrocarbon production in subterranean formations［C］//SPE International Symposium on Oilfield Chemistry Conference. Woodlands: SPE, 2011: SPE No. 141256.

［511］　Lin Zhaoyun, Zhang Zhe, Li Youming, et al. Recyclable magnetic-Pickering emulsion liquid membrane for extracting phenol compounds from waste water［J］. J Mater Sci, 2016, 51（13）: 6370-6378.

［512］　毋伟. 颗粒稳定乳液法处理高浓度有机废水［C］//中国颗粒学会第六届学术年会暨海峡两岸颗粒技术研讨会论文集（上）. 北京: 中国颗粒学会, 华东理工大学, 2008: 5.

［513］　Ikem V O, Menner A, Horozov T S, et al. Highly permeable macroporous Polymers synthesized from Pickering medium and high internal phase emulsion templates［J］. Adv Mater, 2010, 22: 3588-3592.

［514］　Zhang Tao, Xu Zhiguang, Guo Qipeng. Closed-cell and open-cell porous polymers from ionomer-stabilized high internal phase emulsions［J］. Polym Chem, 2016, 7: 7469-7476.

［515］　张超，贺拥军，刘登卫. 含水Mg（OH）$_2$/聚苯乙烯复合材料的制备和阻燃性能［J］. 材料研究学报, 2011, 25（3）: 263-267.

［516］　Zou Shengwen, Hu Yang, Wang Chaoyang. One-pot fabrication of Rattle-like capsules with multicores by Pickering-based polymerization with nanoparticles nucleation［J］. Macromol Rapid Comm, 2014, 35: 414-1418.

［517］　Cao Z, Schrade A, Landfester K, et al. Synthesis of raspberry-like organic-inorganic hybrid nanocapsules via Pickering miniemulsion polymerization: Colloidal stability and morphology［J］. J Polym Sci Part A-Polym Chem, 2011, 49: 2349-2382.

［518］　Leong Jun-Yee, Tey Beng-Ti, Tan Chin-Ping, et al. Nozzels fabrication of oil-core biopolymeric microcapsules by the interfacial gelation of Pickering emulsion templates［J］. Acs Appl MaterInter, 2015, 7: 16169-16176.

［519］　Wei Z, Wang C, Zou S, et al. Chitosan nanoparticles as particular emulsifier for preparation of novel pH-responsive Pickering emulsion and PLGA microcapsules［J］. Polymer, 2012, 53: 1229-1235.

［520］　Pardhy N P, Budhlall B M. Pickering emulsion as a template to synthesize janus colloids with anisotropy in the surface potential［J］. Langmuir, 2012, 26: 13130-13141.

［521］ Park Ji Hoon, Han Nuri, Song Ji Eun, et al. A surfactant-free and shape-controlled synthesis of nonspherical Janus particles with thermally tunable amphililicity［J］. Macromol Rapid Comm, 2017, 38: 1600621.

［522］ Ning Yin, Wang Chaoyang, Ngai To, et al. Fabrication of tunable janus microspheres with dual anisotropy of porosity and magnetism［J］. Langmuir, 2013, 29: 5138-5144.

［523］ Jiang J Z, Zhu Y, Cui Z G, et al. Switchable Pickering emulsions stabilized by silica nanoparticles hydrophobized in situ with a switchable surfactant［J］. Angew Chem Int Ed, 2013, 52: 12373-12376.

［524］ Pan J M, Yin Y J, Gan M Y, et al. Fabrication and evaluation of molecularly imprinted multi-hollow microspheres adsorbents with tunable inner pore structures derived from templating Pickering double emulsions［J］. Chem Eng J, 2015, 266: 299-308.

［525］ He X D, Ge X W, Liu H, et al. Synthesis of cagelike polymer microspheres with hollow core/porous shell structures by self-assembly of latex particles at the emulsion droplet interface［J］. Chem Mater, 2005, 17: 5891-5892.

［526］ Hu H R, Wang H T, Du Q G. Synthesis of cagelike polymer microspheres with hollow core/porous shell structures by self-assembly of latex particles at the emulsion droplet interface［J］. Soft Matter, 2012, 8: 6816-6822.

［527］ Liu H X, Wang C Y, Gao Q X, et al. Magnetic hydrogels with supracolloidal structures prepared by suspension polymerization stabilized by Fe_2O_3 nanoparticles［J］. Acta Biomater, 2010, 6: 275-281.

［528］ Destribats M, Schmitt V, Backov R. Thermostimulable Wax@SiO_2 core-shell particles［J］. Langmuir, 2010, 26: 1734-1742.

［529］ Liu X, Okada M, Maeda H, et al. Hydroxyapatite/biodegradable poly（L-lactide-co-epsilon-caprolactone）composite microparticles as injectable scaffolds by a Pickering emulsion route［J］. Acta Biomater, 2011, 7: 821-828.

［530］ Wei Z J, Wang C Y, Liu H, et al. Facile fabrication of biocompatible PLGA drug-carrying microspheres by O/W Pickering emulsions［J］. Colloid Surface B, 2012, 91（1）: 97-105.

［531］ Zhang G Z, Wang C Y. Pickering emulsion-based marbles for cellular capsules［J］. Materials, 2016, 9（7）.

［532］ Zhu X M, Zhang S P, Zhang L H, et al. Interfacial synthesis of magnetic PMMA@Fe_3O_4/Cu_3（BTC）$_2$ hollow microspheres through one-pot Pickering emulsion and their application as drug delivery［J］. RSC Adv, 2016, 6（63）: 58511-58515.

［533］ 戈明亮, 汤微. Pickering 乳液在药物载体制备方面的研究进展［J］. 化工进展, 2017, 36: 4586-4591.

［534］ Chen Y H, Wang Y L, Shi X T, et al. Hierarchical and reversible assembly of graphene oxide/polyvinyl alcohol hybrid stabilized Pickering emulsions and their templating for macroporous composite hydrogels［J］. Carbon, 2016, 111: 38-47.

［535］ Hu Y, Zou S W, Chen W K, et al. Mineralization and drug release of hydroxyapatite/poly（l-lactic acid）nanocomposite scaffolds prepared by Pickering emulsion templating［J］. Colloid Surface B, 2014, 122: 559-565.

［536］ Yang H, Gu X Y, Yang Y, et al. Facile fabrication of poly（L-lactic acid）-grafted hydroxyapatite/poly（lactic-co-glycolic acid）scaffolds by Pickering high internal phase emulsion templates［J］. ACS Appl Mater Inter, 2014, 6（19）: 17166-17175.

［537］ Hu Y, Gao H C, Du Z S, et al. Pickering high internal phase emulsion-based hydroxyapatite/poly（ε-caprolactone）nanocomposite scaffolds［J］. J Mater Chem B, 2015, 3（18）: 3848-3857.

［538］ 张焦, 刘川, 王帆, 易涛, 张继. Pickering 乳液在药剂学的应用研究进展［J］. 中国药学杂志, 2016, 51: 1730-1734.

［539］ Zhang J, Liu C, Zhang J, et al. Preparation and evaluation of silybin nanocrystallines self-stabilizing Pickering emulsion［J］. Acta Pharm Sin, 2016, 51（5）: 813-820.

［540］ Dickinson E. Use of nanoparticles and microparticles in the formation and stabilization of food emulsions

　　　　 ［J］. Trend Food Sci Tech, 2012, 24（1）: 4-12.

［541］ Li C, Li Y, Sun P, et al. Pickering emulsions stabilized by native starch granules［J］. Colloid Surface A, 2013（431）: 142-149.

［542］ Sjoo M, Emek S C, Hall T, et al. Barrier properties of heat treated starch Pickering emulsions［J］. J Colloid Interface Sci, 2015（450）: 182-188.

［543］ Song X, Pei Y, Qiao M, et al. Preparation and characterizations of Pickering emulsions stabilized by hydrophobic starch particles［J］. Food Hydrocolloid, 2015（45）: 256-263.

［544］ Kalashnikova I, Bizot H, Bertoncini P, et al. Cellulosic nanorods of various aspect ratios for oil in water Pickering emulsions［J］. Soft Matter, 2013, 9（3）: 952-959.

［545］ Wen C, Yuan Q, Liang H, et al. Preparation and stabilization of D-limonene Pickering emulsions by cellulose nanocrystals［J］. Carbohyd Polym, 2014（112）: 695-700.

［546］ Frasch-melnik S, Norton IT, Spyropoulos F. Fat-crystal stabilised w/o emulsions for controlled salt release［J］. J Food Eng, 2010, 98（4）: 437-442.

［547］ Dickinson E. Use of nanoparticles and microparticles in the formation and stabilization of food emulsions［J］. Trends Food Sci Tech, 2012, 24（1）: 4-12.

［548］ Wu J, Shi M, Li W, et al. Pickering emulsions stabilized by whey protein nanoparticles prepared by thermal cross-linking［J］. Colloids Surf B, 2015（127）: 96-104.

［549］ Liang H-N, Tang C-H. Pea protein exhibits a novel Pickering stabilization for oil-in-water emulsions at pH 3.0［J］. Food Sci Tech, 2014, 58（2）: 463-469.

［550］ 胡亚琼. 小麦醇溶蛋白胶体颗粒稳定的 Pickering 乳液、高内相乳液的制备及特性［D］. 广州: 华南理工大学, 2016.

［551］ Chu L, Utada A S, Shah R K, et al. Controllable monodisperse multiple emulsions［J］. Angew Chem Int Ed, 2007, 46（47）: 8970-8974.

［552］ Moebus K, Siepmann J, Bodmeier R. Novel preparation techniques for alginate-poloxamer microparticles controlling protein release on mucosal surfaces［J］. Eur J Pharm Sci, 2012, 45（3）: 358-366.

［553］ Majumdar S, Guha A K, Sirkar K K. A new liquid membrane technique for gas separation［J］. AIChE J, 1988, 34: 1698.

［554］ Sengupta A, Basu R, Sirkar K K. Separation of solutes from aqueous solutions by contained liquid membrane［J］. AIChE Journal, 1988, 34（10）: 1698-1708.

［555］ 戴猷元, 朱慎林, 王秀丽, 等. 同级萃取反萃膜过程的研究［J］. 膜科学与技术, 1993（01）: 15-20.

［556］ 庄震万, 等. 双膜分离器的研究［J］. 膜科学与技术, 1993, 15（2）: 1.

［557］ Boyadzhiev L, et al. Mass transfer in three-liquid phase system［C］//Proc ISEC' 83. Denver, Colorado: 1983: 391.

［558］ 顾忠茂, 等. 静电式准液膜分离方法及其装置: CN86101730［P］, 1988.

［559］ 顾忠茂. 静电式准液膜分离技术［J］. 化工学报, 1988（06）: 27-34.

［560］ Gu Z M. Chap 45［M］//Ho W S, Sirkar K K, ed. Membrane handbook. NewYork: Chapman&Hall, 1992: 867.

［561］ Zhou Q J, Gu Z M. Study of the extraction of Eu^{3+} by means of electrostatic pseudo liquid membrane［J］. Water Treatment, 1988, 3（2）: 127-135.

［562］ Gu Z M, Zhou Q J, Jin L R. Recovery of Ni（Ⅱ）from rinse water from nickel planting with liquid membranes［J］. Water Treatment, 1990, 5（2）: 170-178.

［563］ Akon Higuchi, Mariko Hara, Tōru Horiuchi, et al. Optical resolution of amino acids by ultrafiltration membranes containing serum albumin［J］. Journal of Membrane Science, 1994, 93（2）: 157-164.

［564］ Yang X J, Wang D X, Gu Z M. Extractionand separation of scandium from rare earths by electrostatic pseudo-liquid membrane［J］. Journal of Membrane Science, 1995, 106（1-2）: 131-145.

［565］ 王雨春, 张仲甫, 江德先, 等. TTA 为载体的乳状液膜对钪与铁、锰、钙、稀土、钛的分离［J］. 膜科学与技

术，1992（01）：20-24.

［566］ Danesi, P. R, Reichley-Yinger, L, Cianetti, C, et al. Separation of cobalt and nickel by liquid-liquid extraction and supported liquid membranes with di（2,4,4-trimethylpentyl）phosphinic acid［cyanex 272］［J］. Solvent Extraction and Ion Exchange, 1984, 2（6）: 781-814.

［567］ Zheng Z X, Bai S Y, Gu Z M.［C］//Proc of the 4th Sino-Japn. Symp on Liquid Membranes. Shanghai: 1998: 104.

［568］ 吴全峰，郑佐西，顾忠茂. 冠状液膜分离方法及其装置: CN941073289［P］, 1994.

［569］ 吴全锋，顾忠茂. 液膜分离过程的新发展—内耦合萃反交替分离过程［J］. 化工进展, 1997（2）: 30-35.

［570］ 吴全锋，白书雨，顾忠茂. 内耦合萃反交替反应槽改进与扩大研究［J］. 原子能科学技术, 1997, 31（6）: 45-50.

第 16 章
膜反应器

主 稿 人：金万勤　南京工业大学教授

　　　　　黄　霞　清华大学教授

编写人员：金万勤　南京工业大学教授

　　　　　黄　霞　清华大学教授

　　　　　姜　红　南京工业大学副教授

　　　　　张广儒　南京工业大学副教授

　　　　　肖　康　中国科学院大学副教授

　　　　　梁　帅　北京林业大学副教授

审 稿 人：孟广耀　中国科学技术大学教授

第一版编写人员：虞星炬　陈光文　袁　权

16.1　概述

　　化学反应是新物种的形成、变化或转化成其他物种的变化过程的总称，尤其是人为设定制备新物质产品的化学化工过程都需要限定在确定的容器空间里进行，以便于控制反应环境和条件获得所期望的结果，这种反应容器空间通常被称为反应器。在长期实践中，人们会发现随着反应器材料、制作和构型的不同，化学反应过程结果会有所不同。随着对化学反应过程研究逐步完善和知识的积累，科技工作者们意识到，反应空间中存在的不参与反应的固体表面常常会显著影响反应过程，诸如反应物料的输运、过程产物形成速率和反应副产物的分离与去除等，从而能获得意想不到的效果，特别是人们积累了膜和膜过程的原理与技术知识之后，就有意的在设计和制造反应器时，把膜分离和膜催化等功能设置其中，逐步出现了"膜反应"和"膜反应器"的概念，在20世纪五六十年代形成了"膜反应器"这一新技术领域。

　　简言之，膜反应器是膜和膜过程与化学反应过程相结合的系统或设备，膜反应技术就是设法在化学反应过程中使用膜技术，以便改善相关化学化工过程的效率和结果。纵观膜反应器研究历史，膜反应器的设计灵活利用了膜的各种特有功能。这些功能单一的或复合的使用，在反应过程中实现产物的原位分离，反应物的控制输入，反应与反应的耦合，两相反应相间接触的强化，反应、分离乃至浓缩的一体化等，从而达到提高反应转化率、改善反应选择性、延长催化剂的使用寿命、降低反应所需的苛刻条件等种种目的。可以说，膜功能的利用是膜反应技术发展的源泉，膜反应器的研究史也是膜功能不断开拓应用的历史。随着膜材料、膜结构、膜功能和应用领域的不同，膜反应器技术发展出不同的应用领域。例如，温度是影响化学反应过程最重要的参数，因而不耐高温的高分子材料膜和耐高温的无机陶瓷膜自然地形成了两个独具特色的技术领域，而金属膜则按具体情况分散其中。按膜结构是多孔体还是致密体直接涉及膜过程的物质输运机理特征，基于膜材料是否对化学反应过程机理具有催化作用呈现对反应速率的不同影响，这就形成了膜反应器技术错综复杂的交叠情况，下文16.1.4节将从膜反应器反应体系、结构、催化剂装填形式等方面进行分类介绍。

　　1968年Michaels等[1]提出利用半渗透膜连续地、选择性地从反应区除去产物，阻止反应达到平衡，从而提高反应效率的思想，这是利用膜分离功能设计膜反应器设想的最早报道。当时正是高分子分离膜迅速发展的年代，高分子膜可以承受中等程度的温度和压力，通常生物反应多数在常压和常温下进行，因此，膜与反应的结合首先在生物技术领域内展开，形成了膜生物反应器研究最为活跃的年代。

　　从20世纪70年代开始，膜与生物反应的结合可主要归纳为四个方面。

　　① 膜作为细胞和酶的固定化载体。20世纪60年代末、70年代初正是固定化酶和固定化细胞技术发展的高峰期。受微胶囊包埋技术的启发，Rony等[2]采用中空纤维膜将酶包埋在膜的管腔内，用于酶催化的研究。与微胶囊包埋比较，中空纤维膜包埋更为方便、简单，且可制成具有特定形状的器件。除了这种依靠膜的截留能力的固定化外，采用传统的固定化技术（吸附、交联、键合和包埋）也可将酶固定化在膜的表面或膜孔内。由于这类工作的主要目的是利用膜的载体功能制备具有生物催化活性的功能膜，这就构成了酶膜、催化膜。

② 发酵罐与膜分离的耦合生物反应普遍存在着产物抑制现象，利用膜的分离功能实现产物在反应过程中的原位分离，从而提高酶的表观活性。Wang 等[3]将超滤膜反应器用于淀粉水解的酶催化反应，获得高于传统反应器的酶解转化率。鉴于多数生物催化反应具有分子大小相近的底物和产物，微滤膜或超滤膜只能对分子大小有显著差距的物质实现分离，这就限制了膜的分离功能在酶催化中的应用。利用膜的分离功能最具代表性的研究是发酵罐与膜分离耦合的膜反应器系统：也就是膜发酵器或膜循环发酵[4]的研究。利用膜连续地从发酵罐中带出抑制细胞生长或代谢的产物，可实现高密度细胞培养、高代谢物产率的目的。但该类研究的产业化由于培养液的渗透速率低和产物的低浓度而受到限制。

③ 中空纤维细胞培养器。Knazek 等[5]首先将中空纤维膜反应器用于动物细胞培养。在 Knazek 培养管中，细胞与培养基被膜相分隔，并依靠膜进行物质的交换和传递。在更为复杂的细胞培养系统中[6-8]，几种不同的膜将系统分隔成依靠膜相关联的几个部分，分别储存或流动细胞、培养基、空气和代谢产物。膜的分隔功能在这里得到了最直观的反映。采用膜的细胞培养系统也可用于微生物细胞和植物细胞的培养，但主要的研究工作集中于生产高价值物质的动物细胞培养体系。由于产品价值高、培养规模小，因此在 20 世纪 80 年代掀起了中空纤维细胞培养器商品化的热潮。

④ 多层膜反应器膜的复合功能被 Matson 等[9]开发应用于构建多层膜生物反应器。随后，Matson 和 Quinn 等[10-12]综合膜的各种功能将膜反应器开拓性地应用于有机相的酶催化反应，可有效地实现两相催化反应和手性物的酶法拆分。Matson 和 Quinn 等[13]系统深入地剖析了膜的功能及其在膜反应器中的应用，提出了膜具有组织化功效的概念。在他们的分析中，组织化是指膜在结构上可形成多层复合的组织并具有分隔容器成室的特征。鉴于这种特征是膜区别于传统颗粒状催化剂所特有的功能，将其称为膜的复合功能和分隔功能[14]。

膜与化学反应相结合的研究发展较慢。膜反应器这个词汇约在 1980 年前后才出现，在以后的十年间，在"膜手册"和"膜词典"中才有了一定的位置。目前膜反应器已成为膜学术会议或膜专题论述中属于发展膜过程的一个固定论题。这是因为化学反应，尤其是多相催化反应多在高温、高压、腐蚀性的介质中进行，而适应这些苛刻条件的无机膜制备技术在 20 世纪 80 年代初才有了快速的发展。无机膜反应器的研究起源于苏联的 Gryaznov[15-18]。Gryaznov 主要从事金属膜反应器和超薄金属复合支撑膜的研究。其中 Pb 膜反应器一步法生产维生素 K_4，脱氢里那醇、加氢制备里那醇的研究都已进入中试水平。

无机膜反应器的发展很大程度上依赖于无机膜制备技术的发展。因此，对无机膜反应器的阐述习惯地按膜材料和结构属性分类讨论。Hsieh 等[19,20]对无机膜的制备技术和膜反应器的分类进行了详尽的总结和讨论。无机膜反应器的设计和构思同样利用了膜的各种功能，这在 Zaman 等[21]和 Saracco 等[22]的综述中都有详细的叙述。

有些学者[23]认为膜反应器的应用可能只限于生产高值的生物技术产品。然而，无机膜制备技术的发展又为膜反应器的应用带来了希望。Saracco 等[24]详细讨论和分析了无机膜反应器产业化应用的障碍，同时也指出了从事材料科学、催化科学和化学工程研究的科学家所面临的机会。工业界的需求也不断刺激无机膜反应器的发展，Roth 等[25]对未来工业催化的预测，认为均相催化、分子筛和无机膜反应器是最有希望的领域。石油化工对无机膜反应器的研究更有强烈的需求[26]，表 16-1 列出了石油化工领域最感兴趣的可采用无机膜反应器的

表 16-1　石油化工中采用无机膜反应器的重要反应体系

英文	中文	目标
methane steam reforming	甲烷水蒸气重整	获得高于反应平衡的转化率（通过膜将产物选择性地移出，从而打破反应平衡，促进反应向正反应方向进行）
ethane dehydrogenation	乙烷脱氢制乙烯	
propane dehydrogenation	丙烷脱氢制丙烯	
cyclohexane dehydrogenation	环己烷脱氢制苯	
ethylbenzene dehydrogenation	乙苯脱氢制苯乙烯	
water-gas shift reaction	水气变换反应	
esterification reaction	酯化反应	
fischer-tropsch synthesis	费托合成	
oxidative coupling of methane	甲烷氧化偶联	提高选择性
partial oxidation of propane to acrolein	丙烷部分氧化制丙烯醛	
partial oxidation of butane to maleic anhydride	丁烷部分氧化制马来酸酐	
partial oxidation of ethane	乙烷部分氧化	
partial oxidation of butane to methacrolein	丁烯部分氧化制甲基丙烯醛	
CO hydrogenation to hydrocarbons	一氧化碳加氢制烃	
cyclohexanone ammoximation cyclohexane oxime	环己酮氨氧化制环己酮肟	分离催化剂或悬浮态颗粒
acetone ammoximation to acetone oxime	丙酮氨氧化制丙酮肟	
methy ethyl ketone ammoximation to methyl ethyl ketone oxime	丁酮氨氧化制丁酮肟	
phenol hydroxylation to dihydroxybenzene	苯酚羟基化制苯二酚	
p-nitrophenol hydrogenation to p-aminophenol	对硝基苯酚加氢制对氨基苯酚	
photocatalytic reaction	光催化反应	
enzymatic catalytic reaction	酶催化反应	
brine purification	卤水净化	

体系。鉴于目前世界上大多数从事无机膜反应器研究的实验室都能制备出实验室规模的、无缺陷的、高选择性和高渗透率相结合的、稳定性较好的不对称无机膜，结合膜反应器其他实用工程、工艺问题的解决，无机膜反应器的工业应用有望在今后十几年内取得突破性的进展。

16.1.1　膜反应器的定义和特征

膜反应器可定义为依靠膜的功能、特点改变反应进程，提高反应效率的设备或系统。按照这一定义，膜反应器的特征表现为在反应器设计或构思时膜的功能的充分利用，可使其具有传统反应器难以具备的工程上的优点。这些优点可归纳为：

① 高效的相间接触；

② 有利平衡的移动；

③ 反应中扩散阻力的消除；

④ 反应、分离、浓缩的一体化；

⑤ 交换与催化反应的组合；

⑥ 相容反应物的控制接触；

⑦ 反应的消除；

⑧ 复杂反应体系反应进程的调控；

⑨ 并联或平行多步反应的耦合；

⑩ 催化剂中毒的缓解。

16.1.2　膜反应器中膜的功能

16.1.2.1　膜的分离功能

膜的分离功能即膜有选择性透过不同物质的能力。这种能力来自于膜与待分离物质间的物理化学作用和膜的多孔性。膜的选择渗透性表现为不同物质渗透速率的不同。在极端情况下，一些物质可完全渗透，另一些物质则完全截留。通常用分离系数 a 表征选择渗透能力的大小。

由膜的分离功能可提出几种基础反应的膜反应器设计方案。

（1）可逆反应

如图 16-1(a) 所示，依靠膜将产物 B 从反应区排出，降低 B 在反应区中浓度，阻止反应达到平衡或促使平衡向生成 B 的方向移动，在相同反应条件下可获得高于平衡转化的转化率。也可在获得所需求的转化率下降低反应的温度、压力，使反应在不太苛刻的条件下进行。

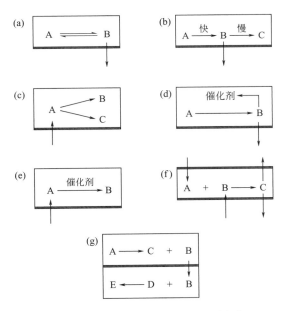

图 16-1　基于膜功能的膜反应器设计方案

（2）串联反应

如图 16-1(b) 所示，目的产物 B 在反应过程中透过膜离开反应区，降低了 B 在反应区中浓度，同时降低了副产物 C 的生成速度，提高了目的产物 B 的选择性。

（3）平行反应

如图 16-1(c) 所示，通过膜输入反应物 A，根据主副反应的反应动力学级数，维持 A 在整个反应区均匀适宜的浓度，使主反应的速率远高于副反应的速率，从而提高目的产物 B 的选择性。

（4）产物抑制或毒害催化剂的体系

如图 16-1(d) 所示，将产物 B 通过膜实现原位分离可降低 B 的浓度，消除或部分消除产物抑制效应或对催化剂的毒害，提高了催化剂的表观活性，延长了催化剂的寿命。

（5）底物抑制反应体系

在生物反应中，反应物或培养基称为底物或基质。底物抑制体系指的是体系中高浓度底物导致反应速率的降低，甚至毒害催化剂。对于底物抑制体系，则可按（3）平行反应的设计，依靠膜控制输入 A，维持反应器内底物的低浓度［图 16-1(e)］。

16.1.2.2　膜的载体功能

膜的载体功能是指膜可以作为催化剂或生物催化剂的载体，用于制备具有催化活性的功能膜。有些膜材料本身就具有催化活性，惰性材料的膜可通过吸附、浸渍、复合包埋、化学键合等技术制成催化膜。催化膜可兼有分离功能，也可不具备分离功能，但必须有渗透能力。

与传统填充床中颗粒催化剂相比较，催化膜在工程上是否占有优势是一个颇有争议的问题。总体看，两者的区别可概括如下：

① 载体的材料相同（理化性质也相同）、固载技术相同时，催化膜和颗粒催化剂的活性、选择性和寿命无明显区别；

② 从催化剂的装填密度看，催化膜一般低于颗粒催化剂，中空纤维催化膜可有例外；

③ 颗粒催化剂会因破碎而引起粉末阻滞、阀门堵塞、压降增加等操作问题，催化膜将可避免；

④ 催化膜反应器与惰性膜反应器（填充有颗粒催化剂、本身无催化活性的膜反应器）相比较，其优劣程度与催化反应的动力学特征以及反应速率与渗透速率的匹配等有关[27]。多数情况下，后者优于前者；

⑤ 催化膜是一种物料可透过的载体，当采用压力推动的流动模式操作时，可模拟为超短床层的填充床反应器。内、外扩散阻力可以消除，停留时间可以缩短。

16.1.2.3　膜的分隔功能和复合功能

分隔功能是指膜具有两个表面，可将系统分隔为独立的、依靠膜相关联的两部分。复合功能是指利用复合技术制备出具有不同功能的功能型复合层膜系统。可以结合膜的分离功能或载体功能设计出几种重要的膜反应器。

（1）非选择性渗透催化膜反应器[28-31]

如图 16-1(f) 所示，在催化膜中的反应具有两个反应物 A 和 B。利用膜的分隔功能，使 A 从膜的一边渗透进入膜反应区，B 则从膜的另一边渗透进入催化膜并与 A 发生反应，产物 C 可向膜的两边渗透。这类膜反应器的要求如下：

① 膜必须是具有催化活性的催化膜，根据需要，催化剂可固定在膜内或膜表面；

② 膜对反应物应有渗透能力，但无需有选择渗透性；

③ 为保证反应物的渗透为速率控制步骤，快反应更为适宜，以避免反应物透入膜的另一边而发生互混；

④ 反应物的渗透速率可通过调节进料压力进行调控。

鉴于膜的选择渗透性能并不重要，这类膜反应器被称为非选择性渗透催化膜反应器（catalytic non-permselective membrane reactor，CNMR）。采用这类膜反应器的反应体系有：

① 反应物预混会引起燃烧、爆炸等不安全因素的体系；

② 反应物预混会增加副反应速率的体系；

③ 为了瞬间中止反应通过切断反应物输入而熄火的体系；

④ 反应物需要严格计量混合或进料的体系，如 Claus 反应：

$$2H_2S + SO_2 \Longrightarrow \frac{3}{8}S_8 + 2H_2O$$

⑤ 非均相气液两相催化反应。A 为挥发性物质，B 为不挥发物质。由于催化剂为固相，气体传输将成为两相反应速率控制步骤。利用 CNMR，催化剂固定在与 B 接触的表面，为 A、B 提供了有效的相间接触，降低了气相传质的阻力；

⑥ 反应物 A、B 分别溶解于互不相溶的两个液相的反应体系。其作用与下文描述的多相膜反应器类同。

（2）多相膜反应器和萃取膜反应器[11,12]

对于存在两个互不相溶液相的两相反应体系，相间传质的阻力以及反应后产品分离涉及的破乳问题都是影响反应过程实际使用的疑难问题，利用膜反应器可以克服此困难。以消旋的 L/D-酯混合物被脂肪酶水解为例，见图 16-2。

图 16-2　多相膜反应器示意图

亲水的含有脂肪酶的酶膜将反应器分割成两部分。膜的一边流过溶于有机相的底物流（L/D-酯混合物），另一边流过水相吹扫介质流。底物流一边压力高于吹扫流，使流体与酶膜紧密接触。底物 L-酯通过相际分配传递进入酶膜，在酶膜内发生水解反应得到的水溶性产物离开酶膜后由吹扫流带走。由于膜的表面张力形成的阻力，有机相流体不能进入酶膜。底物流中的惰性物质如 D-酯因不发生反应，随底物流与 L-酸分离，未反应完全的 L-酯也随底物流离开反应器，需要时可循环使用。

这类反应器适用于底物是水不溶性、产物为水溶性或者底物为水溶性、产物为水不溶性的体系。前者即图示的反应器，称为多相膜反应器；后者将底物流改为水相，吹扫流改为有机相，操作原理、方法类似，这时的膜反应器称为萃取膜反应器。更为复杂的两相反应体系也可采用上述基本设计原理。其设计原则和特征如下：

① 是由亲水材料制成的活性催化膜，反应在催化膜内进行；

② 为两相的接触器，降低了相间传质阻力；

③ 为两相的分隔器，反应物和产物根据其在两相中溶解度的差异而直接分离，不存在传统两相破乳难题；

④ 反应物中的惰性物质、反应过程的副产物根据其溶解性能在两相中分离，减轻了分离工序的负担；

⑤ 反应物料的流量远低于吹扫物料流量时，吹扫流中产物的物质的量浓度远高于反应物的物质的量浓度，实现了产物的富集和浓缩，因而具有集反应、分离、浓缩于一体的功效。

（3）耦合膜反应器[32-35]

如图 16-1(g) 所示，膜将反应器分隔成两部分，膜一边的反应产物 B 将通过膜渗透至另一边作为另一反应的反应物。膜对 B 应具有高的分离系数，成为耦合两个反应的纽带。耦合膜反应器中可实现三类性质不同的耦合。

① 力学耦合：利用膜传递与膜两侧的反应都有关的关键物质［如图 16-1(g) 中所示的］，可使两侧反应都得到较高的转化率；

② 能量耦合：放热反应与吸热反应的耦合，实现反应器中能量的利用与调控；

③ 动力学耦合：利用某些膜（如金属膜、固体电解质膜）在传递过程中兼有活化关键物质的能力，以提高反应速率。

16.1.3　膜反应器的分类

16.1.3.1　分类简介

膜反应器无统一的分类标准，大致有以下几种分类方法。

（1）按反应体系分类

习惯上将用于生物反应体系的膜反应器称为膜生物反应器，用于化学反应过程的膜反应器称为膜反应器或催化膜反应器。生物反应器有条件温和、选择性强和产物抑制动力学等特点，多属于液相反应体系。多相催化反应在较苛刻条件下进行，反应体系多为复杂反应，且在气相介质中进行。均相反应则可在中等温度和液相介质中进行。总体来看，两类反应在膜材料、分离机理、反应器的分析、操作上都存在较大区别。

（2）按膜的形状分类

膜的形状与膜的材质有关。有机高分子膜可分为平膜、管膜、中空纤维膜和球形微囊膜；无机膜则有片状、管状、蜂窝状和中空纤维状。膜反应器的形状与膜的形状无关，但各种形状的膜都有其习惯的器件形状：平膜成器有板框式、卷式和折叠式；中空纤维膜器类似于列管式换热器；微囊膜本身即是一球形微反应器，实际使用时采用传统的反应器来容纳微囊。无机膜反应器以管式膜反应器为主要形式。

（3）按无机膜的结构和属性分类

无机膜反应器常按膜结构和属性分类。图 16-3 为无机膜的基本结构类型，膜构型有致密膜和多孔膜两大类，每一类又可以细分为非支撑以及支撑结构。其中致密膜主要有金属膜、固体电解质膜、混合导体膜三种。相应的膜反应器可分为以下三类：金属膜反应器、致密陶瓷膜反应器（采用固体电解质及混合导体膜）、多孔陶瓷膜反应器（或称多孔膜反应器）。

（4）按催化剂的形态分类

在膜生物反应器中，催化剂有三种形态：溶解酶和悬浮细胞呈游离态；膜表面截留细胞或酶蛋白凝胶为浓集态；按传统方法固定化在膜内或膜表面时呈固定化状态。固定化酶或细胞无法从反应器中清除，不便于补充和置换，但具有更高的稳定性；浓集态装填密度可达最高，酶和细胞置换存在一定困难；游离态酶和细胞不稳定，但便于置换和补充。无机膜反应器中，催化剂也有三种类似的形态：①催化剂填充在膜和器壁的空腔内；②催化剂沉积在膜的表面；③催化剂固载在膜内。

（5）以物质传递的方式分类

在膜生物反应器中，物料传递有扩散控制（以浓度差为推动力）和流动控制（以压力差为推动力）等两类。与催化剂形态相结合可形成不同类型的膜生物反应器，见图 16-4。

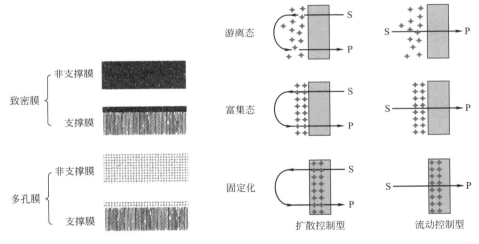

图 16-3　无机膜的基本结构类型

图 16-4　六种类型的 MBR
S—底物；P—产物

无机膜反应器中也有类似的传递方式。由于物料的传递渗透方式对膜反应器的行为有重要影响，每一种控制模式还可有几种更具体的分类。

16.1.3.2　常见膜反应器名称、类型

表 16-2 列举了有关手册和文献中涉及的各种膜反应器的名称、类型，并给出简要说明。

表 16-2　膜反应器名称、类型一览

中文名称	英文名称	英文简写	简要说明	参考文献
膜反应器	membrane reactor	MR	膜反应器或用于化学反应过程的膜反应器总称	
膜生物反应器	membrane bioreactor	MBR	用于生物反应的膜反应器总称	
酶膜反应器	enzyme membrane reactor	EMR	用于酶催化反应的膜反应器	[4]
膜发酵器	membrane fermentor	MF	发酵罐与膜分离器耦合系统	[4]

中文名称	英文名称	英文简写	简要说明	参考文献
多相膜反应器	multiphase membrane reactor	MMR	以膜为两相接触界面、分离界面、反应界面的底物溶于有机相，产物溶于水相的膜反应器	[11,12]
萃取膜反应器	extractive membrane reactor	EMR	与多相膜反应器相同，但底物水溶性、产物依靠溶剂萃取离开膜	[11,12]
催化无机膜反应器	catalytic inorganic membrane reactor	CIMR	用于催化反应的无机膜反应器总称	[22]
惰性半渗透膜反应器	inert semipermeable membrane reactor	ISMR	以无催化活性单方向选择渗透膜构成的膜反应器	[21]
催化膜反应器	catalytic membrane reactor	CMR	以催化膜构成的膜反应器	[21]
填充床惰性膜反应器	inert membrane packed bed reactor	IMPBR	无活性膜构成的填充催化剂的膜反应器	[21]
流化床惰性膜反应器	inert membrane fluidized bed reactor	IMFBR	无活性膜构成的催化剂处于流化态的膜反应器	[21]
填充床催化膜反应器	packed bed catalytic membrane reactor	PBCMR	活性膜构成的填充催化剂的膜反应器	[21]
流化床催化膜反应器	fluidized bed catalytic membrane reactor	FBCMR	活性膜构成的催化剂处于流化态的膜反应器	[21]
非选择性渗透催化膜反应器	catalytic nonpermselective membrane reactor	CNMR	利用非选择性渗透膜将反应物分隔在两边的催化膜反应器	[21]
耦合膜反应器	coupling of reactions in membrane reactor	CRMR	膜反应器中膜两边反应的耦合	[20,35]
中空纤维膜反应器	hollow fiber membrane reactor	HFMR	由中空纤维膜构成的膜反应器	[58]
固体电解质膜反应器	solid electrolyte membrane reactor	SEMR	由固体电解质膜构成的膜反应器	[59]

16.1.4　膜的选择

16.1.4.1　膜的选择原则

膜的选择是膜反应器实用化的核心问题，它涉及膜反应器的制造成本和实际效果。这里从技术上的使用要求出发讨论膜的选择原则。

（1）膜的热稳定性

要求膜能在反应温度下长期使用。膜的热稳定性取决于膜材料。一般情况下，有机高分子膜的使用温度不超过 150℃，少数高分子膜材料如聚酰亚胺、聚醚酰亚胺、聚四氟乙烯和聚偏氟乙烯可耐 200℃。无机膜多数使用温度可达 800℃，金属膜、固体电解质膜以及混合导体膜可以更高。一般情况下，生物反应可选择无机膜和有机膜；多相催化反应绝大多数选用无机膜；均相催化反应可选用部分有机膜。

（2）膜的结构稳定性

要求膜在反应过程中能维持其固有的结构，保证膜的分离和渗透能力不变。现有的膜材料存在着结构不稳定的因素：

① 大多数有机膜从湿态转为干态时，孔结构会发生显著的变化。

② 大多数有机膜在有机溶剂环境下发生溶胀而改变膜结构。

③ 金属膜具有高热膨胀系数，温度的变化导致结构的改变。

④ Pb 膜在反复吸附、脱附氢气时会发生氢脆，合金的加入可有改善。

⑤ 玻璃、Al_2O_3 等多孔膜在较高温度下会发生相态或晶形转换，不能维持原有孔结构。

⑥ 混合导体及固体电解质膜在强还原性气氛及强氧化性气氛中，膜材料会发生相变，使得致密膜结构疏松，机械强度变差。

（3）膜与反应体系的相容性

要求膜在反应的条件、环境下，在化学上呈惰性，催化活性的要求除外。相容性的要求不仅是膜不毒害反应体系，也要求膜不受反应体系的侵蚀。这在生物反应体系中表现得最为敏感，细胞培养体系极易受微量杂质的毒害，某些微生物又具备降解有机高分子膜的能力。化学反应的腐蚀性条件与高温也会对膜有侵蚀的可能。根据材料的化学属性，无机膜具有较理想的相容性。

（4）膜的催化性能

要求膜对主反应有催化活性，对主反应以外的反应呈惰性。部分膜材料本身具有催化活性。表 16-3 列出部分有催化活性的膜材料。

表 16-3 部分膜材料的催化活性

膜材料	可催化的反应	参考文献
Pd	加氢、脱氢反应	
过渡态 Al_2O_3	甲醇脱氢或氧化脱氢	[36]
氧化铝	苯酚烷基化、甲酸脱氢、1-甲基环己烷脱氢、乙烯加氢、烃类催化和裂化、乙酯水合、Clams 反应等	[37]
Nafion	甲醇、乙醇、正丁醇的酯化等	[38]
Bi_2O_3-La_2O_3	丙烯氧化	[39]
$La_2NiO_{4+\delta}$	甲烷部分氧化	[60]
$LaCoO_3$	一氧化碳、丙烯、异丁烯氧化	[61]

（5）膜的分离性能

膜反应器要求膜具有产物能透过、反应物不能透过的分离能力。然而，大多数分离膜不具备专一的选择渗透性能；同时，分离性能较好的膜通常渗透速率较低。因此，在实际选择膜的过程中，对膜的分离能力可提出恰当的要求。对于单个可逆的化学反应，膜的分离系数应满足下式[40]：

膨胀体系：

$$\sum_{i=1}^{m}\nu_i a_I p_r + \sum_{i=1}^{m}\nu_i a_i > \sum_{i=1}^{m}\nu_i \sum_{i=1}^{m} a_i \chi_{i0} \tag{16-1}$$

收缩体系：

$$\sum_{i=1}^{m}\nu_i a_I p_r + \sum_{i=1}^{m}\nu_i a_i > 0 \tag{16-2}$$

式中，ν_i 为化学反应计量系数；a_i 为各组成膜分离系数；a_I 为惰性组成膜分离系数；

χ_{i0} 为进料组成摩尔分数；p_r 为渗透腔反应腔压力比。

上述要求是惰性膜反应器膜的选择原则，对于其他类型膜反应器可通过反应器模型求解得到相应的要求。

以产品原位分离为目标的膜生物反应器，分离膜的选择将依靠新型分离膜及相应膜过程的开发。表 16-4 列出了膜生物反应器对膜的选择原则。

表 16-4　膜生物反应器对膜的选择原则

底物、产物的物化性质	膜的选择
分子大小有显著差别	超滤、微滤、纳滤膜
溶解度显著不同	萃取膜
挥发性不一	渗透汽化膜、膜蒸馏过程
荷电性不同	荷电膜、离子交换膜
生物活性有差异	亲和膜

(6) 膜的渗透率

涉及膜反应器的处理能力，低渗透率会导致膜反应器的体积过大。膜反应器要求膜具有可调控的高渗透率。然而，就目前分离膜的研制现状而言，膜的渗透率与膜的分离系数相互制约。为获得高渗透率、高分离系数相一致的膜的基本方向是研制和采用不对称膜。

16.1.4.2　膜反应器中的无机膜

(1) 金属膜

膜反应器中最常用的金属膜为 Pd 膜或 Pd 合金膜，其次是 Ag 合金膜。前者可专一性渗透 H_2，后者可专一性渗透 O_2。

Pd 和 Pd 合金膜对 H_2 的渗透率很小，在标准温度和压力（standard temperature and pressure，STP，即 273.15K、101.325kPa）下，一般为 $10^{-6} \sim 10^{-5}\,cm^3(STP)/(cm \cdot s \cdot cm \cdot Hg)$（1cmHg＝1333.22Pa）；Ag 膜对 O_2 的渗透率更小，约为 $1.6 \times 10^{-10}\,cm^3(STP)/(cm \cdot s \cdot cmHg)$（675K），$6.0 \times 10^{-8}\,cm^3(STP)/(cm \cdot s \cdot cmHg)$（1075K）。

由于氢和氧透过金属膜时，以更活泼的原子形态出现，使加氢或氧化反应的速率提高约 100 倍，也可相应降低反应的温度。

Pd 具有催化加氢、脱氢反应的活性。在结构上 Pd 膜因反复吸氢、脱氢易发生氢脆。Pd 合金膜可缓解这一现象，同时也降低了膜的成本，但膜的催化活性受到一定的影响。

降低 Pd 膜和 Pd 合金膜的厚度可提高膜的渗透通量，但膜的机械强度过低，因而以多孔陶瓷膜为支撑体的超薄金属复合膜的研制是发展的方向。

(2) 固体电解质膜

典型的固体电解质材料是稳定的 ZrO_2、ThO_2 和 CeO_2 一类氧化物，Bi_2O_3 在烧碱中的固溶体和 $SrCeO_3$ 也是常见的固体电解质。固体电解质对氧和氢有专一的选择渗透性，目前已有报道可制备成专一渗透其他物质（如 F、C、N、S 等）的固体电解质。

目前商品化电解质膜是以氧化锆为主体的膜。如氧化钇稳定氧化锆（yttria-stabilized zirconia，YSZ）、钙稳定氧化锆（calcia-stabilized zirconia，CSZ）和氧化镁稳定氧化锆（magnesia-stabilized zirconia，MSZ）。它们在燃料电池、氧泵、氧传感器及膜催化反应中有较广泛的应用。

固体电解质膜属于半渗透膜，只允许气体分子单向透过，且渗透率很低，只有在高温下才有使用意义。

（3）混合导体膜

主要指以钙钛矿型金属氧化物构成的膜，其化学通式为 ABO_3，A 位通常是镧系或者是碱土金属元素，B 位则通常是过渡金属元素。而材料的性质与 A 和 B 组成元素的种类和比例有着密切的关系。此类膜在高温下（700℃时），当膜两侧存在氧浓差梯度时，氧以氧离子的形式通过晶格中动态形成的氧离子缺陷，由高氧压区向低氧压区传导。与此同时电子通过在可变价的金属离子之间的跳跃朝相反的方向传导。由于是通过晶格振动的形式来传导氧离子，理论上其对氧的选择性是 100%。此类膜相较于固体电解质膜，操作温度可以降低到900℃以下，氧通量比固体电解质膜大 $1\sim2$ 个数量级以上。

（4）多孔陶瓷和多孔玻璃膜

常见有多孔陶瓷（以多孔 Al_2O_3 为主）、多孔玻璃、多孔金属（Ag、Ni 及不锈钢）以及氧化锆膜。形状有盘、板、管及蜂窝状。商品膜的孔径约为 $40nm\sim10\mu m$，属于微滤、超滤范围。在实验室使用或近于商品化的多孔膜材料的名称列于表 16-5。

表 16-5　部分发展中多孔膜材料名称

类别	英文名	中文名
陶瓷膜	titania	二氧化钛（TiO_2）
	tin oxide	二氧化锡（SnO_2）
	silica	二氧化硅（SiO_2）
	chromic oxide	氧化铬（Cr_2O_3）
	magnesium oxide	氧化镁（MgO）
	titania carbide	碳化钛（TiC）
	silicon carbide	碳化硅（SiC）
	mullite	莫来石
	cordierite	堇青石
陶瓷膜	mica	云母
	smectite	蒙脱石
分子筛膜	molecular sieve carbon	碳分子筛
无机高分子	polyphosphazene	聚磷腈
金属膜	transition metals or alloys	过渡金属或合金
	amorphous metals or alloys	无定形金属或合金

多孔无机膜渗透通量高于致密膜，一般为 $10^{-4}cm^3(STP)/(cm\cdot s\cdot cmHg)$。但选择性很低，且与膜孔大小有关。为适应膜反应器对分离功能的需求，需研制支撑膜，即在大孔陶瓷支撑膜表面制备具有纳米孔径表层的不对称膜。

（5）支撑膜膜反应器的发展

要求制备既具有高选择性、又有高渗透通量的无机膜。支撑膜的研制有可能实现这一目标。支撑膜的制备按照两种方向发展：

① 采用薄膜沉积技术将致密膜沉积在多孔膜支撑体上；

② 对多孔陶瓷膜支撑体进行表面修饰，以得到纳米孔的表层。

表 16-6 和表 16-7 分别列出了几种常用的薄膜沉积技术和部分表面修饰技术名称。支撑膜不仅分离系数高、通量大，且有良好的机械强度，是膜反应器产业化的最佳选择。鉴于支撑膜的研究多与膜反应器研究相关，表 16-8 列出部分支撑膜研制和应用的信息。

表 16-6　常用薄膜沉积技术名称

英文	中文	英文	中文
electroplating	电镀	sputtering	溅射（多为磁控溅射）
electroless plating	化学镀	spray pyrolysis	高温喷溅
chemical vapor deposition（CVD）	化学气相沉积	electrochemical vapor deposition（EVD）	电化学气相沉积
atomic layer deposition（ALD）	原子层沉积	washcoating	涂覆
pulsed laser deposition（PLD）	脉冲激光沉积		

表 16-7　部分表面修饰技术名称

英文	中文	英文	中文
impregnation	浸渍	ion exchange	离子交换
dip coating	浸涂	reverse micella	反胶束
surface reaction	表面反应	silylation	甲硅烷化
chemical vapor deposition	化学气相沉积	sol-gel	溶胶-凝胶

表 16-8　支撑膜及其应用

薄膜/多孔基膜	制膜技术	应用	参考文献
Pd/vycor glass	化学镀	氢分离、水煤气变换、蒸汽重整	[41,42]
Pd/Ag	化学镀	氢分离	[43]
Pd,Pd-Ag/alumina	化学镀	氢分离、异丁烷脱氢、丙烷芳构化	[44-47]
Pd-Ag/stainless steel	化学镀	氢分离	[48]
SiO_2,TiO_2,γ-Al_2O_3,B_2O_3/vycor glass	化学气相沉积	氢分离	[49-51]
silica/vycor glass	化学气相沉积	异丁烷脱氢	[52]
YSZ/alumina	化学气相沉积	测定氮透量	[53]
Pd/anodic alumina	溅射	氢分离	[54]
Ni,Pd/alumina	离子镀	氢纯化	[54]
Pd-Mn,Co,Sn,Pb/polymer,metal oxide	溅射	氢分离、CO 加氢、戊二烯加氢	[55]
Pd-Ag/alumina	高温溅射	氢分离	[56]
YSZ/alumina	电化学气相沉积	氧分离	[57]

16.2　面向生物反应过程的膜生物反应器

16.2.1　概述

16.2.1.1　膜生物反应器的构成与分类

膜生物反应器（MBR）是指将生物反应与膜过滤相结合，利用膜作为分离介质替代常规重力沉淀池进行固液分离以获得干净出水的污水处理系统。MBR 包含生物处理单元和膜分离单元，由生物反应器和膜组件两部分构成。根据膜组件的设置位置，MBR 可分为外置式、浸没一体式和浸没分体式三类，如图 16-5[62] 所示。

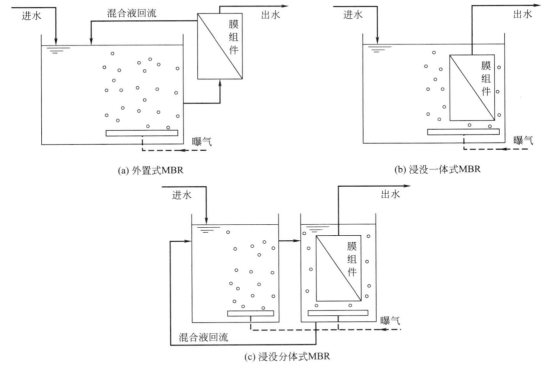

图 16-5　MBR 构型分类

外置式 MBR 把膜组件和生物反应池分开设置，生物反应池内的混合液经泵增压后进入膜组件，在泵的压力下混合液中的液体透过膜，成为系统处理出水；固形物、大分子物质等则被膜截留，随浓缩液回流至生物反应池。外置式 MBR 的特点是运行稳定可靠，操作管理容易，易于膜的清洗、更换以及增设，但动力消耗较高，且泵高速旋转产生的剪切力会使某些微生物菌体失活[63]。在 MBR 城镇污水处理工程中，通常外置式 MBR 的应用较少，但对于处理规模小、易发生膜污堵的场合，仍可采用外置式 MBR[62]。

浸没一体式和浸没分体式 MBR 是把膜组件浸没于生物反应池或膜池内。原水进入 MBR 后，其中的大部分污染物被混合液中的活性污泥分解，并在抽吸泵或水头差提供的动力下由膜过滤出水[64]。膜组件下设置曝气系统，在为微生物提供分解有机物所需氧气的同时，通过气泡的冲刷和在膜表面形成的循环流速阻碍污泥絮体等在膜表面的沉积，从而起到抑制膜污染的作用；为进一步控制膜污染，浸没式 MBR 一般采用间歇产水方式[62]。对于浸没一体式 MBR，膜池无须设置混合液循环泵；对于浸没分体式 MBR，膜池混合液向生物反应池的回流一般采用穿墙泵推动，也可利用曝气气升原理进行推动。虽然浸没式 MBR 在膜组器的清洗与更换上不及外置式 MBR，但由于具有占地空间小、整体性强、能耗较低等优点，因此目前大部分城镇污水 MBR 工程均采用浸没式 MBR 构型[65]。

此外，根据生物反应器是否需氧，MBR 还可分为好氧 MBR 和厌氧 MBR；根据使用的膜组件的构型，可分为中空纤维 MBR、平板 MBR、管式 MBR 等；根据使用的膜材料的类型，可分为有机 MBR 和无机 MBR；根据膜孔径的大小，也可分为微滤 MBR 和超滤 MBR[63]。当然，以上分类方法并非相互独立，而是可以相互涵盖的。

16.2.1.2　膜生物反应器的基本特点

与传统活性污泥工艺相比，MBR 具有诸多特点，主要表现为以下几个方面：

① 出水水质优良稳定。得益于膜的高效分离作用，MBR 的处理出水清澈，悬浮物和浊度接近于零，细菌和多数病毒可被有效去除[66]。

② 由于膜对污泥絮体和菌体的高效截留，MBR 的污泥停留时间（sludge retention time，SRT）和水力停留时间（hydraulic retention time，HRT）能够完全分离，因此 MBR 工艺具有较长的污泥龄，总 SRT 通常为 15~30d，高于传统生物脱氮除磷工艺的 10~20d。较高的 SRT 有利于污泥菌体的富集（尤其是世代时间较长的硝化菌），也有利于提升单位污泥的含磷量，但当 SRT 过高时，由于排泥量少，不利于排泥除磷，同时也会导致污泥浓度过高及无机悬浮物的过量滞留，从而影响膜过滤系统的稳定运行。

③ 较高的 SRT 使 MBR 能够维持较高的污泥浓度[67]，基于混合液悬浮固体浓度（mixed liquid suspended solids，MLSS）计算的典型范围为 6~15g MLSS/L（平板 MBR 可增高至 10~20g MLSS/L）[62]，远高于传统生物处理工艺的 2.5~4.5g/L。相应地，MBR 的容积负荷较高，基于化学需氧量（chemical oxygen demand，COD）计算的典型范围一般为 1.2~3.2kg COD/(m^3·d)，甚至可高达 20kg COD/(m^3·d)，因此占地面积相比传统工艺大大降低。对于整个处理系统，MBR 工艺无需初沉池和二沉池，流程简单，结构紧凑，占地面积小，不受设置场所限制，适合多种场合，可做成地面式、半地下式或地下式[63]。

④ 由于污泥浓度高，相应的污泥负荷低，基于生化需氧量（biochemical oxygen demand，BOD）计算的范围通常为 0.03~0.1kg BOD_5/(kg MLSS·d)，低于传统工艺的 0.05~0.15kg BOD_5/(kg MLSS·d)[63]。

⑤ MBR 的污泥总产率系数较低，一方面由于污泥龄较长，另一方面由于污泥负荷低，导致微生物的内源衰减速率增加[62]。

⑥ MBR 工艺的混合液挥发性悬浮固体浓度（mixed liquid volatile suspended solids，MLVSS）与混合液悬浮固体浓度（MLSS）之比 MLVSS/MLSS（0.4~0.7）通常低于传统工艺值，主要是由于 MBR 对有机物的降解更充分、膜对无机颗粒物（非 MLVSS 部分悬浮物）的截留更有效。

⑦ 在运行管理方面，MBR 实现了 HRT 与 SRT 的完全分离，膜分离单元不受污泥膨胀等因素的影响，易于设计成自动控制系统，从而简化运行管理环节。

MBR 发展至今尚存在一些不足，主要体现在：膜材料价格相对较高，MBR 的基建投资仍高于相同规模的传统污水处理工艺；膜污染控制技术尚需完善，膜的清洗给操作管理带来不便，同时也增加了运行成本；为克服膜污染，一般需用循环泵或膜下曝气的方式在膜面提供一定的错流流速，造成运行能耗较高[68]。

16.2.1.3　膜生物反应器的膜材料与膜组件

（1）膜材料

用于 MBR 工程的膜通常为微滤膜或超滤膜。微滤膜孔径通常为 0.1~0.4μm，超滤膜孔径通常为 0.02~0.1μm。用于 MBR 工程的膜材料应具有与生物处理工艺运行环境相适应的性能，例如较好的耐生物降解性能、较强的抗污染性能、较高的机械强度、较高的热稳定性和化学稳定性以及较好的高浓度化学药剂（氧化剂）耐性[62]。

目前，MBR 工程中常用膜材料多为有机高分子材质，包括聚偏氟乙烯（polyvinylidene fluoride，PVDF）、聚四氟乙烯（polytetrafluoroethylene，PTFE）、聚乙烯（polyethylene，PE）、聚氯乙烯（polyvinyl chloride，PVC）等。此外，陶瓷等无机材质也可用于 MBR 工程。一般地，有机高分子材质多用于中空纤维、平板和管式膜组件，无机材质则多用于平板和管式膜组件[69]。

（2）膜组件和膜组器

膜组件（membrane module）是由膜片（丝或管）、内连接件、端板、密封圈以及壳体等构成的器件，是膜过滤的基本单元。若干膜组件、布气装置、集水装置、框架等可组装成可独立运行的过滤单元，称为膜组器（membrane cassette）。

膜组件的设计应遵循结构简单，便于安装、清洗以及检修，以及抗堵塞的原则。膜组件构型即膜的几何形状、安装形式和相对于水流的方向，是决定整个工艺性能的关键因素。理想的膜组件构型应具有以下特点[63]：

① 装填密度大，成本低；
② 有良好的水力条件，能防止污泥淤积；
③ 单位产水量能耗低；
④ 易于清洗和更换；
⑤ 可模块化设计。

目前在 MBR 中常见的膜组件构型包括：中空纤维（hollow fiber）式，排布型式多为帘式或柱式；平板（flat sheet）式，排布型式多为板框式；管式（tubular），排布型式多为柱式。浸没式 MBR 通常采用帘式中空纤维膜组件或平板膜组件，外置式 MBR 通常采用管式膜组件[1]。一些代表性商业化膜组件产品及生产厂家见表 16-9[63]。

表 16-9　代表性商业化 MBR 膜组件及其性能参数[63]

	制造商	组件	材料	孔径/μm	通量/[L/(m²·h)]
国内	北京碧水源科技股份有限公司	中空纤维	PVDF	0.1	15～30
	天津膜天工程公司	中空纤维	PVDF	0.2	10～15
	海南立升净水科技公司	中空纤维	PVC/PVDF	0.01	—
	杭州求是膜技术有限公司	中空纤维	PVDF/PP	0.05～0.15	10～30
	上海斯纳普膜分离科技有限公司	平板	PVDF/PES	0.1	10～20
	江苏蓝天沛尔膜业有限公司	平板	PVDF	0.1～0.3	—
国外	Suez Zenon(苏伊士环境泽能)	中空纤维	PVDF	0.04	15～30
	Mitsubishi Rayon(三菱丽阳)	中空纤维	PE/PVDF	0.4	15～30
	Siemens Memcor(西门子)	中空纤维	PVDF	0.04	15～30
	Asahi-Kasei(旭化成)	中空纤维	PVDF	0.1	15～30
	Memstar Technology(美能科技)	中空纤维	PVDF	<0.1	—
	Koch Puron(科氏滤膜)	中空纤维	PES	0.05	—
	Sumitomo Electric Industries(住友电工)	中空纤维	PTFE	0.2	—
	Kubota(久保田)	平板	CPE	0.4	15～30
	Toray(东丽)	平板	PVDF	0.08	15～30
	Huber Technology(琥珀环保)	平板	PES	0.038	—
	Pentair X-Flow(滨特尔)	管式	PVDF	150kDa	30～60

注：PVDF 表示聚偏二氟乙烯；PP 表示聚丙烯（polypropylene）；PE 表示聚乙烯；PES 表示聚醚砜（polyethersulfone）；PVC 表示聚氯乙烯；CPE 表示氯化聚乙烯（chlorinated polyethylene）；PTFE 表示聚四氟乙烯。

① 中空纤维膜组件　中空纤维膜组件由细小的中空膜管平行排列，并在端头用环氧树脂等材料封装制成，一般为外压式。中空纤维膜组件的装填密度可以很高（可达 30000m²/m³），单位

膜面积的制造费用相对较低，膜的耐压性能高，不需要支撑材料。其缺点是：膜组件两个端头易于被污泥堵塞，对预处理要求较高。图 16-6 所示分别为法国苏伊士、日本三菱丽阳、

(a) GE Zenon

(b) Siemens Memcor

(c) 三菱丽阳

(d) 旭化成

(e) Koch Puron

(f) 住友电工

(g) 北京碧水源

(h) 天津膜天

图 16-6　中空纤维膜组件（ 由厂家提供或摘自厂家产品宣传 ）

日本旭化成、北京碧水源、天津膜天等公司生产的中空纤维膜组件。

　　② 平板膜组件　平板式又称为板框式，是最早出现的一种膜组件形式，按照隔板-膜-支撑板-膜的顺序多层交替重叠压紧而组装制成。平板膜组件的特点是制造组装简单，操作方便，膜的维护、清洗、更换比较容易，对预处理要求较低。但平板膜组件的密封比较复杂，装填密度较小。图 16-7 为日本久保田、日本东丽、德国琥珀、上海斯纳普膜分离科技有限公司、江苏蓝天沛尔膜业有限公司生产的平板膜组件。

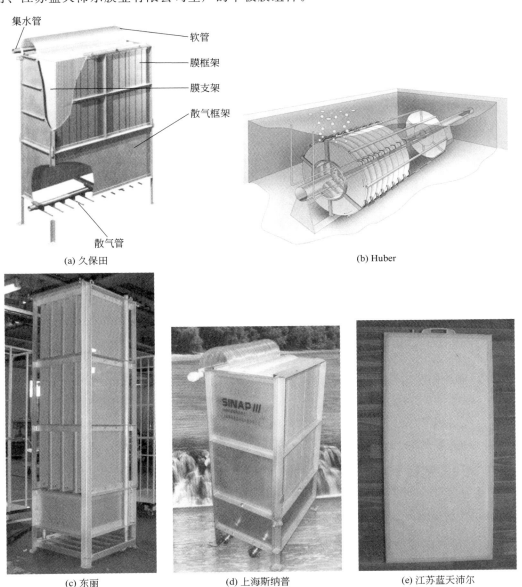

(a) 久保田

(b) Huber

(c) 东丽

(d) 上海斯纳普

(e) 江苏蓝天沛尔

图 16-7　平板膜组件（由厂家提供或摘自厂家产品宣传）

　　③ 管式膜组件　管式膜组件由管式膜及其支撑体构成，有外压型和内压型两种运行方式。实际工程中多采用内压型，即进水从管内流入，透过液从管外流出。对于管式膜组件，可通过控制料液的湍流程度，防止污泥淤堵。管式膜组件具有易于清洗、膜组件中压力损失

小的特点，但管式膜的装填密度较小。图 16-8 为荷兰 Pentair X-Flow（原 Norit X-Flow）公司生产的管式膜组件。

图 16-8   Pentair X-Flow 管式膜组件（由厂家提供）

16.2.2　膜生物反应器的膜污染与影响因素

16.2.2.1　膜污染的概念

在 MBR 运行中不可避免地会发生膜污染。膜污染是指混合液中的污泥絮体、胶体粒子、溶解性有机物或无机盐类，由于与膜存在物理化学相互作用或机械作用而引起的在膜面上的吸附与沉积，或在膜孔内吸附造成膜孔径变小或堵塞，使水通过膜的阻力增加，过滤性能下降，使膜通量下降或跨膜压差（transmembrane pressure，TMP）升高的现象[70]。

16.2.2.2　膜污染的特征与分类

（1）膜污染的特征

MBR 通常在恒定通量下运行。随着膜过滤的进行，过滤阻力逐渐增加，表现出 TMP 的不断上升。如果将 MBR 的膜通量控制在临界通量之下，即在次临界通量下运行时，TMP 的变化一般呈现如图 16-9 所示的三阶段规律[71]。

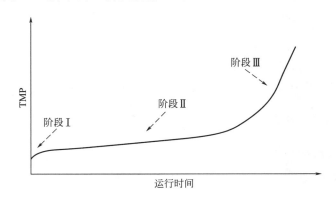

图 16-9   膜污染的三阶段特征

① 阶段Ⅰ：初始污染。即当膜组件投入 MBR 的活性污泥混合液中后，由于膜材料和混合液中的污染物之间的相互作用（被动吸附和膜孔堵塞）而发生的膜污染。在通量为零的条件下或颗粒物沉积之前，胶体和有机物也会发生被动吸附[71]。初始膜污染几乎与膜面水力

条件无关，而与膜孔径、膜材料等因素有关。孔径越大，吸附作用越大，相应增加的过滤阻力可占清洁膜阻力的 20%～200%[72]。有研究表明，一旦过滤开始，初始污染对整体过滤阻力的影响就可以忽略不计。

②　阶段Ⅱ：缓慢污染。与运行膜通量的选择有关，当在次临界通量下运行时才会出现，主要由混合液中的溶解性物质、胶体物质所引起。溶解性有机物的吸附进一步在整个膜表面发生，而不只发生在膜孔内。经阶段Ⅰ后，覆盖在膜表面的微生物代谢产物会促进生物微粒和胶体在膜表面的进一步附着。即使在膜表面保持良好的水力条件下，缓慢污染也会发生。在 MBR 工艺中，由于气体和液流分布可能会不均匀，因此，膜污染也可能出现不均匀现象[73]。

③　阶段Ⅲ：快速污染。通常在超临界通量条件下出现。在膜表面有明显的污泥沉积，形成滤饼层污染，致使 TMP 出现跃升。可能的原因是：由于膜孔的堵塞造成膜孔处的实际通量大于临界通量；由于膜组件通量的不均匀性，使得局部通量大于临界通量，导致污泥在膜面发生明显沉积[74]。

膜污染是膜和污染物在一定条件下相互作用的结果。广义的膜污染主要包括[63,70]：

①　浓差极化：是指由于过滤过程的进行，水的渗透流动使得大分子物质和固态颗粒物质不断在膜表面积累，膜表面的溶质浓度高于料液主体浓度，在膜表面一定厚度层产生稳定的浓度梯度区，即浓度边界层。过滤开始，浓差极化也就开始；过滤停止，浓差极化现象也就自然消除，因此浓差极化现象是可逆的。

②　膜孔堵塞：指污染物结晶、沉淀、吸附于膜孔内部，造成膜孔不同程度的堵塞，通常比较难以去除，一般认为是不可逆的。

③　表面沉积：指各种污染物在膜表面形成的附着层。附着层包括三类：泥饼层（活性污泥絮体沉积和微生物附着于膜表面形成）、凝胶层（溶解性大分子有机物发生浓差极化，因吸附或过饱和而沉积在膜表面形成）、无机污染层（溶解性无机物因过饱和沉积在膜表面形成）。疏松的泥饼层可以通过曝气、水反冲洗等物理手段清除，一般认为是可逆的；但如果膜污染发展到一定程度，泥饼层被压实而变得致密，使得曝气等物理手段无法对其进行清除时，则成为不可逆污染。凝胶层和无机污染层需要通过碱洗或酸洗等化学清洗才能去除，一般认为是不可逆的。

膜污染通常采用污染阻力来表征。过滤总阻力 R 包括膜本身的固有阻力 R_m、过滤过程中的浓差极化阻力 R_{cp}、膜孔堵塞阻力 R_b、泥饼层阻力 R_c 和凝胶层阻力 R_g。总阻力为各种阻力值的叠加（图 16-10），且符合达西公式（Darcy's law）[75]：

$$J = \frac{1}{A} \times \frac{dV}{dt} = \frac{p}{\mu R} = \frac{p}{\mu(R_m + R_{cp} + R_b + R_c + R_g)} \tag{16-3}$$

式中，J 为膜通量，$m^3/(m^2 \cdot s)$；A 为膜面积，m^2；V 为过滤液体积，m^3；t 为时间，s；p 为跨膜压差，Pa；μ 为透过液黏度，$Pa \cdot s$；R 为过滤总阻力，m^{-1}。

膜污染的结果是过滤总阻力 R 不断增大。如果 MBR 采用恒通量模式运行（即保持 J 相对恒定），根据达西公式，随着反应器的运行，跨膜压差 p 将持续上升；如果 MBR 采用恒压力模式运行（即 p 恒定不变），则膜通量将持续下降。

上述膜污染的构成可以通过以下方法进行解析。膜组件在运行状态下根据式(16-3)计

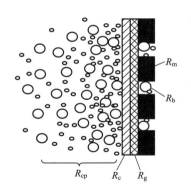

图 16-10 膜过滤阻力分布示意图[70]

算得到的阻力为总阻力 R。将膜组件从膜池取出，并用清水冲洗表面污染物以去除主要由悬浮固体形成的泥饼层，再进行清水过滤试验，得到清水过滤阻力 R_1，如果忽略浓差极化阻力，则泥饼层阻力 $R_c = R - R_1$。然后采用 NaClO 溶液对膜组件浸洗以去除膜表面凝胶层以及部分膜孔内吸附的有机物，通过清水过滤试验得到 NaClO 清洗后膜过滤阻力 R_2，如果膜孔内吸附的有机物污染很少，则可以近似认为凝胶层阻力 $R_g = R_1 - R_2$。如果膜污染中无机成分比较显著，可以进一步采用柠檬酸浸洗膜组件，用以去除膜表面和部分膜孔内残留的无机污染物，通过清水过滤试验得到柠檬酸清洗后的膜过滤阻力 R_3，则无机污染物形成的阻力 $R_i = R_2 - R_3$。

（2）膜污染的分类

根据污染物的形态、污染物的性质、清洗可恢复性等，膜污染有不同的分类方法[63,70,76]：

① 按污染物的形态，膜污染可分为膜孔堵塞、膜表面凝胶层、滤饼层以及漂浮物缠绕污染等。膜孔堵塞污染主要由混合液中的小分子有机物和无机物质由于吸附等所引起；膜表面凝胶层污染主要由混合液中的大分子有机物质由于吸附或截留沉积在膜表面所引起；泥饼层污染主要由颗粒物质在凝胶层上的沉积所引起；漂浮物污染主要由污水中的纤维状物质（如头发、纸屑等）被膜丝缠绕所造成。

② 按污染物的性质，从物质大小分，有溶解性（小分子、大分子）、胶体、颗粒物、漂浮物等；从成分分，有无机物（金属、非金属）、有机物（如多糖、蛋白、腐殖酸）等；从来源分，有随原污水带入的未降解物质（如油类、难降解有机物等）、微生物代谢产物等。

③ 按污染的清洗可恢复性，分为可逆污染（或称为暂时污染）、不可逆污染（或称为长期污染）、不可恢复污染（或称为永久污染）。可逆污染是指通过物理清洗可以去除的污染，一般指膜面沉积的泥饼层，通过强化曝气或水反冲洗等物理手段可以被去除；不可逆污染是相对于可逆污染而言的，指物理清洗手段不能有效去除的、需要通过化学药剂清洗才能去除的污染，一般指膜面凝胶层和膜孔堵塞污染；不可恢复污染是指用任何清洗手段都无法去除的污染，直接影响膜的寿命。

16.2.2.3　膜污染的影响因素

MBR 中影响膜污染的因素众多，总体上可分为三类：膜材料与膜组件特性、污泥混合液特性以及系统操作条件[69,70,76,77]。这些因素之间又存在相互作用，使膜污染研究变得十分复杂。

（1）膜材料与膜组件特性

膜材料本身的特性如孔径大小及孔隙率、表面电荷属性、表面粗糙度、亲疏水性等对膜污染有直接的影响，而膜组件的构型也是膜污染的重要影响因素[78,79]。

① 膜孔径分布及膜孔形貌　理论上讲，在满足截留要求的前提下，应尽量选择孔径或截留分子量较大的膜，从而得到较高的膜通量。但研究发现，选用较大膜孔径，混合液中相当数量的胶体会进入膜孔内部并被吸附从而引起膜孔堵塞，反而加速了膜的污染，而这种内部的膜污染是很难清洗的[80-84]。一般地，对于某一特定的过滤料液和膜过滤水力条件，存在最佳膜孔径。此外，膜孔的形态与结构对膜污染的发展与可逆性也有影响[81]。

② 膜表面亲疏水性　一般地，亲水膜不易与混合液中蛋白质类污染物结合，从而减少了膜对于生物类污染物质的吸附。膜的亲疏水性一般通过测量水接触角 θ 来表征，θ 越大，表明膜的疏水性越强。膜的亲疏水性直接影响膜的抗污染性[85]。活性污泥混合液中的有机质通常相对疏水，因此疏水膜易于受到污染，亲水膜则更耐污染。对于疏水膜可以通过改性、引进亲水性基团（如羟基）或物质来提高膜的亲水性[69]。对于未经改性的疏水膜，也可以在投入使用前利用溶剂（如乙醇）浸泡以进行亲水化处理，从而改善膜的抗污染性能。

③ 膜表面电荷属性　膜表面电荷属性直接影响膜对料液中正、负离子的吸附和排斥，因此对膜污染有一定的影响[85-87]。由于水溶液中胶体粒子一般带负电，当膜表面带正电时，胶体杂质容易吸附沉积在膜的表面而造成膜污染；相反，如果膜表面带负电，则相对不容易形成污染。可以通过表面改性，改变膜表面的荷电性质，增强膜的耐污染性。

④ 膜表面粗糙度　粗糙的膜表面增大了膜的比表面积，从而增加了膜表面对污染物吸附的可能性，但同时也增加了膜表面附近的水流扰动程度，从而抑制污染物在膜表面的积累。此外，膜表面粗糙度还可能影响膜和污染物之间的作用力[88]。整体上，膜表面粗糙度对膜污染的影响是上述几方面综合作用的结果[89]。

⑤ 膜组件的结构型式　膜组件的结构型式（如高径比、膜的装填密度等）会直接影响膜表面的料液流态[90]，从而影响膜组件的抗污染性能及产水能力，因此设计结构合理的膜组件十分重要。

中空纤维膜组件的膜丝高径比是一个重要的结构参数，主要影响沿膜丝长度方向膜通量和压力分布的不均匀性[74,91,92]。MBR 运行一段时间后，膜丝靠近出水端的部分由于具有相对较大的通量和跨膜压差，通常首先受到污染，膜通量也相应地降低较快。随后，这种通量和压力的变化沿膜丝长度方向传递。这种沿着膜丝长度方向的膜通量和压力变化与膜丝的长度、直径等膜组件结构参数相关。

膜的装填密度主要对物质转移效率产生影响。装填密度低必然导致物质转移效率降低；但装填密度增加，膜污染趋势也将随之变化。

（2）污泥混合液特性

污泥混合液是膜污染物质的来源，其性质直接决定膜污染的发展[78,79]。

① 污泥浓度　较高的污泥浓度是 MBR 的主要特点。研究表明，中低浓度范围（3.6～8.4g/L）的污泥浓度与膜污染不具有明显相关性[93,94]。但是对于高污泥浓度（>15g/L），膜污染明显加重，稳定运行时的膜通量降低。与中低浓度活性污泥相比，高浓度活性污泥中不仅絮体等大颗粒物质含量高，而且会产生更多的微生物胞外代谢产物，溶解性大分子物质

及胶体等小颗粒物质的含量也会增大，同时黏度也会增加，这都会导致膜污染加重[95,96]。

② 上清液有机物　上清液中的溶解性有机物与膜污染的发生和发展有着密切的相关性[97]。研究表明，膜通量随着溶解性有机物浓度的升高而下降，特别是污泥内源呼吸和细胞解体过程中产生的微生物代谢产物等，其高分子物质的含量比较高，在反应器内容易蓄积，更有可能加剧膜污染[94]。从凝胶层和泥饼层阻力的研究报道来看，更多的研究者认为，用于常规城镇污水处理的 MBR 中膜表面污染层阻力的主要贡献者是凝胶层，也就是说溶解性有机物质和胶体物质对膜污染的影响较悬浮污泥物质更大[70,98]。混合液中溶解性物质浓度过高，除了形成凝胶层，还会引起膜孔和泥饼层内孔道堵塞从而引起膜过滤阻力的大幅度升高。

③ 无机物质　随着 MBR 运行，无机物质也会在反应器内和膜表面积累。在无机物形成的污染层中，常见的金属元素为 Ca、Mg、Si、Fe 等，主要与进水成分有关。很多研究证实了 Ca 对膜污染的影响，一方面 Ca 盐溶解度小，容易在膜表面沉淀析出，形式 $CaCO_3$、$CaSO_4$ 等；另一方面，Ca 会改变水中许多污染物质的存在形态而影响膜污染，例如通过络合作用与有机高分子结合形成凝胶层[97,99]。

④ 污泥粒径分布　泥饼层阻力与颗粒直径密切相关，颗粒越小，所形成的泥饼层阻力越大[100]。MBR 由于循环泵或曝气泵产生的剪切力较大，污泥粒径范围（外置式 MBR 为 $7 \sim 8 \mu m$，浸没式 MBR 为 $20 \sim 40 \mu m$）明显小于普通活性污泥工艺（$20 \sim 120 \mu m$）[101]。

⑤ 混合液黏度　较多研究表明，混合液黏度对膜污染有着重要的影响[102]。当活性污泥浓度过高时，混合液黏度上升较快，膜污染加剧[87]。然而，也有学者通过多个混合液样品的黏度与过滤性相关分析认为，在黏度相差不大的情况下，混合液的过滤性受混合液黏度的影响不大[94]。

(3) 操作条件

在 MBR 的实际运行中，膜通量、操作压力、曝气强度、膜表面流态与错流流速、膜过滤的操作方式以及 HRT 和 SRT 等操作条件，均可能对膜污染产生重要影响[63,70]。

① 膜通量　MBR 存在恒通量与恒压力两种运行模式。对于恒通量运行模式，膜通量的选择直接影响膜污染速率。对于 MBR，一般存在临界膜通量[103]，即使污泥颗粒开始在膜表面大量沉积的膜通量。当运行膜通量低于该临界值时，膜过滤阻力不随运行时间明显升高；而当运行膜通量高于该临界值时，膜过滤阻力随运行时间的延长而迅速升高。整体上，临界通量与水力条件、混合液性质及膜组件特征等因素有关。

② 操作压力　与膜通量相似，采用恒压力变膜通量运行时，存在一个临界的操作压力，在高于临界操作压力的条件下运行会导致膜迅速污染。临界操作压力随着膜孔径的增加而减小，因而在实际运行中，应注意选择适当的操作压力，使之低于临界操作压力。

③ 膜曝气强度　膜曝气引起的错流可以有效地去除或者减轻膜面的污染层。随膜曝气强度增大，液体的湍流程度增强，膜表面受到的剪切力增大，使得污泥不易在膜表面沉积，从而减小膜过滤阻力，有利于膜组件长时间保持较高的通量。在浸没式 MBR 中，曝气量常常大于仅为微生物提供氧气、满足有机物降解和细胞合成的需求的曝气量。

④ 流态与错流速率　在一定污泥浓度下，膜面错流速率的增加有利于防止膜污染，从而维持膜过滤过程的稳定进行[104]。错流速率通过剪切力和剪切诱导扩散影响颗粒物在膜表面积累，进而影响泥饼层的厚度。但过大的膜面流速会使活性污泥絮体破碎，污泥粒径减

小，上清液中溶解性物质的浓度增加，膜污染由此加剧。膜面流速达到一定值后，过大的流速不仅不会剥离沉积层，反而会压实沉积层，造成过滤阻力增大。同时膜面错流速率的增加会使能耗增加[105]。

⑤ 膜过滤的操作方式　间歇出水的操作模式有利于膜污染的控制。这是因为采用间歇操作模式时，通过短暂的暂停出水，使沉积在膜表面的非黏滞性污染物在错流剪切力的作用下脱离膜表面，可以有效地减缓膜污染的发展。膜表面的污染物在操作过程中受到两个方向相反的作用力的影响：一个是由于抽吸和滤出水流产生的向膜表面运动的作用力（膜渗透水流拖曳力）；另一个是由于水流剪切力、浓差极化产生的浓度梯度以及紊流等产生的反向作用力。在暂停抽吸时，向膜表面的拖曳作用力消失，因此在反向作用力下，污染物能被有效地从膜表面剥离[106]。

⑥ HRT 和 SRT　HRT 和 SRT 并非是引起膜污染的直接因素，只是二者的变化会引起反应器中污泥混合液特性的变化，相应导致膜污染状况的改变。较短的 HRT 会为微生物提供较多的营养物质，因而污泥增长速率较快；但过短的 HRT 会导致溶解性有机物的积累，其吸附在膜面上而影响膜污染；因此需要合理控制 HRT，以维持溶解性有机物的平衡。

SRT 直接影响剩余污泥的产量、组成、生物特性和浓度，延长 SRT 会增加污泥浓度[107]，较长的 SRT 会使微生物胞外多聚物（extra-cellular polymeric substance，EPS）浓度略有减少，污泥颗粒尺寸略有增加[108]。有研究表明，当 SRT 从 5d 增加到 20d 时，污泥浓度从 3g/L 增加到 7.5g/L，较长的 SRT 使膜污染减轻[109]。但也有报道高污泥浓度会导致高的污泥黏度，从而加重膜污染，认为应定期排泥以保持较低的污泥黏度[104]。

MBR 的污泥浓度一般高于传统活性污泥法的数倍以上，较长的 SRT 会使 MBR 具有一定的污泥好氧消化的作用，可以减少剩余污泥产量。但随着 SRT 的延长，污泥浓度增加而营养物质相对贫乏，内源呼吸导致水中胶体物质增加从而会加大膜的负担，因此应对 SRT 进行适当控制。此外，由于 SRT 过长而导致的无机物质积累也不可忽视。

16.2.3　膜生物反应器的膜污染控制

16. 2. 3. 1　膜污染综合控制策略

在 MBR 工艺中膜是过滤介质，而过滤的主体是活性污泥混合液，因此混合液性质和膜过滤操作条件对膜污染控制具有重要影响[69,70]。此外，在运行过程中膜污染的发生是不可避免的，因此对膜污染进行清洗是必要的[110]。综合这三方面的因素，提出膜污染综合控制模式如图 16-11 所示。

（1）提升膜性能和优化膜系统操作条件[63,69,111,112]

选择合适的膜材料（高强度、高通量、抗污染、抗化学药剂，同时成本低）、高效的膜组件（抗污堵、耗能低、易维护等）以及优化的操作条件（膜通量、曝气量和曝气方式、运行模式等），减轻膜污染。

（2）调控活性污泥混合液性质[69,70,78,111]

通过控制合理的生物工艺条件（如污泥龄、污泥浓度、污泥负荷等）、投加调控剂（如混凝剂、吸附剂、氧化剂以及其他调控剂）、做好预处理（如去除对膜系统运行不利的漂浮

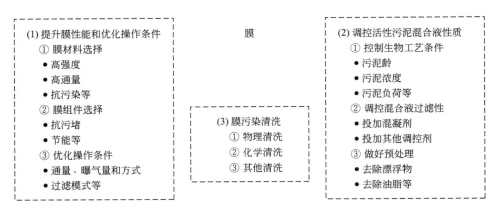

图 16-11 膜污染综合控制模式[69]

物、油脂等物质）等，改善混合液的膜过滤性能。

（3）膜清洗[62,69,79,110]

在采取上述膜污染控制措施的条件下，膜污染仍然会发生，需要定期实施膜污染清洗，包括物理清洗和化学清洗，及时清除膜表面的污染物，维持膜系统稳定运行。

16.2.3.2　膜系统运行条件优化

膜系统运行条件的优化，与污染物（分散于混合液中或作为污染层沉积于膜表面）在过滤/曝气所营造的水动力学环境下的迁移和受力情况密切相关。污染物的迁移包括两个相反过程：污染物从混合液主体相向膜表面的正向迁移以及从膜表面向混合液主体相的反向迁移[74,113]。污染物颗粒在迁移过程中的受力情况如图 16-12 示意[70]。在膜过滤过程中，混合液中污染物的反向迁移主要由布朗运动、剪切致扩散及惯性提升等作用驱动；而膜表面的污染层则同时受到过滤拖曳力和膜面水力剪切的作用，前者促进污染层的压实，后者则可能通过表面迁移机制减轻膜污染[74,113]。

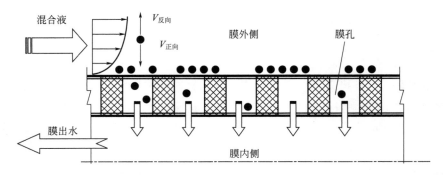

图 16-12 膜污染物颗粒迁移与受力情况示意[70]

影响污染物正向和反向传质速率的因素包括过滤通量、膜面水力剪切速率、污染物粒径及污染物浓度等。过滤通量与过滤拖曳力直接相关，是影响正向迁移的关键因素[113]。正向的过滤拖曳力和反向迁移力的平衡衍生出临界过滤通量的概念，过滤通量一旦超过临界值，膜污染将迅速恶化[103]。

膜面水力剪切力的增加有利于反向迁移和表面迁移[113]。膜面水力剪切作用可由膜面错流、曝气等方式提供。一般而言，MBR 中污泥浓度越高，提高曝气强度的抗污染效果越明显[63]。与过滤通量类似，对于膜污染是否迅速恶化，曝气强度和错流流速也存在临界值[79]。较大的污染物粒径同时增加正向过滤拖曳力和反向迁移力（布朗运动除外），但反向迁移力对粒径更为敏感，说明较大的粒径有利于防止膜污染。综合来看，膜过滤通量、污染物浓度及混合液黏度与膜污染程度正相关；错流流速、曝气强度及颗粒粒径与膜污染程度负相关。因此可从这几方面针对性地优化膜系统运行条件。需要注意的是，受制于水动力学作用的有效范围[113]，上述优化措施的主要适用对象为尺寸为微米以上级的颗粒态污染物。

膜系统运行条件的具体优化措施，包括以下几个方面：

（1）膜过滤通量的优化

膜过滤通量包括平均通量、运行通量、峰值通量、强制通量、临界通量等概念[1]。平均通量是指一个过滤周期（包括过滤期和暂停期）的平均膜通量，而运行通量是指过滤期内的膜通量。峰值通量是指当产水量为峰值流量时（与污水处理厂的进水波动情况有关），对应的膜通量。强制通量是指一组或几组膜组器由于膜污染进行清洗或由于事故进行检修时，剩余膜组器的运行通量。

为防止膜污染的过快发展，实际运行通量的取值应小于临界通量，并预留足够的余量[62]。临界通量通常可采用"通量阶式递增法"进行测定[114]，由于通量递增步长不可能无限缩小，因此无法得到准确的临界通量值，只能得到一个临界通量区间。临界通量与膜材料类型、膜组件和膜组器型式、污泥混合液性质、水力条件、水温等因素有关。

（2）膜过滤模式的优化

MBR 工程中的膜系统通常采用恒通量间歇运行模式，即在一个过滤周期内（包括过滤期和暂停期），过滤期运行产水泵、暂停期暂停产水泵，而在涵盖数个过滤周期的时间窗口内，平均通量相对恒定[62]。合理配置一个过滤周期内过滤期/暂停期的比例（对于抽吸出水的 MBR，也通常称为抽停比），也可在一定程度上控制膜污染[115]。在一个过滤周期内，过长的过滤期及过短的暂停期均可能加剧膜污染；反之则有利于减轻膜污染。但当过滤期缩短或暂停期延长至一定程度后，进一步的调节对膜污染控制效果的改进空间不大[63]。过滤期/暂停期的比例对膜污染的影响比较复杂，二者的关系难以通过单调函数预测。具体的控制效果取决于暂停期内污染层的脱落速率是否能与过滤期内污染物的沉积速率（以及污染层压实的情况）相匹配。工程中常见的运行期时长为 7～13min、暂停期时长为 1～3min[62]。

（3）膜曝气条件优化

膜曝气条件的优化包括以下几个方面[63]：①曝气方式；②曝气强度；③气液流态。膜曝气可采用连续曝气的方式，也可采用间歇、交替或脉冲曝气的方式，可根据膜污染控制效果及能耗情况综合权衡。

曝气强度对膜污染的影响具有两面性：一方面，曝气强度过低（例如低于临界曝气强度），难以有效控制膜污染；另一方面，曝气强度过大，则反而可能破坏污泥絮体、释放胶体和溶解性有机物，从而加剧膜污染[63,70]。此外，过大的曝气强度对膜系统运行的经济性不利。在采用中空纤维膜的城镇污水处理 MBR 中，单位占地面积的膜组器所需的膜吹扫气量通常为 60～120$m^3/(m^2 \cdot h)$[62]。

气液流态可能通过两方面影响膜污染：一是通过液体循环流动（错流运动）对膜表面产生剪切作用（即通过液体将曝气能量传递给污染层），二是通过气泡或气团直接作用于膜表面，通过活塞流对膜表面液体的挤压和尾流对膜表面的卷扫（即通过气体将曝气能量传递给污染层），减缓颗粒物的沉积，促进污染层的脱落[111,116]。对于第一种情形，液体循环流速大小及流场的均匀性是重要的控制指标，可通过升/降流区的配置、挡板的水力约束等方式进行优化。对于第二种情形，可对气泡大小、气液比、膜丝或膜片的填充密度等指标进行优化。

气液流态及错流速率不仅可通过曝气来调节，也可通过膜的运动来控制，如盘片式旋转膜和振动膜[117]。在外置式 MBR 系统中，通常采用提高泵流量的方法来提高错流速率，但是水力条件的改变会引起污泥性质的改变。较高的泵流量会对絮体产生更强的剪切作用从而增加料液中胶体物质的含量，在膜表面形成更为致密的泥饼层。这一现象在使用转轮泵时要比使用离心泵更为突出[63]。

此外控制流态的方法还包括紊流、嵌入和不稳定流等。紊流可以通过膜表面的高速错流或者是旋转膜等方法实现，嵌入是指设置强化流态的障碍物，不稳定流主要是采取粗糙表面、漩涡流、脉冲流等手段造成膜面流态随时间、空间的不规则变化。这些方法的目的都是增加主体流的紊动程度，以产生较大的剪切力，控制颗粒的沉积，从而达到控制膜污染的目的。

（4）膜组器及膜池空间结构优化

主要是通过调整膜组器或膜池的空间结构，改善膜池内的气液循环水动力学条件，提升膜曝气的膜污染控制效率[118]。

（5）工艺模式的优化

可通过设置沉淀区（或膜池泥斗）、设置填料床、改变生物区水力负荷等方式，调节混合液污泥浓度及颗粒物粒径分布，从而改善膜过滤条件[119]。

16.2.3.3　混合液调控

当膜池中的污泥浓度过高或溶解性微生物代谢产物浓度累积过高，导致膜过滤性能恶化时，可采用混合液调控方法提高混合液的膜过滤性能，减轻膜污染。通常膜池污泥浓度宜小于 15g/L（采用平板膜的膜池污泥浓度宜小于 20g/L）；膜池上清液总有机碳浓度宜低于 30mg/L[62]。

混合液调控的方法包括生化法和物化法。生化法主要有调整污泥龄、排泥量、回流比等[120]，从而调控膜池的污泥浓度、混合液黏度和溶解性微生物代谢产物浓度，减轻膜污染[121]。

物化的调控方法主要为投加调控剂，包括悬浮载体、吸附剂、混凝剂、氧化剂等[69]。在冬季或其他情况下由于膜池中溶解性微生物代谢产物浓度累积过高等原因导致混合液的膜过滤性能恶化，需要及时处理时，可投加调控剂进行调控[1]。各种典型调控剂的特点和适用范围，概括于表 16-10 中[70]。

悬浮载体（例如毫米级的聚丙烯颗粒）的投加可通过增加水力剪切力而强化惯性提升作用，并且对膜表面起到摩擦效果，从而促进污染物的反向迁移和污染层的剥落；但过量投加会打碎混合液中污泥絮体、减小污泥粒径，从而使混合液膜过滤性恶化。

表 16-10　混合液调控剂的特点和适用范围比较[70]

调控剂	控制对象	适用范围	注意事项
悬浮载体	由悬浮污泥产生的泥饼层膜污染	适用于反应器中污泥浓度很高、泥饼层污染发生严重的情况	若投加过量,对污泥絮体的破碎负面效应增加,絮体粒径减小,溶解性有机物浓度增加,反而导致混合液膜过滤性恶化
粉末活性炭	由混合液胶体和溶解性有机物产生的膜面凝胶层污染和膜孔堵塞污染	减缓凝胶层膜污染的发展,适用于混合液膜过滤性比较差的情况,比如冬季、系统受到冲击负荷等	若投加过量,在不增加曝气量的条件下反而会加重膜污染
混凝剂	由混合液胶体和溶解性有机物产生的膜面凝胶层污染和膜孔堵塞污染	减缓凝胶层膜污染的发展,适用于混合液膜过滤性比较差的情况,比如冬季、系统受到冲击负荷等。此外,可与化学除磷联合使用	宜结合成本等经济因素选择适宜的投加量
氧化剂	由混合液胶体和溶解性有机物产生的膜面凝胶层污染和膜孔堵塞污染	减缓凝胶层膜污染的发展,适用于混合液膜过滤性比较差的情况,比如冬季、系统受到冲击负荷等。此外,可以和污泥减量、出水消毒、脱色等联合使用	若投加过量,对絮体的过度破坏可能导致胶体和溶解性有机物的大量释放,反而加剧膜污染

吸附剂（例如粉末活性炭、沸石粉末等）的投加可通过吸附作用降低混合液中的溶解性微生物代谢产物浓度,同时改善污泥絮体的结构,并且可在膜表面形成保护层,在一定程度上阻挡污染物与膜的直接接触；但过量投加的粉末自身可能造成膜污染[79,122]。

混凝剂的投加对提高混合液膜过滤性的效果明显,主要原因是通过混凝作用可显著降低混合液中溶解性微生物代谢产物和胶体的浓度,增大污泥絮体尺寸,并降低污染层的过滤比阻[78]。无机混凝剂包括氯化铁、硫酸铝、聚合硫酸铁、聚合硫酸铝等,有机高分子絮凝剂包括聚丙烯酰胺等[69]。此外,MBR 混合液中铁盐的投加还可通过电絮凝方法——对铁阳极的电解作用实现[123,124]。在城镇污水处理中,投加混凝剂调控混合液还可与化学除磷联合进行,直接投加在膜池或好氧池,达到改善膜过滤性能和除磷的双重效果[62]。

氧化剂（例如臭氧和 H_2O_2）的投加也对混合液有调控作用。主要作用机理是氧化剂与污泥絮体表面的胞外多聚物进行反应,使其表面性质发生改变、疏水性增强；在曝气条件下发生再次絮凝,生成粒径更大的新絮体,同时在再絮凝过程中上清液有机物浓度也得到降低[125,126]。此外,投加的臭氧还有降低污泥产率的效果。然而当投加量过高时,氧化剂对絮体的过度破坏可能导致胶体和溶解性有机物的大量释放,反而使膜污染加剧。

16.2.3.4　膜污染清洗

膜污染的清洗方法,按照清洗时是否对膜组器进行拆卸,可分为原位清洗和非原位清洗；按照清洗的作用过程,分为物理清洗和化学清洗[62,110]。各清洗方法的特点总结见表 16-11[62,63]。

物理清洗包括膜吹扫和水反冲洗等原位清洗方式,以及擦洗、漂洗、冲洗等非原位清洗方式。膜吹扫主要是通过在膜组器底部设置曝气系统,对膜表面形成吹扫,减轻颗粒状污染物在膜表面的沉积。水反冲洗是利用反洗泵将清水沿过滤的反方向注入膜组件,去除或松动附着在膜表面的污泥滤饼,降低膜过滤阻力。平板膜通常不宜采用反冲洗。

表 16-11 各种膜污染清洗方法及特点[62,63]

清洗方法	典型操作条件	特点
（1）原位清洗		
①物理清洗	主要去除可逆污染,操作简单,持续时间短	
• 水/气反冲洗	关键参数是反冲洗通量、持续时间和冲洗频率;反冲洗通量一般为运行通量的 2～3 倍;反冲洗频率越高、持续时间越长,冲洗效果越好	可去除或松动附着在膜表面的污泥滤饼;损失部分过滤水量;空气反冲洗有时可能会使某些膜出现局部干燥或膜脆化;并不是所有膜组件都能进行反冲洗或获得明显的反冲洗效果(如平板、多孔管式)
• 曝气吹扫(间歇过滤)	通常过滤 7～13min,暂停 1～3min	强化污染物从膜表面的反向扩散;实施简单,已在工程中得到广泛应用
• 两者结合	将水反冲洗和间歇过滤联合使用	
②化学清洗	主要去除不可逆污染,需要一定时间	
• 化学强化反冲洗	将低浓度化学清洗药剂加入到反冲洗水中,可每天实施	强化对膜表面累积的溶解性物质的去除
• 维护性清洗(在线清洗)	每周用中等浓度化学药剂(0.5～1g/L 有效氯的 NaClO)清洗 120min,包括进药时间 30min、浸泡时间 60min 和曝气时间 30min	用于维持膜通量,降低强化性清洗和恢复性清洗的频率
• 强化性清洗(在线清洗)	每月用高浓度化学药剂(2～3g/L 有效氯的 NaClO)清洗 120min,包括进药时间 30min、浸泡时间 60min 和曝气时间 30min	降低恢复性清洗的频率
• 恢复性清洗	把膜池活性污泥抽空,原位注入化学药剂浸泡清洗(3～5g/L 有效氯的 NaClO,或可结合使用 10～20g/L 的柠檬酸或草酸进行酸碱交替清洗)	通常用于维护性清洗不能维持膜系统的稳定运行、TMP 升高的情况下进行
（2）非原位清洗		
①物理清洗	主要去除可逆污染,操作简单,持续时间短	
• 水冲洗	用高压水冲洗膜表面,去除表面泥饼	对于强度不够高的膜丝,水冲洗压力不宜太大
• 擦洗	采用海绵等,擦除膜表面或膜孔中的污染物	注意不要划伤膜表面
②化学清洗	主要去除不可逆污染,需要一定时间	
• 恢复性清洗	把膜组器从膜池提出,在专门的清洗池中浸泡清洗(3～5g/L 有效氯的 NaClO,或可结合使用 10～20g/L 的柠檬酸或草酸进行酸碱交替清洗)	通常在原位维护性清洗不能维持膜系统的稳定运行、TMP 升高的情况下实施

一般来说,物理清洗比化学清洗简单。物理清洗持续时间一般不超过 2min,比化学清洗更快;无需化学药剂,因此不会产生化学废物,膜材料出现化学降解的可能性也更小。但另一方面,物理清洗效果不如化学清洗。物理清洗只能去除附着在膜表面的粗大颗粒物质,常称为"可逆性"或"暂时性"污染,但化学清洗可去除黏附性更强的物质,常称为"不可逆性"污染[63,76]。对于大部分浸没式 MBR,通常不采用水反冲洗,主要采用曝气吹扫和化学清洗维持膜的稳定运行。

化学清洗包括酸洗、碱洗、氧化剂洗、螯合剂洗、表面活性剂洗等,清洗原理及作用对象如表 16-12 所示[76,110]。最常用的化学清洗药剂包括:NaClO（用于清洗有机污染物）、柠檬酸或草酸（用于清洗无机成分）。MBR 供应商都有自己的化学清洗方法,其差别主要在于清洗剂浓度和清洗方式的不同,通常会对不同的系统采用不同的化学清洗方案（如不同的清洗剂浓度和清洗频率），但基本上均推荐结合使用次氯酸盐（用于去除有机物）和有机酸（柠檬酸或草酸，用于去除无机成分）。

表 16-12　膜污染的化学清洗原理

清洗剂类型	作用原理	洗脱物质	典型药剂
酸	溶解（质子化）	无机垢、金属络合物	HCl；柠檬酸、草酸（兼具络合性）
	酸性水解	多糖类有机物	HCl
碱	碱性水解	范围较广的有机物	NaOH
	溶解（离子化）	有机酸	NaOH
氧化剂	氧化分解	范围较广的有机物	NaClO（兼具碱性）
络合剂	络合提取	金属络合物、无机垢	
表面活性剂	溶解（亲疏水作用）	疏水有机物	
酶制剂	酶催化高分子解链	蛋白、多糖等生物大分子	

化学清洗的实施方式包括在线化学清洗和离线化学清洗[62,110]。在线化学清洗是利用在线清洗泵将药液注入膜组件内，对膜孔内和膜表面的污染物质进行清除[79,127]。离线化学清洗是将膜组器从膜池中取出，浸泡在装有化学药剂的清洗池中，或将膜池中的活性污泥排空，直接将化学药剂注入膜池，对膜组器进行浸泡，去除膜孔内和膜表面的污染物质[62]。在线化学清洗又基本上可分为维护性化学清洗和强化化学清洗两种模式。维护性化学清洗使用的化学药剂浓度相对较低，主要是用于维持膜通量，降低强化化学清洗和离线化学清洗的频率；强化化学清洗使用的化学药剂浓度相对较高，主要是用于清除在维护性清洗中未能去除的污染物质，降低离线化学清洗的频率[62]。

16.2.4　膜生物反应器工艺设计要点

16.2.4.1　预处理与一级处理

MBR 工艺的预处理与一级处理设施一般包括格栅、沉砂池和初沉池。进入 MBR 工艺生物处理系统的水质，应符合生物处理对水质的一般要求，同时还应满足动植物油不超过 50mg/L、石油类不超过 3mg/L 和 pH 为 6～9 的要求，否则应根据具体情况进行预处理。污水中的油脂物质含量过高，会对膜材料造成污染。当污水中油脂含量过高时，宜在预处理设施中配备具有除油功能的设施，如曝气沉砂池或隔油池、气浮池等。对于污水 pH 过高或过低的情形，宜在预处理设施中设置 pH 调节池。当传统活性污泥工艺改造成 MBR 工艺时，也应同时改造预处理设施。

（1）格栅

城镇污水处理厂中格栅用以去除污水中较大的悬浮物、漂浮物、纤维物质以及固体颗粒物质。传统城镇污水处理工艺一般需设置粗格栅（16～25mm）和细格栅（1.5～10mm）。但仅凭粗格栅和细格栅难以有效去除毛发及细小纤维状物质，此类物质会缠绕膜丝或堵塞膜间隙和曝气口，影响膜组器的稳定运行（图 16-13）。因此，对于 MBR 工艺，除粗格栅和细格栅以外，还需设置超细格栅。超细格栅应根据膜组件及膜组器的型式进行选择，可采用圆孔或网格形栅网，孔径宜为 0.2～1mm，宜设置在沉砂池或初沉池后，但根据实际情况，也

图 16-13　漂浮物对膜组器的缠绕和堵塞[63]

可设在初沉池前，或与沉砂池合建以节约用地[62]。

（2）沉砂池

MBR 工程应设置沉砂池，以避免砂粒对后续处理构筑物和机械设备的磨损，防止对生物处理系统和污泥处理系统造成不利影响。考虑到曝气沉砂池兼具一定的去除油脂的功能及城镇污水处理厂进水水质的波动性，MBR 工艺中可选择曝气沉砂池，以降低膜污染风险。当进水悬浮物浓度超过 350mg/L 时，可适当延长沉砂池的 HRT 或设置初沉池，提高对悬浮物的去除效果，以减轻悬浮物对 MBR 工艺中膜组器的影响[62]。

（3）初沉池

初沉池主要去除污水中的悬浮物，以减轻对后续生物处理系统的影响。当进水悬浮物浓度较高时，沉淀时间为 0.5～2.0h，相应的表面水力负荷为 1.5～4.5m³/(m²·h)。针对处理工艺的脱氮除磷需求，当碳源缺乏时，为节省碳源，可不设初沉池；但为减轻污水中的悬浮物对膜的污染，也可设短时初沉池或设置初沉池的超越设施，增加运行灵活性。短时初沉池的推荐沉淀时间为 0.5～1h，表面水力负荷为 2.5～4.5m³/(m²·h)。对于设置初沉池的 MBR 工艺，可适当减少前置沉砂池的 HRT[62]。

16.2.4.2　生物处理工艺的选择

MBR 中的生物单元与常规生物处理工艺是类似的，因为膜的使用在本质上并没有改变微生物的作用。MBR 工艺、系统和设备以及配套设施的选择应与污水水质和处理要求相适应。主要去除碳源污染物时，宜采用典型的好氧 MBR（O-MBR）工艺 [图 16-14（a）]；要求去除碳源污染物并兼顾脱氮功能时，宜采用典型的缺氧/好氧 MBR（AO-MBR）工艺 [图 16-14（b）]；要求去除碳源污染物并兼顾脱氮除磷功能时，宜采用典型的厌氧/缺氧/好氧 MBR（AAO-MBR）工艺 [图 16-14（c）]。当需要提升 MBR 工艺的脱氮除磷效果时，可采用强化内源反硝化的 AAOA-MBR 工艺 [图 16-14（d）]，也可采用两级或多级 AO-MBR 工艺 [图 16-14（e）]，以及其他改进工艺等[62]。

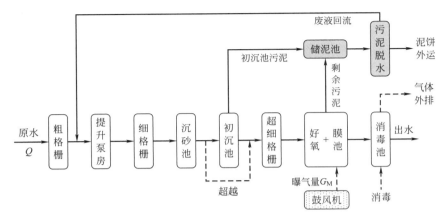

(a) 典型的好氧MBR(O-MBR)工艺流程

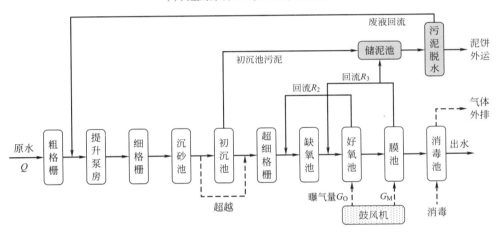

(b) 典型的缺氧/好氧MBR(AO-MBR)工艺流程

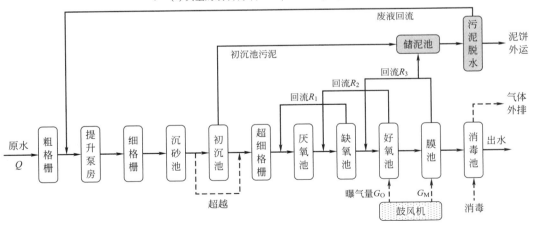

(c) 典型的厌氧/缺氧/好氧MBR(AAO-MBR)工艺流程

图 16-14

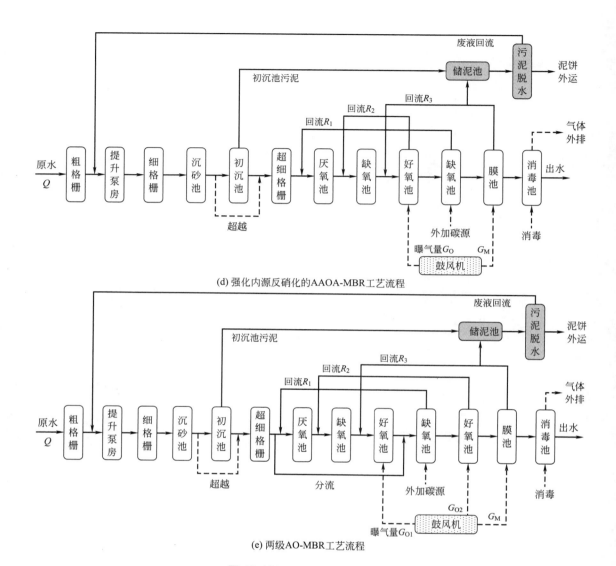

(d) 强化内源反硝化的AAOA-MBR工艺流程

(e) 两级AO-MBR工艺流程

图 16-14　典型 MBR 工艺流程[1]

16.2.4.3　生物处理工艺参数的选取

　　MBR 生物处理工艺的主要设计参数包括污泥浓度、污泥负荷、总污泥龄、回流比、污泥总产率系数以及动力学参数等。不同 MBR 工艺（如除碳、除碳/脱氮、除碳/脱氮/除磷）的设计参数可根据设计需要进行选择。MBR 工艺的主要设计参数，宜根据试验资料确定。当无试验资料时，可采用类似工程的运行数据或按表 16-13 的规定取值[62]。

表 16-13　MBR 工艺的常用参数及取值范围[62]

名称	符号	单位	典型值或范围
膜池混合液悬浮固体浓度①	X	g MLSS/L	中空纤维膜:6～15 平板膜:10～20
混合液悬浮固体中挥发性悬浮固体所占比例	y	kg MLVSS/kg MLSS	0.4～0.7
污泥负荷	L_s	kg BOD$_5$/(kg MLSS·d)	0.03～0.1

续表

名称	符号	单位	典型值或范围
总污泥龄	θ_t	d	$15 \sim 30$
缺氧区(池)至厌氧区(池)混合液回流比	R_1	—	$1 \sim 2$
好氧区(池)至缺氧区(池)混合液回流比	R_2	—	$3 \sim 5$
膜池至好氧区(池)混合液回流比	R_3	—	$4 \sim 6$
污泥总产率系数[②]	Y_t	kg MLSS/kg BOD_5	有初沉池:$0.25 \sim 0.45$ 无初沉池:$0.5 \sim 0.9$
污泥理论产率系数[②]	Y	kg MLVSS/kg BOD_5	$0.3 \sim 0.6$
污泥内源呼吸衰减系数[②]	k_d	d^{-1}	$0.05 \sim 0.2$
硝化菌最大比增长速率[②]	μ_{nm}	d^{-1}	0.66
最大比硝化速率[②]	v_{nm}	kg NH_4^+-N/(kg MLSS·d)	$0.02 \sim 0.1$
硝化作用中氨氮去除的半速率常数[②]	K_n	mg NH_4^+-N/L	$0.5 \sim 1.0$
反硝化脱氮速率[②]	K_{dn}	kg NO_3^--N/(kg MLSS·d)	$0.03 \sim 0.06$
单位污泥的含磷量	P_x	kg P/kg MLVSS	$0.03 \sim 0.07$

① 其他反应区（池）的设计污泥浓度可根据回流比衡算得到；

② 20℃条件下的取值。

16.2.4.4　生物处理工艺的基本计算[1]

(1) 容积及回流比

对于浸没一体式或浸没分体式构型，膜池由于处于好氧状态，也起到好氧生物反应池的作用，对有机物和氨氮有进一步降解作用，因此在设计计算中，扣除膜组器所占体积后的膜池容积宜计入好氧生物反应容积。对于具有不同处理目标的 MBR 工艺，其容积和回流比的计算方法略有不同。

① 除碳

a. 好氧生物反应所需容积　当以去除碳源污染物为主要目标时，宜采用好氧 MBR（O-MBR）工艺，好氧生物反应所需的容积可根据污泥负荷按下式计算：

$$V_O + V_{M1} = \frac{Q(S_0 - S_e)}{1000 L_s X_{OM}} \tag{16-4}$$

式中　V_O——好氧区（池）容积，m^3；

V_{M1}——扣除膜组器所占体积后的膜池容积，m^3；

Q——生物反应池设计流量，m^3/d；

S_0——生物反应池进水 BOD_5 浓度，mg/L；

S_e——膜出水 BOD_5 浓度，mg/L，当去除率大于 90% 时可不计入；

L_s——生物反应池 BOD_5 污泥负荷，kg BOD_5/(kg MLSS·d)；

X_{OM}——好氧区（池）和膜池内混合液悬浮固体加权平均浓度，gMLSS/L。

式（16-4）中的 S_0 为生物反应池进水 BOD_5 浓度，该浓度低于总进水 BOD_5 浓度。当仅有总进水水质数据时，可根据预处理及一级处理测 BOD_5 的去除率，由总进水 BOD_5 浓度估算生物反应池进水 BOD_5 浓度。对于 MBR 工艺，超细格栅对 BOD_5 的参考去除率范围为 5% ～ 50%，初沉池对 BOD_5 的去除率（%）可由下列公式估算：

$$R = \frac{t}{a + bt} \tag{16-5}$$

式中，t 为沉淀时间，h；a，b 为经验参数，a 和 b 的典型值分别为 0.018 和 0.020。

式(16-4) 中的 S_e 为生物反应池出水 BOD_5 浓度，由于在 MBR 工艺中系统出水为膜出水，因此这里为膜出水 BOD_5 浓度。当 MBR 工艺对 BOD_5 的去除率大于 90% 时，出水 BOD_5 浓度可不计入计算。

式(16-4) 中的 X_{OM} 为好氧区生物反应池和膜池内混合液悬浮固体加权平均浓度。在传统工艺中污泥浓度基本上是均匀分布的，而在浸没式（分体式）MBR 工艺中污泥浓度是非均匀分布的，好氧区（池）的污泥浓度低于膜池的污泥浓度，二者浓度的差异与污泥回流比有关。采用好氧区（池）中的污泥浓度计算得到的好氧生物反应所需容积偏大，而采用膜池的污泥浓度计算得到的结果偏小。经综合考虑，采用好氧区（池）和膜池污泥浓度的加权平均值进行计算。

式(16-4) 中的 Q 一般为日设计流量，当设计规模偏小时（如 1000m³/d 以下）且进水流量波动较大时，可采用时设计流量，以减少进水流量波动对系统运行的影响。

b. 膜池到好氧区（池）的混合液回流量　当采用浸没分体式构型时，由膜池到好氧区（池）的混合液回流量可按下式计算：

$$Q_{R3} = QR_3 \tag{16-6}$$

式中　Q_{R3}——由膜池至好氧区（池）的混合液回流量，m³/d；

R_3——由膜池至好氧区（池）的混合液回流比，可取 4～6。

对于浸没分体式 MBR 构型，由膜池至好氧区（池）的混合液回流比影响膜池污泥浓度，并且影响膜池混合液中所挟带的溶解氧在好氧区（池）中的再利用。回流比越低，膜池与好氧区（池）之间的污泥浓度分配越不均、膜池污泥浓度越高，并且膜池溶解氧的回流再利用效率越低。从减轻膜污染的角度考虑，膜池污泥浓度不宜过高。

当采用浸没一体式构型时，无需回流。

② 除碳/脱氮　当以去除碳源污染物和脱氮为主要目标时，宜采用厌氧/好氧 MBR（AO-MBR）工艺，生物反应池的容积应根据硝化、反硝化动力学进行计算。

a. 好氧生物反应所需容积

（a）好氧生物反应所需的容积可按下列公式计算：

$$V_O + V_{M1} = \frac{Q(S_0 - S_e)\theta_{OM1}Y_t}{1000X_{OM}} \tag{16-7}$$

$$\theta_{OM1} = F \frac{1}{\mu_n} \tag{16-8}$$

$$\mu_n = \mu_{nm} \frac{N_O}{K_n 1.053^{(T-20)} + N_O} 1.07^{(T-20)} \tag{16-9}$$

式中　θ_{OM1}——好氧区（池）和膜池的污泥龄，d；

Y_t——污泥总产率系数，kg MLSS/kg BOD_5，宜根据试验资料确定。当无试验资料时，系统有初沉池时取 0.25～0.45kg MLSS/kg BOD_5，无初沉

池时取 $0.5 \sim 0.9 \mathrm{kg}$ MLSS/kg $\mathrm{BOD_5}$；

F——安全系数，取 $1.5 \sim 3.0$；

μ_n——硝化菌比增长速率，d^{-1}；

μ_{nm}——20℃时硝化菌最大比增长速率，d^{-1}，当无试验资料时可取典型值 $0.66 \mathrm{d}^{-1}$；

N_O——好氧区（池）中氨氮浓度，$\mathrm{mg/L}$；

K_n——20℃时硝化作用中氨氮去除的半速率常数，$\mathrm{mg/L}$，可取 $0.5 \sim 1.0 \mathrm{mg/L}$；

T——设计温度，℃；

1.07——μ_{nm} 的温度校正系数；

1.053——K_n 的温度校正系数。

式(16-7) 中的 θ_{OM1} 应为好氧区（池）和膜池的设计污泥龄，需满足硝化菌增殖的最低要求，具体数值应按式(16-8) 和式(16-9) 计算获得，计算时应充分考虑水温的影响。

在除碳/脱氮的好氧生物反应所需的容积计算中，硝化菌比生长速率应进行温度校正。在 20℃下，硝化菌的最大比生长速率 μ_{nm} 典型值为 $0.66 \mathrm{d}^{-1}$（由《室外排水设计规范》GB 50014—2006 给出的 15℃时 $0.47 \mathrm{d}^{-1}$ 换算而得），并采用安全系数 F（典型取值范围 $1.5 \sim 3$）对计算所得的好氧污泥泥龄进行调整或修正；半速率常数 K_n 为 $0.5 \sim 1.0 \mathrm{mgNH_4^+}\text{-}\mathrm{N/L}$（典型值 0.74）；最大比生长速率和半速率常数的温度校正因子分别为 $1.07^{(T-20)}$ 和 $1.053^{(T-20)}$。

(b) 好氧生物反应所需的容积也可根据硝化速率按下列公式进行计算：

$$V_O + V_{M,1} = \frac{0.001 Q (N_{k0} - N_{ke}) - 0.124 \Delta X_v}{X_{OM} v_n} \tag{16-10}$$

$$v_n = v_{nm} \frac{N_O}{K_n 1.053^{(T-20)} + N_O} 1.07^{(T-20)} \tag{16-11}$$

式中　N_{k0}——生物反应池进水总凯氏氮浓度，$\mathrm{mg/L}$；

N_{ke}——膜池出水总凯氏氮浓度，$\mathrm{mg/L}$；

0.124——细菌细胞的含氮量，kg N/kg MLVSS；

ΔX_v——排出生物反应池系统的微生物量，kg MLVSS/d；

v_n——比硝化速率，$\mathrm{kg\ NH_4^+}\text{-}\mathrm{N/(kg\ MLSS \cdot d)}$；

v_{nm}——20℃时最大比硝化速率，$\mathrm{kg\ NH_4^+}\text{-}\mathrm{N/(kg\ MLSS \cdot d)}$，可取 $0.02 \sim 0.1 \mathrm{kg\ NH_4^+}\text{-}\mathrm{N/(kg\ MLSS \cdot d)}$；

1.07——v_{nm} 的温度校正系数。

氨氮的去除由硝化作用和微生物同化作用两部分贡献，因此式(16-10) 右侧的分子表示为氨氮的去除总量减去微生物同化去除的氨氮量（相当于排泥去除的氨氮量），0.124 是按照微生物的经验化学式 $\mathrm{C_5 H_7 NO_2}$ 计算得到的微生物含氮比例（$14/113 = 0.124$）。

式(16-11)（硝化动力学）与式(16-9)（硝化菌增殖动力学）在原理上一致。在 20℃下，硝化速率表示为：

$$v_n = v_{nm} \frac{N_O}{K_n + N_O} \tag{16-12}$$

最大比硝化速率 v_{nm} 的温度校正因子参考最大比生长速率 μ_{nm} 的温度校正因子，为 $1.07^{(T-20)}$；K_n 的温度校正因子为 $1.053^{(T-20)}$。

好氧反应所需容积计算结果应与式(16-9)的计算结果互相校核。

（c）缺氧区（池）容积可按下列公式计算：

$$V_{A2} = \frac{0.001Q(N_{t0} - N_{te}) - 0.124\Delta X_v}{K_{dn}X_{A2}} \tag{16-13}$$

$$K_{dn(T)} = K_{dn(20)}1.026^{(T-20)} \tag{16-14}$$

$$\Delta X_v = yY_t \frac{Q(S_0 - S_e)}{1000} \tag{16-15}$$

式中　　　V_{A2}——缺氧区（池）容积，m^3；

　　　　　N_{t0}——生物反应池进水总氮浓度，mg/L；

　　　　　N_{te}——膜池出水总氮浓度，mg/L；

　　　　0.124——细菌细胞的含氮量，$kg\ N/kg\ MLVSS$；

　　　　　X_{A2}——缺氧区（池）内混合液悬浮固体平均浓度，$g\ MLSS/L$；

　　　　　K_{dn}——反硝化脱氮速率，$kg\ NO_3^- \text{-} N/(kg\ MLSS \cdot d)$，宜根据试验资料确定。当无试验资料时，20℃的 K_{dn} 值可采用 $0.03 \sim 0.06kg\ NO_3^- \text{-} N/(kg\ MLSS \cdot d)$，并按本规程公式(16-14)进行温度校正；

$K_{dn(T)}$，$K_{dn(20)}$——分别为 T(℃)、20℃时的脱氮速率；

　　　　1.026——K_{dn}的温度校正系数；

　　　　　　y——混合液悬浮固体中挥发性悬浮固体所占比例，可取 $0.4 \sim 0.7$。

为保证反硝化脱氮速率，污水中需要有足够的碳源。污水中碳源不足时，可投加甲醇和乙酸等碳源。对于 AAO-MBR 同步脱氮除磷工艺，外加碳源的投放点除了缺氧池外，也可以是厌氧池，以同时达到促进反硝化和生物除磷的效果。

b. 好氧区（池）至缺氧区（池）的混合液回流量　由好氧区（池）至缺氧区（池）的混合液回流量及回流比可按下列公式计算：

$$Q_{R2} = \frac{1000V_{A2}K_{dn}X_{A2}}{N_{ote} - N_{oke}} \tag{16-16}$$

$$R_2 = \frac{Q_{R2}}{Q} \tag{16-17}$$

式中　Q_{R2}——由好氧区（池）至缺氧区（池）的混合液回流量，m^3/d；

　　　V_{A2}——缺氧区（池）容积，m^3；

　　　X_{A2}——缺氧区（池）内混合液悬浮固体平均浓度，$g\ MLSS/L$；

　　　N_{ote}——好氧池出水总氮浓度，mg/L；

　　　N_{oke}——好氧池出水总凯氏氮浓度，mg/L；

　　　R_2——由好氧区（池）至缺氧区（池）的混合液回流比，可取 $3 \sim 5$。

③ 除碳/脱氮/除磷　当需要同时脱氮除磷时，可采用厌氧/缺氧/好氧 MBR（AAO-MBR）工艺。好氧生物反应所需的容积、缺氧区（池）容积和混合液回流量的计算可参考上述内容。

a. 厌氧区（池）容积　厌氧区（池）的容积，可按下式计算：

$$V_{A1} = \frac{Q t_{A1}}{24} \tag{16-18}$$

式中　V_{A1}——厌氧区（池）容积，m^3；

t_{A1}——厌氧区（池）HRT，h，宜为 1~2h。若超过 3h，则有可能发生硫酸盐还原反应而生成硫化氢，产生臭味并对微生物产生毒害作用。

b. 缺氧区（池）至厌氧区（池）的混合液回流量　当有多个缺氧区（池）时，混合液宜从最后一个缺氧区（池）回流至厌氧区（池）。缺氧区（池）到厌氧区（池）的混合液回流量可按下式计算：

$$Q_{R1} = Q R_1 \tag{16-19}$$

式中　Q_{R1}——由缺氧区（池）至厌氧区（池）的混合液回流量，m^3/d；

R_1——由缺氧区（池）至厌氧区（池）的混合液回流比，可取 1~2。

由缺氧区（池）至厌氧区（池）的污泥回流比 R_1 的取值不宜过高，过高的 R_1 会导致厌氧区（池）真实 HRT $[= t_{A1}/(1+R_1)]$ 低从而释磷反应不充分、动力能耗大等问题，并存在回流污泥中的电子受体（例如缺氧池末端残余的硝态氮）进入厌氧池抑制生物释磷反应的隐患。

c. 生物过程对磷的去除率　生物过程对磷的去除率（%）可根据排除生物反应池系统的微生物量按下式计算：

$$\eta_P = \frac{\Delta X_v P_x}{Q P_0} \times 10^5 \tag{16-20}$$

式中　P_x——剩余污泥含磷量，kg P/kg MLVSS，可按 0.03~0.07kg P/kg MLVSS 计算；

P_0——生物反应池进水总磷浓度，mg/L。

当生物除磷效果不能满足设计要求时，应采取辅助化学除磷措施。

(2) 剩余污泥

① 剩余污泥产量

a. 按污泥龄计算：

$$\Delta X = \frac{V_t X}{\theta_t} \tag{16-21}$$

b. 按污泥总产率系数计算：

$$\Delta X = Y_t \frac{Q(S_0 - S_e)}{1000} \tag{16-22}$$

c. 按污泥产率系数及衰减系数计算：

$$\Delta X = Y \frac{Q(S_0 - S_e)}{1000} - k_d V_t X y + f \frac{Q(SS_0 - SS_e)}{1000} \tag{16-23}$$

式中　ΔX——剩余污泥产量，kg MLSS/d；

S_0——生物反应池进水 BOD_5 浓度，mg/L；

S_e——膜出水 BOD_5 浓度（当去除率大于 90%）时可不计入，mg/L；

V_t——生物反应池的总容积，m^3；

X——生物反应池内混合液悬浮固体加权平均浓度，g MLSS/L；

θ_t——生物反应池设计总污泥泥龄，d；

Y——污泥产率系数，kg MLSS/kg BOD_5，20℃ 时可取 0.3～0.6kg MLSS/kg BOD_5；

k_d——污泥内源呼吸衰减系数，d^{-1}，20℃时可取 0.05～0.2d^{-1}；

f——悬浮物的污泥转换率，g MLSS/g SS，宜根据试验资料确定。当无试验资料时可取 0.5～0.7g MLSS/g SS；

SS_0——生物反应池进水悬浮物浓度，mg/L；

SS_e——膜出水悬浮物浓度，mg/L，可忽略不计。

出于化学除磷、控制膜污染等目的，在生物单元投加铝盐或铁盐时，剩余污泥产量应在上述算式的基础上，加入混凝及化合产物的量。投加铝盐和铁盐对污泥产量的增加量，可分别按照铝元素质量的 5 倍和铁元素质量的 3.5 倍进行估算[62]。

② 剩余污泥排放量　在 MBR 工艺中膜池的污泥浓度最高，故剩余污泥从膜池排出，其排放量可按下式计算：

$$Q_w = \frac{\Delta X}{X_M} \tag{16-24}$$

式中　Q_w——剩余污泥排放量，m^3/d；

X_M——膜池混合液悬浮固体浓度，g MLSS/L。

（3）曝气系统与设备

生物反应池中好氧区（池）的供氧量，应满足污水生物反应需氧量及混合等要求。

① 好氧区（池）所需氧量的计算：

$$O = (O_s + O_n - O_{dn}) \times \frac{V_O}{V_O + V_{M1}} - O_m \tag{16-25}$$

式中　O——好氧区（池）需氧量，kgO_2/d；

O_s——去除碳源污染物所需氧量，kgO_2/d；

O_n——硝化反应所需氧量，kgO_2/d；

O_{dn}——反硝化反应所抵消的需氧量，kgO_2/d；

O_m——由膜池至好氧区（池）的回流混合液所携带的氧量，kgO_2/d。

对于好氧区（池）所需氧量，应在考虑有机物氧化需氧、硝化需氧、反硝化补偿的基础上，增加考虑膜池富氧混合液回流的影响；此外，膜池由于膜吹扫曝气，膜池混合液本身具有较高的溶解氧浓度，足以维持膜池内有机物氧化和硝化反应，因此应从好氧生物反应总需氧量中扣除膜池部分的贡献。

对于浸没一体式 MBR 构型，当 $V_O = 0$ 时，式(16-25) 计算结果取为 0，膜吹扫曝气足以维持生物反应需氧量，无需再为好氧生物反应单设曝气系统。

② 需氧量各个组分的计算：

$$O_s = \frac{1.47}{1000}Q(S_0 - S_e) - 1.42\Delta X_v \tag{16-26}$$

$$O_n = 4.57\left[\frac{1}{1000}Q(N_{k0} - N_{ke}) - 0.124\Delta X_v\right] \tag{16-27}$$

$$O_{dn} = 2.86\left[\frac{1}{1000}Q(N_{t0} - N_{te}) - 0.124\Delta X_v\right] \tag{16-28}$$

$$O_m = \frac{1}{1000}QR_3 c_{omd} \tag{16-29}$$

式中　1.47——氧化去除单位 BOD_5 的碳源污染物所需氧量，kg O_2/kg BOD_5；

　　　1.42——细菌细胞的氧当量，kg O_2/kg MLVSS；

　　　4.57——硝化单位凯氏氮所需氧量，kg O_2/kg N；

　　　0.124——细菌细胞的含氮量，kg N/kg MLVSS；

　　　2.86——反硝化单位硝态氮所抵消的氧量，kg O_2/kg N；

　　c_{omd}——由膜池至好氧区（池）的回流混合液所携带的溶解氧浓度，mg/L，当缺乏试验资料时，可按 4～8mg/L 估计。

关于碳源污染物氧化所需氧量 O_s 的计算，碳物质（以 BOD_5 计）的氧当量为 1.47kg O_2/kg BOD_5，1.47 是最终生化需氧量与 5 日生化需氧量（BOD_5）的典型比值。细菌细胞的氧当量 1.42kg O_2/kg MLVSS 可由 MLVSS 的经验化学式 $C_5H_7NO_2$ 估算：每氧化 1 分子 $C_5H_7NO_2$ 需 5 分子的 O_2，故 $5 \times 32/113 \approx 1.42$。

硝化单位凯氏氮所需氧量 4.57kg O_2/kg N 及反硝化单位硝态氮所抵消的氧量 2.86kg O_2/kg N，通过化学反应计量关系得到：硝化 1 分子的凯氏氮需要 2 分子的 O_2（涉及 8 个电子的转移），故 $2 \times 32/14 \approx 4.57$；反硝化 1 分子的硝态氮涉及 5 个电子的转移，相当于 1.25 分子 O_2 还原所需电子转移数，故 $1.25 \times 32/14 \approx 2.86$。细菌细胞的含氮量 0.124kg N/kg MLVSS 根据 MLVSS 的经验化学式 $C_5H_7NO_2$ 估算而得。

膜池至好氧区（池）的回流混合液所携带的氧量由溶解氧和气态氧共同贡献。一方面，溶解氧可近似认为能被完全利用；另一方面，由于传质效率问题（基于双膜理论），气态氧利用率远低于溶解氧。因此，式(16-29) 只计算溶解氧的贡献。由膜池至好氧区（池）的回流混合液所携带的溶解氧浓度宜根据实测确定，当无试验资料时，可按 4～8mg/L 估计。

③ 将污水需氧量换算成标准状态下的清水需氧量：选用曝气装置和设备时，应根据设备的特性、位于水面下的深度、水温、污水中的氧转移特性、当地的海拔高度以及预期生物反应池中溶解氧浓度等因素，将计算的污水需氧量换算为标准状态（温度 20℃、1atm）的清水需氧量，按下列公式计算：

$$O_{std} = O \times \frac{C_{os(20)}}{\alpha\left[\beta C_{os(T)}\left(1 + \frac{\rho gh}{2p}\right) - C_o\right]} \times \frac{1}{1.024^{(T-20)}} \tag{16-30}$$

$$\alpha = k_1 \exp(-k_2 X_{\mathrm{O}}) \tag{16-31}$$

式中　O_{std}——温度 20℃、1atm 下的清水需氧量，kg O_2/d；

　　　$C_{\mathrm{os}(20)}$——温度 20℃、1atm 下的清水中饱和溶解氧浓度，mg/L；

　　　$C_{\mathrm{os}(T)}$——温度 T（℃）、1atm 下的清水中饱和溶解氧浓度，mg/L；

　　　C_{O}——好氧区（池）的平均溶解氧浓度，mg/L，不宜低于 1mg/L；

　　　ρ——混合液密度，g/cm^3；

　　　g——重力加速度，m/s^2；

　　　h——好氧池水深，m；

　　　p——实际大气压，kPa；

　　　α——氧传质系数的修正系数，等于污泥中与清水中氧传质系数的比值，MBR 工艺中的 α 值与传统活性污泥法有明显差别，若 α 计算值大于 1，则取为 1；

　　　β——饱和溶解氧浓度的修正系数，等于污泥中与清水中饱和溶解氧浓度的比值，可取为 0.9～0.97；

　　k_1，k_2——与 α 系数有关的经验系数，在 6～20g/L 的 MLSS 范围内，k_1 和 k_2 的参考取值分别为 1.6 和 0.08；

　　　X_{O}——好氧区（池）混合液悬浮固体平均浓度，g MLSS/L。

在上述计算中，活性污泥混合液的密度通常为 1.002～1.006g/cm^3。我国范围内的重力加速度的典型取值为 9.78～9.81m/s^2。实际大气压宜以实测值为准。缺乏资料时，可按下式估算：

$$p = 101.325 \times \exp\left(-\frac{0.03418z}{273.15 + T}\right) \tag{16-32}$$

式中，p 为大气压，kPa；T 为气温，℃；z 为海拔高度，m。

对于清水需氧量的计算，1atm、不同温度下清水中的饱和溶解氧浓度（c_{os}）列于表 16-14 中[62]。

表 16-14　1atm、不同温度下清水中的饱和溶解氧浓度（c_{os}）[62]

温度/℃	c_{os}/(mg/L)	温度/℃	c_{os}/(mg/L)	温度/℃	c_{os}/(mg/L)
0	14.60	13	10.53	26	8.09
1	14.20	14	10.29	27	7.95
2	13.81	15	10.07	28	7.81
3	13.45	16	9.86	29	7.67
4	13.09	17	9.65	30	7.54
5	12.76	18	9.45	31	7.41
6	12.44	19	9.26	32	7.29
7	12.13	20	9.08	33	7.17
8	11.83	21	8.90	34	7.05
9	11.55	22	8.73	35	6.93
10	11.28	23	8.56	36	6.82
11	11.02	24	8.40	37	6.72
12	10.77	25	8.24	38	6.61

与传统活性污泥工艺相比，MBR 工艺中污泥浓度较高，因此 α 系数与传统活性污泥法

有明显差别。大量的研究发现，MBR 工艺中 α 系数与 MLSS（g/L）之间存在指数关系[102]：

$$\alpha = k_1 \exp(-k_2 \times \text{MLSS}) \tag{16-33}$$

式中，k_1 和 k_2 为经验系数。对于 $6\sim20\text{g/L}$ 的 MLSS 范围，α 系数与 MLSS 的关系式可参考图 16-15，k_1 为 1.6，k_2 为 0.08。由于 α 系数取值不能高于 1，若计算值大于 1，则取为 1。当 MLSS 由 6g/L 升高到 20g/L 时，α 系数的计算值由 0.99 减小到 0.32。

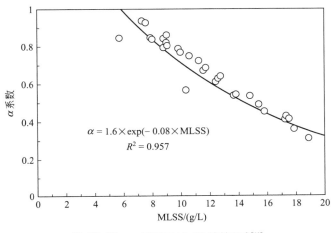

图 16-15　α 系数与 MLSS 的关系式[62]

④ 采用鼓风曝气时好氧区（池）所需供气量的计算：

$$G_O = \frac{O_{std}}{0.28\eta_A} \times \frac{100}{24} \tag{16-34}$$

式中　G_O——标准状态（温度 20℃，1atm）下好氧区（池）所需的供气量，m^3/h；

　　0.28——标准状态下每立方米空气中的含氧量，$\text{kg O}_2/\text{m}^3$；

　　η_A——曝气设备的氧转移效率，%。

曝气设备的氧转移效率取值可参考设备生产厂家提供的技术参数。

16.2.4.5　膜过滤系统

膜过滤系统应包括膜组件、膜组器、膜池、膜吹扫系统、产水系统、产水辅助系统和膜化学清洗系统等。膜过滤系统的设置应满足膜组器使用的工艺要求，保证膜组器性能的稳定实现，并应充分结合工程的实际特点，做到简洁、实用[62]。

（1）膜运行方式

在条件允许的情况下，MBR 工程中膜系统通常采用恒通量运行模式。浸没式构型的膜系统宜采用恒通量间歇运行方式。在一个过滤周期内，过滤期宜为 $7\sim13\text{min}$、暂停期宜为 $1\sim3\text{min}$。外置式构型的膜系统每运行 $30\sim60\text{min}$，宜反冲洗 $1\sim3\text{min}$[62]。

（2）膜通量

膜的平均通量和运行通量可按下式换算：

$$J_m = \frac{J_o t_o}{t_o + t_p} \tag{16-35}$$

式中　J_m——平均通量，L/(m²·h)；

　　　J_o——运行通量，L/(m²·h)；

　　　t_o——一个过滤周期内产水泵运行时间，min；

　　　t_p——一个过滤周期内产水泵暂停时间，min。

　　运行通量的取值应小于临界通量。临界通量的选取宜根据膜材料类型、膜组件和膜组器类型、污泥混合液性质、水温等因素确定，也可实测或参考膜产品厂家提供的数据确定。在满足临界通量限制条件的前提下，浸没式 MBR 平均通量的取值范围通常宜为 15～25L/(m²·h)，外置式 MBR 平均通量的取值范围通常宜为 30～45L/(m²·h)[62]。当进水水量为峰值流量时，MBR 可在峰值通量下运行。当一组或几组膜组器由于膜污染进行清洗或由于事故进行检修时，MBR 可在强制通量下运行。但峰值通量和强制通量过高或持续时间过长，会对膜系统的运行稳定性产生影响。通常峰值通量和强制通量的运行时间每天累积不宜超过 4h，单次不宜超过 2h。峰值通量和膜强制通量宜按膜临界通量的 80%～90% 选取，并满足污水处理厂的总变化系数需求。

（3）膜组器

　　膜组器的总膜面积应按下式计算：

$$A_M = \frac{Q}{0.024 J_m} F_M \tag{16-36}$$

式中　A_M——膜组器的总膜面积，m²；

　　　Q——生物反应池设计流量，m³/d；

　　　F_M——膜组器总膜面积的安全系数，宜为 1.1～1.2[62]。

　　根据膜面积对膜组器进行选型。膜组器数量可按下式计算：

$$N_M = \frac{A_M}{A_P} \tag{16-37}$$

式中　N_M——膜组器数量；

　　　A_P——单个膜组器的膜面积，m²。

　　膜组器选型应根据集水均匀、结构紧凑、占用空间小、防污泥淤堵能力强以及能耗低的需求确定。膜组器出水管的设置应根据集水的均匀性确定。在出水管上，应设置化学清洗管接口和阀门，用于实施在线化学清洗。膜组器内部的水流循环通道应合理设计，选取适宜的膜片（丝或管）间距。

（4）膜池布置

　　膜池形状宜为矩形。池深应与膜组器尺寸匹配，并留有足够的富余空间以保证膜组器内外水流循环畅通。膜池应能单独隔离、放空、检修。

　　膜池应设置进水口、回流口和排泥管。当膜池前设置有生物反应池时，膜池混合液宜一部分回流至前面的生物反应池，另一部分作为剩余污泥定期排放。

　　较大规模 MBR 工程的膜池宜分廊道设计，根据膜组器的数量设计膜池廊道数量。每个廊道应能独立运行，宜设置独立的产水系统、进水系统和曝气系统。同一廊道的膜组器应保障产水均匀，膜组器间的产水量差值应小于 5%。

（5）膜吹扫系统

浸没式 MBR 的膜吹扫系统由膜组器曝气设备、鼓风机、空气管路及其附件等组成。膜吹扫气量可采用膜组器生产厂家的推荐值，或参照类似工程实例确定。浸没式 MBR 的膜吹扫气量也可按下式计算：

$$G_M = A_S \cdot SAD \tag{16-38}$$

式中　G_M——标准状态下（温度 20℃，1atm），膜吹扫气量，m^3/h；

　　　A_S——膜组器的占地面积（在水平面上的投影面积），m^2；

　　　SAD——单位占地面积的膜组器所需的膜吹扫气量，$m^3/(m^2 \cdot h)$，当缺乏资料时，中空纤维膜组器的膜吹扫气量可取为 $60 \sim 120 m^3/(m^2 \cdot h)$[62]。

（6）膜产水系统及产水辅助系统

① 产水系统　产水系统包括产水泵和集水管路系统，宜采用恒通量运行模式，在一定时间范围内保持相对恒定的膜平均通量。大、中型浸没式 MBR 工程宜采用产水泵抽吸出水的方式运行；小型浸没式 MBR 工程可采用重力自流式出水；外置式 MBR 工程宜采用产水泵加压出水的方式运行。

集水管路的设计应依据廊道内各膜组器集水均匀性而确定，集水管流速宜为 0.5～1.0m/s。产水泵宜选取流量-扬程性能曲线较为平缓的产品，泵流量按下式计算，并按膜强制通量校核：

$$Q_p = \frac{Q_{max}(t_o + t_p)}{24nt_o} \tag{16-39}$$

式中　Q_p——单个膜产水泵流量，m^3/h；

　　Q_{max}——当污水自流进入时，按最高日最高时设计流量（m^3/d）计；当污水为提升泵进入时，按工作水泵最大组合流量计；

　　　n——膜池廊道数量；

　　　t_o——一个过滤周期内产水泵的运行时间，min；

　　　t_p——一个过滤周期内产水泵的暂停时间，min。

② 膜产水辅助系统　产水辅助系统可采用真空泵或真空装置，应能协助产水泵的首次启动和排除集水管路中的空气。真空泵的选择应根据所需的气量和真空度确定，并应配置备用泵。

（7）膜化学清洗系统

膜化学清洗系统的设计应包括在线化学清洗系统和离线化学清洗系统。

膜在线化学清洗系统应包括化学清洗泵、化学药剂投加与计量系统、储药罐和管道混合装置等，其设计应符合下列规定[62]：

① 药剂应包括酸、碱两类，且药剂浓度应可调节；

② 应根据每次清洗的膜面积确定药剂用量；

③ 管路、阀门、仪表的材质，应能耐受酸、碱药剂腐蚀；

④ 采用固体粉末药剂时应配备溶解装置。

膜碱洗药剂包括次氯酸钠、氢氧化钠等（用于清洗膜有机污染物）。酸洗药剂包括柠檬酸、草酸、盐酸等（用于清洗膜无机污染物）。

膜离线化学清洗系统应包括清洗池、吊装装置和配药管道系统等，其设计应符合下列规定[62]：

① 清洗池应包括碱洗池、酸洗池和清水池；

② 清洗池内壁应采取防腐措施；

③ 加药、储药单元应与设备间、膜池隔离设置，并应采取通风措施和预防由于药剂泄漏和挥发而导致腐蚀的措施；

④ 膜化学清洗的工艺用水，宜采用膜系统出水；

⑤ 当在原膜池中直接对膜组器进行清洗时，不需设置专门的清洗池和吊装装置；

⑥ 在碱洗或酸洗后，碱液或酸液被消耗的部分，应及时补充；

⑦ 膜碱洗和酸洗管路系统必须严格分开，不能混用。

16.2.5　膜生物反应器在废水处理中的应用

16.2.5.1　膜生物反应器应用发展概要

（1）国外发展概要

MBR 的研发始于 20 世纪 60 年代后期的美国[63]。Dorr-Oliver 公司开发研制了第一个商用 MBR，应用于船舶污水处理。MBR 工艺在南非也得到相应发展，超滤厌氧 MBR 被用于处理高浓度工业废水。20 世纪 70 年代，MBR 工艺进入日本市场，日本研究者根据本国国土狭小、地价高的特点对膜法水处理技术进行了大力研发，内容包括新型膜材料、膜分离装置和 MBR 工艺的研究等，使 MBR 的研究在处理对象、规模和深度上都有显著的进步。20世纪 80 年代末到 90 年代初，MBR 工艺的商业化进展在各环保公司陆续展开。Thetford 公司推出了多管分置式膜分离系统 Cycle-Let 工艺，用于污水处理。1980 年 Zenon 环境工程公司成立，并于 90 年代初期开发了 ZenoGem 商业化产品，于 1993 年并购了 Thetford 公司。

早期 MBR 的型式主要是分置式。为了维持稳定的膜通量，膜面流速一般大于 2m/s，这就需要较高的循环水量，造成较高的单位产水能耗。为解决分置式 MBR 能耗较高的问题，人们开始研制新型 MBR。1989 年 Yamamoto 等将中空纤维膜组件浸没于曝气池中直接进行固液分离，通过抽吸获得出水，开创了浸没式 MBR 的研究[64]。20 世纪 90 年代中期以来，由于世界范围内的水资源短缺问题日益凸显，使得作为极具竞争力的污水回用工艺的 MBR 的研究与应用受到越来越多的关注，主要的研发方向包括[111]：膜材料制备与改性、膜组件与反应器构型优化、MBR 工艺的开发与运行条件优化、膜污染机理与防治措施等。

MBR 的应用在世界范围受到广泛重视。MBR 工程应用从以处理居民住宅小区与生活污水开始，扩展到各种废水的处理，如化妆品、医药、润滑油、纺织、屠宰场、乳制品、食品、造纸与纸浆、饮料、炼油工业与化工厂废水、垃圾渗滤液等。到 2019 年，全世界投入运行及在建的 MBR 工程总处理能力已超过 2000 万吨/日，已建成超大型（≥10 万立方米/日）MBR 工程 60 余座。根据日处理能力划分，大型 MBR 工程主要分布在中国（64%）、西欧（13％）、美国（11％）以及新加坡（9％）等地，截至 2019 年，全球 MBR 市场规模评估已达 30 亿美元，且预计到 2024 年可达 42 亿美元，平均年复合增长率预估约为 7％。除了以中国为主的亚太地区以外，MBR 市场主要分布在北美、欧洲、南美以及中东地区。

（2）国内发展概要

与国外研究相比，我国有关 MBR 的研究起步较晚，始于 20 世纪 90 年代初期，近 30 年来经历了从初步探索研究经快速发展到工程应用的过程。在环境、政策和市场因素的驱动下，我国已成为世界上 MBR 推广应用最为活跃的国家之一。

MBR 在我国的工程应用主要经历以下几大阶段[65,128]：

① 1990～2000 年：小试、中试以及示范工程；

② 2000～2003 年：小规模实际应用（单个工程规模达百吨/日级）；

③ 2003～2006 年：中等规模实际应用（单个工程规模达千吨/日级）；

④ 2006～2010 年：2006 年我国第一座万吨/日级的 MBR 工程在北京密云污水处理厂投入运行，开始了万吨/日级大规模工程的推广应用；

⑤ 2010～2017 年：总体规模由百万吨/日增长到千万吨/日，并开始有大规模地下式 MBR 工程应用；

⑥ 2017 年至今：应用规模继续扩大，大型 MBR 工程在我国城镇污水总处理规模中的份额超过 5％。

我国 MBR 技术主要应用于城镇污水、工业废水以及受污染地表水的处理。在万吨/日以上级的大型 MBR 工程中，截至 2014 年，城镇污水占总处理规模的 74％，工业废水和受污染地表水则分别占 18％和 8％[65]。可见目前城镇污水仍是我国大型 MBR 的主要应用领域。

我国大型 MBR（万吨/日以上级）的增长情况如下。2010 年以来，大型 MBR 数量和规模的增长速度明显加快。大型 MBR 的总规模在 2010 年突破 100 万吨/日，2014 年突破 400 万吨/日，2017 年突破 1000 万吨/日。在城镇污水领域，仅大型 MBR 的总规模 2018 年就已达 1000 万吨/日，占全国城镇污水处理总规模（1.78 亿吨/日）的 5％以上。对于超大型 MBR（十万吨/日以上级）而言，截至 2018 年，我国超大型 MBR 的累计规模与数量均占全球总量的 60％以上[98]。

16.2.5.2　膜生物反应器处理城镇污水

在城镇污水处理领域，MBR 工程所采取的主流工艺为厌氧/缺氧/好氧-MBR（AAO-MBR）工艺及其变形，以适应同步生物脱氮除磷的要求。AAO-MBR 工艺的变形包括 UCT-MBR、分流式 UCT-MBR、多级 UCT-MBR、倒置 AAO-MBR、多级 AO-MBR 等，主要是通过变换 A/O 池的排布方式、混合液的回流线路以及进水的分配方式而衍生得到。各种典型的工艺变体及其特征如表 16-15 所示[65]。

针对城镇污水普遍 C/N 比偏低的问题，MBR 工艺设计的一大优化方向是通过节约碳源好氧消耗或增加内源碳利用，提升反硝化效率[65]。当 MBR 工艺污泥龄较长、生物除磷不足以满足要求时，往往辅以化学除磷[1]。当 MBR 出水需要进一步深度去除 COD 时，由于 MBR 对 BOD 的充分利用导致出水可生化性不足，可采用臭氧等物化方式降解 COD 或提升其可生化性，以利于后续工艺（如曝气生物滤池、反渗透等）的处理。

表 16-15　AAO-MBR 工艺的主要变体及工艺特征[4]

AAO-MBR 工艺的主要变体	工艺特征	AAO-MBR 工艺的主要变体	工艺特征
—A₁—A₂—O—M—	AAO-MBR 脱氮除磷工艺基本形式	—A₁—A₂—A₂—O—M—	多级 UCT-MBR 强化内源反硝化
—A₂—A₁—O—M—	倒置型 AAO-MBR 节约外源碳	—A₁—A₂—O—A₂—M—	类似于多级 AO-MBR 强化内源反硝化
—A₁—A₂—O—M—	UCT-MBR 减轻好氧回流对厌氧区影响	—A₁—A₂—O—X—M—	缺氧/好氧可变区(X)提高反硝化灵活性
—A₁—A₂—O—M—	分流型 UCT-MBR 节约外源碳		

注：A_1=厌氧区；A_2=缺氧区；O=好氧区；X=可变区；M=膜区。

表 16-16 列举了部分大型 MBR 城镇污水处理工程的案例[65]。一些 10 万吨/日以上级的标志性 MBR 工程引人瞩目。其中，2010 年投运的广州京溪污水处理厂（10 万吨/日）是我国首座大型全地下式 MBR；2012 年的北京清河污水处理厂三期工程 MBR 是我国首座达到 15 万吨/日级别的 MBR；2016 年的北京槐房再生水厂（60 万吨/日）则是我国目前最大的全地下式 MBR，也是目前世界上屈指可数的特大型 MBR。

表 16-16　我国城镇污水处理 MBR 工程的部分案例[65]

MBR 工程	设计规模/(万吨/日)	膜厂家	工程公司	投运年份	备注
北京密云污水处理厂	4.5	三菱	碧水源	2006	
北京怀柔庙城污水处理厂	3.5	旭化成	碧水源	2007	
北京北小河污水处理厂	6	西门子	西门子	2008	
湖北十堰神定河污水处理厂	11	碧水源	碧水源	2009	
广州京溪污水处理厂	10	美能	诺卫	2010	全地下
无锡城北污水处理厂四期	5	碧水源	碧水源	2010	
无锡城北污水处理厂四期续建	2	久保田	中冶京诚	2012	平板膜
辽阳中心区污水处理厂提标改造	8	美能	诺卫	2012	
北京清河污水处理厂三期	15	碧水源	碧水源	2012	
北京大兴黄村再生水厂改扩建	12	碧水源	碧水源	2013	
南京城东污水处理厂三期	15	碧水源	碧水源	2013	
昆明第十污水处理厂	15	碧水源	碧水源	2013	全地下
株洲龙泉污水处理厂三期	10	天津膜天	天津膜天	2014	
武汉三金潭污水处理厂改扩建	20	碧水源	碧水源	2015	
福州洋里污水处理厂四期	20	美能	联合环境	2015	
北京槐房再生水厂	60	北排膜	北京排水	2016	全地下

16.2.5.3　膜生物反应器处理工业废水

在工业废水领域，MBR 技术被广泛应用于石油化工、煤化工、电厂、精细化工、印染、食品加工等多种废水的处理[65]。2010年以前的大型MBR工业废水处理工程主要集中在石化领域，广东惠州大亚湾石化区污水处理厂（2.5万吨/日，2006年投运）是其典型代表。2013年以来随着煤化工（如煤制气）行业的迅速发展，MBR在煤化工废水的处理中也崭露头角，代表性工程如神华宁煤化工基地污水处理工程（3.6万吨/日）。此外，在精细化工、电子、印染、制药等领域亦不乏万吨/日以上级的大型MBR工程。表16-17列举了部分大型MBR工业废水处理工程的案例[4]。神华宁煤化工基地污水厂、成都青白江污水厂技改工程、华电昌吉热电厂水处理岛、梅州经济开发区污水厂、绍兴东方华强纺织印染厂中水工程、呼和浩特托克托工业园污水厂等工程分别是2010年以来大型MBR处理煤化工、精细化工、电厂、电子、印染、制药等行业废水的典型案例。此外值得关注的还有昆山钞票纸厂污水处理工程（9000吨/日）和神华煤制油鄂尔多斯污水处理工程（9840吨/日），二者虽未达万吨/日级别，却是平板膜大型工程应用的典型案例。

表16-17 我国工业废水处理MBR工程的部分案例[65]

MBR工程	废水类型	设计规模/（万吨/日）	膜厂家	工程公司	投运年份	备注
广东惠州大亚湾石化区污水	石化	2.5	旭化成	诺卫	2006	
广州小虎岛精细化工区污水	精细化工	1	旭化成	诺卫	2007	
成都印钞公司污水处理	印钞	1	三菱	成都联合水务	2007	
中海油惠州炼油污水处理	炼油	1.5	旭化成	诺卫	2008	
中石化洛阳石化炼油污水	石化	1.8	美能	诺卫	2008	
重庆蓬威石化公司PTA废水	石化	1	天津膜天		2009	
梅州经济开发区污水处理厂	电路板	1.2	美能		2010	
昆山钞票纸厂废水处理	造纸	0.9	久保田	博天环境	2011	平板膜
华电新疆昌吉热电厂水处理	电厂	1.248	旭化成	华电水处理	2011	
呼和浩特托克托工业园区污水厂	制药	2	三菱	联合水务	2011	
潍坊滨海经济开发区临港工业园	有机化工	1.5		青岛崇杰	2011	
绍兴东方华强纺织印染公司中水	印染	1.4	天津膜天	天津膜天	2012	
扬州青山污水处理厂二期	化工	4	凯发	凯发新泉	2012	
神华煤制油鄂尔多斯煤液化污水	煤液化	0.984	东丽	博天环境	2013	平板膜
神华宁煤化工基地（A区）污水	煤化工	3.6	坎普尔	万邦达	2013	
昌邑滨海（下营）经济开发区	屠宰生产	2		联合环境	2013	
昆山龙飞光电有限公司	电子	1.35	GE		2013	
江门崖门新财富环保电镀基地二期	电镀	1		崖门新财富	2014	
烟台万华聚氨酯股份有限公司	聚氨酯	1.5	GE	万华化学	2014	
成都青白江污水处理厂技改工程	纤维化工	2	GE	北控中科成	2014	

工业废水处理MBR整体工艺主要由MBR单元与配套的前处理及后处理工艺组成。MBR发挥生物降解和膜截留的双重耦合效果；前处理主要用于去除颗粒物、油脂、毒性物质，降低污染物浓度，并调节废水pH和可生化性等指标，从而保障MBR的运行有条不紊；后处理则是根据最终出水要求，通过高级氧化、曝气生物滤池、纳滤、反渗透等工艺进一步去除MBR出水中的污染物和无机盐。具体的前处理及后处理工艺因废水类型而异。例如通过油水分离器、气浮等方式去除炼油废水和屠宰废水中的油类物质，通过混凝、吸附等

方式降低石化废水、煤化工废水和精细化工废水中的无机污染物和毒性物质浓度，通过酸碱调节去除电子废水中的重金属，通过水解酸化、UASB 等厌氧工艺预先降低食品、烟草、造纸等高浓度有机废水中的污染物浓度并提高可生化性，等等。MBR 用于工业废水处理的一些典型工艺流程，如表 16-18 所示[65]。

表 16-18 MBR 工业废水处理的工艺流程举例[65]

工业废水类型	主体工艺流程举例
炼油废水	→调节→油水分离→气浮→调节→MBR→
石化废水	→UASB→沉淀→A/O-MBR→
煤化工废水	→格栅→沉淀→调节→气浮→A/O-MBR→消毒→
精细化工废水	→调节→水解酸化→接触氧化→沉淀→MBR→活性炭→
电子废水	→调 pH→混凝→沉淀→调 pH→MBR→
造纸废水	→调节→水解酸化→MBR→消毒→
烟草废水	→格栅→调节→沉淀→水解酸化→MBR→
食品加工废水	→厌氧→格栅→A/O-MBR→反渗透→
屠宰废水	→调节→油水分离→格栅→AAO-MBR→
制药废水	→水解酸化→A/O-MBR→臭氧→生物活性炭→纳滤→

16.2.5.4 膜生物反应器处理垃圾渗滤液

MBR 也被广泛用于垃圾渗滤液的处理。在垃圾渗滤液处理的整个工艺流程中，MBR 可在生化处理环节发挥重要作用。由于垃圾渗滤液的污染物浓度高、成分复杂，为了便于膜污染的清洗，通常采用外置式管式 MBR。对于垃圾渗滤液而言，200 吨/日以上级的处理能力即可认为达到大型规模。表 16-19 列举了部分较大规模的垃圾渗滤液处理 MBR 工程案例及其工艺流程[65]。

表 16-19 MBR 处理垃圾渗滤液的工程案例

工程案例	处理规模/(吨/日)	投运年份/年	主体工艺流程
北京阿苏卫垃圾填埋场	600	2008	→厌氧→A/O-MBR→纳滤→反渗透→
广州兴丰垃圾填埋场	1540	2012	→调节→A/O/A/O-MBR→反渗透→ （浓缩液进行纳滤→反渗透，二次浓缩液进一步蒸发→浓缩物填埋）
广州李坑垃圾填埋场	800	2013	→UASB→A/O-MBR→碟管式反渗透→

16.3 面向催化反应过程的多孔膜反应器

16.3.1 膜反应器的分类

膜反应器分类标准众多，图 16-16 列举了几个典型的分类标准。根据膜的功能分类，分为萃取型、分布型和接触型膜反应器[128,129]。利用膜的选择渗透性移除部分或者全部的反

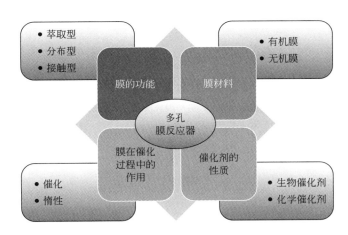

图 16-16　多孔膜反应器的不同分类标准

应产物，或者连续催化反应过程中催化剂的回收、再生和回用，可被归结为萃取型膜反应器；利用膜的多孔性分散提供某种反应物，则为分布型膜反应器；利用膜作为改善不同反应相之间接触的介质强化传质过程，归类为接触型膜反应器。根据膜材料的不同，可以将膜反应器分为有机膜反应器（膜材料为高分子材质）和无机膜反应器（膜材料由陶瓷或者金属制成）。还有一种分类标准是基于膜在催化过程中的作用分类。若膜材料本身自带催化活性，就称为催化膜反应器；若膜仅提供分离的功能，反应功能由膜的内部或外部的催化剂来实现，催化剂被装填成固定床、流化床或者悬浮在反应器系统中，分别被称为固定床膜反应器、流化床膜反应器以及悬浮床膜反应器，统称为惰性膜反应器。不同催化剂的性质也可以作为膜反应器分类的标准，如采用生物催化剂酶作为催化剂的膜反应器，称为酶膜反应器。还有很多其他的分类标准，比如：根据膜孔的大小分类，孔径大于 2nm 的统称为大孔膜反应器，孔径小于 2nm 的则是微孔膜反应器[130]。从众多的分类标准可以发现，膜反应器比传统的反应器具有更多的功能和优点。

16.3.2　萃取型多孔膜反应器

萃取型膜反应器中的多孔膜一般不具备催化活性，只具有选择渗透性，催化剂填充或者悬浮在反应器中，反应在催化剂区域进行。此类膜反应器可以被进一步细分为"选择性产品移除"和"催化剂截留"两种功能，前者只有产品通过膜渗透出去，使反应平衡移动［如图 16-17（a）所示］，后者所有组分通过膜渗透出去，只有催化剂被拦截［如图 16-17（b）所示］。

16.3.2.1　选择性产品移除

"选择性产品移除"功能的典型应用主要集中在烃类的催化脱氢制氢，如水蒸气重整反应、水煤气变换反应。除了致密的钯基膜反应器在其中发挥重要的作用外，由于多孔膜相比于钯膜在制膜成本上具有很大的优势，因此多孔膜反应器的研究在整个膜反应器研究中也占有很大比重，如多孔硅膜反应器[131]、分子筛膜反应器[132]能够在脱氢反应进行的同时，选择性地转移产物中的氢气，不仅提高反应转化率，而且获得较为纯净的氢气产物。萃取式多

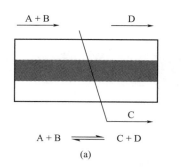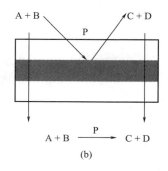

图 16-17 萃取式膜反应器过程示意图

孔膜反应器也可应用于烃类脱氢制烯烃反应中，如乙苯脱氢制备苯乙烯[133]。使用 H_2/N_2 理想选择性不低于 100 的多孔膜即可满足要求。还可用于酯化反应或者费托合成中移除反应过程中生成的水[134-136]。酯化反应是一种受平衡限制的反应，产物主要是水和酯。耦合渗透汽化与酯化反应构建渗透汽化膜反应器可以将反应体系中的水分离，打破化学平衡，使反应向正反应方向进行，提高平衡转化率及酯的产率[137]。其中，酯的生成速率由酯化反应动力学所决定，水的渗透分离则与膜过程因素相关。需综合考虑膜反应器中各种因素对酯化反应化学平衡移动的影响。费托合成反应中由于高水蒸气分压导致催化剂失活加速，且使平衡往生成 CO_2 方向移动，并消耗大量 CO，不利于长链烃的生成，加之合成气体分压的降低导致停留时间缩短，反应转化率和产率降低，因此需要及时将水移除。分子筛膜反应器在费托合成反应中移除反应产生的水蒸气过程中，展现出优于无定形膜及聚合物膜的性能。

16.3.2.2 催化剂截留

　　基于微滤/超滤/纳滤膜构建的萃取式膜反应器可以利用筛分机理，在压力驱动下将大于膜孔径的物质截留，实现物质的高效回收和循环使用，主要应用于均相和非均相催化剂的分离过程中。

　　均相催化剂的分离与回收一直是均相催化领域面临的巨大挑战。一方面，均相催化剂如酶催化剂、过渡金属催化剂以及有机催化剂价格昂贵；另一方面，对于医药等产品来说，即使极少量的催化剂残留也是禁止的，需要通过繁琐的后处理过程来纯化产品，增加生产成本的同时也造成了二次污染。可溶性高分子催化剂通过选择合适的载体能够实现均相条件下的催化反应，在保证催化剂高选择性和高催化活性的同时，利用高分子与反应产物在体积上的差别，在反应结束后通过超滤或纳滤的方法实现产物与催化剂分离。例如，酶是一类特殊、高效的可溶性高分子催化剂。在酶催化反应中，有时需要辅因子协助，辅因子相当昂贵，因此辅因子的回收具有重要意义。通常把消耗 1mol 辅因子得到的产品的物质的量定义为总转换数。为追求经济最大化，总转换数要达到最大值。为了提高总转换数，可以将辅因子直接固定于酶上，或者是可溶性的聚合物载体，如聚乙二醇上，再通过超滤或纳滤膜将这种辅因子和酶一起回收[138]。萃取式膜反应器用于酶的分离过程已经工业应用超过三十年，而针对均相过渡金属催化剂的应用和开发还远远不够。过渡金属复合物尺寸比酶小很多，一般分子量小于 2000Da。绝大多数过渡金属催化反应是在有机溶剂中进行的，因此需要使用耐溶剂纳滤膜。随着耐溶剂纳滤膜材料的发展,使得均相过渡金属催化剂的膜分离过程的实现成为可能[139]。同样,有机催化剂的分离回收也可通过膜分离过程实现[140,141]。

除了均相催化剂的分离,非均相催化剂的分离,尤其是尺寸细小的超细催化剂的分离过程中,萃取式多孔膜反应器显现出良好的应用前景。超细催化剂具有高的催化活性、高的催化选择性、良好的催化稳定性,具有巨大的应用价值。但制约超细催化剂大规模工业应用的关键之一是催化剂的回收利用。传统的分离过程如离心过滤、板框过滤等不能有效实现超细颗粒的分离,同时反应常涉及高温、高压等苛刻条件和有机物或腐蚀性体系,使得超细催化剂与产品的分离问题变得尤为复杂。萃取式多孔膜反应器利用多孔膜的选择筛分性能,原位分离超细催化剂,且反应能够连续运行。

萃取式多孔膜反应器的研究和应用主要集中在光催化与催化反应领域。在光催化领域,主要是采用悬浮态的光催化剂如二氧化钛等进行有机物的降解,然后使用膜反应器实现光催化剂的截留和循环使用[142]。在催化反应领域,南京工业大学首次提出将浆态床反应器与膜分离耦合,基于陶瓷膜的筛分效应实现超细纳米催化剂与产品的原位分离,构建陶瓷膜连续反应器[143]。围绕加氢、氧化等以超细颗粒为催化剂以及生成超细颗粒的沉淀反应等反应体系,分析颗粒分布特征和体系溶液环境和操作条件等,建立了面向反应过程的陶瓷膜材料设计与制备方法[144];并通过对反应机理和膜分离机理匹配关系的研究[145-147],结合多相流体力学和反应动力学,建立了膜反应器的放大设计方法[148,149];针对石化等领域中典型的化学沉淀反应和催化加氢反应,通过工艺流程比较与优化分析,开发出沉淀式膜反应器和多釜串联加氢膜反应器工艺流程。还系统研究了超细催化剂在膜反应器中的吸附行为,开发出反应与膜分离的协同控制技术,提高了膜反应器的操作稳定性[150-156],率先实现了陶瓷膜反应器在环己酮氨肟化、苯酚羟基化、对硝基苯酚加氢和盐水精制等过程中的规模化应用。

以陶瓷膜反应器在环己酮氨肟化反应和盐水精制中的应用举例说明。己内酰胺是一种重要的有机化工原料,主要用来制造聚酰胺-6 纤维,还可用于制造工程塑料。环己酮肟是生产己内酰胺的中间体,90% 的己内酰胺产品都由其重排而得。环己酮肟的传统生产工艺存在着中间步骤多、工艺复杂、副产品多、三废多等缺点,而由钛硅分子筛(TS-1)催化环己酮氨肟化制环己酮肟的新工艺具有反应条件温和、选择性高、副产物少、能耗低、污染小的特点,但催化剂颗粒小,催化剂随产品流失现象十分严重,成为其工程化的关键问题之一。陶瓷膜反应器将陶瓷膜过滤过程与环己酮氨肟化反应过程耦合,通过陶瓷膜截留钛硅分子筛催化剂,有效地解决了催化剂的循环利用问题,还缩短了工艺流程,提高了过程的经济性。反应转化率和选择性均大于 99.5%,最终产品己内酰胺品质优等,渗透液中检测不到催化剂的存在。陶瓷膜反应器技术成为己内酰胺生产过程中的主流工艺。

氯碱工业将盐制成饱和盐水,在直流电作用下,电解生产得到烧碱和氯气。工业盐中含有大量的 Ca^{2+}、Mg^{2+}、SO_4^{2-} 等无机杂质,以及细菌、藻类残体等天然有机物以及泥砂等机械杂质,这些杂质离子进入离子膜电解槽后,生成的金属氢氧化物在膜上形成沉积,造成膜性能下降,电流效率降低,严重破坏电解槽的正常生产,并使离子膜的寿命大幅度缩短。盐水精制就是采用精制剂,使原盐中的各种杂质离子生成可分离的固体悬浮颗粒,然后采用物理方法进行分离。将沉淀反应与膜分离耦合可以解决传统盐水精制工艺存在的工艺流程长、生产不稳定等问题。与聚合物膜过滤技术相比,反应与膜分离耦合技术使 $Mg(OH)_2$、

CaCO$_3$与 BaSO$_4$等固体物质的生成-分离一步完成，减少了操作步骤，缩短了流程。且陶瓷膜反应器的关键材料陶瓷膜由于具有优良的机械和化学稳定性，不存在聚合物膜表面剥离、撕裂与腐蚀等现象，使得陶瓷膜反应器寿命可达五年以上。已有应用充分证明，陶瓷膜连续反应器使得化工生产流程显著缩短、产品质量明显提高、生产效率大幅增长、节能减排成效显著。

16.3.3　分布型多孔膜反应器

分布型多孔膜反应器主要是利用膜的纳米级和微米级孔道，对液相或者气相的反应物进行分布，控制反应物的输入方式和进料浓度，强化物料的传质速率与效果，减轻浓度梯度，提高反应效率（如图 16-18 所示），可用于串联或者平行反应中。

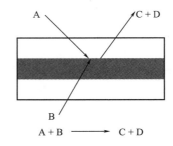

图 16-18　分布型膜反应器过程示意图

16.3.3.1　气相体系

在气相体系中，分布型膜反应器最典型应用就是烃的部分氧化反应。烃类的部分氧化等连串反应中，氧气浓度影响了烃的产率和产物形成的选择性，控制氧气沿反应器的加入，可防止中间产物的深度氧化。在固定床反应器中，氧气的浓度在进口处最大，然后沿反应器长度方向单调减小，这导致了反应器入口处反应速率最高、选择性却较小，从而影响总产率。利用膜来控制氧气沿反应器长度方向的浓度和被氧化对象在催化反应区域的分布，以减少氧气在反应器中的分压与烃的反向扩散，动力学上有利于部分氧化反应而不利于完全氧化，通常可以得到较好的中间氧化产物的选择性和产率。使用分布型膜反应器的另一优势是可以避免在部分氧化反应过程中，因过热反应而引起飞温。如陶瓷膜作为氧气分布器用于甲烷部分氧化反应，在反应转化率一致的情况下，特别是在低的和中等水平的甲烷和氧气转化率时，膜反应器获得的反应的选择性比传统的固定床反应器有明显提高，最大增幅达到14％[157]；用于乙烷氧化脱氢制乙烯反应，当乙烷/氧气进料比很高时，膜反应器与管式反应器的性能相当，而在乙烷/氧气进料比较低时，膜反应器的性能优于管式反应器。在反应温度为873K，乙烷/氧气进料比为 0.5，停留时间为 4s 时，膜反应器获得的单程乙烯收率和选择性分别为 50.5％和 53％，较管式反应器获得的乙烯收率 8.1％和 8.4％有大幅提升[158]。

16.3.3.2　液-液体系

分布型膜反应器利用多孔膜的微孔，在压差的作用下，可将一种液相反应物（分散相）以小液滴的形式均匀分散到另一种液相反应物（连续相）中。通过选择膜材料和调控膜孔大小、加料速度、加料方式以及物料浓度等，可以获得不同大小、分布、结晶形态以及形貌的粉体材料。反应物可以是互不相溶的，也可以是相溶的。对于互不相溶的两相，分散相在较低压力下通过膜孔，在膜面形成微小液滴后在连续相的剪切下从膜面剥离进入连续相，连续相中的乳化剂分子吸附到液滴界面上，形成稳定的液滴，最终形成 O/W 型或者 W/O 型乳液，这种情况可以用于制备具有一定单分散性并且尺寸可控的微球材料[159-162]，如聚苯乙烯微球、海藻酸钙微球、SiO$_2$ 多孔微球。在应用过程中，选用的膜必须孔径小、与分散相不润湿，同时，必须在临界压力附近操作。对于可以互溶的两相，在压差的作用下，分散相以微液滴形式与另一侧的连续相快速高效混合，传质过程得以强化，有利于均一反应体系的过饱和度、控制晶核形成和生成，从而控制颗粒粒径。此过程可以用于微纳米材料的制备中[163-167]，如硫酸钡、氧化锌、铟锡氧化物等。

经过膜微通道的破碎，透过的液滴处于微米量级，可增加相间传质面积，缩短相间传质时间，对于液-固多相催化反应效果的提升也有好的促进作用。有研究者将膜分散与浆态床反应器进行耦合，强化液固多相催化反应。基于单通道管式陶瓷膜的微尺度分散强化效应强化以过氧化氢为氧化剂的苯酚羟基化反应，过氧化氢均匀分散在反应器中，避免了因局部浓度过高而产生的副反应，反应的选择性得到了显著的提高[168]。采用装填面积大的陶瓷中空纤维膜作为膜分布器分布过氧化氢，膜的微结构参数对于微尺度分散效应及苯酚羟基化反应有很大的影响[169]。将陶瓷膜分布器引入环己酮氨肟化反应过程中，分布原料之一的过氧化氢，强化无溶剂条件下反应物间的传质效果，使环己酮的转化率达到 99.5%，环己酮肟的选择性达到 100%，可以开发出基于陶瓷膜分布器的无溶剂环己酮氨肟新工艺[170]。用于丁酮氨肟化反应过程中，丁酮转化率和丁酮肟选择性分别达到 99.6% 和 99.0%，与用叔丁醇作溶剂的丁酮氨氧化反应相比，在更低的氨酮摩尔比下，可以获得更高的丁酮转化率和丁酮肟选择性[171]。

16.3.3.3　气-液体系

对于气液多相催化反应系统，通常液相一侧传质阻力较大，气体传递通过气液相界面进入液相进行反应。为了有效实现这一过程，需消耗大量能量粉碎气泡，以加大传质面积，同时提高搅拌功率来增加液相传质系数。根据 Kolmogorov 尺度（η）的计算公式：$\eta = (\nu^3/\varepsilon)^{1/4}$，理论上 Kolmogorov 尺度与湍动能耗散率（ε）的 1/4 次方成反比，即若要使搅拌槽内分散相的 Kolmogorov 尺度减小一半，需要将用于搅拌的能量提高 16 倍。从上述分析来看，单纯依赖常规的混合方法来提高传递和反应效率非常困难。多孔膜作为气体进料分布器，可以提供大量具有微小尺寸的气泡，提高反应器中的气液传质效果。单用单通道管式陶瓷膜作为浆态床反应器中苯酚羟基化的氧气进料分布器，体积溶氧传质系数是直接通入氧气方式的 8 倍，苯二酚收率明显提升[172]。将其与气升式反应器耦合，用于环己酮氨肟化反应过程中，氨气通过膜分布器进入反应器对反应促进作用明显，开发出了无叔丁醇溶剂的氨肟化新工艺[173]。采用多通道陶瓷膜作为气体分散媒介，预形成均匀的气-液分散体系后，再进入固定床反应器中进行催化反应。用于甘油加氢制 1,2-丙二醇反应中发现，与传统的进料相比，使用陶瓷膜可以获得均匀的液体微泡分散体系，含气率较高，在仅耗用一半的氢气时，使甘油转化率从 84.9% 显著提高到 97.4%[174]。

16.3.4　接触型多孔膜反应器

　　膜两侧的几何结构为反应物的接触提供了不同的选择。膜本身既是反应的催化剂或催化剂的载体，同时也是气相反应物的进料系统，提供反应物的扩散界面，控制气相反应混合物与催化剂的接触。涉及的反应过程有脱氢、加氢、氧化反应等，采用的反应器形式多为催化膜反应器。有两种不同的操作模式：一是催化扩散模式，适用于两种反应物不相容的情况，如气液反应，其原理如图 16-19(a) 所示，液相的反应物在毛细管力的作用下吸入催化膜层，气相反应物从膜的另一侧通过支撑体到达催化层，从而实现两相的有效接触。可以通过气体压力的调控来改变气液接触面，从而影响催化剂的催化性能。在这种操作模式下，压力要在支撑层的泡点之上和顶层膜的泡点之下。二是强制流动模式，更适用于均相反应，其原理如图 16-19(b) 所示，在泵的作用下强制反应物通过催化膜，改变反应物的流动速率调控物料与催化剂的接触时间，以解决孔扩散导致的传质限制对宏观反应速率的影响。由于反应物一次通过膜的停留时间很短，因此需要设计循环系统，使反应物多次通过催化膜与活性组分充分接触，得到高产率的产物[175,176]。

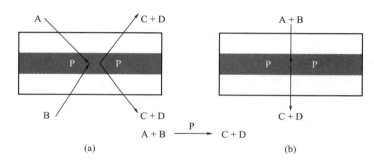

图 16-19　接触型膜反应器过程示意图

16.3.4.1　催化膜的制备

　　影响接触型膜反应器性能的因素除了操作条件（如反应物流速、操作压力、温度、反应物浓度、反应物流动方式等），催化膜的性能（如催化组分的活性、催化膜的比表面积、膜的通量等）至关重要。由于催化反应主要是在活性组分的表面进行，而反应物在接触型膜反应器中的停留时间短，因此，首先要根据具体的催化反应过程（反应体系的性质、压力、温度）和反应物的流通量，选择适宜材质和孔径的多孔膜，然后再使催化活性组分固载于膜孔表面。为达到更好的反应效果，负载的催化剂活性组分的目标是粒径小、负载量高、分散度好且与载体之间的结合力强。

　　催化膜的制备方法不仅会影响活性组分的负载量、形貌，而且会影响活性组分在膜上的分布。浸渍法是一种常用的制备方法，即把预先制备好的载体置于含有催化剂的溶液中浸渍一定时间后，进行还原、活化以及干燥等后处理工艺而得到催化膜。该法制得的催化膜中催化剂与膜之间结合力较弱，在实际使用中易发生催化剂剥离而导致催化膜催化活性下降。另外，此法制备的催化膜中的催化剂负载量往往不能得到保证，膜催化效率因此受到影响。化学方法主要引入化学作用力或者化学键将催化活性基团连接在载体上，这样可以有效增加金属颗粒与膜之间的结合力，限制反应过程中金属颗粒的脱落，克服浸渍法易产生的催化剂流失的缺点，显著提高催化膜的催化活性和催化稳定性[177-179]。

目前，关于催化膜制备方法的研究主要集中在一些新型制备方法的开发与研究以及改进常规的制备方法两方面。国内外的研究学者研究了不同制备方法对催化膜催化性能的影响[180,181]，并开发了一些新型的制备方法（如强制对流法[182]、静电纺丝技术[183-185]、离子交换法[186,187]、相转化法[188-190]、无电沉积法[191,192]、水热法[193,194]等）或在原有方法的基础上进行了改进[195-197]，均显著提高了催化膜的催化性能。

16.3.4.2　催化加氢反应

接触型膜反应器在串联反应中发挥着很重要的作用。如果中间产物是目的产物，如何控制串联反应中间目标产物的选择性是研究者致力解决的问题。串联反应中间产物的选择性主要受固定床反应器中催化剂颗粒孔内扩散的影响，因此，为了排除或减少内扩散，提高中间产物的选择性，可采用悬浮态的粒径较小的催化剂，但是此举会带来催化剂的分离问题。接触型膜反应器在消除内扩散和强化传质方面表现出较大的优势，在催化加氢、脱氢和氧化等反应领域具有广泛的应用前景。

在催化加氢反应领域，接触型多孔膜反应器可以应用于炔烃和烯烃[198-200]、芳烃[201-204]的加氢反应，以及水中硝酸盐的加氢反应[205-207]等。

炔烃及烯烃加氢是精细化工和有机合成工业中一类重要的反应，多数情况下它们是串联反应。烃类裂解制烯烃过程中，生成乙烯、丙烯、丁烯和丁二烯的同时产生部分炔烃和二烯烃，而炔烃和二烯烃在烯烃后加工过程中是有害杂质，通过选择加氢使之变为相应的单烯烃是有效的方法。接触型膜反应器的应用研究有很大一部分与这类反应有关。目前已研究的通过接触型多孔膜反应器催化加氢的炔烃和烯烃有很多，如丙炔[208]、α-甲基苯乙烯[209]、1,5-环辛二烯[210]等，在适宜的反应条件下，均得到较好的转化率和选择性。

应用多孔膜提高气液接触面积的优点在硝酸盐加氢还原脱氮过程中也得到证实。硝酸盐加氢催化还原生成氮气具有高效、无二次污染等优点，是水处理过程中应用前景好的一种脱氮技术。此反应是多步的串并联反应，先部分还原生成亚硝酸盐，再进一步还原生成 N_2 与 NH_4^+。反应过程中会生成毒性较高的中间产物，如亚硝酸盐、铵根离子和气体 NO_x，如何设计反应器使这些中间产物不排放或者控制在排放范围内，是研究者致力解决的问题。当使用颗粒催化剂催化该反应时，催化活性受到内扩散的影响，减小催化剂粒径至微米级，仍不能排除内扩散的影响，且内扩散使得反应生成的羟基不能及时从反应位置移除，反应的 pH升高，带来氨的生成，从而降低了 N_2 的选择性。采用 Pd-Cu 双金属陶瓷催化膜可强化孔间传质，降低催化剂颗粒孔内扩散。在流通式催化膜反应器中进行硝酸盐的加氢反应，反应效果显著，且催化活性随着反应混合物透过膜孔的流速以及膜孔径的增加而增加[205]。

16.3.4.3　催化脱氢反应

在催化脱氢反应领域，接触型多孔膜反应器可以应用于 C_2～C_5 低碳烃脱氢制烯烃[81-83]、有机液体氢化物脱氢[211-213]等反应过程中。

如丙烷脱氢制丙烯反应过程中，采用多功能 Pd/氧化铝中空纤维膜构建催化膜反应器，可以得到更高的丙烯选择性且时空产率能够增加一个数量级[209]。所用催化膜的载体为具有独特非对称孔结构的中空纤维膜，由海绵状的外层和指状孔的内层组成，在外层涂覆有一层薄的且无缺陷的钯膜，在内层负载有 Pt（质量分数 1%）/SBA-15 催化剂。功能化的氧化铝中空纤维膜的表面积/体积比高达 1918.4m²/m³，催化剂表面积为 31.8m²/g。由于此膜具有容易沉积金属纳米颗粒、比表面积大等优势，在水-气转化反应和蒸气重整反应领域同样具有潜在的应用价值。氢能载体甲基环己烷脱氢制氢气过程中，采用 Pt/Al₂O₃ 催化剂与具有氢气选择性的有机硅膜结合制备催化膜，由于有机硅膜具有较高的氢气选择渗透性，在反应过程中氢气能够不断地透过膜转移出去，因此甲基环己烷的转化率显著高于平衡转化率（44%～86%），获得的氢气纯度大于 99.8%[212]。

16.3.4.4　催化氧化反应

在催化氧化反应领域，接触式膜反应器的应用之一是烃类的选择性催化氧化，如甲烷的部分氧化[214-216]、丙烯氧化制丙烯醛[217,218]等反应。烃的选择性催化氧化过程较难进行，因为一般作为目标产物的中间产物比初始烃的反应活性更高，从而中间产物选择性很低。接触型膜反应器将氧气和烃反应物隔开，同时膜本身给反应提供反应接触面，避免了目标产物与氧气的长时间接触，且规避了反应环境的安全隐患。

接触型膜反应器也能够有效应用于工业废水中溶解混合物的去除过程中，如甲酸废水[219]、苯酚废水[220]，有效降低化学需氧量 COD 和总有机碳 TOC。湿式氧化法是废水处理过程中的主要工艺之一，一般在高温条件下的传统反应器中进行，采用非催化过程或者均相催化剂。催化湿式氧化法处理废水过程可在基于含有非均相纳米颗粒在表层的多孔陶瓷膜构建的气-液接触膜反应器中进行[221]。气相和液相反应物从膜的两侧进入膜中发生反应，更利于反应物与催化剂接触，从而使转化率明显提升[222,223]。与传统焚烧或者湿式氧化过程相比，膜反应器的操作温度和操作压力更低。相较于生物处理过程，膜反应器的占地面积更小。

接触式膜反应器除了在加氢、脱氢和氧化反应方面应用广泛外，在酯化反应[224-227]、脱氯反应[228-230]、光催化[231,232]等方面也有很多的应用。

16.4　面向气相催化反应过程的致密膜反应器

16.4.1　概述

化学工业包括石化及生物化工等，在我国以及世界经济生产中占据着重要的地位，很大程度上决定了能源与资源消耗和污染排放的水平。而作为化学工业核心环节的化学反应过程（催化反应等）以及分离过程（精馏等）的能耗成本占据了大部分的总生产成本，发展高效分离及催化反应过程是实现化学工业节能减排的重要途径，对我国化学工业的绿色化及可持续发展具有重要意义。膜技术以其节约能源和环境友好的特征，已经发展成为产业化的高效节能过程和先进的单元操作过程，在许多相关行业中有着广泛的应用前景[233-236]。膜及膜技术的研究进展推动了耦合技术的发展，将膜过程与反应及分离过程结合起来，形成新的膜耦合过程，即催化膜反应器（catalytic membrane reactor，CMR），已成为过程强化技术的重要方向。

催化膜反应器并不是简单的将膜分离和催化反应集成在一个单元内，而是将两个过程耦合起来，在实现高效反应的同时，实现物质的原位分离，使反应分离一体化，简化工艺流程，提高生产效率，由此带来了化工生产过程的节能减排，以及绿色化和可持续化。膜反应器的主要功能包括选择性产物分离、截留催化剂、反应物分布及进料以及作为催化剂载体（膜本身也可以为催化剂）[233-236]。陶瓷膜因其构成基质为无机材料及其特殊的微纳多孔结构，具有优秀的抗污染能力、高温下的长期稳定性、对酸碱及溶剂的优良化学稳定性、高压下的机械稳定性以及使用寿命长等优点，因此被广泛用于催化膜反应器。致密混合导体氧渗透膜常被用于致密膜反应器当中。混合导体氧渗透膜是一类同时具有氧离子传导性能和电子导电性能的陶瓷膜，目前膜反应器中采用的混合导体材料大部分为钙钛矿型的金属氧化物，此类膜对于氧气理论选择性为 100%，可以和很多催化过程进行耦合，如用于天然气的转化[237-244]、制氢[245-248] 及温室气体处理[249-251]。

16.4.2　致密膜反应器中膜的功能

致密反应器中膜的功能可以分为：膜分布、选择性分离及多反应耦合。如图 16-20 所示。

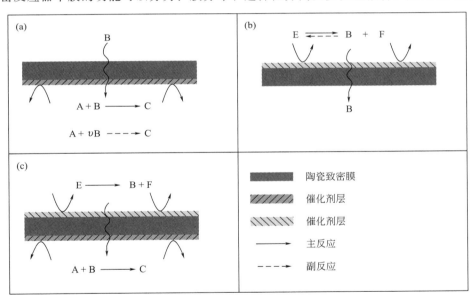

图 16-20　致密催化膜反应器中膜功能及其应用
（a）膜分布；（b）选择性分离；（c）多反应耦合

16.4.2.1　膜分布[252]

膜分布功能利用了膜的分离功能即膜有选择性透过不同物质的能力。膜的选择渗透性表现为不同物质渗透速率的不同。在极端情况下，一些物质可完全渗透，另一些物质则完全截留。同时区别于传统反应器进料方式，利用膜可以实现反应物的均匀可控进料，如图 16-20（a）所示。这种类型的膜反应器可用于连续和平行反应，典型的例子是用于部分氧化[237-241]、氧化偶联[242-244]、碳氢化合物氧化脱氢[253-255] 等反应中。这类反应中，利用膜为分离媒介，通过控制氧气的进料速率，实现低压条件下的反应侧氧气进料，从而促进反应的转化率以及选择性。

16.4.2.2　选择性分离[252]

选择性产品移除。化学反应中，某些条件下反应的转化率的提高可以通过移除特定的产物，打破反应化学平衡，促进反应向生成物方向进行而实现。利用致密膜对某一物质的单一选择性，实现特定反应产品的移除，如图 16-20(b) 所示。在以混合导体为膜材料的致密膜反应器中，因为混合导体膜对氧气的单一选择性，因此可以被用来构建反应产物中有氧气的气相反应[246-250,256,257]，如二氧化碳热分解、水分解制氢、氮氧化物分解等含氧化合物分解反应。

16.4.2.3　多反应耦合

如图 16-20(c) 所示，膜将反应器分隔成两部分，膜一边的反应产物 B 将通过膜渗透至另一边作为另一反应的反应物。膜对 B 应具有高的分离系数，成为耦合两个反应的纽带。在此类膜反应器中，利用膜传递与膜两侧的反应都有关的关键物质，可使两侧反应都得到较高的转化率。同时在某些情况下，通过适当地选择膜两侧反应，将放热反应与吸热反应的耦合，实现反应器中能量的利用与调控，甚至实现自热反应。膜反应器中可以实现多种反应同时高效进行的特性，使之成为目前该领域的研究热点之一。如在以混合导体膜构建的致密膜反应器中，可以将含氧化合物（如二氧化碳、氮氧化物及水）分解反应与需氧反应（如甲烷部分氧化反应）进行耦合[249,250,256-258]。在膜反应器中，膜一侧分解反应产生的氧气由膜传递到膜的另一侧，在催化剂的作用下，氧气与甲烷反应，产生一氧化碳及氢气等。这样的一个膜反应器设计在实现两个反应高效进行的同时，也实现了膜反应过程的绿色节能。

16.4.3　致密膜反应器中膜的构型及制备

膜构型很大程度上决定了膜反应器的性能及可靠性。目前致密膜反应器中常用的三种膜构型主要分为平板式（片式）膜、管式膜以及中空纤维膜，目前常用的膜构型如图 16-21 所示。

16.4.3.1　片式膜及平板式膜

片式膜制备过程简单，但受限于其较小的膜面积，大多用于实验室中动力学的相关研究。而板式膜通过流延法可以进行大规模制备[259-261]，如图 16-21(a) 所示，多个板式膜构成的堆状结构可以极大地扩展膜组件使用面积。但同时这样的设计又会带来一些如高温密封等方面的工程技术难题。

混合导体膜的氧渗透通量与膜厚有着非常密切的关系，通量随着膜厚的降低而显著增大（直到膜厚达到其特征厚度）[277,278]。然而当致密膜层厚度过分小时（通常低于 $500\mu m$），陶瓷膜本身较大的脆性导致其无法实现自支撑，从而膜在实际使用过程中非常容易断裂或破碎。这亦是片式膜所存在另一个不足之处。解决方法通常是采用非对称的膜结构，使用具有较高机械强度的多孔膜层为支撑体，再在支撑体上通过一定的方法制备一层薄的致密分离膜层（如图 16-22 所示），这样的结构在一定程度上解决了片式膜中分离膜层厚度与膜机械强度之间的矛盾，扩展了上述膜构型的应用前景。非对称膜或是担载膜制备过程中需要考虑的

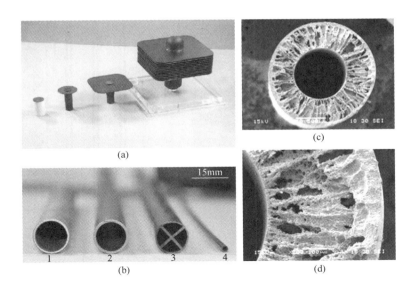

图 16-21　常见的致密催化膜反应器中膜的构型

（a）片式膜及平板式膜；（b）管式膜；（c）和（d）中空纤维膜

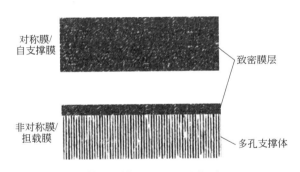

图 16-22　无机致密膜构型

因素包括[279]：

① 不同层间的热及化学相容。

② 不同层间较强结合力。

③ 致密无缺陷的分离层。

目前常用的非对称片式膜制备方法包括喷涂法、共压法等，烧结过程中可以采用"共烧结"的方法提高非对称膜的制备成品率。共烧结方法中，需要在支撑体生坯上直接制备分离层，然后再经过热烧结，实现两层间的同步共烧结[280-286]。

16.4.3.2　管式膜

管式膜在一定程度上解决了片式膜和板式膜中的高温密封难题，可以通过塑性挤出[263-266]亦或是等静压[262,267-269]的方法实现大规模制备。鉴于管式膜长管式的结构，可以通过将密封端置于高温区域外围，实现低温区域内的密封，即冷端密封[270]，从而达到简单可靠的密封效果。在此种密封方法下，密封材料的选择就不仅仅限于昂贵的金属（如金或银）或玻璃密封材料[273-276]，而是可以采用低成本的有机材质密封材料[271,272]。如图 16-23

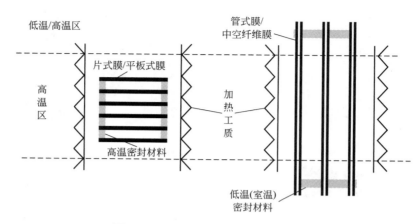

图 16-23　膜反应器中膜构型与密封方式

所示。

　　但是，管式膜在实际应用中也存在一定的缺陷，主要是因为其制备方法导致的较厚的管壁及较大的几何尺寸，从而使得管式膜在组件中的装填面积较小，限制了其工业化应用。类似于片式膜，管式膜中亦可以采用非对称结构，但塑性挤出以及等静压制备过程中较难以实现非对称结构，因此可以采用"旋转喷涂"的方法，即将分离层浆料直接喷涂在管式支撑体生坯之上，喷枪轴向往复运动，支撑体绕中心轴同步旋转，再结合"共烧结"技术实现管式非对称膜的制备。

16.4.3.3　中空纤维膜

　　中空纤维膜因其独特的非对称结构受到了广泛的关注。通过相转化法[287-290]得到的中空纤维膜具有天然的非对称结构（指状层及海绵状层）、管径小（一般小于 1mm）、装填面积大和超薄的分离膜层（通常小于 $50\mu m$）。如图 16-24 所示。这些特性导致膜具有非常大的气/固界面面积以及低的传质阻力，使得膜在氧通量上具有明显的优势。然而，此类膜也存在一些不足，如较低的机械强度，这种不足在单通道的中空纤维膜上表现尤为明显。而采用多通道的中空纤维膜结构在提供更多渗透面积的同时可以明显地提高中空纤维膜的机械强度[291-294]。

16.4.3.4　催化剂装填方式

　　致密膜反应器中，涉及的化学反应大多需要催化剂的参与，根据不同的膜构型，催化剂在膜反应器中的装填方式也有三种类似的形态，如图 16-25 所示。

　　（a）催化剂填充在膜和器壁的空腔内。此种催化剂装填方式几乎适用于所有的膜结构，此类方法简单易行，可操作性强，适用于大多数催化剂。此类设计类似于固定床催化反应器的设计，因此也具有固定床反应器的一些缺点，如传热及传质差等。

　　（b）催化剂沉积在膜的表面。此种催化剂装填方式也适用于大多数膜结构，通过沉积、喷涂等方法制备一层催化剂层与膜表面，厚度可以控制在微米级，因此可以克服前一种方法中的传热和传质问题。但是，此种方法中使用负载型催化剂的难度较大，大多采用同质催化剂（与膜材料同质）、金属、金属氧化物等非负载型催化剂。

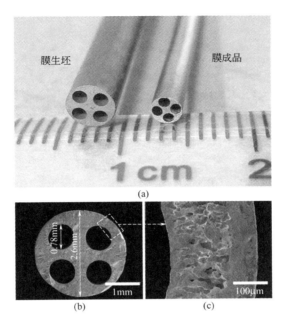

（a）

（b）　　　　　（c）

图 16-24　（a）多通道中空纤维膜生坯及成品照片以及（b）、（c）膜断面 SEM 表征图[279]

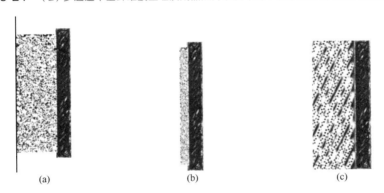

（a）　　　　　　　（b）　　　　　　　（c）

图 16-25　致密催化膜反应器中催化剂装填方式
（a）催化剂填充在膜和器壁的空腔内；（b）催化剂沉积在膜的表面；
（c）催化剂固载在膜孔内

（c）催化剂固载在膜内。催化剂可以固载在膜结构中存在的多孔部分，因此此类催化剂填充方式适用于非对称膜。非对称中多孔支撑体的丰富孔道结构以及较大的比表面积为催化剂提供了更多的负载位点，一定程度上可以提高催化效率。

（d）中空纤维膜内催化剂装填方式。中空纤维膜可以采取图 16-25(a)、（b）的装填方式。同时，中空纤维膜具有特殊的多孔结构（多孔层可以分布在致密层两侧或者一侧），其丰富的指状孔一方面可以为催化剂提供非常大的负载面积，提供更多的催化活性位点，另一方面其指状孔设计也有利于降低气体分子在孔内的传质阻力，提高反应效率。如图 16-26 所示。

16.4.4　致密膜反应器在催化反应中的应用

混合导体氧渗透膜适用于氧和二氧化碳分解、水分解、氮氧化物分解以及制氢等，在能

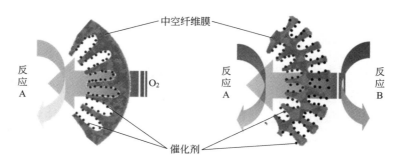

图 16-26 中空纤维膜中利用指装孔的催化剂负载方式

源环境相关领域具有良好的应用前景。

16.4.4.1 涉及烃类氧化的反应

表 16-20 列出了膜反应器中涉及烃类氧化的反应。其中甲烷是膜反应器应用对象中研究最为广泛的重要气相烃类。天然气的主要成分为甲烷（70%～90%），在相当长的一段时间里，天然气主要用于简单的燃烧以提供热能。在当前世界范围内能源紧缺的形势下，天然气资源转化利用的关键问题在于如何低成本地将其转变为液体化学品（甲醇等）和燃料（氢气、汽油、柴油等）。由于在现有工业条件下，天然气的直接转化（如甲烷氧化偶联制乙烯等）过程收率低，难以满足工程化的需要。因此天然气转化利用的核心是如何低成本地由天然气制备合成气（$H_2 + CO$），再进一步合成氨、甲醇等化学产品和燃料，即天然气的间接转化路线。

表 16-20　膜反应器中涉及烃类氧化的反应

膜反应	反应式	$\Delta H_{298K}^{0}/(kJ/mol)$	公式编号
甲烷部分氧化	$CH_4 + \frac{1}{2}O_2 \longrightarrow 2H_2 + CO$	-35.7	(16-40)
甲烷氧化偶联制乙烯	$2CH_4 + O_2 \longrightarrow C_2H_4 + 2H_2O$	-281.8	(16-41)
甲烷氧化偶联制乙烷	$2CH_4 + \frac{1}{2}O_2 \longrightarrow C_2H_6 + H_2O$	-176.9	(16-42)
甲烷直接氧化制苯	$6CH_4 + \frac{9}{2}O_2 \longrightarrow C_6H_6 + 9H_2O$	-943	(16-43)
甲烷二氧化碳干重整	$CH_4 + CO_2 \longrightarrow 2CO + 2H_2$	247.3	(16-44)
甲烷水汽重整	$CH_4 + H_2O \longrightarrow CO + 3H_2$	206.1	(16-45)
乙烷氧化脱氢制乙烯	$C_2H_6 + \frac{1}{2}O_2 \longrightarrow C_2H_4 + H_2O$	-104.9	(16-46)
丙烷氧化脱氢制丙烯	$C_3H_8 + \frac{1}{2}O_2 \longrightarrow C_3H_6 + H_2O$	-117.5	(16-47)

甲烷部分氧化反应（POM）不仅是一个微放热反应，还具有转化率高、选择性高、反应能耗小、产物组成 $H_2 : CO$ 接近 2∶1，满足下游产品（甲醇、高碳烃等）生产的理想进料配比等优点，因而受到更多研究者的关注。传统工艺采用固定床反应技术实现 POM 反应过程，虽然目前已有大量高活性、价格低廉的相关催化剂报道，但该反应过程距离大规模工业化应用还存在一定距离，主要原因在于：①该反应适宜温度在 800～900℃，在此高温下催化剂活性很强，使用普通固定床反应器极易发生飞温失控，如何有效控制反应过程是其工

业化需要解决的问题；②该反应需要消耗纯氧，如采用传统的氧分离技术（如深冷法或变压吸附）制备纯氧，将显著增加产品的生产成本，与以石油为原料的生产工艺相比没有明显的技术、经济优势。

而针对甲醇水蒸气重整制氢（SRM）反应，该过程制得富含氢的合成气（H_2：CO 接近 3∶1），再经过水汽变换反应（WGS）生成 H_2 和 CO_2，CO_2/H_2 分离获得氢。世界约一半的氢是通过 SRM 生产的。尽管 SRM 工艺是成熟的，但该工艺操作同样受到理论平衡限制，能耗高、设备庞大，并且需很高的成本才能获得高纯度的用于燃料电池汽车等领域的氢气。因此，如何降低 POM 及 SRM 反应过程的投资及操作费用是该过程工业化所面临的一个关键问题。

利用混合导体材料对氧的绝对选择性，采用混合导体氧渗透膜反应器实现甲烷转化过程也因此受到人们广泛关注。以 POM 反应为例，甲烷和空气分别由管程和壳程入口引入 POM 反应器，POM 反应所需的纯氧由氧渗透膜经空气分离提供[296,297]。该反应器操作有望解决常规固定床反应器所面临的一些问题，主要体现在：①反应原料甲烷和氧气没有经过预混合，有利于提高产物的选择性和反应过程的安全性；②反应需要的氧气由膜分离获得，该分离方式无需外部提供电能，节约了大量的操作费用；③反应过程中产生的热量用于加热氧分离膜，构成了自热反应系统；利用膜管壁控制反应进料量，能够有效控制反应进度，同时通过膜表面缓和供应氧气，避免放热反应可能带来的飞温失控。

与固定床反应技术相比，采用膜反应器技术实现 POM 反应过程，不仅可以直接以空气作为氧源向 POM 反应动态提供所需的纯氧，从而显著降低了氧气分离的投资和操作成本，还将纯氧分离与 POM 反应集成在一个反应器中进行，预计比传统的氧分离设备降低操作成本 30% 以上。因此混合导体氧渗透膜反应器技术被认为是天然气转化过程中最具应用前景的技术路线之一。目前，此类膜反应器进一步工业化过程中存在的问题很多，较为突出的是其在运行过程中的长期稳定性。而提高反应器的稳定性，通常的做法是从膜材料入手，这就需要膜材料本身在复杂或者是苛刻气氛条件下（CO_2、H_2、H_2O、H_2S 等）具有较高的稳定性，同时还需要保持较高的氧渗透通量，这对于单一材料或者单一组成的膜提出了严峻的挑战（如表 16-21 所示），需要特别注意平衡膜稳定性和通量之间的关系。

表 16-21　混合导体膜在 POM 反应中的稳定性

膜材料	膜厚 /mm	催化剂	测试时间/h	温度 /℃	进料/吹扫气	氧通量 /[mL/(cm^2·min)]	参考文献
$BaCo_{0.4}Fe_{0.4}Zr_{0.2}O_{3-\delta}$	1.0	$LiLaNiO_x/\gamma\text{-}Al_2O_3$	2200	850	空气/50% CH_4+He	5.4~5.8	[295]
$Ba_{0.5}Sr_{0.5}Co_{0.8}Fe_{0.2}O_{3-\delta}$	—	$LiLaNiO_x/\gamma\text{-}Al_2O_3$	500	875	空气/CH_4	8	[298]
$Ba_{0.5}Sr_{0.5}Zn_{0.2}Fe_{0.8}O_{3-\delta}$	1.25	Ni 基催化剂	65	900	空气/50% CH_4	2.55	[299]
$BaCo_{0.4}Fe_{0.5}Ta_{0.1}O_{3-\delta}$	0.7	Ni 基催化剂	400	900	空气/CH_4+He	16~17	[300, 301]
$BaCo_{0.7}Fe_{0.2}Nb_{0.1}O_{3-\delta}$	1.0	Pt,Rh,Ru/$MgAlO_x$	700	900	空气/CH_4	20	[302-304]
$SrCo_{0.4}Fe_{0.4}Zr_{0.1}O_{3-\delta}$	0.2	Ni/Al_2O_3	>1000	850	空气/CH_4+He	6.2	[305]

膜材料	膜厚/mm	催化剂	测试时间/h	温度/℃	进料/吹扫气	氧通量/[mL/(cm²·min)]	参考文献
$Sr_{1.7}La_{0.3}GaZrO_{3-\delta}$	1.7	Ni 基催化剂	>1000	900	空气/CH_4	1~1.3	[306]
$La_{0.5}Sr_{0.5}Ga_{0.8}Fe_{0.2}O_{3-\delta}$	0.15	Rh/Al_2O_3	696	850	空气/CH_4	0.336	[307]
$Sr_{1.7}La_{0.3}Al_{0.6}Fe_{1.4}O_{5+\delta}$	0.8~1.0	Ni/Al_2O_3	3400	900	空气/CH_4+He	4.2	[308]
$Ba_{0.5}Ce_{0.15}Fe_{0.85}O_{3-\delta}$	1.5	$LiLaNiO_x/\gamma\text{-}Al_2O_3$	160	850	空气/CH_4+He	3	[309]
$BaCe_{0.1}Co_{0.4}Fe_{0.5}O_{3-\delta}$	1.0	$LiLaNiO_x/\gamma\text{-}Al_2O_3$	>1000	875	空气/CH_4	8.9	[310]
$La_{0.5}Sr_{0.5}FeO_{3-\delta}$	1.0	Ni 基催化剂	7500	850	空气/CH_4	3.0	[311]
质量分数 9% $YSZ\text{-}SrCo_{0.4}Fe_{0.6}O_{3-\delta}$	1.8	Ni/Al_2O_3	220	850	空气/CH_4+He	4.5	[312]
质量分数 3% $Al_2O_3\text{-}SrCo_{0.8}Fe_{0.2}O_{3-\delta}$	1.3	Ni/Al_2O_3	>500	850	空气/CH_4+He	2.3	[313]
质量分数 5% $SrAl_2O_4\text{-}SrCo_{0.8}Fe_{0.2}O_{3-\delta}$	1.0	Ni/Al_2O_3	1200	850	空气/CH_4+He	8	[314]
$(SrFe)(SrAl_2O_4)_{0.3}O_z$	0.9	Pt/Al_2O_3	200	850	空气/50% CH_4+He	—	[315]
$(SrFe)(SrAl_2O_4)_{0.3}O_z$	1.25	$Pt/LaNiO_3/Al_2O_3$	280	850~900	空气/CH_4+CO_2+He	—	[316]
$Ce_{0.8}Gd_{0.2}O_{2-\delta}\text{-}Ga_{0.7}Sr_{0.3}FeO_{3-\delta}$	0.5	$LiLaNiO_x/\gamma\text{-}Al_2O_3$	450	950	空气/CH_4	2~5	[317]
$Ce_{0.85}Sm_{0.15}O_{2-\delta}\text{-}Sm_{0.6}Sr_{0.4}FeO_{3-\delta}$	0.6	$LiLaNiO_x/\gamma\text{-}Al_2O_3$	630	950	空气/CH_4	4	[318]
$Ce_{0.85}Sm_{0.15}O_{2-\delta}\text{-}Sm_{0.6}Sr_{0.4}Fe_{0.7}Al_{0.3}O_{3-\delta}$	0.5	$LiLaNiO_x/\gamma\text{-}Al_2O_3$	1100	950	空气/CH_4	4.3	

16.4.4.2　涉及氧化物分解反应

此类反应中典型的就是膜反应器中二氧化碳分解反应。为了实现 CO_2 的资源化利用，许多科学家致力于 CO_2 的化学转化和生物转化研究。化学转化主要是以 CO_2 为原料合成甲醇、甲酸甲酯、碳酸二甲酯、聚碳酸酯等化工产品，达到循环利用的目的；或者将 CO_2 用于碳纤维、工程塑料、沥青、建材等的生产，进行永久固碳。生物转化是利用植物的光合作用将 CO_2 转化为碳水化合物，这是 CO_2 有效利用中最理想的方法之一。但是这种方法对环境的要求较高（必须适合植物生长）。CO_2 的另一种资源化利用方法是将其直接分解为 CO 和 O_2。

$$CO_2 \longrightarrow CO + \frac{1}{2}O_2 \qquad \Delta H^0_{298K} = 276kJ/mol \tag{16-48}$$

分解产生的 CO 可作为合成多种化工产品（如甲醇、甲醛、异氰酸酯、草酸二乙酯、二甲基甲酰胺等）的重要原料，氧气可作为大宗化学品。然而，该反应是一个强吸热过程，必须在高温下才能实现。而且，受热力学平衡的限制（在 1173K 时 CO_2 的平衡转化率仅为

0.00052%)，该反应在传统反应器中是难以实现的。利用混合导体氧渗透膜与反应过程相集成，可以将二氧化碳分解的氧气移出反应区而打破化学反应平衡的限制[317-322]。此方法理论上适用于一切含氧化合物（气相或可汽化气体）的分解，目前研究较多的还包括氮氧化物分解以及水分解。

$$H_2O \longrightarrow \frac{1}{2}O_2 + H_2 \qquad \Delta H^0_{298K} = 241.8kJ/mol \qquad (16\text{-}49)$$

$$NO \longrightarrow \frac{1}{2}N_2 + O^* \qquad (16\text{-}50)$$

$$N_2O \longrightarrow N_2 + O^* \qquad (16\text{-}51)$$

但是需要注意到的是，单纯的分解反应经过固定床反应器转化率有所提升，但是仍然无法达到实际应用的要求，例如，使用惰性气体为渗透侧吹扫气体，二氧化碳的转化率只有5%不到。这是由于氧渗透驱动力小（膜两侧氧分压梯度差较小）的原因造成的，因此可以通过在膜另一侧引入其他需氧反应，进一步降低膜渗透侧氧分压，提高氧渗透驱动力，从而促进二氧化碳的分解反应。

16.4.4.3　涉及多个催化反应耦合

基于透氧膜的多反应耦合反应器中，通常的设计理念是膜一侧反应为分解反应，分解产物之一有氧气，膜另一侧反应为氧化反应，反应物中需要氧气。很显然，分解反应产生的氧气可以通过透氧膜的选择透过到达膜的另一侧供给氧化反应。因此理论上前两节涉及的膜反应可以通过合理组合构成多催化耦合膜反应器。以二氧化碳耦合甲烷部分氧化耦合膜反应器为例，此膜反应器如将二氧化碳热分解与甲烷部分氧化制合成气耦合在一个反应器中新的膜反应过程[317-322]，实现了1173K下二氧化碳的热分解，转化率达到15.8%，这是一个有可能取得重大创新突破的新领域。又例如，将一氧化二氮分解［式(16-51)］与甲烷水汽重整［式(16-45)］反应耦合，在875℃，氮氧化物进料浓度为5%~50%时，氮氧化物转化率接近100%。而使用一氧化氮替代一氧化二氮，同样在875℃时，转化率仍然接近100%，氮气选择性超过95%。

同时在某些情况下，通过适当地选择膜两侧反应，将放热反应与吸热反应耦合，实现反应器中能量的高效利用，甚至实现自热反应[323]。水分解是典型的吸热反应而甲烷部分氧化为放热反应，将两者耦合在同一膜反应器当中，甲烷部分氧化产生的热量可以用于补偿水分解吸热反应所需的热量，这样的一个过程降低了反应器飞温的危险，减少了反应器对反应条件变化的敏感性和热量损失，提高了两侧反应的转化率和选择性，例如，950℃时，甲烷转化率为70%，一氧化碳选择性达到60%，而氢气产率可以达到$3.5cm^3/(cm^2 \cdot min)$。又如将乙醇氧化重整与水分解制氢耦合在膜反应器中，构建新型的自热膜反应器。在750℃条件下，膜反应器管层和壳层的氢气产率可以分别达到6.8mL(STP)/(min·cm²)和1.8mL(STP)/(min·cm²)。

符号表

a	分离系数

A	膜面积，m^2
d_m	膜平均孔径，m
d_p	颗粒平均直径，m
h	滤饼层厚度，m
ΔH^0_{298K}	反应热，kJ/mol
J	渗透通量，$L/(m^2 \cdot h)$
J_0	膜纯水渗透通量，$L/(m^2 \cdot h)$
k	堵塞因子
L_h	膜管长度，m
p	操作压力，Pa
p_b	反冲压力，Pa
Δp	操作压差，Pa
Q	物料处理量，t/h
r	膜管半径，m
R_L	滤饼层阻力，m^{-1}
R_m	堵塞后膜的阻力，m^{-1}
R_{m0}	膜本身的阻力，m^{-1}
t	过滤时间，h
t_b	反冲周期，h
T	温度，K
u	错流速率，m/s
v	渗透速率，m/s
V	过滤液体积，m^3
α	膜的比阻，m^{-2}
δ	膜的厚度，m
ε	滤饼层孔隙率
ε_m	膜污染后的孔隙率
ε_{m0}	新膜孔隙率
θ	接触角，（°）
μ	流体黏度，$Pa \cdot s$
ρ	流体密度，kg/m^3
τ	膜孔曲折因子

参考文献

[1]　Michaels A S. Advances in separations and purifications [J]. Chem Eng Progt, 1968, 64（12）: 31.

[2]　Rony P R. Multiphase catalysis（Ⅱ）: Hollow fiber catalyst [J]. Biotech Bioeng, 1971, 13: 431.

[3]　Wang D I C, et al. Application of ultrafiltration for enzyme retention during continuous enzymatic reaction [J].

Biotechnology and Bioengineering, 1970, 12: 615.

[4] Drioli E, Nakagaki M. Membranes and Membrane Processes [M]. Germany: Springer, 2013.

[5] Knazek R A, et al. Cell-culture on artificial capillaries-approach to tissue growth in-vitro [J]. Science, 1972, 178: 65.

[6] Ku K, et al. Development of a hollow-fiber system for large-scale culture of mammalian-cells [J]. Biotech Bioeng, 1981, 23: 79.

[7] Tharakan J P, et al. A radial flow hollow fiber bioreactor for the large-scale culture of mammalian-cells [J]. Biotech Bioeng, 1986, 28: 329.

[8] Inloes D S, et al. Ethanol-production by nitrogen-deficient yeast-cells immobilized in a hollow-fiber membrane bioreactor [J]. Applied Microbiology and Biotechnology, 1985, 23: 85.

[9] Matson S L. Membrane reactors [D]. Philadephia, PA: Univensity of Pennsylvania, 1979.

[10] Matson S L. Quinn J A. Membrane reactors in bioprocessing [J]. Ann N Y Acad Sci, 1986, 469: 152.

[11] Matson S L. Multiphase asymmetric membrane reactor systems: US 4795704 [P]. 1989-01-03.

[12] Matson S L. Multiphase and extractive membrane reactor systems: US 4800612 [P]. 1989.

[13] Lopez J L, et al. Multiphase membrane reactors for separating stereoisomers [J]. Ann N Y Acad Sci, 1990, 613: 155.

[14] 虞星炬. 膜生物反应器研究进展 [J]. 化工进展, 1993, 1: 11.

[15] Gryaznov V M, et al. Hydrogenation and dehydrogenation of organic-compounds on membrane catalysts (review) [J]. Khim-Farm Zh, 1979, 13: 74.

[16] Gryaznov V M. Hydrogen permeable palladium membrane catalysts [J]. Plat Met Rev, 1986, 30: 68.

[17] Gryaznov V M. Surface catalytic properties and hydrogen diffusion in palladium alloy membranes [J]. Z Phys Chem Neue Folge, 1986, 147: 761.

[18] Kararanov A N, et al. Hydrogenation of acetylenic and ethylenic alcohols in the liquid-phase on membrane catalysts consisting of binary-alloys of palladium with nickel and ruthenium [J]. Kinet Catal, 1984, 25: 56-60.

[19] Hsieh H P. Inorganic membranes [J]. AICHE Symp Ser, 1988, 84: 261.

[20] Hsieh H P. Inorganic membrane reactors [J]. Catal Rev-Sci Eng, 1991, 33: 1.

[21] Zaman J, et al. Inorganic membrane reactors [J]. J Membr Sci, 1994, 92: 1-28.

[22] Saracco G, et al. Catalytic inorganic-membrane reactors-present experience and future opportunities [J]. Catal Rev-Sci Eng, 1994, 36: 305.

[23] Haggin J. Membranes play growing role in small-scale industrial processing [J]. Chem Eng News, 1988, 11: 25.

[24] Saracco G, et al. Current hurdles to the success of high-temperature membrane reactors [J]. Journal of Membrane Science, 1994, 95: 105.

[25] Roth J F. Future opportunities in industrial catalysis [J]. St Surf Sci Catal, 1990, 54: 3.

[26] Cuy C. Membrane reactors-possibilities of application in the petroleum and petrochemical industry [J]. Rev I Institut Francais Petrole, 1992, 47 (1): 133.

[27] 叶金标, 马志启, 袁权. 选择惰性膜或催化膜准则 [C]. 大连: 第一届全国膜和膜过程学术报告大会, 1991: 456.

[28] Sloot H J, et al. A nonpermselective membrane reactor for chemical processes normally requiring strict stoichiometric feed rates of reactants [J]. Chem Eng Sci, 1990, 45 (8): 2415.

[29] Sloot H J, et al. High-temperature membrane reactor for catalytic gas-solid reactions [J]. AIChE J, 1992, 38: 887.

[30] Cini P, et al. Preparation and characterization of modified tubular ceramic membranes for use as catalyst supports [J]. Journal of Membrane Science, 1991, 55: 199.

[31] Cini P, et al. Experimental-study of the tubular multiphase catalyst [J]. AIChE J, 1991, 37: 997.

［32］ Basov N L, Ermilova M M, Orekhova N V, Yaroslavtsev A B. Membrane catalysis in the dehydrogenation and hydrogen production processes [J] . Russian Chemical Reviews, 2013; 82: 352.

［33］ Parfenova N L et al. Palladium alloys as hydrogen permeable membranes for improving butane dehydrogenation [J] , Chem Abst, 1983, 100: 11269d.

［34］ Zhang C, Chang X, Dong X, Jin W, Xu N. The oxidative stream reforming of methane to syngas in a thin tubular mixed-conducting membrane reactor [J] . Journal of Membrane Science, 2008, 320 (1-2): 401-406.

［35］ 马志启 . 膜反应器中的气相催化反应耦合过程 [D] . 大连: 中国科学大连化学物理研究所，1998.

［36］ Zaspalis V T, et al. Reactions of methanol over catalytically active alumina membranes [J] . Applied Catalysis, 1991, 74: 223.

［37］ Oberlander R K. Auminas for catalyst—Their prepatation and properties: In applied industrial catalysis (vol. 3) [M] . New York: Academic Press, 1984.

［38］ Bagnell L, et al. The use of catalytically active pervaporation membranes in esterification reactions to simultaneously increase product yield, membrane permselectivity and flux [J] . Journal of Membrane Science, 1993, 85: 191.

［39］ Di Cosimo R, et al. Oxidative dehydrodimerization of propylene over a Bi_2O_3-La_2O_3 oxide ion-conductive catalyst [J] . Journal of Catalysis, 1986, 102: 234.

［40］ 叶金标 . 膜反应器中的气相催化反应 [D] . 大连: 中国科学大连化学物理研究所，1990.

［41］ Uemiya S, et al. The water gas shift reaction assisted by a palladium membrane reactor [J] . Ind Eng Chem Res, 1991, 30: 585.

［42］ Uemiya S, et al. Steam reforming of methane in a hydrogen-permeable membrane reactor [J] . Appl Catal, 1991, 67: 223.

［43］ Govind R, Atnoor D. Development of a composite palladium membrane for selective hydrogen separation at high-temperature [J] . Ind Eng Chem Res, 1991, 30: 591.

［44］ Matsuda T, Koike I, Kubo N, Kikuchi E. Dehydrogenation of isobutane to isobutene in A palladium membrane reactor [J] . Appl Catal A, 1993, 96: 3.

［45］ Uemiya S, et al. Promotion of the conversion of propane to aromatics by use of a palladium membrane [J] . Appl Catal, 1991, 76: 171.

［46］ Uemiya S, et al. Separation of hydrogen through palladium thin-film supported on a porous-glass tube [J] . J Membr Sci, 1991, 56: 303.

［47］ Uemiya S, et al. Hydrogen permeable palladium silver alloy membrane supported on porous ceramics [J] . J Membr Sci, 1991, 56: 325.

［48］ Shu J, Grandyean B P A, Ghali E, et al. Simultaneous deposition of Pd and Ag on porous stainless-steel by electroless plating [J] . J Membrane Sci, 1993, 77: 181.

［49］ Ha H Y. Chemical-vapor-deposition of hydrogen-permselective silica films on porous-glass supports from tetraethylorthosilicate [J] . Journal of Membrane Science, 1993, 85: 279.

［50］ Gavalas G R. Deposition of H_2-permselective SiO_2 films [J] . Chemical Engineering Science, 1989, 44: 1829.

［51］ Tsapatsis M, Kim S, et al. Synthesis of hydrogen permselective SiO_2, TiO_2, Al_2O_3, And B_2O_3 membranes from the chloride precursors [J] . Ind Eng Chem Res, 1991, 30: 2152.

［52］ Loannides T, Gavalas G R. Catalytic isobutane dehydrogenation in a dense silica membrane reactor [J] . J Membrane Sci, 1993, 77: 207.

［53］ Lin Y S, Burggraaf A R. CVD of solid oxides in porous substrates for ceramic membrane modification [J] . AIChE J, 1992, 38: 445.

［54］ Konno M, Shindo M, Sugawara S, et al. A composite palladium and porous aluminum oxide membrane for hydrogen gas separation [J] . J Membrane Sci, 1988, 37: 193.

［55］ Gryaznov V M, Serebryannikova O S, Serov Y M. Preparation and catalysis over palladium composite membranes［J］. Appl Catal A, 1993, 96: 15.

［56］ Lin Z Y, Maeda H, Knsakabe K, et al, Preparation of palladium-silver alloy membranes for hydrogen separation by the spray pyrolysis method［J］. J Membrane Sci, 1993, 78: 247.

［57］ Lin Y S, Burggraaf A J. Oxygen semipermeable solid oxide membrane composites prepared by electrochemical vapor deposition［J］. J Membrane Sci, 1992, 66: 211.

［58］ Zhu Jiawei, et al. A robust mixed-conducting multichannel hollow fiber membrane reactor［J］. AIChE Journal, 2015, 61: 6592.

［59］ Vidakovic-Koch T. Solid electrolyte membrane reactor［C］// Drioli E, Giorno L. (eds) Encyclopedia of Membranes. Berlin, Heidelberg: Springer, 2016.

［60］ Dong Xueliang, et al. A self-catalytic mixed-conducting membrane reactor for effective production of hydrogen from methane［J］. J Power Sources, 2008, 185: 1340-1347.

［61］ Hwang J, Rao R R, Giordano L, et al. Perovskites in catalysis and electrocatalysis［J］. Science, 2017, 358: 751.

［62］ 清华大学, 北京碧水源科技股份有限公司. 膜生物反应器城镇污水处理工艺设计规程: T/CECS 152—2017［S］. 北京: 中国计划出版社, 2017.

［63］ 黄霞, 文湘华. 水处理膜生物反应器原理与应用［J］. 北京: 科学出版社, 2012.

［64］ Yamamoto K, Hiasa M, Mahmood T, et al. Direct solid-liquid separation using hollow fiber membrane in a activated sludge aeration tank［J］. Water Science and Technology, 1989, 21: 43-54.

［65］ Xiao K, Xu Y, Liang S, et al. Engineering application of membrane bioreactor for wastewater treatment in China: Current state and future prospect［J］. Frontiers of Environmental Science & Engineering, 2014, 8 (6): 805-819.

［66］ Bailey A D, Hansford B S, Dold P L. The use of cross-flow microfiltration to enhance the performance of an activated sludge reactor［J］. Water Research, 1994, 28 (1): 197-301.

［67］ Müller E B, Stouthamber A H, Verseveld H W, et al. Aerobic domestic wastewater treatment in a pilot plant with complete sludge retention by crossflow filtration［J］. Water Research, 1995, 29: 1179-1189.

［68］ 郝晓地, 李季, 曹达啟. MBR 工艺可持续性能量化评价［J］. 中国给水排水, 2016, (7): 14-23.

［69］ Huang X, Xiao K, Shen Y X. Recent advances in membrane bioreactor technology for wastewater treatment in China［J］. Frontiers of Environmental Science & Engineering in China, 2010, 4 (3): 245-271.

［70］ 黄霞, 文湘华. 膜法水处理工艺膜污染机理与控制技术［M］. 北京: 科学出版社, 2016.

［71］ Zhang J, Chua H C, Zhou J, et al. Factors affecting the membrane performance in submerged membrane bioreactors［J］. Journal of Membrane Science, 2006, 284 (1-2): 54-56.

［72］ Ognier S, Wisniewski C, Grasmick A. Membrane fouling during constant flux filtration in membrane bioreactors［J］. Membrane Technology, 2002, 2002: 6-10.

［73］ 穆思图, 樊慧菊, 韩秉均, 等. 中空纤维膜的膜污染过程及数学模型研究进展［J］. 膜科学与技术, 2018, 38 (1): 124-132.

［74］ Yu K C, Wen X H, Bu Q J, et al. Critical flux enhancements with air sparging in axial hollow fibers cross-flow microfiltration of biologically treated wastewater［J］. Journal of Membrane Science, 2003, 224 (1-2): 69-79.

［75］ Belfort G, Marx B. Artificial particulate fouling of hyperfiltration membranes II: Analysis protection from fouling［J］. Desalination, 1979, 28: 11-30.

［76］ 肖康. 膜生物反应器微滤过程中的膜污染过程与机理研究［D］. 北京: 清华大学, 2012.

［77］ 梁帅. 聚偏氟乙烯抗污染滤膜制备及污染行为研究［D］. 北京: 清华大学, 2014.

［78］ 吴金玲. 膜-生物反应器混合液性质及其对膜污染影响和调控研究［D］. 北京: 清华大学, 2006.

［79］ 魏春海. 一体式膜-生物反应器水动力学与在线清洗的膜污染控制［D］. 北京: 清华大学, 2006.

［80］ Meireles M, Aimar P, Sanchez V. Effects of protein fouling on the apparent pore size distribution of sieving membranes [J]. Journal of Membrane Science, 1991, 56: 13-28.

[81] Xiao K, Sun J, Mo Y, et al. Effect of membrane pore morphology on microfiltration organic fouling: PTFE/PVDF blend membranes compared with PVDF membranes [J]. Desalination, 2014, 343: 217-225.

[82] Liang S, Qi G G, Xiao K, et al. Organic fouling behavior of superhydrophilic polyvinylidene fluoride (PVDF) ultrafiltration membranes functionalized with surface-tailored nanoparticles: implications for organic fouling in membrane bioreactors [J]. Journal of Membrane Science, 2014, 463: 94-101.

[83] Liang S, Kang Y, Tiraferri A, et al. Highly hydrophilic polyvinylidene fluoride (PVDF) ultrafiltration membranes via postfabrication grafting of surface-tailored silica nanoparticles [J]. ACS Applied Materials & Interfaces, 2013, 5 (14): 6694-6703.

[84] Liang S, Xiao K, Mo Y, et al. A novel ZnO nanoparticle blended polyvinylidene fluoride membrane for anti-irreversible fouling [J]. Journal of Membrane Science, 2012, 394-395 (0): 184-192.

[85] Xiao K, Wang X, Huang X, et al. Combined effect of membrane and foulant hydrophobicity and surface charge on adsorptive fouling during microfiltration [J]. Journal of Membrane Science, 2011, 373 (1-2): 140-151.

[86] Shimizu Y, Uryu K, Okuno Y I, et al. Effect of particle size distributions of activated sludges on cross-flow microfiltration flux for submerged membranes [J]. Journal of Fermentation andBioengineering, 1997, 83 (6): 583-589.

[87] Mehta A, Zydney A L. Effect of membrane charge on flow and protein transport during ultrafiltration [J]. Biotechnology Progress, 2006, 22 (2): 484-492.

[88] Zhao L, Shen L, He Y, et al. Influence of membrane surface roughness on interfacial interactions with sludge flocs in a submerged membrane bioreactor [J]. Journal of Colloid and Interface Science, 2015, 446: 84-90.

[89] Hoek E M V, Bhattacharjee S, Elimelech M. Effect of membrane surface roughness on colloid-membrane DLVO interactions [J]. Langmuir, 2003, 19 (11): 4836-4847.

[90] Yan X, Xiao K, Liang S, et al. Hydraulic optimization of membrane bioreactor via baffle modification using computational fluid dynamics [J]. Bioresource Technology, 2015, 175: 633-637.

[91] Chang S, Fane A G. The effect of fibre diameter on filtration and flux distribution-relevance to submerged hollow fibre modules [J]. Journal of Membrane Science, 2001, 184 (2): 221-231.

[92] Li X, Li J X, Wang J, et al. Experimental investigation of local flux distribution and fouling behavior in double-end and dead-end submerged hollow fiber membrane modules [J]. Journal of Membrane Science, 2014, 453: 18-26.

[93] Hong S P, Bae T H, Tak T M, et al. Fouling control in activated sludge submerged hollow fiber membrane bioreactors [J]. Desalination, 2002, 143 (3): 219-228.

[94] Rosenberger S, Kraume M. Filterability of activated sludge in membrane bioreactors [J]. Desalination, 2003, 151 (2): 195-200.

[95] Liu R, Huang X, Sun Y F, et al. Hydrodynamic effect on sludge accumulation over membrane surfaces in a submerged membrane bioreactor [J]. Process Biochemistry, 2003, 39 (2): 157-163.

[96] Nagaoka H, Ueda S, Miya A. Influence of bacterial extracellular polymers on the membrane separation activated sludge process [J]. Water Science and Technology, 1996, 34 (9): 165-172.

[97] Xiao K, Shen Y X, Liang S, et al. A systematic analysis of fouling evolution and irreversibility behaviors of MBR supernatant hydrophilic/hydrophobic fractions during microfiltration [J]. Journal of Membrane Science, 2014, 467: 206-216.

[98] Meng F, Zhang S, Oh Y, et al. Fouling in membrane bioreactors: An updated review [J]. Water Research, 2017, 114: 151-180.

[99] Wang X M, Waite T D. Role of gelling soluble and colloidal microbial products in membrane fouling [J]. Environmental Science & Technology, 2009, 43 (24): 9341-9347.

[100] Baker J, Stephenson T, Dard S, et al. Characterization of fouling of nanofiltration membranes used to treat surface waters [J]. Environmental Technology, 1995, 16 (10): 977-985.

[101] Zhang B, Yamamoto K, Ohgaki S, et al. Floc size distribution and bacterial activities in membrane separation activated sludge processes for small scale wastewater treatment/reclamation [J]. Water Science and Technology, 1997, 35 (6): 37-44.

[102] Xu Y, Zhu N, Sun J, et al. Evaluating oxygen mass transfer parameters for large-scale engineering application of membrane bioreactors [J]. Process Biochemistry, 2017, 60: 13-18.

[103] Field R W, Wu D, Howell J A, et al. Critical flux concept for microfiltration fouling [J]. Journal of Membrane Science, 1995, 100: 259-272.

[104] Ueda T, Hata K, Kikuoka Y. Treatment of domestic sewage from rural settlements by a membrane bioreactor [J]. Water Science and Technology, 1996, 34 (9): 189-196.

[105] 桂萍, 黄霞, 汪诚文, 等. 膜-复合式生物反应器组合系统操作条件及稳定运行特征 [J]. 环境科学, 1998, 19 (2): 35-38.

[106] Gui P, Huang X, Chen Y, et al. Effect of operational parameters on sludge accumulation onmembrane surfaces in a submerged membrane bioreactor [J]. Desalination, 2003, 151 (2): 185-194.

[107] Xing C H, Tardieu E, Qian Y, et al. Ultrafiltration membrane bioreactor for urban wastewater reclamation [J]. Journal of Membrane Science, 2000, 177 (1-2): 73-82.

[108] Huang X, Gui P, Qian Y. Effect of sludge retention time on microbial behaviour in a submerged membrane bioreactor [J]. Process Biochemistry, 2001, 36 (10): 1001-1006.

[109] Fan X J, Urbain V, Qian Y, et al. Nitrification and mass balance with a membrane bioreactor for municipal wastewater treatment [J]. Water Science and Technology, 1996, 34 (1-2): 129-136.

[110] Wang Z W, Ma J X, Tang C Y Y, et al. Membrane cleaning in membrane bioreactors: A review [J]. Journal of Membrane Science, 2014, 468: 276-307.

[111] Judd S, Judd C. The MBR book: Principles and applications of membrane bioreactors in water and wastewater treatment [M]. 2nd ed. Oxford: Elsevier, 2011.

[112] Meng F G, Chae S R, Drews A, et al. Recent advances in membrane bioreactors (MBRs): Membrane fouling and membrane material [J]. Water Research, 2009, 43 (6): 1489-1512.

[113] Belfort G, Davis R H, Zydney A L. The behavior of suspensions and macromolecular solutions in crossflow microfiltration [J]. Journal of Membrane Science, 1994, 96 (1-2): 1-58.

[114] Le-Clech P, Chen V, Fane T A G. Fouling in membrane bioreactors used in wastewater treatment [J]. Journal of Membrane Science, 2006, 284 (1-2): 17-53.

[115] Charfi A, Yang Y, Harmand J, et al. Soluble microbial products and suspended solids influence in membrane fouling dynamics and interest of punctual relaxation and/or backwashing [J]. Journal of Membrane Science, 2015, 475: 156-166.

[116] Braak E, Alliet M, Schetrite S, et al. Aeration and hydrodynamics in submerged membrane bioreactors [J]. Journal of Membrane Science, 2011, 379 (1-2): 1-18.

[117] Ohkuma N, Ohnishi M, Okuno Y. Waste water recycling technology using a rotary disk module [J]. Desalination, 1994, 98 (1): 49-58.

[118] 严晓旭. 基于 CFD 的膜生物反应器水力学特征研究及优化 [D]. 北京: 清华大学, 2016.

[119] 张洪雷, 方舟, 艾力江·努尔拉, 等. 两级 A/O 填料型 MBR 工艺的脱氮除磷效果 [J]. 中国给水排水, 2013, 29 (13): 42-46.

[120] 张志超. 基于膜-生物反应器的除磷工艺特性研究 [D]. 北京: 清华大学, 2008.

[121] Lin H, Zhang M, Wang F, et al. A critical review of extracellular polymeric substances (EPSs) in membrane bioreactors: Characteristics, roles in membrane fouling and control strategies [J]. Journal of Membrane Science, 2014, 460: 110-125.

[122] Aslam M, Charfi A, Lesage G, et al. Membrane bioreactors for wastewater treatment: A review of me-

chanical cleaning by scouring agents to control membrane fouling [J] . Chemical Engineering Journal, 2017, 307: 897-913.

[123] Zhang J, Satti A, Chen X, et al. Low-voltage electric field applied into MBR for fouling suppression: Performance and mechanisms [J] . Chemical Engineering Journal, 2015, 273: 223-230.

[124] Zhang J, Xiao K, Liang P, et al. Electrically released iron for fouling control in membrane bioreactors: A double-edged sword [J] . Desalination, 2014, 347: 10-14.

[125] Huang X, Wei C H, Yu K C. Mechanism of membrane fouling control by suspended carriers in a submerged membrane bioreactor [J] . Journal of Membrane Science, 2008, 309 (1-2) : 7-16.

[126] Liang S, Xiao K, Wu J L, et al. Mechanism of membrane filterability amelioration via tuning mixed liquor property by pre-ozonation [J] . Journal of Membrane Science, 2014, 454: 111-118.

[127] Wei C-H, Huang X, Ben Aim R, et al. Critical flux and chemical cleaning-in-place during thelong-term operation of a pilot-scale submerged membrane bioreactor for municipal wastewater treatment [J] . Water Research, 2011, 45 (2) : 863-871.

[128] Westermann T, Melin T. Flow-through catalytic membrane reactors-principles and applications [J] . Chem Eng Proc: Proc Intensif, 2009, 448 (1) : 17-28.

[129] Fontananova E, Drioli E. Membrane reactors: Advanced systems for intensified chemical processes [J] . Chem Ing Tech, 2014, 86: 2039-2050.

[130] 邢卫红, 汪勇, 陈日志, 等 . 膜与膜反应器: 现状、挑战与机遇 [J] . 中国科学: 化学, 2014, 44 (9) : 1469-1480.

[131] Battersby S, Duke M C, Liu S M, et al. Metal doped silica membrane reactor: Operational effects of reaction and permeation for the water gas shift reactor [J] . J Membr Sci, 2008, 316: 46-52.

[132] Zhang Y T, Sun Q, Gu X H. Pure H_2 production through hollow fiber hydrogen-selective MFI zeolite membranes using steam as sweep gas [J] . AIChE J, 2015, 61: 3459-3469.

[133] Gobina E, Hou K, Hughes R. Mathematical analysis of ethylbenzene dehydrogenation: Comparison of microporous and dense membrane systems [J] . J Membr Sci, 1995, 105 (3) : 163-176.

[134] Li W X, Liu W W, Xing W H, et al. Esterification of acetic acid and n-propanol with vapor permeation using NaA zeolite membrane [J] . Ind Eng Chem Res, 2013, 52 (19) : 6336-6342.

[135] Iglesia de la Ó, Mallada R, Menéndez M, et al. Continuous zeolite membrane reactor for esterification of ethanol and acetic acid [J] . Chem Eng J, 2007, 131 (1-3) : 35-39.

[136] Rohde M P, Schaub G, Khajavi S, et al. Fischer-tropsch synthesis with in situ H_2O removal-directions of membrane development [J] . Microporous Mesoporous Mater, 2008, 115 (1-2) : 123-136.

[137] 周荣飞, 林晓, 徐南平 . 渗透汽化膜反应器 [J] . 膜科学与技术, 2006, 26 (1) : 61-67.

[138] Kragl U, Vasic-Racki D, Wandrey C. Continuous processes with soluble enzymes [J] . Chem Ing Technol, 1992: 499-509.

[139] Priske M, Wiese K-D, Drews A, et al. Reaction integrated separation of homogeneous catalysts in the hydroformylation of higher olefins by means of organophilic nanofiltration [J] . J Membr Sci, 2010, 360: 77-83.

[140] Rissom S, Beliczey J, Giffels G, et al. Asymmrtric reduction of acetophenone in membrane reactors: Comparison of oxazaborolidine and alcohol dehydrogease catalysed process [J] . Tetrahedron: Asymmetr, 1999, 10, 923-928.

[141] Tsogoeva S B, Woltinger J, Jost C, et al. Julia-colonna asymmetric epoxidation in a continuously operated chemzyme membrane reactor [J] . Synlett, 2002, 5: 707-710.

[142] Ong C S, Lau W J, Goh P S, et al. The impacts of various operating conditions on submerged membrane photocatalytic reactors (SMPR) for organic pollutant separation and degradation: A review [J] . RSC Adv, 2015, 5 (118) : 97335-97348.

[143] 邢卫红, 金万勤, 陈日志, 等 . 陶瓷膜连续反应器的设计与工程应用 [J] . 化工学报, 2010, 61 (7) :

1666-1673.

[144] 徐南平. 面向应用过程的陶瓷膜材料设计、制备与应用 [M]. 北京：科学出版社，2005.

[145] Lu C J, Chen R Z, Xing W H, et al. A submerged membrane reactor for continuous phenol hydroxylation over TS-1 [J]. AIChE J, 2008, 54: 1842-1849.

[146] Li Z H, Chen R Z, Xing W H, et al. Continuous acetone ammoximation over TS-1 in a tubular membrane reactor [J]. Ind Eng Chem Res, 2010, 49 (14): 6309-6316.

[147] Zhong Z X, Liu X, Chen R Z, et al. Adding microsized silica particles to the catalysis/ultrafiltration system: Catalyst dissolution inhibition and flux enhancement [J]. Ind Eng Chem Res, 2009, 48 (10): 4933-4938.

[148] Chen R Z, Jiang H, Jin W Q, et al. Model study on a submerged catalysis/membrane filtration system for phenol hydroxylation catalyzed by TS-1 [J]. Chin J Chem Eng, 2009, 17 (4): 648-653.

[149] Meng L, Cheng J C, Jiang H, et al. Design and analysis of a submerged membrane reactor by CFD simulation [J]. Chem Eng Technol, 2013, 36 (11): 1874-1882.

[150] Zhong Z X, Li W X, Xing W H, et al. Crossflow filtration of nanosized catalysts suspension using ceramic membranes [J]. Sep Purif Technol, 2011, 76 (3): 223-230.

[151] Zhong Z X, Xing W H, Jin W Q, et al. Adhesion of nanosized nickel catalysts in the nanocatalysis/UF system [J]. AIChE J, 2010, 53 (5): 1204-1210.

[152] Zhong Z X, Xing W H, Liu X, et al. Fouling and regereration of ceramic membranes used in recovering titanium silicalite-1 catalysts [J]. J Membr Sci, 2007, 301: 67-75.

[153] Zhong Z X, Liu X, Chen R Z, et al. Adding microsized silica particles to the catalysis/ultrafiltration system: Catalyst dissolution inhibition and flux enhancement [J]. Ind Eng Chem Res, 2009, 48 (10): 4933-4938.

[154] Zhong Z X, Li D Y, Liu X, et al. The fouling mechanism of ceramic membranes used for recovering TS-1 catalysts [J]. Chinese J Chem Eng, 2009, 17 (1): 53-57.

[155] Jiang H, Jiang X L, She F, et al. Insights into membrane fouling of a side-stream ceramic membrane reactor for phenol hydroxylation over ultrafine TS-1 [J]. Chem Eng J, 2014, 239: 373-380.

[156] Chen R Z, Zhen B, Li Z, et al. Scouring-ball effect of microsized silica particles on operation stability of the membrane reactor for acetone ammoximation over TS-1 [J]. Chem Eng J, 2010, 156 (2): 418-422.

[157] Coronas J, Menendez M, Santamaria J. Methane oxidative coupling using porous ceramic membrane reactors-Ⅱ: Reaction studies [J]. Chem Eng Sci, 1994, 49: 2015-2025.

[158] Tonkovich A L Y, Zilka J L, Jimenez D M, et al. Experimental investigations of inorganic membrane reactors: A distributed feed approach for partical oxidation reactions [J]. Chem Eng Sci, 1996, 51: 789-806.

[159] Hao D, Gong F, Wei W, et al. Porogren effects in synthesis of uniform micrometer-sized poly (divinyl-benzene) microspheres with high surface areas [J]. J colloid Interf Sci, 2008, 323 (1): 52-59.

[160] Liu Z, Lu Y, Zhang M, et al. Controllable preparation of uniform polystyrene nanospheres with premix membrane emulsification [J]. J Appl Polym Sci, 2012, 9 (3): 1202-1211.

[161] Piacentini E, Lakshmi D S, Figoli A, et al. Polymeric microspheres preparation by membrane emulsification-phase separation induced process [J]. J Membr Sci, 2013, 448: 190-197.

[162] Dragosavac M M, Vladisavljevic G T, Holdich R G, et al. Production of porous silica microparticles by membrane emulsification [J]. Langmuir, 2011, 28 (1): 134-143.

[163] Chen G G, Luo G S, Xu J H, et al. Membrane dispersion precipitation method to prepare nanoparticles [J]. Powder Technology, 2004, 139: 180-185.

[164] Xia S T, Ding X F, Wang Y J, et al. Large-scale synthesis of dihydrostreptomycin via hydrogenation of streptomycin in a membrane dispersion microreactor [J]. Chem Eng J, 2018, 334: 2250-2254.

[165] 施瑢, 王玉军, 骆广生. 膜分散微反应器制备纳米 ZnO 颗粒 [J]. 过程工程学报, 2010, 10: 1-6.

[166] 许志龙, 张峰, 仲兆祥, 等. 陶瓷膜分散法制备花瓣状碱式碳酸锌 [J]. 膜科学与技术, 2015, 35 (2): 7-13.

[167] Wang J C, Zhang F, Wang Y J, et al. A size-controllable preparation method for indium tin oxide particles using a membrane dispersion micromixer [J]. Chem Eng J, 2016, 293: 1-8.

［168］ Jiang H，Meng L，Chen R Z，et al. A novel dual-membrane reactor for continuous heterogeneous oxidation catalysis［J］. Ind Eng Chem Res，2011，50（18）：10458-10464.

［169］ Meng L，Guo H Z，Dong Z Y，et al. Ceramic hollow fiber membrane distributor for heterogeneous catalysis：effects of membrane structure and operating conditions［J］. Chem Eng J，2013，223：356-363.

［170］ Mao H L，Chen R Z，Xing W H，et al. Organic solvent-free process for cyclohexanone ammoximation by a ceramic membrane distributor［J］. Chem Eng Technol，2016，39（5）：883-890.

［171］ Zhang F，Shang H N，Jin D Y，et al. High efficient synthesis of methyl ethyl ketone oxime from ammoximation of methyl ethyl ketone over TS-1 in a ceramic membrane reactor［J］. Chem Eng Process，2017，116：1-8.

［172］ Chen R Z，Bao Y H，Xing W H，et al. Enhanced phenol hydroxylation with oxygen using a ceramic membrane distributor［J］. Chinese J Catal，2013，34（1）：200-208.

［173］ Chen R Z，Mao H L，Zhang X R，et al. A dual-membrane airlift reactor for cyclohexanone ammoximation over titanium silicalite-1［J］. Ind Eng Chem Res，2014，53（15）：6372-6379.

［174］ Hou M M，Jiang H，Liu Y F，et al. Membrane based gas-liquid dispersion integrated in fixed-bed reactor：a highly efficient technology for heterogeneous catalysis［J］. Ind Eng Chem Res，2018，57（1）：158-168.

［175］ Julbe A，Farrusseng D，Guizard C. Porous ceramic membranes for catalytic reactors-overview and new ideas［J］. J Membr Sci，2001，181（1）：3-20.

［176］ Coronas J，Santamarí A J. Catalytic reactors based on porous ceramic membranes［J］. Catal Today，1999，51（3-4）：377-389.

［177］ Macanás J，Ouyang L，Bruening M L，et al. Development of polymeric hollow fiber membranes containing catalytic metal nanoparticles［J］. Catal Today，2010，156（3）：181-186.

［178］ Mansourpanah Y，Madaeni S S，Rahimpour A，et al. Formation of appropriate sites on nanofiltration membrane surface for binding TiO_2，photo-catalyst：Performance，characterization and fouling-resistant capability［J］. J Membr Sci，2009，330（1-2）：297-306.

［179］ Chen R Z，Jiang Y G，Xing W H，et al. Preparation of palladium nanoparticles deposited on a silanized hollow fiber ceramic membrane support and their catalytic properties［J］. Ind Eng Chem Res，2013，52（14）：5002-5008.

［180］ Fritsch D，Bengtson G. Development of catalytically reactive porous membranes for the selective hydrogenation of sunflower oil［J］. Catal Today，2006，118（1）：121-127.

［181］ Dotzauer D M，Abusaloua A，Miachon S，et al. Wet air oxidation with tubular ceramic membranes modified with polyelectrolyte/pt nanoparticle films［J］. Appl Catal B：Environ，2009，91（1-2）：180-188.

［182］ Li H Y，Jiang H，Chen R Z，et al. Enhanced catalytic properties of palladium nanoparticles deposited on a silanized ceramic membrane support with a flow-through method［J］. Ind Eng Chem Res，2013，52（39）：14099-14106.

［183］ Kabay G，Kaleli G，Sultanova Z，et al. Biocatalytic protein membranes fabricated by electrospinning［J］. React Funct Polym，2016，103：26-32.

［184］ Shi W，Li H，Zhou R，et al. Preparation and characterization of phosphotungstic acid/PVA nanofiber composite catalytic membranes via electrospinning for biodiesel production［J］. Fuel，2016，180：759-766.

［185］ Scampicchio M，Bulbarello A，Arecchi A，et al. Electrospun nonwoven nanofibrous membranes for sensors and biosensors［J］. Electroanalysis，2012，24（4）：719-725.

［186］ Smuleac V，Bachas L，Bhattacharyya D. Aqueous-phase Synthesis of PAA in PVDF membrane pores for nanoparticle synthesis and dichlorobiphenyl degradation［J］. J Membr Sci，2010，346：310-317.

［187］ Kim S J，Jones C W，Nair S，et al. Ion exchange of zeolite membranes by a vacuum 'flow-through' technique［J］. Microporous Mesoporous Mater，2015，203：170-177.

［188］ Shi W Y，Li H B，Rong Z. Preparation and characterization of sulfonated polymer/non-woven composite membrane for biodiesel production［J］. J Financ Regu Comp，2015，9（3）：318-326.

[189] Fayyazi F, Feijani E A, Mahdavi H. Chemically modified polysulfone membrane containing palladium nano-particles: Preparation, characterization and application as an efficient catalytic membrane for suzuki reaction [J]. Chem Eng Sci, 2015, 134: 549-554.

[190] Zhang W, Qing W, Ning C, et al. Enhancement of esterification conversion using novel composite catalyti-cally active pervaporation membranes [J]. J Membr Sci, 2014, 451 (1): 285-292.

[191] Yolcular S, Olgun Ö. Pd/Al$_2$O$_3$ composite membranes for the production of pure hydrogen [J]. Energ Source Part A, 2010, 15: 1437-1445.

[192] Byeon J H, Kim Y W. Simple fabrication of a Pd-P film on a polymer membrane and its catalytic applications [J]. ACS Appl Mater Interf, 2011, 3 (8): 2912-2918.

[193] Wang H, Lin Y S. Effects of synthesis conditions on MFI zeolite membrane quality and catalytic cracking deposition modification results [J]. Microporous Mesoporous Mater, 2011, 142 (2-3): 481-488.

[194] Kim S J, Shuai T, Claure M T, et al. One-step synthesis of zeolite membranes containing catalytic metal nanoclusters [J]. ACS Appl Mater Interfaces, 2016, 8 (37): 24671-24681.

[195] Yao L, Zhang L, Wang R, et al. A new integrated approach for dye removal from wastewater by polyoxo-metalates functionalized membranes [J]. J Hazard Mater, 2016, 301: 462-470.

[196] Unlu D, Ilgen O, Hilmioglu N D. Biodiesel additive ethyl levulinate synthesis by catalytic membrane: SO$_4^{2-}$ / ZrO$_2$ loaded hydroxyethyl cellulose [J]. Chem Eng J, 2016, 302: 260-268.

[197] Wales M D, Joos L B, Traylor W A, et al. Composite catalytic tubular membranes for selective hydrogena-tion in three-phase systems [J]. Catal Today, 2016, 268: 12-18.

[198] Teixeira M, Madeira L M, Sousa J M, et al. Improving propyne removal from propylene streams using a catalytic membrane reactor-A theoretical study [J]. J Membr Sci, 2011, 375 (1-2): 124-133.

[199] Urbanczyk D, Dittmeyer R, WolfA, et al. Evaluation of porous catalytic membranes operated in pore-flow-through mode for hydrogenation of α-methylstyrene [J]. Asia-Pac J Chem Eng, 2010, 5 (1): 12-25.

[200] Liguori F, Barbaro P, Giordano C, et al. Partial hydrogenation reactions over Pd-containing hybrid inor-ganic/polymeric catalytic membranes [J]. Appl Catal A -Gen, 2013, 459 (7): 81-88.

[201] Liu K, Wang Y, Chen P, et al. Noncrystalline nickel phosphide decorated poly (vinyl alcohol-co-ethylene) nanofibrous membrane for catalytic hydrogenation of p-nitrophenol [J]. Appl Catal B-Environ, 2016, 196: 223-231.

[202] Molinari R, Lavorato C, Mastropietro T F, et al. Preparation of Pd-loaded hierarchical FAU membranes and testing in acetophenone hydrogenation [J]. Molecules, 2016, 21 (3): 394-412.

[203] Liu Y F, Peng M H, Jiang H, et al. Fabrication of ceramic membrane supported palladium catalyst and its catalytic performance in liquid-phase hydrogenation reaction [J]. Chem Eng J, 2017, 313: 1556-1566.

[204] Peng M H, Liu Y F, Jiang H, et al. Enhanced catalytic properties of Pd nanoparticles by their deposition on ZnO-coated ceramic membranes [J]. RSC Adv, 2016, 6 (3): 2087-2095.

[205] Wehbe N, Guilhaume N, Fiaty K, et al. Hydrogenation of nitrates in water using mesoporous membranes operated in a flow-through catalytic contactor [J]. Catal Today, 2010, 156 (3-4): 208-215.

[206] Zhao Z, Tong G, Tan X. Nitrite removal from water by catalytic hydrogenation in a Pd-CNTs/Al$_2$O$_3$ hollow fiber membrane reactor [J]. J Chem Technol Biotechnol, 2016, 91 (8): 2298-2304.

[207] Espinosa R B, Rafieian D, Lammertink R G H, et al. Carbon nano-fiber based membrane reactor for selective nitrite hydrogenation [J]. Catal Today, 2016, 273: 50-61.

[208] González M P L, Rozalén S E, Alfaro J M S, et al. Ethylene production by ODHE in catalytic modified Ba$_{0.5}$ Sr$_{0.5}$Co$_{0.8}$Fe$_{0.2}$O$_3$ membrane reactors [J]. Chem Sus Chem, 2012, 5: 1587-1596.

[209] Gbenedio E, Wu Z, Hatim I, et al. A multifunctional Pd/alumina hollow fibre membrane reactor for propane dehydrogenation [J]. Catal Today, 2010, 156 (3-4): 93-99.

[210] Ziaka Z, Vasileiadis S. New integrated catalytic membrane processes for enhanced propylene and polypro-pylene production [J]. Sep Sci Technol, 2010, 46 (2): 224-233.

［211］ Yolcular S, Olgun Ö. Pd/Al$_2$O$_3$ composite membranes for the production of pure hydrogen［J］. Energ Source Part A, 2010, 32（15）: 1437-1445.

［212］ Meng L, Yu X, Niimi T, et al. Methylcyclohexane dehydrogenation for hydrogen production via a bimodal catalytic membrane reactor［J］. AIChE J, 2015, 61（5）: 1628-1638.

［213］ Li G, Yada K, Kanezashi M, et al. Methylcyclohexane dehydrogenation in catalytic membrane reactors for efficient hydrogen production［J］. Ind Eng Chem Res, 2013, 52（37）: 13325-13332.

［214］ Shelepova E, Vedyagin A, Sadykov V, et al. Theoretical and experimental study of methane partial oxidation to syngas in catalytic membrane reactor with asymmetric oxygen-permeable membrane［J］. Catal Today, 2016, 268: 103-110.

［215］ Wang Z, Ashok J, Pu Z, et al. Low temperature partial oxidation of methane via BaBi$_{0.05}$Co$_{0.8}$Nb$_{0.15}$O$_{3-\delta}$-Ni phyllosilicate catalytic hollow fiber membrane reactor［J］. Chem Eng J, 2017, 315: 315-323.

［216］ Zhu J, Guo S, Liu G, et al. A robust mixed-conducting multichannel hollow fiber membrane reactor［J］. AIChE J, 2015, 61（8）: 2592-2599.

［217］ Sasidharan M, Patra A K, Kiyozumi Y, et al. Fabrication, characterization and catalytic oxidation of propylene over TS-1/Au membranes［J］. Chem Eng Sci, 2012, 75（25）: 250-255.

［218］ Yacou C, Ayral A, Giroir-Fendler A, et al. Catalytic membrane materials with a hierarchical porosity and their performance in total oxidation of propene［J］. Catal Today, 2010, 156（3-4）: 216-222.

［219］ Iojoiu E E, Landrivon E, Raeder H, et al. The "watercatox" process: Wet air oxidation of industrial effluents in a catalytic membrane reactor: First report on contactor CMR up-scaling to pilot unit［J］. Catal Today, 2006, 118（1-2）: 246-252.

［220］ Gutiérrez M, Pina P, Torres M, et al. Catalytic wet oxidation of phenol using membrane reactors: A comparative study with slurry-type reactors［J］. Catal Today, 2010, 149（3）: 326-333.

［221］ Iojoiu E E, Miachon S, Landrivon E, et al. Wet air oxidation in a catalytic membrane reactor: Model and industrial wastewaters in single tubes and multichannel contactors［J］. Appl catal B-Environ, 2007, 69（3-4）: 196-206.

［222］ Miachon S, Perez V, Crehan G, et al. Comparison of a contactor catalytic membrane reactor with a conventional reactor: Example of wet air oxidation［J］. Catal Today, 2003, 82（1-4）: 75-81.

［223］ Iojoiu E E, Walmsley J C, Raeder H, et al. Catalytic membrane structure influence on the pressure effects in an interfacial contactor catalytic membrane reactor applied to wet air oxidation［J］. Catal Today, 2005, 104（2-4）: 329-335.

［224］ Guo S, He B, Li J, et al. Esterification of acetic acid and ethanol in a flow-through membrane reactor coupled with pervaporation［J］. Chem Eng Technol, 2014, 37（3）: 478-482.

［225］ Casimiro M H, Silva A G, Alvarez R, et al. PVA supported catalytic membranes obtained by γ-irradiation for biodiesel production［J］. Radiat Phys Chem, 2014, 94: 171-175.

［226］ Ma X H, Xu Z L, Wu F, et al. PFSA-TiO$_2$（or Al$_2$O$_3$）-PVA/PVA/PAN difunctional hollow fiber composite membranes prepared by dip-coating method［J］. Iran Polym J, 2012, 21（1）: 31-41.

［227］ Xu W, Xu J, Gao L, et al. Preparation and characterization of inorganic acid catalytic membrane for biodiesel production from oleic acid［J］. Asia-Pac J Chem Eng, 2015, 10（6）: 851-857.

［228］ Meng Z H, Liu H L, Liu Y, et al. Preparation and characterization of Pd/Fe bimetallic nanoparticles immobilized in PVDF·Al$_2$O$_3$ membrane for dechlorination of monochloroacetic acid［J］. J Membr Sci, 2011, 372（1-2）: 165-171.

［229］ Smuleac V, Bachas L, Bhattacharyya D. Aqueous-phase synthesis of PAA in PVDF membrane pores for nanoparticle synthesis and dichlorobiphenyl degradation［J］. J Membr Sci, 2010, 346（2）: 310-317.

［230］ Zhang L, Meng Z, Zang S. Preparation and characterization of Pd/Fe bimetallic nanoparticles immobilized on Al$_2$O$_3$/PVDF membrane: Parameter optimization and dechlorination of dichloroacetic acid［J］. J Environ Sci, 2015, 31（5）: 194-202.

［231］ Zhang X, Wang D K, Lopez D R S, et al. Fabrication of nanostructured TiO$_2$ hollow fiber photocatalytic membrane and application for wastewater treatment ［J］. Chem Eng J, 2014, 236（2）: 314-322.

［232］ Molinari R, Lavorato C, Argurio P. Recent progress of photocatalytic membrane reactors in water treatment and in synthesis of organic compounds. A review ［J］. Catal Today, 2017, 281: 144-164.

［233］ Dixon A G. Recent research in catalytic inorganic membrane reactors ［J］. International Journal of Chemical Reactor Engineering, 2003, 1: R6.

［234］ Marcano J Sanchez, Tsotsis T T. Catalytic membranes and membrane reactors ［M］. Weinheim, Germany: Wiley-VCH Verlag GmbH & Co. KGaA, 2004.

［235］ Thursfield A, Murugan A, Franca R, Metcalfe I S. Chemical looping and oxygen permeable ceramic membranes for hydrogen production. A review ［J］. Energy & Environmental Science, 2012, 5（6）7421-7459.

［236］ Dong X, Jin W, Xu N, Li K. Dense ceramic catalytic membranes and membrane reactors for energy and environmental applications ［J］. Chemical Communications, 2011, 47（39）: 10886-10902.

［237］ Yaremchenko A A, Kharton V V, Valente A A, Veniaminov S A, Belyaev V D, Sobyanin V A, Marques F M B. Methane oxidation over mixed-conducting SrFe（Al）O$_3$-delta-SrAl$_2$O$_4$ composite ［J］. Phys Chem Chem Phys, 2007, 9: 2744.

［238］ Tan X Y, Li K. Design of mixed conducting ceramic membranes/reactors for the partial oxidation of methane to Syngas ［J］. AIChE J, 2009, 55: 2675.

［239］ Dong X L, Liu Z K, He Y J, Jin W Q, Xu N P. SrAl$_2$O$_4$-improved SrCo$_{0.8}$Fe$_{0.2}$O$_3$-delta mixed-conducting membrane for effective production of hydrogen frommethane ［J］. J Membr Sci, 2009, 331: 109.

［240］ Zhu X F, Li Q M, He Y F, Cong Y, Yang W S. Oxygen permeation and partial oxidation of methane in dual-phase membrane reactors ［J］. J Membr Sci, 2010, 360: 454.

［241］ Luo H X, Wei Y Y, Jiang H Q, Yuan W H, Lv Y X, Caro J, Wang H H. Performance of a ceramic membrane reactor with high oxygen flux Ta-containing perovskite for the partial oxidation of methane tosyngas ［J］. J Membr Sci, 2010, 350: 154.

［242］ Tan X Y, Pang Z B, Gu Z, Liu S M. Catalytic perovskite hollow fibre membrane reactors for methane oxidative coupling ［J］. J Membr Sci, 2007, 302: 109.

［243］ Czuprat O, Schiestel T, Voss H, Caro J. Oxidative coupling of methane in a BCFZ perovskite hollow fiber membrane reactor ［J］. Ind Eng Chem Res, 2010, 49: 10230.

［244］ Olivier L, Haag S, Mirodatos C, van Veen A C. Oxidative coupling of methane using catalyst modified dense perovskite membrane reactors ［J］. Catal Today, 2009, 142: 34.

［245］ Mundschau M V, Xie X, Evenson Ⅳ C R, Sammells A F. Dense inorganic membranes for production of hydrogen from methane and coal with carbon dioxide sequestration ［J］. Catal Today, 2006, 118: 12.

［246］ Balachandran U, Lee T H, Dorris S E. Hydrogen production by water dissociation using mixed conducting dense ceramic membranes ［J］. Int J Hydrogen Energy, 2007, 32: 451.

［247］ Evdou A, Nalbandian L, Zaspalis V T. Perovskite membrane reactor for continuous and isothermal redox hydrogen production from the dissociation of water ［J］. J Membr Sci, 2008, 325: 704.

［248］ Park C Y, Lee T H, Dorris S E, Balachandran U. Hydrogen production from fossil and renewable sources using an oxygen transport membrane ［J］. Int J Hydrogen Energy, 2010, 35: 4103.

［249］ Jin W Q, Zhang C, Zhang P, Fan Y Q, Xu N P. Thermal decomposition of carbon dioxide coupled with POM in a membrane reactor ［J］. AIChE J, 2006, 52: 2545.

［250］ Jin W Q, Zhang C, Chang X F, Fan Y Q, Xing W H, Xu N P. Efficient catalytic decomposition of CO$_2$ to CO and O$_2$ over Pd/mixed-conducting oxide catalyst in an oxygen-permeable membrane reactor ［J］. Environ Sci Technol, 2008, 42: 3064.

［251］ Slade D A, Duncan A M, Nordheden K J, Stagg-Williams S M. Mixed-conducting oxygen permeable ceramic membranes for the carbon dioxide reforming of methane ［J］. Green Chem, 2007, 9: 577.

［252］ Saracco G, Neomagus H W J P, Versteeg G F, van Swaaij W P M. High-temperature membrane reactors: potential andproblems [J] . Chem Eng Sci, 1999, 54: 1997.

[253] Czuprat O, Werth S, Caro J, Schiestel T. Oxidative dehydrogenation of propane in a perovskite membrane reactor with multi-step oxygen insertion [J] . AlChE J, 2010, 56: 2390.

[254] Czuprat O, Caro J, Kondratenko V A, Kondratenko E V. Dehydrogenation of propane with selective hydrogen combustion: A mechanistic study by transient analysis of products [J] . Catal Commun, 2010, 11: 1211.

[255] Rodriguez M L, Ardissone D E, Heracleous E, Lemonidou A A, Lopez E, Pedernera M N, Borio D O. Oxidative dehydrogenation of ethane to ethylene in a membranereactor A theoretical study [J] . Catal Today, 2010, 157: 303.

[256] Jiang H Q, Xing L, Czuprat O, Wang H H, Schirrmeister S, Schiesteld T, Caro J. Highly effective NO decomposition by in situ removal of inhibitor oxygen using an oxygen transporting membrane [J] . Chem Commun-Royal Society of Chemistry, 2009, 44: 6738.

[257] Jiang H Q, Wang H H, Liang F Y, Werth S, Schiestel T, Caro J. Direct decomposition of nitrous oxide to nitrogen by in situ oxygen removal with a perovskite membrane [J] . Angew Chem Int Ed, 2009, 48: 2983.

[258] Jiang H Q, Wang H H, Werth S, Schiestel T, Caro J. Simultaneous production of hydrogen and synthesis gas by combining water splitting with partial oxidation of methane in a hollow-fiber membrane reactor [J] . Angew Chem Int Ed, 2008, 47: 9341.

[259] Geffroy P M, Reichmann M, Kilmann L, Jouin J, Richet N, Chartier T. Identification of the rate-determining step in oxygen transport through $La_{(1-x)}Sr_xFe_{(1-y)}Ga_yO_{3-\delta}$ perovskite membranes [J] . Journal of Membrane Science, 2015, 476: 340-347.

[260] Fernandez-Gonzalez R, Molina T, Savvin S, Moreno R, Makradi A, Nunez P. Characterization and fabrication of LSCF tapes [J] . Journal of the European Ceramic Society, 2014, 34 (4): 953-959.

[261] Reichmann M, Geffroy P M, Fouletier J, Richet N, Chortier T. Effect of cation substitution in the A site on the oxygen semi-permeation flux in $La_{0.5}A_{0.5}Fe_{0.7}Ga_{0.3}O_{3-\delta}$ and $La_{0.5}A_{0.5}Fe_{0.7}Co_{0.3}O_{3-\delta}$ dense perovskite membranes with A= Ca, Sr and Ba (part Ⅰ) [J] . Journal of Power Sources, 2014, 261: 175-183.

[262] Gromada M, Trawczynski J, Wierzbicki M, Zawadzki M. Effect of forming techniques on efficiency of tubular oxygen separating membranes [J] . Ceramics International, 2017, 43 (1): 256-261.

[263] Wu Z, Othman N H, Zhang G, Liu Z, Jin W, Li K. Effects of fabrication processes on oxygen permeation of Nb_2O_5-doped $SrCo_{0.8}Fe_{0.2}O_{3-\delta}$ micro-tubular membranes [J] . Journal of Membrane Science, 2013, 442: 1-7.

[264] Salehi M, Pfaff E M, Junior R Morkis, Bergmann C P, Diethelm S, Neururer C, Graule T, Grobety B, Clemens F J. $Ba_{0.5}Sr_{0.5}Co_{0.8}Fe_{0.2}O_{3-\delta}$ (BSCF) feedstock development and optimization for thermoplastic forming of thin planar and tubular oxygen separation membranes [J] . Journal of Membrane Science, 2013, 443: 237-245.

[265] Cruz R T, Braganca S R, Bergmann C P, Graule T, Clemens F. Preparation of $Ba_{0.5}Sr_{0.5}Co_{0.8}Fe_{0.2}O_{3-\delta}$ (BSCF) feedstocks with different thermoplastic binders and their use in the production of thin tubular membranes by extrusion [J] . Ceramics International, 2014, 40 (5): 7531-7538.

[266] Zhang C, Xu Z, Chang X, Zhang Z, Jin W. Preparation and characterization of mixed-conducting thin tubular membrane [J] . Journal of Membrane Science, 2007, 299 (1-2): 261-267.

[267] Xu N P, Li S G, Jin W Q, Shi J, Lin Y S. Experimental and modeling study on tubular dense membranes for oxygen permeation [J] . Aiche J, 1999, 45 (12): 2519-2526.

[268] Nagendra N, Bandopadhyay S. Room and elevated temperature strength of perovskitemembrane tubes [J] . Journal of the European Ceramic Society, 2003, 23 (9): 1361-1368.

[269] Li S G, Jin W Q, Huang P, Xu N P, Shi J, Lin Y S. Tubular lanthanum cobaltite perovskite type membrane for oxygen permeation [J] . Journal of Membrane Science, 2000, 166 (1): 51-61.

[270] Kaletsch A, Pfaff E M, Broeckmann C, Modigell M, Nauels N. Pilot module for oxygen separation with

BSCF membranes [C] . Frankfurt am Main, Germany. International Conference on Energy Process Engineering, 2011.

[271] Tan X, Wang Z, Meng B, Meng X, Li K. Pilot-scale production of oxygen from air using perovskite hollow fibre membranes [J] . Journal of Membrane Science, 2010, 352 (1-2) : 189-196.

[272] Meng B, Wang Z, Tan X, Liu S, $SrCo_{0.9}Sc_{0.1}O_{3-\delta}$ perovskite hollow fibre membranes for air separation at intermediate temperatures [J] . Journal of the European Ceramic Society, 2009, 29 (13) : 2815-2822.

[273] Vivet A, Geffroy P M, Coudert V, Fouletier J, Richet N, Chartier T. Influence of glass and gold sealants materials on oxygen permeation performances in $La_{0.8}Sr_{0.2}Fe_{0.7}Ga_{0.3}O_{3-\delta}$ perovskite membranes [J] . Journal of Membrane Science, 2011, 366 (1-2) : 132-138.

[274] Chen Y B, Qian B M, Hao Y, Liu S M, Tade M O, Shao Z P. Influence of sealing materials on the oxygen permeation fluxes of some typical oxygen ion conducting ceramic membranes [J] . Journal of Membrane Science, 2014, 470: 102-111.

[275] Faaland S, Einarsrud M A, Grande T. Reactions between calcium-and strontium-substituted lanthanum cobaltite ceramic membranes and calcium silicate sealing materials [J] . Chem Mat, 2001, 13 (3) : 723-732.

[276] Qi X, Akin F T, Lin Y S. Ceramic-glass composite high temperature seals for dense ionic-conducting ceramic membranes [J] . Journal of Membrane Science, 2001, 193 (2) : 185-193.

[277] Bouwmeester H J M, Burggraaf A J. Dense ceramic membranes for oxygen separation [M] // Handbook of Solid State Electrochemistry. Boca Raton, USA: CRC Press, 1997.

[278] Bouwmeester H J M, Kruidhof H, Burggraaf A J. Importance of the surface exchange kinetics as rate limiting step in oxygen permeation through mixed-conducting oxides [J] . Solid State Ionics, 1994, 72: 185-194.

[279] Chang X F, Zhang C, Jin W Q, Xu N P. Match of thermal performances between the membrane and the support for supported dense mixed-conducting membranes [J] . Journal of Membrane Science, 2006, 285 (1-2) : 232-238.

[280] Jin W, Li S, Huang P, Xu N, Shi J. Preparation of an asymmetric perovskite-type membrane and its oxygen permeability [J] . Journal of Membrane Science, 2001, 185 (2) : 237-243.

[281] Dong X, Zhang G, Liu Z, Zhong Z, Jin W, Xu N. CO_2-tolerant mixed conducting oxide for catalytic membrane reactor [J] . Journal of Membrane Science, 2009, 340 (1-2) : 141-147.

[282] Wu Z, Wang B, Li K. Functional LSM-ScSZ/NiO-ScSZ dual-layer hollow fibres for partial oxidation of methane [J] . International Journal of Hydrogen Energy, 2011, 36 (9) : 5334-5341.

[283] Liu T, Chen Y, Fang S, Lei L, Wang Y, Ren C, Chen F. A dual-phase bilayer oxygen permeable membrane with hierarchically porous structure fabricated by freeze-dryingtape-casting method [J] . Journal of Membrane Science, 2016, 520: 354-363.

[284] Liu Z K, Zhu J W, Jin W Q. Preparation and characterization of mixed-conducting supported hollow fiber membrane [J] . Journal of Inorganic Materials, 2015, 30 (6) : 621-626.

[285] Meng X, Ding W, Jin R, Wang H, Gai Y, Ji F, Ge Y, Xie D. Two-step fabrication of $BaCo_{0.7}Fe_{0.2}Nb_{0.1}O_{3-\delta}$ asymmetric oxygen permeable membrane by dip coating [J] . Journal of Membrane Science, 2014, 450: 291-298.

[286] Liu Z, Zhang G, Dong X, Jiang W, Jin W, Xu N. Fabrication of asymmetric tubular mixed-conducting dense membranes by a combined spin-spraying and co-sintering process [J] . Journal of Membrane Science, 2012, 415: 313-319.

[287] Wu Z, Othman N H, Zhang G, Liu Z, Jin W, Li K, Effects of fabrication processes on oxygen permeation of Nb_2O_5-doped $SrCo_{0.8}Fe_{0.2}O_{3-\delta}$ micro-tubular membranes [J] . Journal of Membrane Science, 2013, 442: 1-7.

[288] Wang H H, Werth S, Schiestel T, Caro A. Perovskite hollow-fiber membranes for the production of oxygen-enriched air [J] . Angewandte Chemie-International Edition, 2005, 44 (42) : 6906-6909.

[289] Tan X Y, Liu Y T, Li K. Mixed conducting ceramic hollow-fiber membranes for air separation [J]. AIChE Journal, 2005, 51 (7): 1991-2000.

[290] Leo A, Smart S, Liu S, da Costa J C D, High performance perovskite hollow fibres for oxygen separation [J]. Journal of Membrane Science, 2011, 368 (1-2): 64-68.

[291] Chi Y, Li T, Wang B, Wu Z, Li K. Morphology, performance and stability of multi-bore capillary $La_{0.6}Sr_{0.4}Co_{0.2}Fe_{0.8}O_{3-\delta}$ oxygen transport membranes, Journal of Membrane Science [J]. 2017, 529: 224-233.

[292] Zhu J, Guo S, Liu G, Liu Z, Zhang Z, Jin W. A robust mixed-conducting multichannel hollow fiber membrane reactor [J]. AIChE Journal, 2015, 61 (8): 2592-2599.

[293] Zhu J, Liu Z, Guo S, Jin W. Influence of permeation modes on oxygen permeability of the multichannel mixed-conducting hollow fibre membrane [J]. Chemical Engineering Science, 2015, 122: 614-621.

[294] Zhu J, Dong Z, Liu Z, Zhang K, Zhang G, Jin W. Multichannel mixed-conducting hollow fiber membranes for oxygen separation [J]. AIChE Journal, 2014, 60 (6): 1969-1976.

[295] Zhu X, Yang W. Composite membrane based on ionic conductor and mixed conductor for oxygen permeation [J]. AIChE J, 2008, 54: 665-672.

[296] Yaremchenko A A, Kharton V V, Valente A A, Veniaminov S A, Belyaev V D, Sobyanin V A, et al. Methane oxidation over mixed-conducting SrFe (Al) $O_{3-\delta}$-$SrAl_2O_4$ composite [J]. Phys Chem Chem Phys, 2007, 9: 2744-2752.

[297] Wang H, Cong Y, Yang W. Investigation on the partial oxidation of methane to syngas in a tubular $Ba_{0.5}Sr_{0.5}Co_{0.8}Fe_{0.2}O_{3-\delta}$ membrane reactor [J]. Catal Today, 2003, 82: 157-166.

[298] Wang H, Tablet C, Feldhoff A, Caro J. A cobalt-free oxygen-permeable membrane based on the perovskite-type oxide $Ba_{0.5}Sr_{0.5}Zn_{0.2}Fe_{0.8}O_{3-\delta}$. Adv Mater, 2005, 17: 1785-1788.

[299] Luo H, Wei Y, Jiang H, Yuan W, Lv Y, Caro J, et al. Performance of a ceramic membrane reactor with high oxygen flux Ta-containing perovskite for the partial oxidation of methane to syngas [J]. J Membrane Sci, 2010, 350: 154-160.

[300] Luo H, Tian B, Wei Y, Wang H, Jiang H, Caro J. Oxygen permeability and structural stability of a novel tantalum-doped perovskite $BaCo_{0.7}Fe_{0.2}Ta_{0.1}O_{3-\delta}$ [J]. AIChE J, 2010, 56: 604-610.

[301] Harada M, Domen K, Hara M, Tatsumi T. Oxygen-permeable membranes of $Ba_{1.0}Co_{0.7}Fe_{0.2}Nb_{0.1}O_{3-\delta}$ for preparation of synthesis gas from methane by partial oxidation [J]. Chem Lett, 2006, 35: 968-969.

[302] Harada M, Domen K, Hara M, Tatsumi T. $Ba_{1.0}Co_{0.7}Fe_{0.2}Nb_{0.1}O_{3-\delta}$ dense ceramic as an oxygen permeable membrane for partial oxidation of methane to synthesis gas [J]. Chem Lett, 2006, 35: 1326-1327.

[303] Harada M. Plenary lecture [C]. Tokyo, Japan: 10th international conference on inorganic membranes, 2008.

[304] Chang X F, Zhang C, He Y J, Dong X L, Jin W Q, Xu N P. A comparative study of the performance of symmetric and asymmetric mixed-conducting membranes [J]. Chin J Chem Eng, 2009, 17: 562-570.

[305] Schwartz M, White J H, Sammels A F. Solid state oxygen anion and electron mediating membrane and catalytic membrane reactors containing them. US Patent 6033632 [P], 2000-7-3.

[306] Ritchie J T, Richardson J T, Luss D. Ceramic membrane reactor for synthesis gas production [J]. AIChE J, 2001, 47: 2092-2101.

[307] Mackay R, Sammells A F. Ceramic membranes for catalytic membrane reactors with high ionic conductivities and low expansion properties. WIPO Patent Application WO/2001/010775 A1. [P] 2001-2-15.

[308] Sammells A F, Schwartz M, Mackay R A, Barton T F, Peterson D R. Catalytic membrane reactors for spontaneous synthesis gas production [J]. Catal Today, 2000, 56: 325-328.

[309] Zhu X, Wang H, Cong Y, Yang W. Partial oxidation of methane to syngas in $BaCe_{0.15}Fe_{0.85}O_{3-\delta}$ membrane reactors [J]. Catal Lett, 2006, 111: 179-185.

[310] Li Q, Zhu X, He Y, Yang W. Partial oxidation of methane in $BaCe_{0.1}Co_{0.4}Fe_{0.5}O_{3-\delta}$ membrane reactor [J]. Catal Today, 2010, 149: 185-190.

[311] Markov A A, Patrakeev M V, Leonidov I A, Kozhevnikov V L. Reaction control and long-term stability of partial methane oxidation over an oxygen membrane [J]. J Solid State Electrochem, 2011, 15: 253-257.

[312] Gu X, Jin W, Chen C, Xu N, Shi J, Ma Y H. YSZ-SrCo$_{0.4}$Fe$_{0.6}$O$_{3-\delta}$ membranes for the partial oxidation of methane to syngas [J]. AIChE J, 2002, 48: 2051-2060.

[313] Wu Z, Jin W, Xu N. Oxygen permeability and stability of Al$_2$O$_3$-doped SrCo$_{0.8}$Fe$_{0.2}$O$_{3-\delta}$ mixed conducting oxides [J]. J Membrane Sci, 2006, 279: 320-327.

[314] Dong X, Liu Z, He Y, Jin W, Xu N. SrAl$_2$O$_4$-improved SrCo$_{0.8}$Fe$_{0.2}$O$_{3-\delta}$ mixed-conducting membrane for effective production of hydrogen from methane [J]. J Membrane Sci, 2009, 331: 109-116.

[315] Yaremchenko A A, Kharton V V, Valente A A, Snijkers F M M, Cooymans J F C, Luyten J J, et al. Performance of tubular SrFe (Al) O$_{3-\delta}$-SrAl$_2$O$_4$ composite membranes in CO$_2$-and CH$_4$-containing atmospheres [J]. J Membrane Sci, 2008, 319: 141-148.

[316] Zhu X, Li Q, He Y, Cong Y, Yang W. Oxygen permeation and partial oxidation of methane in dual-phase membrane reactors [J]. J Membrane Sci, 2010, 360: 454-460.

[317] Zhu X, Li Q, Cong Y, Yang W. Syngas generation in a membrane reactor with a highly stable ceramic composite membrane [J]. Catal Commun, 2008, 10: 309-312.

[318] Jin W, Zhang C, Chang X, Fan Y, Xing W, Xu N. Efficient catalytic decomposition of CO$_2$ to CO and O$_2$ over Pd/mixed-conducting oxide catalyst in an oxygen-permeable membrane reactor [J]. Environmental Science & Technology, 2008, 42 (8): 3064-3068.

[319] Zhang K, Zhang G, Liu Z, Zhu J, Zhu N, Jin W. Enhanced stability of membrane reactor for thermal decomposition of CO$_2$ via porous-dense-porous triple-layer composite membrane [J]. Journal of Membrane Science, 2014, 471: 9-15.

[320] Zhang C, Jin W, Yang C, Xu N. Decomposition of CO$_2$ coupled with POM in a thin tubular oxygen-permeable membrane reactor [J]. Catalysis Today, 2009, 148 (3-4): 298-302.

[321] Zhang C, Chang X, Fan Y, Jin W, Xu N. Improving performance of a dense membrane reactor for thermal decomposition of CO$_2$ via surface modification [J]. Industrial & Engineering Chemistry Research, 2007, 46 (7): 2000-2005.

[322] Jin W, Zhang C, Zhang P, Fan Y, Xu N. Thermal decomposition of carbon dioxide coupled with POM in a membrane reactor [J]. AIChE Journal, 2006, 52 (7): 2545-2550.

[323] Zhu N, Dong X, Liu Z, Zhang G, Jin W, Xu N. Toward highly-effective and sustainable hydrogen production: bio-ethanol oxidative steam reforming coupled with water splitting in a thin tubular membrane reactor [J]. Chemical Communications, 2012, 48 (57): 7137-7139.

（感谢景德镇陶瓷大学常启兵教授、大连理工大学董应超教授对本章的协同审阅）

第 17 章
膜接触器

主 稿 人：余立新　　清华大学教授

编写人员：张卫东　　北京化工大学教授

　　　　　吕晓龙　　天津工业大学教授

　　　　　陈华艳　　天津工业大学副研究员

　　　　　景文珩　　南京工业大学教授

　　　　　姜晓滨　　大连理工大学教授

　　　　　贺高红　　大连理工大学教授

审 稿 人：陈欢林　　浙江大学教授

第一版编写人员：戴猷元

在本章中，将在膜接触器这一标题下介绍膜萃取、膜吸收、膜蒸馏、膜脱气、膜乳化、膜结晶等过程。其中，膜萃取过程和液膜分离一章有交叉之处，请读者留意。

17.1　膜接触器概述

膜接触器并不只是一个膜的设备，而是以微孔膜作为传质接触界面，与萃取、吸收、蒸发、气提等传统分离技术相耦合的一种新型分离过程，对应的过程分别称为膜萃取、膜吸收、膜蒸馏、膜脱气等。在这四个过程中膜起着分隔两相的作用，使这两相不发生宏观的混合，因而使得这些过程有着相似的基本规律；所用的核心膜部件是典型的膜接触器，这些过程仍然是分离过程。而在膜分散中，膜所起的作用是在流体通过膜时将流体分散产生尺寸均匀的液滴或者气泡，这个过程并非分离过程，如果被分散的流体是液体，也被称为膜乳化。膜结晶则是更加难定义的过程——将能够实现溶液中溶剂脱除或溶质浓缩作用的膜过程（比如膜蒸馏、纳滤和反渗透等）与结晶过程的结合便都可以称为膜结晶。

本节试图先将膜接触器中一些共性的规律总结出来，但在没有具体介绍每一个过程之前就这么罗列共性规律，读者可能不容易理解，因此需要读者结合前后章节反复阅读，敬请留意。

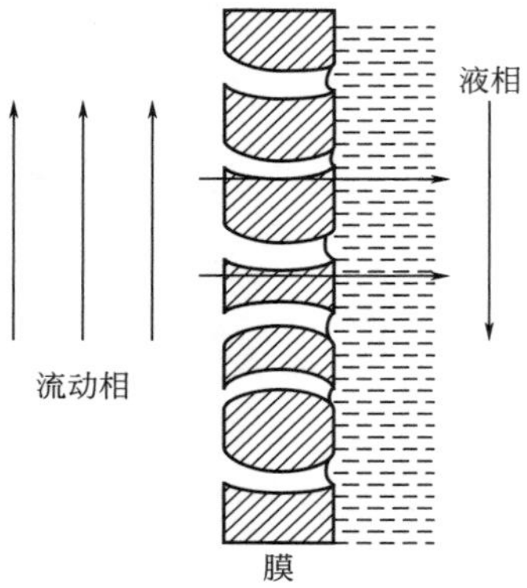

图 17-1　膜接触器基本原理图

膜接触器利用膜将两相流体分隔在膜的两侧，两相通过膜中存在的大量微孔进行接触传质，基本原理如图 17-1 所示，传质过程主要有三步：溶质由原料相主体扩散到膜壁；再通过膜微孔扩散到膜另一侧；由另一侧膜壁扩散到接受相主体。膜接触器中的膜仅仅为传质提供固定界面，绝大多数的膜并无分离作用，因此，膜材料不需要对待分离组分具有选择性。

膜接触器具有以下特点：①中空纤维或毛细管膜可以产生很大的装填面积，即可提供很大的两相传质比表面积；②两相不发生相间混合，可以有效地避免传统吸收或者萃取过程中的夹带和液泛等问题；③两相的流动互不干扰，流量范围各自可以在很宽的范围内变动，有效地缓解了密度、黏度等物性条件的制约，操作弹性大；④膜呈自支撑结构，无需另加支撑体，可大大简化组装成膜组件时的复杂性，而且膜组件可做成任意大小和形状，膜组件容易放大。

膜接触器有多种分类方式。根据工作原理，可分为膜萃取、膜吸收、膜蒸馏、膜脱气、膜乳化、膜结晶等。按照膜性质，可分为多孔膜接触器和非多孔膜接触器等。按气液传递方式，可分为气-液（G-L）膜接触器、液-气（L-G）膜接触器和液-液（L-L）膜接触器。气-液膜接触器主要是气或汽从气相透过膜向液相传递，常用作膜吸收，在实际应用中氧合器最具代表性。液-气膜接触器是气或汽从液相到气相传递，常用作膜脱气和膜蒸馏，典型的例子是从水中除去溶解氧或 CO_2 等。液-液膜接触器中膜两侧为不同的液体，从液相到液相传递，主要用作膜萃取。常用于重金属、挥发性有机物（VOC）等的去除。

膜接触器因其独特的优势而受到学者和企业的广泛关注，其研究工作主要包括以下几个方面：

①膜材料的研制以及浸润性能对传质的影响。除了降低膜材料的生产成本，还希望膜材料与溶剂具有更好的兼容性、更好的耐热、耐酸碱、耐有机溶剂、抗氧化、抗污染、易清洗等性能；特别地，对膜蒸馏过程而言，具有长效疏水性能的膜材料及制备方法有助于避免膜浸润问题。

②膜组件的开发及优化。开发与对应的膜基分离过程相适应的专有膜器结构，对促进传质效率有重要的作用。

③传质过程的影响因素及传质强化手段研究。

④膜内传质机理及数学模型研究。

⑤膜接触器的应用。开发与待分离体系相适应的膜接触器，开发新型的膜基分离-反应耦合过程，是膜接触器应用的关键技术，也是当今的研究前沿。

17.1.1　膜材料的选择及其浸润性能对传质的影响

在膜萃取、膜吸收和膜蒸馏中，膜的使用增加了膜相传质阻力。因此，降低膜阻可以获得更高的传质效率。物质在膜孔中的扩散一般为分子扩散，当膜孔充满扩散系数大的流体时，膜阻较低，而这与膜材料的选择密切相关。

按照膜材料，膜可以分为有机聚合物膜、无机膜以及有机-无机复合膜。其中，有机聚合物膜材料是膜接触器中最为常用的膜材料，常见的有：聚四氟乙烯（PTFE）、聚偏氟乙烯（PVDF）、聚丙烯（PP）等疏水材料和聚砜（PS）、醋酸纤维素（CA）等亲水材料。PP材料价格低廉、化学和热稳定性良好、机械强度高，是一种常用的疏水性材料。近年来，随着 PTFE 微孔膜制备技术的成熟和工业化应用，由于其极低的表面张力和优异的化学稳定性，使得其在膜吸收、膜蒸馏过程中展现出优异的性能，并得到了越来越多的应用。然而其管径较大，传质比表面积相对偏低，开发细管径、高孔隙率、小孔径的 PTFE 中空纤维膜是下一步的研究重点。

在膜吸收和膜蒸馏过程中，为了降低总传质阻力，需要保持膜孔内的流体相为气相；这就需要根据液相来选择膜材料。若液相为水溶液，最好选择疏水膜；若液相为油性溶剂，则选择亲水膜。但是，随着膜器的使用，膜的界面张力会逐渐变化，并可能产生液相逐渐渗入膜孔，使传质阻力加大的现象，这种现象被称为膜浸润或膜润湿。按膜孔的润湿状态，可将其分为三类：非润湿、完全润湿和部分润湿，其示意图见图 17-2。一般情况下膜接触器在膜孔非润湿型状态下操作具有最大的传质系数。运行一定时间后，随着膜孔被润湿，膜相的传质阻力开始变得显著，传质效率随之降低，导致操作不经济。因此，膜接触器在运行过程

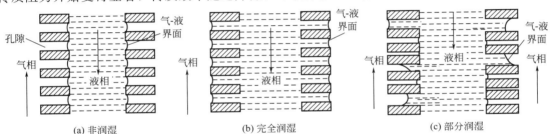

(a) 非润湿　　　　　　　　(b) 完全润湿　　　　　　　　(c) 部分润湿

图 17-2　膜接触器的操作模式

中应尽量避免膜润湿现象的发生，此时膜材料的选择至关重要。

17.1.2   膜组件结构

膜接触器常见的构型有板式、管式和中空纤维式三种。其中，中空纤维膜组件结构紧凑、耐压性好、填充密度高、比表面积远大于前两者，因此应用最为广泛。按照膜组件形式分类，中空纤维膜接触器可分为平行流中空纤维膜接触器以及螺旋形中空纤维膜接触器等类型；根据流体的流动方式，中空纤维膜接触器又可分为平流式和错流式。

17.1.3   传质过程的影响因素

17.1.3.1   两相流速

在膜接触器中，两相流速对总传质系数的影响主要表现为两边界层传质阻力在总传质阻力中所占的比重。

如果某一相边界层传质阻力在总传质阻力中占有绝对优势，那么增大该相流速则会使总传质系数显著增大；相反，改变另一相流速则不会对总传质系数产生太大影响。对于两相边界层阻力在总传质阻力中所占比例相当的体系，两相流量的变化都会对总传质系数值产生影响。当两相流速都很大时，两相的边界层阻力都可以忽略，此时总传质系数取决于膜相传质阻力，选择具有合适膜结构参数的膜器才会获得较高的总传质系数。

17.1.3.2   两相压差

在膜接触器中，两相压差的作用仅在于防止两相间的渗透，对传质系数没有直接影响[1]。这主要是因为膜接触器的传质推动力是化学位，而两相压差对化学位影响相对较小。在实验范围内，两相压差的变化尚不足以产生对化学位差的影响。但是两相压差存在一个临界值 Δp_{cr}，如果超过这个临界值，就会发生高压相穿过膜孔向低压相的流动，造成两相间的混合，导致传质过程无法正常进行，这个临界值称为穿透压。

而如果希望利用膜来实现一相在另外一相中的分散，则必须使两相间达到某一个压差，以实现高压侧流体穿过膜孔的流动。由此也可以看出膜接触器这一概念的灵活性。

17.1.3.3   流动方式

不同的膜器结构可以采用不同的流动方式，而两相在膜器内的流动方式（比如错流、并流以及某一相流体走管程或者壳程）又将影响传质效果。

Wang 和 Cussler[2]认为在中空纤维膜接触器中，当传质过程由膜或管程边界层阻力控制时，并流模式可提供最大的平均浓度推动力；但若壳程阻力很大时，错流操作比较好。Sengupta 等[3]总结了错流操作的优点：①液体垂直纤维流动可增加局部扰动，提高壳程液相局部传质系数；②纤维的排列结构规整，加上挡板的作用，使壳程产生沟流的可能性降至最小。

Masaaki[4]、Ismail 等[5]采用中空纤维膜器进行吸收实验时发现当吸收剂走管程、气体走壳程时，得到的吸收速率比吸收剂在壳程流动时大得多。这主要是由于分子在气相中的扩散系数较大，因而使壳程流体非理想性所带来的负面影响得以缓解。

17.1.4　膜接触器中的传质强化手段

中空纤维膜器在具有较大传质通量的同时，还需要具有较大的传质比表面积。但是，在中空纤维膜器的加工过程中，随膜器装填因子的增加，纤维束分布的不均匀性趋于明显，壳程非理想流动对于传质过程的不利影响显著增加。这样对某一特定膜器而言，增大单位体积的传质表面积与提高过程的传质系数就成了一对矛盾。为解决这一问题，可以从以下四个方面进行改善。

（1）改善膜器结构，避免流量分布不均

这要求从膜器的结构设计和加工工艺入手加以解决。例如，适当位置加上若干挡板，可以有效地提高膜组件的传质效率，已经商业化的 Liqui-Cel® Extra-Flow 中空纤维膜接触器所采用的挡板结构就是一个典型的例子。Marina 等[6]发现与平行流中空纤维膜接触器相比，螺旋中空纤维膜接触可使得臭氧传质速率提高 7 倍。Ho[7]、Yazan[8]分别向气隙膜蒸馏（AGMD）和直接接触膜蒸馏（DCMD）组件的流道中从不同角度加入隔板，促进涡流的产生，有效增强了膜蒸馏的传热和传质性能。

（2）膜器的串并联操作

一般认为，中空纤维膜器采用传统的管壳式形式较好，中空纤维膜器不宜直接放大，而宜采用逐级串并联的方式。通过逐级并联增大流动通量，通过逐级串联提高分离效率。但无论是采用结构装填或是串并联的操作方式，都会增加膜器的加工成本。

（3）加入第三相强化传质

张卫东等[9]以 TBP/煤油为萃取剂，NaOH 溶液为反萃剂，在中空纤维包容液膜萃取苯酚的传质过程中，通过在膜器的壳程鼓入第三相流体——空气，以强化过程的传质性能。由于鼓泡搅拌的作用，促进了壳程流体的径向混合，加大了过程的传质速率。在张卫东等[10]提出的孔隙率对膜吸收过程影响的传质机理研究基础上，李江等[11]利用固相粒子在壳程吸收剂中的扰动实现"微搅拌"的作用，改善了中空纤维膜接触器近膜壁面处溶质浓度分布的不均性，固相粒子的加入使传质系数提高 40% 以上，而且当膜孔隙率较小或者吸收剂 pH 较高时，固相粒子的强化效果更好。同样，Ahmad 等[12]通过向吸收剂中加入 Al_2O_3、TiO_2、SiO_2 等纳米颗粒强化中空纤维膜接触器脱除 CO_2 过程，发现质量分数为 0.2% 的 Al_2O_3 对传质强化作用最大，通量可提高 125%。Bart 等[13]以甲苯-丙酮-水为萃取体系，含有体积分数为 0.001%～0.1% 疏水性 SiO_2 纳米颗粒的甲苯基纳米流体为有机相，研究了纳米颗粒对膜接触器传质过程的影响。结果发现纳米粒子在较低的流速下对传质的促进作用更为明显，总传质系数最高增强 31%。作者认为纳米粒子的布朗运动和诱导的微对流是其强化传质的主要原因。

（4）通过外场作用强化传质

机械振荡可以增大液相湍动程度，从而提高液相内的传质和反应速率。化工过程中常采用机械振荡等方法来强化气液间的传质。李江等[11]通过在膜吸收过程中引入外源振荡，加强了壳程流体的径向混合，改善了壳程流体流动的非理想性。结果表明，振荡可使膜吸收过程传质系数增加 50% 以上。Wang 等[14]利用超声空化效应，辅助 PTFE 中空纤维膜器强化臭氧传质过程，在超声波功率为 1000W 时，臭氧传质系数提高 44.3%。Kang 等[15]利用浸没式真空膜蒸馏-结晶（S-VMDC）系统从高浓度 NaCl 溶液中回收盐并生产纯水，研究了搅拌和曝气两种强化方式对膜蒸馏性能和结晶行为的影响。结果表明，由于传热的改善和浓差极化现象的减弱，搅拌和曝气对渗透通量及结晶行为均有积极影响。

17.1.5　膜接触器的应用

目前，膜接触器已在很多领域得到工业化应用。氧合器、脱气和充气接触器已得到广泛应用。20 世纪 90 年代，日本、法国、加拿大等国家对液体脱气膜的研究步伐加快，膜接触器开始应用于工业液体的脱气，以减少由溶解气体引起的腐蚀，如半导体工业中超纯水的制备和锅炉给水的处理；在食品和饮料行业中进行水中脱氧、脱碳以及碳酸化过程，如啤酒生产中 CO_2 和 O_2 的去除，碳酸无泡饮料的生产。此后，膜接触器拓展到了气体吸收[16-18]、跨膜气体吸收[19-21]（即气态膜过程，也称支撑气膜、透膜解吸-吸收、液-液膜吸收）以及利用液液萃取提取污染物[22,23]的过程。

美国明尼阿波利斯（MN）公司开发了一种可用于无气泡气液传递的膜接触器，在生物治疗与废水处理方面得到了广泛的应用[24]。国内中国科学院大连化学物理研究所曹义鸣团队开发的中空纤维膜接触器已经实现在天然气脱碳、氨氮废水处理中的工业化应用。在国际上首次将中空纤维膜接触器分别应用于高压天然气净化和高氨氮废水处理领域。

总之，膜接触器在化工、炼油、食品和医药等行业均具有广阔的应用前景，更多应用将在后文针对每个过程的章节中作出详细介绍。

17.2　膜萃取

17.2.1　概述

膜萃取又称固定膜界面萃取[1,25,26]，是膜接触器的一种。它是膜过程和液液萃取过程相结合的分离技术。与通常的液液萃取过程不同，膜萃取的传质过程是在分隔料液相和溶剂相的微孔膜表面进行的固定界面的传质过程。例如，对于疏水微孔膜而言，由于其本身的亲油性，当萃取剂浸满膜孔，渗至微孔膜的另一侧时，萃取剂和料液就会在膜表面接触发生传质。从膜萃取的传质过程可以看出，该过程不存在通常萃取过程中液滴的分散和聚合现象。

作为一种新的分离技术，膜萃取过程除了具备膜接触器共有的传质面积大、结构简单、操作弹性大、避免传统分离设备出现的液泛等问题的优势外，还具备其特殊的优势，主要表现在以下几个方面[1,26]。

① 膜萃取由于没有相的分散和聚结过程，因此可以减少萃取剂在料液相中的夹带损失。

② 连续逆流萃取是一般萃取过程中常采用的流程，为了完成液液直接接触中的两相逆流流动，在选择萃取剂时，除了考虑其对分离物质的溶解度和选择性外，其他物性（如密度、黏度、界面张力等）对萃取过程的影响也很大。而在膜萃取过程中，料液相和溶剂相各自在膜两侧流动，并不形成直接接触的液液两相流动，料液的流动不受溶剂流动的影响。因

此，在选择萃取剂时可以对其物性要求大大放宽，可以使一些高浓度的高效萃取剂付诸使用。

③ 一般柱式萃取设备中，由于连续相与分散相液滴群的逆流流动，柱内轴向混合的影响是十分严重的。据报道，一些柱式设备中 60%～70% 的柱高是为了克服轴向混合影响的。同时，萃取设备的生产能力也将受到液泛总流速等条件的限制。在膜萃取过程中，两相分别在膜两侧作单相流动，使过程免受"返混"的影响和"液泛"条件的限制。

④ 膜萃取过程可以实现同级萃取反萃过程，可以采用流动载体促进迁移等措施，以提高过程的传质效率。

⑤ 料液相与溶剂相在膜两侧同时存在，可以避免与其相似的支撑液膜操作中膜内溶剂的流失问题。

膜萃取技术的研究工作自 20 世纪 80 年代初开展以来，逐渐扩展。近年来，膜萃取技术的工艺过程研究、膜萃取器材料的浸润性及过程传质机理的研究、利用膜萃取实现同级萃取反萃的研究、流体在膜器中流型分布的研究以及膜器设计方法研究等工作都已有大量文献报道。目前，膜萃取的研究工作要围绕下述几个方面进行：

① 膜萃取过程的传质机理和数学模型。
② 膜材料的浸润性能及其对传质的影响。
③ 膜萃取过程中的两相渗透问题。
④ 膜萃取过程中膜孔溶胀问题及对传质速率的影响。
⑤ 膜器结构的放大和操作条件优化等。
⑥ 膜萃取过程付诸应用的可能性。

17.2.2　膜萃取的研究方法及传质模型

17.2.2.1　膜萃取的研究方法

膜萃取的实验研究工作一般是在槽式膜萃取器或中空纤维膜器中进行的。为了防止在实验中两相相互渗透的发生，在两相间应维持一定的压强差。例如，对于疏水膜器，水相一侧的静压强应高于有机相一侧的静压强。中空纤维膜器的实验又分为连续逆流膜萃取实验和逆流（或并流）膜萃取循环实验。图 17-3～图 17-5 分别给出了这些流程示意图。

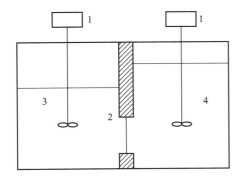

图 17-3　槽式实验装置简图

1—搅拌器；2—微孔膜；3—有机相；
4—水相

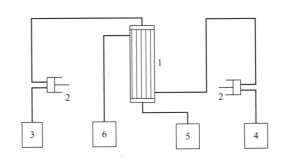

图 17-4　连续逆流膜萃取流程

1—中空纤维膜器；2—计量泵；3—水相料罐；
4—萃取剂料罐；5—萃余相；6—萃取相

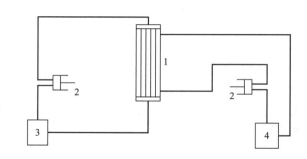

图 17-5 逆流膜萃取循环实验流程

1—中空纤维膜器；2—计量泵；3—水相料罐；4—有机相料罐

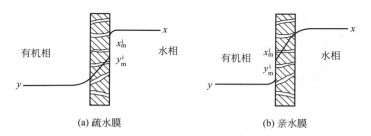

图 17-6 膜萃取传质模型

实验中，按照膜萃取过程的特点，选择有针对性的体系，测取在不同条件下料液经膜器处理后浓度的变化规律。有时，为了研究膜材料的结构性能和浸润性能对传质过程的影响，实验研究亦可在单束中空纤维膜器中进行[27]。

17.2.2.2 膜萃取传质模型

以双膜理论为基本出发点，可以建立包括膜阻在内的膜萃取传质模型。图 17-6(a) 和图 17-6(b) 分别绘出了以疏水膜或亲水膜为固定界面的膜萃取过程的传质模型图。假设膜的微孔被有机相（或水相）完全浸满，把微孔膜视为由有一定弯曲度、等直径的均匀孔道构成，并且忽略微孔端面液膜的曲率对传质的影响，此时膜萃取过程的传质阻力由三部分组成，即有机相边界层阻力、水相边界层阻力和膜阻。

如果溶质在两相间的分配平衡关系呈直线（$y^* = mx + b$），那么，依照一般传质过程的阻力串联模型可以获得基于水相的总传质系数 K_W 与水相分传质系数 k_W、膜内分传质系数 k_m 和有机相分传质系数 k_O 的关系。

对于疏水膜：

$$\frac{1}{K_W} = \frac{1}{k_W} + \frac{1}{k_m m} + \frac{1}{k_O m} \tag{17-1}$$

其中膜阻一项可表示为：

$$\frac{1}{k_m} = \frac{\tau_m \sigma}{D_O \varepsilon_m}$$

对于亲水膜：

$$\frac{1}{K_W} = \frac{1}{k_W} + \frac{1}{k_m} + \frac{1}{k_O m} \tag{17-2}$$

其中膜阻一项可表示为：

$$\frac{1}{k_m} = \frac{\tau_m \sigma}{D_W \varepsilon_m}$$

上述各式中，ε_m 为微孔膜孔隙率；σ 为膜厚；τ_m 为膜孔曲折因子（>1）；D_O、D_W 分别代表溶质在有机相或水相中的扩散系数；m 为分配系数。

根据实验测试的数据，可以求取基于水相的总传质系数。

对于槽式间歇操作的膜萃取器，若两相平衡关系为 $y^* = mx + b$，水相及有机相中溶质初始浓度为 x_0 和 y_0，水相和有机相的体积分别为 V_W 和 V_O，膜面积为 A，则

$$K_W(x - x^*) = -\frac{V_W}{A} \times \frac{\mathrm{d}x}{\mathrm{d}t} \tag{17-3}$$

分离变量并积分可得：

$$K_W = \frac{V_W}{A \Delta t} \times \frac{1}{1 - \dfrac{V_W}{mV_O}} \ln \frac{x_0 - x_0^*}{x_t - x_t^*} \tag{17-4}$$

式中，x_t 为 t 时刻的水相浓度；x_t^* 为 t 时刻与有机相呈平衡的水相浓度。若使用新鲜溶剂进行实验，则 $y_0 = 0$，$x_0^* = 0$。

同样，对于中空纤维膜器中的连续逆流萃取实验，若平衡关系为 $y^* = mx + b$。水相进、出口浓度分别为 x_0、x_1；有机相进、出口浓度分别为 y_0、y_1；水相和有机相的流量分别为 L_W 和 L_O；膜器传质表面积为 A。则有：

$$K_W = \frac{L_W}{A} \times \frac{1}{1 - \dfrac{L_W}{mL_O}} \ln \frac{x_0 - x_0^*}{x_t - x_t^*} \tag{17-5}$$

当使用新鲜溶剂时，则 $x_1^* = 0$，$y_1 = 0$。

对于逆流膜萃取循环实验，若两相平衡关系为 $y^* = mx + b$，萃取剂初始溶质浓度为零，并假设膜器内两相流动为活塞流，两相的料罐内溶液处于全混状态。依据膜器内及两相料罐内的物料衡算关系，可以导出：

$$1 - B \frac{L_W}{mL_O} \ln \frac{\left(1 + \dfrac{V_W}{mV_O}\right)x_0 - \dfrac{V_W}{mV_O}x_{0,t=0}}{x_{0,t=0}} = \frac{L_W t}{V_W}(B - 1) \tag{17-6}$$

其中，

$$B = \exp\left[-\frac{K_W A}{L_W}\left(1 - \frac{L_W}{mL_O}\right)\right]$$

式中，V_W、V_O 分别代表料罐内料液和溶剂的体积；A 为膜器的膜表面积；t 为循环操作时间；$x_{0,t=0}$ 代表初始时刻（$t = 0$ 时）料液进口浓度；x_0 则代表 t 时刻下水相料罐内的浓度。

以同样的方法可以导出并流膜萃取循环实验中求取 K_W 值的关系式：

$$\frac{1 + B \dfrac{L_W}{mL_O}}{1 + \dfrac{V_W}{mV_O}} \ln \frac{\left(1 + \dfrac{V_W}{mV_O}\right)x_0 - \dfrac{V_W}{mV_O}x_{0,t=0}}{x_{0,t=0}} = \frac{L_W t}{V_W}(B - 1) \tag{17-7}$$

其中，
$$B = \exp\left[-\frac{K_wA}{L_w}\left(1+\frac{L_w}{mL_O}\right)\right]$$

依据上述的数学模型和关系式可以求取基于水相或基于有机相的总传质系数。

一般单元操作中，传质单元高度（height of a [mass] transfer unit，HTU）是用以衡量柱式设备的传质效率的表观参数。以同样的方法亦可求取膜萃取器的 HTU 值：

$$\text{HTU} = \frac{L_w}{K_waS} \tag{17-8}$$

式中，a 为单位膜组件体积提供的传质面积；S 为膜组件的横截面积。

利用实验数据计算出中空纤维膜器的 HTU 值，可以与通常的柱式萃取设备的 HTU 进行比较。尽管膜萃取与通常萃取过程相比，两相流动一般呈滞流状态，且增加了膜阻一项，总传质系数的数值变小，但是，中空纤维类膜器可以提供很大的传质表面积，使总体积传质系数的量级可观。在相应的处理量下，中空纤维膜器的 HTU 值一般小于通常的萃取塔（如填料塔）的相应值。

17.2.3 膜萃取过程的影响因素

两相压差及两相流速对膜萃取传质过程的影响与其他膜接触器类似，详见 17.1.3 节。

17.2.3.1 相平衡分配系数与膜材料浸润性能的影响

值得注意的是，与通常的液液萃取过程相比，膜萃取过程中由于微孔膜的存在，势必使得传质阻力有所增大。因此，针对具体的分离体系，研究膜萃取过程的传质阻力，采用不同类型的微孔膜，提高膜萃取过程的传质效率，是十分重要的。

通过对萃取传质阻力串联模型的分析及实验研究发现[1,28,29]，对于一些具有很大萃取相平衡分配系数 m 值（即 $m \gg 1$）的体系，若采用疏水膜器，膜萃取过程中的外加膜阻项 $1/(mk_m)$ 将得到有效的控制，过程的总传质系数 K_w 值亦相对较大。对于 $m \ll 1$ 的体系，则更宜选用亲水膜器，这样，过程的膜阻一项 $1/k_m$ 可能控制在较小的范围内，从而提供尽可能大的总传质系数 K_w 值。对于另外一些体系，其 m 值接近于 1，膜萃取过程中膜阻一项在传质总阻力中所占比例是相当大的。而且，随体系两相流速的增大，水相及有机相边界层阻力减小，膜阻则成为影响过程传质速率的决定因素。在这种过程中，只利用 m 值的大小作为选择膜器材质浸润性的判据，已不可能出现前述讨论体系中产生的明显效果了。此时，在膜材料的各类结构尺寸（厚度、孔隙率、膜孔曲折因子）可比的条件下，还应考虑溶质在水相或有机相中扩散系数的大小[27]。

采用单束中空纤维膜器进行膜萃取过程研究，方法简便易行，且消耗的试剂和材料少。况且，由于单束中空纤维膜器的管程及壳程的流道截面很小，在两相流量很小的操作条件下即可获得较高的两相流速。采用这样的实验方法，可以尽量排除两相边界层阻力的影响，同时也避免了极为复杂的壳程非理想流动的难题，将研究聚焦于体系相平衡分配系数与膜本身浸润特性对过程传质特性的影响。

17.2.3.2 体系界面张力和穿透压

在通常的液液萃取过程中往往是一相在另一相内分散为液滴，实现两相之间的传质。体系界面张力是影响传质特性的重要参数。在相同的操作条件下，低界面张力体系中的分散相液滴较小，传质比表面积大，可能获得更大的体积总传质系数，但另一方面小液滴因相分离难度大也会对传质带来不利的影响；高界面张力体系中的分散相液滴较大，传质比表面积相对较小，体积总传质系数可能较小。然而，在膜萃取过程中不存在通常萃取过程中的液滴分散及聚结现象，体系界面张力对于体积总传质系数不产生直接的影响。

前已述及，为了防止膜萃取过程中相间的渗透，两相间需要保持一定的压差，未浸润膜微孔的一相的压强应高于浸润膜微孔的一相的压强。然而，若压差超过穿透压 Δp_{cr} 这一临界值，未浸润膜微孔的一相会穿透进入浸润膜微孔的另一相内，导致膜萃取过程出现非正常状态。

$$\Delta p_{cr} = \frac{2\gamma\cos\theta_c}{r_p} \tag{17-9}$$

十分明显，对于一定的接触角 θ_c，穿透压的大小与体系的界面张力 γ 成正比，而与微孔膜的半径 r_p 成反比。对于非圆柱形孔道的实际情况，可以用有效接触角 θ_{eff} 代替 θ_c 关联膜萃取过程的穿透压[30]。值得注意的是，低界面张力体系中因分离溶质的存在，具有表面活性剂性质的物质的混入可能使体系的穿透压降至更小，使膜萃取操作出现困难。在这样的情况下适当地调整萃取剂的组成，使体系的界面张力有所上升或选用孔径略小的微孔膜等不失为有效的解决办法。

17.2.4 中空纤维膜萃取过程的设计

膜萃取过程可以在板式膜器和中空纤维膜器中实现。然而，由于中空纤维膜器可以提供非常大的传质比表面积，故经常选用这类膜器。

中空纤维膜萃取与中空纤维膜吸收在传质过程上有很大相似之处，二者管内的分传质系数关联式均较为相似，而壳程流体分传质系数关联式无论在常数项上还是在指数上都存在差异，大部分研究者将其归结为壳程流体的非理想性流动所带来的，一些研究者在此基础上对传质关联式进行了修正，建立了包含壳程流体非理想流动的传质模型。其各分传质系数关联式的建立可参考 17.3.3 节膜吸收过程的传质模型，这里不再赘述。

对于中空纤维膜萃取过程的强化可通过改善膜器的结构和采用多个装填因子较小的膜器进行并联操作来实现。这两种方式在增大两相传质表面积的同时，又不会造成有机相流量分布不均的问题。但无论是采用结构装填或是串并联的操作方式，都会对膜器的加工造成额外的负担，可能会对膜萃取过程的应用产生不利的影响。以现有膜器结构为基础，在不增大两相操作负荷的条件下，加大中空纤维膜萃取器壳程的径向混合，减小壳程流动的非理想性，是最为可行的传质强化方式。例如，在壳程流体的流动过程加入气体，由于气体的密度远小于壳程流体的密度，使得气体在壳程迅速上升，对壳程流体产生了搅动作用，可以达到强化传质的目的。对于各种强化方式已在 17.1.4 节进行了详细介绍，请读者参考。

17.2.5 同级萃取-反萃膜过程

与通常的萃取过程不同，在固体支撑液膜和乳化液膜等操作中，萃取和反萃取是可以同时进行的。对萃取串级排列的比较[31]和对这两类膜萃取分离操作的研究表明，实现同级萃取反萃取的优势是十分明显的。在通常的萃取设备中实现同级萃取-反萃取是难以想象的，而膜萃取则可以将同级萃取-反萃取过程的实现变为可能。

17.2.5.1 同级萃取-反萃膜过程的特点

同级萃取-反萃膜过程示意图如图 17-7 所示。溶质（被萃组分）首先经膜相萃取进入有机相，在有机相中依据浓度梯度扩散进入有机相与反萃液的膜界面，并被反萃液再萃取。溶质不断从水相进入有机相，又从有机相进入反萃液中，不在有机相中发生积累。因此，有机相中溶质浓度总是达不到与水相平衡的浓度，有机相只相当于一层对溶质进行选择性透过的介质膜。整个同级萃取-反萃膜过程也因此成为一个动态过程。

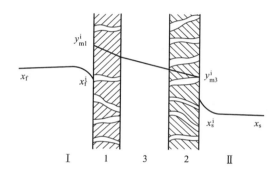

图 17-7 同级萃取-反萃膜过程
Ⅰ—料液水相；Ⅱ—反萃液相；
1—萃取膜；2—反萃膜；3—有机相液膜
x_f—原料侧溶液主体中溶质的浓度；x_f^i—原料和膜 1 界面处溶液侧溶质的浓度；
x_s—反萃液主体中溶质的浓度；x_s^i—反萃液和膜 2 界面处溶液侧溶质的浓度；
y_{m1}^i—原料和膜 1 界面处膜孔中溶质的浓度；y_{m3}^i—反萃液和膜 2 界面处膜孔中溶质的浓度

1988 年，Sengupta 和 Sirkar 等用疏水膜和亲水膜对五个不同体系进行了中空纤维包容液膜（HFCLM）的同级萃取-反萃连续逆流实验[32]。1989 年，戴猷元等又使用双槽式固定膜界面萃取器，探究了同级萃取-反萃过程的优势[33]。

如果采用平衡级模型分析一个单级的同级萃取-反萃过程和一个单级的萃取过程，且两相平衡关系为直线，可以导出下述关系[33]：

$$\frac{X_R'}{X_f} < \frac{X_R''}{X_f} < \frac{X_R}{X_f} \qquad (17\text{-}10)$$

式中，X_f 为料液初始浓度；X_R 为一般萃取过程的萃残液浓度；X_R'' 为固体支撑液膜操作的萃残液浓度；X_R' 是以膜萃取实现的同级萃取-反萃的残液浓度。这一关系式明显反映出同级萃取-反萃膜过程的优势。

在诸多同级萃取-反萃过程的结构中，利用中空纤维膜器实现同级萃取-反萃的中空纤维包容液膜技术及其在此基础上衍生出来的多种液膜结构，曾经成为膜萃取技术研究中的一个热点[34-37]。在中空纤维包容液膜加工过程中，将两束中空纤维同时组装在一个膜器中，一束中空纤维作为料液相的流道，另一束中空纤维作为反萃相的流道，在膜器的壳程充入萃取剂。和膜萃取过程一样，料液相和反萃相分别通过各自的膜表面与萃取剂相接触。溶质先从料液相被萃入萃取相，再经扩散作用到达反萃相纤维界面，并经反萃进入反萃相，从而使得萃取相的溶质浓度一直保持在较低的水平上，增大了萃取过程的传质推动力。这一技术的优点，使同级萃取-反萃过程在较高传质比表面积的条件下进行，避免了支撑液膜溶剂流失的问题。但在该方法中，由于膜层的厚度较大，造成待分离溶质在液膜相中的扩散距离过长，传质阻力较大。

17.2.5.2　同级萃取-反萃膜过程的传质模型

根据传质阻力加和的原则，同级萃取-反萃膜过程的传质阻力应由料液相边界层阻力、萃取膜阻、有机相液膜膜阻、反萃膜阻和反萃相边界层阻力叠加组成。若萃取及反萃的相平衡关系为线性，分配系数为 m 和 m'，则使用疏水膜器时总传质系数的表达式为[31]：

$$\frac{1}{K_W} = \frac{1}{k_W} + \frac{1}{mk_{m1}} + \frac{1}{mk_{m2}} + \frac{1}{mk_{m3}} + \frac{1}{mm'k_s} \qquad (17\text{-}11)$$

式中，k_W、k_{m1}、k_{m2}、k_{m3}、k_s 分别表示料液水相、萃取膜、有机相液膜、反萃膜和反萃液相的分传质系数。

十分明显，当反萃液为清水时，$m' = 1/m$，式(17-11) 右边最后一项化为 $1/k_s$；而当反萃为不可逆化学反应时，右边第五项可以忽略不计。

同级萃取-反萃膜过程的优势在于在该膜过程内同时完成萃取和反萃操作。而且由于膜反萃的存在，使萃取传质始终保持较大的传质推动力，使整个传质过程得以强化。在这一过程中，强化传质的原因在于增大了萃取过程的两相浓差推动力。

17.2.5.3　同级萃取-反萃膜过程的强化

采用中空纤维包容液膜实现的同级萃取-反萃膜过程中，壳程有机相液膜阻力是影响过程传质的重要因素。向壳程流体引入外加能量或者第三相以改善壳程的非理想性流动，是提高壳程传质系数的有效方法，详见 17.1.4 节。将壳程流体循环起来，以减小膜器壳程径向浓度梯度是另一种强化途径。当壳程流体的循环流速较大时，湍动作用会使径向浓度差别大大减小。

对于管内传质，张卫东等将液体薄膜渗透萃取技术与纤维膜萃取器技术结合起来，提出了一种新型的"中空纤维更新液膜（HFRLM）"技术[38]。该技术事先用有机萃取相将疏水型中空纤维膜的微孔浸润，料液水相与反萃水相分别在中空纤维膜的两侧流动，在管内相流体中加入一定量的有机萃取相，有机相通过搅拌呈小液滴均匀分布在水相中，如图 17-8 所示。有机相（液膜相）与中空纤维膜壁之间的亲合作用使得纤维内壁形成一薄层液膜，并在流体流动形成的剪切力以及液滴聚并与分散作用下保持不断更新，溶质通过这层液膜实现选择性传递。在 HFRLM 中，管内有机相微滴趋壁进入液膜相主体，同时液膜相主体部分有机相因流体流动发生剥离，剥离的有机相以液滴形式进入连续相中，从而实现液膜的更新过程。对于在中空纤维膜器中进行的各种液膜过程，溶质在管程内侧水相边界层中的扩散速率是整个过程的控制步骤。而在 HFRLM 过程中，液膜层的更新过程以及有机相小液滴与水

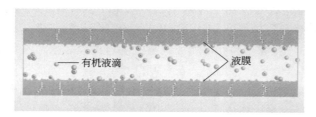

图 17-8　中空纤维更新液膜原理

相直接接触所形成的巨大的传质比表面积会极大减小管程内的传质阻力，提高传质速率。

17.2.6　膜萃取过程的应用

膜萃取技术由于其特殊的优势，在基础研究的同时也已经开展了大量的应用研究。这些研究工作主要集中于金属萃取、有机废水处理、发酵-膜萃取耦合以及防止溶剂污染等方面。

17.2.6.1　金属萃取

膜萃取在工业分离中可运用于金属萃取，其具有高效性，且可实现同级萃取-反萃取。戴猷元等[39]以 P204 和正庚烷为萃取剂，将中空纤维膜萃取技术用于处理水溶液中 Cd^{2+}、Zn^{2+}，通过计算，该中空纤维膜萃取 $(HTU)_w$ 在 15～30cm 之间，大大低于传统萃取塔。张卫东等[40]采用中空纤维更新液膜技术处理含 Cu^{2+} 废水，去除率达 99%，反萃剂中 Cu^{2+} 最终浓度可达到 1700mg/L，比废水中的高出近 9000 倍。Daiminger 等[41]以 Me-二（2-乙基己基）磷酸（D2EHPA）（Me＝Cd、Ni、Zn）为实验体系，研究了中空纤维萃取器萃取金属离子的高效性，长 54cm、9000 根纤维，或 25cm 长、31000 根纤维的膜器的处理效果与 6m 高的脉冲筛板塔一致。Wannachod 等[42]利用中空纤维支撑液膜从混合稀土的硝酸溶液中萃取 Nd(Ⅲ)，Nd(Ⅲ) 的提取率和分离率分别达 95%、87%。Huang 等[43]利用鼓泡油膜萃取技术以未皂化的 2-乙基己基膦酸单(2-乙基己基)酯（P507）作为萃取剂，从稀土矿石浸出液中分离低浓度的稀土元素，结果表明萃取过程水油相比高达 600 以上，萃取反萃后稀土溶液浓度可富集上千倍，而且有机萃取剂在萃余液中夹带损失极少，有效解决了传统液膜萃取需外加表面活性剂易引起乳化、破乳困难的问题。该项技术是中国科学院过程工程研究所刘会洲团队联合中国科学院青岛生物能源与过程研究所、虔东稀土集团历经近 7 年时间研发成功的。在 2016 年 8 月底，"低浓度稀土溶液大相比鼓泡油膜萃取技术及装置"成果通过鉴定。该技术在江西省赣州市已建成一条日处理 100～300m³ 稀土浸矿液的工业试验示范生产线[44]。

开发合适的新型膜材料，可以减少有机相的损失并提高支撑液膜的稳定性，或者提高膜材料的耐溶剂性。López-López 等[45]利用中空纤维液相微萃取（HFLPME）系统提取盐水中的 Cd 和 Ag，以溶解在煤油中的离子液体 N-甲基-N,N,N-三辛基氯化铵（Aliquat® 336）作为萃取剂，Cd 和 Ag 的萃取率分别为 94.87% 和 64.23%，离子液体的使用使得 HFLPME 中的有机相更加稳定。Song 等[46]为了提高支撑液膜的稳定性，制备了聚醚砜（PES）/磺化聚苯醚砜酮（SPPESK）纳米多孔离子交换膜，以此作为液-液膜萃取盐卤水中 Li^+ 的保护层。在

Li$^+$ 进料浓度为 0.13mol/L 时，Li$^+$ 通量为 1.67×10^{-8} mol/(cm^2·s)。该膜在与有机萃取剂接触 50 天后伸长率略有下降，表现出了良好的耐溶剂性。此后，作者以商用 LIX84-I 为萃取剂，将 PES/SPPESK 纳米多孔离子交换膜应用于膜萃取选择性分离废水中 Cu^{2+} 和 Ni^{2+} 的实验中，结果表明，膜接触器可以实现 Cu^{2+} 和 Ni^{2+} 的完全分离，而且 PES/SPPESK 膜作为保护层，可以有效防止有机萃取剂的损失，在 30 天的动态试验中表现出很高的稳定性[47]。

17.2.6.2　有机废水处理

Sirkar 等[29]以二甲苯-醋酸-水、MIBK-醋酸-水、正丁醇-琥珀酸-水、MIBK-苯酚-水为实验体系，对比了膜萃取与常规萃取的效率，膜萃取传质单元高度（HTU）仅为 0.2～1.8m。张卫东等[48]利用聚砜中空纤维膜器，以三烷基胺＋正辛醇＋煤油混合溶剂为萃取剂，以清水为反萃取剂，研究了乳酸稀溶液的萃取分离过程，通过采用鼓泡强化技术，乳酸的回收率可达 30％左右。花莉等[49,50]利用硅橡胶膜萃取技术回收浓缩废水中的正戊酸和对甲苯胺，二者去除率分别为 94％和 95％。Loh 等[51]将三辛基氧化膦浸渍在聚丙烯中空纤维膜中，开发了萃取剂浸渍中空纤维膜（EIHFM）技术，对废水中的苯酚进行了提取回收。在萃取和汽提过程中，EIHFM 表现出较高的传质速率和去除效率。当苯酚初始浓度为 200mg/L 时，7h 内 EIHFM 对苯酚的萃取率为 99％，汽提过程的回收率大于 91％。而且在后续操作过程中，EIHFM 的性能没有显著变化。Stevens 等[52]研究了戊醇二甲苯混合溶剂在中空纤维膜中提取苯酚的效果，针对实验室模拟的苯酚溶液和含苯酚的工业废水两种原料液，在适宜的实验条件下苯酚去除率分别约为 95％和 85％。

17.2.6.3　发酵-膜萃取耦合过程

发酵法是生产有机化工原料的重要方法之一，然而发酵过程中的产物抑制作用往往是影响产物收率的重要因素。例如，丁醇可以通过葡萄糖的厌氧发酵制得。但在反应中，产物丁醇本身是一种抑制剂，1％～2％的丁醇就会抑制微生物的发酵反应。如果能在反应过程中不断将反应产物丁醇从料液中移出，减少对过程的抑制作用，就会加快反应速度、提高过程收率。发酵分离耦合过程中，常常选择萃取作为分离手段。值得提及的是，分子水平上对发酵产物有较好的溶解性和选择性，并对发酵菌株无毒害的具有生物相容性的萃取剂，却往往由于相水平上的不适应而无法选用。这种分子水平上与相水平上适应性的差异使得大量高效、价廉的萃取剂被排斥于选用范围之外。膜萃取技术的发展，为萃取-发酵过程带来了福音。膜萃取过程中，两相分别在膜两侧流动，不产生通常意义上的混合-澄清，避免了相水平上的溶剂夹带，使萃取剂选择范围拓宽。此外，中空纤维膜萃取器的巨大传质比表面积、同级萃取-反萃膜过程的优势为发酵-萃取过程的实现带来了更大的可能。Tong[53]用中空纤维膜萃取乳酸，发现膜萃取对发酵无副作用。此后作者利用不同阴阳离子作为反萃剂，研究了乳酸的反萃实验，结果发现 NaCl 溶液较为合适，证实了反萃和萃取相结合的可行性[54]。1986 年，Matsumura 等[55]把膜萃取运用到葡萄糖发酵制取丁醇的过程中，取得了良好的效果。罗兰萍等[56]以丁酸发酵液为原料，采用聚偏氟乙烯 PVDF 中空纤维膜对发酵液中高浓度的丁酸进行了萃取-反萃研究。结果表明，发酵液初始 pH 对丁酸分离效果影响最大，丁酸最高回收率为 85.22％。可见膜萃取技术在这一领域的应用前景是十分乐观的。

17.2.6.4　膜萃取过程防止溶剂污染的优势

在通常的液液萃取过程中，传质是通过两相的充分混合接触、澄清分层实现的。在两相混合接触时，为了增大两相间的传质面积，往往还要在系统中加入一定的能量，或在设备中添加一定的构件，使得一相在另一相中形成细小的液滴。这种细小的液滴的形成增大了两相间的传质比表面积，加速了传质速率，但也不可避免地造成了分散相在连续相中的夹带损失。

两相夹带对萃取过程造成了不利影响，除在极端情况下出现乳化会破坏萃取的正常操作外，夹带还会造成萃取剂的流失。另外，当分离目的是为了去除废水中的有机溶质时，这种夹带会造成二次污染，给废水的处理带来后续的分离困难。当萃取过程应用于生物发酵过程时，这种夹带又有可能对菌株的活性产生抑制，甚全使菌株死亡。因此，夹带现象会大大限制萃取剂的选择甚至于萃取过程的应用。

相比于传统的液液萃取过程，膜萃取中不存在一相在另一相中的分散。两相仅仅通过膜表面的微孔相接触。从理论上来说，膜萃取过程应当不存在两相夹带。

为了探讨膜萃取过程在防止溶剂污染方面的优势，李云峰等[57]研究了膜萃取与通常萃取过程中有机相在水相中的夹带情况，实验证明膜萃取过程的夹带量仅为通常萃取澄清分层后的夹带量的1/30，与离心分离5min后的夹带量相近。针对膜萃取过程中可能出现的有机相萃取剂在水相的夹带和溶解量，文献［58］通过测量水相化学需氧量（COD）的方法，对有机相的流失进行了实验研究。证明膜萃取过程萃残液中的COD值主要是由于残余溶质造成的，表明膜萃取过程可以有效防止溶剂污染和溶剂的流失。

利用这一优势，以超滤膜为支撑体的液膜过程也表现出良好的稳定性，相间泄漏的问题得到了很好的解决。刘君腾等[59]采用示踪实验测定了中空纤维更新液膜的相间泄漏率，结果表明HFRLM稳定性良好，泄漏率基本低于0.01％。

17.2.6.5　其他领域的应用

膜萃取可用于生化产物及药物的萃取。Prasad等[60]采用两个膜器串联，研究了苯/甲苯-MT/CNT-水的萃取，结果表明萃取率达到99％以上，而且膜的结构在连续运行64天后未发生改变。Lai等[61]将分子印迹中空纤维膜和错流双相手性识别萃取组合，开发了三重识别手性萃取的方法，并对药物氨氯地平对映体进行手性拆分。手性分离过程在涂有分子印迹聚合物的中空纤维组件中进行，萃取在D-酒石酸（进料相）和磺丁基醚-β-环糊精（汽提相）中进行。结果获得了优异的对映体分离能力，选择性因子为1.98。当使用4个串联长度为25cm的中空纤维膜组件时，氨氯地平的光学纯度高达90％。张卫东等[62]利用中空纤维更新液膜在稀溶液中提取柠檬酸，结果表明，液膜长时间保持稳定，传质速率快，提取率达98％以上，大大超过了钙盐法的提取率，反萃相柠檬酸的富集倍数达9倍以上。

17.3　膜吸收

17.3.1　概述

膜吸收是将膜和气体吸收/解吸相结合而出现的一种膜过程[25]。它使用微孔膜将气、液两相分隔开来，利用膜孔提供气、液两相间传质的界面。与传统吸收过程相比，膜吸收传质效率高，操作弹性大，不存在雾沫夹带和液泛等问题。根据膜材料的亲疏水性及吸收剂性能的差异，可以将膜吸收过程分为气体充满膜孔和液体充满膜孔这两种模式。

（1）气体充满膜孔

若使用疏水性膜材料并保证膜两侧流体的压差维持在一定范围时，作为吸收剂或被解吸对象的水溶液便不会进入膜孔，此时膜孔被气体所充满，见图 17-9（a）。此时，气相中的组分以扩散的形式通过膜孔到达液相表面并被液体吸收。解吸时，组分在液体表面解吸后同样以扩散方式通过膜孔到达气相。压差的选择存在一个临界值，超过这个临界值，就会发生两相间的混合（漏液或鼓泡），使膜吸收过程无法正常进行，因此膜吸收过程需要在一定的压差范围内进行。

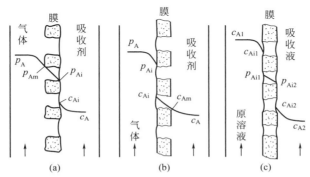

图 17-9　膜吸收过程的种类

（a）气体充满膜孔时的膜吸收过程；（b）吸收剂充满膜孔时的膜吸收过程；（c）同时解吸和吸收的膜过程
p_{Ai}—气相主体中组分 A 的分压；p_{Am}—气相和膜界面处组分 A 的分压；c_A—吸收剂主体中组分 A 的浓度；c_{Ai}—吸收剂和膜界面处溶液侧组分 A 的浓度；c_{Am}—吸收剂和膜界面处组分 A 的浓度；c_{A1}—原溶液主体中组分 A 的浓度；c_{Ai1}—原溶液和膜界面处溶液中 A 的浓度；c_{Ai2}—吸收液和膜界面处溶液中 A 的浓度；c_{A2}—吸收液主体中组分 A 的浓度；p_{Ai1}—原溶液和界面处膜孔中组分 A 的分压；p_{Ai2}—吸收液和膜界面处膜孔中组分 A 的分压

（2）吸收剂充满膜孔

若使用亲水性膜材料并选择水溶液为吸收剂时，膜孔会被吸收剂充满；或者，当使用疏水性膜材料并选择有机溶剂作为吸收剂时，膜孔亦会被吸收剂充满，见图 17-9（b）。这种情况下，要控制气相压力高于液相压力，以保证在膜的表面形成气液两相接触的界面，防止吸收剂穿透膜而流向气相。

气相充满膜孔的模式下，随着膜孔被润湿，也会转化为吸收剂充满膜孔的模式，此时膜相的传质阻力开始变得显著，传质效率就会大幅降低。

（3）同时解吸-吸收的气态膜过程

使用疏水性的微孔膜将两种水溶液（如氨水和稀酸液）隔开，一种水溶液中的挥发性溶质（如 NH_3）解吸进入膜孔，然后扩散传递到膜孔的另一侧并被另一水溶液（比如稀酸液）吸收。这便是解吸-吸收同时进行的气态膜过程，见图 17-9（c）。所谓气态膜，是指将膜孔中的惰性气体视作膜，它强调了膜孔中气体的介质作用。

不管是气体充满膜孔，还是液体充满膜孔，微孔膜本身只是提供气液传质的场所，并不参与组分的分离。因此，从本质上讲，膜吸收过程依旧是传统意义上的平衡分离过程。

17.3.2　膜材料的选择

膜吸收是典型的气液传质过程。因为分子在气体中的扩散系数比液体中的大 4～5 个数量级，因此，当膜孔中充满气体时，膜相传质阻力较小。吸收剂与膜材料的兼容性是保证这一条件的关键。如果吸收剂是水溶液，最好选择疏水膜，若吸收剂为油性溶剂，则选择亲水膜。但大多数吸收剂为亲水性，因此膜吸收中一般采用疏水性膜材料。

17.3.3　膜吸收过程的传质模型

膜吸收过程的传质模型是在阻力串联模型的基础上建立的，传质的推动力为组分在膜两侧流体中的活度差。与一般气液传质过程相比，膜吸收过程增加了一项膜相传质阻力（组分通过膜层的阻力，此处称膜阻）。下面分别给出气体充满膜孔、吸收剂充满膜孔、同时解吸-吸收及化学吸收等情况下的传质速率方程。

17.3.3.1　气体充满膜孔的总传质系数

设气相主体中组分 A 的分压为 p_A，膜孔表面处组分 A 的分压为 p_{Am}，气液界面处气相中组分 A 的分压为 p_{Ai}，气液界面处液体中组分 A 的浓度为 c_{Ai}，液体主体中组分 A 的浓度为 c_A，见图 17-9(a)。

组分 A 在气相、膜、液相以及总体上从气相到液相的传质通量 N_A 的表达式分别为：

$$N_A = k_g(p_A - p_{Am}) \tag{17-12}$$

$$N_A = k_m(p_{Am} - p_{Ai}) \tag{17-13}$$

$$N_A = k_l(c_{Ai} - c_A) \tag{17-14}$$

$$N_A = K(p_A - p_A^*) \tag{17-15}$$

式中，k_g、k_m、k_l 分别为气相、膜和液相中的分传质系数；K 为总气相传质系数；p_A^* 为对应于 c_A 的平衡分压。

根据双膜理论的假设，在气液相界面处，组分 A 呈溶解平衡，即

$$p_{Ai} = f(c_{Ai}) = \frac{c_{Ai}}{H_A} \tag{17-16}$$

式中，H_A 为组分 A 的溶解系数。由以上各式可得出总气相传质系数 K 的表达式为：

$$\frac{1}{K} = \frac{1}{k_g} + \frac{1}{k_m} + \frac{1}{H_A k_l} \tag{17-17}$$

17.3.3.2　吸收剂充满膜孔的总传质系数

同上，类似地可以推出：

$$\frac{1}{K} = \frac{1}{k_g} + \frac{1}{H_A k_m} + \frac{1}{H_A k_l} \tag{17-18}$$

17.3.3.3　同时解吸-吸收的总传质系数

对于同时解吸-吸收过程，多了一个相界面处的平衡关系，同样可以用类似的方法推出：

$$\frac{1}{K} = \frac{1}{H_{A1}k_{11}} + \frac{1}{k_m} + \frac{1}{H_{A2}k_{12}} \tag{17-19}$$

17.3.3.4　膜阻

无论是气体充满膜孔，还是液体充满膜孔，组分由膜的一侧流体传到另一侧流体时的总传质阻力可以分成两大类：一类是组分在膜外流体中传递时的阻力，一类是组分在膜孔内传递时的阻力，该部分阻力在此处称为膜阻。膜阻主要与以下参数有关。

① 膜的孔隙率　膜孔隙率与膜内微孔大小、微孔分布及微孔曲折程度等微观结构有关。以前研究者多认为虽然在推导总传质系数与分传质系数的关系时表面上没有出现膜的孔隙率（ε），但是其影响已经包含在了膜的传质系数里面。一般说来，孔隙率越大，阻力越小。

但随着研究的深入，人们发现孔隙率对传质过程影响较为复杂，关于其与传质性能的关系（例如孔隙率对传质性能是否有影响，何种条件下有影响），研究者们得出的结论并不一致。Malone[63]、Iversen[64]、Atchariyawut[65]等通过吸收实验表明，膜孔隙率对总传质系数有较大影响；而 Kreulen[66]、Scovazzo[67]等得出的结论却是孔隙率对传质基本没有影响。张卫东等[10]在不同孔隙率的中空纤维膜接触器中进行吸收实验时发现孔隙率对膜吸收过程的传质影响与吸收剂性质、液相流动情况等均有关系。

② 膜孔径　在气体充满膜孔时，膜孔径对传质的影响可以参见 17.4 膜蒸馏部分的讨论。

③ 膜孔曲折因子　曲折因子越大，组分在通过膜时所走的实际路径越长，阻力也越大。

④ 扩散系数。

⑤ 温度、压力等。

17.3.3.5　化学吸收过程的总传质系数

化学吸收是一种常见的气体吸收的强化过程，比如用 H_2SO_4 溶液吸收 NH_3，用 NaOH 溶液吸收 H_2S、SO_2 和 CO_2，用各种胺类吸收 H_2S 和 CO_2 等。

在分析处理有化学反应时的膜吸收过程时，可以结合前述无化学反应时的分析和传统化学吸收过程中的处理方法，如化学吸收增强因子法。

化学反应增强因子 E 定义式为：

$$E = \frac{k_1}{k_1^0} \tag{17-20}$$

式中，k_1^0、k_1 分别为无化学反应和有化学反应时的液相传质系数。相应的液相传递速率方程变为：

$$N_A = k_1(c_{Ai} - c_A) = Ek_1^0(c_{Ai} - c_A) \tag{17-21}$$

故可得化学吸收的总传质系数方程：

$$\frac{1}{K_G} = \frac{1}{k_g} + \frac{1}{k_m} + \frac{1}{H_A Ek_1} \tag{17-22}$$

E 的求取与化学反应有关系，在膜吸收技术的工业应用中，快速反应和瞬间反应较具吸引力[68]。

17.3.4　中空纤维膜吸收过程的设计

由于中空纤维膜器具有装填密度大、组件结构简单等优点，因此其应用最为广泛，已经商品化。

类似于双膜理论，可以推导出适用于膜接触器的三膜理论模型。该模型认为总传质阻力为两相边界层传质阻力与膜相传质阻力的加和。研究者多以中空纤维膜接触器为研究对象，对其传质特性进行研究并建立了各种分传质系数的关联式。其中，管、壳程传质系数关联式通常采用 Leveque 方程关联，膜相传质系数则由 Fick 扩散定律推导得出。

17.3.4.1　管程传质关联式

由于中空纤维膜丝的内径较小，流体通过中空纤维膜管程时多为层流状态，管程传质关联式可用 Graetz-Leveque 解来表示。各关联式大多具有如下形式：

$$Sh = ARe^{\alpha}Sc^{\beta}\left(\frac{d_i}{L}\right)^{1/3} \tag{17-23}$$

式中，d_i 为膜丝内径；L 为膜丝有效长度；A，α，β 是需要用实验数据拟合的常数。

17.3.4.2　膜相传质关联式

在膜接触器中，固体微孔膜主要起分隔两相并且固定相界面的作用，所以要求膜的孔隙率高，孔径大。目前，在计算膜孔内的传质系数时，多是采用 Fick 定律来表达，其表达式为：

$$k_m = \frac{D\varepsilon}{\sigma\tau} \tag{17-24}$$

式中，σ 为膜厚度；D 为溶质在膜孔中的扩散系数；ε 为膜孔隙率；τ 为膜孔曲折因子。可以看出膜阻大小与膜孔隙率等膜结构参数有关。

17.3.4.3　壳程传质关联式

在实际传质过程中，壳程流体的传质阻力绝大多数情况下不能忽略，而且有时是主要的传质阻力。在壳程传质特性的研究中，很多研究者都仿照管程流体流动的 Leveque 方程得到了各种经验关联式。但是由于壳程传质过程比管程的传质复杂得多，建立起来的壳程流体传质系数关联式无论在形式上还是系数上都存在很大的差异，大致可归纳为如下形式：

$$Sh = f(\phi)Re^{\alpha}Sc^{\beta}\left(\frac{d_h}{L}\right)^{\gamma} \tag{17-25}$$

式中，ϕ 为装填因子；d_h 为壳程水力直径；L 为膜丝有效长度；α，β，γ 是需要根据实验数据拟合的参数。

Sirkar[69]、戴猷元等[70]在早期的膜萃取、膜吸收实验研究中得到了许多壳程传质关联式，但这些关联式只能适应于各自的实验体系，并不具备普适性。针对壳程传质关联式的预测值与实验值之间偏差较大的实际情况，一些研究者对传质关联式进行了修正。

1988 年 Prasad 和 Sirkar[29] 在对不同装填因子的中空纤维膜组件进行了壳程流体流动的研究，发现中空纤维膜组件中存在着严重的非理想流动，装填密度对吸收传质有很大影响。Costello 和 Fane[71] 提出端效应的概念，并把装填因子作为一个修正因子对壳程传质关联式进行了修正。1996 年张卫东等[72] 提出了壳程子通道模型。该模型将中空纤维膜组件壳程流体通道分为两个部分：一个是靠近壳壁的环隙通道，该通道内无纤维管存在，不发生传质；另一个是纤维间的多个纤维间通道，所有的传质行为均发生在该通道，在该通道内中空纤维管呈正三角形规整排列。模型预测结果与实验值相比，误差在 20% 范围内。

另有众多研究者针对中空纤维膜组件装填的随机性及其对壳程流体流动状况的影响进行了实验研究，并利用随机分布理论对壳程传质关联式进行了修正。Chen[73,74] 和 Rogers[75] 利用 Voronoi 切割算法及随机分布理论修正壳程传质关联式，考察了随机装填的中空纤维膜组件壳程流体径向分布的不均匀性对传质性能的影响。Wang 等[76] 还利用正态分布密度函数代替 Chen 的随机分布密度函数，拟合计算了壳程流体的分布状况，并用类似的方法计算了壳程传质系数。Zheng 等[77] 考察了中空纤维膜随机装填对壳程传质的影响，基于自由表面模型描述了中空纤维随机装填时壳程流体的分布，在此基础上将壳程传质系数关联为装填密度的函数。

张卫东等[10] 综合考察了膜结构参数、操作条件和膜器长度等因素之间的相互作用及其对传质的影响。结果发现，孔隙率对膜吸收过程影响较为复杂，这主要是由于近膜壁面处的浓度分布不均匀导致的，具体见 17.3.3.4 节中"膜的孔隙率"部分。

17.3.4.4　穿透压

在进行疏水性中空纤维膜吸收组件设计时，要注意不能使液相和气相之间的压差大于穿透压（即液体被完全压入膜孔时的压力），因为一般情况下液体充满膜孔时传质阻力会显著增大，不利于膜吸收过程的操作。穿透压与膜材料、孔径和气液体系有关，可用公式(17-9)估算。

17.3.4.5　中空纤维膜吸收过程的设计要点

根据中空纤维膜吸收过程的传质模型及影响因素，在进行中空纤维膜吸收过程设计时，可考虑按以下思路进行：

① 压力选择。如上所述，膜两侧液、气两相的压差不能超过穿透压。

② 进料流体的流程选择。可以根据吸收解吸过程以及毛细管的直径等参数来具体选择流程。

③ 根据流体流速、进出口组成等条件并结合传质系数及其他操作参数，设计中空纤维膜组件的长度。

④ 在大规模的气体吸收或解吸中，往往还要考虑组件的级联，即：将大的或很长的膜组件分成若干小的或短的组件，并把它们按串联或并联等方式组合起来。在这种灵活的组合方式中，也可以获得更大的传质系数。但在流程选择上，对于待吸收气体浓度较高时，气体吸收后的体积流量减小是必须要考虑的，因此需要考虑串联操作的问题，每级的膜器尺寸可

以对应进行调整。

⑤膜材质的选择。为了避免膜润湿导致传质效率的下降，需要充分考虑吸收剂与膜材质的兼容性，根据吸收剂的性质来选择合适的膜材质。两者的选择是相互依赖的，膜吸收工艺过程中关键步骤是膜-吸收剂的联合选择；如果吸收剂是水溶液，最好选择疏水膜，若吸收剂为油性溶剂，则选择亲水膜。但大多数吸收剂为亲水性，因此膜吸收中一般采用疏水性膜材料。

⑥由于膜的孔隙率对传质过程影响较为复杂，需要根据吸收体系化学反应的快慢、两相流速等条件来选择适合的膜孔隙率。

17.3.5　膜吸收过程的应用

只要能够找到合适的微孔膜，原则上讲，能够用传统吸收/解吸方法处理的体系大多数亦可以用膜吸收/解吸来处理，在一些特殊领域膜吸收可能具有比传统吸收过程更大的优势。

17.3.5.1　膜吸收过程在生物医学中的应用

血液供氧是膜吸收过程在生物医学中的最早应用，目前已在临床中实现。如美国的美敦力公司（Medtronic Inc.）、北京米道斯医疗器械有限公司、西安西京医疗用品有限公司以及东莞科威医疗器械有限公司等生产的氧合器，已经在体外循环心内直视手术上广泛采用。在实现方式上，既可以把血液引出体外通过中空纤维组件进行供氧，还可以把中空纤维束埋于颈部和腿部等主要静脉集中的部位实施供氧并除去血液中 CO_2。在使用时长上，有用于手术过程中可耐受 $6 \sim 12h$ 的氧合器，也有能长时间佩带（可达半个月左右）的氧合器。

刘文豪等[78]通过体外实验考察了便携式人工心肺辅助装置（以肝素涂层中空纤维氧合器与磁悬浮离心血泵为基础的整合动力氧合装置）的氧合性能。结果表明该氧合装置性能可靠。装置流出道氧饱和度在各流量点均保持 98% 以上；在流量 $0.5 \sim 5.0L/min$，装置运行 12h，游离血红蛋白含量均在 20g/L 以下。管玉珍等[79]通过 6 例患者的临床资料探讨了体外膜肺氧合（ECMO）联合连续性肾脏替代疗法（CRRT）在危重心脏外科术后患者中的应用效果。结果表明 6 例患者均无气栓、血栓及出血等并发症发生；CRRT 并联 ECMO 管路实施联合治疗，能够改善患者液体平衡，纠正电解质紊乱，改善患者肾功能，为心脏外科术后心肺肾功能衰竭的患者提供了一种新的生命支持技术。

生物人工肝（BAL）系统是急性肝衰竭患者体外有效的肝支持治疗手段。生物反应器是 BAL 系统的核心部件，承担着大量培养和维持肝细胞功能的重任，以及实现肝细胞与肝衰竭患者血液之间的双向物质交换，以中空纤维型反应器研究和应用最为广泛。德国汉诺威医学院 Jasmund 等[80]研究了一种充氧中空纤维生物反应器 OXY-HFB，包括专门的充氧纤维和内部加热纤维，设计简单而有效。原始肝细胞接种在纤维外空间的纤维表面，通过纤维提供氧和温度控制。培养介质灌注到纤维外空间，与肝细胞直接接触。培养介质流经纤维外部空间时的方向与中空纤维膜垂直。刘剑峰等[81]利用膜吸收器构建了适用于人工肝支持系统（BALSS）的配气系统，对膜式吸收器应用进行了初步研究。结果证明这样的膜式配气法与直接鼓泡相比，具有更高气体溶解率，并且可以抑制泡沫产生。同时，由于膜吸收器的纤维填充率高达 70%，纤维丝外腔与壳间隙体积很小，因此与原有配气罐相比可以减少

50％培养液体积。

17.3.5.2　膜吸收过程在环保中的应用

用酸液或碱液来吸收惰性气体中的碱性气体或酸性气体，是膜吸收研究最多的对象。

（1）酸性气体的脱除——CO_2

在分离 CO_2 方面，采用膜接触器吸收 CO_2，CO_2 脱除率可高达 95％以上[82]；与传统吸收塔相比，膜吸收器的总传质系数约为填料塔的 4～10 倍[83,84]，能耗（以 CO_2 计）约为传统吸收塔的 67％[85]。

国外部分电厂利用膜吸收技术进行了放大试验及工业化应用[86-88]。可达每小时处理能力几百到几千万立方米。其中 Nanko 电厂在 350MW 机组上安装膜吸收工艺，在烟气处理量为 1766779m^3/h、总投资成本与传统吸收塔相似的情况下，其吸收液使用量及设备尺寸仅为传统设备的 12％和 1/8[86,89]。

国内中国科学院大连化学物理研究所曹义鸣等主持研发了一套年处理量为 1360 万立方米（标况）低品位天然气中 CO_2 的膜法捕集装置[90]。这是国内第一套膜分离 CO_2 装置，也是当时世界上同类装置中处理 CO_2 含量最高的天然气膜法处理装置。此后，该团队与马来西亚石油公司共同研发的用于天然气脱 CO_2 的中空纤维膜接触器中试分离系统（MBC 系统）在位于马来西亚东海岸的天然气净化厂试车成功。此系统可以把天然气中 CO_2 含量降至 1％以下，且各项指标达到合同考核要求[91]。这是世界上首套用于高压天然气净化的中空纤维膜接触器系统。

自 2010 年以来，美国能源部（DOE）资助天然气技术研究所（GTI）开发用于捕集 CO_2 的膜接触器。选择新型聚醚醚酮（PEEK）作为膜材料，活化的 N-甲基二乙醇胺（MDEA）和 K_2CO_3 作为吸收剂，120h 的吸收试验结果表明，CO_2 纯度高达 95％，碳捕集效率高于 90％，而且膜接触器的体积传质系数比常规填料塔的高出 20 多倍[92,93]。当使用 MDEA 作为吸收剂时，碳捕集成本为 55 美元/吨 CO_2（膜成本为 30 美元/m^2）。DOE 计划通过降低膜组件成本以及使用先进的吸收剂，在 2025 年将成本降为 40 美元/吨 CO_2[93,94]。

（2）酸性气体的脱除——SO_2、H_2S 的脱除

一些研究者[95-97]采用碱液作为吸收液，SO_2 的脱除率均在 90％以上。Klaassen[98]对 100m^3/h 的锅炉烟气进行脱硫中试实验，脱硫率大于 95％，而且在连续运行 500h 后脱硫率仍不降低。国家海洋局天津海水淡化与综合利用研究所在大港电厂燃煤烟气开展脱硫中试实验，在 1000m^3/h 的烟气处理量下，脱硫率大于 90％[99]，2017 年还在内蒙古某发电厂建成了每小时可处理烟气 2 万立方米（标况）的膜法烟气处理超低排放技术装备应用示范工程，在烟气进口浓度 500～1800mg/m^3 情况下，出口烟气 SO_2 浓度低于 35mg/m^3，实现和达到了燃煤烟气超低排放技术指标。Wang 等[100]以 Na_2CO_3 作为吸收剂，H_2S 脱除率高达 99％以上。

（3）挥发性有机废气的净化

Sirkar 等采用聚丙烯（PP）膜器，利用硅油进行了甲基酮、乙基酮和乙醇等有机废气净化的中试实验，VOCs 的去除效率高达 90％以上[101]。吴庸烈等尝试了使用聚偏氟乙烯（PVDF）中空纤维膜及 NaOH 溶液来脱除废水中挥发性的酚，可将酚含量降到 50$\mu g/mL$以下[102]。郝卓莉等在聚丙烯微孔中空纤维膜器中处理焦化厂剩余氨水中的挥发性酚，回收率为 99.5％[103]。程铮[104]以 300 吨/日油脂浸出生产线为例，对比了油脂浸出 4 种尾气回收方式（水吸收法、石蜡吸收法、冷冻吸收法、膜吸收法）的溶剂回收量，结果表明膜吸收技术具有显著的优势，有机气体回收率高达 98％。

（4）脱氨的应用

膜吸收法现已被大量实验证明是一种高效处理含氨氮废水的方法[105]。Zoungrana 等[106]采用 PVDF 和 PTFE 膜组件对垃圾渗滤液原液及经过预处理的垃圾渗滤液进行处理，得到的脱氨效率分别为 70％和 92％。Amaral 等[107]使用 Liqui-Cel 膜组件处理巴西米纳斯吉拉斯州的垃圾填埋场的垃圾渗滤液。经处理后的垃圾渗滤液氨氮浓度为（881±61）mg/L。使用稀硫酸作为吸收液，脱氨效率能够达到 99.9％，水中的剩余氨氮浓度满足巴西当地的渗滤液处理要求，同时能得到较高纯度的硫酸铵溶液（质量分数为 41.2％）。秦英杰等[108]使用 PTFE 膜组件处理料液氨氮值高达 35000mg/L 的氨氮废水，该工艺使用熟石灰调节pH，比使用烧碱可节省 2/3 的药剂费用，且过程中无沉淀、无渗漏，性能稳定。作者同时还利用可逆气态膜技术有效脱除了废水中氨氮并生产出高浓氨水。与常规精馏过程相比，热能消耗减少 3/4 以上。2018 年年底，大连化学物理研究所曹义鸣团队开发的 PTFE 中空纤维膜接触器技术成功应用于提钒废水中高浓度氨氮脱除处理项目。废水处理量为 50 吨/日，进水氨氮浓度为 2000～5000mg/L。120h 现场运行结果表明，出水氨氮浓度稳定在 2～7mg/L，达到了钒工业污染排放标准（10mg/L）和污水排放国标 1 级 A（8mg/L）规定要求。

欧盟工艺玛瑙项目（EU Craft Agate Project）利用 PP 膜组件对氨的回收进行了工业化实验，氨的回收率高达 99％以上，且每年回收氨 83 吨[109]。贺增弟[110]、王建黎[111]等用膜吸收技术分离和回收铜洗再生气中的氨，氨的去除率均可高达 99％以上。

17.4 膜蒸馏

17.4.1 概述

膜蒸馏是一种用于处理水溶液的膜分离过程。膜蒸馏过程中所使用的膜是不被待处理水溶液润湿的微孔膜，膜材料一般多为聚四氟乙烯、聚偏氟乙烯和聚丙烯等疏水性高分子材料。膜的一侧和热的待处理水溶液直接接触（该侧称为热侧）。热侧水溶液中的水在膜表面汽化，水蒸气进入微孔内，然后通过膜孔传递到膜的另一侧，再冷凝成水（该侧称为冷侧）。膜蒸馏过程的推动力是膜面两侧的水蒸气的压差。

衡量膜蒸馏过程的技术指标是蒸发通量（或者称水通量、水蒸气通量，用 J 表示）、热量利用率和截留率等。

17.4.1.1 膜蒸馏过程的种类

根据膜冷侧水蒸气冷凝方法或排除方法不同，膜蒸馏的实现方式可以分为直接接触式、空气间隙式、减压式和气体吹扫式等（见图 17-10）[112-115]。

（1）直接接触式

热溶液和冷却水分别与膜的两侧表面直接接触，传递到冷侧的水蒸气被直接冷凝到冷却

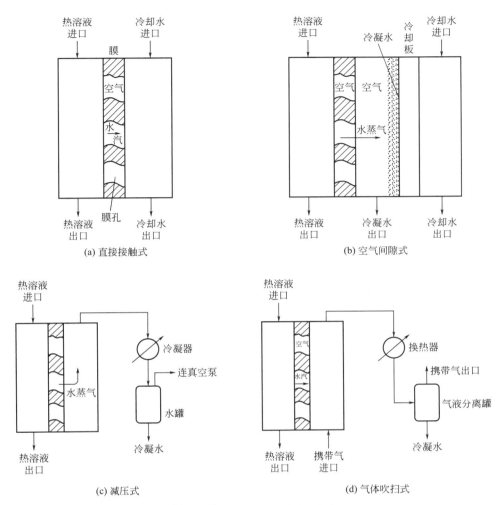

图 17-10　膜蒸馏的四种实现方式

水中。冷热两股流体可以逆流流动也可以并流流动；所用的膜可以是平板膜，也可以是管式膜。

（2）空气间隙式

热溶液和膜面相接触，冷却水和冷却板相接触，通过膜孔传递到冷侧的水蒸气经过一个空气间隙后在冷却板上冷凝。该种形式适用于平板膜。与直接接触式操作相比，其优点是可以从冷侧气室直接得到冷凝下来的纯水，对冷却水的纯度要求很低。但是由于水蒸气传递路径较直接接触式要长，因而通量相对较小。

（3）减压式

减压式膜蒸馏中，在膜的冷侧采用抽真空的方式将传递到冷侧的水蒸气抽出，在膜器外实现水蒸气的冷凝。与气隙式膜蒸馏相比，由于消除了膜孔内以及冷侧腔室内的不凝气（空气），使得水蒸气的传递由扩散过程变成了流动过程，因此可以提高水通量。

（4）气体吹扫式膜蒸馏

在气体吹扫式膜蒸馏中，冷侧有干空气吹过，以携带走扩散至该侧的水蒸气，然后在膜器外实现水蒸气的冷凝。在气体吹扫式中，冷侧空气的温度可以高于热侧溶液的温度，对吹扫气体的要求是其中水蒸气分压应低于热侧水蒸气分压。

17.4.1.2 膜蒸馏过程的特点

就过程的本质而言，膜蒸馏是一个蒸发-冷凝过程。与一般的蒸发过程相比，由于水蒸气存在的空间仅限于膜孔内的空间（直接接触式膜蒸馏）和冷侧空间（空气间隙式膜蒸馏），也即热液和冷凝液相隔很近，因此，膜蒸馏中的蒸发通量便可以得到提高。

17.4.2 膜蒸馏的传递模型

膜蒸馏过程是一个质量传递和热量传递同时进行的过程（图 17-11），下面以直接接触式膜蒸馏为例说明水通量和传热量的计算[116,117]。

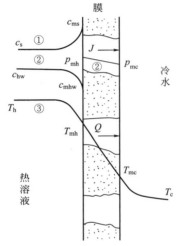

图 17-11 直接接触膜蒸馏过程传质和传热机理
①水中溶质的浓度分布；②热侧水的浓度分布和膜中水的蒸汽压变化；③温度分布 c_s、c_{ms}
分别表示溶质在热溶液主体中的浓度，以及溶质在膜面处的热溶液中的浓度

17.4.2.1 传热膜系数和传热量

膜蒸馏过程中热量从热侧向冷侧的传递可以分为三个步骤：①热量从热液的主体传到热侧膜面；②热量从热侧膜面传到冷侧膜面；③热量从冷侧膜面传到冷流主体。第①步和第③步的传热量 Q 可以用下两式描述：

$$Q = h_h A (T_h - T_{mh}) \qquad (17\text{-}26)$$

$$Q = h_c A (T_{mc} - T_c) \qquad (17\text{-}27)$$

式中，h_h 和 h_c 分别为热侧和冷侧的传热膜系数；A 为膜面积；T_h 和 T_c 分别为热液和冷液的主体温度；T_{mh} 和 T_{mc} 分别为热侧和冷侧的膜面温度。

此处的传热膜系数和纯粹换热过程中的对流传热膜系数还不完全相同。在纯粹的换热过程中，没有沿着传热方向上的质量流动。而在膜蒸馏过程中，则存在着沿传热方向上的质量流动，只是由于物质流动而引起的传热与纯粹传热速率相比要小很多（根据传递原理计算可知，在一般的膜蒸馏条件下，有、无沿传热方向上的传质时，传热膜系数相差在 5% 以内），所以，可以用一般的对流传热系数关联式来计算 h_h 和 h_c。

传热步骤中的第②步，即热量从热侧膜面传递到冷侧膜面是通过两条途径实现的：一部分热量是以热传导的方式传递的（这部分热量称为传导热，用 Q_c 表示）：

$$Q_c = \lambda_m A (T_{mh} - T_{mc}) / \sigma \qquad (17\text{-}28)$$

式中，σ 是膜厚度；λ_m 是膜的热导率。可以根据空气的热导率 λ_a、膜材料的热导率 λ_p 和膜的孔隙率 ε 近似求出：

$$\lambda_{\mathrm{m}} = \varepsilon\lambda_{\mathrm{a}} + (1-\varepsilon)\lambda_{\mathrm{p}} \qquad (17\text{-}29)$$

另一部分热量则是伴随着水的蒸发和冷凝而从热侧传向冷侧的（这部分热量称为蒸发热，用 Q_{e} 表示）：

$$Q_{\mathrm{e}} = JAH_{\mathrm{v}} \qquad (17\text{-}30)$$

式中，H_{v} 为水的蒸发潜热（此处假设两侧膜面温度下水的蒸发潜热相等，均等于平均温度下的蒸发潜热）；J 为水通量。

Q、Q_{c} 和 Q_{e} 之间存在如下关系式：

$$Q = Q_{\mathrm{c}} + Q_{\mathrm{e}} \qquad (17\text{-}31)$$

在膜蒸馏过程中，Q_{e} 是有效的热传递，它与水通量密切相关，而 Q_{c} 则是无效热传递，因为它的存在损失了热溶液的部分热能。Q_{e} 和 Q 的比值定义为膜蒸馏的热效率[117]。一般情况下，在直接接触式膜蒸馏中，热效率低于 50%。在减压膜蒸馏中，由于冷、热界面间几乎没有导热介质，因此，几乎没有传导热，热效率很高。

17.4.2.2　水通量

蒸发通量的定义是单位时间内通过单位面积的膜所传递的水的质量，单位为 $\mathrm{kg/(m^2 \cdot h)}$。膜蒸馏过程中水分从膜的热侧通过膜中微孔传递到冷侧的过程可以分为以下四步。

(1) 水分子从热溶液主体传递到热侧膜面

该步骤的通量 J 与主体溶液及膜面处溶液的浓度和对流传质系数有关：

$$J = k(c_{\mathrm{hw}} - c_{\mathrm{mhw}}) \qquad (17\text{-}32)$$

式中，c_{hw} 和 c_{mhw} 分别是主体溶液以及膜面处溶液中水的浓度；k 为对流传质系数。

(2) 水在热侧膜面处汽化

该步骤可以近似认为是气液平衡过程，即膜孔中水蒸气的分压 p_{mh} 与膜面处溶液的温度和浓度 c_{mhw} 有关：

$$p_{\mathrm{mh}} = p_{\mathrm{s}}(c_{\mathrm{mhw}}, T_{\mathrm{mh}}) \qquad (17\text{-}33)$$

式中，p_{s} 是水的饱和蒸气压与水的浓度和温度的关系式。

(3) 水蒸气通过膜孔的扩散过程

膜面温度 T_{mh} 和 T_{mc} 下，水的饱和蒸气压 p_{mh} 和 p_{mc} 之差 Δp 便是水分子扩散的推动力，也就是传质的推动力。扩散的阻力来自于水蒸气分子和膜孔中空气分子之间的碰撞以及水蒸气分子和孔壁的碰撞。该扩散过程为水分子通过静止的空气层的扩散。水通量 J 可以用费克定律描述：

$$J = \varepsilon D_{\mathrm{eff}} \frac{\Delta p}{RT_{\mathrm{m}}\sigma\tau} \qquad (17\text{-}34)$$

式中，ε、σ 和 τ 分别为膜的孔隙率、膜厚度和膜孔曲折因子；T_{m} 为 T_{mh} 和 T_{mc} 的算术平均值；R 为气体常数；D_{eff} 为有效扩散系数，它与努森（Knudsen）扩散系数 D_{K} 及分子扩散系数 D_{m} 之间的关系为：

$$1/D_{eff}=1/D_K+1/D_m \tag{17-35}$$

努森扩散系数的表达式是：

$$D_K=\frac{d}{3}\sqrt{\frac{8RT_m}{\pi M}} \tag{17-36}$$

式中，M 为水的分子量，d 为膜孔直径。

（4）水蒸气在冷侧膜面处冷凝成水

该步骤也可以近似为平衡过程，即水蒸气分压 p_{mc} 等于膜面处温度 T_{mc} 下水的饱和蒸气压。

在真空膜蒸馏中，由于膜孔中不存在空气分子，所以水蒸气通过膜孔的机制是流动机制，可以用泊肃叶（Poiseuille）定律描述。

17.4.3 膜蒸馏过程的工艺指标及其影响因素

在膜蒸馏过程中，截留率、水通量和热量利用率（热效率）是主要的工艺指标，也是实验研究中应该着重考察的方面。下面分别叙述操作条件（两侧流体的温度或者温度差、浓度及流动状况）和膜的结构尺寸对膜蒸馏过程的影响。

17.4.3.1 截留率

截留率的定义是

$$截留率=1-\frac{透过物中某溶质的浓度}{待处理溶液中该溶质的浓度} \tag{17-37}$$

膜蒸馏过程在对不挥发或者难挥发溶质的水溶液进行浓缩处理及在纯水生产时效果极佳，图 17-12 是一典型的实验结果[118]。

从理论上讲，膜蒸馏过程中不挥发溶质（如盐类）的截留率应该是 100%。但是实际上由于膜本身的某些缺陷（如个别孔的孔径太大，或者有针孔、裂纹等）或者膜器的密封性不理想等原因，使膜的截留率达不到 100%。

17.4.3.2 水通量及其影响因素

影响水通量的因素有溶液浓度（或者浓度差）、温度、流动状态和膜结构等。

① 随着热侧溶液的不断浓缩，水通量逐渐下降（图 17-12）。

② 水通量随着热侧温度的提高或者冷侧温度的下降而增加。

③ 随着流动状况的改善，膜面两侧表面处流体的浓度差会增大，水蒸气压差也会相应增加，水通量亦增加。

以上三个因素均是通过影响膜两侧表面处水蒸气压差而影响水蒸气通量的。水蒸气通量应该与膜面两侧处水蒸气的压差成正比。但有研究发现，水通量与膜两侧流体在主体温度下的水的饱和蒸气压差之间亦存在着正比关系[119]，这为分析膜蒸馏问题提供了一个简捷的途径。

膜的结构参数包括膜孔径、孔隙率、膜厚度和膜孔曲折因子等，下面分别介绍它们对于

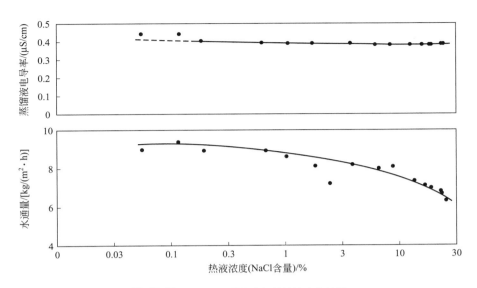

图 17-12　水通量、截留率与溶液浓度的关系

[PP-Accurel 膜；ε＝75％；管内外径 5.5mm/8.6mm（毛细管膜）；热液 100→58℃，冷液 42→86℃]

水蒸气通量的影响。

（1）膜孔径

水蒸气通过膜孔是以扩散方式进行的（减压膜蒸馏除外）。因此，增大气体分子的扩散系数便可以提高过程的水通量。根据前面所述的传质机理，有效扩散系数是由分子扩散系数和努森扩散系数共同决定的，分子扩散系数与孔径无关，而努森扩散系数则与膜孔径成正比。因此，增大膜孔径便可以增大有效扩散系数，提高过程的水通量，但是这一点很难通过实验数据得到直接验证，因为很难制备出其他参数均相同，而仅仅膜孔径有差异的系列膜[120]。只能通过模拟计算结果看出该变化趋势。

通过模拟计算结果还可知，在膜孔径增大到一定程度后，对水通量和热效率的影响就不明显了。而且膜孔径太大时，水会更加容易渗入膜孔而使过程无法进行。在 $d=1.3\mu m$ 时，努森扩散系数大约是分子扩散系数的 10 倍。在该孔径下，水渗入膜孔所需要的压力大致是 1atm。因此，$1\mu m$ 左右的膜孔径对膜蒸馏是合适的。

（2）孔隙率

膜中空隙部分是水蒸气得以通过的路径，因此，孔隙率越大，水通量自然越大。实验结果也显示了相同的规律[121]。

（3）膜厚度

膜越厚，水蒸气扩散路径越长，传质阻力就越大，膜蒸馏的水通量就越小。

（4）膜孔曲折因子

曲折因子大，意味着水蒸气实际扩散的路径就长，水通量便小。一般而言，用双向拉伸法得到的膜具有直孔结构，也即曲折因子近似等于 1；而用相转化法制得的膜的曲折因子则大于 1。

17.4.3.3　热量利用情况

直接通过实验获得的单一因素对热效率影响的数据不多。在气隙式膜蒸馏的研究中发现热量损失的绝对值随膜两侧温差的增大而增大，但是单位水通量的热损失却随温差的增大而减小[112]。

可以根据传质和传热模型的分析和模拟计算[117]来找到各因素对热效率的影响。在直接接触式膜蒸馏中，随着热侧温度的提高，热效率会增加；冷侧温度的降低会使热效率略有降低；热侧流动状况的改善会提高热效率，而冷侧流动状况的改善可以提高水通量，但是会使热效率稍有降低。膜孔径的增大、孔隙率的增大和曲折因子的降低以及膜材料热导率的降低会使热效率提高。膜厚度对热效率的影响不明显。

17.4.4　膜蒸馏使用的膜材料和膜器

膜蒸馏过程中所使用的膜应该满足的最基本要求是疏水性。

疏水性是对制膜材料的要求，它保证了水不会渗入到膜孔内，使膜起到分隔两流体的作用。一般使用的疏水性膜材料有聚四氟乙烯（PTFE）、聚偏氟乙烯（PVDF）和聚丙烯（PP）等。也可以用接枝的方法使亲水性材料疏水化。疏水性可以用接触角来衡量。疏水性很强的固体材料和水的接触角大于 $90°$。例如，聚四氟乙烯和水的接触角是 $114°$。

将水压入疏水性微孔内所需要的最小压力称为穿透压[122,123]，穿透压 Δp_{cr} 与接触角 θ_c 和膜孔半径 r_m 之间的关系可以用式(17-9) 描述。

对型号为 TF200 的聚四氟乙烯膜进行渗入压力实验时，观察到如下现象[124]，当水压在 0.3MPa 以下时，没有水渗入膜孔；当压力大于 0.3MPa 时，水渗过膜的速度随压力升高而增大。随后降低压力时，出现滞后循环现象（图 17-13），并且在任何压力下均有水透过膜，这说明膜孔内一旦充满了水便不会自动脱除，滞留在膜孔中的水便起了沟通两侧液体的作用。因此，为了使膜蒸馏过程能够顺利进行，膜孔内就不应有水渗入。一旦有水渗入，就需要采取适当的干燥措施，使膜孔恢复原始无水状态。

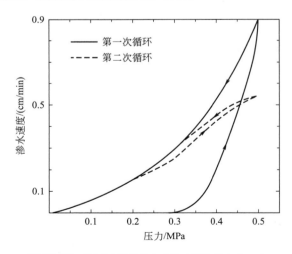

图 17-13　TF200 膜的渗水实验（膜孔径 0.2μm）

在膜的使用过程中，不可避免会出现膜污染问题，膜污染有可能使膜的疏水性下降，在实际应用中应该注意这一问题。

除了疏水性的要求之外，还要求膜有大的孔隙率、足够的机械强度、好的热稳定性、化学稳定性和低的热导率。

用于膜蒸馏的微孔膜有拉伸法制得的膜和相转化法制得的膜。常用的聚四氟乙烯微孔平板膜可以通过双向拉伸法制得，聚偏氟乙烯膜可以通过非溶剂致相分离法或者热致相分离法制得。

根据所选膜的形态是平板膜或者中空纤维膜，膜器相应也有平板膜器和中空纤维膜器两种。平板膜中又有板框式组件和卷式膜组件。此部分内容可以详见本书的第 7 章（膜器件）。

17.4.5　膜蒸馏过程的应用

根据膜蒸馏的特点，可知膜蒸馏能够应用在以下三个方面：一是纯水制备；二是水溶液的浓缩；三是低温废热利用和太阳能利用。这种分类方法只是作为一个参考，本身也不是很科学，因为在纯水制备的过程中，热液自然就得到了浓缩，而低温废热的利用或者太阳能的利用也是为了产水或者浓缩溶液。

1985 年，瑞典的 Kjellander 等[125]在大西洋海岸的海岛上建立了两套平板膜蒸馏海水淡化中试设备，试验结果表明装置操作稳定，数据重现性好，所制得的水中溶解的固体物总含量少于 50mg/L。将膜蒸馏用于海水淡化的努力至今一直没有停息[126]。

用膜蒸馏法进行水溶液的浓缩和结晶是该技术的又一应用领域[127]。例如，蒋维钧等[128]就将膜蒸馏技术用于热敏性物质水溶液的浓缩，对古龙酸发酵液和生物酶水溶液进行了实验，取得了很好的效果：在热侧温度低于 40℃时，水通量可以达到 $1\sim5kg/(m^2\cdot h)$，且热敏性物质不被破坏，酶不失活。这些年来，相关的研究文献数不胜数，读者可以自行查阅，此处不做罗列。为了提高过程的热量利用率，多效的手段和热泵的手段也都被整合到了膜蒸馏中[129,130]。另外，将膜蒸馏用于结晶的研究，将放到本章的另外一节（17.7 膜结晶）中加以单独描述。

早在 1991 年，澳大利亚的 Hogan 和 Fane[131]等就报道了用膜蒸馏技术和太阳能技术相结合生产淡水的实验情况。Hogan 结合澳大利亚干旱少雨区太阳能资源丰富的特点，设计了可以用于分散住户的家庭制水系统，若按照每天用水 50kg 计算，需要 $3m^2$ 的太阳能捕集装置和 $1.8m^2$ 的微孔膜。直到今天这些研究也还在继续，仍有研究者希望提供新的途径来解决太阳能在膜蒸馏中的有效利用问题[132,133]。

总体来看，膜蒸馏的实际应用比其他膜过程要少得多。中国尚没有大型的膜蒸馏海水淡化厂，其研究仅仅停留在实验阶段，日产量均小于 2000L[134]。由欧盟主导的 SMADES 项目在约旦、西班牙等地建立了工程实验样机，最大的单机日产水虽然可以达到 10000L，但这仍与日产淡水百万升级别的超大型反渗透海水淡化设备相比相去甚远[135]。

在了解了膜蒸馏的原理之后，读者应该能够结合自己遇到的工程或者科研问题分析判断膜蒸馏是否能够发挥作用。

17.5　膜脱气

17.5.1　概述

用微孔膜实现水中脱除氧气等气体的过程虽然与前面介绍的膜吸收和膜蒸馏有很多相似

之处，但是仍然有其自身的特点，故单独成节介绍。在本节的前半部分，主要以水中脱氧为例进行介绍，后半部分介绍多种气体脱除的案例。

膜法脱气是将溶解在液体中的气体（如氧气等）通过微孔膜表面上的微孔加以脱除的过程。通常膜法脱气的应用目的主要是脱除水中的溶解氧，因此脱气膜采用的是疏水膜，这样可以保证仅有气体透过膜孔，而水不会透过。膜组件为气液分离提供了巨大的接触面积。待脱氧的水进入膜组件后，在膜的另外一侧抽真空，水中的溶解气体被抽走，从而达到去除水中溶解氧的目的。

溶解氧（dissolved oxygen）是指以分子形态溶解于水中的氧。在20℃和101.3kPa下，纯水的饱和溶解氧含量为9.08mg/L。为了防止氧腐蚀，自20世纪30年代开始在给水和超纯水的生产系统中加入了除氧设备。

物理方法除氧的原理主要是通过改变氧气在水中的溶解度来实现的。根据亨利定律，氧气在水中的溶解度与水面上方氧气的平衡分压成正比。同时，水温也对氧气的溶解度有影响，纯水的饱和溶解氧含量与压力和温度的关系见表17-1。通过改变水面上的氧分压和温度，可以达到降低溶解氧浓度的目的。主要的物理除氧方法有真空除氧、热力除氧、解吸吹扫除氧等。

表 17-1   纯水的饱和溶解氧含量与压力和温度的关系

水面上的空气压力/MPa	水温/℃										
	0	10	20	30	40	50	60	70	80	90	100
	含氧量/(mg/L)										
0.1	14.6	11.3	9.1	7.5	6.5	5.6	4.8	3.9	2.9	1.6	0
0.08	11	8.5	7.0	5.7	5.0	4.2	3.4	2.6	1.6	0.5	0
0.06	8.3	6.4	5.3	4.3	3.7	3.0	2.3	1.7	0.8	0	0
0.04	5.7	4.2	3.5	2.7	2.2	1.7	1.1	0.4	0	0	0
0.02	2.8	2.0	1.6	1.4	1.2	1.0	0.4	0	0	0	0
0.01	1.2	0.9	0.8	0.5	0.2	0	0	0	0	0	0

亨利定律是指在一定温度下，稀溶液上方气相中溶质的平衡分压与液相中溶质的摩尔分数成正比，其表达式为：

$$p = Ex \tag{17-38}$$

式中 p——溶质在气相中的平衡分压，kPa；

x——液相中溶质的摩尔分数；

E——亨利系数，kPa。

亨利定律有一定的适用范围：①适用于稀溶液，溶液越稀，溶质在两相之间的组成关系越服从亨利定律；②对于易溶气体，温度高、浓度低时，亨利定律才适用；对于难溶气体，总压在5MPa以下，且分压在0.1MPa以下，亨利定律才适用。膜脱气工艺中氧的溶解度很小，氧在水中难溶，并且总压、分压都在亨利系数的适用范围之内。

可以通过增大气液接触面积和提高氧的浓度梯度，来提高脱氧的速度。由于传统方法中气液接触面积受到限制，水相中的氧不能快速进入气相，导致除氧效果差，而膜法脱氧技术利用膜组件和真空系统相结合，能拥有更大的接触面积和更快的除氧速度。

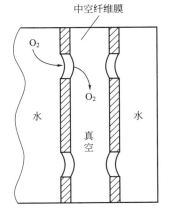

图 17-14　中空纤维膜除氧过程

17.5.2　膜法除氧技术的原理

膜法除氧原理如图 17-14 所示。欲除氧的水流过疏水性中空纤维膜的一侧，这些中空纤维膜上有许多微小的孔隙，同时在膜的另一侧抽真空，水中的 O_2 就会由高浓度侧（水侧）向低浓度侧（抽真空侧）传质，由于中空纤维膜的比表面积非常大，水与膜能充分接触，因而能达到很好的除氧效果。

膜法脱气的驱动力为膜两侧的气体分压差，一般可通过以下三种方式来维持透过侧的低压[3]，如图 17-15 所示。

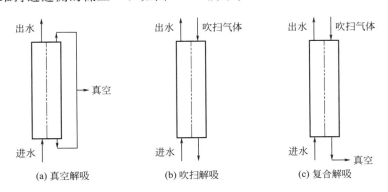

图 17-15　三种解吸脱气方式

① 真空解吸。膜的一侧进水，在膜的另一侧抽真空。

② 吹扫解吸。膜的一侧进水，在膜的另一侧用合适的气体（如氮气）吹扫，将氧气带出组件。

③ 复合解吸。结合真空解吸和吹扫解吸的方式，在吹扫的同时，另一端抽真空。

17.5.3　膜法脱气过程的特点

与其他传统的脱气过程相比，膜法脱气过程具有以下特点[136]：

① 单位体积的膜面积大，脱气效率高。

② 节能。膜分离过程在常温下操作，是一种低能耗、低成本的脱气方法。

③ 环保无污染。脱气过程无需添加化学药剂，对环境无二次污染，水质好。

④ 操作方便，工艺简单，可自动化运行，易于管理，运行费用低，经济效益好。

⑤ 运行稳定。由于常温操作，膜的使用寿命长，可长时间稳定运行。膜法脱气装置工艺流程简单，适于连续生产。

⑥ 易于安装。脱气装置体积小，占地少，重量轻，适用于小或拥挤的地带，无需专门

的基建投资。

⑦ 膜组件的组合性强，容易进行扩建，可以通过串联或并联膜组件来扩大生产能力。

⑧ 在去除水中溶解氧的同时还能去除其他溶解气体，如二氧化碳、硫化氢等，应用范围广泛。

膜法脱除水中气体的技术自 20 世纪 60 年代开展以来，经历了聚硅氧烷橡胶膜、硅橡胶膜、疏水性多孔膜的阶段，到 80 年代脱气膜研究出现了停滞。近年来，随着膜材料和技术的发展，膜法脱气技术研究又逐渐多了起来。对于膜脱气技术的工艺过程研究、脱气膜的改性研究、膜脱气过程传质机理及膜组件的结构设计方法研究等工作也逐渐展开。

17.5.4 脱气膜材料

脱气膜材料应具有良好的疏水性。液相和气相在膜的表面相互接触，由于膜的疏水性，水不能透过膜，气体却可以很容易透过膜。通过浓度差进行气体迁移从而达到脱气的目的。

脱气膜目前主要有聚丙烯、聚偏氟乙烯和聚四氟乙烯中空纤维膜。可根据处理量来定制脱气膜组件。随着技术的不断提高，高效率带编织结构的脱气膜产品已经有所开发，能有效提升脱气膜产品单位面积的出水量和脱除效率。脱气膜的脱气效率可高达 99.99%，出水 CO_2 和 O_2 浓度可小于 $2\mu g/L$。

静态接触角是表征膜疏水性的重要参数，对于脱气膜，静态接触角越大，则疏水性越强，越有利于脱气效率的提高，并能抵抗膜润湿的发生。聚偏氟乙烯中空纤维膜的静态接触角为 70°左右，通常认为是由中空纤维膜中的添加剂造成测试结果偏低。

要求膜的强度能抵抗水的冲击。通常操作压力高于 0.1MPa，最大孔径 $\leqslant 0.2\mu m$。还要求脱气膜具有优良的耐久性，这要求其具有致密表皮层与结构一致的内部支撑层，而非复合结构。一体化结构不仅使其性能优越，耐久性也很好，还可以将凝结水的产生控制在较低水平。常见脱气膜的特征性能参数见表 17-2。

表 17-2   常见脱气膜的特征性能参数

项目	Liqui-Cel®（PP）	聚偏氟乙烯中空纤维膜
外径/μm	350~360	300~1100
内径/μm	250~260	150~830
壁厚/μm	50	70~150
微孔孔径/μm	0.01~0.2	0.18(最大孔径)
透气率/[$cm^3/(cm^2 \cdot s \cdot cmHg)$]	>7.0×10^{-2}	>5.3×10^{-2}
孔隙率/%	45~65	80~85
接触角/(°)	110	70
工作压力/MPa	≥0.1	≥0.1

美国 Liqui-Cel® 脱气膜采用聚丙烯中空纤维膜。其主要产品型号如表 17-3 所示。

表 17-3   Liqui-Cel® 脱气膜的主要产品型号

Liqui-Cel® 产品序列	4×28	6×28	8×20	10×28
流量/(m³/h)	1~6.8	1.1~11.4	1.1~11.4	10~57

17.5.5　膜脱气过程的影响因素

在工业生产中，对于脱气水，尤其是脱氧水的需求越来越多，随着膜技术的迅速发展，研究膜法脱除水中溶氧，进而解决实际问题具有重要意义。在膜法脱气过程中，中空纤维膜组件以其传质面积大、制作简单等优势而受到更广泛的应用。所以对中空纤维膜传质性能及强化的研究，成为膜法脱气过程的重点。因此在介绍影响膜脱气过程的传质因素时主要以中空纤维膜组件为主。衡量膜脱气的效果的指标用除氧效率 η 和渗透通量 Q 表示，定义见式（17-39）和式（17-40）：

$$\eta = \frac{c_{in} - c_{out}}{c_{in}} \times 100\%$$ 　　　　（17-39）

式中，c_{in} 表示初始水中溶解气体的含量，通常为饱和 N_2、O_2 或 CO_2 的浓度；c_{out} 表示膜组件出口气体的含量。

$$Q = \frac{V}{St}$$ 　　　　（17-40）

式中，V 是收集到的气体体积；S 表示膜面积；t 表示收集 V 体积的气体所需要的时间。

17.5.5.1　操作条件的影响

膜法除氧实验的研究结果表明，操作条件是影响除氧效率的最重要的影响因素。操作条件主要有真空度、进水流速、进水方式（管程进水或者壳程进水）。

在膜法脱氧过程中，中空纤维膜两侧的氧气压力差是传质的推动力。真空度的增大，实际上是增大了膜两侧的压差，加快了传质过程，使得脱氧效率提高。

流速是影响除氧效率的另一个重要因素。进水流速对除氧效率的影响在不同的流量范围内影响规律也不同。在较低的流速范围内，除氧效率随着水流速的增加而迅速增大，当流速增大到一定程度后，流速对除氧效率影响较小。根据传质理论，溶解氧在水中传递的传质速率主要受液侧传质边界层厚度的影响。进水流量增大，边界层厚度减薄，传质阻力减小，促进了膜表面氧气的传递过程，使除氧效率增大。但是边界层并不能无限减薄，因此在流量达到一定范围之后，边界层的厚度不再改变。

温度对除氧效率的影响主要体现在膜自身所能承受温度的限制，以及温度对水中溶解氧的饱和浓度的影响。通常情况下，温度对总体除氧效率影响不大，但对水中溶解氧的浓度有较大影响。温度升高，水中溶解氧的含量降低，因此提高进水温度，出水溶氧浓度更低。

17.5.5.2　膜及膜组件结构的影响

膜材料对膜的分离性能有着决定性的影响，选择合适的膜材料是提高除氧效率的关键。多孔膜的传质方式为微孔扩散。用于制备多孔除氧膜的材料应该具有良好的疏水性，制出的微孔膜要有合适的孔径尺寸和孔隙率，这样才能获得良好的分离性能。对于采用相转化法制备的聚偏氟乙烯疏水微孔膜，铸膜液的浓度、添加剂 LiCl 对膜结构和性能都有影响，增加铸膜液浓度会导致膜的孔隙率降低。小分子添加剂 LiCl 的加入可以提高膜的孔隙率和平均孔径，从而改善氧的渗透通量和去除效率。聚偏氟乙烯微孔膜的疏水性良好，不易润湿，是一种高性能、高透气性的脱氧膜。

具有不同静态接触角的 PVDF 膜的除氧效率不同。超疏水膜表面能有效减缓膜孔润湿进程，未浸润膜表面时气体在扩散入边界层后，直接进入气相扩散，气体中的扩散系数远高于水中的扩散系数，而且膜具有微纳米级的凹凸结构粗糙表面，实际表面积远大于其表观面积，因此疏水性越高，除氧效率越高，具有超疏水结构的粗糙表面时除氧效率更高。

孔隙率不是影响除氧效率的主要因素，具有一定的孔隙率是膜脱气的必要条件，孔隙率高的膜其除氧效率却不一定高。根据膜脱气过程的传质机理，气体在液相侧的传质阻力是传质的主要阻力，膜孔内为气相传质，传质系数高，孔隙率高低不是气体传质系数的主要控制因素。

组件结构不同会导致流体的流动状态不同，也会影响到脱气的效率。常见的中空纤维膜组件形式如图 17-16 所示，图 17-16（a）是一端浇铸的结构，从侧口进水，未浇铸膜丝端出水，这种结构下由于水流方向的改变易于形成湍流，膜表面液体更新快。图 17-16（b）是两

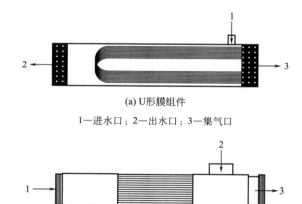

(a) U形膜组件

1—进水口；2—出水口；3—集气口

(b) 平行膜组件

管程进水逆流操作：1—进水口；2—死端；3—出水口；4—集气口
壳程进水逆流操作：1—死端；2—进水口；3—集气口；4—出水口
壳程进水并流操作：1—集气口；2—进水口；3—死端；4—出水口

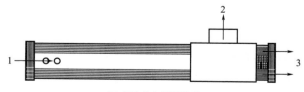

(c) 多孔中心管膜组件

1—进水口；2—出水口；3—集气口

图 17-16　常见中空纤维膜组件

端浇铸的结构，侧口进水，优点是易于调节抽气方向和进水方向。图 17-16（c）是加了多孔中心管的结构，水从中心管进入，通过管上的孔进入组件与膜丝接触，这种结构的优势是能更好地增强进水的湍流程度，提高脱气效率，但中心管的加入会减少浇铸膜丝的数量，膜面积减少。总之改善膜组件结构可以改善进水的流动状况，增强水流的湍流程度，从而提高脱氧效率。

17.5.5.3　外部条件的影响

除氧过程的强化手段还包括外部磁场或者超声波。

李婷[137] 比较了 PVDF-Fe$_3$O$_4$ 杂化膜和原始 PVDF 膜在外加磁场的作用下的氧气渗透通量，发现加了 Fe$_3$O$_4$ 的膜的氧气渗透通量是不加 Fe$_3$O$_4$ 的 2 倍。采用磁场脱除氧气是一种方便实用且成本低廉的方法。

常李静[138] 的实验证明了随着声波强度的增大，传质系数增大，而且与不加超声场的膜脱气过程比较，发现经超声场作用后，其传质效果可增加两倍以上。超声场对膜脱气的影响首先是通过超声场空化作用引起的湍动效应，加强了传质；其次是超声空化的微射流、冲击流等对边界层不断冲击、更新，产生的界面效应又使得边界层变薄，阻力减小。再加之声波在物质间传递，带来的微扰作用使膜孔内气体的分子扩散加强，这三方面的共同作用使膜脱气效率大大提高。

超声场虽然对传质性能有增强效果，但是也会影响膜结构，被超声振荡的膜疏水性会变差，而且会使膜破损，膜面出现孔洞和断面。因此使用超声强化膜脱气传质时要考虑对膜结构的影响。

17.5.6　膜脱气过程设计

膜脱气所用膜为多孔膜，膜仅作为气液界面的支撑及膜两侧的屏障，膜本身对分离不起作用，其传质过程同减压膜蒸馏传质过程类似，不同的是脱气过程一般为常温下操作，膜孔内通过的气体主要为氧气、二氧化碳和氮气等不溶性气体，气态水分子的比例较小。减压膜蒸馏过程由于其操作温度较高（＞60℃），通过膜的组分主要是气态的水分子，相对来说不溶性气体占的比例很小。在计算传质系数时可参考减压膜蒸馏过程传质系数的计算方法。由于膜法脱气水蒸气量很少，脱除的气体不发生蒸发和冷凝，可近似看作等温过程，其热传递可忽略。

膜法脱气的过程设计首先需要根据不同的脱气要求，确定采用哪种操作模式。下面分别介绍 3 种操作模式的工艺流程及其适用范围。

17.5.6.1　吹扫解吸模式

吹扫解吸是待脱气的液体在中空纤维膜的外侧流动，内侧通压缩气体（压缩空气或氮气）进行吹扫。通过气体吹扫可将膜内侧的待脱除气体分压降低至几乎为零。液相中的气体就不断由液相向膜内侧的气相移动，并由吹扫气体带走，从而降低了液相中的溶解气体浓度，达到脱除气体的目的。

该模式常见的应用是在二级反渗透系统之间脱除二氧化碳，或者在进 EDI 系统前脱除二氧化碳，通过多级串联，可将二氧化碳浓度降至 $1\mu g/L$。

以某公司脱气膜脱除二氧化碳的操作过程为例说明吹扫解吸的操作要求及过程。图 17-17 为气体吹扫脱除二氧化碳的流程，采用的是四级脱气膜组件。进水为串联流动，吹扫气为并联流动。吹扫气可以采用压缩气体或无油的压缩空气，基本操作步骤如下：首先通过调整压力阀门，将进气压力按要求设置，并通过流量计观察空气流量，打开压缩空气的进气阀门使空气通至每根脱气膜组件，出气气体应排放到开阔地带。在高纯度要求的情况下，在压力调节阀门前需采用 $0.2\mu m$ 的空气过滤器；一般工业采用 $1.0\mu m$ 的过滤器即可。

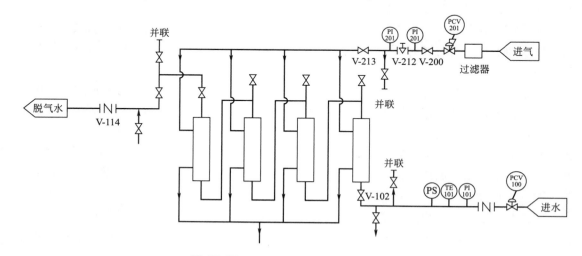

图 17-17 压缩空气吹扫脱除二氧化碳流程

吹扫解吸的效率取决于吹扫气的气量，表 17-4 为某企业的中空纤维脱气膜在脱除二氧化碳时要求的空气量及对应的液体侧水量范围。该表中数据可作为脱除二氧化碳时膜面积对应的需要气量和可处理水量的参考。

表 17-4　某型号脱气（二氧化碳）膜的膜面积对应的处理水量与吹扫空气量

脱气膜	膜面积/m²	进水量/[m³/(h·根)]	空气量/[m³/(h·根)]
LTLD4040	22	1.5～3	1.6～9.6
LTLD5040	45	3～5	1.6～32
LTLD8040	90	6～10	4.5～30.2
LTLD8060	140	6～10	4.5～30.2

操作过程注意事项：首先注意对膜的保护，使用鼓风机进行吹扫时，出风口温度不能高于 30℃，同样进水温度也不应该超出 30℃；进水在进入脱气膜之前应去除余氯、臭氧和所有其他氧化性物质；城市给水使用余氯 <$1\mu g/L$，水温度 <40℃ 可以正常使用，为保护膜不被氧化，如果有余氯存在，并且水温大于 30℃，吹扫气体必须用氮气等惰性气体；膜还应避免与表面活性剂、酒精和氧化剂（臭氧等）接触。

维护工作：根据环境温度，在出口气体管道可能会发生水的凝结现象。所以，必须在脱气膜和管道系统的外面设计排除凝结水的系统。如果没有去除水蒸气，可能随着时间的积累，影响脱气膜的脱气效果。凝结现象还取决于液体温度。液体温度越高，水蒸气越易透过膜。这种凝结现象是正常的。

17.5.6.2 真空解吸模式

真空解吸广泛应用于控制空气在液体中的总气量以及大量气体的脱除。真空解吸时脱除的溶解气体通过真空泵抽出排放。真空度的高低直接影响脱除效率，真空度越高，出口液体含气量越低。

图 17-18 为真空解吸模式脱气流程，首先打开真空泵，再打开进水阀。真空模式下能否正常运行取决于良好的真空系统，包括管道和真空泵。管道连接宜采用焊接或密封性良好的连接方式，同时要避免管道系统过长，减少压力损失。选择真空泵时首先根据脱气要求确定膜面积以及需要的排气量和真空度，根据排气量和真空度选择相应型号的真空泵。完整的真空泵系统包括：真空泵、分离器、单向阀、放气阀门和测量仪。

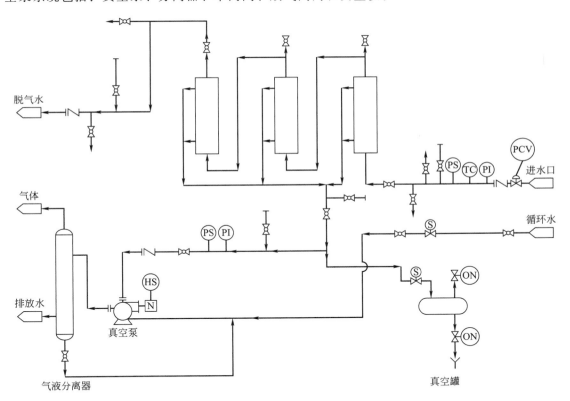

图 17-18 真空解吸模式脱气流程

脱气膜发生故障时，由于液体比气体压力要高，液相将流到气相侧。因此，在真空解吸或与吹扫解吸组合的复合解吸方式中，为防止膜泄漏，保护整个系统，需要安装真空液体缓冲罐和高真空压力开关。液体出口侧安装低压警报开关或流量开关，防止水泵或其他主要设备干转。

17.5.6.3 复合解吸模式

复合解吸通常在要求脱除溶解氧气或二氧化碳达到极低水平时使用。图 17-19 为复合解吸模式脱气流程，其运行过程是在脱气膜气相侧一头出口连接吹扫气体，另一头连接到真空

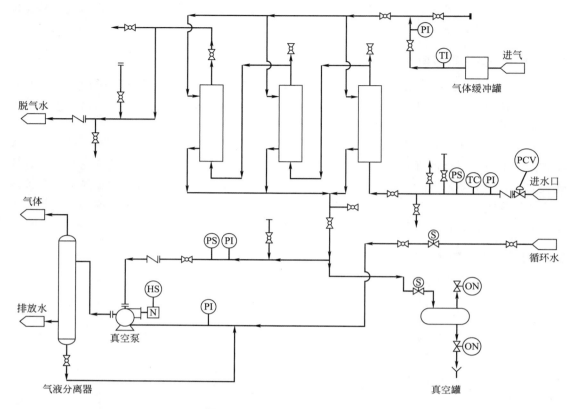

图 17-19 复合解吸模式脱气流程

泵。吹扫气体可以稀释从液相中迁移到气相侧的气体，同时把气体带出膜组件。在此模式下通常的真空水平在绝对大气压 6.6kPa。

锅炉给水要求溶解氧浓度小于 $10\mu g/L$ 时，待脱气的纯水在膜外侧流动，在膜内侧施加真空抽吸，同时辅以少量的氮气吹扫，这样可将膜内的氧气分压降低至几乎为零。

膜法脱气过程的设计有其特殊性，系统设计时不仅要考虑操作模式的选择问题，还要考虑水蒸气凝结水的排放。因此还涉及膜组件的放置方式问题和给水要求。

（1）膜组件放置位置与方向性

图 17-20 所示为膜组件的放置方式。

① 垂直放置　进水必须下入上出，如果串联，前一个膜组件的出水必须从下一个膜组件的下部进入。

位于下面的出气端口必须高于水环真空泵的入口，这样可使积水流至水环式真空泵。

② 水平放置　仅在真空模式时使用，进气端口需高于真空泵的入口，并将可能的积水导向下方。

出气端口必须高于水环真空泵的入口，这样可使积水流至水环真空泵。

（2）给水要求

对于常规的生产生活用水，建议给水经过 $5\mu m$ 的预过滤。过滤精度取决于水的组成，可根据水质进行调整，如果给水中有可吸附或凝聚的粒子，应采用更严格的过滤精度。对于

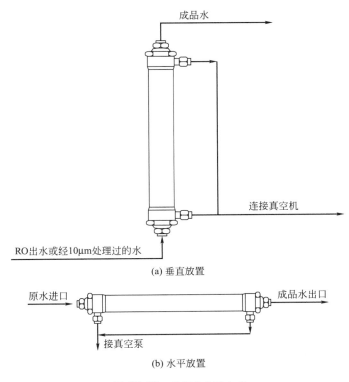

图 17-20　膜组件放置方式

超纯水脱氧过程，则不需要其他预处理。

　　为防止细菌滋长，在停机期间采用充入杀菌剂（杀菌剂要去除游离氯、臭氧等氧化性强于脱气膜组件的物质），同时要监控杀菌剂的液位以保证效果。

17.5.7　膜脱气过程的应用前景

（1）脱除水中的氧气

　　脱气膜组件可用于水和其他液体的脱氧，氧气具有氧化性和腐蚀性，可氧化多种材料，对很多过程都有负面影响。在能源和工业领域，如果不进行脱气，管道系统、锅炉和设备在使用过程中都会受到腐蚀。膜法脱气不需要化学药品，可通过模块化的方法同时去除水中的氧气、二氧化碳和氮气。

　　膜脱气应用最多的是脱除水中溶解氧，脱氧应用最广泛的是锅炉行业。由于蒸汽锅炉的工作温度高、压力大，溶解在水中的气体会对锅炉造成比较严重的腐蚀并且生锈。腐蚀产物进入锅炉后，会在锅炉管道和设备表面形成氧化铁垢，降低锅炉的传热效率，使水汽质量恶化，严重时可发生炉管的腐蚀穿孔或爆管，影响锅炉的安全运行，缩短其使用寿命。国家标准对于锅炉水质作出了相应规定，额定蒸发量 $\geq 6t/h$ 的锅炉均必须除氧，并且锅炉压力越高，溶解氧的腐蚀能力加强，锅炉给水所允许的溶解氧含量标准就越严格。

　　在半导体行业，溶解氧的存在会腐蚀硅片，并在硅片表面形成一层无定形氧化层。由于产品的小尺寸和高集成度，微小的氧化层都会对器件的性能和产品质量造成影响，因此，半导体集成工业对高纯度水的标准最为严格，水中溶解氧的含量要求根据集成度的不同有所差别，但不超过 $100\mu g/L$，而目前脱气膜可将溶解氧控制在 $1\mu g/L$ 以下。

在采油行业，为了提高石油采出率，普遍采用注水进行二次采油的方法。根据石油行业标准对碎屑岩油藏注水水质作出的规定，油田注入水必须经脱氧处理。对注入水进行脱氧的目的是减少氧化，减少对注水设备和管道的腐蚀。

在食品行业中，由于食品主要成分为碳水化合物、蛋白质等营养物质，氧气的存在会使食品在微生物的共同作用下发生氧化反应，从而破坏原有成分，促进霉菌和腐败菌的繁殖，破坏原有色、香、味，产生令人厌恶的异味。在罐装食品中氧气还会氧化腐蚀马口铁材料。在碳酸饮料的制作工艺中，氧气的含量会影响二氧化碳的溶解度，并在生产过程中需要更大的操作压力，影响饮料的碳酸化效果，从而对饮料的质量和保质期造成影响。

（2）脱除水中的二氧化碳

采用反渗透（RO）和电脱盐（EDI）或连续电脱盐（CDI）的系统用水必须降低水中的 CO_2 含量。水中溶解的 CO_2 是造成水中高电导率的主要原因。膜脱气提供了一种清洁、无维护保养和无需任何化学添加调整 pH 的从水中去除 CO_2 的方法，去除率可达到 99.9%。如果在 EDI 或 CDI 前去除 CO_2，那么，就可以让 EDI 或 CDI 产出更高水质的水，可使原来一级反渗透＋EDI 的出水电阻从原来的 $1.0M\Omega$ 提高到 $18M\Omega$。当进水中溶解的 CO_2 去除后，EDI/CDI 对硅和硼的去除率也会随之提高，从而使一级反渗透＋膜脱气的出水完全取代以往二级反渗透出水作为 EDI 的进水成为可能。

膜脱气处理是 EDI 的一个重要的预处理过程。CO_2 会给 EDI 带来极大的离子负荷。膜脱气装置能有效去除水中溶解性 CO_2 从而保护 EDI 系统免于受过量离子负荷的影响。

此外，在离子交换床层前，膜脱气可用于脱除水中 CO_2，水中的 CO_2 会对离子交换床产生额外的负担，因此需要更频繁的化学再生。使用膜脱气代替化学药品时，可以节约成本，有益于环保。

（3）碳化作用

向饮料中添加二氧化碳气体可以给予饮料发泡和刺激性的味道，同时还可以减少液体中的细菌，阻止变质。膜脱气也可以用来给饮料或者液体充二氧化碳气体，并且简单有效，这一过程可称为膜法加气。膜组件在微观级别使二氧化碳扩散到液体中，从而使得最终产品中的碳酸化水平更加可控，优于直接向液体中喷射大量的二氧化碳气泡。另外需要的二氧化碳量也更少，在生产更好的产品的同时也降低了运行成本。

（4）除泡

在很多分析系统和水处理系统中，如果不去除气泡，会引起如下问题：在有压力变化的系统中，会产生布满泡沫或溶液产生过度泡沫的问题；在分析和测量系统中，气泡会对设备的读数产生负面的影响；气泡还会对超音速设备的清洗过程造成负面影响。在超音速清洗容器中，气泡通过折射或吸收超音速的能量，都会降低清洗效率。同时在清洗容器中保留一定量的某些气体，典型的有氮气和氢气，都是有益的。采用脱气膜组件不仅可以实现小型、在线有效除泡，还可以为这些应用提供所有的气体控制，增强清洗效率。

（5）水下供氧

膜法脱气的另一个重要的应用是水下供氧，通常称为水中提气。利用膜法脱气后将脱除的气体收集起来而加以利用，可应用在水下潜艇和潜水员的呼吸以及水下动力装置的燃料电池供氧等。水下供氧装置在军事方面有重要应用价值。

17.6 膜乳化

膜分散是近年来随着膜技术而发展起来的一种新型的分散技术。膜分散是以微滤膜或超滤膜为分散介质，在压差的作用下，将分散相一侧的流体以小液滴或者小气泡的形式与连续相一侧的流体相混合，从而实现微尺度的混合。膜孔径为微米级，分散所得的液滴或者气泡的直径在几微米到几十微米。如果被分散相是液相，也被称为膜乳化。本节主要介绍膜乳化过程。

膜乳化是一种新型乳液制备技术[139]，与传统机械能破碎法不同，膜乳化技术是依靠膜本身规整的孔结构制备乳液的一种方法。该方法既可用于 O/W 和 W/O 型乳液的制备，也可用来制备 O/W/O 和 W/O/W 型复合乳液[140-142]，且具有低能耗、低剪切力、需要表面活性剂较少、生成的乳液液滴尺寸均匀等特性，因而特别适合那些对剪切力敏感的体系和规整材料的制备[139]。

17.6.1 概述

乳化是一种液体以极微小液滴形式均匀地分散在互不相溶的另一种液体中形成乳状液的过程，被广泛应用于生物、医药、食品、化妆品、电子等领域。乳状液是一个多相体系，其中至少有一种液体以液珠的形式均匀地分散于另一种不和它混溶的液体之中[143]。常见的乳状液，一般都有一相是水或水溶液（通称为水相）；另一相是与水不混溶的有机相（通称为油相）。外相为水、内相为油的乳状液被称为水包油（O/W）型乳状液。外相为油、内相为水的乳状液则被称为油包水（W/O）型乳状液[144]。通常所指的乳状液是液滴直径大于 $0.1\mu m$ 的宏乳液，而微乳液的液滴直径在 $0.01\sim0.1\mu m$ 之间。微乳液的质点大小较均匀，而宏乳液的液滴大小并不均匀，要得到质点均匀（单分散）的宏乳液则需要采用特殊的技术，两者之间的性质比较如表 17-5 所示[145]。

表 17-5　乳状液和微乳状液的性质比较

项目	乳状液	微乳液
分散度	粗分散体系,质点>$0.1\mu m$,显微镜可见,有的肉眼可见。一般质点大小不均匀	质点大小在 $0.01\sim0.1\mu m$ 间显微镜不可见。一般质点大小均匀
质点形状	一般为球形	球形
透光性	不透明	半透明至透明
稳定性	不稳定,用离心机可分层	稳定,用离心机也不能使之分层
表面活性剂用量	可少用;不一定加辅助表面活性剂	用量多;需加辅助表面活性剂
与油、水的混溶性	O/W 型与油不混溶,W/O 型与水不混溶	与油、水一定范围混溶

传统的制备乳状液的方法有简单混合器、均化器、胶体磨和超声乳化装置等，这些方法普遍存在能耗大、效率低，制得的乳液直径较大、尺寸分布范围广、易聚合、不稳定等缺点。膜乳化技术是 1988 年由日本科学家提出的一种乳化方法，相比于传统的乳化技术，膜

乳化技术制备的乳液直径可控且均一、制备条件温和且能耗低、乳滴稳定、制备过程容易放大[146]。膜乳化技术的显著特点是乳状液液滴大小主要由微孔膜孔径来控制而呈单分散性，在低能耗的条件下实现均一乳液制备，该方法可用于制备直径在 100nm 到几十微米范围内的乳状液，因此，已在食品乳状液、药物控释系统、单分散微球（囊）的制备等诸多领域获得应用[147]。

17.6.2 膜乳化原理和装置

17.6.2.1 膜乳化原理

图 17-21 是膜乳化过程原理图[148]。多孔膜上的大量均匀孔可以看作分布器，膜两侧分别是分散相和连续相，膜两侧压差为推动力。分散相在较低的压差作用下通过微孔膜的膜孔，在膜表面形成微小的液滴。当液滴的直径达到某一值时，高速流动的连续相在膜表面形成的剪切力可以将液滴从膜表面分离并进入连续相。溶解在连续相里的乳化剂分子将吸附在液滴界面上，一方面降低表面张力，从而促进液滴从膜表面分离；另一方面还可以阻止液滴的聚并。根据所用膜与油或水的亲和特性，膜乳化可制得水包油型（O/W）或油包水型（W/O）乳状液，也可制得复合型乳液。

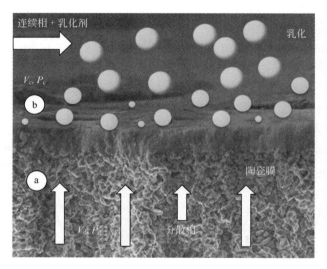

图 17-21 膜乳化过程原理

膜乳化过程有两个阶段：分散相在膜孔内的传递过程和膜孔端液滴的形成过程。分散相液滴大小及其分布、分散相渗透率是乳化过程的主要衡量参数。可利用激光散射粒度分析仪或光学显微镜来测量计算液滴的大小及分布。

膜孔端液滴的形成过程也有两个阶段：液滴生长阶段和液滴剥离阶段。首先膜孔上形成半球形液滴，随着分散相的流入，液滴不断长大，液滴受力平衡被破坏而脱离膜表面。在此过程中建立液滴大小模型的基础是力矩平衡，单个液滴形成过程的受力主要有分散相与膜孔处的界面张力、膜表面分散相与连续相的静压差力、平行膜面流动的连续相对液滴产生的曳力、膜表面液滴附近的连续相流动速度不均匀产生的运动提升力等。液滴的受力除了与界面张力与黏度等物性参数有关，很大程度上取决于连续相流速、壁面剪切力以及分散相流速等流体流动参数。

由于多相界面的复杂性和介观尺度描述的困难性，导致了人们对膜乳化机理研究工作仍停留在以解释实验现象为目的的探索阶段。许多学者采用硅微孔板作为乳化介质，开发出可通过显微镜直接观察的可视化装置，来深入了解膜乳化的机理[149]。

17.6.2.2　膜乳化装置

膜乳化技术是以膜本身规整的介观孔结构为基础，在一定的压力下将分散相通过微孔膜分散到连续相中。

膜乳化实验装置分为分置式和一体式两种。

图 17-22 为分置式膜乳化实验装置[150]，连续相或乳状液通过泵的输送在管内侧循环，作为分散相的油储存在一容器内，该容器与一压缩氮气系统相连，容器内的油经膜孔被压入正在循环的连续相中；图 17-23 为典型的管式一体式膜乳化实验装置[151]，膜组件浸没在连续相中，连续相被放置在烧杯中并用磁力棒搅拌以提供液滴剥落所需的壁面剪切力，分散相储存在与压缩氮气相连的储罐中，在足够的氮气压力下分散相经膜孔渗透至连续相形成乳滴。相对于分置式膜乳化装置，一体式膜乳化装置具有结构简单、操作方便和易于放大的优点。

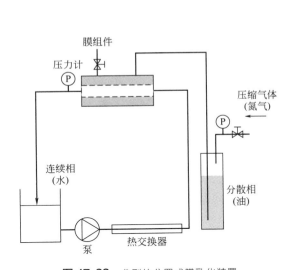

图 17-22　典型的分置式膜乳化装置

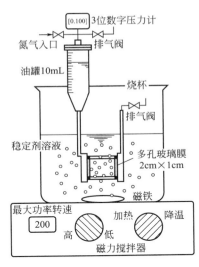

图 17-23　一体式膜乳化装置

为深入理解膜乳化的机理，开发出可通过显微镜直接观察的可视化装置[149]。Kawakatsu 等[152]采用憎水性的硅规整通道板制备了液滴直径为 $17\sim23\mu m$ 的 W/O 型乳液，并用显微镜观察了乳滴形成过程。采用亲水的硅规整通道板可制备单分散的 O/W 型乳液[153]。为满足工业化放大需求，近来开发了并行梯田式结构的微通道装备，该装备已被用于长期稳定的乳液生产[154]。

17.6.3　膜乳化过程的影响因素

在膜乳化过程中，分散相压过膜孔，进入到沿膜表面流动的连续相中，此表面即是液滴形成的地方，液滴在膜表面形成和分离依赖于各种过程参数（如过膜压差、膜表面连续相的剪切应力）、膜材料和微结构、表面活性剂。不同因素对该过程的影响主要表现在对乳液的液滴直径、直径分布和分散相通量的影响上。

17.6.3.1   膜微结构的影响

作为一种通过规整结构制乳的方法，膜的微结构（孔径、孔径分布和孔隙率）是决定乳化过程的重要因素。微滤和超滤膜被用于膜乳化过程的研究，孔径大致范围在 $0.05\sim$ $14\mu m$。Shirasu 多孔玻璃（SPG）膜由于具有圆柱形、内连、均匀的微孔，孔径分布窄（大约为 $\pm15\%$），而被认为是最适合的膜乳化介质。Katoh 等[155]研究了 SPG 膜制备 O/W 型乳液中孔径和液滴直径的关系，可以得到孔径（D_m）和液滴直径（D_p）的关系为：$D_p = 5D_m$。Mine 等[141]研究了采用亲水性的多孔玻璃膜制备 O/W 型乳液和用改性后的多孔玻璃膜制备 W/O 型乳液，其液滴直径和孔径的关系均为 $D_p = 3.18D_m + 0.42$。

如上所述，在给定的操作条件下，乳状液的液滴尺寸与膜孔尺寸线性相关，但其中比例系数的差别较大，范围一般在 $2\sim10$ 之间，这主要是由膜的类型及微结构的差异造成的。若孔径分布足够窄，就可以得到单分散的乳滴；若有较大的孔存在，可能导致乳滴的双峰分布[156]。

膜的孔隙率也是影响该过程的重要因素。较高的孔隙率意味着较高的膜通量，但在高孔隙率下，相邻孔间的距离减小，这就意味着乳滴在与膜表面分离前，聚并的可能性很大。Vladisavljevic 等[157]研究了孔隙率和最大开孔率的关系，如公式(17-41) 所示：

$$k_{max} = (\pi/4\varepsilon)(d_{drop}/d_{pore})^{-0.5} \tag{17-41}$$

式中，k_{max} 为最大开孔率；ε 为孔隙率；d_{drop} 为液滴直径；d_{pore} 为孔径。

17.6.3.2   膜材料性质

按材料分可将膜划分为有机和无机两大类。在膜乳化过程中，分散相经过膜孔在膜表面形成微小液滴，因此膜材料性质将对该过程产生直接的影响。无机膜（包括陶瓷膜[158]、玻璃膜[159]、不锈钢膜[160]）和有机高分子膜[161]等不同材质的膜均被用于膜乳化过程的研究。一般而言未经改性的无机材料的表面能较高，多呈亲水性；而用高分子材料制成的膜大部分则呈疏水性。为减少分散相在膜表面的铺展而导致的聚并，要求膜表面不被分散相润湿，这就意味着亲水性的陶瓷膜和玻璃膜更适合制备 O/W 型乳液，疏水性膜适合制备 W/O 型乳液。Nakashima 等[162]通过研究发现，使用疏水性微孔玻璃膜制备水包油乳液，与亲水性微孔玻璃膜相比，制得的乳滴尺寸较大且为多分散体系。

高分子膜因为具有较强的亲油性而被用于 W/O 型乳状液的制备。Vladisavljevic 等[163]采用聚丙烯中空纤维膜制备了 W/O 型乳液，所用的膜孔径为 $0.4\mu m$，制备出乳液的液滴直径取决于膜的预处理方法、过膜压差、分散相浓度和乳化剂浓度。在 50kPa 下，乳液液滴的 Sauter 平均直径（SMD）为 $0.3\mu m$。液滴直径比孔径更小的原因是由于膜孔内存在的油膜使有效膜孔径变小。通过表面改性，也可采用有机高分子膜制备 O/W 型乳液。Giorno 等[164]采用切割分子量为 10kDa 的聚酰胺膜制备 O/W 型乳液时，异辛烷被用作分散相，超纯水被用作连续相，十二烷基硫酸钠和聚乙烯醇被用作乳化剂和稳定剂，为使非极性溶剂透过亲水性的超滤膜，必须对膜表面进行预处理，预处理过程包括采用非极性溶液替换膜内的极性组分水，从光学显微镜下看出乳液的液滴直径分布非常窄，直径为 1.87(±0.58)μm 的液滴约占 85%。

与高分子膜相比，陶瓷膜、SPG 膜（Shirasu porous glass membrane）等无机膜由于具有较强的亲水性而被应用于 O/W 型乳液的制备。Corning 公司采用硼硅酸钠玻璃分相法制备了传统的多孔玻璃膜——维克玻璃[165]。然而这种玻璃由于机械强度低、化学稳定性差和孔径的限制而很难应用。1980 年 Nakashima 等[166] 研制出了一种新型的多孔玻璃膜——SPG 膜，该膜由于有较窄的孔径分布而被用作乳化和分离介质。其制备机理是利用硼硅酸铝钙玻璃在高温下发生相分离，而形成富硼钙玻璃和富硅铝玻璃，将富硼钙玻璃用酸浸蚀后就形成了 SPG 多孔玻璃，如图 17-24 所示。与高分子膜和 SPG 膜相比，α-Al_2O_3、TiO_2、ZrO_2 等材料制备成的陶瓷微滤和超滤膜由于有更好的机械强度和化学稳定性也被用于该过程的研究中，但由于所用的膜品种是以固液分离为背景开发的，膜中存在部分大于标称孔径的粗大孔，因而很难制备出单分散乳液。

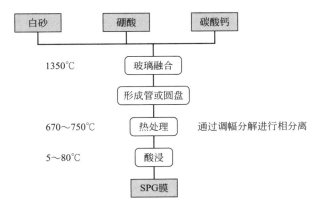

图 17-24 Shirasu 多孔玻璃膜（SPG）的制备过程

亲水性膜也可以通过膜表面化学改性的方法变为疏水性膜。Mine 等[141] 先将亲水膜在 200℃真空条件下加热 48h，然后浸入 5%的十八烷基三氯甲硅烷的甲苯溶液中，110℃下回流 8h；处理过的膜在室温下浸入 1%的三甲基氯硅的甲苯溶液 2h 后用甲苯清洗干净。通过该方法处理后的陶瓷膜表面呈疏水性，可用于 W/O 型乳液的制备，但在每次使用清洗后必须重复表面处理。Katoh 等[155] 提出将亲水性膜预浸在油相中，使膜表面具有一定的疏水性，以制备 W/O 型乳液。该方法可粗略控制液滴直径，通量是采用疏水膜制备 W/O 型乳液通量的几十倍到一百倍，但制备乳液的液滴直径和直径分布并未在该文中报道。因此，可以看出分散相和膜材料的不润湿性，是导致膜阻力增加和膜通量降低的主要原因之一。

Kawakatsu 等[149] 采用硅规整通道研究了材料亲疏水性对过程的影响。材料亲疏水性通过改性剂进行调整并采用接触角进行描述，当接触角较小时，膜相邻孔的液滴很容易聚并成较大的液滴，而当接触角大于 124°时，液滴可以均匀地形成。

17.6.3.3 连续相流速

乳滴在膜表面形成和分离过程中受到连续相流动的影响，连续相的错流速度范围一般在 0.8~8m/s，它的影响常常用剪应力表示。在制备 O/W 型乳液中，随着膜面错流速度的增加，乳滴尺寸急剧下降至某一值后几乎不受流速的约束[159]，如图 17-25 所示。在较小的壁

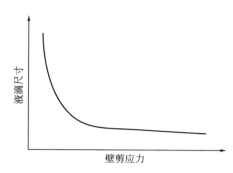

图 17-25　剪切力对液滴直径的关系

面剪切力下，乳滴尺寸发生很大变化，因此可以通过剪切力控制液滴直径[139]。

　　Schubert 等[148]用 α-Al$_2$O$_3$ 陶瓷膜制备 O/W 乳液时，发现膜的标称孔径越小，最小液滴直径越小，要求达到这一直径的剪应力也越小。对于孔径分别为 0.1μm 和 0.5μm 的膜壁面剪应力＞2Pa，对于孔径为 0.8μm 的膜壁面剪应力＞20Pa。在较小剪应力下，乳滴大小急剧增加，直径分布变得更广是由于膜表面液滴的聚并导致的。Rayner 和 Trägårdh[167]采用式（17-42）对液滴直径（D_d）、孔径（D_p）和剪切力（τ_w）、界面张力（γ）和球形率（k_x）的关系进行了描述，但该式仅能很好地反映直径和剪切力的变化趋势，与实验数据偏差较大。

$$D_d = \sqrt{\frac{4D_p\gamma}{6k_x\tau_w}} \tag{17-42}$$

17.6.3.4　乳化剂

　　在乳液的形成过程中，乳化剂起到两方面的作用。首先，降低了油、水间的界面张力，这便于液滴的破裂，对膜乳化过程而言，降低了临界乳化压力。Schröder 等[168]认为界面张力是在膜孔处形成一个液滴的基本作用力之一，界面张力越高，制得的乳液直径越大。同时，乳化剂使液滴稳定，阻止其聚集、合并，这主要取决于乳化剂的类型和浓度。

　　近来许多学者考虑了动态界面张力对乳滴形成的影响。研究发现，乳化剂分子在新形成的界面上吸附越快，所形成的乳液的乳滴越小，比较吸附速率快的 SDS 和吸附速率较慢的 Tween-20 发现，制得的液滴尺寸相差 6 倍[168]。

　　Katoh 等[155]研究了连续水相包裹分散相（玉米油＋煤油）的 O/W 乳状液中不同乳化剂（SDS、蔗糖酯、聚甘油酯、铬肟酸钠等）的影响。当界面张力降至一最小值，在乳化剂 SE 浓度为 0.3%（质量分数）或铬肟酸钠浓度为 1.5%（质量分数）时可制得单分散乳状液。然而，在铬肟酸钠与其他乳化剂之间，得到的结论却不同，后者的液滴尺寸随乳化剂浓度的增加保持恒定，而铬肟酸钠的液滴尺寸随乳化剂浓度的增加而下降。Ban 等[169]研究了用聚氧乙烯加氢蓖麻油（EC-n）作乳化剂，甲基苯聚硅氧烷为分散相制备 O/W 乳状液过程，通过混合不同聚合度（$n=5\sim50$），得到亲疏水平衡值（HLB）在 9.8～12.8 之间的表面活性剂。当表面活性剂浓度为 10% 和 HLB 值为 12.8 时可制得最小乳化液滴。

　　Kandori 等[170]采用亲水性 SPG 膜和非离子型表面活性剂 PE-64（环氧乙烯-环氧丙烯共聚物）制备 W/O 型乳液。液滴是单分散的且尺寸小于膜孔径，当表面活性剂浓度在 2%～10% 时，浓度对过程无影响。在这些条件下界面张力接近于 0，被认为是亲水性膜可用于制备 W/O 型乳液的原因。仅仅当界面张力小于 1m N/m 时，稳定的和单分散的乳液才能被制备。

　　Scherze 等[159]研究了采用蛋白浓缩物作为乳化剂制备 O/W 型乳液的过程。在乳化过程中蛋白质失活现象很少发生，因此可用于单分散乳液的制备。

　　Kobayashi 等[171]采用可视化直通式硅微通道板系统地比较了阴离子、阳离子和非离子型表面活性剂对膜乳化过程的影响。对表面荷负电的硅微孔板来说，当表面活性剂和膜表面呈排斥作用的阴离子型表面活性剂（SDS）和无明显静电力的非离子表面活性剂（Tween-20）存在时，都具有较大的接触角而呈亲水性，因此可用于单分散的 O/W 型乳液的制备；而阳离子型表面活性剂（CTAB 和 TOMAC）由于和膜表面呈吸引作用，表现出不同程度的疏水性，制备出的 O/W 型乳液为多分散型的，且生成乳液液滴直径较大。

17.6.3.5　乳化压力对分散相通量的影响

膜乳化过程中压差直接影响分散相通量。在其他条件相同的条件下，膜孔径越小，则需要的乳化压力较高。能使乳化发生的最小压力被称作临界乳化压力（p_{cap}），可由式（17-43）估算。依照 Darcy 定律，随着过膜压差的增加，分散相通量线性增大[168]。但过高的乳化压力会导致油相的喷射和大液滴的出现，过低的乳化压力使乳化时间变长，Williams 等[156]认为适宜的膜乳化压力是临界乳化压力的 2~10 倍，而为了获得单分散乳液往往需要更低的压力，这就导致了在膜乳化过程的应用中，无法依靠乳化压力的升高而提高膜通量。

$$p_{cap} = \frac{4\gamma\cos\theta}{D_p} \tag{17-43}$$

17.6.3.6　温度和黏度

温度不仅对分散相和连续相的黏度有影响，而且对乳化剂的性质如相反转及溶解度也有影响。关于温度对膜乳化过程的影响至今还未有系统的研究。若制备 O/W 乳状液，实验操作条件明显高于室温，在 65℃ 左右，较高的温度使油相更具流动性，乳化剂易于溶解。对于 W/O 乳状液，加热连续相使黏度显著下降，有利于连续相油相的循环。

尽管提高乳液的黏度可有效提高乳液的稳定性，但 Katoh 等[155]在研究 O/W 食品乳状液的制备过程中发现连续相黏度的升高导致了乳滴平均直径的增加，且导致分散相通量很低。Asano 等[155]采用亲水性微孔玻璃膜制备了不同直径的 O/W 单分散乳状液，研究了制乳过程中黏度的影响，结果发现平均液滴直径和乳液黏度是相互关联的。当分散液滴尺寸减小，液滴总面积增加时，会导致乳液黏度增加。

17.6.3.7　pH 值的影响

随 pH 值变化，膜表面可以发生质子化而带正电荷或去质子化而带负电荷。若在给定 pH 值下，表面无净电荷，即为等电点。pH 值高于或低于等电点时，膜表面呈负电性或正电性[172]。膜所带电荷对吸附何种表面活性剂影响很大，它可使亲水性膜具备疏水性[161]。

Huisman 等[173]测定了 α-Al$_2$O$_3$、ZrO$_2$ 和 TiO$_2$ 膜新膜的等电点分别为 8.5、8.0 和 6.3，当采用酸碱清洗后等电点分别变为 6.5、5.2 和 6.3。Szymczyk 等[174]测定了不同 pH 值、离子强度、离子种类下的复合片状陶瓷膜的 ζ 电势，与含氧化铝、氧化钛的复合膜比较，添加氧化硅（9%）导致等电点由 6.5 变为 4.5，这是因为二氧化硅增加了膜表面的酸性。Takagi 等[175]测定了 SPG 膜的等电点为 1.5。

17.6.4　膜乳化的应用

膜乳化技术的主要优势在于可低能耗地制备尺寸均一的乳液，并可通过膜孔径、表面活性剂和操作条件的选择对乳滴的尺寸进行控制。

17.6.4.1 O/W 型乳液的应用

采用具有规整孔径的膜制备出单分散的 O/W 乳液，然后通过单体聚合或溶剂蒸发可制备出规整的高分子颗粒。磁性微胶囊和具有惰性基团的复合高分子颗粒也可采用该技术制备，制备出的颗粒尺寸从几微米到几百微米不等[176]。

Omi 等[177]用 SPG 膜制备了直径为 $9\mu m$ 的苯乙烯单体乳液［图 17-26(a)］，聚合后制备出了粒径为 $8.53\mu m$ 的聚苯乙烯球形颗粒，如图 17-26(b) 所示。由于所用的 SPG 膜厚 1mm，非常容易破碎，同时由于膜乳化发生的场所在管式膜内表面，为提供将液滴从膜表面剥离的剪切力，所用的 SPG 膜的长径比仅仅为 2∶1，这都制约了这个技术的放大应用。

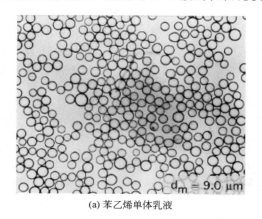

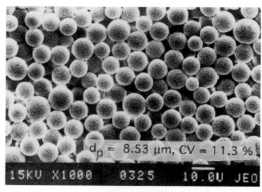

(a) 苯乙烯单体乳液   (b) 聚苯乙烯球形颗粒

图 17-26 膜乳化法制备的苯乙烯单体乳液和聚苯乙烯球形颗粒

Dowding[160]采用二级过程制备了固定尺度和较窄分布的大孔悬浮高分子微球。该过程先采用分置式膜乳化装置制备出单体乳液，然后将该乳液通过连续管式反应器制备成高分子微球。该方法采用的膜为孔径为 $150\mu m$ 的不锈钢膜，制备的高分子微球的粒径范围在 $100\sim300\mu m$。Scott 等[178]采用疏水化的多孔玻璃膜连续化制备出可生物降解的纤维素微球，其分散相为纤维素的二甲基亚砜溶液，连续相为葵花籽油。

17.6.4.2 W/O 型乳液的应用

Nakashima 等[179]提出了采用疏水的 SPG 膜（经硅烷化处理）制备了尺寸均匀的 W/O 型乳液，再通过乳液沉淀法制备规整的球形颗粒的思路。通过该方法可制备出 SiO_2、$NiCO_3$ 和 TiO_2 等颗粒，根据膜的孔径不同可制备出不同尺寸的颗粒，如表 17-6 所示。

表 17-6 膜孔径和颗粒尺寸

颗粒	膜孔径/μm	颗粒粒径/μm	颗粒	膜孔径/μm	颗粒粒径/μm
SiO_2	1.05	3.47	$NiCO_3$	1.10	2.86
SiO_2	0.28	1.21	TiO_2	10.00	21.40

Yanagishita 等[180]采用具有规整孔结构的片状阳极氧化铝膜制备了单分散的纳米 SiO_2 颗粒。所用的阳极氧化铝的膜孔径为 125nm［图 17-27(a)］，经硅烷化处理后呈憎水性。将 1mol/L 的硅酸钠水溶液作为分散相压入油相中以制备单分散的 W/O 型乳液，将该乳液加

入 4% $(NH_4)_2CO_3$ 溶液，即可制备出粒径为 70nm 的 SiO_2 颗粒［图 17-27（b）］。但由于阳极氧化铝膜本身尚处于研制与开发阶段，因此制约了该过程的规模化应用。

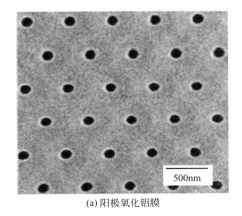

(a) 阳极氧化铝膜

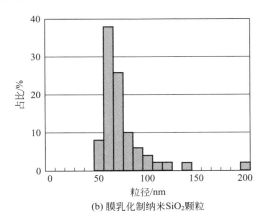

(b) 膜乳化制纳米SiO_2颗粒

图 17-27　阳极氧化铝膜和膜乳化制备纳米 SiO_2 颗粒

17.6.4.3　多相复合型乳液的制备和应用

制备复合型乳液通常使用两步乳化法，一级乳使用高剪切力以获得小液滴，二级乳则需在低剪切力下制备，以防止合并与破乳。使用传统乳化方法，在低剪切力作用下制得的复合型乳液液滴较大，直径分布宽，稳定性不佳。而膜乳化法制备复合型乳液可有效改善这一问题[181]。

Okochi 等[182] 比较了采用 SPG 膜乳化法和两步乳化法制备载水溶性药物（阿糖胞苷、阿霉素和万古霉素）复乳的效果，结果前法制得的乳剂具有更窄的直径分布和更高的包封率，这对于提高小分子药物的包封率有重要意义。

膜乳化法用于制造 W/O/W 多相系的乳状液的过程如图 17-28 所示，在乳化第 1 段中内水相的水滴通过疏水化的多孔质玻璃膜，制成单分散 W/O 的乳状液。在乳化的第 2 段中W/O 的乳状液受压通过亲水性多孔质玻璃膜，形成单分散 W/O/W 的乳状液。以前多相系的乳状液的调制法都是采用均质机的二重乳化法和转相乳化法，封入内水相确实较困难，且多相乳状液的生成率一般也很低。而膜乳化法中通过两段乳化法可较容易地制得稳定的乳状液，且多相乳状液的生成率也相当高。

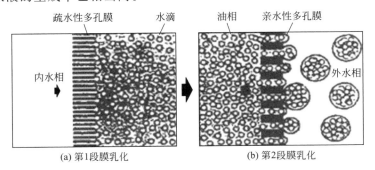

(a) 第1段膜乳化　　　　(b) 第2段膜乳化

图 17-28　采用膜乳化法制备 W/O/W 乳状液

17.6.4.4　乳化柴油的制备

柴油掺水燃烧是节约燃料、降低污染物排放的有效方法之一，即在柴油中掺入一定量的水，并加入适量的乳化剂和乳化助剂，形成稳定的油包水型（W/O）乳化液，称为乳化柴油。乳化柴油燃烧时产生二次雾化和水煤气，不仅提高了燃烧效率，同时还能减少 NO_x 的生成，降低环境污染[183]，这对于节约能源、改善环境及提高企业的经济效益都有着重要的意义。

膜法制乳化柴油技术在 20 世纪 90 年代由日本科学家 Nakashima 最先提出[162]。与传统制备乳化柴油的方法相比，膜乳化法所制得的乳液具有液滴尺寸均一和液滴尺寸可控等特点[184]，因此使膜乳化技术成为乳化油制备领域最重要的手段。甄宗晴等[185]利用表面改性的疏水陶瓷膜作为乳化介质制备了乳化柴油，并考察了各因素对乳化柴油稳定性的影响。结果表明，在含水量为 10% 的情况下，乳化时间随乳化剂用量的增加而增加，随着温度的升高而降低。当乳化剂用量为 2%、乳化温度为 30℃时，柴油的稳定性最好；随后，张春芳等[186]采用平均孔径为 25nm 的聚醚砜超滤（UF）膜，以去离子水为分散相，以 0# 柴油为连续相，分别以 Tween-20 和 Span-80 为分散相及连续相的乳化剂，制备了液滴尺寸为 30～65nm 的单分散乳化柴油。Span-80 的柴油溶液在外界压力的作用下经流量计计量后通入 PES 中空纤维膜内侧，将 Tween-20 的水溶液经流量计计量后通入中空纤维膜外侧，保持一定跨膜压差并使膜外侧压力高于内侧，制得的乳液由泵循环进入膜内侧，控制膜两侧流速，当膜外侧水相完全进入乳液后，维持压差循环一定时间制备出均匀乳液。

17.6.4.5　在药物控释系统中的应用

目前，医药领域对单分散微球或微囊有着大量而迫切的需求，采用 W/O 型乳状液作分散相的 W/O/W 型复乳在药物控释方面的应用有很多报道[187]，先将水溶性药物（包括蛋白、多肽）分散到内水相中，包囊材料如聚乳酸及其共聚物、聚己内酯、乙基纤维素等溶解在低沸点油相中，高速搅拌或超声乳化形成初乳，初乳通过亲水膜分散到外水相中得到 W/O/W 型复乳，通过稀释、加热或减压等方法除去溶剂，得到载药微球或微囊。钟晨等[188]采用外压式 SPG 膜乳化法，结合 W/O/W 复乳溶剂挥发法，以 PEG-PLGA 为载体材料制备包载牛血清白蛋白（BSA）的缓释微球，并以载药量、包封率、粒径、体外释药因素等作为评价指标来进行处方优化，结果显示优化的 PEG-PLGA 微球形态圆整、粒径均一，平均粒径（42.89±0.21）μm，包封率和突释率分别为 91.40%、16.23%，这些数据表明 PEG-PLGA 缓释微球能有效提高载药量、包封率，降低突释率，释药匀速且完全。王衍戈等[189]采用聚乳酸（PLA）为载体材料，羟喜树碱（HCPT）为模型药物，同样采用膜乳化技术并结合 W/O/W 复乳溶剂蒸发法制备了高载药量聚乳酸载药微囊，所得的微囊颗粒表面圆整，粒径分布均匀，且粒径范围在 1～10μm 之间。此外，用膜乳化方法制备的聚乳酸微球[190]、乳酸-羟基乙酸共聚物微球[191]、白蛋白微球[192]、海藻酸钙微球[193]，因具有良好的生物相容性，在药物控释领域有着广泛的应用。

17.6.4.6　食品乳状液的制备

膜乳化技术在食品乳状液领域的应用也逐渐走向成熟[147]。在早期，日本森永乳业采用膜乳化法生产低脂化的冰淇淋，可使脂肪含量降至 25% 以下。首先将调制好的油作为分散相，水作为连续相，在膜乳化装置中制成乳状液，再经杀菌以及急冷等处理后，可获得产品。此法制得的产品在很长时间内仍保持稳定性，然而脂肪率的下降导致制品的口感下降，之后随着膜乳化法的不断完善，人们发现可通过改变多孔膜的孔径以解决上述问题[156,166]。Joscelyne 等[150]采用陶瓷膜，以蔬菜油作分散相，脱脂乳作连续相，制备了 O/W 型乳状液，结果发现提高乳化剂浓度有助于乳状液液滴直径的减小。当乳化剂浓度为 8%、壁剪应力 135Pa、平均膜孔径 0.1μm、分散相通量为 100kg/(m² • h)下可获得亚微米级乳状液液滴。Spyropoulosa 等[194]分别用 SPG 膜和氧化钛陶瓷膜，以液体葵花籽油作分散相、纯水作连续相，制备了 O/W 型乳状液，通过增加交叉流动速度和乳化剂的浓度都会减小液滴尺寸，证明了膜乳化可以制备具有大范围的液滴尺寸和尺寸分布的乳液。

17.6.5　膜乳化的应用前景

膜乳化法在很多领域还有潜在应用，比如涂料上色芯的制备，脂质体的制备，液晶、聚合物复合薄膜的制备，液晶显示器的垫料、均匀硅胶颗粒的制备，单分散聚合物微球的合成等。Giorno 等[195]将含有底物萘普生甲酯的水包油型乳液为料液，通入固定有脂肪酶的酶膜反应器进行外消旋萘普生甲酯混合物的拆分反应，稳定的乳液为界面活性酶提供了很大的油/水反应界面，从而使反应器的产率、酶的对映体选择性和底物的转化率都大大提高。

虽然膜乳化在很多领域具有很大的潜在优势，但是目前膜乳化的大规模应用还不成熟，其中主要的问题是膜乳化效率较低。南京工业大学膜科学技术研究所[196]提出了膜射流乳化法制备单分散乳液，与传统的液滴形成机理不同，液体在高压下通过陶瓷膜孔道形成微射流，分散到连续相中，因而具有更高的通量。在前期的研究中，已制备出单分散 O/W 型乳液，液滴直径为 2.29μm，直径分布范围是 1.2，被认为是已报道膜法制乳研究中相对较窄的分布。采用该方法也制备出了直径为 1.6μm 的单分散异辛烷/甲酰胺非水乳液，通过膜孔径和操作条件的调节，可制备出不同液滴直径的乳液[197]。另外，尽管陶瓷膜表面是亲水性的，基于液滴形成机理，并不适合制备 W/O 型乳液，但在射流条件下，通过将阳离子表面活性剂 CTAB 加入分散相，以煤油作连续相，在高压下制备出了液滴直径为 1~2μm 的单分散微乳[198]，此时的膜通量为 140.6L/(m² • h)，有效地解决了膜乳化技术中通量和液滴直径之间的矛盾，使膜乳化技术应用在石化行业的规模化生产过程中成为可能。

膜乳化法目前的研究热点主要集中以下几方面：膜乳化过程专用膜材料设计和制备，乳液形成机理的研究和数学模型的建立，膜乳化智能化装备开发以及开发膜乳化法的新应用领域。总之，随着膜材料和装备的日渐成熟，膜乳化技术未来将在各个领域扮演越来越重要的角色。

17.7　膜结晶

膜结晶是通过膜蒸馏等膜分离技术使溶液达到过饱和状态，进而完成结晶分离和晶体产品制备的一种耦合过程。膜结晶过程中，膜蒸馏等膜分离技术通过浓缩溶液、加入溶析剂等方式为结晶过程提供过饱和浓度；同时，膜分离技术还可以有效调控结晶过程的过饱和浓度的变化速率和时空分布，提高结晶过程的控制精度，减低结晶过程能耗，获得高纯产品，实现连续生产。

17.7.1　概述

17.7.1.1　膜结晶过程的特点

① 膜的多孔表面可以有效地诱导非均相成核过程，制备常规结晶方法无法获得的难结晶、极宽成核能垒体系的晶体；

② 用膜分离器作为核心装置调节膜的传质过程，准确控制结晶溶液的过饱和度及其变化速率，能够控制晶体产品的各种特征（如粒径大小及分布、形貌、晶型以及纯度等）；

③ 膜分离器和结晶器的耦合设计易于放大，设备简单；

④ 操作条件温和，可有效利用低品位换热介质，减少结晶过程中冷却或蒸发的能耗。

17.7.1.2　膜结晶过程的种类

目前，一些膜分离技术已经被用来实现结晶过程，如膜蒸馏、反渗透、渗透汽化、正渗透、膜反应器等[199]。从膜分离过程与结晶过程的耦合方式，可以分为以下几种。

（1）膜蒸馏-结晶

膜蒸馏-结晶是将膜蒸馏和结晶技术耦合在一起的过程[200,201]。采用的膜材料一般多为聚四氟乙烯、聚偏氟乙烯和聚丙烯等疏水性高分子膜材料。结晶过程的过饱和度既可以通过对结晶溶液的浓缩达到，也可以通过加入溶析剂获得。当膜蒸馏过程分离的主要组分——水——在结晶过程中的角色不同时，膜蒸馏-结晶还可分为两类：

① 当水是结晶体系中的溶剂，结晶溶液在原料侧（热侧），溶剂水通过膜蒸馏蒸发在渗透侧被冷凝带走，结晶溶液被浓缩，产生过饱和度并发生结晶成核和生长过程［图 17-29（a）］。这一类过程兼具膜蒸馏的分离优势，获得晶体产品的同时还可以副产超纯的溶剂（水）。

② 当水是结晶体系中的溶析剂（即结晶物质难溶或不溶于水），水作为溶析剂在热侧，并通过膜蒸馏蒸发在渗透侧被待结晶溶液冷凝后混合，产生过饱和度并发生结晶成核和生长过程，获得晶体产品［图 17-29（b）］。这一类过程，本质上是通过蒸发-冷凝过程，以微孔膜作为界面，将溶析剂均匀加入结晶溶液中，获得晶体产品后还需要对剩余的混合溶液进行分离回收。

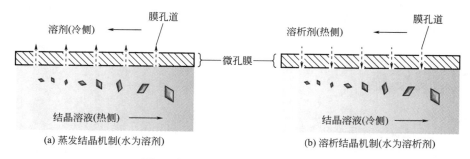

图 17-29　膜蒸馏-结晶过程机理示意图

（2）反渗透-结晶

反渗透-结晶是压力驱动的过程，用于除去液相中的溶剂达到浓缩溶液的目的，溶液达到过饱和（通常还需要加入晶种，诱导成核），使截留溶质析出获得晶体产品[202,203]。该过程通常还和纳滤过程耦合，通过纳滤过程选择性截留一价盐离子和高价盐离子，调节进料的混合盐废水中不同离子配比，达到分质结晶的目的。由于采用压力驱动的膜分离过程脱除溶剂，相比于传统的蒸发结晶，反渗透-结晶的能耗更低，具有较大的应用优势。

（3）正渗透-溶析结晶

正渗透-溶析结晶也是以压力梯度或浓度梯度为驱动力，迫使溶析剂通过膜加入结晶溶液中，从而降低溶质在原溶剂中的溶解度，达到过饱和析出晶体。这一过程类似膜蒸馏-结晶中将水作为溶析剂的过程，但是不需要相变，同时正渗透膜材料的可调性更高（水、醇类、酮类等典型的溶析剂均可找到适宜的耐受性膜材料）。因此，相比膜蒸馏-结晶，正渗透-结晶在综合能耗、可应用的溶析剂体系等方面均有优势。

（4）膜吸收-反应结晶

膜吸收-反应结晶是将两种含有不同反应物或组分的溶液，在液相状态下，通过膜互相接触以及扩散和反应过程，在接触界面上发生反应，获得晶体产品并被分离。通常基于膜反应器、支撑液膜等过程与结晶过程耦合[204,205]。

（5）膜冷却结晶

这是一种比较特殊的膜结晶过程，利用膜界面作为换热界面，获得均匀的冷却效果，使结晶溶液在均匀的过冷度下成核、生长。膜和结晶溶液接触，但是没有质量传递发生，仅发生热量交换[206,207]。

此外，还可从连续操作与否，是否采用循环等方面，将膜结晶过程分为连续膜结晶、间歇膜结晶和静态膜结晶等种类。

17.7.1.3　膜结晶过程与普通结晶过程的对比

目前，基于膜接触器单元，通过膜结晶耦合过程，可以实现蒸馏浓缩、冷却降温、溶析剂或反应剂添加等过程，从而建立结晶所需的饱和度。因此，膜结晶过程在操作上可以实现普通溶液结晶（蒸发结晶、冷却结晶、溶析结晶及反应结晶等）的所有过程。同时，膜结晶过程相比于普通结晶过程，具有如下优势：

① 过饱和度的产生界面是膜界面，单位体积下膜界面的面积远大于普通釜式结晶器的界面（如蒸发界面、冷却壁面等），可以大大强化结晶过程，提高生产能力。

② 液体表面和膜表面直接接触，质量（或热量）传递方式是近似二维界面的传递，具有调控简单、传递效率高的优势。

③ 采用中空纤维膜组件、管式膜组件等，结晶过程的推动力在流体流动方向及分离器轴向上梯度变化，具有类似于管式分离器的优势，返混程度小，批次间可重复性高。

④ 膜表面作为非均相晶体成核促进界面，对于一些难结晶的体系，具有促进成核、降低能耗的优点。

同时，相比于普通结晶，对于膜表面的晶体成核，需要通过操作条件，流体流速，组件结构设计，避免膜表面的晶核沉积、造成膜污染，对于膜组件内的颗粒输送、分布的设计调控，也要尤其注意。此外，膜结晶作为一个将膜的选择性传递和结晶分离功能耦合集成的新型分离技术，在过程协同调控、耦合过程设计领域都较普通结晶更为复杂。

17.7.2　膜结晶的成核与生长

膜结晶包含了质量传递、热量传递和固相晶核出现、生长等一系列同时发生的过程。在已有的膜分离过程传质、传热过程模型基础上，膜结晶过程模型最大的特点是需要将膜分离的传质模型和结晶的成核、生长模型相结合，才能实现对结晶过程的设计与优化。膜结晶过程模型是涉及膜传质过程模型和结晶过程模型的模型系统。根据分离目标产物的不同，膜结晶过程模型设计和优化目标可能是纯溶剂生产效率、晶体产品性质等，这也增加了膜结晶过程设计和优化的难度。关于膜结晶的溶剂跨膜传质过程模型，在膜蒸馏、反渗透、正渗透及膜吸收等章节已有论述；关于结晶物系的成核动力学、生长动力学以及基于晶体粒度分析、晶体面积和粒数衡算方程的结晶过程模型，读者可查阅相关专门文献和专著[208-214]。本节仅针对结晶体系引入膜界面后的膜结晶过程中的成核和生长过程进行阐述。

17.7.2.1　膜界面的非均相成核

膜作为引入到结晶过程的非均相成核界面，其界面结构、化学性质对结晶成核的难易程度、成核速率有显著影响。这个影响主要体现在两个方面。

(1) 非均相多孔膜界面的成核

根据经典成核理论，晶体的临界成核功 W^* 可以用下式表示[212]：

$$W^* = \frac{16\pi \upsilon_0^2 \gamma^3}{3(kT\ln S)^2} = \frac{1}{2} n^* kT\ln S \tag{17-44}$$

式中　W^*——晶体的临界成核功，J；

　　　υ^0——结晶单元（分子、原子、离子等）在晶核中占据的体积，m^3；

　　　γ——晶核与溶液界面的界面张力，$J \cdot m^2$；

　　　k——玻尔兹曼常数；

　　　T——热力学温度，K；

　　　S——过饱和度，$S = c/c_e$；

　　　c——结晶物质浓度，mol/m^3；

　　　c_e——结晶物质的平衡浓度，mol/m^3；

　　　n^*——临界晶核中结晶单元（分子、原子、离子等）数目。

晶体的成核速率 B_0 可通过下式计算[212]：

$$B_0(S) = AS\exp(-W^*) \tag{17-45}$$

式中　B_0——晶体成核速率，m^{-3}/s；

　　　A——成核速率参数，m^{-3}/s。

对于没有外来物质时界面存在的均相成核过程（homogeneous nucleation，HON），γ 可用下式计算：

$$\gamma = \frac{\beta kT}{\upsilon_0^{2/3}} \ln \frac{1}{\upsilon_0 c_e(T)} \tag{17-46}$$

式中　β——晶核形状参数，通常取 0.2～0.6。

溶液中有适当的外来物质时，发生的是非均相成核过程（heterogeneous nucleation，HEN），当外来界面是与溶液接触角为 θ 和表面孔隙率为 ε 的膜界面时，其有效表面张力 $\gamma_{\mathrm{eff,por}}$ 可以表示为[202]：

$$\gamma_{\mathrm{eff,por}}=\left[\frac{1}{4}(2+\cos\theta)(1-\cos\theta)^2\right]^{\frac{1}{3}}\left[1-\varepsilon\frac{(1+\cos\theta)^2}{(1-\cos\theta)^2}\right]\gamma \qquad (17\text{-}47)$$

一些常见的膜材料界面的非均相临界成核功和均相成核功的比值如图 17-30 所示[215]。总体来说，膜作为非均相成核界面引入结晶溶液中，整个体系的成核能垒降低了。同时，随着接触角的增加，由于膜表面的疏溶剂性质增强，其非均相成核功与均相成核功的差别越来越小，成核机制也越来越趋向于均相成核。

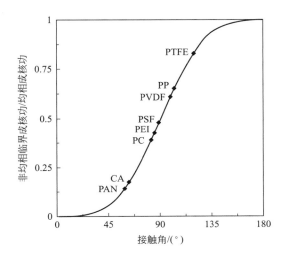

图 17-30　非均相临界成核功与均相成核功的比值随膜材料的水接触角变化

（2）极化现象

在膜分离过程中膜界面存在的温度和浓差极化现象，将导致膜界面的浓度和温度与主体溶液的浓度和温度有差异，这将会影响结晶成核状态：以膜蒸馏-结晶为例，浓差极化系数 ξ 和膜界面浓度 c_{m}、主体溶液浓度 c_{b} 的关系为：

$$\xi=\frac{c_{\mathrm{m}}}{c_{\mathrm{b}}} \qquad (17\text{-}48)$$

同时，由于温差极化现象，热侧膜界面的温度 T_{m} 也低于热侧的主体溶液温度 T_{b}。此时，膜界面的成核过饱和度 S_{m} 可以表示为：

$$S_{\mathrm{m}}=\frac{c_{\mathrm{m}}}{c_{\mathrm{e}}}=\frac{\xi c_{\mathrm{b}}}{c_{\mathrm{e}}'(T_{\mathrm{m}})} \qquad (17\text{-}49)$$

式中　$c_{\mathrm{e}}'(T_{\mathrm{m}})$——温度为 T_{m} 时的饱和浓度，$\mathrm{mol/m^3}$。

式（17-49）表明，极化现象使得结晶组分在膜界面处的过饱和度 S_{m} 高于主体溶液中的过饱和度，导致膜界面最先达到结晶成核的条件。

17.7.2.2　膜分离器中的晶体生长

不同于传统的釜式结晶器，膜分离器中发生的成核及可能的生长过程更为复杂，晶体生长速率 G 可以用下面的经验式进行计算：

$$G = k(c - c_e)^g \tag{17-50}$$

式中　　G——晶体生长速率，m/s；

　　　　k——生长速率常数；

　　　　g——生长过程指数。

经典的结晶理论认为，晶体生长按照以下几步顺序发生：分子从主体溶液传递到晶体表面；表面吸收扩散；沿着一定的方向和速率附着生长；长大成晶体。当溶液中的扩散是晶体生长的速率决定步骤时，如果采用强制流动的膜结晶器，就会增强对流传质的效果；同时，由于浓差极化，膜界面边界层中的溶质浓度也高于主体溶液中的浓度，使得膜界面处的晶体生长速率也高于主体溶液。

17.7.3　膜结晶过程的影响因素与关键指标

由于目前研究和应用较多的是膜蒸馏-结晶过程，因此，主要围绕基于膜蒸馏-结晶过程的影响因素和关键指标来展开论述。

17.7.3.1　进料状态

（1）进料温度

温度是膜通量的重要影响因素，提高进料温度，膜结晶的溶剂通量迅速增加。由于进料液的蒸气压随温度的升高而增加，从而增加了驱动力。跨膜温度差的增加会影响扩散过程，进而导致水蒸气通量增加。膜表面的边界层造成主体溶液和膜孔内蒸发溶液的温度差异。对于不同类型的结晶体系和浓度，溶液的热容不同，每个体系有最佳的进料和操作温度。

（2）进料浓度

进料浓度增加，通量会显著下降。这是蒸气压的降低和温差极化的增加而造成的。随着盐浓度的增加，水蒸气分压会降低，通量减少。随着进料浓度的增加，膜污染的可能性也会增大。若进料液中含有多种盐，它们会选择性地结晶、沉降，从而引起膜污染。此外，高浓度的盐会增加溶液黏度，导致通量骤减。

（3）进料流速

膜面流速的增加将提高渗透通量，这是由于热边界层厚度的减小，降低了温差极化效应。膜蒸馏-结晶过程需要在对流扩散条件下操作，提高传热传质速率，从而使工艺的效率更高。

（4）再循环速率

渗余液的再循环可以增加流速，减小边界层传递阻力，从而增加水蒸气通量，但同时动力消耗也会增加。

17.7.3.2　溶剂通量及浓度控制精度

膜结晶过程的溶剂通量和相应换算得到的溶液浓度调节速率、调节精度、混合程度等对膜结晶过程有重要的影响。对于溶剂回收型为主的膜结晶过程，通过改变操作条件和膜性质，提升过程推动力，可以获得更大的膜通量。

然而，根据式(17-49)，膜通量过大时会导致严重的极化现象，被截留的组分在膜界面处的过饱和度 S_m 可能会远高于主体溶液中的过饱和度，导致膜界面快速达到结晶成核的条件，甚至进入爆发成核的不可控区域。因此，需要根据进料流量、膜面积、结晶体系的成核介稳区等条件设计溶剂通量，控制膜分离器中的平均过饱和度和浓度变化速率，才能在有效脱除溶剂的同时，获得易于过滤、干燥、洗涤处理的结晶产品。

17.7.3.3　晶体颗粒输送与沉积

膜分离器中晶体成核、生长和沉积是影响膜结晶过程连续操作和稳定性的重要因素，也是评价过程操作参数、设备设计的一个关键指标。通常，晶体在膜界面或膜分离器中的初次成核时间远小于晶体成长到容易沉积尺度所需的时间（约小 5～6 个数量级）。通过控制膜分离器中的成核速率、生长速率和进料的平均停留时间，可以在一定程度上实现晶体颗粒在分离器中的输送，抑制颗粒沉积。但是，一旦沉积发生，会快速长大，阻塞膜分离器。因此，在实际操作中，通常在结晶溶液进入膜分离器前通过预热器或者缓冲罐，将循环进料中可能带有的晶核融化或者沉降下来后再进入膜分离器。

17.7.3.4　晶体粒度分布、晶型和晶习

晶体产品的晶体粒度分布、晶型和晶习等形态学特性参数，是评价结晶过程的核心指标。晶体形态直接影响下游工艺，如过滤、洗涤、干燥、流动、压实、溶解、包装和储存。尽管研磨或者粉化可以有效地提供更适合和可重复的性能，但这种处理往往费时费力，也可能促进晶体结构的复杂变化。所以，通过优化的结晶过程直接制备具有理想形态学特征的晶体产品非常重要。

如果晶体需要进一步处理以便与其他化合物反应，或从母液中过滤、洗涤、储存等，就需要均匀的粒度分布。如是商业化晶体直接作为最终产品，市场标准要求的单个晶体是非聚集的、不结块的，且大小和形状均匀的。一些医药产品，对于晶体颗粒的堆密度、流动性都有严格的要求。晶粒粒度分布（crystal size distribution，CSD）是评价晶体产品颗粒群特性的一个重要参数。最普遍的表示固体产品粒度分布函数 $f(L_i)$ 的公式为：

$$f(L_i) = \frac{N_i}{\sum\limits_i N_i} \times \frac{1}{\Delta L_i} \tag{17-51}$$

式中　N_i——第 i 组粒径范围内的晶体颗粒数目；
　　　L_i——第 i 组颗粒的粒径，m。

此外，晶体的颗粒大小分布宽度通常是由变异系数（coefficient of variable，CV）表示，其可以表示为标准偏差除以平均值：

$$CV = \left\{ \left[\frac{\int_0^\infty (L - L_{50\%})^2 f(L_i) \mathrm{d}L}{\int_0^\infty f(L_i) \mathrm{d}L} \right]^{\frac{1}{2}} \right\} \frac{\int_0^\infty f(L_i) \mathrm{d}L}{\int_0^\infty L f(L_i) \mathrm{d}L} \tag{17-52}$$

当 CSD 分布近似为高斯正态分布时，CV 可以用下面的近似计算式表示：

$$CV = \frac{100(L_{84\%} - L_{16\%})}{2L_{50\%}} \tag{17-53}$$

式（17-52）和式（17-53）中，$L_{m\%}$ 为筛分后累积质量占样品总质量分数为 $m\%$ 时的筛下颗粒尺寸，m。

对于一个晶体样品，CV 值愈大，表明其粒度分布的范围愈宽；相反，CV 值愈小则表示晶体粒度分布愈集中，颗粒大小趋于均匀一致。

晶体多晶型（polymorphism）是指一种物质能以两种或两种以上不同的晶体结构存在的现象，又称同质多象或同质异象。制药晶体产品、精细化学品中普遍存在多晶型现象。不同晶型的产品通常会具有不同的药效和化学特性，因此，近年来晶体产品的晶型纯度越来越受到重视，成为一些厂商明确提出的关键产品指标。由于不同晶型的晶体通常溶解性等热力学性质极为相似，制备时需要严格控制溶液过饱和度的水平，才可以实现不同晶型的选择性结晶分离。

晶习（crystal habit）是由不同晶面的不同生长速率决定的，生长缓慢的面对生长形态影响最大。特定表面的生长由晶体结构、活性生长点密度和环境条件决定，过饱和度在晶体形状控制中占主导地位。因此，可以通过控制晶体生长过程中的过饱和度来控制晶体的形状。

17.7.3.5 综合生产能力

综合考虑晶体产品产量、膜结晶设备体积和操作时间的容时生产能力〔定义为单位体积的分离器在单位时间内可生产的产品质量，production capacity per volume，kg 产品/（h·m³ 分离器）〕，是评估结晶分离技术和结晶器的一个重要指标，也可以引入到膜结晶技术中。膜蒸馏等膜分离技术在替代传统的蒸发技术时，一个主要的优势就是在提供了足够的膜表面作为溶剂蒸发界面的同时，将水蒸气存在和冷凝空间大幅缩小，有效降低了同样产水能力（或浓缩能力）下的分离器体积。例如，以采用膜蒸馏结晶处理质量分数为 7.5% NaCl 盐水为例，膜组件中的装填密度为 200m²/m³ 计，膜通量按照 15kg/（m²·h）计算，其对于膜蒸馏操作的容时生产能力可达 3000kg 纯水/（h·m³ 分离器）；NaCl 的溶解度按照 35g/100g 水溶液计算，达到连续稳定运行后，膜结晶的理论容时生产能力最高可达 1050kg 晶体/（h·m³ 分离器）；此外，基于对分离器内过饱和度的调控优势，连续膜结晶过程对缓冲罐、产品罐的停留时间也可相应缩短。因此膜结晶过程相比于传统的结晶过程在综合的容时生产能力上具有优势。

17.7.4 膜结晶的膜材料和膜分离器

目前，根据匹配耦合膜分离过程不同，膜结晶采用的膜材料和膜分离器有多种形式和组合。例如，应用膜蒸馏-结晶耦合时，可采用 PP、PVDF、PTFE 等疏水性膜材料；当采用正渗透-溶析结晶时，可采用 PTFE、PEI 等对指定溶析剂耐受性强的膜材料。同时，由于膜分离过程中会伴随着界面成核、晶体沉积等现象，因此对膜的抗污染（尤其是抗颗粒沉积）性能要求较高；此外，膜结晶由于需要通过精确控制膜分离器中的过饱和度分布，对于膜材料各个位置的结构均一性、保证均匀稳定的膜通量要求也较高。

膜分离器方面，目前研究过程中多采用中空纤维膜分离器，其流场分布较为均匀，膜装填率较高。但是，也需要控制膜分离器中的晶体悬浮密度，过高时容易导致晶体沉积，阻塞管路。应用于膜结晶过程的分离器通常需要重新设计，优化管路流场、膜丝排布，以满足固液混合流体的输送。

17.7.5　膜结晶过程的应用前景

膜结晶过程可以更加灵活地、高精度地控制晶体结晶过程，得到优良的晶体产品。尤其在生物高分子溶液的结晶过程中，膜表面可以通过非均相晶核的机制有效诱导成核，缩短结晶的诱导时间，降低所需的初始浓度。基于膜结晶过程的上述优点，膜结晶将在富盐废水综合处理、生物及医药大分子等高端晶体制备领域发挥重要作用。

17.7.5.1　富盐废水综合处理

工业上可以应用膜蒸馏-结晶（membrane distillation crystallization，MDC）技术处理高盐废水，在得到纯水的同时获得盐晶体。通常通过海水反渗透处理的废水再经过 MDC 过程，可以增加纯水和盐晶体的回收率。此外，纳滤可以有效地在反渗透之前除去海水中的高价态盐离子、大分子有机物等，减少海水的硬度和总溶解固体量，调节溶液中不同离子的配比。此外，还可通过多组分盐溶液的热力学分析，预测不同盐分的结晶顺序，实现分质结晶。典型的膜结晶过程用于富盐废水综合处理的流程见图 17-31[216,217]。

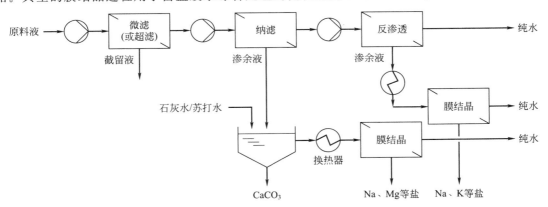

图 17-31　典型的膜结晶过程用于富盐废水综合处理的流程

对于高盐分的有机废水体系，采用膜结晶过程处理，在综合能耗、晶体产品质量等方面也有较明显的优势。例如，对于油气田采出废水为代表的多元富盐有机废水（主要组分为乙二醇、水、钠盐），采用膜蒸馏-结晶可同步实现废水中乙二醇溶剂回收、纯水分离、盐分精制[218]。膜结晶耦合过程溶剂回收率（＞98.8%）、水分纯度（＞99.5%）和盐晶体特性（C.V.=35）相比于原有的真空蒸发结晶都有显著优势；利用膜界面的传质速率调控机制，可有效控制多元溶剂浓缩过程中的结晶过饱和度，将废水中盐分由粗盐颗粒转化成高经济附加值的精盐颗粒，实现了盐分产品的高端化、精细化制备[219]。

17.7.5.2　高端产品制备

（1）医药结晶

约 80% 以上的医药产品是通过结晶技术制备的。其中，绝大多数医药产品和药物中间体通过溶析结晶方法制备。采用膜蒸馏-溶析结晶、正渗透-溶析结晶等耦合的膜结晶方法，替代传统的溶析结晶，具有以下优势[220-222]：

① 膜界面添加溶析剂，微观混合尺度更高，混合效率高；

② 医药晶体成核速率控制精确，膜分离器中过饱和度分布均匀，可有效减小二次成核域，控制粒度分布；

③ 膜分离器中可采用层流流动，晶体形貌完整，有效避免釜式结晶器中可能导致的晶体破碎、二次成核。

同时，在制药行业中常应用间歇结晶操作，一是由于生产规模相对较小，二是便于利用各个生产批次的间歇时间对设备进行清理。通过有效的设备清理，去除分离器、管道内的残留杂质和可能的副产物，避免不同批次间的污染风险，保证药物产品的高质量。这一特点，对膜结晶过程的膜污染、连续稳态运行要求大大降低，有利于膜结晶过程的广泛应用。类似的，对于高产值、低批量的精细化工产品也适宜采用间歇结晶操作。

（2）生物大分子结晶

虽然大分子晶体与小分子的作用机理相同，但它们有一些特殊性，使结晶更加困难：

① 大分子在其表面有大量的不对称、弱键键合结构，从而减少了生长单元的有序附着；

② 大分子往往聚集了多样化的晶型和晶格单元，有序生长更复杂；

③ 大分子的扩散系数非常低，结晶动力学方面太慢。

用膜结晶技术辅助生物大分子的结晶主要通过引入特殊的膜界面（水凝胶复合膜等）、调节膜界面的传质过程和结晶微环境等[223,224]，获得一些传统结晶法难以获得的生物大分子（酶、多肽，甚至蛋白质）晶体，或者控制获得指定晶型的产品[225]。基于生物大分子结晶的小批量、高精度生产的特殊性，通常采用静态膜结晶或间歇性循环操作。

符号表

a	比表面积
A	成核速率参数；膜面积；膜器传质表面积
B_0	晶体成核速率，m^{-3}/s
c	液相中浓度；结晶物质浓度，mol/m^3
CSD	晶体粒度分布
C. V.	变异系数
d	直径
d_h	壳程水力直径
d_i	膜丝内径
D	直径；扩散系数
D_{eff}	有效扩散系数
D_k	努森（Knudsen）扩散系数
D_m	分子扩散系数
D_O	溶质在有机相中的扩散系数

D_W	溶质在水相中的扩散系数
E	化学反应增强因子；亨利系数
g	生长过程指数
G	晶体生长速率，m/s
h	传热膜系数
H	溶解系数
H_v	水的蒸发潜热
HTU	传质单元高度
J	蒸发通量；水通量
k	传质系数；开孔率；玻尔兹曼常数；生长速率常数
k_m	膜内分传质系数
k_O	有机相分传质系数
k_S	反萃液相分传质系数
k_W	水相分传质系数
k_x	球形率
K	总气相传质系数
K_W	基于水相的总传质系数
L	膜丝有效长度
L_i	第 i 组颗粒的粒径，m
$L_{m\%}$	筛分后累积质量占样品总质量分数为 $m\%$ 时的筛下颗粒尺寸，m
L_O	有机相流量
L_W	水相流量
m	分配系数
M	水的分子量
n^*	临界晶核中结晶单元（分子、原子、离子等）数目
N_A	传质通量
N_i	第 i 组粒径范围内的晶体颗粒数目
p	溶质在气相中的平衡分压，kPa
p_{A^*}	对应于 c_A 的平衡分压
p_{cap}	临界乳化压力
Δp_{cr}	穿透压
Q	传热量，渗透通量
Q_c	传导热
Q_e	蒸发热
r_p	微孔膜的半径
R	气体常数
Re	雷诺数
S	流道的横截面积；过饱和度

S_m	膜界面的成核过饱和度
Sc	施密特数
Sh	舍伍德数
t	循环操作时间；收集气体所用时间
T	热力学温度，K
V	体积
V_O	有机相体积；料罐内溶剂的体积
V_W	水相体积；料罐内料液的体积
W^*	晶体的临界成核功，J
x	水相浓度；液相中溶质的摩尔分数
y	有机相浓度
β	晶核形状参数
γ	界面张力，$J \cdot m^2$
$\gamma_{eff,por}$	有效表面张力
ε	膜孔隙率
ε_m	微孔膜孔隙率
η	除氧效率
θ_c	接触角
θ_{eff}	有效接触角
λ	热导率
λ_a	空气的热导率
λ_m	膜的热导率
λ_p	膜材料的热导率
υ_0	结晶单元（分子、原子、离子等）在晶核中占据的体积，m^3
ξ	浓差极化系数
σ	膜厚度
τ	膜孔曲折因子
τ_w	剪切力
ϕ	装填因子

上标

$*$	平衡

下标

0	初始状态
1	出口
a	空气
A	溶质
b	主体
B	反萃相

c	冷侧；热传导
e	蒸发；平衡
eff	有效
f	原料
h	热侧
i	界面
in	进口
k	努森扩散
m	膜；分子扩散
max	最大值
O	有机相
out	出口
p	聚合物；液滴
R	萃残液
s	饱和溶质
t	某一时刻
W	水相

参考文献

［1］ 戴猷元 . 一种新的膜过程-膜萃取［J］. 化工进展，1989（2）: 24-29.

［2］ Wang K L, Cussler E L. Baffled membrane modules made with hollow fiber fabric［J］. Journal of Membrane Science, 1993, 85（3）: 265-278.

［3］ Sengupta A, Peterson P A, Miller B D, et al. Large-scale application of membrane contactors for gas transfer from or to ultrapure water［J］. Separation and Purification Technology, 1998, 14（1-3）: 189-200.

［4］ Rajabzadeh Saeid, Teramoto Masaaki, Matsuyama Hideto. CO$_2$ absorption by using PVDF hollow fiber membrane contactors with various membrane structures. Separation and Purification Technology, 2009, 69（2）: 210-220.

［5］ Mansourizadeh A, Ismail A F, Matsuura T. Effect of operating conditions on the physical and chemical CO$_2$ absorption through the PVDF hollow fiber membrane contactor［J］. Journal of Membrane Science, 2010, 353: 192-200.

［6］ Sabelfeld Marina, Geißen Sven-Uwe. Effect of helical structure on ozone mass transfer in a hollow fiber membrane contactor［J］. Journal of Membrane Science, 2019, 574: 222-234.

［7］ Ho C D, Chen L K, Huang M C, et al. Distillate flux enhancement in the air gap membrane distillation with inserting carbon-fiber spacers［J］. Separation Science and Technology, 2017, 52: 2815-2826.

［8］ Taamneh Yazan, Bataineh Kahled. Improving the performance of direct contact membrane distillation utilizing spacer-filled channel［J］. Desalination, 2017, 408: 25-35.

［9］ 张卫东，朱慎林，骆广生，等 . 中空纤维封闭液膜技术的传质强化研究［J］. 膜科学与技术，1998，18（3）: 53-57.

［10］ Zhang Weidong, Li Jiang, Chen Geng, et al. Simulations of solute concentration profile and mass transfer behavior near the membrane surface with finite volume method［J］. Journal of Membrane Science, 2010,

355（1）：18-27.

[11] Zhang Weidong, Chen Geng, Li Jiang, et al. Intensification of mass transfer in hollow fiber modules by adding solid particles [J]. Industrial & Engineering Chemistry Research, 2009, 48: 8655-8662.

[12] Hamed Mohammaddoost, Ahmad Azari, Meisam Ansarpour, et al. Experimental investigation of CO_2 removal from N_2 by metal oxide nanofluids in a hollow fiber membrane contactor [J]. International Journal of Greenhouse Gas Control, 2018, 69: 60-71.

[13] Ashrafmansouri S S, Willersinn S, Bart H J, et al. Influence of silica nanoparticles on mass transfer in a membrane-based micro-contactor [J]. RSC Advances, 2016, 6（23）: 19089-19097.

[14] Wang Bing, Xiong Xingaoyuan, Huang Zhiyu, et al. A systematic study of enhanced ozone mass transfer for ultrasonic-assisted PTFE hollow fiber membrane aeration process [J]. Chemical Engineering Journal, 2019, 357: 678-688.

[15] Zou T, Kang G D, Zhou M Q, et al. Submerged vacuum membrane distillation crystallization（S-VMDC）with turbulent intensification for the concentration of NaCl solution [J]. Separation and Purification Technology, 2019, 211: 151-161.

[16] Karami M R, Keshavarz P, Khorram M, et al. Analysis of ammonia separation from purge gases in microporous hollow fiber membrane contactors [J]. Journal of Hazardous Material, 2013, 260: 576-584.

[17] Zhang Z E, Yan Y F, Zhang L, et al. Hollow fiber membrane contactor absorption of CO_2 from the flue gas: review and perspective [J]. Global Nest Journal, 2014, 16（2）: 354-373.

[18] Ahmad N A, Leo C P, Ahmad A L, et al. Swelling reduction of polyvinylidenefluoride hollow fiber membrane incorporated with silicoaluminophosphate-34 zeotype filler for membrane gas absorption [J]. Separation and Purification Technology, 2019, 212: 941-951.

[19] Mansourizadeh A, Ismail A F. CO_2 stripping from water through PVDF hollow fiber membrane contactor [J]. Desalination, 2011, 273: 386-390.

[20] Qi Zhang, Cussler E L. Bromine recovery with hollow fiber gas membrane. Journal of Membrane Science, 1985, 24（1）: 43-57.

[21] Daguerre-Martini S, Vanotti M B, Rodriguez-Pastor M. Nitrogen recovery from wastewater using gas-permeable membranes: Impact of inorganic carbon content and natural organic matter [J]. Water Research, 2018, 137: 201-210.

[22] Agarwal S, Reis M T A, Ismael M R C. Extraction of Cu（Ⅱ）with acorga M5640 using hollow fiber liquid membrane [J]. Chemical Papers, 2015, 69（5）: 679-689.

[23] Hossain M, Chaalal O. Liquid-liquid separation of aqueous ammonia using a hollow-fiber membrane contactor [J]. Desalination and Water Treatment, 2016, 57（46）: 21770-21780.

[24] 程桂林, 程丽华, 陈欢林, 等. 膜接触器分离气体研究进展 [J]. 化工进展, 2006, 25（8）: 901-906.

[25] Ho W S Winston, Sirkar K K. Membrane Handbook. New York: Van Nostrad Reinhold, 1992: 727-808.

[26] 戴猷元. 膜萃取过程及其进展 [J]. 膜科学与技术, 1992, 12（1）: 1-7.

[27] 戴猷元, 王秀丽, 朱慎林. 单束中空纤维膜器中膜萃取研究 [J]. 膜科学与技术, 1990, 10（3）: 32-37.

[28] Prasad R, Sirkar K K. Solvent extraction with microporous hydrophilic and composite membranes [J]. AIChE J, 1987, 33（7）: 1057-1066.

[29] Prasad R, Sirkar K K. Dispersion-free solvent extraction with microporous hollow-fiber modules [J]. AIChE Journal, 1988, 34（2）: 177-188.

[30] Kim B S, et al. Critical entry pressure for liquids in hydrophobic membranes [J]. J Colloid Interface Sci, 1987, 115（1）: 1-8.

[31] 戴猷元, 郭荣, 杨义燕. 萃取串级排列的比较 [J]. 高校化学工程学报, 1989, 3（2）: 34-41.

[32] Sengupta A, Basu R, Sirkar K K. Separation of solutes from aqueous solution by contained liquid membrane [J]. AIChE J, 1988, 34: 1698-1798.

[33] 戴猷元, 等. 固定膜界面萃取的研究 [J]. 清华大学学报: 自然科学版, 1989, 29（3）: 70-77.

［34］ Sengupta A, Basu R, Prasad R, Sirkar K K. Separation of liquid solutions by contained liquid membranes ［J］. Sep Sci Tech, 1988, 23（12-13）: 1735-1751.

［35］ Basu R, Prasad R, Sirkar K K. Nondispersive membrane solvent back extraction of phenol ［J］. AIChE J, 1990, 36（3）: 450-460.

［36］ Papadopoulos Theoharis, Sirkar Kamalesh K. Separation of a 2-propanol/n-heptane mixture by liquid membrane perstraction ［J］. Industrial & Engineering Chemistry Research, 1993, 32: 663-673.

［37］ 戴猷元, 朱慎林, 王秀丽, 等. 同级萃取反萃膜过程的研究 ［J］. 膜科学与技术, 1993, （1）: 13-18.

［38］ 张卫东, 李爱民, 任钟旗, 等. 液膜技术原理及中空纤维更新液膜 ［J］. 现代化工, 2005, 25（41）: 66-68.

［39］ 王玉军, 骆广生, 戴猷元, 等. 膜萃取处理水溶液中镉、锌离子的工艺 ［J］. 环境科学, 2001, 22（5）: 74-78.

［40］ 崔春花, 张卫东, 任钟旗, 等. 中空纤维更新液膜技术处理模拟含铜电镀废水 ［J］. 电镀与涂饰, 2009, 28（3）: 31-33.

［41］ Daiminger Ulrich A, Geist Andreas G, Nitsch Walter, et al. Efficiency of hollow fiber modules for nondispersive chemical extraction ［J］. Industrial & Engineering Chemistry Research, 1996, 35（1）: 184-191.

［42］ Wannachod T, Leepipatpiboon N, Pancharoen U. Separation and mass transport of Nd（Ⅲ）from mixed rare earths via hollow fiber supported liquid membrane: Experiment and modeling ［J］. The Chemical Engineering Journal, 2014, 248: 158-167.

［43］ J Liu, K Huang, H Liu, et al. Extraction of rare earths using bubbling organic liquid membrane with unsaponified P507 ［J］. Hydrometallurgy, 2018, 175: 340-347.

［44］ 中科院过程工程研究所. "低浓度稀土溶液大相比鼓泡油膜萃取技术及装置"成果通过鉴定 ［J］. 稀土信息, 2016, 391: 23.

［45］ Herce-Sesa B, López-López J A, Pinto J J, et al. Ionic liquid based solvent micro-extraction of Ag and Cd from saline and hyper-saline waters ［J］. Chem Eng J, 2017, 308: 649-655.

［46］ Song J F, Li X M, Zhang Y, et al. Hydrophilic nanoporous ion-exchange membranes as a stabilizing barrier for liquid-liquid membrane extraction of lithium ions ［J］. J Membr Sci, 2014, 471: 372-380.

［47］ Song J F, Niu X H, Li X M, et al. Selective separation of copper and nickel by membrane extraction using hydrophilic nanoporous ion-exchange barrier membranes ［J］. Process Safety and Environmental Protection, 2018, 113: 1-9.

［48］ 张卫东, 朱慎林, 戴猷元, 等. 中空纤维封闭液膜用于乳酸分离 ［J］. 膜科学与技术, 1997, 17（6）: 20-24.

［49］ 花莉, 张欢, 郭培. 乙烯基硅橡胶膜萃取含盐废水中正戊酸 ［J］. 精细化工, 2017, 34（7）: 821-825.

［50］ 王天培, 马宏瑞, 花莉. 膜萃取技术回收浓缩废水中对甲苯胺的研究 ［J］. 环境工程学报, 2016, 10（3）: 1241-1245.

［51］ Das Kreeti, Praveen Prashant, Loh Kai-Chee. Importance of uniform distribution of impregnated trioctylphosphine oxide in hollow fiber membranes for simultaneous extraction/stripping of phenol ［J］. Chemical Engineering Journal, 2017, 308: 727-737.

［52］ Shen S F, Kentish Sandra E, Stevens Geoffrey W. Effects of operational conditions on the removal of phenols from wastewater by a hollow-fiber membrane contactor ［J］. Separation and Purification Technology, 2012, 95: 80-88.

［53］ Tong Yanping, Hirata M, Takanashi H, et al. Extraction of lactic acid from fermented broth with microporous hollow fiber membranes ［J］. Journal of Membrane Science, 1998, 143（1-2）: 81-91.

［54］ Tong Yanping, Hirata M, Takanashi H, Hano T. Back extraction of lactic acid with microporous hollow fiber membrane ［J］. Journal of Membrane Science, 1999, 157（2）: 189-198.

［55］ Matsumura M, Maerkl H. Elimination of ethanol inhibition by perstraction ［J］. Biotechnology and Bioengineering, 1986, 28（4）: 534-541.

［56］ 罗兰萍, 肖凯军, 蔡谨. 中空纤维膜非接触式萃取-反萃分离发酵液中丁酸的研究 ［J］. 食品工业科技, 2012, 24: 321-324.

［57］ 李云峰, 秦炜. 膜萃取过程的溶剂夹带 ［J］. 膜科学与技术, 1994, 14（3）: 36-40.

[58] 张卫东，朱慎林，骆广生．膜萃取防止溶剂污染的优势［J］．水处理技术，1998（01）：39-42.

[59] Liu Junteng, Zhang Weidong, Ren Zhongqi, et al. The separation and concentration of Cr（Ⅵ）from acidic dilute solution using hollow fiber renewal liquid membrane［J］. Industrial & Engineering Chemistry Research, 2009, 48（9）: 4500-4506.

[60] Prasad R, Sirkar K K. Hollow fiber solvent extraction: performances and design［J］. Journal of Membrane Science, 1990, 50（2）: 153-175.

[61] Lai S Z, Tang S T, Xie J Q, et al. Highly efficient chiral separation of amlodipine enantiomers via triple recognition hollow fiber membrane extraction［J］. Journal of Chromatography A, 2017, 1490: 63-73.

[62] 李皓淑，任钟旗，张卫东，等．利用中空纤维更新液膜技术从稀溶液中提取柠檬酸［J］．食品科技，2007, 32（10）：141-144.

[63] Malone D M, Andersol J L. Diffusional boundary-layer resistance for membranes with low porosity［J］. AIChE J, 1977, 23（2）: 177-184.

[64] Iversen S B, Bhatia V K, Johansen K D. Characterization of microporous membranes for use in membrane contactors［J］. J Membr Sci, 1997, 130: 205-217.

[65] Atchariyawut Supakorn, Feng Chunsheng, Wang Rong, et al. Effect of membrane structure on mass-transfer in the membrane gas-liquid contacting process using microporous PVDF hollow fibers［J］. Journal of Membrane Science, 2006, 285（1-2）: 272-281.

[66] Kreulen H, Versteeg G F, Smolders C A, van Swaaij W P M. Determination of mass transfer rates in wetted and non-wetted microporous membranes. Chem Eng Sci, 1993, 48（11）: 2093-2100.

[67] Scovazzo Paul, Hoehn Alex, Todd Paul. Membrane porosity and hydrophilic membrane-based dehumidification performance［J］. J Membr Sci, 2000, 167: 217-225.

[68] 李贝贝，张元秀，王树立．膜蒸馏和膜吸收技术现状及发展［J］．化工科技，2007, 15（5）：61-65.

[69] Yun C H, Prasad R, Sirkar K K. Membrane solvent extraction removal of priority organic pollutants from aqueous waste streams［J］. Industrial & Engineering Chemistry Research, 1992, 31: 1709-1717.

[70] 李云峰，张卫东，杨义燕，戴猷元．中空纤维膜萃取器串联操作的传质性能研究［J］．膜科学与技术，1994, 14（1）：34-40.

[71] Costello M J, Fane A G, Hogan P A, et al. The effect of shell side hydrodynamics on the performance of axial flow hollow fiber modules［J］. Journal of Membrane Science, 1993, 80（1）: 1-11.

[72] 张卫东，李云峰，戴猷元．中空纤维膜萃取器的子通道模型［J］．膜科学与技术，1996, 16（1）：56-61.

[73] Wu J, Chen V. Shell-side mass transfer performance of randomly packed hollow fiber modules［J］. Journal of Membrane Science, 2000, 172（1-2）: 59-74.

[74] Chen V, Hlavacek M. Application of voronoi tessellation for modeling randomly packed hollow fiber bundles［J］. AIChE J, 1994, 40: 606-612.

[75] Rogers J D, Long R. Modeling hollow fiber membrane contactors using film theory, Voronoi tessellations and facilitation factors for systems with interface reactions［J］. J Membr Sci, 1997, 134: 1-17.

[76] Wang Y, Chen F, Wang Y, Luo G, Dai Y. Effect of random on shell-side flow and mass transfer in hollow fiber module described by normal distribution function［J］. J Membr Sci, 2003, 216: 81-93.

[77] Zheng J M, Xu Z K, Li J K, et al. Influence of random arrangement of hollow fiber membranes on shell side mass transfer performance: A novel model prediction［J］. Journal of Membrane Science, 2004, 236（1-2）: 145-151.

[78] 刘文豪，金振晓，魏旭峰．便携式人工心肺辅助装置的体外氧合性能测试［J］．中国体外循环杂志，2016, 14（3）：168-171.

[79] 管玉珍，陆艳艳，仲怀凤．体外膜肺氧合联合连续肾脏替代疗法在危重心脏外科术后患者中的应用效果［J］．护理实践与研究，2018, 15（1）：78-80.

[80] Jasmund I, Langsch A, Simmoteit R, Bader A. Cultivation of primary porcine hepatocytes in an OXY-HFB for use as a bioartificial liver device［J］. Biotechnol Prog, 2002, 18（4）: 839-846.

［81］ 刘剑峰，李明，楼晗芬，等. 膜式吸收器应用在生物型人工肝支持系统中的初步研究［A］. 第四届国际暨全国肝衰竭与人工肝学术会议，2007：113-115.

［82］ 朱宝库，陈炜，等. 膜接触分离混合气中的 CO_2 的研究［J］. 环境科学，2003，24（5）：35-38.

［83］ Yang M C, Cussler E L. Designing hollow-fiber contactors［J］. AIChE, 1986, 32: 1910-1916.

［84］ Demontigny D, Tontiwachwuthikul P, Chakma A. Comparing the absorption performance of packed columns and membrane contactors［J］. Industrial & Engineering Chemistry Research, 2005, 44（15）: 5726-5732.

［85］ Yeon S H, Lee K S, Sea B, et al. Application of pilot-scale membrane contactor hybrid system for removal of carbon dioxide from flue gas［J］. J Membr Sci, 2005, 257: 156-160.

［86］ Thomas D C, Benson S M（Eds）. Carbon dioxide capture for storage in deep geologic formations［M］. Amsterdam: Elsevier, Elsevier, 2005: 1317-1321.

［87］ International Energy Agency. CO_2 capture and storage: A key carbon abatement option［M］. Paris: OECD/IEA, 2008.

［88］ Zhou S J, Meyer H, Bikson B, et al. Hybrid membrane absorption process for post combustion CO_2 capture［C］. San Antonio, TX, United States: American Institute of Chemical Engineers, 2010.

［89］ 杨波，张国亮，赖春芳，等. 新型膜吸收技术及其在电厂烟气 CO_2 脱除中的应用［J］. 热力发电，2012，41（8）：107-110.

［90］ 报道文章：我国首套低品位天然气 CO_2 膜分离装置应用成功［J］. 能源与环境，2008，1：54.

［91］ 报道文章：天然气脱 CO_2 中空纤维膜接触器中试分离系统研制成功［J］. 河南化工，2013，17：59.

［92］ Li S, Rocha D J, Zhou S James, et al. Post-combustion CO_2 capture using super-hydrophobic, polyether ether ketone, hollow fiber membrane contactors［J］. J Membr Sci, 2013, 430: 79-86.

［93］ Litynski J, Ackiewicz M, Petrucci D, et al. Evaluation of the U. S. DOE R&D program to identify advanced solvent process configurations for post combustion capture［J］. Energy Procedia, 2014, 63: 1514-1524.

［94］ Zhao S F, Paul H. M. Feron, Deng L Y. Status and progress of membrane contactors in post-combustion carbon capture: A state-of-the-art review of new developments［J］. J Membr Sci, 2016, 511: 180-206.

［95］ 郭占虎，史季芬，徐静年，等. 中空纤维膜组件分离酸性气体［J］. 化工冶金，2000（03）：268-273.

［96］ 金美芳，曹义鸣，等. 膜吸收法脱除 SO_2［J］. 膜科学与技术，1999，19（3）：45-47.

［97］ 陈迁乔，钟秦，黄金凤. 螺旋状中空纤维膜吸收器脱硫性能研究［J］. 环境污染治理技术与设备，2005，6（11）：71-74.

［98］ Klaassen R. Achieving flue gas desulphurization with membrane gas absorption［J］. Filtration and Separation, 2003, 40（10）: 26-28.

［99］ 张秀芝，王静，马宇辉，等. 膜吸收在烟气净化中的应用［J］. 磷肥与复肥，2016，31（12）：33-36.

［100］ Wang D, Li K, Teo W K. Removal of H_2S from air using asymmetric hollow fiber membrane contactor［C］. Beijing: International Symposium on Membrane Technology and Environmental Protection, 2000: 145.

［101］ Majumdar S, Bhaumik D, Sirkar K K, et al. A pilot-scale demonstration of a membrane-based absorption-stripping process for removal and recovery of volatile organic compounds［J］. Environmental Progress, 2001, 20（1）: 27-35.

［102］ 张凤君，李俊锋，吴庸烈. 膜蒸馏法处理污水中酚的研究［J］. 水处理技术，1997，23（5）：271.

［103］ 郝卓莉，王爱军，朱振中，等. 膜吸收法处理焦化厂剩余氨水中氨氮及苯酚［J］. 水处理技术，2006，32（6）：16-20.

［104］ 程铮. 膜吸收技术在有机溶剂气体回收中的设计与应用［J］. 粮食与食品工业，2014，21（4）：31-33.

［105］ 郭智，邱明建，徐伟. 膜吸收法去除垃圾渗滤液中氨氮的技术进展［J］. 现代化工，2018，38（4）：46-49.

［106］ Zoungrana A, Zengin I H, Elcik H, et al. The treatability of landfill leachate by direct contact membrane distillation and factors influencing the efficiency of the process［J］. Desalination and Water Treatment, 2017, 71: 233-243.

［107］ Amaral M C, Magalhes N C, Moravia W G, et al. Ammonia recovery from landfill leachate using hydrophobic membrane contactors［J］. Water Science and Technology, 2016, 74: 2177-2184.

［108］ 秦英杰，等. 气态膜法脱氨技术的最新进展［C］. 海峡两岸膜法水处理院士高峰论坛暨第六届全国医药行业膜分离技术应用研讨会论文集，2015: 67-73.

［109］ Rob Klaassen, Paul Feron, Albert Jansen. Membrane contactor applications［J］. Desalination, 2008, 224: 81-87.

［110］ 贺增弟，晋日亚，翁雾，等. 膜吸收处理铜洗再生气的研究［J］. 河南化工，2002, 12: 14-16.

［111］ 王建黎，徐又一，等. 膜接触从混合气中脱氨性能的研究［J］. 环境化学，2001, 20（6）: 588-594.

［112］ Kubota Shoji, Ohta Keiichi, Hayano Ichiro, Hirai Mitsuyoshi, Kikuchi Kunio, Murayama Yoshio. Experiments on seawater desalination by membrane distillation［J］. Desalination, 1988, 69（1）: 19-26.

［113］ Drioli E, Wu Yonglie. Membrane distillation: an experimental study［J］. Desalination, 1985, 53: 339-346.

［114］ 马润宇. 膜蒸馏技术的回顾与展望［C］. 新膜过程研究与应用研讨会论文集，北京：2008-12-01.

［115］ Basini L, D'Angelo G, Gobbi M, et al. A desalination process through sweeping gas membrane distillation［J］. Desalination, 1987, 64: 245-257.

［116］ Jiang Weijun, Yu Lixin, Liu Maolin. Studies on mass and heat transfer in membrane distillation［J］. Water Treatment, 1993, 8（2）: 127-133.

［117］ Liu Maolin, Yu Lixin, Jiang Weijun. Studies on heat efficiency of membrane distillation［J］. Water Treatment, 1993, 8（2）: 225-233.

［118］ Drioli E, Wu Yonglie, Calabro V. Membrane distillation in the treatment of aqueous solutions［J］. Journal of Membrane Science, 1987, 33（3）: 277-284.

［119］ Drioli E, Calabro V, Wu Y. Microporous membranes in membrane distillation［J］. Pure and Applied Chemistry, 1986, 58（12）: 1657-1662.

［120］ Schneider K, Hoelz W, Wollbeck R, Ripperger S. Membranes and modules for transmembrane distillation［J］. Journal of Membrane Science, 1988, 39（1）: 25-42.

［121］ Kimura Shoji, Nakao Shin Ichi, Shimatani Shun Ichi. Transport phenomena in membrane distillation［J］. Journal of Membrane Science, 1987, 33（3）: 285-298.

［122］ Franken A C M, Nolten J A M, Mulder M H V, et al. A. Wetting criteria for the applicability of membrane distillation［J］. Journal of Membrane Science, 1987, 33（3）: 315-328.

［123］ Smolders K, Franken A C M. Terminology for membrane distillation［J］. Desalination, 1989, 72（3）: 249-262.

［124］ Sarti G C, Gostoli C, Matulli S. Low energy cost desalination processes using hydrophobic membranes［J］. Desalination, 1985, 56: 277-286.

［125］ Andersson S I, Kjellander N, Rodesjoe B. Design and field tests of a new membrane distillation desalination process［J］. Desalination, 1985, 56: 345-354.

［126］ 吕晓龙，武春瑞，高启君，等. 膜蒸馏海水淡化技术探讨［J］. 水处理技术，2015, 41（10）: 26-30.

［127］ 吴庸烈，德里奥里·E. 浓水溶液的膜蒸馏行为 Ⅰ. 浓度对通量的影响及膜蒸馏-结晶现象［J］. 水处理技术，1989, 15（5）: 22-26.

［128］ 余立新，刘茂林，蒋维钧. 膜蒸馏法浓缩古龙酸水溶液的初步研究［J］. 水处理技术，1991, 17（3）: 48-52.

［129］ 谢继红，彭跃莲，陈东，闫赞扬. 热泵膜蒸馏装置的能量平衡分析［J］. 化工装备技术，2016, 37（5）: 19-22.

［130］ 秦英杰，刘立强，何菲，等. 内部热能回收式多效膜蒸馏用于海水淡化及浓盐水深度浓缩［J］. 膜科学与技术，2012, 32（2）: 52-57.

［131］ Hogan P A, Sudjito, Fane A G, Morrison G L. Desalination by solar heated membrane distillation［J］. Desalination, 1991, 81（1-3）: 81-90.

［132］ 胡俊虎，杨晓宏，田瑞，杨胜男. 热电制冷与太阳能空气隙膜蒸馏耦合优化研究［J］. 太阳能学报，2017, 38（2）: 409-415.

［133］ 李卜义，王建友，王济虎，刘红斌. 太阳能空气隙膜蒸馏海水淡化技术研究进展［J］. 水处理技术，2015, 41（4）: 1-6.

[134] 习曾辉，王永青．太阳能膜蒸馏海水淡化技术研究和发展状况 [J]．能源与环境，2013（2）：31-33．

[135] Koschikowski，Wieghaus M，Rommel M，et al．Experimental investigations on solar driven stand-alone membrane distillation systems for remote areas [J]．Desalination，2009，248（1/2/3）：125-131．

[136] 陈昇，王健，刘友．膜法除氧——一种新型锅炉给水除氧系统 [J]．节能，2005，3：33-35．

[137] 李婷．改性除氧膜的制备及其除氧性能研究 [D]．武汉：武汉大学，2014．

[138] 常李静．溶解氧解吸过程传质性能及强化的研究 [D]．北京：北京化工大学，2006．

[139] Joscelyne S M，Tragardh G．Membrane emulsification- a literature review [J]．Journal of Membrane Science，2000，169：107-117．

[140] 孙永，蒲煜，骆广生，等．一种新型的制乳技术——膜法制乳 [J]．化工进展，2000，1：60-62．

[141] Mine Y，Shimizu M，Nakashima T．Preparation and stabilization of simple and multiple emulsions using microporous glass membrane [J]．Colloids Surfaces B：Biointerfaces，1996，6：261-268．

[142] Gaonkar A G．Stable multiple emulsions comprising interfacial gelatinous layer，flavor-encapsulating multiple emulsions and low/no fat food products comprising the same：US Patent 5332595 [P]，1994．

[143] 贝歇尔·P．乳状液理论与实践：修订本 [M]．北京：科学出版社，1978．

[144] 梁治齐，李金华．功能性乳化剂与乳状液 [M]．北京：中国轻工业出版社，2000．

[145] 赵国玺．表面活性剂物理化学 [M]．北京：北京大学出版社，1991：382-389．

[146] Charcosset C，Limayem I，Fessi H．The membrane emulsification process-a review [J]．J Chem Technol Biot，2010，79（3）：209-218．

[147] Eisinaite V，Juraite D，Schroën K，et al．Preparation of stable food-grade double emulsions with a hybrid premix membrane emulsification system [J]．Food Chemistry，2016，206：59-66．

[148] Schröder V，Schubert H．Production of emulsions using microporous，ceramic membranes [J]．Coll Surf A：Physicochem Eng Aspects，1999，152：103-109．

[149] Kawakatsu T，Tragardh G，Tragardh Ch，et al．The effect of the hydrophobicity of microchannels and components in water and oil phases on droplet formation in microchannel water-in-oil emulsification [J]．Colloids and Surfaces A：Physicochem Eng Aspects，2001，179：29-37．

[150] Joscelyne S M，Tragardh G．Food emulsions using membrane emulsification：conditions for producing small droplets [J]．Journal of Food Engineering，1999，39：59-64．

[151] Ma G H，Nagai M，Omi S．Preparation of uniform poly（lactide）microspheres by employing the Shirasu Porous Glass（SPG）emulsification technique [J]．Colloids and Surfaces A：Physicochemical and Engineering Aspects，1999，153（15）：383-394．

[152] Kawakatsu T，Kikuchi Y，Nakajima M．Regular-sized cell creation in microchannel emulsification by visual microprocessing method [J]．J Am Oil Chem Soc，1997，74：317-321．

[153] Kobayashi I，Nakajima M．Effect of emulsifiers on the preparation of food-grade oil-in-water emulsions using a straight-through extrusion filter [J]．Eur J Lipid Sci Technol，2002，104：720-727．

[154] Vladisavljević G T，Ekanem E E，Zhang Z L，et al．Long-term stability of droplet production by microchannel（step）emulsification in microfluidic silicon chips with large number of terraced microchannels [J]．Chemical Engineering Journal，2018，333：380-391．

[155] Katoh R，Asano Y，Furuya A，et al．Preparation of food emulsions using a membrane emulsification system [J]．J Membr Sci，1996，113：131-135．

[156] Williams R A，Peng S J，Wheeler D A，et al．Controlled production of emulsions using a crossflow membrane Part Ⅱ [J]．Industrial scale manufacture，Chem Eng Res Des，1998，76（8）：902-910．

[157] Vladisavljevic G T，Schubert H．Preparation and analysis of oil-in-water emulsions with a narrow droplet size distribution using Shirasu-porous-glass（SPG）membranes [J]．Desalination，2002，144（10）：167-172．

[158] 骆广生，蒲煜，孙永，等．陶瓷微滤膜制备水包油型乳液的研究 [J]．高校化学工程学报，2000，14（5）：484-487．

[159] Scherze I，Marzilger K，Muschiolik G．Emulsification using micro porous glass（MPG）：surface behaviour

of milk proteins [J]. Colloids and Surfaces B: Biointerfaces, 1999, 12: 213-221.

[160] Dowding P J, Goodwin J W, Vincent B. Production of porous suspension polymer beads with a narrow size distribution using a cross-flow membrane and a continuous tubular reactor [J]. Colloids and Surfaces A: Physicochemical and Engineering Aspects, 2001, 180: 301-309.

[161] Kobayashi I, Yasuno M, Iwamoto S, et al. Microscopic observation of emulsion droplet formation from a polycarbonate membrane [J]. Colloids and Surfaces A: Physicochemical and Engineering Aspects, 2002, 207: 185-196.

[162] Nakashima T, Shimizu M, Kukizaki M. Membrane emulsification by microporous glass [J]. Key Engineering Mater, 1991, 61/62: 513-516.

[163] Vladisavljevic G T, Tesch S, Schubert H. Preparation of water-in-oil emulsions using microporous polypropylene hollow fibers: influence of some operating parameters on droplet size distribution [J]. Chemical Engineering and Processing, 2002, 41 (3): 231-238.

[164] Giorno L, Li N, Drioli E. Preparation of oil-in-water emulsions using polyamide 10 kDa hollow fiber membrane [J]. Journal of Membrane Science, 2003, 217 (1-2): 173-180.

[165] 徐南平, 邢卫红, 赵宜江. 无机膜分离技术与应用 [M]. 北京: 化学工业出版社, 2003.

[166] Nakashima T, Shimizu M, Kukizaki M. Particle control of emulsion by membrane emulsification and its applications [J]. Advanced Drug Delivery Reviews, 2000, 45 (1): 47-56.

[167] Rayner M, Trägårdh G. Membrane emulsification modelling: how can we get from characterisation to design? [J]. Desalination, 2002, 145 (1-3): 165-172.

[168] Schröder V, Behrend O, Schubert H. Effect of dynamic interfacial tension on the emulsification process using microporous ceramic membranes [J]. Journal of Colloid and Interface Science, 1998, 202: 334-340.

[169] Ban S, Kitana M, Yamasaki A. Preparation of O/W emulsions with poly (oxyethylene) hydrogenated castor oil by using SPG membrane emulsification [J]. Nippon Kagaku Kaishi, 1994, 8: 737-742.

[170] Kandori K, Kishi K, Ishikawa T. Preparation of monodispersed W/O emulsions by Shirasu-porous-glass filter emulsification technique [J]. Colloids and Surfaces, 1991, 55: 73-78.

[171] Kobayashi I, Nakajima M, Mukataka S. Preparation characteristics of oil-in-water emulsions using differently charged surfactants in straight-through microchannel emulsification [J]. Colloids and Surfaces A: Physicochemical and Engineering Aspects, 2003, 229 (1-3): 33-41.

[172] Kitahara A, Watanabe A. Electrical phenomena at interfaces, fundamentals measurements and applications [M]. New York and Basel: Marcel Dekker, Inc, 1984: 30-33.

[173] Huisman I, Trägårdh G, Trägårdh Ch, et al. Determining the zeta potential of microfiltration membranes using the electroviscous effect [J]. J Membr Sci, 1999, 156: 153-158.

[174] Szymczyk A, Fievet P, Reggiani J. Electrokinetic characterization of mixed alumina-titania-silica MF membranes by streaming potential measurements [J]. Desalination, 1998, 115: 129-134.

[175] Takagi R, Nakagaki M. Membrane charge of microporous glass membrane determined by the membrane potential method and its pore size dependency [J]. Journal of Membrane Science, 1996, 111 (1): 19-26.

[176] Jihong Tong, Mitsutoshi Nakajima, Hiroshi Nabetani. Preparation of phospholipid oil-in-water microspheres by microchannel emulsificationTechnique [J]. Eur J Lipid Sci Technol, 2002, 104: 216-221.

[177] Omi S, Ma G H, Nagai M. Membrane emulsification-a versatile tool for the synthesis of polymeric microspheres [J]. Macromol Symp, 2000, 151: 319-330.

[178] Obrien J C, Torrentemurciano L, Mattia D, et al. Continuous production of cellulose microbeads via membrane emulsification [J]. ACS Sustainable Chem Eng, 2017, 5 (7): 5931-5939.

[179] Nakashima T, Kukizaki, Miyazaki, et al. Inorganic particulate material comprising fine balls of uniform size and process for producing: US Patent 5278106 [P], 1994.

[180] Yanagishita T, Tomabechi Y, Nishio K, et al. Preparation of monodisperse SiO$_2$ nanoparticles by mem-

brane emulsification using ideally ordered anodic porous alumina [J]. Langmuir, 2004, 20 (3): 554-555.

[181] 曹文佳, 栾瀚森, 王浩. 膜乳化法在药学中的应用 [J]. 中国药学工业杂志, 2014, 45 (6): 582-588.

[182] Okochi H, Nakano M. Comparative study of two preparation methods of W/O/W emulsions: stirring and membrane emulsification [J]. Chem Pharm Bull, 1997, 45 (8): 1323-1326.

[183] 李铁臻, 许世海, 蒋丰翼, 等. 柴油乳化的进展 [J]. 化工纵横, 2002, (11): 22-25.

[184] Worasuwannarak N, Hatori S, Nakagawa H, et al. Effect of oxidation pre-treatment at 220 to 270℃ on the carbonization and activation behavior of phenolic resin fiber [J]. Carbon, 2003, 41 (5): 933-944.

[185] 甄宗晴, 金江, 孙启梅, 等. 膜乳化法制备乳化柴油的研究 [J]. 精细石油化工进展, 2008, 9 (3): 23-26.

[186] 张春芳, 刘建, 白云翔, 等. 聚醚砜超滤膜乳化法制备乳化柴油 [J]. 化工进展, 2010, 29 (11): 2066-2070.

[187] Hino T, Kawashima Y, Shimabayashi S. Basic study for stabilization of W/O/W emulsion and its application to transcatheter arterial embolization therapy [J]. Adv Drug Deliver Rev, 2000, 45 (1): 27-45.

[188] 钟晨, 罗宇燕, 郭喆霏, 等. SPG 膜乳化法制备 PEG-PLGA 微球和 PLGA 微球载药释药特性的对比研究 [J]. 广东药学院学报, 2016, 32 (3): 269-274.

[189] 王衍戈. 膜乳化法制备单分散载药微粒 [D]. 厦门: 厦门大学, 2008.

[190] Omi S, Fujiwara K, Nagai M, et al. Study of particle growth by seed emulsion polymerization with counter-charged monomer and initiator system [J]. Colloid Surface A, 1999, 153 (1-3): 165-172.

[191] Shiga K, Muramatsu N, Kondo T. Preparation of poly (D, L-lactide) and copoly (lactide- glycolide) microspheres of uniform size [J]. J Pharm Pharmacol, 1996, 48 (9): 891-895.

[192] Elmahdy M, Ibrahim E S, Safwat S, et al. Effects of preparation conditions on the monodispersity of albu-min microspheres [J]. J Microencapsulation, 1998, 15 (5): 661-673.

[193] Liu X D, Bao D C, Xue W M, et al. Preparation of uniform calcium alginate gel beads by membrane emul-sification coupled with internal gelation [J]. J Appl Polym Sci, 2003, 87 (5): 848-852.

[194] Spyropoulosa F, Hancocks R D, Norton I T. Food-grade emulsions prepared by membrane emulsification techniques [J]. Procedia Food Science, 2011, 1 (1): 920-926.

[195] Giorno L, Drioli E. Biocatalytic membrane reactors: applications and perspectives [J]. Trends in Biotech-nology, 2000, 18 (8): 339-349.

[196] Jing W H, Wu J, Xing W H, et al. Emulsions prepared by two-stage membrane jet-flow emulsification [J]. AIChE Journal, 2005, 51 (5): 1339-1345.

[197] Jing W H, Wang W G, Wu S H, et al. Preparation of meso-macroporous TiO_2 ceramic based on membrane jet-flow emulsification [J]. J Colloid Interf Sci, 2009, 333: 324-328.

[198] Jing W H, Wu J, Jin W Q, et al. Monodispersed W/O emulsion prepared by hydrophilic ceramic membrane emulsification [J]. Desalination, 2006, 191: 219-222.

[199] Chabanon E, Mangin D, Charcosset C. Membranes and crystallization processes: State of the art and prospects [J]. J Membrane Sci, 2016, 509: 57-67.

[200] Sirkar K K. Membranes, Phase interfaces, and separations: Novel techniques and membranes—An overview [J]. Ind Eng Chem Res, 2008, 47: 5250-5266.

[201] 马润宇, 王艳辉, 涂感良. 膜结晶技术研究进展及应用前景 [J]. 膜科学与技术, 2003, 23 (8): 145-152.

[202] Lin N H, Cohen Y. QCM study of mineral surface crystallization on aromatic polyamide membrane surfaces [J]. J Membrane Sci, 2011, 379 (1-2): 426-433.

[203] Lakerveld R, Kuhn J, Kramer H J M, et al. Membrane assisted crystallization using reverse osmosis: Influence of solubility characteristics on experimental application and energy saving potential [J]. Chem Eng Sci, 2010, 65: 2689-2699.

[204] Kieffer R, Mangin D, Puel F, et al. Precipitation of barium sulphate in a hollow fiber membrane contactor, Part I: Investigation of particulate fouling [J]. Chem Eng Sci, 2009, 64 (8): 1759-1767.

[205] Kieffer R, Mangin D, Puel F, et al. Precipitation of barium sulphate in a hollow fiber membrane contactor, Part Ⅱ: The influence of process parameters [J]. Chem Eng Sci, 2009, 64 (8): 1885-1891.

［206］ Zarkadas D M, Sirkar K K. Polymeric hollow fiber heat exchangers: An alternative for lower temperature applications [J]. Ind Eng Chem Res, 2004, 43 (25): 8093-8106.

［207］ Jiang X, Lu D, Xiao W, et al. Membrane assisted cooling crystallization: Process model, nucleation, metastable zone, and crystal size distribution [J]. AIChE J, 2016, 62 (3): 829-841.

［208］ Sporleder F, Borka Z, Solsvik J, et al. On the population balance equation [J]. Rev Chem Eng, 2012, 28 (2-3): 149-169.

［209］ Nagy Z K, Fujiwara M, Woo X Y, et al. Determination of the kinetic parameters for the crystallization of paracetamol from water using metastable zone width experiments [J]. Ind Eng Chem Res, 2008, 47: 1245-1252.

［210］ Puel F, Févotte G, Klein J P. Simulation and analysis of industrial crystallization processes through multidimensional population balance equations, Part 1: A resolution algorithm based on the method of classes [J]. Chem Eng Sci, 2003, 58 (16): 3715-3727.

［211］ Puel F, Févotte G, Klein J P. Simulation and analysis of industrial crystallization processes through multidimensional population balance equations, Part 2: A study of semi-batch crystallization [J]. Chem Eng Sci, 2003, 58 (16): 3729-3740.

［212］ Myerson A S. Handbook of industrial crystallization [M]. Boston: Butterworth-Heinemann, 2002.

［213］ Ramkrishna D. Population balances: Theory and applications to particulate systems in engineering [M]. San Diego CA: Academic Press, 2000.

［214］ Mullin J W. Crystallization: 4th ed [M]. Oxford: Butterworth-Heinemann, 2001.

［215］ Curcio E, Drioli E. Membrane distillation and related operations-A review [J]. Sep Purif Rev, 2005, 34 (1): 35-86.

［216］ Drioli E, Curcio E, Criscuoli A, et al. Integrated system for recovery of $CaCO_3$, NaCl and $MgSO_4 \cdot 7H_2O$ from nanofiltration retentate [J]. Journal of Membrane Science, 2004, 239 (1): 27-38.

［217］ Drioli E, Curcio E, Drioli E, et al. Integrating membrane contactors technology and pressure-driven membrane operations for seawater desalination [J]. Chemical Engineering Research and Design, 2006, 84 (3): 209-220.

［218］ 姜晓滨, 贺高红, 肖武, 卢大鹏, 李祥村, 吴雪梅. 一种 MEG 含盐废水的综合脱盐回收方法及系统: ZL201410783848. 6 [P]. 2016-8-24.

［219］ Lu D, Li P, Xiao W, et al. Simultaneous recovery and crystallization control of saline organic wastewater by membrane distillation crystallization [J]. AIChE J, 2017, 63 (6): 2187-2197.

［220］ Chen D, Singh D, Sirkar K K, et al. Porous hollow fiber membrane-based continuous technique of polymer coating on submicron and nanoparticles via antisolvent crystallization [J]. Ind Eng Chem Res, 2015, 54 (19): 5237-5245.

［221］ Caridi A, Di Profio G, Caliandro R, et al. Selecting the desired solid form by membrane crystallizers: Crystals or cocrystals [J]. Cryst Growth Des, 2012, 12 (9): 4349-4356.

［222］ Tuo L, Ruan X, Xiao W, et al. A novel hollow fiber membrane-assisted antisolvent crystallization for enhanced mass transfer process control [J]. AIChE Journal, 2019, 65: 734-744.

［223］ Profio G D, Polino M, Nicoletta F P, et al. Tailored hydrogel membranes for efficient protein crystallization [J]. Adv Funct Mater, 2014, 24 (11): 1582-1590.

［224］ 魏可贵, 张新妙, 马润宇. 蛋白质溶液的膜结晶: 膜结晶法结晶溶菌酶的研究 [J]. 膜科学与技术, 2008, 28 (3): 10-25.

［225］ Profio G D, Tucci S, Curcio E, et al. Selective glycine polymorph crystallization by using microporous membranes [J]. Cryst Growth Des, 2007, 7 (3): 526-530.

第 18 章
控制释放与微胶囊膜和智能膜

主　稿　人：马小军　中国科学院大连化学物理研究所
　　　　　　　　　　研究员

　　　　　　褚良银　四川大学教授

编写人员：马小军　中国科学院大连化学物理研究所
　　　　　　　　　　研究员

　　　　　　褚良银　四川大学教授

　　　　　　刘袖洞　大连大学教授

　　　　　　谢红国　中国科学院大连化学物理研究所
　　　　　　　　　　副研究员

　　　　　　刘　壮　四川大学副教授

审　稿　人：陈欢林　浙江大学教授

第一版编写人员：马小军　解玉冰　王　勇

18.1　控制释放概述

本章首先介绍控制释放膜的特点、作用机理、制备方法、性能评价，然后重点介绍生物医药领域应用的两类特殊控制释放膜，即球形的微胶囊膜和具有环境响应性的智能膜，将分别介绍微胶囊膜和智能膜的特点、材料与制备方法、性能评价和应用等方面的情况。微胶囊膜和智能膜都是基于控制释放机理的膜技术，物质多是通过扩散行为选择性渗透过膜，但智能膜的渗透选择性是根据环境刺激的变化（例如温度、pH、离子、分子、葡萄糖浓度、离子强度、光、磁场、电场等）而自主地进行调节或控制；如果将环境响应性官能团或高分子修饰到微胶囊膜材料上，则微胶囊膜也能具有智能性；另外，智能膜在形态上可以是球形，也可以是平板或其他满足应用环境需求的形式。

控制释放（controlled release）是指活性化学物质在一定时间内，以受控方式释放，从而达到某一指定目标的方法或技术。控制释放是一门新兴的交叉学科，内容涉及有机化学、高分子科学、生物学、药物学、医学和化学工程学等方面。

天然高分子或功能高分子膜材料为载体的控制释放技术具有长效、高效、靶向、低副作用等特点，能实现内含物的可控、按需释放，在医药（小分子化学药物、蛋白多肽类生物活性药物等）、农药（杀虫剂、杀鼠剂、害虫引诱剂、除草剂、生长剂、性诱剂等）、化肥、饲料和日用品（香料、化妆品、洗涤剂）等工业领域发挥着越来越大的作用。

其中，药物控制释放是目前研究与应用最为活跃的领域[1,2]。药物在一定时间内从制剂中按照特定的速率以受控形式释放到作用部位或特定靶器官，使体内的药物浓度保持一定的供给和消除关系，并且使其稳定在有效浓度范围内。与传统的周期性给药方式相比（图 18-1），药物控制释放有效地解决了体内药物浓度忽高忽低、需要频繁用药、药物生物利用率低及毒副作用等问题，可控制药物在有效浓度范围内以保持药效，还可控制药物的释放部位以提高药效。对于半衰期短的多肽和蛋白质类大分子药物[3]，控制释放显得尤为重要，不仅可以实现靶向给药，并且可以降低药物免疫源性及宿主降解作用，以保持生化药物的活性与高效。

在控制释放体系中，药物或其他生物活性物质通常是被高分子膜包裹形成微胶囊（microcapsule）或同载体结合为一体，其中的高分子膜又被称为控制释放膜（controlled release membrane），包括微胶囊膜、平板膜、柱状膜、中空纤维膜和脂质体等形态。

（1）微胶囊膜

微胶囊膜是控制释放膜的主要形式之一，微胶囊膜和控制释放膜既互相包含，又互相区别。从膜的角度分析，微胶囊膜是一种自成体系的封闭曲面膜，可根据不同需求包封固体、液体或气体物质，形成直径在 $5\sim1000\mu m$ 的微容器[4]。20 世纪 60 年代，Chang 报道了半透膜微胶囊的制备，指出用其包埋蛋白质、酶等生物活性物质和细胞，可保持生物物质活性[5]。70 年代末开始，微胶囊膜还被作为免疫隔离工具和固定化手段，包埋活细胞用于细胞移植、培养或生物催化。目前，生物微胶囊（biomicrocapsule）也已经广泛应用于医学和生物技术领域，如微胶囊膜可以包埋小分子药物、蛋白大分子药物构成药物释放系统（drug delivery system），可以包埋活细胞、组织构成细胞移植工具，在治疗人类重大疾病方面发

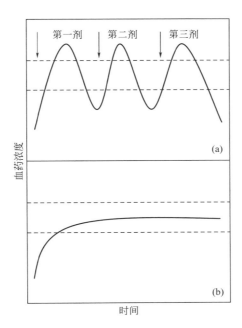

图 18-1　（a）普通药物在血液中的浓度变化；（b）控释药物在血液中的浓度变化
虚线表示中毒浓度和最小有效浓度之间的范围

挥重要作用。微胶囊膜主要具有以下两种功能：①保护功能，半透性微囊膜使囊内物质与外界环境隔开，既起到储库的作用，又保护囊内物质或组织细胞等；②控制释放功能，微囊膜的半透性可以控制囊内或囊外物质通过膜的扩散和交换[6,7]。

（2）智能膜

另外，在传统控制释放膜使内含物以特定速率缓慢长期地释放基础上，人们还希望控制释放膜能够响应环境信号（pH、温度、磁场、光照、氧化还原电势、生物学、酶、力学等信号）的刺激而改变自身形状、结构或者理化性能（如渗透性、力学、光学等），实现内含物的"智能化"释放。因此，人们通过化学修饰或者物理共混等方式，在纳米或介孔硅、金属或石墨烯氧化物、金属有机框架材料、碳纳米管等无机材料，以及海藻酸钠、壳聚糖、聚乙二醇、聚甲基丙烯酸甲酯、聚乳酸、聚碳酸酯、聚丙烯酸类及一些聚电解质等有机材料中，引入具有环境响应性功能基团[8]（如丙烯酸类、乙酰亚胺类 pH 响应基团，叠氮基、偶氮苯类光敏基团，四氧化三铁类磁响应纳米粒，二硫键-巯基类氧化还原电势响应基团，酯基或酰胺基类酶解响应基团），研发出很多刺激-响应性材料，再结合膜制备技术，可以开发一系列的控制释放智能膜（smart membrane），应用于生物医药（药物释放、诊断、组织工程）、农业、化妆品、化学和染料工业等领域。

18.1.1　控制释放膜的分类

18.1.1.1　按结合方式分类

控制释放体系总体说来可以分为化学体系和物理体系[9]。化学体系是指药物与载体以化学键相连，物理体系是指药物包埋于高分子膜中。控制释放膜属于物理体系。根据高分子膜对药物的包埋方式，可以将控制释放体系分为两大类[10]：储库型（reservoir）系统和基质型（matrix）系统。

（1）储库型系统

在储库型系统中，药物被高分子膜所包埋（图18-2），药物通过在聚合物中的扩散释放到环境中，其扩散符合菲克（Fick）第一定律，通过高分子膜材料和性能的选择可以实现恒速释放。

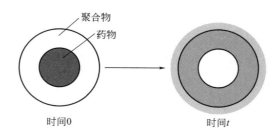

图 18-2　储库型药物控制释放系统示意图

储库型系统一般有平面、圆筒和球形三种。

储库型系统包括胶囊、微胶囊、中空纤维以及平板膜等，主要用于眼疾、癌症治疗以及生育控制。

（2）基质型系统

在基质型系统中，生物活性物质是以溶解或分散的形式和高分子材料结合在一起（图18-3）。药物的释放机理可以是扩散控制，也可以是化学控制。

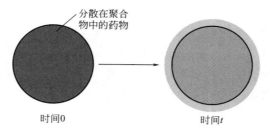

图 18-3　基质型药物控制释放系统示意图

基质型系统可以由亲水或疏水聚合物以及生物降解性高分子材料构成。对于非生物降解材料而言，溶质在聚合物中的溶解性成为其释放的控制因素。对于生物降解材料而言，基质型系统的药物释放既可被扩散控制也可被降解控制。

基质型系统是研究最多的药物控制系统。根据药物在高分子材料中的载药方式不同，可以分为微球、微粒、药膜和片剂等。

18.1.1.2　按控制方式分类

药物释放体系大体可分为时间控制型（time controlled system）、部位控制型（site controlled system）以及两者结合的"智能"型——应答式控制释放系统（responsible system）等三种类型[11-13]。

（1）时间控制型释放系统

时间控制型释放又分为恒速释放和脉冲释放，前者是单位时间内的恒量释放，后者是对环境，如pH、热、磁、某些化学物质等响应而发生的非恒量释放。

（2）部位控制型释放系统

部位控制型释放是使药物集中在病患部位、特定的器官、特定的受体甚至细胞膜的特定部位以发挥其药理活性。部位控制型释放系统一般由药物、载体、特定部位识别分子即制导部分所构成。它的控制可以依靠生理活性物质的专一性来导向（如酶、抗体、抗原、激素等），或依靠物理导向（如磁导向）。

（3）应答式控制释放系统

应答式控制释放可以根据生理或病理需要，在特定时间和特定部位释放相应的药量。它包括开环（又称作外调式控制释放系统）和闭环（又称作自调式控制释放系统）两种体系。

外调式控制释放是利用外界因素（如磁场、电场、温度、光以及特定的化学物质等）的变化来调节药物的释放，主要有磁敏感系统、压力敏感系统、电敏感系统、温度敏感系统、光敏感系统等物理敏感系统、化学敏感系统以及生物敏感系统。

自调式控制释放则是利用体内的信息反馈控制药物的释放，不需外界的干预。pH敏感型自调式控制释放是目前较为常用的一种方式，它是利用pH的改变调节药物的释放速率。

18.1.1.3　按作用机制分类

根据活性物质的释放机理，控制释放体系可以分为四大类：扩散控制系统、化学控制系统、溶剂活化系统和磁控制系统[10,11,14,15]。

（1）扩散控制系统

扩散控制系统是生物活性物质释放中应用最为广泛的一种，可以分为储库（reservoir）和基质（matrix）两种形式。

在储库型系统中药物包埋于高分子膜中，释放速率由药物通过高分子膜的扩散来控制。其主要问题是膜的意外破裂会引起药物剂量过量而造成危险。

在基质型系统中，药物均一分布于基质中，基质可以是非生物降解性或生物降解性高分子材料。由于非生物降解扩散控制系统在药物释放完毕后会在体内积累，因此在基质型系统中，生物降解性高分子材料越来越受到重视。

用于扩散控制系统的高分子材料有硅橡胶、水凝胶、乙烯/醋酸乙烯酯共聚物（EVA）、聚乙烯醇（PVA）以及与 N-乙烯基-2-吡咯烷酮（NVP）的共聚物。EVA是扩散控制系统使用最多的聚合物。

（2）化学控制系统

化学控制系统是利用高分子基质在释放过程中的化学反应速率来控制药物的释放速率。它包括降解系统（biodegradable system）和侧链系统（pendant system）两种类型。

在降解系统中，药物分散于可降解聚合物中，药物释放受聚合物材料降解性能的影响（图18-4）。用于化学控制降解系统的高分子材料有聚酯、聚氨酯、聚原酸酯和聚酐等。其中研究最多的是聚酯类。降解系统要求载体聚合物：①具有良好的生物相容性、无毒、无致癌性；②疏水的聚合物降解后具有水溶性；③降解的中间产物和最终产物无毒，且易被生命体消除或代谢。

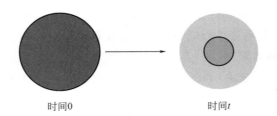

图 18-4　表面降解系统示意图

在侧链系统中，药物以化学键与聚合物分子相连，可以靠水解或酶解化学键来释放药物，药物释放受化学键降解的影响（图 18-5）。高分子药物（polymeric drug）就属于此种系统。其最大的优点是药物本身可在体系中占 80％ 以上。

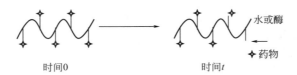

图 18-5　侧链降解系统示意图

（3）溶剂活化系统

溶剂活化系统是利用聚合物载体在膨胀过程中的渗透性，控制药物在聚合物中的释放速率。通常有渗透控制（图 18-6）和溶胀控制（图 18-7）两种机制。

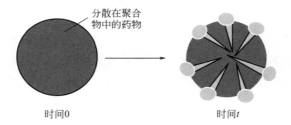

图 18-6　渗透控制系统示意图

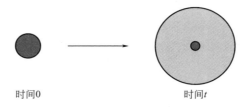

图 18-7　溶胀控制系统示意图

典型的系统是水凝胶，聚合物载体材料主要有：聚乙烯醇、羧甲基纤维素、聚羟乙基异丁烯酸和聚乙烯基吡咯烷酮（PVP）。

（4）磁控制系统

在磁控制系统中，药物和磁粉均匀分散于聚合物中（图 18-8）。药物的释放量及释放速

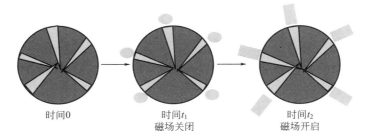

时间0　　　　　　　　时间t_1　　　　　　　　时间t_2
　　　　　　　　　　　磁场关闭　　　　　　　　磁场开启

图 18-8　磁场控制系统示意图

率受磁场强度及开关时间控制。

18.1.1.4　按物理形态分类

控制释放系统按物理形态可以分为微胶囊和微球、微粒和毫微粒、脂质体和载药膜等几种。在材料与方法中将作详细介绍。

18.1.2　控制释放的主要机制

18.1.2.1　控制释放机理

控制释放的机理主要有扩散控制、化学控制、溶剂活化和磁控制等四种。

(1) 扩散控制

包括储库型系统、基质型系统两种[16-19]。

① 储库型系统　在储库型系统中，药物被聚合物膜包埋，药物通过在聚合物中的扩散释放到环境中，其扩散符合 Fick 第一定律：

$$J_i = -D_i \frac{\mathrm{d}c_i}{\mathrm{d}x} \tag{18-1}$$

式中　J_i——扩散通量，$\mathrm{kg/(m^2 \cdot s)}$；

$\quad\quad c_i$——药物在基质中的浓度，$\mathrm{g/m^3}$；

$\quad\quad D_i$——扩散系数，$\mathrm{m^2/s}$；

$\quad\quad x$——扩散距离，m。

储库型系统又可分为微孔膜和致密膜两种。二者的释放机理不同，前者的释放过程是药物经膜中充满液体的孔道进行扩散，释放速率可表达为：

$$\frac{\mathrm{d}M_t}{\mathrm{d}t} = \frac{\varepsilon ADK \Delta c}{\tau L} \tag{18-2}$$

式中　M_t——t 时刻药物的释放量，g；

$\quad\quad t$——时间，s；

$\quad\quad \varepsilon$——孔隙率；

$\quad\quad A$——有效膜面积，$\mathrm{m^2}$；

$\quad\quad D$——扩散系数；$\mathrm{m^2/s}$；

K——分配系数；

Δc——膜内外的药物浓度差，g/m^3；

τ——孔道的扭曲度；

L——膜厚，m。

后者的释放过程是由药物在分散相/内侧的界面分配、膜内的扩散和膜外侧/水界面分配三步构成。

当药物的浓度变化在膜中呈直线时，根据 Fick 定律，可以得到：

$$J_i = -D_i \frac{\Delta c}{L} \tag{18-3}$$

当药物粒子以完全不溶性高分子膜包覆时，药物的释放速率可表示为：

对于平板型有：

$$\frac{\mathrm{d}M_t}{\mathrm{d}t} = \frac{ADK\Delta c}{L} \tag{18-4}$$

对于圆柱型有：

$$\frac{\mathrm{d}M_t}{\mathrm{d}t} = \frac{2\pi hDK\Delta c}{\ln(r_o/r_i)} \tag{18-5}$$

对于球型有：

$$\frac{\mathrm{d}M_t}{\mathrm{d}t} = \frac{4\pi DK\Delta c r_o r_i}{r_o - r_i} \tag{18-6}$$

式中 h——圆柱高，m；

r_o——外径，m；

r_i——内径，m。

② 基质型系统 在基质型系统中，药物分散于不溶性高分子基质中，药物在基质中的扩散为控速步骤。药物在基质系统中的释放过程，主要由药物在分散相的溶解、膜内的扩散、膜/环境溶液界面分配、边界层内扩散四步构成。根据药物在高分子基质中存在的状态和扩散过程，可分为以下三类。

a. 溶解于高分子基质药物的扩散。当单位体积基质中的药物初始量低于基质中药物的溶解度时，药物根据溶解-扩散机制释放出来，释放速率随基质的构型及释放的阶段而异。参见表 18-1。

表 18-1   溶解于高分子基质中的药物扩散的释药量和释放速率

构型	释放量	释放速率
平板状	初期 $\frac{M}{M_\infty} = 4\left(\frac{Dt}{\pi l^2}\right)^{1/2}$；$0 \leqslant \frac{M}{M_\infty} \leqslant 0.6$ 后期 $\frac{M}{M_\infty} = 1 - \frac{8}{\pi^2}\exp\left(-\frac{\pi^2 Dt}{L^2}\right)$；$0.4 \leqslant \frac{M}{M_\infty} \leqslant 1$	$\frac{\mathrm{d}M}{\mathrm{d}t} = 2M\left(\frac{D}{\pi l^2 t}\right)^{1/2}$ $\frac{\mathrm{d}M}{\mathrm{d}t} = \frac{8DM_\infty}{l^2}\exp\left(\frac{-\pi^2 Dt}{l^2}\right)$
圆柱状	初期 $\frac{M}{M_\infty} = 4\left(\frac{Dt}{\pi r^2}\right)^{1/2} - \frac{Dt}{r^2}$；$\frac{M}{M_\infty} \leqslant 0.4$ 后期 $\frac{M}{M_\infty} = 1 - 0.67\exp\left(-\frac{5.96Dt}{r^2}\right)$；$\frac{M}{M_\infty} > 0.6$	$\frac{\mathrm{d}M}{\mathrm{d}t} = 2\left(\frac{D}{r^2 \pi t}\right)^{1/2} - \frac{D}{r^2}$ $\frac{\mathrm{d}M}{\mathrm{d}t} = \frac{4DM_\infty}{r^2}\exp\left(\frac{-5.96Dt}{r^2}\right)$

续表

构型	释放量	释放速率
球状	初期$\dfrac{M}{M_\infty}=6\left(\dfrac{Dt}{\pi r^2}\right)^{1/2}-\dfrac{3Dt}{r^2}$;$\dfrac{M}{M_\infty}\leqslant 0.4$ 后期$\dfrac{M}{M_\infty}=1-\dfrac{6}{\pi^2}\exp\left(-\dfrac{\pi^2 Dt}{r^2}\right)$;$\dfrac{M}{M_\infty}>0.6$	$\dfrac{\mathrm{d}M}{\mathrm{d}t}=3M_\infty\left[\left(\dfrac{D}{r^2\pi t}\right)^{1/2}-\dfrac{D}{r^2}\right]$ $\dfrac{\mathrm{d}M}{\mathrm{d}t}=\dfrac{6M_\infty D}{r^2}\exp\left(-\dfrac{\pi^2 Dt}{r^2}\right)$

注：M—药物的释放量，g；M_∞—时间无穷大时药物的释放量，g；l—长度，m；r—半径，m。

b. 分散于高分子基质药物的扩散。当单位体积基质中所含的药物量高于药物的溶解度时，药物溶解和分散并存于高分子基质，然后从中扩散出来。

根据如下基本假设：ⅰ. 药物均匀分散，粒度远远小于厚度；ⅱ. 药物量远远大于溶解度；ⅲ. 释放环境为无限深阱，且没有边界层效应；ⅳ. 高分子基质不膨胀、不收缩；ⅴ. 高分子基质中的扩散为速度控制步骤，可以得到如下释放模型。

平板型：

$$M_t=A\left[DC_s(2c_0-c_s)t\right]^{1/2} \tag{18-7}$$

当 $c_0\gg c_s$ 时

$$M_t=A(2Dc_sc_0t)^{1/2} \tag{18-8}$$

$$\frac{\mathrm{d}M_t}{\mathrm{d}t}=\sqrt{\frac{ADc_sc_0}{2t}} \tag{18-9}$$

圆柱型：

$$\left[\frac{F}{4}+\frac{(1-F)}{4}\ln(1-F)\right]^{1/2}=K't^{1/2} \tag{18-10}$$

球型：

$$\left[\frac{1-(1-F)^{2/3}-2/3F}{2}\right]^{1/2}=K't^{1/2} \tag{18-11}$$

若考虑扩散边界层影响，平板型基质系统的释放量表达式为

$$M_t=\frac{-D_shKA}{D_a}+\left[\left(\frac{D_sh_aKA}{D_a}\right)^2+2AD_sc_st\right]^{1/2} \tag{18-12}$$

式中　c_0——单位体积基质中的初始药量，g/m^3；

　　　　c_s——药物在基质中的饱和溶解度，g/m^3；

　　　　F——药物适放分数；

　　　　K'——几何特性常数；

　　　　D_a——药物在环境溶液中的扩散系数，m^2/s；

　　　　D_s——药物在基质中的扩散系数，m^2/s；

　　　　h_a——扩散边界层厚度，m。

c. 分散于高分子基体中药物的孔道扩散。药物通过膜内充满液体的孔道进行释放，释

放量和释放时间的关系为：

$$M_t = A \left[c_a D_a \frac{\varepsilon}{\tau} (2c - \varepsilon c_a) t \right]^{1/2} \tag{18-13}$$

式中　c——药物在基质中的浓度，g/m^3；

c_a——药物在环境溶液中的浓度，g/m^3。

若孔道内溶剂有移动时，需考虑对流的影响，引入此情况下的扩散系数 D'，释放量与时间的关系则为

$$M_t = A \left[\frac{D'\varepsilon c_a}{\tau} \left(2c - 2\varepsilon \int_0^{c_a} \frac{D_a c \, dc}{D' c_a - Kc} \right) t \right]^{1/2} \tag{18-14}$$

对于非稳态过程，根据 Fick 第二定律建立的释放模型为

$$M_t = \frac{2c_s}{erf(\eta^*)} \sqrt{\frac{Dt}{\pi}} \tag{18-15}$$

（2）化学控制

化学控释包括降解系统和侧链系统两种[10,14,20]。

① 降解系统　降解系统可以是储库型或基质型，药物分散在可降解聚合物中，药物释放受聚合物材料降解性能的影响。

在储库型系统中，可以通过选择高分子膜的生物降解性质控制药物释放速率。在基质型系统中，药物既可以被扩散控制，也可以被降解控制。

从物理角度看有两种降解机理：均相降解和非均相降解。均相降解发生在聚合物体系内，发生的化学反应与体系的膨胀有关，一般情况下化学反应会导致相当快且难控制的药物释放。而非均相降解发生在体系的表面，药物的释放速度取决于聚合物的降解速率，并且通过控制可以实现连续释放，用方程表示如下：

$$\frac{dM_t}{dt} = A \frac{dx}{dt} f(c) \tag{18-16}$$

式中　$\frac{dx}{dt}$——聚合物的降解速率，m/s；

$f(c)$——药物在聚合物内的浓度，g/m^3。

如果药物在整个聚合物中是均匀分布的，而且降解速率保持恒定，这时就可以实现零级释放。

非均相降解是比较理想的，它具有以下特点：a. 只要药物扩散可忽略，就可以恒速释放药物；b. 释放速度可以简单地通过改变载药量或体系表面积来调节，而不取决于药物的物理或化学性质；c. 降解仅发生在表面，力学性质可以保持不变。

从化学角度看有三种降解机理：a. 聚合物大分子链水解；b. 非水溶性聚合物离子化；c. 交联聚合物降解。

药物释放机理如图 18-9 所示。

第 a 类中，不溶于水的高分子量聚合物通过主链上易断键的断裂而转化成水溶性的低分子量聚合物，降解产物应完全无毒或毒性甚微。这类体系广泛用于治疗性药物的控制释放。

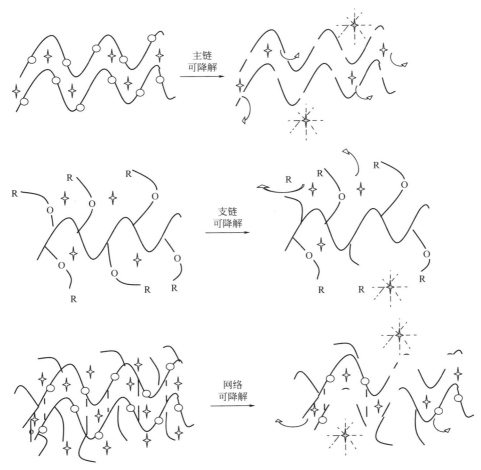

图 18-9　生物可降解高分子材料控释系统释放药物不同机制示意图

R—保护基团；✦—药物

　　第 b 类中，不溶于水的聚合物通过侧基的水解、离子化或质子化等化学反应成为水溶性分子。反应前后分子量不发生很大的变化，要彻底消除这些分子比较困难，一般不作为植入材料，而只作为口服药物控释材料。

　　第 c 类中，交联聚合物水解掉不稳定的交联剂，成为可溶于水的自由高分子。体系通常溶胀，并且很快释放出水溶性药物。该体系只适用于低水溶性的大分子药物。

　　② 侧链体系　药物以化学键与聚合物分子相连，药物释放受化学键降解的影响。

　　药物接在可溶的或不溶的高分子主链上，可溶性载体通常用于靶向体系，不可溶性载体多用于长效控制释放植入材料。载体既可是生物降解的，又可是非生物降解的。对于体内使用，要求聚合物不产生免疫反应，接在聚合物上的药物不与半抗原作用，以免导致过敏反应。药物既可接在主链上，亦可接在侧基上，侧基可用于改变药物释放的速度。

　　通常的高分子药物模型如图 18-10 所示。第一部分是连接在高分子链上的脂溶性或水溶性聚合物结构单元，溶解性质依活性药物的作用位点而定；第二部分是作为药物大分子载体的可降解的或非降解结构单元，药物通过可水解的功能基团或空间基团与聚合物主链共价相

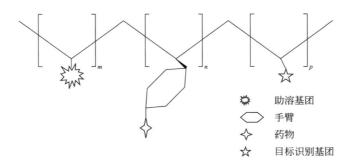

图 18-10　高分子和药物配合物的组成成分示意图

连；第三部分可以是靶向成分，用以提高高分子药物的总体性能。

（3）溶剂活化控制

溶剂活化控释通常包括渗透和溶胀两种机制[10,14]。

① 渗透控制　渗透控制的原理是利用聚合物载体在膨胀过程中具有的渗透性能来控制药物的释放速率。渗透控制体系可以实现均匀释放药物，释放速率只与溶解度有关，而与药物的其他性质无关。

最简单的渗透控制药物释放装置是一个中空的半透膜（图 18-11），中间为药物活性成分，膜上开有小孔。当与液体相接触时（时间 0），水可以通过半透膜渗透到中间的药物中，由于半透膜两侧压力不等，在渗透压作用下，药物经膜上的释放孔释放出来（时间 t）。

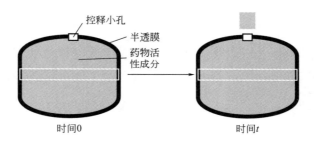

图 18-11　渗透控制药物释放装置示意图

② 溶胀控制　溶胀控制的原理是利用玻璃态聚合物的溶胀性能释放药物。在溶胀控制体系中，药物溶解或分散在聚合物中，药物本身无扩散出药膜的能力，只有当溶剂扩散到聚合物中，聚合物溶胀，此时聚合物的 T_g 降至实验温度以下，高分子链松弛，药物才能扩散出去。

在溶胀控制体系中，药物释放速率取决于溶胀速率，该法可以解决药物暴释问题。

（4）磁控制[10]

在磁控制体系中，药物和磁性微粒均匀分散在聚合物中，通过振荡磁场的强度可以调节聚合物链段运动性，控制分散于体系内药物的释放速率。磁场强度加强，链段运动性增强，药物释放速率加大。

磁控制体系的机制目前还不清楚。但该体系可进行药物释放速率的外部控制，以及按照人体的生理周期来改变药物的释放量，可以用于治疗糖尿病等疾病或生育控制，是其他方法无法比拟的。

磁性聚合物-酶共轭体就是磁控制体系，是由聚乙二醇（PEG）-酶共轭化合物与磁性微球（Fe_3O_4）混合形成，在外界磁场作用下定点、定向、定时作用于患部。目前，尿激酶、脂肪酶、纤维蛋白酶都已制成了磁控体系。

18.1.2.2　传质推动力

控制释放需要能源作为传质推动力。主要有物化能、化学反应/溶解能、机械能、电磁能等[21]。

（1）物化能

① 扩散　当气体、液体或固体由两种或两种以上不同浓度的组分组成时，它们总是朝着最终使浓度相等的方向移动，即发生扩散，扩散的方向由高浓度到低浓度。

根据 Fick 扩散第一定律：
$$J_i = -D_i \frac{\mathrm{d}c_i}{\mathrm{d}x} \tag{18-17}$$

当药物的浓度梯度在膜中呈直线时，可以得到：
$$J_i = -D_i \frac{\Delta c_i}{\Delta x} \tag{18-18}$$

只要膜两侧的浓度保持不变，则扩散保持不变。

② 渗透　药物水溶液具有一定的渗透压。装有药物溶液的半透膜利用渗透压把水分子拉过半透膜的能力可以通过半透膜上的微开孔运送药物。释放量可以通过药物溶液的渗透压、半透膜的通透性及其大小来控制。

（2）化学反应/溶解能

药理活性物质可以借聚合物材料的溶解或从生物降解材料中通过化学反应释放出来。

（3）机械能

适于运送流体或流态药物的橡胶态高分子材料称作高弹体，高弹体可以产生释放流态化合物所需的压力，达到药物释放的目的。

泵也可以离心力或容积置换的作用方式置换流体，达到药物释放的目的。

18.1.2.3　释放速率类型

控制释放体系的释放模型种类很多，按扩散速率大致可以归纳为三大类[22]：零级释放、一级释放和 $\sqrt{t}$ 级释放（图 18-12）。

（1）零级释放

零级释放又称为恒速释放，是最简单的释放模型，释放速率方程为：
$$\frac{\mathrm{d}M_t}{\mathrm{d}t} = k \tag{18-19}$$

零级释放中，释放速率为常数，直至活性组成基本耗完。在药物控制释放中，零级释放通常是最理想的结果。

（2）一级释放

一级释放速率方程为：

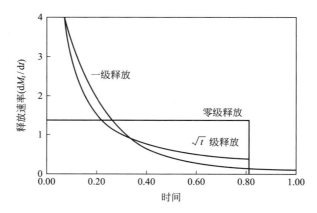

图 18-12　含同样初始量活性剂时三种模型的释放曲线

$$\frac{\mathrm{d}M_t}{\mathrm{d}t}=k(M_0-M_t) \tag{18-20}$$

又可以写作

$$\frac{\mathrm{d}M_t}{\mathrm{d}t}=k_1 M_0 \exp(-k_1 t) \tag{18-21}$$

药物的一级释放速率正比于活性组分的质量，并随时间呈指数衰减。

（3）$\sqrt{t}$ 级释放

$\sqrt{t}$ 级释放速率方程为：

$$\frac{\mathrm{d}M_t}{\mathrm{d}t}=\frac{k_\mathrm{d}}{\sqrt{t}} \tag{18-22}$$

药物的 $\sqrt{t}$ 级释放速率反比于时间的平方根。

式中　k，k_1，k_d——速率常数；

$\qquad M_0$——$t=0$ 时活性组分的质量，g；

$\qquad M_t$——t 时刻活性组分的质量，g；

$\qquad t$——释放时间，s。

18.1.3　控制释放膜的材料与制备方法

18.1.3.1　控制释放膜的常用材料[23-25]

用于制备控制释放膜的材料主要为高分子材料，根据其来源可以分为天然高分子和合成高分子材料。按照能否降解又可划分为非生物降解型与可生物降解型高分子材料两类。此外，还有一大类功能高分子材料，用以实现特殊的目的。

（1）天然高分子和合成高分子材料

天然高分子主要包括蛋白类（白蛋白、明胶、胶原蛋白等）、多糖类（葡聚糖、淀粉、几丁质、壳聚糖等）、纤维素类（甲基纤维素、乙基纤维素、醋酸纤维素及其酯类、羧甲基纤维素钠）、脂肪酸及其衍生物类（硬脂酸及其甘油酯、棕榈酸及其甘油酯）以及脂肪醇及其衍生物。

合成高分子主要包括硅橡胶、乙烯/醋酸乙烯酯共聚物（EVA）、聚氨酯弹性体、聚酯、聚酸酐、聚氨基酸、聚原酸酯、聚碳酸酯、聚膦腈等。

（2）非生物降解型与生物降解型高分子材料

硅橡胶、乙烯/醋酸乙烯酯共聚物、聚氨酯弹性体等属于非生物降解型高分子材料。

聚酯、聚酸酐、聚氨基酸、聚原酸酯、聚碳酸酯、聚膦腈等属于生物降解型高分子材料。

储库型、基质型和水凝胶系统的常用高分子材料见表 18-2。

表 18-2　用于控制释放膜的常用高分子材料

高分子材料		非生物降解型	生物降解型
储库型系统		硅橡胶、EVA	PLLA
基质型系统	微球和微囊	HEMA、PVA 与 NVP 的共聚物、聚乙酰胺、聚乙烯、聚丙烯	PHB、PCL、PLLA、PDLA PLA、PGA、PLGA、PEC、PPC、PEPC、聚氨基酸
	微粒和毫微粒	聚丙烯酸树脂、聚乙二醇、聚丙烯酰胺（高交联度）、聚甲基丙烯酸甲酯、聚苯乙烯、乙烯/醋酸乙烯酯共聚物、聚硅氧烷弹性体	PACA、PLGA、EC、HPMCP、丙烯酰化淀粉、明胶、聚氨基酸、PCL、聚酸酐
	脂质体	卵磷脂、磷脂酰甘油、磷脂酸、磷脂酰丝氨酸、二硬脂磷脂酰胆碱、神经鞘髓磷脂	
水凝胶系统		PEG4000、PVA、PAA、黄原胶、HPC、丙烯酸酯	乙烯基吡咯烷酮、D,L-乳酸、乙醇酸

注：EVA—乙烯/醋酸乙烯酯共聚物；PEC—聚乙烯碳酸酯；EC—乙基纤维素；PEG—聚乙二醇；HEMA—甲基丙烯酸-2-羟基乙酯；PEPC—乙烯碳酸酯/丙烯碳酸酯共聚物；HPMCP—邻苯二甲酸羟丙基甲基纤维素；PGA—聚乙醇酸；HPC—羟丙基纤维素；PHB—聚羟基丁酸酯；NVP—N-乙烯基-2-吡咯烷酮；PLA—聚乳酸；PACA—聚烷基氰基丙烯酸酯；PLGA—聚乳酸/乙醇酸共聚物；PCL—聚 ε-己内酯；PLLA—聚（L-乳酸）；PDLA—聚（D-乳酸）；PPC—聚丙烯碳酸酯。

18.1.3.2　控制释放膜的制备方法[23,26,27]

（1）脂质体

脂质体又称类脂小体，是一种类似微胶囊的新剂型。由一个或多个脂质双分子层环绕而成的水相隔室组成的药物载体。一层类脂质双分子层构成的脂质体为单室脂质体，多层类脂质双分子层构成的脂质体为多室脂质体。图 18-13 是类脂质聚集体的几种常用模型。

形成脂质体的材料包括卵磷脂、磷脂酰甘油、磷脂酸、磷脂酰丝氨酸、二硬脂磷脂酰胆碱、神经鞘髓磷脂等。通常在制备过程中加入硬脂酰胺、磷脂酰肌醇或磷酸二醇蜡脂等以增加脂质体表面带电性，以提高药物的囊化率，而加入胆固醇以增加双分子层的稳定性。

（2）微胶囊（microcapsule）或微球（microsphere）

微胶囊是指固体、液体或气体物质由高分子膜完全包封所形成的球形颗粒，直径一般在 $5\sim1000\mu m$。制备微胶囊的过程称为微囊化技术（microencapsulation），简称微囊化。微囊化方法按制备原理可以分为化学法、物理化学法和物理法，见表 18-3。

微胶囊的常用膜材料包括：天然高分子材料——明胶、阿拉伯胶、海藻酸钠、壳聚糖、淀粉和蛋白等，是药物扩散最常用的膜材料之一，成膜性能和稳定性好，无毒；半合成高分子材料——纤维素类衍生物，黏度大，易成囊，毒性小；合成类高分子材料——非降解性的

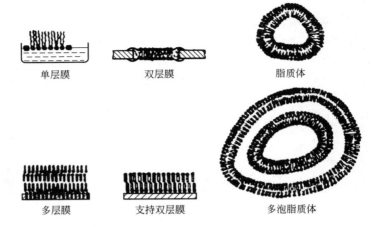

图 18-13 类脂质聚集体的几种常用模型

表 18-3 微胶囊的制备方法一览表

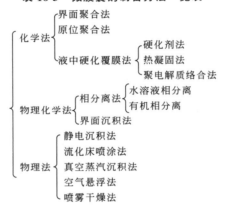

聚乙烯醇、聚碳酸酯、聚乙二醇、聚酰胺以及聚丙烯酸树脂类等，成膜性能和化学稳定性好，以及可生物降解的聚酯类、聚乳酸、聚丙交酯和消旋丙交酯-乙交酯共聚物等。

对于医用和药用的微胶囊，多采用化学法和物理化学法中的相分离法，而对于工业用和农业用微胶囊多采用物理化学法和物理法中的喷雾干燥法和界面沉积法。

微胶囊或微球最常见的制备方法为乳化法，它的基本制备过程如图 18-14 所示。

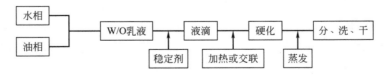

图 18-14 乳化法制备微胶囊或微球的基本过程

根据乳化方法的不同，可以分为油/油（O/O）、水/油（W/O）和水/油/水（W/O/W）三种类型（表 18-4），其中 W/O 型微球是使用最多的方式。粒径与强度是微胶囊的两个主要评价指标，微胶囊的粒径取决于：①水、油相的黏度；②两相的表面张力和体积比；③乳化剂或稳定剂的类型、浓度及混合效果。稳定剂的选取对于强度非常重要，理想的稳定剂通常是不溶于形成液滴的连续相而微溶于悬浮介质的多聚物或寡聚物，如 W/O 乳化方法中常用的稳定剂包括 PVA、PVP、藻酸盐、甲基纤维素、明胶、Tween 和 Brij S 等。

表 18-4　乳化微囊的常用制备方法

方法	制备过程	聚合物材料	药物实例
O/O 乳化方法	将聚合物溶解于 CH_2Cl_2，将药物分散于其中,将悬浮液在搅拌下滴入油相中乳化,经过滤、洗涤得到载药微囊	PLGA	BSA、多肽
W/O 乳化方法	将聚合物溶解于 CH_2Cl_2，将药物分散于其中,加入油酸钠水溶液中乳化,减压蒸发除去 CH_2Cl_2,过滤得到载药微囊	PLGA PLA PLLA	BSA、LHRH、多肽 抗生素、LHRH LHRH
W/O/W 乳化方法	将药物的水溶液加入聚合物的 CH_2Cl_2 溶液中乳化,得到 W/O 乳化液,再加入 PVA 水溶液中进一步乳化,经旋转蒸发除去 CH_2Cl_2,得到载药微囊	PLA PLGA	LHRH BSA

（3）微粒（microparticle）和纳粒（nanoparticle）

微粒和纳粒指的是载药固体分散物。用于制备固体分散物的材料有多种，乙基纤维素、聚丙烯酸树脂、聚乙二醇和脂溶性材料已被用于制备微粒和纳粒。近年来，聚酯、聚氨基酸、明胶和聚多糖等生物降解高分子材料也已用于载药固体分散物的研究，以满足非胃肠道给药对生物降解性的要求。在固体分散物中加入 PEG 或 PVP 等水溶性物质作致孔剂可以调节释药速率。选用适宜的载体材料和合适的药物、载体和致孔剂的配比，可以获得具有理想释药速率的微粒或纳粒。

微粒和纳粒的制备方法主要包括溶剂蒸发法、共沉淀法、熔融法，如表 18-5 所示。

表 18-5　微粒和纳粒的常用制备方法

方法	制备过程	材料
溶剂蒸发法	药物与聚合物溶解或分散于乙醇等有机溶剂,再将溶剂蒸发除去,剩余物干燥	EC、聚丙烯酸树脂、PLA、PLGA、PDLA、PLLA 丙烯酰化淀粉
共沉淀法	药物与聚合物溶于有机溶剂中,将溶液倒入非溶剂中,得到药物与聚合物的共沉淀物	聚丙烯酸树脂 聚天门冬氨酸 PMMA
熔融法	将聚合物加热熔化,药物溶解其中,搅拌均匀,熔融物迅速冷却	PEG 脂溶性载体 PLA

微粒和纳粒的大小取决于水油相的黏度、表面张力和体积比、乳化剂或稳定剂的类型与浓度、混合的效果。形成微粒还是纳粒主要取决于稳定剂的类型和用量，理想的稳定剂通常是不溶于形成液滴的连续相而微溶于悬浮介质中的多聚物或寡聚物。

微粒和纳粒的主要给药途径是静脉注射。此外，口腔给药和鼻腔给药也可以提高药物的生物利用度。

（4）载药膜

眼睛、口腔等黏膜给药系统多采用载药膜。载药膜系统的制备方法有两种：溶剂蒸发法和模压法。其中溶剂蒸发法是最为常用的方法，常用的膜材料为 PLGA，如表 18-6 所示。

表 18-6　PLGA 载药膜的制备方法

方法	制备过程	实例
溶剂蒸发法	将 PLGA 溶解于 CH_2Cl_2，药物均匀分散其中，将混合液铺展于玻璃表面或 Teflon 模具上，让溶剂自行挥发成膜	含牙周炎抗生素的载药膜
	将聚合物的 CH_2Cl_2 溶液与药物的水溶液混合，搅拌乳化后喷雾成膜	含 β-IFN 的载药膜
模压法	将药物与聚合物的混合物模压成型	含睾酮和 BSA 的载药膜

（5）片剂型释药系统

片剂型释药系统主要以口服或植入的方式加以应用。其制备方法主要有两种：①混合压片；②药物片剂上方覆膜（包衣）。另外，将压片和单层包衣结合起来，可以得到多控装置或脉冲式释药体系。

18.1.4　控制释放膜的性能评价[28,29]

控制释放制剂中药物浓度很高，如果制剂在体内破裂，将使药物一次性释放，而产生危险。因此要求控制释放膜必须具有以下功能：①能安全封闭大量药物；②能调节释放速率；③具有生物相容性。

18.1.4.1　控释特性的评价

（1）体外溶出特性

① 释放曲线　首先以实际采用的药物控制释放制剂为对象，测定它在不同时间的释放量，制作释放曲线。根据释放量和时间的关系，确定药物对膜的溶解性或是药物在膜中的扩散性起主导作用。

一般来讲，药物对高分子膜的溶解性可以根据该药物对高分子膜结构类似的低分子化合物的溶解性来推测，或者参考该体系的凝聚能或溶解度等参数来判断。

膜的扩散性可以用膜的透过系数来表征。透过系数通常采用 L 型测试池测定。池中以高分子膜相隔，一侧为高浓度药物溶液，另一侧为缓冲溶液或水，然后测定透过膜的药物量与时间的关系曲线。当透过膜的药物量较少时，可以忽略边界层效应，所得的透过量与时间呈线性关系，由直线的斜率就可以算出膜的透过系数。

图 18-15 为测定高分子膜的药物通透性能的各种测试池。图（a）～图（d）用于评价膜通透性，图（e）～图（g）主要用于评价经皮吸收制剂或软膏制剂。

② 评价指标　控制释放制剂的定量评价标准有两个：a. 体外溶出百分数或一定时间内保持的药物百分数；b. 溶出时间，即释放一定量的药物所需的时间。

图 18-16 为评价基质型系统控释特性的装置图，评价时需保持一定的搅拌速度和温度。

（2）体内生物利用度（bioavailability）

生物利用度是指活性物质在某一时间内被肌体吸收的量或到达靶部位的量，也就是在一给定剂型中活性物质被肌体吸收的百分数。可以用血药浓度或尿中排泄曲线确定生物利用

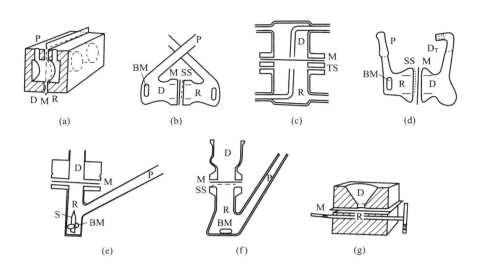

图 18-15　高分子膜的药物通透性能的各种测试图

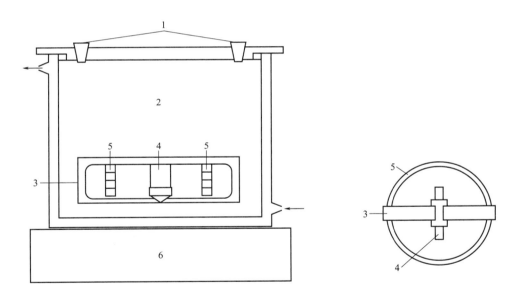

图 18-16　基质型系统控释特性评价装置图

1—密封栓；2—恒温水槽；3—环状玻璃夹；4—Teflon 搅拌子；5—高分子药物；6—磁力搅拌器

度，必须进行单次剂量和多次剂量后测定。

（3）体内外相关性

药物的体外溶出特性和体内生物利用度决定了制剂的有效性。而体外评价不能准确反映体内性能。引入体内外相关性的概念，使利用体外特性反映体内的动态溶出过程成为可能。

体内外相关性是很重要的一个参数，相关因子 R' 的计算式为：

$$R' = \frac{(M/t)_{\text{体内}}}{(M/t)_{\text{体外}}} \tag{18-23}$$

几种控制释放的相关因子见表 18-7。

表 18-7 　几种控制释放制剂的体内外相关因子

药物	高分子膜材料	释放位置	$Q/t^{1/2}/[(mg/cm^2)/d^{1/2}]$	R'
脱氧皮质酮	硅橡胶	体外	1.072	
		皮下	1.025	0.956
孕激素	Hydron	体外	1.060	0.476
		皮下	0.504	
双醋炔诺醇	硅橡胶	体外	3.165	0.664
			2.100	
黄体酮	聚乙烯	体外	0.313	0.799
		子宫内	0.250	0.799
		腹腔内	0.250	

统计矩分析和线性系统分析等数学分析方法是研究体内外相关性的常用方法。

18.1.4.2　膜的生物相容性

生物体与外源性物质接触时，将产生多种反应以维护自身环境，因此用于药物控制释放的材料必须具备一定的生物相容性。目前还没有完整、清晰的关于生物相容性的定义，根据应用途径的不同，生物相容性可以分为组织相容性与血液相容性。

图 18-17 所示为高分子材料与生物体之间的相互作用。如果高分子材料的生物相容性不好，就会引起生物体的急性、慢性排斥反应，以及出现高分子膜材料的分解、恶化、溶出等不良后果。

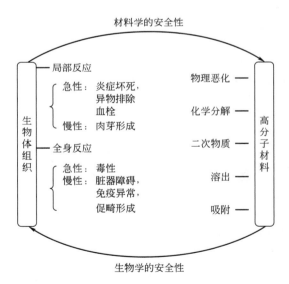

图 18-17 　生物体与高分子材料相互作用

对于生物相容性的评价，目前正处于研究中。最有效的方法为对高分子材料进行生物体移植，但该法费用高、周期长、不易在线检测。因此常采用体外实验，如将高分子材料与血液、体液接触，或在高分子膜表面进行细胞培养实验等，考察双方的相互作用以及变化情况。

已被确认生物体内可以被分解吸收的代表性高分子材料有：脂肪族聚酯（聚乙醇酸、聚-β-羟基丁酸）、热凝固或交联白蛋白、热凝固血纤维蛋白原、交联明胶、亚油酸胶原、聚-$N5$-(3-羟基丙基)-L-谷氨酰胺、聚-L-谷氨酸、葡萄糖、淀粉（直链、支链）、葡萄糖胺聚糖（透明质酸）、脱氧核糖核酸（DNA）、核糖核酸（RNA）、聚膦腈。

18.2　微胶囊膜[4-6,30-33]

微胶囊是将多肽、酶、蛋白质或活细胞等生物质包封在亲水的半透膜中，形成球状的微型胶囊。半透性微胶囊膜不仅将包封物与外界环境隔离，起到储库的作用；而且可控制膜内外物质交换，即：高于某一分子量的生物大分子和细胞不能出入半透膜，而小于某一分子量的生物大分子、小分子物质或培养基的营养物质可以通过膜自由出入，从而实现控制释放或保护功能（图 18-18）。因此，微胶囊既可用作细胞、组织移植的免疫隔离工具（图 18-19）或基因运载工具，用于神经/内分泌疾病的治疗研究，又可以作为细胞或酶的固定化工具用于动、植物细胞培养，微生物发酵以及酶的生物催化等方面，还可以在包埋农药（杀虫剂、除草剂等）、化肥、饲料和日用品（香料、化妆品、洗涤剂）等工业领域发挥重要作用。

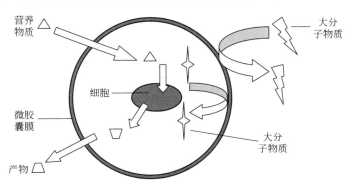

图 18-18　微胶囊膜示意图（以细胞包埋为例）

(a) 空微胶囊

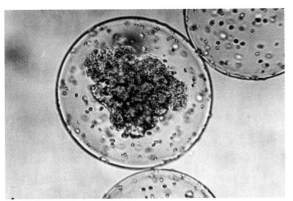

(b) 包埋胰岛细胞的微胶囊

图 18-19　光学显微镜下微胶囊照片

（中国科学院大连化学物理研究所）

18.2.1　微胶囊的制备材料和方法

微胶囊的制备材料除了要求成膜性好和机械强度高，在生物医药领域应用时还应具备良好的生物相容性，即不仅要避免引起宿主的免疫反应，还要保证被包封细胞或生物物质的活性与功能。已见报道的制备材料有天然、半合成及合成三大类，常用材料主要有海藻酸钠类、壳聚糖类、琼脂类、聚酯类、聚丙烯酸酯类等，其制备原理和方法见表 18-8。

表 18-8　微胶囊的常用材料和制备原理

膜材料	微胶囊	制备原理	作者及时间
海藻酸钠、聚氨基酸类	海藻酸钠/聚赖氨酸微胶囊	聚电解质络合	Lim and Sun，1980
海藻酸钠、壳聚糖类	海藻酸钠/壳聚糖微胶囊	聚电解质络合	Goosen，1989
	海藻酸钠/多层壳聚糖微胶囊	聚电解质络合、界面沉积及离子移变作用	Knorr and Daly，1988
	壳聚糖/羧甲基纤维素（CMC）微胶囊	聚电解质络合	Yoshioka，1990
	壳聚糖/三磷酸酯微胶囊	聚电解质络合	Kawashima，1985
	海藻酸钙-硫酸纤维素钠/壳聚糖（CA-NaCS/CHC）微胶囊	聚电解质自组装	Xu Q X，2017
琼脂	琼脂微胶囊	低温凝胶技术	Nilsson，1983
葡聚糖、聚氨基酸类	葡聚糖/聚精氨酸微胶囊	聚电解质自组装	Karamitros，2013
聚丙烯酸酯	EUDRAGITRL 微胶囊	界面沉积	Sefton，1990
	HEMA/MMA 共聚物微胶囊		Sefton，1987
	聚丙烯酸酯络合微胶囊		
其他	聚烯丙基氯化铵/聚苯乙烯磺酸钠（PAH/PSS）微胶囊	聚电解质自组装	Manfeld，1991
	硫酸纤维素钠/聚二甲基二烯丙基氯化铵（NaCS-PDADMAC）微胶囊		Ramos，2010

海藻酸钠（sodium alginate）是存在于褐藻类海洋生物中的线型阴离子天然多糖，当向其溶液中添加 Ca^{2+}、Ba^{2+} 等二价阳离子后，在离子移变作用下 Ca^{2+} 将 Na^+ 置换出，导致溶胶向含水量＞95％的凝胶转变，形成既有强度性能又有弹性的海藻酸钙三维网状结构凝胶；以海藻酸钙凝胶珠作为微胶囊的内核，在外部要包覆聚合物膜层才最终形成微胶囊。目前应用最广、技术相对成熟的是海藻酸钠与碱性赖氨酸（lysine）的阳离子聚合物形成的海藻酸钠/聚赖氨酸（APA）微胶囊。APA 微胶囊的粒径、形状、通透性、强度等各种性能可以通过制备条件加以控制。研究表明，微胶囊的强度和生物相容性与膜表面电荷、表面光洁度、球形度、海藻酸钠的组成，外层海藻酸钠包被的完整以及消毒过程等因素有关。微胶囊的通透性与聚赖氨酸的分子量、浓度、与海藻酸钠的反应时间以及溶液的 pH 等制备条件有关。由于聚赖氨酸价格比较昂贵且生物相容性不理想，所以 APA 微胶囊在细胞培养领域的应用受到了限制，而主要用于医学领域细胞移植的研究。

壳聚糖（chitosan）是自然界含量仅次于纤维素的天然直链多糖，来源广泛、价格低廉，拥有良好的生物相容性和可生物降解性（在体内主要被广泛存在于体液和组织中的溶菌酶降解）。由于它的侧链结构中含有大量的伯氨基，在稀酸溶液中因氨基质子化而溶解，并荷正电成为阳离子聚合物，能够在水溶液中与海藻酸钠等阴离子聚电解质发生络合反应形成聚电解质络合物，因此是合成化合物聚赖氨酸的理想替代材料，被广泛用于生物微胶囊的制备。但由于壳聚糖分子结构单元是氨基葡萄糖，与海藻酸钠相互作用时存在着一定的空间阻碍效应，因此需要对壳聚糖进行改性，如化学修饰引入活性基团或水化降解、氧化降解等。通过提高壳聚糖脱乙酰度、降低黏均分子量等化学改性方法，优化各种制备条件，可以制备出高强度、具有良好生物相容性的壳聚糖/海藻酸钠微胶囊。

　　一般而言，无论采用何种制备材料，微胶囊制备技术都有一个大致类似的工艺路线，即：首先制备尺寸可控的液滴，然后通过物理或化学手段处理液滴表面，得到固态的微胶囊膜。活细胞等生物质要求微囊化过程在温和条件下进行，不应涉及温度、pH、渗透压、离子强度等理化条件的剧烈变化，进而实现微囊化的生物质生物活性损失很少或不损失，因此生物微胶囊的制备方法多采用化学法中的液中硬化覆膜法。

　　液中硬化覆膜法包括：利用海藻酸钠遇多价金属离子迅速生成凝胶性质的硬化剂法，利用琼脂在不同温度下由溶胶转变成凝胶性质的热凝固法，以及利用带相反电荷的聚电解质间静电作用形成高分子络合膜的聚电解质络合法。其中，聚电解质络合法通常是将海藻酸钠与细胞混悬液装入注射器并固定在注射器泵上，氯化钙溶液作为凝胶浴，在二者之间形成静电场，通过调节参数可制备 $100 \sim 200 \mu m$ 凝胶珠，再外覆高分子膜形成微胶囊。由于该过程在近似于生理条件下完成，因此研究和应用得最多。聚电解质络合膜的强度和通透性等性能指标可以通过制备条件和外部刺激加以控制。

　　微胶囊制备装置通常有气动、电动两种，如图 18-20 所示。

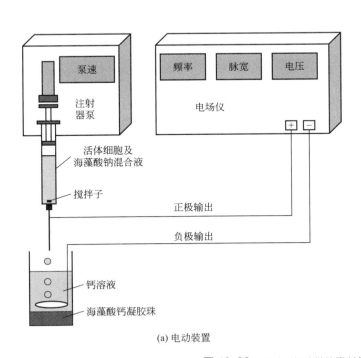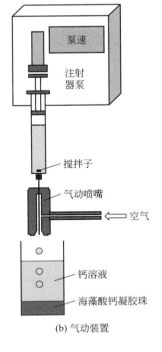

图 18-20　电动、气动微胶囊制备装置

　　经过几十年的发展，除了利用正、负电荷聚电解质之间的静电作用建立的聚电解质络合技术（polyelectrolyte complexation）制备微胶囊，一些基于化学/物理化学和物理过程的微

胶囊制备技术也已经开发出来，以下给出几个代表性的例子。

基于静电液滴-聚电解质络合的多通道微胶囊制备系统[34]，利用多通道电极特殊设计既增加了产量，又保证各通道内带电液流受到均匀电场力作用以形成粒径均一的微胶珠/胶囊。又如利用喷雾干燥机的喷头加以改进形成的静电喷雾（雾化）技术，可以批量制备包埋肝细胞的微胶珠[35]，也可通过参数调节优化制备微米/纳米颗粒，包埋食品有效成分，开发系列高附加值功能食品[36]。

共形包衣[37]是在小的细胞群或小组织块上直接包覆聚合物形成膜层的技术，将海藻酸钠与PEG和葡聚糖搅拌形成双水相溶液，加入细胞轻轻混合后倒入凝胶浴形成凝胶层，再外覆聚鸟氨酸形成膜层。相比传统微胶囊，此法消除了囊内死腔，能有效改善共形包衣膜内外和细胞群之间的质量传递。

同向/轴流动[38]（coflowing stream/coaxial flow）制备技术在与针头同轴方向引入了气流或液态流体，同样起到了克服针孔内壁的黏滞阻力和界面张力的作用。同轴流动液滴发生器装置一般包括（图18-21）：外部为同轴特富龙（Teflon）套管的针头组件（needle assembly），由橡胶管连接注射器泵（extended rubber tubing）的三通阀及连接于压力泵的过滤单元。海藻酸钠与细胞悬液在注射器泵的恒速推动下通过针头，流体同向通过针头与套管间的环隙，带动混悬液快速离开针头落入凝胶浴中，从而制备直径几十微米至$400\mu m$的海藻酸钠胶珠及微胶囊，95％以上的细胞活性得以保持。

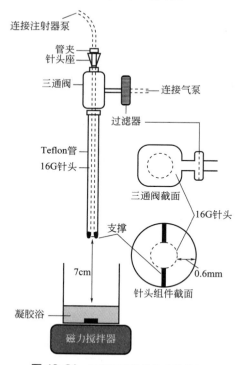

图18-21 同轴流动液滴发生器装置

微喷嘴阵列[39]（micro-nozzle array）是采用光刻蚀技术（photolithography）和两步深度反应离子蚀刻技术（two-step deep reactive ion-etching）在硅板上制备出的一种新型装置（图18-22），具有微射流装置的特点，即：流体为层流流动，有明显的黏滞力，可以在液滴形成时提供稳定的剪切力作用。将海藻酸钠溶液（或海藻酸钠-细胞混悬液）从微喷嘴阵列上游挤入呈层流流动的豆油中形成液滴，氯化钙溶液则从下游挤入豆油中形成液滴，二者相遇发生反应形成海藻酸钙凝胶珠，胶珠尺寸在 $50 \sim 200 \mu m$ 且呈单分散分布。利用单个硅板上的 104 个微喷嘴，海藻酸钠液滴的生产率可以达到 $214 mL/(cm^2 \cdot h)$，而且通过增大硅板面积或者多硅板并行可以很容易将产率放大 1000 倍。类似的，利用微流控技术[40]在芯片上设计刻蚀通道，同时在每个喷嘴外环绕一个同轴压缩空气喷口，利用气流流动克服喷嘴内壁的黏滞阻力和界面张力，可实现批量制备粒径均一、形状和形貌易于精准控制的载细胞海藻酸钙凝胶珠/微胶囊。

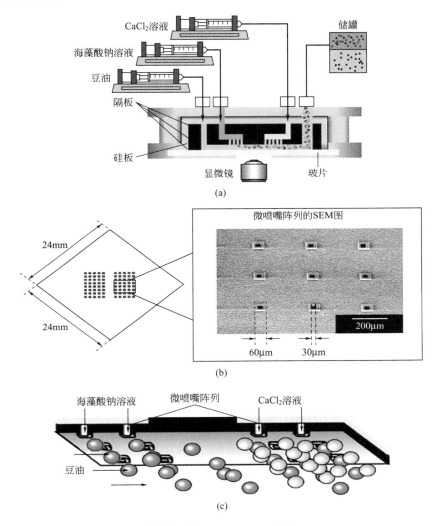

图 18-22　微喷嘴阵列示意图

（a）实验装置；（b）微喷嘴阵列的扫描电镜图（SEM）；（c）胶珠制备过程流体流动示意图

乳化/内部凝胶化技术[41,42]先将海藻酸钠和细胞、难溶钙盐形成混悬液，再分散到油相中形成油包水（W/O）型乳化液，加入酸引发难溶钙盐中 Ca^{2+} 的解离生成球形度好、尺寸在 $200 \sim 1000 \mu m$ 的海藻酸钙凝胶珠，再外覆阳离子聚合物形成微胶囊膜。该过程易于批量生产，且可保持 80％～90％细胞活性及生长代谢能力。

18.2.2 微胶囊的结构与性能评价[43-55]

微胶囊的结构与性能表征没有统一的、标准的方法，到目前为止主要依赖于微胶囊的形貌与结构、粒度、强度、通透性、生物相容性和生物活性的测定。

18.2.2.1 形貌与结构

微胶囊形貌与结构（morphology and structure）对微胶囊膜渗透性及其生物体内应用相容性都具有重要作用。微胶囊膜表面粗糙更容易吸附蛋白质，在体内会引起一系列的细胞黏附，导致微胶囊被包裹而丧失移植功能。微胶囊膜表面及囊内凝胶结构的孔径大小、孔隙率等都会影响到生物活性物质、营养物及氧气等的跨膜传递。

微胶囊形貌与结构的表征常用以下一些方法：

① 光学显微镜，观测微胶囊形态、大小，膜表面形貌、膜厚；

② 扫描电子显微镜（SEM）、原子力显微镜（AFM），观察干态下微胶囊膜表面及断面、内部凝胶显微结构；

③ 共聚焦激光扫描显微镜（CLSM），观察近湿态下微胶囊膜形貌、厚度，内部凝胶结构，还可以用荧光分子标记利于观测；

④ 白光干涉仪，观察湿态下微胶囊膜表面形貌、显微结构，测定膜表面粗糙度。

18.2.2.2 粒度

微胶囊的粒度（size）主要是指生物微胶囊的粒径大小及分布。微胶囊的直径一般在几十微米至几毫米之间。不同的使用目的对微胶囊直径有不同的要求。例如，用作细胞移植的微胶囊以 100～500μm 为宜，用于静脉注射的微胶囊以 20μm 以下为宜，而用于微生物发酵和细胞培养的微胶囊可以为 500～3000μm。

微胶囊大小对细胞的生长和产物的分泌有直接影响。微胶囊小，微囊膜内外的物质传递速度快，利于细胞的生长和产物的分泌，但制备小微胶囊比较困难。微胶囊的粒径分布越窄越好。一般说来，大微胶囊的粒径分布较窄，而小微胶囊的粒径分布较宽。

微胶囊的粒径及其分布可以通过改变制备工艺条件而进行控制。采用气动装置时，气速是决定粒径大小及分布的主要因素；采用电动装置时，脉冲电压是决定粒径大小及分布的主要因素。

微胶囊粒径大小的测定主要有以下几种方法：

① 利用显微镜用测微尺在光学显微镜下测定；

② 采用筛分法测定；

③ 利用激光粒度仪测定；

④ 利用图像分析仪测定。

通常，读取一定数量微胶囊的直径，算出平均直径，进而求取方差衡量粒径分布。

18.2.2.3 强度

强度（strength）是微胶囊的一个重要性能指标，具有一定强度是微胶囊应用的必要条件。在应用环境中，微胶囊膜通常会经历三种变形模式：剪切、压缩/膨胀和弯曲。当作用力超出临界值，微胶囊膜会发生破碎，导致内含物的释放从而引起不良后果。微胶囊的强度通常可以在引力、压力、离心力、摩擦力和剪切力作用下测定，常用的是以微胶囊被破坏所需的压力作为衡量指标。压力的测定可以采用物理压力法、膜张力测定装置或电子天平测定。最直观的测定方法是通过镊子挤压作用，在显微镜下观察微胶囊破裂前球型度变化的程度。

　　微胶囊的强度通常与微囊膜的厚度（T）和粒径（D）有关。一般说来，微胶囊的粒径相同时，膜厚度越大，破坏所需的压力越大，强度越好；膜厚相同时，粒径越小，破坏时所需压力越大，强度越好。在一定范围内可以用 D/T 表征微胶囊的强度。

　　微囊膜的厚度可以采用称重法测定，但这种方法操作过程较为麻烦。利用微囊膜的厚度和微胶囊体积的膨胀率 S_w（微胶囊的直径增加的百分比）成反比关系，对于粒径相近的微胶囊，可以通过膨胀率间接表征膜强度，如图 18-23 所示。

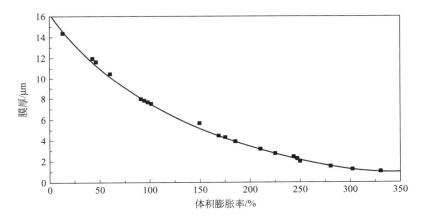

图 18-23　微胶囊膜厚度和膨胀度之间的关系

$$S_w(\%) = 100\left[\left(\frac{D_t}{D_0}\right)^3 - 1\right] \tag{18-24}$$

　　式中，D_0 和 D_t 分别代表胶珠和微胶囊的直径。体积膨胀率值越大，意味着微胶囊膜耐膨胀性越差，其强度也越低。由于测定的是微胶囊在溶液环境下的机械性能，该方法获得的结果对体内应用来说更有价值。

18.2.2.4　通透性

　　微胶囊的通透性（permeability）又称为渗透扩散性能，是微胶囊的另一个重要的性能指标，决定了微胶囊是否适用于医学、细胞培养、药物、农药、食品、日用品等领域。生物质经微囊化后，其物质传递受到了微囊膜的限制。对于细胞培养用微胶囊，要求维持细胞生长和代谢的营养物质和某些代谢产物能够自由出入微囊膜，而细胞和/或单克隆抗体等目的产物能完全截留在微胶囊中；对于微囊化胰岛等人工器官或人工细胞，要求微囊膜能将引起免疫反应的免疫球蛋白等大分子抗体阻隔在微胶囊外。微囊膜通透性能的表征是微胶囊有效应用的关键。

表征微胶囊渗透扩散性能的参数主要有截留分子量（molecular weight cut-off，MWCO）、分配系数（K_p）、截留量（R）、孔径分布、透过速率（J）、渗透率（P）和有效扩散系数（D_{eff}）。

通常采用浸入法测定微胶囊的通透性。将一定量的微胶囊和一定浓度的模型物质溶液混合，在搅拌条件下溶质由溶液向微胶囊中扩散，测定不同时间下的主体溶液浓度 C_b，得到浓度-时间曲线。根据质量衡算测定微胶囊的渗透扩散性能。当使用不同分子量的模型物质时，则可以测定微胶囊膜的 MWCO，即：不能渗透通过膜的模型物质（多为蛋白质和葡聚糖）所具有的最低分子量。另外，截留分子量也可以采用激素标记法测定（Duffy，1987）。需要注意的是，扩散实验中模型物质在微胶囊膜表面的吸附会给测定结果带来一定的误差。

膜孔径也可以采用多分散葡聚糖结合高效凝胶色谱法（Chang，1993），利用溶质的 Stokes 半径计算测得。

人们还建立了一些数学模型以描述物质通过微胶囊膜的渗透扩散行为，如：利用膜分离技术中膜相扩散系数、截留率、截留分子量等参数建立的非稳态球形渗透扩散模型；基于化学势平衡的物质扩散数学模型，与相关实验中物质跨膜扩散行为与分布有较好的一致性。

18.2.2.5　生物相容性

生物相容性（biocompatibility）对于用于细胞移植的生物微胶囊而言，是尤为重要的一个性能指标，它是指植入生物体内的材料与宿主之间的适应性，即材料在特定应用环境中，引起适当宿主反应和产生有效作用的能力。按照接触部位不同，可分为组织相容性和血液相容性两种。一般要求微胶囊尽可能不引起生物体异常反应（如炎症、过敏、细胞过度增殖等）。但是目前对于微胶囊的生物相容性的认识还不够深入，还没有统一的衡量标准。

通常采用活体试验方法，将空微胶囊或微囊化细胞植入动物体内，定期回收，考察微胶囊的物理形态，包括：微胶囊表面光洁度和膜的完整性，微胶囊周围是否为宿主细胞所浸润，以及宿主体是否出现炎症等异体排斥反应。

一般说来，除了材料本身应具有生物相容性以外，微胶囊的球形度、表面光洁度、膜的完整性对生物相容性也有很大影响。微胶囊的球形度越好，膜表面越平滑完好，则越不容易引起异体排斥反应。

18.2.2.6　生物活性（bioactivity）

酶或细胞固定于微胶囊膜中，要求保持一定的活性。微胶囊活性的测定与游离酶或游离细胞的活性测定方法一样。以固定化酶为例，活性的测定如下：将一定量的固定化酶加入底物溶液中，保持恒温，记录底物浓度随时间的变化，得到反应速度随时间的变化曲线，由初始反应速度计算固定化酶的比活性。

18.2.3　微胶囊的应用实例

近些年来，随着化学、化工、材料、生物学、医学和药学领域的快速发展，微胶囊膜技术也取得了显著的进步，在包埋细胞作为人工细胞和人工器官、包埋细胞培养生产活性物质、包埋细胞作为药物筛选模型体系、包埋药物作为控制释放新剂型和基因治疗，以及包埋农药、化肥、饲料和日用品等领域得到广泛应用，取得了很好的应用效果，正在推动越来越多的微胶囊膜产品尽快走向实际应用。

18.2.3.1　人工细胞和人工器官[6,56-71]

将微胶囊膜技术用于细胞移植具有免疫隔离（不用免疫抑制剂）、细胞源供体扩大（动物、基因工程细胞、干细胞、人源等）以及便于手术操作等优势，其作为各类人工细胞和人工器官的应用日益受到关注。目前，被包埋的细胞种类不断扩展，由最初的胰岛细胞发展为肝细胞、甲状旁腺细胞、甲状腺细胞、肾细胞、肾上腺髓质细胞、垂体、基因重组细胞、神经因子等（表 18-9）。目前，根据包埋细胞的种类，微囊化细胞移植的研究主要集中在糖尿病、帕金森病、肝损伤/肝衰、癌症、尿毒症等重大疾病的治疗。

表 18-9　人工细胞和人工器官的应用实例

时间	实例
1957 年	Chang 提出了"人工细胞"的概念——生物微胶囊的雏形
1964 年	Chang 提出了微囊化方法在临床及其他生物学领域应用的可行性，为微胶囊的应用指明了方向
1980 年	Lim 和 Sun 首次制备海藻酸钠/聚赖氨酸微胶囊，并微囊化胰岛细胞作为人工胰脏，研究结果发表于《Science》，为微胶囊用于内分泌疾病的治疗开创了先河
1984 年	Sun 等人改进了海藻酸钠/聚赖氨酸微胶囊的制备方法，得到了迄今为止生物相容性最好的微胶囊
1985 年	微囊化精子以期用于人工授精
1986 年	O'Shea 等人利用微囊化胰岛进行了异种移植
	Chang 和 Sun 的实验小组分别开展了肝细胞的微囊化研究，以期得到人工肝
1987 年	Sun 等人微囊化甲状旁腺——人工甲状旁腺
1991 年	Chen 等人微囊化甲状腺——人工甲状腺
1992 年	Maysinger 等人微囊化神经生长因子，为神经疾病的治疗提供了可能
1993 年	Chang 等人微囊化重组细胞——基因治疗的运载工具
	Koo 等人微囊化肾细胞，分泌血红蛋白
1994 年	Chen 等人微囊化垂体移植
	Abobakr 等人微囊化肾上腺髓质细胞
1995 年	Al-Hendy 等人微囊化成肌细胞——体细胞基因治疗
1996 年	Sun 等人微囊化猪胰岛于天然糖尿病猴，为走向临床应用迈进了一步
1997 年	Okada 等人将微囊化细胞用于细胞介导治疗

但是，这一领域最重要的工作还是集中在微囊化胰岛细胞，即研发"人工胰腺"移植治疗糖尿病。猪源胰岛的异种移植、人源胰岛的同种异体移植、基于干细胞源的胰岛素分泌细胞以及胰岛和干细胞共包囊，用于微囊化胰岛移植治疗糖尿病鼠、狗、猴等动物模型，同时，一些针对糖尿病患者的微囊化胰岛细胞移植临床研究也先后见诸报道（表 18-10）。

表 18-10　人工胰岛（微囊化胰岛）用于糖尿病患者的临床研究实例

时间	实例
1992 年	Calafiore 等人将微囊化胰岛移植入一位 1 型糖尿病患者和一位 2 型糖尿病患者(注射胰岛素)体内，2 型糖尿病患者对注射胰岛素的需求稳步降低且血清中 C-肽水平升高，效果持续 7 个月

续表

时间	实例
1994 年	Soon-Shiong 等人将微囊化人胰岛注射入一位 1 型糖尿病患者腹腔(38 岁白人,糖尿病史 30 年且有严重并发症),使用免疫抑制剂,在第 9 个月停用外源胰岛素的情况下,仍能保持 24h 血糖水平稳定,而且持续时间超过 58 个月
2006 年	Calafiore 等人首次将微囊化人胰岛移植入两位 1 型糖尿病患者(未用免疫抑制剂)腹腔,在临床 1 期初步研究 60 天后检测,出现与功能 β 细胞存在下的 C-肽反应
2007 年	Elliott 等人首次将微囊化猪胰岛移植入一位 1 型糖尿病患者腹腔(41 岁白人),在 14 个月内最多将外源胰岛素用量降低 30%,在移植 9.5 年后回收的微囊中仍可检测到猪胰岛分泌的少量胰岛素
2009 年～2016 年	Living Cell Technologies(LCT Global)公司在俄罗斯开展了微囊化胎猪胰岛移植的临床 1/2a 期研究。在 8 位 1 型糖尿病患者中,两位患者在 32 周内停止了胰岛素注射。在阿根廷开展的临床 2a 期安全性和疗效评价研究中(8 位患者),二次移植 12 周后外源胰岛素需求下降 20%。在新西兰开展的临床 2a 期微囊化胰岛剂量研究中(16 位患者),52 周后糖化血红蛋白及外源胰岛素需求都明显下降

尽管微囊化同种或异种胰岛细胞移植人体的临床研究获得了令人兴奋的结果,但是其要真正实现临床应用还面临着诸多问题,包括:微囊化细胞移植物的氧气供应、免疫保护、宿主炎症反应、胰岛细胞分离技术及活性保持、异种细胞的病毒及伦理、冷冻保存、移植位点选择等方面。

18.2.3.2　细胞培养

将不同来源的细胞(动物、植物、微生物、基因工程细胞、干细胞等)包埋在微胶囊膜内进行培养(表 18-11),囊膜选择性控制内外物质扩散,囊内的三维结构和微环境利于细胞聚团生长,可以扩增得到种子细胞,可以作为药物筛选模型体系,可以用来生产活性物质(如抗体、手性药物、有机酸和醇等精细化学品),还可以作为细胞产品直接用于食品饮料工业。

表 18-11　微囊化技术用于细胞培养的实例

来源	膜材料	微囊化细胞类型	来源	膜材料	微囊化细胞类型
动物细胞	海藻酸钠/聚赖氨酸	大鼠杂交瘤	植物细胞	壳聚糖	苋菜红细胞
		人淋巴母细胞		海藻酸钠/壳聚糖	植物细胞
		鼠红血癌细胞		海藻酸钠/聚赖氨酸	栀子细胞
		鼠杂交瘤	微生物细胞	海藻酸钠/聚赖氨酸	乳酸菌
		杂交瘤 $S3H5/\gamma_2 bA_2$			酵母细胞
		重组成纤维母细胞		海藻酸钙	酵母细胞
		昆虫细胞	基因工程细胞	海藻酸钠/聚赖氨酸	人内皮抑素基因修饰 CHO 细胞
	壳聚糖/CMC	杂交瘤细胞			
	Eudragit RL	人成纤维细胞			
	聚丙烯酸酯	鼠杂交瘤	干细胞	海藻酸钠/聚赖氨酸	胚胎干细胞
	琼脂	鼠杂交瘤		海藻酸钠-PEG/聚赖氨酸-RGD	多能干细胞
	交联白蛋白	杂交瘤细胞			

18.2.3.3　功能食品

许多用于制药工业的微胶囊包囊材料(如海藻酸钙凝胶、脂质体、环糊精等),以及一些包囊技术（如喷雾干燥、喷雾冷却、挤出/挤出滚圆、凝聚、离心共挤出、旋转盘和流化床技术等），现在也广泛地用于食品工业，用于包封益生菌、香料、多酚、维生素及脂溶性成分作为功能食品[72,73]。微胶囊技术在食品工业中的功能主要是保护敏感成分，增加其稳定性；控制有效成分缓慢释放；可将液体甚至气体物质转化为固体，方便储存和使用；延长产品货架期等。例如：香料通常是食品中成本最高的单一成分，所以食品中香料的吸收和释放效率是商业化过程要着重考虑的。策略是将香料包埋在微米或纳米控制释放载体中，再添加到食品中，以延长香料的货架期，增强香料对加工和储存过程温度变化的耐受力。而且，食品成分由载体中的控释可以改进食品添加剂的使用效果，拓宽其应用范围。

　　益生菌被世界卫生组织定义为"活的微生物添加剂，能够改善宿主肠道菌群平衡而有益于宿主"。因而，益生菌常被添加于食品（如乳制品）中制成功能食品，起到预防和治疗人体肠道或免疫相关的一些疾病（如减轻乳糖不耐症、降低血清胆固醇含量等）。但是，在制备、储存和应用过程（人体胃肠道环境）中，益生菌存活率下降严重，活菌数常达不到具有疗效的 10^7 CFU/g（国际乳品联合会建议的数值）。微囊化技术被认为是一种能够帮助益生菌耐受胃肠道酸环境、水解酶代谢，从而有效提高活菌数的有效手段[41,74]。表 18-12 是一些在胃肠条件下微囊化益生菌存活率的报道情况。

表 18-12　胃肠条件下微囊化益生菌存活率

微囊化材料	方法	益生菌	存活率
2% 海藻酸钠-聚赖氨酸或壳聚糖	挤出技术	双歧杆菌	$>10^6$ CFU/mL
2% 海藻酸钠-壳聚糖	挤出技术	保加利亚乳杆菌	$>10^6$ CFU/mL
2%~4% 海藻酸钠	挤出技术	长双歧杆菌	取决于海藻酸钠浓度及微囊尺寸
2% 海藻酸钠-壳聚糖	挤出技术	嗜酸乳酸杆菌	1.5×10^6 CFU/g
海藻酸钠	挤出技术	嗜酸乳酸杆菌	1.3×10^4 CFU/g
海藻酸钠-聚赖氨酸	挤出技术	嗜酸乳酸杆菌	1.0×10^4 CFU/g
2% 海藻酸钠-壳聚糖	挤出技术	干酪乳酸杆菌	1.6×10^6 CFU/g
海藻酸钠	挤出技术	干酪乳酸杆菌	6.7×10^3 CFU/g
海藻酸钠-聚赖氨酸	挤出技术	干酪乳酸杆菌	7.0×10^3 CFU/g
0.75%结冷胶/1%黄原胶	挤出技术	婴儿双歧杆菌、乳酸双歧杆菌	$>10^6$ CFU/mL
海藻酸钠-聚赖氨酸或壳聚糖（添加高含量玉米淀粉或 Raftiline® /Raftilose® ）	挤出技术	嗜酸乳酸杆菌	$>10^6$ CFU/mL
1.8%海藻酸钠	挤出技术	嗜酸乳酸杆菌	$10^5\sim10^6$ CFU/mL
1.5%海藻酸钠-壳聚糖	乳化技术	酵母菌	2.0×10^7 CFU/mL
2%海藻酸钠-高含量玉米淀粉	乳化技术	嗜酸乳酸杆菌双歧杆菌	$>10^6$ CFU/mL
3%海藻酸钠	乳化技术	双歧杆菌、短双歧杆菌、乳酸双歧杆菌、长双歧杆菌	$8.2\sim1.0$ lg CFU/mL
1% 海藻酸钠	乳化技术（微孔玻璃膜）	干酪乳酸杆菌	$>10^6$ CFU/mL
35% 阿拉伯胶	喷雾干燥技术	婴儿双歧杆菌	89.17%
15% 脱脂奶	喷雾干燥技术	CCRC 14633	65.16%
30% 明胶	喷雾干燥技术	CCRC 14633	92.73%

续表

微囊化材料	方法	益生菌	存活率
35％ 可溶性淀粉	喷雾干燥技术	CCRC 14633	92.70％
35％ 阿拉伯胶	喷雾干燥技术	长双歧杆菌	93.53％
15％ 脱脂奶	喷雾干燥技术	长双歧杆菌	81.26％
30％ 明胶	喷雾干燥技术	长双歧杆菌	87.15％
35％ 可溶性淀粉	喷雾干燥技术	长双歧杆菌	95.47％
10％ 热变性分离蛋白	喷雾干燥/乳化技术	短双歧杆菌 长双歧杆菌	1.0 lg CFU/mL 3.8 lg CFU/mL

18.2.3.4　药物释放

在临床需求和制药工业发展的推动下，控制释放系统的使用几乎涵盖了医药行业的所有领域，可以控制药物在体内的持续时间、作用位点和浓度，靶向输送药物到特定器官或细胞，克服组织屏障，简化和提高疾病诊断效率[75]。其中，微囊化药物释放研究占到 68％，主要目标是研发新的释放系统以降低药物副反应，适应所需的给药模式，实现定点给药，延长药物货架期，改善患者依从性，以及实现药物的缓控释[76]。

小分子药物是临床用药的主体，已经有很多制药公司开发出不同的控制释放药物剂型并应用于临床疾病治疗。例如，阿斯利康公司将治疗高血压的 β-阻断剂美多心安（Metoprolol）和心得平（Oxprenolol）制成储库型控释制剂，口服后药物在血中的浓度几乎稳定地持续24h 以上，并能消除服药时间对常规剂型的生物利用度的影响。还有拜耳公司的硝苯地平是一种钙通道阻滞剂，在心绞痛和高血压治疗方面也有很好的缓控释效果。还有治疗风湿病的消炎痛（Indos®）、治疗肢端肥大症的免疫抑制剂他克莫司、治疗妊娠宫颈成熟的前列腺素Cervidil®，和治疗青光眼的乙酰唑胺等临床应用的小分子药物缓控释制剂，基本上都实现了减少服用次数、降低服用剂量和降低副作用等功效。另外，人们还研发出能延长药效的液体型控释制剂，包括采用多层包衣或利用吸附技术制备的含药微粒，以及各种方法制备的微囊、微球、缓释丸剂、缓释乳剂及凝胶制剂。临床应用的产品有瑞莫必利缓释微囊混悬剂、茶碱缓释微粒糖浆、Elan 公司的 Pharmazone® 系统以及 Pecordati's 的控释混悬剂系统。药品市场占主要份额的是 Pennwalt Pennkinetic® 系统。目前已有右美沙芬（Delsym®）、可待因-扑尔敏（Penntuss®）等药物树脂液体控释制剂生产。

蛋白质和多肽类药物是一大类具有明确疗效的生物大分子药物，近年来在临床的应用日益增多。但存在半衰期短、结构复杂、体内稳定性差、非肠道给药（注射给药）渗透性低及对慢性病治疗依从性差等缺点，利用缓释/控释系统可能克服上述蛋白质给药的局限。蛋白质和多肽类药物从非肠道给药剂型中的控释可以通过基质型释放系统实现，多数是经过注射给药，这就要求材料是生物可降解的。一些常见的基质型控释剂型材料包括：海藻酸钠、壳聚糖、胶原/明胶、交联白蛋白等天然高分子材料，以及聚乳酸/乙醇酸（PLGA）、聚癸二酸酐、聚酯、聚己内酯、顺丁烯二酸酐/聚异丙基丙烯酰胺等合成高分子材料。一些基于PLGA（获得美国食品药品监督管理局批准临床应用）的蛋白质药物注射缓释剂型已经走向市场[77]（表 18-13）。

表 18-13　临床应用的蛋白质和多肽类药物缓控释剂型

商标名	药物	适应症	给药途径	缓控释效果
Lupron Depot®（TAP）	亮丙瑞林	前列腺癌、子宫内膜异位	肌肉注射（PLGA 微粒）	1 个月、3 个月、4 个月
Sandostatin® LAR®（Novartis）	奥曲肽	肢端肥大症	肌肉注射（PLGA 微粒）	1 个月
Somatuline®（lpsen）	Lantreotide	肢端肥大症	肌肉注射（PLGA 微粒）	10~14 天
Nutropin Depot®（Alkermes/Genentech）	人生长激素(hGH)	生长激素缺乏症	皮下注射（PLGA 微粒）	1 个月
Trelstar Depot®（Debiopharm）	曲普瑞林	前列腺癌	肌肉注射（PLGA 微粒）	1 个月和 3 个月
Risperdal® Consta®（Alkermes/Janssen）	利培酮	精神分裂症	肌肉注射（PLGA 微粒）	2 周

　　实际上，无论是针对小分子药物，还是针对大分子药物，现有的制备材料或方法（如乳化、喷雾干燥等）还存在很多挑战，如包囊过程有机溶剂的使用不利于药物活性保持，载药量低，包囊、货架期及释放过程药物稳定性差、突释现象严重等，因此，药物控制释放系统的研究仍是药物开发领域的一大热点，科研机构以及制药公司都在大量投入，致力于研发新材料和新技术，并开展临床试验评价药效，表 18-14 列出一些正处于临床试验阶段的药物控释系统情况[78]。

表 18-14　处于临床试验阶段的药物控释系统

材料	药物	适应症	给药途径	临床试验阶段	国家/年份
羧甲基葡聚糖	依喜替康甲磺酸盐(喜树碱类似物)	晚期实体瘤	静脉输注	临床 1 期	荷兰、英国、加拿大/2005
羧甲基葡聚糖	喜树碱	实体瘤	静脉输注	临床 1 期	荷兰、意大利/2008
壳聚糖	钬-166	小肝细胞癌	经皮注射	临床 2 期	韩国/2006
透明质酸	紫杉醇	膀胱癌	膀胱灌注	临床 1/2 期	意大利/2011
环糊精	siRNA(RRM2)	实体瘤	静脉输注	临床 1	美国/2008
金刚烷-聚乙二醇	人转铁蛋白(hTf)				
环糊精	喜树碱	卵巢/输卵管/腹膜癌	静脉输注	临床 1/2 期	美国/2012
聚乙二醇共聚物		直肠癌		临床 1/2 期	美国/2013
		晚期实体瘤		临床 1 期	美国/2015
		肺癌		临床 1/2 期	美国/2016
海藻酸钠-聚鸟氨酸	新生猪胰岛细胞	糖尿病	异种器官移植	临床 1/2/3 期	新西兰/2009
海藻酸钠	葡萄糖酸钙	冠状动脉注射	急性心肌梗死	临床 1	美国、德国、以色列/2010
	寡糖	吸入	囊包性纤维症	临床 1/2 期	英国、挪威/2014

18.2.3.5 化妆品（香精油）

为了自身健康和美丽，人们日益追求有效、安全的化妆品，尤其是具有天然和营养功能组分的产品。2013 年，天然化妆品在欧洲、北美及亚太区的销售额达到 82 亿美元，且年增长率为 9％～10％。

源自香料植物的香精油（EOs），是由挥发性、脂溶性和芬芳气味化合物组成的复杂液体混合物，通常是所有种类化妆品（如香水、护肤护发产品）中的高值配料成分，其最主要功能是赋予产品香味，也有一些具有抗菌作用而被作为化妆品中的天然防腐剂。但是，香精油在光、热、潮湿和氧气存在的环境中具有较高反应活性，因而保质期/货架期短，所以微囊化技术是改善精油稳定性并实现控制释放的最有效技术。微囊化精油可以保护和阻止挥发性芳香组分的损失，成为化妆品工业中非常具有吸引力的技术。

微囊化技术通常分为 3 类：化学法（如界面和原位聚合）、物理化学法（如凝聚/相分离、乳化溶剂蒸发/萃取）和物理-机械法（如气悬法、锅包衣法、喷雾干燥、喷雾冷却和流化床包衣）等，其中喷雾干燥、流化床包衣、乳化溶剂蒸发法等是常用的 EOs 微囊化技术（表 18-15），而凝聚法由于过程复杂且费用高没有实现工业化应用。日本、以色列和美国等发达国家基于上述材料与技术，开发出薰衣草、薄荷醇、月见草油等许多微囊化香精油产品（表 18-16），应用于化妆品和个人护理产品中[79]。

表 18-15 化妆品行业用于香精油微囊化的代表性材料及技术

微囊化材料	精油（EOs）	微囊化技术	微囊化材料	精油（EOs）	微囊化技术
阿拉伯胶和麦芽糊精	樱蛤 酸橙	喷雾干燥 喷雾干燥	乙基纤维素	迷迭香 薰衣草	相分离 水包油（O/W）乳化-溶剂扩散
海藻酸钠	丁香 百里香 肉桂	乳化-挤出	三聚氰胺-甲醛	迷迭香 薰衣草 鼠尾草	原位聚合
壳聚糖	香茅	水包油（O/W）乳化	聚甲基丙烯酸甲酯	茉莉花	水包油（O/W）乳化-溶剂蒸发
明胶	圣罗勒	凝聚			

表 18-16 微囊化精油产品举例

微囊化精油（EOs）产品	研发公司	微囊化技术	应用
芳香纤维（薰衣草）	日本 Kanebo 公司	乙基纤维素，O/W 乳化-溶剂扩散	化妆品
Tagrol™（茶树精油、薄荷醇、紫草油、月见草油、甘菊油、沙棘油、广藿香、柠檬桉树、生姜油）	以色列 Tagra 生物技术公司	乳化、萃取、过滤、冷冻干燥	化妆品、个人护理用品（护发、口腔、防晒）
Captivates™（薄荷香精、柑橘、绿茶）	美国 Ashland 公司	海藻酸钠、琼脂、卡拉胶、壳聚糖	定制化妆品和个人护理用品（护发、口腔、防晒）

18.2.3.6 肥料控释[72,80-83]

全球氮、磷、钾肥料的使用都在千万吨以上，且 2017～2021 年需求量将以年均 1.5％的速率增加。土壤中使用的肥料 98％是水溶性的，被雨水或灌溉水冲洗流失量高达 30％～50％，因此，实际施肥量往往是超过量的，这不可避免会造成地表水和地下水的污染，而且氮、磷含量已远超生态系统能够承受的水平，从而对人体健康造成威胁，例如，高氮含量与新生儿畸形、胃癌和心脏疾病有关。所以，控制释放是最适合应用于肥料管理的一种策略。

控释肥料通过各种调控机制预先设定养分的释放模式（释放量和释放时间），使养分的释放速率与农作物在生长期的需肥规律基本相吻合，它具有提高化肥利用率、减少使用量与施肥次数、降低生产成本、减少环境污染、提高农作物产品品质等优点，从而使肥料养分有效利用率提高 30％以上。严格意义上的控释肥料除了具有养分缓释期长效特性外，还应具有养分释放的可调控性、阶段性和连续性等多种特性。

目前，在全球所用肥料中控释肥占比＜2％，且只在发达国家用于高值蔬菜水果的生长（需求的年增长率达到 5％），其售价通常比传统肥料高 3～10 倍。实际上，许多商业化的控释肥料都是缓释肥料，只有几个能够在速率、方式和持续时间方面实现肥料的控释。控释肥大致分为微溶型控释肥、包膜型控释肥和基质型控释肥，其中包膜肥料占缓控释肥的 50％以上，而基质型控释肥很少有应用（表 18-17）。

表 18-17　控释肥的种类及一些商业化产品案例

控释肥种类	种类说明	产品例子
微溶型控释肥	化学修饰产品，如尿素-醛缩合物（脲醛、尿素-异丁醛、尿素-乙醛/丁烯醛）	（1）硫黄包膜、树脂包膜控释肥 加拿大 Agrium 公司：ESN®、Polyon®、Duration®、SCU®、Nutralene®、Nu-Gro 等®，主要用于高尔夫球场草坪、园林和苗圃等高端经济作物； （2）聚合物包膜缓控释肥 美国 Scotts 公司：Proturf、ProGrow、Scotts，用于温室、园艺作物； （3）醇酸树脂包膜缓释肥 美国 Scotts 公司：Osmocote 系列、Sierra 系列，用于温室、园艺作物； （4）硬脂酸钙-石蜡涂层缓释肥 以色列 Haifa 化学工业公司：Multicote 包膜 NPK 复肥、包膜尿素、包膜硝酸钾，用于草坪、园艺； （5）热塑性聚烯烃包膜控释肥 日本 Chissoasahi 肥料公司：Meistre 聚烯烃包膜尿素，Nutricote 聚烯烃包膜 NP、NPK 复肥等，用于草坪、温室栽培
	化学分解产品，如异丁喇叭烯-双脲、草酰胺、三聚氰胺	
	无机微溶物，如磷酸镁铵	
包膜型控释肥	疏水材料包膜肥料颗粒，如热塑性聚烯烃、醇酸树脂、硫化或矿物涂层	
基质型控释肥	基质材料（如聚烯烃、橡胶、淀粉、纤维素衍生物和蜡质）中分散肥料颗粒	

未来，开发成本相对低廉、缓控释性能好的包膜材料，改进生产工艺，采用简便易行的包膜方法，从而可以有效降低缓控释肥料的生产成本，制备价格低廉的缓控释肥料是研究的重点，而且对于控释肥料释放机理的研究，包括经验、半经验释放模型的建立都将有助于更多控释肥料走向实际应用。

18.2.3.7　农药控释[84-90]

20 世纪初的研究报道预测，为保证全球粮食供应安全，2050 年农药用量将在 2000 年的基础上再增加 1.7 倍，而大量农药的使用必将带来食品安全、土壤和环境污染等问题。控制释放技术的采用可以保证农药在较低用量下，长期、稳定地控制在有效浓度之内，发挥其长效性；同时，由于施用量降低，并且作用点浓度低于最高允许浓度，可以将药害减少到最低，利于环境保护。

作为控制释放的最主要手段，首先开发成功的产品是微胶囊，并得到广泛的应用。农药微囊化技术的发展关键在于选择合适的微胶囊材料和制备技术。用于农药微囊化的膜材料应满足以下条件：①不与农药反应；②膜材料及其降解产物不对环境产生不良影响；③存储过程不分解；④易于加工制造；⑤价格低廉。农药微囊化的膜材料以可降解高分子为宜，研究较多的有合成高分子材料聚乙醇酸、聚乳酸及其共聚物和聚酰胺等，及天然高分子材料纤维素、木质素、海藻酸钠、壳聚糖和淀粉等。农药微胶囊通常以粉浆状态存在，即农药微胶囊分散在水中呈悬浊液，具有缓释、低毒、高效、对人畜安全、对环境安全等特点，逐步成为剂型研发的一个重要方向。微胶囊悬浮剂使用时，用水稀释到所需浓度后喷洒。

1974 年美国 Pennwalt 公司推出了第一个商品化缓释农药——微胶囊化甲基对硫磷，到 20 世纪末，国际上商品化农药缓释剂产品（大多数都是微胶囊）超过 60 种，现在已超过 100 种，如吡虫啉、毒死蜱、高效氯氰菊酯等，应用在农作物除草、杀虫、杀菌、兽用杀虫、住宅用杀蟑、除鼠等方面（表 18-18），表现出优良的缓控释及作用效果（表 18-19）。

表 18-18　商品化的农药控释微胶囊

商品名	活性成分	微囊膜材料	制造商
Penncap M®	甲基对硫磷（杀虫剂）	聚酰胺-聚脲	Pennwalt
Fulkil®	甲基对硫磷（杀虫剂）	聚酰胺-聚脲	Rhone-Poulenc
Penncap E®	对硫磷（杀虫剂）	聚酰胺-聚脲	Pennwalt
Knox Out® 2FM	二嗪磷（杀虫剂）	聚酰胺-聚脲	Pennwalt
Penncapthrin M® 200	氯菊酯（杀虫剂）	聚酰胺-聚脲	Pennwalt
Sectrol™®	除虫菊酯（杀虫剂）	聚脲	3M
Micro-sect®	除虫菊酯（杀虫剂）	聚脲	3M
Tossits®	滴滴涕（杀虫剂）	明胶	Wyco Intern
Altosid® SR-10	烯虫酯	聚酰胺	Zoecon
Sumicuc-Lure	杀螟硫磷＋诱蝇酮（杀虫剂）	明胶/阿拉伯树胶	东亚合成
	杀螟硫磷（杀虫剂）	聚脲烷	住友化学
Lambert® MC	杀螟硫磷（杀虫剂）	聚脲烷	住友化学
Sumithion® MC	杀螟硫磷（杀虫剂）	聚脲烷	住友化学
Capsolane	扑草灭（杀虫剂）	聚脲	ICI
Fonofos S. T®	地虫硫磷（土壤杀虫剂）	聚脲	ICI
Dyfonate MS	地虫硫磷（土壤杀虫剂）	聚脲	ICI
Envirocap-C	硫酸铜（杀藻剂）	聚乙烯/石蜡	3M
Cap-Cyc	矮壮素（植物成长调节剂）		3M
Tox-Hid®	杀鼠灵（杀鼠剂）		Warf Institute
Dursban ME	毒死蜱（杀虫剂）		Dow Chemical
Bug-X™	毒死蜱（杀虫剂）		Barrier Coating Inc.
Lasso® Micro-Tech®	草不绿（除草剂）		Monsanto
Choral	草不绿（除草剂）		杜邦
PT® 170A X-CLUDO	除虫菊酯（杀虫剂）	尼龙	Whitemire
放线菌酮微胶囊	放线酮	三聚氰胺树脂	田道制药
Surpass 45	灭草猛（杀虫剂）		Stauffer
Sumithion	杀螟松（杀虫剂）		住友化学
高克蟑 10％ MC	苯醚氯菊酯（杀虫剂）		住友化学
对硫磷 MC	对硫磷（杀虫剂）		安阳林药厂

表 18-19　一些农药控释微胶囊及效果

活性成分	控释载体材料	效果
哒草伏（norflurazon，除草剂）	乙基纤维素	释放 50％活性成分所需时间（t_{50}）是商品哒草伏的 16 倍
甲草胺（alachlor，除草剂）	乙基纤维素	施用 40 天后，控释剂对杂草的防除率高达 93.5％，而商品乳油制剂防除率仅 1.96％
异丙隆（isoproturon，除草剂）	硫酸盐浆木质素	农药包载效率在 93％以上，且与商品制剂相比，释放 50％活性成分所需时间（t_{50}）最长可达 11 天
异丙隆（isoproturon，除草剂）	海藻酸盐与黏土复合	农药包载效率 99％以上，异丙隆的 t_{50} 达 20 天以上
多菌灵（carbendazim，杀菌剂）	淀粉	淀粉亲水凝胶-多菌灵在土壤-植物系统中具有高矿化和低残留特性；释放可达 240h，土壤中播撒包覆多菌灵（1.3g/kg）使土壤持水量显著增加 8.2％
氟乐灵（trifluralin，除草剂）	壳聚糖和甲基丙烯酸甲酯	氟乐灵微胶囊的光稳定性显著增强，在土壤表面和水中的光解半衰期分别为 22d 和 173min

　　国内 20 世纪 80 年代开始研究微囊化控制释放技术在农药领域的应用，第一个商品化缓释农药产品于 1982 年问世，之后缓/控释农药的研究发展缓慢，2001～2010 年农药微胶囊悬浮剂仅登记了 16 个产品；2011 年开始农药微胶囊悬浮剂得到快速发展，登记的产品逐年增加，2011 年到 2015 年登记产品分别为 9 个、18 个、27 个、35 个和 29 个，主要以杀虫剂（95 个，毒死蜱为 53 个）为主，卫生害虫（19 个）、除草剂（16 个）次之，杀菌剂（11 个）最少。目前，通过注册的缓释农药产品约 20 种，主要是微囊悬浮剂和缓释粒剂产品，包括辛硫磷、毒死蜱、三唑磷、高效氯氰菊酯、甲草胺、乙草胺、阿维菌素、除虫菊酯等多个有效成分微胶囊悬浮剂（表 18-20）。但是，多数农药微囊化技术还没有实现有效的工业化放大，相应的产品少；而且，缓释农药在国内还没有得到农民们的广泛认可，农民因为成本、效果、使用习惯等顾虑不愿去尝试新型农药制剂，缓/控释农药与传统农药剂型（微乳剂、水乳剂、悬浮剂、乳油、粉剂等）相比所占市场份额还很小。

表 18-20　目前我国登记的主要微胶囊制剂产品

农药缓控释剂种类	微胶囊杀虫剂制剂	微胶囊除草剂制剂
微囊悬浮剂	2％ 阿维菌素	25％ 乙草胺
	30％ 毒死蜱	480g/L 甲草胺
	0.9％ 甲氨基阿维菌素苯甲酸盐	450g/L 二甲戊灵
	30％ 辛硫磷	40％ 野麦畏
	15％ 吡虫啉	360g/L 异草松
	10％ 高效氯氟氰菊酯	
	3.6％ 烟碱·苦参碱	
	25％ 吡虫·毒死蜱	
	30％ 毒·辛	
	1％ 虫菊·苦参碱	
	2％ 噻虫啉	
	3％ 阿维菌素	
	15％ 阿维·吡虫啉	
	30％ 噻唑磷	
微囊悬浮-悬浮剂	14％氯虫·高氯氟	
	22％噻虫·高氯氟	

18.2.4　展望

微胶囊膜是高分子聚合膜与生物膜发展过程中新兴起来的膜技术。随着生命科学的发展，这门膜技术不仅引起了工程学家的重视，而且在医学和生物技术领域引起了极大的兴趣和广泛关注。在未来很长的一段时间，这种膜技术主要将在那些对人类生命健康有直接影响的领域进行发展。其中，用于药物控制释放、组织细胞固定化的研究与开发将成为更加突出的热点。

由于该膜技术是在交叉学科中发展起来的，内容涉及材料科学、工程学、生物学和医学科学原理和方法，目前尚处于初级阶段，因此仍然有诸多问题尚待解决。这些问题按隶属关系可以分为三类，一类是应用工程学问题；一类是生命科学问题；一类是伦理问题和进入临床应用要克服的政策法规问题。

应用工程学中存在的问题主要表现在两方面，材料结构、性能的设计调控和材料及微胶囊膜的规模制备技术，前者决定了材料及其膜产品能否具备临床安全性和有效性；后者涉及材料及膜制备技术与设备，是产品能够在适宜成本下批量生产的关键。不同的应用领域需要不同性能的材料。通常，用于药物控制释放的材料是生物可降解的，而且有一定的稳定性。当药物释放完毕，控释材料不会作为一种外原异物而存在于生物体内；在药物释放的过程中，控释材料不会瞬间降解而将药物完全释放出来。而用于组织器官移植的微胶囊却希望像生物体本身的器官组织一样可以永远保持生物活性，不老化。而且，微囊化材料需要有良好的生物相容性，当接触肌体或生物质时不会对其生物活性造成损害。以微胶囊膜研究中应用最多、应用效果最好的海藻酸钠为例，材料中含有的多酚、内毒素、热原和蛋白质等杂质成分易引起炎症反应、纤维化包裹等副作用，目前报道的纯化技术能除去 63% 的多酚、91.45% 的内毒素和 68.5% 的蛋白质[91]。挪威的 Pronova 公司能够小量生产生物医药级/临床应用级的超纯海藻酸钠，主要用于实验室及临床研究，虽然明显改善了微胶囊的生物相容性（宿主反应减轻），但在生物体内应用的时间仍然有限。中国科学院大连化学物理研究所马小军团队以纯化技术专利与青岛明月海藻集团有限公司合作，正在建立超纯医用级海藻酸钠的规模化生产线，有望在 2～3 年内生产出符合国家标准的产品。微囊化移植材料还需要有良好的免疫隔离性能，从而达到微囊化的细胞或组织不被宿主免疫系统破坏的目的。这些材料性能不仅与其化学组成有关，而且与其加工处理过程密切相关，微胶囊膜的制备要在温和条件下进行，要考虑 pH、温度、离子强度等因素对细胞活性保持的影响，理想情况下要能实现尺寸大小均匀、球形规整和表面光洁微胶囊的规模制备，还要保证膜具有机械、化学稳定性和适宜的渗透性能（如：实现免疫隔离所需截留分子量）。然而，无论是采用传统的液滴法，还是相继发展的静电液滴、同轴流动和微喷嘴阵列技术，微胶囊制备仪器还多为实验室自行研制的小型装置，如：加拿大、美国、德国、中国等多家实验室都在研制的静电雾化微胶囊制备仪，市场上也仅有瑞士 Nisco Engineering AG 公司、美国 Pronova Biomedical AS 公司设计的实验仪器出售，不仅微胶囊产量较低（mL/h），而且仪器性能的稳定性有待提高，尚不能完全保障微胶囊的粒径及分布、球形度、强度、膜的选择透过性等质量要求，而且规模化程度、产品批次质量稳定性都不能满足生产要求。

生命科学中存在的问题更为复杂，内容包括：控释材料、控释载体在体内吸收与降解动力学，控释载体对靶向位点的识别能力，药物在靶向部位释放的浓度梯度，药物与靶位邻近器官组织的相互作用，器官移植过程中微胶囊材料与组织的相互作用机制，细胞分离及活性保持技术，细胞冷冻保存，以及移植位点选择等。还有涉及细胞分离、保存、移植操作等临床试验过程的一系列标准问题。这些问题的解决有待于对膜微观结构进一步加深了解，有待于从细胞水平以及分子水平深入了解材料与组织相互作用、材料在应用环境中的分解代谢过程及其与应用效果、安全性等方面的关联规律。

伦理问题和进入临床应用要克服的政策法规问题主要是针对医学领域应用的微胶囊膜技术，即：微囊化细胞/组织移植技术。因为要用微胶囊包埋的活性成分多是动物细胞/组织，属于异种移植，所以存在动物-人体结合/替代而带来的物种改变及道德冲突等医学伦理问题，以及动物病毒可能带给人体的潜在致命性危害。国内外医学政策法规制定部门都格外谨慎，导致相关材料和技术标准的制定多数仍处于讨论稿或者小范围试验使用阶段。美国试验与材料学会（American Society for Testing and Materials，ASTM）致力于建立组织工程相关医疗产品的标准和指南，尤其关注基质、支架和固定化生物材料的安全性、性能一致性和功能性。其中就包括海藻酸钠和壳聚糖的测试方法和安全标准方面的指南信息，从材料中内毒素、蛋白质、重金属、微生物的含量，安全性和毒性，重复性生产等方面制定了要求和标准[92]。美国卫生与福利部（DHHS）、食品药品监督管理局（FDA）等监管部门也发布了相关指南[93,94]，从伦理与规则、动物来源、生产与检验、临床试验患者选择、动物病毒预防等七方面进行规范指导。国家食品药品监督管理局（CFDA）也发布了微胶囊材料海藻酸钠的标准[95]，对适用于组织工程医疗产品及外科植入物的海藻酸钠从组成、与血液相互作用、体外细胞毒性、全身毒性、样品制备等多方面进行规范。这些政策法规将对临床应用微胶囊膜的标准化、质量的提高及实现临床应用结果的可重复很有帮助。

随着膜科学家与生物学家、医学家等的广泛合作，控制释放膜和微胶囊膜技术将会日趋成熟。我们有理由相信，随着满足不同应用环境需求的微胶囊材料开发、加工和改性技术日趋成熟，条件温和且易于规模化生产的制备技术及专项仪器与设备的开发成功，将为微胶囊膜技术应用提供更加有力的技术支持；对微胶囊制备条件-膜结构-性能的关系，应用环境中的动态行为变化规律，膜内外物质传递规律以及生物相容性的化学本质的认识更加深入，将为微胶囊膜技术应用奠定坚实的理论基础，从而更新传统的膜概念，创立新的基础理论，开发全新的膜技术产品。

18.3　智能膜

18.3.1　智能膜概述

膜科学技术虽然已经得到了长足的发展，但传统功能膜的透过性能基本上与环境因素无关，而自然界却有许多具有环境响应行为的智能膜[96-99]。在 21 世纪，仿生科技将是为高新技术发展和创新提供新思路、新原理和新理论的重要源泉[100]。实现仿生功能也是膜科技工作者的奋斗目标[97]。受生物膜上离子通道选择透过性的启发，20 世纪 80 年代中，研究工作者开始能感知和响应外界物理和化学信号的仿生环境刺激响应智能膜的研究[101]。智能膜最突出的特点是其渗透选择性可以更具环境刺激的变化（例如温度、pH、离子、分子、葡萄糖浓度、离子强度、光、磁场、电场等）而自主地进行调节或控制，因此，环境响应型智能膜在控制释放、化学分离、生物分离、化学传感器、人工细胞、人工脏器、水处理等许多领域具有重要的潜在应用价值，被认为将是膜科学与技术领域的重要发展方向之一。智能膜目前已成为国际上膜学领域研究的新热点[102]。新型智能膜材料的研制和智能膜过程的强化是被普遍关注的两大基础研究课题。我国对相关领域的研究相当重视，在国务院刚刚发布的《国家中长期科学和技术发展规划纲要（2006—2020 年）》中，"智能材料与智能结构技术"被列入重点规划的"前沿技术"，"分离材料"和"纳米药物释放系统以及新型生物医用材料"被列入规划的"重点领域及其优先主题"，材料的"多功能集成化等物理新机制、新效应和新材料设计"被列入规划的"面向国家重大战略需求的基础研究"[103]。本章介绍了智能膜材料和膜过程方面的研究新进展，重点介绍了温度响应型、pH 响应型、离子强度响应型、光照响应型、电场响应型、葡萄糖浓度响应型以及分子识别响应型等环境刺激响应型智能膜及其膜过程。

18.3.2 智能膜种类及特点

智能膜如果按照其调控渗透选择性的形式来分类，可以分为开关型、表面改性型和整体型智能膜。

18.3.2.1 开关型智能膜

开关型智能膜，是由非刺激响应型的基材膜与刺激响应型功能性高分子组成。环境刺激响应的智能材料通过化学或者物理方法引入（接枝、共聚共混或涂覆等）基材膜上，从而使膜孔大小、膜的渗透性/选择性或者膜表面的性质可以根据环境信息的变化而改变，即智能高分子材料在膜孔内起到智能"开关"的作用，如图 18-24 所示。

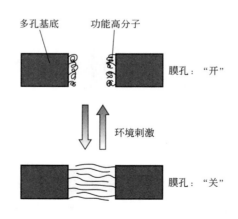

图 18-24 开关型智能膜示意图

18.3.2.2 表面改性型智能膜

所谓表面改性型智能膜，就是将具有环境刺激响应特性的智能高分子材料采用化学方法或物理方法固定在基材膜表面上，从而使膜的渗透性可以根据环境信息的变化而改变，如图 18-25(a)所示。

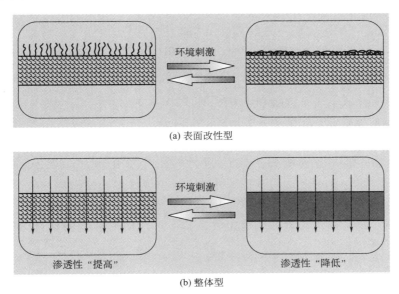

(a) 表面改性型

(b) 整体型

图 18-25　表面改性型和整体型智能膜示意图

18.3.2.3　整体型智能膜

所谓整体型智能膜，就是将具有环境刺激响应特性的智能高分子材料做成膜。在响应环境刺激后，整个膜发生溶胀或收缩，使得其渗透性能发生改变来调控膜的渗透性从而使膜的渗透性可以根据环境信息的变化而改变，如图 18-25(b) 所示。

18.3.3　智能膜材料与膜过程原理

根据智能膜内采用的智能高分子材料对环境刺激响应的特性，可以将智能膜分为温度响应型、pH 响应型、离子强度响应型、光照响应型、电场响应型、葡萄糖浓度响应型以及分子识别响应型等不同类型。

18.3.3.1　温度响应型智能膜

由于温度变化不仅自然存在的情况很多，而且很容易靠人工实现，所以迄今对温度响应型智能化开关膜的研究较多。温度响应型智能化开关膜是在多孔基材膜上接枝感温性高分子材料开关，其中应用最广泛的感温性高分子材料是聚（N-异丙基丙烯酰胺）（PNIPAM），其分子式如图 18-26 所示。PNIPAM 的低临界溶解温度（LCST）在 $31 \sim 33{}^{\circ}\!C$ 附近，PNIPAM 在 LCST 附近其构象会发生改变[104]：当环境温度 $T <$ LCST 时，PNIPAM 与溶液中水形成氢键，同时疏水性减弱而亲水性增强，因此，聚合链处于伸展构象，使得膜孔的有效孔径大大减小，透过率随之减小；当环境温度 $T >$ LCST 时，PNIPAM 聚合物分子间及分子内相互作用增强，PNIPAM 与水之间的氢键消失了，而且由于聚合物链中烷基的存在使得链的柔顺性、分子间和分子内作用以及疏水性增强，因此，聚合链处于收缩构象，使

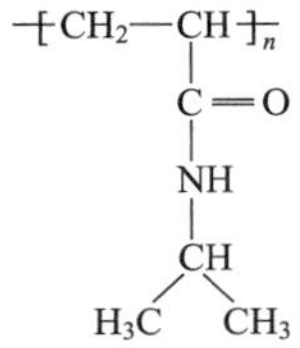

$$-\!\!\!\!+\!CH_2\!-\!CH\!\!+_n$$

图 18-26   温敏型高分子——聚（N-异丙基丙烯酰胺）（PNIPAM）的分子式

得膜孔的有效孔径增大，于是透过率相应增大。

（1）温度响应型智能开关膜的开关形式

根据不同的制备智能开关的方法，得到的温度响应型智能开关膜的开关形式也不同。迄今，常见的温度响应型智能开关膜的开关形式有覆孔型（pore-covering）接枝链开关[105,106]、填孔型（pore-filling）接枝链开关[107-114]以及填孔型微球开关[115]等，如图 18-27 所示。其中，覆孔型接枝链开关通常采用 UV 辐照接枝聚合方法制备[105,106]，而填孔型接枝链开关通常采用等离子体诱导接枝聚合方法[107-114,116]和原子转移自由基聚合方法[117]进行制备。

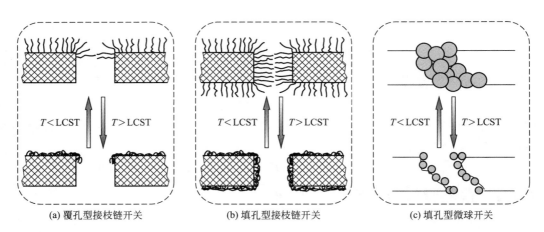

(a) 覆孔型接枝链开关   (b) 填孔型接枝链开关   (c) 填孔型微球开关

图 18-27   不同开关形式的温度响应型智能开关膜

（2）填孔型接枝链开关膜的 PNIPAM 接枝状态及微观结构

由于填孔型接枝链开关在整个膜孔内都有智能高分子链，不仅智能膜开关性能稳定，而且由于智能高分子接枝链具有自由端，使开关具有快速环境响应功能[118]，因此，本节将主要讨论填孔型接枝链开关膜的制备及其性能。

图 18-28(a) 为采用红外光谱法测得的 PNIPAM 接枝聚乙烯多孔平板膜内接枝聚合物 PNIPAM 沿整个膜断面的分布，结果表明，接枝物在整个膜断面上均匀地存在。也就是说，通过等离子体诱导接枝，PNIPAM 不仅会被接枝在膜表面上，而且会被接枝在整个膜孔的内表面上。膜孔内接枝前后状态如图 18-28(b) 所示。

为了较直观地观察多孔膜在接枝 PNIPAM 开关前后的微观结构变化，褚良银等[111]采用等离子体填孔接枝聚合法将聚 N-异丙基丙烯酰胺（PNIPAM）接枝到具有规则圆柱形膜孔的聚碳酸酯核孔（PCTE）膜上，对接枝膜的微观结构和温敏特性进行了较系统的研究。

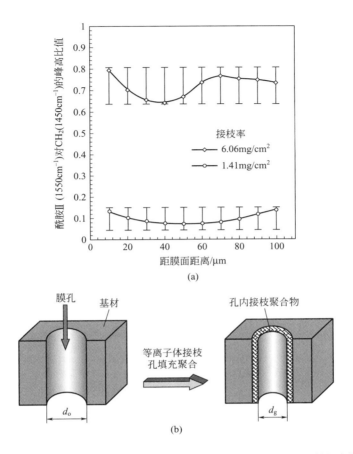

图 18-28　（a）采用红外光谱法测得的 PNIPAM 接枝聚乙烯多孔平板膜内接枝聚合物沿整个膜断面的分布；（b）膜孔内接枝前后微观结构示意图[114]

图 18-29 是空白 PCTE 膜和 PNIPAM 接枝 PCTE 膜表面和断面的扫描电镜照片。首先，从空白膜的表面［图 18-29(a)］和断面照片［图 18-29(b)］可见，PCTE 膜具有几何形状较好的圆柱形指状通孔，孔径的尺寸分布在一个较窄的范围内。比较空白膜和接枝膜的表面［图 18-29(a)、(c) 和 (e)］可以看出，接枝膜的孔径有所减小，膜孔的轮廓也变得模糊了。对于断面来说，膜孔在接枝后的变化很明显，从图 18-29(d)、(f) 中可以清楚地看到膜孔内整个厚度都均匀地覆盖着接枝层。这些现象表明采用等离子体填孔接枝聚合法能在 PCTE 膜的表面和孔内都均匀地接枝上 PNIPAM。即使在较高的填孔率（$F = 76.1\%$）时，膜表面也没有致密的 PNIPAM 接枝层形成，膜厚度的变化也不明显。随着填孔率的增大，膜孔被堵得越厉害。

　　为了直观地观测 PNIPAM 接枝 PCTE 膜的膜孔随环境温度变化而变化的微观状态，褚良银等[111]采用原子力显微镜（AFM）进行了相关研究。图 18-30 为 PNIPAM 接枝 PCTE 膜在干态和在水溶液中的 AFM 图。由图 18-30(a)、(b) 可见，在干态下，接枝膜的孔径与空白膜相比没有明显的变化；而在水溶液中接枝膜［图 18-30(c)］的孔径却明显减小。测量时样品槽中的水温约为 30℃，而该温度低于 LCST，膜孔中的 PNIPAM 接枝链处于伸展状

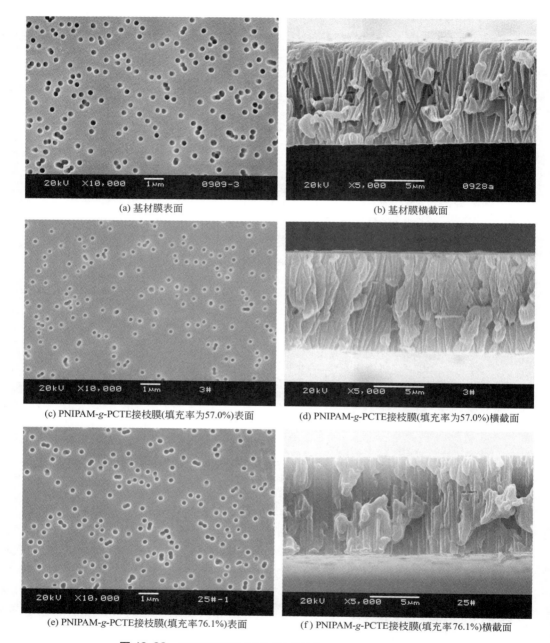

(a) 基材膜表面

(b) 基材膜横截面

(c) PNIPAM-*g*-PCTE接枝膜(填充率为57.0%)表面

(d) PNIPAM-*g*-PCTE接枝膜(填充率为57.0%)横截面

(e) PNIPAM-*g*-PCTE接枝膜(填充率76.1%)表面

(f) PNIPAM-*g*-PCTE接枝膜(填充率76.1%)横截面

图 18-29　聚碳酸酯核孔（PCTE）膜的表面和断面扫描电镜图[111]

态，使膜的孔径比干态时小。此外，从图 18-30 的孔深曲线可见，干态下接枝膜的孔深比空白膜浅，说明孔内有接枝物；而接枝膜的孔深在水溶液中比在干态下进一步变浅，因为接枝链处于伸展状态。

（3）接枝率对填孔型 PNIPAM 接枝链开关膜的温度响应特性的影响

对于 PNIPAM 接枝的多孔膜，由于膜孔内接枝层的存在，膜孔动力学直径比未接枝时小。从 Hagen-Poiseuille 方程可知[110,111,114]，膜的过滤速率与通孔直径的四次方成正比，

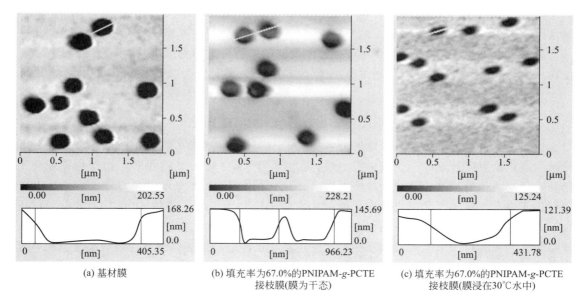

(a) 基材膜　　　　　　　(b) 填充率为67.0%的PNIPAM-g-PCTE　　　　　(c) 填充率为67.0%的PNIPAM-g-PCTE
　　　　　　　　　　　　　　接枝膜(膜为干态)　　　　　　　　　　　　　接枝膜(膜浸在30℃水中)

图 18-30　聚碳酸酯核孔（PCTE）膜表面的原子力显微镜图以及孔深曲线[111]

所以，膜孔内表面接枝的 PNIPAM 层随温度变化而引起的 PNIPAM 分子链伸展-收缩构象变化将会极大地影响膜的过滤通量。根据 Hagen-Poiseuille 方程，PNIPAM 接枝膜在温度 $T℃$ 和 25℃时的膜孔动力学孔径 $d_{g,T}$ 和 $d_{g,25}$ 的比值（定义为温度感应孔径变化倍数）可表示为[110]：

$$N_{d,T/25} = \frac{d_{g,T}}{d_{g,25}} = \left(\frac{J_T \eta_T}{J_{25} \eta_{25}}\right)^{\frac{1}{4}} \tag{18-25}$$

图 18-31 是 PNIPAM 接枝多孔 PVDF 膜的温度感应孔径变化倍数随温度变化的情况。可以看出，正如前面指出的那样，由于接枝的 PNIPAM 分子链构象的改变，使得开关膜膜孔的动力学孔径在 PNIPAM 的 LCST（32℃附近）发生显著改变。开关膜的孔径大小突变

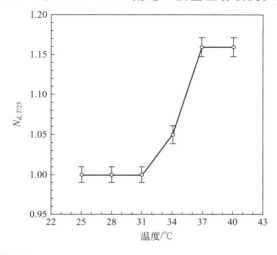

图 18-31　PNIPAM-g-PVDF 接枝多孔膜的温度响应性孔径变化[110]

发生在 31～37℃ 温度范围内；而在温度≤31℃ 或≥37℃ 的情况下，膜孔径几乎保持不变，这是因为 PNIPAM 分子链构象在这两种温度条件下均呈现稳定状态。

为了定量描述接枝率对 PNIPAM 接枝多孔膜的膜孔开关行为的影响，定义 PNIPAM 接枝膜在温度 40℃ 和 25℃ 时膜孔动力学孔径 $d_{\mathrm{g},40}$ 和 $d_{\mathrm{g},25}$ 的比值为膜孔径感温变化倍数[110]：

$$N_{d,40/25} = \frac{d_{\mathrm{g},40}}{d_{\mathrm{g},25}} \tag{18-26}$$

接枝率对膜孔径感温变化倍数的影响如图 18-32 所示。显然，接枝率不同的开关膜膜孔径感温变化倍数明显不同。接枝率很小时，接枝的 PNIPAM 分子链很短，由于构象变化引起的孔径变化倍数很小；随着接枝率的增大，接枝的 PNIPAM 分子链长度增大，由于其构象变化而引起的孔径变化率也增加；但如果接枝率增加太多时，接枝的 PNIAPM 分子链太长，其构象变化已不能引起膜孔径变化（这时膜孔已被接枝的 PNIPAM 堵塞了）。可见，要依靠膜孔的开关行为来实现较满意的温度感应型过滤性能，就必须严格控制开关膜的制备过程参数，使其具备适当的接枝率从而具有合适的动力学孔径。

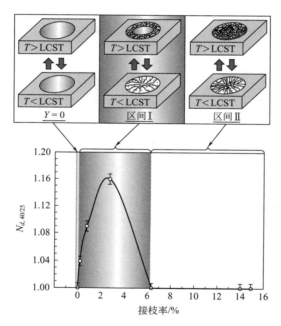

图 18-32   接枝率对 PNIPAM-g-PVDF 接枝多孔膜的温度响应性孔径变化的影响[110]

图 18-33 所示为接枝率对 PNIPAM 接枝多孔膜的温度响应性扩散透过特性的影响。接枝率不同，PNIPAM 接枝多孔膜的扩散透过系数会呈现出两种不同的温度响应特性：低接枝率的开关膜呈现"正"开关的作用；高接枝率的开关膜呈现出"负"开关的作用。这是因为低接枝率时，PNIPAM 主要接枝在膜表面、膜孔内，在 $T<\mathrm{LCST}$ 时，由于 PNIAPM 是亲水的，分子链伸展，膜孔径变小，溶质扩散系数也相应变小；在 $T>\mathrm{LCST}$ 时，由于 PNIPANM 是疏水的，其分子链收缩而使膜孔打开，溶质扩散系数相应也变大，从而呈现"正"开关的特性。在高接枝率时，膜表面、膜孔内接枝了大量的 PNIPAM，将膜孔堵住，膜孔已不能再打开，在 $T<\mathrm{LCST}$ 时，由于 PNIPAM 是亲水性的，那么亲水性的溶质分子

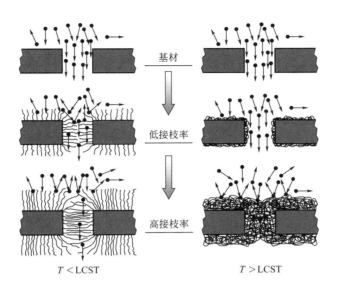

图 18-33　接枝率对 PNIPAM 接枝多孔膜的温度响应性扩散透过特性的影响[119]

更容易找到扩散通道通过；在 $T >$ LCST 时，由于 PNIPAM 由亲水变为疏水状态，开关膜表面的疏水性增加，亲水性的溶质不容易找到扩散通道，扩散阻力增大，从而呈现"负"开关的特性，其原理如图 18-33 来说明。

图 18-34 所示为接枝率对具有两种不同类型基材的 PNIPAM 接枝膜的温度感应开关特性的影响。从图中可以看出，对于 Nylon6 微孔膜，当接枝率小于 12.84% 时，膜孔内接枝的 PNIPAM 分子链能起到温度感应器和水通量调节阀的作用，最佳接枝率是 7.47%，响应系数达到了 15.41，当接枝率≥12.84% 时，由于膜孔内接枝的 PNIAPM 分子链太长以及接枝的密度太大，使得 PNIPAM 链失去了温度感应器和水通量调节阀的作用，25℃ 和 40℃ 时的水通量都减至零，开关系数趋近于 1.0，此时膜不具备温度感应开关特性；而对于 PVDF 微孔膜而言，对应的临界接枝率是 6.38%，最佳接枝率是 2.81%，响应系数却只有 2.54。

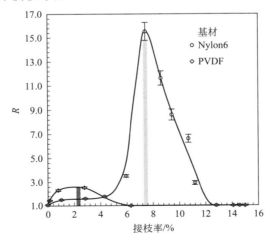

图 18-34　接枝率对具有不同基材的 PNIPAM 接枝膜的温度响应开关特性的影响[120]

在实验中，亲水性的 Nylon6 膜展现了比疏水性的 PVDF 膜更强的温度敏感特性，这就给我们提供了另一种研究思路，即膜基材的亲疏水性可能会对接枝膜的温敏性质产生较大的影响。亲水纤维的吸水性是纤维吸收液相水分的性质，也称为保水性或纤维对液态水的保持性。它主要取决于纤维内微孔、缝隙和纤维之间的毛细空隙，环境温湿度也会对它有一些影响。当相对湿度大于 99% 时，或者将纤维在水中浸透后，纤维中的微孔以及纤维之间全部空隙仍然都充满了水，这种水分在重力作用下，将排去一部分水分，最后还会保持一部分，就像毛细管内悬浮着水柱一样，是纤维间毛细主隙所固有的表面张力将水分支持着。在进行水通量实验前，目标膜均在高纯水中浸泡了 6h，使膜被润湿，只是由于亲水和疏水的差别而润湿程度不同。亲水的 Nylon6 膜已经被完全润湿，那么在过滤过程中，始终保持着亲水的环境，利于引导水分子通过膜孔，过滤的水通量自然就比较大；而疏水的 PVDF 膜在浸泡相同时间以后仍然明显看出润湿程度很低，则过滤过程中膜中纤维的疏水环境极大地阻碍了水分子的通过，过滤的水通量较 Nylon6 膜就小多了。由此，我们可以看到膜基材的性质的确对接枝膜的温敏感应有较大的影响，在实际的应用中，应该根据不同的目标需要来选取适当的膜基材。

（4）填孔型 PNIPAM 接枝 PCTE 膜的表面亲水性特性

图 18-35 是空白 PCTE 膜和 PNIPAM 接枝 PCTE 膜的表面接触角随温度的变化。研究表明，液气之间的表面张力随温度的增加而减小，而液体表面张力的减小导致接触角的减小。因此，随着温度从 25℃ 上升到 40℃，空白膜的接触角由 67.5° 减小到 63.1°；而在相同的条件下，接枝膜的接触角反而由 58.5° 增加到 87.9°。这是因为在 40℃（$T>$LCST）时，膜表面接枝的 PNIPAM 变得疏水使得接触角增大，尽管此时较高的液体温度会使接触角有所减小；在 25℃（$T<$LCST）时，PNIPAM 接枝层变得亲水，使得接枝膜的接触角比相同温度下空白膜的接触角要小。按理说，亲水的膜表面和孔表面应该更有利于提高水通量；但综合温度响应性水通量和图 18-35 的结果表明，PNIPAM-g-PCTE 膜的水通量主要依赖于孔径的变化而不是膜表面亲疏水性的变化。

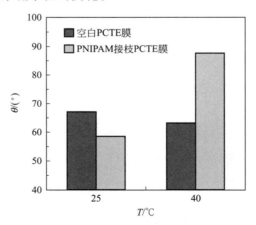

图 18-35　PCTE 基材膜和 PNIPAM-g-PCTE 接枝膜表面的接触角随环境温度的变化[111]

（5）具有不同临界响应温度的填孔型接枝链开关膜

迄今常用的温敏型高分子为 PNIPAM，而 PNIPAM 的低临界溶解温度 LCST 值即其相变温度约在 32℃，这就给它的应用带来某些限制和困难，因为不同的应用场合可能需要不同的相变临界温度。从对 PNIPAM 出现 LCST 现象机理的分析知道，处于水溶液中的水化 PNIAPM 高分子会在温度到达 LCST 时，因水和高分子间氢键的破坏而发生脱水现象，这就会引起分子内憎水部分发生聚结，使高分子的构象从原有的伸展形式（coil）转变为折叠式（globule）从而导致体积收缩。按此看法，如在这类高分子链内引入亲水链节，就可能提高体系的脱水温度，从而达到提高体系 LCST 的目的；如在这类高分子链内引入疏水链节，就可能降低体系的脱水温度，从而达到降低体系 LCST 的目的[121]。

褚良银等[112]采用等离子体诱导填孔接枝聚合法在多孔平板膜上接枝 PNIPAM 共聚物感温开关——聚（N-异丙基丙烯酰胺-co-丙烯酰胺）共聚物［P（NIPAM-co-AAM）］和聚（N-异丙基丙烯酰胺-co-甲基丙烯酸丁酯）共聚物［P（NIPAM-co-BMA）］开关，研究了亲水性单体（丙烯酰胺，AAM）和疏水性单体（甲基丙烯酸丁酯，BMA）的加入量对填孔型开关膜的临界开关温度的影响（图 18-36）。结果表明，随着 P（NIPAM-co-BMA）共聚物开关中 BMA 量的增加，临界温度 LCST 变小。这是因为 P（NIPAM-co-BMA）共聚物中 BMA 是疏水性的，共聚物中 BMA 量增加，这使得共聚物中疏水基团的比例增加，共聚物疏水性增加；同时，与水形成氢键的供体（酰胺基团）量减少，P（NIPAM-co-BMA）共聚物与水形成的氢键断裂从亲水性变成疏水性需要更低的温度，因而共聚物的 LCST 下降。共聚物［P（NIPAM-co-AAM）］开关的临界温度变化趋势则刚好相反。

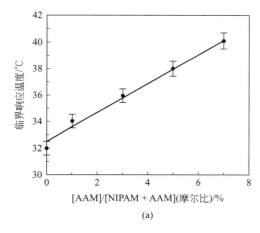
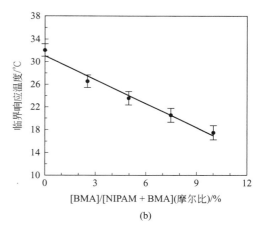

图 18-36 温敏型 PNIPAM 共聚物开关中亲水性单体（AAM）
和疏水性单体（BMA）的添加量对填孔型开关膜临界响应温度的影响[112]

（6）具有反相感应开关的温度响应型智能化开关膜[122]

温度相应型开关膜的智能开关一般都是基于 PNIPAM 的温敏型高分子材料，这类高分子材料均具有低温膨胀-高温收缩的特性；因此，这类智能膜一般都具有膜孔随着温度升高到临界温度以上时会突然开启的特性。但是，在某些场合，可能膜孔随着温度升高到临界温度以上而突然关闭的智能膜更加适用，因此，研究具有反相感应开关的温度响应型智能化开关膜具有重要意义。

褚良银等[122]成功地设计并制备出了以聚丙烯酰胺/聚丙烯酸（PAAM/PAAC）为基材形成的互穿聚合物网络（interpenetrating polymer network，IPN）结构，并通过氢键控制而实现的反相感温型开关膜（如图 18-37 所示），即膜孔直径随温度升高而在高临界溶解温度（UCST）附近会突然减小，首次实现了温度响应型智能化开关膜的反相温敏开关模式[122]。这是一种完全不同于现有基于 PNIPAM 材料的正相感温型开关膜的新型感应模式，其温度响应型水通量的变化及其温度响应的可重复特性如图 18-38 所示。结果表明，其温度响应型水通量变化正好与 PNIPAM 接枝膜的相反，其功能开关也具有可逆性和可重复特性。

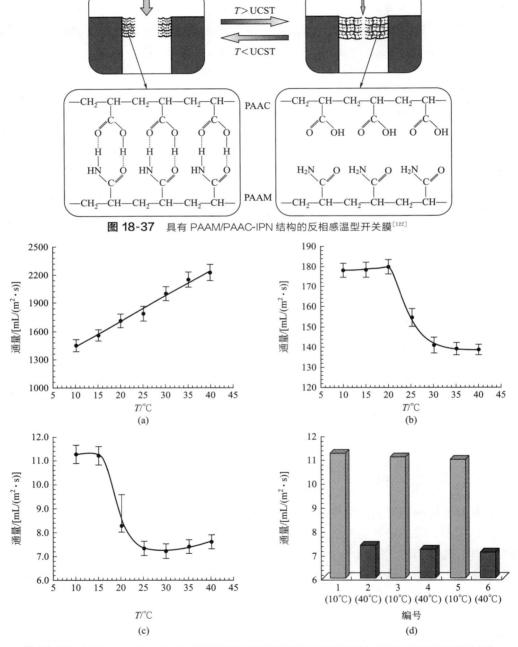

图 18-37　具有 PAAM/PAAC-IPN 结构的反相感温型开关膜[122]

图 18-38　具有 PAAM/PAAC-IPN 结构的反相感温型开关膜水通量的温度响应性及其可重复特性[122]

（a）基材膜；（b）、（c）、（d）具有 PAAM/PAAC-IPN 结构反相感温型开关的膜 [（b）YPAAM＝2.94％，YPAAC＝4.12％；（c）、（d）YPAAM＝5.01％，YPAAC＝4.64％]

（7）温度响应型智能荷电膜

Higa 等[123-125]研制出了一种含有荷电的温度响应型智能膜，该膜由聚阴离子网络（AP-2 网络）和具有 PNIPAM 接枝链的聚乙烯醇（PVA）网络的互穿网络（interpenetrating network）组成，如图 18-39 所示。他们用该膜做了 KCl 和 CaCl$_2$ 混合溶液的透析（dialysis）实验，并且得到了非常有趣的研究结果，如图 18-40 所示。不论温度是高于 PNIPAM 的 LCST 还是低于其 LCST，一价 K$^+$ 总是从高浓度测向低浓度测扩散；而二价 Ca^{2+} 的扩散方向则随温度改变会发生变化：当温度低于 PNIPAM 的 LCST 时，Ca^{2+} 呈现下山式（downhill）传递（即依靠浓度梯度进行的扩散，也就是从浓度高的一侧向浓度低的一侧传递）；而当温度高于 PNIPAM 的 LCST 时，Ca^{2+} 呈现上山式（uphill）传递（即从浓度低的一侧向浓度高的一侧逆向传递）。也就是说，利用该温敏型荷电膜可以依靠控制温度而实现二价阳离子的富集。

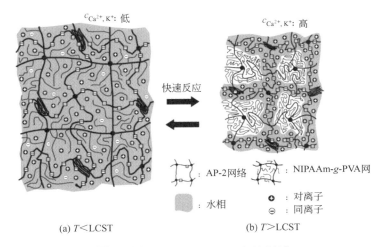

c_{Ca^{2+}, K^+}: 低　　　　　　　　　　　c_{Ca^{2+}, K^+}: 高

快速反应

▭⊞：AP-2网络　　▨：NIPAAm-g-PVA网

▨：水相　　⊕：对离子　　⊖：同离子

(a) $T<$LCST　　　　　　　　(b) $T>$LCST

图 18-39　荷电的温度响应型智能膜[123]

温度响应型智能膜方面的研究还很多[105-107,109-112,114,119,120,122-190]，由于篇幅所限，这里就不一一介绍。有兴趣的读者可以根据书后文献进行查阅参考。

18.3.3.2　pH 响应型智能膜

pH 响应型智能膜同样可以分为开关式膜和整体式膜。如图 18-40 所示温度响应型智能开关膜一样，pH 响应型智能开关膜的常见开关形式也包括覆孔型（pore-covering）接枝链开关[191]、填孔型（pore-filling）接枝链开关[113,192,193]以及填孔型微球开关[115]等。

pH 响应型智能化开关膜是在多孔膜上接枝 pH 响应性聚电解质开关，可以实现 pH 响应性分离以及定点定位控制释放。对于接枝带负电聚电解质（聚羧酸类）而言，当环境 pH$>pKa$（稳定常数）时，聚电解质的官能团因离解而带上负电，由于带负电官能团之间的静电斥力使链处于伸展构象，使膜孔的有效孔径减小；当环境 pH$<pKa$ 时，聚电解质的官能团因质子化而不带电荷，使链段处于收缩构象，使膜孔的有效孔径增大。相反，对于接枝带正电荷聚电解质（如聚吡啶类）而言，膜孔孔径的 pH 响应性正好相反。

（1）接枝率对 pH 响应型智能化开关膜性能的影响

褚良银等[113,193]近来系统研究了聚丙烯酸和聚甲基丙烯酸接枝型 pH 响应型智能化开关

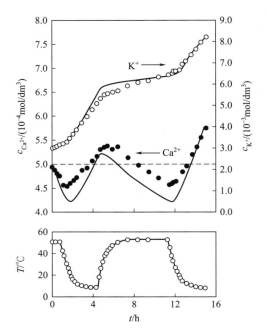

图 18-40　K⁺ 和 Ca²⁺ 在温度变化情况下透过温度
响应型智能荷电膜不同模式[124]

膜的接枝率和微观结构及其对开关膜 pH 响应特性的影响，为实现 pH 响应型智能化开关膜
孔的有效控制提供了实验依据和理论指导。图 18-41 为接枝率对 pH 响应型接枝多孔膜的温
度响应性孔径变化的影响[193]。显然，聚丙烯酸（PAAC）接枝率不同的膜，其膜孔 pH
感应孔径变化倍数明显不同。当接枝率≤1.01％时，随着接枝率的增加，pH 感应孔径变
化倍数增加；当接枝率在 1.01％～6.44％时，随着接枝率的增加，pH 感应孔径变化倍数
减小；当接枝率＞6.44％时，pH 感应膜孔孔径变化倍数趋近于 1，此时膜孔几乎没有开关
特性。这是因为，当接枝率很小时，接枝的 PAAC 分子链很短、接枝密度很小，由于构相
变化引起的孔径变化倍数很小；随着接枝率的增加，接枝的 PAAC 链长度和密度增加，由
于其构相变化而引起的孔径变化倍数增加。但是，如果接枝率太大，接枝的 PAAC 分子链
太长、密度太大，膜孔会被接枝的过多的 PAAC 链堵住，其构相变化已不能引起膜孔径的
变化。

（2）pH 感应型耦合泵送控制释放膜系统

控制释放膜是膜科学技术领域的一个重要分支，在药物控制释放领域受到了广泛关注。
人体内不同部位的 pH 是不一样的，特定病灶也会引起局部 pH 变化，因此，pH 感应型给
药系统的研究引起了国际上广泛的关注和重视。pH 感应型控制释放系统由于具有对环境
pH 信息感知、信息处理以及响应执行一体化的"智能"，被认为可以用来实现体内不同消
化部位和肿瘤部位的智能给药，实现药物的定点、定量、定时释放。迄今的研究工作在给药
系统的快速应答释放速度方面还不能令人满意，主要是受以浓度差为推动力的溶质扩散速度
限制，目前的给药系统从释放原理上讲其应答速度不可能突破此限，需要进一步研究和解
决。针对上述问题，褚良银等研制出了一种具有"泵送"功能的耦合型 pH 感应控制释放膜

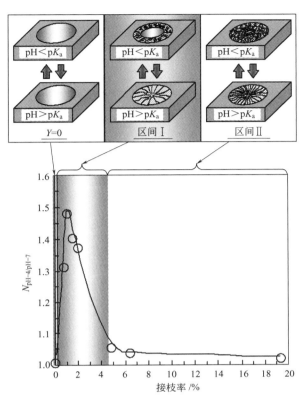

图 18-41　接枝率对 pH 响应型接枝多孔膜的温度响应性孔径变化的影响[193]

系统，如图 18-42 所示。同时，系统研究了 pH 感应型阴离子水高分子的接枝率对开关膜水通量、溶质透过膜的扩散系数的 pH 感应特性的影响，并用 Hagen-Poiseuille 方程研究了接枝率对开关膜 pH 感应孔径变化倍数的影响；研究了单体浓度、交联剂浓度对 pH 感应型阳离子水高分子的 pH 感应特性、体积相变速率以及模拟药物释放的影响，为给药系统中"泵"元素的选择提供依据；实验考察了模型药物维生素 B_{12}（VB_{12}）在该耦合系统中的 pH 感应释放行为。

图 18-43 为 PVDF 基材膜和聚甲基丙烯酸 PMAA-g-PVDF 接枝膜（接枝率 8.58%）的断面微观结构图。可以看出，2 张 SEM 照片所示的膜结构有明显的区别。图 18-43（a）为未接枝的 PVDF 微孔基材膜，可以明显看出膜表层的多孔状结构，并且每个大孔上面还有蜂窝状小孔；图 18-43（b）为 PMAA 接枝后的 PVDF 膜，可以看出，接枝后的开关膜表面和孔内都均匀附着一层 PMAA，比基材膜显得致密，这说明沿整个膜厚度方向都较均匀地接枝上了 PMAA。

PMAA-g-PVDF 接枝膜（接枝率 5.98%）的 pH 感应孔径变化倍数如图 18-44 所示。可以看出，由于接枝的 PMAA 分子链构象的改变，使得开关膜膜孔的动力学孔径在 PMAA 的 pK_a 附近发生了显著改变；而在 pH≥6 或 pH≤3 时，膜孔径基本保持不变，这是因为 PMAA 分子链构象在这两种情况下均呈现稳定状态。

图 18-45 所示为维生素 B_{12} 从图 18-42 所示的具有智能开关和泵送功能的新型系统中释放的 pH 响应控制特性。结果表明，通过将 pH 感应型水高分子和开关膜组合起来，利用水

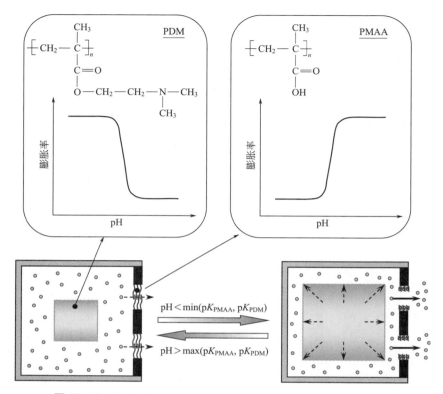

图 18-42 具有智能开关和泵送功能的新型 pH 响应性控制释放系统[113]

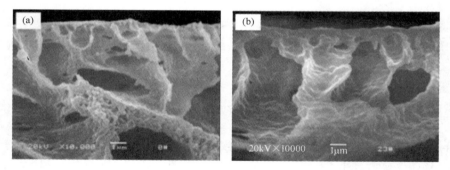

图 18-43 PVDF 基材膜（a）和 PMAA-g-PVDF 接枝膜（ Y = 8.58%）(b）的断面微观结构图[113]

高分子和开关膜接枝开关对 pH 的响应机制而构建一个耦合型 pH 感应控制释放膜系统具有良好的性能。在 pH＝7 时由于 PMAA 膨胀而使开关膜膜孔关闭聚（甲基丙烯酸-N,N-二甲氨基乙酯），PDM 高分子收缩，维生素 B_{12} 的释放速率较小；而在 pH＝2 时由于 PMAA 收缩而使开关膜膜孔开启，PDM 高分子溶胀，维生素 B_{12} 的释放速率突然变大。PMAA-g-PVDF 开关膜的接枝率、PDM 水高分子中单体和交联剂浓度是影响维生素 B_{12} 的释放速率的重要因素，组合效果最佳的控制释放膜系统的控释因子达到了 6.5[113]。该耦合型 pH 感应控制释放膜系统实现了提高 pH 感应型控制释放给药系统释放速率的目标。

（3）基于壳聚糖和四乙基原硅酸盐（TEOS）互穿网络结构的 pH 响应型复合膜

利用壳聚糖的 pH 响应特性，Park 等[194]制备出了一种基于壳聚糖和四乙基原硅酸盐

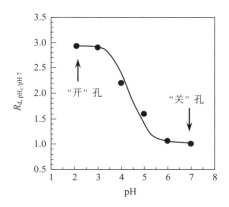

图 18-44　PMAA-*g*-PVDF 接枝膜（Y= 5.98%）有效孔径的 pH 响应性[113]

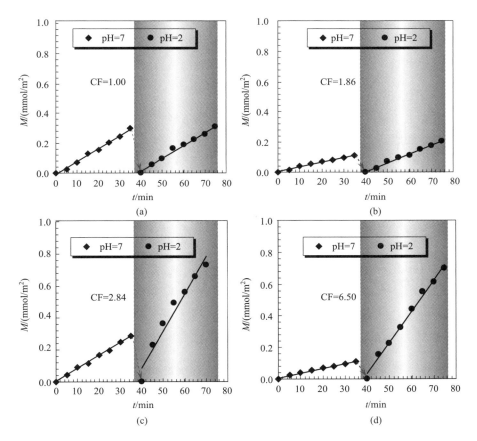

图 18-45　维生素 B₁₂ 从图 18-42 所示的具有智能开关和泵送功能的新型系统中释放的 pH 响应控制特性
（a）系统没有智能开关，也没有泵送功能；（b）系统有智能开关，但没有泵送功能；（c）系统有智能开关，
但没有泵送功能；（d）系统同时具有智能开关和泵送功能[113]

（TEOS）互穿网络结构的 pH 响应型复合膜，其原理如图 18-46 所示。具有 pH 响应特性的壳聚糖嵌在 TEOS 互穿网络结构中，当 pH=2.5 时，壳聚糖溶胀，透膜阻力随之变大，于是膜通量降低；当 pH=7.5 时，壳聚糖收缩，透膜阻力随之减小，于是膜通量增加。该膜

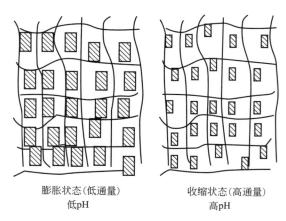

膨胀状态（低通量）　　　　收缩状态（高通量）
低pH　　　　　　　　　高pH

图 18-46　基于壳聚糖和四乙基原硅酸盐（TEOS）互穿网络结构的 pH 响应型复合膜[194]

在药物控释方面具有较好的性能。

　　同温度响应型智能膜一样，pH 响应型智能膜方面的研究也还有很多[113,115,137,185,191-234]，由于篇幅所限，这里就不一一介绍。有兴趣的读者可根据书后文献进行查阅参考。

18.3.3.3　光照响应型智能膜

　　在多孔膜上采用化学方法或物理方法安装上光敏感型智能高分子制成开关，则可以制备成光照响应型智能膜。光敏感分子通常为偶氮苯及其衍生物、三苯基甲烷衍生物、螺环吡喃及其衍生物和多肽等。Liu 等[235,236]将偶氮苯衍生物配基固定在多孔硅材料孔内（如图 18-47所示），从而通过外界光刺激来调节膜孔大小，达到控制膜通量的目的。

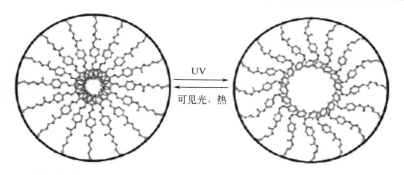

UV

可见光，热

图 18-47　偶氮苯改性的光响应型智能开关膜的膜孔变化示意图[235,236]

18.3.3.4　葡萄糖浓度响应型智能膜

　　糖尿病是一种严重危害人类健康的慢性疾病，在西方国家其死亡率仅次于恶性肿瘤、心脑血管疾病而居第三位。胰岛素是糖尿病的常规治疗药之一，一般采用皮下注射的方式用药，由于胰岛素在体内的半衰期短，普通针剂需频繁注射，长期的治疗令病人痛苦不堪。血糖响应型胰岛素给药智能高分子载体系统是为了克服上述缺点而提出的新型给药系统，可以根据病人体内血糖浓度的变化而自动调节胰岛素的释放。采用智能高分子给药系统以期实现胰岛素的控制释放，自 20 世纪 70 年代以来一直是国内外功能高分子材料和药剂学等领域的研究热点。这种智能化给药系统不仅可以随时稳定血糖水平、提高胰岛素利用率，而且延长给药时间、减轻糖尿病人的痛苦，受到了国际上广泛的关注和重视。这正是葡萄糖浓度响应型智能膜系统的研究目的。

　　Ito 等[202]、Cartier 等[196]和褚良银等[193,197]在葡萄糖浓度响应型智能膜系统方面进行了研究，其制备过程及响应原理如图 18-48 所示[193]。把接枝羧酸类聚电解质接枝到多孔膜上，制成 pH 感应智能开关膜，然后把葡萄糖氧化酶（glucose oxidase，GOD）固定到羧酸类聚电解质开关链上，从而使得开关膜能够响应葡萄糖浓度变化，这种智能膜的开关根据葡萄糖浓度的变化而开启或关闭。结果如图 18-49 所示[193]，在无葡萄糖、中性 pH 条件下，羧基解离带负电，接枝物处于伸展构象，使膜孔处于关闭状态，胰岛素释放速度慢；反之，当环境葡萄糖浓度高到一定水平时，GOD 催化氧化使葡萄糖变成葡萄糖酸，这使得羧基质子化，减小静电斥力，接枝物处于收缩构象，使膜孔处于开放状态，胰岛素释放速度增大。于是，可以实现胰岛素随血糖浓度变化而进行自调节型智能化控制释放。可以看出，所有影响 pH 感应型开关膜的扩散透过率的因素都会对这种葡萄糖浓度感应型开关膜有影响。通过改变接枝链的密度、长度或膜孔密度还可以调节该系统的胰岛素渗透性对葡萄糖浓度的敏感性。

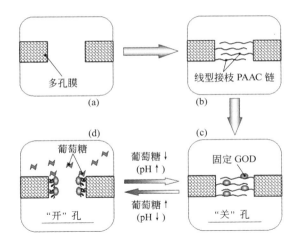

图 18-48　葡萄糖浓度响应型智能开关膜的制备及其响应原理示意图[193]

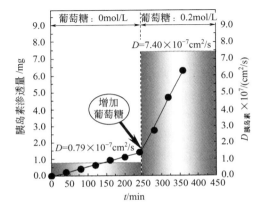

图 18-49　葡萄糖浓度响应型智能开关膜的自律式胰岛素控制释放[193]

18.3.3.5 化学分子识别型智能膜

分子识别型智能化开关膜是借助超分子化学的知识和手段，在基材膜孔上接枝构象可发生改变的功能性高分子链，并在高分子链上接枝具有分子识别能力的主体分子。于是，依靠分子识别型智能化开关膜，可以实现特定分子识别型控制释放以及化学或生物物质的高精度分离等。

基于主客体分子识别的智能化开关膜的智能开关材料，一般都是将具有分子识别能力的主体分子悬挂在具有温敏特性的 PNIPAM 链上，通过主体分子识别包结客体分子，造成微环境的亲疏水特性产生变化，从而引起 PNIPAM 的 LCST 发生迁移。例如，具有碱金属离子识别功能的智能材料聚 ［N-异丙基丙烯酰胺-共-（苯并-18-冠-6-丙烯酰胺），poly（N-iso-propylacrylamide-co-benzo-18-crown-6-acrylamide），Poly（NIPAM-co-BCAm）］，在冠醚识别包结钾离子或钡离子后，其 LCST 会大幅度向高迁移[237]，如图 18-50 所示。这时，如果整个体系温度在迁移前和迁移后的两个 LCST 之间操作，如图 18-50 中的 T_c，则该智能材料的体积会随着识别包结客体分子而溶胀，如图 18-50 所示。利用该智能材料的上述特性，可以制备成具有分子识别功能的智能开关膜。

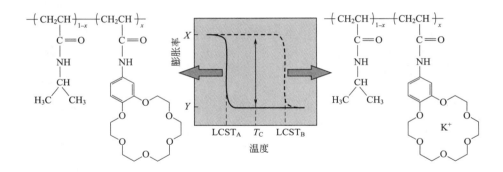

图 18-50 Poly（NIPAM-co-BCAm）的分子识别响应性相变行为[237]

Yamaguchi 等采用等离子体诱导接枝聚合法将 poly（NIPAM-co-BCAm）接枝在多孔膜上，制备成具有分子识别功能的智能开关膜[118,170,238-243]，其示意图如图 18-51 所示。该智能膜的通量明显受溶液中 Ba^{2+} 的存在与否状态所控制，如图 18-52 所示。当溶液中没有 $BaCl_2$ 分子存在时，由于膜孔内接枝的 poly（NIPAM-co-BCAm）聚合物链呈收缩状态而使膜孔开启，所以通量大；相反，当环境溶液中有 $BaCl_2$ 分子存在时，膜孔内接枝的 poly（NIPAM-co-BCAm）链呈膨胀状态，于是膜孔关闭，从而导致通量变得很小。该具有 poly（NIPAM-co-BCAm）接枝开关的智能膜的分子识别刺激响应特性显示出了良好的可逆性和可重复性[118,170,238-243]。

褚良银等采用等离子体接枝和化学反应相结合的方法得到的聚（N-异丙基丙烯酰胺-共-聚甲基丙烯酸-2-羟丙基乙二氨基 β-CD）（PNG-ECD-g-Nylon6）接枝膜[244]。研究结果证明，接枝链中温敏组分与分子识别组分的比例以及接枝率对接枝膜的分子识别开关特性有较大影响，所以在设计和制备分子识别型开关膜的时候，应该优化不同参数以达到优良的膜开关效果。

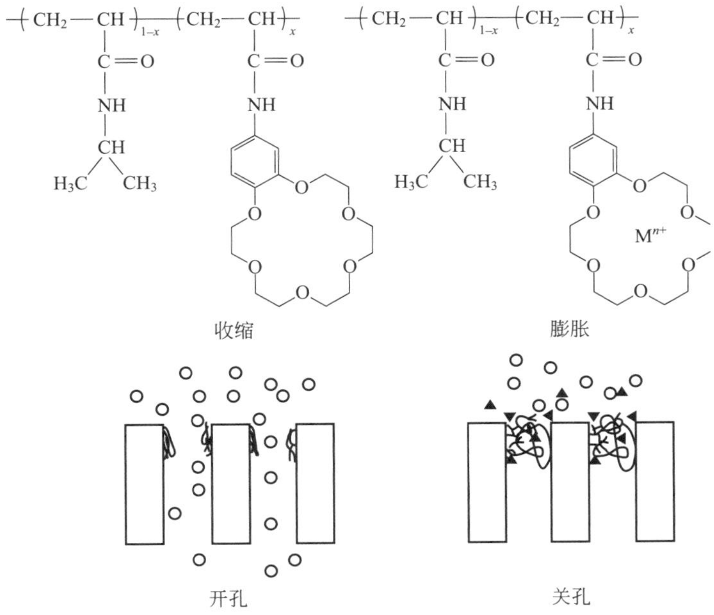

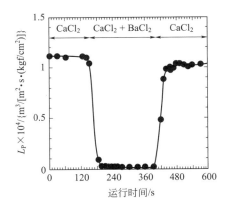

图 18-51　具有 Poly（NIPAM-co-BCAm）接枝开关
的分子识别型智能开关膜示意图[118, 238]

图 18-52　具有 Poly（NIPAM-co-BCAm）接枝开关的分子识别型
智能开关膜通量随溶液中分子种类的变化[118,238]

（1kgf/cm² ＝ 98.0665kPa）

18.3.4　智能微囊膜系统

　　平板智能膜最易用于结构与性能的表征[114]，因此，大多数智能膜的研究均是通过对平板膜的研究。除了平板膜以外，迄今研究最多的智能膜系统是智能微囊膜。智能微囊膜因其具有长效、高效、靶向、低副作用等优良的控制释放性能，在药物控制释放等领域具有广阔的应用前景；由于这种膜技术是在交叉学科中发展起来的，在国内外已经成为材料、化学、化工、生物和医学等多学科领域工作者的研究热点。随着控释膜及微囊膜技术的发展，将更新传统的膜概念，创立新的基础理论，开发全新的技术产品。微囊膜系统的研究与开发已经有很长的历史，并且取得了大量的研究与应用成果，在科学界和工程界至今仍显得生机勃勃，不断涌现出新的概念及新的成果。近来提出采用环境感应式微囊载体作为智能化靶向式药物载体，来实现药物释放的定点、定时、定量控制。如果这种药物载体得以应用，则药物只在病变组织部位释放，不仅能有效利用药物、以获得最优治疗效果，而且不会在其他正常部位产生任何毒副作用。这种药剂形式被称为"梦的药剂"，并被认为是将来人类征服癌症等疑难杂症的有力工具。从 20 世纪 80 年代开始，作为一种新型微囊膜，环境情报感应型智能微囊膜日益受到重视和关注。

18.3.4.1 温度响应型智能微囊膜

由于温度变化不仅自然存在的情况很多，而且很容易靠人工实现，所以迄今对温度感应型智能微囊膜的研究较多。

（1）多孔膜内覆有感温性双分子层的温度感应型微囊膜

20 世纪 80 年代，Okahata 等[171]研制出了最早的一种温度感应型微囊——多孔膜内覆有感温性双分子层的温度感应型微囊。依靠覆在聚酰胺多孔膜内的二烷基二甲铵亲水亲油双分子层（$2C_nN^+2C_1$，$n=12,14,16,18$）的温度感应性，将其作为感温性开关，从而实现温度感应型控制释放，如图 18-53 所示。图 18-54 为覆有 $2C_{18}N^+2C_1$ 型二烷基二甲铵亲水亲油双分子层的微囊膜的可逆性温度感应型控制释放特性。当环境温度为 40℃（低于相转变温度）时，NaCl 从微囊中的释放速度慢；而当环境温度为 45℃（高于相转变温度）时，其释放速度快。结果表明，双分子层覆层起到了温度感应阀门的作用。

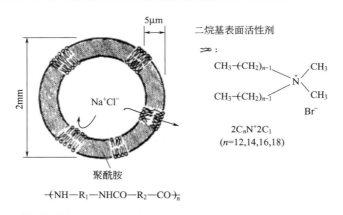

图 18-53 多孔膜内覆有感温性双分子层的温度感应型微囊[171]

1993 年，Muramatsu 等[165]报道了另一种具有类似结构的感温性微囊，其直径比 Okahata 等[171]的微囊小得多（平均粒径 14.3μm），而且被用作酶载体，其构造是在聚脲多孔微囊膜内覆上类脂分子作为温度感应开关。这种微囊内载酶的活性在环境温度高于类脂分子相转变温度时突然上升，而在环境温度低于其类脂分子相转移温度时则突然下降。该现象表明，在温度高于其相转移温度时，类脂分子变得紊乱，从而使基质和产物分子穿过微囊膜的阻力变小。利用这种类脂分子作为感温开关，可以制备温度感应型用微囊包起来的酶系统，甚至更复杂的酶系统等类型的人工细胞。

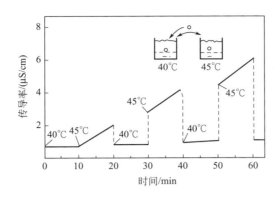

图 18-54　覆有 2C₁₈N⁺2C₁ 型二烷基二甲铵亲水亲油双分子层的微囊膜的
可逆性温度感应型控制释放特性[171]

这类感温性微囊的不足之处在于，同功能性高分子材料相比，合成双分子层以及类脂体等具有一些不可克服的弱点，比如相对脆弱易损、对温度变化的响应性较慢等。

（2）表面接枝 PNIPAM 型感温性微囊膜

Okahata 等[172]于 20 世纪 80 年代中期报道了一种在表面接枝聚异丙基丙烯酰胺（PNIPAM）的温度感应型微囊。结果发现氯化钠和染料分子透过微囊膜的透过系数在温度高于 PNIPAM 相转移温度时较低，而在环境温度低于 PNIPAM 相转移温度时较高。这是由于表面接枝的 PNIPAM 在温度 $T >$ LCST（低临界溶解温度，亦即相转移温度，对 PNIPAM 而言约为 32℃）时呈收缩状态并变得疏水，而在温度 $T <$ LCST 时则呈膨胀而且亲水状态；由于溶质分子在膨胀且亲水的表层中的扩散要比在收缩且疏水表层中快得多，从而达到温度感应控制释放的目的。

（3）含有羟丙基纤维素（HPC）膜层的感温型微囊

Ichikawa 和 Fukumori[142]于 1999 年报道了一种含有羟丙基纤维素（HPC）膜层的温度感应型控制释放微囊。该微囊的温度感应控制释放是依靠羟丙基纤维素（HPC）的温度感应特性来实现的。HPC 在环境温度低于其 LCST（通常约为 41～45℃）时在水中呈可溶状态，而当环境温度高于其 LCST 时则变为不可溶状态，从而使药物分子透过该膜层的扩散释放速度受到环境温度的控制。他们研究了不同温度下磺化咔唑铬钠（CCSS）从该微囊中的释放速度，结果发现该微囊具有一定的温度感应控制释放特性。

（4）膜层中含有 PNIPAM 高分子颗粒的感温型微囊

2000 年 Ichikawa 和 Fukumori[143]研制出了一种在膜层中含有亚微米级或纳米级 PNIPAM 高分子颗粒的感温型微囊，其结构示意图如图 18-55 所示。由于膜层中的 PNIPAM 高分子颗粒会随温度变化而产生收缩-膨胀现象（即在 $T <$ LCST 时膨胀，而在 $T >$ LCST 时收缩），于是在环境温度 $T >$ LCST 时膜层内会因 PNIPAM 颗粒的收缩而形成很多孔穴，这时药物分子透过膜层的扩散阻力较小、释放速度较快；而在 $T <$ LCST 时由于 PNIPAM 颗粒膨胀而使膜层中的孔穴被填满，于是对药物分子透过膜层的扩散阻力变大，从而使释放速度降低。磺化咔唑铬钠（CCSS）从具有上述结构的微囊中释放速率的温度感应特性结果表明[143]，当温度为 30℃时 CCSS 释放速度特别低，而当环境温度为 50℃时其释放速度则突然变得很大，较好地实现了"开-关"式环境温度感应型控制释放。

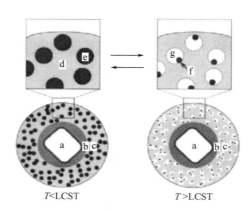

图 18-55　膜层中含有亚微米级或纳米级 PNIPAM 高分子颗粒的感温型微囊示意图[143]

a—碳酸钙核；b—药层；c—温度感应型膜层；d—Aquacoat® 基体；

e—膨胀的 PNIPAM 高分子颗粒；f—收缩的 PNIPAM 高分子颗粒；g—孔穴

早在 1996 年 Ichikawa 等[144]还曾提出过另一种膜层由 PNIPAM 高分子颗粒组成的温度感应型微囊，其 PNIPAM 高分子颗粒为核-壳结构，其中核为丙烯酸乙酯（EA）/甲基丙烯酸甲酯（MMA）/甲基丙烯酸-2-羟乙酯（HEMA）共聚物水溶性胶乳颗粒，壳为交联 PNIPAM 层。当环境温度 T＜LCST 时，PNIPAM 壳层吸水而呈膨胀状态，从而抑制了胶乳颗粒之间的胶黏作用，内部物质释放较易；而当环境温度 T＞LCST 时，PNIPAM 壳层则脱水而呈收缩状态，导致胶乳颗粒在囊内乳糖颗粒上"自成膜"现象发生，形成一层致密的膜层，从而抑制了囊内乳糖的释放。于是，内部乳糖的释放速度在 T＜LCST 时比在 T＞LCST 时要大些。Kono 等[145]在 2000 年报道了另一种电解质复合膜中含有 PNIPAM 单元区域的温度感应型微囊，其特征是在聚甲基丙烯酸-聚氮杂环丙烷部分交联式复合微囊膜中靠共聚的方式嵌入 PNIPAM 单元体。这种微囊的感温性控制释放机理与图 18-55 所示的微囊完全不同，由于其膜中不能形成孔穴，所以它不是依靠膜中的孔隙度而是依靠膜中 PNIPAM 单元体的亲水/疏水特性来控制溶质释放速度。当环境温度 T＜LCST 时，膜中的 PNIPAM 单元体呈水溶性状态，使溶质分子释放速度较快；而当环境温度 T＞LCST 时，膜中 PNIPAM 单元体则呈疏水状态，从而很大程度地抑制其溶质释放速度。

（5）膜孔接枝 PNIPAM "开关"的温度感应型微囊

褚良银等[109,114,119,245]近来研制出了一种在膜孔接枝 PNIPAM "开关"的温度响应型控制释放微囊膜，其结构示意图如图 18-56 所示，其微观结构扫描电镜图如图 18-57 所示。这种微囊具有对温度刺激响应快的特点。膜孔内 PNIPAM 接枝量较低的情况下，主要利用膜孔内 PNIPAM 接枝链的膨胀-收缩特性来实现感温性控制释放：当环境温度 T＜LCST 时，膜孔内 PNIPAM 链膨胀而使膜孔呈"关闭"状态，从而限制囊内溶质分子通过，于是释放速度慢；而当环境温度 T＞LCST 时，PNIPAM 链变为收缩状态而使膜孔"开启"，为微囊内溶质分子的释放敞开通道，于是释放速度快。在膜孔内 PNIPAM 接枝量很高的情况下，膜孔即使在环境温度 T＞LCST 时也呈现不了"开启"状态（膜孔被填实），这时则主要依靠 PNIPAM 的亲水-疏水特性来实现感温性控制释放：当环境温度 T＜LCST 时，膜孔内 PNIPAM 呈亲水状态；而当环境温度 T＞LCST 时，膜孔内 PNIPAM 变为疏水状态。由于溶质分子在亲水性膜中比在疏水性膜中更容易找到扩散"通道"，所以在环境温度

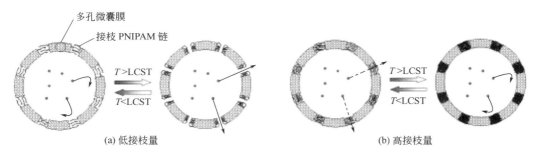

图 18-56 膜孔接枝 PNIPAM "开关"的温度响应型控制释放微囊膜示意图[109,114,119,245]

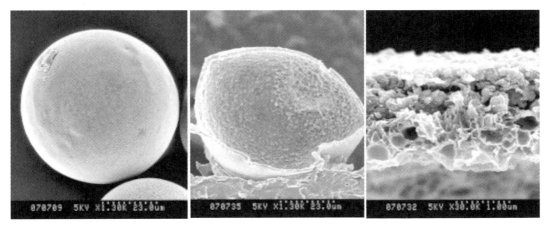

图 18-57 控制释放微囊膜的微观结构扫描电镜图[109]

T<LCST 时的释放速度比在 T>LCST 时要高些。控制释放结果表明，这类膜孔接枝 PNIPAM "开关"的微囊显示出良好的温度响应型控制释放特性；特别是在低接枝量的情况下，"开/关"释放特性十分明显。

　　如果将微囊作为药物载体，则其直径应该小而且单分散性也应该好。褚良银等[245]采用 SPG（shirasu porous glass）膜乳化方法制备出了直径约为 $4\mu m$ 的单分散微囊［如图 18-58（a）所示］，然后采用等离子体诱导接枝的方法在多孔膜上接上 PNIPAM 温敏开关，其温度响应性控制释放如图 18-58(b) 所示。

18.3.4.2 pH 响应型智能微囊膜

（1）pH 响应型微囊膜的控制释放机理

　　虽然 pH 响应型微囊膜的制备方法各不相同，但其控制释放机理却大同小异。由于在不同 pH 环境下聚电解质的构象会发生变化，从而影响微囊膜的扩散透过率，这样就实现了能响应环境 pH 的控制释放。以在半透性微囊膜表面上接枝 pH 感应性聚电解质而得到的 pH 感应型微囊膜为例，如图 18-59 所示，对于接枝带负电聚电解质（聚羧酸类）而言，当环境 pH>pK_a（电离稳定常数）时，聚电解质的官能团因离解而带上负电，由于带负电官能团之间的静电斥力接枝链处于伸展构象，渗透率随之增大；当环境 pH<pK_a 时，聚电解质的官能团因质子化而不带电荷，链段处于收缩构象，使微囊表面官能层致密，从而使扩散透过

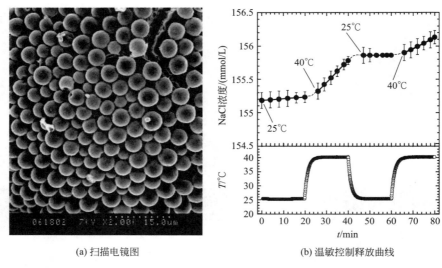

(a) 扫描电镜图　　　　　　　　(b) 温敏控制释放曲线

图 18-58　单分散温度响应微囊膜[245]

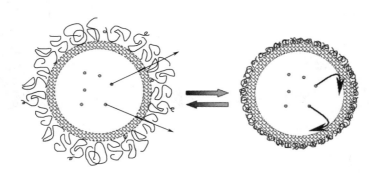

图 18-59　接枝在微囊膜表面上的聚电解质层随环境 pH 变化而发生构象变化的示意图

率变小。相反，对于接枝带正电荷聚电解质（如聚吡啶类）而言，当环境 $pH > pK_a$ 时，聚电解质的官能团不带电荷使链段处于收缩构象，微囊表面官能层致密而使扩散透过率较小；但当环境 $pH < pK_a$ 时，聚电解质的官能团因质子化带正电，带正电官能团之间的静电斥力使链段处于伸展构象，微囊表面官能层变得松散而使扩散透过率也随之变大。

（2）半透性微囊膜改进型 pH 响应性微囊膜

Kokufuta 等[205]研制出了一种覆盖有一层聚电解质的 pH 感应型聚苯乙烯微囊膜。具有半透性聚苯乙烯膜、平均粒径为 $8 \sim 10\mu m$ 的稳定微囊是通过使聚合物沉淀在乳化的水滴周围制得的。具体步骤如下：先将作为乳化剂的十二烷基苯磺酸钠或 Triton X-100 水溶液分散在苯乙烯的二氯甲烷溶液中，在剧烈的搅拌下将得到的水/油乳液分散在含有以上任何一种乳化剂的水溶液中，最后除去所得到的 W/O/W 复乳中残留的二氯甲烷。在室温下搅拌含有所需聚电解质和微囊的适量缓冲溶液 10h，聚电解质将吸附在微囊膜上。现在许多聚合物都可用来制备微囊膜，而具有不同的疏水性或亲水性的微囊膜表面吸附的聚电解质的构象变化是研究的热点。其中，用多肽和蛋白质作为聚电解质覆盖层引起了广泛的关注，因为这些研究能提供有关吸附在亲水或疏水固体表面的蛋白质和多肽的构象变化方面的大量信息，这些知识能使人们更好地理解蛋白质在生物膜中的构象变化[205]。

（3）具有聚电解质整体膜的 pH 响应性微囊膜

Kono 等[207]制备了一种聚电解质复合微囊膜，即一种具有聚电解质络合物壁膜的微囊。交联的聚丙烯酸（PAA)-聚氮杂环丙烷（PEI）复合微囊膜可由如下步骤制得：用吸液管将1.5％（质量分数）聚丙烯酸钠水溶液（pH 9.0）滴加到 0.5％的聚氮杂环丙烷水溶液（pH 7.0）中。混合溶液轻微搅动 2h 以在液滴表面上形成聚电解质复合膜。得到的聚电解质复合微囊膜用蒸馏水清洗几次，然后分别在 0.15％聚丙烯酸钠水溶液（pH 7.0）和 0.05％聚氮杂环丙烷水溶液（pH 7.0）中浸泡 2h 以增加聚电解质复合膜的物理强度。然后，用蒸馏水清洗几次后，微囊膜根据以下步骤交联：胶囊放在 3mL 50mmol/L 含有 1-乙基-(3-二甲氨基丙基)碳二亚胺（EDC：11.4g/L、22.8g/L 或 34.2g/L）的磷酸缓冲溶液（pH 4.4）中，并在室温下振荡一整夜。最后，交联的微囊膜放在蒸馏水中振荡并清洗以除去残留在微囊膜中的 EDC。

Makino 等[211]提出了一种聚（L-赖氨酸氨基对苯二甲酸）（PPL）微囊膜。一般说来，组成这种微囊膜的聚合物在末端有一个氨基和一个羧基，而且在骨架上有大量的羧基。因为氨基在酸性和中性的环境中质子化而羧基在中性和碱性的环境中离解，PPL 微囊膜根据环境的 pH 既可以带正电又可以带负电。含水的 PPL 微囊膜由界面聚合法制得。在搅拌的作用下，溶解在碳酸钠水溶液中的 L-赖氨酸溶液分散在含有乳化剂的混合有机溶剂中（环己烷/氯仿＝3/1，体积比）。在制得的乳液中加入溶解在混合有机溶剂中的对苯二甲酰氯溶液，并充分搅拌。然后，加入一定量的环己烷以停止 L-赖氨酸和对苯二甲酰氯的界面缩聚反应。用离心分离将制得的 PPL 微囊膜从混合有机溶剂中分离出来，微囊膜依次用环己烷、2-丙醇、乙醇、甲醇和蒸馏水清洗，然后分散在蒸馏水中。最后让微囊膜通过一系列的筛网使其分成四个粒级，平均粒径分别为 $13.5\mu m$、$29.4\mu m$、$45.2\mu m$ 和 $64.0\mu m$，相应的平均膜厚分别为 $1.5\mu m$、$1.8\mu m$、$2.3\mu m$ 和 $2.6\mu m$。电解质离子通过 PPL 微囊膜的渗透率极大地依赖于环境 pH，并且当 pH 在 4~6 范围内急剧地增加，此时微囊的粒径也会突然变大。

（4）pH 响应型微囊膜的性能

Kokufuta 等[205]制备的 pH 感应型聚苯乙烯微囊膜是靠聚电解质吸附在稳定的半透性囊膜表面而得到的。若聚离子同时吸附在微囊膜的外表面和膜孔中，聚离子由收缩构象变为伸展构象时，渗透率减小；相反，若聚离子只吸附在微囊外表面，则聚离子由收缩构象变为伸展构象时，渗透率会明显增加。

但是，由于这种表面改性的半透性 pH 感应型微囊膜的渗透率变化受其基材膜渗透性的限制，因此为了提高渗透率变化的灵敏性，人们研制出了一种整体膜结构随环境 pH 变化而变化的微囊膜——具有聚电解质络合物膜的功能微囊膜[207]。聚电解质络合物是由两种带电聚电解质间的静电作用形成的，当弱的聚酸类和/或弱的聚碱类被用作聚电解质络合物微囊膜的成分时，由于聚电解质络合物的形成和离解是依赖于 pH 的，得到的微囊膜结构会随pH 变化而改变，所以微囊膜的渗透率也随着外界环境 pH 变化而变化。聚电解质络合物微囊膜可由温和的反应制得，比如络合物在胶质聚电解质微滴表面上、或在聚阴离子和聚阳离子溶液的界面上形成。因此，这对生物活性分子微囊化是有利的。使用聚电解质络合物进行药物、蛋白质、脂质体和活细胞的微囊化方面已经有报道。

为了改善聚电解质复合微囊膜渗透率的 pH 感应性，Yoon 等[231]制备了由聚氮杂环丙烷和聚甲基丙烯酸组成的含有疏水性侧基的聚电解质复合微囊。由于侧链间的疏水反应和聚电解质之间的离子键，微囊膜可形成致密的电解质复合膜。实验表明，当使用含疏水单元的聚电解质时微囊膜对环境 pH 的响应得到了改善。部分交联的聚丙烯酸-聚氮杂环丙烷复合囊膜渗透特性几乎不受制备微囊膜的 pH 条件影响；但是，当附有 L-组氨酸的聚氮杂环丙烷代替未改性的聚合物作为膜成分时，制备条件对渗透特性有着显著的影响。并且，通过在聚电解质中结合疏水单元，PAA-PEI 复合微囊膜的渗透性在弱酸和中性 pH 环境中大幅度下降。相对地，在酸性和碱性环境中疏水单元对微囊膜渗透性的影响很小。这样，在环境 pH 轻微变化时，含有疏水基的微囊膜的渗透性发生急剧地变化。

18.3.4.3　葡萄糖浓度响应型智能微囊膜

褚良银等[197]近来把聚丙烯酸接枝到多孔聚酰胺微囊膜上，制成智能开关型 pH 响应微囊膜，然后把葡萄糖氧化酶（GOD）固定到聚丙烯酸开关链上，从而使这种微囊膜的开关根据葡萄糖浓度的变化而开启或关闭，其控释原理如图 18-60(a) 所示。在没有葡萄糖的中性 pH 值环境下，聚丙烯酸接枝链上的羧基离解并带负电荷，电荷之间的静电斥力使聚合链伸展而关闭膜孔，微囊膜内药物释放速度慢；相反地，在葡萄糖存在的情况下，GOD 催化葡萄糖氧化为葡萄糖酸，微囊膜周围 pH 下降，使接枝链上羧基质子化，聚丙烯酸侧链间静电斥力下降，接枝链变成卷曲状而使微囊膜孔开启，微囊内药物释放速度迅速加快。于是，可以实现胰岛素随血糖浓度变化而进行自调节型智能化控制释放，如图 18-60(b) 所示。通过改变接枝链的密度、长度或微囊膜孔密度还可以调节该系统的胰岛素渗透性对葡萄糖浓度的敏感性。

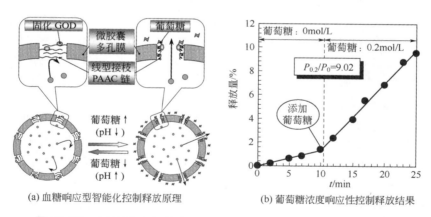

(a) 血糖响应型智能化控制释放原理　　　　(b) 葡萄糖浓度响应性控制释放结果

图 18-60　血糖浓度响应型智能化微囊膜的控释原理示意图及其控释结果[197]

18.3.4.4　分子识别响应型智能微囊膜

褚良银等[108]近来研制出了一种用于环境刺激响应型控制释放的分子识别响应型微囊膜，以期利用分子识别响应型微囊膜对某些特殊病变信号的响应而实现靶向式药物送达，如图 18-61(a) 所示。该微囊膜具有核壳结构多孔膜，并在膜孔中接枝有作为分子识别开关的聚［异丙基丙烯酰胺-共-(苯并-18-冠-6-丙烯酰胺)］[poly(NIPAM-*co*-BCAm)]线型链。采用了界面聚合法制备核壳结构多孔微囊膜，并采用了等离子体接枝填孔聚合法在膜孔内接枝

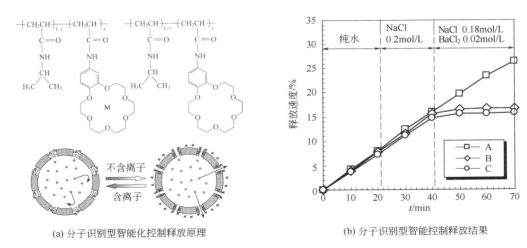

(a) 分子识别型智能化控制释放原理

(b) 分子识别型智能控制释放结果

图 18-61 分子识别响应型智能化微囊膜的控释原理示意图及其控释结果[108]

poly(NIPAM-*co*-BCAm) 线形链。囊内溶质从该微囊膜中的释放特性明显受环境溶液中 Ba^{2+} 离子的存在与否状态所控制，如图 18-61(b) 所示。当环境溶液中没有 $BaCl_2$ 分子存在时，由于微囊膜孔内接枝的 poly(NIPAM-*co*-BCAm) 聚合物链呈收缩状态而使膜孔开启，所以释放速度快；相反，当环境溶液中有 $BaCl_2$ 分子存在时，微囊膜孔内接枝的 poly(NIPAM-*co*-BCAm) 链呈膨胀状态，于是膜孔关闭，从而导致释放速度变得很慢。该具有 poly(NIPAM-*co*-BCAm) 接枝开关的微囊膜的分子识别刺激响应释放特性显示出了良好的可逆性和可重复性。

18.3.5 智能膜应用实例及前景

18.3.5.1 智能平板膜的应用

由于 PNIPAM 具有低温（$T<$LCST）亲水、高温（$T>$LCST）疏水的特性，因此接枝 PNIPAM 开关的温度响应型智能开关膜可用于温度控制的亲疏水吸附分离。Choi 等[107]采用 PNIPAM 接枝开关膜进行了温度响应型亲疏水吸附分离实验，如图 18-62 所示。当温度高于 LCST 时，膜表面及孔表面接枝的 PNIPAM 变得疏水，待分离的疏水性物质吸附在

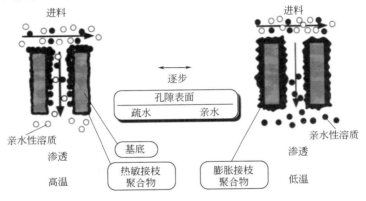

图 18-62 温度响应型智能膜用于亲疏水变换吸附案例[107]

膜表面及孔表面；当吸附饱和之后，将温度降低到低于 LCST，这时膜表面及孔表面接枝的 PNIPAM 变得亲水，吸附在上面的疏水性物质脱落下来，从而实现分离。

褚良银等[246]采用溶胶-凝胶法在多孔玻璃膜孔表面上生成纳米级二氧化硅颗粒，然后采用等离子体诱导接枝法在二氧化硅颗粒表面接枝 PNIPAM 层，将依靠膜孔内纳米凹凸结构和接枝 PNIPAM 层的协同作用实现温敏性超亲水/超疏水可逆转换型亲和分离膜，从而取得强化亲和分离性能方面的突破。该膜的表面表现出良好的温度响应型亲水/疏水转换，而且该过程是可逆的，并且表现出良好的可重复性能。以 BSA 为模型蛋白，进行了温敏型亲和吸附-解吸实验研究，所制备出的膜具有良好的温敏性生物亲和分离性能。

褚良银等[247,248]在国际上首次通过把 PNIPAM 和 β-CD 共同接枝到多孔膜内，依靠 PNIPAM 在不同温度下的构象变化对 β-CD 包结手性分子和客体分子能力的影响，制备成依靠温度调节能够实现自律式包结和脱吸的手性拆分和客体分子分离膜过程。该膜分离系统可望实现高精度和大通量的高效率自律式对映体分离和客体分子分离的新型膜分离模式，为进一步设计和制备新型手性拆分膜分离以及客体分子分离膜系统提供了有价值的理论基础和实验依据。

Okajima 等[170,243]将接枝有 poly（NIPAM-co-BCAm）的智能膜用于细胞培养。由于 poly（NIPAM-co-BCAm）能够响应钾离子，当培养的细胞坏死，细胞膜上的钠钾泵失去功能，于是细胞内的钾离子流出，这时 poly（NIPAM-co-BCAm）识别钾离子而膨胀，将坏死细胞从培养的细胞群中自动踢出，从而避免坏死细胞对正常细胞的影响，如图 18-63 所示。

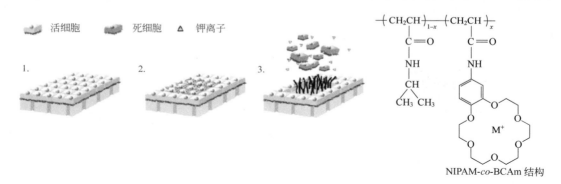

图 18-63 分子识别响应型智能膜用于细胞培养案例[170,243]

1—细胞在接枝 poly(NIPAM-co-BCAm) 的智能膜表面培养；2—细胞在培养过程中坏死；
3—poly(NIPAM-co-BCAm) 识别钾离子而膨胀，将坏死细胞从细胞群中自动踢出

18.3.5.2 智能微囊膜的应用

（1）pH 响应型微囊膜用于药物定位释放（结肠靶向式药物送达）

通常消化道中胃液的 pH 为 0.9~1.5，小肠内为 6.0~6.8，结肠内为 6.5~7.5。结肠的定点药物送达在药物疗法领域中具有重要的意义。这包括典型的结肠病的治疗，比如肠易激综合征（IBS）和发炎性肠道疾病（IBD）。实验表明，由于结肠比其他肠胃区域有更低的抗酶活性，口服输送缩氨酸、蛋白质和其他不稳定药物到 pH 较低的胃肠区域有了新的有效方式。当治疗希望系统吸收延时，如某些受生物钟影响的疾病（比如哮喘），结肠靶向式药物送达系统还有另外的意义。总的说来，结肠靶向式药物定点送达既能减少病人总的用药量

也减小了药物可能存在的副作用，又提高了一些口服药物分子的生物利用度。

Rodriguez 等[222]提出了一种用以结肠靶向药物送达的多微粒系统，它是一种含有包囊在 pH 敏感性聚合物中的疏水核（CAB 微球）的药物剂型。它可以实现避免在低 pH 的胃肠区域释药而在回肠末端和结肠区靶向给药。现有一种疏水性很强的药物，它的释放被充分地控制在 pH 大于 7 的部位。这样，诸如节段性回肠炎或溃疡性结肠炎等结肠疾病能够得到定位的治疗，从而开辟了这类药物剂型治疗结肠炎症的应用。

（2）pH 响应型微囊膜用于蛋白质的控制释放

Okhamafe 等[218]报道了一种 pH 感应性聚合物——羟丙基甲基纤维素乙酸丁二酸（HPMCAS）——可以用来控制蛋白质从壳聚糖-蛋白藻微囊膜中的释放，这种微囊膜是用静电液滴发生器制得的。他们模拟人和鱼的胃液及肠液的 pH 环境对白蛋白从壳聚糖-HPMCAS-蛋白藻微囊膜的释放特性进行了研究。结果表明，未改性的壳聚糖-蛋白藻微囊膜不适合用于生物活性蛋白质的口服送达，因为在胃部 pH 的较低，蛋白质的保持能力很差（4h 和 24h 以后分别是 20％和 6％）。但是，适当地用 HPMCAS 对含微囊膜进行改性后，4h 和 24h 后蛋白质的保持能力能分别提高到 70％和 60％。由此，在壳聚糖-蛋白藻微囊膜系统中，HPMCAS 作为一种 pH 感应性聚合物适合于作为蛋白质释放调节剂。在医药和水产业中，微囊化在具有生物活性或用于治疗的蛋白质有效而可靠地口服送达系统的应用中显示出了极大的前景。

（3）pH 响应型微囊膜用于酶反应的"起/停"控制

Kokufuta 等[206]研制的有一层聚电解质的聚苯乙烯（PSt）微囊膜能用来进行酶反应的开始/停止（"起/停"）控制。一个典型的酶反应"起/停"控制的例子为：用未吸附聚电解质层的包有酶的 PSt 微囊膜时，酶的水解反应在 pH 为 5.5 和 4.5 时均发生，葡萄糖和果糖都有生成。而当采用吸附有顺丁烯二酸和苯乙烯共聚物的微囊膜时，pH 为 4.5 时被包囊酶的水解反应几乎完全停止（得到两种糖的浓度小于 0.1μg/mL），但当外界 pH 调节到 5.5 时反应就会开始。这种"起/停"控制在实验的整个过程中可以进行可逆的重复。结果表明，8 天的重复测试得到极好的可重复性结果，而微囊膜没有任何损坏。

覆盖有其构象随着外界环境 pH 微小变化而显著改变的聚电解质的微囊膜使酶反应的"起/停"控制成为可能。这种被包囊的酶作为生化传感器和显示装置具有十分诱人的潜在应用前景，因为这种微囊膜构成"功能"固定化酶，具有明显优于传统固定化酶的功能和优点。包有酶的 pH 感应微囊膜的研究是一门包含酶学、聚合物化学和生物医药工程等学科的交叉学科，已经引起了广泛的兴趣。

（4）pH 响应型微囊膜用于脱氮过程中 pH 控制

Vanukuru 等[226]报道了将酸性磷酸盐颗粒包囊在 pH 感应壁膜内用来进行脱氮过程中的 pH 控制。在环境工程领域中许多物理化学和生物反应，比如工业废水的中和反应、金属析出、微生物降解和氯消毒等都与 pH 有关。这些过程的效率依赖于控制在最佳范围内的 pH。使用 pH 自动控制给药装置很容易实现 pH 的控制。这些装置的基本操作包括配给一定量的酸碱量，从而将 pH 控制在需要的操作范围内。但这些装置很难用在难以接近的地方，比如受污染地下水的生物净化现场。在现场生物净化地下水的过程中，pH 的控制很重要，因为微生物的活性会引起 pH 的变化。比如，根据土壤和地下水本身的缓冲容量，脱氮活性会使地下水的 pH 升高以至于超出了最佳范围。在难以接近的地方控制 pH 的一个有效方法是使用 pH 感应型微囊膜包囊的缓冲剂。批处理实验结果表明，同使用 pH 感应型微囊膜的实验相比，未使用微囊膜的实验中 pH 的增加幅度更大。当在批处理实验系统中加入 1000mg 微囊膜时，pH 能被控制在比加入 100mg 微囊膜时更小的范围内（接近中性）。

18. 3. 5. 3　应用前景展望

迄今，人们已经设计和开发出了多种不同结构类型的环境响应型智能化开关膜。由于环境响应型智能膜在控制释放、化学分离、生物分离、化学传感器、人工细胞、人工脏器、水处理等许多领域具有重要的潜在应用价值，被认为将是 21 世纪膜科学与技术领域的重要发展方向之一。智能膜目前已成为国际上膜学领域研究的新热点，新型智能膜材料的研制和智能膜过程的强化是被普遍关注的两大基础研究课题。另外，环境响应型智能化膜材料和膜技术由于还受到许多因素的制约，目前国际上仍多处于基础研究阶段，还需要进一步开发完善。要实现在临床上或工业上的大规模应用，还需要多学科领域的科技工作者的进一步努力。尽管这方面的研究和开发充满挑战，但由于该项技术前景广阔，具有很重要的社会意义和显著的经济价值，因此受到了国际上的广泛关注和重视。

环境响应型智能微囊膜由于具有对环境物理化学信息感知、信息处理以及响应执行一体化的"智能"，不仅能够实现包囊物质的定点、定量、定时控制释放，而且能完成酶反应"起/停"控制、以及在难以接近的地方进行脱氮过程中的环境信息控制等特殊任务，受到了国际上科研工作者的广泛关注。可以预见，环境响应型智能微囊膜有着光明的应用前景，特别是在制药、生物医学工程、生物化工、环境工程等领域将尤为突出；环境响应型智能微囊膜的研究和应用将会继续解决人类目前面临的一些技术难题。

参考文献

［1］ Hoffman A S. The origins and evolution of "Controlled" drug delivery systems [J]. J Control Release, 2008, 132: 153-163.

［2］ Jain K K. Drug delivery systems [M]. Methods in Molecular Biology™, Vol 437. Totowa, NJ: Humana Press, 2008.

［3］ Du A W, Stenzel M H. Drug carriers for the delivery of therapeutic peptides [J]. Biomacromolecules, 2014, 15（4）: 1097-1114.

［4］ 马小军，等. 微胶囊与人工器官 [M]. 北京: 化学工业出版社，2002: 21.

［5］ Chang T M S. Semipermeable microcapsules [J]. Science, 1964, 146: 524-525.

［6］ 刘袖洞，于炜婷，王为，等. 海藻酸钠和壳聚糖聚电解质微胶囊及其生物医学应用 [J]. 化学进展，2008, 20: 126-139.

［7］ Larrañaga A, Lomora M, Sarasua J R, et al. Polymer capsules as micro-/nanoreactors for therapeutic applications: Current strategies to control membrane permeability [J]. Prog Mater Sci, 2017, 90: 325-357.

［8］ Bruneau M, Bennici S, Brendle J, et al. Systems for stimuli-controlled release: Materials and applications [J]. J Control Release, 2019, 294: 355-371.

［9］ 罗毅. 药物控制释放方法 [J]. 高分子通报，1996, 1: 18-27.

［10］ 李又欣，冯新德. 控制药物释放体系及其机理 [J]. 高分子通报，1991, 1: 19-27.

［11］ Langer R. New methods of drug delivery [J]. Science, 1990, 249: 1527-1533.

［12］ Mura S, Nicolas J, Couvreur P. Stimuli-responsive nanocarriers for drug delivery [J]. Nat Mater, 2013,

12: 991-1003.

[13] Uskoković V, Ghosh S. Carriers for the tunable release of therapeutics: Etymological classification and examples [J]. Expert Opin Drug Del, 2016, 13 (12): 1729-1741.

[14] Román J S, Gallardo Alberto, Levenfeld B. Polymeric drug delivery systems [J]. Adv Mater, 1995, 7 (2): 203-208.

[15] 王学松. 膜分离技术及其应用 [M]. 北京: 科学出版社, 1994: 190-197.

[16] 中垣正幸, 清水博. 膜处理技术大系（上卷）[M]. 东京: 富士技术出版社（フジ・テクノシステム）, 1991: 147-149.

[17] Baker R W, Lonsdale H K. Controlled release of biologically active agents [M]. New York: Plenum Press, 1974: 15-71.

[18] Desai S J, Singh P, Simonelli A P, et al. Investigation of factors influencing release of solid drug dispersed in inert matrices: II quantitation of procedures [J]. J Pharm Sci, 1966, 55 (11): 1224-1229.

[19] Higuchi T. Rate of release of medicaments from ointment bases containing drugs in suspension [J]. J Pharm Sci, 1961, 50 (10): 874-876.

[20] Heller J. Controlled release of biologically active compounds from bioerodible polymers [J]. Biomaterials, 1980, 1 (1): 51-57.

[21] [德] K·海尔曼. 药物控释系统和治疗学入门 [M]. 刘淑贞, 房安石译. 北京: 中国医药科技出版社, 1989: 33-41.

[22] 朱长乐, 刘茉娥, 等. 膜科学技术 [M]. 杭州: 浙江大学出版社, 1992: 398-405.

[23] 修志龙, 齐冬建, 苏志国. 肽和蛋白质类药物的给药系统（I）[J]. 中国生化药物杂志, 1996, 17 (4): 172-176.

[24] Liechty W B, Kryscio D R, Slaughter B V, et al. Polymers for drug delivery systems [J]. Annu Rev Chem Biomol Eng, 2010, 1: 149-173.

[25] Zhang Y, Chan H F, Leong K W. Advanced materials and processing for drug delivery: The past and the future [J]. Adv Drug Deliver Rev, 2013, 65: 104-120.

[26] 顾学裘, 马竹卿, 李焕秋. 药物制剂新剂型选编 [M]. 北京: 人民卫生出版社, 1984.

[27] 陆彬. 药物新剂型与新技术（第2版）[M]. 北京: 人民卫生出版社, 2005.

[28] 中垣正幸, 清水博. 膜处理技术大系（上卷）[M]. 东京: 富士技术出版社（フジ・テクノシステム）, 1991: 220-222.

[29] [德] K·海尔曼. 药物控释系统和治疗学入门 [M]. 刘淑贞, 房安石译. 北京: 中国医药科技出版社, 1989: 16.

[30] de Vos P, Lazarjani H A, Poncelet D, et al. Polymers in cell encapsulation from an enveloped cell perspective [J]. Adv Drug Deliver Rev, 2014, 67-68: 15-34.

[31] Steele J A M, Hallé J P, Poncelet D, et al. Therapeutic cell encapsulation techniques and applications in diabetes [J]. Adv Drug Deliver Rev, 2014, 67-68: 74-83.

[32] Chong S, Lee J H, Zelikin A N, et al. Tuning the permeability of polymer hydrogel capsules: an investigation of cross-linking density, membrane thickness, and cross-linkers [J]. Langmuir, 2011, 27 (5): 1724-1730.

[33] Olabisi RM. Cell microencapsulation with synthetic polymers [J]. J Biomed Mater Res Part A, 2015, 103A: 846-859.

[34] 朱静, 谢威扬, 于炜婷, 等. 多通道微胶囊制备系统规模化制备海藻酸钙微胶珠 [J]. 化工学报, 2009, 60: 204-210.

[35] Zhou Y, Sun T, Chan M, et al. Scalable encapsulation of hepatocytes by electrostatic spraying [J]. J Biotech, 2005, 117 (1): 99-109.

[36] Alehosseini A, Ghorani B, Sarabi-Jamab M, et al. Principles of electrospraying: A new approach in protection of bioactive compounds in foods [J]. Crit Rev Food Sci, 2018, 58 (14): 2346-2363.

［37］ Blasi P, Luca G, Mancuso F, et al. Conformal polymer coatings for pancreatic islets transplantation ［J］. Int J Pharmaceut, 2013, 440: 141-147.

［38］ Hardikar A A, Risbud M V, Bhonde R R. A simple microcapsule generator design for islet encapsulation ［J］. J Biosci, 1999, 24（3）: 371-376.

［39］ Sugiura S, Oda T, Izumida Y, et al. Size control of calcium alginate beads containing living cells using micro-nozzle array ［J］. Biomaterials, 2005, 26（16）: 3327-3331.

［40］ Tendulkar S, Mirmalek-Sani S H, Childers C, et al. A three-dimensional microfluidic approach to scaling up microencapsulation of cells ［J］. Biomed Microdevices, 2012, 14: 461-469.

［41］ Song H Y, Yu W T, Gao M, et al. Microencapsulated probiotics using emulsification technique coupled with internal or external gelation process ［J］. Carbohyd Polym, 2013, 96: 181-189.

［42］ Hoesli C A, Raghuram K, Kiang R L J, et al. Pancreatic cell immobilization in alginate beads produced by emulsion and internal gelation ［J］. Biotech Bioeng, 2011, 108: 424-434.

［43］ Wang W, Liu X D, Xie Y B, et al. Microencapsulation using natural polysaccharides for drug delivery and cell implantation ［J］. J Mater Chem, 2006, 16: 3252-3267.

［44］ Rokstad A M A, Lac i k I, de Vos P, et al. Advances in biocompatibility and physico-chemical characterization of microspheres for cell encapsulation ［J］. Adv Drug Deliver Rev, 2014, 67-68: 111-130.

［45］ Xie H G, Zheng J N, Li X X, et al. Effect of surface morphology and charge on the amount and conformation of fibrinogen adsorbed onto alginate/chitosan microcapsules ［J］. Langmuir, 2010, 26（8）: 5587-5594.

［46］ Xie Y L, Wang M J, Yao S J. Preparation and characterization of biocompatible microcapsules of sodium cellulose sulfate/chitosan by means of layer-by-layer self-assembly ［J］. Langmuir, 2009, 25: 8999-9005.

［47］ Liu X D, Xue W M, Liu Q, et al. Swelling behaviour of alginate-chitosan microcapsules prepared by external gelation or internal gelation technology ［J］. Carbohyd Polym, 2004, 56: 459-464.

［48］ Zheng H Z, Xie H G, Wu H, et al. Investigation of spherical hydrogel surface with optical interferometer ［J］. Colloid Surfaces A: Physicochem Eng Aspects, 2015, 484: 457-462.

［49］ Kleinberger R M, Burke N A D, Dalnoki-Veress K, et al. Systematic study of alginate-based microcapsules by micropipette aspiration and confocal fluorescence microscopy ［J］. Mater Sci Eng C, 2013, 33: 4295-4304.

［50］ Le Goff A, Kaoui B, Kurzawa G, et al. Squeezing bio-capsules into a constriction: deformation till break-up ［J］. Soft Matter, 2017, 13: 7644-7648.

［51］ Goosen M F A, King G A, Mcknight C A, et al. Animal cell culture engineering using alginate polycation microcapsules of controlled membrane molecular weight cut-off ［J］. J Membr Sci, 1989, 41: 323-343.

［52］ Qi W T, Ma J, Liu Y W, et al. Insight into permeability of protein through microcapsule membranes ［J］. J Membr Sci, 2006, 269: 126-132.

［53］ Ranganath S H, Tan A L, He F, et al. Control and enhancement of permselectivity of membrane-based microcapsules for favorable biomolecular transport and immunoisolation ［J］. AIChE J, 2011, 57: 3052-3062.

［54］ Vériter S, Mergen J, Goebbels R M, et al. In vivo selection of biocompatible alginates for islet encapsulation and subcutaneous transplantation ［J］. Tissue Eng: Part A, 2010, 16: 1503-1513.

［55］ Zheng H Z, Gao M, Ren Y, et al. Controlling gel structure to modulate cell adhesion and spreading on the surface of microcapsules ［J］. ACS Appl Mater Inter, 2016, 8（30）: 19333-19342.

［56］ Emerich D F, Orive G, Thanos C. Encapsulated cell therapy for neurodegenerative diseases: From promise to product ［J］. Adv Drug Deliver Rev, 2014, 67-68: 131-141.

［57］ Kerby A, Jones E S, Jones P M, et al, Co-transplantation of islets with mesenchymal stem cells in microcapsules demonstrates graft outcome can be improved in an isolated-graft model of islet transplantation in mice ［J］. Cytotherapy, 2013, 15: 192-200.

［58］ Scharp D W, Marchetti P. Encapsulated islets for diabetes therapy: history, current progress, and critical issues requiring solution [J] . Adv Drug Deliver Rev, 2014, 67-68: 35-73.

[59] Orive G, Santos E, Poncelet D, et al. Cell encapsulation: technical and clinical advances [J] . Trends Pharmacol Sci, 2015, 36 (8): 537-546.

[60] Vegas A J, Veiseh O, Gürtler M, et al. Long-term glycemic control using polymer-encapsulated human stem cell-derived beta cells in immune-competent mice [J] . Nat Med, 2016, 22 (3): 306-446.

[61] Farney A C, Sutherland D E R, Opara E C. Evolution of islet transplantation for the last 30 years [J] . Pancreas, 2016, 45: 8-20.

[62] Omami M, McGarrigle J J, Reedy M, et al. Islet microencapsulation: Strategies and clinical status in diabetes [J] . Curr Diab Rep, 2017, 17: 47.

[63] Nazzaro F, Orlando Pierangelo, Fratianni F, et al. Microencapsulation in food science and biotechnology [J] . Curr Opin Biotech, 2012, 23: 182-186.

[64] Rathore S, Desai P M, Liew C V, et al. Microencapsulation of microbial cells [J] . J Food Eng, 2013, 116: 369-381.

[65] Leong W Y, Wang D A. Cell-laden polymeric microspheres for biomedical applications [J] . Trends Biotech, 2015, 33: 653-666.

[66] Yu W T, Song H Y, Zheng G S, et al. Study on membrane characteristics of alginate-chitosan microcapsule with cell growth [J] . J Membr Sci, 2011, 377: 214-220.

[67] Song H Y, Yu W T, Liu X D, et al. Improved probiotic viability in stress environments with post-culture of alginate-chitosan microencapsulated low density cells [J] . Carbohyd Polym, 2014, 108: 10-16.

[68] Zhang Y, Wang W, Xie Y B, et al. In vivo culture of encapsulated endostatin-secreting chinese hamster ovary cells for systemic tumor inhibition [J] . Hum Gene Ther, 2007, 18 (5): 474-481.

[69] Wilson J L, Najia M A, Saeed R, et al. Alginate encapsulation parameters influence the differentiation of microencapsulated embryonic stem cell aggregates [J] . Biotech Bioeng, 2014, 111: 618-631.

[70] Tabata Y, Horiguchi I, Lutolf M P, et al. Development of bioactive hydrogel capsules for the 3D expansion of pluripotent stem cells in bioreactors [J] . Biomater Sci, 2014, 2: 176-183.

[71] Strand B L, Coron A E, Skjak-Braek G. Current and future perspectives on alginate encapsulated pancreatic islet [J] . Stem Cells Transl Med, 2017, 6: 1053-1058.

[72] Liu L S, Kost J, Fishman M L, et al. A review: Controlled release systems for agricultural and food applications. Chapter 14 in New Delivery Systems for the Controlled Drug Release from Naturally Occurring Materials [J] // Parris N, Liu L S, Song C, Shastri V P (Eds.) . ACS Symposiuim Series, 2008, 992: 265-281.

[73] Ruiz J C R, Campos M R S. New polymers for encapsulation of nutraceutical compounds [M] . John Wiley & Sons, Ltd, 2017.

[74] Iravani S, Korbekandi H, Mirmohammadi S V. Technology and potential applications of probiotic encapsulation in fermented milk products [J] . J Food Sci Technol, 2015, 52 (8): 4679-4696.

[75] Langer R, Peppas N A. Advances in biomaterials, Drug delivery, and bionanotechnology [J] . AIChE J, 2003, 49 (12): 2990-3006.

[76] Paulo F, Santos L. Design of experiments for microencapsulation applications: A review [J] . Mater Sci Eng: C, 2017, 77: 1327-1340.

[77] Vaishya R, Khurana V, Patel S, et al. Long-term delivery of protein therapeutics [J] . Expert Opin Drug Deliv, 2015, 12 (3): 415-440.

[78] Miao T X, Wang J Q, Zeng Y, et al. Polysaccharide-based controlled release systems for therapeutics delivery and tissue engineering: From bench to bedside [J] . Adv Sci, 2018, 5 (4): 1700513.

[79] Carvalho I T, Estevinho B N, Santos L. Application of microencapsulated essential oils in cosmetic and personal healthcare products—A review [J] . Int J Cosmet Sci, 2016, 38: 109-119.

[80] International fertilizer association. Fertilizer Outlook 2017—2021 [C] . 85th IFA Annual Conference, Marrakech (Morocco), May 2017.

［81］ 解玉洪，李曰鹏．国外缓控释肥产业化研究进展与前景［J］．磷肥与复肥，2009，24（4）：87-89，92.

［82］ 王兴刚，吕少瑜，冯晨，等．包膜型多功能缓/控释肥料的研究现状及进展［J］．高分子通报，2016，7：9-22.

［83］ Siepmann J，Siepmann F．Modeling of diffusion controlled drug delivery［J］．J Control Release，2012，161（2）：351-362.

［84］ Tilman D，Fargione J，Wolff B，et al．Forecasting agriculturally driven global environmental change［J］．Science，2001，292：281-284.

［85］ 中垣正幸，清水博．膜处理技术大系（下卷）［M］．东京：富士技术出版社（フジ・テクノシステム），1991：676-682.

［86］ 陈福良．农药新剂型加工与应用［M］．北京：化学工业出版社，2015.

［87］ 朱峰，许春丽，曹立冬，等．农药微囊剂及其制备技术研究进展［J］．现代农药，2018，17（2）：12-17.

［88］ 马兰可，钱超群，闫宪飞．农药微囊悬浮剂研究进展［J］．广州化工，2016，44（13）：31-33.

［89］ 刘亚静，曹立冬，张嘉坤，等．氟乐灵微囊的制备、表征及其光稳定性研究［J］．农药学学报，2015，17（3）：341-347.

［90］ Bai C，Zhang S F，Huang L，et al．Starch-based hydrogel loading with carbendazim for controlled-release and water absorption［J］．Carbohyd Polym，2015，125：376-383.

［91］ Orive G，Ponce S，Hernández R M，et al．Biocompatibility of microcapsules for cell immobilization elaborated with different types of alginates［J］．Biomaterials，2002，23：3825-3831.

［92］ Dornish M，Kaplan D，Skaugrud Ø．Standards and guidelines for biopolymers in tissue-engineered medical products：ASTM alginate and chitosan standard guides．American society for testing and materials［J］．Ann NY Acad Sci，2001，944：388-397.

［93］ Guidance for industry：Source animal，product，preclinical，and clinical issues concerning the use of xeno-transplantation products in humans．the office of communication，Training and manufacturers assistance（HFM-40），1401 Rockville Pike，Rockville，MD 20852-1448，or from the Internet at http：//www.fda.gov/c-ber/guidelines.htm.2003.

［94］ Hering B J，Cooper D K C，Cozzi E，et al．The international xenotransplantation association consensus statement on conditions for undertaking clinical trials of porcine islet products in type 1 diabetes：Executive summary［J］．Xenotransplantation，2009，16：196-202.

［95］ 国家食品药品监督管理局．组织工程医疗产品第8部分：海藻酸钠：中华人民共和国医药行业标准 YY/T 0606.8-2008［S］，北京：2008.

［96］ Koros W J．Evolving beyond the thermal age of separation processes：Membranes can lead the way［J］．AIChE Journal，2004，50（10）：2326-2334.

［97］ 郑领英，王学松．高新技术科普丛书：膜技术［M］．北京：化学工业出版社，2000.

［98］ Zwieniecki M A，Melcher P J，Holbrook N M．Hydrogel control of xylem hydraulic resistance in plants［J］．Science，2001，291：1059-1062.

［99］ Dutzler R，Campbell E B，MacKinnon R．Gating the selectivity filter in ClC chloride channels［J］．Science，2003，300：108-112.

［100］ 路甬祥，童秉纲，崔尔杰，等．仿生学的意义与发展［J］．科学中国人，2004，（4）：22-24.

［101］ Okahata Y，Seki T．Functional capsule membranes.10.pH-sensitive capsule membranes.reversible permeability control from the dissociative bilayer-coated capsule membrane by an ambient pH change［J］．Journal of American Chemical Society，1984，106：8065-8070.

［102］ Yoshizawa T，Shin-ya Y，Hong K J，et al．pH- and temperature-sensitive permeation through polyelectrolyte complex films composed of chitosan and polyalkyleneoxide-maleic acid copolymer［J］．Journal of Membrane Science，2004，241：347-354.

［103］ 中华人民共和国国务院．国家中长期科学和技术发展规划纲要（2006—2020年）［R］．In http：//www.most.gov.cn/ztzl/gjzcqgy/zcqgygynr/index.htm，2006.

［104］ Tanaka T，Fillmore D J．Kinetics of swelling of gels［J］．Journal of Chemical Physics，1979，70（3）：

1214-1218.

[105] Iwata H, Oodate M, Uyama Y, et al. Preparation of temperature-sensitive membranes by graft polymerization onto a porous membrane [J]. Journal of Membrane Science, 1991, 55 (1-2): 119-130.

[106] Yang B, Yang W T. Thermo-sensitive switching membranes regulated by pore-covering polymer brushes [J]. Journal of Membrane Science, 2003, 218 (1-2): 247-255.

[107] Choi Y J, Yamaguchi T, Nakao S. A novel separation system using porous thermosensitive membranes [J]. Industrial & Engineering Chemistry Research, 2000, 39 (7): 2491-2495.

[108] Chu L Y, Yamaguchi T, Nakao S. A molecular-recognition microcapsule for environmental stimuli-responsive controlled release [J]. Advanced Materials, 2002, 14 (5): 386-389.

[109] Chu L Y, Park S H, Yamaguchi T, et al. Preparation of thermo-responsive core-shell microcapsules with a porous membrane and poly (N-isopropylacrylamide) gates [J]. Journal of Membrane Science, 2001, 192 (1-2): 27-39.

[110] Li Y, Chu L Y, Zhu J H, et al. Thermoresponsive gating characteristics of poly (N-isopropylacrylamide)-grafted porous poly (vinylidene fluoride) membranes [J]. Industrial & Engineering Chemistry Research, 2004, 43 (11): 2643-2649.

[111] Xie R, Chu L Y, Chen W M, et al. Characterization of microstructure of poly (N-isopropylacrylamide)-grafted polycarbonate track-etched membranes prepared by plasma-graft pore-filling polymerization [J]. Journal of Membrane Science, 2005, 258 (1-2): 157-166.

[112] Xie R, Li Y, Chu L Y. Preparation of thermo-responsive gating membranes with controllable response temperature [J]. Journal of Membrane Science, 2007, 289 (1-2): 76-85.

[113] Qu J B, Chu L Y, Yang M, et al. pH-Responsive gating membrane system with pumping effects for improved controlled release [J]. Advanced Functional Materials, 2006, 16 (14): 1865-1872.

[114] Chu L Y, Niitsuma T, Yamaguchi T, et al. Thermoresponsive transport through porous membranes with grafted PNIPAM gates [J]. AIChE Journal, 2003, 49 (4): 896-909.

[115] Zhang K, Wu X Y. Temperature and pH-responsive polymeric composite membranes for controlled delivery of proteins and peptides [J]. Biomaterials, 2004, 25 (22): 5281-5291.

[116] Chen Y C, Xie R, Yang M, et al. Gatingcharacteristics of thermo-responsive membranes with grafted linear and crosslinked poly (N-isopropylacrylamide) gates [J]. Chemical Engineering and Technology, 2009, 32 (4): 622-631.

[117] Li P F, Xie R, Jiang J C, et al. Thermo-responsive gating membranes with controllable length and density of poly (N-isopropylacrylamide) chains grafted by ATRP method [J]. Journal of Membrane Science, 2009, 337 (1-2): 310-317.

[118] Yamaguchi T, Ito T, Sato T, et al. Development of a fast response molecular recognition ion gating membrane [J]. Journal of the American Chemical Society, 1999, 121 (16): 4078-4079.

[119] Chu L Y, Zhu J H, Chen W M, et al. Effect of graft yield on the thermo-responsive permeability through porous membranes with plasma-grafted poly (N-isopropylacrylamide) gates [J]. Chinese Journal of Chemical Engineering, 2003, 11 (3): 269-275.

[120] Yang M, Chu L Y, Li Y, et al. Thermo-responsive gating characteristics of poly (N-isopropylacrylamide)-grafted membranes [J]. Chemical Engineering & Technology, 2006, 29 (5): 631-636.

[121] Yoshida R, Okuyama Y, Sakai K, et al. Sigmoidal swelling profiles for temperature-responsive poly (N-isopropylacrylamide-co-butyl methacrylate) hydrogels [J]. Journal of Membrane Science, 1994, 89: 267-277.

[122] Chu L Y, Li Y, Zhu J H, et al. Negatively thermoresponsive membranes with functional gates driven by zipper-type hydrogen-bonding interactions [J]. Angewandte Chemie-International Edition, 2005, 44 (14): 2124-2127.

[123] Higa M, Yamakawa T. Design and preparation of a novel temperature-responsive ionic gel. 1. A fast and

reversible temperature response in the charge density [J]. Journal of Physical Chemistry B, 2004, 108 (43): 16703-16707.

[124] Higa M, Yamakawa T. Design and preparation of a novel temperature-responsive ionic gel. 2. Concentration modulation of specific ions in response to temperature changes [J]. Journal of Physical Chemistry B, 2005, 109 (22): 11373-11378.

[125] Yamakawa T, Ishida S, Higa M. Transport properties of ions through temperature-responsive charged membranes prepared using poly (vinyl alcohol) /poly (N-isopropylacrylamide) /poly (vinyl alcohol-co-2-acrylamido-2-methylpropane sulfonic acid) [J]. Journal of Membrane Science, 2005, 250 (1-2): 61-68.

[126] Akerman S, Viinikka P, Svarfvar B, et al. Drug permeation through a temperature-sensitive poly (N-isopropylacrylamide) grafted poly (vinylidene fluoride) membrane [J]. International Journal of Pharmaceutics, 1998, 164 (1-2): 29-36.

[127] Chen Y, Liu Y, Fan H J, et al. The polyurethane membranes with temperature sensitivity for water vapor permeation [J]. Journal of Membrane Science, 2007, 287 (2): 192-197.

[128] Dinarvand R, Khodaverdi E, Atyabi F. Temperature-sensitive permeation of methimazole through cyanobiphenyl liquid crystals embedded in cellulose nitrate membranes [J]. Molecular Crystals and Liquid Crystals, 2005, 442: 19-30.

[129] Fu Q, Rao G V R, Ward T L, et al. Thermoresponsive transport through ordered mesoporous silica/PNIPAAm copolymer membranes and microspheres [J]. Langmuir, 2007, 23 (1): 170-174.

[130] Geismann C, Yaroshchuk A, Ulbricht M. Permeability and electrokinetic characterization of poly (ethylene terephthalate) capillary pore membranes with grafted temperature-responsive polymers [J]. Langmuir, 2007, 23 (1): 76-83.

[131] Grassi M, Yuk S H, Cho S H. Modelling of solute transport across a temperature-sensitive polymer membrane [J]. Journal of Membrane Science, 1999, 152 (2): 241-249.

[132] Greene L C, Meyers P A, Springer J T, et al. Biological evaluation of pesticides released from temperature-responsive microcapsules [J]. Journal of Agricultural and Food Chemistry, 1992, 40 (11): 2274-2278.

[133] Guilherme M R, Campese G M, Radovanovic E, et al. Thermo-responsive sandwiched-like membranes of IPN-PNIPAAm/PAAm hydrogels [J]. Journal of Membrane Science, 2006, 275 (1-2): 187-194.

[134] Guilherme M R, da Silva R, Rubira A F, et al. Thermo-sensitive hydrogels membranes from PAAm networks and entangled PNIPAAm: Effect of temperature, cross-linking and PNIPAAm contents on the water uptake and permeability [J]. Reactive & Functional Polymers, 2004, 61 (2): 233-243.

[135] Guilherme M R, de Moura M R, Radovanovic E, et al. Novel thermo-responsive membranes composed of interpenetrated polymer networks of alginate-Ca^{2+} and poly (N-isopropylacrylamide) [J]. Polymer, 2005, 46 (8): 2668-2674.

[136] Guo J, Yang W L, Deng Y H, et al. Organic-dye-coupled magnetic nanoparticles encaged inside thermoresponsive PNIPAM microcapsules [J]. Small, 2005, 1 (7): 737-743.

[137] Hasegawa S, Ohashi H, Maekawa Y, et al. Thermo- and pH-sensitive gel membranes based on poly-(acryloyl-L-proline methyl ester) -graft-poly (acrylic acid) for selective permeation of metal ions [J]. Radiation Physics and Chemistry, 2005, 72 (5): 595-600.

[138] Hiroki A, Yoshida M, Nagaoka N, et al. Permeation of p-nitrophenol through N-isopropylacrylamide-grafted etched-track membrane close to theta-point temperature [J]. Radiation Effects and Defects in Solids, 1999, 147 (3): 165-175.

[139] Huang J, Wang X L, Chen X Z, et al. Temperature-sensitive membranes prepared by the plasma-induced graft polymerization of N-isopropylacrylamide into porous polyethylene membranes [J]. Journal of Applied Polymer Science, 2003, 89 (12): 3180-3187.

[140] Huang J, Wang X L, Qi W S, et al. Temperature sensitivity and electrokinetic behavior of a N-isopropylac-

rylamide grafted microporous polyethylene membrane［J］. Desalination, 2002, 146（1-3）: 345-351.

[141] Huang J, Wang X L, Yu X H. Solute permeation through the polyurethane-NIPAAm hydrogel membranes with various cross-linking densities［J］. Desalination, 2006, 192（1-3）: 125-131.

[142] Ichikawa H, Fukumori Y. Negatively thermosensitive release of drug from microcapsules with hydroxypropyl cellulose membranes prepared by the wurster process［J］. Chemical & Pharmaceutical Bulletin, 1999, 47（8）: 1102-1107.

[143] Ichikawa H, Fukumori Y. A novel positively thermosensitive controlled-release microcapsule with membrane of nano-sized poly（N-isopropylacrylamide）gel dispersed in ethylcellulose matrix［J］. Journal of Controlled Release, 2000, 63（1-2）: 107-119.

[144] Ichikawa H, Kaneko S, Fukumori Y. Coating performance of aqueous composite latices with N-isopropylacrylamide shell and thermosensitive permeation properties of their microcapsule membranes［J］. Chemical & Pharmaceutical Bulletin, 1996, 44（2）: 383-391.

[145] Kono K, Okabe H, Morimoto K, et al. Temperaturei-dependent permeability of polyelectrolyte complex capsule membranes having N-isopropylacrylamide domains［J］. Journal of Applied Polymer Science, 2000, 77（12）: 2703-2710.

[146] Kubota N, Matsubara T, Eguchi Y. Permeability properties of isometrically temperaturei-responsive poly（acrylic acid）-graft-oligo（N-isopropylacrylamide）gel membranes［J］. Journal of Applied Polymer Science, 1998, 70（5）: 1027-1034.

[147] Lee Y M, Shim J K. Preparation of pH/temperature responsive polymer membrane by plasma polymerization and its riboflavin permeation［J］. Polymer, 1997, 38（5）: 1227-1232.

[148] Lequieu W, Du Prez F E. Segmented polymer networks based on poly（N-isopropyl acrylamide）and poly（tetrahydrofuran）as polymer membranes with thermo-responsive permeability［J］. Polymer, 2004, 45（3）: 749-757.

[149] Lequieu W, Shtanko N I, Du Prez F E. Track etched membranes with thermo-adjustable porosity and separation properties by surface immobilization of poly（N-vinylcaprolactam）［J］. Journal of Membrane Science, 2005, 256（1-2）: 64-71.

[150] Li P F, Ju X J, Chu L Y, et al. Thermo-responsive membranes with cross-linked poly（N-isopropyl-acrylamide）hydrogels inside porous substrates［J］. Chemical Engineering & Technology, 2006, 29（11）: 1333-1339.

[151] Li S K, D'Emanuele A. On-off transport through a thermoresponsive hydrogel composite membrane［J］. Journal of Controlled Release, 2001, 75（1-2）: 55-67.

[152] Liang L, Feng X D, Peurrung L, et al. Temperature-sensitive membranes prepared by UV photopolymerization of N-isopropylacrylamide on a surface of porous hydrophilic polypropylene membranes［J］. Journal of Membrane Science, 1999, 162（1-2）: 235-246.

[153] Liang L, Shi M K, Viswanathan V V, et al. Temperature-sensitive polypropylene membranes prepared by plasma polymerization［J］. Journal of Membrane Science, 2000, 177（1-2）: 97-108.

[154] Lin S Y, Chen K S, Lin Y Y. pH of preparations affecting the on-off drug penetration behavior through the thermo-responsive liquid crystal-embedded membrane［J］. Journal of Controlled Release, 1998, 55（1）: 13-20.

[155] Lin S Y, Chen K S, Lin Y Y. Artificia therio-responsive membrane able to control on-off switching drug release through nude mice skin without interference from skin-penetrating enhancers［J］. Journal of Bioactive and Compatible Polymers, 2000, 15（2）: 170-181.

[156] Lin S Y, Ho C J, Li M J. Precision and reproducibility of temperature response of a thermo-responsive membrane embedded by binary liquid crystals for drug delivery［J］. Journal of Controlled Release, 2001, 73（2-3）: 293-301.

[157] Lin S Y, Li M J, Lin H L. Effect of skin-penetrating enhancers on the thermophysical properties of choles-

teryl oleyl carbonate embedded in a thermo-responsive membrane [J]. Journal of Materials Science-Materials in Medicine, 2000, 11 (11): 701-704.

[158] Lin S Y, Lin H L, Li M J. Adsorption of binary liquid crystals onto cellulose membrane for thermo-responsive drug delivery [J]. Adsorption-Journal of the International Adsorption Society, 2002, 8 (3): 197-202.

[159] Lin S Y, Lin H L, Li M J. Manufacturing factors affecting the drug delivery function of thermo-responsive membrane prepared by adsorption of binary liquid crystals [J]. European Journal of Pharmaceutical Sciences, 2002, 17 (3): 153-160.

[160] Lin S Y, Lin H L, Li M J. Reproducibility of temperature response and long-term stability of thermo-responsive membrane prepared by adsorption of binary liquid crystals [J]. Journal of Membrane Science, 2003, 225 (1-2): 135-143.

[161] Lin Y Y, Chen K S, Lin S Y. Temperature effect on the thermal characteristics and drug penetrability of the thermally on-off switching membrane [J]. International Journal of Pharmaceutics, 1995, 124 (1): 53-59.

[162] Lin Z, Xu T W, Zhang L. Radiation-induced grafting of N-isopropylacrylamide onto the brominated poly (2, 6-dimethyl-1, 4-phenylene oxide) membranes [J]. Radiation Physics and Chemistry, 2006, 75 (4): 532-540.

[163] Liu Q, Zhu Z Y, Yang X M, et al. Temperature-sensitive porous membrane production through radiation co-grafting of NIPAAm on/in PVDF porous membrane [J]. Radiation Physics and Chemistry, 2007, 76 (4): 707-713.

[164] Mu Q, Fang Y E. Preparation of thermal-responsive chitosan-graft-N-isopropylacrylamide membranes via γ-ray irradiation [J]. Chinese Chemical Letters, 2006, 17 (9): 1236-1238.

[165] Muramatsu N, Nagahama T, Kondo T. Preparation of heat responding artificial cells [j]. biomaterials, artificial cells, & immobilization biotechnology, 1993, 21 (4): 527-536.

[166] Nakayama H, Kaetsu I, Uchida K, et al. Preparation of temperature responsive fragrance release membranes by UV curing [J]. Radiation Physics and Chemistry, 2003, 67 (2): 131-136.

[167] Nozawa I, Suzuki Y, Sato S, et al. Preparation of thermo-responsive membranes II [J]. Journal of Biomedical Materials Research, 1991, 25 (5): 577-588.

[168] Nozawa I, Suzuki Y, Sato S, et al. Application of a thermo-responsive membrane to the transdermal delivery of non-steroidal anti-inflammatory drugs and antipyretic drugs [J]. Journal of Controlled Release, 1991, 15 (1): 29-37.

[169] Nozawa I, Suzuki Y, Sato S, et al. Preparation of thermo-responsive polymer membranes I [J]. Journal of Biomedical Materials Research, 1991, 25 (2): 243-254.

[170] Okajima S, Yamaguchi T, Sakai Y, et al. Regulation of cell adhesion using a signal-responsive membrane substrate [J]. Biotechnology and Bioengineering, 2005, 91 (2): 237-243.

[171] Okahata Y, Lim H J, Nakamura G, et al. A large nylon capsule coated with a synthetic bilayer membrane. Permeability control of sodium chloride by phase transition of the dialkylammonium bilayer coating [J]. Journal of the American Chemical Society, 1983, 105 (15): 4855-4859.

[172] Okakata Y, Noguchi H, Seki T. Thermoselective permeation from a polymer-grafted capsule membrane [J]. Macromolecules, 1986, 19: 493-494.

[173] Okamura A, Itayagoshi M, Hagiwara T, et al. Poly (N-isopropylacrylamide)-graft-polypropylene membranes containing adsorbed antibody for cell separation [J]. Biomaterials, 2005, 26 (11): 1287-1292.

[174] Peng T, Cheng Y L. Temperature-responsive permeability of porous PNIPAAm-g-PE membranes [J]. Journal of Applied Polymer Science, 1998, 70 (11): 2133-2142.

[175] Reber N, Kuchel A, Spohr R, et al. Transport properties of thermo-responsive ion track membranes [J]. Journal of Membrane Science, 2001, 193 (1): 49-58.

[176] Sasaki Y, Iwamoto S, Mukai M, et al. Photo- and thermo-responsive assembly of liposomal membranes triggered by a gemini peptide lipid as a molecular switch [J]. Journal of Photochemistry and Photobiology

a-Chemistry, 2006, 183（3）: 309-314.

[177] Sun Y M, Huang T L. Pervaporation of ethanol-water mixtures through temperature-sensitive poly（vinyl al-cohol-g-N-isopropyacrylamide）membranes [J]. Journal of Membrane Science, 1996, 110（2）: 211-218.

[178] Uto K, Yamamoto K, Hirase S, et al. Temperature-responsive cross-linked poly（ε-caprolactone）membrane that functions near body temperature [J]. Journal of Controlled Release 2006, 110（2）: 408-413.

[179] Wang W C, Ong G T, Lim S, et al. Synthesis and characterization of fluorinated polyimide with grafted poly（N-isopropylacrylamide）side chains and the temperature-sensitive microfiltration membranes [J]. Industrial & Engineering Chemistry Research, 2003, 42（16）: 3740-3749.

[180] Wang W Y, Chen L. "Smart" membrane materials: Preparation and characterization of PVDF-g-PNIPAAm graft copolymer [J]. Journal of Applied Polymer Science, 2007, 104（3）: 1482-1486.

[181] Wang W Y, Chen L, Yu X. Preparation of temperature sensitive poly（vinylidene fluoride）hollow fiber membranes grafted with N-isopropylacrylamide by a novel approach [J]. Journal of Applied Polymer Science, 2006, 101（2）: 833-837.

[182] Wang X L, Huang J, Chen X Z, et al. Graft polymerization of N-isopropylacrylamide into a microporous polyethylene membrane by the plasma method: Technique and morphology [J]. Desalination, 2002, 146（1-3）: 337-343.

[183] Wu G G, Li Y P, Han M, et al. Novel thermo-sensitive membranes prepared by rapid bulk photo-grafting polymerization of N, N-diethylacrylamide onto the microfiltration membranes nylon [J]. Journal of Membrane Science, 2006, 283（1-2）: 13-20.

[184] Ying L, Kang E T, Neoh K G. Synthesis and characterization of poly（N-isopropylacrylamide）-graft-poly（vinylidene fluoride）copolymers and temperature-sensitive membranes [J]. Langmuir, 2002, 18（16）: 6416-6423.

[185] Ying L, Kang E T, Neoh K G. Synthesis and characterization of poly（N-isopropylacrylamide）-graft-poly（vinylidene fluoride）copolymers and temperature-sensitive membranes [J]. Journal of Membrane Science, 2003, 224（1-2）: 93-106.

[186] Ying L, Kang E T, Neoh K G, et al. Novel poly（N-isopropylacrylamide）-graft-poly（vinylidene fluoride）copolymers for temperature-sensitive microfiltration membranes [J]. Macromolecular Materials and Engineering, 2003, 288（1）: 11-16.

[187] Ying L, Kang E T, Neoh K G, et al. Drug permeation through temperature-sensitive membranes prepared from poly（vinylidene fluoride）with grafted poly（N-isopropylacrylamide）chains [J]. Journal of Membrane Science, 2004, 243（1-2）: 253-262.

[188] Yoshida M, Asano M, Suwa T et al. Creation of thermo-responsive ion-track membranes [J]. Advanced Materials, 1997, 9（9）: 757-758.

[189] Zhai G Q. pH- and temperature-sensitive microfiltration membranes from blends of poly（vinylidene fluoride）-graft-poly（4-vinylpyridine）and poly（N-isopropylacrylamide）[J]. Journal of Applied Polymer Science, 2006, 100（5）: 4089-4097.

[190] Zhang L, Xu T W, Lin Z. Controlled release of ionic drug through the positively charged temperature-responsive membranes [J]. Journal of Membrane Science, 2006, 281（1-2）: 491-499.

[191] Ito Y, Ochiai Y, Park Y S, et al. pH-Sensitive gating by conformational change of a polypeptide brush grafted onto a porous polymer membrane [J]. Journal of the American Chemical Society, 1997, 119（7）: 1619-1623.

[192] Iwata H, Hirata I, Ikada Y. Atomic force microscopic analysis of a porous membrane with pH-sensitive molecular valves [J]. Macromolecules, 1998, 31（11）: 3671-3678.

[193] Chu L Y, Li Y, Zhu J H, et al. Control of pore size and permeability of a glucose-responsive gating membrane for insulin delivery [J]. Journal of Controlled Release, 2004, 97（1）: 43-53.

［194］ Park S B, You J O, Park H Y, et al. A novel pH-sensitive membrane from chitosan-TEOS IPN; Preparation and its drug permeation characteristics ［J］. Biomaterials, 2001, 22（4）: 323-330.

［195］ Bai D S, Elliott S M, Jennings G K. pH-Responsive membrane skins by surface-catalyzed polymerization ［J］. Chemistry of Materials, 2006, 18（22）: 5167-5169.

［196］ Cartier S, Horbett T A, Ratner B D. Glucose-sensitive membrane coated porous filters for control of hydraulic permeability and insulin delivery from a pressurized reservoir ［J］. Journal of Membrane Science, 1995, 106（1-2）: 17-24.

［197］ Chu L Y, Liang Y J, Chen W M, et al. Preparation of glucose-sensitive microcapsules with a porous membrane and functional gates ［J］. Colloids and Surfaces B-Biointerfaces, 2004, 37（1-2）: 9-14.

［198］ Gudeman L F, Peppas N A. pH-Sensitive membranes from poly（vinyl alcohol）/poly（acrylic acid） interpenetrating networks ［J］. Journal of Membrane Science, 1995, 107（3）: 239-248.

［199］ Guo L Q, Nie Q Y, Xie Z H, et al. Study of pH sensitive membrane based on ion pairs technique ［J］. Spectroscopy and Spectral Analysis, 2003, 23（6）: 1210-1213.

［200］ Hendri J, Hiroki A, Maekawa Y, et al. Study of pH sensitive membrane based on ion pairs technique ［J］. Radiation Physics and Chemistry, 2001, 60（6）: 617-624.

［201］ Hester J F, Olugebefola S C, Mayes A M. Preparation of pH-responsive polymer membranes by self-organization ［J］. Journal of Membrane Science, 2002, 208（1-2）: 375-388.

［202］ Ito Y, Casolaro M, Kono K, et al. An insulin-releasing system that is responsive to glucose ［J］. Journal of Controlled Release, 1989, 10: 195-203.

［203］ Ito Y, Park Y S, Imanishi Y. Imaging of a pH-sensitive polymer brush on a porous membrane using atomic force microscopy in aqueous solution ［J］. Macromolecular Rapid Communications, 1997, 18（3）: 221-224.

［204］ Kim H T, Park J K, Lee K H. Impedance spectroscopic study on ionic transport in a pH sensitive membrane ［J］. Journal of Membrane Science, 1996, 115（2）: 207-215.

［205］ Kokufuta E. Polyelectrolyte-coated microcapsules and their potential applications to biotechnolog ［J］. Bioseparation, 1998, 7: 241-252.

［206］ Kokufuta E, Shimizu N, Nakamura I. Preparation of polyelectrolyte-coated pH-sensitive poly（styrene） microcapsules and their application to initiation-cessation control of an enzyme reaction ［J］. Biotechnology and Bioengineering, 1988, 32: 289-294.

［207］ Kono K, Tabata F, Takagishi T. pH-Responsive permeability of poly（acrylic acid）- poly（ethylenimine） complex capsule membrane ［J］. Journal of Membrane Science, 1993, 76（2-3）: 233-243.

［208］ Lai P S, Shieh M J, Pai C L, et al. A pH-sensitive EVAL membrane by blending with PAA ［J］. Journal of Membrane Science, 2006, 275（1-2）: 89-96.

［209］ Luo F L, Liu Z H, Chen T L, et al. Cross-linked polyvinyl alcohol pH sensitive membrane immobilized with phenol red for optical pH sensors ［J］. Chinese Journal of Chemistry, 2006, 24（3）: 341-344.

［210］ Makino K, Fujita Y, Takao K, et al. Preparation and properties of thermosensitive hydrogel microcapsules ［J］. Colloids and Surfaces B-Biointerfaces, 2001, 21（4）: 259-263.

［211］ Makino K, Miyauchi E, Togawa Y. Dependence on pH of permeability towards electrolyte ions of poly（L-lysine-alt-therephthalic acid） microcapsule membranes ［J］ Progress in Colloid & Polymer Science, 1993, 93: 301-302.

［212］ Masawaki T, Sato H, Taya M, et al. Molecular weight cut-off characteristics of pH-responsive ultrafiltration membranes against macromolecule solution ［J］. Kagaku Kogaku Ronbunshu, 1993, 19（4）: 620-625.

［213］ Mika A M, Childs R F, Dickson J M. Salt separation and hydrodynamic permeability of a porous membrane filled with pH-sensitive gel ［J］. Journal of Membrane Science, 2002, 206（1-2）: 19-30.

［214］ Ng L T, Nakayama H, Kaetsu I, et al. Photocuring of stimulus responsive membranes for controlled-release of drugs having fifferent molecular weights ［J］. Radiation Physics and Chemistry, 2005, 73（2）:

117-123.

［215］ Okahata Y, Ozaki K, Seki T. pH-Sensitive permeability control of polymer-grafted nylon capsule membranes［J］. Journal of the Chemical Society-Chemical Communications, 1984,（8）: 519-521.

［216］ Okahata Y, Seki T. Functional capsule membranes. 10. pH-sensitive capsule membranes. reversible permeability control from the dissociative bilayer-coated capsule membrane by an ambient pH change［J］. Journal of the American Chemical Society, 1984, 106（26）: 8065-8070.

［217］ Okahata Y, Seki T. pH-Responsive permeation of bilayer-coated capsule membrane by ambient pH changes［J］. Chemistry Letters, 1984,（7）: 1251-1254.

［218］ Okhamafe A O, Amsden B, Chu W. Modulation of protein release from chitosan-alginate microcapsules using the pH-sensitive polymer hydroxypropyl methylcellulose acetat［J］. Journal of Microencapsulation, 1996, 13（5）: 497-508.

［219］ Orlov M, Tokarev I, Scholl A, et al. pH-Responsive thin film membranes from poly（2-vinylpyridine）: water vapor-induced formation of a microporous structure［J］. Macromolecules, 2007, 40（6）: 2086-2091.

［220］ Peng T, Cheng Y L. pH-Responsive permeability of PE-g-PMAA membranes［J］. Journal of Applied Polymer Science, 2000, 76（6）: 778-786.

［221］ Peng T, Cheng Y L. PNIPAAm and PMAA co-grafted porous pe membranes: Living radical co-grafting mechanism and multi-stimuli responsive permeability［J］. Polymer, 2001, 42（5）: 2091-2100.

［222］ Rodriguez M, Vila-Jato J L, Torres D. Design of a new multiparticulate system for potential site-specific and controlled drug delivery to the colonic region［J］. Journal of Controlled Release, 1998, 55: 67-77.

［223］ Seki T, Okahata Y. pH-Sensitive permeation of ionic fluorescent probes from nylon capsule membranes ［J］. Macromolecules, 1984, 17（9）: 1880-1882.

［224］ Thomas J L, You H, Tirrell D A. Tuning the response of a pH-sensitive membrane switch［J］. Journal of the American Chemical Society, 1995, 117（10）: 2949-2950.

［225］ Tokarev I, Orlov M, Minko S. Ultrathin polyelectrolyte gel pH-responsive membranes［J］. Advanced Materials, 2006, 18（18）: 2458-2460.

［226］ Vanukuru B, Flora J R V, Petrou M F, et al. Control of pH during denitrification using an encapsulated phosphate buffer［J］. Water Research, 1998, 32（9）: 2735-2745.

［227］ Varshosaz J, Falamarzian M. Drug diffusion mechanism through pH-sensitive hydrophobic/polyelectrolyte hydrogel membranes［J］. European Journal of Pharmaceutics and Biopharmaceutics, 2001, 51（3）: 235-240.

［228］ Wang M, An Q F, Wu L G, et al. Preparation of pH-responsive phenolphthalein poly（ether sulfone）membrane by redox-graft pore-filling polymerization technique［J］. Journal of Membrane Science, 2007, 287（2）: 257-263.

［229］ Wang Y, Liu Z M, Han B X, et al. pH Sensitive polypropylene porous membrane prepared by grafting acrylic acid in supercritical carbon dioxide［J］. Polymer, 2004, 45（3）: 855-860.

［230］ Ying L, Wang P, Kang E T, et al. Synthesis and characterization of poly（acrylic acid）-graft-poly（vinylidene fluoride）copolymers and pH-sensitive membranes［J］. Macromolecules, 2002, 35（3）: 673-679.

［231］ Yoon N S, Kono K, Takagishi T. Permeability control of poly（methacrylic acid）-poly（ethylenimine）complex capsule membrane responding to external pH［J］. Journal of Applied Polymer Science, 1995, 55: 351-357.

［232］ Zhai G Q, Kang E T, Neoh K G. Poly（2-vinylpyridine）- and poly（4-vinylpyridine）-graft-poly（vinylidene fluoride）copolymers and their pH-sensitive microfiltration membranes［J］. Journal of Membrane Science, 2003, 217（1-2）: 243-259.

［233］ Zhai G Q, Ying L, Kang E T, et al. Poly（vinylidene fluoride）with grafted 4-vinylpyridine polymer side chains for pH-sensitive microfiltration membranes［J］. Journal of Materials Chemistry, 2002, 12（12）: 3508-3515.

[234] Zhang K, Wu X Y. Modulated insulin permeation cross a glucose-sensitive polymeric composite membrane [J]. Journal of Controlled Release, 2002, 80 (1-3): 169-178.

[235] Liu N G, Chen Z, Dunphy D R, et al. Photoresponsive nanocomposite formed by self-assembly of an azobenzene-modified silane [J]. Angewandte Chemie International Edition, 2003, 42 (15): 1731-1734.

[236] Liu N G, Dunphy D R, Atanassov P, et al. Photoregulation of mass transport through a photoresponsive azobenzene-modified nanoporous membrane [J] Nano Letters, 2004, 4 (4): 551-554.

[237] Irie M, Yoshifumi Y, Tanaka T. Stimuli-responsive polymers: Chemical induced reversible phase separation of an aqueous solution of poly (N-isopropylacrylamide) with pendent crown ether groups [J]. Polymer, 1993, 34: 4531-4535.

[238] Ito T, Hioki T, Yamaguchi T, et al. Development of a molecular recognition ion gating membrane and estimation of its pore size control [J]. Journal of the American Chemical Society, 2002, 124 (26): 7840-7846.

[239] Ito T, Sato Y, Yamaguchi T, et al. Response mechanism of a molecular recognition ion gating membrane [J]. Macromolecules, 2004, 37 (9): 3407-3414.

[240] Ito T, Yamaguchi T. Osmotic pressure control in response to a specific ion signal at physiological temperature using a molecular recognition ion gating membrane [J]. Journal of the American Chemical Society, 2004, 126 (20): 6202-6203.

[241] Ito T, Yamaguchi T. Controlled release of model drugs through a molecular recognition ion gating membrane in response to a specific ion signal [J]. Langmuir, 2006, 22 (8): 3945-3949.

[242] Ito T, Yamaguchi T. Nonlinear self-excited oscillation of a synthetic ion-channel-inspired membrane [J]. Angewandte Chemie-International Edition, 2006, 45 (34): 5630-5633.

[243] Okajima S, Sakai Y, Yamaguchi T. Development of a regenerable cell culture system that senses and releases dead cells [J]. Langmuir, 2005, 21 (9): 4043-4049.

[244] Yang M, Xie R, Wang J Y, et al. Gating characteristics of thermo-responsive and molecular-recognizable membranes based on poly (N-isopropylacrylamide) and β-cyclodextrin [J]. Journal of Membrane Science, 2010, 355 (1-2): 142-150.

[245] Chu L Y, Park S H, Yamaguchi T, et al. Preparation of micron-sized monodispersed thermoresponsive core-shell microcapsules [J]. Langmuir, 2002, 18 (5): 1856-1864.

[246] Meng T, Xie R, Chen Y C, et al. A thermo-responsive affinity membrane with nano-structured pores and grafted poly (N-isopropylacrylamide) surface layer for hydrophobic adsorption [J]. Journal of Membrane Science, 2010, 349 (1-2): 258-267.

[247] Yang M, Chu L Y, Wang H D, et al. A thermoresponsive membrane for chiral resolution [J]. Advanced Functional Materials, 2008, 18 (4): 652-663.

[248] Xie R, Zhang S B, Wang H D, et al. Temperature-dependent molecular-recognizable membranes based on poly (N-isopropylacrylamide) and β-cyclodextrin [J]. Journal of Membrane Science, 2009, 326 (2): 618-626.

第 19 章
典型集成膜过程

主 稿 人：邢卫红　南京工业大学研究员

编写人员：邢卫红　南京工业大学研究员

　　　　　李卫星　南京工业大学教授

　　　　　姜　红　南京工业大学副教授

　　　　　张　春　南京工业大学博士

审 稿 人：金万勤　南京工业大学教授

近几十年来，随着膜材料与膜过程的不断开发，将膜与膜耦合，膜与其他过程如反应、分离等耦合构成集成膜过程，已成为解决实际应用问题的关键技术，在促进传统工业升级改造、环境污染治理等领域发挥着越来越重要的作用。例如将膜与生物反应耦合构成膜生物反应器，已经在市政废水处理中得到广泛应用，很多学者也已总结成书；将超滤、纳滤、反渗透及电渗析等膜过程耦合正在成为工业废水资源化利用的主流工艺；将超滤与反渗透耦合构成的双膜法工艺已经成为中水回用的核心工艺，也逐步成为海水淡化的主流工艺。膜与化学反应耦合构成的膜反应器，可利用无机膜的微结构，实现产物/催化剂的原位分离、反应物的可控输入、相间传递的强化等膜技术，将间歇反应过程变为连续反应过程，得到学术界和工业界的广泛关注和重视。本章选取几个典型的工业领域，介绍集成膜过程的原理及实施效果，贯穿从基础研究到工程化的研究思路，以期建立面向应用过程的膜集成方法，展现利用集成膜过程实现传统产业技术升级的可行性。

19.1　基于多膜集成的制浆造纸尾水回用技术

19.1.1　概述

制浆造纸工业在国民经济中占有重要地位，但制浆造纸行业的高物耗、高能耗限制了行业的发展。制浆是由植物纤维原料分离出纤维而得纸浆的过程。制浆方法主要可分为机械法、化学法和化学机械法，分别制得机械纸浆、化学纸浆和化学机械纸浆。制浆工艺耗水量大，废水排放量多。制浆过程由于工艺复杂，化学药品添加量大，因此制浆废水成分也十分复杂，主要含有纤维素、半纤维素、木质素、木素磺酸、亚硫酸及有机酸的盐类等，处理十分困难。实现废水综合治理、减少尾水排放量，已成为制浆造纸行业发展迫切需要解决的问题[1]。

制浆造纸尾水主要为制浆过程和造纸过程中产生的废水，经过物理、化学、生物等方法处理后，达到国家环保排放标准的水[2,3]。这部分水排放量大且含盐量高，无法降解的有机物排放到水体中，对环境污染严重。采用膜技术将尾水处理后实现分步、分级回用，将大幅度减少新鲜水的补给，降低吨纸吨浆的耗水量，对于我国环境保护和造纸行业的可持续发展意义重大。

膜分离技术具有高效、节能、环保、分子级过滤、过滤过程简单及易于控制等优势，但由于制浆尾水成分复杂，涉及上百种有机污染物，导致其在制浆造纸尾水处理回用中存在以下技术难点：①制浆造纸废水中富含纤维素类物质，极易在超滤（UF）膜面富集，由于组件中膜丝密集，曝气无法去除这些污染物，导致在膜组件中积累，无法清洗恢复膜通量，因此必须采用抗污染超滤膜及组件；②常规反渗透（RO）膜组件流道尺寸小，纳污能力差，导致水回收率不高，因此必须进行流道和膜表面的优化设计获得高抗污染反渗透膜组件；③合理选用絮凝、气浮、氧化、除硬等预处理和膜技术的优化组合，是保证工程稳定运行的关键；④反渗透浓缩液进一步处理，才能实现降低排放量乃至实现尾水零排放。

19.1.2 膜集成技术在制浆造纸废水处理回用中的应用

传统的处理工艺如絮凝、沉降或砂滤只能去除大颗粒物质，已经不能满足造纸企业应用要求，膜技术应运而生。国际上有一些先进的制浆造纸企业的污水经处理净化后可回收利用[4,5]。美国的造纸厂已实现了废水封闭循环，例如麦金利造纸厂使用膜技术实现了造纸废水 100％回用，使得每吨纸的耗水量仅 1.2m³。欧洲造纸工业也将膜技术确定为解决造纸行业用水问题的关键技术，通过重复利用洗选漂工序的"中段废水"和纸机过程的"白水"，实现了纸业生产量递增，耗水量递减。

微滤膜（MF）和超滤（UF）主要用于去除制浆造纸废水微生物和悬浮物。Pizzichini 等[6]比较了 MF 和 UF 的处理效果，膜渗透出水 SDI 小于 2，但是由于制浆造纸废水中的颗粒尺寸与 MF 孔径接近，孔堵塞严重，UF 孔径较 MF 更小，其出水水质更好，孔堵塞也相对较少，更适合于造纸废水的处理。Fälth 等[7]使用 UF 对七种漂白废水过滤，结果表明，UF 可减少有机物总量并增加可生物降解有机物比例。陶瓷膜具有良好的耐高温、耐氧化性质，适合于漂白和生产热磨木片磨木浆（TMP）产生高于 80℃的废水处理，则可减少热能的浪费。Jönsson 等[8]使用截留分子量为 15kDa 的陶瓷超滤膜，在 90℃的高温下分离硬木黑液中的木质素和半纤维素，虽然陶瓷膜初始投资高，但是其较高的渗透通量和较长的使用寿命可减少其运行成本。图 19-1 为超滤膜法处理尾水回用工艺流程。

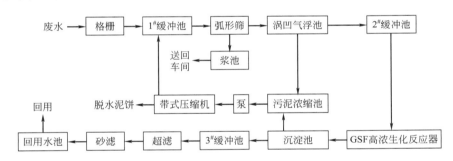

图 19-1 超滤膜法处理工业尾水的典型工艺流程

纳滤（NF）和反渗透（RO）对 COD 和无机盐的去除效果明显，出水水质高，已经在一些造纸厂得到了应用。Pizzichini 等[9]采用纳滤技术处理经生化和砂滤后的造纸尾水，对 COD、AOX 和色度的去除效果明显，去除率分别为 89％、61％和 93％，纳滤膜对二价盐截留率较高，因此硬度去除率较高，由于废水氯离子含量较高而纳滤膜对一价盐截留率低，加之道南效应的影响，对一价盐的脱除率不高。Mänttäri 等[10]比较了 NF 和 RO 对造纸废水的处理效果，经纳滤膜处理后的生化出水色度和有机物基本全部去除，但盐含量高于抄纸机工艺用水，不能满足回用要求，RO 虽然渗透通量小于 NF 膜，但盐浓度明显低于 NF 出水。Gönder 等[11]采用两级纳滤技术直接过滤生化出水，结果表明跨膜压差对膜污染有很大影响，而浓缩倍数对膜污染影响很小，在最优操作条件下，一级纳滤对 COD、硬度和硫酸根的去除率分别为 91％、92％和 98％，色度和悬浮物基本全部去除，但是只能去除部分氯离子和电导率，使用二级纳滤膜对出水进行处理即可达到工艺用水要求。

19.1.3 膜集成技术处理回用系统

膜法尾水处理回用工艺流程主要包括超滤（UF）膜系统、反渗透（RO）膜系统和电渗析（ED）等[12-14]。一般在超滤膜系统前设置多介质过滤器，以去除斜板沉淀池出水中大部分的悬浮物后进入膜处理系统，从而保护超滤膜安全稳定运行。在反渗透膜系统前设置超滤膜系统对预处理后的水再处理，使反渗透膜系统进水的膜污染指数（SDI）小于 3，延长反渗透膜清洗周期，从而延长其运行寿命。超滤膜系统包括超滤装置、氧化剂加药装置、空压机反洗系统等。一般采用 PVDF 中空纤维超滤膜进行过滤处理，超滤浓水继续回到前端中间水池，再与原水混合后进多介质过滤器，以提高整体水回收率。反渗透系统（包括：一级反渗透和二级反渗透）主要去除水中溶解盐类及脱色，同时去除一些有机分子及前阶段未去除的小颗粒等。由于处理后的水品质很高，可以直接用作工艺用水。反渗透膜系统包括：$5\mu m$ 的保安过滤器、高压泵、一级反渗透和二级反渗透膜浓缩装置以及膜系统的清洗设备。清洗装置包括一个清洗液箱、清洗过滤器、清洗泵以及配套管道、阀门和仪表。当膜组件受污染产水量与产水水质降低时，可以对反渗透膜系统进行化学清洗。经反渗透膜处理后的浓缩液通过电渗析深度处理，浓水经蒸发结晶后，变成工艺用水回用。Shukla 等[15]使用 UF-NF-RO 工艺处理漂白废水，UF 出水进入 NF，NF 出水进入 RO 继续处理，考察了操作压力对污染物去除和膜污染的影响。Koyuncu 等[16]使用 UF-RO 系统处理生化处理后的制浆造纸废水，其 COD、色度、电导率、氨氮的去除率分别为 90%、95%~97%、85%~90% 和 80%~90%。由于处理后的水品质很高，可以直接用作工艺用水。

19.1.3.1 "超滤 + 反渗透"双膜工艺系统

"超滤＋反渗透"双膜法的主要工艺流程如图 19-2 所示[17]。

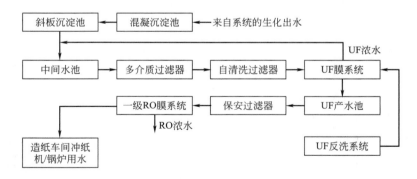

图 19-2 "超滤+反渗透"双膜法系统工艺流程

该工艺设计中通过多道预处理操作单元，实现对进入双膜系统的原水进行深度预处理，以减小双膜系统的污染负荷。常见的双膜系统预处理技术包括：各种沉降、保安过滤等。为了提高中水利用率，会将超滤膜浓缩的浓水回流到膜系统的进水端，超滤产水则进入到一级反渗透工段，进行脱盐处理；反渗透的产水可以用于锅炉用水、造纸车间冲纸机用水等，反渗透浓水与超滤反洗水经过适当处理后达标排放。该工艺一般设计的水回收率 50%~70%，净化水的处理成本在 3 元/t 以内。

19.1.3.2　"反渗透 + 电渗析"增浓减量系统

"反渗透＋电渗析"增浓双膜减量系统的工艺流程如图 19-3 所示[18]。造纸废水总硬度高，需要在系统中增加软化处理单元，减少反渗透膜负担。反渗透作为初级脱盐，可有效去除大部分的细菌、溶解性固体及分子量在 200 以上的有机物等杂质，降低电导率。反渗透膜处理后，产水水质还不能完全达到纯化水要求，通过电渗析深度除盐，除去经反渗透膜处理过的水中剩余的少量离子，使产水能够达到合格水要求。因此，膜法水处理系统处理制浆造纸废水，利用"反渗透＋电渗析"系统，实现进一步脱盐浓缩，以减少蒸发结晶的量[19]。

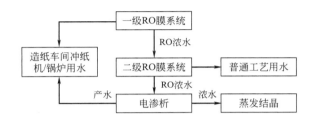

图 19-3　"反渗透 + 电渗析"增浓双膜减量系统

19.1.4　典型工程案例简介

19.1.4.1　双膜法造纸废水处理回用工程

以江苏某纸业股份有限公司为例介绍双膜法造纸废水处理工艺。在反渗透膜系统前设置超滤膜系统对预处理后的水进一步处理，使反渗透膜系统进水的膜污染指数（SDI）小于 3，延长反渗透膜清洗周期，达到延长其运行寿命的目的。该工程处理水量 6000t/d，采用膜集成中水回用工艺，水回收率 80％，主要包括预处理、超滤、反渗透等系统。

（1）超滤膜系统

超滤膜系统包括超滤装置、氧化剂加药装置、空压机反洗系统等。该系统采用 PVDF 中空纤维超滤膜，其耐压、抗污染、使用寿命长，且能长期保证产水水质，对胶体、悬浮颗粒、色度、浊度、细菌、大分子有机物具有良好的分离能力，可以保证反渗透膜系统的正常运行。由于造纸废水含有机物、悬浮颗粒物等，且碱度、硬度也较高，故设置混凝沉淀池和斜板沉淀池，以保证超滤、反渗透膜系统免遭受微生物的污染和结垢威胁。

超滤膜元件数量共 192 支。出水量达 360m³/h，其中浓水流量为 24m³/h，浓水继续回到前端中间水池，再与原水混合后进入多介质过滤器，以提高整体回收率。

（2）反渗透膜系统

膜浓缩系统主要去除水中溶解盐类及脱色，同时去除一些有机分子及前阶段未去除的小颗粒等。反渗透膜系统包括 5μm 保安过滤器、高压泵、反渗透膜浓缩装置以及膜系统清洗设备，膜元件数量为 240 支，2 套。

预处理出水进入反渗透膜装置，在压力作用下，大部分水分子和微量离子透过膜，经收集后成为产品水，通过出水管道进入后续回用设备；水中的大部分盐分和胶体、有机物等不能透过膜，残留在少量浓水中。反渗透膜系统浓水主要用于前端多介质过滤器的反冲洗，反渗透膜系统出水直接通过泵送至车间河口取水站，取代原先用的河水，最后用于造纸各工段所有环节。

　　膜装置经过长期运行后，会积累某些难以冲洗的污垢（如有机物、无机盐结垢等），造成膜性能下降。这类污垢必须使用化学药品进行清洗才能去除，以恢复膜的性能。化学清洗使用清洗装置进行，清洗装置包括一个清洗液箱、清洗过滤器、清洗泵以及配套管道、阀门和仪表。当膜组件受污染时，可以用它进行反渗透膜系统的化学清洗。

（3）双膜系统运行情况

　　双膜系统稳定运行的进水及渗透液水质情况如表 19-1 所示。废水经过双膜处理后，污染物质被膜截留分离，出水 COD 和硬度低于 GB/T 19923—2005《城市污水再生利用工业用水水质》标准中的要求（COD<60mg/L，硬度<450mg/L）。

表 19-1　超滤膜和反渗透膜的进水及渗透液水质情况

参数	超滤膜		反渗透膜	
	进水	渗透液	进水	渗透液
COD/(mg/L)	50～60	45～55	45～55	<2
SS/(mg/L)	40～60	0～5	0～5	0
pH	6～7	6～7	6～7	6.5～7
SDI		1～2	1～2	0.05～0.1
浊度/NTU	8～10	0.1～0.3	0.1～0.3	0
硬度（以 CaCO$_3$ 计）/(mg/L)	150	150	150	<5
电导率/(μS/cm)	3000～3600	3000～3600	3000～3600	40～50

　　在超滤膜系统连续运行期间内，超滤膜系统的出水流量为 360m³/h，每个月进行 1 次化学加强洗，清洗后通量都能恢复至初始的通量，说明超滤在该系统中运行稳定。并且超滤膜系统出水 SDI 稳定控制在 1～2 之间，有利于末端反渗透膜系统的稳定持久运行。

　　在反渗透膜系统运行期间内，反渗透膜系统的进水水质波动较小，出水电导率随进水有较小的波动，出水流量稳定在 240m³/h，脱盐率稳定在 97% 以上，出水中 COD 降至低于 2mg/L，保障了后续的回用。

（4）运行成本分析

　　采用双膜处理运行费用约为 1.92 元/t，其中药剂费 0.65 元/t 水，电费 1.12 元/t 水，人工费 0.15 元/t 水。

19.1.4.2　集成膜法制浆尾水零排放工程

　　以某制浆造纸企业制浆尾水零排放工程为例介绍多膜法制浆尾水零排放工程。该工艺包括脱除 SS、COD 的高效预处理系统、脱盐和盐提浓的多膜集成系统、工业盐和干泥等产品的蒸发结晶系统等三个核心工艺。制浆废水经曝气混合后进入浅层气浮＋臭氧活性炭生物膜等构成的高效预处理系统。通过气浮加过滤去除部分 COD、SS，再通过臭氧活性炭生物膜工艺，进一步降低 COD，去除废水中的臭味。膜集成系统主要包括两级特种超滤膜（UF）工段、四级反渗透膜（RO）工段以及两级电渗析（ED）工段。预处理系统出水进入一工段 UF 和一工段 RO 得到 50% 左右的纯水，可回用到工艺用水过程。一工段 RO 的浓水经硬度控制后，进入二工段抗污染 RO 进一步脱盐，使水回收率达到 75% 左右，再进入三工段 RO

和四工段 RO，使水回收率达到 95％。RO 工段浓水进入两级电渗析 ED 进一步浓缩后进入蒸发结晶系统得到蒸馏水和固体盐。

（1）超滤膜系统

超滤膜系统包括臭氧预处理装置、超滤装置、加药装置、空压机反洗系统等。本系统采用 PVDF 中空纤维超滤膜。进入超滤装置前采用了臭氧进行有机物的降解，将来水所含有机物、悬浮颗粒物等进行充分去除。且碱度、硬度也较高，故设置混凝沉淀池和斜板沉淀池，以保证超滤、反渗透膜系统免遭受微生物的污染和结垢威胁。

超滤膜元件数量共 1000 支。出水量达 $1800m^3/h$，单套装置膜为 80 支，浓水继续回到前端中间水池，再与原水混合后进多介质过滤器，以提高整体回收率。

（2）反渗透膜系统

膜浓缩系统主要去除水中溶解盐类及脱色，同时去除一些有机分子及前阶段未去除的小颗粒等。反渗透膜系统包括 $5\mu m$ 保安过滤器、高压泵、反渗透膜浓缩装置以及膜系统清洗设备，膜元件数量为 3000 支。

预处理出水进入反渗透膜装置，在压力作用下，大部分水分子和微量离子透过膜，经收集后成为产品水，通过出水管道进入后续回用设备；水中的大部分盐分和胶体、有机物等不能透过膜，残留在少量浓水中。

膜装置经过长期运行后，会积累某些难以冲洗的污垢（如有机物、无机盐结垢等），造成膜性能下降。这类污垢必须使用化学药品进行清洗才能去除，以恢复膜的性能。化学清洗使用清洗装置进行，清洗装置包括一个清洗液箱、清洗过滤器、清洗泵以及配套管道、阀门和仪表。当膜组件受污染时，进行膜系统的化学清洗。

（3）集成膜系统运行情况

集成膜系统稳定运行的进水及渗透液水质情况如表 19-2 所示。废水经过双膜处理后，污染物质被膜截留分离。

表 19-2　超滤膜和反渗透膜的进水及渗透液水质情况

参数	超滤膜		反渗透膜	
	进水	渗透液	进水	渗透液
COD/(mg/L)	40～50	35～45	35～45	<1
SS/(mg/L)	30～40	0～5	0～5	0
pH	6～7	6～7	6～7	6.5～7
SDI		2～3	2～3	—
浊度/NTU	4～6	0.1～0.3	0.1～0.3	0.01
硬度(以 $CaCO_3$ 计)/(mg/L)	200	200	200	<5
电导率/($\mu S/cm$)	4000～5000	4000～5000	4000～5000	<100

超滤膜系统的出水流量为 $1800m^3/h$，浓水送至砂滤前端中间水池再处理，每 2～3 个月进行 1 次化学加强洗，清洗后通量都能恢复至初始的通量，超滤膜系统运行稳定，其出水 SDI 稳定控制在 2～3 之间，有利于反渗透膜系统的稳定运行。在反渗透膜系统运行稳定，平均脱盐率大于 95％，出水中 COD 降至 1mg/L，保障了回用需求。RO 浓水经 ED 进一步浓缩至盐浓度大于 15％，进入 MVR 系统蒸发结晶。

（4）运行成本分析

整套工艺运行费用为 4.8 元/t（药剂费 1.38 元/t 水、电费 3.30 元/t 水、人工费 0.12 元/t 水）。每年可减少 COD_{Cr} 排放总量约 1000t，减少废水排放总量约 1300 万吨，回收盐产品数万吨。

19.2 基于膜集成技术的抗生素生产新工艺

19.2.1 概述

发酵在医药行业具有举足轻重的地位，许多原料药如抗生素、氨基酸等一般都采用发酵法生产工艺。发酵过程中存在许多制约因素，就分离而言，原料的预处理中除去蛋白，发酵中及时分离微生物代谢产物，发酵终了后所要求组分从发酵液中的分离、其他组分的回收利用，以及发酵废液的处理，都是发酵过程要解决的问题[20]。发酵行业分离技术主要采用多效蒸发、离子交换、蒸馏等，在这些过程中，能耗大，设备投资高，且引起产品的流失及质量的下降，这些因素严重制约着发酵行业进一步的发展[21]。将膜分离与发酵过程结合起来，使发酵液连续地通过膜装置，产物在膜上得到分离，一方面发酵残液和微生物返回发酵罐继续发酵，可实现发酵过程的连续化，节省间歇操作过程中的辅助时间，提高生产效率；另一方面将代谢产物连续地移走，减轻或消除了终产物对微生物的抑制作用，可提高发酵效率，延长微生物的生命周期，使反应物的转化率提高。膜与发酵过程的耦合将对发酵行业产生重要影响[22,23]。

19.2.2 抗生素生产工艺流程

抗生素一般分为 5 类：β-内酰胺类抗生素（如青霉素）、氨基酸糖苷类抗生素、大环内酯类抗生素（如红霉素、螺旋霉素）、四环内酯类抗生素（如四环素）和多肽抗生素（如万古霉素等），其分子量在 300～1200 内。常见的抗生素生产工艺流程包括：种子制备、发酵、发酵预处理、抗生素提取、精制纯化等过程，其一般工艺流程如图 19-4 所示[24]。

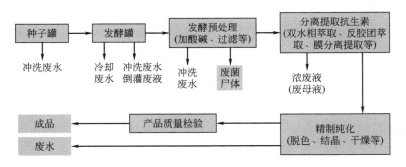

图 19-4 抗生素生产工艺流程

种子制备的目的是为了促使孢子萌发、增殖，进而生长出数量更多的菌丝，最终能更好地移入发酵罐中进行发酵。发酵是为了促使微生物完成自身的生长，进而为代谢终产物的合成准备必要前体，最终完成大量产素。在种子移入发酵罐之前，发酵罐有关管路、阀门等设备和培养基需经过高温湿热灭菌。发酵预处理时常用调节 pH 至酸性或碱性使抗生素转入之后便于处理的发酵液中，同时将发酵液中一些蛋白质等变性沉降。过滤一方面可使菌丝体与滤液分离，另一方面可将发酵液中一些蛋白质、糖、脂类等杂质除去，改变滤液的物理性质，为后续操作打下更好的基础。提取纯化是经一系列的物理化学反应进行抗生素精制提纯，制得符合标准规定的抗生素半成品。膜技术在抗生素提取中已经有较广泛的应用。

19.2.3　陶瓷膜澄清工艺

陶瓷膜技术是抗生素发酵液澄清的优选工艺。采用陶瓷膜对发酵液进行错流澄清过滤，对菌丝体、中间代谢产物等大分子杂质的去除率高。与传统方法相比拥有诸多优势：滤液品质高，减轻了后序提纯负担；不添加任何化学助滤剂，无二次污染；设备占地面积小，且稳定可靠。采用陶瓷膜可实现除菌、洗菌、浓缩过程连续化操作，提高产品品质，有效降低生产成本。陶瓷膜最早用于肌苷发酵液的澄清除杂，与板框过滤或离心分离相比，陶瓷膜技术的肌苷收率从 85％提高到 90％以上，吸附剂用量和酸碱洗脱剂用量均减少 60％，废水排放减少 2/3，回收菌体蛋白后废水 COD 降低 60％[25]。随着陶瓷膜技术的快速发展，更高分离精度的陶瓷超滤膜和纳滤膜产品研发成功，在抗生素提取过程得到广泛应用。陶瓷膜澄清头孢菌素发酵液工艺装置如图 19-5 所示。处理的物料为头孢菌素（CPC）发酵液的效价≤35000U/mL，pH＝2.8～3.0，进料温度≤10℃，顶洗水温度≤10℃。平均过滤通量为 30L/(m²·h)，净化液在冰箱（5～10℃）放置 24h 后不发生絮状沉淀，滤渣浓缩比小于 60％（滤渣体积/发酵液体积比），滤渣的效价≤1500U/mL。设备的清洗原则：首先进行排空系统，用清水冲洗管路后再用质量分数为 1％～2％的 NaOH 清洗液（或添加质量分数为 0.2％～0.5％的 NaClO）在 50℃下循环 15～30min，主要去除膜表面层和膜孔内的有机沉积物。排空清洗液体后，用清水冲洗 pH 接近中性。再用 0.5％～1％的 HNO₃ 在 60～70℃下循环 15～30min，去除可溶解无机盐沉积物。排空组件的清洗液体后用清水冲洗系统直到 pH 接近中性进入下一批次的发酵液过滤。

图 19-5　陶瓷膜澄清头孢菌素发酵液（1400m²）

19.2.4　纳滤膜纯化工艺

纳滤膜是另一种较为重要的膜分离提取抗生素的技术，其主要特征有：①对水质和分子量为数百以上的有机小分子有着分离性能；②对于不同价态的阴离子存在一定 Donnan 效应。纳滤膜因其自身分离效率高、节能、不破坏产品结构、少污染等优点，在医药产品中得到了日益广泛的运用[26]。

抗生素原料一般在原料液中含量较少、浓度较低，相对于纳滤膜而言，传统的结晶方法回收率低、损失大、成本高；真空浓缩则又会破坏其抗菌活性；而纳滤分离过程无任何化学反应，无需加热，无相转变，不破坏生物活性，适用于分子量 1000 以下的物质。绝大部分药物的分子量都在这个范围内，且该技术节能，环境友好，因而越来越多被用到制药工业的各种分离、精制和浓缩过程中。

发酵法生产的抗生素原液中含有 4% 的生物残渣，不定的盐分，约 0.1%～0.2% 的抗生素。纳滤膜可用两种途径回收和纯化抗生素：一种是先用溶剂萃取，再用纳滤膜浓缩，这一过程由于溶剂可回收利用，可节约 80% 的成本；另一种是先用膜浓缩，再用溶剂萃取，这一方法可提高萃取设备的生产能力，降低溶剂的用量。但目前主要采用纳滤澄清的抗生素发酵液，再萃取分离，这样可以提高萃取过程的生产能力，同时减少萃取剂的用量。

19.2.5　分子筛膜分离-精馏耦合工艺用于溶媒回收

有机溶媒广泛应用于抗生素的纯化生产过程中，溶媒回收是制药过程中的重要工序。在制药工业中，通过蒸馏、精馏等工艺除去废溶媒中的杂质、部分水分；由于从精馏塔出来的大多数溶媒与水易形成近沸、共沸物，须采用恒沸蒸馏、萃取精馏或片碱脱水等技术进一步脱水以达到再次使用的质量要求。共沸精馏、萃取精馏等脱水技术往往分离能耗高、回收率低，并且引入新杂质（一般是有毒有害的物质），污染环境[27-29]。发展高效低能、环境友好型的有机溶媒脱水新技术，已成为医药行业竞争力的提升重要途径之一，符合节能减排的战略需求。

渗透汽化膜分离技术具有少污染或零污染的优点，能够以低能耗实现近沸、共沸有机混合物的分离[30,31]。将渗透汽化技术用于制药溶媒脱水回收过程具有明显的技术和经济优势。NaA 分子筛膜具有超强的水选择渗透性和优异的热化学稳定性，已成为重要的有机溶剂脱水膜材料[32-35]。由于工业原料千差万别、组成异常复杂，分子筛膜脱水主要采用蒸气渗透的操作方式，即分离物料汽化后引入膜的进料侧，而另一侧采用抽真空的方式移走渗透组分。该分离操作不但具有良好的传质分离效率，而且避免了无机污染物的引入以及有机物酸碱电离，从而提高了膜分离过程的稳定性[36,37]。然而，当前生产过程中，膜脱水工序的溶剂原料一般来自上游精馏分离工序的塔顶馏分，上下游工序通常采用简单的串联，造成中间产物的反复冷凝和汽化，消耗了大量能量。将精馏塔顶的蒸气馏分直接引入膜分离系统，通过回流比与塔顶冷凝等一系列参数控制，实现膜分离与精馏的耦合运行，缩短流程。该耦合过程中，精馏塔不但承担溶剂组分间的分离任务，而且充当膜分离原料的预蒸发单元，可有效降低单一膜法分离的汽化用热量并且避免膜污染问题[38,39]。

　　以处理能力为年产 3000t 异丙醇溶媒的脱水回收技术为例，介绍 NaA 分子筛膜分离-精馏耦合工艺在溶剂回收中的应用，其运行流程及装置分别如图 19-6 和图 19-7 所示。异丙醇母液经成品换热后进入精馏塔精馏，塔顶正压蒸气进入透水型分子筛膜脱水装备进行脱水。该精馏塔目的是除去异丙醇母液中杂质及水分，并获得正压异丙醇蒸气，直接进入膜装备进行脱水，减少一次膜脱水过程的蒸发[40]。精馏塔塔顶蒸汽异丙醇含量（质量分数）为 85％。

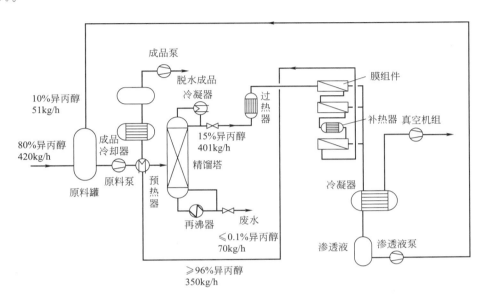

图 19-6　NaA 分子筛膜分离-精馏耦合用于异丙醇溶媒脱水工业装置流程

图 19-7　NaA 分子筛膜分离-精馏耦合用于异丙醇溶媒脱水工业装置

　　来自生产工艺的异丙醇母液与成品换热后进入精馏塔，塔内加压操作，操作压力约为 0.2MPa(G)。塔顶 85%（质量分数）异丙醇蒸气部分冷凝后回流，部分蒸气进一步过热后进入膜分离机组，膜分离机组由 4 个 7m² 膜组件串联构成，膜装备操作温度为 100～125℃。原料中的水分和少量异丙醇经膜组件由膜上游侧渗透至膜下游侧，膜上游侧含水量（质量分数）≤3% 的异丙醇产品。膜下游侧采用抽真空加冷凝的方式以形成膜上下游两侧组分的蒸气分压差。渗透液蒸气在真空机组抽吸下进入冷凝器。冷凝后的渗透液返回至原料罐，与异丙醇母液一起进入精馏塔，回收渗透液中少量的异丙醇，提高收率。塔底采出异丙醇含量（质量分数）≤0.1% 的废水。图 19-8 为精馏-分子筛渗透汽化膜耦合工业化运行装置数据，运行时间 5 个月，其成品相对比较稳定。

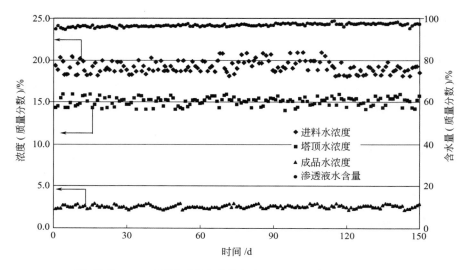

图 19-8　NaA 分子筛膜分离-精馏耦合用于异丙醇溶媒脱水运行结果

　　表 19-3 为不同异丙醇溶媒回收工艺的对比。该精馏-分子筛膜耦合装置运行以来，为用户每年回收合格异丙醇溶剂约 3000t，半年即可收回投资成本。

表 19-3　异丙醇溶媒回收工艺对比

项目	萃取精馏	膜分离-精馏耦合
蒸汽/(t/t 原料)	1.3	0.85
循环水/(m³/t 原料)	60	45
低温水/(m³/t 原料)	5	5
电/(kW·h/t 原料)	10	15
运行费用/(元/t 原料)	282	194
收率/%	85～93	≥97
最高操作压力/MPa(G)	0	0.2
所需蒸汽压力/MPa(G)	≥1(回收塔) ≥0.4(萃取塔)	≥0.4
精馏塔安装高度/m	20～25	约 12
操作人员/(人/班)	4～6	1～2

项目	萃取精馏	膜分离-精馏耦合
操作复杂度	复杂,需多人协调配合,开停车时间长,设备稳定需较长时间	简单,仅需 1 人即可完成开停车工作,设备短时间即可稳定
存在问题	长期运行会导致乙醇母液中高沸点杂质、盐混入乙二醇,乙二醇需定期处理或更换,设备长期停车后易堵塔,清洗繁琐	分子筛膜对原料性质指标把控严格,需人员高度重视与定期检测

精馏与 NaA 分子筛膜耦合的脱水技术可解决抗生素生产过程中溶媒脱水回收的问题,实现节能减排。该技术已用于甲醇、乙醇、异丙醇、乙腈、四氢呋喃等大部分溶剂的脱水,其脱水产品的含水量能够达到 50mg/L 以下。随着中空纤维 NaA 分子筛膜的研发成功,该耦合技术在生物医药、石油化工、能源环保等领域的溶剂脱水生产与回用中具有更好的应用前景。

19.2.6　多膜耦合法抗生素生产案例分析

19.2.6.1　陶瓷膜超滤与纳滤耦合的膜法硫酸黏杆菌素生产

硫酸黏杆菌素是由多黏芽孢杆菌所产生的一种抗生素,对大肠杆菌、沙门氏菌等有很好的杀菌效果[41]。在硫酸黏杆菌素生产中,硫酸黏杆菌素的发酵液一般采用板框压滤的方式进行分离,但是板框压滤操作存在诸多不足:分离效率低、分离精度不高、人工成本大。因此,采用陶瓷膜超滤(膜孔径 50nm)技术对调酸后的硫酸黏杆菌素发酵液进行分离、除杂处理进而以代替传统的板框压滤技术。膜法硫酸黏杆菌素的生产工艺流程如图 19-9 所示。

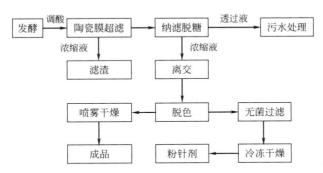

图 19-9　硫酸黏杆菌素生产工艺流程

硫酸黏杆菌素的生产工艺流程主要包括:生物发酵,以产生硫酸黏杆菌素;陶瓷超滤膜过滤,以过滤悬浮物等大分子杂质;纳滤浓缩,以脱除单糖类物质,同时浓缩硫酸黏杆菌素;提纯脱色等操作,以得到纯净的产品。

在膜法硫酸黏杆菌素的生产工艺中,采用陶瓷膜超滤分离技术以代替传统的板框压滤技术,将连续操作代替间断操作,提高生产效率,提高产品品质,降低生产成本。

纳滤脱糖,采用截留分子量为 600Da 的纳滤膜对超滤滤液进行脱糖处理。纳滤的透过液中仅含有单糖类物质,可排放至污水处理管道。纳滤浓缩液再经过离子交换、脱色等工序,最终得到纯净产品。

在运行温度为 50℃ 左右时，陶瓷膜过滤通量设置为 90～100L/(m²·h)，当浓缩液中固形物含量由 7% 提升至 20% 时，必须加水稀释，以提高收率，加水量约为浓缩液体积的 2～3 倍。过滤后收率在 95% 左右，浓缩倍数为 2～3 倍。当温度 45℃ 时，纳滤脱糖采用的膜通量为 20～25L/(m²·h)，处理料液可浓缩 4～5 倍。

19.2.6.2　多膜耦合法用于头孢菌素 C 生产

头孢菌素 C 是生产头孢菌素类抗生素的原料，由于其发酵液黏度非常大、热敏性高，给分离、纯化带来了一定的困难[42]。多膜耦合头孢菌素 C 的生产工艺流程主要包括：生物发酵，以产生头孢菌素 C 的发酵液；陶瓷膜超滤，以去除发酵液中的大分子物质；卷式超滤，以对发酵液进一步纯化；纳滤浓缩，以脱除单糖类物质，同时浓缩头孢菌素 C；脱色等操作，以得到纯净的产品。采用纳滤技术代替传统的蒸发浓缩工序。由于纳滤系统实行封闭式循环操作过程，从而产品损耗少，同时简化了生产工艺，使得生产周期缩短，同时产品品质也得到相应的提高。头孢菌素 C 生产工艺流程如图 19-10 所示。

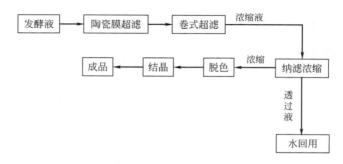

图 19-10　头孢菌素 C 生产工艺流程

采用孔径为 50nm 的陶瓷膜过滤分离技术以对发酵液进行固液分离，去除发酵液中的大分子物质，如菌丝、蛋白质、病毒、热原等，得到澄清透明的净化液。陶瓷膜超滤过程一般要加水进行透析以提高头孢菌素 C 的收率，根据具体的分离体系，透析可以从间歇式、连续式或逆流式透滤操作中选择最佳的操作方式。由于发酵液中蛋白质分子量分布很宽，陶瓷超滤膜对低分子量蛋白的脱除率不高。因此采用孔径更小卷式超滤膜（截留分子量约 8000Da）对陶瓷膜净化液进一步纯化，除掉一些蛋白分子等杂质。采用纳滤技术对卷式超滤膜的滤液进行浓缩以提高 CPC 的浓度。纳滤浓缩是物理过程，低温无相变发生，能耗低，浓缩液收率提高。

在运行温度 28℃ 以下时，将发酵液浓缩 20%，需要加水透析，透析水量约为浓缩液体积的 2～3 倍，陶瓷膜过滤平均膜通量为 50～55L/(m²·h)，混合效价 8000～1000μg/mg。纳滤浓缩平均膜通量 20～25L/(m²·h)。并且陶瓷膜超滤结合卷式超滤的过滤中，过滤收率相比传统过滤方法的收率高 3%～4%，树脂提取工序收率可提高 4%～5%，结晶工序收率可提高 3%～4%。

19.2.6.3　超滤与纳滤耦合的膜法林可霉素生产

林可霉素对革兰氏阳性菌有高效的抗性，传统分离工艺中存在收率低和产品纯度低的不足[43]。因此，引入超滤、纳滤高精度膜分离技术，以提高传统工艺中收率和产品纯度。林可霉素的膜法生产工艺流程如图 19-11 所示[44]。

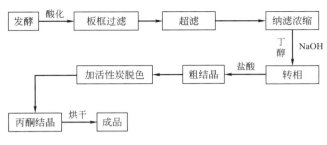

图 19-11 林可霉素膜法生产工艺流程

林可霉素的生产工艺流程主要包括：生物发酵，以获得含有林可霉素的发酵液；板框过滤，除去酸性蛋白，并对溶液进行初步过滤；超滤，去除固体颗粒及蛋白质等大分子物质，以获得较澄清的发酵液；纳滤浓缩，以提高林可霉素的收率；转相、粗结晶等工艺，以获取高纯度的林可霉素。

在膜法林可霉素的生产工艺中，林可霉素发酵液酸化后，虽然经过板框过滤除去了酸性蛋白杂质，但溶液中仍有大量的大分子有机物、悬浮物等杂质，使得滤液较为浑浊。超滤技术能彻底除去水中的固体颗粒、可溶性有机物、大部分色素，使得溶液澄清。超滤对林可霉素、Fe^{3+}、Na^+ 等小分子物质无截留作用，因此需要采用分离精度更高的纳滤分离对小分子物质进行分离。

纳滤分离技术是比超滤更为精细的膜分离技术，能够完全去除处理液中的小分子、多价态离子。一般的纳滤膜截留分子量约 150Da，而林可霉素分子量为 406.5，所以林可霉素基本上全部截留，其他的杂质不能截留。对于整个工艺而言，其中所有的母液均可用纳滤进行回收，减小母液的流失，提高总回收率。

相比传统的板框过滤林可霉素生产工艺，此工艺生产流程更具有优势。

① 母液用纳滤回收，总收率极高。板框过滤由于有套用，故收率在 105％以上，转相收率 98％以上，粗结晶收率 96％，活性炭脱色收率 98％，丙酮结晶收率 94％，故总收率超过 90％，扣除循环中为降林可 B 而弃去的母液，最大不超过 2 个百分点，总收率在 88％以上。

② 省去了丁提、丁洗、碱洗、水提、水浓五个工艺，而改后常温、低温操作的转相、粗结晶，基本操作简便，易掌握控制。

③ 原材料（主要是丁醇）大大节省。

④ 纳滤出水可以达标排放。

因此，超滤与纳滤的集成技术不仅可提高产品收率，而且还可解决污水治理问题，使废水量仅为原工艺的 1/20。

随着可用于精密分离的陶瓷纳滤膜材料的研制成功，将板框与陶瓷纳滤膜耦合处理林可霉素碱化液，产品收率高于 97％，蛋白和色素的截留率高，减轻后续树脂工艺的负荷。

另外在膜法抗生素生产工艺中，一般采用孔径 50nm 的陶瓷膜过滤分离技术以对发酵液进行澄清分离，去除发酵液中的大分子物质，如菌丝、蛋白质等，然后再采用卷式超滤膜对发酵液进一步纯化，除掉一些小分子杂质，两段膜除杂工艺导致运行成本偏高。采用孔径 8nm 陶瓷膜实现一步除杂过滤，在棒酸发酵液处理过程收率较两段膜工艺提高 2.5％，运行成本降低 50％以上。

19.3 双膜法氯碱生产新工艺

19.3.1 概述

氯碱工业是以盐和电为原料生产烧碱 NaOH、氯气和氢气的基础化工原料工业，它是国民经济的重要组成部分。氯碱工业的产品除应用于化学工业本身外，还广泛应用于轻工业、纺织工业、冶金工业、石油化学工业以及公用事业等领域。氯与碱的平衡，含氯产品的开发与生产，对氯碱行业的发展起决定性作用。其中，国内氯碱行业两大主要产品烧碱和聚氯乙烯的产能和产量在 2005 年跻身世界首位，我国成为当今世界最重要的氯碱行业主要产品生产国和消费国之一。据统计，2018 年，我国烧碱生产企业 160 家，产能达 4141 万吨，占世界比重 44％；聚氯乙烯生产企业 75 家，产能达 2426 万吨，占世界比重 41％。烧碱和聚氯乙烯开工率保持高位[45]。

制碱的各种工艺流程虽有差别但总的过程大致相同，其一般工艺流程简图如图 19-12所示。

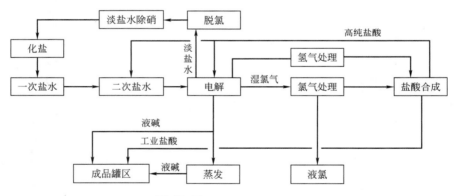

图 19-12 烧碱装置工艺流程

工艺主要分为以下五个工序，分别是一次盐水精制、淡盐水除硝工序、树脂塔即二次盐水精制工序、电解工序以及脱氯工序。

19.3.1.1 一次盐水精制

在一次盐水精制工艺中，主要是对原盐中含有的悬浮物、有机物、菌藻类、钙、镁等对电解槽有影响的杂质进行滤除，保证合格并稳定优质的一次盐水进入螯合树脂塔进行二次精制，减轻二次盐水精制的负担。

电解所需的饱和氯化钠溶液主要用盐矿卤水或原盐溶解得到的饱和粗盐水制取，饱和粗盐水含有许多化学杂质，这些杂质主要可分为阳离子型杂质、阴离子型杂质和非离子型杂质[46]。阳离子型杂质主要是 Ca^{2+}、Mg^{2+}、Fe^{3+}、Sr^{2+}、Ba^{2+} 等金属阳离子。在电解过程中，杂质阳离子会在阴极侧与氢氧根离子生成难溶解的氢氧化物沉淀，堵塞隔膜或离子膜的孔隙，破坏膜的物理性能，限制离子和水的渗透通量，导致传质阻力增加，引起电解槽电压升高、电流效率下降，从而破坏电解槽的正常运行，缩短膜的使用寿命。阴离子型杂质主要是 SO_4^{2-} 和 Br^-、I^- 等卤族阴离子，其中尤其以 SO_4^{2-} 的影响最为显著。盐水中 SO_4^{2-} 含量较高时，会以 $Na_2SO_4 \cdot x\,NaOH$ 或 $Na_2SO_4 \cdot x\,NaOH \cdot y\,NaCl$ 的形式在膜内沉积，引起电流效率下降、槽电压上升，同时会促使 OH^- 在阳极放电而产生氧气，影响氯气的纯度[47]。

非离子型杂质主要是 Al 和 Si 元素。Al 和 Si 主要来自于盐水中未除尽的黏土和沙粒，溶解在盐水中的 Al、Si 元素会在离子膜表面形成硅酸盐和硅铝酸盐沉淀，破坏膜的物理结构，导致电解槽电流效率下降。盐水精制是氯碱生产的第一道工序，其主要任务是溶解固体盐，并除去其中的 Ca^{2+}、Mg^{2+}、SO_4^{2-}、有机物、水不溶物及其他悬浮物等杂质，制成饱和精盐水，供电解工序使用。

19.3.1.2　淡盐水除硝

淡盐水除硝有两种工艺方法：传统的氯化钡法和冷冻-膜法。氯化钡法除硝工艺原理是在澄清桶内加入氯化钡，钡离子与盐水中的硫酸根离子反应，形成难溶于水的硫酸钡沉淀。此法虽然操作简单，设备投资少，但氯化钡属于危险品，有剧毒，储存与运输难度大，产生的废渣无法进行回收处理填埋，对环境影响较大。

膜法除硝是一次盐水去除 SO_4^{2-} 的重要环节。通过高压泵不断地对淡盐水加压，压力低于 Na_2SO_4 的渗透压高于 NaCl 的渗透压时，H_2O 和 NaCl 分子会在压差的作用下透过膜，再出水侧流出进行回收利用，在进水侧 Na_2SO_4 分子被截留形成高浓度溶液，富硝和贫硝溶液被分离。经蒸发器冷冻降温，富硝盐水在 $-8 \sim -10\,℃$ 的环境中，Na_2SO_4 以十水芒硝的形式在兑卤槽中析出，通过离心分离从而达到脱除淡盐水中富含硝酸根的目的。

19.3.1.3　树脂塔工序

树脂塔工序主要是二次精制一次盐水，通过螯合吸附、离子交换来除去其中的钙、镁等阳离子杂质，从而达到离子膜电解工艺对盐水的工艺要求。

离子膜电解工艺能否正常生产的一个关键因素是二次盐水质量。它不仅会影响到离子膜的使用寿命，同时也决定着离子膜在较高的电流密度下运行能否得到较高的电流效率。

树脂塔模块一般采用"三塔"循环的流程，即两塔串联在线运行、另一塔在线外进行再生，一般每 24h 自动切换一次，每塔运行时间为 48h。连续操作中，第一塔作为"初塔"，目的是除去盐水中多数的 Ca^{2+}、Mg^{2+} 等杂质离子，第二塔作为"精制"塔来保证盐水中的 Ca^{2+}、Mg^{2+} 等杂质离子降到控制指标以下。当塔内树脂达到最大吸附能力时，树脂就失去了吸附 Ca^{2+}、Mg^{2+} 等杂质离子的能力，在流出第二塔的盐水中，Ca^{2+}、Mg^{2+} 等杂质离子会急剧增加，因此，必须在树脂还没有达到饱和的吸附能力时就需要再生。

19.3.1.4　电解工序

电解槽中的饱和氯化钠溶液在直流电的作用下，氯离子在阳极氧化生成氯气，钠离子和水在阴极还原生成氢氧化钠和氢气。电解槽工艺可分为水银电解槽法、隔膜电解槽法和离子交换膜电解槽法，每种工艺所用的电解槽结构及其将阳极和阴极产物分离的方法均不相同。三种氯碱电解生产工艺的主要性能见表 19-4[48]。

表 19-4　三种氯碱电解工艺主要性能

性能	水银法	隔膜法	离子交换膜法
碱液纯度	高，<30mg/L NaCl	低，1.0%～1.5% NaCl	高，<50mg/L NaCl
碱液浓度	50%	12%（需浓缩）	33%（需浓缩）
氯气纯度	高，<0.1% 氧气	低，1.5%～2.5% 氧气	较高，0.5%～2% 氧气
盐水纯度要求	高	高	极高

注：所列百分数皆为质量分数。

　　水银法是 1892 年在欧洲实现工业生产的。水银法生产的碱液浓度高、氯气纯度高，但是因其能耗较高、对环境污染严重而逐渐被新工艺取代。隔膜法是 1890 年在美国商业化运行的。在隔膜法工艺中，使用多孔性的石棉隔膜分隔阳极室与阴极室，阻止阳极产生的氯气与阴极产生的氢气和氢氧化钠混合。隔膜法的优点在于操作电压低、对饱和盐水纯度要求低，但是由于产品纯度低、石棉对环境污染大，隔膜法的发展受到限制。离子交换膜法是 1975 年在日本工业化运行的，离子交换膜主要是全氟羧酸膜或全氟磺酸膜，能让阳极室的钠离子自由通过却阻止氯离子向阴极室迁移。离子膜法生产的碱液纯度比隔膜法高，而且不使用毒性材料，对环境无污染，成为氯碱生产工艺发展的趋势。1987 年以来新建的氯碱装置几乎均采用离子膜法工艺，水银法和隔膜法逐步被停产取代。

19.3.1.5　脱氯工序

　　脱氯工序是提取出淡盐水中对设备管道有很大腐蚀性的游离氯，回收至氯气总管。为了把生成的氯气彻底从淡盐水体系中析出，一方面需要增加酸度，另一方面需要不断更新气液界面，降低液相主体表面的氯气分压。在实际生产中，在体系中添加足量的酸，并设法使淡盐水中不断鼓泡以增加气、液两相接触面积，加速气相流动，拉大气、液两相的不平衡度，使液相主体中的游离氯持续向气相主体转移并不断逸出。持续进行以上操作，就能够不断把淡盐水中溶解的游离氯除掉。

　　氯碱生产中，膜法能够有效降低能耗、提高产品质量，其主要体现在陶瓷膜盐水精制工艺和离子膜电解烧碱工艺。陶瓷膜盐水精制，即盐水经陶瓷膜处理实现钙镁离子的同步脱除，同时减少了对设备的腐蚀，消除盐水中铁离子的二次污染，降低运行费。离子膜法烧碱即采用离子交换膜电解食盐水制备烧碱。这种制碱工艺流程简单、能耗低、污染程度低、产品纯度高、装置占地小、生产稳定且安全性高。

19.3.2　陶瓷膜盐水精制工艺

　　盐水精制的传统工艺采用沉降、澄清的方式，在饱和粗盐水中添加精制剂，生产难溶的沉降物，在道尔澄清桶中沉降，溢流出的盐水清液通过砂滤器和碳素烧结管过滤器过滤和树脂吸附除去其中的杂质，制得的精盐水（硬度低于 $20\mu g/L$）再送入离子膜电解槽。过程中产生的盐泥一般采用板框压滤机处理形成滤饼后填埋。此工艺受道尔澄清桶和砂滤器等装备和原盐质量的影响，存在精盐水质量不稳定、精盐水中的固体悬浮物超标等问题[49-51]。

　　20 世纪 90 年代以来，有机聚合物膜材料逐渐在氯碱工业的盐水精制工艺中得到应用，最为广泛的是戈尔膜工艺、凯膜工艺和颇尔膜工艺，这三个工艺的核心均是采用有机聚合物膜（PP、PE、PTFE 等为主），且以国外公司名称命名的工艺。有机聚合物膜的平均孔径小于 $1\mu m$，采用表面静态过滤机理，能够截留绝大多数粒径不小于 $0.5\mu m$ 的固体颗粒，产水悬浮固体含量低，不产生硅元素污染，可直接进入水银电解槽和隔膜电解槽。这极大改善了氯碱行业盐水质量不达标的状况，但是在实际运行中也存在一些问题。有机聚合物膜法盐水精制工艺采用分步反应去除钙镁等杂质离子。有机聚合物膜对于粒径细小的 $Mg(OH)_2$ 沉淀过滤性能极差，必须采取浮上澄清法作为预处理器，先去除 $Mg(OH)_2$ 沉淀以满足盐水中 Ca/Mg 含量比大于 10 的指标，才能保证有机膜过滤器正常运行，因此使得工艺流程长，投资大，控制点多，操作复杂；另外有机聚合物膜为柔性材料，机械强度较低，在长期运行过程中，容易出现膜层脱落、穿孔、破损等现象。另外由于采用的盐水中存在钡盐会与 SO_4^{2-} 形成 $BaSO_4$ 沉淀，在有机膜内的沉积会造成膜物理结构破坏，机械性能降低，影响膜的渗透性，最终造成膜永久性失效。

陶瓷膜由于具有优异的化学稳定性和机械强度、分离精度高等优点，将其应用于盐水精制过程的陶瓷膜法盐水精制工艺应运而生。陶瓷膜法盐水精制工艺于 2007 年起在氯碱工业实现运行[52-54]。图 19-13 是陶瓷膜法盐水精制工艺流程。在陶瓷膜法盐水精制工艺中，粗盐水在反应桶中与精制剂反应生成 $Mg(OH)_2$ 和 $CaCO_3$ 沉淀后，进入陶瓷膜过滤器进行错流过滤，使钙镁杂质离子的脱除一步完成，渗透液用于水银电解槽和隔膜电解槽电解，或经过离子交换螯合树脂塔处理后进入离子膜电解槽。

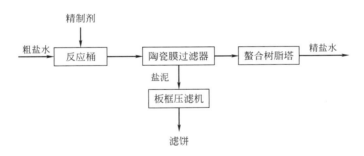

图 19-13　陶瓷膜法盐水精制工艺流程

陶瓷膜法工艺与传统工艺及有机聚合物膜法工艺相比，具有以下优点：①膜材料寿命更长，这与膜材质相关。②过滤精度更高，产水水质优异。陶瓷膜的标称孔径为 $0.05\mu m$，比有机聚合物膜的过滤精度更高，对沉淀颗粒的截留率更高，产水水质优异。③无需预处理，工艺流程简单。陶瓷膜对 $Mg(OH)_2$ 沉淀和有机物污染较不敏感，比有机聚合物膜更加能够适应国内原盐质量差、Mg 含量高的特点，无需预处理。④采用表面错流过滤方式，运行更稳定。盐水流动方向与渗透方向垂直，膜表面形成湍动效应，能够减缓悬浮颗粒在膜表面的沉积，降低膜污染速率，可获得稳定的渗透通量，增加系统的稳定性，延长膜再生周期。

除上述优点之外，陶瓷膜法盐水精制工艺的投资成本也更低。以 2008 年建设 10 万吨/年离子膜烧碱为例（不包括施工费、工艺管线费、土建费及工艺中相同的设备），三种盐水精制工艺投资对比情况见表 19-5[55]。

表 19-5　各种工艺投资对比情况

聚合物膜工艺			传统工艺			陶瓷膜工艺		
设备	数量/个	价格/万元	设备	数量/个	价格/万元	设备	数量/个	价格/万元
膜过滤器	3	267.3	道尔澄清桶	2	120	膜过滤器	2	300
加压泵	2	4.5	虹吸砂滤器	2	24	过滤给液泵	3	6
预处理器	1	220	烧结管过滤器	2	400			
加压溶器泵	1	3.4						
过滤给液泵	3	4.5						
合计		499.7	合计		544	合计		306

由表 19-5 可见，陶瓷膜精制盐水设备投资费用下降 40% 左右，加上配套工程投资费用为传统盐水精制技术 900 万元左右，聚合物膜过滤技术 800 万元左右，陶瓷膜过滤技术 550 万元左右。

三种工艺药剂费用的比较见表 19-6。

聚合物膜保质期为 3 年，按每 3 年 1 次性更换全部滤袋计算，聚合物膜损耗摊入吨碱费用为 2.63 元/t。陶瓷膜保质期为 5 年，按每 5 年 1 次更换全部元件计算，元件损耗摊入吨碱费用为 2.55 元/t。三种工艺中，由于陶瓷膜工艺取消了絮凝及预涂工序，药剂费用也随之降低。

表 19-6　三种工艺药剂费用的比较

工艺名称	消耗/(kg/t)	单价/(元/kg)	吨碱费用/元	合计/元
传统工艺				
聚丙烯酸钠	0.04	30	1.2	6.47
α-纤维素	0.31	17	5.27	
聚合物膜				
$FeCl_3$	0.45	2.5	1.13	4.46
NaClO	2	0.35	0.7	
膜损耗折旧费			2.63	
陶瓷膜膜				
损耗折旧费			2.55	2.55

19.3.3　陶瓷膜法盐水精制工程案例分析

过量的钙、镁离子会对离子膜性能产生影响，影响其使用寿命，为了寻求减轻离子膜工序的负荷，降低能耗，节省成本，对盐水进行精制。采用膜法精制盐水操作简单、投资小、占地面积小、减少了预涂等工艺造成的环境污染。接下来以膜法精制盐水为案例进行工艺分析。

19.3.3.1　案例一

以宁波某化工公司氯碱装置为例，介绍工程运行状况[56]。该公司一期 10 万吨/年氯碱生产装置由于经过多年使用，出现了原盐质量下降、盐水容易反混等各种问题。在公司氯碱二期 20 万吨/年的装置中，选择使用陶瓷膜盐水精制技术来处理一次盐水。按 20 万吨/年烧碱产量设计，一次盐水正常处理能力 260m³/h，最大处理能力 290m³/h，其工艺流程见图 19-14。

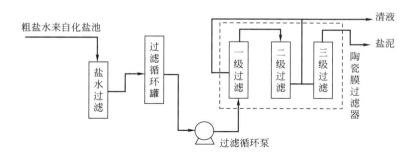

图 19-14 盐水精制工艺流程

来自化盐池的粗盐水通过泵打至粗盐水过滤器滤除机械杂物后进入过滤循环罐，由过滤循环泵加压进入陶瓷膜过滤器一级过滤组件，出来的浓缩液进入二级过滤组件，浓缩液再进入三级过滤组件，最后排至盐泥槽。从各级过滤组件过滤而来的清液汇总后流入盐水储槽。

采用无机陶瓷超滤膜管，其外径为 $\phi 31mm$，长度为 1100mm，通道为 19，通道直径 $\phi 3.8mm$，膜孔径 50nm，平均孔径为 40nm，孔隙率≥30%，膜层厚度≤30μm。膜元件由支撑体、过渡层、膜层组成。支撑体、过渡层采用高纯度（≥99%）$\alpha\text{-}Al_2O_3$ 经高温烧结而成，膜层则采用改性 ZrO_2 材料涂于过渡层表面通过高温烧结而成。密封则是采用耐腐蚀耐温专用密封垫。每台膜过滤器设备由 12 只膜组件串、并联而成；平均每支组件内装 37 支膜元件，每个组件膜面积为 8.3m^2。膜性能测试工艺指标如表 19-7 所示。

表 19-7 膜性能测试工艺指标

陶瓷膜进口盐水量/(g/L)			进口压力/MPa	清液流量/(m³/h)	浊度(NTU)	盐泥流量/(L/h)	清液指标/(mg/L)	
NaOH	Na₂CO₃	ClO⁻					SS	Ca²⁺ Mg²⁺
0.35	0.40	0.011	0.33	71	0.10	1.75	0.6	ND
0.40	0.36	0.015	0.33	70	0.17	1.82		ND
0.29	0.35	0.023	0.33	70	0.20	1.85	0.6	ND
0.26	0.41	0.022	0.34	69	0.25	1.86		ND
0.26	0.45	0.015	0.34	68	0.22	1.75	0.7	ND
0.30	0.43	0.020	0.34	68	0.20	1.80		ND

注：ND 表示未检出（not detected）。

膜处理量平均在 70m³/h 左右，出水质量指标均合格。采用国产海盐（Ca^{2+} 0.2%，Mg^{2+} 0.09%）、进口海盐（Ca^{2+} 0.05%，Mg^{2+} 0.02%）和国产井矿盐（Ca^{2+} 和 Mg^{2+} 含量均为 0），发现陶瓷膜装置过滤能力基本不受原盐质量影响，拓宽了选盐范围。

19.3.3.2 案例二

以山东某化工股份有限公司 10 万吨/年的陶瓷膜法盐水精制工艺为例介绍工艺运行情

况，原有隔膜烧碱产能 25 万吨/年，一次盐水工序由 2 套道尔桶＋砂滤器的传统工艺装置运行，精制盐水中钙、镁总量为 1.5～2.0mg/L，能满足普通隔膜电解槽运行需要。为了提高盐水质量、降低电解电耗，采用陶瓷膜盐水精制工艺流程。

陶瓷膜法盐水精制工艺是通过对化学反应完全的粗盐水采用高效率的"错流"过滤方式进行膜分离过滤，得到满足离子膜电解装置树脂交换塔进料要求的一次精制盐水。与用于离子膜烧碱的传统一次盐水工艺相比，该工艺无需砂滤器、精滤器，省去了纤维素预涂的工作，也避免了硅的二次污染。陶瓷膜盐水精制工艺流程见图 19-15。

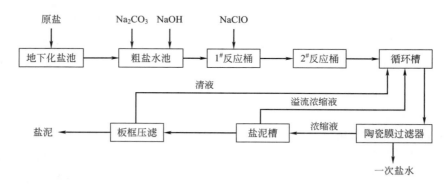

图 19-15　陶瓷膜盐水精制工艺流程

该工艺采用地下化盐池化盐，化盐温度为 50～65℃。粗盐水从化盐池自流至地下粗盐水池，加入 Na_2CO_3 和 NaOH，过碱量为 NaOH 0.1～0.3g/L、Na_2CO_3 0.2～0.5g/L。粗盐水用泵送入 1# 反应桶再自流到 2# 反应桶，反应时间为 0.5～1.0h。经充分反应的粗盐水自流至中间槽，由供料泵送至陶瓷膜过滤器，控制过滤器进口压力为 0.35～0.45MPa，陶瓷膜过滤器过滤的清液即为合格的一次盐水，流至一次盐水缓冲槽。陶瓷膜过滤器浓缩液流至盐泥槽，根据固液比，盐泥槽中的部分浓缩液经泵送至板框压滤机，部分浓缩液溢流至循环槽，压滤机滤液自流回循环槽，滤饼送出界区。

采用陶瓷膜过滤器共 2 台，每台由 12 个组件组成，采用三级过滤形式，其中一、二、三级各为 6 个、4 个、2 个组件，每个组件装有 37 根陶瓷膜管。每台过滤面积为 100m²，共计 200m²，并设计了反冲和清洗程序，设计产精盐水能力为 2×80m³/h，钙镁含量、悬浮物均≤1.0mg/L。采用该工艺流程处理前后各项指标见表 19-8 所示。经陶瓷膜过滤后的精盐水质量稳定，钙镁含量＜0.5mg/L，SS≤0.1mg/L。盐水经陶瓷膜过滤后硅的含量减少，铝的含量在 μg/L 级或未检出，说明陶瓷膜在运行中基本没有铝的析出，不会污染盐水。

表 19-8　精盐水取样分析数据

时间	含量/(μg/L)							
	Ca^{2+}	Mg^{2+}	Fe^{3+}	Sr^{2+}	SiO_2	Ni^{3+}	Ba^{2+}	Al^{3+}
2008.10.10	292.7	11.06	24.1	326	831	6.6	34.65	77
2009.06.04	472	4.7	39.04	364.4	3942	未检出	53.89	未检出

随着时间的延长，粗盐水中钙镁含量、悬浮物、胶体粒子或大分子溶质等与膜存在物理化学相互作用或机械作用而引起膜表面及膜孔内的吸附、沉积，从而造成膜孔径变小或堵

塞，使膜通量不断下降，降低了膜的处理量。由于陶瓷膜的高机械强度，使得高压反冲技术成为控制膜污染、提高膜通量的最常用的方法。反冲过程是指在过滤的过程中，在膜的渗透侧加以瞬间高压，冲击膜孔及膜表面，使膜孔及膜表面上的一些引起污染的物质被冲入粗盐水浓缩液中，破坏了膜面的凝胶层及浓差极化层，消除污染物质在膜表面的吸附，从而提高膜的通量。

工作一定时间后，由于碳酸钙的结晶和有机物的污染，导致膜通量变化，过滤能力下降，需对膜表面进行化学清洗使其再生，使膜通量得到恢复，过滤能力达到初始状态。在过滤厂房一楼平面设置酸洗罐和水洗罐，清洗时停止过滤供料泵，过滤器排空，再用小流量的清洗泵向过滤器注入水或盐酸进行清洗，以消除结垢类的污染物，一般 10～15 天盐酸清洗一次。

19.3.4　离子膜电解工艺

离子膜电解工艺是利用选择透过性的离子膜来实现阴极室与阳极室的分离，经过两次精制的合格的二次精制盐水进入阳极室后，电极两端通直流电，阴极室的 H_2O 分子在阴极表面放电得到电子而生成氢气，而 Na^+ 则透过离子膜由阳极室进入到阴极室并与阴极液中的 OH^- 结合生成 NaOH；阳极室中剩余的 Cl^- 则在阳极表面失去电子放电后生成氯气。部分 NaCl 电解后，剩余的淡盐水流出电解槽经脱除溶解氯，固体盐重饱和以及精制后，返回阳极室，构成盐水环路。离开阴极室的氢氧化钠溶液一部分作为产品，另一部分加入纯水后返回阴极室。碱液的循环有助于精确控制加入的水量，又能带走电解槽内部产生的热量。

19.3.5　离子膜电解典型案例分析

为了寻求氯碱企业经济效益的最大化，越来越多的氯碱生产企业对原有的生产工艺进行不断优化，降低能耗，提升产品质量，同时也为了建设一个生产环境优美、操作安全简单、全自动控制并且排污达标，不危害周围环境的花园式工厂。接下来以部分具有代表性的氯碱生产企业的生产工艺作为案例，对离子膜电解生产氯碱进行介绍。

19.3.5.1　案例一

我国烧碱生产主要有离子膜法、隔膜法两种生产技术，相比于隔膜法，离子膜法在工艺技术方面以及经济成本方面具有更大的优势[57]。以浙江某公司为案例对两种方法的工艺指标及能耗进行对比分析。

进入电解槽的盐水质量是离子膜电解法这项技术的关键，它对离子膜的寿命、槽电压和电流效率及产品质量有着重要的影响。两种工艺指标和能耗对比分别如表 19-9 和表 19-10 所示。

通过离子膜法制碱技术与隔膜法制碱技术相比，得出以下结论：①离子膜法制得的 NaOH 浓度比隔膜法要高。隔膜法制得的浓度（质量分数）仅为 10%～12%，无法作为成品销售，还另需蒸发装置做进一步浓缩，离子膜电解法制得的浓度（质量分数）为 32%～35%，可直接作为成品销售。②隔膜法制得的液碱中含盐量仍比较高。离子膜法制得的液碱

表 19-9　两种制碱工艺指标比较

项目	隔膜法	离子膜法	项目	隔膜法	离子膜法
进槽盐水 NaCl 含量/(g/L)	310~326	305~320	pH	3~5	9~10
Na_2SO_4 含量/(g/L)	0~5.0	4~6	NaOH 浓度(质量分数)/%	10~12	32~35
$Mg^{2+}+Ca^{2+}$ 含量/(mg/L)	6.5	≤0.02~0.05	含盐量/(mg/L)	10000	约 30
Fe^{3+} 含量/(mg/L)	—	≤0.04~0.05	氯气浓度(体积分数)/%	≥95	≥99.8
Hg^{2+} 含量/(mg/L)	—	≤0.04	氢气浓度(体积分数)/%	≥95	≥99.9
Si 含量/(mg/L)	—	≤3~15			

表 19-10　两种电解方法总能耗比较

项目	离子膜法		隔膜法
	复极式	单极式	
电流密度/(kA/m²)	4.5	3.4	2.15
槽电压/V	3.3	3.2	3.4
碱液浓度/%	30~32	32~35	11
平均电流效率/%	94~95	94~95	94~95
电解电耗(AC)/(kW·h/t)	2200~2300	2250~2350	2530
电解电耗(DC)/(kW·h/t)	2150~2250	2200~2300	2450
动力消耗(AC)/(kW·h/t)	100	90	150
蒸汽消耗(AC)/(kW·h/t)	190	150	370
总能耗/(kW·h/t)	2440~2540	2490~2590	3050

中含盐量为 mg/L 级，产品质量要高得多。③隔膜法使用的石棉隔膜寿命短，一般仅能使用一个月，又是有害物质。而离子膜的寿命在正常操作条件下可使用一年。同时离子膜具有稳定的化学性能，几乎无污染和毒害。④同比情况下，离子膜法制碱装置能耗比隔膜法制碱装置可以降低约 17%~25%。⑤同比情况下，离子膜法制碱装置比隔膜法制碱装置可以节约投资 15%~25%。

因此，企业新增离子膜烧碱产量 10 万吨/年生产线，进一步调整了烧碱品位的比例，提高烧碱产品的市场竞争力，有利于企业经济效益的提升。

19.3.5.2　案例二

以江西九江某化工厂年产 10 万吨离子膜氢氧化钠生产装置为例，介绍工程运行情况。主要产品有质量分数为 32% 烧碱、50% 烧碱、31% 工业盐酸和液氯，副产次氯酸钠、十水芒硝和 75% 稀硫酸。通过优化原有工艺路线与工艺操作条件，降低生产运行成本，以给企业带来更好的经济效益。其电解工序如下。

（1）阳极侧

该工艺阳极侧工艺流程见图 19-16。

当进入电解槽阳极液的浓度过低时，离子膜上和膜附件的 Na^+ 含量锐减至趋近于零，此时既影响氯气纯度，又导致电解槽槽电压的上升，破坏离子膜性能。因此根据现有的膜极距电解槽主要运行的电流密度、单元槽尺寸、单元槽有效面积等，选取合适的单元槽、电极等设备进行安装。其工艺参数如表 19-11 所示。

（2）阴极侧

该工艺阴极侧工艺流程见图 19-17。

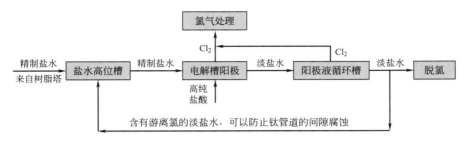

图 19-16　离子膜电解工艺阳极侧工艺流程

表 19-11　电解槽阳极侧操作参数

阳极侧	参数	阳极侧	参数
浓度	进槽:290g/L	阳极液流量	进槽:120m³/h
	出槽:290g/L		出槽:92.4m³/h
温度	进槽:60℃	其他控制指标	采用加酸工艺,出口压水
	出槽:85℃		pH:2.3~2.5(出槽盐水)
操作压力(电解槽+循环系统)	2mH₂O(19.6kPa)		

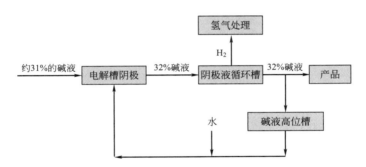

图 19-17　离子膜电解工艺阴极侧工艺流程

　　通过测定电流效率与阴极液浓度的关系，发现阴极侧一般出口控制在 32%（质量分数）时，膜的效率最佳。因此通过严格控制进出的流体杂质，设定电解槽阴极侧进出料的工艺参数，以保证整个工序的平稳运行。其工艺参数如表 19-12 所示。

表 19-12　电解槽阴极侧操作参数

阴极侧	参数
浓度	进槽:31% NaOH 左右
	出槽:32% NaOH
温度	进槽:80℃
	出槽:85℃
操作压力(电解槽+循环系统)	2.4mH₂O(23.53kPa)
阳极液流量	进槽:180m³/h
	出槽:198m³/h
其他控制指标	阴极液高位槽后加纯水开车初期与电流成一定比例关系(此比例有曲线可查),生产稳定后可按密度调节

19.4　基于膜技术的中药现代化

19.4.1　概述

我国的中药生产历史悠久，现有中成药 35 大类、43 种剂型、共 5000 余种，中药生产厂约 1000 家，中药保健品厂 300 多家[58]。中药产品剂型较多，主要有颗粒剂、片剂、散剂、丸剂、酊剂、膏剂等。中药生产工艺主要由民间的煎煮熬药过程发展而来，生产的基本工艺流程如图 19-18 所示。一般由投料、提取、浓缩、溶剂回收、干燥、包装等工序组成[59]。

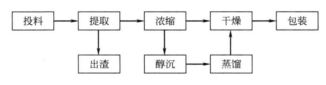

图 19-18　中药生产工艺流程

中药产品中含有的微粒、悬浮物、胶体、带电性的高聚物以及溶剂小分子，严重影响中药产品品质。因此，在生产工艺流程中的产品分离提取与浓缩的处理显得尤为重要。采用传统生产工艺生产中药往往存在诸多不足，如中药总固体和有效成分容易损失、产品质量不高、易形成浑浊沉淀等。采用膜分离技术优化传统生产工艺，能够很好地解决这方面存在的问题[60-62]。近年来，膜分离技术在中药现代化生产工艺中得到了广泛应用[63-65]，主要包括提纯生物碱、黄酮类化合物、苷类、多糖、植物色素、植物有机酸等有效成分。用于实现有效成分与杂质的分离、药液的浓缩、各种无机盐的脱除和水的回用过程中，能够保留中药原有的复方特色，在最大程度上发挥药效[66-68]。

19.4.2　超滤膜用于中药注射液除菌工艺

中药注射液的制备工艺一般有水醇法、纯水法、透析法等，但是这些传统制备工艺除杂效果不好，导致澄清透明度低，因而严重影响中药注射液的质量[69]。超滤技术是利用筛分原理对不同分子量的物质进行分离的技术。选择合适孔径的超滤膜可以对中药生产中存在的细菌等有害物质进行分离，以达到提高产品品质的目的。膜法除菌一般工艺流程如图 19-19 所示[70]。

中药一般都是由植物经过多道工序将其中的有效药物成分提取而得。膜法中药的制备工序主要有：成分提取，溶剂对药物的成分进行提取；液体浓缩，提高提取液中药物浓度；分离预处理，以减轻超滤分离的膜污染；超滤分离，去除浓缩液中大颗粒、大分子杂质等，在超滤分离中，选择合适孔径的膜能够很好地去除浓缩液中存在热源（细菌、病毒等），提高药物纯度与安全性品质。

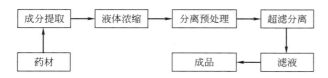

图 19-19　除菌工艺流程

对于制剂型的中药，在对药材进行必要的炮制与加工（即成分提取）之后的液体，由于其中有效药物成分含量较低，因此需要对其进行浓缩，以提高有效药物的含量。浓缩液可以进入到下一个操作工序进行杂质的分离与热源的去除。

因为中药药液所含杂质较多，直接进行膜分离操作易堵塞膜孔，引起膜污染，所以将药液进行预处理[71]。常用的预处理的方法包括预热、过滤、絮凝沉淀、离心分离、吸附、微滤等。

超滤膜的孔径小（2~50nm），可用于去除一些常见热源（病菌），提高药品安全性。超滤过程并不发生相变化，且操作条件比较温和，有利于保持中药中有效成分的活性，连续性的操作还能够缩短生产工艺流程，降低生产成本，提高分离效率。

19.4.3　纳滤膜用于中药浓缩工艺

中草药成分十分复杂，有效成分的含量比较低而且纯化困难，使其在药理研究和临床应用上受到了很大的限制。纳滤膜可分离同类氨基酸和蛋白质，适合低分子化合物和盐的分离，因此可在分离中草药无效成分和杂质的同时，富集多种有效成分，有助于保留中药原有的复方特色，最大程度发挥药效。各种中药产品剂型的相对应工艺流程如图 19-20~图 19-22 所示[59]。

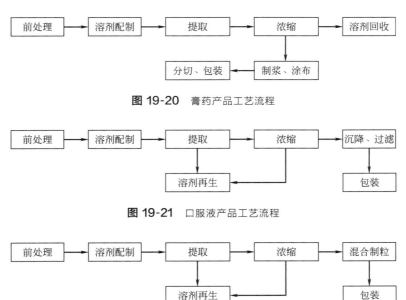

图 19-20　膏药产品工艺流程

图 19-21　口服液产品工艺流程

图 19-22　颗粒产品工艺流程

中药的浓缩工艺主要包括：药材的前处理、溶剂配制、提取、浓缩、溶剂回收，而后根据所需中药产品的类别进行后续处理，比如：获取膏药产品的后续工艺包括制浆、涂布，分切、包装；获取口服液产品的后续工艺包括沉降、过滤，包装；颗粒产品的后续工艺包括混合制粒、包装。

前处理主要是根据制剂对药材的要求以及药材质地、特性的不同和提取方法的需要，对药材进行必要的炮制与加工，主要包括净制、切制、炮炙、粉碎等生产过程。

溶剂配制是配制提取工序所需的溶剂，需要根据提取的药物成分的性质配制不同的提取溶剂，中药提取所用的溶剂一般为水和乙醇。通过管道和泵将溶剂运送到溶剂配制罐中，溶剂通常利用管道混合器进行混合。然后根据需要将配制好的各种溶剂输送到提取设备中。

提取工序即通过提取罐利用溶剂将药物中的有效成分萃取出来的操作。提取过程通常在加热的条件下进行，并且通过泵将溶剂进行回流以增加提取的速度和效率。当有效成分大部分提取出来以后，溶液通过底部出料阀进行出料，并经过过滤器过滤后，流转至浓缩工序。废渣则直接作为废弃物进行集中收集和集中处理。在提取过程中有些中药会随着溶剂的冲刷而变成碎屑，出料时可能会堵塞出料管道，所以需要在出料管道增加一条压缩空气管线对管道吹扫疏通。

浓缩工艺则是通过膜技术对药液的有效成分进行分离浓缩的过程。按照孔径大小分类，纳滤膜处于超滤和反渗透两者之间。纳滤膜不仅能够分离大分子物质、细菌等热源，而且对于多价态的离子具有很好的截留效果，因此用于中药的浓缩分离工艺具有很好的应用价值。

溶剂回收是把浓缩工序和其他工序收集到的溶液通过精馏方式将溶剂与溶质进行分离。通过溶剂回收，能避免溶剂的浪费和污染环境。

成型、包装工序是根据产品种类的不同，将浓缩工序（或者干燥、粉碎工序）得到的产品配制成成品并进行包装。

19.4.4　典型案例分析

19.4.4.1　微滤与超滤耦合的膜法枸杞多糖生产

枸杞多糖作为枸杞子中重要的生物活性成分，具有抗衰老、抗疲劳、降血糖、调节机体免疫等功效[72]。在枸杞多糖的生产工艺中，采用传统的真空浓缩法，得到的枸杞多糖的纯度较低。超滤过程不发生相变化，分离效率高，操作条件温和，适合分离多糖这种热敏性物质和生物活性物质。膜分离枸杞多糖的工艺流程如图 19-23 所示。

浸提液的制备工艺包括：原料的制备、干燥粉碎、热水浸提。枸杞子原料要清洗烘干，以利于药材进行粉碎。干燥粉碎有利于有效成分的提取，其方法有干法粉碎、湿法粉碎、低温粉碎等。热水浸提以水为溶剂，使药材中的有效成分溶出，以获得多糖浸提液。

微滤是以压力为推动力，利用膜孔筛分作用在常温条件下进行分离的膜过程。此工艺中微滤将多糖浸提液中悬浮物质去除，为下一步的分离进行预处理。

超滤主要用于分离大分子化合物、提纯。因此，在生产工艺中选择对枸杞多糖分离效率高并且膜通量较大的膜，力求获得较好的分离效果。

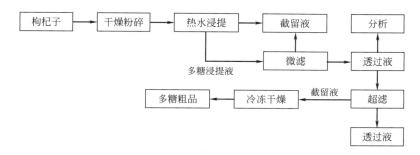

图 19-23 超滤分离枸杞多糖的工艺流程

冷冻干燥在低温下进行，适合多糖热敏性物质的保存。冷冻干燥能保持原来的结构，不会发生浓缩现象，保持了原来的性状。

在本案例中超滤的最佳工艺条件为：操作压力 0.65MPa，操作温度 45℃，原料液中多糖浓度为 0.72g/L。微滤处理的最佳工艺条件为：操作压力在 0.2～0.22MPa，操作温度 50℃。

19.4.4.2 多膜法黄蘑多糖生产

黄蘑中的黄蘑多糖具有辐射防护、抗癌、抗肿瘤等作用。黄蘑经过真空干燥、粉碎、水提等步骤得到浸提液（图 19-24），然后经过微滤、超滤、纳滤耦合的膜分离技术得到黄蘑多糖（图 19-25）[73,74]。

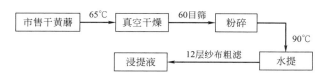

图 19-24 黄蘑多糖浸提液的制取

浸提液制取工艺包括：真空干燥、粉碎和水提。真空干燥黄蘑，获得干燥的药材，便于下一步粉碎工艺的进行；粉碎工艺，将药材粉碎，有利于充分提取药材的有效成分；水提，以水为溶剂将药材中的有效成分提取出来，并进行粗滤得到浸提液。

采用微滤除去粗浸提液中的微粒，提高液体制剂的澄明度，同时对超滤进料进行预处理。超滤对微滤的透过液进一步纯化，除去溶液中的不溶性微粒和大分子杂质如蛋白质、淀粉等成分，以提高液体的澄明度和稳定性。

纳滤膜能有效地截留二价及高价离子，而使大部分一价无机盐透过。在本工艺中，纳滤对超滤的透过液进一步过滤，除去溶液中的盐分等小分子杂质，得到更为纯净的黄蘑多糖溶液。

浓缩、醇沉、干燥等后续操作是为了高纯度提高黄蘑多糖产品。微滤、超滤和纳滤所截留分子量由大到小，所以在经过浓缩、醇沉和干燥等操作后，所得的产品依次为大分子多糖、中间多糖、小分子多糖和寡糖。由于微滤的分离能力稍低，所以微滤的截留液所含杂质较多，再采取复溶大分子粗多糖，进一步提高黄蘑多糖的纯度。

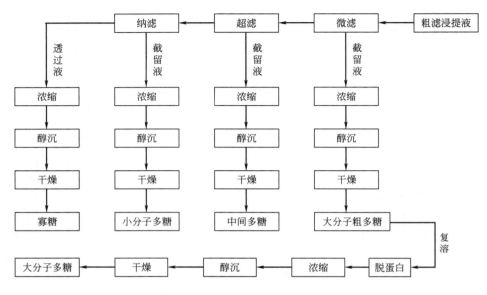

图 19-25　黄蘑多糖膜分离工艺流程

19.5　基于反应-膜分离耦合技术的化工工艺

19.5.1　概述

反应与膜分离集成在膜领域的研究初期仅被看成是一个概念，Michaels[75]较早提出：若将具有分离功能的膜应用于化学工程，即把膜与反应器合于一体，同时兼有反应与分离功能的膜反应技术，可节省投资，降低能耗，提高收率，必将产生新的化工过程。自 20 世纪 70 年代起，研究者们提出将生物反应与膜分离相结合构成膜生物反应器，逐渐在废水处理中得到应用。自 20 世纪 80 年代中期，具有高温稳定性、化学稳定性好的无机膜材料产业化，为膜反应器技术在化学反应下的应用奠定了基础。

无机膜与催化反应集成过程早期的研究主要是与反应的平衡限制有关。利用膜的选择渗透性，析出部分或全部产物来打破化学平衡，提高反应的转化率。典型的应用是透氢（如钯和钯银、钯镍等钯合金膜）或透氧致密膜（如金属银及其合金、固体氧化物及钙钛矿等材料制备成的膜）用于脱氢、加氢和氧化反应[76]。此外，多孔镍膜、分子筛膜、氧化铝膜等多孔膜也可用来实现氢或氧的传递。随着研究深入展开，膜与催化反应集成构成的膜反应器的应用范围逐渐由气相反应扩展到多相反应，并在液相反应中率先得到工业应用，其后膜反应器的研究越来越受到重视。

19.5.2　催化反应-陶瓷膜分离耦合工艺

催化反应-陶瓷膜分离耦合工艺中的膜仅作为分离介质，主要用于有液相参与的非均相反应中的催化剂与液相产品的分离，将催化剂截留于反应器内继续反应，实现超细催化剂的原位截留和反应过程连续化[77]。根据膜组件与反应器的位置不同，主要分为外置式膜反应器、浸没式膜反应器、一体式膜反应器、外环流气升式膜反应器、浸没式双管膜反应器等多种形式。外置式膜反应器[78]［见图 19-26(a)］的膜组件置于反应器外部，通常使用泵来完成物料的循环和膜的错流过滤。分置式膜反应器中膜组件自成体系，易于清洗、更换及增设。浸没式膜反应器［见图 19-26(b)］的膜组件浸没于反应器内部，两者形成一个有机整体，通过抽吸作用将渗透液移出。一体式悬浮床膜反应器[79]［见图 19-26(c)］的无机膜管本身作为反应器，即膜管的内部空间作为反应空间，以减少催化剂在管路及泵上的吸附损失

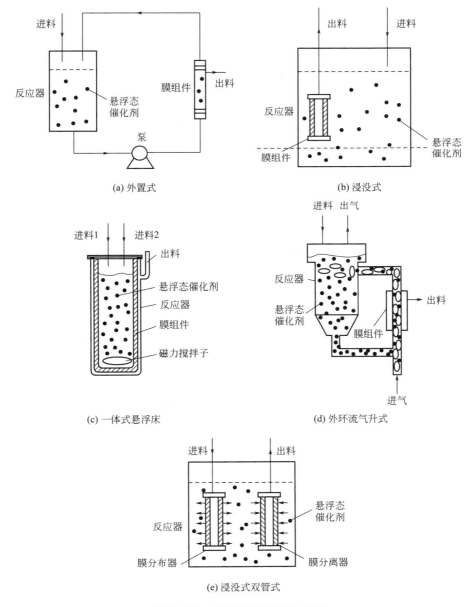

(a) 外置式

(b) 浸没式

(c) 一体式悬浮床

(d) 外环流气升式

(e) 浸没式双管式

图 19-26 陶瓷膜反应器结构示意图

而引起反应性能下降，提高操作的稳定性，膜管同时兼任分离器的作用，实现超细纳米催化剂的原位分离的同时，反应过程可连续进行。外环流气升式膜反应器[80]［见图19-26(d)］是将陶瓷膜分离系统和膜曝气系统与气升式反应器进行耦合，依靠气体喷射以及密度差产生定向循环，可以省掉循环泵，大大降低了过程能耗。利用气液两相流既可以在膜面形成不稳定的错流运动，实现错流过滤，减少膜污染，又能增强反应器中的混合。为了强化物料传质，基于多孔膜纳微尺度多孔结构可控制原料的输入方式和输入浓度，使反应物料均匀分布，从而提高反应选择性；同时，实现超细纳米催化剂的原位分离，衍生出双管式膜反应器[81]［见图19-26(e)］。

19.5.3　外置式陶瓷膜连续反应器

外置式陶瓷膜连续反应器是率先应用于工业过程的膜反应器类型。根据化学反应特性，建立了选择和设计膜材料的方法，优化了膜反应器流程工艺，使得分离和反应过程均处于相对优化的状态，推进了其工业化应用进展。

19.5.3.1　面向催化反应体系的陶瓷膜材料设计方法

对于超细催化剂的液相反应而言，料液体系主要是刚性的微细颗粒与溶剂以及反应物的混合悬浮液，这类体系的颗粒粒径分布较宽，覆盖了纳米、亚微米和微米等尺度，当体系中悬浮粒子尺寸趋近亚微米尺度时，一般的过滤方法如板框过滤、重力沉降以及离心分离等很难进行处理。采用陶瓷膜进行固液分离，由于刚性颗粒催化剂的堵塞和在膜表面的吸附沉积，易产生严重的膜污染问题，导致膜通量的持续下降，虽然膜过程工艺参数的优化和膜清洗的手段能够在一定程度上延缓膜通量的下降，但不能从根本上克服由于催化剂在膜孔内堵塞和膜面沉积引起的通量衰减问题。如何解决膜通量衰减和化工生产连续化相匹配的问题成为陶瓷膜反应器能否工业化应用的关键。解决这一问题的根本方法是构建面向催化反应过程的膜材料设计与制备方法[25]。根据应用体系建立陶瓷膜的宏观性能与膜微结构之间的定量关系，在该关系模型的指导下，以分离功能最大化为目标，根据应用过程的实际情况来设计最优的陶瓷膜微结构，进一步根据膜微结构与制膜材料性质的关系制备合适的膜，最终解决了膜反应器工程应用问题[82-84]。

19.5.3.2　反应-膜分离耦合过程协同控制

膜反应器将催化剂处于悬浮态的多相催化反应过程和膜分离过程结合起来，操作性能受到许多操作参数、设计参数高度耦合的影响。协同控制催化反应过程和膜分离过程，研究各因素之间相互影响、制约、促进的关系，探究工艺的最优运行参数，才能使两个过程均处于相对优化的状态。

催化剂的催化活性和膜的分离效率是评价多相催化陶瓷膜反应器性能的两个重要的指标。既要保证反应效果好，又要保证膜的分离效率高。一般可以采用正交实验法或单因素实验法，或两者相结合的实验方法对过程参数进行系统研究，优化反应操作条件，以达到最好的反应和分离效果。此外，辅助一些其他的方式，如在膜反应器中增加微米级大小的颗粒，如 Al_2O_3 颗粒、SiO_2 颗粒，可减少系统中催化剂的吸附，提高系统的稳定性[85,86]。在某些反应环境中，增加的颗粒还可以抑制催化剂的溶解并极大地增加反应转化率和选择性。基于多孔膜纳微尺度多孔结构，解决因反应物料混合不均而造成的非均相反应副产物多、选择性低的问题，也可明显提高膜反应器系统的运行稳定性[80,81]。通过对反应器局部或者整体的各种衡算，包括物料衡算、热量衡算以及综合反应器中的反应动力学和传递过程[87,88]，采用流体计算力学的方法对流场分布进行研究，均有助于反应-膜分离耦合过程的协同控制，指导反应器构型和操作条件的优化设计和过程放大[89]。

19.5.3.3　膜的污染及其控制方法

超细的催化剂颗粒以及反应生成的副产物等有机物易在膜表面或膜孔内吸附及沉积，导致膜分离性能下降，使膜分离过程难以与催化反应过程匹配，膜反应器系统无法高效稳定连续运行。因此，膜污染机理及其控制技术的研究对膜反应器的高效运行显得尤为重要。

膜反应器中的膜污染主要与以下几个因素相关：①反应体系的性质，如催化剂粒径、催化剂粒径分布、催化剂浓度、pH 等；②陶瓷膜的性质，如膜的孔径、孔隙率、膜厚、粗糙度、亲水疏水性等；③系统操作条件，如反应温度、反应压力、错流流速、跨膜压力等。这些因素的选择及控制对膜污染的形成及防治有重要影响。当膜的渗透通量下降到一定程度时，继续过滤无法保证反应过程与分离过程的稳定运行，有必要对膜进行清洗再生，提高膜的使用寿命。针对不同体系的膜反应过程，明确主要的污染阻力、污染物的主要成分，在此基础上有针对性地选择合适的清洗剂和相应的清洗条件，制定可行的清洗策略。

19.5.4　典型工程与运行情况

在化工和石化生产中，超细催化剂的应用非常广泛，产物和催化剂的分离过程必不可少。陶瓷膜与催化反应过程集成，采用错流过滤的方式，可充分提高反应器的效率，分离精度高，可实现催化剂的原位分离。其工艺路线如图 19-27 所示。以化工和石化生产过程中典型的加氢和氧化反应过程为例介绍工程情况。

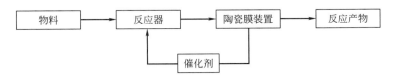

图 19-27　反应-膜分离耦合过程工艺路线

19.5.4.1　对硝基苯酚加氢制对氨基苯酚反应

在对硝基苯酚加氢制对氨基苯酚过程中，镍催化剂细小容易流失从而导致产品被污染的问题，提出将对硝基苯酚催化加氢与陶瓷膜分离耦合构建陶瓷膜反应器制备对氨基苯酚的新流程[90]。设计并建立了年产万吨的对氨基苯酚的陶瓷膜成套装置，其工艺流程如图 19-28 所示。该反应过程中的催化剂平均粒径为 460nm 左右，选用平均孔径为 200nm 的陶瓷膜进行催化剂分离。膜反应器中膜的平均渗透通量为 $400L/(m^2 \cdot h)$，反应温度为 $102℃$ 左右，对氨基苯酚的选择性为 100%，对氨基苯酚的收率为 99%，产品液中没有检出镍元素（原子吸收光谱仪测定），完全达到了生产上对对氨基苯酚产品质量的要求。

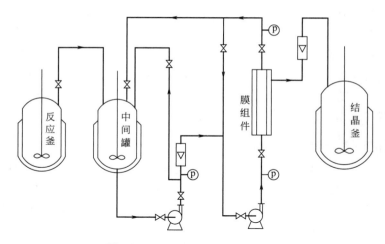

图 19-28　对氨基苯酚生产工艺流程

19.5.4.2　苯酚羟基化制苯二酚工艺

　　陶瓷膜反应器技术已成功应用于万吨级的苯二酚生产过程中，其工艺流程见图 19-29。陶瓷膜反应器主要包括反应器、膜分离系统、反冲系统、排渣系统以及清洗系统五个部分。反应器是羟基化反应的主场所，催化剂钛硅分子筛以悬浮态参与反应，催化剂粒径为 200nm 左右；膜分离系统主要包括陶瓷膜及组件、循环泵等，采用苯酚羟基化制得的苯二酚生产料液经过陶瓷膜实现固液分离，循环泵提供膜面流速及压力，溶液中的催化剂被截留后回反应罐继续反应，渗透液则直接去后续工段制得产品[91]。反冲系统主要包括反冲罐、反冲阀门等，物料在进行分离的过程中，膜表面会不断被污染，若不及时处理，污染会不断累积而导致膜的通量逐渐下降，而反冲系统的自动运行可以使膜在运行的过程中实现在线瞬时反向冲洗，将膜表面的污染降低，从而可以保证膜的通量基本维持在恒定的水平。排渣系统包括各种排渣阀、管道等，当物料分离结束后，物料必须及时从系统中排出；在清洗过程中，排渣系统自动运行。清洗系统主要是为了避免循环过程中膜污染的累积加剧迫使系统停工而设置的，物料在分离的过程中，膜表面虽然在反冲系统的保护下污染不会很严重，但存

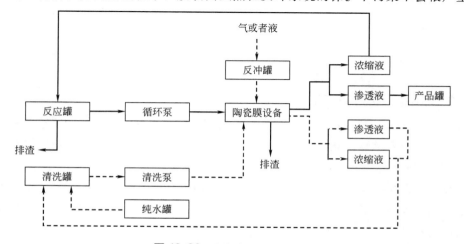

图 19-29　陶瓷膜系统工艺流程

在累积污染，必须适时用清洗液进行清洗。

生产线装置照片如图 19-30 所示，选用平均孔径 50nm 的陶瓷膜分离催化剂，苯酚转化率约为 15％，苯二酚选择性大于 96％，膜通量约为 240L/(m² · h)，另外渗透液中催化剂含量小于 1mg/L。

图 19-30　万吨级陶瓷膜反应器生产苯二酚装置照片

与间歇工艺相比，陶瓷膜反应器连续化生产苯二酚新工艺使生产能力提高了 4 倍（见表 19-13），同时新技术的引入使废水排放由 23 吨/吨产品降到 8 吨/吨产品，能耗从 28 吨标煤/吨产品降到 17 吨标煤/吨产品，有力提升了产品的市场竞争力。

表 19-13　苯二酚生产的间歇与连续生产工艺比较

工艺	产品含量(TS-1)/(mg/L)	生产能力/(吨/年)	废水排放/(吨/吨产品)	能耗/(吨标煤/吨产品)
间歇操作	10000~20000	2000	23	28
连续操作	<1	10000	8	17

19.5.4.3　环己酮氨肟化制环己酮肟工艺

TS-1 催化环己酮氨肟化制环己酮肟工艺是由中国石油化工股份有限公司石油化工科学研究院开发的绿色工艺，具有反应条件温和、选择性高、副产物少、能耗低、污染小的特点。在以 TS-1 为催化剂生产环己酮肟的过程中，由于催化剂颗粒小，催化剂随产品流失现象十分严重，成为其工程化的关键问题之一。将陶瓷膜过滤过程与环己酮氨肟化反应过程耦合，通过陶瓷膜截留钛硅分子筛催化剂，组成新型的膜催化集成新工艺，不仅可以有效地解决催化剂的循环利用问题，还可以缩短工艺流程、提高过程的连续性[92]。

20 万吨/年的 TS-1 催化环己酮氨肟化制环己酮肟的陶瓷膜装置照片如图 19-31 所示。

其工艺路线如图 19-32 所示。叔丁醇、氨气、催化剂在反应釜内反应，催化剂浓度为 3.5％，反应后料液进陶瓷膜，陶瓷膜将催化剂分离后，由浓缩液进入反应釜继续参与反应，清液则进入产品罐，经过后续工艺得到最终产品环己酮肟。

反应釜内反应液经泵从釜底抽出送入分配管后，从上端进入膜过滤器，经六组膜过滤器

图 19-31　20万吨/年的环己酮肟生产装置照片

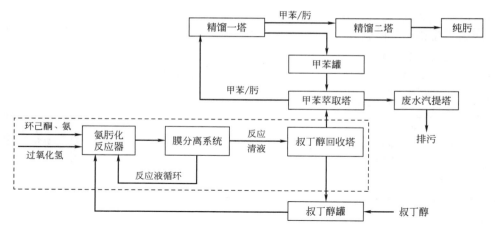

图 19-32　环己酮氨肟化工艺路线

实现催化剂与反应产物的分离。反应产物以清液方式从膜管渗透侧渗出，进入产品后处理工序；含催化剂的浓液经换热器后返回反应釜。采用1台泵提供膜面错流流速（＞2.2m/s）和系统所需的操作压力（0.3MPa），以瞬间反向高压脉冲克服膜的污染。反冲过程实施流程为：保持反冲槽中的液体压力为1.4MPa，以氮气保压，每隔6min对膜管进行瞬时脉冲（反冲时间为2s），由于反冲压力（1.4MPa）高于主循环的压力（0.9MPa），反冲槽中的渗透液在反冲压力的推动下快速从渗透侧渗入循环侧，从而清除膜面的污染层。反冲槽中损失的液体由泵给予补充，并保持一定的液位，等待下一次的反冲。系统共采用六组膜过滤器，其排列方式采用并联；每组膜采用2根膜组件串联方式连接。该装置环己酮转化率、环己酮肟选择性均大于99.8％，膜反应成套装置运行稳定，陶瓷膜的清洗周期大于3个月。

19. 6　结束语

集成膜过程已成功应用于废水处理、制药工业、化学工业等领域。对于废水处理而言，UF 可以去除悬浮物、胶体物质和微生物等，NF 可以去除大部分二价盐，RO 则对一价盐具有较好的去除效果，将 UF、NF、RO 进行合理组合，可保证出水水质的同时降低运行成本。对制药工业而言，陶瓷膜澄清与纳滤精制的耦合将会成为主流工艺，助推制药工业的节能减排。对化学工业而言，反应与膜分离的耦合将间歇反应变为连续反应，使流程再造成为可能。未来一方面需进一步解决膜材料的分离因子与渗透性能的相互制约、膜生产成本和放大过程中的稳定性、极端环境下的膜使用寿命等问题，另一方面需根据过程工业的应用需求，以膜为核心构建新流程，并进一步降低集成膜过程的运行成本。

参考文献

[1] 徐峻，李军，陈克复. 制浆造纸行业水污染全过程控制技术理论与实践 [J]. 中国造纸，2020，39（04）：69-73.

[2] 周虹佳，刘飞，周明，等. 双膜强化类 Fenton 工艺处理制浆废水的研究 [J]. 化工学报，2018，69（1）：490-498.

[3] 唐吴晓，李卫星，邢卫红. 膜生物反应器处理造纸废水试验研究 [J]. 高校化学工程学报，2016，30（2）：439-445.

[4] Simstich B, Oeller H-J. Membrane technology for the future treatment of paper mill effluents: Chances and challenges of further system closure [J]. Water Sci Technol, 2010, 62（9）: 2190-2197.

[5] Judd S, Jefferson B. Membranes for industrial wastewater recovery and re-use [M]. Elsevier Science, 2003.

[6] Pizzichini M, Russo C, Di Meo C D. Purification of pulp and paper wastewater, with membrane technology, for water reuse in a closed loop [J]. Desalination, 2005, 178（1-3）: 351-359.

[7] Fälth F, Jönsson A-S, Wimmerstedt R. Ultrafiltration of effluents from chlorine-free, kraft pulp bleach plants [J]. Desalination, 2001, 133（2）: 155-165.

[8] Jönsson A-S, Nordin A-K, Wallberg O. Concentration and purification of lignin in hardwood kraft pulping liquor by ultrafiltration and nanofiltration [J]. Chem Eng Res Des, 2008, 86（11）: 1271-1280.

[9] Pizzichini M, Russo C, Di Meo C. Purification of pulp and paper wastewater, with membrane technology, for water reuse in a closed loop [J]. Desalination, 2005, 178（1-3）: 351-359.

[10] Mänttäri M, Viitikko K, Nystroem M. Nanofiltration of biologically treated effluents from the pulp and paper industry [J]. J Membr Sci, 2006, 272（1-2）: 152-160.

[11] Gönder Beril Z, Arayici S, Barlas H. Advanced treatment of pulp and paper mill wastewater by nanofiltration process: Effects of operating conditions on membrane fouling [J]. Sep Purif Technol, 2011, 76（3）: 292-302.

[12] Yan W, Li W, Liu F, et al. Removal of hardness from RO concentrate of paper mill effluents with NF membrane for water reuse [J]. Desalin Water Treat, 2017, 84: 59-68.

[13] Zhang F, Wu Y, Li W, et al. Depositing lignin on membrane surfaces for simultaneously upgraded reverse osmosis performances: An upscalable route [J]. AIChE J, 2017, 63（6）: 2221-2231.

[14] 李照阳，李荣宗，仲兆祥，等. 电渗析用于造纸制浆母液脱盐 [J]. 膜科学与技术，2019，39（4）：118-123，131.

［15］ Shukla S K, Kumar V, Bansal M C. Treatment of combined bleaching effluent by membrane filtration technology for system closure in paper industry [J]. Desalin Water Treat, 2010, 13（1-3）: 464-470.

［16］ Koyuncu I, Yalcin F, Ozturk I. Color removal of high strength paper and fermentation industry effluents with membrane technology [J]. Water Sci Technol, 1999, 40（11-12）: 241-248.

［17］ 赵炳军，沈海涛，方剑其，等. 双膜法造纸废水处理实例 [J]. 中国造纸，2016，35（09）: 47-51.

［18］ Subramani A, Jacangelo J G. Treatment technologies for reverse osmosis concentrate volume minimization: A review [J]. Sep Purif Technol, 2014, 122: 472-489.

［19］ Li Z, Li R, Zhong Z, et al. Acid precipitation coupled electrodialysis to improve separation of chloride and organics in pulping crystallization mother liquor [J]. Chin J Chem Eng, 2019, 27（12）: 2917-2924.

［20］ 曾坚贤，邢卫红，徐南平. 陶瓷膜处理肌苷发酵液的研究 [J]. 膜科学与技术，2004，24（03）: 23-27.

［21］ 王金荣，王志高，亓秀莹，等. 膜分离技术深度处理抗生素废水的研究 [J]. 水处理技术，2014，40（3）: 118-121.

［22］ 曾坚贤，邢卫红，徐南平. 膜分离技术在发酵领域中的应用 [J]. 水处理技术，2003，29（6）: 311-314.

［23］ 申屠佩兰，邢卫红. 膜分离技术在生物发酵法生产燃料乙醇中的应用进展 [J]. 食品与发酵工业，2008，34（10）: 120-126.

［24］ 顾觉奋. 抗生素 [M]. 上海: 上海科学技术出版社，2001.

［25］ 徐南平. 面向应用过程的陶瓷膜材料设计、制备与应用 [M]. 北京: 科学出版社，2005.

［26］ 陈献富，季华，范益群. 纳滤膜在功能性低聚糖分离纯化中的应用研究进展 [J]. 化工进展，2019，38（1）: 394-403.

［27］ Zhang K, Pei Z, Wang D. Organic solvent pretreatment of lignocellulosic biomass for biofuels and biochemicals: A review [J]. Bioresour Technol, 2016, 199: 21-33.

［28］ Luyben W L. Comparison of extractive distillation and pressure-swing distillation for acetone-methanol separation [J]. Ind Eng Chem Res, 2008, 47（8）: 2696-2707.

［29］ Yang C, Yu Q, Zhang L, et al. Solvent extraction process development and on-site trial-plant for phenol removal from industrial coal-gasification wastewater [J]. Chem Eng J, 2006, 117（2）: 179-185.

［30］ 陈翠仙，韩宾兵，朗宁·威编著. 渗透蒸发和蒸气渗透 [M]. 北京: 化学工业出版社，2004.

［31］ Zhang C, Peng L, Jiang J, et al. Mass transfer model, preparation and applications of zeolite membranes for pervaporation dehydration: A review [J]. Chin J Chem Eng, 2017, 25（11）: 1627-1638.

［32］ 陈翠仙，李继定，潘健，等. 我国渗透汽化技术的工业化应用 [J]. 膜科学与技术，2007，27（05）: 1-4.

［33］ Yu C, Liu Y, Chen G, et al. Pretreatment of isopropanol solution from pharmaceutical industry and pervaporation dehydration by NaA zeolite membranes [J]. Chin J Chem Eng, 2011, 19（6）: 904-910.

［34］ Jonquieres A, Clement R, Lochon P, et al. Industrial state-of-the-art of pervaporation and vapour permeation in the western countries [J]. J Membr Sci, 2002, 206（1-2）: 87-117.

［35］ Morigami Y, Kondo M, Abe J, et al. The first large-scale pervaporation plant using tubular-type module with zeolite naa membrane [J]. Sep Purif Technol, 2001, 25（1-3）: 215-260.

［36］ Cai X, Zhang Y, Yin L, et al. Electrochemical impedance spectroscopy for analyzing microstructure evolution of NaA zeolite membrane in acid water/ethanol solution [J]. Chem Eng Sci, 2016, 153: 1-9.

［37］ Liu D, Zhang Y, Jiang J, et al. High-performance NaA zeolite membranes supported on four-channel ceramic hollow fibers for ethanol dehydration [J]. RSC Advances, 2015, 5（116）: 95866-95871.

［38］ Wu Z, Zhang C, Peng L, et al. Enhanced stability of MFI zeolite membranes for separation of ethanol/water by eliminating surface Si-OH groups [J]. ACS Appl Mater Interfaces, 2018, 10（4）: 3175-3180.

［39］ Ye P, Zhang Y, Wu H, et al. Mass transfer simulation on pervaporation dehydration of ethanol through hollow fiber naa zeolite membranes [J]. AIChE J, 2016, 62（7）: 2468-2478.

［40］ Chen C, Cheng Y, Peng L, et al. Fabrication and stability exploration of hollow fiber mordenite zeolite membranes for isopropanol/water mixture separation [J]. Microporous Mesoporous Mater, 2019, 274: 347-355.

［41］ 周永荣，杨亚勇. 纳滤膜在硫酸多粘菌素 E 浓缩与纯化中的应用 [J]. 中国抗生素杂志，2000，25（5）: 346-

347，352．

［42］王龙耀，王岚，鲁新宇．头孢菌素 C 发酵液膜过滤的评价指标及其控制［J］．化工进展，2009，28（08）：1319-1322，1342．

［43］刘路，刘玉荣．膜分离技术在林可霉素发酵液分离浓缩中的应用［J］．水处理技术，2000，26（03）：169-171．

［44］王振川，郭玉凤，赵仁兴，等．林可霉素发酵液膜分离工艺条件的研究［J］．膜科学与技术，2008，28（02）：48-53，58．

［45］张培超．2018 年中国氯碱行业经济运行分析［J］．中国氯碱，2019（2）：1-3．

［46］O'Brien T F，Bommaraju T V，Hine F．Handbook of chlor-alkali technology［M］．US，Boston：Springer-Verlag，2005．

［47］曹恒霞，彭文博，项娟，等．膜分离技术在盐化工中的应用［J］．中国氯碱，2014（03）：7-9．

［48］韩百胜，刘秀娟．氯碱生产工艺简介［J］．氯碱工业，2001（4）：5-6．

［49］王开文，顾俊杰，邢卫红．盐水中沉淀物对气升式陶瓷膜过滤性能的影响［J］．高校化学工程学报，2012，26（5）：775-780．

［50］邢卫红，王开文，顾俊杰，等．外环流气升式陶瓷膜精制盐水研究［J］．膜科学与技术，2011，31（3）：256-260．

［51］Gu J，Zhang H，Zhong Z，et al．Conditions optimization and kinetics for the cleaning of ceramic membranes fouled by BaSO$_4$ crystals in brine purification using a DTPA complex solution［J］．Ind Eng Chem Res，2011，50（19）：11245-11251．

［52］徐南平，邢卫红．一种膜过滤精制盐水的方法：ZL200610038868．6［P］，2006-11-29．

［53］陈清忠．盐水精制工艺的发展及应用［J］．中国氯碱，2008（3）：6-8．

［54］张荟钦，顾俊杰，李卫星，等．盐浓度对陶瓷膜过滤过程的影响［J］．膜科学与技术，2010，30（6）：26-29．

［55］邢卫红，顾学红．高性能膜材料与膜技术［M］．北京：化学工业出版社，2017．

［56］贺挺．九思膜盐水精制技术在氯碱工业中的应用［J］．辽宁化工，2014（4）：430-431，433．

［57］邢卫红，金万勤，陈日志，等．陶瓷膜连续反应器的设计与工程应用［J］．化工学报，2010，61（7）：1666-1673．

［58］国家药典委员会．中华人民共和国药典 2015 年版：第一增补本［M］．北京：中国医药科技出版社，2018．

［59］王沛．制药工艺学［M］．北京：中国中医药出版社，2009．

［60］郭立玮，金万勤．无机陶瓷膜分离技术对中药药效物质基础研究的意义［J］．膜科学与技术，2002，22（4）：46-50．

［61］郭立玮．中药制药工业对膜科学技术的重大需求与关键问题［J］．中草药，2009，40（12）：1849-1855．

［62］纪晓声，楼永通，高从堦．膜分离技术在中药制备中的应用［J］．水处理技术，2006，32（3）：11-14．

［63］郭立玮，邢卫红，朱华旭，等．中药膜技术的"绿色制造"特征、国家战略需求及其关键科学问题与应对策略［J］．中草药，2017，48（16）：3267-3279．

［64］赵宜江，嵇鸣，张艳，等．陶瓷微滤膜澄清中药提取液的研究［J］．水处理技术，1999，25（4）：199-203．

［65］赵宜江，张艳，邢卫红，等．中药提取液的膜分离工艺［J］．中国医药工业杂志，2000，31（3）：4-7．

［66］朱华旭，唐志书，潘林梅，等．面向中药产业新型分离过程的特种膜材料与装备设计、集成及应用［J］．中草药，2019，50（8）：1776-1784．

［67］闫治攀，武瑞洁．超滤膜分离技术在中药制剂生产中的应用进展［J］．中成药，2018，40（7）：1571-1575．

［68］姜忠义，吴洪．膜技术在中药有效部位和有效成分提取分离中的应用［J］．离子交换与吸附，2002，18（2）：185-192．

［69］冯少俊，伍振峰，王雅琪，等．中药灭菌工艺研究现状及问题分析［J］．中草药，2015，46（18）：2667-2673．

［70］吕宏凌，王保国．微滤、超滤分离技术在中药提取及纯化中的应用进展［J］．化工进展，2005，24（1）：5-9．

［71］沈敏，李卫星，邢卫红，等．陶瓷膜澄清生地黄提取液的膜污染和清洗研究［J］．膜科学与技术，2005，25（3）：68-73．

［72］范远景，余芳芳，张平，鲍庆刚．超滤法分离枸杞多糖的工艺研究［J］．安徽农业科学，2011，39（22）：13400-13403．

［73］李玉清，唐晓丹，林炳昌．膜技术分离黄蘑多糖的工艺研究［J］．特产研究，2007（1）：42-46．

［74］ 张佳，陈劲春，李金刚．活性炭联合陶瓷膜超滤纯化香菇多糖［J］．北京化工大学学报（自然科学版），2007，34（5）：531-534．

［75］ Michaels A S．New separation technique for the CPI［J］．Chem Eng Prog，1968，64：31-43．

［76］ Dong X，Jin W，Xu N．Dense ceramic catalytic membranes and membrane reactors for energy and environmental applications［J］．Chem Commun，2011，47（39）：10886-10902．

［77］ 邢卫红，汪勇，陈日志，等．膜与膜反应器：现状、挑战与机遇［J］．中国科学：化学，2014，44（9）：1469-1481．

［78］ Jiang H，Meng L，Chen R，et al．Progress on porous ceramic membrane reactors for heterogeneous catalysis over ultrafine and nano-sized catalysts［J］．Chin J Chem Eng，2013，21（2）：205-215．

［79］ Li Z，Chen R，Xing W，et al．Continuous acetone ammoximation over TS-1 in a tubular membrane reactor［J］．Ind Eng Chem Res，2010，49（14）：6309-6316．

［80］ Chen R，Mao H，Zhang X，et al．A dual-membrane airlift reactor for cyclohexanone ammoximation over titanium silicalite-1［J］．Ind Eng Chem Res，2014，53（15）：6372-6379．

［81］ Jiang H，Meng L，Chen R，et al．A novel dual-membrane reactor for continuous heterogeneous oxidation catalysis［J］．Ind Eng Chem Res，2011，50（18）：10458-10464．

［82］ 李卫星，赵宜江，刘飞，等．面向过程的陶瓷膜材料设计理论与方法（Ⅱ）颗粒体系微滤过程中膜结构参数影响预测［J］．化工学报，2003，54（9）：1290-1294．

［83］ 赵宜江，李卫星，张伟，等．面向过程的陶瓷膜材料设计理论与方法（Ⅲ）钛白分离用陶瓷膜的优化设计与制备［J］．化工学报，2003，54（9）：1295-1299．

［84］ Zhong Z，Xing W，Liu X，et al．Fouling and regeneration of ceramic membranes used in recovering titanium silicalite-1 catalysts［J］．J Membr Sci，2007，301（1-2）：67-75．

［85］ Zhong Z，Liu X，Chen R，et al．Adding microsized silica particles to the catalysis/ultrafiltration system：Catalyst dissolution inhibition and flux enhancement［J］．Ind Eng Chem Res，2009，48（10）：4933-4938．

［86］ Chen R，Bu Z，Li Z，et al．Scouring-ball effect of microsized silica particles on operation stability of the membrane reactor for acetone ammoximation over TS-1［J］．Chem Eng J，2010，156（2）：418-422．

［87］ Chen R，Jiang H，Jin W，et al．Model study on a submerged catalysis/membrane filtration system for phenol hydroxylation catalyzed by TS-1［J］．Chin J Chem Eng，2009，17（4）：648-653．

［88］ Cheng L，Yen S-Y，Chen Z-S，et al．Modeling and simulation of biodiesel production using a membrane reactor integrated with a prereactor［J］．Chem Eng Sci，2012，69（1）：81-92．

［89］ Meng L，Cheng J-C，Jiang H，et al．Design and analysis of a submerged membrane reactor by cfd simulation［J］．Chem Eng Technol，2013，36（11）：1874-1882．

［90］ 姜元国，陈日志，邢卫红．对硝基苯酚催化加氢研究进展［J］．化工进展，2011，30（2）：309-313．

［91］ Jiang H，She F，Du Y，et al．One-step continuous phenol synthesis technology via selective hydroxylation of benzene over ultrafine TS-1 in a submerged ceramic membrane reactor［J］．Chin J Chem Eng，2014，22（11-12）：1199-1207．

［92］ Mao H，Chen R，Xing W，et al．Organic solvent-free process for cyclohexanone ammoximation by a ceramic membrane distributor［J］．Chem Eng Technol，2016，39（5）：883-890．

缩略语表

英文缩写	英文名称	中文名称
AA	acrylic acid	丙烯酸
AAm	acrylamide	丙烯酰胺
AAM	acrylamide	丙烯酰胺
AAO	anodic aluminum oxide	阳极氧化铝
ABS	acrylonitrile butadiene styrene terpolymer	丙烯腈-丁二烯-苯乙烯三元共聚物
AEM	anion exchange membrane	阴离子交换膜
AFC	alkaline fuel cell	碱性燃料电池
AFM	atomic force microscopy	原子力显微镜
AGMD	air gap membrane distillation	气隙式膜蒸馏
ALD	atomic layer deposition	原子层沉积
AL-DS	active layer facing draw solution	活性层朝向汲取液
AL-FS	active layer facing feed solution	活性层朝向原料液
AM	affinity membrane	亲和膜
AOX	adsorbable organic halogen	可吸附有机卤化物
APA	aromatic polyamide	芳香聚酰胺
ASTM	American Society for Testing and Materials	美国材料与试验协会
AT	active transfer	主动传递
ATR-FTIR	attenuated total refraction Fourier transform infrared spectroscopy	衰减全反射傅里叶变换红外光谱
ATRP	atom transfer radical polymerization	原子转移自由基聚合
BALSS	bioartificial liver support system	人工肝支持系统
BLM	bulk liquid membrane	厚体液膜
BMA	butyl methacrylate	甲基丙烯酸丁酯
BOD	biochemical oxygen demand	生化需氧量
BP	benzophenone	二苯甲酮
BPDA	biphenyl tetracarboxylic dianhydride	联苯四羧酸二酐
BPM	bipolar membrane	双极膜
BPY	bipyridine	联吡啶
BSA	bovine serum albumin	牛血清白蛋白
CA	cellulose acetate	醋酸纤维素
CAVH	continuous arteriovenous hemofiltration	连续性动-静脉血液滤过
CAVHDF	continuous arteriovenous hemodiafiltration	连续性动-静脉透析滤过
CD	cyclodextrin	环糊精
CDI	continuous electrodeionzation	连续电脱盐
CEM	cation exchange membrane	阳离子交换膜
CF	concentration factor	浓缩因子
CFD	computational fluid dynamics	计算流体力学

英文缩写	英文名称	中文名称
CIMR	catalytic inorganic membrane reactor	催化无机膜反应器
CM	catalytic membrane	催化膜
CMC	carboxymethyl cellulose	羧甲基纤维素
CMF	continuous membrane filtration	连续式膜过滤
CMR	catalytic membrane reactor	催化膜反应器
CMS	carbon molecular sieve	碳分子筛
CN	cellulose nitrate	硝酸纤维素
CNFs	carbon nanofibres	碳纳米纤维
CNMR	catalytic nonpermselective membrane reactor	非选择性渗透催化膜反应器
CNTs	carbon nanotubes	碳纳米管
COD	chemical oxygen demand	化学需氧量
COFs	covalent organic frameworks	共价有机骨架材料
CR	controlled release	控制释放
CRMR	coupling of reactions in membrane reactor	耦合膜反应器
CRRT	continuous renal replacement therapy	连续性肾脏替代疗法
CS	chitosan	壳聚糖
CSD	crystal size distribution	晶粒粒度分布
CSZ	calcia-stabilized zirconia	钙稳定的氧化锆
CTA	cellulose triacetate	三醋酸纤维素
CTAB	cetyltrimethylammonium bromide	十六烷基三甲基溴化铵
CV	coefficient of variable	变异系数
CVD	chemical vapor deposition	化学气相沉积
CVVH	continuous venovenous hemofiltration	连续性静-静脉血液滤过
D	dialysis	渗析(透析)
D2EHPA	di(2-ethylhexyl) phosphoric acid	二(2-乙基己基)磷酸
DAM	diaminomesitylene	二氨基均三甲苯
DC18C6	dicyclohexyl-18-crown-6	二环己基-18-冠-6
DCMD	direct contact membrane distillation	直接接触式膜蒸馏
DD	diffusion dialysis	扩散渗析
DEA	diethanolamine	二乙醇胺
DEAE	diethylaminoethyl	二乙氨基乙基
DMAC	N,N-dimethylacetamide	N,N-二甲基乙酰胺
DMF	N,N-dimethylformamide	N,N-二甲基甲酰胺
DMS	dual mode sorption	双模式吸附
DMSO	dimethyl sulfoxide	二甲基亚砜
DT	disk tube	碟管式
DTNF	disk tube nanofiltration	碟管式纳滤
DTPA	diethylenetriaminepentaacetic acid	二亚乙基三胺五乙酸
DTRO	disk tube reverse osmosis	碟管式反渗透
EC	ethyl cellulose	乙基纤维素
ECMO	extracorporeal membrane oxygenation	体外膜肺氧合;氧合膜体外循环系统
ECP	external concentration polarization	外浓差极化

英文缩写	英文名称	中文名称
EC-PFB	ethyl cellulose perfluorobutyrate	乙基纤维素全氟丁酸酯
ED	electrodialysis	电渗析
EDA	ethylenediamine	乙二胺
EDI	electrodeionization	电脱盐
EDR	electrodialysis reversal	倒极电渗析
EDTA	ethylenediaminetetraacetic acid	乙二胺四乙酸
EDX	energy dispersive X-ray spectroscopy	能量色散 X 射线荧光光谱仪
EIHFM	extractant impregnated hollow fiber membrane	萃取剂浸渍中空纤维膜
ELbL	electrostatic layer-by-layer assembly	静电层层自组装
ELM	emulsion liquid membrane	乳化液膜
EMR	enzyme membrane reactor	酶膜反应器
EMR	extractive membrane reactor	萃取膜反应器
EPR	electron paramagnetic resonance	电子顺磁共振
ETFE	ethylene-tetrafluoroethylene copolymer	乙烯-四氟乙烯共聚物
ETO	ethylene oxide	环氧乙烷
EVA	ethylene/vinyl acetate copolymer	乙烯/醋酸乙烯酯共聚物
EVD	electrochemical vapor deposition	电化学气相沉积
FBCMR	fluidized bed catalytic membrane reactor	流化床催化膜反应器
6FDA	hexafluorodianhydride	六氟二酐
FFV	fractional free volume	部分自由体积
FI	fouling index	污染指数
FO	forward osmosis	正渗透
FS	fumed silica	煅烧二氧化硅；气相法二氧化硅（白炭黑）
FT	facilitated transport	促进传递
GO	graphene oxide	氧化石墨烯
GOD	glucose oxidase	葡萄糖氧化酶
GPD	gallons per day	加仑/天
GPU	gas permeation unit	气体渗透单元
GS	gas separation	气体分离
HA	humic acid	腐殖酸
HCPT	hydroxycamptothecin	羟喜树碱
HD	hemodialysis	血液透析
HDEHP	di(2-ethylhexyl) phosphoric acid	二(2-乙基己基)磷酸
HDF	hemodiafiltration	血液透析滤过
HEM	hydroxide exchange membrane	氢氧根离子交换膜
HEMA	2-hydroxyethyl methacrylate	甲基丙烯酸-2-羟基乙酯
HEN	heterogeneous nucleation	非均相成核
HEPA	high efficiency particulate air filter	高效空气过滤器
HF	hemofiltration	血液滤过
HFCLM	hollow fiber contained liquid membrane	中空纤维包容液膜
HFLPME	hollow fiber liquid phase microextraction	中空纤维液相微萃取

英文缩写	英文名称	中文名称
HFMR	hollow fiber membrane reactor	中空纤维膜反应器
HFP	hexafluoropropylene	六氟丙烯
HFRLM	hollow fiber renewal liquid membrane	中空纤维更新液膜
HFS	hexafluorosilicate	六氟硅酸
HP	hemoperfusin	血液灌流
HPC	hydroxypropyl cellulose	羟丙基纤维素
HPMCP	hydroxypropyl methylcellulose phthalate	邻苯二甲酸羟丙基甲基纤维素
HRT	hydraulic retention time	水力停留时间
HTU	height of the transfer unit	传质单元高度
ICP	internal concentration polarization	内浓差极化
IEP	isoelectric point	等电点
IGCC	integrated gasification combined cycle	整体煤气化联合循环发电
ILs	ionicliquids	离子液体
IMFBR	inert membrane fluidized bed reactor	流化床惰性膜反应器
IMPBR	inert membrane packed bed reactor	填充床惰性膜反应器
IP	interfacial polymerisation	界面聚合
IPN	interpenetrating polymer network	互穿聚合物网络
ISMR	inert semipermeable membrane reactor	惰性半渗透膜反应器
LbL	layer-by-layer assembly	层层自组装
LCST	lower critical solution temperature	低临界溶解温度
LDH	layered double hydroxide	层状双金属氢氧化物
LDPE	high density polyethylene	高密度聚乙烯
LLDPE	linear low density polyethylene	线性低密度聚乙烯
LM	liquid membrane	液膜
LMH	L/(m² · h)	膜通量单位,每小时每平方米所通过的液体的升数
LSCM	laser scanning confocal microscopy	激光扫描共聚焦显微镜
LSI	Langelier satu-ration index	兰格利尔饱和指数
MA	membrane absorption	膜吸收
MAA	methacrylic acid	甲基丙烯酸
MB	methylene blue	亚甲基蓝
MBR	membrane biorector	膜生物反应器
MC	membrane contactors	膜接触器
MCFC	molten carbonate fuel cell	熔融碳酸盐型燃料电池
MD	membrane distillation	膜蒸馏
MDC	membrane distillation crystallization	膜蒸馏-结晶
MDEA	N-methyldiethanolamine	N-甲基二乙醇胺
ME	membrane electrolysis	膜电解
MEC	membrane energy conversion	膜能量转换
MEX	membrane extraction	膜萃取
MF	microfiltration	微滤
MF	membrane fermentor	膜发酵器

英文缩写	英文名称	中文名称
MIBK	methyl isobutyl ketone	甲基异丁酮
MIL	Materials of Institute Lavoisier	拉瓦锡材料研究所
MLSS	mixed liquid suspended solids	混合液悬浮固体浓度
MLVSS	mixed liquid volatile suspended solids	混合液挥发性悬浮固体浓度
MMM	mixed-matrix membrane	混合基质膜
MMR	multiphase membrane reactor	多相膜反应器
MOFs	metal organic frameworks	金属有机骨架材料
MPD	m-phenylenediamine	间苯二胺
MR	membrane rector	膜反应器
MSS	mesoporous silica sphere	介孔二氧化硅球
MSZ	magnesia-stabilized zirconia	镁稳定的氧化锆
MTBE	methyl $tert$-butyl ether	甲基叔丁基醚
MWCO	molecular weight cut off	截留分子量
NF	nanofiltration	纳滤
NFC	nanofibrillated cellulose	纳米纤维素
NGL	natural gas liquids	天然气凝析液
NIPS	nonsolvent induced phase separation	非溶剂诱导相分离;非溶剂致相分离
NMP	N-methyl pyrrolidone	N-甲基吡咯烷酮
NMR	nuclear magnetic resonance	核磁共振
NTU	nephelometric turbidity unit	比浊法浊度单位
NVP	N-viny-2-pyrrolidone	N-乙烯基-2-吡咯烷酮
OCT	optical coherence tomography	光学相干层析成像
ODA	oxydianiline	对氨基二苯醚
OEA	oxygen-enriched air	富氧空气
OSA	octenyl succinic anhydride	辛烯基琥珀酸酐
OSN	organic solvent nanofiltration	有机溶剂纳滤
P4VP	poly 4-vinyl pyridine	聚 4-乙烯基吡啶
PA	polyamide	聚酰胺
PAA	poly(acrylic acid)	聚丙烯酸
PABSA(PSBMA)	polysulfobetaine methacrylate	聚磺基甜菜碱甲基丙烯酸酯
PACA	polyalkylcyanoacrylate	聚烷基氰基丙烯酸酯
PAEK	polyaryletherketone	聚芳醚酮
PAFC	phosphonic acid fuel cell	磷酸型燃料电池
PAH	poly allylamine hydrochloride	聚烯丙基胺盐酸盐
PAH	polycyclic aromatic hydrocarbons	多环芳烃
PAI	polyamide-imide	聚酰胺酰亚胺
PAN	polyacrylonitrile	聚丙烯腈
PARA	polyarylamide	芳香族聚酰胺
PAS	positron annihilation spectroscopy	正电子湮灭技术
PBCMR	packed bed catalytic membrane reactor	填充床催化膜反应器
PBI	polybenzimidazole	聚苯并咪唑
PBT	polybutylene terephthalate	聚对苯二甲酸丁二醇酯

英文缩写	英文名称	中文名称
PC	polycarbonate	聚碳酸酯
PCL	poly ε -caprolactone	聚 ε-己内酯
PDA	polydopamine	聚多巴胺
PDADMAC	polydiallyl dimethyl ammonium chloride	聚二烯丙基二甲基氯化铵
PDLA	poly(D-lactide)	聚（D-丙交酯）
PDMC	polymethylaryloloxyethyl trimethy ammonium chloride	聚甲基丙烯酰氧乙基三甲基氯化铵
PDMS	polydimethylsiloxane	聚二甲基硅氧烷
PE	polyethylene	聚乙烯
PEBA	polyether block amide	聚醚酰胺嵌段聚合物
PEC	polyethylene carbonate	聚乙烯碳酸酯
PEEK	poly ether ether ketone	聚醚醚酮
PEG	polyethylene glycol	聚乙二醇
PEGDME	polyethylene glycol dimethyl ether	聚乙二醇二甲醚
PEGMA	poly (ethylene glycol) methacrylate	聚乙二醇甲基丙烯酸甲酯
PEI	polyethyleneimine	聚乙烯亚胺
PEK	polyetherketone	聚醚酮
PEK-C	polyetherketone cardo	酚酞型聚醚酮；含 Cardo 环的聚醚酮
PEM	polymer electrolyte membrane	聚合物电解质膜
PEMFC	proton exchange membrane fuel cell	质子交换膜燃料电池
PEO	poly(ethylene oxide)	聚氧乙烯
PES	poly(ether sulfone)	聚醚砜
PET	polyethylene terephthalate	聚对苯二甲酸乙二醇酯
PFSA	perfluorosulfonic acid	全氟磺酸
PGA	polyglycolic acid	聚乙醇酸
PHB	polyhydroxybutyrate	聚羟基丁酸酯
PI	polyimide	聚酰亚胺
PILs	polymerizable ionic liquids	聚离子液体
PIM	polymer inclusion membrane	聚合物包容膜
PIM	polymer of intrinsic microporosity	固有孔高分子
PLA	polylactic acid	聚乳酸
PLD	pulsed laser deposition	脉冲激光沉积
PLGA	poly lactic acid/glycolic acid	聚乳酸/乙醇酸共聚物
PLGA	poly(lactic-co-glycolic acid)	聚乳酸-羟基乙酸共聚物
PLLA	poly(L-lactide)	聚（L-丙交酯）
PMAA	polymethacrylic acid	聚甲基丙烯酸
PMDA	pyromellitic dianhydride	均苯四甲酸二酐
PMAG	polymethacryloyl glucosamine	聚甲基丙烯酰葡萄糖胺
PMMA	polymethyl methacrylate	聚甲基丙烯酸甲酯
PMP	poly 4-methyl-1-pentene	聚 4-甲基-1-戊烯
PNIPAM	poly(N-isopropyl acrylamide)	聚（N-异丙基丙烯酰胺）
POM	polyoxymethylene	聚甲醛

英文缩写	英文名称	中文名称
POM	partial oxidation of methane	甲烷部分氧化反应
POSS	polyhedral oligomeric silsesquioxane	笼型聚倍半硅氧烷
PP	polypropylene	聚丙烯
PPC	polypropylene carbonate	聚丙烯碳酸酯
PPESK	poly(phthalazinone ether sulfone ketone)	二氮杂萘酮联苯结构聚醚砜酮
PPO	polyphenylene oxide	聚苯醚
PPS	polyphenylene sulfide	聚苯硫醚
PPSU	polyphenylsulfone	聚苯砜
PRO	pressure retarded osmosis	压力阻尼渗透
PSA	polysulfonamide	聚砜酰胺
PSA	pressure swing adsorption	变压吸附
PSF	polysulfone	聚砜
PSI	permeation separation index	渗透汽化分离指数
PTFE	polytetrafluoroethylene	聚四氟乙烯
PTMSP	polytrimethylsilylpropyne	聚三甲硅基丙炔
PU	polyurethane	聚氨酯
PV	pervaporation	渗透汽化(蒸发)
PVA	polyvinyl alcohol	聚乙烯醇
PVAc	polymer vinyl acetate	聚醋酸乙烯酯
PVAM	polyvinylamine	聚乙烯基胺
PVC	polyvinyl chloride	聚氯乙烯
PVD	physical vapor deposition	物理气相沉积
PVDC	polyvinylidene chloride	聚偏氯乙烯
PVDF	polyvinylidene fluoride	聚偏氟乙烯
PVP	polyvinyl pyrrolidone	聚乙烯吡咯烷酮
PWP	pure water permeation	纯水渗透性常数
RB5	reactive black 5	活性黑 5
RC	regenerated cellulose	再生纤维素
RED	reverse electrodialysis	反向电渗析
REDY	regenerative dialysis	再生性透析
RO	reverse osmosis	反渗透
SA	sodium alginate	海藻酸钠
SAIB	sucrose acetate isobutyrate	蔗糖乙酸异丁酸酯
SAXS	small angle X-ray scattering	小角 X 射线衍射法
SDI	silt density index	淤塞密度指数;污染指数
SDS	sodium dodecyl sulfate	十二烷基硫酸钠
SEM	scanning electron microscope	扫描电子显微镜
SEMR	solid electrolyte membrane reactor	固体电解质膜反应器
SFPS	slow-fast phase separation	慢-快相转化法
SHMP	sodium hexametaphosphate	六偏磷酸钠
SILM	supported ionic liquid membrane	离子液体支撑液膜
SLM	supported liquid membrane	支撑液膜

英文缩写	英文名称	中文名称
SMF	submerged membrane filtration	浸没式膜过滤
SNIPS	self-assembly and nonsolvent induced phase separation	自组装非溶剂诱导相分离
SOFC	solid oxide fuel cell	固体氧化型燃料电池
SPEEK	sulfonated polyetheretherketone	磺化聚醚醚酮
SPEK	sulfonated polyetherketone	磺化聚醚酮
SPES	sulfonated polyethersulfone	磺化聚醚砜
SPG	Shirasu porous glass	Shirasu 多孔玻璃
SPPESK	sulfonated polyphenyl ether sulfone ketone	磺化聚苯醚砜酮
SPPO	sulfonated polyphenylene oxide	磺化聚苯醚
SPS	sulfonated polysulfone	磺化聚砜
SRT	sludge retention time	污泥停留时间
SS	suspended solids	悬浮固体
SSF	surface selective flow	表面选择性流
TAEA	tris(2-aminoethyl)amine	3-二(胺乙基)胺
TBP	tributyl phosphate	磷酸三丁酯
TBPO	tributylphosphine oxide	三丁基氧化膦
TDS	total dissolved solids	溶解性固体总量
TEBA	triethylbenzylammonium	四乙基溴化铵
TEP	triethyl phosphate	磷酸三乙酯
TFC	thin film composite	薄层复合膜
TFE	tetrafluoroethylene	四氟乙烯
THF	tetrahydrofuran	四氢呋喃
THM	trihalomethane	三卤甲烷
TIPS	thermally induced phase separation	热致相分离
TMC	trimesoyl chloride	均苯三甲酰氯
TMP	transmembrane pressure	跨膜压差
TMP	trimethyl phosphate	磷酸三甲酯
TMU	tetramethylurea	四甲基脲
TNOA	tri-n-octylamine	三正辛胺
TOA	trioctylamine	三辛胺
TOC	total organic carbon	总有机碳
TOMAC	trioctyl methyl ammonium chloride	三辛基甲基氯化铵
TPC	temperature polarization coefficient	温差极化系数
TRPO	trialkylphosphine oxide	三烷基氧化膦
UCST	upper critical solution temperature	高临界溶解温度
UF	ultrafiltration	超滤
UHMPE	ultra-high molecular weight polyethylene	超高分子量聚乙烯
ULPA	ultra low penetration air filter	超高效空气过滤器
UTDR	ultrasonic time-domain reflectometry	超声时域反射技术
VIPS	volatilize induced phase separation	蒸汽诱导相分离;蒸汽致相分离
VMD	vacuum membrane distillation	浸没式真空膜蒸馏

英文缩写	英文名称	中文名称
VOC	volatile organic compound	挥发性有机化合物
WDD	wearable dialysis device	便携式透析装置
WGS	water gas shift	水气变换反应
XPS	X-ray photoelectron spectroscopy	X射线光电子能谱
YSZ	yttria-stabilized zirconia	钇稳定的氧化锆

索　引

A

氨基酸脱盐 …………………………………… 1031

B

板框式分离器 ………………………………… 1183
板框式膜器件 …………………………………… 419
半均相膜 ………………………………………… 962
包覆法 ………………………………………… 1123
饱和溶解氧含量 ……………………………… 1606
被动传递 ………………………………… 318, 1378
边界条件 ………………………………………… 362
表面沉积 ……………………………………… 1511
表面改性 ………………………………………… 555
表面改性型智能膜 …………………………… 1688
表面过滤 ………………………………………… 814
表面活性剂 …………………………………… 1387
表面扩散流 …………………………………… 1073
表面亲水性 …………………………………… 1696
并流 …………………………………………… 1184
并流微过滤 ……………………………………… 814
玻璃化转变 …………………………………… 1118
玻璃态聚合物膜 ……………………………… 1178
薄膜形成 ………………………………………… 167
不可恢复污染 ………………………………… 1512
不可逆污染 …………………………………… 1512

C

操作参数 ………………………………………… 793
操作管理 ………………………………………… 800
操作条件 ………………………………………… 386
操作压力 ……………………………………… 1514
操作与维修 ……………………………………… 655
层层自组装 ……………………………… 96, 552, 560
超滤 ……………………………… 12, 104, 746, 1733
超滤工程设计 …………………………………… 781
超滤工艺 ………………………………………… 769
超滤膜 …………………………………… 746, 749

超滤膜材料 ……………………………………… 749
超滤膜组件 ……………………………………… 769
超滤装置 ………………………………… 746, 793
沉浸凝胶法 …………………………………… 1117
成核-生长机制 ………………………… 1140, 1142
成膜材料 ………………………………………… 56
储库型系统 …………………………………… 1652
穿透压 ………………………………………… 1578
传递分离-催化反应耦合 ……………………… 208
传递过程 ………………………………… 292, 357
传递模型 ……………………………………… 1600
传质动力学 …………………………… 1153, 1423
传质方程 ………………………………………… 346
传质机理 ………………………………………… 254
传质模型 …………………… 245, 252, 1581, 1592
传质推动力 …………………………… 1421, 1661
传质系数 ……………………………………… 1592
传质形式 ………………………………………… 318
吹扫解吸 ……………………………………… 1611
纯水过滤系数 …………………………………… 864
纯水和超纯水制备 ……………………………… 683
纯水制备 ……………………………………… 1023
磁控制 ………………………………………… 1660
促进传递 ……………………………… 21, 318, 1379
促进传递膜 …………………………… 1081, 1112
醋酸纤维素 …………………………………… 36
醋酸纤维素膜 …………………………………… 885
萃取剂 ………………………………… 1382, 1383
错流 …………………………………………… 1184
错流过滤 ………………………………… 186, 188
错流过滤器 ……………………………………… 453
错流微过滤 ……………………………………… 819

D

单管 …………………………………………… 187
倒极电渗析 …………………………… 919, 1011
等电点 ………………………………………… 160
等温扩散 ………………………………………… 332

电极 …………………………………… 992
电解水制氢 ……………………… 1046
电纳滤 ……………………………… 924
电迁移传质 ……………………… 932
电渗析 …………… 14，106，270，917
电渗析器 ……………………… 447，987
叠片式膜分离器 ………………… 1189
碟片式膜组件 …………………… 424
对称膜 …………………………… 1072
对流 ……………………………… 877
对流传质 ………………………… 931
多孔材料 ………………………… 1452
多孔均质膜 ……………………… 60
多孔膜 …………………… 969，1073
多孔无机膜 ……………………… 148
多孔载体 ………………………… 148
多孔支撑体 ……………………… 161
多膜法 …………………………… 1759
多膜集成 ………………………… 1732
多膜耦合 ………………………… 1743
多通道 …………………………… 187

E

二氧化碳分离 …………………… 1087

F

发酵液 …………………………… 195
发展趋势 ………………………… 1052
反萃剂 …………………………… 1382
反渗透 ……………… 13，98，524
反渗透工艺过程设计 …………… 590
反渗透和纳滤装置 ……………… 645
反渗透膜 ………………………… 526
反向电渗析 ……………………… 1047
仿生矿化法 ……………………… 237
仿生黏合法 ……………………… 238
非对称反渗透膜 ………………… 537
非对称膜 ………… 69，533，1073，1332
非多孔膜 ………………………… 1073
非荷电膜 ………………………… 860
非平衡热力学 …………………… 311
非全氟型质子传导膜 …………… 969

非溶剂致相分离 ………… 77，757，822
非原位清洗 ……………………… 1519
废水处理 …… 199，202，806，1444，1733
废水处理与纯化 ………………… 702
废液处理 ………………………… 696
分离机理 ……………………… 527，813
分离因子 ………………………… 1332
分离指数 ………………………… 1334
分散 ……………………………… 1394
分相法 …………………………… 178
分子流 …………………………… 1073
分子模拟 ………………………… 366
分子筛分 ………………………… 1073
分子筛膜分离 …………………… 1740
分子识别响应 …………………… 1714
复合反渗透膜 …………………… 542
复合解吸 ………………………… 1613
复合膜 ………… 93，533，1107，1332
富氧助燃 ………………………… 1233

G

改性 Nafion 膜 ………………… 968
干法制膜 ………………………… 1117
干-湿法制膜 …………………… 1117
高温气体过滤 …………………… 1294
高压泵 …………………………… 653
隔室 …………………………… 922，988
工程案例 ……………………… 1735，1750
工业用渗析器 …………………… 889
工艺参数 ……………………… 598，789
共挤出法制膜 …………………… 1122
固定基团浓度 …………………… 956
固定载体 ………………………… 1108
管式膜组件 ……………………… 1509
惯性提升 ………………………… 820
光照响应 ………………………… 1704
规格和性能 ……………………… 510
规格性能和应用 …… 488，492，503，513，515
硅烷偶联剂 ……………………… 246
贵金属回收 ……………………… 1446
过程模拟 ………………………… 774
过渡层 …………………………… 148

H

海绵状结构 ……………………………………… 1141
海水淡化 …………………………… 676，1022
含水率 ……………………………………… 955
合成氨驰放气 ………………………………… 1222
合成气 ……………………………………… 1227
荷电膜 ……………………………………… 860
核径迹法 …………………………………… 1113
恒沸 ……………………………………… 1332
恒通量间歇运行 …………………………… 1517
恒通量运行模式 …………………………… 1514
恒压力变膜通量 …………………………… 1514
厚体液膜 …………………………… 1372，1374
化学分子识别 ……………………………… 1706
化学改性 …………………………………… 766
化学控制 …………………………………… 1658
化学清洗 …………………………… 798，1519
混合基质膜 ………………………… 229，1089
混合液调控 ………………………………… 1518

J

基团贡献法 ………………………………… 1099
基质型系统 ………………………………… 1652
汲取液 …………………………… 612，619
极化 ……………………………………… 935
极化电流 …………………………… 935，950
极化电位 …………………………………… 946
极水 ……………………………………… 1009
极限电流密度 ……………… 935，951，999
极限电流密度系数 ………………………… 944
集成技术 …………………………………… 788
集态结构 …………………………………… 111
计算流体力学 …………………… 360，774
加氢膜反应器 ……………………………… 210
交换容量 …………………………………… 955
接触角 ……………………………………… 159
接枝率 ……………………………………… 1694
结构表征 …………………………………… 753
结线 ……………………………………… 1142
截留分子量 ………………… 129，153，754
截留率 ……………………………………… 152
解吸脱气 …………………………………… 1607

界面结构调控 ……………………………… 243
界面聚合 … 93，236，542，554，557，558，1124
界面聚合复合膜 …………………………… 550
界面形态 …………………………………… 240
金属膜 ……………………………………… 1294
浸没沉淀膜 ………………………………… 547
浸没分体式 ………………………………… 1504
浸没式膜组件 ……………………………… 427
浸没一体式 ………………………………… 1504
浸渍提拉法 ………………………………… 239
经济性 ……………………………………… 716
晶体生长 …………………………………… 1632
径迹蚀刻膜 ………………………………… 60
静电纺丝法 ………………………………… 64
静电破乳 …………………………………… 1407
聚苯并咪唑 ………………………………… 44
聚苯醚 ……………………………………… 45
聚丙烯 ……………………………………… 48
聚丙烯腈 …………………………………… 50
聚对苯二甲酸丁二醇酯 …………………… 46
聚对苯二甲酸乙二醇酯 …………………… 45
聚二甲基硅氧烷 …………………………… 53
聚砜 ……………………………………… 38
聚合物电解质膜燃料电池 ………………… 927
聚合物膜 …………………………………… 9
聚 4-甲基-1-戊烯 ………………………… 49
聚离子液体 ………………………………… 57
聚氯乙烯 …………………………………… 51
聚醚砜 ……………………………………… 40
聚醚醚酮 …………………………………… 40
聚醚酮 ……………………………………… 40
聚偏氟乙烯 ………………………………… 52
聚三甲硅基丙炔 …………………………… 54
聚四氟乙烯 ………………………………… 52
聚四氟乙烯膜（PTFE 膜）………………… 1296
聚碳酸酯 …………………………………… 47
聚烯烃 ……………………………………… 47
聚酰胺 ……………………………………… 41
聚酰亚胺 …………………………………… 43
聚乙烯 ……………………………………… 47
聚乙烯醇 …………………………………… 51
卷式膜组件 ………………………………… 583
均相离子交换膜 …………………………… 68

均相膜 …………………………………………… 963

K

开关型智能膜 ……………………………… 1688
抗生素 ……………………………………… 1738
壳聚糖 ………………………………………… 38
可逆污染 …………………………………… 1512
空气脱湿 …………………………………… 1247
孔参数 ……………………………………… 126
孔结构 …………………………………… 115，149
孔径 ……………………………………… 111，117
孔隙率 ……………………………………… 110
孔性能 ……………………………………… 827
控制方法 ………………………………… 383，399
控制释放 …………………………………… 1650
苦咸水淡化 ………………………………… 681
跨膜压差 …………………………………… 1510
扩散传质 …………………………………… 931
扩散控制 …………………………………… 1655
扩散渗析 …………………………………… 917
扩散渗析器 ………………………………… 982
扩散系数 ………………… 334，342，957，1171
扩散选择性 ………………………………… 1097

L

拉伸法 ……………………………………… 61
冷冻解冻法破乳 …………………………… 1414
离子传导率 ………………………………… 959
离子交换膜 ………………………………… 916
离子膜电解 ………………………………… 1753
离子液体 …………………………………… 1375
理化性能 …………………………………… 824
理想分离系数 ……………………………… 1175
炼厂气 ……………………………………… 1225
两性离子聚合物 …………………………… 57
量热法 ……………………………………… 152
料液预处理 ………………………………… 400
林可霉素 …………………………………… 1744
临界 ………………………………………… 1514
临界点 ……………………………………… 1143
临界厚度 …………………………………… 184
临界膜通量 ………………………………… 1514
临界响应温度 ……………………………… 1696

流道 …………………………………… 417，459
流动液膜 …………………………………… 1460
流态与错流速率 …………………………… 1514
流体力学 …………………………………… 774
流体力学条件 ……………………………… 383
流型 ………………………………………… 459
流延法 ……………………………………… 59
硫酸黏杆菌素 ……………………………… 1743
滤饼层 ……………………………………… 1512
滤速法 ……………………………………… 126
氯碱电解 …………………………………… 1048
氯碱生产 …………………………………… 1746
螺旋卷式分离器 …………………………… 1183
螺旋卷式膜组件 …………………………… 437

M

毛细管冷凝 ………………………………… 1073
毛细过滤 …………………………………… 166
煤化工废水处理 …………………………… 1028
煤制甲醇 …………………………………… 1224
弥散 ………………………………………… 876
密封与粘接 ………………………………… 474
模板法 ……………………………………… 65
模型 …………………………………… 747，1396
膜 …………………………………………… 2
膜材料 ………… 33，230，534，1082，1506，
1662，1689
膜材料改性 ………………………………… 765
膜层 ………………………………………… 148
膜产水系统及产水辅助系统 ……………… 1535
膜池布置 …………………………………… 1534
膜传递模型 ……………………………… 294，310
膜传感器 …………………………………… 15
膜吹扫系统 ………………………………… 1535
膜萃取 …………………………………… 19，1580
膜的表征 …………………………………… 98
膜的改性 …………………………………… 180
膜的清洗 …………………………………… 476
膜的稳定性 ………………………………… 978
膜的物化性能 ……………………………… 109
膜的形成机理 ……………………………… 78
膜的性能 …………………………………… 98
膜的应用 ………………………………… 191，259

膜的制备 ················· 9，160，232，533，1663
膜的种类 ··· 7
膜电解 ···································· 15，925
膜法富氮 ·· 1235
膜法加气 ·· 1616
膜法破乳 ·· 1413
膜法气体分离 ·· 16
膜法气/液分离 ··· 1256
膜法-吸收法联合工艺 ······························· 1240
膜反应 ··· 23
膜反应器 ··· 208
膜分离过程 ·· 416
膜分离器 ·· 1182
膜分散 ··· 1617
膜过滤的操作方式 ····································· 1515
膜过滤模式 ·· 1517
膜过滤通量 ·· 1517
膜过滤系统 ·· 1533
膜化学清洗系统 ·· 1535
膜接触器 ·· 1576
膜结构 ··· 560
膜结晶 ···································· 19，1627
膜浸润 ··· 1577
膜孔堵塞 ·· 1511
膜孔径 ··· 1163
膜孔隙率 ·· 1164
膜面电阻 ······································ 956，959
膜耐热性 ·· 1176
膜内传递过程 ··· 292
膜曝气强度 ·· 1514
膜曝气条件 ·· 1517
膜器件 ··· 414
膜器件的特性比较 ····································· 477
膜器件设计 ·· 459
膜清洗 ··· 404
膜溶剂 ··· 1390
膜乳化 ··· 1617
膜润湿 ··· 1577
膜生物反应器 ································· 201，1504
膜生物反应器工艺设计 ······························· 1521
膜寿命 ··· 1176
膜通量 ··· 1514
膜脱气 ··· 1605

膜外传递过程 ··· 345
膜污染 ···················· 190，387，783，1510
膜污染的影响因素 ····································· 1512
膜污染机制 ·· 391
膜污染控制 ·· 1515
膜污染清洗 ·· 1519
膜吸收 ··· 1590
膜系统运行条件 ·· 1516
膜性能 ··· 565
膜选择透过性 ··· 930
膜液 ··· 1419
膜元件 ··· 185
膜蒸馏 ···································· 17，1598
膜制备 ··· 955
膜组件 ··· 1507
膜组件设计 ·· 385
膜组件设计要点 ···························· 464，465，468
膜组件性能优化 ·· 461
膜组器 ······································ 575，1507

N

纳滤 ···································· 13，101，524
纳滤纯化和浓缩 ·· 712
纳滤膜 ··· 526
纳滤膜纯化 ·· 1740
纳滤膜工艺过程设计 ·································· 621
纳滤膜软化 ·· 711
纳米纤维素 ·· 37
耐腐蚀性 ·· 961
耐压容器式膜组件 ····································· 423
耐压性能 ·· 1175
内浓差极化（ICP） ···································· 616
能量回收装置 ··· 649
能源转化与储能 ·· 1040
逆流 ··· 1184
凝胶层 ··· 1512
凝胶层极化 ·· 350
浓差极化 ············· 345，380，470，591，616，
　　　754，782，819，947，1191，1340，1511

O

耦合传输 ·· 1421
耦合效应 ·· 341

P

泡压法 ……………………………………… 122

平板膜 ……………………………………… 1130

平板膜组件 ………………………………… 1509

破乳 …………………………… 1405，1439

破乳剂 ……………………………………… 1406

葡萄糖浓度响应 ……………… 1704，1714

曝气系统与设备 …………………………… 1530

Q

气固分离膜装备 …………………………… 1312

气态膜 ……………………………………… 1591

气态膜过程 ………………………………… 1580

气体分离 ………… 107，206，259，1447

气体净化 …………………………………… 206

气体泡压法 ………………………………… 153

气体渗透法 …………………… 127，1167

气体吸附-脱附等温线法 ………………… 150

气相吸附（BET）法 ……………………… 124

汽化面 ……………………………………… 1334

迁移数 ……………………………………… 956

前驱体 …………………… 235，238，239

强制流动 …………………………………… 353

切割比 ……………………………………… 1210

切割率 ……………………………………… 1193

氢气梯级回收 ……………………………… 1226

氢氧根离子交换膜 ………………………… 973

清洁能源 …………………………………… 707

清洁生产 …………………………………… 1034

清洗模型 …………………………………… 407

清洗效果 …………………………………… 406

驱油剂 ……………………………………… 1450

全钒液流电池 ……………………………… 1044

全氟磺酸膜 ………………………………… 970

缺陷修复 …………………………………… 184

R

燃料电池 ……………………… 926，1042

燃料电池膜 ………………………………… 971

热处理 ……………………………………… 541

热力学效率 ………………………………… 1212

热致相分离 ………………………………… 757

热致相分离法 ………………… 76，1115

热致重排聚合物 …………………………… 1081

人工肾 ……………………………………… 895

容积及回流比 ……………………………… 1525

溶出法 ……………………………………… 63

溶剂活化控制 ……………………………… 1660

溶剂蒸发法 ………………………………… 74

溶胶-凝胶法 …………………… 170，233

溶解度 ……………………………………… 322

溶解度参数 ………………………………… 325

溶解度系数 ………………………………… 1169

溶解-扩散机理 …………………………… 1096

溶解扩散模型 ……………………………… 1335

溶解选择性 ………………………………… 1097

溶液浇铸法 ………………………………… 964

溶液相转化法 ……………………………… 537

溶胀 ………………………………………… 1402

溶胀度 ……………………………………… 956

熔融挤压 …………………………………… 59

乳化剂 ……………………………………… 1622

乳化液膜 …………… 1372，1375，1382

乳化液膜体系 ……………………………… 1392

乳液 …………………………… 1390，1624

乳状液 ……………………………………… 1617

S

扫气渗透汽化 ……………………………… 1331

筛分分离 …………………………………… 747

商品离子交换膜 …………………………… 979

烧结法 ……………………………………… 67

深层过滤 …………………………………… 817

渗透率 ……………………………………… 321

渗透汽化 ………… 16，107，265，1330

渗透通量 …………………………………… 1332

渗透系数 …………………………………… 1172

渗透压 ……………………………………… 525

渗析 …………………… 14，108，858

生物处理工艺 ……………………………… 1522

生物处理工艺参数 ………………………… 1524

生物处理工艺的基本计算 ………………… 1525

生物反应池 ………………………………… 1505

生物相容性 …………………… 865，1676

生物制品提取 ……………………………… 1448

剩余污泥 ································· 1529
湿法冶金 ································· 1442
湿化学法 ································· 168
湿气诱导相转化法 ···················· 75
实验室用膜设备 ······················ 452
市政污水工程 ························· 710
释放速率 ······························ 1661
首次使用综合征 ······················ 867
数学模型 ······························ 393
双极膜 ···················· 922，952，965
双极膜电渗析 ························· 921
双节线分相 ··························· 1118
双膜法 ······················· 1734，1735
双膜法浓差极化 ······················ 943
双膜分离 ······························ 1460
双吸附-双迁移机理 ·················· 1102
双向流 ································· 773
双浴法制膜 ··························· 1121
水处理 ···················· 269，1017
水滴模板法 ··························· 66
水解离 ································· 952
水力学 ································· 988
水提液 ································· 196
水通量 ································· 103
瞬时相分离 ··························· 1119
塑化现象 ······························ 1178
酸碱废液处理 ························· 1025

T

碳化硅陶瓷膜 ························· 1299
陶瓷膜 ································· 1294
陶瓷膜澄清 ··························· 1739
陶瓷膜反应器 ························· 1764
陶瓷膜连续反应器 ···················· 1762
陶瓷膜盐水精制 ······················ 1748
梯级耦合分离 ························· 1219
提取 ··································· 1396
体外膜肺氧合 ·················· 1259，1596
天然气提氦 ··························· 1229
天然气脱 CO_2 ···················· 1239
天然水脱盐 ··························· 1017
通量 ··································· 827
同级萃取-反萃 ······················ 1587

铜仿膜 ································· 884
头孢菌素 C ··························· 1744
透析 ··································· 858
透析袋 ································· 891
透析器（膜）的消毒 ················· 902
透氧膜反应器 ························· 211
脱氢膜反应器 ························· 209
脱水浓缩 ······························ 692
脱盐流程 ······························ 1004

W

外浓差极化（ECP） ·················· 616
外置式 ································· 1504
微胶囊 ································· 1670
微胶囊膜 ······························ 1650
微孔过滤 ···················· 11，810
微孔膜过滤器 ························· 832
微滤 ···················· 11，105，810
微球颗粒制备 ························· 1449
尾水处理回用 ························· 1734
温差极化 ············· 356，386，1341
温度响应型智能膜 ···················· 1689
稳定性改进 ··························· 1431
稳定性影响因素 ······················ 1435
污泥混合液特性 ······················ 1513
污染阻力 ······························ 1511
污水处理 ······························ 1451
无机膜 ···················· 10，147
无机膜组件 ·················· 185，435
无水乙醇 ······························ 1354
物理改性 ······························ 768
物理共混法 ··························· 232
物理清洗 ·················· 797，1519
物料脱盐 ······························ 1030

X

吸附 ··································· 878
吸收渗透汽化法 ······················ 1331
系紧螺栓式膜组件 ···················· 423
相图 ··································· 1118
相转化法 ·········· 554，757，822，1114
相转化膜 ······························ 69
硝酸纤维素 ··························· 35

泄漏 ………………………………… 1401
形态结构 …………………………… 113
性能表征 …………………………… 561，753
性能参数及表征 …………………… 955
性质表征 …………………………… 158
旋节线分相 ………………………… 1118
选用原则 …………………………… 480
选择透过系数 ……………………… 956
选择性电渗析 ……………………… 920
血仿膜 ……………………………… 884
血液超滤系统 ……………………… 803
血液灌流 …………………………… 906
血液净化膜 ………………………… 883
血液滤过 …………………………… 903
血液透析 …………………………… 858
血液透析器 ………………………… 886

Y

压差渗透系数 ……………………… 957
压汞法 ……………………………… 123，150
压力容器 …………………………… 584
压力阻尼渗透 ……………………… 532
烟道气捕集 CO_2 ………………… 1244
延时相分离 ………………………… 1119
阳极氧化法 ………………………… 177
药物载体制备 ……………………… 1454
液流电池 …………………………… 927
液流电池隔膜 ……………………… 968
液膜 ………………………………… 1372
液膜传质机理 ……………………… 1378
液膜构型 …………………………… 1374
液体薄膜渗透萃取 ………………… 1461
液-液相分离 ……………………… 1142
乙基纤维素 ………………………… 36
异丙醇溶媒脱水 …………………… 1742
异相离子交换膜 …………………… 67
异相膜 ……………………………… 962
应急供水 …………………………… 705
应用 ……… 801，835，1017，1442，1588，1596，
　　　　　　1605，1623，1676，1715
优点、缺点和应用领域 …… 420，426，431，438
有机聚合物热分解法 ……………… 180

有机溶剂纳滤（OSN） …………… 557
有机微孔聚合物 …………………… 1080
有机-无机复合膜 ………………… 229
有机-无机杂化膜 ………………… 229，1081
有机蒸气（VOCs） ……………… 1249
诱导剂 ……………………………… 235，238
淤塞密度指数 SDI ………………… 1013
预处理 …… 475，622，785，794，1013，1521
原位沉积 …………………………… 95
原位清洗 …………………………… 1519
原子力显微镜 ……………………… 121
圆管式膜组件 ……………………… 431

Z

再生纤维素 ………………………… 33
在线监测方法 ……………………… 382，391
增浓系数 …………………………… 1333
沼气脱 CO_2 …………………… 1241
褶叠型筒式过滤组件 ……………… 424
真空解吸 …………………………… 1613
蒸汽渗透 …………………………… 1331
整体型智能膜 ……………………… 1689
正电子湮灭 ………………………… 133
正渗透 ……………………………… 18，525
正渗透工艺过程设计 ……………… 611
正渗透膜 …………………………… 526
支撑层 ……………………………… 1073
支撑体 ……………………………… 1418
支撑液膜 ………………… 1372，1375，1416
指状孔 ……………………………… 1139
制膜工艺条件 ……………………… 82
制膜设备 …………………………… 763
制膜液 ……………………………… 537
质子交换膜 ………………………… 972
致密均质膜 ………………………… 59
致密膜 …………………… 148，181，1332
致密皮层 …………………………… 1073
智能膜 …………………………… 1651，1687
智能微囊膜 ………………………… 1707
中空纤维膜 ………………………… 1132
中空纤维膜组件 ………… 442，586，1507
中空纤维式分离器 ………………… 1183
中药浓缩 …………………………… 1757
中药现代化 ………………………… 1756
中药注射液除菌 …………………… 1756

重金属去除 …………………………… 1446

主动传递 …………………………… 319

铸膜液 …………………………… 70

装填密度 …………………………… 473，1183

浊点线 …………………………… 1142

自然对流 …………………………… 354

自由体积 …………………………… 117，1099

自组装法 …………………………… 235

自组装-相转化复合法 …………………………… 91

组装方式 …………………………… 996

其他

CFD 模拟 …………………………… 362

Donnan 平衡理论 …………………………… 929

ECMO …………………………… 1259

EDR 装置 …………………………… 1010

Flory-Huggins 相互作用参数 …………………………… 330

Lennard-Jones 势参数 …………………………… 1104

Nernst-Planck 离子渗透速率方程 …………………………… 933

pH 响应 …………………………… 1699，1711

Pickering 乳化液膜 …………………………… 1377

Pickering 液膜 …………………………… 1372，1433

Robeson 上限 …………………………… 1100

trade-off 效应 …………………………… 245，257

VOCs …………………………… 1090

Zeta 电位 …………………………… 159